TURING 图灵计算机科学丛书

Concrete Mathematics
A Foundation for Computer Science, Second Edition

具体数学
计算机科学基础

（第2版）

【美】Ronald L. Graham ○ Donald E. Knuth ○ Oren Patashnik 著

张明尧 张凡 译

人民邮电出版社

北京

图书在版编目（CIP）数据

具体数学：计算机科学基础：第2版 /（美）葛立
恒（Graham,R.L.），（美）高德纳（Knuth,D.E.），（美）
帕塔许尼克（Patashnik,O.）著；张明尧，张凡译. --
北京：人民邮电出版社，2013.4（2022.7重印）
（图灵计算机科学丛书）
书名原文：Concrete mathematics:A foundation
for computer science,second edition
ISBN 978-7-115-30810-8

Ⅰ.①具… Ⅱ.①葛…②高…③帕…④张…⑤张
…Ⅲ.①电子计算机－数学基础 Ⅳ.①TP301.6

中国版本图书馆CIP数据核字(2013)第014812号

内 容 提 要

本书是一本在大学中广泛使用的经典数学教科书. 书中讲解了许多计算机科学中用到的数学知识及技巧，教你如何把一个实际问题一步步演化为数学模型，然后通过计算机解决它，特别着墨于算法分析方面. 其主要内容涉及和式、整值函数、数论、二项式系数、特殊的数、生成函数、离散概率、渐近式等，都是编程所必备的知识. 另外，本书包括了六大类500多道习题，并给出了所有习题的解答，有助读者加深书中内容的理解.

本书面向从事计算机科学、计算数学、计算技术诸方面工作的人员，以及高等院校相关专业的师生.

◆ 著　　[美] Ronald L. Graham　Donald E. Knuth
　　　　　Oren Patashnik

　　译　　张明尧　张 凡

　　责任编辑　傅志红

◆ 人民邮电出版社出版发行　　北京市丰台区成寿寺路11号
　邮编　100164　电子邮件　315@ptpress.com.cn
　网址　http://www.ptpress.com.cn
　北京市艺辉印刷有限公司印刷

◆ 开本：880×1230　1/16
　印张：36.25　　　　　　2013年4月第1版
　字数：1003千字　　　　2022年7月北京第32次印刷
　著作权合同登记号　图字：01-2011-1850 号

定价：129.00元
读者服务热线：(010)84084456-6009　印装质量热线：(010)81055316
反盗版热线：(010)81055315
广告经营许可证：京东市监广登字 20170147 号

中文版致辞

We are deeply honored to have this book translated into the Chinese language, and we hope that students in China will enjoy reading it as much as we have enjoyed preparing it. Many American idioms in our original manuscript are very difficult to render into equivalent forms in other languages, so we wish to thank the translator for his painstaking care.

Ronald L. Graham

Donald E. Knuth

Oren Patashnik

这本书能翻译成中文出版，令我们备感荣幸．真诚希望中国的学生们与我们当初乐于写作此书一样，乐于阅读这本书．在本书原稿中，有许多美国习惯用语，它们很难在其他语言中找到对应的描述形式，所以我们要感谢译者在翻译本书时所付出的艰苦努力．

葛立恒

高德纳

帕塔许尼克

图灵社区读者评论

阅读《具体数学》是一件非常愉悦的事，细细体会大师深邃的思想，时不时看到充满诙谐意味的涂鸦，会心一笑，深思中得以放松. 阅读过程中对某段话、某个公式的心领神会，那种感觉很难用文字表达，难怪中国有个成语叫做"妙不可言".

——空军

作者直言数学光有抽象的美是不够的，那些具体的问题和技术，以及其与真实世界的联系也是必须的. ……书中全是直接的推演，绝妙的技巧会让学生很受刺激！页边的涂鸦真的非常有意思，而且也有真实感，作者一点都没有欺骗读者.

——学徒1

这是一本充满数学技巧和实战心得的书，令人望而却步的理论推导也有，但是别担心，一来并不难，二来有充分的铺垫和预热. 好像一个武林高手打开了他的兵器库，如数家珍地一样样拿出来，手把手教你基本功，"把这些学扎实，我再传你绝世武功". 嗯，你一定也感受到了高德纳藏在镜片后狡黠的目光.

——浮生小憩

《具体数学》是一本需要慢慢体会和品味的教材. 这本书非常严谨，逻辑条理清晰，大多数主题都是我们所熟悉的……如果真的想读懂一章甚至于一节，花多少时间都不过分. 有时间的话，大家都可以尝试着自己推导书中的每一个公式，也可以对每一个场景举一反三.

——staryin

图灵社区的空军、学徒1、浮生小憩、数学家、邓国平、staryin、王腾超、白龙、yaowei123、lt、蒋麒霖等读者在本书审读活动中提出了很多宝贵建议，特此表示感谢.

前　言

"读者对象、读者水
平以及处理方式,这
些描述是前言里应
该谈及的."
——P. R. Halmos[173]

本书成形于斯坦福大学的同名课程讲义,该课自1970年以来每年都会开设. 每年大约有50名学生选学这门课,有本科生,主要是研究生. 他们毕业后逐渐在各地开设了类似的课程. 由此看来,向更为广泛的读者(包含大学二年级学生)提供教材的时机已经成熟了.

具体数学诞生之际,正逢一个黑暗的、暴风骤雨般动荡的十年. 在那些骚动不安的岁月里,长期秉承的价值观频频受到质疑,大学校园成了争论的温床. 大学课程本身也受到挑战,数学同样难逃严重细究之厄运. John Hammersley刚刚写了一篇发人深省的文章 "On the enfeeblement of mathematical skills by 'Modern Mathematics' and by similar soft intellectual trash in schools and universities"(《论中学和大学中被"现代数学"以及类似的软智力垃圾弄得日益衰弱的数学技巧》)[176],其他颇感担忧的数学家们[332]甚至发问:"数学能得到拯救吗?" 本书作者高德纳(Donald E. Knuth)撰写了名为*The Art of Computer Programming*(《计算机程序设计艺术》)的系列专著. 在写第一卷时,他发现一些数学工具从他的数学武库中消失了. 为透彻而扎实地理解计算机程序,他所需要的数学已经与他读大学数学专业时所学习的内容迥然不同. 所以,他引入了一门新的课程,讲授他认为本该有人教授他的那些内容.

"人们用行话来武装
自己,的确得到一点
短暂的威望:他们可
以自命不凡,卖弄表
面的专业知识. 但
是,我们对受过教育
的数学家们的真正
要求,不是他们能说
些什么,甚至也不是
他们对现存的数学
知识知道些什么,而
是他们会用所学知
识做些什么,以及他
们能否实实在在地
解决实践中提出来
的数学问题. 简言
之,我们要的是行
动,而不是空谈."
——J. Hammersley[176]

这门冠名"具体数学"的课程起初是为矫正"抽象数学"而设置的,那时,具体的经典结果正在被接踵而至的俗称"新数学"的抽象思想迅速摒弃在现代数学课程表之外. 抽象数学是一个奇妙的主题,其中没有任何谬误,它既漂亮、通用,又实用. 但是,它的拥护者们误以为,数学的其余部分都是低劣而不再值得关注的了. 一般化的目标变得如此时髦,使得整整一代数学家变得不会欣赏具体数学之美,不能享受求解数量型问题的挑战,也不再重视技术手段之价值. 抽象数学于是变得排外,并逐渐失去与现实的联系. 数学教育需要增加具体的砝码以保持健康的平衡.

"数学的核心是由具
体的例子和具体的
问题组成的."
——P. R. Halmos[172]

高德纳在斯坦福大学第一次讲授具体数学这门课时,说他打算讲授一门硬性而非软性的数学课,这也解释了这个略显古怪的课程名称. 他宣称,与某些同事的期望相反,他既不打算讲授集合论,也不打算讲授Stone嵌入定理,甚至不讲授Stone-Čech紧致化.(几位土木工程系的学生于是站起来,安静地离开了教室.)

"在讲授具体的对象
之前就讲授抽象的
内容,是完全不应该
的."
——Z. A. Melzak[267]

尽管具体数学的起步是针对流行趋势的反动,但是它存在的主要理由是具有积极而非消极意义的. 作为一门持续受欢迎的课程,它的题材得以"充实"并在各种新的应用中被证明是有价值的. Z. A. Melzak曾出版了两卷本的著作*Companion to Concrete Mathematics*[267],从另一个角度肯定了这一课程名称的恰当性.

具体数学的素材初看像是一堆互不相干的技巧,但是透过实践可以把它汇集成一组严谨高效的工具. 的确,这些技术有基本的一致性,且对许多人都有极强的吸引力. 当另一作者

V

葛立恒（Ronald L. Graham）在1979年首次教授这门课时，学生们都感觉很有趣，以至于决定一年后举行一次班级聚会.

具体数学究竟是什么呢？它融合了**连续数学**和**离散数学**.①更具体地说，它是利用一组求解问题的技术对数学公式进行有控制的操作. 理解了本书的内容之后，你所需要的就是一颗冷静的头脑、一大张纸以及较为工整的书写，以便对看上去令人恐怖的和式进行计算，求解复杂的递归关系，以及发现数据中隐藏的精妙规律. 你会对代数技巧得心应手，从而常常会发现，得到精确的结果比求出仅在一定意义下成立的近似解更为容易.

这本书要探讨的主题包括和式、递归式、初等数论、二项式系数、生成函数、离散概率以及渐近方法. 其重点是强调处理技术，而不是存在性定理或者组合推理，目的是使每一位读者熟悉离散性运算（如最大整数函数以及有限求和），就好像每一位学习微积分的学生都熟悉连续性运算一样（如绝对值函数以及不定积分）.

注意，这些主题与当今大学本科中的"离散数学"课程的内容截然不同. 因此，这门课程需要一个不同的名称，而"具体数学"可谓恰如其分.

最初在斯坦福大学教授"具体数学"的教材是 *The Art of Computer Programming*[207]中的"Mathematical Preliminaries"（数学预备知识）一节. 但是，那110页的内容相当简洁，所以另一位作者欧伦·帕塔许尼克（Oren Patashnik）受到启发，撰写了一套长篇幅的补充笔记. 这本书就是那些笔记的产物，它扩充了"数学预备知识"中的资料，也更从容地引出了这些预备知识，其中略去了那些较高深的部分，同时又包含了笔记里未提及的主题，使得书的内容更为完整.

我们很享受一起写这本书，因为这门课程就在我们眼前逐渐定型，获得了生命，它就看似是自己写就的. 此外，我们这些年来在若干地方采用的非常规方法看起来也十分妥帖，让人忍不住认为，这本书正好宣告了我们所喜爱的做数学的方式. 所以我们想，这本书就像讲述数学之美之奇的故事，希望读者能够分享我们写作中的愉悦，哪怕只有 ε 那么一点点.

自从本书在大学环境中诞生以来，我们就一直尝试以非正式的风格来体现当代课堂教学的精神. 有些人认为数学是一项严肃的工作，必须是冷冰冰的，但是我们认为数学是娱乐，而且并不羞于承认这个事实. 为什么要把工作和娱乐截然分开呢？具体数学充满了引人入胜的模式，其演算推理并非总是轻而易举，然而答案却可能极具魅力. 数学工作的欢乐和忧伤都鲜明地反映在这本书中，因为它们是我们生活的一部分.

学生们总是比老师们更有头脑，所以我们请这个教材的首批学生提出他们坦诚的意见，即旁注中的"涂鸦". 在这些"涂鸦"中，有一些仅仅是套话，有一些则很深奥；有一些提醒区分歧义或者含混之处，有一些则是后排那些聪明家伙爱做的点评；有一些是正面的，有一些是负面的，还有一些则不偏不倚. 但是，它们都是情感的真实表现，应该有助于读者理解正文内容.（这种旁注的灵感来自名为 *Approaching Stanford*（《走近斯坦福》）的学生手册. 在这本手册中，官方的大学信息与即将离校的学生评论相映成趣. 例如，斯坦福大学说："在

具体数学是通向抽象数学的桥梁.

"略过看似基础内容的高水平读者，比略过看似复杂内容的较低水平读者，可能错失更多的东西."
——G. 波利亚[297]

[我们没敢叫作"离续数学"（Distinuous Mathematics）.]

"……一件具体的救生衣抛向沉入抽象大海的学生."
——W.Gottschalk

数学涂鸦:
Kilroy wasn't Haar.
Free the group.
Nuke the kernel.
Power to the n.
N=1 ⇒ P =NP.②

---

① 具体数学的英文Concrete取自连续（CONtinuous）和离散（disCRETE）两个单词. ——编者注
② 这些涂鸦都是将某个典故与数学关联在了一起. 比如"Kilroy was here!"指第二次世界大战期间美国士兵墙壁涂鸦，而Haar是指Alfréd Haar，一位匈牙利数学家.（如无特殊说明，本书脚注均为译者注.）

斯坦福大学这个无定型的生活方式中，有一些东西是你不能错过的."而旁注中写道："无定型……鬼知道是什么意思？这里到处都是典型的伪理智主义." 斯坦福大学说："一群住在一起的学生，他们的潜力是无穷尽的."而涂鸦则声称："斯坦福大学的宿舍就像无人管理的动物园.")

我对这个主题的兴趣只能靠边站.

这是我曾经上过的最令人愉快的课程. 你在学习时能加以总结会大有裨益.

我明白了，具体数学就意味着操练.

作业题挺难，但是我学到很多，值得为它付出时间.

家庭测试题极其重要——请保留它们.

我猜想考试比作业更困难.

偷懒者有可能通过抄袭答案通过这门课程，但他们是在自欺欺人.

困难的考试并没有顾及要准备其他课程的学生.

我不习惯这张面孔.

旁注中也直接引用了著名数学家们的话，这些话是他们在宣布某些重大发现时所说的. 看起来，将莱布尼茨、欧拉、高斯等人的话与那些继续其研究工作的人的话混在一起是合适的. 数学是身处各地的人进行的不间断的探索研究，涓涓细流才能汇成浩瀚的海洋.

这本书包含了500多道习题，分成如下六大类.

- **热身题**：这是**每一位读者**在第一次阅读本书时就应完成的习题.
- **基础题**：这些习题揭示出了，通过自己的推导而不是他人的推导来学习最好.
- **作业题**：是加深理解当前章节内容的问题.
- **考试题**：一般同时涉及两章以上的内容，可作为家庭测试题（不作为课堂上的限时考试）.
- **附加题**：它们超出了学习本教材的学生的平均水平，以耐人寻味的方式扩展了书中的知识.
- **研究题**：或许非人力所能解，但是这里给出的题似乎值得一试身手（不限时）.

附录A中给出了所有习题的答案，常常还附有相关的解题思路.（当然，研究题的"答案"并不完全. 但即便如此，也会给出部分结果或者提示，这或许很有帮助.）我们鼓励读者看一看答案，特别是热身题的答案，但应该首先努力试图求解问题，而不是在这之前就偷窥答案.

在附录C中，我们尝试说明每道习题的出处，因为一个富有教益的问题常常融会了大量的创造性思想或者运气. 很遗憾，数学家们有个不好的传统：借用了习题，而不表示感谢. 我们相信，相反的做法，例如棋类书籍和杂志中的做法（通常都会指出最初棋类问题的名字、时间和地点），要远胜于此. 然而，许多流传已久的问题我们已经无从考证其来源. 如果有读者了解某个习题的起源，而书中的说明缺失或不够准确，我们非常乐于知道详情，以便在这本书的后续版本中予以纠正.

这本书自始至终使用的数学字体是由Hermann Zapf[227]新设计的，它由美国数学会委托，并且在由B. Beeton、R. P. Boas、L. K. Durst、D. E. Knuth、P. Murdock、R. S. Palais、P. Renz、E. Swanson、S. B. Whidden和W. B. Woolf组成的委员会的帮助下发展起来. Zapf的设计基本原理是抓住数学的韵味，就好像它是一位数学家用极其漂亮的书法书写出来的. 采用手写体而不用呆板机械的风格是恰当的，因为人们一般是用钢笔、铅笔或者粉笔创造数学的.（例如，新设计的一个特征是"0"的符号，这个符号的顶部有点尖，因为在曲线回到起点时，手写的零很少能够平滑地闭合.）字母是直立的，而不是斜置的，所以下标、上标以及撇号都更容易与常规符号融为一体. 这种新的字体取名为AMS Euler，是以伟大的瑞士数学家莱昂哈德·欧拉（1707—1783）的名字命名的，他有如此众多广为人知的数学发现. 这一字母系统包括Euler Text、Euler Fraktur和Euler Script Capitals，还有Euler Greek以及像 $\wp$ 和 $\aleph$ 这样的特殊符号. 我们特别高兴能在这本书里让Euler字体家族登台亮相，[①]因为莱昂哈德·欧拉

---

① 本书中文版没有采用这个字体库，难于呈现原书的字体，我们深表遗憾. ——编者注

的精神真的活在每一页中：具体数学就是欧拉的数学．

我们非常感谢Andrei Broder、Ernst Mayr、Andrew Yao（姚期智）和Frances Yao（储枫），他们在斯坦福大学教授具体数学的这些年间对这本书贡献极大．此外，我们对助教们表示十二万分的感谢，他们将每一年班级所发生的事情创造性地记录下来，并且帮助设计了考题，他们的名字列在了附录C中．这本书基本上是十六年来教学讲义的价值的缩影，没有他们出色的工作，就不会有这本书．

亲爱的教授：感谢(1)这些双关语，(2)这些题材．

本书出版还得益于许多其他人的帮助．例如，我们希望表扬布朗大学、哥伦比亚大学、纽约市立大学、普林斯顿大学、莱斯大学和斯坦福大学的学生，他们贡献了精选的涂鸦之作，并为初稿挑错．我们与Addison-Wesley的接触特别富有成效和助益．特别地，我们希望感谢出版人Peter Gordon、产品监理Bette Aaronson、设计师Roy Brown以及文字编辑Lyn Dupré．美国国家科学基金以及海军研究署给予了非常宝贵的支持．在我们准备索引时，Cheryl Graham给了极大的帮助．最重要的是，我们希望感谢夫人们（Fan、Jill以及Amy）给予的耐心、支持、鼓励以及意见．

我不知道学到的东西对我有何帮助．

本书第二版新增了5.8节，它描述了本书第一版付印之后不久Doron Zeilberger所发现的某些重要想法．对第一版所做的进一步改进几乎在每一页中都能找到．

学这门课程时我有过许多困扰，但是我知道它使我的数学技巧以及思维能力得以加强．

我们一直试图写出一本完美之书，但是我们不是完美无暇的作者．因此恳请读者帮助我们纠正错误．对于每个错误，我们乐于给第一个报告该错误的读者支付2.56美元，无论它是数学错误、史实错误还是印刷错误．

我建议混学分的学生不要上这门课．

1988年5月于新泽西州缪勒山
1993年10月于加利福尼亚州斯坦福
——葛立恒，高德纳，帕塔许尼克

记号注释

本书中的某些符号体系并不标准. 一些读者会在其他书中学习类似的内容, 这里列出了他们可能不熟悉的记号, 同时也标注了这些记号所在的页码.（一些标准的记号可以参见本书的索引.）

记　号	名　称	页　码
$\ln x$	自然对数：$\log_e x$	231
$\lg x$	以2为底的对数：$\log_2 x$	58
$\log x$	常用对数：$\log_{10} x$	376
$\lfloor x \rfloor$	底：$\max\{n \mid n \leqslant x,\ n\text{是整数}\}$	56
$\lceil x \rceil$	顶：$\min\{n \mid n \geqslant x,\ n\text{是整数}\}$	56
$x \bmod y$	余数：$x - y\lfloor x/y \rfloor$	68
$\{x\}$	分数部分：$x \bmod 1$	58
$\sum f(x)\delta x$	无限和式	41
$\sum_a^b f(x)\delta x$	有限和式	41
$x^{\underline{n}}$	下降阶乘幂：$x!/(x-n)!$	40, 175
$x^{\overline{n}}$	上升阶乘幂：$\Gamma(x+n)/\Gamma(x)$	40, 175
n_{i}	倒阶乘：$n!/0! - n!/1! + \cdots + (-1)^n n!/n!$	161
$\Re z$	实部：x，如果 $z = x + iy$	53
$\Im z$	虚部：y，如果 $z = x + iy$	53
H_n	调和数：$1/1 + \cdots + 1/n$	24
$H_n^{(x)}$	广义调和数：$1/1^x + \cdots + 1/n^x$	232
$f^{(m)}(z)$	f 关于 z 的 m 阶导数	393
$\begin{bmatrix} n \\ m \end{bmatrix}$	斯特林轮换数（第一类斯特林数）	216

记　　号	名　　称	页　　码
$\left\{ \begin{matrix} n \\ m \end{matrix} \right\}$	斯特林子集数（第二类斯特林数）	215
$\left\langle \begin{matrix} n \\ m \end{matrix} \right\rangle$	欧拉数（Eulerian number）	223
$\left\langle\!\!\left\langle \begin{matrix} n \\ m \end{matrix} \right\rangle\!\!\right\rangle$	二阶欧拉数	225
$(a_m \cdots a_0)_b$	$\sum_{k=0}^{m} a_k b^k$ 的基数记数法	9
$K(a_1, \cdots, a_n)$	连项式多项式	253
$F\left(\begin{matrix} a,b \\ c \end{matrix} \middle| z \right)$	超几何函数	170
$\#A$	基数：集合 A 的元素个数	33
$[z^n]f(z)$	$f(z)$ 中 z^n 的系数	164
$[\alpha..\beta]$	闭区间：集合 $\{x \mid \alpha \leqslant x \leqslant \beta\}$	61
$[m=n]$	1，如果 $m=n$；否则，0^*	21
$[m \backslash n]$	1，如果 m 整除 n；否则，0^*	85
$[m \backslash\backslash n]$	1，如果 m 精确整除 n；否则，0^*	121
$[m \perp n]$	1，如果 m 与 n 互素；否则，0^*	96

* 一般情况下，如果 S 可以为真也可以为假，那么 $[S]$ 就意味着：如果 S 为真，$[S]$ 就为1；否则，$[S]$ 就为0.

a/bc 与 $a/(bc)$ 是一样的. 另外，$\log x/\log y = (\log x)/(\log y)$，$2n! = 2(n!)$.

如果你不明白页码中的X表示什么，那就问问你的拉丁语导师，而不是数学导师.

预应力混凝土数学（prestressed concrete mathematics）就是在具体数学（concrete mathematics）前加上一串眼花缭乱的记号.

目　　录

1

递归问题
RECURRENT PROBLEMS

本章探讨三个范例,以便你对后面要讲述的内容有个大概了解. 它们有两个共同的特征:一是都曾被数学家们反复研究过;二是它们的解都用到了递归的思想,每一个问题的解都依赖于同一问题的更小实例的解.

1.1 河内塔   THE TOWER OF HANOI

我们首先探讨一个称为河内塔的精巧智力题,它是由法国数学家爱德华·卢卡斯于1883年发明的. 给定一个由8个圆盘组成的塔,这些圆盘按照大小递减的方式套在三根桩柱中的一根上.

如果你从没有见过这个,请举手.
好的,其他人可以迅速转到式(1.1).

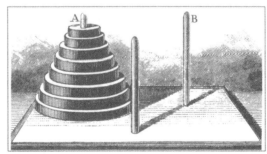

我们的目的是要将整个塔移动到另一根桩柱上,每次只能移动一个圆盘,且较大的圆盘在移动过程中不能放置在较小的圆盘上面.

卢卡斯[260] 给这个玩具赋予了一个罗曼蒂克的传说,说的是一个大得多的婆罗贺摩塔(Tower of Brahma),它由64个纯金的圆盘堆放在三座钻石做成的方尖塔上. 他说,上帝一开始把这些金圆盘放到了第一座方尖塔上,并命令一组牧师按照上面的规则把它们移动到第三座方尖塔上. 据说牧师们夜以继日地工作,当他们完成任务时,那座塔就将坍塌,世界也将毁灭.

金子——哇.
我们的圆盘是用混凝土(concrete)做成的吗?

这个智力题有解,只是并非显而易见,不过只要稍加思考(或者此前看见过这个问题)

1

就能使我们确信的确如此. 现在问题来了: 我们能做到的最好的解法是什么? 也就是说, 要完成这项任务移动多少次才是必须且足够的?

解决这样问题的最好方法是对它稍加推广. 婆罗贺摩塔有 64 个圆盘, 河内塔有 8 个圆盘, 让我们来考虑一下, 如果有 n 个圆盘将会怎样?

这样推广的一个好处是, 我们可以大大简化问题. 事实上, 在本书中我们将反复看到, 先**研究小的情形**是大有裨益的. 移动只有一两个圆盘的塔十分容易. 再通过少量的尝试就能看出如何移动有 3 个圆盘的塔.

求解问题的下一步是引入适当的记号: **命名并求解**. 我们称 T_n 是根据卢卡斯的规则将 n 个圆盘从一根桩柱移动到另一根桩柱所需要的最少移动次数. 那么, T_1 显然是 1, 而 $T_2 = 3$.

考虑所有情形中最小的情形还可以轻松得到另一条信息, 即显然有 $T_0 = 0$, 因为一个有 $n = 0$ 个圆盘的塔根本无需做任何挪动! 聪明的数学家们不会羞于考虑小问题, 因为当极端情形 (即便它们是平凡的情形) 弄得明明白白时, 一般的形式就容易理解了.

现在让我们改变一下视角, 来考虑大的情形: 怎样才能移动一个大的塔呢? 移动 3 个圆盘的试验表明, 获胜的思路是将上面两个圆盘移动到中间的桩柱上, 然后移动第三个圆盘, 接着再把其余两个放到它上面. 这就为移动 n 个圆盘提供了一条线索: 首先把 $n-1$ 个小的圆盘移动到一个不同的桩柱上 (需要 T_{n-1} 次移动), 然后移动最大的圆盘 (需要一次移动), 最后再把那 $n-1$ 个小的圆盘移回到最大圆盘的上面 (这需要另外的 T_{n-1} 次移动). 这样, 至多需要 $2T_{n-1} + 1$ 次移动就能移动 n ($n > 0$) 个圆盘了:

$$T_n \leqslant 2T_{n-1} + 1, \quad n > 0.$$

这个公式用的是符号 "$\leqslant$", 而不是 "$=$", 因为我们的构造仅仅证明了 $2T_{n-1} + 1$ 次移动就足够了, 而没有证明 $2T_{n-1} + 1$ 次移动是必需的. 智者或许能想到一条捷径.

还有更好的方法吗? 实际上没有. 我们迟早必须移动最大的那个圆盘. 当我们这样做的时候, 那 $n-1$ 个小的圆盘必须已经在某根桩柱上, 而这至少需要 T_{n-1} 次移动才能把它们放置到那儿. 如果我们不太精明, 则移动最大的圆盘可能会多于一次. 但是在最后一次移动最大的那个圆盘之后, 我们必须把那 $n-1$ 个小的圆盘 (它们必须仍然在同一根桩柱上) 移回到最大圆盘的上面, 这也需要 T_{n-1} 次移动. 从而

2

$$T_n \geqslant 2T_{n-1} + 1, \quad n > 0.$$

把这两个不等式与 $n = 0$ 时的平凡解结合在一起就得到

$$T_0 = 0;$$
$$T_n = 2T_{n-1} + 1, \quad n > 0. \tag{1.1}$$

(注意, 这些公式与已知的值 $T_1 = 1$ 以及 $T_2 = 3$ 相一致. 关于小的情形的经验不仅能帮助我们发现一般的公式, 而且还提供了一种便利的核查方法, 看看我们是否犯下愚蠢的错误. 在以后各章涉及更为复杂的操作策略时, 这样的核查尤为重要.)

像式 (1.1) 这样的一组等式称为**递归式** (recurrence, 也称为递归关系或者递推关系). 它给出一个边界值, 以及一个用前面的值给出一般值的方程. 有时我们也把单独的一般性方程称为递归式, 尽管从技术上来说它还需要一个边界值来补足.

我们可以用递归式对任何 n 计算 T_n. 然而, 当 n 很大时, 并没有人真愿意用递归式进行

已经就卢卡斯问题发表的大多数 "解", 如 Allardice 和 Fraser[7] 给出的一个早期的解, 都没能说明为什么 T_n 必定 $\geqslant 2T_{n-1} + 1$.

是的, 是的, 我以前见过这个词.

计算，因为太耗时了. 递归式只给出了间接、局部的信息. 得出**递归式的解**我们会很愉悦. 这就是说，对于 T_n，我们希望给出一个既漂亮又简洁的"封闭形式"，它使我们可以对其进行快捷计算，即便对很大的 n 亦然. 有了一个封闭形式，我们才能真正理解 T_n 究竟是什么.

那么怎样来求解一个递归式呢？一种方法是猜出正确的解，然后证明我们的猜想是正确的. 猜测解的最好方法是（再次）研究小的情形. 我们就这样连续计算 $T_3 = 2\times 3 +1 = 7$，$T_4 = 2\times 7 + 1 = 15$，$T_5 = 2\times 15 + 1 = 31$，$T_6 = 2\times 31 + 1 = 63$. 啊哈！这看起来肯定像是有

$$T_n = 2^n - 1, \quad n \geqslant 0.\tag{1.2}$$

至少这对 $n \leqslant 6$ 是成立的.

数学归纳法（mathematical induction）是证明某个命题对所有满足 $n \geqslant n_0$ 的整数 n 都成立的一般方法. 首先我们在 n 取最小值 n_0 时证明该命题，这一步骤称为**基础**（basis）；然后对 $n > n_0$，假设该命题对 n_0 与 $n-1$ 之间（包含它们在内）的所有值都已经被证明，再证明该命题对 n 成立，这一步骤称为**归纳**（induction）. 这样一种证明方法仅用有限步就得到无限多个结果.

通过证明我们可以爬到梯子的最底一级（基础），并能从一个阶梯爬到上一个阶梯（归纳），数学归纳法就证明了：我们可以在一架梯子上想爬多高就爬多高.

递归式可以用数学归纳法完美地确立起来. 例如在我们的情形中，式（1.2）很容易由式（1.1）推出：其基础是显然的，因为 $T_0 = 2^0 - 1 = 0$. 而如果我们假设当 n 被 $n-1$ 取代时式（1.2）成立，则对 $n > 0$ 用归纳法就得出

$$T_n = 2T_{n-1} + 1 = 2(2^{n-1}-1)+1 = 2^n - 1,$$

从而式（1.2）对 n 也成立. 好的！我们对 T_n 的探求就此成功结束.

3

牧师的任务自然还没有完成，他们仍在负责任地移动圆盘，而且还会继续一段时间，因为对 $n = 64$ 有 $2^{64}-1$ 次移动（大约 1.8×10^{19} 次）. 即便是按照每微秒移动一次这个不可能实现的速度，也需要5000多个世纪来移动婆罗贺摩塔. 而卢卡斯的智力问题更切合实际，它需要 $2^8 - 1 = 255$ 次移动，快手大概四分钟就能完成.

河内塔的递归式是在各种应用中出现的诸多问题的一个典范. 在寻求像 T_n 这样有意义的量的封闭形式的表达式时，我们经过了如下三个阶段.

(1) 研究小的情形. 这有助于我们洞察该问题，而且对第二和第三阶段有所帮助.

(2) 对有意义的量求出数学表达式并给出证明. 对河内塔，这就是递归式（1.1），它允许我们对任何 n 计算 T_n（假设我们有这样的意向）.

(3) 对数学表达式求出封闭形式并予以证明. 对河内塔，这就是递归解（1.2）.

第三阶段是本书要由始至终集中探讨的. 实际上，我们将频繁跳过第一和第二阶段，因为我们以给定一个数学表达式作为出发点. 即便如此，我们仍然会深入到各个子问题中，寻求它们的解将会贯穿所有这三个阶段.

什么是proof（证明）？"百分之一纯酒精的一半."

我们对于河内塔的分析引导出了正确的答案，然而它要求"归纳的跳跃"，依赖于我们对答案的幸运猜测. 这本书的一个主要目的就是说明**不具备超人洞察力**的人如何求解递归式. 例如，我们将会看到，在递归式（1.1）中方程的两边加上1可以使其变得更简单

$$T_0 + 1 = 1;$$
$$T_n + 1 = 2T_{n-1} + 2, \quad n > 0.$$

现在如果令 $U_n = T_n + 1$，那么就有

$$U_0 = 1;$$
$$U_n = 2U_{n-1}, \quad n > 0.$$

（1.3）

不必是天才, 就能发现这个递归式的解正是 $U_n = 2^n$, 从而有 $T_n = 2^n - 1$. 即便是一台计算机也能发现这个结论.

> 有趣的是, 我们在式（1.1）中是通过加而不是减, 除去了 +1.

1.2　平面上的直线　LINES IN THE PLANE

我们的第二个范例有更多的几何特色: 用一把比萨刀直直地切 n 刀, 可以得到多少块比萨饼? 或者说得更有学术味儿点: 平面上 n 条直线所界定的区域的最大个数 L_n 是多少? 这个问题于1826年被一位瑞士数学家斯坦纳[338]首先解决.

> （一张涂有瑞士奶酪的比萨?）

我们再次从研究小的情形开始, 记住, 首先研究所有情形中之最小者. 没有直线的平面有1个区域, 有一条直线的平面有2个区域, 有两条直线的平面有4个区域（每条直线都在两个方向无限延伸）:

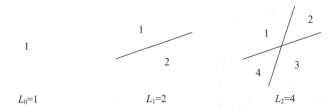

$$L_0 = 1 \qquad\qquad L_1 = 2 \qquad\qquad L_2 = 4$$

我们一定会想到有 $L_n = 2^n$, 当然! 增加一条新的直线直接使区域的个数加倍. 遗憾的是, 这是错误的. 如果第 n 条直线能把每个已有区域分为两个, 那么就能加倍. 它肯定能把一个已有区域至多分成两个, 这是因为每一个已有区域都是凸的（一条直线可以把一个凸区域分成至多两个新区域, 这些新的区域也将是凸的）. 但是当增加第三条直线（图中的那条粗线）时, 我们很快就会发现, 不论怎样放置前面两条直线, 它只能至多分裂3个已有的区域:

> 如果一个区域包含其任意两点之间的所有直线段, 那么这个区域是凸的（这不是我的字典里说的, 而是数学家们所相信的.）

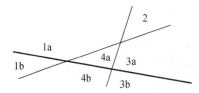

从而 $L_3 = 4 + 3 = 7$ 是我们能做到的最好结果.

略加思考之后, 我们给出适当的推广. 第 n（$n > 0$）条直线使得区域的个数增加 k 个, 当且仅当它对 k 个已有区域进行了分裂; 而它对 k 个已有区域进行分裂, 当且仅当它在 $k-1$ 个不同的地方与前面那些直线相交. 两条直线至多相交于一点, 因而这条新的直线与那 $n-1$ 条已有直线至多相交于 $n-1$ 个不同的点, 故必定有 $k \leqslant n$. 我们就证明了上界

$$L_n \leqslant L_{n-1} + n, \quad n > 0.$$

此外, 用归纳法容易证明这个公式中的等号可以达到. 我们径直这样来放置第 n 条直线, 使得它不与其他直线中的任何一条平行（从而它与它们全都相交）, 且它不经过任何已经存在的交点（从而它与它们全都在不同的点相交）. 于是该递归式即为

$$L_0 = 1 ;$$
$$L_n = L_{n-1} + n , \quad n > 0 . \tag{1.4}$$

核查一下就发现，已知的L_1、L_2和L_3的值在这里完全正确，所以我们接受这一结果.

现在需要一个封闭形式的解. 我们可以再次来玩猜测游戏，但是1,2,4,7,11,16,…看起来并不熟悉，故而我们另辟蹊径. 我们常常可以通过将它从头到尾一直"展开"或者"解开"来弄清楚递归式，如下：

"展开"？我把它称作"代入".

$$L_n = L_{n-1} + n$$
$$= L_{n-2} + (n-1) + n$$
$$= L_{n-3} + (n-2) + (n-1) + n$$
$$\vdots$$
$$= L_0 + 1 + 2 + \cdots + (n-2) + (n-1) + n$$
$$= 1 + S_n , \text{ 其中 } S_n = 1 + 2 + 3 + \cdots + (n-1) + n .$$

换句话说，L_n比前n个正整数的和S_n大1.

量S_n不时地冒出来，故而值得对较小的值做出一张表. 这样，我们下次看到它们时，或许会更容易辨认出这些数：

n	1	2	3	4	5	6	7	8	9	10	11	12	13	14
S_n	1	3	6	10	15	21	28	36	45	55	66	78	91	105

这些值也称三角形数，因为S_n是一个有n行的三角形阵列中保龄球瓶的个数. 例如，通常的四行阵列有$S_4 = 10$个瓶子.

看起来，许多功劳都归功于高斯了——要么他真是一个天才，要么他有一个了不起的媒体经纪人.

为计算S_n，我们可以利用据说是高斯在1786年就想出来的一个技巧，那时他只有9岁[88]（阿基米德也曾在他关于螺旋线的经典著作的命题10和命题11中用到过）：

$$S_n = 1 + 2 + 3 + \cdots + (n-1) + n$$
$$+ S_n = n + (n-1) + (n-2) + \cdots + 2 + 1$$
$$2S_n = (n+1) + (n+1) + (n+1) + \cdots + (n+1) + (n+1)$$

或许他只是具有极富魅力的个性.

只要把S_n和它的反向书写相加，就能使得右边n列的每一列中的诸数之和都等于$n+1$. 简化即得

$$S_n = \frac{n(n+1)}{2} , \quad n \geq 0 . \tag{1.5}$$

好的，我们就有解答

实际上高斯常被称为是所有时代中最伟大的数学家，故而能弄懂他的至少一项发现也是令人愉快的.

$$L_n = \frac{n(n+1)}{2} + 1 , \quad n \geq 0 . \tag{1.6}$$

作为专家，我们或许很满意于这个推导，并认为它是一个证明，尽管在做展开和合并时我们付出了一点点努力. 但是学数学的学生应该能够适应更严格的标准，故而最好用归纳法构造出一个严格的证明. 归纳法的关键步骤是

$$L_n = L_{n-1} + n = \left(\frac{1}{2}(n-1)n+1\right) + n = \frac{1}{2}n(n+1)+1.$$

现在对于封闭形式（1.6）就不再有疑问了.

我们谈到了"封闭形式"而没有具体说明它的含义. 通常，它的含义是极其明晰的. 像（1.1）和（1.4）这样的递归式不是封闭形式的，它们用其自身来表示一个量；但是像（1.2）和（1.6）这样的解是封闭形式的. 像 $1+2+\cdots+n$ 这样的和不是封闭形式——它们用"…"企图蒙混过关，然而像 $\frac{n(n+1)}{2}$ 这样的表达式则是封闭形式的. 我们可以给出一个粗略的定义：如果可以利用至多固定次数（其次数与 n 无关）的"人人熟知的"标准运算来计算量 $f(n)$ 的表达式，那么这个表达式是封闭形式的. 例如，$2^n - 1$ 和 $\frac{n(n+1)}{2}$ 都是封闭形式，因为它们仅仅显式地包含了加法、减法、乘法、除法和幂指运算.

简单封闭形式的总数是有限的，且存在没有简单封闭形式的递归式. 当这样的递归式显现出重要性时（由于它们反复出现），我们就把新的运算添加到整套运算之中，这可以大大扩展用"简单的"封闭形式求解的问题的范围. 例如，前 n 个整数的乘积 $n!$ 已经被证明是如此重要，故而现在我们都把它视为一种基本运算. 于是公式 $n!$ 就是封闭形式，尽管与它等价的 $1 \times 2 \times \cdots \times n$ 并非是封闭形式.

现在，我们简要谈谈平面上直线问题的一个变形：假设我们用折线代替直线，每一条折线包含一个"锯齿". 平面上由 n 条这样折线所界定的区域的最大个数 Z_n 是多少？我们或许期待 Z_n 大约是 L_n 的两倍，或者也可能是它的三倍. 我们看到：

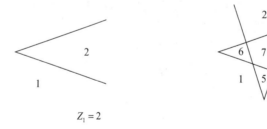

$Z_1 = 2$ $Z_2 = 7$

从这些小的情形出发并稍加思考，我们意识到，除了这"两条"直线不经过它们的交点延伸出去而使得区域相融合之外，一条折线与两条直线相似：

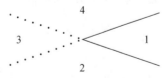

区域2、3和4对于两条直线来说它们是不同的区域，但在一条折线的情形下是单独的一个区域，于是我们失去了两个区域. 然而，如果放置得当——锯齿点必须放在它与其他直线的交点"之外"——那就是我们失去的全部，也就是说，对每条折线我们仅仅损失两个区域. 从而

$$Z_n = L_{2n} - 2n = \frac{2n(2n+1)}{2} + 1 - 2n \tag{1.7}$$
$$= 2n^2 - n + 1, \quad n \geq 0.$$

在有疑问时，请观察这些单词. 为什么说它是封闭的而不是开放的？
它给我们带来什么印象？
答案：方程是封闭的，是指不用它本身定义——不产生递归式. 这件事结案了（closed）是指不再议了. 隐喻是关键所在.

"锯齿"是术语吗？

……一点事后的想法……

习题18有详细说明.

7

比较封闭形式（1.6）和（1.7），我们发现对于大的 n 有

$$L_n \sim \frac{1}{2}n^2,$$
$$Z_n \sim 2n^2;$$

所以用折线所能得到的区域是用直线所能得到的区域的大约四倍.（在以后的章节中，我们将会讨论当 n 很大时怎样来分析整数函数的近似性状. 符号"$\sim$"在9.1节中定义.）

1.3 约瑟夫问题 THE JOSEPHUS PROBLEM

（Ahrens[5,vol.2] 以及 Herstein 和 Kaplansky[187] 讨论了这个问题的有趣历史. 约瑟夫本人[197]对此说得不够清晰.）

本章最后介绍的这个例子源于以夫拉维·约瑟夫（他是一世纪时的著名历史学家）命名的古老问题，但稍有变化. 传说如果不是由于他的数学天赋，约瑟夫不会活到出名的那一天. 在犹太罗马战争期间，他们41名犹太反抗者困在了罗马人包围的洞穴中. 这些反抗者宁愿自杀也不愿被活捉，于是决定围成一个圆圈，并沿着圆圈每隔两个人杀死一个人，直到剩下最后两个人为止. 但是，约瑟夫和一个未被告发的同谋者不希望无谓地自杀，于是他迅速计算出他和其朋友在这个险恶的圆圈中应该站的位置.

……，因此他的故事留传了下来.

我们这个问题略有变化，从围成标有记号1到 n 的圆圈的 n 个人开始，每隔一个删去一个人，直到只有一个人幸存下来. 例如 $n=10$ 的起始图形： $\boxed{8}$

$n=0$ 的情形没有意义.

消去的顺序是2，4，6，8，10，3，7，1，9，于是5幸存下来. 问题：确定幸存者的号码 $J(n)$.

我们刚才看到 $J(10)=5$. 我们或许会猜想 n 为偶数时有 $J(n)=\dfrac{n}{2}$，$n=2$ 的情形支持这一猜想：$J(2)=1$. 但是其他几个小的情形打消了我们的这个念头，这一猜想对 $n=4$ 和 $n=6$ 不成立.

n	1	2	3	4	5	6
$J(n)$	1	1	3	1	3	5

即便如此，错误的猜想也并不意味着浪费时间，因为它将我们吸引到了该问题中.

现在我们重新开始，试试更好的猜想. 嗯……，$J(n)$ 看起来总是奇数. 事实上，对此有一个好的解释：绕这个圆走第一圈就消除了所有偶数号码. 此外，如果 n 是偶数，那么除了人数仅剩下一半且他们的号码有变化之外，我们得到的是与一开始类似的情形.

所以我们假设一开始有 $2n$ 个人. 经过第一轮后剩下的是：

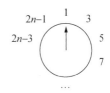

3号就是下一个要离开的人. 除了每个人的号码加倍并减去1之外，这正像对 n 个人开始时的情形. 就是说

$$J(2n) = 2J(n) - 1， n \geqslant 1.$$

现在可以快步过渡到大的 n. 例如，我们知道有 $J(10) = 5$，所以

$$J(20) = 2J(10) - 1 = 2 \times 5 - 1 = 9.$$

类似地有 $J(40) = 17$，且我们可以推出 $J(5 \times 2^m) = 2^{m+1} + 1$.

对于奇数的情形，结果又如何呢? 对于 $2n+1$ 个人，显然标号为1的人恰好是在标号为 $2n$ 的人后面被删除，剩下的是：

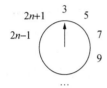

我们再次得到与有 n 个人开始时几乎相同的情形，但是这一次他们的号码加倍并增加了1. 从而

$$J(2n+1) = 2J(n) + 1， n \geqslant 1.$$

把这些方程和 $J(1) = 1$ 组合起来，就给出在所有情形下定义 J 的递归式：

$$\begin{aligned} J(1) &= 1； \\ J(2n) &= 2J(n) - 1， n \geqslant 1； \\ J(2n+1) &= 2J(n) + 1， n \geqslant 1. \end{aligned} \tag{1.8}$$

这次不是由 $J(n-1)$ 得到 $J(n)$，但这个递归式要"有效"得多，因为每次用到它的时候，它都要用一个因子2来缩减 n 或胜于此. 比方说，我们可以仅用式（1.8）19次就能算出 $J(1000000)$. 但我们仍然要寻求一个封闭形式，因为封闭形式计算起来更快，也蕴涵更丰富的信息. 毕竟，这是一个生死攸关的问题.

有了递归式，我们可以对很小的值快速做出一张表. 我们似乎可以看出它的规律，而且猜出问题的答案.

n	1	2	3	4	5	6	7	8	9	10	11	12	13	14	15	16
$J(n)$	1	1	3	1	3	5	7	1	3	5	7	9	11	13	15	1

找到啦! 看来似乎可以按照2的幂将表中的数据分组（在表中用竖线分隔开），在每一组的开始 $J(n)$ 总是等于1，并且组里的数据每次递增2. 因此，如果我们将 n 写成 $n = 2^m + l$ 的形式，其中 2^m 是不超过 n 的2的最大幂，而 l 则是剩下的数，那么递归式的解看起来是

$$J(2^m + l) = 2l + 1， m \geqslant 0， 0 \leqslant l < 2^m. \tag{1.9}$$

（注意，如果 $2^m \leqslant n < 2^{m+1}$，则余下来的数 $l = n - 2^m$ 满足 $0 \leqslant l < 2^{m+1} - 2^m = 2^m$.）

现在必须给出式（1.9）的证明. 以往我们用的是归纳法，这一次我们对 m 用归纳法. 当 $m = 0$ 时必定有 $l = 0$，于是式（1.9）的基础就是 $J(1) = 1$，此结论为真. 归纳证明分成两个

这是其中的巧妙之处：我们有 $J(2n) = $ newnumber $(J(n))$，其中 newnumber $(k) = 2k - 1$.

奇数的情形? 嘿，把我兄弟排除在外.

有一个更简单的方法！关键的事实在于对所有 m 都有 $J(2^m)=1$，而这可以由第一个方程 $J(2n)=2J(n)-1$ 立即推出. 故而我们知道，每当 n 是2的幂时，第一个人将幸存下来. 而在 $n=2^m+l$ 的一般情形下，经过 l 次行刑后，人数缩减成2的幂. 此时留下来的第一个人，即幸存者，是标号为 $2l+1$ 者.

部分，按照 l 是偶数还是奇数而定. 如果 $m>0$ 且 $2^m+l=2n$，那么 l 是偶数，又根据式（1.8）和归纳假设，有

$$J(2^m+l)=2J(2^{m-1}+l/2)-1=2(2l/2+1)-1=2l+1 ,$$

这恰好是我们想要的结果. 在 $2^m+l=2n+1$ 为奇数的情形，有类似的证明成立. 我们或许还注意到，式（1.8）蕴涵着关系式

$$J(2n+1)-J(2n)=2 .$$

总之，这就完成了归纳法，也就证明了式（1.9）.

我们来举例说明式（1.9），计算 $J(100)$. 在这一情形下，我们有 $100=2^6+36$，故有 $J(100)=2\times36+1=73$.

既然已经啃掉了硬骨头（解决了该问题），下面就来研究一个容易的问题：问题的每一个解都可以加以推广，使得它能应用于一类更为广泛的问题. 一旦掌握了一项技巧，我们就应仔细琢磨看利用它可以走多远，这是一件很有启发意义的事. 因此，在本节剩下的部分，我们要来讨论解（1.9），并且探讨递归式（1.8）的某些推广. 这些探讨将会揭示所有这类问题背后所隐藏的结构.

在我们的求解过程中，2的幂起着重要的作用，所以自然要来研究 n 和 $J(n)$ 的以2为基数的表示. 假设 n 的二进制展开式是

$$n=(b_m b_{m-1}\cdots b_1 b_0)_2 ,$$

也就是说，

$$n=b_m 2^m+b_{m-1}2^{m-1}+\cdots+b_1 2+b_0 ,$$

其中每个 b_i 为0或1，而首位数字 b_m 是1. 注意 $n=2^m+l$，我们依次就有

$$n=(1 b_{m-1} b_{m-2}\cdots b_1 b_0)_2 ,$$
$$l=(0 b_{m-1} b_{m-2}\cdots b_1 b_0)_2 ,$$
$$2l=(b_{m-1} b_{m-2}\cdots b_1 b_0 0)_2 ,$$
$$2l+1=(b_{m-1} b_{m-2}\cdots b_1 b_0 1)_2 ,$$
$$J(n)=(b_{m-1} b_{m-2}\cdots b_1 b_0 b_m)_2 .$$

（最后一步由 $J(n)=2l+1$ 以及 $b_m=1$ 推出.）我们就证明了

$$J\big((b_m b_{m-1}\cdots b_1 b_0)_2\big)=(b_{m-1}\cdots b_1 b_0 b_m)_2 . \tag{1.10}$$

11

用计算机程序设计的行话说就是，n 向左循环移动一位就得到 $J(n)$！令人不可思议. 例如，如果 $n=100=(1100100)_2$，那么 $J(n)=J((1100100)_2)=(1001001)_2$，它等于 $64+8+1=73$. 如果我们过去一直在用二进制进行计算，也许就会立马发现这个模式.

（这里"迭代"就是把一个函数应用到自身.）

如果我们从 n 开始，并对函数 J 迭代 $m+1$ 次，那么就做了 $m+1$ 次循环移位. 由于 n 是一个 $m+1$ 位的数，因此我们或许会期待再次得到 n 来结束循环. 但是事实并不一定如此. 例如，如果 $n=13$，我们就有 $J((1101)_2)=(1011)_2$，而此后却有 $J((1011)_2)=(111)_2$，故而该过程中断. 当0成为首位时，它就会消失掉. 实际上，根据定义 $J(n)$ 必定总是 $\leqslant n$，这是因为 $J(n)$ 是幸存者的号码；于是，如果 $J(n)<n$，那么继续迭代下去永远也不可能回到 n.

重复运用 J 就会得到一列递减的值, 它们最终到达一个"不动点", 在该点有 $J(n)=n$. 利用循环移位性质容易看出, 不动点将是: 对函数迭代足够多的次数总是会产生出全由1组成的形式, 它的值是 $2^{\nu(n)}-1$, 其中 $\nu(n)$ 是 n 的二进制表示中1的个数. 于是, 由于 $\nu(13)=3$, 我们有

$$\overbrace{J\big(J(\cdots J}^{2\text{个或者更多个}J}(13)\cdots)\big)=2^3-1=7.$$

类似地有

$$\overbrace{J\big(J(\cdots J}^{8\text{个或者更多个}J}\big((101101101101011)_2\big)\cdots)\big)=2^{10}-1=1023.$$

结果令人称奇, 但正确无误.

让我们暂时回到第一个猜测: 当 n 为偶数时有 $J(n)=\dfrac{n}{2}$. 它在一般情形下显然并不成立, 不过现在我们可以确定它在什么情形下成立:

$$J(n)=\frac{n}{2},$$
$$2l+1=(2^m+l)/2,$$
$$l=\frac{1}{3}(2^m-2).$$

如果这个数 $l=\dfrac{1}{3}(2^m-2)$ 是整数, 那么 $n=2^m+l$ 就是一个解, 这是因为 l 小于 2^m. 不难验证, 当 m 为奇数时, 2^m-2 是3的倍数, 但当 m 为偶数时则不然 (我们将在第4章里来研究这样的对象). 于是方程 $J(n)=\dfrac{n}{2}$ 有无穷多个解, 前面的几个解如下.

m	l	$n=2^m+l$	$J(n)=2l+1=n/2$	n (二进制)
1	0	2	1	10
3	2	10	5	1010
5	10	42	21	101010
7	42	170	85	10101010

注意最右列的形状. 这些是二进制数, 对它们向左循环移动一位与通常的向右移动一位 (减半), 会产生同样的结果.

好的, 我们非常了解函数 J 了, 下一步是对它加以推广. 如果我们的问题产生了与 (1.8) 有些相像的递归式 (不过有不同的常数), 将会发生什么? 此时我们或许还没有足够的运气猜出它的解, 因为解可能真的是稀奇古怪的. 引入常数 α、β 和 γ, 并力图对更加一般的递归式 (1.11) 求出一个封闭形式, 以此来研究这个问题.

$$\begin{aligned} f(1)&=\alpha;\\ f(2n)&=2f(n)+\beta,\quad n\geqslant 1;\\ f(2n+1)&=2f(n)+\gamma,\quad n\geqslant 1. \end{aligned} \tag{1.11}$$

足以令人奇怪的是, 如果 M 是一个 n ($n>1$) 维紧的 C^∞ 流形, 那么存在从 M 到 $\mathbb{R}^{2n-\nu(n)}$ 的一个可微浸入, 但它不一定是到 $\mathbb{R}^{2n-\nu(n)-1}$ 的可微浸入. 我很好奇的是, 约瑟夫是否也是一位拓扑学者?

看起来像是天书.

（原来的递归式中有 $\alpha = 1$、$\beta = -1$ 以及 $\gamma = 1$.）从 $f(1) = \alpha$ 出发并按我们的思路做下去，可以对小的 n 值构造出如下一般性的表：

n	$f(n)$
1	α
2	$2\alpha + \beta$
3	$2\alpha \qquad + \gamma$
4	$4\alpha + 3\beta$
5	$4\alpha + 2\beta + \gamma$
6	$4\alpha + \beta + 2\gamma$
7	$4\alpha \qquad + 3\gamma$
8	$8\alpha + 7\beta$
9	$8\alpha + 6\beta + \gamma$

（1.12）

看起来 α 的系数是不超过 n 的2的最大幂. 此外，在2的幂之间，β 的系数递减1直到得到0，而 γ 的系数则从0开始递增1. 于是，如果把 $f(n)$ 对 α、β 和 γ 的依存关系分离开来，我们就把它表示成形式

$$f(n) = A(n)\alpha + B(n)\beta + C(n)\gamma,\qquad(1.13)$$

看起来有

$$
\begin{aligned}
A(n) &= 2^m\,;\\
B(n) &= 2^m - 1 - l\,;\\
C(n) &= l\,.
\end{aligned}
\qquad(1.14)
$$

如通常一样，这里有 $n = 2^m + l$ 以及 $0 \leqslant l < 2^m$（$n \geqslant 1$）.

用归纳法证明（1.13）和（1.14）并不太困难，但是计算比较麻烦且不能提供更多有用的信息. 幸而有一个更好的方法，是通过选取特殊的值，然后将它们组合起来. 我们考虑 $\alpha = 1$，$\beta = \gamma = 0$ 这一特殊情形来对此方法加以说明，此时假设 $f(n)$ 等于 $A(n)$：递归式（1.11）就变成

$$
\begin{aligned}
A(1) &= 1\,;\\
A(2n) &= 2A(n)\,, \quad n \geqslant 1\,;\\
A(2n+1) &= 2A(n)\,, \quad n \geqslant 1\,.
\end{aligned}
$$

足以肯定的是，$A(2^m + l) = 2^m$ 为真（对 m 用归纳法）.

接下来，我们反过来使用递归式（1.11）以及解（1.13），从一个简单的函数 $f(n)$ 出发，并研究是否有任何常数 (α, β, γ) 能定义它. 比方说，把常数函数 $f(n) = 1$ 代入（1.11）得到

$$
\begin{aligned}
1 &= \alpha\,;\\
1 &= 2\times 1 + \beta\,;\\
1 &= 2\times 1 + \gamma\,;
\end{aligned}
$$

请准备好，我们要加快速度了，下一部分是新内容.

绝妙的主意！

13

从而满足这些方程的值 $(\alpha,\beta,\gamma)=(1,-1,-1)$ 将给出 $A(n)-B(n)-C(n)=f(n)=1$. 类似地，我们可以代入 $f(n)=n$：

$$1=\alpha\,;$$
$$2n=2\times n+\beta\,;$$
$$2n+1=2\times n+\gamma\,.$$

当 $\alpha=1,\ \beta=0$ 以及 $\gamma=1$ 时，这些方程对所有的 n 都成立，所以不需要用归纳法来证明这些参数会给出 $f(n)=n$. 我们已经知道，$f(n)=n$ 是这种情形的解，因为递归式（1.11）对每个 n 的值都唯一地定义 $f(n)$.

现在我们基本上完成了！我们证明了，在一般情形解递归式（1.11）时，所得到的解（1.13）中的函数 $A(n)$、$B(n)$ 和 $C(n)$ 满足方程

$$A(n)=2^m\,,\ \text{其中}\ n=2^m+l\ \text{且}\ 0\leqslant l<2^m\,;$$
$$A(n)-B(n)-C(n)=1\,;$$
$$A(n)+C(n)=n\,.$$

我们在（1.14）中的猜想就立即被推出，这是因为我们可以求解这些方程，得到

$$C(n)=n-A(n)=l$$

以及

$$B(n)=A(n)-1-C(n)=2^m-1-l\,.$$

这一做法描绘出对求解递归式有惊人效果的 **成套方法**（repertoire method）. 首先我们来寻求一组已知其解的通用参数，这会给我们一整套可以求解的特殊情形. 然后将特殊情形组合起来得到一般的情形. 有多少个独立的参数（我们的例子中有三个，即 α、β 和 γ）就需要有多少个独立的特解. 习题16和习题20提供了更多这种成套解法的例子.

我们知道，原来的约瑟夫递归式有个奇妙的解，写成二进制就是：

$$J\big((b_m b_{m-1}\cdots b_1 b_0)_2\big)=(b_{m-1}\cdots b_1 b_0 b_m)_2\,,\ \text{其中}\ b_m=1\,.$$

推广的约瑟夫递归式是否也有这样奇妙的解呢？

的确如此，为什么不呢？如果令 $\beta_0=\beta$ 以及 $\beta_1=\gamma$，那么我们可以把推广的递归式（1.11）改写成

$$f(1)=\alpha\,;$$
$$f(2n+j)=2f(n)+\beta_j\,,\quad j=0,1\,,\quad n\geqslant 1\,. \tag{1.15}$$

这个递归式按照二进制展开就是

$$
\begin{aligned}
f\big((b_m b_{m-1}\cdots b_1 b_0)_2\big)&=2f\big((b_m b_{m-1}\cdots b_1)_2\big)+\beta_{b_0}\\
&=4f\big((b_m b_{m-1}\cdots b_2)_2\big)+2\beta_{b_1}+\beta_{b_0}\\
&\ \ \vdots\\
&=2^m f\big((b_m)_2\big)+2^{m-1}\beta_{b_{m-1}}+\cdots+2\beta_{b_1}+\beta_{b_0}\\
&=2^m\alpha+2^{m-1}\beta_{b_{m-1}}+\cdots+2\beta_{b_1}+\beta_{b_0}\,.
\end{aligned}
$$

要注意，作者期待我们通过形象直观的实例体验出成套方法的思想，而不是给我们一个无所不包的介绍. 这一方法运用于"线性的"递归式时最为成功，这里线性的含义是，它的解可以表示成任意参数与 n 的函数的乘积之和，如同在（1.13）中那样. 等式（1.13）是其中的关键所在.

14

假设我们现在解除二进制表示,允许任意的数字,而不仅是数字0和1,那么上述推导告诉我们

$$f\big((b_m b_{m-1} \cdots b_1 b_0)_2\big) = (\alpha \beta_{b_{m-1}} \beta_{b_{m-2}} \cdots \beta_{b_1} \beta_{b_0})_2 . \qquad (1.16)$$

很好. 如果把式(1.12)用另一种方式写成:

n	$f(n)$
1	α
2	$2\alpha + \beta$
3	$2\alpha + \gamma$
4	$4\alpha + 2\beta + \beta$
5	$4\alpha + 2\beta + \gamma$
6	$4\alpha + 2\gamma + \beta$
7	$4\alpha + 2\gamma + \gamma$

我们就能更早些看到这种规律.

例如,当 $n = 100 = (1100100)_2$ 时,与前相同,原来的约瑟夫值 $\alpha = 1$、$\beta = -1$ 和 $\gamma = 1$ 给出

n	=	(	1	1	0	0	1	0	0	$)_2$ = 100
$f(n)$	=	(	1	1	-1	-1	1	-1	-1	$)_2$
	=		+64	+32	-16	-8	+4	-2	-1	= 73

由于在 n 的二进制表示中每一块二进制数字 $(10\cdots00)_2$ 都被变换成

$$(1-1\cdots-1-1)_2 = (00\cdots01)_2 ,$$

因而这就推出循环移位性质.

所以,改变表示法使得我们对于一般的递归式(1.15)给出了紧凑的解(1.16). 如果真的不受限制,我们现在就可以进一步加以推广. 递归式

$$\begin{aligned} f(j) &= \alpha_j , & 1 \le j < d ; \\ f(dn+j) &= cf(n) + \beta_j , & 0 \le j < d , \ n \ge 1 \end{aligned} \qquad (1.17)$$

与上一个递归式是相同的,除了这里是从基数为 d 的数着手,而产生的值是用基数 c 表示之外. 这就是说,它有变动基数的解

$$f\big((b_m b_{m-1} \cdots b_1 b_0)_d\big) = (\alpha_{b_m} \beta_{b_{m-1}} \beta_{b_{m-2}} \cdots \beta_{b_1} \beta_{b_0})_c . \qquad (1.18)$$

例如,假设凑巧,给定递归式

$$\begin{aligned} f(1) &= 34 ; \\ f(2) &= 5 ; \\ f(3n) &= 10f(n) + 76 , & n \ge 1 ; \\ f(3n+1) &= 10f(n) - 2 , & n \ge 1 ; \\ f(3n+2) &= 10f(n) + 8 , & n \ge 1 ; \end{aligned}$$

15

("解除"等同于"摧毁")

我想我得到它了:
$A(n)$、$B(n)$ 和 $C(n)$ 的二进制表示中,1 在不同的位置上.

"有两种推广. 一种没有什么价值,另一种则是有价值的. 没什么思想、仅凭唬人的专门术语做推广是很容易做到的. 颇为困难的是从若干好的素材中提取出一份精致凝练的精品."
——波利亚[297]

并假设我们要计算 $f(19)$. 这里，有 $d=3$ 以及 $c=10$. 现在有 $19 = (201)_3$，而变动基数的解告诉我们，需要做从基数3到基数10的逐位数字替换. 故而首位数字2变为5，而0和1分别变成76和 -2，这就给出

$$f(19) = f((201)_3) = (5\ 76\ -2)_{10} = 1258,$$

这就是我们的答案.

于是，约瑟夫以及犹太罗马战争把我们引向了某种有趣的一般递归式.

这次似乎是坏运当头.

一般来说，我反对再次发生（recurrence）战争.

习题

热身题

请完成各章的热身题!

——作者

1   所有的马都有同样的颜色，我们可以对给定集合中的马匹数量运用归纳法来证明之. 理由就是："如果恰有一匹马，那么它与它自身有相同的颜色，故而基础是显然的. 根据归纳法的步骤，假设有 n 匹马，标号从1到 n. 根据归纳假设，标号从1直到 $n-1$ 的马都有同样的颜色，类似地，标号从2直到 n 的马也有同样的颜色. 但是，处于中间位置标号从2直到 $n-1$ 的马，当它们在不同的马群中时不可能改变颜色，因为这些是马，而不是变色龙. 故而依据传递性可知，标号从1直到 n 的马也必定有同样的颜色，于是全部 n 匹马都有同样的颜色. 证毕. "如果这一推理有误，那么错在哪儿?

2   把有 n 个圆盘的塔从左边的桩柱A移动到右边的桩柱B，不允许在A和B之间直接移动，求最短的移动序列. （每一次移动都必须是移动到中间的桩柱或者从中间的桩柱移出. 像通常一样，较大的圆盘永远不能放在较小圆盘的上面. ）

3   证明，在上一题限制下的移动过程中，实际上，我们会在3根桩柱上都遇到 n 个圆盘的每一种正确的叠放.

4   是否存在 n 个圆盘在3根桩柱上的某种开始叠放或结束叠放，使得按照卢卡斯原来的规则，需要多于 $2^n - 1$ 次的移动?

5   由3个重叠的圆做成的维恩图常用来描述与3个给定集合有关的8个可能的子集：

由4个给定集合给出的16种可能的子集能否用4个重叠的圆来描述?

6   平面上由 n 条直线定义的某些区域是无界的，而另一些区域则是有界的. 有界区域的最大个数是多少?

7   设 $H(n) = J(n+1) - J(n)$. 方程（1.8）告诉我们有 $H(2n) = 2$，而对 $n \geq 1$ 有

$$H(2n+1) = J(2n+2) - J(2n+1) = (2J(n+1)-1) - (2J(n)+1) = 2H(n) - 2.$$

于是，看起来有可能通过对 n 用归纳法，证明对所有 n 都有 $H(n) = 2$. 这里什么地方有错?

作业题

8 解递归式

$$Q_0 = \alpha; \qquad Q_1 = \beta;$$
$$Q_n = (1 + Q_{n-1})/Q_{n-2}, \qquad n > 1.$$

假设对所有 $n \geq 0$ 都有 $Q_n \neq 0$. 提示：$Q_4 = (1+\alpha)/\beta$.

……现在这是一匹
不同颜色的马.

9 有时可以利用反向归纳法，它是从 n 到 $n-1$ 来证明命题，而不是相反！例如，考虑命题

$$P(n): \quad x_1 \cdots x_n \leq \left(\frac{x_1 + \cdots + x_n}{n}\right)^n, \quad x_1, \cdots, x_n \geq 0.$$

这对 $n = 2$ 为真，因为 $(x_1 + x_2)^2 - 4x_1 x_2 = (x_1 - x_2)^2 \geq 0$.

a 令 $x_n = (x_1 + \cdots + x_{n-1})/(n-1)$，证明只要 $n > 1$，$P(n)$ 就蕴涵 $P(n-1)$.

b 证明 $P(n)$ 和 $P(2)$ 蕴涵 $P(2n)$.

c 说明为什么这就蕴涵了 $P(n)$ 对所有 n 为真.

10 设 Q_n 是将一个有 n 个圆盘的塔从A移动到B所需要的最少移动次数，要求所有的移动都必须是顺时针方向的，也就是说，从A到B，从B到其他的桩柱，再从其他的桩柱到A．又设 R_n 是在这一限制下从B返回到A所需要移动的最少次数．证明

$$Q_n = \begin{cases} 0, & n = 0; \\ 2R_{n-1} + 1, & n > 0; \end{cases} \qquad R_n = \begin{cases} 0, & n = 0; \\ Q_n + Q_{n-1} + 1, & n > 0. \end{cases}$$

（无需解这些递归式，我们将在第7章里介绍怎样做．）

11 双重河内塔包含 $2n$ 个圆盘，它们有 n 种不同的尺寸，每一种尺寸的圆盘有两个．如通常那样，要求每次只能移动一个圆盘，且不能把较大的圆盘放在较小的圆盘上面．

a 如果相同尺寸的圆盘是相互不可区分的，要把一个双重塔从一根桩柱移动到另一根桩柱需要移动多少次？

b 如果在最后的排列中要把所有同样尺寸的圆盘恢复成原来的从上到下的次序，需要移动多少次？
提示：这是一个难题，实在应该是个"附加题"

12 我们进一步推广习题11a．假设圆盘具有 n 种不同的尺寸，且恰好有 m_k 个圆盘的尺寸是 k．当相同尺寸的圆盘被视为不可区分的时候，确定移动一个塔所需要的最少移动次数 $A(m_1, \cdots, m_n)$.

18

13 由 n 条Z形线所定义的区域的最大个数是多少？每条Z形线由两条平行的无限半直线和一条直线段组成.

$ZZ_2 = 12$

祝你好运，希望你能
把奶酪保持在原位.

14 在一块厚奶酪上划出五道直的切痕，可以得到多少块奶酪？（在你划切痕时，奶酪必须保持在它原来的位置上，且每道切痕必定与三维空间中的一个平面相对应．）对 P_n 求一个递归关系，这里 P_n 表示 n 个不同的平面所能定义的三维区域的最大个数.

15 约瑟夫有一个朋友，他站在倒数第二的位置上因而获救．当每隔一个人就有一人被处死时，倒数

第二个幸存者的号码 $I(n)$ 是多少?

16 用成套方法来求解一般的四参数递归式

$$g(1) = \alpha ;$$
$$g(2n + j) = 3g(n) + \gamma n + \beta_j ; \quad j = 0, 1 , \quad n \geq 1 .$$

提示:尝试用函数 $g(n) = n$.

考试题

17 当有 4 根而不是 3 根桩柱时,如果 W_n 是将一个有 n 个圆盘的塔从一根桩柱移动到另一根桩柱所需要的最少移动次数,证明

$$W_{n(n+1)/2} \leq 2W_{n(n-1)/2} + T_n , \quad n > 0 .$$

(这里 $T_n = 2^n - 1$ 是 3 根桩柱时所需要的最少移动次数.)利用这个结果求出 $f(n)$ 的一个封闭形式,使得对所有 $n \geq 0$ 都有 $W_{n(n+1)/2} \leq f(n)$.

18 证明如下的一组 n 条折线定义 Z_n 个区域,这里 Z_n 由(1.7)定义:第 j 条折线($1 \leq j \leq n$)的锯齿点在 $(n^{2j}, 0)$,并向上经过点 $(n^{2j} - n^j, 1)$ 与 $(n^{2j} - n^j - n^{-n}, 1)$.

19 当每一个锯齿的角度为 30° 时,有可能由 n 条折线得到 Z_n 个区域吗?

20 利用成套方法来解一般的五参数递归式

$$h(1) = \alpha ;$$
$$h(2n + j) = 4h(n) + \gamma_j n + \beta_j , \quad j = 0, 1 , \quad n \geq 1 .$$

这像一个"五星级"的一般递归式吗?

19

提示:尝试用函数 $h(n) = n$ 和 $h(n) = n^2$.

21 假设有 $2n$ 个人围成一个圆圈,前面 n 个人是"好伙计",而后面 n 个人是"坏家伙".证明总存在一个整数 q(与 n 有关),使得若在绕圆圈走时每隔 $q - 1$ 个人处死一人,那么所有的坏家伙就会是首先出局者(例如,当 $n = 3$ 时可取 $q = 5$;而当 $n = 4$ 时可取 $q = 30$).

附加题

22 证明:对 n 个给定集合的所有 2^n 个可能的子集,利用 n 个相互全等且绕一个公共中心旋转的凸多边形,有可能构造出一个维恩图.

23 假设约瑟夫发现自己处在给定位置 j,但是他有一次机会来指定淘汰参数 q,使得每隔 $q - 1$ 个人处死一人.他是否总能保全自己?

研究题

24 求所有形如

$$X_n = \frac{1 + a_1 X_{n-1} + \cdots + a_k X_{n-k}}{b_1 X_{n-1} + \cdots + b_k X_{n-k}}$$

的递归关系,使得无论初始值 $X_0, \cdots, X_{k-1}$ 如何,它的解都是周期的.

25 通过证明习题 17 的关系中的等号成立,来求解无穷多种情形的 4 根桩柱河内塔问题.

26 推广习题23. 我们说 $\{1,2,\cdots,n\}$ 的一个约瑟夫子集是由 k 个数组成的集合,对于某个 q,带有另外 $n-k$ 个号码的人将被首先清除掉. (这些就是约瑟夫想要拯救的"好伙计"所在的 k 个位置.) 已经清楚的是,当 $n=9$ 时,2^9 个可能的子集中有3个是非约瑟夫子集,即 $\{1,2,5,8,9\}$、$\{2,3,4,5,8\}$ 和 $\{2,5,6,7,8\}$. 当 $n=12$ 时,有13个非约瑟夫子集,而对满足 $n\leqslant 12$ 的其他任何值,没有非约瑟夫子集. 对于大的 n,非约瑟夫子集罕见吗?

是的,你若发现了它们,真是干得漂亮.

20

2

和　式
SUMS

数学中处处都有和式，所以我们需要一些基本的工具来处理它们．这一章要建立一些记号和一般性的技巧，使得求和简单易行．

2.1　记号　NOTATION

我们在第1章遇到了前 n 个整数的和，把它记为 $1+2+3+\cdots+(n-1)+n$ ．公式中的"…"告诉我们，要完整地计算包含的项所确定的模式．当然，我们还得注意像 $1+7+\cdots+41.7$ 这样的和式，如果没有释疑的上下文，它就没有意义．另一方面，包含3和 $(n-1)$ 这样的项也有点矫枉过正，如果我们直接写成 $1+2+\cdots+n$ ，这一模式就可以认为是表述清楚了．有时我们甚至会大胆地写成 $1+\cdots+n$ ．

我们将研究一般形式的和

$$a_1 + a_2 + \cdots + a_n, \tag{2.1}$$

其中每个 a_k 都是用某种方式定义的一个数．这一记号的优点是，如果我们有足够好的想象力，就可以"看见"整个和，就像能把它完整地写出来一样．

和式的每个元素 a_k 称为项（term）．这些项常常用易于领会其规律的公式来隐含说明，在这样的情形下，我们有时必须把它们写成展开的形式，以使得其意义清楚明白．例如，如果设想

$$1+2+\cdots+2^{n-1}$$

表示 n 项之和，而不是 2^{n-1} 项之和，我们就应该更明确地把它写成

$$2^0 + 2^1 + \cdots + 2^{n-1}.$$

这个三点记号"…"有多种用途，不过它有可能含糊不清且有点冗长累赘．还可用其他方式，尤其是有确定界限的表达形式

一学期（term）就是学习这门课程持续的时间．

"符号 $\sum_{i=1}^{i=\infty}$ 表示应该让整数 i 取遍所有的值 $1,2,3,\cdots$, 并且求这些项之和."
——J. 傅里叶[127]

$$\sum_{k=1}^{n} a_k ,\qquad(2.2)$$

它称为 Σ 符号, 因为用到希腊字母 Σ (大写的 σ). 这个记号告诉我们, 这个和式中正好包含其指标 k 取介于下限1和上限 n 之间 (上下限包含在内) 的整数的那些项 a_k. 换句话说, 我们"对 k 从1到 n 求和". 约瑟夫·傅里叶于1820年引入了这个有确定界限的 Σ 符号, 它随即风靡整个数学界.

附带提及, Σ 后面的量 (在这里是 a_k) 称为**被加数** (summand).

指标变量 k 被认为是与式 (2.2) 中的 Σ 符号密切相关的, 因为 a_k 中的 k 与 Σ 符号外出现的 k 无关. 任何其他字母都可以替代这里的 k 而不会改变 (2.2) 的含义. 常常会使用字母 i [似乎是因为它代表了"指标" (index)], 不过我们一般还是对 k 求和, 因为 i 另有重任, 要表示 $\sqrt{-1}$.

是的, 我不想用 a 或者 n 来替代式 (2.2) 中的 k 作为指标变量, 那些字母是"自由变量", 它们在 Σ 之外是有意义的.

现在已经明白, 一种推广的 Σ 符号甚至要比有确定界限的形式更加有用: 我们直接把一个或者多个条件写在 Σ 的下面, 以此指定求和所应该取的指标集. 例如, (2.1) 和 (2.2) 中的和式也可以写成

$$\sum_{1\leqslant k\leqslant n} a_k .\qquad(2.3)$$

在这个特殊的例子中, 新的形式与 (2.2) 没有太大区别, 但是一般形式的和允许我们对不限于连续整数的指标求和. 例如, 我们可以将不超过100的所有正奇数的平方和表示为

$$\sum_{\substack{1\leqslant k<100\\k\text{是奇数}}} k^2 .$$

而这个和式的有确定界限的等价形式

$$\sum_{k=0}^{49} (2k+1)^2$$

要更加繁琐不便, 且不清晰. 类似地, 1与 N 之间所有素数的倒数之和是

$$\sum_{\substack{p\leqslant N\\p\text{是素数}}} \frac{1}{p} ;$$

而有确定界限的形式则需要写成

$$\sum_{k=1}^{\pi(N)} \frac{1}{p_k} ,$$

其中 p_k 表示第 k 个素数, $\pi(N)$ 是 $\leqslant N$ 的素数个数. (附带指出, 这个和式给出了接近 N 的随机整数平均而言约有多少个素因子, 因为那些整数中大约有 $1/p$ 个能被 p 整除. 对于大的 N, 它的值近似等于 $\ln\ln N + M$, 其中

$$M \approx 0.261\ 497\ 212\ 847\ 642\ 783\ 755\ 426\ 838\ 608\ 695\ 859\ 051\ 566\ 6$$

22

是麦尔滕常数[271]，$\ln x$ 表示 x 的自然对数，而 $\ln\ln x$ 表示 $\ln(\ln x)$．）

一般 Σ 符号的最人好处是比有确定界限的形式更容易处理．例如，假设要将指标变量 k 改变成 $k+1$．由一般形式，我们就有

$$\sum_{1\leqslant k\leqslant n} a_k = \sum_{1\leqslant k+1\leqslant n} a_{k+1} ;$$

很容易看出所做的变动，我们几乎不需要思考就能做出这样的代换．但是对于有确定界限的形式，就有

$$\sum_{k=1}^{n} a_k = \sum_{k=0}^{n-1} a_{k+1} ;$$

不容易看出它发生了什么变化，而且更容易犯错误．

另一方面，有确定界限的形式也并非完全没有用．它漂亮而且简洁，相比较而言，由于（2.2）有7个符号而（2.3）有8个符号，故而可以很快写出式（2.2）．因此，当我们要陈述一个问题或者表述一个结论时，常会使用带有上下确定界限的 Σ，而当处理一个需要对指标变量做变换的和式时，则更愿意用在 Σ 下方列出关系的形式．

在这本书中，符号 Σ 要出现1000多次，所以我们要确信自己已经明确知道了它的含义．形式上，我们将

$$\sum_{P(k)} a_k \tag{2.4}$$

记为所有项 a_k 之和的缩写，其中的 k 是满足给定性质 $P(k)$ 的一个整数．（"性质 $P(k)$"是关于 k 的任何一个为真或者为假的命题．）我们暂时假定仅有有限多个满足 $P(k)$ 的整数 k 使得 $a_k \neq 0$；反之则有无穷多个非零的数相加，事情就会有点儿复杂．在另一种极端情形，如果对所有的整数 k，$P(k)$ 都不为真，我们就有一个"空的"和，任何空的和值都定义为零．

当一个和式出现在正文而不是给出的方程中时，就用一个对（2.4）稍加修改的形式写成 $\sum_{P(k)} a_k$，将性质 $P(k)$ 作为 Σ 的下标，从而使得公式不会太突出．类似地，当我们希望将记号限制在一行里的时候，$\sum_{k=1}^{n} a_k$ 就是（2.2）的另一种便于应用的选择．

人们常常想要使用

$$\sum_{k=2}^{n-1} k(k-1)(n-k) ,$$

而不是

$$\sum_{k=0}^{n} k(k-1)(n-k) .$$

因为在这个和式中 $k=0,1$ 以及 n 的项都等于零．将 $n-2$ 项相加而不是将 $n+1$ 项相加往往更为有效．但是不应该这样想，因为计算的有效性并不等同于理解的有效性！我们会发现，保持求和指标的上下限尽可能简单大有裨益，因为当求和的界限简单时，处理起来要容易得

求和符号看起来像一个扭曲的吃豆人①．

一个整齐的和式．

这没有什么．你应该看看在《伊利亚特》中 Σ 出现了多少次．

---

① 《吃豆人》（*pacman*）是Namco公司于1980年推出的一款经典游戏，目前仍是Namco的看家游戏之一．此款游戏的制作人是岩谷彻，Namco是由中村雅哉于1955年创立的中村制作所于1977年更名而来．

多. 的确, 形式 $\sum_{k=2}^{n-1}$ 会有含糊不清的风险, 因为当 $n=0$ 或者 $n=1$ 时, 它的含义根本就不清晰 (见习题1). 取零值的项不会带来问题, 反而常会免除许多麻烦.

到目前为止, 我们讨论的记号都相当标准, 不过现在我们要与惯用法彻底告别了. 肯尼斯·艾弗森在他的程序语言APL[191, 第11页; 也见220]中引入了一个奇妙的思想, 我们将会看到, 这一思想将会极大地简化我们在这本书里想要做的许多事情. 这一思想简单地把一个为真或为假的命题放在括号中, 其结果是1 (如果该命题为真), 或结果是为0 (如果该命题为假). 例如,

$$[p是素数] = \begin{cases} 1, & p是素数; \\ 0, & p不是素数. \end{cases}$$

嘿: 我在其他书中看到的Kronecker δ (我指的是 δ_{kn}, 当 $k=n$ 时它为1, 反之则为0) 恰好是艾弗森约定的一种特殊情形. 我们可以写成 $[k=n]$ 替代之.

无论对求和指标有何种要求, 艾弗森约定都使得我们可以不加限制条件来表示和式, 把 (2.4) 重新写成形式

$$\sum_k a_k[P(k)] \tag{2.5}$$

如果 $P(k)$ 为假, 那么项 $a_k[P(k)]$ 等于零, 所以我们可以安全地将它包含在要求和的各项之中. 因为不会由于边界条件而受到干扰, 我们可以容易地处理求和指标.

"我常常对 (这个记号) 新的重要应用惊讶不已."
——布鲁诺·德·费奈蒂[123]

有必要提及一点技术上的细节: 有时 a_k 并非对所有整数 k 都有定义. 当 $P(k)$ 为假时, 我们假设 $[P(k)]$ "必定是零" 来规避这个困难, 它就是零, 甚至 a_k 无定义时 $a_k[P(k)]$ 也等于零. 例如, 如果用艾弗森约定将 $\leq N$ 的素数倒数之和写成

$$\sum_p [p是素数][p \leq N] / p ,$$

当 $p=0$ 时就不会存在用零做除数的问题, 因为约定告诉我们 $[0是素数][0 \leq N]/0 = 0$.

我们来对到目前为止关于和式的讨论做个总结. 有两种好的方法来表达诸项之和. 一种方法利用 "$\cdots$", 另一种方法利用 Σ. 三点形式常提示有用的操作, 特别是相邻项的组合方式, 因为如果整个和式挂在我们眼前, 我们或许能想出一个简化模式. 但是, 太多的细节也有可能会让人手足无措. Σ 符号既紧凑, 又能让人印象深刻, 而且常常能给出三点形式所不明显具有的操作提示. 当我们处理 Σ 符号时, 为零的项一般不会有问题, 事实上, 零常常使得对 Σ 的处理更加容易.

"$\cdots$" 在考试中不太会由于 "缺乏严格性" 而丢分.

2.2 和式和递归式 SUMS AND RECURRENCES

好了, 现在我们知道如何用特定的符号表示和式了. 那又该如何来求和式的值呢? 一种方法是观察和式与递归式之间存在的密切关系. 和式

$$S_n = \sum_{k=0}^n a_k$$

等价于递归式

(不把 S_n 看成仅仅是一个单独的数, 而将它看成是一个对所有 $n \geq 0$ 都有定义的序列.)

$$\begin{aligned} S_0 &= a_0 ; \\ S_n &= S_{n-1} + a_n , \quad n > 0 . \end{aligned} \tag{2.6}$$

24

这样一来，利用在第 1 章里学到的用封闭形式求解递归式的方法，我们就可以用封闭形式计算和式的值.

例如，如果 a_n 等于一个常数加上 n 的一个倍数，那么和式–递归式（2.6）的一般形式犹如

$$R_0 = \alpha ;$$
$$R_n = R_{n-1} + \beta + \gamma n , \quad n > 0 . \qquad (2.7)$$

如同在第 1 章里那样，我们求得 $R_1 = \alpha + \beta + \gamma$，$R_2 = \alpha + 2\beta + 3\gamma$ 等，一般来说，它的解可以写成形式

$$R_n = A(n)\alpha + B(n)\beta + C(n)\gamma , \qquad (2.8)$$

其中 $A(n)$、$B(n)$ 和 $C(n)$ 是系数，它们依赖于一般的参数 α、β 和 γ.

使用成套方法，用 n 的简单函数来替代 R_n，希望能求出常数参数 α、β 和 γ，其中的解特别简单. 令 $R_n = 1$ 就意味着 $\alpha = 1$，$\beta = 0$，$\gamma = 0$，从而

$$A(n) = 1 .$$

令 $R_n = n$ 就意味着 $\alpha = 0$，$\beta = 1$，$\gamma = 0$，从而

$$B(n) = n .$$

令 $R_n = n^2$ 就意味着 $\alpha = 0$，$\beta = -1$，$\gamma = 2$，从而

$$2C(n) - B(n) = n^2$$

且有 $C(n) = (n^2 + n) / 2$. 容易之极.

于是，如果我们想要计算

$$\sum_{k=0}^{n} (a + bk) ,$$

则和式–递归式（2.6）就转化成了（2.7），其中 $\alpha = \beta = a$，$\gamma = b$，而答案是

$$aA(n) + aB(n) + bC(n) = a(n+1) + b(n+1)n / 2 .$$

反过来，许多递归式都可以转化成为和式，所以，我们将在本章后面学习计算和式的特殊方法，这会帮助我们求解递归式，否则求解这些递归式有可能会很困难. 河内塔递归式就是一个恰当的例子：

$$T_0 = 0 ;$$
$$T_n = 2T_{n-1} + 1 , \quad n > 0 .$$

如果两边都用 2^n 来除，它可以写成特殊的形式（2.6）：

$$T_0 / 2^0 = 0 ;$$
$$T_n / 2^n = T_{n-1} / 2^{n-1} + 1 / 2^n , \quad n > 0 .$$

现在令 $S_n = T_n / 2^n$，我们就有

$$S_0 = 0 ;$$

实际上更容易，$\pi = \sum_{n \geqslant 0} \dfrac{8}{(4n+1)(4n+3)}$

$$S_n = S_{n-1} + 2^{-n}, \quad n > 0.$$

由此得到

$$S_n = \sum_{k=1}^{n} 2^{-k}.$$

26

（注意，和式中舍弃了 $k=0$ 的项.）几何级数的和

$$2^{-1} + 2^{-2} + \cdots + 2^{-n} = \left(\frac{1}{2}\right)^1 + \left(\frac{1}{2}\right)^2 + \cdots + \left(\frac{1}{2}\right)^n$$

将在本章的后部加以推导，可以证明它等于 $1 - \left(\frac{1}{2}\right)^n$，故而 $T_n = 2^n S_n = 2^n - 1$.

注意此递归式可以用 2^n 来除，从而在这一推导过程中我们将 T_n 转换成了 S_n. 这一技巧是一般技术的一个特殊情形，实际上一般技术可以将任何形如

$$a_n T_n = b_n T_{n-1} + c_n \tag{2.9}$$

的递归式转化成一个和式. 其思想在于用一个**求和因子**（summation factor）s_n 来乘两边：

$$s_n a_n T_n = s_n b_n T_{n-1} + s_n c_n.$$

因子 s_n 需要恰当地选取，以使得

$$s_n b_n = s_{n-1} a_{n-1}.$$

这样一来，如果记 $S_n = s_n a_n T_n$，我们就得到一个和式–递归式

$$S_n = S_{n-1} + s_n c_n.$$

从而

$$S_n = s_0 a_0 T_0 + \sum_{k=1}^{n} s_k c_k = s_1 b_1 T_0 + \sum_{k=1}^{n} s_k c_k,$$

而原来的递归式（2.9）的解就是

$$T_n = \frac{1}{s_n a_n}\left(s_1 b_1 T_0 + \sum_{k=1}^{n} s_k c_k\right). \tag{2.10}$$

（ s_1 的值消去了，所以它可以是除零以外的任何数. ）

例如，当 $n=1$ 时得到 $T_1 = (s_1 b_1 T_0 + s_1 c_1)/s_1 a_1 = (b_1 T_0 + c_1)/a_1$.

但是，我们怎样才能有足够的智慧求出正确的 s_n 呢？没有问题：关系式 $s_n = s_{n-1} a_{n-1}/b_n$ 可以被展开，从而我们发现，分式

$$s_n = \frac{a_{n-1} a_{n-2} \cdots a_1}{b_n b_{n-1} \cdots b_2} \tag{2.11}$$

或者这个值的任何适当的常数倍，会是一个合适的求和因子. 例如，河内塔递归式有 $a_n = 1$ 和 $b_n = 2$，由刚刚推导出来的一般方法可知，如果要把递归式转化为和式，那么 $s_n = 2^{-n}$ 就是一个用来相乘的好东西. 发现这个乘数并不需要闪光的思想灵感.

我们必须小心谨慎，永远不用 0 做除数. 只要所有的 a 和所有的 b 都不为零，那么求和因子方法就能奏效.

27

我们来把这些想法应用到"快速排序"研究中所出现的递归式，快速排序是计算机内部数据排序的一种最重要的方法. 当把它应用到有 n 个随机排列的项目时，用典型的快速排序方法所做的比较步骤的平均次数满足递归式

（快速排序是霍尔在1962年发明的[189].）

$$C_0 = C_1 = 0 ;$$

$$C_n = n + 1 + \frac{2}{n} \sum_{k=0}^{n-1} C_k , \quad n > 1 . \qquad (2.12)$$

嗯. 这看起来比我们以前见过的递归式要可怕得多，它包含一个对前面所有值求和的和式，且还要除以 n. 尝试小的情形，我们得到一些数据（$C_2 = 3$，$C_3 = 6$，$C_4 = \frac{19}{2}$），但这对消除我们的畏难情绪并没有任何作用.

然而，我们可以系统地来化解（2.12）的复杂性，首先避免除法，然后再规避掉符号 Σ. 想法是用 n 来乘两边，这就得到关系式

$$nC_n = n^2 + n + 2\sum_{k=0}^{n-1} C_k , \quad n > 1 ,$$

于是，如果我们用 $n-1$ 代替 n，就有

$$(n-1)C_{n-1} = (n-1)^2 + (n-1) + 2\sum_{k=0}^{n-2} C_k , \quad n-1 > 1 .$$

现在可以从第一个方程中减去这个方程，求和号就消失了：

$$nC_n - (n-1)C_{n-1} = 2n + 2C_{n-1} , \quad n > 2 .$$

这样一来，原来关于 C_n 的递归式就转化为一个简单得多的递归式：

$$C_0 = C_1 = 0 ; \quad C_2 = 3 ;$$
$$nC_n = (n+1)C_{n-1} + 2n , \quad n > 2 .$$

进了一步. 由于这个递归式形如（2.9），其中 $a_n = n$，$b_n = n+1$，且

$$c_n = 2n - 2[n=1] + 2[n=2] ,$$

故而我们现在能用求和因子方法. 前面描述的一般方法告诉我们，要用

$$s_n = \frac{a_{n-1}a_{n-2}\cdots a_1}{b_n b_{n-1}\cdots b_2} = \frac{(n-1)\times(n-2)\times\cdots\times 1}{(n+1)\times n \times\cdots\times 3} = \frac{2}{(n+1)n}$$

的某个倍数来遍乘该递归式. 根据（2.10），它的解就是

$$C_n = 2(n+1)\sum_{k=1}^{n} \frac{1}{k+1} - \frac{2}{3}(n+1) , \quad n > 1 .$$

我们从递归式中的 Σ 开始，并且努力规避它. 但在应用求和因子之后，我们又与另一个 Σ 不期而遇. 和式究竟是好，是坏，抑或是其他的什么？

最后出现的这个和式与应用中频繁出现的一个量颇为相似. 事实上，因为它出现得如此频繁，我们将给它一个特殊的名称和一个特别的记号：

$$H_n = 1 + \frac{1}{2} + \cdots + \frac{1}{n} = \sum_{k=1}^{n} \frac{1}{k} . \qquad (2.13)$$

字母 H 表示"调和的"，H_n 称为一个**调和数**（harmonic number）. 之所以这样命名，是因为

小提琴弦所产生的第 k 个泛音（harmonic）是弦长 $1/k$ 处所产生的基音.

我们可以通过将 C_n 表示为封闭形式来研究快速排序递归式（2.12）. 如果我们能用 H_n 来表示 C_n，这就将是可能的. C_n 公式中的和式是

$$\sum_{k=1}^{n}\frac{1}{k+1}=\sum_{1\leqslant k\leqslant n}\frac{1}{k+1}.$$

将 k 改为 $k-1$ 并修改边界条件，我们可以毫不费力地把它与 H_n 联系起来：

$$\sum_{1\leqslant k\leqslant n}\frac{1}{k+1}=\sum_{1\leqslant k-1\leqslant n}\frac{1}{k}$$

$$=\sum_{2\leqslant k\leqslant n+1}\frac{1}{k}$$

$$=\left(\sum_{1\leqslant k\leqslant n}\frac{1}{k}\right)-\frac{1}{1}+\frac{1}{n+1}=H_n-\frac{n}{n+1}.$$

但是你的拼写全错了（alwrong）.

好的（alright）! [1]我们已经发现了求解（2.12）所需要的和：当它被应用到有 n 个随机排列的数据项时，用快速排序方法做比较的平均次数是

$$C_n=2(n+1)H_n-\frac{8}{3}n-\frac{2}{3},\quad n>1. \tag{2.14}$$

如通常一样，我们验证小的情形是正确的：$C_2=3$，$C_3=6$.

29

不要和金融搞混了[2].

2.3　和式的处理　MANIPULATION OF SUMS

成功处理和式的关键在于，将一个 Σ 改变成另一个更简单或者更接近某个目标的 Σ. 通过学习一些基本的变换法则并在实践中练习使用它们，就会容易做到这点.

设 K 是任意一个有限整数集合. K 中元素的和式可以用三条简单的法则加以变换：

我的其他数学书对这些法则有不同的定义. [3]

$$\sum_{k\in K}ca_k=c\sum_{k\in K}a_k;\qquad （分配律） \tag{2.15}$$

$$\sum_{k\in K}(a_k+b_k)=\sum_{k\in K}a_k+\sum_{k\in K}b_k;\qquad （结合律） \tag{2.16}$$

$$\sum_{k\in K}a_k=\sum_{p(k)\in K}a_{p(k)}.\qquad （交换律） \tag{2.17}$$

为什么不把它称为 permutative，而称为 commutative 呢[4]?

运用分配律，我们能把常数移入和移出 Σ；运用结合律，我们可以把一个 Σ 分成两个部分，或者将两个 Σ 组合成一个；运用交换（commutative）律，我们可以按照愿意采用的任何方式来重新将求和项排序，这里 $p(k)$ 是所有整数集合的任意一个排列（permutation）. 例如，如果 $K=\{-1,\ 0,\ +1\}$ 且 $p(k)=-k$，那么运用这三条法则就有

$$ca_{-1}+ca_0+ca_1=c(a_{-1}+a_0+a_1),\quad （分配律）$$

---

① 正文中"好的"一词用的是不规范的单词alright，这里"全错了"用的也是不规范单词alwrong，以相映成趣.

② "和式"的英文词sum还有总金额这一金融学的含义，故作者对这一节的标题有此一说.

③ 的确，尤其是这里定义的分配律和结合律，与通常数学书中这两个定律的定义有很大区别.

④ 英语词典中没有permutative这个词，而与commutative意思相近的另一个单词是permutable.

$$(a_{-1} + b_{-1}) + (a_0 + b_0) + (a_1 + b_1) = (a_{-1} + a_0 + a_1) + (b_{-1} + b_0 + b_1)，（结合律）$$
$$a_{-1} + a_0 + a_1 = a_1 + a_0 + a_{-1}.（交换律）$$

第1章里高斯的技巧可以看成是这三条基本法则的一个应用. 假设我们要计算一个**等差级数**（arithmetic progression）的一般和

$$S = \sum_{0 \leqslant k \leqslant n} (a + bk).$$

根据交换律，我们可以用 $n - k$ 代替 k，得到

$$S = \sum_{0 \leqslant n-k \leqslant n} \big(a + b(n-k)\big) = \sum_{0 \leqslant k \leqslant n} (a + bn - bk).$$

30

利用结合律，可以把这两个方程相加

$$2S = \sum_{0 \leqslant k \leqslant n} \big((a + bk) + (a + bn - bk)\big) = \sum_{0 \leqslant k \leqslant n} (2a + bn).$$

现在利用分配律，来计算平凡的和式：

$$2S = (2a + bn) \sum_{0 \leqslant k \leqslant n} 1 = (2a + bn)(n+1).$$

用2除，我们就证明了

$$\sum_{k=0}^{n} (a + bk) = \left(a + \frac{1}{2}bn\right)(n+1). \tag{2.18}$$

右边可以看成是第一项和最后一项的平均值（即 $\frac{1}{2}\big(a + (a+bn)\big)$）乘以项数（即 $(n+1)$）.

重要的是要记住，在一般的交换律（2.17）中的函数 $p(k)$ 都假设是所有整数的排列. 换句话说，对每个整数 n，都恰好存在一个整数 k，使得 $p(k) = n$. 否则交换律可能不成立，习题3就以极端的方式对此做了描述. 像 $p(k) = k + c$ 或者 $p(k) = c - k$（其中 c 是一个整数常数）这样的变换总是排列，故而它们总能奏效.

另一方面，我们能将排列限制稍微放松一点点：我们只需要求，当 n 是指标集 K 的一个元素时，恰好有一个整数 k 满足 $p(k) = n$. 如果 $n \notin K$（也就是说，如果 n 不在 K 中），那么不管 $p(k) = n$ 以怎样的频率出现都无关紧要，因为这样的 k 不出现在此和式中. 例如，由于当 $n \in K$ 且 n 是偶数时恰好有一个 k 使得 $2k = n$，故而我们可以主张

$$\sum_{\substack{k \in K \\ k\text{是偶数}}} a_k = \sum_{\substack{n \in K \\ n\text{是偶数}}} a_n = \sum_{\substack{2k \in K \\ 2k\text{是偶数}}} a_{2k} = \sum_{2k \in K} a_{2k}. \tag{2.19}$$

通过公式中间的逻辑命题来得到0或者1的艾弗森约定，可以与分配律、结合律以及交换律一起使用，以导出和式的其他性质. 例如，下面是将不同的指标集组合在一起的一个重要法则：如果 K 和 K' 是整数的任意集合，那么

$$\sum_{k \in K} a_k + \sum_{k \in K'} a_k = \sum_{k \in K \cap K'} a_k + \sum_{k \in K \cup K'} a_k. \tag{2.20}$$

这是由一般的公式

$$\sum_{k \in K} a_k = \sum_{k} a_k [k \in K] \tag{2.21}$$

这有点像在积分号内做变量代换，不过更加容易.

"1加1加1加1加1加1加1加1等于多少？"
"我不知道，"Alice 说，"我算糊涂了."
"她不会做加法."
——刘易斯·卡罗尔[50]

其他的（additional），呃?

和

$$[k \in K] + [k \in K'] = [k \in K \cap K'] + [k \in K \cup K']$$ （2.22） 31

推出的. 如同在

$$\sum_{k=1}^{m} a_k + \sum_{k=m}^{n} a_k = a_m + \sum_{k=1}^{n} a_k , \quad 1 \leqslant m \leqslant n$$

中那样，利用法则（2.20）把两个几乎不相交的指标集合并起来，或者像在

（这里交换了（2.20）的两边.）

$$\sum_{0 \leqslant k \leqslant n} a_k = a_0 + \sum_{1 \leqslant k \leqslant n} a_k , \quad n \geqslant 0$$ （2.23）

中那样，把单独一项从和式中分出去.

把一项分出去的运算是**扰动法**（perturbation method）的基础，利用扰动法，我们常常可以用封闭形式来计算一个和式. 其思想是从一个未知的和式开始，并记它为 S_n：

$$S_n = \sum_{0 \leqslant k \leqslant n} a_k .$$

（命名并求解.）然后，通过将它的最后一项和第一项分离出来，用两种方法重新改写 S_{n+1}：

$$\begin{aligned}
S_n + a_{n+1} &= \sum_{0 \leqslant k \leqslant n+1} a_k = a_0 + \sum_{1 \leqslant k \leqslant n+1} a_k \\
&= a_0 + \sum_{1 \leqslant k+1 \leqslant n+1} a_{k+1} \\
&= a_0 + \sum_{0 \leqslant k \leqslant n} a_{k+1}
\end{aligned}$$ （2.24）

现在我们可以对最后那个和式加以处理，并尝试用 S_n 将它表示出来. 如果取得成功，我们就得到一个方程，它的解就是我们所求的和式.

例如，我们用这个方法来求一般的**几何级数**（geometric progression）的和

如果它是几何的，就应该有一个几何的证明.

$$S_n = \sum_{0 \leqslant k \leqslant n} ax^k .$$

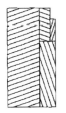

由（2.24）中一般的扰动法格式，我们有

$$S_n + ax^{n+1} = ax^0 + \sum_{0 \leqslant k \leqslant n} ax^{k+1} ,$$

根据分配律，右边的和式等于 $x \sum_{0 \leqslant k \leqslant n} ax^k = xS_n$. 于是，$S_n + ax^{n+1} = a + xS_n$，我们可以对 S_n 求解，得到

啊，是的，这个公式在中学时就已经反复背诵了.

$$\sum_{k=0}^{n} ax^k = \frac{a - ax^{n+1}}{1 - x} , \quad x \neq 1 .$$ （2.25） 32

（当 $x = 1$ 时，这个和当然就直接等于 $(n+1)a$.）右边可以视为和式中的第一项减去在此级数之外的第一项（级数最后一项的后面一项），再除以1减去公比.

那几乎太容易了. 我们在稍微难一些的和式

$$S_n = \sum_{0 \leqslant k \leqslant n} k2^k$$

上来尝试使用扰动技术. 在此情形下，有 $S_0 = 0$，$S_1 = 2$，$S_2 = 10$，$S_3 = 34$，$S_4 = 98$，一

般的公式是什么呢？根据（2.24），有

$$S_n + (n+1)2^{n+1} = \sum_{0 \le k \le n} (k+1)2^{k+1},$$

所以我们想要用 S_n 来表示右边的和式．好的，我们借助结合律将它分成两个和式

$$\sum_{0 \le k \le n} k2^{k+1} + \sum_{0 \le k \le n} 2^{k+1},$$

这两个和式中的第一个等于 $2S_n$．另一个和式是个几何级数，由（2.25），它等于 $(2-2^{n+2})/(1-2) = 2^{n+2}-2$．于是，我们有 $S_n + (n+1)2^{n+1} = 2S_n + 2^{n+2}-2$，而通过代数计算就得到

$$\sum_{0 \le k \le n} k2^k = (n-1)2^{n+1}+2.$$

现在我们就理解了为什么有 $S_3 = 34$：它是32+2，而不是 2×17．

用 x 代替2，类似的推导将会给出方程 $S_n + (n+1)x^{n+1} = xS_n + (x-x^{n+2})/(1-x)$，故而我们得出

$$\sum_{k=0}^{n} kx^k = \frac{x - (n+1)x^{n+1} + nx^{n+2}}{(1-x)^2}, \quad x \ne 1. \tag{2.26}$$

有意思的是，我们可以用一种完全不同的方法，即微积分的初等技巧来推导出这个封闭形式．如果我们从方程

$$\sum_{k=0}^{n} x^k = \frac{1-x^{n+1}}{1-x}$$

开始，并在两边关于 x 求导，就得到

$$\sum_{k=0}^{n} kx^{k-1} = \frac{(1-x)\left(-(n+1)x^n\right) + 1 - x^{n+1}}{(1-x)^2} = \frac{1-(n+1)x^n + nx^{n+1}}{(1-x)^2},$$

因为和式的导数等于它的各项导数之和．我们将在后续几章中看到微积分与离散数学之间更多的联系.

2.4   多重和式   MULTIPLE SUMS

一个和式的项可以用两个或者更多的指标来指定，而不是仅由一个指标来指定．例如，下面是一个有九项的二重和式，它由两个指标 j 和 k 所掌控：

$$\sum_{1 \le j,k \le 3} a_j b_k = a_1 b_1 + a_1 b_2 + a_1 b_3 + a_2 b_1 + a_2 b_2 + a_2 b_3 + a_3 b_1 + a_3 b_2 + a_3 b_3.$$

对这样的和式，我们使用与对单个指标集的和式同样的记号和方法．于是，如果 $P(j,k)$ 是 j 与 k 的一种性质，所有使得 $P(j,k)$ 为真的项 $a_{j,k}$ 之和可以用两种方式表示．一种用艾弗森约定且对所有的整数对 j 与 k 求和：

$$\sum_{P(j,k)} a_{j,k} = \sum_{j,k} a_{j,k} \left[P(j,k) \right].$$

它只需要一个符号 Σ，尽管这里有多于一个求和指标，Σ 表示对所有适用的指标组合求和.

哦，不，一个九学期（term）的管理者.

注意，这并不是说对所有 $j \ge 1$ 和所有 $k \le 3$ 求和.

当谈论一个和式的和式时，我们有时也会使用两个 Σ 符号．例如，

$$\sum_j \sum_k a_{j,k}[P(j,k)]$$

就是

$$\sum_j \left(\sum_k a_{j,k}[P(j,k)] \right)$$

多重 Σ 从右向左计算（由内而外）．

的缩写，这是 $\sum_k a_{j,k}[P(j,k)]$ 对所有整数 j 求和的和式，而 $\sum_k a_{j,k}[P(j,k)]$ 是项 $a_{j,k}$ 对使得 $[P(j,k)]$ 为真的所有整数 k 求和的和式．在这样的情形，我们就说此二重和式"首先关于 k 求和"．多于一个指标的和式可以首先对它的任何一个指标求和．

在这方面，我们有一个称为**交换求和次序**（interchanging the order of summation）的基本法则，它推广了我们早先见过的结合律（2.16）：

$$\sum_j \sum_k a_{j,k}[P(j,k)] = \sum_{P(j,k)} a_{j,k} = \sum_k \sum_j a_{j,k}[P(j,k)]. \qquad (2.27)$$

34

这一法则的中间项是对两个指标求和的和式．在左边，$\sum_j \sum_k$ 表示先对 k 求和，然后对 j 求和．而在右边，$\sum_k \sum_j$ 表示先对 j 求和，然后对 k 求和．实践中，当我们想用封闭形式计算一个二重和式时，通常先对一个指标求和会比先对另一个指标求和更容易些，所以我们要选取那种更加方便的求和顺序．

谁紧张啦？我认为这个法则与第1章里的某些内容相比，更显而易见一些．

不必对和式的和式感到紧张，不过它们可能会让初学者费解，所以我们来多举几个例子．开始给出的九个项的和式是处理二重和式的一个很好的例子，因为那个和式实际上可以简化，而且它的简化程序是我们对 $\Sigma\Sigma$ 所能进行处理的典型代表：

$$\sum_{1 \leqslant j,k \leqslant 3} a_j b_k = \sum_{j,k} a_j b_k [1 \leqslant j,k \leqslant 3] = \sum_{j,k} a_j b_k [1 \leqslant j \leqslant 3][1 \leqslant k \leqslant 3]$$

$$= \sum_j \sum_k a_j b_k [1 \leqslant j \leqslant 3][1 \leqslant k \leqslant 3]$$

$$= \sum_j a_j [1 \leqslant j \leqslant 3] \sum_k b_k [1 \leqslant k \leqslant 3]$$

$$= \sum_j a_j [1 \leqslant j \leqslant 3] \left(\sum_k b_k [1 \leqslant k \leqslant 3] \right)$$

$$= \left(\sum_j a_j [1 \leqslant j \leqslant 3] \right) \left(\sum_k b_k [1 \leqslant k \leqslant 3] \right)$$

$$= \left(\sum_{j=1}^3 a_j \right) \left(\sum_{k=1}^3 b_k \right).$$

这里的第一行表示没有任何特殊次序的九项之和．第二行把它们分成三组

$$(a_1 b_1 + a_1 b_2 + a_1 b_3) + (a_2 b_1 + a_2 b_2 + a_2 b_3) + (a_3 b_1 + a_3 b_2 + a_3 b_3).$$

第三行利用分配律提取出诸个因子 a，因为 a_j 和 $[1 \leqslant j \leqslant 3]$ 均与 k 无关，这给出

$$a_1(b_1 + b_2 + b_3) + a_2(b_1 + b_2 + b_3) + a_3(b_1 + b_2 + b_3).$$

第四行与第三行相同，但是多了一对括号，这样就使得第五行看起来不那么神秘. 第五行提取出对 j 的每一个值都出现的因子 $(b_1 + b_2 + b_3)$： $(a_1 + a_2 + a_3)(b_1 + b_2 + b_3)$. 而最后一行则是上面一行的另一种表达方式. 这一推导方法可以用来证明**一般分配律**（general distributive law）

$$\sum_{\substack{j \in J \\ k \in K}} a_j b_k = \left(\sum_{j \in J} a_j \right) \left(\sum_{k \in K} b_k \right), \tag{2.28}$$

它对所有的指标集 J 和 K 成立.

35   交换求和次序的基本法则（2.27）有许多变形，这些变形在我们想要限制指标集的范围而不是对所有整数 j 和 k 求和时就会出现. 这些变形有两种类型：简易型（vanilla）和复杂型（rocky road）.[①] 首先是简易型

$$\sum_{j \in J} \sum_{k \in K} a_{j,k} = \sum_{\substack{j \in J \\ k \in K}} a_{j,k} = \sum_{k \in K} \sum_{j \in J} a_{j,k}. \tag{2.29}$$

这恰好是（2.27）的另一种写法，因为艾弗森的 $[j \in J, k \in K]$ 分解成 $[j \in J][k \in K]$. 简易风格的法则当 j 和 k 的范围相互无关时适用.

复杂型公式有一点点技巧，它适用于内和的范围与外和的指标变量有关的情形

$$\sum_{j \in J} \sum_{k \in K(j)} a_{j,k} = \sum_{k \in K'} \sum_{j \in J'(k)} a_{j,k}. \tag{2.30}$$

这里的集合 J、$K(j)$、K' 与 $J'(k)$ 必须以下面的方式相关联：

$$[j \in J][k \in K(j)] = [k \in K'][j \in J'(k)].$$

原则上，这样的因子分解总是可能的：我们可以设 $J = K'$ 是所有整数的集合，而 $K(j)$ 和 $J'(k)$ 则是与操控二重和式的性质 $P(j,k)$ 相对应的集合. 但是存在一些重要的特殊情形，在其中集合 J、$K(j)$、K' 与 $J'(k)$ 都有简单的形式. 它们频繁出现在应用中. 例如，下面是一个特别有用的分解：

$$[1 \leqslant j \leqslant n][j \leqslant k \leqslant n] = [1 \leqslant j \leqslant k \leqslant n] = [1 \leqslant k \leqslant n][1 \leqslant j \leqslant k]. \tag{2.31}$$

这个艾弗森方程允许我们写成

$$\sum_{j=1}^{n} \sum_{k=j}^{n} a_{j,k} = \sum_{1 \leqslant j \leqslant k \leqslant n} a_{j,k} = \sum_{k=1}^{n} \sum_{j=1}^{k} a_{j,k}. \tag{2.32}$$

在这两个和式的和式中，通常一个比另一个更容易计算，我们可以利用（2.32）把困难的那个转换到容易的那个.

让我们将这些想法应用到一个有用的例子上. 考虑由 n^2 个乘积 $a_j a_k$ 组成的阵列

（现在是做热身题 4 和 6 的最佳时机.）
（抑或也是品尝你所喜爱的士力架美食的大好时机.）

---

① 书中作者用 vanilla 和 rocky road 这两种风味的冰淇淋来比喻简易型和复杂型这两类不同交换求和的次序的法则.

$$\begin{bmatrix} a_1a_1 & a_1a_2 & a_1a_3 & \cdots & a_1a_n \\ a_2a_1 & a_2a_2 & a_2a_3 & \cdots & a_2a_n \\ a_3a_1 & a_3a_2 & a_3a_3 & \cdots & a_3a_n \\ \vdots & \vdots & \vdots & \ddots & \vdots \\ a_na_1 & a_na_2 & a_na_3 & \cdots & a_na_n \end{bmatrix}.$$

我们的目的是对

$$S_{\diagdown} = \sum_{1 \le j \le k \le n} a_j a_k$$

求一个简单的公式，它是这个阵列的主对角线及其上方的所有元素之和. 由于 $a_j a_k = a_k a_j$，故此阵列关于它的主对角线是对称的，从而 $S_{\diagdown}$ 近似等于所有元素和的一半（除了考虑主对角线时所加的一个修正因子之外）.

rocky road风味冰激淋里有软糖吗?

这样的考虑启发我们想到如下的处理方法. 我们有

$$S_{\diagdown} = \sum_{1 \le j \le k \le n} a_j a_k = \sum_{1 \le k \le j \le n} a_k a_j = \sum_{1 \le k \le j \le n} a_j a_k = S_{\diagup},$$

因为我们可以将 (j,k) 更名为 (k,j). 此外，由于

$$[1 \le j \le k \le n] + [1 \le k \le j \le n] = [1 \le j, k \le n] + [1 \le j = k \le n],$$

我们就有

$$2S_{\diagdown} = S_{\diagdown} + S_{\diagup} = \sum_{1 \le j,\ k \le n} a_j a_k + \sum_{1 \le j = k \le n} a_j a_k.$$

根据一般的分配律（2.28），第一个和式等于 $\left(\sum_{j=1}^n a_j\right)\left(\sum_{k=1}^n a_k\right) = \left(\sum_{k=1}^n a_k\right)^2$，而第二个和式是 $\sum_{k=1}^n a_k^2$. 于是，我们有

$$S_{\diagdown} = \sum_{1 \le j \le k \le n} a_j a_k = \frac{1}{2}\left(\left(\sum_{k=1}^n a_k\right)^2 + \sum_{k=1}^n a_k^2\right), \tag{2.33}$$

这是用更简单的单个指标和对上三角形和给出的表达式.

受这一成功所鼓舞，我们来研究另外一个二重和式：

$$S = \sum_{1 \le j < k \le n} (a_k - a_j)(b_k - b_j).$$

当交换 j 和 k 时，我们仍然有对称性：

$$S = \sum_{1 \le k < j \le n} (a_j - a_k)(b_j - b_k) = \sum_{1 \le k < j \le n} (a_k - a_j)(b_k - b_j).$$

故而可以将 S 与自己相加，利用恒等式

$$[1 \le j < k \le n] + [1 \le k < j \le n] = [1 \le j, k \le n] - [1 \le j = k \le n]$$

得出结论

$$2S = \sum_{1 \le j,k \le n} (a_j - a_k)(b_j - b_k) - \sum_{1 \le j = k \le n} (a_j - a_k)(b_j - b_k).$$

这里的第二个和式为零，第一个和式等于什么？把它展开成四个单独的和式，每一个都是简易型的：

$$\sum_{1\le j,k\le n} a_j b_j - \sum_{1\le j,k\le n} a_j b_k - \sum_{1\le j,k\le n} a_k b_j + \sum_{1\le j,k\le n} a_k b_k$$

$$= 2\sum_{1\le j,k\le n} a_k b_k - 2\sum_{1\le j,k\le n} a_j b_k$$

$$= 2n\sum_{1\le k\le n} a_k b_k - 2\left(\sum_{k=1}^{n} a_k\right)\left(\sum_{k=1}^{n} b_k\right).$$

最后一步中两个和式都根据一般分配律（2.28）做了简化．如果说第一个和式的处理看起来有点神秘色彩，那么在这里它再次分步展示了出来：

$$2\sum_{1\le j,k\le n} a_k b_k = 2\sum_{1\le k\le n}\sum_{1\le j\le n} a_k b_k$$

$$= 2\sum_{1\le k\le n} a_k b_k \sum_{1\le j\le n} 1$$

$$= 2\sum_{1\le k\le n} a_k b_k n = 2n\sum_{1\le k\le n} a_k b_k.$$

如果用该变量的指标集的大小（这里是 n）乘以剩下的部分，那么在求和项中不出现的指标变量（这里是 j）可以直接消去．

回到我们中断的地方，现在可以统统除以2并重新排序，就得到一个有趣的公式：

$$\left(\sum_{k=1}^{n} a_k\right)\left(\sum_{k=1}^{n} b_k\right) = n\sum_{k=1}^{n} a_k b_k - \sum_{1\le j<k\le n}(a_k - a_j)(b_k - b_j) \tag{2.34}$$

这个恒等式得到称为**切比雪夫单调不等式**（Chebyshev's monotonic inequality）的一个特例：

$$\left(\sum_{k=1}^{n} a_k\right)\left(\sum_{k=1}^{n} b_k\right) \le n\sum_{k=1}^{n} a_k b_k, \quad a_1 \le \cdots \le a_n \text{ 且 } b_1 \le \cdots \le b_n,$$

$$\left(\sum_{k=1}^{n} a_k\right)\left(\sum_{k=1}^{n} b_k\right) \ge n\sum_{k=1}^{n} a_k b_k, \quad a_1 \le \cdots \le a_n \text{ 且 } b_1 \ge \cdots \ge b_n.$$

（一般来说，如果 $a_1 \le \cdots \le a_n$，且 p 是 $\{1,\cdots,n\}$ 的一个排列，那么不难证明，当 $b_{p(1)} \le \cdots \le b_{p(n)}$ 时 $\sum_{k=1}^{n} a_k b_{p(k)}$ 的最大值出现，而当 $b_{p(1)} \ge \cdots \ge b_{p(n)}$ 时它的最小值出现．）

多重求和与单个和式中改变求和指标的一般性运算存在着有趣的联系．由交换律我们知道，如果 $p(k)$ 是这些整数的任意一个排列，则

$$\sum_{k\in K} a_k = \sum_{p(k)\in K} a_{p(k)}.$$

如果 f 是一个任意的函数

$$f: J \to K,$$

它将整数 $j \in J$ 变成整数 $f(j) \in K$，那么用 $f(j)$ 替换 k 会发生什么？指标替换的一般公式是

（切比雪夫[58]实际上是对积分而不是对和式证明了类似的结果：如果 $f(x)$ 和 $g(x)$ 是单调非减函数，那么 $\left(\int_a^b f(x)\mathrm{d}x\right)\cdot\left(\int_a^b g(x)\mathrm{d}x\right) \le (b-a)\cdot\left(\int_a^b f(x)g(x)\mathrm{d}x\right).$）

$$\sum_{j\in J} a_{f(j)} = \sum_{k\in K} a_k \, \# f^-(k) , \qquad (2.35)$$

这里，$\# f^-(k)$ 表示集合

$$f^-(k) = \left\{ j \,\middle|\, f(j) = k \right\}$$

中的元素个数，即使得 $f(j)$ 等于 k 的 $j \in J$ 的值的个数.

由于 $\sum_{j\in J} [f(j)=k] = \# f^-(k)$，容易通过交换求和次序来证明 (2.35)，

$$\sum_{j\in J} a_{f(j)} = \sum_{\substack{j\in J \\ k\in K}} a_k [f(j)=k] = \sum_{k\in K} a_k \sum_{j\in J} [f(j)=k] .$$

我的另一位数学老师称它是"双射"，或许有一天我能逐渐喜欢上这个单词.

然后再次……

在 f 是 J 与 K 之间的一一对应这一特殊情形中，对所有的 k 我们都有 $\# f^-(k) = 1$，而一般公式 (2.35) 就转化为

$$\sum_{j\in J} a_{f(j)} = \sum_{f(j)\in K} a_{f(j)} = \sum_{k\in K} a_k .$$

这就是前面给出的交换律 (2.17)，不过稍有变化.

到目前为止，我们的多重和式的例子全都含有 a_k 或者 b_k 这样的通项. 但是这本书本应是具体的，所以我们来看一个包含实际数字的多重和式：

小心，作者似乎认为 j、k 和 n 都是"实际的数".

$$S_n = \sum_{1\le j < k \le n} \frac{1}{k-j} .$$

例如，$S_1 = 0$，$S_2 = 1$，$S_3 = \dfrac{1}{2-1} + \dfrac{1}{3-1} + \dfrac{1}{3-2} = \dfrac{5}{2}$.

39

计算二重和式的正规方法是首先对 j 或者首先对 k 求和，让我们来探讨两种选择.

$$
\begin{aligned}
S_n &= \sum_{1\le k \le n} \sum_{1\le j < k} \frac{1}{k-j} &&\text{首先对 } j \text{ 求和} \\
&= \sum_{1\le k \le n} \sum_{1\le k-j < k} \frac{1}{j} &&\text{用 } k-j \text{ 替换 } j \\
&= \sum_{1\le k \le n} \sum_{0 < j \le k-1} \frac{1}{j} &&\text{简化 } j \text{ 的界限} \\
&= \sum_{1\le k \le n} H_{k-1} &&\text{根据 (2.13)，} H_{k-1} \text{ 的定义} \\
&= \sum_{1\le k+1 \le n} H_k &&\text{用 } k+1 \text{ 替换 } k \\
&= \sum_{0\le k < n} H_k &&\text{简化 } k \text{ 的界限}
\end{aligned}
$$

摆脱其控制.

哎呀！我们不知道如何把调和数的和表示成封闭形式.

如果我们尝试首先用另一种方式求和，就得到

$$S_n = \sum_{1 \leqslant j \leqslant n} \sum_{j < k \leqslant n} \frac{1}{k-j} \qquad \text{首先对 } k \text{ 求和}$$

$$= \sum_{1 \leqslant j \leqslant n} \sum_{j < k+j \leqslant n} \frac{1}{k} \qquad \text{用 } k+j \text{ 替换 } k$$

$$= \sum_{1 \leqslant j \leqslant n} \sum_{0 < k \leqslant n-j} \frac{1}{k} \qquad \text{简化 } k \text{ 的界限}$$

$$= \sum_{1 \leqslant j \leqslant n} H_{n-j} \qquad \text{根据（2.13），} H_{n-j} \text{ 的定义}$$

$$= \sum_{1 \leqslant n-j \leqslant n} H_j \qquad \text{用 } n-j \text{ 替换 } j$$

$$= \sum_{0 \leqslant j < n} H_j \qquad \text{简化 } j \text{ 的界限}$$

我们回到了同样的死胡同里.

但是还有另一种做法，如果在决定要将 S_n 转化成和式的和式之前先用 $k+j$ 替换 k：

40

$$S_n = \sum_{1 \leqslant j < k \leqslant n} \frac{1}{k-j} \qquad \text{重新抄写给定的和式}$$

$$= \sum_{1 \leqslant j < k+j \leqslant n} \frac{1}{k} \qquad \text{用 } k+j \text{ 替换 } k$$

$$= \sum_{1 \leqslant k \leqslant n} \sum_{1 \leqslant j \leqslant n-k} \frac{1}{k} \qquad \text{首先对 } j \text{ 求和}$$

$$= \sum_{1 \leqslant k \leqslant n} \frac{n-k}{k} \qquad \text{关于 } j \text{ 的和是平凡的}$$

$$= \sum_{1 \leqslant k \leqslant n} \frac{n}{k} - \sum_{1 \leqslant k \leqslant n} 1 \qquad \text{根据结合律}$$

$$= n \left(\sum_{1 \leqslant k \leqslant n} \frac{1}{k} \right) - n \qquad \text{上帝的安排}$$

$$= nH_n - n \qquad \text{根据（2.13），} H_n \text{ 的定义}$$

这里写成 $k \leqslant n$ 而不写成 $k \leqslant n-1$ 是明智之举. 简单的界限可以节约劳力.

啊哈！我们求出了 S_n. 将它与错误的开始结合起来，我们进一步得到了一个恒等式（算是奖赏）：

$$\sum_{0 \leqslant k < n} H_k = nH_n - n. \qquad (2.36)$$

我们可以以两种方式来理解这一技巧，一种是代数的，一种是几何的.（1）从代数方式来说，如果我们有一个包含 $k+f(j)$ 的二重和式，其中 f 是一个任意的函数，那么这个例子指出，用 $k-f(j)$ 替换 k 并对 j 求和比较好.（2）从几何方式来说，可以如下观察这个特殊的和式 S_n（在 $n=4$ 的情形）：

	$k=1$	$k=2$	$k=3$	$k=4$
$j=1$		$\dfrac{1}{1}$ $+$	$\dfrac{1}{2}$ $+$	$\dfrac{1}{3}$
$j=2$			$\dfrac{1}{1}$ $+$	$\dfrac{1}{2}$
$j=3$				$\dfrac{1}{1}$
$j=4$				

我们首先尝试，先对 j 求和（按列）或者先对 k 求和（按行），这给出 $H_1+H_2+H_3=H_3+H_2+H_1$. 获得成功的方案本质上就是按照对角线求和，这样得到 $\dfrac{3}{1}+\dfrac{2}{2}+\dfrac{1}{3}$.

2.5 一般性的方法   GENERAL METHODS

现在，我们从若干不同的角度研究一个简单的例子，以此巩固所学得的知识. 在下面几页中，我们打算对前 n 个正整数的平方和（我们称它为 $\square_n$）

$$\square_n = \sum_{0 \leqslant k \leqslant n} k^2 , \quad n \geqslant 0 \tag{2.37}$$

求出封闭形式. 我们会看到，解决这个问题至少有8种不同的方法. 在此过程中，我们将会学到解决一般情形下求和问题的有用策略.

像通常一样，我们首先来观察几个小的情形.

n	0	1	2	3	4	5	6	7	8	9	10	11	12
n^2	0	1	4	9	16	25	36	49	64	81	100	121	144
$\square_n$	0	1	5	14	30	55	91	140	204	285	385	506	650

不能很明显地看出 $\square_n$ 的封闭形式，但是当我们确实找到这样一个封闭形式时，可以利用这些值进行检验

方法0：查找公式

像求前 n 个平方和这样的问题可能以前就已解决了，所以从手头的参考资料中很有可能找到它的解. 的确如此，在 *CRC Standard Mathematical Tables*[28] 的第36页上就有答案：

$$\square_n = \frac{n(n+1)(2n+1)}{6} , \quad n \geqslant 0 . \tag{2.38}$$

只是为了确认没有看错，我们检查这个公式，它正确地给出了 $\square_5 = 5 \times 6 \times 11/6 = 55$. 附带指出，在 *CRC Tables* 的第36页上还有关于立方和、……、十次方和的更多信息.

数学公式的一个权威参考资料是由 Abramowitz 和 Stegun[2] 所编辑的 *Handbook of Mathematical Functions*. 这本书的第813~814页列出了 $\square_n$ 对 $n \leqslant 100$ 的值，而在第804页和第809页给出了与（2.38）等价的公式，还有关于立方和、……、十五次方和的类似公式（有或者没有交错符号）.

（更困难的和式可以在 Hansen 的包罗万象的表[178]中找到.）

但是，关于序列问题的解答，最好的资料来源是 Sloane[330] 所著的一本名叫 *Handbook of*

*Integer Sequences*的小书. 它用数值列出了数以千计的序列. 如果你碰巧遇到一个怀疑已被研究过的递归式,所要做的就是计算足够多的项,以便将你的递归式与其他著名的递归式区别开来,然后你就有可能在Sloane的*Handbook*一书中发现有关文献的指示. 例如,1,5,14,30,…就是一个标号为1574的Sloane序列,它被称为"平方金字塔数"序列(因为在一个用n^2个球做正方形地基的金字塔中有$\square_n$个球). Sloane给出了3个参考文献,其中一个就是我们提到的由Abramowitz和Stegun编纂的手册.

探索累积了数学智慧的世界宝库的另一个方法是利用计算机程序(例如Axiom、MACSYMA、Maple或者Mathematica),这些程序提供了符号运算的工具. 这样的程序是必不可少的,尤其是对需要处理庞大公式的人来说.

熟悉标准的信息源是有益的,因为它们能带来极大的帮助. 但是方法0与本书的精神并不一致,因为我们希望知道怎样才能由我们自己想出问题的答案. 查找的方法仅限于那些其他人已经判决为值得考虑的问题,那里不会有新的问题.

或者,至少是与其他人已经决定要考虑的问题有相同答案的问题.

方法1:猜测答案,用归纳法证明之

好像是一只小鸟把问题的答案告诉了我们,或者是我们已经用其他某些不太严格的方法得到了一个封闭形式,然后我们只需要证明它是正确的.

例如,我们或许已经注意到了$\square_n$的值有较小的素因子,所以会发现公式(2.38)对于较小的n值有效. 或许我们也猜到更好一些的等价公式

$$\square_n = \frac{n\left(n+\frac{1}{2}\right)(n+1)}{3}, \quad n \geq 0, \tag{2.39}$$

因为它更容易记忆. 有众多的证据支持(2.39),但是我们必须排除所有合理的怀疑来证明我们的猜想. 数学归纳法就是为此目的而创立的.

"好的,很荣幸,我们知道$\square_0 = 0 = 0\left(0+\frac{1}{2}\right)(0+1)/3$,所以基础是容易验证的. 对于归纳步骤,假设$n > 0$,并假设当用$n-1$替换$n$时(2.39)成立. 由于

$$\square_n = \square_{n-1} + n^2,$$

我们就有

$$3\square_n = (n-1)\left(n-\frac{1}{2}\right)(n) + 3n^2$$
$$= \left(n^3 - \frac{3}{2}n^2 + \frac{1}{2}n\right) + 3n^2$$
$$= \left(n^3 + \frac{3}{2}n^2 + \frac{1}{2}n\right)$$
$$= n\left(n+\frac{1}{2}\right)(n+1).$$

因此(2.39)的确对所有$n \geq 0$都成立,这排除了合理的怀疑." 法官Wapner以他无限的智慧同意这一判断.

归纳法有它的地位,它比试图查找答案更值得推荐,但它仍然不是我们想要寻找的方

法. 到目前为止, 在这一章里计算过的所有其他和式都未用归纳法就得到了解决, 我们也希望同样从零开始来确定 $\square_n$ 这样的和式. 闪光的灵感并不是必须的, 我们希望即便是在缺少创造性思想的日子里也能求解和式.

方法2: 对和式用扰动法

所以, 我们来看对几何级数 (2.25) 非常有效的扰动法. 我们抽出 $\square_{n+1}$ 的第一项和最后一项, 得到 $\square_n$ 的一个方程:

43

$$\square_n + (n+1)^2 = \sum_{0 \leqslant k \leqslant n} (k+1)^2 = \sum_{0 \leqslant k \leqslant n} (k^2 + 2k + 1)$$
$$= \sum_{0 \leqslant k \leqslant n} k^2 + 2 \sum_{0 \leqslant k \leqslant n} k + \sum_{0 \leqslant k \leqslant n} 1$$
$$= \square_n + 2 \sum_{0 \leqslant k \leqslant n} k + (n+1) .$$

> 看起来更像是打平了.

噢, 上帝! $\square_n$ 相互抵消了. 尽管我们竭尽努力, 扰动法偶尔也产生了像 $\square_n = \square_n$ 这样的结果, 这样我们就失败了.

另一方面, 这次推导也并非完全失败, 它的确揭示了一种方法, 把前几个非负整数之和化为封闭形式

$$2 \sum_{0 \leqslant k \leqslant n} k = (n+1)^2 - (n+1) ,$$

尽管我们希望求的是前几个非负整数的平方和. 如果从整数的立方和出发, 把它记为 $\square\!\square_n$, 我们会对整数平方和得到一个表达式吗? 我们来试一试.

$$\square\!\square_n + (n+1)^3 = \sum_{0 \leqslant k \leqslant n} (k+1)^3 = \sum_{0 \leqslant k \leqslant n} (k^3 + 3k^2 + 3k + 1)$$
$$= \square\!\square_n + 3 \square_n + 3 \frac{(n+1)n}{2} + (n+1) .$$

> 方法 2′: 扰动了你的助教.

足以确信的是, $\square\!\square_n$ 被消除了, 我们无需依赖归纳法就得到足够的信息以确定 $\square_n$:

$$3\square_n = (n+1)^3 - 3(n+1)n/2 - (n+1)$$
$$= (n+1)\left(n^2 + 2n + 1 - \frac{3}{2}n - 1\right) = (n+1)\left(n + \frac{1}{2}\right)n .$$

方法3: 建立成套方法

把递归式 (2.7) 稍作推广也足以应付包含 n^2 的求和项. 递归式

$$R_0 = \alpha ;$$
$$R_n = R_{n-1} + \beta + \gamma n + \delta n^2 , \quad n > 0$$

(2.40)

的解的一般形式是

$$R_n = A(n)\alpha + B(n)\beta + C(n)\gamma + D(n)\delta ,$$

(2.41)

因为当 $\delta = 0$ 时 (2.40) 与 (2.7) 相同, 所以我们就已经确定了 $A(n)$、$B(n)$ 和 $C(n)$. 如果现在把 $R_n = n^3$ 代入, 我们发现 n^3 就是当 $\alpha = 0$, $\beta = 1$, $\gamma = -3$, $\delta = 3$ 时的解. 从而

44

$$3D(n) - 3C(n) + B(n) = n^3 ;$$

这就确定了 $D(n)$.

我们对和式 $\square_n$ 感兴趣，它等于 $\square_{n-1}+n^2$，故而，如果在(2.40)中令 $\alpha = \beta = \gamma = 0$ 以及 $\delta = 1$，我们就得到 $\square_n = R_n$. 其次有 $\square_n = D(n)$. 我们不需要用代数方法从 $B(n)$ 和 $C(n)$ 计算 $D(n)$，因为我们已经知道答案会是什么，怀疑者应该消除疑虑了，他们会确信

$$3D(n) = n^3 + 3C(n) - B(n) = n^3 + 3\frac{(n+1)n}{2} - n = n\left(n+\frac{1}{2}\right)(n+1).$$

方法4：用积分替换和式

学习离散数学的人熟悉 Σ，而学习微积分的人更熟悉 $\int$，故他们发现将 Σ 改变成 $\int$ 是很自然的事. 在这本书里，我们的目标之一就是要对 Σ 更得心应手地加以处理，从而认为 $\int$ 要比 Σ 更困难（至少对精确结果来说是如此）. 但是，探索 Σ 和 $\int$ 之间的关系仍不失为一个好想法，因为求和与积分基于非常相似的思想.

在微积分中，一个积分可以看成是曲线下面的面积，我们将接触这条曲线的狭长小矩形的面积相加来近似这个面积. 也可以用另一种方法，如果给定一组狭长小矩形：由于 $\square_n$ 是大小为 $1\times1, 1\times4, \cdots, 1\times n^2$ 矩形的面积之和，所以它近似等于0与 n 之间曲线 $f(x)=x^2$ 下面的面积，

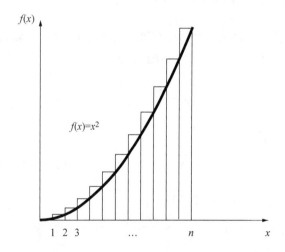

此处的水平单位是垂直单位的10倍.

[45] 这条曲线下方的面积是 $\int_0^n x^2 \mathrm{d}x = n^3/3$，所以我们知道 $\square_n$ 近似等于 $\dfrac{n^3}{3}$.

利用这一事实的一个方法是检查这个近似的误差，即 $E_n = \square_n - \dfrac{n^3}{3}$. 由于 $\square_n$ 满足递归式 $\square_n = \square_{n-1}+n^2$，我们发现 E_n 满足更简单的递归式

$$E_n = \square_n - \frac{n^3}{3} = \square_{n-1} + n^2 - \frac{n^3}{3} = E_{n-1} + \frac{1}{3}(n-1)^3 + n^2 - \frac{n^3}{3}$$

$$= E_{n-1} + n - \frac{1}{3}.$$

另一种寻求此积分近似的方法是通过对楔形误差项的面积求和来得到一个关于 E_n 的公式. 我们有

$$\square_n - \int_0^n x^2 \, dx = \sum_{k=1}^n \left(k^2 - \int_{k-1}^k x^2 \, dx \right)$$

$$= \sum_{k=1}^n \left(k^2 - \frac{k^3 - (k-1)^3}{3} \right) = \sum_{k=1}^n \left(k - \frac{1}{3} \right).$$

不论哪一种方法都能求得 E_n，这样就得到 $\square_n$.

这是为痴迷微积分的人而写的.

方法5：展开和收缩

还有另一个方法来发现 $\square_n$ 的封闭形式，它是用一个看起来更为复杂的二重和式替换原来的和式，这个二重和式如果拿捏得当，实际上是可以化简的：

$$\square_n = \sum_{1 \leqslant k \leqslant n} k^2 = \sum_{1 \leqslant j \leqslant k \leqslant n} k$$

$$= \sum_{1 \leqslant j \leqslant n} \sum_{j \leqslant k \leqslant n} k$$

$$= \sum_{1 \leqslant j \leqslant n} \left(\frac{j+n}{2} \right)(n - j + 1)$$

$$= \frac{1}{2} \sum_{1 \leqslant j \leqslant n} \left(n(n+1) + j - j^2 \right)$$

$$= \frac{1}{2} n^2 (n+1) + \frac{1}{4} n(n+1) - \frac{1}{2} \square_n = \frac{1}{2} n \left(n + \frac{1}{2} \right)(n+1) - \frac{1}{2} \square_n.$$

（这里的最后一步有点像扰动法的最后一步，因为我们在两边得到关于未知量的一个方程.）

从单重和式过渡到二重和式，初看似乎是一种倒退，但实际上是进步，因为产生了更容易处理的和式. 我们不可能指望不断地简化，简化，再简化来解决每一个问题：你不可能只向上爬坡而登上最高的山峰.

方法6：用有限微积分

方法7：用生成函数

当我们学习了下一节及后面各章中更多的技术之后，再继续进行有关 $\square_n = \sum_{k=0}^n k^2$ 的更为激动人心的计算.

46

2.6 有限微积分和无限微积分   FINITE AND INFINITE CALCULUS

我们已经学习了多种直接处理和式的方法，现在需要用更为广阔的视野，从更高的层次来审视求和问题. 数学家们发展出了与更为传统的无限微积分类似的"有限微积分"，由此有可能用一种更时尚、更系统的方式处理和式.

无限微积分基于由

$$Df(x) = \lim_{h \to 0} \frac{f(x+h) - f(x)}{h}$$

所定义的**微分**（derivative）算子 D 的性质. 有限微积分则是基于由

$$\Delta f(x) = f(x+1) - f(x) \tag{2.42}$$

所定义的**差分**（difference）算子 Δ 的性质．差分算子是微分的有限模拟，其中限制了取 h 的正整数值．于是当 $h \to 0$ 时，$h = 1$ 是我们所能达到的最近的"极限"，而 $\Delta f(x)$ 则是 $(f(x+h) - f(x))/h$ 当 $h = 1$ 时的值．

　　符号 D 和 Δ 称为**算子**（operator），因为它们作用（operate）在函数上给出新的函数，它们是函数的函数，用于产生函数．如果 f 是从实数到实数的一个适当光滑的函数，那么 Df 也是一个从实数到实数的函数．又如果 f 是任意一个从实数到实数的函数，那么 Δf 亦然．函数 Df 和 Δf 在点 x 处的值由上面的定义给出．

与磁带的功能（function）相反．

　　早先我们在微积分中学习了 D 如何作用在幂函数 $f(x) = x^m$ 上．在此情形中，有 D$f(x) = mx^{m-1}$．我们可以略去 f，将此式非正式地写成

$$\mathrm{D}(x^m) = mx^{m-1}.$$

如果 Δ 算子也能产生一个同样优美的结果，那就很好，可惜它不行．例如，我们有

$$\Delta(x^3) = (x+1)^3 - x^3 = 3x^2 + 3x + 1.$$

　　但是有一类"m 次幂"，它在 Δ 的作用下的确可以很好地变换，这就是有限微积分的意义所在．这种新型的 m 次幂由规则

数学强人（power）．

$$x^{\underline{m}} = \overbrace{x(x-1)\cdots(x-m+1)}^{m\text{个因子}}, \quad \text{整数 } m \geq 0 \tag{2.43}$$

47

来定义．注意 m 的下方有一条小直线，它表示这 m 个因子是阶梯般地一直向下再向下．还有一个对应的定义，其中的因子一直向上再向上：

$$x^{\overline{m}} = \overbrace{x(x+1)\cdots(x+m-1)}^{m\text{个因子}}, \quad \text{整数 } m \geq 0. \tag{2.44}$$

当 $m = 0$ 时，我们有 $x^{\underline{0}} = x^{\overline{0}} = 1$，因为通常一个没有任何因子的乘积取值为1（恰与不含任何项的和式通常取值为0一样）．

　　如果要大声读出量 $x^{\underline{m}}$，它称为"x 直降 m 次"；类似地，$x^{\overline{m}}$ 就是"x 直升 m 次"．这些函数也称为**下降阶乘幂**（falling factorial power）和**上升阶乘幂**（rising factorial power），因为它们与阶乘函数 $n! = n(n-1)\cdots(1)$ 密切相关．事实上，我们有 $n! = n^{\underline{n}} = 1^{\overline{n}}$．

　　有关阶乘幂的其他若干记号也出现在数学文献中，特别是对于 $x^{\underline{m}}$ 或者 $x^{\overline{m}}$ 的"Pochhammer符号"$(x)_m$，像 $x^{(m)}$ 或者 $x_{(m)}$ 这样的记号也被看成是 $x^{\underline{m}}$．但是这种下划线和上划线用法很流行，因为它容易书写，容易记忆，且不需要多余的括号．

数学术语有时难以捉摸：Pochhammer[293] 实际上是对二项式系数 $\binom{x}{m}$ 而不是对阶乘幂用到了记号 $(x)_m$．

　　下降的幂 $x^{\underline{m}}$ 对 Δ 特别适合．我们有

$$\begin{aligned}
\Delta(x^{\underline{m}}) &= (x+1)^{\underline{m}} - x^{\underline{m}} \\
&= (x+1)x\cdots(x-m+2) - x\cdots(x-m+2)(x-m+1) \\
&= mx(x-1)\cdots(x-m+2),
\end{aligned}$$

因此，有限微积分有现成的规则可与 D$(x^m) = mx^{m-1}$ 媲美：

$$\Delta(x^{\underline{m}}) = mx^{\underline{m-1}}. \tag{2.45}$$

这就是基本的阶乘结果．

无限微积分的算子 D 有一个逆运算, 即逆微分算子 (或积分算子) ∫. 微积分基本定理
把 D 和 ∫ 联系起来:

$$g(x) = \mathrm{D}f(x) \text{ 当且仅当 } \int g(x)\mathrm{d}x = f(x) + C.$$

这里 $\int g(x)\mathrm{d}x$ 是 $g(x)$ 的不定积分, 它是导数等于 $g(x)$ 的一个函数类. 类似地, Δ 也有一个
逆运算, 即逆差分算子 (或求和算子) Σ, 而且有一个类似的基本定理:

$$g(x) = \Delta f(x) \text{ 当且仅当 } \sum g(x)\delta x = f(x) + C. \tag{2.46}$$

48

这里 $\sum g(x)\delta x$ 是 $g(x)$ 的**不定和式** (indefinite sum), 是差分等于 $g(x)$ 的一个函数类 (注意,
小写 δ 与大写 Δ 相关, 就像 d 与 D 有关一样). 不定积分中的 C 是一个任意常数, 而不定和
中的 C 则是满足 $p(x+1) = p(x)$ 的任意一个函数 $p(x)$. 例如, C 可以是周期函数,
$a + b\sin 2\pi x$, 当我们取差分时, 这样的函数会被消去, 正如在求导数时常数会被消去一样. 在
x 的整数值处, 函数 C 是常数.

现在我们可以讨论关键点了. 无限微积分也有定 (definite) 积分: 如果 $g(x) = \mathrm{D}f(x)$,
那么

$$\int_a^b g(x)\mathrm{d}x = f(x)\big|_a^b = f(b) - f(a).$$

于是, 有限微积分——一直在模仿其更出名的同类——也有确定的**和式** (sum): 如果
$g(x) = \Delta f(x)$, 那么

$$\sum_a^b g(x)\delta x = f(x)\big|_a^b = f(b) - f(a). \tag{2.47}$$

这个公式让记号 $\sum_a^b g(x)\delta x$ 有了意义, 恰如上面的公式定义了 $\int_a^b g(x)\mathrm{d}x$.

但是直观上讲, $\sum_a^b g(x)\delta x$ 的真正含义是什么? 我们是用了类比的方法定义了它, 但并
不必要. 我们想保持相似性, 以便更容易记住有限微积分的法则, 但是如果我们不理解它的
意义, 那么这记号就没有用处. 让我们首先观察某些特殊情形来导出它的意义, 假设
$g(x) = \Delta f(x) = f(x+1) - f(x)$. 如果 $b = a$, 我们就有

$$\sum_a^a g(x)\delta x = f(a) - f(a) = 0.$$

其次, 如果 $b = a + 1$, 结果就是

$$\sum_a^{a+1} g(x)\delta x = f(a+1) - f(a) = g(a).$$

更一般地, 如果 b 增加 1, 我们就有

$$\sum_a^{b+1} g(x)\delta x - \sum_a^b g(x)\delta x = \big(f(b+1) - f(a)\big) - \big(f(b) - f(a)\big)$$
$$= f(b+1) - f(b) = g(b).$$

根据这些观察和数学归纳法, 我们推出, 当 a 和 b 是整数且 $b \geqslant a$ 时, $\sum_a^b g(x)\delta x$ 的确切含
义是:

"正如我们用符号 Δ
来表示差分那样, 我
们将用符号 Σ 来表
示和. ……由此得到
等式 $z = \Delta y$, 如果逆
转过来, 也就得到
$y = \Sigma z + C$. "
　　——欧拉 [110]

$$\sum_a^b g(x)\delta x = \sum_{k=a}^{b-1} g(k) = \sum_{a \leqslant k < b} g(k) , \quad \text{整数 } b \geqslant a . \tag{2.48}$$

49　换句话说, 确定的和式与通常带有界限的和式是相同的, 但是要去掉在上限处的值.

这算画龙点睛吗?

　　我们尝试用稍微不同的方式重新简要地对此加以叙述. 假设给定一个未知的和式, 希望用封闭形式对它的值进行计算, 并假设可以将它写成形式 $\sum_{a \leqslant k < b} g(k) = \sum_a^b g(x)\delta x$. 只要我们能求得一个不定和式或者逆差分函数 f, 使得 $g(x) = f(x+1) - f(x)$, 那么由有限微积分的理论, 就可以将答案表示成 $f(b) - f(a)$, 理解这个原理的一种方法是利用三点记号将 $\sum_{a \leqslant k < b} g(k)$ 完全写开来:

$$\sum_{a \leqslant k < b} \big(f(k+1) - f(k)\big) = \big(f(a+1) - f(a)\big) + \big(f(a+2) - f(a+1)\big) + \cdots$$
$$+ \big(f(b-1) - f(b-2)\big) + \big(f(b) - f(b-1)\big).$$

除了 $f(b) - f(a)$ 以外, 右边的每一项都抵消了, 所以 $f(b) - f(a)$ 就是该和式的值. [形如 $\sum_{a \leqslant k < b}\big(f(k+1) - f(k)\big)$ 的和式常被称为**叠缩**（telescoping）, 与一台折叠的望远镜类似, 因为一台折叠的望远镜的厚度仅仅由最外面的镜筒的外半径和最里面的镜筒的内半径来决定.]

我始终认为它是叠缩, 因为它从一个很长的表达式收缩成一个很短的表达式.

　　但是法则 (2.48) 仅当 $b \geqslant a$ 时才适用, 如果 $b < a$ 会怎样呢? 好的, (2.47) 说的是我们必定有

$$\sum_a^b g(x)\delta x = f(b) - f(a)$$
$$= -\big(f(a) - f(b)\big) = -\sum_b^a g(x)\delta x ,$$

这是与定积分相对应的方程. 类似的论证方法可以证明 $\sum_a^b + \sum_b^c = \sum_a^c$, 这与恒等式 $\int_a^b + \int_b^c = \int_a^c$ 的求和类似. 将它书写完整, 即对所有整数 a、b 和 c 有

$$\sum_a^b g(x)\delta x + \sum_b^c g(x)\delta x = \sum_a^c g(x)\delta x . \tag{2.49}$$

　　此时, 我们中的一些人可能会渐渐想知道: 所有这些平行和类似的结果能为我们赢得什么? 首先, 确定的求和法为我们提供了一种计算下降幂的和式的简单方法: 基本法则 (2.45)、(2.47) 和 (2.48) 意味着一般性法则

现在, 其他人要对此疑惑一段时间了.

$$\sum_{0 \leqslant k < n} k^{\underline{m}} = \frac{k^{\underline{m+1}}}{m+1}\bigg|_0^n = \frac{n^{\underline{m+1}}}{m+1} , \quad \text{整数 } m, n \geqslant 0 . \tag{2.50}$$

50　这个公式容易记, 因为它非常像我们很熟悉的公式 $\int_0^n x^m \mathrm{d}x = n^{m+1}/(m+1)$.

　　特别地, 当 $m = 1$ 时我们有 $k^{\underline{1}} = k$, 所以借助有限微积分的原理, 我们很容易地记住

$$\sum_{0 \leqslant k < n} k = \frac{n^{\underline{2}}}{2} = n(n-1)/2 .$$

确定和式的方法也暗示了: 对范围 $0 \leqslant k < n$ 求和常常比对范围 $1 \leqslant k \leqslant n$ 求和更简单, 前者恰好是 $f(n) - f(0)$, 而后者则必须计算成 $f(n+1) - f(1)$.

　　通常的幂也可以用这样的新方法来求和, 如果我们首先用下降幂将它们表示出来.

例如，

$$k^2 = k^{\underline{2}} + k^{\underline{1}},$$

所以

$$\sum_{0 \leqslant k < n} k^2 = \frac{n^{\underline{3}}}{3} + \frac{n^{\underline{2}}}{2} = \frac{1}{3}n(n-1)\left(n-2+\frac{3}{2}\right) = \frac{1}{3}n\left(n-\frac{1}{2}\right)(n-1).$$

用 $n+1$ 替换 n 又给出另一种将我们的老朋友 $\square_n = \sum_{0 \leqslant k \leqslant n} k^2$ 计算成封闭形式的方法.

> 与这样的朋友……

天哪，这太容易了. 事实上，这比在前一节里斩获这一公式的诸多其他方法中的任何一种都更容易. 所以让我们再上一个层次，从平方到**立方**（cube）：简单的计算表明

$$k^3 = k^{\underline{3}} + 3k^{\underline{2}} + k^{\underline{1}}.$$

（利用我们将在第6章里研究的斯特林数，总能在通常的幂和阶乘幂之间进行转换. ）从而

$$\sum_{a \leqslant k < b} k^3 = \left. \frac{k^{\underline{4}}}{4} + k^{\underline{3}} + \frac{k^{\underline{2}}}{2} \right|_a^b.$$

因此，下降幂对和式来说很好. 但是它们有任何其他起补偿作用的特性吗？在求和之前，我们是否必须要将友好的通常的幂转化为下降幂，然后在我们能做任何其他事情之前再变换回来呢？噢，不，常常是直接处理阶乘幂，因为它们有其他性质. 例如，恰如我们有 $(x+y)^2 = x^2 + 2xy + y^2$ 一样，事实表明也有 $(x+y)^{\underline{2}} = x^{\underline{2}} + 2x^{\underline{1}}y^{\underline{1}} + y^{\underline{2}}$，同样，在 $(x+y)^{\underline{m}}$ 与 $(x+y)^m$ 之间也有类似的结果成立.（这个"阶乘二项式定理"在第5章习题37中给出证明. ）

到目前为止，我们仅仅考虑了非负指数的下降幂. 为了将这个与通常幂类似的对象推广到负指数的情形，我们需要在 $m < 0$ 时给出 $x^{\underline{m}}$ 的恰当定义. 观察序列

$$x^{\underline{3}} = x(x-1)(x-2),$$
$$x^{\underline{2}} = x(x-1),$$
$$x^{\underline{1}} = x,$$
$$x^{\underline{0}} = 1,$$

我们注意到，用 $x-2$ 来除，从 $x^{\underline{3}}$ 得到 $x^{\underline{2}}$；然后再用 $x-1$ 来除，从 $x^{\underline{2}}$ 得到 $x^{\underline{1}}$；最后再用 x 来除，从 $x^{\underline{1}}$ 得到 $x^{\underline{0}}$. 看起来，接下来用 $x+1$ 来除，从 $x^{\underline{0}}$ 得到 $x^{\underline{-1}}$ 是合理的，这样就得到 $x^{\underline{-1}} = 1/(x+1)$. 继续下去，前面几个负指数的下降幂是

$$x^{\underline{-1}} = \frac{1}{x+1},$$
$$x^{\underline{-2}} = \frac{1}{(x+1)(x+2)},$$
$$x^{\underline{-3}} = \frac{1}{(x+1)(x+2)(x+3)},$$

对于负指数的下降幂的一般定义是

$$x^{\underline{-m}} = \frac{1}{(x+1)(x+2)\cdots(x+m)}, \quad m > 0. \tag{2.51}$$

（也能对实数甚至复数 m 来定义下降幂，但是我们将此事推迟到第 5 章. ）

出于这一定义，下降幂有了更多良好的性质. 最重要的似乎是与通常幂法则

$$x^{m+n} = x^m x^n$$

类似的一般指数法则. 下降幂的指数法则的形式是

$$x^{\underline{m+n}} = x^{\underline{m}}(x-m)^{\underline{n}}, \quad m \text{ 和 } n \text{ 是整数.} \tag{2.52}$$

例如，$x^{\underline{2+3}} = x^{\underline{2}}(x-2)^{\underline{3}}$，对负的 n，我们有

$$x^{\underline{2-3}} = x^{\underline{2}}(x-2)^{\underline{-3}} = x(x-1)\frac{1}{(x-1)x(x+1)} = \frac{1}{x+1} = x^{\underline{-1}}.$$

如果我们选择将 $x^{\underline{-1}}$ 定义为 $1/x$，而不是 $1/(x+1)$，那么指数法则（2.52）在像 $m=-1$ 且 $n=1$ 这样的情形就不成立. 事实上，通过取 $m=-n$，我们可以利用（2.52）来确切地说明在负指数的情形应该如何定义下降幂. 当一个原有的记号被拓展包含更多的情形时，以一种使得一般性法则继续成立的方式来表述它的定义，这永远是最佳选择.

现在让我们来确认，对我们新近定义的下降幂，关键性的差分性质成立. 当 $m<0$ 时是否有 $\Delta x^{\underline{m}} = mx^{\underline{m-1}}$？例如，如果 $m=-2$，其差分是

$$\begin{aligned}
\Delta x^{\underline{-2}} &= \frac{1}{(x+2)(x+3)} - \frac{1}{(x+1)(x+2)} \\
&= \frac{(x+1)-(x+3)}{(x+1)(x+2)(x+3)} \\
&= -2x^{\underline{-3}}.
\end{aligned}$$

是的，它成立！类似的讨论对所有 $m<0$ 也适用.

这样一来，求和性质（2.50）不但对正的下降幂成立，对负的下降幂也成立，只要不出现用零做除数的情形：

$$\sum_a^b x^{\underline{m}}\delta x = \frac{x^{\underline{m+1}}}{m+1}\bigg|_a^b, \quad m \neq -1.$$

但是当 $m=-1$ 时又如何呢？回想一下对积分的情形，当 $m=-1$ 时我们有

$$\int_a^b x^{-1}\mathrm{d}x = \ln x\big|_a^b.$$

我们希望 $\ln x$ 有一个有限模拟，换句话说，我们要寻求一个函数 $f(x)$，使得

$$x^{\underline{-1}} = \frac{1}{x+1} = \Delta f(x) = f(x+1) - f(x).$$

不难看出，当 x 是整数时，

$$f(x) = \frac{1}{1} + \frac{1}{2} + \cdots + \frac{1}{x}.$$

复数怎么能是偶数呢？[①]

法则有它们的拥护者和诋毁者.

52

---

① 正文中"甚至复数"的英语表述是 even complex，作者在这里利用 even 的另一数学含义"偶数"故意将正文中的 even complex 说成是"偶的复数"以制造诙谐打趣之气氛.

就是这样一个函数，而这个量恰好就是（2.13）中的调和数 H_x. 于是 H_x 就是连续的 $\ln x$ 的离散模拟.（第6章将对非整数的 x 定义 H_x，不过整数值对于现在的目的来说已经足够用了. 在第9章里我们还将看到，对于很大的 x，$H_x - \ln x$ 的值近似等于 $0.577 + 1/(2x)$. 从而 H_x 与 $\ln x$ 不仅类似，它们的值也通常相差小于1.）

正好是0.577吗？或许它们指的是 $1/\sqrt{3}$. 然而也有可能并非如此.

现在我们能对下降幂的和式给出完整的描述了：

$$\sum\nolimits_a^b x^m \delta x = \begin{cases} \dfrac{x^{m+1}}{m+1}\bigg|_a^b, & m \neq -1, \\[3mm] H_x\big|_a^b, & m = -1. \end{cases} \tag{2.53}$$

53

这个公式指出了，为什么在快速排序这样的离散问题的解中常会冒出调和数，这恰如在连续性问题的解中自然会出现所谓的自然对数一样.

既然我们找到了 $\ln x$ 的一个类似物，我们也来研究下是否有一个 e^x 的类似物存在. 什么样的函数 $f(x)$ 有与恒等式 $De^x = e^x$ 对应的性质 $\Delta f(x) = f(x)$？这很容易：

$$f(x+1) - f(x) = f(x) \iff f(x+1) = 2f(x),$$

所以我们是在处理一个简单的递归式，可以取 $f(x) = 2^x$ 作为离散指数函数.

c^x 的差分也相当简单，即对任意的 c 有

$$\Delta(c^x) = c^{x+1} - c^x = (c-1)c^x.$$

故而，如果 $c \neq 1$，c^x 的逆差分是 $c^x/(c-1)$. 这一事实与基本法则（2.47）以及（2.48）合起来，就给出了理解几何级数和的一般公式的满意方法：

$$\sum_{a \leq k < b} c^k = \sum\nolimits_a^b c^x \delta x = \frac{c^x}{c-1}\bigg|_a^b = \frac{c^b - c^a}{c-1}, \quad c \neq 1.$$

每当遇到一个可能用作封闭形式的函数 f，我们就能计算出它的差分 $\Delta f = g$，然后就有一个函数 g，它的不定和式 $\sum g(x)\delta x$ 是已知的. 表2-1是对求和有用的差分与逆差分对的表的开始部分.

表2-1　差分是什么

$f = \sum g$	$\Delta f = g$	$f = \sum g$	$\Delta f = g$
$x^{\underline{0}} = 1$	0	2^x	2^x
$x^{\underline{1}} = x$	1	c^x	$(c-1)c^x$
$x^{\underline{2}} = x(x-1)$	$2x$	$c^x/(c-1)$	c^x
$x^{\underline{m}}$	$mx^{\underline{m-1}}$	cu	$c\Delta u$
$x^{\underline{m+1}}/(m+1)$	$x^{\underline{m}}$	$u+v$	$\Delta u + \Delta v$
H_x	$x^{\underline{-1}} = 1/(x+1)$	uv	$u\Delta v + Ev\Delta u$

尽管在连续数学和离散数学之间有这些对应的结果，但是某些连续概念并没有离散的相似概念. 例如，无限微积分的链式法则是对函数的函数求导数的方便法则，但是有限微积分

没有对应的链式法则, 因为 $\Delta f\big(g(x)\big)$ 没有很好的形式. 除了像用 $c \pm x$ 替换 x 这样的情形之外, 离散的变量变换很难.

然而, $\Delta\big(f(x)g(x)\big)$ 的确有比较好的形式, 而且提供了一个**分部求和**(summation by parts) 的法则, 它是无限微积分中称为分部积分法则的一个有限相似结果. 我们回顾一下无限微积分中的公式

$$\mathrm{D}(uv) = u\mathrm{D}v + v\mathrm{D}u$$

在积分并重新排列各项的次序之后, 它引导出分部积分法

54

$$\int u\mathrm{D}v = uv - \int v\mathrm{D}u\,,$$

我们可以在有限微积分中做类似的事情.

我们先将差分算子运用到两个函数 $u(x)$ 和 $v(x)$ 的乘积:

$$
\begin{aligned}
\Delta\big(u(x)v(x)\big) &= u(x+1)v(x+1) - u(x)v(x)\\
&= u(x+1)v(x+1) - u(x)v(x+1)\\
&\qquad + u(x)v(x+1) - u(x)v(x)\\
&= u(x)\Delta v(x) + v(x+1)\Delta u(x)\,.
\end{aligned}
\tag{2.54}
$$

这个公式可以利用由

$$\mathrm{E}f(x) = f(x+1)$$

所定义的**移位算子**(shift operator) E 表示成方便的形式. 用 $\mathrm{E}v(x)$ 替换 $v(x+1)$ 就得到乘积的差分的一个紧凑法则:

$$\Delta(uv) = u\Delta v + \mathrm{E}v\Delta u \tag{2.55}$$

(E 有一点儿麻烦, 但是它使得这个方程变得正确.) 在这个方程的两边取不定和, 并重新排列它的项, 就得到广为宣扬的分部求和法则:

无限微积分在此是通过令 $1 \to 0$ 避开了 E.

$$\sum u\Delta v = uv - \sum \mathrm{E}v\Delta u\,. \tag{2.56}$$

如同对于无限微积分那样, 可以在所有三项上加上界限, 从而使得不定和式变成确定和式.

当左边的和式比右边的和式更难以处理时, 这个法则是有用的. 我们来看一个例子. 函数 $\int x\mathrm{e}^x \mathrm{d}x$ 是分部积分的一个典型例子, 它的离散模拟是 $\sum x2^x \delta x$, 我们在这一章前面以

55

$\sum_{k=0}^{n} k2^k$ 形式遇到过它. 为了用分部求和, 我们令 $u(x) = x$ 以及 $\Delta v(x) = 2^x$, 从而 $\Delta u(x) = 1$, $v(x) = 2^x$, 且 $\mathrm{E}v(x) = 2^{x+1}$. 代入 (2.56) 就给出

我猜, 对于 x 的很小的值有 $\mathrm{e}^x = 2^x$.

$$\sum x2^x \delta x = x2^x - \sum 2^{x+1} \delta x = x2^x - 2^{x+1} + C\,.$$

加上界限, 我们可以用此式来计算以前做过的和式:

$$
\begin{aligned}
\sum_{k=0}^{n} k2^k &= \sum_{0}^{n+1} x2^x \delta x\\
&= x2^x - 2^{x+1} \Big|_0^{n+1}\\
&= \big((n+1)2^{n+1} - 2^{n+2}\big) - (0 \times 2^0 - 2^1) = (n-1)2^{n+1} + 2\,.
\end{aligned}
$$

数学的终极目标是
不需要聪明的想法.

用这个方法比用扰动法更容易求出这个和，因为我们不需要思考.

在这一章前面，我们碰巧发现了 $\sum_{0 \leqslant k < n} H_k$ 的一个公式，算我们有运气. 但是，如果我们知道分部求和，那么就能遵循规则发现公式（2.36）. 我们通过解决一个看起来更加困难的和式 $\sum_{0 \leqslant k < n} k H_k$ 来证实这个结论. 如果我们用 $\int x \ln x \, dx$ 的模拟来引导，它的解就不困难了：我们取 $u(x) = H_x$，$\Delta v(x) = x = x^{\underline{1}}$，从而 $\Delta u(x) = x^{\underline{-1}}$，$v(x) = x^{\underline{2}} / 2$，$Ev(x) = (x+1)^{\underline{2}} / 2$，这样我们就有

$$\sum x H_x \delta x = \frac{x^{\underline{2}}}{2} H_x - \sum \frac{(x+1)^{\underline{2}}}{2} x^{\underline{-1}} \delta x$$

$$= \frac{x^{\underline{2}}}{2} H_x - \frac{1}{2} \sum x^{\underline{1}} \delta x$$

$$= \frac{x^{\underline{2}}}{2} H_x - \frac{x^{\underline{2}}}{4} + C.$$

（从第一行到第二行的过程中，我们对 $m = -1$ 和 $n = 2$ 利用指数法则（2.52）将两个下降幂 $(x+1)^{\underline{2}} x^{\underline{-1}}$ 组合起来.）现在可以添加界限并得到结论

$$\sum_{0 \leqslant k < n} k H_k = \sum_{0}^{n} x H_x \delta x = \frac{n^{\underline{2}}}{2} \left(H_n - \frac{1}{2} \right). \tag{2.57}$$

2.7 无限和式 INFINITE SUMS

这是略施巧计?

在这一章开始定义记号 Σ 时，我们对无限和问题略施巧计，说本质上"要等到以后. 而现在，我们可以假定遇到的所有和式都只有有限多个非零的项". 但是，考虑的时刻最终还是来了，我们必须面对和式可能是无限的这样一个事实. 而实际情况则是，无限和式既带来了好消息，也带来了坏消息.

首先是坏消息：事实已经表明，当涉及无限和式的时候，处理 Σ 时所用的方法并不总是有效的. 接下来则是好消息：存在一大类容易理解的无限和式，我们对它们做过的所有运算都是完全合法的. 在我们更密切审视求和的基本意义之后，这两个消息背后所隐藏的理由将会变得清晰起来.

每个人都知道有限和式指的是什么：一项一项相加，直到把它们全都加在一起. 无限和式需要更加仔细地定义，以免陷入荒谬的境地.

例如，很自然可以这样定义，从而使得无限和式

$$S = 1 + \frac{1}{2} + \frac{1}{4} + \frac{1}{8} + \frac{1}{16} + \frac{1}{32} + \cdots$$

等于2，因为如果将它加倍就得到

$$2S = 2 + 1 + \frac{1}{2} + \frac{1}{4} + \frac{1}{8} + \frac{1}{16} + \cdots = 2 + S.$$

另一方面，同样的推理提示我们应该定义

$$T = 1 + 2 + 4 + 8 + 16 + 32 + \cdots$$

56

是 −1，因为如果对它加倍就得到

$$2T = 2 + 4 + 8 + 16 + 32 + 64 + \cdots = T - 1 .$$

真是滑稽，正的数值加起来怎么会得到一个负数呢？看来最好不对 T 加以定义，或者似乎应该说成 $T = \infty$，因为 T 中相加的项会大于任何指定的有限数.（注意，∞ 是方程 $2T = T - 1$ 的另一个解，也"解决"了方程 $2S = 2 + S$.）

的确：在字的大小是无限的二进制计算机上，$1 + 2 + 4 + 8 + \cdots$ 是数 −1 的"无限精确"表示.

我们尝试对一般和式 $\sum_{k \in K} a_k$ 的值构想一个好的定义，其中 K 可以是无限的.首先，让我们假设所有的项 a_k 都是**非负的**（nonnegative），这样就不难找到一个合适的定义：如果有一个常数 A 为界，使得对所有**有限**（finite）子集 $F \subset K$ 都有

$$\sum_{k \in F} a_k \leqslant A ,$$

那么我们就定义 $\sum_{k \in K} a_k$ 是**最小的**这样的 A.（它由实数众所周知的性质得出：所有这样的 A 总包含一个最小的元素.）如果没有常数 A 为界，我们就说 $\sum_{k \in K} a_k = \infty$，这就意味着，对任何实数 A，都有有限多项 a_k 组成的一个集合，它的和超过 A.

我们已经详细阐述了上一段中的定义，它与指标集 K 中可能存在的任何次序无关.这样一来，我们打算要讨论适用于带有多个指标 $k_1, k_2, \cdots$ 的多重和式，而不仅仅是指标集为（单一）整数集合的和式.

在 K 是非负整数集合的特殊情形下，我们对于非负项 a_k 的定义就意味着

$$\sum_{k \geqslant 0} a_k = \lim_{n \to \infty} \sum_{k=0}^{n} a_k .$$

集合 K 甚至可以是不可数的.但是，如果存在一个常数 A 为界，则仅有可数多项不为零，因为至多有 nA 项 $\geqslant 1/n$.

理由是：实数的任何一个非减序列都有极限（可能是 ∞）.如果极限是 A，又如果 F 是任意一个非负整数的有限集合，其元素全都 $\leqslant n$，我们就有 $\sum_{k \in F} a_k \leqslant \sum_{k=0}^{n} a_k \leqslant A$，因此 $A = \infty$ 或者 A 是一个有界常数.又如果 A' 是任何一个小于所述极限 A 的数，那么就存在一个 n，使得 $\sum_{k=0}^{n} a_k > A'$，该有限集 $F = \{0, 1, \cdots, n\}$ 证明 A' 不是有界常数.

按照刚刚给出的定义，我们可以很容易地计算某种无限和式的值.例如，如果 $a_k = x^k$，我们就有

$$\sum_{k \geqslant 0} x^k = \lim_{n \to \infty} \frac{1 - x^{n+1}}{1 - x} = \begin{cases} 1/(1-x), & 0 \leqslant x < 1; \\ \infty, & x \geqslant 1. \end{cases}$$

特别地，刚刚考虑过的无限和 S 和 T 分别取值 2 和 ∞，恰如我们所猜测的.另一个有趣的例子是

$$\sum_{k \geqslant 0} \frac{1}{(k+1)(k+2)} = \sum_{k \geqslant 0} k^{\underline{-2}}$$

$$= \lim_{n \to \infty} \sum_{k=0}^{n-1} k^{\underline{-2}} = \lim_{n \to \infty} \left. \frac{k^{\underline{-1}}}{-1} \right|_0^n = 1 .$$

"和式 $a-a+a$ $-a+a+a-\cdots$ 时而 $=a$，时而 $=0$，于是此无穷级数继续下去，可以猜测其和 $=a/2$，我必须承认你的观察力敏锐而准确．"

——G. Grandi[163]

现在，我们考虑和式中既可能有非负项又可能有负项的情形．例如，

$$\sum_{k\geq 0}(-1)^k = 1-1+1-1+1-1+\cdots$$

的值应该是什么呢？如果将它成对分组，我们得到

$$(1-1)+(1-1)+(1-1)+\cdots = 0+0+0+\cdots,$$

所以这个和为零．但是，如果延迟一项再成对分组，我们得到

$$1-(1-1)-(1-1)-(1-1)-\cdots = 1-0-0-0-\cdots,$$

这个和是1.

我们或许也可以尝试在公式 $\sum_{k\geq 0}x^k = 1/(1-x)$ 中令 $x=-1$，因为我们已经证明了这个公式当 $0\leq x<1$ 时成立，但这样就迫使我们得出结论：这个无限和是 $\frac{1}{2}$，尽管它是由整数组成的和式！

另一个有趣的例子是双向无限的 $\sum_k a_k$，其中当 $k\geq 0$ 时 $a_k=1/(k+1)$，而当 $k<0$ 时 $a_k=1/(k-1)$．我们可以把它写成

$$\cdots+\left(-\frac{1}{4}\right)+\left(-\frac{1}{3}\right)+\left(-\frac{1}{2}\right)+1+\frac{1}{2}+\frac{1}{3}+\frac{1}{4}+\cdots. \tag{2.58}$$

如果我们从位于"中心"的元素开始往外计算这个和式，

$$\cdots+\left(-\frac{1}{4}+\left(-\frac{1}{3}+\left(-\frac{1}{2}+(1)+\frac{1}{2}\right)+\frac{1}{3}\right)+\frac{1}{4}\right)+\cdots,$$

就得到它的值为1；如果我们将所有的括号都向左移一步，

$$\cdots+\left(-\frac{1}{5}+\left(-\frac{1}{4}+\left(-\frac{1}{3}+\left(-\frac{1}{2}\right)+1\right)+\frac{1}{2}\right)+\frac{1}{3}\right)+\cdots,$$

同样得到值1，因为在最内层的 n 个括号中，所有数之和是

$$-\frac{1}{n+1}-\frac{1}{n}-\cdots-\frac{1}{2}+1+\frac{1}{2}+\cdots+\frac{1}{n-1}=1-\frac{1}{n}-\frac{1}{n+1}.$$

类似的讨论表明，如果将这些括号向左或者向右任意移动固定步，它的值都是1，这使我们有勇气相信这个和式的确是1．另一方面，如果我们以下述方式对项分组

$$\cdots+\left(-\frac{1}{4}+\left(-\frac{1}{3}+\left(-\frac{1}{2}+1+\frac{1}{2}\right)+\frac{1}{3}+\frac{1}{4}\right)+\frac{1}{5}+\frac{1}{6}\right)+\cdots,$$

那么从内往外的第 n 对括号包含数

$$-\frac{1}{n+1}-\frac{1}{n}-\cdots-\frac{1}{2}+1+\frac{1}{2}+\cdots+\frac{1}{2n-1}+\frac{1}{2n}=1+H_{2n}-H_{n+1}.$$

在第9章里，我们将证明 $\lim_{n\to\infty}(H_{2n}-H_{n+1})=\ln 2$，于是这一组合方式表明，这个双向无限

和式实际上应该等于 $1+\ln 2$.

　　按照不同方式对其项相加而得出不同值的和式, 有某些不同寻常之处. 关于分析学的高等教材中有五花八门的定义, 它们对这样自相矛盾的和式赋予了有意义的值, 但是, 如果我们采用那些定义, 就不能像一直在做的那样自由地对记号 $\sum$ 进行操作. 就本书的目的而言, 不需要 "条件收敛" 这种精巧的改进, 因此我们会坚持使用无限和的一种定义, 以保证在这一章里所做的所有运算都是正确的.

　　事实上, 我们关于无限和式的定义相当简单. 设 K 是任意一个集合, 而 a_k 是对每一个 $k\in K$ 定义的实值项 (这里 "k" 实际上可以代表若干个指标 $k_1,k_2,\cdots$, 因而 K 可以是多维的). 任何实数 x 都可以写成其正的部分减去负的部分

$$x=x^+-x^-,\quad 其中\ x^+=x\times[x>0],\quad x^-=-x\times[x<0].$$

(或者 $x^+=0$, 或者 $x^-=0$, 或者两者皆成立.) 我们已经说明了怎样来定义无限和式 $\sum_{k\in K}a_k^+$ 和 $\sum_{k\in K}a_k^-$ 的值, 因为 a_k^+ 和 a_k^- 都是非负的. 这样一来, 我们的一般性定义是

$$\sum_{k\in K}a_k=\sum_{k\in K}a_k^+-\sum_{k\in K}a_k^-,\qquad(2.59)$$

除非右边的两个和式都等于 ∞. 在后面这种情形, 我们不定义 $\sum_{k\in K}a_k$.

　　设 $A^+=\sum_{k\in K}a_k^+$, $A^-=\sum_{k\in K}a_k^-$. 如果 A^+ 和 A^- 两者都是有限的, 就说和式 $\sum_{k\in K}a_k$ **绝对收敛**(converge absolutely)于值 $A=A^+-A^-$. 如果 $A^+=\infty$ 而 A^- 是有限的, 就说和式 $\sum_{k\in K}a_k$ **发散**(diverge)于 $+\infty$. 类似地, 如果 $A^-=\infty$ 而 A^+ 是有限的, 就说 $\sum_{k\in K}a_k$ 发散于 $-\infty$. 如果 $A^+=A^-=\infty$, 结果还很难说.

> 换句话说, 绝对收敛就意味着绝对值的和式收敛.

　　我们从对非负项所做的定义开始, 然后再将它推广到实值的项. 如果项 a_k 是复数, 我们可以再次用显然的方式将定义推广: 和式 $\sum_{k\in K}a_k$ 定义成 $\sum_{k\in K}\Re a_k+i\sum_{k\in K}\Im a_k$, 其中 $\Re a_k$ 和 $\Im a_k$ 是 a_k 的实部和虚部——这两个和式都有定义. 反之, 没有定义 (见习题18).

　　如前所述, 坏消息是某些无限和式必须不予定义, 因为我们所做的操作在所有这样的情形中都可能产生矛盾 (见习题34). 好消息是, 只要我们处理的是刚才所定义的绝对收敛的和式, 这一章里的所有操作都完全成立.

　　通过证明每一个变换法则都保持所有绝对收敛的和式之值不变, 我们可以验证好消息. 说得更具体一些, 这就意味着我们必须证明分配律、结合律以及交换律, 加上首先对某一个指标变量求和的法则, 还要证明由这四种和式的基本运算所推导出来的每一个结论.

　　分配律 (2.15) 可以更加精确地表述为: 如果 $\sum_{k\in K}a_k$ 绝对收敛于 A, 且 c 是任意一个复数, 那么 $\sum_{k\in K}ca_k$ 绝对收敛于 cA. 我们可以像上面那样, 将和式分成实部和虚部, 正的部分和负的部分, 再通过证明 $c>0$ 且每一项 a_k 都是非负的这一特殊情形来证明此结论. 这一特殊情形的证明得以成功, 是因为对所有有限集合 F 都有 $\sum_{k\in F}ca_k=c\sum_{k\in F}a_k$. 后面这一事实可以通过对 F 的大小用归纳法得出.

　　结合律 (2.16) 可以陈述为: 如果 $\sum_{k\in K}a_k$ 和 $\sum_{k\in K}b_k$ 分别绝对收敛于 A 和 B, 那么 $\sum_{k\in K}(a_k+b_k)$ 绝对收敛于 $A+B$. 事实上, 这是我们很快就要证明的更加一般的定理的一个特例.

交换律（2.17）实际上并不需要证明，因为我们在紧随（2.35）的讨论中就已经指出，如何将它作为交换求和次序的一般法则的一个特例推导出来.

在你第一次看到这儿时，最好是先略过这一页.
——友好的助教

我们需要证明的主要结果是多重和式的基本原理：经过两个或者多个指标集的绝对收敛的和式永远可以对这些指标中的任何一个首先求和. 我们将来会正式地证明：如果 J 是任意的指标集，并且 $\{K_j \mid j \in J\}$ 的元素是任意的指标集，使得

$$\sum_{\substack{j \in J \\ k \in K_j}} a_{j,k} \text{ 绝对收敛于 } A ,$$

那么对每一个 $j \in J$ 都存在复数 A_j，使得

$$\sum_{k \in K_j} a_{j,k} \text{ 绝对收敛于 } A_j ，且$$

$$\sum_{j \in J} A_j \text{ 绝对收敛于 } A .$$

只要在所有的项都为非负时证明这一结论就够了，因为我们可以如前一样，把每一项分解成实部和虚部，正的部分和负的部分来证明一般的情形. 于是，我们假设对所有的指标对 $(j,k) \in M$ 都有 $a_{j,k} \geqslant 0$，其中 M 是主指标集 $\{(j,k) \mid j \in J, k \in K_j\}$.

给定 $\sum_{(j,k) \in M} a_{j,k}$ 是有限的，即对所有有限子集 $F \subseteq M$ 有

$$\sum_{(j,k) \in F} a_{j,k} \leqslant A ,$$

而 A 是这样的最小上界. 如果 j 是 J 的任意一个元素，形如 $\sum_{k \in F_j} a_{j,k}$ 的每一个和都以 A 为上界，其中 F_j 是 K_j 的一个有限子集. 从而这些有限和式有一个最小的上界 $A_j \geqslant 0$，且根据定义有 $\sum_{k \in K_j} a_{j,k} = A_j$.

我们仍然需要证明：对所有有限子集 $G \subseteq J$，A 是 $\sum_{j \in G} A_j$ 的最小上界. 假设 G 是 J 的满足 $\sum_{j \in G} A_j = A' > A$ 的有限子集. 我们可以求出一个有限子集 $F_j \subseteq K_j$，使得对每个满足 $A_j > 0$ 的 $j \in G$ 均有 $\sum_{k \subseteq F_j} a_{j,k} > (A/A')A_j$. 至少存在一个这样的 j. 但是此时有 $\sum_{j \in G, k \in F_j} a_{j,k} > (A/A') \sum_{j \in G} A_j = A$，这与如下事实矛盾：对所有有限子集 $F \subseteq M$ 有 $\sum_{(j,k) \in F} a_{j,k} \leqslant A$. 从而对所有有限子集 $G \subseteq J$ 都有 $\sum_{j \in G} A_j \leqslant A$.

最后，设 A' 是小于 A 的任何一个实数. 如果我们能找到一个有限集合 $G \subseteq J$，使得 $\sum_{j \in G} A_j > A'$，证明就完成了. 我们知道存在一个有限集合 $F \subseteq M$，使得 $\sum_{(j,k) \in F} a_{j,k} > A'$，设 G 是这个 F 中那些 j 组成的集合，又设 $F_j = \{k \mid (j,k) \in F\}$，那么就有 $\sum_{j \in G} A_j \geqslant \sum_{j \in G} \sum_{k \in F_j} a_{j,k} = \sum_{(j,k) \in F} a_{j,k} > A'$. 证明完毕.

好的，现在合法了！我们对无限和式所做的一切都得到了证实，只要它的项的绝对值组成的所有有限和式都有一个有限的界. 由于双向无限和式（2.58）在我们用两种不同的方法计算时给出两个不同的答案，因而它的正项 $1 + \frac{1}{2} + \frac{1}{3} + \cdots$ 必定发散于 ∞；否则，不论我们如何对它的项进行分组都会得到同一个答案.

所以为什么我后来会一直听到许多有关"调和收敛"之类的说法？

习题

热身题

1 记号 $\sum_{k=4}^{0} q_k$ 的含义是什么?

2 化简表达式 $x \times ([x>0] - [x<0])$.

3 将和式

$$\sum_{0 \leqslant k \leqslant 5} a_k \quad \text{与} \quad \sum_{0 \leqslant k^2 \leqslant 5} a_{k^2}$$

完全写开以证实你对记号 Σ 的理解(注意,第二个和式有一点棘手).

4 将三重和式

$$\sum_{1 \leqslant i < j < k \leqslant 4} a_{ijk}$$

表示成三个重叠的和式(用三个 Σ).

a 先对 k,再对 j,再对 i 求和.

b 先对 i,再对 j,再对 k 求和.

另外,还要不用记号 Σ 完全写出这个三重和式,用括号来表示哪些项应该首先相加.

5 下面的推导何处有错?

$$\left(\sum_{j=1}^{n} a_j\right)\left(\sum_{k=1}^{n} \frac{1}{a_k}\right) = \sum_{j=1}^{n}\sum_{k=1}^{n} \frac{a_j}{a_k} = \sum_{k=1}^{n}\sum_{k=1}^{n} \frac{a_k}{a_k} = \sum_{k=1}^{n} n = n^2 \,.$$

6 作为 j 和 n 的函数,$\sum_k [1 \leqslant j \leqslant k \leqslant n]$ 的值是什么?

7 设 $\nabla f(x) = f(x) - f(x-1)$. $\nabla(x^{\overline{m}})$ 是什么?   让位给上升的权力.[①]

8 当 m 是给定的整数时,0^m 的值是什么?

9 对于上升阶乘幂,与(2.52)类似的指数法则是什么?用它来定义 $x^{-\overline{n}}$.

10 正文对乘积的差分导出了如下的公式:

$$\Delta(uv) = u\Delta v + Ev\Delta u \,.$$

它的左边关于 u 和 v 对称,但其右边不对称,这个公式怎么可能是正确的呢?

基础题

11 分部求和的一般法则(2.56)等价于

$$\sum_{0 \leqslant k < n} (a_{k+1} - a_k)b_k = a_n b_n - a_0 b_0 - \sum_{0 \leqslant k < n} a_{k+1}(b_{k+1} - b_k) \,, \quad n \geqslant 0 \,.$$

利用分配律、结合律和交换律直接证明这个公式.

12 证明:只要 c 是一个整数,函数 $p(k) = k + (-1)^k c$ 就是所有整数的一个排列.

13 利用成套方法求 $\sum_{k=0}^{n} (-1)^k k^2$ 的封闭形式.

14 将 $\sum_{k=1}^{n} k 2^k$ 重新改写成多重和式 $\sum_{1 \leqslant j \leqslant k \leqslant n} 2^k$ 的形式来对它进行计算.

---

① 在英语里,"幂"和"权力"是同一个单词power.

15 用正文中的方法5来计算 $\boxed{}_n = \sum_{k=1}^{n} k^3$：首先记 $\boxed{}_n + \Box_n = 2\sum_{1 \leqslant j \leqslant k \leqslant n} jk$，然后应用（2.33）.

16 证明 $x^m / (x-n)^m = x^n / (x-m)^n$，除非其中有一个分母为零.

17 证明，对于所有的整数 m，下面的公式可以用来在上升阶乘幂与下降阶乘幂之间进行转换：

$$x^{\overline{m}} = (-1)^m (-x)^{\underline{m}} = (x+m-1)^{\underline{m}} = 1/(x-1)^{\underline{-m}};$$
$$x^{\underline{m}} = (-1)^m (-x)^{\overline{m}} = (x-m+1)^{\overline{m}} = 1/(x+1)^{\overline{-m}}.$$

（习题9的答案给出了 $x^{\overline{-m}}$ 的定义. ）

63

18 设 $\Re z$ 和 $\Im z$ 是复数 z 的实部和虚部. 其绝对值 $|z|$ 是 $\sqrt{(\Re z)^2 + (\Im z)^2}$. 当实值的和式 $\sum_{k \in K} \Re a_k$ 和 $\sum_{k \in K} \Im a_k$ 两者都绝对收敛时，就说复数项 a_k 组成的和式 $\sum_{k \in K} a_k$ 绝对收敛. 证明：$\sum_{k \in K} a_k$ 绝对收敛，当且仅当存在一个有界常数 B，使得对所有的有限子集 $F \subseteq K$，都有 $\sum_{k \in F} |a_k| \leqslant B$.

作业题

19 利用求和因子来求解递归式

$$T_0 = 5 ;$$
$$2T_n = nT_{n-1} + 3 \times n!, \quad n > 0 .$$

20 试用扰动法计算 $\sum_{k=0}^{n} kH_k$，不过改为推导出 $\sum_{k=0}^{n} H_k$ 的值.

21 假设 $n \geqslant 0$，用扰动法计算和式 $S_n = \sum_{k=0}^{n} (-1)^{n-k}$，$T_n = \sum_{k=0}^{n} (-1)^{n-k} k$ 以及 $U_n = \sum_{k=0}^{n} (-1)^{n-k} k^2$.

证明一位逝去175年的先人的恒等式是很困难的.

22 （不用归纳法）证明拉格朗日恒等式：

$$\sum_{1 \leqslant j < k \leqslant n} (a_j b_k - a_k b_j)^2 = \left(\sum_{k=1}^{n} a_k^2\right)\left(\sum_{k=1}^{n} b_k^2\right) - \left(\sum_{k=1}^{n} a_k b_k\right)^2 .$$

事实上，可证明一个关于更一般的二重和式

$$\sum_{1 \leqslant j < k \leqslant n} (a_j b_k - a_k b_j)(A_j B_k - A_k B_j)$$

的恒等式.

23 用两种方法计算和式 $\sum_{k=1}^{n} (2k+1) / k(k+1)$：

a 用部分分式 $1/k - 1/(k+1)$ 替换 $1/k(k+1)$.

b 分部求和法.

24 $\sum_{0 \leqslant k < n} H_k / (k+1)(k+2)$ 等于多少?

提示：将（2.57）的推导加以推广.

这个记号是雅可比在1829年引入的[192].

25 记号 $\prod_{k \in K} a_k$ 表示对所有 $k \in K$ 数 a_k 的乘积. 为简单起见，假设仅仅对有限多个 k 有 $a_k \neq 1$，因此不必定义无穷乘积. 记号 $\prod$ 满足的法则中，有哪些与对 Σ 成立的分配律、结合律以及交换律相类似?

26 通过处理记号 $\prod$，用单重乘积 $\prod_{k=1}^{n} a_k$ 表示出二重乘积 $P = \prod_{1 \leqslant j \leqslant k \leqslant n} a_j a_k$. （本习题给出一个与上三角形恒等式（2.33）相似的乘积结果. ）

64

27   计算 $\Delta(c^{\underline{x}})$，并用它来推导出 $\sum_{k=1}^{n}(-2)^{\underline{k}}/k$ 的值.

28   下面的推导在何处步入歧途？

$$1 = \sum_{k \geq 1}\frac{1}{k(k+1)} = \sum_{k \geq 1}\left(\frac{k}{k+1} - \frac{k-1}{k}\right)$$

$$= \sum_{k \geq 1}\sum_{j \geq 1}\left(\frac{k}{j}[j=k+1] - \frac{j}{k}[j=k-1]\right)$$

$$= \sum_{j \geq 1}\sum_{k \geq 1}\left(\frac{k}{j}[j=k+1] - \frac{j}{k}[j=k-1]\right)$$

$$= \sum_{j \geq 1}\sum_{k \geq 1}\left(\frac{k}{j}[k=j-1] - \frac{j}{k}[k=j+1]\right)$$

$$= \sum_{j \geq 1}\left(\frac{j-1}{j} - \frac{j}{j+1}\right) = \sum_{j \geq 1}\frac{-1}{j(j+1)} = -1.$$

考试题

29   计算和式 $\sum_{k=1}^{n}(-1)^{k}k/(4k^2-1)$.

30   玩 Cribbage 纸牌游戏的人早就知道 15=7 + 8=4 + 5 + 6=1 + 2 + 3 + 4 + 5. 求出将 1050 表示成相连的正整数之和的方法数. （将它自身的表示"1050"算作是一种方法，于是，将 15 表示成相连的正整数之和就有四种而不是三种方法. 附带指出，了解 Cribbage 纸牌游戏的规则对这个问题没有帮助. ）

31   黎曼 zeta 函数 $\zeta(k)$ 定义为无限和式

$$1 + \frac{1}{2^k} + \frac{1}{3^k} + \cdots = \sum_{j \geq 1}\frac{1}{j^k}.$$

证明 $\sum_{k \geq 2}(\zeta(k)-1)=1$. $\sum_{k \geq 1}(\zeta(2k)-1)$ 的值是什么？

32   令 $a \dot{-} b = \max(0, a-b)$. 证明，对所有实数 $x \geq 0$ 有

$$\sum_{k \geq 0}\min(k, x \dot{-} k) = \sum_{k \geq 0}\left(x \dot{-} (2k+1)\right),$$

并用封闭形式计算这些和.

附加题

33   设 $\Lambda_{k \in K} a_k$ 表示诸数 a_k 中最小者（或者它们的最大下界，如果 K 是无限的），假设每一个 a_k 或者是实数，或者是 $\pm\infty$. 对记号 Λ 成立的法则中，有哪些与对 Σ 以及 Π 有效的法则类似（见习题 25）？

丛林法则

34   证明：如果和式 $\sum_{k \in K} a_k$ 按照（2.59）未予定义，那么在下述意义下它是极不寻常的：如果 A^- 和 A^+ 是任意给定的实数，有可能找到一个由 K 的有限子集的序列 $F_1 \subset F_2 \subset F_3 \subset \cdots$，使得当 n 为奇数时，$\sum_{k \in F_n} a_k \leq A^-$；当 n 为偶数时，$\sum_{k \in F_n} a_k \geq A^+$.

35   证明哥德巴赫定理：

$$1 = \frac{1}{3} + \frac{1}{7} + \frac{1}{8} + \frac{1}{15} + \frac{1}{24} + \frac{1}{26} + \frac{1}{31} + \frac{1}{35} + \cdots = \sum_{k \in P}\frac{1}{k-1},$$

其中 P 是如下用递归方式定义的**完全幂**（perfect power）组成的集合：

绝对的权力绝对会
导致腐败.　①

$$P = \left\{ m^n \mid m \geq 2, n \geq 2, m \notin P \right\}.$$

36 所罗门·哥隆的"自描述序列" $\langle f(1), f(2), f(3), \cdots \rangle$ 是具有以下性质的仅有的非减正整数序列：对每一个 k，k 在其中恰好出现 $f(k)$ 次. 稍加思考就会揭示此序列必定以如下形式开始：

n	1	2	3	4	5	6	7	8	9	10	11	12
$f(n)$	1	2	2	3	3	4	4	4	5	5	5	6

设 $g(n)$ 是满足 $f(m) = n$ 的最大整数 m. 证明

a $g(n) = \sum_{k=1}^{n} f(k)$.

b $g(g(n)) = \sum_{k=1}^{n} k f(k)$.

c $g(g(g(n))) = \frac{1}{2} n g(n)(g(n) + 1) - \frac{1}{2} \sum_{k=1}^{n-1} g(k)(g(k) + 1)$.

研究题

37 对于 $k \geq 1$，所有 $1/k$ 乘 $1/(k+1)$ 的长方形能否填满一个 1 乘 1 的正方形？（记住它们的面积之和为 1.）

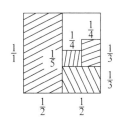

---

① 英语里"幂"和"权力"用的是同一个单词 power，因而 perfect power 恰有双重含义，它可以译为数学中的"完全幂"，亦可翻译为政治学中的"绝对权力". 在西方政治学中有一句著名的格言："Absolute power corrupts absolutely." 这里的涂鸦 Perfect power corrupts perfectly 系模仿这一名言而来.

3

整值函数
INTEGER FUNCTIONS

整数是离散数学的支柱，我们常常需要将分数或者任意的实数转换到整数. 这一章的目的就是熟悉并熟练掌握这样的转换，了解它们的某些惊人的性质.

3.1 底和顶 FLOORS AND CEILINGS

我们首先来讨论**底**（floor，最大整数）函数和**顶**（ceiling，最小整数）函数，对所有实数 x，其定义如下：

$$\lfloor x \rfloor = 小于或等于 x 的最大整数；$$

$$\lceil x \rceil = 大于或等于 x 的最小整数. \tag{3.1}$$

艾弗森早在20世纪60年代[191, 第12页]就引入了这个记号，同时引入了名称"底"和"顶". 他发现，排字工人可以通过刮去"["和"]"的顶部和底部来处理这个符号. 他的记号完全流行开来，现在的底括号和顶括号可以用在专业论文中，并且无需再解释其意义. 直到最近，人们还是经常书写"[x]"来表示 $\leq x$ 的最大整数，而对于最小整数函数则没有好的等价符号. 有一些作者甚至尝试过使用"]x["，可以预见这不太可能成功.

）哎呦.（

除了记号的变化，函数本身也有变化. 例如，某种袖珍计算器有一个INT函数，当 x 是正数时定义为 $\lfloor x \rfloor$，而当 x 是负数时定义为 $\lceil x \rceil$. 这些计算器的设计者大概是希望INT函数能满足恒等式 $\mathrm{INT}(-x) = -\mathrm{INT}(x)$. 但是，我们还是用底函数和顶函数，因为它们有更好的性质.

要熟悉底函数和顶函数，最好是了解它们的图形，其图形在直线 $f(x) = x$ 的上方和下方形成阶梯状的模式. 例如，我们从图中看到

$$\lfloor e \rfloor = 2, \quad \lfloor -e \rfloor = -3,$$

$$\lceil e \rceil = 3, \quad \lceil -e \rceil = -2,$$

因为有 $e = 2.718\ 28\cdots$.

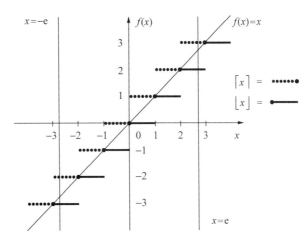

仔细审视这个图形，我们可以观察到关于底和顶的几个事实. 首先，由于底函数位于对角线 $f(x)=x$ 上或者其下方，所以我们有 $\lfloor x \rfloor \leqslant x$；类似地，有 $\lceil x \rceil \geqslant x$.（当然，从定义来看这是很显然的.）这两个函数在整数点的值正好相等：

$$\lfloor x \rfloor = x \iff x \text{ 是整数} \iff \lceil x \rceil = x.$$

（我们用记号 $\iff$ 表示"当且仅当".）此外，当它们不相等时，顶函数恰好比底函数大1：

$$\lceil x \rceil - \lfloor x \rfloor = [x \text{ 不是整数}]. \tag{3.2}$$

聪明. 根据艾弗森的括号约定，这是一个完整的等式.

如果我们将对角线向下移动一个单位，它就完全位于底函数的下方，所以 $x-1 < \lfloor x \rfloor$；类似地，有 $x+1 > \lceil x \rceil$. 把这些结果组合起来就给出

$$x-1 < \lfloor x \rfloor \leqslant x \leqslant \lceil x \rceil < x+1 \tag{3.3}$$

最后，这些函数关于两个坐标轴互为反射：

$$\lfloor -x \rfloor = -\lceil x \rceil; \quad \lceil -x \rceil = -\lfloor x \rfloor. \tag{3.4}$$

68

从而每一个记号都容易用另一个记号来表示. 这一事实有助于解释为什么顶函数一度没有它自己的记号. 但是我们看到，顶函数常常足以证明应该给它们特殊的符号，恰如我们既对上升幂也对下降幂采用特殊记号一样. 长久以来，数学家们一直有正弦和余弦、正切和余切、正割和余割、最大和最小这样的对象，现在我们又有了两个：底和顶.

下星期我们要给房子添上墙壁了.

为了实实在在地证明底函数和顶函数的性质，而不只是从图形上来观察这样的事实，运用下面这四条法则会特别有用：

$$
\begin{aligned}
\lfloor x \rfloor = n &\iff n \leqslant x < n+1, \text{（a）}\\
\lfloor x \rfloor = n &\iff x-1 < n \leqslant x, \text{（b）}\\
\lceil x \rceil = n &\iff n-1 < x \leqslant n, \text{（c）}\\
\lceil x \rceil = n &\iff x \leqslant n < x+1. \text{（d）}
\end{aligned}
\tag{3.5}
$$

（在这四种情形中，我们假设 n 是整数，而 x 是实数.）法则（a）和（c）是式（3.1）的直接结果；法则（b）和（d）是一样的，只是重排不等式，使得 n 位于中间.

有可能将一个整数项移进或者移出底（或者顶）：

$$\lfloor x+n\rfloor=\lfloor x\rfloor+n, \quad n \text{ 为整数}. \tag{3.6}$$

（因为法则（3.5a）是说这一论断等价于不等式 $\lfloor x\rfloor+n\leqslant x+n<\lfloor x\rfloor+n+1$.）但是类似的运算，像将一个常数因子移出去，一般是不能做的. 例如，当 $n=2$ 且 $x=1/2$ 时，我们有 $\lfloor nx\rfloor\neq n\lfloor x\rfloor$. 这就意味着底括号和顶括号比较死板. 如果能避开它们，或者在它们存在时能证明出任何结论，通常就很幸运了.

事实已经表明，底括号和顶括号在许多情况下是多余的，因而我们能随意插入或者去掉它们. 例如，实数与整数之间的任何不等式都等价于整数之间的一个关于底或者顶的不等式：

$$\begin{aligned} x<n &\Leftrightarrow \lfloor x\rfloor<n, &\text{（a）}\\ n<x &\Leftrightarrow n<\lceil x\rceil, &\text{（b）}\\ x\leqslant n &\Leftrightarrow \lceil x\rceil\leqslant n, &\text{（c）}\\ n\leqslant x &\Leftrightarrow n\leqslant\lfloor x\rfloor. &\text{（d）} \end{aligned} \tag{3.7}$$

这些法则很容易证明. 例如，如果 $x<n$，那么肯定有 $\lfloor x\rfloor<n$，因为 $\lfloor x\rfloor\leqslant x$. 反过来，如果 $\lfloor x\rfloor<n$，那么必定有 $x<n$，因为 $x<\lfloor x\rfloor+1$ 且 $\lfloor x\rfloor+1\leqslant n$.

如果记住（3.7）中的四个法则与记住它们的证明同样容易，就好了. 每一个不带底或顶的不等式都与带底或顶的同样不等式相对应，不过在决定二者之中哪个更合适之前，我们还需要反复思考.

x 和 $\lfloor x\rfloor$ 之间的差称为 x 的**分数部分**（fractional part），它在应用中经常出现，所以值得拥有自己的记号：

$$\{x\}=x-\lfloor x\rfloor. \tag{3.8}$$

我们有时称 $\lfloor x\rfloor$ 是 x 的**整数部分**（integer part），因为 $x=\lfloor x\rfloor+\{x\}$. 如果实数 x 可以写成 $x=n+\theta$，其中 n 是整数，且 $0\leqslant\theta<1$，那么根据（3.5a）就能断定有 $n=\lfloor x\rfloor$ 以及 $\theta=\{x\}$.

如果 n 是任意的实数，那么恒等式（3.6）并不成立. 但是我们可以推出，对于 $\lfloor x+y\rfloor$，一般来说只有两种可能性：如果我们记 $x=\lfloor x\rfloor+\{x\}$ 以及 $y=\lfloor y\rfloor+\{y\}$，那么就有 $\lfloor x+y\rfloor=\lfloor x\rfloor+\lfloor y\rfloor+\lfloor\{x\}+\{y\}\rfloor$. 又由于 $0\leqslant\{x\}+\{y\}<2$，我们发现 $\lfloor x+y\rfloor$ 有时等于 $\lfloor x\rfloor+\lfloor y\rfloor$，否则它就等于 $\lfloor x\rfloor+\lfloor y\rfloor+1$.

3.2   底和顶的应用   FLOOR/CEILING APPLICATIONS

我们已经见识了处理底和顶的基本工具，现在来将它们付诸应用，从一个容易的问题开始：$\lceil\lg 35\rceil$ 等于什么？（根据 Edward M. Reingold 的建议，我们用 lg 表示以 2 为底的对数.）那么，由于 $2^5<35\leqslant 2^6$，我们可以取对数得到 $5<\lg 35\leqslant 6$，所以由关系式（3.5c）知 $\lceil\lg 35\rceil=6$.

注意，数 35 写成二进制时有 6 位：$35=(100011)_2$. $\lceil\lg n\rceil$ 是 n 写成二进制时的长度，这是否总正确？并不见得，我们也需要 6 位来表示 $32=(100000)_2$. 所以对此问题，$\lceil\lg n\rceil$ 是一个错误的答案.（它仅当 n 是 2 的幂时才失效，但是这会有无穷多次的失效.）意识到写出每

嗯. 当它可能与仅包含一个元素 x 的集合混淆时，我们最好不要用 $\{x\}$ 来表示分数部分.

第二种情形当且仅当将分数部分 $\{x\}$ 和 $\{y\}$ 相加，在小数点的位置上出现一个"进位"时才会出现.

一个满足 $2^{m-1} \leqslant n < 2^m$ 的数 n 要用 m 位，由此我们可以求得一个正确的答案，从而由（3.5a）知， $m-1 = \lfloor \lg n \rfloor$ ，所以 $m = \lfloor \lg n \rfloor + 1$ ．那就是说，对所有 $n > 0$ ，我们需要 $\lfloor \lg n \rfloor + 1$ 位来将 n 表示成二进制数．或者换一种方式，类似的推导得到答案 $\lceil \lg(n+1) \rceil$ ．如果我们愿意说成将 $n = 0$ 写成二进制时需要零位，那么这个公式对 $n = 0$ 也成立．

接下来我们研究用多个底或者顶的表达式． $\lceil \lfloor x \rfloor \rceil$ 是什么？这很容易，因为 $\lfloor x \rfloor$ 是整数，所以 $\lceil \lfloor x \rfloor \rceil$ 就是 $\lfloor x \rfloor$ ．对于最内层是 $\lfloor x \rfloor$ 而外面包围有任意多个底或者顶的任何其他表达式也有同样结论．

下面是一个更难的问题：证明或推翻断言

$$\lfloor \sqrt{\lfloor x \rfloor} \rfloor = \lfloor \sqrt{x} \rfloor ， \text{实数 } x \geqslant 0 . \qquad (3.9)$$

70

（π、e 和 φ 显然是进行尝试的首批实数，不是吗？）

有限程度的怀疑是有益的．对于证明和程序持怀疑态度（尤其是对你自己的东西），可以保持你的水平，并使你的工作比较稳定．但是，过分怀疑就可能使自己一直闭门工作，得不到出去锻炼和放松的机会．怀疑态度太浓，就是在走向僵化，在这种状态下，你会对是否正确和严谨极度担心，以至于你做任何事都永远无法完成．

——一位怀疑论者

当 x 为整数时等号显然成立，因为 $x = \lfloor x \rfloor$ ．等式在 $\pi = 3.14159\cdots$ ， $e = 2.71828\cdots$ 以及 $\phi = (1+\sqrt{5})/2 = 1.61803\cdots$ 这些特殊情形下成立，因为我们得到 $1 = 1$ ．我们未能发现一个反例，这表明在一般情形下等式成立，故而我们来尝试证明它．

附带指出，当面对"证明或推翻"的时候，通常先尝试用一个反例来推翻它更好一些，这有两个原因：否定可能更容易一些（我们只需要一个反例）；挑毛病会激发我们的创造精神．即便给定的结论为真，如果我们能看出为什么不可能存在反例，搜寻反例也往往能把我们引向证明．此外，持怀疑态度是有益的．

如果我们借助微积分来证明 $\lfloor \sqrt{\lfloor x \rfloor} \rfloor = \lfloor \sqrt{x} \rfloor$ ，可能会首先将 x 分解成整数部分和分数部分 $\lfloor x \rfloor + \{x\} = n + \theta$ ，再利用二项式定理将平方根展开： $(n+\theta)^{1/2} = n^{1/2} + n^{-1/2}\theta/2 - n^{-3/2}\theta^2/8 + \cdots$ ．但是，这一做法相当棘手．

利用我们开发出来的工具要容易得多．有一种可能的做法是：用某种方法去掉 $\lfloor \sqrt{\lfloor x \rfloor} \rfloor$ 外层的底和平方根，然后去掉内层的底，接着再将外层的符号加回去以得到 $\lfloor \sqrt{x} \rfloor$ ．好的．我们设 $m = \lfloor \sqrt{\lfloor x \rfloor} \rfloor$ 并利用（3.5a）得到 $m \leqslant \sqrt{\lfloor x \rfloor} < m+1$ ．这就去掉了外层的底括号，且并未失去任何信息．由于所有三个表达式都是非负的，将它们平方，就得到 $m^2 \leqslant \lfloor x \rfloor < (m+1)^2$ ．这就避免了平方根．接下来去掉底，对左边的不等式利用（3.7d），对右边的不等式利用（3.7a）： $m^2 \leqslant x < (m+1)^2$ ．现在，回溯步骤就简单了：取平方根得到 $m \leqslant \sqrt{x} < m+1$ ，利用（3.5a）得到 $m = \lfloor \sqrt{x} \rfloor$ ．从而 $\lfloor \sqrt{\lfloor x \rfloor} \rfloor = m = \lfloor \sqrt{x} \rfloor$ ，结论为真．类似地，我们可以证明

$$\lceil \sqrt{\lceil x \rceil} \rceil = \lceil \sqrt{x} \rceil ， \text{实数 } x \geqslant 0 .$$

我们刚才所找到的证明没有严重依赖于平方根的性质．更仔细的观察表明，我们可以推广这种想法并用来证明更多的东西：设 $f(x)$ 是任意一个具有如下性质且在一个实数区间连续的单调递增函数

$$f(x) = \text{整数} \quad \Rightarrow \quad x = \text{整数} .$$

（符号" $\Rightarrow$ "表示"蕴涵"），于是，只要 $f(x)$ 、 $f(\lfloor x \rfloor)$ 和 $f(\lceil x \rceil)$ 都有定义，我们就有

$$\lfloor f(x) \rfloor = \lfloor f(\lfloor x \rfloor) \rfloor \quad 和 \quad \lceil f(x) \rceil = \lceil f(\lceil x \rceil) \rceil,\qquad(3.10)$$

（这一结果是由当时还是大学生的 R. J. McEliece 得到的.）

我们来对顶证明这个一般的性质,先前我们对底做了证明,而且对底的证明几乎是相同的. 如果 $x = \lceil x \rceil$,就没什么要证明的了. 如若不然,就有 $x < \lceil x \rceil$,于是有 $f(x) < f(\lceil x \rceil)$,这是因为 f 递增. 从而就有 $\lceil f(x) \rceil \leqslant \lceil f(\lceil x \rceil) \rceil$,因为 $\lceil \ \rceil$ 非减. 如果 $\lceil f(x) \rceil < \lceil f(\lceil x \rceil) \rceil$,那么就必定存在一个数 y,使得 $x \leqslant y < \lceil x \rceil$ 以及 $f(y) = \lceil f(x) \rceil$,因为 f 是连续的. 鉴于 f 的特殊性质,这个 y 是一个整数. 但是不可能有一个整数严格位于 $\lfloor x \rfloor$ 与 $\lceil x \rceil$ 之间. 这个矛盾就说明我们必定有 $\lceil f(x) \rceil = \lceil f(\lceil x \rceil) \rceil$.

71

这个定理的一个重要特例值得提出来加以注意:如果 m 和 n 是整数且分母 n 为正,则

$$\left\lfloor \frac{x+m}{n} \right\rfloor = \left\lfloor \frac{\lfloor x \rfloor + m}{n} \right\rfloor \quad 和 \quad \left\lceil \frac{x+m}{n} \right\rceil = \left\lceil \frac{\lceil x \rceil + m}{n} \right\rceil.\qquad(3.11)$$

例如,令 $m = 0$,就有 $\lfloor \lfloor \lfloor x/10 \rfloor /10 \rfloor /10 \rfloor = \lfloor x/1000 \rfloor$. 三次用 10 来除并抛弃个位数字,与用 1000 来除并去掉余数,结果是一样的.

现在,我们尝试证明或推翻另一个命题:

$$\left\lceil \sqrt{\lfloor x \rfloor} \right\rceil \overset{?}{=} \left\lceil \sqrt{x} \right\rceil, \quad 实数 x \geqslant 0.$$

它对 $x = \pi$ 和 $x = e$ 成立,但对 $x = \phi$ 不成立,所以我们知道它一般不为真.

进一步探讨之前,我们暂时离题来讨论在数学书中有可能出现的不同水平的问题.

水平 1　给定一个显式对象 x 和一个显式性质 $P(x)$,证明 $P(x)$ 为真,例如"证明 $\lfloor \pi \rfloor = 3$". 这里的问题在于对所宣称的某个事实寻求一个证明.

水平 2　给定一个显式集合 X 和一个显式性质 $P(x)$,证明 $P(x)$ 对所有 $x \in X$ 为真,例如"证明对所有实数 x 有 $\lfloor x \rfloor \leqslant x$". 问题仍然在于寻求一个证明,但是这一次证明必须具有一般性. 我们是在做代数,而不是做算术.

水平 3　给定一个显式集合 X 和一个显式性质 $P(x)$,证明或推翻 $P(x)$ 对所有 $x \in X$ 为真,例如"证明或推翻对所有实数 $x \geqslant 0$ 有 $\lceil \sqrt{\lfloor x \rfloor} \rceil = \lceil \sqrt{x} \rceil$". 这里有一个附加的不确定性水平,两种结果皆有可能. 这更接近于数学家们通常面对的真实情形:写进书中的结论都倾向于是正确的,但是新的事物必须以挑剔怀疑的眼光来审视. 如果该命题为假,我们的任务就是寻找一个反例;如果该命题为真,我们就必须如同在水平 2 中那样寻找一个证明.

在我的其他教科书中,"证明或推翻"在大约 99.44% 的时间里似乎与"证明"同义,但在这本书里则不然.

水平 4　给定一个显式集合 X 和一个显式性质 $P(x)$,寻求一个使 $P(x)$ 为真的必要且充分的条件 $Q(x)$,例如"求使 $\lfloor x \rfloor \geqslant \lceil x \rceil$ 成立的必要且充分条件". 问题是求出使得 $P(x) \Leftrightarrow Q(x)$ 成立的 Q. 当然,总有一个平凡的答案,我们可以取 $Q(x) = P(x)$. 但是问题中所隐含的要求是寻求一个尽可能简单的条件. 这要求用创造力来发现一个能取得成功的简单的条件.(例如,在此情形下,"$\lfloor x \rfloor \geqslant \lceil x \rceil \Leftrightarrow x$ 是整数".)寻求 $Q(x)$ 所需要的其他发现要素使得这种问题更加困难,但这是数学家们在"真实世界"中必须要做的更加典型的工作. 最后,当然必须要给出证明:$P(x)$ 为真当且仅当 $Q(x)$ 为真.

72

但是不要过分简单.
　　　　——爱因斯坦

水平5 给定一个显式集合 X，寻求其元素的一个有趣的性质 $P(x)$．我们现在处在令人恐怖的纯粹研究领域，学生们可能会认为一切是由混沌统治着．这是真实的数学．教科书的作者们很少敢于提出水平5的问题．

结束离题的讨论．我们把最后的那个问题从水平3变成水平4：使得 $\left\lceil\sqrt{\lfloor x\rfloor}\right\rceil=\left\lceil\sqrt{x}\right\rceil$ 成立的必要且充分条件是什么？我们已经观察到，当 $x=3.142$ 时等式成立，而当 $x=1.618$ 时则不然，进一步的实验表明当 x 介于9和10之间时等式也不成立．哦嗬，是的．我们看到每当 $m^2<x<m^2+1$ 时坏的情形就出现，因为此时左边给出 m，而右边则给出 $m+1$．在所有定义了 $\sqrt{x}$ 的其他情形下，即当 $x=0$ 或者 $m^2+1\leqslant x\leqslant(m+1)^2$ 的情形，我们都能得到等式．这样一来，下面的命题就是等式成立的必要且充分条件：或者 x 是整数，或者 $\sqrt{x}$ 不是整数．

Toledo Mudhens棒球队的家园．①

为了讨论下一个问题，我们来考虑一个表示实直线上区间的简便的新记号，这个记号是 C. A. R. Hoare和Lyle Ramshaw建议使用的：$[\alpha..\beta]$ 表示满足 $\alpha\leqslant x\leqslant\beta$ 的实数 x 的集合．这个集合称为**闭区间**（closed interval），因为它包含两个端点 α 和 β．不包含两个端点的区间记为 $(\alpha..\beta)$，它由所有满足 $\alpha<x<\beta$ 的 x 组成，这称为**开区间**（open interval）．区间 $[\alpha..\beta)$ 和区间 $(\alpha..\beta]$（它们都只包含一个端点）定义类似，它们称为**半开**（half-open）区间．

（或者，按照悲观主义者的说法，它们是半闭的．）

有多少整数包含在这样的区间中？半开区间要更容易一些，故而我们从它们开始．事实上，半开区间几乎总是比开区间或闭区间好一些．例如，它们是可加的——我们可以将半开区间 $[\alpha..\beta)$ 和半开区间 $[\beta..\gamma)$ 组合起来形成半开区间 $[\alpha..\gamma)$．这对开区间行不通，因为点 β 被排除在外，对闭区间也会出现问题，因为 β 会被包含两次．

回到我们的问题．如果 α 和 β 是整数，答案很容易：假设 $\alpha\leqslant\beta$，此时 $[\alpha..\beta)$ 包含 $\beta-\alpha$ 个整数 $\alpha,\alpha+1,\cdots,\beta-1$．类似地，在这样的情形下，$(\alpha..\beta]$ 包含 $\beta-\alpha$ 个整数．但是我们的问题要更难一些，因为 α 和 β 是任意的实数．尽管如此，根据（3.7），当 n 是整数时，由于

$$\alpha\leqslant n<\beta\Leftrightarrow\lceil\alpha\rceil\leqslant n<\lceil\beta\rceil,$$
$$\alpha<n\leqslant\beta\Leftrightarrow\lfloor\alpha\rfloor<n\leqslant\lfloor\beta\rfloor,$$

我们可以将它转换成更加容易的问题．右边的区间有整数端点且与左边的区间包含同样多个整数（左边的区间有实数端点）．所以区间 $[\alpha..\beta)$ 恰好包含 $\lceil\beta\rceil-\lceil\alpha\rceil$ 个整数，而 $(\alpha..\beta]$ 则包含 $\lfloor\beta\rfloor-\lfloor\alpha\rfloor$ 个整数．这就是我们实际上希望引入底括号和顶括号（而不是避开它们）的恰当例子．

顺便说一句，在哪种情形下使用底，而在哪种情形下使用顶，这是有一种方法的．包含左端点但不包含右端点的半开区间（例如 $0\leqslant\theta<1$）比包含右端点但不包含左端点的半开区间略微常用一些，底也比顶更常用．所以根据墨菲定律，正确的法则与我们希望的相反——顶用于 $[\alpha..\beta)$，而底则用于 $(\alpha..\beta]$．

正如我们能通过唱歌记得哥伦布航海出发的日期那样："在1493年/哥伦布向蔚蓝的大海航行而去．"

类似的分析表明，闭区间 $[\alpha..\beta]$ 恰好包含 $\lfloor\beta\rfloor-\lceil\alpha\rceil+1$ 个整数，而开区间 $(\alpha..\beta)$ 则包含 $\lceil\beta\rceil-\lfloor\alpha\rfloor-1$ 个整数．不过我们对后者赋予了额外限制 $\alpha\neq\beta$，从而使得这个公式不会由于

---

① "哦嗬"的英文Oho与美国Ohio州的州名发音相近．Toledo是该州一个小城市的城市名，而Toledo Mudhens则是这个小城市的棒球队队名．

下面的断言而陷入窘境：空的区间 $(\alpha..\alpha)$ 总共含有 -1 个整数. 总结起来，我们得到了下述事实：

区间	包含的整数	限制条件	
$[\alpha..\beta]$	$\lfloor \beta \rfloor - \lceil \alpha \rceil + 1$	$\alpha \le \beta$	
$[\alpha..\beta)$	$\lceil \beta \rceil - \lceil \alpha \rceil$	$\alpha \le \beta$	(3.12)
$(\alpha..\beta]$	$\lfloor \beta \rfloor - \lfloor \alpha \rfloor$	$\alpha \le \beta$	
$(\alpha..\beta)$	$\lceil \beta \rceil - \lfloor \alpha \rfloor - 1$	$\alpha < \beta$	

现在有一个我们不能拒绝的问题. 具体数学俱乐部有一个赌场（仅对本书的购买者开放），其中有一个轮盘赌轮，它有一千个投币口，标号1到1000. 如果在一次旋转中出现的数 n 能被它的立方根的底整除，也就是说，如果

$$\left\lfloor \sqrt[3]{n} \right\rfloor \backslash n,$$

那么它就是一个赢点，庄家赔付给我们5美元；否则它就是一个输点，我们就需要赔付1美元.（记号 $a\backslash b$ 读作 "a 整除 b"，含义是 b 是 a 的整倍数，第4章要仔细研究这个关系.）如果玩这个游戏，我们能指望赢钱吗？

我们可以计算平均赢率，也就是每玩一次我们将会赢（输）的量，首先计算赢点的个数 W 以及输点的个数 $L = 1000 - W$. 如果在1000次游戏中每个数都出现一次，我们就赢得 $5W$ 美元而损失 L 美元，故而平均赢率将是

$$\frac{5W - L}{1000} = \frac{5W - (1000 - W)}{1000} = \frac{6W - 1000}{1000}.$$

如果有167个或者更多的赢点，我们就占优，反之庄家占优.

在1到1000中，我们如何来计算赢点的个数呢？不难想出一个模式来. 从1一直到 $2^3 - 1 = 7$ 全都是赢点，因为对其中每一个数都有 $\lfloor \sqrt[3]{n} \rfloor = 1$. 从数 $2^3 = 8$ 一直到 $3^3 - 1 = 26$ 中仅有偶数是赢点. 在数 $3^3 = 27$ 一直到 $4^3 - 1 = 63$ 中，仅仅那些被3整除的数是赢点. 如此等等.

如果使用第2章的求和技术，并利用关于估计值为0或者1的逻辑命题的艾弗森约定，整个结构可以系统地加以分析：

$$W = \sum_{n=1}^{1000} [n\text{是赢点}]$$

$$= \sum_{1 \le n \le 1000} \left[\left\lfloor \sqrt[3]{n} \right\rfloor \backslash n \right] = \sum_{k,n} \left[k = \left\lfloor \sqrt[3]{n} \right\rfloor \right][k\backslash n][1 \le n \le 1000]$$

$$= \sum_{k,m,n} [k^3 \le n < (k+1)^3][n = km][1 \le n \le 1000]$$

$$= 1 + \sum_{k,m} [k^3 \le km < (k+1)^3][1 \le k < 10]$$

$$= 1 + \sum_{k,m} [m \in [k^2..(k+1)^3/k)][1 \le k < 10]$$

（对此所做的一项班级投票结果表明：28名学生认为不应去玩，13名想去赌一把，余下的人则拿不定而无法作答.）

（因此我们挥动具体数学球棒给了他们一击.）

74

$$= 1 + \sum_{1 \leqslant k < 10} \left(\left\lceil k^2 + 3k + 3 + 1/k \right\rceil - \left\lceil k^2 \right\rceil \right)$$

$$= 1 + \sum_{1 \leqslant k < 10} (3k + 4) = 1 + \frac{7 + 31}{2} \times 9 = 172 \; .$$

这个推导值得仔细研究. 注意, 第6行用到了关于半开区间中整数个数的公式 (3.12). 其中仅有的 "困难的" 操作是在第3行与第4行之间做出的将 $n = 1000$ 作为一个特殊情形来处理的决定. (当 $k = 10$ 时, 不等式 $k^3 \leqslant n < (k+1)^3$ 与 $1 \leqslant n \leqslant 1000$ 组合起来并不容易.) 一般来说, 边界条件往往是处理 Σ 时最关键的部分.

此话不假.

最后一行是说 $W = 172$, 因此每次游戏的平均赢率的公式化简为 $(6 \times 172 - 1000)/1000$ 美元, 即3.2美分. 我们可以指望在做了100次每次1美元的赌博之后能挣到大约3.2美元. (当然, 庄家可能会玩弄花招让某些数比其他数出现得更加频繁.)

你说这个赌场在哪儿来着?

我们刚刚解决的博彩问题是一个更为现实的问题的变形: "在 $1 \leqslant n \leqslant 1000$ 中有多少个整数 n 满足关系 $\left\lfloor \sqrt[3]{n} \right\rfloor \backslash n$?" 从数学上说, 这两个问题是相同的. 但是, 有时将一个问题装扮一番不失为一个好主意. 我们习惯于使用更多的词 (如 "赢点" 和 "输点"), 这些词有助于我们理解所发生的事情.

我们来推广. 假设将1000改为 1 000 000, 或者换成一个更大的数 N. (我们假设该赌场颇具影响力, 且能搞到一个更大的轮盘.) 现在有多少个赢点呢?

同样的推理方法仍然适用, 不过我们需要更仔细地处理 k 的最大值, 为方便起见将它记为 K:

$$K = \left\lfloor \sqrt[3]{N} \right\rfloor \; .$$

75

(上一次的 K 是10.) 对一般的 N, 赢点的总数是

$$W = \sum_{1 \leqslant k < K} (3k + 4) + \sum_{m} [K^3 \leqslant Km \leqslant N]$$

$$= \frac{1}{2}(7 + 3K + 1)(K - 1) + \sum_{m} [m \in [K^2 .. N/K]]$$

$$= \frac{3}{2}K^2 + \frac{5}{2}K - 4 + \sum_{m} [m \in [K^2 .. N/K]] \; .$$

我们知道, 剩下的那个和式是 $\lfloor N/K \rfloor - \lceil K^2 \rceil + 1 = \lfloor N/K \rfloor - K^2 + 1$, 故而公式

$$W = \lfloor N/K \rfloor + \frac{1}{2}K^2 + \frac{5}{2}K - 3 \; , \quad K = \left\lfloor \sqrt[3]{N} \right\rfloor \tag{3.13}$$

给出了轮盘大小为 N 的一般答案.

这个公式的前两项近似等于 $N^{2/3} + \frac{1}{2}N^{2/3} = \frac{3}{2}N^{2/3}$, 当 N 很大时, 其他的项相比要小得多. 在第9章里, 我们将要学习导出

$$W = \frac{3}{2}N^{2/3} + O(N^{1/3})$$

这样的表达式, 其中 $O(N^{1/3})$ 代表一个不超过 $N^{1/3}$ 的常数倍的量. 无论这个常数是什么, 我

们知道它与 N 无关，所以对于很大的 N ，O 项对 W 的贡献与 $\frac{3}{2}N^{2/3}$ 相比非常小. 例如，下表说明了 $\frac{3}{2}N^{2/3}$ 与 W 是何等接近，这是相当好的近似.

N	$\frac{3}{2}N^{2/3}$	W	%误差
1 000	150.0	172	12.791
10 000	696.2	746	6.670
100 000	3231.7	3343	3.331
1 000 000	15000.0	15247	1.620
10 000 000	69623.8	70158	0.761
100 000 000	323165.2	324322	0.357
1 000 000 000	1500000.0	1502497	0.166

近似公式是有用的，因为它们比带有底和顶的公式更加简单. 然而，精确的真值常常也是很重要的，特别是对于在实际情形中容易出现的 N 的更小的值（精确的真值就更为重要）. 例如，赌场的主人有可能会错误地假设当 $N=1000$ 时仅有 $\frac{3}{2}N^{2/3}=150$ 个赢点（此情形对庄家会有10美分的好处）.

这一节里的最后一个应用是研究所谓的谱. 我们定义，一个实数 α 的谱（spectrum）是整数组成的一个无限多重集合：

$$\mathrm{Spec}(\alpha) = \{\lfloor\alpha\rfloor, \lfloor 2\alpha\rfloor, \lfloor 3\alpha\rfloor, \cdots\}.$$

（一个多重集合与一个集合相似，不过它可以有重复的元素.）例如，1/2的谱的开头部分是 $\{0, 1, 1, 2, 2, 3, 3, \cdots\}$.

容易证明，没有两个谱是相等的，也就是说，$\alpha \neq \beta$ 就意味着 $\mathrm{Spec}(\alpha) \neq \mathrm{Spec}(\beta)$. 不失一般性，假设 $\alpha < \beta$ ，就存在一个正整数 m 使得 $m(\beta-\alpha) \geqslant 1$.（事实上，任何一个 $m \geqslant \lceil 1/(\beta-\alpha)\rceil$ 都行，但是我们无需卖弄有关底和顶的知识.）从而 $m\beta - m\alpha \geqslant 1$ ，且 $\lfloor m\beta\rfloor > \lfloor m\alpha\rfloor$. 于是谱 $\mathrm{Spec}(\beta)$ 有少于 m 个元素 $\leqslant \lfloor m\alpha\rfloor$ ，而 $\mathrm{Spec}(\alpha)$ 至少有 m 个这样的元素.

谱有许多美妙的性质. 例如，考虑两个多重集合

$$\mathrm{Spec}(\sqrt{2}) = \{1, 2, 4, 5, 7, 8, 9, 11, 12, 14, 15, 16, 18, 19, 21, 22, 24, \cdots\},$$
$$\mathrm{Spec}(2+\sqrt{2}) = \{3, 6, 10, 13, 17, 20, 23, 27, 30, 34, 37, 40, 44, 47, 51, \cdots\}.$$

容易用袖珍计算器计算 $\mathrm{Spec}(\sqrt{2})$ ，而根据(3.6)，$\mathrm{Spec}(2+\sqrt{2})$ 的第 n 个元素恰好比 $\mathrm{Spec}(\sqrt{2})$ 的第 n 个元素多 $2n$. 再仔细观察表明，这两个谱还以更加惊人的方式联系在一起：似乎从一个谱中消失的数都会在另一个谱中出现，但是没有任何一个数在两个谱中都出现！这是真的：正整数是 $\mathrm{Spec}(\sqrt{2})$ 和 $\mathrm{Spec}(2+\sqrt{2})$ 的不相交并集. 我们说这些谱构成正整数的一个

……没有太多（without lots of...）一般性……

"如果 x 是一个小于1的无理数，量 m/x 和 $m/(1-x)$ 的级数之中（其中 m 是整数）有一个可能被发现介于任何给定的相邻整数之间，而且只能找到一个这样的量."

——瑞利[304]

划分（partition）.

为证明这一结论，我们要来计算 $\mathrm{Spec}(\sqrt{2})$ 中有多少个元素是 $\leq n$ 的，以及 $\mathrm{Spec}(2+\sqrt{2})$ 中有多少个元素是 $\leq n$ 的. 如果对每个 n，这样的数的总和是 n，这两个谱就的确给出整数的划分.

正确，因为当 n 增加 1 时，计数中恰有一个必定增加.

设 α 为正数. $\mathrm{Spec}(\alpha)$ 中 $\leq n$ 的元素的个数是

$$\begin{aligned}
N(\alpha,n) &= \sum_{k>0}\big[\lfloor k\alpha\rfloor \leq n\big] \\
&= \sum_{k>0}\big[\lfloor k\alpha\rfloor < n+1\big] \\
&= \sum_{k>0}[k\alpha < n+1] \\
&= \sum_{k}[0 < k < (n+1)/\alpha] \\
&= \lceil (n+1)/\alpha\rceil - 1.
\end{aligned}\qquad(3.14)$$

这一推导过程有两处特别有意义. 首先，它用规则

$$m \leq n \quad\Longleftrightarrow\quad m < n+1\,,\quad m \text{ 和 } n \text{ 为整数}\qquad(3.15)$$

将 "$\leq$" 改变成 "$<$"，所以根据（3.7）就可以将底括号去掉. 还有更为巧妙的，它对 $k>0$ 求和，而不是对 $k\geq 1$ 求和，因为对某些 n 和 α，$(n+1)/\alpha$ 可能会小于 1. 如果我们早先尝试用（3.12）来确定 $[1..(n+1)/\alpha)$ 中整数的个数，而不是确定 $(0..(n+1)/\alpha)$ 中整数的个数，可能已经得到正确的答案了. 但是我们的推导是有错误的，因为应用的条件没有满足.

好的，对 $N(\alpha,n)$ 我们有一个公式. 现在可以通过检验是否对所有整数 $n>0$ 都有 $N(\sqrt{2},n)+N(2+\sqrt{2},n)=n$ 来检测 $\mathrm{Spec}(\sqrt{2})$ 和 $\mathrm{Spec}(2+\sqrt{2})$ 是否给出正整数的划分，利用（3.14）有：

$$\left\lceil\frac{n+1}{\sqrt{2}}\right\rceil - 1 + \left\lceil\frac{n+1}{2+\sqrt{2}}\right\rceil - 1 = n$$

$$\Longleftrightarrow \left\lfloor\frac{n+1}{\sqrt{2}}\right\rfloor + \left\lfloor\frac{n+1}{2+\sqrt{2}}\right\rfloor = n\,,\qquad\text{根据（3.2）；}$$

$$\Longleftrightarrow \frac{n+1}{\sqrt{2}} - \left\{\frac{n+1}{\sqrt{2}}\right\} + \frac{n+1}{2+\sqrt{2}} - \left\{\frac{n+1}{2+\sqrt{2}}\right\} = n\,,\qquad\text{根据（3.8）.}$$

由于有整齐的恒等式

$$\frac{1}{\sqrt{2}} + \frac{1}{2+\sqrt{2}} = 1\,,$$

现在一切都简化了，我们的条件就转化为检测是否对所有 $n>0$ 有

$$\left\{\frac{n+1}{\sqrt{2}}\right\} + \left\{\frac{n+1}{2+\sqrt{2}}\right\} = 1.$$

这样就成功了，因为这是和等于整数 $n+1$ 的两个非整数的数的分数部分. 这就是一个划分.

3.3　底和顶的递归式　FLOOR/CEILING RECURRENCES

底和顶为研究递归关系增添了一个有趣的新方向. 我们先来研究递归式

$$K_0 = 1 ;$$
$$K_{n+1} = 1 + \min(2K_{\lfloor n/2 \rfloor}, 3K_{\lfloor n/3 \rfloor}) , \quad n \geqslant 0 . \tag{3.16}$$

例如, K_1 就是 $1 + \min(2K_0, 3K_0) = 3$, 此序列的开始部分是 1, 3, 3, 4, 7, 7, 7, 9, 9, 10, 13, $\cdots$. 本书的作者之一将这些数称为高德纳数.

习题25要求证明或推翻如下命题: 对所有 $n \geqslant 0$ 有 $K_n \geqslant n$. 刚刚列出来的前面若干个 K 的确满足这个不等式, 所以很有可能它在一般情况下也为真. 我们尝试用归纳法证明: 基础 $n = 0$ 直接由递归式的定义得出. 对于归纳部分, 假设此不等式对直到某个非负整数 n 为止的所有值都成立, 我们来证明 $K_{n+1} \geqslant n+1$. 由递归式可知 $K_{n+1} = 1 + \min(2K_{\lfloor n/2 \rfloor}, 3K_{\lfloor n/3 \rfloor})$. 而由归纳假设知, $2K_{\lfloor n/2 \rfloor} \geqslant 2\lfloor n/2 \rfloor$, $3K_{\lfloor n/3 \rfloor} \geqslant 3\lfloor n/3 \rfloor$. 然而, $2\lfloor n/2 \rfloor$ 可以小到等于 $n-1$, $3\lfloor n/3 \rfloor$ 可以小到等于 $n-2$. 我们从归纳假设最多只能断定 $K_{n+1} \geqslant 1+(n-2)$, 这与 $K_{n+1} \geqslant n+1$ 相比还相差甚远.

现在我们有理由担心 $K_n \geqslant n$ 的真实性, 所以来尝试推翻它. 如果能找到一个 n , 使得 $2K_{\lfloor n/2 \rfloor} < n$ 或者 $3K_{\lfloor n/3 \rfloor} < n$ 成立, 换句话说, 就是有

$$K_{\lfloor n/2 \rfloor} < n/2 \quad \text{或者} \quad K_{\lfloor n/3 \rfloor} < n/3 ,$$

我们就会有 $K_{n+1} < n+1$. 这可能吗? 我们最好不要在这里就给出答案, 因为这样会破坏你做习题25的兴致.

含有底或顶的递归关系常常在计算机科学中出现, 因为以重要的"分而治之"技术为基础的算法, 会把一个大小为 n 的问题转化为一个大小是 n 的几分之一(整数)的类似问题. 例如, 如果 $n > 1$, 给 n 个记录排序的一种方法是把它们分成两个近乎相等的部分, 一部分的大小是 $\lceil n/2 \rceil$, 而另一部分的大小是 $\lfloor n/2 \rfloor$. (附带注意, 有

$$n = \lceil n/2 \rceil + \lfloor n/2 \rfloor , \tag{3.17}$$

这个公式常常会派上用场.) 在每一部分都被分别排序后(根据同样的方法, 循环地使用), 通过进一步做至多 $n-1$ 次比较, 就能将这些记录合并成最后的排序. 这样一来, 所执行比较的总数至多是 $f(n)$, 其中

$$f(1) = 0 ;$$
$$f(n) = f(\lceil n/2 \rceil) + f(\lfloor n/2 \rfloor) + n - 1 , \quad n > 1 . \tag{3.18}$$

这个递归式的解在习题34中.

第1章的约瑟夫问题有一个类似的递归式, 它可以表述成

$$J(1) = 1 ;$$
$$J(n) = 2J(\lfloor n/2 \rfloor) - (-1)^n , \quad n > 1 .$$

这是第一页没有涂鸦的吧?

我们已经有了比第1章更多的工具，所以可以考虑一个更真确的约瑟夫问题，其中每隔两个人就淘汰一个人，而不是每隔一个人淘汰一个人. 如果将第1章里有成效的方法应用到这个更困难的问题上，我们最终会得到递归式

$$J_3(n) = \left(\left\lceil \frac{3}{2} J_3\left(\left\lfloor \frac{2}{3}n \right\rfloor\right) + a_n \right\rceil \bmod n\right) + 1,$$

其中 mod 是我们即将探讨的一个函数，且根据 $n \bmod 3 = 0,\ 1$ 或者 2 来决定 $a_n = -2,\ +1$ 或者 $-\frac{1}{2}$. 但是这个递归式太可怕，无法进一步继续做下去.

有另一种探讨约瑟夫问题的方式能给出好得多的构造. 只要有一个人被处死，我们就指定一个新的号码. 这样一来，1号和2号就变成 $n+1$ 和 $n+2$，然后3号被处死，4号和5号就变成 $n+3$ 和 $n+4$，接下来6号被处死……$3k+1$ 和 $3k+2$ 就变成 $n+2k+1$ 和 $n+2k+2$，接下来 $3k+3$ 被处死……然后是 $3n$ 被处死（或者幸存下来）. 例如，当 $n=10$ 时号码是

1	2	3	4	5	6	7	8	9	10
11	12		13	14		15	16		17
18			19	20			21		22
			23	24					25
			26						27
			28						
			29						
			30						

第 k 个被除掉人的最终号码是 $3k$. 所以，如果我们能算出标号为 $3n$ 的人的原来号码，就可以算出谁是幸存者.

如果 $N > n$，标号为 N 的人必定有一个以前的号码，我们可以这样将它求出来：我们有 $N = n + 2k + 1$ 或者 $N = n + 2k + 2$，于是 $k = \lfloor (N-n-1)/2 \rfloor$，前面的号码分别是 $3k+1$ 或者 $3k+2$. 那就是说，它是 $3k + (N-n-2k) = k + N - n$. 从而可以计算出幸存者的号码 $J_3(n)$ 如下：

$$N := 3n;$$

$$\textbf{while } N > n \textbf{ do } \quad N := \left\lfloor \frac{N-n-1}{2} \right\rfloor + N - n;$$

$$J_3(n) := N.$$

"不太慢，也不太快."
——路易斯·阿姆斯特朗

这不是 $J_3(n)$ 的封闭形式，甚至不是一个递归式. 但它至少告诉我们，如果 n 很大，怎样用合理的速度计算出答案.

幸运的是，如果我们用变量 $D = 3n + 1 - N$ 来替换 N，就有一种办法来简化这个算法.（记号的这种改变对应于标号从 $3n$ 下降到1，而不是从1上升到 $3n$，它像倒计数.）此时对 N 的复杂赋值就变成

$$D := 3n + 1 - \left(\left\lfloor \frac{(3n+1-D)-n-1}{2} \right\rfloor + (3n+1-D) - n\right)$$

$$= n + D - \left\lfloor \frac{2n-D}{2} \right\rfloor = D - \left\lfloor \frac{-D}{2} \right\rfloor = D + \left\lceil \frac{D}{2} \right\rceil = \left\lceil \frac{3}{2}D \right\rceil,$$

我们可以将算法重新改写成

$$D := 1 ;$$

$$\textbf{while } D \leqslant 2n \textbf{ do } D := \left\lceil \frac{3}{2} D \right\rceil ;$$

$$J_3(n) := 3n + 1 - D .$$

啊哈！这看起来要好得多了，因为 n 以一种非常简单的方式出现在计算中. 事实上，我们可以用同样的推理证明：当每隔 $q-1$ 个人就除掉一个人时，幸存者 $J_q(n)$ 可以计算如下：

$$D := 1 ;$$

$$\textbf{while } D \leqslant (q-1)n \textbf{ do } D := \left\lceil \frac{q}{q-1} D \right\rceil ; \qquad (3.19)$$

$$J_q(n) := qn + 1 - D .$$

在我们了解得非常清楚的 $q = 2$ 的情形下，当 $n = 2^m + l$ 时，这使得 D 增加到 2^{m+1}，所以 $J_2(n) = 2(2^m + l) + 1 - 2^{m+1} = 2l + 1$. 很好！

（3.19）中的方法计算的是可以用下述递归式定义的整数序列：

$$D_0^{(q)} = 1 ;$$

$$D_n^{(q)} = \left\lceil \frac{q}{q-1} D_{n-1}^{(q)} \right\rceil , \ n > 0 . \qquad (3.20)$$

除了 $q = 2$ 之外，这些数看不出与任何熟悉的函数有简单关联方式，故而它们可能并没有好的封闭形式. 但是，如果我们愿意将序列 $D_n^{(q)}$ 看作是“已知的”，那就容易描绘出一般的约瑟夫问题的解：幸存者 $J_q(n)$ 是 $qn + 1 - D_k^{(q)}$，其中 k 是使得 $D_k^{(q)} > (q-1)n$ 成立的尽可能小的数.

比方说，调和数这样“已知的”东西. A. M. Odlyzko和H. S. Wilf已经证明了[283]:
$$D_n^{(3)} = \left\lfloor \left(\frac{3}{2} \right)^n C \right\rfloor ,$$
其中 $C \approx 1.622\,270\,503 .$

3.4 mod：二元运算   'MOD': THE BINARY OPERATION

当 m 和 n 是正整数时，n 被 m 除的商是 $\lfloor n/m \rfloor$. 这个除法的余数也有一个简单的记号，很方便，我们称它是“$n \bmod m$”. 基本公式

$$n = \underbrace{m \lfloor n/m \rfloor}_{商} + \underbrace{n \bmod m}_{余数}$$

告诉我们，可以将 $n \bmod m$ 表示成 $n - m \lfloor n/m \rfloor$. 我们可以将它推广到负整数，实际上可以推广到任意实数：

$$x \bmod y = x - y \lfloor x/y \rfloor , \ y \neq 0 . \qquad (3.21)$$

这就将 mod 定义成为一个二元运算，正像加法和减法是二元运算一样. 很长一段时间里，数学家们就是这样非正式地使用mod来取各种各样的量的，如 mod10 和 mod2π 等，仅仅是

为什么把它称为 mod：二元运算？等待在激动人心的下一章去发现吧！

在最近二十年才趋于正式使用. 老概念，新记号.

我们可以很容易就理解 $x \bmod y$ 的直观意义：当 x 和 y 是正实数时，想象一个周长为 y 的圆，它的点被赋予区间 $[0..y)$ 中的实数. 如果我们从0出发，绕着圆行走距离 x，我们就停止在 $x \bmod y$. （而在我们行走时遇到0的次数是 $\lfloor x/y \rfloor$. ）

要注意计算机语言，它用的是另一种定义.

当 x 或者 y 是负数时，我们需要仔细观察定义，以便确切看出它的含义. 这里是一些整值运算的例子：

$$5 \bmod 3 \quad = 5 - 3\lfloor 5/3 \rfloor \quad = 2 ;$$
$$5 \bmod -3 \quad = 5 - (-3)\lfloor 5/(-3) \rfloor \quad = -1 ;$$
$$-5 \bmod 3 \quad = -5 - 3\lfloor -5/3 \rfloor \quad = 1 ;$$
$$-5 \bmod -3 \quad = -5 - (-3)\lfloor -5/(-3) \rfloor \quad = -2 .$$

把另一个数称为 modumor 怎么样？

mod 后面的数称为**模**（modulus），至今还没有人给 mod 前面的数取名. 在应用中，模通常是正的，但是当模是负数时，这个定义也完全有意义. 在这两种情形下，$x \bmod y$ 的值都介于0和模之间：

$$0 \leqslant x \bmod y < y , \quad y > 0 ;$$
$$0 \geqslant x \bmod y > y , \quad y < 0 .$$

$y = 0$ 呢？定义（3.21）对此情形没有给出定义，为了避免用零作除数，也为了完整起见，我们可以定义

$$x \bmod 0 = x . \tag{3.22}$$

这个约定保持这样的性质：$x \bmod y$ 与 x 永远相差 y 的一个倍数. （更自然的似乎是，通过定义 $x \bmod 0 = \lim_{y \to 0} x \bmod y = 0$ 来使得这个函数在0处连续. 但是我们将在第4章里看到这很少有用. 连续性对模运算并不重要. ）

当我们将 x 用它的整数部分和分数部分表示时，即 $x = \lfloor x \rfloor + \{x\}$，就看到了 mod 经改头换面后的一个特殊情形. 分数部分也可以写成 $x \bmod 1$，因为我们有

$$x = \lfloor x \rfloor + x \bmod 1 .$$

注意，这个公式中不需要括号，因为我们约定 mod 比加法或者减法的优先级高. 底函数用来定义 mod，而顶函数尚不可. 我们似乎可以用顶函数来定义一个像

$$x \text{ mumble } y = y\lceil x/y \rceil - x, y \neq 0$$

在20世纪70年代，mod 成了时尚. 新的 mumble 函数可能应该称为 punk（无用的东西）？不，我喜欢 mumble. 注意，x mumble y $= (-x) \bmod y$.

这样与 mod 类似的东西. 在用圆类比的结构中，这表示旅行者在走了一段距离 x 之后，要回到起点0还需要继续走的距离. 不过，我们当然需要一个比 mumble（含糊说话）更好的名字. 如果有足够多的应用随之而来，有可能它本身就会给出一个合适的名字.

分配律是 mod 最重要的代数性质. 对所有实数 c、x 和 y，我们有

$$c(x \bmod y) = (cx) \bmod (cy) . \tag{3.23}$$

（那些希望 mod 的优先级比乘法低的人也可以去掉这里右边的括号.）容易从定义（3.21）证明这个法则，因为如果 $cy \neq 0$，则有

$$c(x \bmod y) = c(x - y \lfloor x/y \rfloor) = cx - cy \lfloor cx/cy \rfloor = cx \bmod cy ,$$

且模为零的情形显然为真. 我们的四个例子用 ±5 和 ±3 两次给出了这个法则的例证（取 $c = -1$）. 像（3.23）这样的恒等式是鼓舞人心的，因为它使我们有理由相信 mod 的定义是恰当的.

在这一节的余下部分，我们要考虑一个应用，在其中能够表明 mod 是有助益的，尽管它并不起核心作用. 这一问题在多种情形下频繁地出现：我们想要将 n 件物品尽可能相等地分成 m 组.

例如，假设我们有短短的 n 行文本，希望把它们排成 m 列. 为了有美感，我们希望将这些列排成行数递减的次序（实际上是不增的次序），而且行数要大致相同——没有哪两列相差多于一行. 如果37行文本被分成5列，我们就会倾向于右边的安排：

8	8	8	8	5		8	8	7	7	7
第1行	第9行	第17行	第25行	第33行		第1行	第9行	第17行	第24行	第31行
第2行	第10行	第18行	第26行	第34行		第2行	第10行	第18行	第25行	第32行
第3行	第11行	第19行	第27行	第35行		第3行	第11行	第19行	第26行	第33行
第4行	第12行	第20行	第28行	第36行		第4行	第12行	第20行	第27行	第34行
第5行	第13行	第21行	第29行	第37行		第5行	第13行	第21行	第28行	第35行
第6行	第14行	第22行	第30行			第6行	第14行	第22行	第29行	第36行
第7行	第15行	第23行	第31行			第7行	第15行	第23行	第30行	第37行
第8行	第16行	第24行	第32行			第8行	第16行			

此外，我们想将各行文本按照列来分配，首先确定有多少行归入第一列，然后转到第二列，第三列，等等，因为这是人们阅读的方式. 逐行配置会给出每一列中正确的行数，但是排序会是错的.（我们会得到右边这样的安排，但是第一列里将会包含第1、6、11、…、36行，而不是所想要的第1、2、3、…、8行.）

不能用逐行分配的策略，但是它的确告诉了我们在每一列里放多少行. 如果 n 不是 m 的倍数，逐行配置的过程清楚地表明，长的列应该每列包含 $\lceil n/m \rceil$ 行，而短的列应该每列包含 $\lfloor n/m \rfloor$ 行. 这就恰好有 $n \bmod m$ 个长的列.（同样明显的是，恰好有 n mumble m 个短的列.）

我们来推广这些术语，讨论"物品"和"组"，而非"行"和"列". 我们刚才确定了，第一组应该包含 $\lceil n/m \rceil$ 件物品，于是这样的顺序分配方案应该有效：将 n 件物品分成 m 组，当 $m > 0$ 时，将 $\lceil n/m \rceil$ 件物品放进第一组，然后循环利用同样的程序将剩下的 $n' = n - \lceil n/m \rceil$ 件物品分成 $m' = m - 1$ 个另外的组.

例如，如果 $n = 314$ 且 $m = 6$，则分配就如

余数，呃?

剩下的物品	剩下的组	$\lceil$物品$/$组$\rceil$
314	6	53
261	5	53
208	4	52
156	3	52
104	2	52
52	1	52

成功了. 我们得到大小近似相等的组, 尽管除数一直在变化.

为什么它会成功呢？一般来说, 我们可以假设 $n = qm + r$, 其中 $q = \lfloor n/m \rfloor$ 且 $r = n \bmod m$. 如果 $r = 0$, 这个过程很简单：我们把 $\lceil n/m \rceil = q$ 件物品放入第一组, 并用 $n' = n - q$ 替换 n, 而让 $n' = qm'$ 件物品放进剩下的 $m' = m - 1$ 组中. 如果 $r > 0$, 我们就把 $\lceil n/m \rceil = q + 1$ 件物品放进第一组, 并用 $n' = n - q - 1$ 替换 n, 而把 $n' = qm' + r - 1$ 件物品留给后面的组. 新的余数是 $r' = r - 1$, 但 q 仍然相同. 由此得出, 有 r 个组各有 $q + 1$ 件物品, 接下来有 $m - r$ 组各有 q 件物品.

在第 k 组中有多少件物品呢？我们希望有个公式, 它在当 $k \leqslant n \bmod m$ 时给出 $\lceil n/m \rceil$, 而在相反的情形则给出 $\lfloor n/m \rfloor$. 不难验证,

$$\left\lceil \frac{n - k + 1}{m} \right\rceil$$

就有所要的性质, 因为如果在上一段里记 $n = qm + r$, 此式就化简成 $q + \lceil (r - k + 1)/m \rceil$, 这里 $q = \lfloor n/m \rfloor$. 如果 $1 \leqslant k \leqslant m$ 且 $0 \leqslant r < m$, 我们就有 $\lceil (r - k + 1)/m \rceil = [k \leqslant r]$. 这样一来, 我们就可以写出一个恒等式, 它表示出将 n 分成 m 个按照非增次序排列且尽可能相等的部分的划分：

$$n = \left\lceil \frac{n}{m} \right\rceil + \left\lceil \frac{n-1}{m} \right\rceil + \cdots + \left\lceil \frac{n-m+1}{m} \right\rceil . \tag{3.24}$$

这个恒等式对所有正整数 m 且对所有整数 n（不论是正的、负的还是零）都成立. 我们在（3.17）中已经遇到过 $m = 2$ 的情形, 虽然那时将它写成了稍微不同的形式 $n = \lceil n/2 \rceil + \lfloor n/2 \rfloor$.

如果我们曾经希望各个部分按照非减的次序排列, 将小的组放在大的组的前面, 我们就会用同样的方式做下去, 不过要将 $\lfloor n/m \rfloor$ 件物品放在第一组. 这样我们就会得到相应的恒等式

$$n = \left\lfloor \frac{n}{m} \right\rfloor + \left\lfloor \frac{n+1}{m} \right\rfloor + \cdots + \left\lfloor \frac{n+m-1}{m} \right\rfloor . \tag{3.25}$$

利用（3.4）或者习题12的恒等式, 有可能在（3.25）和（3.24）之间进行转换.

现在如果在（3.25）中用 $\lfloor mx \rfloor$ 替换 n, 并应用规则（3.11）去掉底内部的底, 我们就得到一个对所有实数 x 都成立的恒等式：

$$\lfloor mx \rfloor = \lfloor x \rfloor + \left\lfloor x + \frac{1}{m} \right\rfloor + \cdots + \left\lfloor x + \frac{m-1}{m} \right\rfloor . \tag{3.26}$$

有人宣称：用 mx 来替换任何东西都是异常危险的.

84

这有点令人吃惊, 因为底函数是实数值的整数近似值, 但是左边的单个近似值等于右边一组数的和. 如果我们假设 $\lfloor x \rfloor$ 平均大致是 $x - \dfrac{1}{2}$, 那么左边大致是 $mx - \dfrac{1}{2}$, 而右边大致等于

$$\left(x - \frac{1}{2} \right) + \left(x - \frac{1}{2} + \frac{1}{m} \right) + \cdots + \left(x - \frac{1}{2} + \frac{m-1}{m} \right) = mx - \frac{1}{2},$$ 事实表明所有这些粗略近似值的和竟是

精确的!

3.5 底和顶的和式   FLOOR/CEILING SUMS

方程 (3.26) 表明, 对至少一类包含 $\lfloor\ \rfloor$ 的和式有可能得到封闭形式. 还有其他的吗? 是的. 在这种情形下, 行之有效的技巧常常是通过引入一个新的变量来规避底或者顶.

例如, 我们来研究是否可能对和式

$$\sum_{0 \leqslant k < n} \lfloor \sqrt{k} \rfloor$$

给出封闭形式. 一种想法是引入变量 $m = \lfloor \sqrt{k} \rfloor$, 我们可以用在轮盘赌问题中的做法 "机械地" 解这个问题:

$$
\begin{aligned}
\sum_{0 \leqslant k < n} \lfloor \sqrt{k} \rfloor &= \sum_{k, m \geqslant 0} m[k < n]\big[m = \lfloor \sqrt{k} \rfloor\big] \\
&= \sum_{k, m \geqslant 0} m[k < n][m \leqslant \sqrt{k} < m+1] \\
&= \sum_{k, m \geqslant 0} m[k < n][m^2 \leqslant k < (m+1)^2] \\
&= \sum_{k, m \geqslant 0} m[m^2 \leqslant k < (m+1)^2 \leqslant n] \\
&\quad + \sum_{k, m \geqslant 0} m[m^2 \leqslant k < n < (m+1)^2].
\end{aligned}
$$

边界条件再次有一点微妙. 我们首先假设 $n = a^2$ 是一个完全平方, 这样, 第二个和式就是零, 而第一个和式可以用惯常的办法计算:

$$
\begin{aligned}
\sum_{k, m \geqslant 0} m[m^2 \leqslant k < (m+1)^2 \leqslant a^2] \\
&= \sum_{m \geqslant 0} m\big((m+1)^2 - m^2\big)[m+1 \leqslant a] \\
&= \sum_{m \geqslant 0} m(2m+1)[m < a] \\
&= \sum_{m \geqslant 0} (2m^2 + 3m^{\underline{1}})[m < a] \\
&= \sum_0^a (2m^{\underline{2}} + 3m^{\underline{1}})\delta m \\
&= \frac{2}{3} a(a-1)(a-2) + \frac{3}{2} a(a-1) = \frac{1}{6}(4a+1)a(a-1).
\end{aligned}
$$

下降幂使得这个和式翻着跟斗落下来.

在一般情形下, 我们可以设 $a = \lfloor \sqrt{n} \rfloor$, 这样就只需要再加上满足 $a^2 \leqslant k < n$ 的项, 这些项全都等于 a, 故它们的和等于 $(n - a^2)a$. 这就给出了所要的封闭形式

$$\sum_{0\leqslant k<n}\left\lfloor \sqrt{k}\right\rfloor = na-\frac{1}{3}a^3-\frac{1}{2}a^2-\frac{1}{6}a\ ,\quad a=\left\lfloor \sqrt{n}\right\rfloor . \tag{3.27}$$

求这个和式的另一个方法是用 $\sum_j [1\leqslant j\leqslant x]$ 代替形如 $\lfloor x\rfloor$ 的表达式,只要 $x\geqslant 0$,这就是合理的. 如果为方便起见,我们假设 $n=a^2$,那么此方法在形如 $\lfloor$ 平方根 $\rfloor$ 的和式中有效,其原因是:

$$\begin{aligned}\sum_{0\leqslant k<n}\left\lfloor \sqrt{k}\right\rfloor &= \sum_{j,k}[1\leqslant j\leqslant \sqrt{k}][0\leqslant k<a^2]\\ &= \sum_{1\leqslant j<a}\sum_k [j^2\leqslant k<a^2]\\ &= \sum_{1\leqslant j<a}(a^2-j^2)=a^3-\frac{1}{3}a\left(a+\frac{1}{2}\right)(a+1).\end{aligned}$$

还有另一个例子,在其中做变量替换就会导出一个变形的和式. 在1909年的大约同一时间,三位数学家Bohl[34]、Sierpiński[326]以及Weyl[368]分别独立发现了这个著名的定理:如果 α 是无理数,那么分数部分 $\{n\alpha\}$ 当 $n\to\infty$ 时在0和1之间是非常一致分布的. 叙述这一点的一种方式是:对所有无理数 α 以及所有几乎处处连续的有界函数 f 有

$$\lim_{n\to\infty}\frac{1}{n}\sum_{0\leqslant k<n}f\left(\{k\alpha\}\right)=\int_0^1 f(x)\,\mathrm{d}x . \tag{3.28}$$

例如,令 $f(x)=x$,可以求得 $\{n\alpha\}$ 的平均值,我们得到 $\frac{1}{2}$.(这正是我们期待的,知道下面的结果也是令人愉快的:不论 α 是什么样的无理数,这个结果都确实可以证明是正确的.)

Bohl、Sierpiński以及Weyl的这个定理是用"阶梯函数"从上方以及下方逼近 $f(x)$ 的方法证明的,阶梯函数是当 $0\leqslant v\leqslant 1$ 时简单函数

$$f_v(x)=[0\leqslant x<v]$$

的线性组合. 在这里,我们的目的不是证明这个定理,那是微积分教程的任务. 我们想要通过观察在特殊情形 $f(x)=f_v(x)$ 下这个定理是多么成功,来指出它成立的根本原因. 换句话说,尝试研究当 n 很大且 α 是无理数时,和式

$$\sum_{0\leqslant k<n}[\{k\alpha\}<v]$$

与"理想的"值 nv 有多么接近.

为此目的,我们定义**偏差**(discrepancy)$D(\alpha,n)$ 是和式

$$s(\alpha,n,v)=\sum_{0\leqslant k<n}([\{k\alpha\}<v]-v) \tag{3.29}$$

在 $0\leqslant v\leqslant 1$ 上的最大绝对值. 我们的目的是通过证明当 α 是无理数时 $|s(\alpha,n,v)|$ 总是适当地小,从而证明 $D(\alpha,n)$ 与 n 相比"不太大". 不失一般性,我们可以假设 $0<\alpha<1$.

首先可以将 $s(\alpha,n,v)$ 改写成更为简单的形式,然后引入一个新的指标变量 j:

提醒:这部分内容比较高深. 初次阅读时最好略过下面两页,它们并非至关重要.

——友好的助教

从此处开始略过.

$$\sum_{0 \leqslant k < n} ([\{k\alpha\} < v] - v) = \sum_{0 \leqslant k < n} \left(\lfloor k\alpha \rfloor - \lfloor k\alpha - v \rfloor - v \right)$$

$$= -nv + \sum_{0 \leqslant k < n} \sum_j [k\alpha - v < j \leqslant k\alpha]$$

$$= -nv + \sum_{0 \leqslant j < \lceil n\alpha \rceil} \sum_{k < n} [j\alpha^{-1} \leqslant k < (j+v)\alpha^{-1}].$$

如果运气好，我们就能求出关于 k 的和式．但是，我们应该引入一些新的变量，使这个公式不至于如此凌乱．我们记

$$a = \lfloor \alpha^{-1} \rfloor, \qquad \alpha^{-1} = a + \alpha';$$

$$b = \lceil v\alpha^{-1} \rceil, \qquad v\alpha^{-1} = b - v'.$$

于是 $\alpha' = \{\alpha^{-1}\}$ 是 α^{-1} 的分数部分，而 v' 则是 $v\alpha^{-1}$ 的mumble分数部分．

正确，命名并求解．从 k 到 j 的变量变换是要点．

　　——友好的助教

再次，边界条件是我们仅有的苦难之源．让我们暂时忘掉限制 $k < n$，并在去掉限制条件后计算关于 k 的和式：

$$\sum_k [k \in [j\alpha^{-1}..(j+v)\alpha^{-1})] = \lceil (j+v)(a+\alpha') \rceil - \lceil j(a+\alpha') \rceil$$

$$= b + \lceil j\alpha' - v' \rceil - \lceil j\alpha' \rceil.$$

好的，这太简单了，我们将它代入并努力做下去：

$$s(\alpha, n, v) = -nv + \lceil n\alpha \rceil b + \sum_{0 \leqslant j < \lceil n\alpha \rceil} \left(\lceil j\alpha' - v' \rceil - \lceil j\alpha' \rceil \right) - S, \tag{3.30}$$

其中 S 是对我们未能排除的 $k \geqslant n$ 情形所做的修正．量 $j\alpha'$ 仅当 $j = 0$ 时是整数，由于 α（从而 α'）是无理数，而 $j\alpha' - v'$ 对至多一个 j 的值是整数．所以，我们可以将含有顶的项改变成含有底的项：

$$s(\alpha, n, v) = -nv + \lceil n\alpha \rceil b - \sum_{0 \leqslant j < \lceil n\alpha \rceil} \left(\lfloor j\alpha' \rfloor - \lfloor j\alpha' - v' \rfloor \right) - S + \{0\text{或者}1\},$$

（公式 {0或者1} 表示其值是0或者1的某个东西．我们无需现在决定它的值，因为细节并不重要．）

这很有意思．我们得到的不是封闭形式，而是看起来像 $s(\alpha, n, v)$ 却带有不同参数的东西：α' 代替了 α，$\lceil n\alpha \rceil$ 代替了 n，而 v' 则代替了 v．所以我们就有一个关于 $s(\alpha, n, v)$ 的递归式，（希望）它能引导出偏差 $D(\alpha, n)$ 的递归式．这就是说，我们想将

$$s\left(\alpha', \lceil n\alpha \rceil, v' \right) = \sum_{0 \leqslant j < \lceil n\alpha \rceil} \left(\lfloor j\alpha' \rfloor - \lfloor j\alpha' - v' \rfloor - v' \right)$$

代入到

$$s(\alpha, n, v) = -nv + \lceil n\alpha \rceil b - \lceil n\alpha \rceil v' - s\left(\alpha', \lceil n\alpha \rceil, v' \right) - S + \{0\text{或者}1\}$$

中．回忆一下 $b - v' = v\alpha^{-1}$，我们看到，如果用 $n\alpha(b - v') = nv$ 代替 $\lceil n\alpha \rceil (b - v')$，一切都会漂亮地得以简化：

$$s(\alpha, n, v) = -s\left(\alpha', \lceil n\alpha \rceil, v' \right) - S + \varepsilon + \{0\text{或者}1\}.$$

这里 ε 是小于 $v\alpha^{-1}$ 的正误差．习题18证明了：类似地，S 介于0和 $\lceil v\alpha^{-1} \rceil$ 之间．对于 $j = \lceil n\alpha \rceil - 1 = \lfloor n\alpha \rfloor$，我们可以从和式中去掉这一项，因为它的贡献是 v' 或者 $v' - 1$．因此，如果关于所有的 v 取绝对值的最大值，我们就得到

$$D(\alpha,n)\leqslant D\left(\alpha',\lfloor \alpha n\rfloor\right)+\alpha^{-1}+2 .\tag{3.31}$$

接下来几章里学习的方法将使我们从这个递归式得出结论：当 n 充分大时，$D(\alpha,n)$ 总是比 n 要小得多．故而定理（3.28）为真，然而，它收敛于极限并不一定很快.（见习题9.45以及习题9.61.）

哇，这真是一个处理和式、底以及顶的出色练习．不习惯于"证明误差很小"的读者或许会发现，很难相信还有人在面对这样看似古怪的和式时有继续前进的勇气．但实际上，再次审视就会发现，在整个计算过程中贯穿着一条简单的动机主线，其主要思想是：一种 n 项的和式 $s(\alpha,n,v)$ 可以化简为至多有 $\lceil \alpha n\rceil$ 项的一个类似的和式．除了只留下一小部分接近边界的项以外，其他的项都被抵消了.

我们稍作停顿，再来做一个式子，它不是平凡的，但（与我们刚刚做的相比较）有很大的好处：它的结果是一个封闭形式，这使得我们可以很容易验证答案．现在，我们的目的是找到下面和式的一个表达式：

$$\sum_{0\leqslant k<m}\left\lfloor \frac{nk+x}{m}\right\rfloor,\quad \text{整数}\ m>0\ \text{且}\ n\ \text{为整数},$$

以此来推广（3.26）中的和式．对这个和式求一个封闭形式要比到目前为止我们做过的更困难一些（除了我们刚才观察的偏差问题之外）．但这是有益的，所以本章的余下部分就来解决这个问题.

与通常一样，特别是对于棘手的问题，我们首先观察小的情形．$n=1$ 的特殊情形就是（3.26），在其中用 x/m 替换 x：

$$\left\lfloor\frac{x}{m}\right\rfloor+\left\lfloor\frac{1+x}{m}\right\rfloor+\cdots+\left\lfloor\frac{m-1+x}{m}\right\rfloor=\lfloor x\rfloor .$$

与第1章中一样，通过向下推广到 $n=0$ 的情形来得到更多信息是有用的：

$$\left\lfloor\frac{x}{m}\right\rfloor+\left\lfloor\frac{x}{m}\right\rfloor+\cdots+\left\lfloor\frac{x}{m}\right\rfloor=m\left\lfloor\frac{x}{m}\right\rfloor .$$

我们的问题有两个参数 m 和 n，我们来观察 m 较小时的一些情形．当 $m=1$ 时，和式中恰好只有一项且它的值为 $\lfloor x\rfloor$．当 $m=2$ 时，这个和式是 $\lfloor x/2\rfloor+\lfloor (x+n)/2\rfloor$．通过在底函数的内部去掉 n，我们可以去掉 x 和 n 之间的相互作用，但是要这样做，我们必须将偶数的 n 和奇数的 n 分开来考虑．如果 n 是偶数，$n/2$ 就是一个整数，所以能从底中将它去掉：

$$\left\lfloor\frac{x}{2}\right\rfloor+\left(\left\lfloor\frac{x}{2}\right\rfloor+\frac{n}{2}\right)=2\left\lfloor\frac{x}{2}\right\rfloor+\frac{n}{2} .$$

如果 n 是奇数，$(n-1)/2$ 就是一个整数，故而得到

$$\left\lfloor\frac{x}{2}\right\rfloor+\left(\left\lfloor\frac{x+1}{2}\right\rfloor+\frac{n-1}{2}\right)=\lfloor x\rfloor+\frac{n-1}{2} .$$

最后一步由（3.26）得出（取 $m=2$).

偶数和奇数 n 的这些公式有点像 $n=0$ 和 $n=1$ 的那些公式，但是还没有出现清晰的模式，故而我们最好继续研究一些小的情形．对 $m=3$，这个和式是

$$\left\lfloor\frac{x}{3}\right\rfloor+\left\lfloor\frac{x+n}{3}\right\rfloor+\left\lfloor\frac{x+2n}{3}\right\rfloor,$$

89

略去阅读部分到此结束.

这是底的更难的和式，还是更难的底的和式呢？

事先提醒：这里开始出现一种新模式，按照这种模式，每章的最后部分会解答某些长而困难的问题，这需要一些思想的火花，而不是好奇心.
——学生

言之有理.但是，亲爱的孩子们，在你们对某个东西感兴趣之前，是否总是需要有人告诉你们相关应用？例如，这个和式是在讨论随机数的生成和检验时出现的，但是数学家们在计算机出现前很早就注意它了．他们发现了就自然会问是否有一种方法来对"被加了底括号的"等差级数求和.
——你们的指导老师

对 n 我们考虑三种情形：它是3的倍数，它比3的倍数大1，或者它比3的倍数大2. 也就是说，$n \bmod 3 = 0, 1$ 或者2. 如果 $n \bmod 3 = 0$，那么 $n/3$ 和 $2n/3$ 是整数，故而和式为

$$\left\lfloor \frac{x}{3} \right\rfloor + \left(\left\lfloor \frac{x}{3} \right\rfloor + \frac{n}{3} \right) + \left(\left\lfloor \frac{x}{3} \right\rfloor + \frac{2n}{3} \right) = 3 \left\lfloor \frac{x}{3} \right\rfloor + n.$$

如果 $n \bmod 3 = 1$，那么 $(n-1)/3$ 和 $(2n-2)/3$ 是整数，所以有

$$\left\lfloor \frac{x}{3} \right\rfloor + \left(\left\lfloor \frac{x+1}{3} \right\rfloor + \frac{n-1}{3} \right) + \left(\left\lfloor \frac{x+2}{3} \right\rfloor + \frac{2n-2}{3} \right) = \lfloor x \rfloor + n - 1.$$

最后一步再次由（3.26）得出，这一次取 $m = 3$. 最后，如果 $n \bmod 3 = 2$，那么

$$\left\lfloor \frac{x}{3} \right\rfloor + \left(\left\lfloor \frac{x+2}{3} \right\rfloor + \frac{n-2}{3} \right) + \left(\left\lfloor \frac{x+1}{3} \right\rfloor + \frac{2n-1}{3} \right) = \lfloor x \rfloor + n - 1.$$

我们大脑的左半球完成了 $m = 3$ 的情形，但是右半球仍然未能辨认出其模式，所以还要继续做 $m = 4$：

$$\left\lfloor \frac{x}{4} \right\rfloor + \left\lfloor \frac{x+n}{4} \right\rfloor + \left\lfloor \frac{x+2n}{4} \right\rfloor + \left\lfloor \frac{x+3n}{4} \right\rfloor.$$

到目前为止，我们至少已经了解要基于 $n \bmod m$ 来考虑相应的情形. 如果 $n \bmod 4 = 0$，那么

$$\left\lfloor \frac{x}{4} \right\rfloor + \left(\left\lfloor \frac{x}{4} \right\rfloor + \frac{n}{4} \right) + \left(\left\lfloor \frac{x}{4} \right\rfloor + \frac{2n}{4} \right) + \left(\left\lfloor \frac{x}{4} \right\rfloor + \frac{3n}{4} \right) = 4 \left\lfloor \frac{x}{4} \right\rfloor + \frac{3n}{2}.$$

又如果 $n \bmod 4 = 1$，就有

$$\left\lfloor \frac{x}{4} \right\rfloor + \left(\left\lfloor \frac{x+1}{4} \right\rfloor + \frac{n-1}{4} \right) + \left(\left\lfloor \frac{x+2}{4} \right\rfloor + \frac{2n-2}{4} \right) + \left(\left\lfloor \frac{x+3}{4} \right\rfloor + \frac{3n-3}{4} \right)$$
$$= \lfloor x \rfloor + \frac{3n}{2} - \frac{3}{2}.$$

事实表明，$n \bmod 4 = 3$ 的情形给出了同样的答案. 最后，在 $n \bmod 4 = 2$ 的情形，我们得到稍微不同的结果，这是发掘其一般情形下性状的一条重要线索：

$$\left\lfloor \frac{x}{4} \right\rfloor + \left(\left\lfloor \frac{x+2}{4} \right\rfloor + \frac{n-2}{4} \right) + \left(\left\lfloor \frac{x}{4} \right\rfloor + \frac{2n}{4} \right) + \left(\left\lfloor \frac{x+2}{4} \right\rfloor + \frac{3n-2}{4} \right)$$
$$= 2 \left(\left\lfloor \frac{x}{4} \right\rfloor + \left\lfloor \frac{x+2}{4} \right\rfloor \right) + \frac{3n}{2} - 1 = 2 \left\lfloor \frac{x}{2} \right\rfloor + \frac{3n}{2} - 1.$$

最后一步对形如 $\lfloor y/2 \rfloor + \lfloor (y+1)/2 \rfloor$ 的式子做了简化，它仍然是（3.26）的一个特殊情形.

总结一下，下表是 m 较小时和式的值.

m	$n \bmod m = 0$	$n \bmod m = 1$	$n \bmod m = 2$	$n \bmod m = 3$
1	$\lfloor x \rfloor$			
2	$2 \left\lfloor \frac{x}{2} \right\rfloor + \frac{n}{2}$	$\lfloor x \rfloor + \frac{n}{2} - \frac{1}{2}$		
3	$3 \left\lfloor \frac{x}{3} \right\rfloor + n$	$\lfloor x \rfloor + n - 1$	$\lfloor x \rfloor + n - 1$	
4	$4 \left\lfloor \frac{x}{4} \right\rfloor + \frac{3n}{2}$	$\lfloor x \rfloor + \frac{3n}{2} - \frac{3}{2}$	$2 \left\lfloor \frac{x}{2} \right\rfloor + \frac{3n}{2} - 1$	$\lfloor x \rfloor + \frac{3n}{2} - \frac{3}{2}$

"创造性的天才需要先进行愉悦的脑力活动才能进入激烈思辨的状态. '需求是发明之母'是缺乏常识的俗话. 而'需求是无用托词之母'更接近于真理. 现代发明的发展建立在科学发现的基础之上，而科学几乎就是愉悦的求知欲的结果. "

——怀特海[371]

看起来，我们好像得到了形如

$$a\left\lfloor \frac{x}{a} \right\rfloor + bn + c$$

的结果，其中 a、b 和 c 以某种方式依赖于 m 和 n．即便是缺乏辨别力的人也能看出，b 大概是 $(m-1)/2$．辨识出 a 的表达式更为困难，但是 $n \bmod 4 = 2$ 的情形给了我们暗示：a 大概是 m 和 n 的最大公因子 $\gcd(m,n)$．这很有意义，因为 $\gcd(m,n)$ 是将分数 n/m 化为最简分数时从 m 和 n 中去掉的因子，而和式包含分数 n/m．（第4章将仔细探讨 $\gcd$ 运算．）c 的值看来更加神秘莫测，但是可能会从对于 a 和 b 的证明中自动显现出来．

在对小的 m 计算和式时，我们将这个和式的每一项有效地改写为

$$\left\lfloor \frac{x+kn}{m} \right\rfloor = \left\lfloor \frac{x+kn \bmod m}{m} \right\rfloor + \frac{kn}{m} - \frac{kn \bmod m}{m}\,,$$

因为 $(kn - kn \bmod m)/m$ 是一个可以从底括号内部去掉的整数，因此原来的和式可以展开成如下场景

$$\left\lfloor \frac{x}{m} \right\rfloor + \frac{0}{m} - \frac{0 \bmod m}{m}$$

$$+ \left\lfloor \frac{x+n \bmod m}{m} \right\rfloor + \frac{n}{m} - \frac{n \bmod m}{m}$$

$$+ \left\lfloor \frac{x+2n \bmod m}{m} \right\rfloor + \frac{2n}{m} - \frac{2n \bmod m}{m}$$

$$\vdots \qquad\qquad \vdots \qquad\qquad \vdots$$

$$+ \left\lfloor \frac{x+(m-1)n \bmod m}{m} \right\rfloor + \frac{(m-1)n}{m} - \frac{(m-1)n \bmod m}{m}\,.$$

当我们用小的 m 值来计算时，这三列分别得出 $a\lfloor x/a \rfloor$、bn 以及 c．

特别地，我们可以看到 b 是如何出现的．第二列是一个等差级数，它的和是第一项和最后一项的平均乘以项数：

$$\frac{1}{2}\left(0 + \frac{(m-1)n}{m}\right) \times m = \frac{(m-1)n}{2}\,.$$

故而，我们猜测 $b = (m-1)/2$ 就得到了验证．

第一列和第三列看起来更困难一些．要确定 a 和 c，必须更仔细地观察数列

$$0 \bmod m,\quad n \bmod m,\quad 2n \bmod m,\quad \cdots,\quad (m-1)n \bmod m\,.$$

例如，假设 $m = 12$，$n = 5$．如果我们把这个数列看成钟表上的时间，那么这些数就是0点钟（我们把12点钟视为0点钟），然后是5点钟、10点钟、3点钟（＝15点钟）、8点钟，等等．于是，我们恰好每小时敲一次钟．

现在假设 $m = 12$，$n = 8$．这些数就是0点钟、8点钟、4点钟（＝16点钟），此后0、8和4再次重复．由于8和12都是4的倍数，又因为这些数以0为起点（它也是4的倍数），故而无法跳出这一模式——它们必须都是4的倍数．

在这两种情形下，我们有 $\gcd(12,5) = 1$，$\gcd(12,8) = 4$．下一章将要证明的一般法则说明，如果 $d = \gcd(m,n)$，则得到按照某种次序排列的数 $0, d, 2d, \cdots m-d$，接下来是同一数列

92

的另外 $d-1$ 次复制. 例如, 对 $m=12$ 以及 $n=8$, 模式0, 8, 4出现4次.

和式的第一列现在有了完整的意义. 它包含项（按照某种次序）$\lfloor x/m \rfloor, \lfloor (x+d)/m \rfloor, \cdots,$ $\lfloor (x+m-d)/m \rfloor$ 的 d 份复制, 所以它的和是

现 在 是 引 理
（lemma）, 往后就是
困境（dilemma）.

$$d\left(\left\lfloor \frac{x}{m} \right\rfloor + \left\lfloor \frac{x+d}{m} \right\rfloor + \cdots + \left\lfloor \frac{x+m-d}{m} \right\rfloor \right)$$
$$= d\left(\left\lfloor \frac{x/d}{m/d} \right\rfloor + \left\lfloor \frac{x/d+1}{m/d} \right\rfloor + \cdots + \left\lfloor \frac{x/d+m/d-1}{m/d} \right\rfloor \right)$$
$$= d\left\lfloor \frac{x}{d} \right\rfloor .$$

这最后一步也是（3.26）的另一个应用. 我们对 a 的猜测就得到了验证:

$$a = d = \gcd(m,n).$$

如我们所猜测的, 现在也能计算 c 了, 因为第三列已经变得易于理解. 它包含等差级数 $0/m, d/m, 2d/m, \cdots, (m-d)/m$ 的 d 份复制, 所以它的和是

$$d\left(\frac{1}{2}\left(0 + \frac{m-d}{m} \right) \times \frac{m}{d} \right) = \frac{m-d}{2} .$$

第三列实际上是被减去而不是被加上的, 所以有

$$c = \frac{d-m}{2} .$$

谜题结束了, 探求也完成了. 所要求的封闭形式就是

$$\sum_{0 \le k < m} \left\lfloor \frac{nk+x}{m} \right\rfloor = d\left\lfloor \frac{x}{d} \right\rfloor + \frac{m-1}{2}n + \frac{d-m}{2} ,$$

其中 $d = \gcd(m,n)$. 检验一下, 我们可以确信它在特殊情形 $n=0$ 和 $n=1$ 成立, 这是我们以前就知道的. 当 $n=0$ 时, 我们得到 $d = \gcd(m,0) = m$, 此公式的最后两项是零, 所以正确得出 $m\lfloor x/m \rfloor$; 而当 $n=1$ 时, 我们得到 $d = \gcd(m,1) = 1$, 最后两项正好抵消, 故而和正好是 $\lfloor x \rfloor$.

对封闭形式稍做处理, 实际上可以使得它关于 m 和 n 对称:

$$\sum_{0 \le k < m} \left\lfloor \frac{nk+x}{m} \right\rfloor = d\left\lfloor \frac{x}{d} \right\rfloor + \frac{m-1}{2}n + \frac{d-m}{2}$$
$$= d\left\lfloor \frac{x}{d} \right\rfloor + \frac{(m-1)(n-1)}{2} + \frac{m-1}{2} + \frac{d-m}{2}$$
$$= d\left\lfloor \frac{x}{d} \right\rfloor + \frac{(m-1)(n-1)}{2} + \frac{d-1}{2} . \tag{3.32}$$

这令人吃惊, 因为从代数角度没有理由来推测这样一个和式会是对称的. 我们已经证明了 "互反律"

是 的 , 我 很 惊 奇
（floored）.

$$\sum_{0 \le k < m} \left\lfloor \frac{nk+x}{m} \right\rfloor = \sum_{0 \le k < n} \left\lfloor \frac{mk+x}{n} \right\rfloor , \quad \text{整数 } m, n > 0 .$$

例如，如果 $m = 41$ 且 $n = 127$，则左边的和式有41项，而右边的和式有127项，但是对所有实数 x，它们仍然相等.

94

习题

热身题

1 我们在第1章分析约瑟夫问题时，将任意一个正整数 n 表示成了 $n = 2^m + l$ 的形式，其中 $0 \leq l < 2^m$. 请利用底括号或者顶括号，给出将 l 和 m 表示成为 n 的函数的显式公式.

2 与一个给定实数 x 距离最近的整数的公式是什么？在对等的情形下，x 恰好在两个整数的中间位置，请给出一个表达式，它（a）往上舍入成整数，即成为 $\lceil x \rceil$；（b）向下舍入成整数，即成为 $\lfloor x \rfloor$.

3 当 m 和 n 是正整数，且 α 是大于 n 的无理数时，计算 $\left\lfloor \lfloor m\alpha \rfloor n / \alpha \right\rfloor$.

4 正文里描述了从水平1到水平5的问题. 水平0是什么问题呢？（顺便说一句，这道题不是水平0的问题.）

5 当 n 是正整数时，求使得 $\lfloor nx \rfloor = n \lfloor x \rfloor$ 成立的必要充分条件.（你的条件应该包含 $\{x\}$.）

6 当 $f(x)$ 是仅当 x 为整数时才取整数值的连续单调递减函数时，关于 $\lfloor f(x) \rfloor$ 有什么可谈的吗？

7 解递归式
$$X_n = n, \quad 0 \leq n < m;$$
$$X_n = X_{n-m} + 1, \quad n \geq m.$$

你知道的，大学课本里没有告诉你如何正确读出 Dirichlet.

8 证明狄利克雷抽屉原理：如果 n 个物体放进 m 个盒子中，那么某个盒子中必定含有 $\geq \lceil n/m \rceil$ 个物体，且有某个盒子中必定含有 $\leq \lfloor n/m \rfloor$ 个物体.

9 埃及数学家在公元前1800年就把0与1之间的有理数表示成了单位分数之和 $1/x_1 + \cdots + 1/x_k$，其中诸 x 是不同的正整数. 例如，他们将 $\dfrac{2}{5}$ 写成 $\dfrac{1}{3} + \dfrac{1}{15}$. 证明，总可以用一种系统化方法来这样做：如果 $0 < m/n < 1$，那么

$$\frac{m}{n} = \frac{1}{q} + \left\{ \frac{m}{n} - \frac{1}{q} \text{的表示} \right\}, \quad q = \left\lceil \frac{n}{m} \right\rceil.$$

（这是斐波那契算法，它归功于斐波那契，公元1202年.）

95

基础题

10 证明，表达式
$$\left\lceil \frac{2x+1}{2} \right\rceil - \left\lceil \frac{2x+1}{4} \right\rceil + \left\lfloor \frac{2x+1}{4} \right\rfloor$$

总是等于 $\lfloor x \rfloor$ 或者 $\lceil x \rceil$. 每一种情形在何时会出现？

11 给出正文中提及的证明细节：当 $\alpha < \beta$ 时，开区间 $(\alpha..\beta)$ 恰好包含 $\lceil \beta \rceil - \lfloor \alpha \rfloor - 1$ 个整数. 为使证明正确，为什么 $\alpha = \beta$ 的情形必须排除在外？

12 证明，对所有整数 n 和所有正整数 m 有

$$\left\lceil \frac{n}{m} \right\rceil = \left\lfloor \frac{n+m-1}{m} \right\rfloor.$$

（这个恒等式给出了另一种将顶与底相互转化的方法，它用不到反射律（3.4）.）

13 设 α 和 β 是正实数. 证明：$\text{Spec}(\alpha)$ 和 $\text{Spec}(\beta)$ 给出了正整数的划分，当且仅当 α 和 β 是无理数且 $1/\alpha + 1/\beta = 1$.

14 证明或推翻

$$(x \bmod ny) \bmod y = x \bmod y，\quad n \text{ 为整数}.$$

15 存在与（3.26）类似的用顶替代底的恒等式吗？

16 证明 $n \bmod 2 = (1-(-1)^n)/2$. 对 $n \bmod 3$ 求出并证明类似的形如 $a+b\omega^n+c\omega^{2n}$ 的表达式，其中 ω 是复数 $(-1+i\sqrt{3})/2$. 提示：$\omega^3=1$ 且 $1+\omega+\omega^2=0$.

17 在 $x \geq 0$ 的情形下，通过用 $\sum_j [1 \leq j \leq x+k/m]$ 替换 $\lfloor x+k/m \rfloor$ 并首先对 k 求和，来计算和式 $\sum_{0 \leq k < m} \lfloor x+k/m \rfloor$. 你的答案与（3.26）吻合吗？

18 证明：（3.30）中边界值的误差项 S 至多是 $\lceil \alpha^{-1}v \rceil$. 提示：证明小的 j 值不涉及其中.

作业题

19 求出关于实数 $b>1$ 的一个必要充分条件，使得

$$\lfloor \log_b x \rfloor = \lfloor \log_b \lfloor x \rfloor \rfloor$$

对所有实数 $x \geq 1$ 都成立.

20 当 $x>0$ 时，求闭区间 $[\alpha..\beta]$ 中 x 的所有倍数之和.

21 对 $0 \leq m \leq M$，有多少个数 2^m 的十进制表示中，其首位数字为1？

22 计算和式 $S_n = \sum_{k \geq 1} \lfloor n/2^k + \frac{1}{2} \rfloor$ 以及 $T_n = \sum_{k \geq 1} 2^k \lfloor n/2^k + \frac{1}{2} \rfloor^2$.

23 证明序列

$$1,2,2,3,3,3,4,4,4,4,5,5,5,5,5,\cdots$$

的第 n 个元素是 $\lfloor \sqrt{2n} + \frac{1}{2} \rfloor$.（这个序列恰好包含 m 个 m.）

24 当 α 是任何一个 >1 的无理数时，因为 $1/\alpha+(\alpha-1)/\alpha=1$，习题13在两个多重集合 $\text{Spec}(\alpha)$ 和 $\text{Spec}(\alpha/(\alpha-1))$ 之间建立起有趣的关系. 当 α 是任何一个正实数时，找出（并且证明）两个多重集合 $\text{Spec}(\alpha)$ 和 $\text{Spec}(\alpha/(\alpha+1))$ 之间的有趣的关系.

25 证明或推翻：对所有非负的 n，由（3.16）所定义的高德纳数满足 $K_n \geq n$.

26 证明：辅助的约瑟夫数（3.20）满足

$$\left(\frac{q}{q-1}\right)^n \leq D_n^{(q)} \leq q\left(\frac{q}{q-1}\right)^n，\quad n \geq 0.$$

27 证明：由（3.20）定义的数 $D_n^{(3)}$ 中有无穷多个是偶数，有无穷多个是奇数.

28 求解递归式

$$a_0 = 1;$$

$$a_n = a_{n-1} + \left\lfloor \sqrt{a_{n-1}} \right\rfloor, \quad n > 0.$$

这个公式与（3.31）
之间有偏差.

29 作为对（3.31）的补充，证明有

$$D(\alpha, n) \geq D(\alpha', \lfloor \alpha n \rfloor) - \alpha^{-1} - 2.$$

30 证明：如果 m 是一个大于2的整数，其中 $\alpha + \alpha^{-1} = m$ 且 $\alpha > 1$，那么递归式

$$X_0 = m,$$
$$X_n = X_{n-1}^2 - 2, \quad n > 0.$$

有解 $X_n = \left\lceil \alpha^{2^n} \right\rceil$. 例如，如果 $m = 3$，则解为

$$X_n = \left\lceil \phi^{2^{n+1}} \right\rceil, \quad \phi = \frac{1 + \sqrt{5}}{2}, \quad \alpha = \phi^2.$$

97

31 证明或推翻：$\lfloor x \rfloor + \lfloor y \rfloor + \lfloor x + y \rfloor \leq \lfloor 2x \rfloor + \lfloor 2y \rfloor$.

32 设 $\|x\| = \min(x - \lfloor x \rfloor, \lceil x \rceil - x)$ 表示 x 到离它最近的整数之距离.

$$\sum_k 2^k \left\| x / 2^k \right\|^2$$

的值是什么？（注意，这个和式可能是双向无限的. 例如，当 $x = 1/3$ 时，其中的项当 $k \to -\infty$ 时是非零的，且当 $k \to +\infty$ 时亦然. ）

考试题

33 一个直径为 $2n - 1$ 个单位长的圆对称地画在一个 $2n \times 2n$ 棋盘上，图中画出的是 $n = 3$ 的情形.

a 棋盘上有多少个格子包含这个圆的一段？

b 求一个函数 $f(n, k)$，使得棋盘上恰有 $\sum_{k=1}^{n-1} f(n, k)$ 个格子完全在这个圆的内部.

34 设 $f(n) = \sum_{k=1}^{n} \lceil \lg k \rceil$.

a 当 $n \geq 1$ 时，求 $f(n)$ 的封闭形式.

b 证明：对所有 $n \geq 1$ 有 $f(n) = n - 1 + f(\lceil n/2 \rceil) + f(\lfloor n/2 \rfloor)$.

化简它，但是不要改
变它的值.

35 化简公式 $\left\lfloor (n+1)^2 n! \, e \right\rfloor \bmod n$.

36 假设 n 是一个非负整数，对和式

$$\sum_{1 < k < 2^{2^n}} \frac{1}{2^{\lfloor \lg k \rfloor} 4^{\lfloor \lg \lg k \rfloor}}$$

求封闭形式.

37 对所有正整数 m 和 n 证明恒等式

$$\sum_{0 \leq k < m} \left(\left\lfloor \frac{m+k}{n} \right\rfloor - \left\lfloor \frac{k}{n} \right\rfloor \right) = \left\lfloor \frac{m^2}{n} \right\rfloor - \left\lfloor \frac{\min\left(m \bmod n, \, (-m) \bmod n\right)^2}{n} \right\rfloor.$$

38 设 $x_1, \cdots, x_n$ 是使得恒等式

$$\sum_{k=1}^{n} \lfloor mx_k \rfloor = \left\lfloor m \sum_{1 \le k \le n} x_k \right\rfloor$$

对所有正整数 m 都成立的实数. 证明与 $x_1, \cdots, x_n$ 有关的某种有意思的结论.

39 证明：对每个实数 $x \ge 1$ 以及每个整数 $b > 1$，双重和式 $\sum_{0 \le k \le \log_b x} \sum_{0 < j < b} \left\lceil (x + jb^k)/b^{k+1} \right\rceil$ 等于 $(b-1)(\lfloor \log_b x \rfloor + 1) + \lceil x \rceil - 1$.

40 图中所示的螺旋函数 $\sigma(n)$ 把一个非负整数 n 映射成一个有序整数对 $(x(n), y(n))$. 例如，它把 $n = 9$ 映上地映射成有序对 $(1, 2)$.

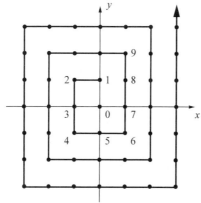

南半球的人用不同的螺旋线.

a 证明：如果 $m = \lfloor \sqrt{n} \rfloor$，那么

$$x(n) = (-1)^m \left((n - m(m+1)) \times \left[\lfloor 2\sqrt{n} \rfloor \text{是偶数} \right] + \left\lceil \frac{1}{2} m \right\rceil \right),$$

再求一个与 $y(n)$ 类似的公式. 提示：将此螺旋线根据 $\lfloor 2\sqrt{n} \rfloor = 4k-2$，$4k-1$，$4k$，$4k+1$ 分成线段 W_k，S_k，E_k，N_k.

b 反过来证明：我们可以通过一个形如

$$n = (2k)^2 \pm (2k + x(n) + y(n)), \quad k = \max \left(|x(n)|, |y(n)| \right)$$

的公式从 $\sigma(n)$ 确定出 n. 给出一个法则来判断何时符号为 $+$，何时符号为 $-$.

附加题

41 设 f 和 g 是递增函数，它们使得集合 $\{f(1), f(2), \cdots\}$ 和 $\{g(1), g(2), \cdots\}$ 是正整数的划分. 假设 f 和 g 由条件 $g(n) = f(f(n)) + 1$ 相联系（对所有 $n > 0$）. 证明 $f(n) = \lfloor n\phi \rfloor$ 和 $g(n) = \lfloor n\phi^2 \rfloor$，其中 $\phi = (1 + \sqrt{5})/2$.

42 是否存在实数 α、β 和 γ，使得 $\text{Spec}(\alpha)$、$\text{Spec}(\beta)$ 和 $\text{Spec}(\gamma)$ 合起来给出正整数集合的划分？

43 通过展开递归式（3.16），寻求高德纳数的一个有趣的解释.

44 证明存在整数 $a_n^{(q)}$ 和 $d_n^{(q)}$，使得当 $D_n^{(q)}$ 是（3.20）的解时有

$$a_n^{(q)} = \frac{D_{n-1}^{(q)} + d_n^{(q)}}{q-1} = \frac{D_n^{(q)} + d_n^{(q)}}{q}, \quad n > 0.$$

利用这一事实来得出推广的约瑟夫问题

$$J_q(n) = 1 + d_k^{(q)} + q(n - a_k^{(q)}) , \quad a_k^{(q)} \leqslant n < a_{k+1}^{(q)}$$

的另一种形式的解.

45 如果 m 是一个正整数,推广习题30的技巧来求

$$Y_0 = m ,$$
$$Y_n = 2Y_{n-1}^2 - 1 , \quad n > 0$$

的封闭形式的解.

46 证明,如果 $n = \left\lfloor (\sqrt{2}^{\,l} + \sqrt{2}^{\,l-1})m \right\rfloor$(其中 m 和 l 是非负整数),那么 $\left\lfloor \sqrt{2n(n+1)} \right\rfloor = \left\lfloor (\sqrt{2}^{\,l+1} + \sqrt{2}^{\,l})m \right\rfloor$. 利用这个非同寻常的性质求递归式

$$L_0 = a , \quad 整数 \ a > 0 ;$$
$$L_n = \left\lfloor \sqrt{2L_{n-1}(L_{n-1}+1)} \right\rfloor , \quad n > 0$$

的封闭形式的解. 提示: $\left\lfloor \sqrt{2n(n+1)} \right\rfloor = \left\lfloor \sqrt{2}\left(n + \dfrac{1}{2}\right) \right\rfloor$.

47 函数 $f(x)$ 说成是多次复现的(replicative),如果对每个正整数 m,它都满足

$$f(mx) = f(x) + f\left(x + \frac{1}{m}\right) + \cdots + f\left(x + \frac{m-1}{m}\right).$$

求实数 c 所应满足的必要且充分条件,使得下列函数是多次复现的:

a $f(x) = x + c$.

b $f(x) = \left[x + c \text{ 是整数} \right]$.

c $f(x) = \max(\lfloor x \rfloor, c)$.

d $f(x) = x + c\lfloor x \rfloor - \dfrac{1}{2}\left[x \text{ 不是整数} \right]$.

48 证明恒等式

$$x^3 = 3x\lfloor x \lfloor x \rfloor \rfloor + 3\{x\}\{x\lfloor x \rfloor\} + \{x\}^3 - 3\lfloor x \rfloor \lfloor x \lfloor x \rfloor \rfloor + \lfloor x \rfloor^3 ,$$

并指出当 $n > 3$ 时怎样对 x^n 得到一个类似的公式.

100

49 求关于实数 $0 \leqslant \alpha < 1$ 以及 $\beta \geqslant 0$ 的必要且充分条件,使得我们可以从取值为

$$\left\{ \lfloor n\alpha \rfloor + \lfloor n\beta \rfloor \,\middle|\, n > 0 \right\}$$

的无限多重集合来确定 α 和 β.

研究题

50 求关于非负实数 α 和 β 的必要且充分条件,使得我们可以从取值为

$$\left\{ \left\lfloor \lfloor n\alpha \rfloor \beta \right\rfloor \,\middle|\, n > 0 \right\}$$

的无限多重集合确定 α 和 β.

51 设 x 是一个 $\geqslant \phi = \frac{1}{2}(1+\sqrt{5})$ 的实数. 如果 x 是一个整数, 那么递归式

$$Z_0(x) = x ,$$
$$Z_n(x) = Z_{n-1}(x)^2 - 1 , \quad n > 0$$

的解可以写成 $Z_n(x) = \left\lceil f(x)^{2^n} \right\rceil$, 其中

$$f(x) = \lim_{n \to \infty} Z_n(x)^{1/2^n} ,$$

因为在此情形有 $Z_n(x) - 1 < f(x)^{2^n} < Z_n(x)$. 这个函数 $f(x)$ 还有其他什么有趣的性质吗?

52 给定非负实数 α 和 β, 设

$$\mathrm{Spec}(\alpha;\beta) = \left\{ \lfloor \alpha + \beta \rfloor, \lfloor 2\alpha + \beta \rfloor, \lfloor 3\alpha + \beta \rfloor, \cdots \right\}$$

是一个多重集合, 它推广了 $\mathrm{Spec}(\alpha) = \mathrm{Spec}(\alpha;0)$. 证明或推翻: 如果 $m \geqslant 3$ 个多重集合 $\mathrm{Spec}(\alpha_1;\beta_1), \mathrm{Spec}(\alpha_2;\beta_2), \cdots, \mathrm{Spec}(\alpha_m;\beta_m)$ 给出正整数的划分, 又如果参数 $\alpha_1 < \alpha_2 < \cdots < \alpha_m$ 是有理数, 那么

$$\alpha_k = \frac{2^m - 1}{2^{k-1}} , \quad 1 \leqslant k \leqslant m .$$

> 预计 (spec) 这个研究题很困难.

53 斐波那契算法 (习题 9) 在下述意义下是贪婪的 (greedy): 在每一步它选择一个可以想象到的最小的 q. 已知一种更为复杂的算法, 根据这一算法, 每个分母为奇数的分数 m/n 都可以表示成分母为奇数的不同的单位分数之和 $1/q_1 + \cdots + 1/q_k$. 对这样的表示, 贪婪算法总是会终止的吗?

4

数　论
NUMBER THEORY

离散数学是本书的重点，而整数又是离散数学的中心议题. **数论**是讨论整数性质的重要数学分支，因而我们要来探索它.

换句话说，是准备溺水了.

在上一章里，通过引入了 mod 以及 gcd 二元运算，我们试了试数论这潭池水的深浅. 现在我们要投身其中，真正潜心就这一对象做一番研究.

4.1　整除性　DIVISIBILITY

如果 $m > 0$ 且比值 n/m 是一个整数，我们就说 m 整除 n（或者 n 被 m 整除）. 这个性质奠定了整个数论的基础，所以赋予它一个特殊记号会更方便，记为

$$m \backslash n \Leftrightarrow m > 0 \text{ 且对某个整数 } k \text{ 有 } n = mk. \tag{4.1}$$

（实际上在现在的数学文献中，记号"$m|n$"要远比"$m \backslash n$"通用. 不过竖线使用得太多了，如绝对值、集合的定义符、条件概率等，而反斜线则很少使用. 此外，"$m \backslash n$"给人一种印象，m 看起来就像所隐含的一个比值的分母，所以我们会醒目地将这个整除性符号向左倾斜.）

如果 m 不整除 n，我们就写成"$m \backslash\!\!\!/ n$".

有一个类似的关系，"n 是 m 的倍数"，它表达的意义几乎一样，除了 m 不必取正数之

"……没有任何整数能被 -1 整除（严格地说）."
——本书三位作者[161]

外. 在这种情形下，我们所指的就是对某个整数 k 有 $n = mk$. 这样一来，比方说，只有一个数是 0 的倍数（即 0），但没有任何数能被 0 整除. 每个整数都是 -1 的倍数，但没有任何整数能被 -1 整除（严格地说）. 当 m 和 n 是任何实数时，这些定义都适用，例如，2π 可以被 π 整除. 不过我们几乎总是在 m 和 n 是整数时利用这些定义. 不管怎么说，这是数论嘛.

两个整数 m 和 n 的**最大公因子**（greatest common divisor）是能整除它们两者的最大整数：

在英国称之为 hcf（highest common factor，最高公因子）.

$$\gcd(m, n) = \max\{k \mid k \backslash m \text{ 且 } k \backslash n\}. \tag{4.2}$$

例如，$\gcd(12, 18) = 6$. 这是一个很熟悉的记号，因为它是四年级学生将一个分数 m/n 化为最简分数时要从中去掉的公因子：$12/18 = (12/6)/(18/6) = 2/3$. 注意，如果 $n > 0$，我们就

有 $\gcd(0,n)=n$ ，因为任何正数都整除0，又因为 n 是它自身的最大因子． $\gcd(0,0)$ 的值没有定义．

别说成了最大公倍数．

另一个熟悉的记号是**最小公倍数**（least common multiple）

$$\mathrm{lcm}(m,n) = \min\{k \mid k>0,\ m\backslash k\ \text{且}\ n\backslash k\};\qquad(4.3)$$

如果 $m\leqslant 0$ 或者 $n\leqslant 0$ ，则它就没有定义．学习算术的学生是作为最小公分母认识这个概念的，将具有分母 m 和 n 的两个分数相加时就要用到它．例如 $\mathrm{lcm}(12,18)=36$ ，四年级的学生就知道 $\frac{7}{12}+\frac{1}{18}=\frac{21}{36}+\frac{2}{36}=\frac{23}{36}$ ． lcm 与 gcd 有那么点相像，不过我们不会在它身上花太多时间，因为 gcd 有更好的性质．

gcd 的一个最好的性质是它容易计算，可以用有2300年之久的**欧几里得算法**来计算它．为了对给定的值 $0\leqslant m<n$ 计算 $\gcd(m,n)$ ，欧几里得算法用到递归式

$$\gcd(0,n)=n;$$
$$\gcd(m,n)=\gcd(n\bmod m,\ m),\ m>0.\qquad(4.4)$$

例如，这样就有 $\gcd(12,18)=\gcd(6,12)=\gcd(0,6)=6$ ．所说的递归式成立，是因为 m 和 n 的任何公因子必定也是 m 和数 $n\bmod m$ （它等于 $n-\lfloor n/m\rfloor m$ ）的公因子．而对于 $\mathrm{lcm}(m,n)$ ，似乎并不存在与它几乎同样简单的递归式．（见习题2.）

欧几里得算法还给我们更多的东西：我们可以对它加以推广，用它来计算满足

$$m'm+n'n=\gcd(m,n)\qquad(4.5)$$

的整数 m' 和 n' ．做法是：如果 $m=0$ ，我们直接就取 $m'=0$ 以及 $n'=1$ ；反之就令 $r=n\bmod m$ ，并用 r 和 m 替换 m 和 n 再次应用这一方法来计算 $\bar{r}$ 和 $\bar{m}$ ，使得

（记住： m' 或者 n' 有可能是负的．）

$$\bar{r}r+\bar{m}m=\gcd(r,m).$$

由于 $r=n-\lfloor n/m\rfloor m$ 且 $\gcd(r,m)=\gcd(m,n)$ ，这个方程就告诉我们

$$\bar{r}\left(n-\lfloor n/m\rfloor m\right)+\bar{m}m=\gcd(m,n).$$

左边可以重新改写以表明它对 m 和 n 的依赖性：

$$(\bar{m}-\lfloor n/m\rfloor\bar{r})m+\bar{r}n=\gcd(m,n);$$

从而 $m'=\bar{m}-\lfloor n/m\rfloor\bar{r}$ 和 $n'=\bar{r}$ 是我们在（4.5）中所需要的整数．例如，在我们最喜欢谈及的情形 $m=12$ 和 $n=18$ 下，这个方法给出 $6=0\times 0+1\times 6=1\times 6+0\times 12=(-1)\times 12+1\times 18$ ．

但是，为什么有（4.5）这样干净利索的结果呢？主要原因在于，数 m' 和 n' 实际上证明了欧几里得算法在任何特殊情形下都会产生正确的答案．我们假设，在经过长时间的计算之后，计算机告诉我们 $\gcd(m,n)=d$ 以及 $m'm+n'n=d$ ，但是我们怀疑并且认为实际上还有一个更大的公因子，而这个公因子因为某种原因被计算机忽视了．不过这是不可能的，因为 m 和 n 的任何公因子都必须整除 $m'm+n'n$ ，所以它必须整除 d ，所以它也必定 $\leqslant d$ ．此外，我们容易验证， d 的确整除 m 和 n ．（能够对自己的正确性给出证明的算法称为自证明的（self-certifying）．）

在这一章的其余部分我们将大量使用（4.5）．它的一个重要的推论是如下的小定理：

$$k \backslash m \quad \text{和} \quad k \backslash n \qquad \Leftrightarrow \qquad k \backslash \gcd(m,n) . \tag{4.6}$$

（证明：如果 k 整除 m 和 n 这两者，它就整除 $m'm+n'n$，所以它整除 $\gcd(m,n)$．反过来，如果 k 整除 $\gcd(m,n)$，它就整除 m 的一个因子和 n 的一个因子，所以它整除 m 和 n 这两者．）我们总是知道 m 和 n 的任何公因子必定小于或等于它们的 gcd，这就是最大公因子的定义．但是我们现在知道，事实上任何公因子都是其 gcd 的一个因子．

有时我们需要对 n 的所有因子求和．在这种情形下，方便的法则

$$\sum_{m \backslash n} a_m = \sum_{m \backslash n} a_{n/m} , \quad \text{整数 } n > 0 \tag{4.7}$$

常常很有用，此式成立是由于当 m 取遍 n 所有的因子时 n/m 也取遍 n 所有的因子．例如，当 $n=12$ 时，这个法则给出 $a_1+a_2+a_3+a_4+a_6+a_{12}=a_{12}+a_6+a_4+a_3+a_2+a_1$．

还有一个更一般的恒等式

$$\sum_{m \backslash n} a_m = \sum_k \sum_{m>0} a_m [n=mk] , \tag{4.8}$$

它是定义（4.1）的直接结果．如果 n 是正数，（4.8）的右边就是 $\sum_{k \backslash n} a_{n/k}$，从而（4.8）蕴涵（4.7）．当 n 是负数时，等式（4.8）也成立．（在这样的情形下，当 k 是 n 的某个因子的相反数时，右边出现非零的项．） 104

此外，对因子求和的二重和式可以通过规则

$$\sum_{m \backslash n} \sum_{k \backslash m} a_{k,m} = \sum_{k \backslash n} \sum_{l \backslash (n/k)} a_{k,kl} \tag{4.9}$$

进行"交换"．例如，当 $n=12$ 时这个规则取如下的形式：

$$a_{1,1} + (a_{1,2}+a_{2,2}) + (a_{1,3}+a_{3,3})$$
$$+ (a_{1,4}+a_{2,4}+a_{4,4}) + (a_{1,6}+a_{2,6}+a_{3,6}+a_{6,6})$$
$$+ (a_{1,12}+a_{2,12}+a_{3,12}+a_{4,12}+a_{6,12}+a_{12,12})$$
$$= (a_{1,1}+a_{1,2}+a_{1,3}+a_{1,4}+a_{1,6}+a_{1,12})$$
$$+ (a_{2,2}+a_{2,4}+a_{2,6}+a_{2,12}) + (a_{3,3}+a_{3,6}+a_{3,12})$$
$$+ (a_{4,4}+a_{4,12}) + (a_{6,6}+a_{6,12}) + a_{12,12} .$$

我们可以用艾弗森的处理方法证明（4.9）．它的左边是

$$\sum_{j,l} \sum_{k,m>0} a_{k,m}[n=jm][m=kl] = \sum_j \sum_{k,l>0} a_{k,kl}[n=jkl] ;$$

它的右边是

$$\sum_{j,m} \sum_{k,l>0} a_{k,kl}[n=jk][n/k=ml] = \sum_m \sum_{k,l>0} a_{k,kl}[n=mlk] ,$$

除了将指标重新命名之外，它与左边是同样的．这个例子表明了，我们在第2章里学习的这些技术会为研究数论带来便利．

4.2 素数 PRIMES

如果一个正整数 p 恰好只有两个因子，即1和 p ，那么这个数就称为**素数**（prime）. 在这一章的剩余部分，字母 p 都将用来表示素数，即使我们没有这样明确指出. 按照惯例，1不是素数，所以素数序列的开始部分像下面这样：

明确说明 p 指的是什么又何妨？

$$2,3,5,7,11,13,17,19,23,29,31,37,41,\cdots.$$

有些数看起来像是素数，但实际上并不是，如91（ $=7\times13$ ）以及161（ $=7\times23$ ）. 这些数，以及其他那些有非平凡因子的数都称为**合数**（composite）. 每一个大于1的整数要么是素数，要么是合数，但不会既是素数又是合数.

[105]   素数特别重要，因为它们是所有正整数的基本构造元素. 任何正整数 n 都可以表示成素数的乘积

$$n = p_1 \cdots p_m = \prod_{k=1}^{m} p_k , \quad p_1 \leqslant \cdots \leqslant p_m. \tag{4.10}$$

例如 $12 = 2\times2\times3$ ， $11011 = 7\times11\times11\times13$ ， $11111 = 41\times271$.（用 Π 表示乘积类似于用 Σ 表示和式，习题2.25对此做出了解释. 如果 $m=0$ ，我们就认为这是一个空的乘积，根据定义它的值是1，那就是 $n=1$ 用（4.10）表示的方式.）这样的因子分解总是可能的，因为如果 $n>1$ 不是素数，那么它就有一个因子 n_1 ，使得 $1<n_1<n$ ，这样我们就能写成 $n=n_1n_2$ ，而（根据归纳法）我们知道 n_1 和 n_2 可以写成素数的乘积.

此外，（4.10）中的展开式还是唯一的：仅有一种方式将 n 按照素数非减的次序写成素数的乘积. 这个命题称为**算术基本定理**（Fundamental Theorem of Arithmetic），它看起来是如此显然，以至于我们都奇怪为何还需要对它加以证明. 怎么可能有两组不同的素数具有相同的乘积呢？是的，是不可能，但是其理由并不是"根据素数的定义"就直接可以得到. 例如，考虑所有形如 $m+n\sqrt{10}$ 的实数组成的集合，这里 m 和 n 是整数，任何两个这样的数的乘积仍然有同样的形状，如果它不能以非平凡的方式加以分解，我们就称这样的数是"素数". 数6有两种表示， $2\times3 = (4+\sqrt{10})(4-\sqrt{10})$ ，而习题36指出了2，3，$4+\sqrt{10}$ 和 $4-\sqrt{10}$ 全都是这个系统中的"素数".

这样一来，我们就需要严格地证明（4.10）是唯一的. 当 $n=1$ 时肯定只有一种可能性，因为在那种情形下这个乘积必定是空的，所以我们假设 $n>1$ ，且假设所有较小数的因子分解均唯一. 假设我们有两个因子分解

$$n = p_1 \cdots p_m = q_1 \cdots q_k , \quad p_1 \leqslant \cdots \leqslant p_m \text{ 且 } q_1 \leqslant \cdots \leqslant q_k,$$

其中诸个 p 和 q 全都是素数. 我们要证明 $p_1 = q_1$. 如若不然，我们可以假设 $p_1 < q_1$ ，这使得 p_1 小于所有的 q . 由于 p_1 和 q_1 是素数，它们的最大公因子必定是1，因此欧几里得的自证明算法给出整数 a 和 b ，使得 $ap_1 + bq_1 = 1$. 于是

$$ap_1q_2 \cdots q_k + bq_1q_2 \cdots q_k = q_2 \cdots q_k.$$

现在 p_1 整除左边的两项，因为 $q_1q_2 \cdots q_k = n$ ，因此 p_1 整除右边 $q_2 \cdots q_k$. 这样 $q_2 \cdots q_k / p_1$ 就是一个整数，且 $q_2 \cdots q_k$ 有一个素因子分解式， p_1 在此分解式中出现. 但是 $q_2 \cdots q_k < n$ ，所以

（根据归纳假设）它有唯一分解. 因此, p_1 要么等于 q_2, 要么等于…, 要么等于 q_n, 而 p_1 比它们都小. 这个矛盾表明, 无论如何 p_1 都必须等于 q_1. 这样一来, 我们就能用 p_1 来除 n 的分解式的两边, 得到 $p_2 \cdots p_m = q_2 \cdots q_k < n$. 其他的因子必定也同样是相等的（根据归纳假设）, 这样就完成了唯一性的证明.

唯一的是分解式, 而不是定理.

[106]

有时候将算术基本定理表述成另一种形式更为有用: 每一个正整数都能用唯一的方式写成

$$n = \prod_p p^{n_p}, \quad 每个 \ n_p \geq 0. \tag{4.11}$$

右边是无穷多个素数的乘积, 但是对任何一个具体的 n, 除了若干个指数之外, 其他所有的指数都是零（所以对应的因子是1）. 这样一来, 它实际上是一个有限的乘积, 恰如有许多"无限"和式因其绝大多数项都是零而实际只是有限和式.

式（4.11）唯一地表示 n, 所以我们可以将序列 $\langle n_2, n_3, n_5, \cdots \rangle$ 看成是正整数的 **数系**（number system）. 例如, 12的素指数表示法是 $\langle 2, 1, 0, 0, \cdots \rangle$, 而18的素指数表示法是 $\langle 1, 2, 0, 0, \cdots \rangle$. 要将这两个数相乘, 我们就直接把它们的素指数表示相加. 换句话说,

$$k = mn \quad \Longleftrightarrow \quad k_p = m_p + n_p, \ 对所有 \ p. \tag{4.12}$$

这就蕴涵

$$m \setminus n \quad \Longleftrightarrow \quad m_p \leq n_p, \ 对所有 \ p. \tag{4.13}$$

而且由此立即推出

$$k = \gcd(m, n) \quad \Longleftrightarrow \quad k_p = \min(m_p, n_p), \ 对所有 \ p; \tag{4.14}$$

$$k = \mathrm{lcm}(m, n) \quad \Longleftrightarrow \quad k_p = \max(m_p, n_p), \ 对所有 \ p. \tag{4.15}$$

例如, 由于 $12 = 2^2 \times 3^1$, $18 = 2^1 \times 3^2$, 我们就可以通过对它们的共同指数取最小值和最大值来得到它们的 gcd 以及 lcm :

$$\gcd(12, 18) = 2^{\min(2,1)} \times 3^{\min(1,2)} = 2^1 \times 3^1 = 6;$$

$$\mathrm{lcm}(12, 18) = 2^{\max(2,1)} \times 3^{\max(1,2)} = 2^2 \times 3^2 = 36.$$

如果素数 p 整除一个乘积 mn, 那么根据唯一分解定理, 它整除 m 或者 n, 也有可能整除它们两者. 但是合数没有这个性质, 例如非素数4整除 $60 = 6 \times 10$, 但是它既不整除6, 也不整除10. 理由很简单: 在分解式 $60 = 6 \times 10 = (2 \times 3)(2 \times 5)$ 中, $4 = 2 \times 2$ 的两个素因子2被分成了两部分, 故而4并不整除其中任何一部分. 但是素数是不可分裂的, 所以它必定整除原始因子中的某一个.

4.3　素数的例子　PRIME EXAMPLES

"Οἱ πρῶτοι ἀριθμοὶ πλείους εἰσὶ παντὸς τοῦ προτεθέντος πλήθους πρώτων ἀριθμῶν."

[译文: 存在比任何给定的素数集合中更多的素数.]

——欧几里得[98]

有多少个素数? 很多. 事实上, 有无穷多个. 很久以前, 欧几里得就在他的定理9:20中证明了这一结论. 假设仅有有限多个素数, 比如 k 个: $2, 3, 5, \cdots, P_k$. 然后, 欧几里得说, 我们应该考虑数

[107]

$$M = 2 \times 3 \times 5 \times \cdots \times P_k + 1.$$

这 k 个素数没有一个能整除 M，因为它们都整除 $M-1$．于是必定有另一个素数整除 M，或许 M 本身就是一个素数．这都与我们假设 $2,3,\cdots,P_k$ 是仅有的素数矛盾，所以确实存在无穷多个素数．

欧几里得的证明提示我们用递归式

$$e_n = e_1 e_2 \cdots e_{n-1} + 1, \quad n \geq 1 \tag{4.16}$$

定义**欧几里得数**．此序列前面的一些数是

$$e_1 = 1 + 1 = 2;$$
$$e_2 = 2 + 1 = 3;$$
$$e_3 = 2 \times 3 + 1 = 7;$$
$$e_4 = 2 \times 3 \times 7 + 1 = 43;$$

这些全都是素数．但是下一个 e_5 是 $1807 = 13 \times 139$，而 $e_6 = 3\,263\,443$ 又是素数，然而

$$e_7 = 547 \times 607 \times 1\,033 \times 31\,051;$$
$$e_8 = 29\,881 \times 67\,003 \times 9\,119\,521 \times 6\,212\,157\,481.$$

已知 $e_9,\cdots,e_{17}$ 是合数，而剩下的 e_n 有可能也是合数．然而，欧几里得数全都是**互素的**，也就是说，

$$\gcd(e_m, e_n) = 1, \quad m \neq n.$$

欧几里得算法（还有别的方法吗？）只用短短的三步就告诉我们这一结论，因为当 $n > m$ 时有 $e_n \bmod e_m = 1$，

$$\gcd(e_m, e_n) = \gcd(1, e_n) = \gcd(0, 1) = 1.$$

这样一来，如果我们设 q_j 是 e_j 的最小素因子（ $j \geq 1$ ），则素数 $q_1, q_2, q_3, \cdots$ 全都是不相同的．这是一个无穷多个素数的序列．

现在我们暂停下来，用第1章的观点来考虑欧几里得数．我们能否将 e_n 表示成封闭形式？递归式（4.16）可以通过去掉三点省略号来加以简化：如果 $n > 1$，我们就有

$$e_n = e_1 \cdots e_{n-2} e_{n-1} + 1 = (e_{n-1} - 1)e_{n-1} + 1 = e_{n-1}^2 - e_{n-1} + 1.$$

这样 e_n 的十进制位数就是 e_{n-1} 的大约两倍．习题37证明了，存在一个常数 $E \approx 1.264$，使得

$$e_n = \left\lfloor E^{2^n} + \frac{1}{2} \right\rfloor. \tag{4.17}$$

而习题60给出了一个只包含素数的类似公式：

$$p_n = \left\lfloor P^{3^n} \right\rfloor \tag{4.18}$$

（对某个常数 P ）．像（4.17）和（4.18）这样的等式不能真的被看成是封闭形式，因为常数 E 和 P 是以一种隐秘的方式从数 e_n 和 p_n 计算出来的．我们并不知道（或者有可能知道）有独立的关系能把它们与其他有数学意义的常数联系在一起．

的确，没有人知道能给出任意大的素数且只给出素数的任何有用的公式．然而，在

Chevron Geosciences工作的计算机科学家于1984年取得了一项了不起的数学成就. 利用David Slowinski开发出的一套程序, 他们在测试一台新的Cray X-MP超级计算机时, 发现了到那时为止最大的素数

$$2^{216091}-1.$$

在一台个人计算机上只需几毫秒就能算出这个数, 因为现代计算机按照二进制计数法工作, 而这个数正好就是$(11\cdots1)_2$, 它的全部216 091位数字都是"1". 但是证明这个数是素数要困难得多. 事实上, 这个数如此巨大, 与它有关的任何计算都花费了大量的时间. 例如, 即便是一个成熟的算法, 要在一台个人计算机上将$2^{216091}-1$转变成十进制数也需要几分钟. 若把它打印出来, 它有65 050位数字, 将此打印件作为第一类邮件寄出的邮资需要78美分.

到你看到这里的时候, 或许需要更多的邮资.

附带指出, $2^{216091}-1$是在解决有216 091个圆盘的河内塔问题时所必需的移动次数. 形如

$$2^p-1$$

的数(按本章的一贯做法, p总是表示素数)称为**梅森数**(Mersenne number), 这是根据马林·梅森神父的名字命名的, 他在17世纪就研究过它们的某些性质[269]. 在1998年之前, 已知

$$p=2、3、5、7、13、17、19、31、61、89、107、127、521、607、1\ 279、2\ 203、$$
$$2\ 281、3\ 217、4\ 253、4\ 423、9\ 689、9\ 941、11\ 213、19\ 937、21\ 701、23\ 209、$$
$$44\ 497、86\ 243、110\ 503、132\ 049、216\ 091、756\ 839、859\ 433、1\ 257\ 787、$$
$$1\ 398\ 269以及2\ 976\ 221$$

都分别对应于梅森素数①.

如果n是合数, 则数2^n-1不可能是素数, 因为$2^{km}-1$以2^m-1作为一个因子:

$$2^{km}-1=(2^m-1)(2^{m(k-1)}+2^{m(k-2)}+\cdots+1).$$

但是当p是素数时, 2^p-1并不总是素数, $2^{11}-1=2\ 047=23\times89$是最小的这类非素数. (梅森明白这一点.)

大数的分解和素性检测是当今的热门话题. 截至1981年已知的结果汇总在了参考文献[208]的4.5.4节中, 许多新的结果还在不断地被发现. 参考文献[208]中的第391~394页介绍了一个对梅森数做素性检测的特殊方法.

在过去五百年的大多数时间里, 已知的最大素数一直都是梅森素数, 尽管只有少数几个梅森素数是已知的. 许多人试图发现更大的梅森素数, 但是很困难. 因此, 那些真正对名声(而不是对财富)和在《吉尼斯世界纪录大全》一书中占有一席之地感兴趣的人, 可能会尝试用形如$2^n k+1$的数取而代之(对于k取3或者5这样很小的值). 对这些数进行素性检测几乎可以做到与对梅森数进行素性检测一样快速, 参考文献[208]的习题4.5.4-27给出了详细介绍.

109

---

① 截至2013年1月25日, 已知有48个梅森素数, 除正文中列出的36个外, 第37~48个梅森素数分别对应于 $p=3\ 021\ 377$、$6\ 972\ 593$、$13\ 466\ 917$、$20\ 996\ 011$、$24\ 036\ 583$、$25\ 964\ 951$、$30\ 402\ 457$、$32\ 582\ 657$、$37\ 156\ 667$、$42\ 643\ 801$、$43\ 112\ 609$、$57\ 885\ 161$. 但是, 最后6个梅森素数在所有梅森素数序列中的序号是否准确, 其间有没有漏网的梅森素数存在? 目前尚无定论(参考http://en.wikipedia.org/wiki/Mersenne_prime).

我们还没有完全回答原先提出的有多少个素数的问题. 有无穷多个, 但是某些无限集合要比另外一些无限集合 "更稠密". 例如, 正整数中有无穷多个偶数和无穷多个完全平方数, 然而在某些重要观念下, 偶数要比完全平方数多. 一种观念是观察其中第 n 个值的大小. 第 n 个偶数的值是 $2n$, 而第 n 个完全平方数是 n^2. 对很大的 n, $2n$ 要比 n^2 小得多, 第 n 个偶数出现的要比第 n 个完全平方数早得多, 所以我们可以说, 偶数比完全平方数多很多. 类似的观念是观察不超过 x 的数值的个数. 有 $\lfloor x/2 \rfloor$ 个偶数和 $\lfloor \sqrt{x} \rfloor$ 个完全平方数不超过 x. 对很大的 x, $x/2$ 要比 $\sqrt{x}$ 大得多, 所以我们可以再次说有更多的偶数.

很奇怪. 我认为偶整数和完全平方数一样多, 因为它们之间存在一一对应.

在这两种观念下, 关于素数我们能说些什么呢? 事实表明, 第 n 个素数 P_n 大约是 n 的自然对数的 n 倍:

$$P_n \sim n \ln n.$$

(符号 "$\sim$" 可以读成 "渐近于", 它表示当 n 趋向于无穷时, 比值 $P_n / n \ln n$ 的极限是 1.) 类似地, 对于不超过 x 的素数个数 $\pi(x)$, 我们有所谓的素数定理

$$\pi(x) \sim \frac{x}{\ln x}.$$

证明这两个事实超出了本书的范围, 虽然我们可以容易指出它们中的每一个都蕴涵着另一个. 第 9 章将讨论函数趋向无穷的速率, 那时我们将会看到, 作为对 P_n 近似的函数, $n \ln n$ 渐近地介于 $2n$ 和 n^2 之间. 因此, 素数的个数要比偶数的个数少, 但是比平方数的个数多.

[110]

这些仅在 n 或 $x \to \infty$ 的极限状态下才成立的公式可以用更精确的估计式来代替. 例如, Rosser 和 Schoenfeld[312] 建立了便于使用的界限

$$\ln x - \frac{3}{2} < \frac{x}{\pi(x)} < \ln x - \frac{1}{2}, \quad x \geqslant 67 ; \tag{4.19}$$

$$n\left(\ln n + \ln \ln n - \frac{3}{2}\right) < P_n < n\left(\ln n + \ln \ln n - \frac{1}{2}\right), \quad n \geqslant 20. \tag{4.20}$$

如果我们观察一个 "随机的" 整数 n, 它是素数的机会大约是 $1/\ln n$. 例如观察接近 10^{16} 的数, 我们大致需要检查其中的 $16 \ln 10 \approx 36.8$ 个数才能发现一个素数. (事实表明, 在 $10^{16} - 370$ 与 $10^{16} - 1$ 之间恰好有 10 个素数.) 而素数的分布又有许多不规则性. 例如, 介于 $P_1 P_2 \cdots P_n + 2$ 和 $P_1 P_2 \cdots P_n + P_{n+1} - 1$ 之间 (包含这两个数) 的所有的数都是合数. 我们已经知道**许多孪生素数** (twin primes) p 和 $p+2$ 的例子 (5 和 7, 11 和 13, 17 和 19, 29 和 31, $\cdots$, 9 999 999 999 999 641 和 9 999 999 999 999 643, $\cdots$), 然而没有人知道是否存在无穷多对孪生素数. (见 Hardy 和 Wright[181, §1.4以及§2.8].)

计算 $\leqslant x$ 的所有 $\pi(x)$ 个素数的一个简单方法是构造所谓的埃拉托斯提尼斯筛. 首先写下从 2 直到 x 的所有整数. 然后圈出 2, 标注为素数, 去掉 2 的所有倍数. 然后重复圈出未加圈且未被去掉的最小数, 并去掉它的所有倍数. 当每一个数都被圈或者被去掉之后, 圈出的数就是素数. 例如, 当 $x = 10$ 时, 我们写下 2 到 10, 圈出 2, 然后去掉它的倍数 4, 6, 8 以及 10. 下一个 3 是最小的未加圈且未去掉的数, 所以我们圈定它并去掉 6 和 9. 现在 5 是最小的,

所以我们圈定它并去掉10. 最后圈定7. 圈出的数就是2，3，5和7，所以不超过10有 $\pi(10)=4$ 个素数.

4.4 阶乘的因子 FACTORIAL FACTORS

"我用非常简单的记号 $n!$ 表示从 n 直到1的递减数的乘积，也就是 $n(n-1)$ $(n-2)\times\cdots\times$ $3\times2\times1$. 经常使用我在大部分证明中所做的组合分析就产生了这个必不可少的记号."

——Ch.卡曼[228]

现在来讨论某种很有意思的高度复合而成的数——阶乘的因子分解：

$$n!=1\times2\times\cdots\times n=\prod_{k=1}^{n}k\ ,\ \text{整数}\ n\geqslant0\,. \tag{4.21}$$

按照我们对于空的乘积的约定，这就定义了0!是1. 从而对每个正整数 n 有 $n!=(n-1)!n$. 这是 n 个不同物体的排列的个数. 就是说，它是将 n 件物品排成一行的方法数：对第一件物品有 n 种选择；对第一件物品的每一种选择，对第二件物品都有 $n-1$ 种选择；对这 $n(n-1)$ 种选择的每一选择，对第三件物品都有 $n-2$ 种选择；如此等等，总共给出 $n(n-1)(n-2)\cdots(1)$ 种排列方式. 下面是阶乘函数的前几个数值.

n	0	1	2	3	4	5	6	7	8	9	10
$n!$	1	1	2	6	24	120	720	5040	40320	362880	3628800

知道一些有关阶乘的事实是有用的，比如前6个数的阶乘值，以及10!大约等于 $3\frac{1}{2}$ 个百万加上零头. 另一个有意思的事实是，当 $n\geqslant25$ 时，$n!$ 中的数字的个数超过 n.

利用第1章的高斯技巧，我们可以证明 $n!$ 非常大：

$$n!^{2}=(1\times2\times\cdots\times n)(n\times\cdots\times2\times1)=\prod_{k=1}^{n}k(n+1-k)\,.$$

我们有 $n\leqslant k(n+1-k)\leqslant\dfrac{1}{4}(n+1)^{2}$，由于二次多项式 $k(n+1-k)=\dfrac{1}{4}(n+1)^{2}-\left(k-\dfrac{1}{2}(n+1)\right)^{2}$ 在 $k=1$ 以及 $k=n$ 时取到最小值，而它在 $k=\dfrac{1}{2}(n+1)$ 时取到最大值. 于是

$$\prod_{k=1}^{n}n\leqslant n!^{2}\leqslant\prod_{k=1}^{n}\frac{(n+1)^{2}}{4}\,;$$

这就是

$$n^{n/2}\leqslant n!\leqslant\frac{(n+1)^{n}}{2^{n}}\,. \tag{4.22}$$

这个关系式告诉我们，阶乘函数以指数方式增长！！

对于很大的 n，为了更加精确地近似 $n!$，我们可以利用斯特林公式（我们将在第9章里推导出它）：

$$n!\sim\sqrt{2\pi n}\left(\frac{n}{\mathrm{e}}\right)^{n}\,. \tag{4.23}$$

一个更加精密的近似会告诉我们渐近相对误差：斯特林公式与 $n!$ 的相对误差大概是 $1/(12n)$. 即便是对比较小的 n，这个更加精确的估计也是非常好的了. 例如，斯特林近似

（4.23）在 $n=10$ 时得出的值接近 3 598 696，而这给出的相对误差是大约 $0.83\% \approx 1/120$，它非常之小. 渐近分析是个好东西.

让我们回到素数. 对任何给定的素数 p，我们希望确定能整除 $n!$ 的 p 的最大幂，也就是说，我们要求 p 在 $n!$ 的唯一分解式中的指数. 我们用 $\varepsilon_p(n!)$ 来记这个数，从小的情形 $p=2$ 和 $n=10$ 开始研究. $10!$ 是 10 个数的乘积，$\varepsilon_2(10!)$ 可以通过将这 10 个数对 2 的幂的贡献（也就是被 2 整除）求和来得到，这一计算对应于对如下阵列中各个列的求和：

	1 2 3 4 5 6 7 8 9 10	2 的幂
被 2 整除	× × × × ×	$5 = \lfloor 10/2 \rfloor$
被 4 整除	× ×	$2 = \lfloor 10/4 \rfloor$
被 8 整除	×	$1 = \lfloor 10/8 \rfloor$
2 的幂	0 1 0 2 0 1 0 3 0 1	8

（按列求的和有时称为**直尺函数**（ruler function）$\rho(k)$，因为它们与 类似，直尺标记了一英寸的线长.）这 10 个式子的和是 8，从而 2^8 整除 $10!$，而 2^9 不整除它.

一把威力强大的尺.

还有另外一种方法：我们可以对每一行的贡献求和. 第一行记录了对 2 的幂的贡献，这样的贡献有 $\lfloor 10/2 \rfloor = 5$ 个. 第二行记录了对 2 的增加一次幂的贡献，这有 $\lfloor 10/4 \rfloor = 2$ 个. 而第三行记录了对 2 的再增加一次幂的贡献，这有 $\lfloor 10/8 \rfloor = 1$ 个. 这些就计入了所有的贡献，所以我们有 $\varepsilon_2(10!) = 5+2+1 = 8$.

对一般的 n，这个方法给出

$$\varepsilon_2(n!) = \left\lfloor \frac{n}{2} \right\rfloor + \left\lfloor \frac{n}{4} \right\rfloor + \left\lfloor \frac{n}{8} \right\rfloor + \cdots = \sum_{k \geqslant 1} \left\lfloor \frac{n}{2^k} \right\rfloor.$$

这个和式实际上是有限的，因为当 $2^k > n$ 时求和项都是零. 因此它只有 $\lfloor \lg n \rfloor$ 个非零的项，而这是相当容易计算的. 例如，当 $n=100$ 时有

$$\varepsilon_2(100!) = 50 + 25 + 12 + 6 + 3 + 1 = 97.$$

每一项都正好是前一项的一半的底. 这对所有 n 都是正确的，因为作为（3.11）的一个特例，我们有 $\lfloor n/2^{k+1} \rfloor = \lfloor \lfloor n/2^k \rfloor / 2 \rfloor$. 当我们用二进制写出这些数时，就特别容易看出其中的端倪：

$$
\begin{aligned}
100 &= (1100100)_2 = 100 \\
\lfloor 100/2 \rfloor &= (110010)_2 = 50 \\
\lfloor 100/4 \rfloor &= (11001)_2 = 25 \\
\lfloor 100/8 \rfloor &= (1100)_2 = 12 \\
\lfloor 100/16 \rfloor &= (110)_2 = 6 \\
\lfloor 100/32 \rfloor &= (11)_2 = 3 \\
\lfloor 100/64 \rfloor &= (1)_2 = 1
\end{aligned}
$$

我们仅仅从一项中去掉最低有效位就得到了下一项.

二进制表示也指出了怎样推导出另外的公式

$$\varepsilon_2(n!) = n - v_2(n) , \tag{4.24}$$

其中 $v_2(n)$ 是 n 的二进制表示中1的个数. 这个简化有效, 是因为对 n 的值贡献 2^m 的每一个1, 都对 $\varepsilon_2(n!)$ 贡献 $2^{m-1} + 2^{m-2} + \cdots + 2^0 = 2^m - 1$.

将我们的发现推广到任意的素数 p , 根据与前面同样的推理, 我们就有

$$\varepsilon_p(n!) = \left\lfloor \frac{n}{p} \right\rfloor + \left\lfloor \frac{n}{p^2} \right\rfloor + \left\lfloor \frac{n}{p^3} \right\rfloor + \cdots = \sum_{k \geqslant 1} \left\lfloor \frac{n}{p^k} \right\rfloor . \tag{4.25}$$

$\varepsilon_p(n!)$ 有多大呢? 从求和项中直接去掉底, 然后对无穷几何级数求和, 我们得到一个简单的 (然而很好的) 上界:

$$
\begin{aligned}
\varepsilon_p(n!) &< \frac{n}{p} + \frac{n}{p^2} + \frac{n}{p^3} + \cdots \\
&= \frac{n}{p}\left(1 + \frac{1}{p} + \frac{1}{p^2} + \cdots\right) \\
&= \frac{n}{p}\left(\frac{p}{p-1}\right) \\
&= \frac{n}{p-1} .
\end{aligned}
$$

对 $p = 2$ 和 $n = 100$, 这个不等式给出97<100. 因此上界100不仅仅是正确的, 而且与真值97接近. 事实上, 真值 $n - v_2(n)$ 一般 $\sim n$, 因为渐近地说, $v_2(n) \leqslant \lceil \lg n \rceil$ 要比 n 小得多.

当 $p = 2$ 和3时, 公式给出了 $\varepsilon_2(n!) \sim n$ 以及 $\varepsilon_3(n!) \sim n/2$, 所以, $\varepsilon_3(n!)$ 偶尔还会与 $\varepsilon_2(n!)$ 的一半恰好一样大, 这看起来是合理的. 例如, 当 $n = 6$ 以及 $n = 7$ 时, 这种情况就会发生, 因为 $6! = 2^4 \times 3^2 \times 5 = 7!/7$. 但是, 还没有人能证明这样的巧合会发生无穷多次.

$\varepsilon_p(n!)$ 的界反过来会给出一个关于 $p^{\varepsilon_p(n!)}$ 的界 (这里 $p^{\varepsilon_p(n!)}$ 是 p 对 $n!$ 的贡献):

$$p^{\varepsilon_p(n!)} < p^{n/(p-1)} .$$

注意 $p \leqslant 2^{p-1}$, 我们可以简化这个公式 (这要冒着大大放宽上界的风险), 从而 $p^{n/(p-1)} \leqslant (2^{p-1})^{n/(p-1)} = 2^n$. 换句话说, 任何素数对 $n!$ 的贡献都小于 2^n .

利用这个事实, 我们可以得出有无穷多个素数的另一个证明. 因为如果只有 k 个素数 $2, 3, \cdots, P_k$, 那么对所有 $n > 1$ 就会有 $n! < (2^n)^k = 2^{nk}$, 因为每一个素数至多贡献一个因子 $2^n - 1$. 但是, 选取足够大的 n , 比方说 $n = 2^{2k}$, 就很容易与不等式 $n! < 2^{nk}$ 产生矛盾, 这样就有

$$n! < 2^{nk} = 2^{2^{2k}k} = n^{n/2} ,$$

这与我们在 (4.22) 中得到的不等式 $n! \geqslant n^{n/2}$ 矛盾. 故而, 仍然有无穷多个素数.

我们甚至能对这一论证方法予以加强, 从而得到 $\pi(n)$ 的一个粗略的界, $\pi(n)$ 表示不超过 n 的素数个数. 每一个这样的素数都对 $n!$ 贡献一个小于 2^n 的因子, 所以, 与前相同有

$$n! < 2^{n\pi(n)} .$$

如果在这里用斯特林近似（4.23）（它是一个下界）代替 $n!$，并取对数，我们就得到

$$n\pi(n) > n\lg(n/e) + \frac{1}{2}\lg(2\pi n) ,$$

从而

$$\pi(n) > \lg(n/e) .$$

与实际的值 $\pi(n) \sim n/\ln n$ 相比较，这个下界是很弱的，因为当 n 很大时，$\log n$ 要比 $n/\log n$ 小得多. 但是，我们并不需要很辛苦就得到了这个结果，这不过就是一个界而已.

4.5　互素　RELATIVE PRIMALITY

当 $\gcd(m,n) = 1$ 时，整数 m 和 n 没有公共的素因子，我们就称它们是**互素的**（relatively prime）.

这个概念在实践中很重要，我们应该给它一个特别的记号. 但是，哎，数论学家们还未就一个很好的记号达成一致. 于是，我们呼喊：世界上的数学家们，听听我们的！我们不再等了！我们现在就用一个新的记号，让许多公式变得清晰起来！如果 m 和 n 互素，我们就写成 "$m \perp n$"，并说 "m 与 n 互素". 换言之，我们宣布

就像互相垂直的线没有共同方向一样，互相垂直的数没有共同的因子.

$$m \perp n \iff m, n \text{ 是整数，且 } \gcd(m,n) = 1 . \tag{4.26}$$

一个分数 m/n 是最简分数，当且仅当 $m \perp n$. 由于我们是通过消去分子和分母的最大公因子来将它化为最简分数的，因而一般来说，我们推测有

$$m/\gcd(m,n) \perp n/\gcd(m,n) , \tag{4.27}$$

而这的确为真. 它可以从一个更加一般的规则 $\gcd(km, kn) = k\gcd(m,n)$ 推导出来，这个规则的证明在习题14中.

当我们处理数的素指数表示时，根据最大公因子的规则（4.14），关系 $\perp$ 有一个简单的说明：

$$m \perp n \iff \min(m_p, n_p) = 0 \text{，对所有 } p . \tag{4.28}$$

此外，由于 m_p 和 n_p 是非负的，我们可以将它改写成

$$m \perp n \iff m_p n_p = 0 \text{，对所有 } p . \tag{4.29}$$

与正交向量相似，点积为零.

现在我们能证明一个重要的法则，利用它我们可以将两个具有相同左边量的 $\perp$ 关系进行分拆或者组合：

$$k \perp m \text{ 且 } k \perp n \iff k \perp mn . \tag{4.30}$$

鉴于（4.29），这个规则是下面命题的另一种说法：当 m_p 和 n_p 非负时，$k_p m_p = 0$ 且 $k_p n_p = 0$ 当且仅当 $k_p(m_p + n_p) = 0$.

有一种非常好的方法来构造由满足 $m \perp n$ 的全部非负的分数 m/n 组成的集合，它称为 Stern-Brocot树，它是由德国数学家Moritz Stern[339]和一位法国钟表匠Achille Brocot[40]分别独立发现的. 其思想是从两个分数 $\left(\dfrac{0}{1}, \dfrac{1}{0}\right)$ 出发，然后依照你希望的次数重复下面的操作：

当其他人都绝对会说"发明了"的时候，有意思的是，数学家怎么会说"发现了".

115

在两个相邻接的分数 $\dfrac{m}{n}$ 和 $\dfrac{m'}{n'}$ 之间插入 $\dfrac{m+m'}{n+n'}$.

新的分数 $(m+m')/(n+n')$ 称为 m/n 和 m'/n' 的**中位分数**（mediant）. 例如，第一步给出介于 $\dfrac{0}{1}$ 和 $\dfrac{1}{0}$ 之间的一个新的值

$$\frac{0}{1},\frac{1}{1},\frac{1}{0};$$

下一步又多给出两个值：

$$\frac{0}{1},\frac{1}{2},\frac{1}{1},\frac{2}{1},\frac{1}{0}.$$

接下来又多给出四个值

$$\frac{0}{1},\frac{1}{3},\frac{1}{2},\frac{2}{3},\frac{1}{1},\frac{3}{2},\frac{2}{1},\frac{3}{1},\frac{1}{0};$$

再下来得到8个、16个新的值等. 这些分数的阵列可以看成是一棵无限的二叉树构造，它的顶端部分看起来是：

116

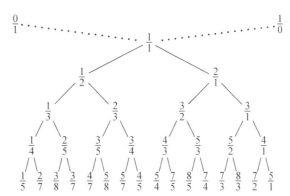

每一个分数都是 $\dfrac{m+m'}{n+n'}$ ，其中 $\dfrac{m}{n}$ 是位于左上方且离它最近的祖先，而 $\dfrac{m'}{n'}$ 则是右上方离它最近的祖先. ［称为**祖先**（ancestor）的分数是沿着分叉向上可达的.］许多模式都可以在这样的树中观察到.

为什么这种构造能起作用？例如，为什么每一个出现在这棵树中的中位分数 $(m+m')/(n+n')$ 都被证实是最简分数？（如果 m, m', n 和 n' 全都是奇数，我们就会得到偶数/偶数，这种构造以某种方式保证了分子和分母都为奇数的分数永远不会相邻地出现.）又为什么所有可能的分数 m/n 都恰好只出现一次？为什么一个特殊的分数不能出现两次，或者根本就不出现呢？

所有这些问题都有出人意外的简单答案，它们都基于：如果 m/n 和 m'/n' 是这个构造中任何一个阶段的相邻分数，我们就有

$$m'n - mn' = 1. \tag{4.31}$$

"在最简分数形式下"，我猜想 1/0 是无穷大.

保护拙劣的模仿.

这个关系式开始时是正确的 $(1\times1-0\times0=1)$，当插入一个新的中位分数 $(m+m')/(n+n')$ 时，需要检验的新情形是

$$(m+m')n-m(n+n')=1\;;$$
$$m'(n+n')-(m+m')n'=1\,.$$

这两个等式都等价于它们所替代的原始条件（4.31）. 这样一来，（4.31）在这一构造的任何阶段都是不变的.

此外，如果 $m/n<m'/n'$ 且所有的值都是非负的，容易验证

$$m/n<(m+m')/(n+n')<m'/n'\,.$$

一个中位分数并不处在它原先两个值的正中间，但它的确位于它们之间的某个地方. 于是这一构造保持分数的次序，且在两个不同的位置上我们不可能得到同样的分数.

仍然存在一个问题. 任何满足 $a\perp b$ 的正的分数 a/b 都可能被遗漏吗？答案是否定的，因为我们可将这一构造局限于与 a/b 紧邻的分数，而在这个范围内其性状容易加以分析. 一开始我们有

$$\frac{m}{n}=\frac{0}{1}<\left(\frac{a}{b}\right)<\frac{1}{0}=\frac{m'}{n'}\,,$$

这里为 $\dfrac{a}{b}$ 加上括号用以指出它实际上还不存在. 这样，如果在某个阶段我们有

$$\frac{m}{n}<\left(\frac{a}{b}\right)<\frac{m'}{n'}\,,$$

那么这个构造就形成 $(m+m')/(n+n')$，这里有三种情形：$(m+m')/(n+n')=a/b$，则我们得到了；$(m+m')/(n+n')<a/b$，则可以令 $m\leftarrow m+m'$，$n\leftarrow n+n'$；$(m+m')/(n+n')>a/b$，则可以令 $m'\leftarrow m+m'$，$n'\leftarrow n+n'$. 这个过程不可能无限制进行下去，因为条件

$$\frac{a}{b}-\frac{m}{n}>0 \;\text{和}\; \frac{m'}{n'}-\frac{a}{b}>0$$

蕴涵

$$an-bm\geqslant 1 \;\text{和}\; bm'-an'\geqslant 1\,,$$

从而

$$(m'+n')(an-bm)+(m+n)(bm'-an')\geqslant m'+n'+m+n\,,$$

而根据（4.31），这与 $a+b\geqslant m'+n'+m+n$ 是一样的. 无论是 m，n，m'，或者是 n'，它们在每一步都会增加，所以在至多 $a+b$ 步之后我们一定会得到 a/b.

阶为 N 的**法里级数**（Farey serires）记为 $\mathcal{F}_N$，它是介于 0 和 1 之间的分母不超过 N 的所有最简分数组成的集合，且按照递增的次序排列. 例如，如果 $N=6$，我们就有

$$\mathcal{F}_6=\frac{0}{1},\frac{1}{6},\frac{1}{5},\frac{1}{4},\frac{1}{3},\frac{2}{5},\frac{1}{2},\frac{3}{5},\frac{2}{3},\frac{3}{4},\frac{4}{5},\frac{5}{6},\frac{1}{1}\,.$$

真的，不过如果你得了创性骨折（fracture），最好去看医生.

在一般的情形，我们可以从 $\mathcal{F}_1 = \dfrac{0}{1}, \dfrac{1}{1}$ 出发，然后尽可能插入中位分数（只要得到的分母还不太大），这样就能得到 $\mathcal{F}_N$。用这种方法不会漏掉任何一个分数，因为我们知道Stern-Brocot构造不会漏掉任何一个分数，还因为分母 $\leqslant N$ 的中位分数永远不可能由分母 $> N$ 的分数形成。（换句话说，$\mathcal{F}_N$ 定义了Stern-Brocot树的一棵子树（subtree），它是通过去除不想要的分支而得到的。）由此推出，只要 m/n 和 m'/n' 是一个法里级数中相邻元素，就有 $m'n - mn' = 1$。

这一构造方法揭示出 $\mathcal{F}_N$ 可以用一种简单的方法从 $\mathcal{F}_{N-1}$ 得到：直接在 $\mathcal{F}_{N-1}$ 中分母之和等于 N 的相邻分数 m/n 和 m'/n' 之间插入分数 $(m+m')/N$。例如，根据所说的规则插入 $\dfrac{1}{7}, \dfrac{2}{7}, \cdots, \dfrac{6}{7}$，容易从 $\mathcal{F}_6$ 的元素得到 $\mathcal{F}_7$：

$$\mathcal{F}_7 = \frac{0}{1}, \frac{1}{7}, \frac{1}{6}, \frac{1}{5}, \frac{1}{4}, \frac{2}{7}, \frac{1}{3}, \frac{2}{5}, \frac{3}{7}, \frac{1}{2}, \frac{4}{7}, \frac{3}{5}, \frac{2}{3}, \frac{5}{7}, \frac{3}{4}, \frac{4}{5}, \frac{5}{6}, \frac{6}{7}, \frac{1}{1}.$$

当 N 是素数时，将会出现 $N-1$ 个新的分数；否则将会有少于 $N-1$ 个新的分数，因为这个过程只产生与 N 互素的分子。

我们早就在（4.5）中证明了（以不同的语言）只要 $m \perp n$ 且 $0 < m \leqslant n$，就能找到整数 a 和 b，使得

$$ma - nb = 1. \tag{4.32}$$

（实际上我们说过 $m'm + n'n = \gcd(m,n)$，但是我们可以取1作为 $\gcd(m,n)$，取 a 作为 m'，取 b 作为 $-n'$。）法里级数就对（4.32）给出了另外一个证明，因为我们可以设 b/a 是 $\mathcal{F}_n$ 中位于 m/n 之前的那个分数。这样（4.5）正好又是（4.31）。例如，$3a - 7b = 1$ 的一个解是 $a = 5, b = 2$，这是由于在 $\mathcal{F}_7$ 中 $\dfrac{2}{5}$ 在 $\dfrac{3}{7}$ 的前面。这个构造就意味着，如果 $0 < m \leqslant n$，我们总可以求得（4.32）的满足 $0 \leqslant b < a \leqslant n$ 的一个解。类似地，如果 $0 \leqslant n < m$ 且 $m \perp n$，只要设 a/b 是 $\mathcal{F}_m$ 中跟在 n/m 后面的那个分数，我们就能对 $0 < a \leqslant b \leqslant m$ 求解（4.32）。

法里级数中三个相邻项组成的序列有一个迷人的性质，这在习题61中给出了证明。不过我们最好不要再进一步对法里级数进行讨论了，因为整个Stern-Brocot树已被证明更有意义。

事实上，我们可以把Stern-Brocot树看成一个表示有理数的**数系**（number system），因为每一个正的最简分数都恰好出现一次。我们用字母 L 和 R 表示从这棵树的树根走到一个特定分数时向左下方或者右下方的分支前进，这样一串 L 和 R 就唯一确定了树中的一个位置。例如，$LRRL$ 表示我们从 $\dfrac{1}{1}$ 向左下走到 $\dfrac{1}{2}$，再向右下到 $\dfrac{2}{3}$，再向右下到 $\dfrac{3}{4}$，再向左下到 $\dfrac{5}{7}$。我们可以认为 $LRRL$ 就是 $\dfrac{5}{7}$ 的一个表示。按照这种方法，每一个正的分数都表示成了唯一的一串 L 和 R。

不过，实际上还有一点问题：分数 $\dfrac{1}{1}$ 与空的（empty）字符串相对应，对此我们需要一个记号。我们将它记为 I，因为它看起来有点像1并且代表"单位元"。

法里已经谈论得够多了。

这种表示自然引出两个问题：（1）给定满足 $m \perp n$ 的正整数 m 和 n，与 m/n 对应的由 L 和 R 组成的字符串是什么？（2）给定一个由 L 和 R 组成的字符串，与它对应的分数是什么？问题（2）似乎更容易一些，所以我们先来解决它. 当 S 是由 L 和 R 组成的一个字符串时，我们定义

$$f(S) = \text{与 } S \text{ 对应的分数}.$$

例如，$f(LRRL) = \dfrac{5}{7}$.

根据这一构造，如果 m/n 和 m'/n' 是在这棵树的上面一层中位于 $f(S)$ 的前面以及后面且与之最接近的分数，就有 $f(S) = (m+m')/(n+n')$. 一开始有 $m/n = 0/1$ 和 $m'/n' = 1/0$，接下来，当在这棵树中向右或者向左移动时，我们就相继用中位分数 $(m+m')/(n+n')$ 分别代替 m/n 或者 m'/n'.

我们如何才能在易于处理的数学公式中捕获这一性状呢？稍做试验就表明，最好的方法是建立一个 2×2 矩阵

$$M(S) = \begin{pmatrix} n & n' \\ m & m' \end{pmatrix},$$

它拥有包含在 $f(S)$ 的祖先分数 m/n 和 m'/n' 中所含有的四个量. 我们可以像分数那样把诸 m 放在上方，而把诸 n 放在下方，不过这种上下颠倒的放置方法更为行之有效，因为当这一过程开始时我们有 $M(I) = \begin{pmatrix} 1 & 0 \\ 0 & 1 \end{pmatrix}$，而 $\begin{pmatrix} 1 & 0 \\ 0 & 1 \end{pmatrix}$ 习惯上称为单位矩阵 I.

向左一步用 $n+n'$ 代替 n'，而用 $m+m'$ 代替 m'，从而

$$M(SL) = \begin{pmatrix} n & n+n' \\ m & m+m' \end{pmatrix} = \begin{pmatrix} n & n' \\ m & m' \end{pmatrix}\begin{pmatrix} 1 & 1 \\ 0 & 1 \end{pmatrix} = M(S)\begin{pmatrix} 1 & 1 \\ 0 & 1 \end{pmatrix}.$$

（这是关于 2×2 矩阵乘法的一般规则

$$\begin{pmatrix} a & b \\ c & d \end{pmatrix}\begin{pmatrix} w & x \\ y & z \end{pmatrix} = \begin{pmatrix} aw+by & ax+bz \\ cw+dy & cx+dz \end{pmatrix}$$

的一个特例.）类似地，已经证明有

$$M(SR) = \begin{pmatrix} n+n' & n' \\ m+m' & m' \end{pmatrix} = M(S)\begin{pmatrix} 1 & 0 \\ 1 & 1 \end{pmatrix}.$$

这样一来，如果我们把 L 和 R 定义成 2×2 矩阵

$$L = \begin{pmatrix} 1 & 1 \\ 0 & 1 \end{pmatrix}, \quad R = \begin{pmatrix} 1 & 0 \\ 1 & 1 \end{pmatrix}, \tag{4.33}$$

如果你对矩阵一头雾水，不用担心，这本书仅在这里用到它们.

对 S 的长度用归纳法，我们得到简单的公式 $M(S) = S$. 这不是很漂亮的结果吗？（字母 L 和 R 有双重作用，既作为矩阵又作为字符串表示中的字母.）例如，

$$M(LRRL) = LRRL = \begin{pmatrix} 1 & 1 \\ 0 & 1 \end{pmatrix}\begin{pmatrix} 1 & 0 \\ 1 & 1 \end{pmatrix}\begin{pmatrix} 1 & 0 \\ 1 & 1 \end{pmatrix}\begin{pmatrix} 1 & 1 \\ 0 & 1 \end{pmatrix} = \begin{pmatrix} 2 & 1 \\ 1 & 1 \end{pmatrix}\begin{pmatrix} 1 & 1 \\ 1 & 2 \end{pmatrix} = \begin{pmatrix} 3 & 4 \\ 2 & 3 \end{pmatrix},$$

包含 $LRRL = \dfrac{5}{7}$ 的祖先分数是 $\dfrac{2}{3}$ 和 $\dfrac{3}{4}$. 这个结构就给出了问题（2）的答案：

$$f(S) = f\left(\begin{pmatrix} n & n' \\ m & m' \end{pmatrix}\right) = \frac{m+m'}{n+n'}. \tag{4.34}$$

那么问题（1）呢? 既然我们弄明白了树的结点与 2×2 矩阵之间的联系，那这个问题就容易了. 给定一对正整数 m 和 n，$m \perp n$，我们可以通过"二叉搜索"求出 m/n 在Stern-Brocot 树中的位置：

> $S := I$;
>
> **while** $m/n \neq f(S)$ **do**
>
>   **if** $m/n < f(S)$ **then** (output(L); $S := SL$)
>
>   **else**(output(R); $S := SR$)

这就输出了期望的由 L 和 R 组成的字符串.

还有另一种方法来做同样的事，那就是改变 m 和 n，而不是保持状态 S. 如果 S 是任意一个 2×2 矩阵，我们就有

$$f(RS) = f(S) + 1,$$

因为 RS 像 S，只是将上面一行加到了下面一行上.（我们仔细观察它：

$$S = \begin{pmatrix} n & n' \\ m & m' \end{pmatrix}; \quad RS = \begin{pmatrix} n & n' \\ m+n & m'+n' \end{pmatrix};$$

从而 $f(S) = (m+m')/(n+n')$ 且 $f(RS) = ((m+n)+(m'+n'))/(n+n')$.）如果我们对满足 $m > n$ 的分数 m/n 执行二叉搜索算法，第一个输出将是 R，于是，如果我们从 $(m-n)/n$ 而非 m/n 开始，那么该算法接下来的性状将是使 $f(S)$ 恰好大1. 类似的性质对 L 也成立，且我们有

$$\frac{m}{n} = f(RS) \qquad \Leftrightarrow \qquad \frac{m-n}{n} = f(S), \qquad m > n;$$

$$\frac{m}{n} = f(LS) \qquad \Leftrightarrow \qquad \frac{m}{n-m} = f(S), \qquad m < n.$$

这就意味着我们可以将二叉搜索算法转换成如下不用矩阵的程序：

> **while** $m \neq n$ **do**
>
>   **if** $m < n$ **then** (output(L); $n := n-m$)
>
>   **else** (output(R); $m := m-n$)

例如，给定 $m/n = 5/7$，则按照简化的算法，我们相继有

$$
\begin{array}{lccccc}
m = & 5 & 5 & 3 & 1 & 1 \\
n = & 7 & 2 & 2 & 2 & 1
\end{array}
$$

输出 $L \quad R \quad R \quad L.$

无理数不出现在Stern-Brocot树中，但是所有与它们"接近的"的有理数都在其中. 例如，如果我们尝试对数 e = 2.718 28⋯ 而不是对分数 m/n 用二叉搜索算法，就会得到一个由 L 和

R 组成的无限字符串，其开始部分是

$$RRLRRLRLLLLRLRRRRRRLRLLLLLLLLLRLR\cdots$$

我们可以把这个无穷字符串看成是 e 在 Stern-Brocot 数系中的表示，正如将 e 表示成无限十进制小数 2.718 281 828 459$\cdots$，或者无限二进制分数 $(10.101\,101\,111\,110\cdots)_2$ 一样. 附带指出，e 在 Stern-Brocot 数系中的表示其实是很有规则的：

在 1904 年于海德堡举行的国际数学家大会上，赫尔曼·闵可夫斯基讲述了这种非同寻常的二进制表示.

$$e = RL^0RLR^2LRL^4RLR^6LRL^8RLR^{10}LRL^{12}RL\cdots;$$

这等价于欧拉[105]在 24 岁时所发现的结果的一个特例.

由这个表示我们可以推出，诸分数

R	R	L	R	R	L	R	L	L	L	L	R	L	R	R	R	R
$\frac{1}{1}$,	$\frac{2}{1}$,	$\frac{3}{1}$,	$\frac{5}{2}$,	$\frac{8}{3}$,	$\frac{11}{4}$,	$\frac{19}{7}$,	$\frac{30}{11}$,	$\frac{49}{18}$,	$\frac{68}{25}$,	$\frac{87}{32}$,	$\frac{106}{39}$,	$\frac{193}{71}$,	$\frac{299}{110}$,	$\frac{492}{181}$,	$\frac{685}{252}$,	$\frac{878}{323}$, $\cdots$

是对数 e 的最简单的有理上界和下界近似. 因为如果 m/n 不出现在这张表中，那么这张表中某个分子 $\leq m$ 而分母 $\leq n$ 的分数就介于 m/n 和 e 之间. 例如，$\frac{27}{10}$ 作为 e 的近似不像 $\frac{19}{7} = 2.714\cdots$ 那样简单，后者出现在这张表中且更接近于 e. 我们能了解这点，是因为 Stern-Brocot 树不仅能按次序包含所有的有理数，而且还因为所有具有小分子和小分母的分数出现在所有不那么简单的分数上方. 例如，$\frac{27}{10} = RRLRRLL$ 小于 $\frac{19}{7} = RRLRRL$，后者小于 e $= RRLRRLR\cdots$. 用这种方式可以做到极好的近似. 例如 $\frac{878}{323} \approx 2.718\,266 \approx 0.999\,994e$，这是根据 e 的 Stern-Brocot 表示中的前 16 个字母得到的分数，其准确度大约与 e 的二进制表示法的 16 位所能得到的准确度相当.

对不用矩阵的二叉搜索程序做些简单修改，我们就可以求得无理数 α 的无限表示：

if $\alpha < 1$ **then**$(\text{output}(L); \alpha := \alpha/(1-\alpha))$

else$(\text{output}(R); \alpha := \alpha - 1)$

（这些步骤要重复无限多次，或者重复到我们厌倦为止.）如果 α 是一个有理数，用这种方式得到的无限表示与我们以前得到的相同，不过在 α 的（有限）表示的右边要附加上 RL^∞. 例如 $\alpha = 1$，我们就得到 $RLLL\cdots$，它对应于无限分数序列 $\frac{1}{1}, \frac{2}{1}, \frac{3}{2}, \frac{4}{3}, \frac{5}{4}, \cdots$，它的极限趋向于 1. 如果把 L 看成 0，把 R 看成 1，这种情形恰好与通常的二进制记号类似：正如 [0..1) 中的每个实数 x 都有一个结尾不全是 1 的无限二进制表示 $(.b_1 b_2 b_3 \cdots)_2$ 一样，[0..∞) 中的每一个实数 α 都有一个结尾不全是 R 的无限 Stern-Brocot 表示 $B_1 B_2 B_3 \cdots$. 这样一来，如果我们令 $0 \leftrightarrow L$ 以及 $1 \leftrightarrow R$，那么在 [0..1) 与 [0..∞) 之间就有了一个保序的一一对应.

在欧几里得算法和有理数的 Stern-Brocot 表示之间有一种密切的联系. 给定 $\alpha = m/n$，我们得到 $\lfloor m/n \rfloor$ 个 R，然后得到 $\lfloor n/(m \bmod n) \rfloor$ 个 L，接着得到 $\lfloor (m \bmod n)/(n \bmod (m \bmod n)) \rfloor$ 个 R，如此一直下去. $m \bmod n$、$n \bmod (m \bmod n)$、$\cdots$ 这些数正好就是欧几里得算法中所检验的那些值.（最后需要说句多余的话：要确信没有无穷多个 R.）我们将在第 6 章里进一步探讨这个关系.

4.6 mod：同余关系 'MOD': THE CONGRUENCE RELATION

"我们将用符号≡作为数的同余的记号，而将所用的模放到其后的括号里，比如 $-16 \equiv 9 \pmod 5$, $-7 \equiv 15 \pmod{11}$."

——高斯 [142]

模算术是数论提供的一种主要工具，我们在第3章利用二元运算mod时见过，它通常是表达式中的一种运算．在这一章里，我们也将把mod运用到整个方程上，为此，使用稍微不同的记号会更加方便：

$$a \equiv b \quad (\bmod m) \quad \Leftrightarrow \quad a \bmod m = b \bmod m . \tag{4.35}$$

例如，$9 \equiv -16 \pmod 5$ ，因为 $9 \bmod 5 = 4 = (-16) \bmod 5$ ．公式 $a \equiv b \pmod m$ 可以读成"a 关于模 m 与 b 同余"．这一定义当 a、b 和 m 是任意实数时都有意义，不过我们几乎总是只对整数用此定义．

由于 $x \bmod m$ 与 x 相差 m 的倍数，因而我们可以用另一种方式来解读同余式：

$$a \equiv b \quad (\bmod m) \quad \Leftrightarrow \quad a-b\text{是}m\text{的倍数} . \tag{4.36}$$

如果 $a \bmod m = b \bmod m$ ，那么式（3.21）中 mod 的定义告诉我们，对某些整数 k 和 l 有 $a-b = a \bmod m + km - (b \bmod m + lm) = (k-l)m$ ．反之，如果 $a-b = km$ ，则当 $m=0$ 时有 $a=b$ ，不然就有

$$a \bmod m = a - \lfloor a/m \rfloor m = b + km - \lfloor (b+km)/m \rfloor m$$
$$= b - \lfloor b/m \rfloor m = b \bmod m .$$

式（4.36）中对于 ≡ 的刻画常常比式（4.35）更容易应用．例如，我们有 $8 \equiv 23 \pmod 5$ ，因为 $8-23 = -15$ 是5的倍数，我们并不需要计算 $8 \bmod 5$ 和 $23 \bmod 5$ ．

"模掉轻微的头疼，我今天感觉良好．"

——黑客词典
(The Hacker's Dictionary) [337]

同余符号 ≡ 看起来好像 = ，因为同余式与方程非常相像．例如，同余是一个**等价关系**（equivalence relation），这就是说，它满足自反律 $a \equiv a$ 、对称律 $a \equiv b \Rightarrow b \equiv a$ 以及传递律 $a \equiv b \equiv c \Rightarrow a \equiv c$ ．所有这些性质都容易证明，因为对某个函数 f 满足 $a \equiv b \Leftrightarrow f(a) = f(b)$ 的任何关系 ≡ 都是一个等价关系．（在我们的情形中，$f(x) = x \bmod m$ ．）此外，我们将同余的元素相加和相减，仍保持同余关系：

$$a \equiv b \text{ 且 } c \equiv d \quad \Rightarrow \quad a+c \equiv b+d \quad (\bmod m) ;$$
$$a \equiv b \text{ 且 } c \equiv d \quad \Rightarrow \quad a-c \equiv b-d \quad (\bmod m) .$$

如果 $a-b$ 和 $c-d$ 都是 m 的倍数，那么 $(a+c)-(b+d) = (a-b)+(c-d)$ 和 $(a-c)-(b-d) = (a-b)-(c-d)$ 亦然．附带指出，对每一次出现的 ≡ ，并不一定都要写出 $(\bmod m)$ ，如果模是常数，我们只需要对它说明一次来建立前后关系．这就是同余式记号的一个最大便利．

乘法同样有效，只要处理的对象是整数：

$$a \equiv b \text{ 且 } c \equiv d \quad \Rightarrow \quad ac \equiv bd \quad (\bmod m) , b,c\text{是整数} .$$

证明：$ac-bd = (a-b)c + b(c-d)$ ．现在反复应用这个乘法性质，我们可以取幂：

$$a \equiv b \quad \Rightarrow \quad a^n \equiv b^n \quad (\bmod m) , a,b\text{是整数，整数 } n \geqslant 0 .$$

例如，由于 $2 \equiv -1 \pmod 3$，因而有 $2^n \equiv (-1)^n \pmod 3$，这就意味着 $2^n - 1$ 是3的倍数，当且仅当 n 是偶数.

这样一来，我们对方程所习惯做的大多数代数运算对同余式都可以运用. 注意，是大多数，而不是所有运算. 除法运算显然不在其中. 如果 $ad \equiv bd \pmod m$，我们不能永远断言有 $a \equiv b$. 例如，$3 \times 2 \equiv 5 \times 2 \pmod 4$，但是 $3 \not\equiv 5$.

然而，在 d 与 m 互素这一常见情形中，我们可以挽救这一消元性质：

$$ad \equiv bd \quad \Leftrightarrow \quad a \equiv b \quad \pmod m, \qquad a,b,d,m \text{ 是整数}, \quad d \perp m. \tag{4.37}$$

例如，只要模 m 不是5的倍数，由 $15 \equiv 35 \pmod m$ 推出 $3 \equiv 7 \pmod m$ 是合法的.

为证明这一性质，我们再次应用推广的最大公因子法则（4.5），寻求 d' 和 m'，使得 $d'd + m'm = 1$. 那么，如果 $ad \equiv bd$，我们就能用 d' 来乘这个同余式的两边，得到 $ad'd \equiv bd'd$. 由于 $d'd \equiv 1$，我们就有 $ad'd \equiv a$ 以及 $bd'd \equiv b$，从而 $a \equiv b$. 这个证明表明，在考虑 $\pmod m$ 的同余式时，数 d' 的作用非常像 $1/d$，于是我们就将它称为 "d 关于模 m 的逆元".

将除法应用到同余式的另一种方法是，在对其他的数做除法的同时也对模作除法：

$$ad \equiv bd \pmod{md} \quad \Leftrightarrow \quad a \equiv b \pmod m, \quad d \neq 0. \tag{4.38}$$

这个法则对所有实数 a,b,d 和 m 都成立，因为它只与分配律 $(a \bmod m)d = ad \bmod md$ 有关：我们有 $a \bmod m = b \bmod m \Leftrightarrow (a \bmod m)d = (b \bmod m)d \Leftrightarrow ad \bmod md = bd \bmod md$. 于是，比方说，由 $3 \times 2 \equiv 5 \times 2 \pmod 4$ 就得出 $3 \equiv 5 \pmod 2$.

我们可以将（4.37）和（4.38）组合起来得到一个一般法则，它尽可能小地改变模：

$$ad \equiv bd \pmod m$$
$$\Leftrightarrow a \equiv b \left(\bmod \frac{m}{\gcd(d,m)} \right), \quad a,b,d,m \text{ 是整数}. \tag{4.39}$$

因为可以用 d' 乘 $ad \equiv bd$，其中 $d'd + m'm = \gcd(d,m)$，这就给出同余式 $a \cdot \gcd(d,m) \equiv b \cdot \gcd(d,m) \pmod m$，它可以用 $\gcd(d,m)$ 来除.

我们再进一步观察改变模的想法. 如果我们知道 $a \equiv b \pmod{100}$，那么也必定有 $a \equiv b \pmod{10}$，即此式对100的任何一个因子的模都成立. 说 $a-b$ 是100的倍数，要比说它是10的倍数，更强一些. 一般来说，

$$a \equiv b \pmod{md} \quad \Rightarrow \quad a \equiv b \pmod m, \quad d \text{ 是整数}, \tag{4.40}$$

因为 md 的任何倍数也都是 m 的倍数.

反过来，如果我们知道对于两个小的模有 $a \equiv b$，是否能断定对于一个更大的模有 $a \equiv b$ 呢？是的，这个规则是

小的模？用modulitos 如何？

$$a \equiv b \pmod m \text{ 且 } a \equiv b \pmod n$$
$$\Leftrightarrow a \equiv b \pmod{\operatorname{lcm}(m,n)}, \quad \text{整数 } m,n > 0. \tag{4.41}$$

例如，如果我们知道 $a \equiv b \pmod{12}$ 和 $a \equiv b \pmod{18}$，那么肯定可以推出 $a \equiv b \pmod{36}$. 原因在于，如果 $a-b$ 是 m 和 n 的一个公倍数，那么它就是 $\operatorname{lcm}(m,n)$ 的倍数. 这可以从唯一分解原理得出.

这个法则的特殊情形 $m \perp n$ 极其重要，因为当 m 和 n 互素时，$\operatorname{lcm}(m,n) = mn$．于是我们就可以来明确地陈述它：

$$a \equiv b \pmod{mn}$$
$$\Leftrightarrow a \equiv b \pmod{m} \text{ 且 } a \equiv b \pmod{n}，\text{如果 } m \perp n. \tag{4.42}$$

例如，$a \equiv b \pmod{100}$ 当且仅当 $a \equiv b \pmod{25}$ 以及 $a \equiv b \pmod{4}$．换一种方式来说，如果我们知道 $x \bmod 25$ 以及 $x \bmod 4$，那么就有足够的事实来确定 $x \bmod 100$．这是**中国剩余定理**（Chinese Remainder Theorem，见习题30）的一个特例，这样称呼它是因为它是在大约公元350年时由中国的孙子发现的．[①]

（4.42）中的模 m 和 n 可以进一步分解成互素的因子，直到每个不同的素数都被单独分离出来．这样一来，如果 m 的素因子分解式（4.11）是 $\prod_p p^{m_p}$，我们就有

$$a \equiv b \pmod{m} \Leftrightarrow a \equiv b \pmod{p^{m_p}}，\text{对所有 } p.$$

以素数幂为模的同余式是所有以整数为模的同余式的基础．

4.7 独立剩余 INDEPENDENT RESIDUES

同余式的一个重要应用就是**剩余系**（residue number system），在其中，一个整数 x 表示成为关于一组互素的模的剩余（余数）序列：

$$\operatorname{Res}(x) = (x \bmod m_1, \cdots, x \bmod m_r)，\text{对 } 1 \leqslant j < k \leqslant r \text{ 有 } m_j \perp m_k.$$

知道 $x \bmod m_1, \cdots, x \bmod m_r$，我们还是不能了解有关 x 的一切，但它的确允许我们确定 $x \bmod m$，其中 m 是乘积 $m_1 \cdots m_r$．在特殊的应用中，我们常常会知道 x 落在某个范围内，这时，如果知道 $x \bmod m$，且 m 足够大，那么我们就能知道有关 x 的一切．

我们来观察仅有两个模3和5的剩余系的小情形：

$x \bmod 15$	$x \bmod 3$	$x \bmod 5$
0	0	0
1	1	1
2	2	2
3	0	3
4	1	4
5	2	0
6	0	1
7	1	2
8	2	3
9	0	4
10	1	0
11	2	1
12	0	2
13	1	3
14	2	4

[①] 这个定理在国内的数论文献著作中一般称为孙子定理，它还有诸多其他名称，如大衍求一术等．

每一个有序对 $(x \bmod 3, x \bmod 5)$ 都是不同的, 因为 $x \bmod 3 = y \bmod 3$ 且 $x \bmod 5 = y \bmod 5$ 的充分必要条件是 $x \bmod 15 = y \bmod 15$.

根据同余式的规则, 我们可以在两个分量上独立地执行加法、减法和乘法. 例如, 如果用 $13 = (1,3)$ 来乘以 $7 = (1,2) \bmod 15$, 那么就计算 $1 \times 1 \bmod 3 = 1$ 以及 $2 \times 3 \bmod 5 = 1$. 答案是 $(1,1) = 1$, 从而 $7 \times 13 \bmod 15$ 必定等于1. 事实的确如此.

这个独立性原理在计算机应用中很有用, 因为不同的分量可以分开来工作 (例如, 用不同的计算机). 如果每个模 m_k 都是一个不同的素数 p_k, 选取它们稍小于 2^{31}, 这样, 一台处理 $[-2^{31}..2^{31})$ 范围内整数基本算术运算的计算机, 可以很容易地对模 p_k 计算和、差和乘积. 一组 r 个这样的素数, 使得有可能对最多 $31r$ 个二进位的 "多精度数" 做加法、减法以及乘法, 而利用剩余系, 则可能比用其他方法对这么大的数相加、相减和相乘更快.

在适当的情况下, 我们甚至可以做除法. 例如, 假设我们想要计算一个很大的整数行列式的精确值. 其结果是一个整数 D, $|D|$ 的界限可以根据其元素的大小给出. 但是已知的计算行列式的快速方法都要求用除法, 而这会导致出现分数 (如果我们借助二进制近似, 就会损失精度). 弥补的方法是对各种大素数 p_k 计算 $D \bmod p_k = D_k$. 只要除数碰巧不是 p_k 的倍数, 我们就能安全地对模 p_k 做除法. 那很可能不会发生, 但是如果这种情况的确发生了, 我们也能选取另一个素数. 最终, 只要对足够多的素数知道了 D_k, 我们就有了足够的信息确定 D.

不过, 我们还没有解释怎样从一个给定的剩余序列 $(x \bmod m_1, \cdots, x \bmod m_r)$ 反过来确定 $x \bmod m$. 我们已经指出, 原则上这种逆运算是可行的, 但是计算可能会难以实现, 以至于实际上会扼杀这种想法. 幸运的是, 有一种相对比较简单的方法可以做这件事, 我们用小表格中的情形 $(x \bmod 3, x \bmod 5)$ 来描述此法. 关键的思想是在 $(1,0)$ 和 $(0,1)$ 这两种情形下对问题求解, 因为如果 $(1,0) = a$ 以及 $(0,1) = b$, 那么 $(x,y) = (ax + by) \bmod 15$, 因为同余式可以相乘和相加.

根据对表的核查, 在我们的情形中有 $a = 10$ 和 $b = 6$, 但是当模很大时, 我们如何求出 a 和 b 呢? 换句话说, 如果 $m \perp n$, 求数 a 和 b 使得方程

$$a \bmod m = 1, \qquad a \bmod n = 0, \qquad b \bmod m = 0, \qquad b \bmod n = 1$$

全都成立的好方法是什么呢? (4.5) 再次出手相救: 用欧几里得算法, 我们可以求得 m' 和 n', 使得

$$m'm + n'n = 1.$$

这样一来, 我们可以取 $a = n'n$ 和 $b = m'm$, 如果需要, 将它们两者对 $\bmod mn$ 进行化简.

如果要在模很大时使得计算量最小, 则需要进一步的技巧, 其中的细节超出了本书的范围, 但是它们可以在参考文献[208, 第274页]中找到. 从剩余转换到它原来所对应的数是可行的, 但是太慢了, 仅当在它转换回去之前能在剩余系中完成所有一系列运算, 我们才节省总的时间.

现在让我们尝试解一个小问题, 以此来巩固这些同余式的想法: 如果在 $x \equiv x'$ 时我们把两个解 x 和 x' 视为相同的, 那么同余式

$$x^2 \equiv 1 \pmod{m} \tag{4.43}$$

有多少个解?

例如, 梅森素数 $2^{31} - 1$ 就是一个很好的选择.

按照早先阐述的一般原理，我们首先应该考虑 m 是素数幂 p^k 的情形，这里 $k>0$. 此时同余式 $x^2 \equiv 1$ 可以写成

$$(x-1)(x+1) \equiv 0 \pmod{p^k}.$$

所以 p 必定整除 $x-1$ 或者 $x+1$，或者整除它们两者. 但是 p 不可能同时整除 $x-1$ 和 $x+1$，除非 $p=2$，我们以后解决这种情形. 如果 $p>2$，那么 $p^k \backslash (x-1)(x+1) \Leftrightarrow p^k \backslash (x-1)$ 或者 $p^k \backslash (x+1)$，所以恰好有两个解 $x \equiv +1$ 和 $x \equiv -1$.

$p=2$ 的情形稍有不同. 如果 $2^k \backslash (x-1)(x+1)$，那么 $x-1$ 和 $x+1$ 中的一个能被2整除，但不能被4整除，所以另外一个必定能被 2^{k-1} 整除. 这就意味着当 $k \geqslant 3$ 时我们有四个解，即 $x \equiv \pm 1$ 和 $x \equiv 2^{k-1} \pm 1$.（例如，当 $p^k=8$ 时的四个解是 $x \equiv 1,3,5,7 \pmod 8$；知道任何奇整数的平方都有 $8n+1$ 的形式常常是有用的.）

现在，$x^2 \equiv 1 \pmod m$ 当且仅当对 m 的完全分解式中所有满足 $m_p>0$ 的素数 p 都有 $x^2 \equiv 1 \pmod{p^{m_p}}$. 每一个素数都是独立于其他素数的，对于 $x \bmod p^{m_p}$，除了 $p=2$ 的情形，皆有两种可能性. 于是，如果 m 恰有 r 个不同的素因子，则 $x^2 \equiv 1$ 的解的总数是 2^r，除了当 m 是偶数时要做修正之外. 一般来说，精确的解数是

$$2^{r+[8\backslash m]+[4\backslash m]-[2\backslash m]}. \tag{4.44}$$

除了2之外，所有的素数都是奇数，而2则是所有素数中最为奇特的另类.

例如，"1对于模12的平方根"有四个，即 $1,5,7$ 和 11. 当 $m=15$ 时，这四个数就是对模3和模5的余数为 ± 1 的那些数，也就是在该剩余系中的 $(1,1)$，$(1,4)$，$(2,1)$ 和 $(2,4)$. 在通常的十进制数系中，这些解就是 $1,4,11$ 和 14.

4.8 进一步的应用 ADDITIONAL APPLICATIONS

第3章还留下一些未完成的事情：我们希望证明 m 个数

$$0 \bmod m, \quad n \bmod m, \quad 2n \bmod m, \quad \cdots, \quad (m-1)n \bmod m \tag{4.45}$$

按照某种次序恰好组成 m/d 个数

$$0, \quad d, \quad 2d, \quad \cdots, \quad m-d$$

的 d 份复制，其中 $d = \gcd(m,n)$. 例如，当 $m=12$ 且 $n=8$ 时，我们有 $d=4$，这些数就是0, 8, 4, 0, 8, 4, 0, 8, 4, 0, 8, 4.

数学家喜欢说事情是显然的.

证明（指出我们得到前面 m/d 个值的 d 份复制）的第一部分现在是显然的. 根据（4.38），我们有

$$jn \equiv kn \pmod m \Leftrightarrow j(n/d) \equiv k(n/d) \pmod{m/d},$$

从而当 $0 \leqslant k < m/d$ 时，我们得到这些值的 d 份复制.

现在我们必须指出，那 m/d 个数就是 $\{0, d, 2d, \cdots, m-d\}$（按照某种次序排列）. 我们记 $m = m'd$ 以及 $n = n'd$. 那么，根据分配律（3.23）就有 $kn \bmod m = d(kn' \bmod m')$，所以当 $0 \leqslant k < m'$ 时出现的那些值就是 d 乘以诸数

$$0 \bmod m', \quad n' \bmod m', \quad 2n' \bmod m', \quad \cdots, \quad (m'-1)n' \bmod m'.$$

但是由（4.27）我们知道 $m' \perp n'$，已经除去了它们的最大公因子. 因此，我们只需要考虑 $d = 1$ 的情形，也即 m 与 n 互素的情形.

所以我们可以假设 $m \perp n$. 在这种情形中，利用"鸽舍原理"容易看出（4.45）中的数正好就是 $\{0, 1, \cdots, m-1\}$（按照某种次序）. 鸽舍原理是说，如果把 m 只鸽子放进 m 个鸽舍之中，存在一个空鸽舍的充分必要条件是有一个鸽舍中有多于 1 只的鸽子.（习题 3.8 中证明的狄克利雷抽屉原理与之相似.）我们知道，（4.45）中的数是各不相同的，因为当 $m \perp n$ 时

$$jn \equiv kn \pmod{m} \qquad \Leftrightarrow \qquad j \equiv k \pmod{m},$$

这就是（4.37）. 这样一来，这 m 个不同的数就必定填满所有的鸽舍 $0, 1, \cdots, m-1$，这就完成了第 3 章里的未竟任务.

证明是完成了，但是如果不用依赖鸽舍原理的间接方法而用一种直接的方法，我们甚至能证明更多. 如果 $m \perp n$ 且给定一个值 $j \in [0..m)$，那么就可以通过对 k 求解同余式

$$kn \equiv j \pmod{m}$$

显式计算出 $k \in [0..m)$，使得 $kn \bmod m = j$. 我们直接用 n' 乘它的两边，其中 $m'm + n'n = 1$，这就得到

$$k \equiv jn' \pmod{m},$$

从而 $k = jn' \bmod m$.

我们可以利用刚刚证明的这些事实来建立一个由皮埃尔·德·费马于 1640 年发现的重要结果. 费马是一位伟大的数学家，他对微积分的发现以及许多其他数学领域都做出了贡献. 他留下的笔记包含许多未给出证明的定理，这些定理中的每一个后来都被证实了，其中就包括一个最著名的问题，它困扰全世界最优秀的数学家长达 350 年之久. 这个著名的结论称为"费马大定理"，它说的是当 $n > 2$ 时，对所有正整数 a, b, c 和 n 有

$$a^n + b^n \neq c^n. \tag{4.46}$$

（当然，方程 $a + b = c$ 和 $a^2 + b^2 = c^2$ 有许许多多的解.）安德鲁·怀尔斯最终解决了这一问题，他对（4.46）给出的艰深的划时代的证明发表在 *Annals of Mathematics* **141**（1995），443-551 中.

验证 1640 年的费马定理要容易得多. 它现在称为费马小定理（或者简称为费马定理），是说

$$n^{p-1} \equiv 1 \pmod{p}, \quad n \perp p. \tag{4.47}$$

证明：与通常一样，我们假设 p 表示素数. 我们知道，$p-1$ 个数 $n \bmod p$，$2n \bmod p$，$\cdots$，$(p-1)n \bmod p$ 就是数 $1, 2, \cdots, p-1$（按照某种次序排列）. 于是，如果将它们乘在一起我们就得到

$$n \times (2n) \times \cdots \times ((p-1)n)$$

新的重要消息

欧拉[115]猜想 $a^4 + b^4 + c^4 \neq d^4$，但是 Noam Elkies[92] 于 1987 年 8 月找到了无穷多个解.

现在，Roger Frye 做了一次彻底的计算机搜索，（在一台 Connection Machine[①] 上经过大约 110 小时的计算之后）证明了满足 $d < 1\,000\,000$ 的仅有的解是
$95\,800^4 + 217\,519^4$
$+ 414\,560^4$
$= 422\,481^4$.

130

---

① Connection Machine 是麻省理工学院一台超级计算机的名字.

$$\equiv (n \bmod p) \times (2n \bmod p) \times \cdots \times ((p-1)n \bmod p)$$
$$\equiv (p-1)! \,,$$

其中的同余式是对模 p 而言的. 这就意味着

$$(p-1)!\, n^{p-1} \equiv (p-1)! \pmod p \,,$$

由于 $(p-1)!$ 不能被 p 整除, 我们可以将上式中的 $(p-1)!$ 消去. 证毕.

费马定理的另一种形式有时更加方便:

$$n^p \equiv n \pmod p \,, \quad n \text{ 是整数}. \tag{4.48}$$

这个同余式对所有整数 n 成立. 其证明很容易: 如果 $n \perp p$, 我们就直接用 n 来乘 (4.47) 的两边. 如若不然, $p \backslash n$, 所以 $n^p \equiv 0 \equiv n$.

在他发现 (4.47) 的同一年, 费马给梅森写了一封信说, 他怀疑数

$$f_n = 2^{2^n} + 1$$

"……这个命题, 如果它为真, 那么是大有用处的."
——费马 [121]

对所有 $n \geqslant 0$ 都应该是素数. 他知道前五种情形给出素数:

$$2^1 + 1 = 3, \quad 2^2 + 1 = 5, \quad 2^4 + 1 = 17, \quad 2^8 + 1 = 257, \quad 2^{16} + 1 = 65\,537;$$

但是他不知道如何证明下一个 $2^{32} + 1 = 4\,294\,967\,297$ 也是素数.

有意思的是, 如果费马利用自己新近发现的定理, 花一点时间做一些乘法, 他就可能证明 $2^{32} + 1$ 不是素数. 我们可以在 (4.47) 中置 $n = 3$, 这就导出

$$3^{2^{32}} \equiv 1 \pmod{2^{32} + 1} \,, \quad \text{如果 } 2^{32} + 1 \text{ 是素数}.$$

131

如果这是费马小定理, 那么另一个就是费马最后定理①, 但它不是最小的.

可以手算来检查这个关系, 从3开始, 将它平方32次, 只保留关于 $\bmod 2^{32} + 1$ 的余数. 首先我们有 $3^2 = 9$, 然后 $3^{2^2} = 81$, 接下来 $3^{2^3} = 6561$, 这样继续下去, 直到得到

$$3^{2^{32}} \equiv 3\,029\,026\,160 \pmod{2^{32} + 1} \,.$$

其结果不是1, 所以 $2^{32} + 1$ 不是素数. 这种反证的方法对于它可能有什么样的因子并未给出任何线索, 但是的确证明了存在因子. (它们是641和6 700 417, 由欧拉 [102] 在1732年首次发现.)

即使 $3^{2^{32}}$ 对于模 $2^{32} + 1$ 被证明等于1, 这一计算也不能证明 $2^{32} + 1$ 是素数, 它只是不会推翻这一结论. 习题47讨论了费马定理的一个逆命题, 利用此逆命题我们无需做大量繁杂的计算, 就能证明某个大数是素数.

我们通过在一个同余式的两边消去 $(p-1)!$ 证明了费马定理. 事实表明, $(p-1)!$ 对于模 p 总是和 -1 同余的, 这是威尔逊定理经典结论的一部分:

$$(n-1)! \equiv -1 \pmod n \iff n \text{ 是素数}, \quad n > 1 \,. \tag{4.49}$$

这个定理的一半是平凡的: 如果 $n > 1$ 不是素数, 它就有一个素因子 p, p 必然也是 $(n-1)!$ 的一个因子, 所以 $(n-1)!$ 不可能与 -1 同余. (如果 $(n-1)!$ 对模 n 与 -1 同余, 它也就应该对模 p 与 -1 同余, 但事实并非这样.)

---

① 费马最后定理即通常所称的费马大定理.

威尔逊定理的另一半说的是，$(p-1)! \equiv -1 \pmod{p}$. 我们可以通过将数与它关于 $\bmod p$ 的逆元配对来证明这一半结论. 如果 $n \perp p$，我们知道存在 n' 使得

$$n'n \equiv 1 \pmod{p}，$$

这里 n' 是 n 的逆元，而 n 也是 n' 的逆元. n 的任意两个逆元都必定是相互同余的，这是由于 $nn' \equiv nn''$ 蕴涵 $n' \equiv n''$.

现在假设我们将 1 与 $p-1$ 之间的每一个数都与它的逆元配成对. 由于一个数与它的逆元的乘积同余于 1，故所有成对互逆的数的乘积也同余于 1，所以看起来 $(p-1)!$ 也同余于 1. 我们来对 $p = 5$ 的情形进行核查. 我们得到 $4! = 24$，但它对模 5 与 4 同余，而不与 1 同余. 哦，问题出在哪儿呢？我们更仔细地对逆元进行观察：

$$1' = 1，\quad 2' = 3，\quad 3' = 2，\quad 4' = 4.$$

原来如此，2 和 3 是配对的，但是 1 和 4 并不配对——它们都是自己的逆元.

为了重新进行分析，必须确定哪些数是自己的逆元. 如果 x 是它自己的逆元，那么 $x^2 \equiv 1 \pmod{p}$，我们已经证明了，当 $p > 2$ 时，这个同余式恰好有两个根.（如果 $p = 2$，显然有 $(p-1)! \equiv -1$，所以我们不需要担心这种情况.）它的根是 1 和 $p-1$，而其他的数（介于 1 与 $p-1$ 之间）可以配对，从而

$$(p-1)! \equiv 1 \times (p-1) \equiv -1，$$

如所希望的那样.

不幸的是，我们不可能有效地计算阶乘，所以将威尔逊定理用于检测素性是没有什么实际作用的. 它仅仅是一个定理而已.

4.9　φ 函数和 μ 函数　PHI AND MU

$\{0, 1, \cdots, m-1\}$ 中有多少个整数与 m 互素？这是一个称为 $\varphi(m)$ 的重要的量，即 m 的 "totient"（这是由英国数学家 J. J. Sylvester[347]命名的，他喜欢发明新的词汇）. 我们有 $\varphi(1) = 1$，$\varphi(p) = p-1$，且对所有合数 m 均有 $\varphi(m) < m-1$.

函数 φ 称为**欧拉 φ 函数**，因为欧拉是研究它的第一人. 例如，欧拉发现费马的定理（4.47）可以用下面的方式推广到非素数的模：

$$n^{\varphi(m)} \equiv 1 \pmod{m}，\quad \text{如果} \ n \perp m. \tag{4.50}$$

（习题 32 要求给出欧拉定理的证明.）

如果 m 是一个素数幂 p^k，则容易计算 $\varphi(m)$，因为有 $n \perp p^k \Leftrightarrow p \nmid n$. 在 $\{0, 1, \cdots, p^k - 1\}$ 中的 p 的倍数是 $\{0, p, 2p, \cdots, p^k - p\}$，从而有 p^{k-1} 个，$\varphi(p^k)$ 计入剩下的：

$$\varphi(p^k) = p^k - p^{k-1}.$$

注意，这个公式在 $k = 1$ 时正好给出 $\varphi(p) = p-1$.

如果 $m > 1$ 不是素数幂，我们可以写成 $m = m_1 m_2$，其中 $m_1 \perp m_2$. 这样数 $0 \leqslant n < m$ 就能在剩余系中表示成 $(n \bmod m_1, n \bmod m_2)$. 根据（4.30）和（4.4）我们有

（右侧栏批注）

如果 p 是素数，那么 p' 也是素数吗？

"如果 N 与 x 互素，n 是与 N 互素且不超过它的数的个数，那么 $x^n - 1$ 总能被 N 整除."

——欧拉[111]

（左侧栏） 132

$$n \perp m \Leftrightarrow n \bmod m_1 \perp m_1 \text{ 且 } n \bmod m_2 \perp m_2.$$

因此,如果我们把互素看成是一种优点,那么 $n \bmod m$ 是"好的"当且仅当 $n \bmod m_1$ 和 $n \bmod m_2$ 两者都是"好的". 关于模 m 的"好的"值的总数现在可以用递归方法予以计算:它是 $\varphi(m_1)\varphi(m_2)$,因为在剩余类的表示中有 $\varphi(m_1)$ 种好的方式选取第一个分量 $n \bmod m_1$,有 $\varphi(m_2)$ 种好的方式选取第二个分量 $n \bmod m_2$.

133

"如果A与B互素,且与A互素又不超过A的数的个数为a,与B互素又不超过B的数的个数为b,那么与AB互素且不超过AB的数的个数为ab."
——欧拉[111]

例如,$\varphi(12) = \varphi(4)\varphi(3) = 2 \times 2 = 4$,因为 n 与 12 互素当且仅当 $n \bmod 4 = (1 \text{或者} 3)$ 且 $n \bmod 3 = (1 \text{或者} 2)$. 在此剩余系中,这四个与12互素的值是 $(1,1)$,$(1,2)$,$(3,1)$,$(3,2)$,以十进制表示,它们是 1, 5, 7, 11. 欧拉定理是说:只要 $n \perp 12$,就有 $n^4 \equiv 1 \pmod{12}$.

如果 $f(1) = 1$,且

$$f(m_1 m_2) = f(m_1) f(m_2) \quad \text{只要 } m_1 \perp m_2, \tag{4.51}$$

那么正整数的函数 $f(m)$ 称为是**积性的**(multiplicative). 我们刚才证明了 $\varphi(m)$ 是积性的. 在这一章前,我们也见过另一个积性函数的例子:$x^2 \equiv 1 \pmod{m}$ 的不同余的解数是积性的. 还有另外一个例子是 $f(m) = m^{\alpha}$(对任何幂 α).

一个积性函数完全由它在素数幂的值所定义,因为我们可以把任何正整数 m 分解成素数幂因子,这些因子是互素的. 一般的公式

$$f(m) = \prod_p f(p^{m_p}), \quad m = \prod_p p^{m_p} \tag{4.52}$$

当且仅当 f 是积性函数时成立.

特别地,这个公式对于一般的 m 给出欧拉 φ 函数的值:

$$\varphi(m) = \prod_{p \backslash m} (p^{m_p} - p^{m_p - 1}) = m \prod_{p \backslash m} \left(1 - \frac{1}{p}\right). \tag{4.53}$$

例如,$\varphi(12) = (4-2)(3-1) = 12\left(1 - \frac{1}{2}\right)\left(1 - \frac{1}{3}\right)$.

现在我们来看 φ 函数对于研究有理数 $\bmod 1$ 的应用. 我们说,如果 $0 \leqslant m < n$,则分数 m/n 是**基本的**. 这样一来,$\varphi(n)$ 就是分母为 n 的最简基本分数的个数,而法里级数 $\mathscr{F}_n$ 既包含分母不超过 n 的所有最简基本分数,也包含非基本分数 $\frac{1}{1}$.

在约化成最简分数之前,分母为12的所有基本分数的集合是

$$\frac{0}{12}, \frac{1}{12}, \frac{2}{12}, \frac{3}{12}, \frac{4}{12}, \frac{5}{12}, \frac{6}{12}, \frac{7}{12}, \frac{8}{12}, \frac{9}{12}, \frac{10}{12}, \frac{11}{12}.$$

经化简得到

$$\frac{0}{1}, \frac{1}{12}, \frac{1}{6}, \frac{1}{4}, \frac{1}{3}, \frac{5}{12}, \frac{1}{2}, \frac{7}{12}, \frac{2}{3}, \frac{3}{4}, \frac{5}{6}, \frac{11}{12},$$

134

我们可以根据它们的分母将这些分数分组:

$$\frac{0}{1}; \quad \frac{1}{2}; \quad \frac{1}{3}, \frac{2}{3}; \quad \frac{1}{4}, \frac{3}{4}; \quad \frac{1}{6}, \frac{5}{6}; \quad \frac{1}{12}, \frac{5}{12}, \frac{7}{12}, \frac{11}{12}.$$

对此，我们能做何解释呢？不错，12的每一个因子都出现在分母上，一起出现的还有全部 $\varphi(d)$ 个分子. 出现的分母都是12的因子. 从而

$$\varphi(1)+\varphi(2)+\varphi(3)+\varphi(4)+\varphi(6)+\varphi(12)=12 .$$

如果对任何 m，我们从尚未化简的分数 $\dfrac{0}{m}, \dfrac{1}{m}, \cdots, \dfrac{m-1}{m}$ 开始，显然会出现类似的情形，故而

$$\sum_{d\backslash m} \varphi(d) = m . \tag{4.54}$$

在本章开始时我们说过，数论中的问题常常要求对一个数的因子求和. 是的，（4.54）就是这样的和式，所以我们的断言被证明是正确的.（我们会看到其他例子.）

现在，这里有一个奇怪的事实：如果 f 是任意一个函数，它使得和式

$$g(m) = \sum_{d\backslash m} f(d)$$

是积性的，那么 f 本身也是积性的.（这个结果与（4.54）以及 $g(m)=m$ 显然是积性的事实合在一起，就给出 $\varphi(m)$ 是积性函数的另一个理由.）我们可以通过对 m 用归纳法来证明这个奇怪的事实：基础很容易，因为 $f(1)=g(1)=1$. 设 $m>1$，并假设只要 $m_1 \perp m_2$ 且 $m_1 m_2 < m$，就有 $f(m_1 m_2)=f(m_1)f(m_2)$. 如果 $m=m_1 m_2$ 且 $m_1 \perp m_2$，由于 m_1 的所有因子与 m_2 的所有因子都互素，因而就有

$$g(m_1 m_2) = \sum_{d\backslash m_1 m_2} f(d) = \sum_{d_1\backslash m_1} \sum_{d_2\backslash m_2} f(d_1 d_2) ,$$

以及 $d_1 \perp d_2$. 根据归纳假设，除了当 $d_1=m_1$ 和 $d_2=m_2$ 时可能例外，都有 $f(d_1 d_2)=f(d_1)f(d_2)$，我们从而得到

$$\left(\sum_{d_1\backslash m_1} f(d_1) \sum_{d_2\backslash m_2} f(d_2) \right) - f(m_1)f(m_2) + f(m_1 m_2)$$

$$= g(m_1)g(m_2) - f(m_1)f(m_2) + f(m_1 m_2) .$$

这就等于 $g(m_1 m_2) = g(m_1)g(m_2)$，所以 $f(m_1 m_2)=f(m_1)f(m_2)$.

反过来，如果 $f(m)$ 是积性的，对应的对因子求和的函数 $g(m)=\sum_{d\backslash m} f(d)$ 也总是积性的. 事实上，习题33表明其至有更多的结论成立. 因此这一令人感兴趣的结论以及它的逆命题都是事实.

默比乌斯函数 $\mu(m)$ 是根据19世纪的数学家奥古斯特·默比乌斯命名的，他还发现了著名的默比乌斯带[①]，$\mu(m)$ 对所有整数 $m \geqslant 1$ 由等式

$$\sum_{d\backslash m} \mu(d) = [m=1] \tag{4.55}$$

来定义. 这个等式实际上是一个递归式，其左边是由 $\mu(m)$ 和某些满足 $d<m$ 的 $\mu(d)$ 的值组成的和式. 例如，如果相继代入 $m=1,2,\cdots,12$，我们就能计算出前面12个值：

---

① 默比乌斯带是单侧曲面的一个最经典的例子.

m	1	2	3	4	5	6	7	8	9	10	11	12
$\mu(m)$	1	-1	-1	0	-1	1	-1	0	0	1	-1	0

Richard Dedekind[77]和Joseph Liouville[251]在1857年注意到如下重要的"反演原理"（inversion principle）：

$$g(m) = \sum_{d \backslash m} f(d) \quad \Leftrightarrow \quad f(m) = \sum_{d \backslash m} \mu(d) g\left(\frac{m}{d}\right). \tag{4.56}$$

根据这一原理，μ函数给出一种新的方法来理解已知 $\sum_{d \backslash m} f(d)$ 的任何一个函数 $f(m)$.

现在是做热身题11的好时机.

（4.56）的证明用到我们在本章开头时描述过的两个技巧（4.7）和（4.9）：如果 $g(m) = \sum_{d \backslash m} f(d)$ ，那么

$$\begin{aligned}
\sum_{d \backslash m} \mu(d) g\left(\frac{m}{d}\right) &= \sum_{d \backslash m} \mu\left(\frac{m}{d}\right) g(d) \\
&= \sum_{d \backslash m} \mu\left(\frac{m}{d}\right) \sum_{k \backslash d} f(k) \\
&= \sum_{k \backslash m} \sum_{d \backslash (m/k)} \mu\left(\frac{m}{kd}\right) f(k) \\
&= \sum_{k \backslash m} \sum_{d \backslash (m/k)} \mu(d) f(k) \\
&= \sum_{k \backslash m} [m/k = 1] f(k) = f(m).
\end{aligned}$$

（4.56）的另一半可以类似地证明（见习题12）.

[136]

关系式（4.56）给出了有关默比乌斯函数的一个有用的性质，而且我们列表给出了它的前12个值，但是当m很大时$\mu(m)$的值是什么呢？我们怎么来求解递归式（4.55）？是的，函数 $g(m) = [m = 1]$ 显然是积性的——说到底，除了当$m = 1$时之外它的值都是零. 所以，根据我们一两分钟前才证明的奇怪的事实可知，由（4.55）定义的默比乌斯函数必定是积性的. 这样一来，只要我们计算出 $\mu(p^k)$ ，就能算出 $\mu(m)$.

依赖于你读得有多快.

当 $m = p^k$ 时，（4.55）告诉我们，对所有 $k \geqslant 1$ 有

$$\mu(1) + \mu(p) + \mu(p^2) + \cdots + \mu(p^k) = 0 ,$$

这是因为 p^k 的因子是 $1, \cdots, p^k$. 由此推出

$$\mu(p) = -1 ; \quad \mu(p^k) = 0 , \quad k > 1.$$

这样一来，根据（4.52）我们就有一般的公式

$$\mu(m) = \prod_{p \backslash m} \mu(p^{m_p}) = \begin{cases} (-1)^r, & m = p_1 p_2 \ldots p_r, \\ 0, & m\text{能被某个}p^2\text{整除}. \end{cases} \tag{4.57}$$

这就是 μ.

如果我们把（4.54）视为函数 $\varphi(m)$ 的递归式，就能应用戴德金-刘维尔法则（4.56）求解此递归式. 我们得到

$$\varphi(m) = \sum_{d \backslash m} \mu(d) \frac{m}{d}. \qquad (4.58)$$

例如,

$$\varphi(12) = \mu(1) \times 12 + \mu(2) \times 6 + \mu(3) \times 4 + \mu(4) \times 3 + \mu(6) \times 2 + \mu(12) \times 1$$
$$= 12 - 6 - 4 + 0 + 2 + 0 = 4.$$

如果 m 能被 r 个不同的素数整除, 比方说被 $\{p_1, \cdots, p_r\}$ 整除, 则和式 (4.58) 仅有 2^r 个非零的项, 因为 μ 函数常常取值零. 这样我们就能看出 (4.58) 与 (4.53) 相符, 后者给出

$$\varphi(m) = m\left(1 - \frac{1}{p_1}\right) \dots \left(1 - \frac{1}{p_r}\right);$$

如果将这 r 个因子 $(1 - 1/p_j)$ 乘开来, 我们恰好得到 (4.58) 中那 2^r 个非零的项. 默比乌斯函数的好处在于, 除此之外, 它还在许多情形中适用.

例如, 我们尝试来计算在法里级数 $\mathcal{F}_n$ 中有多少个分数? 这就是在 $[0..1]$ 中分母不超过 n 的最简分数的个数, 所以它比 $\Phi(n)$ 大1, 这里我们定义

$$\Phi(x) = \sum_{1 \leqslant k \leqslant x} \varphi(k). \qquad (4.59)$$

(我们必须对 $\Phi(n)$ 加1, 因为有最后一个分数 $\frac{1}{1}$.) (4.59) 中的和式看似困难, 但是, 注意对所有实数 $x \geqslant 0$ 有

$$\sum_{d \geqslant 1} \Phi\left(\frac{x}{d}\right) = \frac{1}{2}\lfloor x \rfloor \lfloor 1 + x \rfloor, \qquad (4.60)$$

我们可以间接地确定 $\Phi(x)$. 这个恒等式为什么成立? 是的, 它有点令人生畏但实际上并没有超出我们的知识范畴. 既计入最简分数, 也计入未化简的分数, 则满足 $0 \leqslant m < n \leqslant x$ 的基本分数 m/n 总共有 $\frac{1}{2}\lfloor x \rfloor \lfloor 1 + x \rfloor$ 个, 这就给出右边. 满足 $\gcd(m,n) = d$ 的分数的个数是 $\Phi(x/d)$, 因为这样的分数就是在用 $m'd$ 代替 m, 用 $n'd$ 代替 n 之后满足 $0 \leqslant m' < n' \leqslant x/d$ 的分数 m'/n'. 所以左边用不同的方法计算了同样的分数, 故此恒等式必定为真.

我们来更仔细地观察这一情形, 以便使得等式 (4.59) 和 (4.60) 更加清晰. $\Phi(x)$ 的定义蕴涵 $\Phi(x) = \Phi(\lfloor x \rfloor)$, 但是事实表明, 对任意实数而不仅仅是对整数来定义 $\Phi(x)$ 会更加方便. 在整数值处, 我们有表

（这种向实数值的扩展对于在算法分析中提出来的许多递归式都是一个有用的技巧.）

n	0	1	2	3	4	5	6	7	8	9	10	11	12
$\varphi(n)$	—	1	1	2	2	4	2	6	4	6	4	10	4
$\Phi(n)$	0	1	2	4	6	10	12	18	22	28	32	42	46

当 $x = 12$ 时, 可以对 (4.60) 进行核查:

$$\Phi(12) + \Phi(6) + \Phi(4) + \Phi(3) + \Phi(2) + \Phi(2) + 6 \times \Phi(1)$$
$$= 46 + 12 + 6 + 4 + 2 + 2 + 6 = 78 = \frac{1}{2} \times 12 \times 13.$$

令人吃惊!

恒等式（4.60）可以看成是对 $\Phi(x)$ 的隐含的递归式. 例如我们刚刚看到了，可以用它从 $\Phi(m)$ 在 $m<12$ 的取值计算出 $\Phi(12)$. 我们可以用默比乌斯函数另一个优美的性质来求解这个递归式:

$$g(x)=\sum_{d\geq 1}f(x/d)\iff f(x)=\sum_{d\geq 1}\mu(d)g(x/d).\qquad(4.61)$$

138

这个反演法则对所有满足 $\sum_{k,d\geq 1}|f(x/kd)|<\infty$ 的函数 f 都成立，我们可以如下来证明它. 假设 $g(x)=\sum_{d\geq 1}f(x/d)$. 那么

$$\begin{aligned}\sum_{d\geq 1}\mu(d)g(x/d)&=\sum_{d\geq 1}\mu(d)\sum_{k\geq 1}f(x/kd)\\&=\sum_{m\geq 1}f(x/m)\sum_{d,k\geq 1}\mu(d)[m=kd]\\&=\sum_{m\geq 1}f(x/m)\sum_{d\backslash m}\mu(d)=\sum_{m\geq 1}f(x/m)[m=1]=f(x).\end{aligned}$$

另一个方向的证明基本上相同.

这样，我们现在就能对 $\Phi(x)$ 求解递归式（4.60）了:

$$\Phi(x)=\frac{1}{2}\sum_{d\geq 1}\mu(d)\lfloor x/d\rfloor\lfloor 1+x/d\rfloor.\qquad(4.62)$$

这永远是一个有限和式. 例如，

$$\begin{aligned}\Phi(12)&=\frac{1}{2}(12\times 13-6\times 7-4\times 5+0-2\times 3+2\times 3\\&\quad-1\times 2+0+0+1\times 2-1\times 2+0)\\&=78-21-10-3+3-1+1-1=46.\end{aligned}$$

在第9章里，我们将看到怎样利用（4.62）对 $\Phi(x)$ 得到一个好的近似，事实上，我们将要证明一个由麦尔滕[270]于1874年发现的结果

$$\Phi(x)=\frac{3}{\pi^2}x^2+O(x\log x).$$

这样一来，函数 $\Phi(x)$ 增长得比较"光滑"，它对 $\varphi(k)$ 的不规则性状做了均衡平滑的处理.

为保持上一章建立的惯常做法，我们来讨论一个问题，它描述了刚刚介绍的大部分知识，且对下一章有指导意义，并以此结束这一章. 假设我们有 n 个不同颜色的珠子，目的是要计算有多少种不同的方式把它们串成长度为 m 的圆形项链. 我们将可能的项链的个数记为 $N(m,n)$，尝试用"命名并求解"来解决此问题.

例如，有两种颜色的珠子 R 和 B，我们可以用 $N(4,2)=6$ 种不同的方式做出长度为4的项链:

所有其他的方式都与其中的一种等价，因为项链的旋转不改变它. 然而，反射被视为是不同的，例如在 $m=6$ 的情形，

139

事实上,默比乌斯[273]是因为（4.61）而不是（4.56）才创造了他的函数.

给这些图形计数的问题是首先由 P. A. MacMahon[264] 于1892年解决的.

关于 $N(m,n)$ ，没有明显的递归式存在，不过我们可以将每一条项链用 m 种方式断裂成线状的串珠，并考虑得到的断片. 例如，当 $m=4$ 和 $n=2$ 时得到

RRRR	RRRR	RRRR	RRRR
RRBR	RRRB	BRRR	RBRR
RBBR	RRBB	BRRB	BBRR
RBRB	BRBR	RBRB	BRBR
RBBB	BRBB	BBRB	BBBR
BBBB	BBBB	BBBB	BBBB

这 n^m 种可能模式的每一种在这 $mN(m,n)$ 个珠串组成的阵列中至少出现一次，而某些模式出现多于一次. 模式 $a_0\cdots a_{m-1}$ 会出现多少次？这很容易：它是产生与原先的 $a_0\cdots a_{m-1}$ 相同的模式的循环移位 $a_k\cdots a_{m-1}a_0\cdots a_{k-1}$ 的个数. 例如 BRBR 出现两次，因为割断由 BRBR 所形成的项链的四种方式产生四个循环移位（BRBR，RBRB，BRBR，RBRB），其中有两个正好与 BRBR 本身重合. 这个方法表明

$$mN(m,n) = \sum_{a_0,\cdots,a_{m-1}\in S_n} \sum_{0\leqslant k<m} [a_0...a_{m-1} = a_k\cdots a_{m-1}a_0\cdots a_{k-1}]$$
$$= \sum_{0\leqslant k<m} \sum_{a_0,\cdots,a_{m-1}\in S_n} [a_0\cdots a_{m-1} = a_k\cdots a_{m-1}a_0\cdots a_{k-1}].$$

这里 S_n 是 n 种不同颜色的集合.

我们来看，当 k 给定时有多少模式满足 $a_0\cdots a_{m-1} = a_k\cdots a_{m-1}a_0\cdots a_{k-1}$. 例如，如果 $m=12$ 且 $k=8$ ，我们想要计算

$$a_0a_1a_2a_3a_4a_5a_6a_7a_8a_9a_{10}a_{11} = a_8a_9a_{10}a_{11}a_0a_1a_2a_3a_4a_5a_6a_7$$

的解数. 这就意味着 $a_0 = a_8 = a_4$ ， $a_1 = a_9 = a_5$ ， $a_2 = a_{10} = a_6$ 以及 $a_3 = a_{11} = a_7$. 所以 a_0, a_1, a_2 和 a_3 的值可以用 n^4 种方式选取，而剩下的诸个 a 则与它们有关. 这看起来眼熟吗？一般来说，

$$a_j = a_{(j+k)\bmod m},\quad 0\leqslant j<m$$

的解使我们将 a_j 与 $a_{(j+kl)\bmod m}$ 等同起来（对 $l=1,2,\cdots$）. 而我们知道，对于模 m 来说， k 的倍数就是 $\{0,d,2d,\cdots,m-d\}$ ，其中 $d=\gcd(k,m)$. 这样一来，一般的解是独立地选取 $a_0,\cdots,a_{d-1}$ ，然后取 $a_j = a_{j-d}$ （对 $d\leqslant j<m$ ）. 于是有 n^d 个解.

我们刚刚证明了

$$mN(m,n) = \sum_{0\leqslant k<m} n^{\gcd(k,m)}.$$

这个和式可以简化，因为它仅包含满足 $d\backslash m$ 的项 n^d . 代入 $d=\gcd(k,m)$ 就得到

$$N(m,n) = \frac{1}{m}\sum_{d\backslash m}n^d\sum_{0\leq k<m}[d=\gcd(k,m)]$$

$$= \frac{1}{m}\sum_{d\backslash m}n^d\sum_{0\leq k<m}[k/d \perp m/d]$$

$$= \frac{1}{m}\sum_{d\backslash m}n^d\sum_{0\leq k<m/d}[k \perp m/d].$$

（可以用 k 代替 k/d，因为 k 必定是 d 的倍数.）最后，根据定义有 $\sum_{0\leq k<m/d}[k\perp m/d]$ $=\varphi(m/d)$，所以就得到麦克马洪公式：

$$N(m,n) = \frac{1}{m}\sum_{d\backslash m}n^d\varphi\left(\frac{m}{d}\right) = \frac{1}{m}\sum_{d\backslash m}\varphi(d)n^{m/d}. \tag{4.63}$$

例如，当 $m=4$ 且 $n=2$ 时项链的个数是 $\frac{1}{4}(1\times 2^4 + 1\times 2^2 + 2\times 2^1) = 6$，正如我们所猜测的那样.

由麦克马洪和式所定义的数值 $N(m,n)$ 并不非常显明地就是整数！我们来尝试直接证明

$$\sum_{d\backslash m}\varphi(d)n^{m/d} \equiv 0 \pmod{m}, \tag{4.64}$$

而不用它与项链有关的线索. 在 m 是素数这一特殊情形，这个同余式转化为 $n^p + (p-1)n \equiv 0 \pmod{p}$，也就是转化为 $n^p \equiv n$. 在（4.48）中我们已经看到，这个同余式是费马定理的另一种形式. 这样一来，（4.64）就对 $m=p$ 成立，我们可以把它视为费马定理对非素数模情形的推广.（欧拉的推广（4.50）是不相同的.）

我们已经对所有的素数模证明了（4.64），所以现在来观察剩下来的最小情形 $m=4$. 我们必须证明

$$n^4 + n^2 + 2n \equiv 0 \pmod{4}.$$

如果我们分开来考虑偶数和奇数的情形，证明就会很容易. 如果 n 是偶数，则左边全部三项都对模4同余于0，所以它们的和亦然. 如果 n 是奇数，则 n^4 与 n^2 均同余于1，而 $2n$ 同余于2，从而左边对模4同余于1+1+2，对模4也同余于0，我们就完成了证明.

让我们胆子再大一点，来尝试 $m=12$ 的情形. m 的这个值应该值得关注，因为它有多个因子，其中包括一个素数的平方，而且它还比较小.（这也是个好机会，我们有可能将对12的证明推广到对一般的 m 的证明.）我们必须证明的同余式是

$$n^{12} + n^6 + 2n^4 + 2n^3 + 2n^2 + 4n \equiv 0 \pmod{12}.$$

现在会是什么？根据（4.42），这个同余式成立当且仅当它也对模3和模4成立. 我们来证明它对模3成立. 同余式（4.64）对素数成立，所以有 $n^3 + 2n \equiv 0 \pmod{3}$. 仔细观察发现，可以将这个事实用于对更大的和式的项进行分组：

$$n^{12} + n^6 + 2n^4 + 2n^3 + 2n^2 + 4n$$

$$= (n^{12} + 2n^4) + (n^6 + 2n^2) + 2(n^3 + 2n)$$

$$\equiv 0 + 0 + 2\times 0 \equiv 0 \pmod{3}.$$

141

所以它对模3成立.

我们完成了一半. 可以利用同样的技巧对模4证明同余式. 我们已经证明了 $n^4 + n^2 + 2n \equiv 0 \pmod 4$, 所以就用这一模式进行集项:

$$n^{12} + n^6 + 2n^4 + 2n^3 + 2n^2 + 4n$$
$$= (n^{12} + n^6 + 2n^3) + 2(n^4 + n^2 + 2n)$$
$$\equiv 0 + 2 \times 0 \equiv 0 \pmod 4 .$$

对 $m = 12$ 的情形证明完毕.

QED[①]: 相当容易就完成了.

到目前为止, 我们已经对素数 m (另外还有 $m = 4$ 以及 $m = 12$) 证明了我们的同余式, 现在来尝试证明它对素数幂成立. 为了具体起见, 我们可以假设对某个素数 p 有 $m = p^3$. 这样 (4.64) 的左边就是

$$n^{p^3} + \varphi(p)n^{p^2} + \varphi(p^2)n^p + \varphi(p^3)n$$
$$= n^{p^3} + (p-1)n^{p^2} + (p^2 - p)n^p + (p^3 - p^2)n$$
$$= (n^{p^3} - n^{p^2}) + p(n^{p^2} - n^p) + p^2(n^p - n) + p^3 n .$$

如果我们能证明 $n^{p^3} - n^{p^2}$ 可以被 p^3 整除, $n^{p^2} - n^p$ 可以被 p^2 整除, 以及 $n^p - n$ 可以被 p 整除, 那么就可以证明上式对于模 p^3 同余于0, 因为由此整个式子就能被 p^3 整除. 根据费马定理的另一形式, 我们有 $n^p \equiv n \pmod p$, 所以 p 整除 $n^p - n$, 因此存在一个整数 q, 使得

$$n^p = n + pq .$$

现在将两边取 p 次幂, 将右边按照二项式定理 (我们将在第5章里遇到它) 展开, 并重新把项分组, 这就给出

$$n^{p^2} = (n + pq)^p = n^p + (pq)^1 n^{p-1} \binom{p}{1} + (pq)^2 n^{p-2} \binom{p}{2} + \cdots$$
$$= n^p + p^2 Q ,$$

这里 Q 是另外某个整数. 在这里, 我们能提出因子 p^2, 因为第二项里有 $\binom{p}{1} = p$, 而且因子 $(pq)^2$ 出现在接下来的所有项中. 所以, 我们发现 p^2 整除 $n^{p^2} - n^p$.

再次在两边取 p 次幂, 展开并重新组项就得到

$$n^{p^3} = (n^p + p^2 Q)^p$$
$$= n^{p^2} + (p^2 Q)^1 n^{p(p-1)} \binom{p}{1} + (p^2 Q)^2 n^{p(p-2)} \binom{p}{2} + \cdots$$
$$= n^{p^2} + p^3 \boldsymbol{Q} ,$$

这里 $\boldsymbol{Q}$ 为另一个整数. 所以 p^3 整除 $n^{p^3} - n^{p^2}$. 这就结束了对 $m = p^3$ 的证明, 因为已经证明

了 p^3 整除（4.64）的左边.

此外，我们还可以用归纳法证明，对某个最后的整数 $\mathfrak{O}$（说它最后是因为我们用尽了字体）有

$$n^{p^k} = n^{p^{k-1}} + p^k \mathfrak{O} ,$$

从而

$$n^{p^k} \equiv n^{p^{k-1}} \pmod{p^k} , \quad k > 0 . \qquad (4.65)$$

这样（4.64）的左边，也即

$$(n^{p^k} - n^{p^{k-1}}) + p(n^{p^{k-1}} - n^{p^{k-2}}) + \cdots + p^{k-1}(n^p - n) + p^k n$$

能被 p^k 整除，所以它对模 p^k 同余于0.

我们几乎就要完成了. 既然已经对素数幂证明了（4.64），所有剩下来的就是要证明，假设该同余式对 m_1 和 m_2 为真，那么它对 $m = m_1 m_2$（这里 $m_1 \perp m_2$）也成立. 我们检验 $m = 12$ 的情形是分解成 $m = 3$ 和 $m = 4$ 的情形来做的，这鼓舞我们相信此种方法将会奏效.

我们知道 φ 函数是积性的，所以可以记

$$\sum_{d \backslash m} \varphi(d) n^{m/d} = \sum_{d_1 \backslash m_1, d_2 \backslash m_2} \varphi(d_1 d_2) n^{m_1 m_2 / d_1 d_2}$$

$$= \sum_{d_1 \backslash m_1} \varphi(d_1) \left(\sum_{d_2 \backslash m_2} \varphi(d_2) (n^{m_1/d_1})^{m_2/d_2} \right) .$$

但是内和对于模 m_2 同余于0，因为我们已经假设了（4.64）对 m_2 成立，所以整个和式对模 m_2 同余于0. 根据对称性，我们发现整个和式对模 m_1 也同余于0. 从而根据（4.42）可知，它关于模 m 同余于0. 证明完毕.

习题

热身题

1   对 $1 \leqslant k \leqslant 6$ ，恰有 k 个因子的最小正整数是什么?

2   证明 $\gcd(m,n) \cdot \mathrm{lcm}(m,n) = m \cdot n$ ，并在 $n \bmod m \neq 0$ 时利用这个恒等式，从而用 $\mathrm{lcm}(n \bmod m, m)$ 表示出 $\mathrm{lcm}(m,n)$. 提示：利用（4.12），（4.14）以及（4.15）.

3   设 $\pi(x)$ 是不超过 x 的素数个数. 证明或推翻：
$$\pi(x) - \pi(x-1) = [x \text{是素数}] .$$

4   如果Stern-Brocot构造是从五个分数 $\left(\dfrac{0}{1}, \dfrac{1}{0}, \dfrac{0}{-1}, \dfrac{-1}{0}, \dfrac{0}{1} \right)$ 而不是从 $\left(\dfrac{0}{1}, \dfrac{1}{0} \right)$ 出发的，将会发生什么?

5   当 L 和 R 是（4.33）的 2×2 矩阵时，求 L^k 和 R^k 的简单公式.

6    $a \equiv b \pmod{0}$ 的含义是什么?

7   十个标号 $1 \sim 10$ 的人如同在约瑟夫问题中那样排成一个圆圈，每隔 $m-1$ 个人处死一人.（m 的值可以比10大得多.）证明：对任何 k ，前三个死去的人不可能是10、k 和 $k+1$（依照这个次序）.

8 正文中考虑的剩余系 $(x \bmod 3, x \bmod 5)$ 有如下令人不解的性质：13对应 $(1,3)$，它看起来几乎是相同的．说明怎样求出所有这种巧合的例子，而不用把所有15对剩余都计算出来．换句话说，就是求同余式

$$10x + y \equiv x \ (\bmod 3)， \quad 10x + y \equiv y \ (\bmod 5)$$

所有相关的解．提示：利用事实 $10u + 6v \equiv u \ (\bmod 3)$ 以及 $10u + 6v \equiv v \ (\bmod 5)$．

9 证明 $(3^{77} - 1)/2$ 是奇的合数．提示：$3^{77} \bmod 4$ 等于什么？

10 计算 $\varphi(999)$．

11 找一个具有如下性质的函数 $\sigma(n)$：

$$g(n) = \sum_{0 \leqslant k \leqslant n} f(k) \Leftrightarrow f(n) = \sum_{0 \leqslant k \leqslant n} \sigma(k) g(n - k)．$$

（这与默比乌斯函数类似，见（4.56）．）

12 化简公式 $\sum_{d \backslash m} \sum_{k \backslash d} \mu(k) g(d/k)$．

13 如果一个正整数 n 对任何 $m > 1$ 都不能被 m^2 整除，那么称它是**无平方因子的**（squarefree）．求 n 是无平方因子数的一个必要且充分条件，

a 用 n 的素数幂表示（4.11）来表出这个条件；

b 用 $\mu(n)$ 表出这个条件．

基础题

14 证明或推翻：

a $\gcd(km, kn) = k \gcd(m, n)$；

b $\operatorname{lcm}(km, kn) = k \operatorname{lcm}(m, n)$．

15 每个素数都能作为某个欧几里得数 e_n 的因子出现吗？

16 前 n 个欧几里得数的倒数之和是什么？

17 设 f_n 是"费马数" $2^{2^n} + 1$．证明，如果 $m < n$，那么 $f_m \perp f_n$．

18 证明，如果 $2^n + 1$ 是素数，那么 n 是2的幂．

19 当 n 是正整数时，证明下面的恒等式：

$$\sum_{1 \leqslant k < n} \left\lfloor \frac{\varphi(k+1)}{k} \right\rfloor = \sum_{1 < m \leqslant n} \left\lfloor \left(\sum_{1 \leqslant k < m} \lfloor (m/k)/\lceil m/k \rceil \rfloor \right)^{-1} \right\rfloor$$

$$= n - 1 - \sum_{k=1}^{n} \left\lceil \left\{ \frac{(k-1)! + 1}{k} \right\} \right\rceil．$$

提示：这是一个技巧问题，其答案非常容易．

20 对每个正整数 n 都存在一个素数 P，使得 $n < p \leqslant 2n$．（这本质上就是"贝特朗假设"，约瑟夫·贝特朗在1845年对 $n < 3\,000\,000$ 做了验证，而切比雪夫则在1850年对所有的 n 证明了这一假设．）

利用贝特朗假设证明：存在一个常数 $b \approx 1.25$，使得数 $\left\lfloor 2^b \right\rfloor$，$\left\lfloor 2^{2^b} \right\rfloor$，$\left\lfloor 2^{2^{2^b}} \right\rfloor$，$\cdots$ 全都是素数．

21 设 P_n 是第 n 个素数．求常数 K 使得

$$\left\lfloor (10^{n^2} K) \bmod 10^n \right\rfloor = P_n．$$

这是对斜视的一种测试吗?

22 数 1 111 111 111 111 111 111 111 是素数. 证明,在任何基数 b 下,$(11\cdots1)_b$ 仅当1的个数是素数时才有可能是素数.

23 对正文讨论 $\varepsilon_2(n!)$ 时涉及的直尺函数 $\rho(k)$ 给出一个递归式. 证明 $\rho(k)$ 与有 n 个圆盘的河内塔的 2^n-1 次移动中的第 k 步所移动的那个圆盘有关联($1 \leqslant k \leqslant 2^n-1$).

看啊,妈妈,我学会了横向做加法.

24 用 $v_p(n)$(它是 n 用 p 进制表示时各位数字的和)来表示 $\varepsilon_p(n!)$,由此对(4.24)进行推广.

25 如果 $m\backslash n$ 且 $m \perp n/m$,我们称 m 精确整除 n 并记之为 $m \backslash\backslash n$. 例如,在正文讨论阶乘因子时,$p^{\varepsilon_p(n!)} \backslash\backslash n!$. 证明或推翻如下命题:

a 如果 $k \perp m$,则 $k\backslash\backslash n$ 且 $m\backslash\backslash n \Leftrightarrow km\backslash\backslash n$.

b 对所有 $m,n > 0$,或者 $\gcd(m,n)\backslash\backslash m$,或者 $\gcd(m,n)\backslash\backslash n$.

26 考虑满足 $mn \leqslant N$ 的所有非负最简分数 m/n 组成的序列 $\mathcal{G}_N$. 例如

$$\mathcal{G}_{10} = \frac{0}{1}, \frac{1}{10}, \frac{1}{9}, \frac{1}{8}, \frac{1}{7}, \frac{1}{6}, \frac{1}{5}, \frac{1}{4}, \frac{1}{3}, \frac{2}{5}, \frac{1}{2}, \frac{2}{3}, \frac{1}{1}, \frac{3}{2}, \frac{2}{1}, \frac{5}{2}, \frac{3}{1}, \frac{4}{1}, \frac{5}{1}, \frac{6}{1}, \frac{7}{1}, \frac{8}{1}, \frac{9}{1}, \frac{10}{1}.$$

是否只要在 $\mathcal{G}_N$ 中 m/n 恰好排在 m'/n' 的前面,$m'n - mn' = 1$ 就为真?

27 以 Stern-Brocot 数系中用 L 和 R 给出的表示法为基础,给出一个简单的法则来对有理数进行比较.

28 π 的 Stern-Brocot 表示是

$$\pi = R^3 L^7 R^{15} LR^{292} LRLR^2 LR^3 LR^{14} L^2 R \cdots,$$

利用它求出 π 的所有分母小于50的最简单的有理近似. $\dfrac{22}{7}$ 是其中之一吗?

29 正文描述了 $[0..1)$ 中的二进制实数 $(.b_1b_2b_3\cdots)_2$ 与 $[0..\infty)$ 中的 Stern-Brocot 实数 $\alpha = B_1B_2B_3\cdots$ 之间的对应关系. 如果 x 对应于 α 且 $x \neq 0$,那么与 $1-x$ 对应的数是什么?

30 证明下面的命题(中国剩余定理):设 $m_1,\cdots,m_r$ 是正整数,对 $1 \leqslant j < k \leqslant r$ 有 $m_j \perp m_k$,设 $m = m_1 \cdots m_r$,又设 $a_1,\cdots,a_r, A$ 都是整数. 那么恰好存在一个整数 a,使得 $a \equiv a_k \pmod{m_k}$,$1 \leqslant k \leqslant r$ 以及 $A \leqslant a < A+m$.

31 一个用十进制表示的数能被3整除当且仅当它的各位数字之和能被3整除. 证明这个广为人知的法则,并对它进行推广.

为什么 Euler 的发音是 Oiler,而 Euclid 的发音却是 Yooklid?

32 通过推广(4.47)的证明来证明欧拉定理(4.50).

33 证明,如果 $f(m)$ 和 $g(m)$ 是积性函数,则 $h(m) = \sum_{d\backslash m} f(d)g(m/d)$ 亦然.

34 证明(4.56)是(4.61)的特例.

146

作业题

35 当 m 和 n 是满足 $m \neq n$ 的非负整数时,设 $I(m,n)$ 是满足关系式

$$I(m,n)m + I(n,m)n = \gcd(m,n)$$

的函数. 那么,在(4.5)中有 $I(m,n) = m'$ 以及 $I(n,m) = n'$,$I(m,n)$ 的值是 m 关于 n 的一个逆元. 求出定义 $I(m,n)$ 的递归式.

36 考虑集合 $Z(\sqrt{10}) = \{m + n\sqrt{10} \mid m,n \text{是整数}\}$. 如果 $m^2 - 10n^2 = \pm 1$,数 $m + n\sqrt{10}$ 称为一个单位,这是由于它有逆元(也就是由于 $(m + n\sqrt{10}) \times \pm(m - n\sqrt{10}) = 1$). 例如,$3 + \sqrt{10}$ 是一个单位,且 $19 - 6\sqrt{10}$ 亦然. 成对相抵消的单位可以插入到任何分解式中,所以可以忽略它们. $Z(\sqrt{10})$ 中的

非单位数称为素元（prime），如果它们不可能写成两个非单位数的乘积. 证明2,3以及 $4\pm\sqrt{10}$ 都是 $Z(\sqrt{10})$ 中的素元. 提示：如果 $2=(k+l\sqrt{10})\times(m+n\sqrt{10})$ ，那么 $4=(k^2-10l^2)(m^2-10n^2)$. 此外，任何整数的平方对于模10同余于0, 1, 4, 5, 6或者9.

37 证明（4.17）. 提示：证明 $e_n-\dfrac{1}{2}=\left(e_{n-1}-\dfrac{1}{2}\right)^2+\dfrac{1}{4}$ ，并考虑 $2^{-n}\ln\left(e_n-\dfrac{1}{2}\right)$.

38 证明：如果 $a\perp b$ 且 $a>b>0$ ，那么

$$\gcd(a^m-b^m,a^n-b^n)=a^{\gcd(m,n)}-b^{\gcd(m,n)} ， 0\leqslant m<n .$$

（所有变量均为整数. ）提示：利用欧几里得算法.

39 设 $S(m)$ 是满足下述条件的最小正整数 n ：存在递增的整数序列

$$m=a_1<a_2<\cdots<a_t=n ，$$

使得 $a_1a_2\cdots a_t$ 是一个完全平方数. （如果 m 是完全平方数，我们可以取 $t=1$ 以及 $n=m$. ）例如，$S(2)=6$ ，因为这样的最好序列是 $a_1=2$ ，$a_2=3$ ，$a_3=6$. 我们有

n	1	2	3	4	5	6	7	8	9	10	11	12
$S(n)$	1	6	8	4	10	12	14	15	9	18	22	20

147

证明：只要 $0<m<m'$ ，就有 $S(m)\neq S(m')$.

40 如果 n 的 p 进制表示是 $(a_m\cdots a_1a_0)_p$ ，证明

$$n!/p^{\varepsilon_p(n!)}\equiv(-1)^{\varepsilon_p(n!)}a_m!\cdots a_1!a_0! \pmod{p} .$$

（左边就是 $n!$ 去掉了所有的因子 p . 当 $n=p$ 时它转化为威尔逊定理. ）

威尔逊定理：“玛莎，那个男孩是个讨厌鬼. ”

41 a 证明，如果 $p\bmod 4=3$ ，则不存在整数 n 使得 p 整除 n^2+1 . 提示：利用费马定理.

b 证明，如果 $p\bmod 4=1$ ，就会存在这样一个整数. 提示：将 $(p-1)!$ 写成 $\left(\prod_{k=1}^{(p-1)/2}k(p-k)\right)$ 并考虑威尔逊定理.

42 考虑表示成最简形式的两个分数 m/n 和 m'/n' . 证明：当它们的和 $m/n+m'/n'$ 化为最简分数时，其分母等于 nn' 的充分必要条件是 $n\perp n'$. （换言之，$(mn'+m'n)/nn'$ 已经就是最简分数的充分必要条件是 n 与 n' 没有公因子. ）

43 在Stern-Brocot树的第 k 层有 2^k 个结点，它们与矩阵 $L^k,L^{k-1}R,\cdots,R^k$ 对应. 证明：这个序列可以从 L^k 出发，然后通过相继用

$$\begin{pmatrix} 0 & -1 \\ 1 & 2\rho(n)+1 \end{pmatrix}$$

来乘它得到（对 $1\leqslant n<2^k$ ），这里 $\rho(n)$ 是一个直尺函数.

广播：“……投手 Mark LeChiffre 打出一个两分全垒打！Mark 此前的击球率为0.080，今天得到了他本年度的第二次全垒打. ”这里有说错的地方吗？[1]

44 证明：一个平均击球率为0.316的棒球运动员必定至少击球19次. （如果他在 n 次击球中有 m 次击中，那么 $m/n\in[0.3155..0.3165)$. ）

---

[1] 这个说法有误. 因为此前他只击中过一次，故而其击球率应该是一个形如 $1/n$ 的分数，但无论 n 是哪一个正整数，0.080都不是 $1/n$ 的适当的近似值，因为保留三位小数我们有 $1/12\approx0.083$ ，它过大了，而 $1/13\approx0.077$ 又过小了.

45 数 9 376 有一个很特别的自生性质

$$9\,376^2 = 87\,909\,376 .$$

有多少个四位数 x 满足方程 $x^2 \bmod 10000 = x$?

有多少个 n 位数 x 满足方程 $x^2 \bmod 10^n = x$?

46 a 证明：如果 $n^j \equiv 1$ 且 $n^k \equiv 1 \pmod m$ ，那么 $n^{\gcd(j,k)} \equiv 1$.

b 证明：如果 $n > 1$ ，则 $2^n \not\equiv 1 \pmod n$. 提示：考虑 n 的最小素因子.

47 证明：如果 $n^{m-1} \equiv 1 \pmod m$ ，且对所有满足 $p \backslash (m-1)$ 的素数都有 $n^{(m-1)/p} \not\equiv 1 \pmod m$ ，那么 m 是素数. 提示：证明，如果这个条件成立，那么对 $1 \leq k < m$ ，$n^k \bmod m$ 都是各不相同的.

48 通过确定当 $m > 1$ 时表达式 $\left(\prod_{1 \leq n < m, n \perp m} n \right) \bmod m$ 的值来推广威尔逊定理（4.49）.

148

49 设 $R(N)$ 是满足 $1 \leq m \leq N$ ，$1 \leq n \leq N$ 以及 $m \perp n$ 的整数对 (m,n) 的个数.

a 用 Φ 函数表示 $R(N)$.

b 证明 $R(N) = \sum_{d \geq 1} \lfloor N/d \rfloor^2 \mu(d)$.

50 设 m 是一个正整数，又设

$$\omega = e^{2\pi i/m} = \cos(2\pi/m) + i \sin(2\pi/m) .$$

造成不团结的根源（roots of disunity）是什么？

由于 $\omega^m = e^{2\pi i} = 1$ ，我们说 ω 是一个 m 次单位根（root of unity）. 事实上，m 个复数 $\omega^0, \omega^1, \cdots, \omega^{m-1}$ 中的每一个都是一个 m 次单位根，因为 $(\omega^k)^m = e^{2\pi ki} = 1$ ，这样一来，对 $0 \leq k < m$ ，$z - \omega^k$ 都是多项式 $z^m - 1$ 的因子. 由于这些因子是各不相同的，所以 $z^m - 1$ 在复数范围内的完全分解式必定是

$$z^m - 1 = \prod_{0 \leq k < m} (z - \omega^k) .$$

a 设 $\psi_m(z) = \prod_{0 \leq k < m, k \perp m} (z - \omega^k)$. （这个 $\varphi(m)$ 次多项式称为 m 次分圆多项式. ）证明

$$z^m - 1 = \prod_{d \backslash m} \psi_d(z) .$$

b 证明 $\psi_m(z) = \prod_{d \backslash m} (z^d - 1)^{\mu(m/d)}$.

考试题

51 通过用多项定理展开 $(1 + 1 + \cdots + 1)^p$ 来证明费马定理（4.48）.

52 设 n 和 x 是正整数，且 x 没有 $\leq n$ 的因子（1除外），又设 p 是一个素数. 证明诸数 $\{x-1, x^2-1, \cdots, x^{n-1}-1\}$ 中至少有 $\lfloor n/p \rfloor$ 个是 p 的倍数.

53 求所有满足 $n \backslash \lceil (n-1)! / (n+1) \rceil$ 的正整数 n .

54 手工计算，确定 $1000! \bmod 10^{250}$ 的值.

55 设 P_n 是前 n 个阶乘的乘积 $\prod_{k=1}^{n} k!$. 证明：对所有正整数 n ，P_{2n} / P_n^4 都是整数.

56 证明

$$\left(\prod_{k=1}^{2n-1} k^{\min(k,2n-k)}\right)\Bigg/\left(\prod_{k=1}^{n-1}(2k+1)^{2n-2k-1}\right)$$

149 是 2 的幂.

57 设 $S(m,n)$ 是满足 $m\bmod k + n\bmod k \geq k$ 的所有整数 k 组成的集合. 例如, $S(7,9) = \{2,4,5,8,$ $10,11,12,13,14,15,16\}$. 证明

$$\sum_{k\in S(m,n)} \varphi(k) = mn.$$

提示: 首先证明 $\sum_{1\leq m\leq n}\sum_{d\backslash m}\varphi(d) = \sum_{d\geq 1}\varphi(d)\lfloor n/d\rfloor$, 然后考虑 $\lfloor (m+n)/d\rfloor - \lfloor m/d\rfloor - \lfloor n/d\rfloor$.

58 设 $f(m) = \sum_{d\backslash m} d$. 求 $f(m)$ 是 2 的幂的一个必要且充分条件.

附加题

59 证明: 如果 $x_1,\cdots,x_n$ 是满足 $1/x_1 + \cdots + 1/x_n = 1$ 的正整数, 那么 $\max(x_1,\cdots,x_n) < e_n$. 提示: 用归纳法证明下面更强的结果: "如果 $1/x_1 + \cdots + 1/x_n + 1/\alpha = 1$, 其中 $x_1,\cdots,x_n$ 是正整数, 而 α 是 $\geq \max(x_1,\cdots,x_n)$ 的一个有理数, 那么 $\alpha + 1 \leq e_{n+1}$ 且 $x_1\cdots x_n(\alpha+1) \leq e_1\cdots e_n e_{n+1}$." (它的证明是非平凡的.)

60 证明: 存在一个常数 P, 使得 (4.18) 只给出素数. 你可以利用如下 (极不平凡的) 事实: 如果 $\theta > \dfrac{6}{11}$, 则对所有充分大的 p, 在 p 与 $p + p^{\theta}$ 之间必存在一个素数.

61 证明: 如果 m/n、m'/n' 和 m''/n'' 是 $\mathcal{F}_N$ 中相邻接的元素, 那么

$$m'' = \lfloor (n+N)/n'\rfloor m' - m,$$
$$n'' = \lfloor (n+N)/n'\rfloor n' - n.$$

(借助这个递归式, 我们可以从 $\dfrac{0}{1}$ 和 $\dfrac{1}{N}$ 出发按照次序计算 $\mathcal{F}_N$ 中的元素.)

62 在二进制数 $\leftrightarrow$ Stern-Brocot 对应关系中, 哪一个二进制数与 e 对应? (把你的答案表示成一个无限和式, 你不必将它计算成封闭形式.)

63 仅利用这一章的方法来证明: 如果费马大定理 (4.46) 是错的, 那么使得它不成立的最小的 n 必定是一个素数. (可以假设当 $n=4$ 时 (4.46) 成立.) 此外, 如果 $a^p + b^p = c^p$ 是最小的反例, 证明对某个整数 m 有

$$a+b = \begin{cases} m^p, & p \nmid c, \\ p^{p-1}m^p, & p \backslash c, \end{cases}$$

150 从而 $c \geq m^p/2$ 必须非常大. 提示: 设 $x = a+b$, 并注意到 $\gcd(x,(a^p+(x-a)^p)/x) = \gcd(x,pa^{p-1})$.

64 阶为 N 的皮尔斯序列 $\mathcal{P}_N$ 是由符号 "<" 或者 "=" 分隔开的无限分数串, 它包含满足 $m\geq 0$ 以及 $n\leq N$ 的所有分数 m/n (包括没有化简的分数). 它是由如下形式的开头部分递归定义的

$$\mathcal{P}_1 = \frac{0}{1} < \frac{1}{1} < \frac{2}{1} < \frac{3}{1} < \frac{4}{1} < \frac{5}{1} < \frac{6}{1} < \frac{7}{1} < \frac{8}{1} < \frac{9}{1} < \frac{10}{1} < \cdots.$$

对 $N \geq 1$, 我们可以通过对所有 $k > 0$ 在 $\mathcal{P}_N$ 的第 kN 个符号前插入两个符号来构造出 $\mathcal{P}_{N+1}$. 这两个插入的符号是

$$\frac{k-1}{N+1} = , \qquad kN \text{ 是奇数；}$$

$$\mathcal{P}_{N,kN} \quad \frac{k-1}{N+1}, \qquad kN \text{ 是偶数.}$$

这里 $\mathcal{P}_{N,j}$ 表示 $\mathcal{P}_N$ 的第 j 个符号，当 j 是偶数时，这个符号或者是"<"或者是"="；而当 j 是奇数时，它将是一个分数. 例如，

$$\mathcal{P}_2 = \frac{0}{2} = \frac{0}{1} < \frac{1}{2} < \frac{2}{2} = \frac{1}{1} < \frac{3}{2} < \frac{4}{2} = \frac{2}{1} < \frac{5}{2} < \frac{6}{2} = \frac{3}{1} < \frac{7}{2} < \frac{8}{2} = \frac{4}{1} < \frac{9}{2} < \frac{10}{2} = \frac{5}{1} < \cdots,$$

$$\mathcal{P}_3 = \frac{0}{2} = \frac{0}{3} = \frac{0}{1} < \frac{1}{3} < \frac{1}{2} < \frac{2}{3} < \frac{2}{2} = \frac{1}{1} < \frac{4}{3} < \frac{3}{2} < \frac{5}{3} < \frac{4}{2} = \frac{2}{1} < \frac{6}{3} = \frac{2}{1} < \frac{7}{3} < \frac{5}{2} < \cdots,$$

$$\mathcal{P}_4 = \frac{0}{2} = \frac{0}{4} = \frac{0}{3} = \frac{0}{1} < \frac{1}{4} < \frac{1}{3} < \frac{2}{4} = \frac{1}{2} < \frac{2}{3} < \frac{3}{4} < \frac{2}{2} = \frac{4}{4} = \frac{2}{1} < \frac{3}{2} < \frac{1}{4} = \frac{5}{4} < \frac{4}{3} < \frac{6}{4} = \cdots,$$

$$\mathcal{P}_5 = \frac{0}{2} = \frac{0}{4} = \frac{0}{5} = \frac{0}{3} = \frac{0}{1} < \frac{1}{5} < \frac{1}{4} < \frac{1}{3} < \frac{2}{5} < \frac{2}{2} = \frac{1}{2} < \frac{2}{3} < \frac{2}{5} < \frac{3}{4} < \frac{4}{5} < \frac{2}{2} = \frac{4}{4} = \cdots,$$

$$\mathcal{P}_6 = \frac{0}{2} = \frac{0}{4} = \frac{0}{6} = \frac{0}{5} = \frac{0}{3} = \frac{0}{1} < \frac{1}{6} < \frac{1}{5} < \frac{1}{4} < \frac{2}{6} = \frac{1}{3} < \frac{2}{5} < \frac{2}{4} = \frac{1}{2} < \frac{2}{3} < \frac{3}{5} < \frac{4}{6} = \cdots.$$

（相等的元素以略微特殊的次序出现. ）证明：由上面的法则所定义的符号"<"和"="正确地描述了皮尔斯序列中相邻分数之间的关系.

研究题

65 欧几里得数 e_n 全都是无平方因子数吗？

66 梅森数 $2^p - 1$ 全都是无平方因子数吗？

67 对于所有的整数序列 $0 < a_1 \cdots < a_n$，证明或推翻 $\max_{1 \le j < k \le n} a_k / \gcd(a_j, a_k) \ge n$.

68 是否存在一个常数 Q，使得对所有 $n \ge 0$，$\lfloor Q^{2^n} \rfloor$ 都是素数？

69 设 P_n 是第 n 个素数. 证明或推翻 $P_{n+1} - P_n = O(\log P_n)^2$.

70 是否对无穷多个 n 有 $\varepsilon_3(n!) = \varepsilon_2(n!) / 2$？

71 证明或推翻：如果 $k \ne 1$，则存在 $n > 1$，使得 $2^n \equiv k \pmod{n}$. 这样的 n 有无穷多个吗？

72 证明或推翻：对所有整数 a，存在无穷多个 n，使得 $\varphi(n) \backslash (n+a)$. 　151

73 如果法里级数
$$\mathcal{F}_n = \langle \mathcal{F}_n(0), \mathcal{F}_n(1), \cdots, \mathcal{F}_n(\Phi(n)) \rangle$$
的 $\Phi(n)+1$ 项较为均匀地分布，我们可以期待有 $\mathcal{F}_{n(k)} \approx k / \Phi(n)$. 于是，和式 $D(n) = \sum_{k=0}^{\Phi(n)} |\mathcal{F}_n(k) - k / \Phi(n)|$ 直接度量了"$\mathcal{F}_n$ 偏离一致分布的程度". 对所有 $\varepsilon > 0$，$D(n) = O(n^{1/2+\varepsilon})$ 是否为真？

74 当 $p \to \infty$ 时，集合 $\{0! \bmod p, 1! \bmod p, \cdots, (p-1)! \bmod p\}$ 中近似地有多少个不同的元素？　152

5

二项式系数
BINOMIAL COEFFICIENTS

让我们小憩一会儿. 对于包含底、顶、模、φ 函数以及 μ 函数的和式, 我们在前面几章里已经看到了其中之艰难. 现在我们来研究二项式系数, 事实证明它在应用中更加重要, 又比所有其他的量更容易处理.

我们真幸运!

5.1 基本恒等式 BASIC IDENTITIES

符号 $\binom{n}{k}$ 就是二项式系数, 之所以这样称呼它, 是因为在这一节后面我们要考察的一个重要的性质, 即二项式定理. 我们将此符号读作 "n 选取 k". 这种常用说法来自于它的组合解释——它是从一个有 n 个元素的集合中选取 k 个元素作成子集的方法数. 例如, 我们可以用6种方式从集合 $\{1,2,3,4\}$ 中选取两个元素,

也可以说成是 n 件物品中一次取 k 件的组合.

$$\{1,2\}, \quad \{1,3\}, \quad \{1,4\}, \quad \{2,3\}, \quad \{2,4\}, \quad \{3,4\};$$

所以 $\binom{4}{2} = 6$.

要用更熟悉的东西来表示数 $\binom{n}{k}$, 最容易的做法是, 首先确定从有 n 个元素的集合中选取 k 个元素的**序列**（而不是子集）的个数. 对序列来说, 要考虑元素的次序. 我们利用在第4章里用过的相同方法来证明 $n!$ 是 n 个物体的排列数. 对该序列的第一个元素有 n 种选择; 对第一个元素的每一种选择, 对第二个元素有 $n-1$ 种选择; 如此下去, 直到对第 k 个元素有 $n-k+1$ 种选择, 这总共给出 $n(n-1)\cdots(n-k+1) = n^{\underline{k}}$ 种选择. 由于每 k 个元素组成的子集都恰好有 $k!$ 种不同的排序, 所以**序列**的个数对每一个**子集**恰好计算了 $k!$ 次. 为得到答案, 只需要直接用 $k!$ 来除:

$$\binom{n}{k} = \frac{n(n-1)\cdots(n-k+1)}{k(k-1)\cdots(1)}.$$

例如，

$$\binom{4}{2}=\frac{4\times 3}{2\times 1}=6 ,$$

这与我们前面的计数吻合.

我们称 n 是**上指标**（upper index），而称 k 是**下指标**（lower index）. 根据组合解释，指标仅限于取非负整数，因为集合的元素个数不为负数或者分数. 但是，除了组合解释之外，二项式系数还有许多用途，所以我们要去掉对它的某些限制. 事实表明，最有用的是允许上指标取任意的实数（甚至复数），下指标取任意的整数. 这样一来，正式的定义就取如下的形式：

$$\binom{r}{k}=\begin{cases}\dfrac{r(r-1)\cdots(r-k+1)}{k(k-1)\cdots(1)}=\dfrac{r^{k}}{k!}, & \text{整数}k\geqslant 0 ; \\ 0, & \text{整数}k<0.\end{cases} \tag{5.1}$$

这一定义有若干值得关注的特点. 首先，上指标称为 r，而不是 n；字母 r 强调这样的事实：这个位置上出现任意实数，二项式系数都是有意义的. 例如 $\binom{-1}{3}=(-1)(-2)(-3)/(3\times 2\times 1)=-1$. 这里不存在组合解释，但是事实表明 $r=-1$ 是一个重要的特殊情形. 事实也表明，像 $r=-1/2$ 这样的非整数指标是有用的.

第二，我们可以把 $\binom{r}{k}$ 看成是关于 r 的一个 k 次多项式. 我们将会看到，这种观点常常是有用的.

第三，我们并没有对非整数的下指标定义二项式系数. 对此也可以给出一个合理的定义，但实际应用很少，我们把这种推广放到本章后面再给出.

最后的注记：我们在定义的右边给出了"整数 $k\geqslant 0$"以及"整数 $k<0$"的限制. 这样的限制会出现在我们要研究的所有恒等式中，从而使得可应用的范围清晰明了. 一般来说，限制得越少越好，因为没有限制的恒等式是最有用的；再者，任何适用的限制都是该恒等式的重要部分. 处理二项式系数时，暂时忽略难以记住的限制条件，再来检查违反了什么没有，这样做会更容易一些. 但核查是必不可少的.

例如，几乎每一次我们遇到 $\binom{n}{n}$ 时它都等于1，所以我们可能会错误地认为它永远是1. 但是仔细观察定义（5.1）就会明白，$\binom{n}{n}$ 仅当 $n\geqslant 0$ 时才等于1（假设 n 是整数）；而当 $n<0$ 时有 $\binom{n}{n}=0$. 这样的陷阱可以（也应该）使生活有点冒险性.

在得到用来驾驭二项式系数的恒等式之前，我们稍微观察一下较小的值. 表5-1中的数

154

构成了**帕斯卡三角形**①的开始部分，它是根据布莱士·帕斯卡（1623—1662）的名字命名的，因为他就此写了一部很有影响的专著[285]. 表中的空条目实际上是0，因为（5.1）中的分子是零，例如 $\binom{1}{2} = (1\times0)/(2\times1) = 0$. 留出这些空条目是为了强调表中其余的数.

在帕斯卡出生之前许多世纪，二项式系数在亚洲就已经为人所熟知[90]，不过他当时无法了解这一情形.

表5-1　帕斯卡三角形

n	$\binom{n}{0}$	$\binom{n}{1}$	$\binom{n}{2}$	$\binom{n}{3}$	$\binom{n}{4}$	$\binom{n}{5}$	$\binom{n}{6}$	$\binom{n}{7}$	$\binom{n}{8}$	$\binom{n}{9}$	$\binom{n}{10}$
0	1										
1	1	1									
2	1	2	1								
3	1	3	3	1							
4	1	4	6	4	1						
5	1	5	10	10	5	1					
6	1	6	15	20	15	6	1				
7	1	7	21	35	35	21	7	1			
8	1	8	28	56	70	56	28	8	1		
9	1	9	36	84	126	126	84	36	9	1	
10	1	10	45	120	210	252	210	120	45	10	1

记住前三列的公式是有意义的

$$\binom{r}{0} = 1, \quad \binom{r}{1} = r, \quad \binom{r}{2} = \frac{r(r-1)}{2}, \tag{5.2}$$

这些公式对任意实数都成立.（记住：$\binom{n+1}{2} = \frac{1}{2}n(n+1)$ 是我们在第1章里对三角形数推导出来的公式；三角形数明白无误地出现在表5-1的 $\binom{n}{2}$ 列中.）记住帕斯卡三角形的大约前五行是很好的，这样在当模式1，4，6，4，1出现在某个问题中时，我们就会得到线索：二项式系数可能就隐藏在附近.

实际上，帕斯卡三角形中的数满足无穷多个恒等式，所以通过仔细观察就能发现某些令人惊讶的关系，这不足为奇. 例如，有一个奇特的"六边形性质"，它可以由表5-1中右下角处围绕84的六个数56，28，36，120，210，126来描述. 由这个六边形的这些数交错相乘就得出相同的乘积：$56\times36\times210 = 28\times120\times126 = 423\,360$. 如果我们从帕斯卡三角形的任何其他部分抽取这样一个六边形，同样的结论也成立.

在意大利，称它为 Tartaglia 三角形.

现在讨论恒等式. 这一节的目的是学习几个简单的法则，利用它们就能解决绝大多数与二项式系数有关的实际问题.

"它有那么丰富的性质，这真是令人奇怪的事."
——帕斯卡[285]

① 在中国，称它为贾宪三角形或者杨辉三角形. 1050～1100年，北宋数学家贾宪就发现了这个三角形，而南宋数学家杨辉则在他所著的《详解九章算法》（1261年）一书中再次给出了这个三角形，并说明此图来自贾宪出版于11世纪的著作《释锁算术》. 他们的发现都远早于帕斯卡（1623—1662）以及其他国家的数学家. 帕斯卡在他所著的 Traité du triangle arithmétique（1655年）一书中介绍了这个三角形（据说帕斯卡在13岁即1636年时就发现了这个三角形）. 目前世界数学家已逐渐承认这一历史事实，并改称它为"中国三角".

一般情形中可以根据阶乘来重新改写定义（5.1），上指标 r 是整数 n，它大于或等于下指标 k：

$$\binom{n}{k} = \frac{n!}{k!(n-k)!}, \quad \text{整数 } n \geqslant k \geqslant 0. \tag{5.3}$$

为了得到这个公式，我们只要用 $(n-k)!$ 来乘（5.1）的分子和分母即可. 有时候，将一个二项式系数展开成这种阶乘的形式是有用的，例如证明六边形性质时. 我们则常常希望另辟蹊径，将阶乘改变成二项式系数.

阶乘表达式暗示在帕斯卡三角形中有对称性：每一行从左向右读和从右向左读都是相同的. 反映出这个性质的恒等式称为**对称**（symmetry）恒等式，可以通过将 k 改变成 $n-k$ 得到：

$$\binom{n}{k} = \binom{n}{n-k}, \quad \text{整数 } n \geqslant 0, \ k \text{ 是整数.} \tag{5.4}$$

这个公式有组合意义，因为从 n 件物品中指定选取 k 件物品就相当于指定 $n-k$ 件物品不被选取.

在恒等式（5.4）中，限制 n 和 k 为整数是显然的，因为每一个下指标必须是整数. 但是为什么 n 不能是负数呢？例如，假设 $n=-1$，那么等式

$$\binom{-1}{k} \overset{?}{=} \binom{-1}{-1-k}$$

成立吗？不. 例如，$k=0$ 时左边得到1，而右边得到0. 事实上，对任何整数 $k \geqslant 0$，左边都是

$$\binom{-1}{k} = \frac{(-1)(-2)\cdots(-k)}{k!} = (-1)^k,$$

它或者是1，或者是 -1，但是右边是0，因为下指标是负数. 而对负的 k，左边是0，右边则是

$$\binom{-1}{-1-k} = (-1)^{-1-k},$$

它或者是1，或者是 -1. 所以等式 $\binom{-1}{k} = \binom{-1}{-1-k}$ 总是错误的！

对称恒等式对所有其他的负整数 n 也都不成立. 但是不幸的是，这个限制太容易被忘掉了，因为上指标中的表达式有时候仅仅对其变量的不明确（但合法）的值是负的. 每一个处理过二项式系数的人都会掉进这个陷阱里，至少三次.

但是，对称恒等式的确有很大的可取之处：它对所有的 k 值，甚至对 $k<0$ 或 $k>n$ 都成立.（因为在这些情形下两边都为零.）反之，当 $0 \leqslant k \leqslant n$ 时，对称性立即由（5.3）推出：

$$\binom{n}{k} = \frac{n!}{k!(n-k)!} = \frac{n!}{(n-(n-k))!(n-k)!} = \binom{n}{n-k}.$$

下一个重要恒等式，能让我们将一些东西移进或者移出二项式系数：

$$\binom{r}{k} = \frac{r}{k}\binom{r-1}{k-1}, \quad \text{整数 } k \neq 0. \tag{5.5}$$

我只希望在期中考试时不要掉进这个陷阱里.

156

这里对 k 的这个限制，防止了用0做除数. 我们把（5.5）称为**吸收**（absorption）恒等式，因为一个变量在二项式系数的外面成为"累赘"时，我们常常利用这个恒等式把这个变量吸收到二项式系数的内部. 由定义（5.1）可以推出这个等式，因为当 $k > 0$ 时有 $r^{\underline{k}} = r(r-1)^{\underline{k-1}}$ 以及 $k! = k(k-1)!$；而当 $k < 0$ 时两边都等于零.

如果用 k 乘以（5.5）的两边，就得到一个甚至在 $k = 0$ 时也成立的吸收恒等式：

$$k\binom{r}{k} = r\binom{r-1}{k-1}, \quad k \text{ 是整数}. \tag{5.6}$$

这个恒等式也有一个保持下指标不变的相伴恒等式：

$$(r-k)\binom{r}{k} = r\binom{r-1}{k}, \quad k \text{ 是整数}. \tag{5.7}$$

我们可以在两次应用对称性之间使用（5.6），从而推导出（5.7）：

$$\begin{aligned}
(r-k)\binom{r}{k} &= (r-k)\binom{r}{r-k} \quad \text{（根据对称性）} \\
&= r\binom{r-1}{r-k-1} \quad \text{（根据（5.6））} \\
&= r\binom{r-1}{k}. \quad \text{（根据对称性）}
\end{aligned}$$

稍等一会儿. 我们已经声称这个恒等式对所有实的 r 都成立，然而刚刚给出的推导却仅当 r 是正整数时成立.（如果我们打算安然无恙地利用对称性质（5.4），上指标 $r-1$ 必须是非负整数.）我们违背数学规则了吗? 不. 这一推导仅对正整数 r 成立，这一结论是正确的，但是我们可以断定，这个恒等式对 r 所有的值都成立，因为（5.7）的两边是关于 r 的 $k+1$ 次多项式. 一个非零的 d 次或更低次数的多项式至多能有 d 个不同的零点，因此两个这样的多项式（它们也有 d 次或者更低的次数）之差不可能在多于 d 个点处为零，除非这个差恒为零. 换句话说，如果两个 d 次或更低次数的多项式在多于 d 个点处的值相同，那么它们必定处处取值相同. 我们已经证明了，只要 r 是一个正整数，就有 $(r-k)\binom{r}{k} = r\binom{r-1}{k}$，所以这两个多项式在无穷多个点处取相同的值，它们必定是完全相等的.

（是的，无论如何我们在这里没有违反数学规则. ）

我们称上一段中陈述的证明方法为**多项式推理法**（polynomial argument），这一方法对于将许多恒等式从整数推广到实数的情形都是有用的，我们将会多次看到它. 某些等式，像对称恒等式（5.4），并不是多项式之间的恒等式，所以我们不可能永远利用这个方法. 但是有一些恒等式的确有所需要的形式.

例如这里的另一个多项式恒等式，它几乎是最为重要的二项恒等式，称为**加法公式**（addition formula）：

$$\binom{r}{k} = \binom{r-1}{k} + \binom{r-1}{k-1}, \quad k \text{ 是整数}. \tag{5.8}$$

当 r 是正整数时，加法公式告诉我们：帕斯卡三角形中的每一个数都是它上一行中两个数的和,其中一个数直接在它的上方,另一个则恰好在它的左边. 当 r 是负数、实数或者复数时这个公式仍然适用,仅有的限制是 k 是一个整数,这就使得这些二项式系数是有定义的.

证明加法公式的一种方法是假设 r 是一个正整数并利用组合解释. 回想一下,$\binom{r}{k}$ 是从一个有 r 个元素的集合中选取可能的 k 个元素的子集的个数. 如果我们有 r 个鸡蛋组成的集合,它恰好包含一个坏的鸡蛋,那么就有 $\binom{r}{k}$ 种方式选取 k 个鸡蛋. 这些选取方法中恰好有 $\binom{r-1}{k}$ 种只选好的鸡蛋,而其中 $\binom{r-1}{k-1}$ 种选取方法则都含有那个坏的鸡蛋,因为这样的选法是从 $r-1$ 个好鸡蛋中选取 $k-1$ 个. 把这两个数加在一起就给出(5.8). 这个推导假设了 r 是正整数,且 $k \geqslant 0$. 但是当 $k < 0$ 时这个恒等式的两边都是零,多项式推理法就在所有剩下的情形确立了(5.8)的正确性.

我们还可以通过将两个吸收恒等式(5.7)和(5.6)相加来导出(5.8):

$$(r-k)\binom{r}{k} + k\binom{r}{k} = r\binom{r-1}{k} + r\binom{r-1}{k-1},$$

左边是 $r\binom{r}{k}$,我们用 r 来除整个等式. 这个推导对除了 $r = 0$ 之外的每个值都成立,而剩下的情形也容易验证.

我们当中那些不大可能发现这种巧妙证明的人,或者是那些感到厌倦的人,或许更愿意直接用定义来得出(5.8). 如果 $k > 0$,则有

$$
\begin{aligned}
\binom{r-1}{k} + \binom{r-1}{k-1} &= \frac{(r-1)^{\underline{k}}}{k!} + \frac{(r-1)^{\underline{k-1}}}{(k-1)!} \\
&= \frac{(r-1)^{\underline{k-1}}(r-k)}{k!} + \frac{(r-1)^{\underline{k-1}}k}{k!} \\
&= \frac{(r-1)^{\underline{k-1}}r}{k!} = \frac{r^{\underline{k}}}{k!} = \binom{r}{k}.
\end{aligned}
$$

这里 $k \leqslant 0$ 的情形仍然容易处理.

我们刚刚看到了加法公式的三种截然不同的证明. 这并不令人惊讶,二项式系数有许多有用的性质,其中有一些必定会用来导出某个恒等式的证明.

加法公式本质上是关于帕斯卡三角形中的数的递归式,所以我们将会看到,它对用归纳法证明其他的恒等式是特别有用的. 将这个递归式展开,我们还能立即得到一个新的恒等式. 例如,

$$
\begin{aligned}
\binom{5}{3} &= \binom{4}{3} + \binom{4}{2} \\
&= \binom{4}{3} + \binom{3}{2} + \binom{3}{1}
\end{aligned}
$$

158

$$= \binom{4}{3} + \binom{3}{2} + \binom{2}{1} + \binom{2}{0}$$

$$= \binom{4}{3} + \binom{3}{2} + \binom{2}{1} + \binom{1}{0} + \binom{1}{-1}.$$

由于 $\binom{1}{-1} = 0$，这一项就消失了，我们可以停止. 这个方法导出了下面的一般的公式

$$\sum_{k \leqslant n} \binom{r+k}{k} = \binom{r}{0} + \binom{r+1}{1} + \cdots + \binom{r+n}{n}$$

$$= \binom{r+n+1}{n}, \quad n \text{ 是整数}. \tag{5.9}$$

注意，在求和的指标中我们不需要下限 $k \geqslant 0$，因为 $k < 0$ 的项都是零.

这个公式将一个二项式系数表示成其他的那些上下指标保持同样差距的二项式系数之

159   和. 我们可以通过反复展开具有最小下指标的二项式系数来求出它:首先是 $\binom{5}{3}$，然后是 $\binom{4}{2}$，

再后是 $\binom{3}{1}$，接下来是 $\binom{2}{0}$. 如果我们用另一种方法展开，即反复展开具有最大下指标的项，

又会发生什么呢? 我们得到

$$\binom{5}{3} = \binom{4}{3} + \binom{4}{2}$$

$$= \binom{3}{3} + \binom{3}{2} + \binom{4}{2}$$

$$= \binom{2}{3} + \binom{2}{2} + \binom{3}{2} + \binom{4}{2}$$

$$= \binom{1}{3} + \binom{1}{2} + \binom{2}{2} + \binom{3}{2} + \binom{4}{2}$$

$$= \binom{0}{3} + \binom{0}{2} + \binom{1}{2} + \binom{2}{2} + \binom{3}{2} + \binom{4}{2}.$$

现在 $\binom{0}{3}$ 是零（ $\binom{0}{2}$ 和 $\binom{1}{2}$ 亦然，但保留它们使得该恒等式更为妥帖），我们就能联想到一

般的模式:

$$\sum_{0 \leqslant k \leqslant n} \binom{k}{m} = \binom{0}{m} + \binom{1}{m} + \cdots + \binom{n}{m}$$

$$= \binom{n+1}{m+1}, \quad \text{整数 } m, n \geqslant 0 . \tag{5.10}$$

这个恒等式称为**关于上指标求和**（summation on the upper index），它将一个二项式系数表示成为那些下指标是常数的二项式系数之和. 在这种情形，和式要求下限 $k \geqslant 0$，因为 $k < 0$ 的项不是零. 同样地，一般来说 m 和 n 不可能是负数.

恒等式（5.10）有一个有趣的组合解释. 如果我们想要从一个有 $n+1$ 张票（标号从0直到 n）的集合中选取 $m+1$ 张票，当选取的最大号码是数 k 时就有 $\binom{k}{m}$ 种取法.

我们可以利用加法公式，通过归纳法来证明（5.9）和（5.10），我们也可以由它们相互给出证明. 例如，我们来从（5.10）证明（5.9），我们的证明将描述某些二项式系数的共同处理方法. 总的计划是：处理（5.9）的左边 $\sum \binom{r+k}{k}$，从而使得它看起来像（5.10）的左边 $\sum \binom{k}{m}$；然后使用那个恒等式，用一个单独的二项式系数代替这个和式；最后将那个系数变换成（5.9）的右边.

为方便起见，我们可以假设 r 和 n 是非负整数，利用多项式推理法，（5.9）的一般情形可以从这个特殊情形得出. 我们用 m 代替 r，使得这个变量看起来更像是一个非负整数. 现在可以将此计划系统地执行如下：

$$\sum_{k \leqslant n} \binom{m+k}{k} = \sum_{-m \leqslant k \leqslant n} \binom{m+k}{k}$$
$$= \sum_{-m \leqslant k \leqslant n} \binom{m+k}{m}$$
$$= \sum_{0 \leqslant k \leqslant m+n} \binom{k}{m}$$
$$= \binom{m+n+1}{m+1} = \binom{m+n+1}{n}.$$

我们来非常仔细地观察这个推导. 关键的一步在第二行，这里我们应用对称法则（5.4），用 $\binom{m+k}{m}$ 代替了 $\binom{m+k}{k}$. 仅当 $m+k \geqslant 0$ 时才可以这样做，所以第一步将 k 的范围限制在去掉 $k<-m$ 的项.（这是合法的，因为去掉的那些项都是零.）现在差不多可以应用（5.10）了，第三行对此进行准备，用 $k-m$ 代替 k 并对求和范围进行了整理. 这一步像第一步一样，仅仅对 $\sum$ 符号做了点小小的变形. 现在 k 本身已经出现在上指标中，而且求和的界限也已表示成合适的形式，故而第四行就应用（5.10）. 再用一次对称性就完成了任务.

在第1章以及第2章里，我们处理过的某些和式实际上是（5.10）的特殊情形，或者是这个恒等式的"变脸". 例如，$m=1$ 的情形给出直到 n 的非负整数之和：

$$\binom{0}{1}+\binom{1}{1}+\cdots+\binom{n}{1}=0+1+\cdots+n=\frac{(n+1)n}{2}=\binom{n+1}{2}.$$

而如果用 $m!$ 除这个公式的两边，一般的情形与第2章里的法则

$$\sum_{0 \leqslant k \leqslant n} k^{\underline{m}} = \frac{(n+1)^{\underline{m+1}}}{m+1} ,\ 整数 m,n \geqslant 0$$

等价. 事实上，如果分别用 $x+1$ 和 m 代替 r 和 k，由加法公式（5.8）知

$$\Delta\left(\binom{x}{m}\right)=\binom{x+1}{m}-\binom{x}{m}=\binom{x}{m-1},$$

于是，第2章里的方法给我们提供了方便适用的不定求和公式

$$\sum\binom{x}{m}\delta x=\binom{x}{m+1}+C.\qquad(5.11)$$

[161]

二项式系数是因为**二项式定理**（binomial theorem）得名的，二项式定理处理二项式 $x+y$ 的幂. 我们来观察这个定理的最小的一些情形：

$$(x+y)^0=1x^0y^0$$
$$(x+y)^1=1x^1y^0+1x^0y^1$$
$$(x+y)^2=1x^2y^0+2x^1y^1+1x^0y^2$$
$$(x+y)^3=1x^3y^0+3x^2y^1+3x^1y^2+1x^0y^3$$
$$(x+y)^4=1x^4y^0+4x^3y^1+6x^2y^2+4x^1y^3+1x^0y^4$$

不难看出这些系数为什么与帕斯卡三角形中的数相同：当我们将乘积

$$(x+y)^n=\overbrace{(x+y)(x+y)\cdots(x+y)}^{n\text{个因子}}$$

展开时，每一项本身都是 n 个因子的乘积，这里的因子或者是 x，或者是 y. 有 k 个因子 x 和 $n-k$ 个因子 y 的项的个数就是合并同类项之后 $x^k y^{n-k}$ 的系数. 这恰好就是从 n 个二项式中选取 k 个（它们都提供一个 x）的方法数，也就是说，它等于 $\binom{n}{k}$.

某些教科书没有定义量 0^0，因为当 x 递减地趋向于零时，函数 x^0 与 0^x 有不同的极限值. 但是，这是一个错误. 如果我们打算让二项式定理在 $x=0$，$y=0$ 以及 $x=-y$ 时成立，必须定义

　　　$x^0=1$，对所有 x.

这个定理太重要了，我们不能对它随意加以限制！相比之下，函数 0^x 就不那么重要了.（进一步的讨论见参考文献[220].）

确切地说，二项式定理究竟是什么呢？它最一般性的结果是下面的恒等式：

$$(x+y)^r=\sum_k\binom{r}{k}x^k y^{r-k}，\text{整数}\ r\geqslant0\ \text{或者}\ |x/y|<1.\qquad(5.12)$$

这个和式对所有的整数 k 求和，但是，当 r 是一个非负整数时，它实际上是一个有限和式，因为除了 $0\leqslant k\leqslant r$ 的那些项之外，其他所有的项都等于零. 另一方面，当 r 是负数或者是一个任意（不是非负整数的）实数或复数时，这个定理也成立. 在这种情形下，和式实际上是无限的，我们必须有 $|x/y|<1$ 以确保该和式绝对收敛.

[162]

二项式定理的两个特殊情形尽管极其简单，但值得特别关注. 如果 $x=y=1$ 且 $r=n$ 是非负的，我们就得到

"在21岁时，他（莫里亚蒂）写了一部有关二项式定理的专著，这部书在欧洲风行一时. 由于这部书带来的声望，他在我们一所较小的大学获得了数学职位."
——夏洛克·福尔摩斯[84]

$$2^n = \binom{n}{0} + \binom{n}{1} + \cdots + \binom{n}{n}, \quad 整数\ n \geqslant 0.$$

这个等式告诉我们,帕斯卡三角形的第 n 行的和是 2^n. 而当 x 是 -1 而不是 $+1$ 时,我们得到

$$0^n = \binom{n}{0} - \binom{n}{1} + \cdots + (-1)^n \binom{n}{n}, \quad 整数\ n \geqslant 0.$$

例如,$1-4+6-4+1=0$. 除了最上面一行(此时 $n=0$,$0^0=1$),如果它们的符号是交错的,则第 n 行的和为零.

当 r 不是非负整数时,我们最常在 $y=1$ 这一特殊情形使用二项式定理. 我们来将这一特殊情形明确地表述出来,用 z 代替 x 以强调这里可以涉及任意复数的事实:

$$(1+z)^r = \sum_k \binom{r}{k} z^k, \quad |z| < 1. \tag{5.13}$$

如果在这个公式中令 $z = x/y$ 并用 y^r 乘以两边,就能由这个公式得出一般的公式(5.12).

我们仅在 r 是非负整数的情形用组合解释证明了二项式定理. 利用多项式推理法,我们不可能从非负整数的情形推导出一般的情形,因为在一般情形下和式是无限的. 但是当 r 为任意数值时,我们可以利用泰勒级数以及复变量的理论:

$$f(z) = \frac{f(0)}{0!} z^0 + \frac{f'(0)}{1!} z^1 + \frac{f''(0)}{2!} z^2 + \cdots$$
$$= \sum_{k \geqslant 0} \frac{f^{(k)}(0)}{k!} z^k.$$

函数 $f(z) = (1+z)^r$ 的导数容易计算,事实上有 $f^{(k)}(z) = r^{\underline{k}} (1+z)^{r-k}$. 取 $z=0$ 就给出(5.13).

我们还需要证明这个无限和式当 $|z|<1$ 时是收敛的. 的确如此,因为根据后面的等式(5.83)可知,$\binom{r}{k} = O(k^{-1-r})$.

(第9章要谈到 O 的意义.)

现在,我们来更仔细地观察 n 是负整数时 $\binom{n}{k}$ 的值. 得到这些值的一种方法是利用加法定律(5.8)将表5-1向上扩展,这样就得到表5-2. 例如,我们必定有 $\binom{-1}{0}=1$,因为 $\binom{0}{0} = \binom{-1}{0} + \binom{-1}{-1}$ 以及 $\binom{-1}{-1}=0$,然后就必定有 $\binom{-1}{1}=-1$,因为 $\binom{0}{1} = \binom{-1}{1} + \binom{-1}{0}$,如此等等.

163

表5-2　向上扩展的帕斯卡三角形

n	$\binom{n}{0}$	$\binom{n}{1}$	$\binom{n}{2}$	$\binom{n}{3}$	$\binom{n}{4}$	$\binom{n}{5}$	$\binom{n}{6}$	$\binom{n}{7}$	$\binom{n}{8}$	$\binom{n}{9}$	$\binom{n}{10}$
-4	1	-4	10	-20	35	-56	84	-120	165	-220	286
-3	1	-3	6	-10	15	-21	28	-36	45	-55	66
-2	1	-2	3	-4	5	-6	7	-8	9	-10	11
-1	1	-1	1	-1	1	-1	1	-1	1	-1	1
0	1	0	0	0	0	0	0	0	0	0	0

所有这些数都很熟悉. 的确，表5-2的行和列出现在表5-1中（但没有负号）. 所以对于取负数值的 n 和取正数值的 n ，其 $\binom{n}{k}$ 的值之间必定有一种联系. 一般的规则是

$$\binom{r}{k} = (-1)^k \binom{k-r-1}{k}, \quad k \text{ 是整数.} \tag{5.14}$$

这很容易证明，因为当 $k \geqslant 0$ 时有

$$r^{\underline{k}} = r(r-1)\cdots(r-k+1)$$
$$= (-1)^k(-r)(1-r)\cdots(k-1-r) = (-1)^k(k-r-1)^{\underline{k}},$$

而当 $k < 0$ 时两边都是零.

恒等式（5.14）特别有价值，因为它的成立无需任何限制条件.（当然，下指标必须是整数，这样二项式系数才有定义.）（5.14）中的变换称为 **反转上指标**（negating the upper index）或者 **上指标反转**（upper negation）.

我们怎样记住这个重要的公式呢？我们已经看到的对称恒等式、吸收恒等式和加法公式等都极其简单，但是这个恒等式却有点凌乱. 不过仍然有一种不算差的记忆方法：要反转上指标，首先写下 $(-1)^k$ ，其中 k 是下指标（下指标不改变）；然后立即重新写下 k ，写两次，分别写在下指标和上指标两处地方；再后从新的上指标中减去原来的上指标，使得原来的上指标取相反数，再多减去1即告完成（永远是减，而不是加，因为这是一个反转的过程）.

我们来练习一下，连续反转上指标两次. 这样就得到

$$\binom{r}{k} = (-1)^k \binom{k-r-1}{k}$$
$$= (-1)^{2k}\binom{k-(k-r-1)-1}{k} = \binom{r}{k},$$

（marginnote right）你把这称为帮助记忆的方法？我愿意把它称为充气轮胎——言过其实. 不管怎么说，它的确帮助我记忆.

（现在是做热身题4的大好时机.）

这样正好回到出发点. 这可能并不是这个恒等式的构造者所期望的，但是这让我们很欣慰，没有误入歧途.

当然，（5.14）的某些应用比这个更有用. 例如，我们可以用上指标反转在上下指标位置之间移动量. 这个恒等式有一个对称的表述形式

$$(-1)^m\binom{-n-1}{m} = (-1)^n\binom{-m-1}{n}, \quad \text{整数 } m, n \geqslant 0; \tag{5.15}$$

它成立是因为两边都等于 $\binom{m+n}{n}$.

利用上指标反转，也能推导出如下有趣的和式：

$$\sum_{k \leqslant m}\binom{r}{k}(-1)^k = \binom{r}{0} - \binom{r}{1} + \cdots + (-1)^m\binom{r}{m}$$
$$= (-1)^m\binom{r-1}{m}, \quad m \text{ 是整数.} \tag{5.16}$$

（右侧旁注：如果我们试图得到其他新结果，这也会令人沮丧.）

其思想是，对上指标做反转，然后应用（5.9），再做反转：

$$\sum_{k \leq m} \binom{r}{k}(-1)^k = \sum_{k \leq m} \binom{k-r-1}{k}$$

$$= \binom{-r+m}{m}$$

$$= (-1)^m \binom{r-1}{m}.$$

（双重反转很有用，因为我们已经在它们中间插入了另一种运算.）

这个公式给出了帕斯卡三角形中第 r 行的部分和，只要这一行的元素被赋予交错的符号. 例如，如果 $r=5$ 且 $m=2$，则该公式就给出 $1-5+10=6=(-1)^2 \binom{4}{2}$.

注意：如果 $m \geq r$，则（5.16）就给出了整个这一行的交错和，且当 r 是正整数时这个和式为零. 以前我们对此做过证明，那时是用二项式定理对 $(1-1)^r$ 进行展开. 这个表达式的部分和也可以用封闭形式计算其值，知道这一点是很有意义的.

更简单的部分和

$$\sum_{k \leq m} \binom{n}{k} = \binom{n}{0} + \binom{n}{1} + \cdots + \binom{n}{m} \tag{5.17}$$

又如何呢？能否确信，如果我们能计算对应的有交错符号的和式，就应该能计算这个和式？但是不能，帕斯卡三角形中一行的部分和不存在封闭形式. 我们可以对列操作，这就是（5.10），但不能对行操作. 不过，令人感兴趣的是，如果一行的元素均被乘以它们离开中心的距离，那就有一种方法对一行的元素进行部分求和：

$$\sum_{k \leq m} \binom{r}{k}\left(\frac{r}{2}-k\right) = \frac{m+1}{2} \binom{r}{m+1}, \quad m \text{ 是整数}. \tag{5.18}$$

（对 m 应用归纳法，容易验证这个公式.）在求和项中含有以及不含有因子 $(r/2-k)$ 的这些部分和式之间的关系类似于积分

$$\int_{-\infty}^{\alpha} x e^{-x^2} \, dx = -\frac{1}{2} e^{-\alpha^2} \quad \text{和} \quad \int_{-\infty}^{\alpha} e^{-x^2} \, dx$$

（是的，右边的积分是 $\frac{1}{2}\sqrt{\pi}(1+\text{erf}\,\alpha)$，即一个常数加上 α 的"误差函数"的一个倍数，如果我们愿意将它当作一个封闭的形式接受.）

之间的关系. 左边看似更为复杂的积分（带有因子 x）有封闭形式，而右边看似更简单的积分（没有这个因子）却没有. 外表可能有欺骗性.

在本章末，我们将要研究一个方法，利用它有可能确定在较为一般的情况下，一个包含二项式系数的级数的部分和是否有封闭形式. 借助这种方法，我们能发现恒等式（5.16）和（5.18），也将知道（5.17）是走不通的.

二项级数的部分和引导出另一种有意思的关系式：

$$\sum_{k \leq m} \binom{m+r}{k} x^k y^{m-k} = \sum_{k \leq m} \binom{-r}{k}(-x)^k(x+y)^{m-k}, \quad m \text{ 是整数}. \tag{5.19}$$

这个恒等式用归纳法不难证明：当 $m<0$ 时两边都是零，而当 $m=0$ 时两边都是1. 如果用 S_m 代表左边的和式，就能应用加法公式（5.8）且容易证明

$$S_m = \sum_{k \le m} \binom{m-1+r}{k} x^k y^{m-k} + \sum_{k \le m} \binom{m-1+r}{k-1} x^k y^{m-k} \,;$$

以及

$$\sum_{k \le m} \binom{m-1+r}{k} x^k y^{m-k} = y S_{m-1} + \binom{m-1+r}{m} x^m \,,$$

$$\sum_{k \le m} \binom{m-1+r}{k-1} x^k y^{m-k} = x S_{m-1} \,,$$

（当 $m > 0$ 时）. 从而

166

$$S_m = (x+y)S_{m-1} + \binom{-r}{m}(-x)^m \,,$$

而（5.19）的右边也满足这个递归式. 根据归纳法，两边必定相等. 证明完毕.

还有一个更简洁的证明. 当 r 是 $0 \geqslant r \geqslant -m$ 中的一个整数时，由二项式定理知（5.19）的两边都是 $(x+y)^{m+r} y^{-r}$. 又由于两边都是关于 r 的 m 次或者更低次的多项式，在 $m+1$ 个不同的值处取值相等就足以（不过也刚刚够用）证明在一般情形下相等.

得到一个和式与另一个和式相等的恒等式看起来可能很愚蠢. 没有哪一边是封闭形式. 但是有时候事实证明有一边比另一边更容易计算. 例如，如果令 $x = -1$ 和 $y = 1$，我们就得到

$$\sum_{k \le m} \binom{m+r}{k}(-1)^k = \binom{-r}{m} \,, \quad 整数\ m \geqslant 0 \,,$$

这是恒等式（5.16）的另一种形式. 而如果取 $x = y = 1$ 以及 $r = m+1$，我们就得到

$$\sum_{k \le m} \binom{2m+1}{k} = \sum_{k \le m} \binom{m+k}{k} 2^{m-k} \,.$$

左边正好对上指标为 $2m+1$ 的二项式系数的一半进行了求和，而这些项等于它们在另一半中相似的项，因为帕斯卡三角形是左右对称的，因此左边正好等于 $\frac{1}{2} 2^{2m+1} = 2^{2m}$. 这就得到一个颇出人意料的公式

（这个公式有一个很好的组合证明[247].）

$$\sum_{k \le m} \binom{m+k}{k} 2^{-k} = 2^m \,, \quad 整数\ m \geqslant 0 \,. \tag{5.20}$$

让我们在 $m = 2$ 时检验一下：$\binom{2}{0} + \frac{1}{2}\binom{3}{1} + \frac{1}{4}\binom{4}{2} = 1 + \frac{3}{2} + \frac{6}{4} = 4$. 令人惊讶！

到目前为止，我们研究的或者是用二项式系数本身来表示的二项式系数，或者是每项中仅含一个二项式系数的项所形成的和式. 但是，我们遇到的许多富有挑战性的问题含有两个或者多个二项式系数的乘积，所以要在本节的其余部分考虑如何处理这样的情形.

这里有一个方便使用的法则，常常帮助我们简化两个二项式系数的乘积：

$$\binom{r}{m}\binom{m}{k} = \binom{r}{k}\binom{r-k}{m-k} \,, \quad m, k\ 是整数. \tag{5.21}$$

我们已经看到了 $k = 1$ 这一特殊情形，它就是吸收恒等式（5.6）. 尽管（5.21）的两边都是二项式系数的乘积，但其中一边常常更容易求和，因为它与公式其余部分相互作用. 例如，左

边两次用到 m，而右边仅用到一次. 因此，当关于 m 求和时，我们通常就用 $\binom{r}{k}\binom{r-k}{m-k}$ 代替 $\binom{r}{m}\binom{m}{k}$.

等式（5.21）最初能成立，因为在 $\binom{r}{m}$ 和 $\binom{m}{k}$ 的阶乘表达式中诸个 $m!$ 之间相互抵消. 如果所有的变量都是整数且 $r \geqslant m \geqslant k \geqslant 0$，我们就有

$$\binom{r}{m}\binom{m}{k} = \frac{r!}{m!(r-m)!}\frac{m!}{k!(m-k)!}$$

$$= \frac{r!}{k!(m-k)!(r-m)!}$$

$$= \frac{r!}{k!(r-k)!}\frac{(r-k)!}{(m-k)!(r-m)!} = \binom{r}{k}\binom{r-k}{m-k}.$$

这很容易. 此外，如果 $m < k$ 或者 $k < 0$，那么（5.21）的两边都是零，所以这个恒等式对所有整数 m 和 k 都成立. 最后，多项式推理法将它的正确性拓展到所有的实数 r.

二项式系数 $\binom{r}{k} = r!/(r-k)!k!$ 在适当地重新对变量命名后，可以写成 $(a+b)!/a!b!$ 的形式. 类似地，上面推导过程中间的量 $r!/k!(m-k)!(r-m)!$ 可以写成 $(a+b+c)!/a!b!c!$ 的形式. 这是一个"三项式系数"，它出现在"三项式定理"（trinomial theorem）中：

$$(x+y+z)^n = \sum_{\substack{0 \leqslant a,b,c \leqslant n \\ a+b+c=n}} \frac{(a+b+c)!}{a!b!c!} x^a y^b z^c$$

$$= \sum_{\substack{0 \leqslant a,b,c \leqslant n \\ a+b+c=n}} \binom{a+b+c}{b+c}\binom{b+c}{c} x^a y^b z^c.$$

所以，$\binom{r}{m}\binom{m}{k}$ 实际上是改头换面的三项式系数. 三项式系数在应用中有时会突然出现，我们可以很方便地将它们写成

$$\binom{a+b+c}{a,b,c} = \frac{(a+b+c)!}{a!b!c!}$$

以强调其所呈现的对称性.

二项式系数和三项式系数可以推广到**多项式系数**（multinomial coefficient），它总可以表示成二项式系数的乘积：

$$\binom{a_1+a_2+\cdots+a_m}{a_1,a_2,\cdots,a_m} = \frac{(a_1+a_2+\cdots+a_m)!}{a_1!a_2!\cdots a_m!}$$

$$= \binom{a_1+a_2+\cdots+a_m}{a_2+\cdots+a_m}\cdots\binom{a_{m-1}+a_m}{a_m}.$$

耶，正确.

"不仅是对二项式 $x+y$，而且也对三项式 $x+y+z$，实际上对任意的多项式，为它们的幂的系数都设计出了一套绝妙的法则，使得对于给定的任何幂（例如十次幂），我都能立即对 $x^5y^3z^2$ 指定应有的系数，而无需依赖任何表格."

——莱布尼茨[245]

168 这样一来，当我们遇到这样一个对象时，我们的标准技术就可以应用了.

表5-3　二项式系数的乘积之和

$$\sum_k \binom{r}{m+k}\binom{s}{n-k} = \binom{r+s}{m+n}, \quad m,n \text{ 是整数} \tag{5.22}$$

$$\sum_k \binom{l}{m+k}\binom{s}{n+k} = \binom{l+s}{l-m+n}, \quad \text{整数} l \geq 0, \ m,n \text{ 是整数} \tag{5.23}$$

$$\sum_k \binom{l}{m+k}\binom{s+k}{n}(-1)^k = (-1)^{l+m}\binom{s-m}{n-l}, \quad \text{整数} l \geq 0, \ m,n \text{ 是整数} \tag{5.24}$$

$$\sum_{k \leq l} \binom{l-k}{m}\binom{s}{k-n}(-1)^k = (-1)^{l+m}\binom{s-m-1}{l-m-n}, \quad \text{整数} l,m,n \geq 0 \tag{5.25}$$

$$\sum_{-q \leq k \leq l} \binom{l-k}{m}\binom{q+k}{n} = \binom{l+q+1}{m+n+1}, \quad \text{整数} m,n \geq 0, \ \text{整数} l+q \geq 0 \tag{5.26}$$

现在我们来看表5-3，它列出了标准技术中最为重要的一些恒等式. 这些恒等式就是我们在解决含有两个二项式系数乘积的和式时需要依赖的工具. 这些恒等式中，每一个都是对 k 求和的和式，k 在每个二项式系数中都出现一次；还有四个几乎独立的参数 m、n、r 等，在每个指标的位置上有一个参数. 根据 k 是否出现在上指标或者下指标中，以及 k 带有正号或者负号，会出现不同的情形. 有时会有一个额外的因子 $(-1)^k$，它在使得这些项可以用封闭形式求和时需要用到.

表5-3太过复杂，不可能完全记得住，它只是提供参考. 这个表里的第一个恒等式最值得注意，而且应该记住它. 它说的是：两个二项式系数的乘积的（对所有整数 k 求和的）和式（其中，上指标是常数，而对所有的 k，下指标的和是一个常数）是对下指标以及上指标两者求和所得到的二项式系数. 这个恒等式称为**范德蒙德卷积**（vandermonde convolution），因为18世纪后期亚历山德·范德蒙德对此写了一篇有意义的论文[357]；然而，中国的朱世杰早在1303年就已经知道它了. 表5-3中其他的恒等式都可以通过反转上指标或者应用对称定律等方法，细心地从范德蒙德卷积得到，因而范德蒙德卷积就是所有恒等式中最基本的结果.

给这一页折个角，这样你就能很快找到这张表. 你将会需要它！

169 通过对范德蒙德卷积给出一个很好的组合解释，我们就可以证明它. 如果用 $k-m$ 代替 k，用 $n-m$ 代替 n，我们就能假设 $m=0$，从而要证明的恒等式就是

$$\sum_k \binom{r}{k}\binom{s}{n-k} = \binom{r+s}{n}, \quad n \text{ 是整数.} \tag{5.27}$$

设 r 和 s 是非负整数，那么一般情形就由多项式推理法得出. 在右边，$\binom{r+s}{n}$ 是从 r 个男人和 s 个女人中选取 n 个人的方法数. 在左边，和式的每一项都是选取 k 个男人和 $n-k$ 个女人的方法数. 对所有的 k 求和就把每一种可能恰好计算了一次.

性别歧视者！你们首先提到了男人.

我们经常是从左向右应用这些恒等式，因为这是简化的方向. 但不时也会反向应用它们，暂时使得一个表达式变得更加复杂. 当这样做有成效时，我们通常会造出一个二重和式，对它可以交换求和的次序，然后进行化简.

在介绍新的内容之前，让我们再来观察表5-3中另外两个恒等式的证明.（5.23）容易证

明，我们要做的就是用 $\begin{pmatrix} l \\ l-m-k \end{pmatrix}$ 代替第一个二项式系数，接下来应用范德蒙德的（5.22）式.

下一个恒等式（5.24）稍微困难一些. 我们可以通过一系列变换将它转化为范德蒙德卷积，不过也可以只求助于数学归纳法技术，同样容易地证明它. 只要没有什么其他明显的东西跳出来可用，归纳法就是我们可以尝试的首选方法，而在这里对 l 用归纳法正是有效的.

对于基础 $l=0$，除了 $k=-m$ 时，所有其他的项都是零，所以等式的两边都是 $(-1)^m \begin{pmatrix} s-m \\ n \end{pmatrix}$. 现在假设这个恒等式对小于某个固定数 l 的所有值都成立，其中 $l>0$. 我们能利用加法公式，用 $\begin{pmatrix} l-1 \\ m+k \end{pmatrix}+\begin{pmatrix} l-1 \\ m+k-1 \end{pmatrix}$ 代替 $\begin{pmatrix} l \\ m+k \end{pmatrix}$，原来的和式现在就分裂成两个和式，它们中的每一个都能用归纳假设进行计算：

$$\sum_k \begin{pmatrix} l-1 \\ m+k \end{pmatrix}\begin{pmatrix} s+k \\ n \end{pmatrix}(-1)^k + \sum_k \begin{pmatrix} l-1 \\ m+k-1 \end{pmatrix}\begin{pmatrix} s+k \\ n \end{pmatrix}(-1)^k$$
$$= (-1)^{l-1+m}\begin{pmatrix} s-m \\ n-l+1 \end{pmatrix} + (-1)^{l+m}\begin{pmatrix} s-m+1 \\ n-l+1 \end{pmatrix}.$$

如果我们再一次应用加法公式，这就简化成（5.24）的右边.

关于这个推导有两件事值得关注. 第一，我们再一次看到了对所有整数 k 求和而不是仅仅在某个范围内求和的巨大便利，因为没有必要过分关注边界条件. 第二，加法公式与数学归纳法能很好地协调，因为它是二项式系数的递归式. 上指标是 l 的二项式系数可以用两个上指标为 $l-1$ 的二项式系数表示出来，而这恰好就是我们需要应用归纳假设之处.

表5-3就谈这么多. 关于含有三个或者更多的二项式系数的和式呢？如果求和指标分布在所有的系数上，我们求出封闭形式的机会就不大了：对于这种类型的和式只知道为数不多的封闭形式，故而我们所需要的和式或许与给定的种类不相符合. 在习题43中证明的一个罕见的结果是

$$\sum_k \begin{pmatrix} m-r+s \\ k \end{pmatrix}\begin{pmatrix} n+r-s \\ n-k \end{pmatrix}\begin{pmatrix} r+k \\ m+n \end{pmatrix} = \begin{pmatrix} r \\ m \end{pmatrix}\begin{pmatrix} s \\ n \end{pmatrix}, \quad m,n \text{ 是整数}. \tag{5.28}$$

这里是另外一个更加对称的例子：

$$\sum_k \begin{pmatrix} a+b \\ a+k \end{pmatrix}\begin{pmatrix} b+c \\ b+k \end{pmatrix}\begin{pmatrix} c+a \\ c+k \end{pmatrix}(-1)^k = \frac{(a+b+c)!}{a!b!c!}, \quad \text{整数 } a,b,c \geq 0. \tag{5.29}$$

这个公式有一种两个二项式系数的相似结果

$$\sum_k \begin{pmatrix} a+b \\ a+k \end{pmatrix}\begin{pmatrix} b+a \\ b+k \end{pmatrix}(-1)^k = \frac{(a+b)!}{a!b!}, \quad \text{整数 } a,b \geq 0, \tag{5.30}$$

它恰巧没有出现在表5-3中. 类似的四个系数和式没有封闭形式，不过一个相似的和式的确有封闭形式：

170

$$\sum_k (-1)^k \binom{a+b}{a+k}\binom{b+c}{b+k}\binom{c+d}{c+k}\binom{d+a}{d+k} \bigg/ \binom{2a+2b+2c+2d}{a+b+c+d+k}$$

$$= \frac{(a+b+c+d)!(a+b+c)!(a+b+d)!(a+c+d)!(b+c+d)!}{(2a+2b+2c+2d)!(a+c)!(b+d)!a!b!c!d!}, \quad 整数\, a,b,c,d \geqslant 0 .$$

这可以由20世纪早期John Dougall[82]所发现的一个五参数恒等式得出.

Dougall的恒等式是已知的最令人恐怖的关于二项式系数的恒等式吗？不！到目前为止，冠军是

$$\sum_{k_{ij}} (-1)^{\sum_{i<j} k_{ij}} \left(\prod_{1 \leqslant i < j < n} \binom{a_i + a_j}{a_j + k_{ij}} \right) \left(\prod_{1 \leqslant j < n} \binom{a_j + a_n}{a_n + \sum_{i<j} k_{ij} - \sum_{i>j} k_{ji}} \right)$$

$$= \binom{a_1 + \cdots + a_n}{a_1, a_2, \cdots, a_n}, \quad 整数\, a_1, a_2, \cdots, a_n \geqslant 0 . \qquad (5.31)$$

[171] 这里的和式是对 $\binom{n-1}{2}$ 个指标变量 k_{ij}（$1 \leqslant i < j < n$）求和的. 等式（5.29）是 $n = 3$ 时的特例；$n = 4$ 时的特殊情形可以表述如下：如果用 (a,b,c,d) 代替 (a_1, a_2, a_3, a_4)，用 (i,j,k) 代替 (k_{12}, k_{13}, k_{23})，那么有

$$\sum_{i,j,k} (-1)^{i+j+k} \binom{a+b}{b+i}\binom{a+c}{c+j}\binom{b+c}{c+k}\binom{a+d}{d-i-j}\binom{b+d}{d+i-k}\binom{c+d}{d+j+k}$$

$$= \frac{(a+b+c+d)!}{a!b!c!d!}, \quad 整数\, a,b,c,d \geqslant 0 .$$

（5.31）的左边是在将 $n(n-1)$ 个分数的乘积

$$\prod_{\substack{1 \leqslant i, j \leqslant n \\ i \neq j}} \left(1 - \frac{z_i}{z_j}\right)^{a_i}$$

完全展开成诸个 z 的正的或负的幂时，$z_1^0 z_2^0 \cdots z_n^0$ 的系数.（5.31）的右边是由Freeman Dyson于1962年所猜想并在此后不久被若干个人所证明了的. 习题86对（5.31）给出了一个"简单的"证明.

另一个值得注意的含有许多二项式系数的恒等式是

$$\sum_{j,k} (-1)^{j+k} \binom{j+k}{k+l}\binom{r}{j}\binom{n}{k}\binom{s+n-j-k}{m-j}$$

$$= (-1)^l \binom{n+r}{n+l}\binom{s-r}{m-n-l}, \quad l,m,n\, 是整数；\ n \geqslant 0 . \qquad (5.32)$$

这个恒等式的证明在习题83中，它甚至有可能在实际应用中出现. 我们偏离"基本恒等式"这个主题已经太远了，所以最好停下来，并对已经学习的东西做一番评估.

我们已经看到，二项式系数满足几乎使人迷惑的大量恒等式. 幸运的是，其中有一些容易记忆，而且我们可以用这些容易记住的恒等式经过几步就推导出其他大部分恒等式. 表5-4搜集了其中十个最有用的公式，这些是需要了解的最好的恒等式.

表5-4 最重要的十个二项式系数恒等式

$$\binom{n}{k} = \frac{n!}{k!(n-k)!} \ , \ 整数 \ n \geqslant k \geqslant 0 \qquad\qquad 阶乘展开式$$

$$\binom{n}{k} = \binom{n}{n-k} , \ 整数 n \geqslant 0 , \ k 是整数 \qquad\qquad 对称恒等式$$

$$\binom{r}{k} = \frac{r}{k}\binom{r-1}{k-1} , \ 整数 k \neq 0 \qquad\qquad 吸收/提取恒等式$$

$$\binom{r}{k} = \binom{r-1}{k} + \binom{r-1}{k-1} , \ k 是整数 \qquad\qquad 加法/归纳恒等式$$

$$\binom{r}{k} = (-1)^k \binom{k-r-1}{k} , \ k 是整数 \qquad\qquad 上指标反转$$

$$\binom{r}{m}\binom{m}{k} = \binom{r}{k}\binom{r-k}{m-k} , \ m,k 是整数 \qquad\qquad 三项式版恒等式$$

$$\sum_k \binom{r}{k} x^k y^{r-k} = (x+y)^r , \ 整数 r \geqslant 0 \ 或者 |x/y| < 1 \qquad\qquad 二项式定理$$

$$\sum_{k \leqslant n} \binom{r+k}{k} = \binom{r+n+1}{n} , \ n 是整数 \qquad\qquad 平行求和法$$

$$\sum_{0 \leqslant k \leqslant n} \binom{k}{m} = \binom{n+1}{m+1} , \ 整数 m, n \geqslant 0 \qquad\qquad 上指标求和法$$

$$\sum_k \binom{r}{k}\binom{s}{n-k} = \binom{r+s}{n} , \ n 是整数 \qquad\qquad 范德蒙德卷积公式$$

5.2 基本练习 BASIC PRACTICE

在上一节里，通过处理和式以及插入其他的恒等式，我们得出了一批恒等式. 得出那些推导过程并不太困难——我们知道要证明什么，所以可以叙述一个一般的计划，不必费大周折就能将细节补充完全. 然而，通常在真实的世界里还没有遇到一个要证明的恒等式，我们面对的往往是一个要简化的和式. 而且我们并不知道简化的形式可能是什么样子（或者它是否存在）. 在这一节以及下一节里，通过处理许多这样的和式，我们将会把二项式系数的工具打磨锐利.

首先，我们来亲手尝试几个包含单个二项式系数的和式.

问题1：比值的和式

我们希望

$$\sum_{k=0}^{m} \binom{m}{k} \bigg/ \binom{n}{k} , \ 整数 \ n \geqslant m \geqslant 0$$

有一个封闭形式. 初看之下，这个和式会令人惊恐不安，因为我们尚未见过任何处理二项式系数的商的恒等式.（此外，这个和式还含有两个二项式系数，这似乎与这个问题前面的那句话有矛盾.）然而，正如我们能用阶乘将二项式系数的一个乘积表示成另一个乘积那样，

自学算法：
1. 阅读问题
2. 尝试求解问题
3. 浏览书中答案
4. if 尝试失败
  goto 步骤1
  else goto 下一个
  问题

172

即得到恒等式（5.21）的方法，我们可以对商类似地去做. 事实上，我们可以通过设 $r = n$ 并用 $\binom{n}{k}\binom{n}{m}$ 除等式（5.21）的两边来避免面目可憎的阶乘表示法，这就得到

$$\binom{m}{k} \Big/ \binom{n}{k} = \binom{n-k}{m-k} \Big/ \binom{n}{m}.$$

所以我们用右边的商来代替左边的那个商，左边的商出现在我们的和式中，这样和式就变成

$$\sum_{k=0}^{m} \binom{n-k}{m-k} \Big/ \binom{n}{m}.$$

还有一个商，但是分母中的这个二项式系数不包含求和指标 k，所以我们可以从和式中把它移走. 以后我们会恢复它.

我们也能通过对所有的 $k \geqslant 0$ 求和来简化其边界条件，满足 $k > m$ 的项都是零. 剩下的和式就不那么吓人了：

$$\sum_{k \geqslant 0} \binom{n-k}{m-k}.$$

它类似于恒等式（5.9），因为指标 k 带同样的符号出现了两次. 但是在这里它是 $-k$，而在（5.9）里它不是. 这样一来，下一步就应该很明显了，只有一件合理的事要做：

$$\sum_{k \geqslant 0} \binom{n-k}{m-k} = \sum_{m-k \geqslant 0} \binom{n-(m-k)}{m-(m-k)}$$
$$= \sum_{k \leqslant m} \binom{n-m+k}{k}.$$

现在我们能应用平行求和法恒等式，即（5.9）：

$$\sum_{k \leqslant m} \binom{n-m+k}{k} = \binom{(n-m)+m+1}{m} = \binom{n+1}{m}.$$

最后，我们将恢复早先从和式中去掉的分母中的 $\binom{n}{m}$，然后应用（5.7）得到所要的封闭形式：

$$\binom{n+1}{m} \Big/ \binom{n}{m} = \frac{n+1}{n+1-m}.$$

这一推导实际上对取任意实数值的 n 都成立，只要不出现用零做除数，也就是说，只要 n 不是整数 $0, 1, \cdots, m-1$ 中的一个.

推导过程越是复杂，对答案进行检查就越是重要. 这一推导并不太复杂，但是无论如何我们都要检查一番. 在小数值 $m = 2$ 和 $n = 4$ 的情形，我们有

不幸的是，那个算法会使你陷入无穷循环.
推荐补丁：
0 <u>set</u> $c \leftarrow 0$
3a <u>set</u> $c \leftarrow c+1$
3b <u>if</u> $c = N$
     <u>goto</u>你的助教

——E.W.Dijkstra[1]

……但是这一节就称为基本练习.

---

① Dijkstra认为，在计算机程序中使用goto语句是有害的.

$$\binom{2}{0}\bigg/\binom{4}{0}+\binom{2}{1}\bigg/\binom{4}{1}+\binom{2}{2}\bigg/\binom{4}{2}=1+\frac{1}{2}+\frac{1}{6}=\frac{5}{3},$$

是的，这与封闭形式 $(4+1)/(4+1-2)$ 完全吻合.

问题2：来自排序文献

下一个和式出现于20世纪70年代早期，那时人们还不能熟练地使用二项式系数. 一篇介绍改进的合并技术的论文[196]以下面的注解结束："可以证明，所期望节省的转移的个数……由表达式

$$T=\sum_{r=0}^{n}r\,\frac{{}_{m-r-1}C_{m-n-1}}{{}_{m}C_{n}}$$

给出. 这里 m 和 n 定义如上，而 ${}_mC_n$ 是表示从 m 个物体中一次取 n 个的组合数……作者感谢审稿人将有关期望节省的转移的一个更复杂的等式简化成了这里给出的形式."

我们将会看到，这肯定不是关于作者的问题的最后答案，它甚至也不是一个中间阶段的答案.

首先我们应该将这个和式转变成某种我们能对它处理的东西，恐怖的记号 ${}_{m-r-1}C_{m-n-1}$ 除了使那位热情的审稿人感到高兴外，足以让任何人望而却步. 用我们的语言可以将其写成

$$T=\sum_{k=0}^{n}k\binom{m-k-1}{m-n-1}\bigg/\binom{m}{n},\quad \text{整数 } m>n\geqslant 0.$$

分母中的二项式系数不包含求和指标，所以我们可以将它移走并处理新的和式

$$S=\sum_{k=0}^{n}k\binom{m-k-1}{m-n-1}.$$

接下来是什么？求和指标出现在二项式系数的上指标中，但不出现在下指标中. 所以，如果没有另外那个 k，我们就能修改这个和式并应用对上指标的求和法（5.10）. 可是有了多出来的那个 k，我们无法这样做. 如果可以利用某个吸收恒等式通过某种方法把那个 k 吸收到二项式系数中去，那么我们就能对上指标求和了. 不幸的是，那些恒等式在这里都不能用. 但是，如果用 $m-k$ 代替 k，我们就能应用吸收恒等式（5.6）：

$$(m-k)\binom{m-k-1}{m-n-1}=(m-n)\binom{m-k}{m-n}.$$

所以关键在于：我们将把 k 改写成 $m-(m-k)$，并将 S 分裂成两个和式：

$$\sum_{k=0}^{n}k\binom{m-k-1}{m-n-1}=\sum_{k=0}^{n}\big(m-(m-k)\big)\binom{m-k-1}{m-n-1}$$
$$=\sum_{k=0}^{n}m\binom{m-k-1}{m-n-1}-\sum_{k=0}^{n}(m-k)\binom{m-k-1}{m-n-1}$$

请不要提醒我要期中考试了. ①

175

---

① "中间阶段"与"期中考试"都是同一个英文单词midterm.

$$= m\sum_{k=0}^{n}\binom{m-k-1}{m-n-1} - \sum_{k=0}^{n}(m-n)\binom{m-k}{m-n}$$
$$= mA - (m-n)B ,$$

其中

$$A = \sum_{k=0}^{n}\binom{m-k-1}{m-n-1}, \quad B = \sum_{k=0}^{n}\binom{m-k}{m-n}.$$

剩下的和式 A 以及 B 是我们的老朋友, 在其中上指标变动而下指标保持不变. 我们先来解决 B , 因为它看起来更简单. 稍加改动即足以使得其中的求和项与 (5.10) 的左边相符:

$$\sum_{0\leqslant k\leqslant n}\binom{m-k}{m-n} = \sum_{0\leqslant m-k\leqslant n}\binom{m-(m-k)}{m-n}$$
$$= \sum_{m-n\leqslant k\leqslant m}\binom{k}{m-n}$$
$$= \sum_{0\leqslant k\leqslant m}\binom{k}{m-n}.$$

在最后一步, 我们在和式中加入了满足 $0\leqslant k < m-n$ 的项, 它们全都是零, 因为它们的上指标都小于下指标. 现在关于上指标求和, 利用 (5.10) 得到

$$B = \sum_{0\leqslant k\leqslant m}\binom{k}{m-n} = \binom{m+1}{m-n+1}.$$

对另一个和式 A 的做法相同, 不过要用 $m-1$ 代替 m . 这样我们就给出了给定和式 S 的一个封闭形式, 这个和式还可以进一步简化:

$$S = mA - (m-n)B = m\binom{m}{m-n} - (m-n)\binom{m+1}{m-n+1}$$
$$= \left(m - (m-n)\frac{m+1}{m-n+1}\right)\binom{m}{m-n}$$
$$= \left(\frac{n}{m-n+1}\right)\binom{m}{m-n}.$$

而这就给出了原来和式的一个封闭形式:

$$T = S\Big/\binom{m}{n}$$
$$= \frac{n}{m-n+1}\binom{m}{m-n}\Big/\binom{m}{n}$$
$$= \frac{n}{m-n+1}.$$

即便是审稿人也不可能对它进行简化了.

我们再次利用小数值的情形检查答案. 当 $m=4$ 以及 $n=2$ 时, 我们有

$$T = 0 \times \binom{3}{1} \Big/ \binom{4}{2} + 1 \times \binom{2}{1} \Big/ \binom{4}{2} + 2 \times \binom{1}{1} \Big/ \binom{4}{2} = 0 + \frac{2}{6} + \frac{2}{6} = \frac{2}{3},$$

它与公式 $2/(4-2+1)$ 吻合.

问题3:来自以往的考试题

我们再做一个和式,它包含一个二项式系数. 这个和式与上面源于学术殿堂的问题不同,它是一个可以在家测试的问题. 我们想求 $Q_{1\,000\,000}$ 的值,这里

以往的考试没有生命力了吗?

$$Q_n = \sum_{k \leqslant 2^n} \binom{2^n - k}{k} (-1)^k,\ \ 整数\ n \geqslant 0.$$

这个问题比其他问题更难一些,不可能应用到目前为止我们所见到过的任何恒等式. 而且我们面对的是一个有 $2^{1\,000\,000}+1$ 项的和式,所以不是只把它们相加起来就能奏效的. 求和指标 k 在上下两个指标中都出现,不过带有相反的符号. 反转上指标也没有什么效果:它去掉了因子 $(-1)^k$,却在上指标中加入一个 $2k$.

当没有什么方法明显有用时,我们知道最好是来观察小数值的情形. 即使不能得到一个模式并用归纳法证明它,至少也有一些数据来核查我们的结果. 下表是前四个 n 值的非零项以及它们的和.

n			Q_n
0	$\binom{1}{0}$	$=1$	$=1$
1	$\binom{2}{0} - \binom{1}{1}$	$=1-1$	$=0$
2	$\binom{4}{0} - \binom{3}{1} + \binom{2}{2}$	$=1-3+1$	$=-1$
3	$\binom{8}{0} - \binom{7}{1} + \binom{6}{2} - \binom{5}{3} + \binom{4}{4}$	$=1-7+15-10+1$	$=0$

我们最好不要尝试下一个情形 $n=4$,这样极有可能产生算术误差.(手工计算 $\binom{12}{4}$ 和 $\binom{11}{5}$ 这样的项,仅仅是在迫不得已时才值得一试的,更不要提将它们和其他东西组合在一起了.)

所以其模式的开始部分是 $1,0,-1,0$. 即使我们知道了下一项或者下面两项,其封闭形式也不会显现. 但是如果我们能找到并且证明关于 Q_n 的一个递归式,就有可能猜到并且证明它的封闭形式. 为了找到一个递归式,我们需要将 Q_n 与 Q_{n-1}(或者与 $Q_{较小的值}$)联系起来,但这样做就需要将一个像 $\binom{128-13}{13}$ 的项(它在 $n=7$ 和 $k=13$ 时出现)与像 $\binom{64-13}{13}$ 的项联系起来. 这似乎看不出希望,我们不知道在帕斯卡三角形中相距64行的元素之间有什么样简洁明了的关系. 加法公式作为归纳法证明的主要工具,仅仅将相距一行的元素联系在一起.

177

但是，这引出一个关键点：不需要处理相距 2^{n-1} 行的元素. 变量 n 从来就没有以本来面目出现，而总是以 2^n 的形式出现. 所以 2^n 用额外增加的复杂度转移了我们的注意力！如果用 m 代替 2^n，我们所需做的就是对更加一般性的（也更容易的）和式

哦，这是为那场考试
出题的教员泄的密.

$$R_m = \sum_{k \leqslant m} \binom{m-k}{k}(-1)^k, \quad \text{整数 } m \geqslant 0$$

求出封闭形式，这样也就对 $Q_n = R_{2^n}$ 给出了封闭形式. 而且很有可能，加法公式将对序列 R_m 给出一个递归式.

从表5-1可以知道小的 m 和 R_m 的值，如果我们将出现在西南到东北这条对角线上的值交错地做加法和减法. 其结果是

m	0	1	2	3	4	5	6	7	8	9	10
R_m	1	1	0	-1	-1	0	1	1	0	-1	-1

看起来要进行多次抵消.

现在来看关于 R_m 的公式，并研究它是否定义一个递归式. 我们的策略是应用加法公式（5.8），并在得到的表达式中求形如 R_k 的和式，这有点像在第2章的扰动法中所做的那样：

178

$$\begin{aligned}
R_m &= \sum_{k \leqslant m} \binom{m-k}{k}(-1)^k \\
&= \sum_{k \leqslant m} \binom{m-1-k}{k}(-1)^k + \sum_{k \leqslant m} \binom{m-1-k}{k-1}(-1)^k \\
&= \sum_{k \leqslant m} \binom{m-1-k}{k}(-1)^k + \sum_{k+1 \leqslant m} \binom{m-2-k}{k}(-1)^{k+1} \\
&= \sum_{k \leqslant m-1} \binom{m-1-k}{k}(-1)^k + \binom{-1}{m}(-1)^m - \sum_{k \leqslant m-2} \binom{m-2-k}{k}(-1)^k - \binom{-1}{m-1}(-1)^{m-1} \\
&= R_{m-1} + (-1)^{2m} - R_{m-2} - (-1)^{2(m-1)} = R_{m-1} - R_{m-2}.
\end{aligned}$$

（倒数第二步利用了公式 $\binom{-1}{m} = (-1)^m$，我们知道它对 $m \geqslant 0$ 为真.）这个推导对 $m \geqslant 2$ 成立.

至少，做了热身题第
4题的人知道它.

由这个递归式可以快速生成 R_m 的值，而且我们很快就会发现这个序列是周期性的. 的确，

$$R_m = \begin{cases} 1 \\ 1 \\ 0 \\ -1 \\ -1 \\ 0 \end{cases}, \quad \text{如果 } m \bmod 6 = \begin{cases} 0 \\ 1 \\ 2 \\ 3 \\ 4 \\ 5 \end{cases}.$$

用归纳法的证明就是要检验. 或者，如果我们必须给出一个更学术性的证明，就可以将此递归式再展开一步，得到：只要 $m \geqslant 3$，就有

$$R_m = (R_{m-2} - R_{m-3}) - R_{m-2} = -R_{m-3}.$$

因此，只要 $m \geqslant 6$，就有 $R_m = R_{m-6}$.

最后，由于 $Q_n = R_{2^n}$，我们可以通过确定 $2^n \bmod 6$ 并利用 R_m 的封闭形式来确定 Q_n. 当 $n = 0$ 时有 $2^0 \bmod 6 = 1$，此后一直用 $2\ (\bmod 6)$ 来相乘，这样模式 2，4 就会重复出现. 从而

$$Q_n = R_{2^n} \begin{cases} R_1 = 1 & ,\ n = 0; \\ R_2 = 0 & ,\ n \text{是奇数}; \\ R_4 = -1 & ,\ n > 0 \text{是偶数}. \end{cases}$$

Q_n 的这个封闭形式与开始讨论这个问题时计算的前四个值吻合. 我们断定有 $Q_{1\,000\,000} = R_4 = -1$. | 179 |

问题4：包含两个二项式系数的和式

我们的下一个任务是对

$$\sum_{k=0}^{n} k \binom{m-k-1}{m-n-1},\quad \text{整数 } m > n \geqslant 0$$

求封闭形式. 请等一会儿. 这个问题的标题中所暗示的第二个二项式系数在哪儿？为什么我们要试图将一个已经简化的和式再简化？（这就是问题2中的 S.）

如果我们把求和项视为两个二项式系数的乘积，然后再利用表5-3中某个一般恒等式，它就成为一个容易简化的和式. 当我们将 k 改写成 $\binom{k}{1}$ 时，第二个二项式系数就出现了：

$$\sum_{k=0}^{n} k \binom{m-k-1}{m-n-1} = \sum_{0 \leqslant k \leqslant n} \binom{k}{1}\binom{m-k-1}{m-n-1}.$$

恒等式（5.26）就是一个要应用的公式，因为它的求和指标出现在两个上指标中且带有相反的符号.

但是我们的和式还不具有正确的形式. 如果要使它与（5.26）完全匹配，求和的上限应该是 $m-1$. 这没有问题，因为满足 $n < k \leqslant m-1$ 的项都是零. 所以我们可以用 $(l, m, n, q) \leftarrow (m-1, m-n-1, 1, 0)$ 代入，答案就是

$$S = \binom{m}{m-n+1}.$$

这比我们以前得到的公式更加简洁. 利用（5.6）和（5.7）可以将它变回上一个公式：

$$\binom{m}{m-n+1} = \frac{n}{m-n+1}\binom{m}{m-n}.$$

类似地，通过将特殊的值代入我们见过的其他一般恒等式，可以得到一些有趣的结果. 例如，假设在（5.26）中令 $m = n = 1$，$q = 0$. 这样，该恒等式就变成

$$\sum_{0 \leqslant k \leqslant l} (l-k)k = \binom{l+1}{3}.$$

左边是 $l((l+1)l/2)-(1^2+2^2+\cdots+l^2)$，所以这就对在第2章里弄得我们筋疲力尽的平方和问题给出了一个独特的新方法.

这个故事的教益是：非常一般的和式的特殊情形有时最好是在一般形式下处理. 学习一般形式时，聪明的做法是学习它们的简单特例.

问题5：有三个因子的和式

这是另一个不太坏的和式. 我们希望简化

$$\sum_k \binom{n}{k}\binom{s}{k}k，\quad 整数 n \geqslant 0.$$

求和指标 k 出现在两个下指标中且带有同样的符号，这样一来，表5-3中的恒等式（5.23）看起来接近于我们所需要的东西. 再稍加处理，我们应该能使用它.

（5.23）与我们所有和式之间存在的最大区别是，我们的和式中有一个额外的 k. 但是，利用吸收恒等式中的一个公式，我们可以将 k 吸收到二项式系数的内部：

$$\sum_k \binom{n}{k}\binom{s}{k}k = \sum_k \binom{n}{k}\binom{s-1}{k-1}s$$
$$= s\sum_k \binom{n}{k}\binom{s-1}{k-1}.$$

我们并不关心当 k 消失时会出现 s，因为 s 是常数. 现在我们已经准备应用这个恒等式并得到封闭形式

$$s\sum_k \binom{n}{k}\binom{s-1}{k-1} = s\binom{n+s-1}{n-1}.$$

如果我们在第一步就选择将 k 吸收进 $\binom{n}{k}$，而不是吸收进 $\binom{s}{k}$，就不能直接应用（5.23）了，因为 $n-1$ 或许会是负的，而这个恒等式要求在至少一个上指标中取非负值.

问题6：一个令人惊悚的和式

下一个和式更具挑战性. 我们要对

$$\sum_{k\geqslant 0} \binom{n+k}{2k}\binom{2k}{k}\frac{(-1)^k}{k+1}，\quad 整数 n \geqslant 0$$

寻求封闭形式. 度量和式困难程度的一个有用方法是看看其求和指标出现的次数. 根据这个度量，可以知道我们深陷麻烦之中——k 出现6次. 此外，在前面的问题中起关键作用的一步——将某个处在二项式系数外面的东西吸收到其中一个二项式系数的内部——在这里不起作用了. 如果我们吸收 $k+1$，在它的位置上就会得到另外一个 k. 不仅如此，在一个二项式系数的内部，我们的指标 k 已经两次与系数2捆绑在了一起. 乘一个常数通常要比加一个常数更难去掉.

尽管如此，我们这一次还是很幸运的. 这些 $2k$ 都正好是在应用恒等式（5.21）时需要它们的地方出现的，所以我们得到

所以我们应该将这个和式挖地三尺埋葬掉，对吗?

$$\sum_{k\geq 0}\binom{n+k}{2k}\binom{2k}{k}\frac{(-1)^k}{k+1}=\sum_{k\geq 0}\binom{n+k}{k}\binom{n}{k}\frac{(-1)^k}{k+1}.$$

这样两个2就消失了，而且一个 k 也消失了. 解决了这个困难，下面五步就可以进行下去了.

分母中的 $k+1$ 是剩下来的最令人头疼的，现在可以利用恒等式（5.5）将它吸收进 $\binom{n}{k}$：

$$\sum_{k\geq 0}\binom{n+k}{k}\binom{n}{k}\frac{(-1)^k}{k+1}=\sum_{k}\binom{n+k}{k}\binom{n+1}{k+1}\frac{(-1)^k}{n+1}$$
$$=\frac{1}{n+1}\sum_{k}\binom{n+k}{k}\binom{n+1}{k+1}(-1)^k.$$

（记住 $n\geq 0$.）排除了两个障碍，下面四步就畅通无阻了.

为了消除另外一个 k，我们有两种有希望的选择. 我们可以对 $\binom{n+k}{k}$ 利用对称性，或者反转上指标 $n+k$，这样就在消除那个 k 的同时也消除了因子 $(-1)^k$. 我们来探讨这两种可能性，首先选择对称性：

$$\frac{1}{n+1}\sum_{k}\binom{n+k}{k}\binom{n+1}{k+1}(-1)^k=\frac{1}{n+1}\sum_{k}\binom{n+k}{n}\binom{n+1}{k+1}(-1)^k.$$

有那么一分钟，我曾想我们还是放弃算了.

排除了三个障碍，还剩三步. 现在我们已经能通过代入（5.24）取得大的进展：用 $(n+1,1,n,n)$ 代替 (l,m,n,s)，得到

$$\frac{1}{n+1}\sum_{k}\binom{n+k}{n}\binom{n+1}{k+1}(-1)^k=\frac{1}{n+1}(-1)^n\binom{n-1}{-1}=0.$$

呃，等于零？终于有效果了？我们用 $n=2$ 进行核查：$\binom{2}{0}\binom{0}{0}\frac{1}{1}-\binom{3}{2}\binom{2}{1}\frac{1}{2}+\binom{4}{4}\binom{4}{2}\frac{1}{3}$

$=1-\frac{6}{2}+\frac{6}{3}=0$. 结果相符.

只是为了尝试一下，我们来探讨另一种选择，即反转 $\binom{n+k}{k}$ 的上指标：

$$\frac{1}{n+1}\sum_{k}\binom{n+k}{k}\binom{n+1}{k+1}(-1)^k=\frac{1}{n+1}\sum_{k}\binom{-n-1}{k}\binom{n+1}{k+1}.$$

现在对 $(l,m,n,s)\leftarrow(n+1,1,0,-n-1)$ 应用（5.23），就有

$$\frac{1}{n+1}\sum_{k}\binom{-n-1}{k}\binom{n+1}{k+1}=\frac{1}{n+1}\binom{0}{n}.$$

182

嘿，等一等. 当 $n>0$ 时此式等于零，而当 $n=0$ 时它等于1. 求出其解的其他途径告诉我们，这个和式在所有情形都等于零！是什么原因造成这样的结果呢？当 $n=0$ 时，事实表

明这个和式实际上等于1，所以正确的答案是"$[n=0]$"．我们在前面那个推导过程中一定出错了．

我们快速重演 $n=0$ 时的推导，以便看出不相符之处首先在哪儿出现．啊，是的，我们掉进了早先提及的陷阱中：当上指标可能是负数时我们试图运用对称性！当 k 取遍所有整数时，我们用 $\binom{n+k}{n}$ 代替 $\binom{n+k}{k}$ 并不合法，因为在 $k<-n$ 时，这会将零变换成一个非零的值．（对此抱歉．）

事实表明，式中的另一个因子 $\binom{n+1}{k+1}$ 当 $k<-n$ 时为零，除了当 $n=0$ 以及 $k=-1$ 的情形之外．因此，当我们核查 $n=2$ 的情形时没有出现这样的错误．习题6解释了我们本应该做什么．

尝试二叉搜索：首先重新运用中间的公式，来看错误是出在此前还是此后．

问题7：新的障碍

这个和式更加棘手，我们想对

$$\sum_{k\geq 0}\binom{n+k}{m+2k}\binom{2k}{k}\frac{(-1)^k}{k+1}，\quad 整数\ m,n>0$$

求出封闭形式．如果 m 是零，我们恰好就得到前一问题中的和式．但事实并非如此，我们陷入一个真正的困境——问题6中用过的任何方法在这里都不起作用．（特别是关键的第一步不起作用．）

然而，如果有办法避开 m，就能利用刚刚得到的结果．所以我们的策略就是：用像 $\binom{l+k}{2k}$（对某个非负整数 l）这样的项组成的一个和式代替 $\binom{n+k}{m+2k}$，这样一来，求和项看起来就像问题6中的求和项，我们就能交换求和次序了．

我们应该用什么来代替 $\binom{n+k}{m+2k}$？仔细检查这一章早先得到的恒等式，我们发现仅有一个合适的候选者，即表5-3中的恒等式（5.26）．利用它的一种方式是用 $(n+k-1,2k,m-1,0,j)$ 分别代替 (l,m,n,q,k)：

$$\sum_{k\geq 0}\binom{n+k}{m+2k}\binom{2k}{k}\frac{(-1)^k}{k+1}$$

$$=\sum_{k\geq 0}\sum_{0\leq j\leq n+k-1}\binom{n+k-1-j}{2k}\binom{j}{m-1}\binom{2k}{k}\frac{(-1)^k}{k+1}$$

$$=\sum_{j\geq 0}\binom{j}{m-1}\sum_{\substack{k\geq j-n+1\\k\geq 0}}\binom{n+k-1-j}{2k}\binom{2k}{k}\frac{(-1)^k}{k+1}.$$

183 在最后一步，我们改变了求和的次序，按照第2章里的法则处理 Σ 下方的条件．

我们还不能用问题6的结果完全代替内层的和式，因为它有一个额外的条件 $k\geq j-n+1$；不过除了 $j-n+1>0$，也即除了 $j\geq n$ 之外，这个额外的条件是多余的．而当

$j \geq n$ 时，内层和式的第一个二项式系数是零，因为它的上指标介于0和 $k-1$ 之间，从而它严格小于下指标 $2k$. 这样一来，或许我们可以在外层和式上增加一个限制 $j < n$，这不会影响到它所包含的非零的项. 这就使得限制条件 $k \geq j-n+1$ 成为多余，我们可以利用问题6的结果了. 现在这个二重和式就从我们的视线中淡出了：

$$\sum_{j \geq 0} \binom{j}{m-1} \sum_{\substack{k \geq j-n+1 \\ k \geq 0}} \binom{n+k-1-j}{2k} \binom{2k}{k} \frac{(-1)^k}{k+1}$$

$$= \sum_{0 \leq j < n} \binom{j}{m-1} \sum_{k \geq 0} \binom{n+k-1-j}{2k} \binom{2k}{k} \frac{(-1)^k}{k+1}$$

$$= \sum_{0 \leq j < n} \binom{j}{m-1} [n-1-j=0] = \binom{n-1}{m-1}.$$

内层和式除了当 $j = n-1$ 时不为零，其余取值都为零，所以我们就得到了一个简单的封闭形式.

问题8：不同的障碍
考虑和式

$$S_m = \sum_{k \geq 0} \binom{n+k}{2k} \binom{2k}{k} \frac{(-1)^k}{k+1+m}, \quad \text{整数} m, n \geq 0,$$

我们就能以另外一种方式从问题6中引出一个新的发展方向. 当 $m=0$ 时，我们又得到以前得到的和式，不过 m 出现在了不同的地方. 这个问题比问题7还要难一点，幸运的是我们在求解方面正在取得进步. 我们可以像在问题6中那样从

$$S_m = \sum_{k \geq 0} \binom{n+k}{k} \binom{n}{k} \frac{(-1)^k}{k+1+m}$$

开始. 如同在问题7中那样，我们现在尝试将与 m 有关的部分展开成我们知道如何处理的项. 当 m 是零时，将 $k+1$ 吸收到 $\binom{n}{k}$ 中；如果 $m > 0$，只要将 $1/(k+1+m)$ 展开成可以吸收的项，我们就能同样去做. 好运依然还在：在问题1中，我们证明了一个合适的恒等式

$$\sum_{j=0}^{m} \binom{m}{j} \binom{r}{j}^{-1} = \frac{r+1}{r+1-m}, \quad \text{整数} m \geq 0, \ r \notin \{0, \ 1, \ \cdots, \ m-1\}. \tag{5.33}$$

184

用 $-k-2$ 代替 r 就给出所要的展开式

$$S_m = \sum_{k \geq 0} \binom{n+k}{k} \binom{n}{k} \frac{(-1)^k}{k+1} \sum_{j \geq 0} \binom{m}{j} \binom{-k-2}{j}^{-1}.$$

现在 $(k+1)^{-1}$ 可以吸收到 $\binom{n}{k}$ 中，如计划的那样. 事实上，也可以把它吸收到 $\binom{-k-2}{j}^{-1}$ 之中. 双重吸收表明暗中可能会有更多的抵消. 是的，将新的求和项中的每一部分都展开成阶乘，并回到二项式系数，就给出了一个可以对 k 求和的公式：

$$S_m = \frac{m!n!}{(m+n+1)!} \sum_{j \geqslant 0} (-1)^j \binom{m+n+1}{n+1+j} \sum_k \binom{n+1+j}{k+j+1}\binom{-n-1}{k}$$

$$= \frac{m!n!}{(m+n+1)!} \sum_{j \geqslant 0} (-1)^j \binom{m+n+1}{n+1+j}\binom{j}{n}.$$

他们指望我们在一页便条纸上对此加以验证.

根据（5.24），对所有整数 j 求和的和式为零. 因此 $-S_m$ 是对应 $j < 0$ 时的和式.

为了对 $j < 0$ 计算 $-S_m$，我们用 $-k-1$ 代替 j 并对 $k \geqslant 0$ 求和：

$$S_m = \frac{m!n!}{(m+n+1)!} \sum_{k \geqslant 0} (-1)^k \binom{m+n+1}{n-k}\binom{-k-1}{n}$$

$$= \frac{m!n!}{(m+n+1)!} \sum_{k \leqslant n} (-1)^{n-k} \binom{m+n+1}{k}\binom{k-n-1}{n}$$

$$= \frac{m!n!}{(m+n+1)!} \sum_{k \leqslant n} (-1)^k \binom{m+n+1}{k}\binom{2n-k}{n}$$

$$= \frac{m!n!}{(m+n+1)!} \sum_{k \leqslant 2n} (-1)^k \binom{m+n+1}{k}\binom{2n-k}{n}.$$

最后应用（5.25），就得到答案：

$$S_m = (-1)^n \frac{m!n!}{(m+n+1)!}\binom{m}{n} = (-1)^n m^{\underline{n}} m^{\overline{-n-1}}.$$

我们最好还是验证一下. 当 $n = 2$ 时，得到

$$S_m = \frac{1}{m+1} - \frac{6}{m+2} + \frac{6}{m+3} = \frac{m(m-1)}{(m+1)(m+2)(m+3)}.$$

我们的推导要求 m 是一个整数，但是其结果对所有实数 m 都成立，因为量 $(m+1)^{\overline{n+1}} S_m$ 是关于 m 的次数 $\leqslant n$ 的多项式.

[185]

5.3   处理的技巧   TRICKS OF THE TRADE

接下来，我们观察三种技术，它们大大强化了我们已经学习过的一些方法.

技巧1：取一半

许多恒等式都包含一个任意实数 r. 当 r 为"整数减去二分之一"时，二项式系数 $\binom{r}{k}$ 可以写成外表很不相同的二项式系数的乘积. 这将会导致一类新的恒等式，它们极其容易处理.

这真应该称作1/2技巧.

研究这是如何奏效的一种方法是从**加倍公式**（duplication formula）

$$r^{\underline{k}}\left(r-\frac{1}{2}\right)^{\underline{k}} = (2r)^{\underline{2k}} / 2^{2k}，\quad \text{整数 } k \geqslant 0 \tag{5.34}$$

开始. 如果我们将下降幂展开并将左边的因子交替书写，则此恒等式就是显然的：

$$r\left(r-\frac{1}{2}\right)(r-1)\left(r-\frac{3}{2}\right)\cdots(r-k+1)\left(r-k+\frac{1}{2}\right)$$

$$=\frac{(2r)(2r-1)\cdots(2r-2k+1)}{2\times2\times\cdots\times2}.$$

现在我们可以在两边除以 $k!^2$，这就得到

$$\binom{r}{k}\binom{r-1/2}{k}=\binom{2r}{2k}\binom{2k}{k}\bigg/2^{2k}, \quad k \text{ 是整数}. \tag{5.35}$$

如果令 $k=r=n$，其中 n 是一个整数，这就得到

$$\binom{n-1/2}{n}=\binom{2n}{n}\bigg/2^{2n}, \quad n \text{ 是整数}. \tag{5.36}$$

而反转上指标又给出另外一个有用的公式：

$$\binom{-1/2}{n}=\left(\frac{-1}{4}\right)^n\binom{2n}{n}, \quad n \text{ 是整数}. \tag{5.37}$$

……我们对半分……

例如，当 $n=4$ 时有

$$\binom{-1/2}{4}=\frac{(-1/2)(-3/2)(-5/2)(-7/2)}{4!}$$

$$=\left(\frac{-1}{2}\right)^4\frac{1\times3\times5\times7}{1\times2\times3\times4}$$

$$=\left(\frac{-1}{4}\right)^4\frac{1\times3\times5\times7\times2\times4\times6\times8}{1\times2\times3\times4\times1\times2\times3\times4}=\left(\frac{-1}{4}\right)^4\binom{8}{4}.$$

注意我们是如何将奇数的乘积变成阶乘的.

恒等式（5.35）有一个有趣的推论. 设 $r=\frac{1}{2}n$，并对所有整数 k 求和. 根据（5.23），其结果就是

$$\sum_k\binom{n}{2k}\binom{2k}{k}2^{-2k}=\sum_k\binom{n/2}{k}\binom{(n-1)/2}{k}$$

$$=\binom{n-1/2}{\lfloor n/2\rfloor}, \quad \text{整数 } n\geqslant0, \tag{5.38}$$

因为要么 $n/2$ 等于 $\lfloor n/2\rfloor$，要么 $(n-1)/2$ 等于 $\lfloor n/2\rfloor$，这是一个非负整数！

我们还可以利用范德蒙德卷积（5.27）来导出

$$\sum_k\binom{-1/2}{k}\binom{-1/2}{n-k}=\binom{-1}{n}=(-1)^n, \quad \text{整数 } n\geqslant0.$$

将（5.37）的值代入就给出

$$\binom{-1/2}{k}\binom{-1/2}{n-k}=\left(\frac{-1}{4}\right)^k\binom{2k}{k}\left(\frac{-1}{4}\right)^{n-k}\binom{2(n-k)}{n-k}$$

$$= \frac{(-1)^n}{4^n}\binom{2k}{k}\binom{2n-2k}{n-k};$$

这就是和为 $(-1)^n$ 者. 因此我们就有一个关于帕斯卡三角形的 "中间的" 元素的惊人性质:

$$\sum_k \binom{2k}{k}\binom{2n-2k}{n-k} = 4^n, \quad \text{整数 } n \geqslant 0 \ . \tag{5.39}$$

例如, $\binom{0}{0}\binom{6}{3} + \binom{2}{1}\binom{4}{2} + \binom{4}{2}\binom{2}{1} + \binom{6}{3}\binom{0}{0} = 1\times20 + 2\times6 + 6\times2 + 20\times1 = 64 = 4^3$.

对第一个技巧的这些阐释表明了, 明智的做法是将形如 $\binom{2k}{k}$ 的二项式系数改变成形如 $\binom{n-1/2}{k}$ 的二项式系数, 其中 n 是某个适当的整数 (通常是0、1或者 k), 这样所得到的公式可能会简单得多.

技巧2: 高阶差分

我们早先看到了, 有可能计算级数 $\binom{n}{k}(-1)^k$ 而不是 $\binom{n}{k}$ 的部分和. 事实表明, 带有交错符号的二项式系数 $\binom{n}{k}(-1)^k$ 有许多重要的应用. 其中一个原因是: 这样的系数与2.6节中定义的差分算子 Δ 有密切的关系.

函数 f 在点 x 的差分 Δf 是

$$\Delta f(x) = f(x+1) - f(x);$$

如果再次应用 Δ, 我们就得到二阶差分

$$\begin{aligned}\Delta^2 f(x) = \Delta f(x+1) - \Delta f(x) &= \big(f(x+2) - f(x+1)\big) - \big(f(x+1) - f(x)\big)\\ &= f(x+2) - 2f(x+1) + f(x),\end{aligned}$$

这与二阶导数类似. 类似地, 我们有

$$\Delta^3 f(x) = f(x+3) - 3f(x+2) + 3f(x+1) - f(x),$$
$$\Delta^4 f(x) = f(x+4) - 4f(x+3) + 6f(x+2) - 4f(x+1) + f(x);$$

如此等等. 带有交错符号的二项式系数出现在这些公式之中.

一般来说, n 阶差分是

$$\Delta^n f(x) = \sum_k \binom{n}{k}(-1)^{n-k} f(x+k), \quad \text{整数 } n \geqslant 0 \ . \tag{5.40}$$

这个公式容易用归纳法证明, 但是, 还有一个很好的方法可以直接证明它, 就是利用初等算子理论. 回想2.6节我们曾经用规则

$$Ef(x) = f(x+1)$$

定义了平移算子 E, 从而算子 Δ 就是 $E-1$, 其中1是由法则 $1f(x) = f(x)$ 定义的恒等算子. 根据二项式定理,

$$\Delta^n = (E-1)^n = \sum_k \binom{n}{k} E^k (-1)^{n-k}.$$

这是一个以算子作为元素的等式，它等价于（5.40），因为 E^k 就是将 $f(x)$ 变成 $f(x+k)$ 的算子.

当我们考虑负的下降幂时，就会出现一个有趣而重要的情形. 设 $f(x) = (x-1)^{-1} = 1/x$. 那么，根据法则（2.45）就有 $\Delta f(x) = (-1)(x-1)^{-2}$，$\Delta^2 f(x) = (-1)(-2)(x-1)^{-3}$，一般地有

$$\Delta^n \left((x-1)^{-1} \right) = (-1)^n (x-1)^{-n-1} = (-1)^n \frac{n!}{x(x+1)\cdots(x+n)}.$$

现在等式（5.40）告诉我们

$$\sum_k \binom{n}{k} \frac{(-1)^k}{x+k} = \frac{n!}{x(x+1)\cdots(x+n)} = x^{-1} \binom{x+n}{n}^{-1}, \quad x \notin \{0, -1, \cdots, -n\}. \tag{5.41}$$

$\boxed{188}$

例如，

$$\frac{1}{x} - \frac{4}{x+1} + \frac{6}{x+2} - \frac{4}{x+3} + \frac{1}{x+4}$$

$$= \frac{4!}{x(x+1)(x+2)(x+3)(x+4)} = 1 \bigg/ x \binom{x+4}{4}.$$

（5.41）中的这个和式就是 $n! / \big(x(x+1)\cdots(x+n) \big)$ 的部分分式展开.

从正的下降幂也能得到有意义的结果. 如果 $f(x)$ 是一个 d 次多项式，则差分 $\Delta f(x)$ 是一个 $d-1$ 次多项式，于是 $\Delta^d f(x)$ 是一个常数，而当 $n > d$ 时有 $\Delta^n f(x) = 0$. 这个极端重要的事实简化了许多公式.

更仔细的观察能得到更多的信息. 设

$$f(x) = a_d x^d + a_{d-1} x^{d-1} + \cdots + a_1 x^1 + a_0 x^0$$

是任意一个 d 次多项式. 在第6章里我们将会看到，能将通常幂表示成为下降幂的和式（例如，$x^2 = x^{\underline{2}} + x^{\underline{1}}$）. 从而存在系数 $b_d, b_{d-1}, \cdots, b_1, b_0$，使得

$$f(x) = b_d x^{\underline{d}} + b_{d-1} x^{\underline{d-1}} + \cdots + b_1 x^{\underline{1}} + b_0 x^{\underline{0}}.$$

（事实表明 $b_d = a_d$ 且 $b_0 = a_0$，但是介于它们之间的系数以更为复杂的方式联系在一起.）对 $0 \leqslant k \leqslant d$ 设 $c_k = k! b_k$. 那么

$$f(x) = c_d \binom{x}{d} + c_{d-1} \binom{x}{d-1} + \cdots + c_1 \binom{x}{1} + c_0 \binom{x}{0};$$

从而，任何多项式都可以表示成二项式系数的倍数之和. 这样一个展开式称为 $f(x)$ 的**牛顿级数**，因为艾萨克·牛顿广泛地使用过它.

在这一章的前面我们曾经注意到，加法公式意味着

$$\Delta \left(\binom{x}{k} \right) = \binom{x}{k-1}.$$

这样一来，根据归纳法，牛顿级数的 n 阶差分是非常简单的：

$$\Delta^n f(x) = c_d \binom{x}{d-n} + c_{d-1} \binom{x}{d-1-n} + \cdots + c_1 \binom{x}{1-n} + c_0 \binom{x}{-n}.$$

如果现在令 $x=0$，那么除了满足 $k-n=0$ 的项之外，右边所有的项 $c_k \binom{x}{k-n}$ 都是零. 从而

189

$$\Delta^n f(0) = \begin{cases} c_n, & n \le d; \\ 0, & n > d. \end{cases}$$

于是 $f(x)$ 的牛顿级数就是

$$f(x) = \Delta^d f(0) \binom{x}{d} + \Delta^{d-1} f(0) \binom{x}{d-1} + \cdots + \Delta f(0) \binom{x}{1} + f(0) \binom{x}{0}.$$

例如，假设 $f(x) = x^3$. 容易计算出

$$f(0) = 0, \quad f(1) = 1, \quad f(2) = 8, \quad f(3) = 27;$$
$$\Delta f(0) = 1, \quad \Delta f(1) = 7, \quad \Delta f(2) = 19;$$
$$\Delta^2 f(0) = 6, \quad \Delta^2 f(1) = 12;$$
$$\Delta^3 f(0) = 6.$$

所以其牛顿级数是 $x^3 = 6\binom{x}{3} + 6\binom{x}{2} + 1\binom{x}{1} + 0\binom{x}{0}$.

对 $x=0$ 利用（5.40），公式 $\Delta^n f(0) = c_n$ 也可以表述成下面的方式：

$$\sum_k \binom{n}{k} (-1)^k \left(c_0 \binom{k}{0} + c_1 \binom{k}{1} + c_2 \binom{k}{2} + \cdots \right) = (-1)^n c_n, \quad \text{整数 } n \ge 0.$$

这里 $\langle c_0, c_1, c_2, \cdots \rangle$ 是一个任意的系数序列，对所有 $k \ge 0$，无限和式 $c_0 \binom{k}{0} + c_1 \binom{k}{1} + c_2 \binom{k}{2} + \cdots$ 实际上都是有限的，所以收敛性不成问题. 特别地，我们可以证明重要的恒等式

$$\sum_k \binom{n}{k} (-1)^k \left(a_0 + a_1 k + \cdots + a_n k^n \right) = (-1)^n n! \, a_n, \quad \text{整数 } n \ge 0, \tag{5.42}$$

因为多项式 $a_0 + a_1 k + \cdots + a_n k^n$ 总可以写成牛顿级数 $c_0 \binom{k}{0} + c_1 \binom{k}{1} + \cdots + c_n \binom{k}{n}$ （其中 $c_n = n! \, a_n$）.

许多初看起来毫无希望求解的和式，实际上可以利用 n 阶差分的思想几乎不费什么力气就能求和. 例如，我们来考虑恒等式

$$\sum_k \binom{n}{k} \binom{r-sk}{n} (-1)^k = s^n, \quad \text{整数 } n \ge 0. \tag{5.43}$$

这看起来真不错，因为它与我们迄今所见过的任何恒等式都迥然不同. 但是，一旦我们注意到求和项中对问题有影响的因子 $\binom{n}{k} (-1)^k$，实际上就容易理解了，因为函数

$$f(k) = \binom{r-sk}{n} = \frac{1}{n!}(-n)^n s^n k^n + \cdots = (-1)^n s^n \binom{k}{n} + \cdots$$

190

是关于 k 的一个 n 次多项式, 其首项系数为 $(-1)^n s^n / n!$. 于是 (5.43) 不过就是 (5.42) 的一个应用而已.

我们在假设 $f(x)$ 是一个多项式的条件下讨论了牛顿级数, 还看到了无穷的牛顿级数

$$f(x) = c_0 \binom{x}{0} + c_1 \binom{x}{1} + c_2 \binom{x}{2} + \cdots$$

也是有意义的, 因为当 x 是非负整数时, 这样的和式总是有限的. 正如在多项式的情形一样, 我们对公式 $\Delta^n f(0) = c_n$ 的推导在无限的情形依然成立, 所以我们有一般的恒等式

$$f(x) = f(0)\binom{x}{0} + \Delta f(0)\binom{x}{1} + \Delta^2 f(0)\binom{x}{2} + \Delta^3 f(0)\binom{x}{3} + \cdots, \quad \text{整数 } x \geq 0. \quad (5.44)$$

这个公式对任何定义在非负整数 x 上的函数 $f(x)$ 都成立. 此外, 如果右边对其他的 x 的值收敛, 它就以一种自然的方式定义了"插入" $f(x)$ 的函数. (有无穷多种方式插入函数值, 所以我们不可能断言 (5.44) 对所有使得该无穷级数收敛的 x 均为真. 例如, 如果我们令 $f(x) = \sin(\pi x)$, 则在所有整数点处都有 $f(x) = 0$, 所以 (5.44) 的右边恒为零, 但是其左边在所有非整数的 x 处都不等于零.)

牛顿级数是有限微积分对无限微积分中的泰勒级数的回应. 恰如泰勒级数可以写成

$$g(a+x) = \frac{g(a)}{0!}x^0 + \frac{g'(a)}{1!}x^1 + \frac{g''(a)}{2!}x^2 + \frac{g'''(a)}{3!}x^3 + \cdots$$

一样, $f(x) = g(a+x)$ 的牛顿级数也可以写成

$$g(a+x) = \frac{g(a)}{0!}x^0 + \frac{\Delta g(a)}{1!}x^1 + \frac{\Delta^2 g(a)}{2!}x^2 + \frac{\Delta^3 g(a)}{3!}x^3 + \cdots. \quad (5.45)$$

(由于 $E = 1 + \Delta$, $E^x = \sum_k \binom{x}{k}\Delta^k$, $E^x g(a) = g(a+x)$.)

(这与 (5.44) 相同, 因为当 $f(x) = g(a+x)$ 时对所有 $n \geq 0$ 都有 $\Delta^n f(0) = \Delta^n g(a)$.) 当 g 是一个多项式或者当 $x = 0$ 时, 泰勒级数和牛顿级数都是有限的. 此外, 当 x 是正整数时, 牛顿级数是有限的. 而在相反的情形, 这个和式对特殊的 x 的值有可能收敛, 也有可能不收敛. 如果当 x 不是非负整数时牛顿级数收敛, 它实际上也可能收敛于一个**异于** $g(a+x)$ 的值, 因为牛顿级数 (5.45) 仅仅依赖于间隔开的函数值 $g(a), g(a+1), g(a+2), \cdots$.

191

二项式定理提供了收敛的牛顿级数的一个例子. 设 $g(x) = (1+z)^x$, 其中 z 是一个固定的复数, 它满足 $|z| < 1$. 那么 $\Delta g(x) = (1+z)^{x+1} - (1+z)^x = z(1+z)^x$, 故而 $\Delta^n g(x) = z^n(1+z)^x$. 在这种情形, 无穷的牛顿级数

$$g(a+x) = \sum_n \Delta^n g(a)\binom{x}{n} = (1+z)^a \sum_n \binom{x}{n} z^n$$

对所有的 x 都收敛于"正确的"值 $(1+z)^{a+x}$.

詹姆斯·斯特林曾试图利用牛顿级数来将阶乘函数推广到非整数的值. 首先他找到了系数 S_n, 使得

$$x! = \sum_n S_n \binom{x}{n} = S_0 \binom{x}{0} + S_1 \binom{x}{1} + S_2 \binom{x}{2} + \cdots \tag{5.46}$$

是对 $x=0, x=1, x=2, \cdots$ 成立的恒等式. 但是他发现, 得到的级数除了当 x 是非负整数之外均不收敛. 所以他再次尝试, 这一次他记

$$\ln x! = \sum_n s_n \binom{x}{n} = s_0 \binom{x}{0} + s_1 \binom{x}{1} + s_2 \binom{x}{2} + \cdots. \tag{5.47}$$

现在 $\Delta(\ln x!) = \ln(x+1)! - \ln x! = \ln(x+1)$, 从而由 (5.40) 有

$$
\begin{aligned}
s_n &= \Delta^n(\ln x!)\big|_{x=0} \\
&= \Delta^{n-1}(\ln(x+1))\big|_{x=0} \\
&= \sum_k \binom{n-1}{k}(-1)^{n-1-k}\ln(k+1).
\end{aligned}
$$

于是其系数就是 $s_0 = s_1 = 0$, $s_2 = \ln 2$, $s_3 = \ln 3 - 2\ln 2 = \ln\dfrac{3}{4}$, $s_4 = \ln 4 - 3\ln 3 + 3\ln 2 = \ln\dfrac{32}{27}$ 等. 按照这种方法, 斯特林得到了一个的确收敛的级数 (尽管他没有证明这点). 实际上, 他的级数对所有 $x > -1$ 都收敛. 这样他就能满意地计算出 $\dfrac{1}{2}!$. 习题88讲述了余下的故事.

> "由于这些项增加得非常快, 它们的差也将构成一个发散的级数, 它阻碍了抛物线的纵坐标趋向于真实; 于是在这种及类似的情形中, 我插入这些项的对数, 它们的差构成一个收敛得很快的级数."
> ——斯特林[343]

> (直到19世纪才建立了收敛性的证明.)

技巧3：反演

我们刚刚对牛顿级数所得到的法则 (5.45) 的一种特殊情形, 可以用下面的方式改写:

$$g(n) = \sum_k \binom{n}{k}(-1)^k f(k) \Leftrightarrow f(n) = \sum_k \binom{n}{k}(-1)^k g(k). \tag{5.48}$$

192

f 和 g 之间的这种对偶关系称为**反演公式** (inversion formula), 它有点像我们在第4章里遇到的默比乌斯反演公式 (4.56) 和 (4.61). 反演公式告诉我们如何求解 "隐式递归式", 其中一个未知的序列嵌入在一个和式中.

> 对它做反演:
> "zınb ppo".

例如, $g(n)$ 可能是一个已知的函数, 而 $f(n)$ 则可能是未知的, 我们或许找到了一种方法来证明 $g(n) = \sum_k \binom{n}{k}(-1)^k f(k)$. 这样, (5.48) 就使得我们可以将 $f(n)$ 表示成已知数值的和式.

利用本章开头的基本方法, 我们能直接证明 (5.48). 如果对所有 $n \geqslant 0$ 有 $g(n) = \sum_k \binom{n}{k}(-1)^k f(k)$, 那么

$$\sum_k \binom{n}{k}(-1)^k g(k) = \sum_k \binom{n}{k}(-1)^k \sum_j \binom{k}{j}(-1)^j f(j)$$

$$= \sum_j f(j) \sum_k \binom{n}{k}(-1)^{k+j} \binom{k}{j}$$

$$= \sum_j f(j) \sum_k \binom{n}{j}(-1)^{k+j} \binom{n-j}{k-j}$$

$$= \sum_j f(j) \binom{n}{j} \sum_k (-1)^k \binom{n-j}{k}$$

$$= \sum_j f(j) \binom{n}{j} [n-j=0] = f(n).$$

当然, 另一个方向的证明是同样的, 因为 f 与 g 之间的这种关系是对称的.

我们将它应用于 "足球胜利问题", 以此作为例子对 (5.48) 加以描述. 获胜足球队的 n 个球迷将他们的帽子高高抛向空中, 这些帽子随机落下来, 每一顶帽子落向这 n 个球迷中的一个. 有多少种方式 $h(n,k)$ 使得恰好有 k 个球迷得到他们自己的帽子?

例如, 如果 $n=4$ 且帽子和球迷被命名为 A,B,C,D, 帽子落下的 $4! = 24$ 种方式生成了下面的合法拥有者的个数:

ABCD	4	BACD	2	CABD	1	DABC	0
ABDC	2	BADC	0	CADB	0	DACB	1
ACBD	2	BCAD	1	CBAD	2	DBAC	1
ACDB	1	BCDA	0	CBDA	1	DACA	2
ADBC	1	BDAC	0	CDAB	0	DCAB	0
ADCB	2	BDCA	1	CDBA	0	DCBA	0

于是 $h(4,4) = 1$; $h(4,3) = 0$; $h(4,2) = 6$; $h(4,1) = 8$; $h(4,0) = 9$.

注意, 选取 k 个幸运的帽子拥有者的方法数 (即 $\binom{n}{k}$) 乘以剩下的 $n-k$ 顶帽子均回不到其合法拥有者手中的方法数, 即 $h(n-k,0)$, 我们就能确定 $h(n,k)$ 的值. 如果一个排列移动了每一项, 那么这个排列称为**重排** (derangement), n 个物体的重排个数有时就用符号 "n_i" 来表示, 读作 "n 倒阶乘" (n subfactorial). 于是 $h(n-k,0) = (n-k)_i$, 我们就有一般的公式

$$h(n,k) = \binom{n}{k} h(n-k,0) = \binom{n}{k}(n-k)_i.$$

(倒阶乘记号并非是标准的, 也并不是一个好想法, 不过让我们尝试用它一段时间, 看看能否逐渐喜欢上它. 如果 "n_i" 不合适, 我们总可以求助于 "D_n" 或者其他什么东西.)

如果对 n_i 有一个封闭形式, 我们的问题就能解决, 所以来看看我们能发现什么. 有一个得到递归式的简便方法, 因为对所有的 k, $h(n,k)$ 的和式就是 n 顶帽子的排列总数:

193

$$n! = \sum_k h(n,k) = \sum_k \binom{n}{k}(n-k)_i = \sum_k \binom{n}{k}k_i, \quad \text{整数 } n \geqslant 0. \tag{5.49}$$

（在最后一步我们将 k 变成了 $n-k$，将 $\binom{n}{n-k}$ 变成了 $\binom{n}{k}$.）利用这个隐式递归式，我们可以计算所有想要的 $h(n,k)$：

n	$h(n,0)$	$h(n,1)$	$h(n,2)$	$h(n,3)$	$h(n,4)$	$h(n,5)$	$h(n,6)$
0	1						
1	0	1					
2	1	0	1				
3	2	3	0	1			
4	9	8	6	0	1		
5	44	45	20	10	0	1	
6	265	264	135	40	15	0	1

例如，这里给出怎样计算 $n=4$ 这一行的过程：最右边两个数字是显然的——恰只有一种方法使所有的帽子正确地落到其所有者头上，且没有任何方法能使得正好有三项帽子落到其所有者的头上.（那第四个球迷得到谁的帽子呢？）当 $k=2$ 以及 $k=1$ 时，我们可以利用关于 $h(n,k)$ 的等式给出 $h(4,2) = \binom{4}{2}h(2,0) = 6 \times 1 = 6$ 以及 $h(4,1) = \binom{4}{1}h(3,0) = 4 \times 2 = 8$. 对 $h(4,0)$ 我们无法利用这个等式；说得更准确些，我们可以用这个等式，但是它给出 $h(4,0) = \binom{4}{0}h(4,0)$，此式为真但无用. 另取一法，我们可以利用关系式 $h(4,0) + 8 + 6 + 0 + 1 = 4!$ 得出 $h(4,0) = 9$，这就是 4_i 的值. 类似地，n_i 依赖于 k_i 的值（$k<n$）.

与生活的艺术相同，数学的艺术是知道哪些真理是无用的.

我们怎样来求解像（5.49）这样的递归式呢？这很容易：它有（5.48）的形式，在其中取 $g(n)=n!$ 以及 $f(k)=(-1)^k k_i$. 故而其解为

$$n_i = (-1)^n \sum_k \binom{n}{k}(-1)^k k!.$$

不过，这并不真的是解；它是一个和式，如果有可能应该表达成封闭形式. 不过它比递归式要更好. 这个和式可以简化，因为 $k!$ 可以和 $\binom{n}{k}$ 中一个隐藏的 $k!$ 抵消，所以我们来尝试这样做，得到

$$n_i = \sum_{0 \leqslant k \leqslant n} \frac{n!}{(n-k)!}(-1)^{n+k} = n! \sum_{0 \leqslant k \leqslant n} \frac{(-1)^k}{k!}. \tag{5.50}$$

剩下的这个和式快速收敛于 $\sum_{k \geqslant 0}(-1)^k / k! = e^{-1}$. 事实上，从这个和式中被排除的项是

$$n! \sum_{k>n} \frac{(-1)^k}{k!} = \frac{(-1)^{n+1}}{n+1} \sum_{k \geqslant 0}(-1)^k \frac{(n+1)!}{(k+n+1)!}$$

$$= \frac{(-1)^{n+1}}{n+1}\left(1 - \frac{1}{n+2} + \frac{1}{(n+2)(n+3)} - \cdots\right),$$

而括号中的量介于1和$1-\dfrac{1}{n+2}=\dfrac{n+1}{n+2}$之间. 于是，$n_i$ 与 $n!/e$ 之间的差的绝对值大约是 $1/n$; 更精确地说，它介于 $1/(n+1)$ 与 $1/(n+2)$ 之间. 但 n_i 是一个整数. 于是，如果 $n>0$，那么它必定就是我们将 $n!/e$ 舍入到最近的整数时所得到的数. 这样就得到了所求的封闭形式：

$$n_i = \left\lfloor \frac{n!}{e} + \frac{1}{2} \right\rfloor + [n=0].\qquad (5.51)$$

棒球迷：0.367也是 Ty Cobb职业生涯的平均击球率，这是一个空前的纪录. 这会是一个巧合吗？

〔嗨，等一等，你夸大了事实. Cobb的平均击球率是 $4191/11429 \approx 0.366\ 699$，而 $1/e \approx 0.367\ 879$. 不过，如果 Wade Boggs有几个真正好的赛季，或许……〕

这就是没有任何球迷得到属于自己的帽子的方法数. 当 n 很大时，知道这个事件发生的概率更有意义. 如果我们假设那 $n!$ 种排列中的每一个都是等可能的——因为帽子被抛得极高——这个概率是

$$\frac{n_i}{n!} = \frac{n!/e + O(1)}{n!} \sim \frac{1}{e} = 0.367\cdots.$$

故当 n 变大时所有帽子没回到其合法拥有者手中的概率接近于37%.

顺便要提及的是，倒阶乘的递归式（5.49）恰好与（5.46）相同，这是斯特林在试图推广阶乘函数时所考虑过的第一个递归式. 因此 $S_k = k_i$. 这些系数是如此巨大，毫不奇怪，无穷级数（5.46）对非整数的 x 发散.

在结束这个问题之前，我们简要地介绍两个有趣的模式，它们是在小的 $h(n,k)$ 的表中跳入我们眼帘的. 首先，看起来在表中全由数字0组成的对角线的下方的数 $1,3,6,10,15,\cdots$ 就是三角形数. 这个观察到的事实容易证明，由于表中那些元素都是 $h(n,n-2)$ 的值，故我们有

$$h(n,n-2) = \binom{n}{n-2} 2_i = \binom{n}{2}.$$

又看起来前面两列的数相差 ±1 . 这是否总是正确的呢？是的，

$$h(n,0) - h(n,1) = n_i - n(n-1)_i$$
$$= \left(n! \sum_{0 \leq k \leq n} \frac{(-1)^k}{k!} \right) - \left(n(n-1)! \sum_{0 \leq k \leq n-1} \frac{(-1)^k}{k!} \right)$$
$$= n! \frac{(-1)^n}{n!} = (-1)^n.$$

换句话说，$n_i = n(n-1)_i + (-1)^n$. 对于重排数来说，这是一个比我们以前得到的所有递归式都要简单得多的递归式.

但是递温层(inversion)是有害烟雾的来源.

现在我们来做反演（invertion）. 如果我们对在（5.41）中得到的公式

$$\sum_k \binom{n}{k} \frac{(-1)^k}{x+k} = \frac{1}{x} \binom{x+n}{n}^{-1}$$

做反演，就得到

$$\frac{x}{x+n} = \sum_{k \geq 0} \binom{n}{k} (-1)^k \binom{x+k}{k}^{-1}.$$

195

这个结果很有意思，但并不是真正意义上的新结果. 如果我们在 $\binom{x+k}{k}$ 中反转上指标，不过是再次发现了恒等式（5.33）.

5.4 生成函数   GENERATING FUNCTIONS

现在我们来讨论整本书中最重要的思想，即**生成函数**（generating function）的概念. 我们希望用某种方式处理的一个无限序列 $\langle a_0, a_1, a_2, \cdots \rangle$，可以很方便地表示成一个辅助变量 z 的**幂级数**（power series）

$$A(z) = a_0 + a_1 z + a_2 z^2 + \cdots = \sum_{k \geqslant 0} a_k z^k. \tag{5.52}$$

用字母 z 作为这个辅助变量的名字是合适的，因为我们经常要把 z 看成是复数. 复变函数论在其公式中习惯用 "z"，幂级数（又称为解析函数或者全纯函数）是这个理论的中心议题.

[196]

在接下来的几章里我们将会看到许多生成函数. 的确，整个第7章都在讨论它们. 我们现在的目标是直接引入基本概念，展示生成函数与二项式系数研究之间的关系.

生成函数是有用的，因为它是表示整个无限序列的单个量. 我们常常建立一个或者多个生成函数，然后操控这些函数，直到了解许多关于它们的知识，最后再来观察系数，从而求解问题. 凭着小小的运气，我们将会知道有关这种函数的足够多的知识，从而明白对于它的系数我们需要了解什么.

如果 $A(z)$ 是任意一个幂级数 $\sum_{k \geqslant 0} a_k z^k$，我们将会发现记

（关于这个概念的历史和用途的讨论，见参考文献[223].）

$$[z^n]A(z) = a_n \tag{5.53}$$

是很方便的；换言之，$[z^n]A(z)$ 表示 $A(z)$ 中 z^n 的系数.

如同（5.52），设 $A(z)$ 是 $\langle a_0, a_1, a_2, \cdots \rangle$ 的生成函数，$B(z)$ 是另一个序列 $\langle b_0, b_1, b_2, \cdots \rangle$ 的生成函数，那么乘积 $A(z)B(z)$ 就是幂级数

$$(a_0 + a_1 z + a_2 z^2 + \cdots)(b_0 + b_1 z + b_2 z^2 + \cdots)$$
$$= a_0 b_0 + (a_0 b_1 + a_1 b_0)z + (a_0 b_2 + a_1 b_1 + a_2 b_0)z^2 + \cdots;$$

这个乘积中 z^n 的系数是

$$a_0 b_n + a_1 b_{n-1} + \cdots + a_n b_0 = \sum_{k=0}^{n} a_k b_{n-k}.$$

这样一来，如果想要计算任何一个具有一般形式

$$c_n = \sum_{k=0}^{n} a_k b_{n-k} \tag{5.54}$$

的和式，而且知道生成函数 $A(z)$ 和 $B(z)$，我们就有

$$c_n = [z^n]A(z)B(z).$$

由（5.54）所定义的序列 $\langle c_n \rangle$ 称为序列 $\langle a_n \rangle$ 和 $\langle b_n \rangle$ 的**卷积**（convolution），两个序列的下标相加等于一个给定量的所有项乘积之和，就得到它们的"卷积"。前面的主要内容就是与其生成函数的乘法相对应的序列的卷积。

生成函数提供了强有力的方法来发现和证明恒等式。例如，二项式定理告诉我们 $(1+z)^r$ 是序列 $\left\langle \binom{r}{0}, \binom{r}{1}, \binom{r}{2}, \cdots \right\rangle$ 的生成函数：

$$(1+z)^r = \sum_{k \geq 0} \binom{r}{k} z^k.$$

类似地，

$$(1+z)^s = \sum_{k \geq 0} \binom{s}{k} z^k.$$

如果将这些等式相乘，我们就得到另外一个生成函数：

$$(1+z)^r (1+z)^s = (1+z)^{r+s}$$

现在激动人心的时刻到了：让这个等式两边 z^n 的系数相等就给出

$$\sum_{k=0}^{n} \binom{r}{k} \binom{s}{n-k} = \binom{r+s}{n}.$$

我们就发现了范德蒙德卷积（5.27）!。

(5.27)!
=(5.27)(4.27)(3.27)
(2.27)(1.27)(0.27)!.

这种做法既优美也很容易，我们再尝试另外一个。这一次我们用 $(1-z)^r$，它是序列 $\left\langle (-1)^n \binom{r}{n} \right\rangle = \left\langle \binom{r}{0}, -\binom{r}{1}, \binom{r}{2}, \cdots \right\rangle$ 的生成函数。用 $(1+z)^r$ 来乘就得出另外一个生成函数，这个生成函数的系数是我们已知的：

$$(1-z)^r (1+z)^r = (1-z^2)^r.$$

现在让两边 z^n 的系数相等就给出等式

$$\sum_{k=0}^{n} \binom{r}{k} \binom{r}{n-k} (-1)^k = (-1)^{n/2} \binom{r}{n/2} [n\text{是偶数}]. \tag{5.55}$$

我们应该用一两个小数值对此进行检查。例如，当 $n=3$ 时结果是

$$\binom{r}{0}\binom{r}{3} - \binom{r}{1}\binom{r}{2} + \binom{r}{2}\binom{r}{1} - \binom{r}{3}\binom{r}{0} = 0.$$

每一个正的项都和一个对应的负的项相互抵消。而且只要 n 为奇数（在这样的情形下和式并不令人感兴趣），就会发生同样的事情。但是当 n 是偶数（例如 $n=2$ 时），我们得到一个与范德蒙德卷积不同的非平凡的和式：

$$\binom{r}{0}\binom{r}{2} - \binom{r}{1}\binom{r}{1} + \binom{r}{2}\binom{r}{0} = 2\binom{r}{2} - r^2 = -r.$$

所以 $n=2$ 时，（5.55）也成立。事实证明，（5.30）是新恒等式（5.55）的一个特殊情形。

二项式系数也出现在其他一些生成函数之中，最值得注意的是下面两个重要的恒等式，其中下指标保持不动而上指标变化：

$$\frac{1}{(1-z)^{n+1}} = \sum_{k\geq 0}\binom{n+k}{n}z^k，\text{ 整数 } n\geq 0；\qquad(5.56)$$

$$\frac{z^n}{(1-z)^{n+1}} = \sum_{k\geq 0}\binom{k}{n}z^k，\text{ 整数 } n\geq 0.\qquad(5.57)$$

如果你有一支荧光笔，应该将这两个等式做上记号.

这里的第二个等式恰好是第一个等式乘以 z^n，也就是说"向右移动" n 位. 第一个恒等式正好是稍加变形的二项式定理的一个特殊情形：如果我们用（5.13）展开 $(1-z)^{-n-1}$，则 z^k 的系数是 $\binom{-n-1}{k}(-1)^k$，它可以通过反转上指标改写成 $\binom{k+n}{k}$ 或者 $\binom{n+k}{n}$. 这些特殊情形值得特别关注，因为它们在应用中出现得如此频繁.

当 $n=0$ 时，我们得到特殊情形的一个特例，即几何级数：

$$\frac{1}{1-z} = 1 + z + z^2 + z^3 + \cdots = \sum_{k\geq 0}z^k.$$

这是序列 $\langle 1,1,1,\cdots\rangle$ 的生成函数，它特别有用，因为其他任何序列与这个序列的卷积都是和式的序列：当对所有 k 都有 $b_k = 1$ 时，（5.54）就转化为

$$c_n = \sum_{k=0}^{n}a_k.$$

这样一来，如果 $A(z)$ 是求和项 $\langle a_0, a_1, a_2, \cdots\rangle$ 的生成函数，那么 $A(z)/(1-z)$ 就是和式 $\langle c_0, c_1, c_2, \cdots\rangle$ 的生成函数.

我们在与帽子和足球迷相关联的问题中用反演法解决了的重排问题，也能以一种有趣的方式用生成函数再次获得解答. 基本递归式

199

$$n! = \sum_k \binom{n}{k}(n-k)_{\mathrm{i}}$$

可以表达成卷积的形式，如果我们将 $\binom{n}{k}$ 展开成阶乘并在两边用 $n!$ 除：

$$1 = \sum_{k=0}^{n}\frac{1}{k!}\frac{(n-k)_{\mathrm{i}}}{(n-k)!}.$$

序列 $\left\langle \frac{1}{0!}, \frac{1}{1!}, \frac{1}{2!}, \cdots\right\rangle$ 的生成函数就是 e^z. 所以，如果令

$$D(z) = \sum_{k\geq 0}\frac{k_{\mathrm{i}}}{k!}z^k，$$

则由卷积（递归式）知

$$\frac{1}{1-z} = e^z D(z).$$

对 $D(z)$ 求解就给出

$$D(z) = \frac{1}{1-z}\mathrm{e}^{-z} = \frac{1}{1-z}\left(\frac{1}{0!}z^0 - \frac{1}{1!}z^1 + \frac{1}{2!}z^2 + \cdots\right).$$

现在让 z^n 的系数相等就得到

$$\frac{n_{\mathrm{i}}}{n!} = \sum_{k=0}^{n}\frac{(-1)^k}{k!} \ ;$$

这是我们早先曾经用反演法得到的公式.

到目前为止, 我们对生成函数的探索已经对于我们用更加笨拙的方法获得的一些已知结果给出了巧妙的证明. 但是除了（5.55）, 我们还没有用生成函数得到任何新的结果. 现在我们已经准备好得出某些新的更加惊人的结果. 有两类幂级数, 它们能产生出特别丰富的关于二项式系数的恒等式. 我们来定义**广义二项级数**（generalized binomial series）$\mathcal{B}_t(z)$ 以及**广义指数级数**（generalized exponential series）$\mathcal{E}_t(z)$ 如下:

$$\mathcal{B}_t(z) = \sum_{k\geq0}(tk)^{k-1}\frac{z^k}{k!} \ ; \quad \mathcal{E}_t(z) = \sum_{k\geq0}(tk+1)^{k-1}\frac{z^k}{k!}. \tag{5.58}$$

我们将在7.5节里证明: 这些函数满足恒等式

$$\mathcal{B}_t(z)^{1-t} - \mathcal{B}_t(z)^{-t} = z \ ; \quad \mathcal{E}_t(z)^{-t}\ln\mathcal{E}_t(z) = z. \tag{5.59}$$

在 $t=0$ 的特殊情形下, 我们有

$$\mathcal{B}_0(z) = 1+z \ ; \quad \mathcal{E}_0(z) = \mathrm{e}^z.$$

这就解释了为什么带有参数 t 的级数称为"广义"二项级数以及指数级数.

下面两对恒等式对所有实数 r 都成立:

$$\mathcal{B}_t(z)^r = \sum_{k\geq0}\binom{tk+r}{k}\frac{r}{tk+r}z^k \ ;$$

$$\mathcal{E}_t(z)^r = \sum_{k\geq0}r\frac{(tk+r)^{k-1}}{k!}z^k \ ; \tag{5.60}$$

$$\frac{\mathcal{B}_t(z)^r}{1-t+t\mathcal{B}_t(z)^{-1}} = \sum_{k\geq0}\binom{tk+r}{k}z^k \ ;$$

$$\frac{\mathcal{E}_t(z)^r}{1-zt\mathcal{E}_t(z)^t} = \sum_{k\geq0}\frac{(tk+r)^k}{k!}z^k. \tag{5.61}$$

（当 $tk+r=0$ 时, 对于如何理解 z^k 的系数还得稍加小心, 每个系数都是 r 的一个多项式. 例如, $\mathcal{E}_t(z)^r$ 的常数项是 $r(0+r)^{-1}$, 即便 $r=0$ 时它也等于1. ）

由于等式（5.60）和（5.61）对所有的 r 都成立, 所以当我们把与不同的幂 r 和 s 对应的级数乘在一起时, 就得到非常一般的恒等式. 例如,

$$\mathcal{B}_t(z)^r\frac{\mathcal{B}_t(z)^s}{1-t+t\mathcal{B}_t(z)^{-1}} = \sum_{k\geq0}\binom{tk+r}{k}\frac{r}{tk+r}z^k\sum_{j\geq0}\binom{tj+s}{j}z^j$$

$$= \sum_{n\geq0}z^n\sum_{k\geq0}\binom{tk+r}{k}\frac{r}{tk+r}\binom{t(n-k)+s}{n-k}.$$

广义二项级数 $\mathcal{B}_t(z)$ 是在18世纪50年代由约翰·海因里希·兰伯特[236, §38]发现的. 几年以后, 他注意到[237], 它的幂满足(5.60)中的第一个恒等式. 习题84说明了如何从(5.60)推导出(5.61).

这个幂级数必定等于

$$\frac{\mathcal{B}_t(z)^{r+s}}{1-t+t\mathcal{B}_t(z)^{-1}} = \sum_{n\geq0}\binom{tn+r+s}{n}z^n\ ;$$

于是我们可以令z^n的系数相等，这就得到恒等式

$$\sum_k\binom{tk+r}{k}\binom{t(n-k)+s}{n-k}\frac{r}{tk+r} = \binom{tn+r+s}{n}\ ,\ n\text{是整数}, $$

它对所有实数r、s和t都成立. 当$t=0$时，这个恒等式就化为范德蒙德卷积.（如果在这个公式中碰巧有$tk+r$等于零，则分母的因子$tk+r$应当视为与二项式系数的分子中的$tk+r$抵消掉了. 这个恒等式的两边都是关于r、s和t的多项式.）当我们用$\mathcal{B}_t(z)^s$等等乘以$\mathcal{B}_t(z)^r$时有类

[201] 似的恒等式成立，表5-5给出了这些结果.

表5-5　一般的卷积恒等式（对整数 $n \geqslant 0$ 成立）

$$\sum_k\binom{tk+r}{k}\binom{tn-tk+s}{n-k}\frac{r}{tk+r} = \binom{tn+r+s}{n} \tag{5.62}$$

$$\sum_k\binom{tk+r}{k}\binom{tn-tk+s}{n-k}\frac{r}{tk+r}\cdot\frac{s}{tn-tk+s} = \binom{tn+r+s}{n}\frac{r+s}{tn+r+s}. \tag{5.63}$$

$$\sum_k\binom{n}{k}(tk+r)^k(tn-tk+s)^{n-k}\frac{r}{tk+r} = (tn+r+s)^n. \tag{5.64}$$

$$\sum_k\binom{n}{k}(tk+r)^k(tn-tk+s)^{n-k}\frac{r}{tk+r}\cdot\frac{s}{tn-tk+s} = (tn+r+s)^n\frac{r+s}{tn+r+s}. \tag{5.65}$$

　　我们已经知道，观察一般结果的特殊情形一般来说是个好想法. 例如，如果令$t=1$会怎样呢？广义二项级数$\mathcal{B}_t(z)$是很简单的，它正好是

$$\mathcal{B}_1(z) = \sum_{k\geq0}z^k = \frac{1}{1-z}\ ;$$

于是，$\mathcal{B}_1(z)$并没有给出任何从范德蒙德卷积还不知道的东西. 但是$\mathcal{E}_1(z)$是一个重要的函数

$$\mathcal{E}(z) = \sum_{k\geq0}(k+1)^{k-1}\frac{z^k}{k!} = 1+z+\frac{3}{2}z^2+\frac{8}{3}z^3+\frac{125}{24}z^4+\cdots, \tag{5.66}$$

我们以前没见过它，它满足基本恒等式

$$\mathcal{E}(z) = e^{z\mathcal{E}(z)}. \tag{5.67}$$

这个函数首先是由欧拉[117]和艾森斯坦[91]研究的，它出现在大量的应用中[193, 204].

　　广义二项级数的特殊情形$t=2$和$t=-1$特别重要，因为它们的系数一而再、再而三地在

[202] 有递归构造的问题中出现. 因此，显式展现这些级数以备将来参考是有用的:

$$\mathcal{B}_2(z) = \sum_k\binom{2k}{k}\frac{z^k}{1+k} = \sum_k\binom{2k+1}{k}\frac{z^k}{1+2k} = \frac{1-\sqrt{1-4z}}{2z} \tag{5.68}$$

$$\mathcal{B}_{-1}(z) = \sum_k\binom{1-k}{k}\frac{z^k}{1-k} = \sum_k\binom{2k-1}{k}\frac{(-z)^k}{1-2k} = \frac{1+\sqrt{1+4z}}{2} \tag{5.69}$$

啊哈！这是迭代的幂函数 $\mathcal{E}(\ln z) = z^{z^{z^{\cdot^{\cdot}}}}$，我对它时常感到好奇. ZZZzzz…

$\mathcal{B}_{1/2}(z)^r = (\sqrt{z^2+4}+z)^{2r}/4^r$ 的幂级数也是值得关注的.

$$\mathcal{B}_2(z)^r = \sum_k \binom{2k+r}{k}\frac{r}{2k+r}z^k \tag{5.70}$$

$$\mathcal{B}_{-1}(z)^r = \sum_k \binom{r-k}{k}\frac{r}{r-k}z^k \tag{5.71}$$

$$\frac{\mathcal{B}_2(z)^r}{\sqrt{1-4z}} = \sum_k \binom{2k+r}{k}z^k \tag{5.72}$$

$$\frac{\mathcal{B}_{-1}(z)^{r+1}}{\sqrt{1+4z}} = \sum_k \binom{r-k}{k}z^k \tag{5.73}$$

$\mathcal{B}_2(z)$ 的系数 $\binom{2n}{n}\frac{1}{n+1}$ 称为**卡塔兰数**（Catalan number）C_n，因为欧仁·卡塔兰在19世纪30年代就此写了一篇颇有影响的论文[52]. 这个序列的开始部分如下：

n	0	1	2	3	4	5	6	7	8	9	10
C_n	1	1	2	5	14	42	132	429	1430	4862	16796

$\mathcal{B}_{-1}(z)$ 的系数本质上相同，不过在开头多出一个1，且其他数的符号是交替的：$\langle 1,1,-1,2,-5,14,\cdots\rangle$. 从而 $\mathcal{B}_{-1}(z) = 1 + z\mathcal{B}_2(-z)$. 我们还有 $\mathcal{B}_{-1}(z) = \mathcal{B}_2(-z)^{-1}$.

在本节最后，我们推导（5.72）和（5.73）的一个重要推论，这个推论是一种关系，它表明函数 $\mathcal{B}_{-1}(z)$ 和 $\mathcal{B}_2(-z)$ 之间有进一步的联系：

$$\frac{\mathcal{B}_{-1}(z)^{n+1} - (-z)^{n+1}\mathcal{B}_2(-z)^{n+1}}{\sqrt{1+4z}} = \sum_{k\leqslant n}\binom{n-k}{k}z^k\,.$$

203

这个公式成立是因为当 $k > n$ 时 $(-z)^{n+1}\mathcal{B}_2(-z)^{n+1}\big/\sqrt{1+4z}$ 中 z^k 的系数是

$$\begin{aligned}
[z^k]\frac{(-z)^{n+1}\mathcal{B}_2(-z)^{n+1}}{\sqrt{1+4z}} &= (-1)^{n+1}[z^{k-n-1}]\frac{\mathcal{B}_2(-z)^{n+1}}{\sqrt{1+4z}}\\
&= (-1)^{n+1}(-1)^{k-n-1}[z^{k-n-1}]\frac{\mathcal{B}_2(z)^{n+1}}{\sqrt{1-4z}}\\
&= (-1)^k\binom{2(k-n-1)+n+1}{k-n-1}\\
&= (-1)^k\binom{2k-n-1}{k-n-1} = (-1)^k\binom{2k-n-1}{k}\\
&= \binom{n-k}{k} = [z^k]\frac{\mathcal{B}_{-1}(z)^{n+1}}{\sqrt{1+4z}},
\end{aligned}$$

其中的项适当地相互抵消了. 现在我们可以用（5.68）和（5.69）来得到封闭形式

$$\sum_{k\leqslant n}\binom{n-k}{k}z^k = \frac{1}{\sqrt{1+4z}}\left(\left(\frac{1+\sqrt{1+4z}}{2}\right)^{n+1} - \left(\frac{1-\sqrt{1+4z}}{2}\right)^{n+1}\right),\ \text{整数}\ n\geqslant 0. \tag{5.74}$$

（特殊情形 $z = -1$ 出现在5.2节的问题3中. 由于数 $\frac{1}{2}(1 \pm \sqrt{-3})$ 是六次单位根，故而和式

$\sum_{k \leqslant n} \binom{n-k}{k}(-1)^k$ 有我们在该问题中观察到的周期性.）类似地，我们可以将（5.70）和（5.71）

组合起来以抵消大的系数并得到

$$\sum_{k<n}\binom{n-k}{k}\frac{n}{n-k}z^k = \left(\frac{1+\sqrt{1+4z}}{2}\right)^n + \left(\frac{1-\sqrt{1+4z}}{2}\right)^n, \quad \text{整数} \ n > 0. \tag{5.75}$$

5.5 超几何函数 HYPERGEOMETRIC FUNCTIONS

我们对二项式系数所用的方法在运用时是非常有效的，但是我们也必须承认，它们常常显得是为某一特定目的而设计的，更像是技巧而不是通用的技术手段. 当我们在解决一个问题时，常需要追寻多个方向，我们可能发现自己是在原地转圈，二项式系数就像变色龙一样，很容易改变它们的外表. 因此我们自然要问，是不是并不存在某种统一的原理，可以用来一起系统地处理一大批二项式系数的求和. 幸运的是，答案是肯定的. 这种统一原理的基础是一种称为**超几何级数**（hypergeometric series）的无穷和式的理论.

对超几何级数的研究是许多年前由欧拉、高斯以及黎曼发起的，事实上，这样的级数现在仍然是重要的研究对象. 但是超几何学有一个有点令人望而生畏的记号，我们需要花一点时间来适应它.

一般的超几何级数是关于 z 且带有 $m+n$ 个参数的幂级数，它用上升的阶乘幂定义如下：

$$F\left(\begin{array}{c}a_1, \cdots, a_m \\ b_1, \cdots, b_n\end{array}\middle| z\right) = \sum_{k \geqslant 0} \frac{a_1^{\overline{k}} \cdots a_m^{\overline{k}}}{b_1^{\overline{k}} \cdots b_n^{\overline{k}}} \frac{z^k}{k!}. \tag{5.76}$$

为避免用零作除数，诸个 b 均不为零或者负整数. 除此之外，诸个 a 以及 b 可以是我们希望取的任何数. 记号 $F(a_1, \cdots, a_m; b_1, \cdots, b_n; z)$ 是（5.76）中两行形式的表示法的一种替代表达方式，因为有时候一行的排印效果更好. 诸个 a 称为**上参数**（upper parameter），它们出现在 F 的项的分子之中；诸个 b 称为**下参数**（lower parameter），它们出现在分母之中. 最后的量 z 称为**自变量**（argument）.

标准的参考书常用 $_mF_n$ 而代替 F 做为有 m 个上参数和 n 个下参数的超几何级数的名字. 但是额外多出来的下标使公式变得凌乱，如果我们被强制一遍又一遍地写出这些下标，还会浪费时间. 我们可以统计一下有多少个参数，这样我们通常并不需要额外增加不必要的累赘.

许多重要的函数都作为一般的超几何级数的特例出现. 的确，这就是超几何级数为何如此强有力的原因. 例如，当 $m = n = 0$ 时最简单的情形出现：这里根本就没有参数，而我们则得到熟悉的级数

$$F(\ |z) = \sum_{k \geqslant 0} \frac{z^k}{k!} = e^z.$$

它们甚至比变色龙更加变化多端，我们可以对它们进行剖析并用不同的方式将它们放回到一起.

任何经受数百年考验而留存下来的令人敬畏的记号必定都是真正有用的.

实际上当 m 或者 n 为零时这个记号有一点不整齐. 我们可以在上面和下面额外加上"1"以避免这种情况:

$$F\left(\begin{matrix}1\\1\end{matrix}\middle|z\right)=\mathrm{e}^z.$$

如果我们消除了在分子和分母中都出现的一个参数, 或者插入两个完全相同的参数, 那么一般来说, 我们并没有改变这个函数.

下一个最简单的情形是 $m=1$, $a_1=1$ 以及 $n=0$. 我们将参数变成 $m=2$, $a_1=a_2=1$, $n=1$ 以及 $b_1=1$, 这样就有 $n>0$. 因为 $1^{\bar{k}}=k\,!$, 事实表明这个级数也是熟知的:

$$F\left(\begin{matrix}1,1\\1\end{matrix}\middle|z\right)=\sum_{k\ge0}z^k=\frac{1}{1-z}.$$

205

它是我们的老朋友几何级数. $F(a_1,\cdots,a_m;b_1,\cdots,b_n;z)$ 称为超几何级数, 因为它包含几何级数 $F(1,1;1;z)$ 这一个非常特殊的情形.

事实上, 利用 (5.13) 和 (5.14), $m=1$ 以及 $n=0$ 时的一般情形容易求和成封闭形式

$$F\left(\begin{matrix}a,1\\1\end{matrix}\middle|z\right)=\sum_{k\ge0}a^{\bar{k}}\frac{z^k}{k\,!}=\sum_k\binom{a+k-1}{k}z^k=\frac{1}{(1-z)^a}.\qquad(5.77)$$

如果用 $-a$ 代替 a, 用 $-z$ 代替 z, 我们就得到二项式定理

$$F\left(\begin{matrix}-a,1\\1\end{matrix}\middle|-z\right)=(1+z)^a.$$

用负整数作为上参数会使得无穷级数变成有限的, 这是由于只要 $k>a\ge0$ 且 a 是一个整数, 就有 $(-a)^{\bar{k}}=0$.

$m=0$, $n=1$ 时的一般情形是另外一个有名的级数, 但它在离散数学的文献中不是那么广为人知:

$$F\left(\begin{matrix}1\\b,1\end{matrix}\middle|z\right)=\sum_{k\ge0}\frac{(b-1)!}{(b-1+k)!}\frac{z^k}{k\,!}=I_{b-1}(2\sqrt{z})\frac{(b-1)!}{z^{(b-1)/2}}.\qquad(5.78)$$

这个函数 I_{b-1} 称为阶为 $b-1$ 的修正贝塞尔函数 (modified Bessel function). 其特殊情形 $b=1$ 给出 $F\left(\begin{matrix}1\\1,1\end{matrix}\middle|z\right)=I_0(2\sqrt{z})$, 它就是有趣的级数 $\sum_{k\ge0}z^k/k!^2$.

$m=n=1$ 的特殊情形称为合流超几何级数 (confluent hypergeometric series), 它常用字母 M 来表示:

$$F\left(\begin{matrix}a\\b\end{matrix}\middle|z\right)=\sum_{k\ge0}\frac{a^{\bar{k}}}{b^{\bar{k}}}\frac{z^k}{k\,!}=M(a,b,z).\qquad(5.79)$$

这个在工程中有重要应用的函数是由恩斯特·库默尔给出的.

到目前为止, 我们中少数人会对为什么没有讨论无穷级数 (5.76) 的收敛性感到奇怪. 其答案是, 如果我们只是简单地将 z 用做一个形式符号, 就可以忽略收敛性. 不难验证, 如果其系数 α_k 在一个域中, 那么形如 $\sum_{k\ge n}\alpha_k z^k$ (其中 $-\infty<n<\infty$) 的无限和式构成一个域. 我

我们也没有讨论 (5.56)、(5.57)、(5.58) 等的收敛性.

们可以对这样的和式作加、减、乘、除、微分以及函数的复合，而不用担心其收敛性，我们得到的任何恒等式都将仍然形式地为真. 例如，超几何级数 $F\left(\begin{matrix}1,1,1\\1\end{matrix}\middle|z\right)=\sum_{k\geqslant 0}k!z^k$ 对任何非零的 z 都不收敛、然而在第7章里我们将会看到，我们仍然能用它来求解问题. 另一方面，

206 只要我们用一个特别的数值代替 z，就的确需要确信这个无限和式是有良好定义的.

在复杂性上再提升一步，就是所有超几何级数中最著名的那个了. 事实上，它就是在大约1870年之前人们所研究的超几何级数，而到了1870年，一切都推广到了任意的 m 和 n. 这个级数有两个上参数和一个下参数：

$$F\left(\begin{matrix}a,b\\c\end{matrix}\middle|z\right)=\sum_{k\geqslant 0}\frac{a^{\overline{k}}b^{\overline{k}}z^k}{c^{\overline{k}}k!}.\tag{5.80}$$

它常常被称为**高斯超几何级数**，因为它的许多精巧性质都是高斯在他1812年的博士论文[143]中首先证明的，虽然欧拉[118]和普法夫[292]已经发现了它的一些重要性质. 它的一个重要的特殊情形是

$$\ln(1+z)=zF\left(\begin{matrix}1,1\\2\end{matrix}\middle|-z\right)=z\sum_{k\geqslant 0}\frac{k!k!}{(k+1)!}\frac{(-z)^k}{k!}$$
$$=z-\frac{z^2}{2}+\frac{z^3}{3}-\frac{z^4}{4}+\cdots.$$

注意：$z^{-1}\ln(1+z)$ 是一个超几何函数，但是 $\ln(1+z)$ 本身不可能是超几何函数，因为超几何级数在 $z=0$ 时取值总是1.

到目前为止，超几何学除了借助名人提高身份之外，并没有真正为我们做任何实事. 不过我们已经看到，若干个很不相同的函数全都可以看成是超几何的，而这就是我们接下来关注的要点. 我们将会看到一大类和式都可以用一种"标准的"方式表示成超几何级数，从而我们对与二项式系数有关的事实将会有一个好的归类系统.

什么样的级数是超几何的？如果我们观察其相邻项的比值就容易回答这个问题了：

$$F\left(\begin{matrix}a_1,\cdots,a_m\\b_1,\cdots,b_n\end{matrix}\middle|z\right)=\sum_{k\geqslant 0}t_k,\ t_k=\frac{a_1^{\overline{k}}\cdots a_m^{\overline{k}}z^k}{b_1^{\overline{k}}\cdots b_n^{\overline{k}}k!}.$$

其第一项是 $t_0=1$，其他项的比值由

$$\frac{t_{k+1}}{t_k}=\frac{a_1^{\overline{k+1}}\cdots a_m^{\overline{k+1}}}{a_1^{\overline{k}}\cdots a_m^{\overline{k}}}\frac{b_1^{\overline{k}}\cdots b_n^{\overline{k}}}{b_1^{\overline{k+1}}\cdots b_n^{\overline{k+1}}}\frac{k!}{(k+1)!}\frac{z^{k+1}}{z^k}$$
$$=\frac{(k+a_1)\ldots(k+a_m)z}{(k+b_1)\ldots(k+b_n)(k+1)}\tag{5.81}$$

给出. 这是 k 的一个**有理函数**（rational function），也就是说，它是关于 k 的多项式之商. 根据代

207 数基本定理，k 的任何有理函数在复数范围内都可以分解并表达成这种形式. 诸个 a 是分子中多项式的根的相反数，而诸个 b 则是分母中多项式的根的相反数. 如果分母不是已经包含特殊的因子 $(k+1)$，我们可以将 $(k+1)$ 添加到分子和分母中. 剩下一个固定因子，我们称之为 z. 于是超几何级数恰好就是首项为1且项的比值 t_{k+1}/t_k 是 k 的有理函数的那些级数.

"今天，在许多大学的物理学、工程学甚至数学专业的学生所学习的函数中，即使不是100%，也必定有95%的函数被这单个的符号 $F(a,b;c;x)$ 所涵盖."

——W.W.索耶[318]

例如，假设给定一个无穷级数，它的项的比值

$$\frac{t_{k+1}}{t_k} = \frac{k^2 + 7k + 10}{4k^2 + 1}$$

是 k 的一个有理函数. 分子多项式正好分解成两个因子 $(k+2)(k+5)$，而分母则分解成 $4(k+i/2)(k-i/2)$. 由于分母缺少了所要求的因子 $(k+1)$，我们就把项的比值写成

$$\frac{t_{k+1}}{t_k} = \frac{(k+2)(k+5)(k+1)(1/4)}{(k+i/2)(k-i/2)(k+1)},$$

我们能很快写出其结果：给定的级数就是

$$\sum_{k \geq 0} t_k = t_0 F\left(\begin{matrix} 2,5,1 \\ i/2,-i/2 \end{matrix}\middle| 1/4\right).$$

因此，在有可能存在这样的表示时，我们就有了一般性的方法来求出一个给定量 S 的超几何表示. 首先我们将 S 写成一个无穷级数，其首项不是零. 我们选择一个记号，使得这个级数就是 $\sum_{k \geq 0} t_k$，其中 $t_0 \neq 0$. 然后我们计算 t_{k+1}/t_k. 如果项的比值不是 k 的有理函数，我们就不走运了；否则，我们就可将它表示成（5.81）的形式，这就给出参数 $a_1, \cdots, a_m, b_1, \cdots, b_n$ 和自变量 z，使得 $S = t_0 F(a_1, \cdots, a_m; b_1, \cdots, b_n; z)$.

（现在是做热身题第11题的好时机.）

如果我们希望强调项的比值的重要性，高斯超几何级数可以写成循环分解的形式

$$F\left(\begin{matrix} a,b \\ c \end{matrix}\middle| z\right) = 1 + \frac{a}{1}\frac{b}{c}z\left(1 + \frac{a+1}{2}\frac{b+1}{c+1}z\left(1 + \frac{a+2}{3}\frac{b+2}{c+2}z(1+\cdots)\right)\right).$$

现在我们来尝试对这一章早先得到的二项式系数恒等式重新用公式写成超几何的形式. 例如让我们搞清楚，按照超几何的记号，平行求和法则

$$\sum_{k \leq n}\binom{r+k}{k} = \binom{r+n+1}{n}, \quad n\text{是整数}$$

208

看起来像什么. 我们需要将这个和式写成从 $k=0$ 开始的一个无穷级数，所以用 $n-k$ 代替 k：

$$\sum_{k \geq 0}\binom{r+n-k}{n-k} = \sum_{k \geq 0}\frac{(r+n-k)!}{r!(n-k)!} = \sum_{k \geq 0}t_k.$$

这个级数形式上是无穷的，但实际上是有限的，因为当 $k > n$ 时分母中的 $(n-k)!$ 使得 $t_k = 0$. （以后我们将看到，对所有 x，$1/x!$ 都有定义，且当 x 是负整数时有 $1/x!=0$. 但是目前来说，在积累了更多的超几何方面的经验之前，我们并不在意忽略这样的技术性细节.）其项的比值是

$$\frac{t_{k+1}}{t_k} = \frac{(r+n-k-1)!r!(n-k)!}{r!(n-k-1)!(r+n-k)!} = \frac{n-k}{r+n-k}$$
$$= \frac{(k+1)(k-n)(1)}{(k-n-r)(k+1)}.$$

此外，$t_0 = \binom{r+n}{n}$. 因此平行求和法则等价于超几何恒等式

$$\binom{r+n}{n} F\left(\begin{array}{c} 1, -n \\ -n-r \end{array} \middle| 1\right) = \binom{r+n+1}{n}.$$

从头到尾用 $\binom{r+n}{n}$ 来除就给出稍微简单一些的形式

$$F\left(\begin{array}{c} 1, -n \\ -n-r \end{array} \middle| 1\right) = \frac{r+n+1}{r+1}, \quad 如果 \binom{r+n}{n} \neq 0. \tag{5.82}$$

我们再做另外一个. 在用 $m-k$ 代替了 k 之后, 恒等式 (5.16)

$$\sum_{k \leq m} \binom{r}{k} (-1)^k = (-1)^m \binom{r-1}{m}, \quad m 是整数$$

的项的比值是 $(k-m)/(r-m+k+1) = (k+1)(k-m)(1)/(k-m+r+1)(k+1)$, 从而 (5.16) 就由

$$F\left(\begin{array}{c} 1, -m \\ -m+r+1 \end{array} \middle| 1\right)$$

给出了封闭形式. 这本质上与 (5.82) 左边的超几何函数相同, 但改为用 m 代替 n 以及用 $r+1$ 代替 $-r$. 于是恒等式 (5.16) 就已经能从 (5.82) (它是 (5.9) 的超几何形式) 得到了. (我们发现容易用 (5.9) 来证明 (5.16), 这已经不足为奇了.)

209 　 在进一步讨论之前, 我们应该考虑一下退化的情形, 因为当有一个下参数为零或是负整数时, 超几何级数没有定义. 我们通常是在 r 和 n 是正整数时应用平行求和恒等式, 但 $-n-r$ 是一个负整数且超几何级数 (5.76) 没有定义, 这样我们怎么能认为 (5.82) 是合法的呢? 答案是, 我们可以在 $\varepsilon \to 0$ 时对 $F\left(\begin{array}{c} 1, -n \\ -n-r+\varepsilon \end{array} \middle| 1\right)$ 取极限.

在这一章的后面, 我们会更加仔细地探讨这一点, 目前我们只需知道某些分母可能会出问题. 然而有趣的是, 事实表明我们曾试图用超几何方式来表示的第一个和式是退化的.

在推导 (5.82) 的过程中, 另外一个可能的烦心之处是我们将 $\binom{r+n-k}{n-k}$ 展开成了 $(r+n-k)!/r!(n-k)!$. 这个展开式当 r 是负整数时不成立, 因为如果要使规则

$$0! = 0 \times (-1) \times (-2) \times \cdots \times (-m+1) \times (-m)!$$

成立, 那么 $(-m)!$ 必须是 ∞. 于是我们再次需要通过考虑当 $\varepsilon \to 0$ 时对 $r+\varepsilon$ 取极限来逼近整数时的结果.

但是我们仅仅是在 r 为整数时才定义了阶乘的表示法 $\binom{r}{k} = r!/k!(r-k)!$ 的! 如果想要有效地处理超几何级数, 就需要一个对所有复数都有定义的阶乘函数. 幸运的是存在这样一个函数, 而且它可以用多种方法加以定义. 下面是 $z!$ 的一个最有用的定义, 它实际上是 $1/z!$ 的定义:

$$\frac{1}{z!} = \lim_{n \to \infty} \binom{n+z}{n} n^{-z}. \tag{5.83}$$

(见习题21. 欧拉[99, 100, 72]在他22岁时就发现了这一点.) 可以证明这个极限对所有复数 z 都存

先是讲了重排, 现在又讲退化.

(原来我们是对整数 r 证明了这些恒等式, 并用多项式推理法指出它们在一般情形也成立. 现在我们是首先证明它们对无理数 r 成立, 并利用极限方法指出它们对整数也成立.)

在，而且它仅当z是负整数时取值为零. 另一个有意义的定义是

$$z! = \int_0^\infty t^z e^{-t} dt , \quad \Re z > -1 . \tag{5.84}$$

这个积分仅当z的实部大于-1时存在，但是我们可以利用公式

$$z! = z(z-1)! \tag{5.85}$$

将这个定义延拓到所有的复数z（负整数除外）. 还有另外一个定义来自（5.47）中$\ln z!$的斯特林插值. 所有这些方法都引出同一个广义阶乘函数.

还有很类似的函数，称为 **Γ 函数**（Gamma function），它与通常的阶乘之间的关系有点像上升幂与下降幂之间的关系. 标准的参考书常常同时使用阶乘和 Γ 函数，如果必要的话，利用下面的公式 |210|

$$\Gamma(z+1) = z! ; \tag{5.86}$$

$$(-z)! \, \Gamma(z) = \frac{\pi}{\sin \pi z} , \tag{5.87}$$

就可以很方便地在它们之间进行转换.

当z和w是任意的复数时，我们可以利用这些广义阶乘来定义广义阶乘幂：

当$\overline{w}$是w的复共轭时，如何对z取$\overline{w}$次幂？
$z^{(\overline{w})}$.

$$z^{\underline{w}} = \frac{z!}{(z-w)!} ; \tag{5.88}$$

$$z^{\overline{w}} = \frac{\Gamma(z+w)}{\Gamma(z)} . \tag{5.89}$$

仅有的限制性条件是，当这些公式给出∞/∞时，我们必须使用适当的极限值.（这些公式从来不会给出$0/0$，因为阶乘和Γ函数的值从不为零.）z和w无论是什么实数，二项式系数都可以写成

我看到下指标首先到达它的极限. 那就是为什么当w是负整数时$\binom{z}{w}$的值是零. 当z是负整数且w不是整数时，其值是无穷.

$$\binom{z}{w} = \lim_{\zeta \to z} \ \lim_{\omega \to w} \frac{\zeta!}{\omega!(\zeta-\omega)!} . \tag{5.90}$$

有了广义阶乘作为工具，我们就可以回过头来实现将早先得到的恒等式转化为其超几何标准形式这一目标了. 事实表明，二项式定理（5.13）简直就和（5.77）一个样，正如我们期待的那样. 下面要尝试的最有趣的恒等式是范德蒙德卷积（5.27）：

$$\sum_k \binom{r}{k} \binom{s}{n-k} = \binom{r+s}{n} , \quad n \text{是整数}.$$

这里的第k项是

$$t_k = \frac{r!}{(r-k)! \, k!} \frac{s!}{(s-n+k)!(n-k)!} ,$$

而我们也不再羞于将广义阶乘应用于这些表达式中. 只要t_k包含一个像$(\alpha+k)$这样的因子（k的前面是正号），由（5.85）就在项的比值t_{k+1}/t_k中得到$(\alpha+k+1)!/(\alpha+k)! = k+\alpha+1$. 这就给对应的超几何级数增加了参数"$\alpha+1$"——如果$(\alpha+k)!$在$t_k$的分子之中，那么它就作为上参数，而在相反的情形它就作为下参数. 类似地，一个像$(\alpha-k)!$这样的因子引出了

211 $(\alpha-k-1)!/(\alpha-k)!=(-1)/(k-\alpha)$，这对于相反的参数集合（将上下参数的作用颠倒）的贡献是"$-\alpha$"，并且取超几何自变量的相反值．像 $r!$ 这样与 k 无关的因子进入到 t_0 中，从项的比值中消失．利用这样的技巧，无需进一步的计算我们就能预知（5.27）的项的比值是

$$\frac{t_{k+1}}{t_k}=\frac{k-r}{k+1}\frac{k-n}{k+s-n+1}$$

乘以 $(-1)^2=1$，而范德蒙德卷积就变成了

$$\binom{s}{n}F\left(\begin{matrix}-r,-n\\s-n+1\end{matrix}\middle|1\right)=\binom{r+s}{n}. \tag{5.91}$$

当 $z=1$ 以及当 b 是负整数时，一般来说我们可以用这个等式来确定 $F(a,b;c;z)$．

我们来将（5.91）改写成这样一种形式，使得当需要对一个新的和式进行计算时查表很容易．这个结果显然就是

$$F\left(\begin{matrix}a,b\\c\end{matrix}\middle|1\right)=\frac{\Gamma(c-a-b)\Gamma(c)}{\Gamma(c-a)\Gamma(c-b)}；\quad \text{整数}b\leqslant0，\text{或者}\mathfrak{R}c>\mathfrak{R}a+\mathfrak{R}b. \tag{5.92}$$

范德蒙德卷积（5.27）仅仅适合上参数中的一个（比如 b）是非正整数的情形．但是高斯[143]证明了：当 a、b、c 是实部满足 $\mathfrak{R}c>\mathfrak{R}a+\mathfrak{R}b$ 的复数时，（5.92）也成立．在其他情形，无穷级数 $F\left(\begin{matrix}a,b\\c\end{matrix}\middle|1\right)$ 并不收敛．当 $b=-n$ 时，这个恒等式可以用阶乘幂代替 Γ 函数更方便地表示成：

$$F\left(\begin{matrix}a,-n\\c\end{matrix}\middle|1\right)=\frac{(c-a)^{\overline{n}}}{c^{\overline{n}}}=\frac{(a-c)^{\underline{n}}}{(-c)^{\underline{n}}}，\quad \text{整数}n\geqslant0. \tag{5.93}$$

现在很清楚，表5-3中的全部5个恒等式都是范德蒙德卷积的特殊情形．当对退化的情形适当加以关注时，公式（5.93）包含了它们．

注意（5.82）正好是（5.93）在 $a=1$ 时的特殊情形，因而我们不需要真的记住（5.82）．而且我们也并不真的需要能引出（5.82）的恒等式（5.9），尽管表5-4说它是值得记住的．为了解决计算 $\sum_{k\leqslant n}\binom{r+k}{k}$ 的问题，一个处理公式的计算机程序可以将这个和式转变成超几何形式并代入范德蒙德卷积的一般恒等式．

5.2节中的问题1要求

$$\sum_{k\geqslant0}\binom{m}{k}\middle/\binom{n}{k}$$

212 的值．这个问题对超几何学来说是很自然的，稍经训练，任何超几何学者都能一眼就看出 $F(1,-m;-n;1)$ 的参数．嗯，这个问题还是范德蒙德卷积的另外一个特殊情形！

问题2和问题4中的和式同样产生出 $F(2,1-n;2-m;1)$．（我们首先需要用 $k+1$ 代替 k．）而事实表明，问题6中"令人惊悚的"和式正是 $F(n+1,-n;2;1)$．除了威力强大的范德蒙德卷积的改头换面的形式之外，对于和式而言是否不再有其他的东西了呢？

是的，正是这样，问题3稍有不同．它处理的是（5.74）中所考虑的一般和式 $\sum_k\binom{n-k}{k}z^k$

几个星期以前，我们正在研究高斯在孩提时代所做的事．现在我们则在研究超越了其博士论文的内容．这是吓唬人还是别的什么？

的一种特殊情形，而这就引导出封闭形式表达式

$$F\left(\begin{matrix}1+2\lceil n/2\rceil, -n\\ 1/2\end{matrix}\middle| -z/4\right).$$

在（5.55）中我们还证明了一些新的东西，那个时候我们研究了$(1-z)^r(1+z)^r$的系数：

$$F\left(\begin{matrix}1-c-2n, -2n\\ c\end{matrix}\middle| -1\right) = (-1)^n\frac{(2n)!}{n!}\frac{(c-1)!}{(c+n-1)!}\text{,} \quad\text{整数 } n\geqslant 0\text{.}$$

Kummer 的发音与 summer 相似.

当这个公式被推广到复数时就称为**库默尔公式**（Kummer's formula）：

$$F\left(\begin{matrix}a, b\\ 1+b-a\end{matrix}\middle| -1\right) = \frac{(b/2)!}{b!}(b-a)^{b/2}\text{.} \tag{5.94}$$

是在1836年的夏天.

（恩斯特·库默尔[229]于1836年证明了这个公式.）

将这两个公式进行比较是很有意思的. 我们发现，用$1-2n-a$代替c，这两个结果是一致的，当且仅当 n 是正整数且

$$(-1)^n\frac{(2n)!}{n!} = \lim_{b\to-2n}\frac{(b/2)!}{b!} = \lim_{x\to-n}\frac{x!}{(2x)!}\text{.} \tag{5.95}$$

例如 $n=3$，那么我们就应该有 $-6!/3! = \lim_{x\to-3}x!/(2x)!$. 我们知道$(-3)!$和$(-6)!$两者都是无限的，但是我们可以选择忽略这个困难并想象 $(-3)! = (-3)(-4)(-5)(-6)!$，所以两次出现的$(-6)!$就会抵消. 然而，必须抵制这样的诱惑，因为它们引导出了错误的答案! 按照(5.95)，当 $x\to-3$ 时 $x!/(2x)!$ 的极限不是 $(-3)(-4)(-5)$，而是 $-6!/3! = (-4)(-5)(-6)$.

计算（5.95）中极限的正确方法是利用等式（5.87），它将负变量的阶乘与正变量的 Γ 函数联系起来. 如果我们用 $-n-\varepsilon$ 代替x，并令 $\varepsilon\to0$，则两次应用（5.87）就给出

$$\frac{(-n-\varepsilon)!}{(-2n-2\varepsilon)!}\frac{\Gamma(n+\varepsilon)}{\Gamma(2n+2\varepsilon)} = \frac{\sin(2n+2\varepsilon)\pi}{\sin(n+\varepsilon)\pi}\text{.}$$

现在 $\sin(x+y) = \sin x\cos y+\cos x\sin y$，所以根据第9章的方法，正弦函数的这个比值就是

$$\frac{\cos 2n\pi\sin 2\varepsilon\pi}{\cos n\pi\sin\varepsilon\pi} = (-1)^n(2+O(\varepsilon))\text{.}$$

于是，根据（5.86）我们就有

$$\lim_{\varepsilon\to0}\frac{(-n-\varepsilon)!}{(-2n-2\varepsilon)!} = 2(-1)^n\frac{\Gamma(2n)}{\Gamma(n)} = 2(-1)^n\frac{(2n-1)!}{(n-1)!} = (-1)^n\frac{(2n)!}{n!}\text{,}$$

这正是我们所希望的.

让我们用超几何的方式来重新叙述这一章里至此见到的其他恒等式，以此完成我们的全面考察.（5.29）中的三重二项和式可以写成

$$F\left(\begin{matrix}1-a-2n, 1-b-2n, -2n\\ a, b\end{matrix}\middle| 1\right)$$

$$= (-1)^n\frac{(2n)!}{n!}\frac{(a+b+2n-1)^{\overline{n}}}{a^{\overline{n}}b^{\overline{n}}}\text{,} \quad\text{整数 } n\geqslant 0\text{·}$$

当这个公式推广到复数时，它被称为**迪克逊公式**（Dixon's formula）：

$$F\left(\begin{matrix}a, b, c\\ 1+c-a, 1+c-b\end{matrix}\middle| 1\right) = \frac{(c/2)!}{c!}\frac{(c-a)^{c/2}(c-b)^{c/2}}{(c-a-b)^{c/2}}\text{,} \Re a+\Re b<1+\Re c/2\text{.} \tag{5.96}$$

我们遇到过的最一般的公式之一是三重二项和式（5.28），它可推出Saalschütz恒等式（Saalschütz's identity）：

（历史注记：在普法夫[292]首先发表这个结果差不多100年之后，Saalschütz[315]独立发现了这个公式. 当 $n \to \infty$ 时取极限就得到等式（5.92）.）

$$F\left(\begin{matrix} a,b,-n \\ c,a+b-c-n+1 \end{matrix} \middle| 1\right) = \frac{(c-a)^{\overline{n}}(c-b)^{\overline{n}}}{c^{\overline{n}}(c-a-b)^{\overline{n}}} \quad,\ 整数\ n \geqslant 0. \tag{5.97}$$
$$= \frac{(a-c)^n (b-c)^n}{(-c)^n (a+b-c)^n}$$

这个公式给出了具有3个上参数和2个下参数的一般超几何级数在 $z=1$ 时的值，只要上参数中有一个是非正的整数且 $b_1+b_2=a_1+a_2+a_3+1$.（如果下参数之和比上参数之和大2，而不是大1，那么习题25的公式就可以用来表示 $F(a_1, a_2, a_3; b_1, b_2; 1)$，是用满足Saalschütz恒等式的两个超几何级数来表示.）

5.2节问题8中艰难获得的恒等式约化为

214

$$\frac{1}{1+x} F\left(\begin{matrix} x+1, n+1, -n \\ 1, x+2 \end{matrix} \middle| 1\right) = (-1)^n x^n x^{-n-1}.$$

多么令人遗憾！这就是Saalschütz恒等式（5.97）当 $c=1$ 时的特殊情形. 所以，如果直接进入超几何学，我们可能早就可以节省大量劳动了！

那么关于问题7呢？这个格外有杀伤力的和式给出公式

$$F\left(\begin{matrix} n+1, m-n, 1, \dfrac{1}{2} \\ \dfrac{1}{2}m+1, \dfrac{1}{2}m+\dfrac{1}{2}, 2 \end{matrix} \middle| 1\right) = \frac{m}{n}, \quad 整数\ n \geqslant m > 0,$$

这是我们见到的第一种有三个下参数的情形. 所以它看起来很新颖，但其实不然. 利用习题26，它的左边可以用

$$F\left(\begin{matrix} n, m-n-1, -\dfrac{1}{2} \\ \dfrac{1}{2}m, \dfrac{1}{2}m-\dfrac{1}{2} \end{matrix} \middle| 1\right) - 1$$

的一个倍数来代替，于是Saalschütz恒等式再次获得成功.

是的，这是另一个令人泄气的经历，但它也是领会超几何方法威力的另一个理由.

（历史注记：超几何级数与二项式系数恒等式的重大关系首先是由George Andrews于1974年[9, 第5节]指出的.）

表5-6中的卷积恒等式没有超几何形式的等价结果，因为它们的项的比值仅当 t 是整数时才是 k 的有理函数. 即便当 $t=1$ 时，等式（5.64）和（5.65）都不是超几何的. 但是我们可以注意到 t 取小整数值时（5.62）所得出的结果：

$$F\left(\begin{matrix} \dfrac{1}{2}r, \dfrac{1}{2}r+\dfrac{1}{2}, -n, -n-s \\ r+1, -n-\dfrac{1}{2}s, -n-\dfrac{1}{2}s+\dfrac{1}{2} \end{matrix} \middle| 1\right) = \binom{r+s+2n}{n} \middle/ \binom{s+2n}{n};$$

$$F\left(\begin{array}{c}\dfrac{1}{3}r,\dfrac{1}{3}r+\dfrac{1}{3},\dfrac{1}{3}r+\dfrac{2}{3},-n,-n-\dfrac{1}{2}s,-n-\dfrac{1}{2}s+\dfrac{1}{2}\\[2mm]\dfrac{1}{2}r+\dfrac{1}{2},\dfrac{1}{2}r+1,-n-\dfrac{1}{3}s,-n-\dfrac{1}{3}s+\dfrac{1}{3},-n-\dfrac{1}{3}s+\dfrac{2}{3}\end{array}\Bigg|\,1\right),$$

$$=\binom{r+s+3n}{n}\Bigg/\binom{s+3n}{n}.$$

当量 (r, s, n) 分别被 $(1, m-2n-1, n-m)$ 取代时，其中的第一个公式再次给出了问题7的结果.

最后，"出人意料的"和式（5.20）给了我们一个意想不到的超几何恒等式，事实表明这个恒等式是相当有教益的. 我们来放慢速度加以观察. 首先我们可以将它变换成一个无限的和式

$$\sum_{k\leqslant m}\binom{m+k}{k}2^{-k}=2^m\quad\Leftrightarrow\quad\sum_{k\geqslant 0}\binom{2m-k}{m-k}2^k=2^{2m}.$$

由 $(2m-k)!/2^k/m!(m-k)!$ 得到项的比值是 $2(k-m)/(k-2m)$，所以对 $z=2$，我们就有一个超几何恒等式

$$\binom{2m}{m}F\left(\begin{array}{c}1,-m\\-2m\end{array}\Bigg|\,2\right)=2^{2m},\quad\text{整数 } m\geqslant 0. \tag{5.98}$$

215

但是请看下参数 "$-2m$". 由于负整数是被禁止的，所以这个恒等式没有定义！

正如我们早先所允诺的那样，现在该是仔细审视这种极限情形的时候了，因为退化的超几何级数常可以通过从附近非退化的点趋向于它们来进行计算. 这样做的时候必须谨慎从事，因为如果我们用不同的方式取极限，就有可能得到不同的结果. 例如，这里有两个极限，事实证明它们是完全不同的极限，其中的一个上参数增加了 ε：

$$\lim_{\varepsilon\to 0}F\left(\begin{array}{c}-1+\varepsilon,-3\\-2+\varepsilon\end{array}\Bigg|\,1\right)=\lim_{\varepsilon\to 0}\left(1+\frac{(-1+\varepsilon)(-3)}{(-2+\varepsilon)1!}+\frac{(-1+\varepsilon)(\varepsilon)(-3)(-2)}{(-2+\varepsilon)(-1+\varepsilon)2!}\right.$$
$$\left.+\frac{(-1+\varepsilon)(\varepsilon)(1+\varepsilon)(-3)(-2)(-1)}{(-2+\varepsilon)(-1+\varepsilon)(\varepsilon)3!}\right)$$

$$=1-\frac{3}{2}+0+\frac{1}{2}=0\,;$$

$$\lim_{\varepsilon\to 0}F\left(\begin{array}{c}-1,-3\\-2+\varepsilon\end{array}\Bigg|\,1\right)=\lim_{\varepsilon\to 0}\left(1+\frac{(-1)(-3)}{(-2+\varepsilon)1!}+0+0\right)$$

$$=1-\frac{3}{2}+0+0=-\frac{1}{2}.$$

类似地，我们已经定义了 $\dbinom{-1}{-1}=0=\lim_{\varepsilon\to 0}\dbinom{-1+\varepsilon}{-1}$，这与 $\lim_{\varepsilon\to 0}\dbinom{-1+\varepsilon}{-1+\varepsilon}=1$ 不同. 将（5.98）作为极限处理的一个适当方法是：用上参数 $-m$ 来使得级数 $\sum_{k\geqslant 0}\dbinom{2m-k}{m-k}2^k$ 的所有满足 $k>m$ 的项都为零，这就意味着我们想要建立如下更精确的命题：

$$\binom{2m}{m}\lim_{\varepsilon\to\infty}F\left(\begin{array}{c}1,-m\\-2m+\varepsilon\end{array}\bigg|2\right)=2^{2m}, \quad 整数\ m\geqslant 0. \tag{5.99}$$

这个极限的每一项都有良好的定义, 因为分母的因子 $(-2m)^{\bar{k}}$ 直到 $k>2m$ 时才变为零. 这样一来, 这个极限就恰好给出开始时的和式 (5.20) 的值.

5.6 超几何变换 HYPERGEOMETRIC TRANSFORMATIONS

到现在为止应该清楚的是, 已知的所有超几何封闭形式的数据库是计算二项式系数和式的有用工具. 我们可以直接将任何给定的和式转变成它的标准的超几何形式, 然后在这个表中查询它. 如果表中有, 那我们就得到了答案. 如若不然, 如果事实表明这个和式可以表示成封闭形式, 我们就将它添入数据库中. 我们或许还可以在表里包含这样的条目: "这个和式还没有一般意义上的简单封闭形式." 例如, 和式 $\sum_{k\leqslant m}\binom{n}{k}$ 对应于超几何形式

$$\binom{n}{m}F\left(\begin{array}{c}1,-m\\n-m+1\end{array}\bigg|-1\right), \quad 整数\ n\geqslant m\geqslant 0; \tag{5.100}$$

它仅当 m 接近于 0、$\frac{1}{2}n$ 或者 n 时才有简单的封闭形式.

但是对于这个论题还有更多的内容, 因为超几何函数也服从它们自己的恒等式. 这就意味着超几何函数的每一个封闭形式都导出额外增加的封闭形式, 且导出该数据库中额外增加的条目. 例如, 习题25和习题26中的恒等式告诉我们, 怎样将一个超几何级数变换成另外两个 (或一个) 具有类似但不同的参数的超几何级数. 这些级数还可以依次再进行变换.

超几何资料库真应该是个"知识库".

1797年, J. F. 普法夫[292]发现了一个惊人的**反射定律** (reflection law)

$$\frac{1}{(1-z)^a}F\left(\begin{array}{c}a,b\\c\end{array}\bigg|\frac{-z}{1-z}\right)=F\left(\begin{array}{c}a,c-b\\c\end{array}\bigg|z\right), \tag{5.101}$$

它是另一种类型的变换. 如果在展开左边的时候用无穷级数 $(-z)^k\left(1+\binom{k+a}{1}z+\binom{k+a+1}{2}z^2+\cdots\right)$ 代替量 $(-z)^k/(1-z)^{k+a}$, 这就是关于幂级数的一个形式恒等式 (见习题50). 当 $z\neq 1$ 时, 可以利用这个法则从我们已经知道的恒等式推导出新的公式.

例如, 如果选择参数使得库默尔公式和反射定律这两个恒等式都适用, 那么库默尔公式 (5.94) 就可以与反射定律 (5.101) 结合起来:

$$2^{-a}F\left(\begin{array}{c}a,1-a\\1+b-a\end{array}\bigg|\frac{1}{2}\right)=F\left(\begin{array}{c}a,b\\1+b-a\end{array}\bigg|-1\right). \tag{5.102}$$

$$=\frac{(b/2)!}{b!}(b-a)^{b/2}$$

现在令 $a=-n$ 并从这个等式回到关于二项式系数的一个新的恒等式, 或许某一天我们会需要它:

$$\sum_{k \geqslant 0} \frac{(-n)^{\bar{k}}(1+n)^{\bar{k}}}{(1+b+n)^{\bar{k}}} \frac{2^{-k}}{k!} = \sum_{k} \binom{n}{k}\left(\frac{-1}{2}\right)^k \binom{n+k}{k} \bigg/ \binom{n+b+k}{k}$$

$$= 2^{-n} \frac{(b/2)!(b+n)!}{b!(b/2+n)!}, \quad \text{整数} n \geqslant 0. \tag{5.103}$$

例如，当 $n=3$ 时这个恒等式就是

$$1 - 3\frac{4}{2(4+b)} + 3\frac{4 \times 5}{4(4+b)(5+b)} - \frac{4 \times 5 \times 6}{8(4+b)(5+b)(6+b)} = \frac{(b+3)(b+2)(b+1)}{(b+6)(b+4)(b+2)}.$$

[217]

几乎令人难以置信，但它确实对所有的 b 都为真.（除了分母中某个因子变为零的情形之外.）

这很有趣，我们再试一次. 或许我们会发现一个真正使朋友们大吃一惊的公式. 如果将普法夫的反射定律应用到陌生的形式（5.99）中（其中取 $z=2$），这个定律会告诉我们什么呢？在这种情形下，我们令 $a=-m$，$b=1$ 以及 $c=-2m+\varepsilon$，就得到

$$(-1)^m \lim_{\varepsilon \to 0} F\left(\begin{matrix} -m, 1 \\ -2m+\varepsilon \end{matrix} \bigg| 2\right) = \lim_{\varepsilon \to 0} F\left(\begin{matrix} -m, -2m-1+\varepsilon \\ -2m+\varepsilon \end{matrix} \bigg| 2\right)$$

$$= \lim_{\varepsilon \to 0} \sum_{k \geqslant 0} \frac{(-m)^{\bar{k}}(-2m-1+\varepsilon)^{\bar{k}}}{(-2m+\varepsilon)^{\bar{k}}} \frac{2^k}{k!}$$

$$= \sum_{k \leqslant m} \binom{m}{k} \frac{(2m+1)^k}{(2m)^k}(-2)^k,$$

因为取极限的项中没有接近于零的. 这就引导出另外一个不可思议的公式

（历史注记：如果你得到一个不同的结果，就看习题51.）

$$\sum_{k \leqslant m} \binom{m}{k} \frac{2m+1}{2m+1-k}(-2)^k = (-1)^m 2^{2m} \bigg/ \binom{2m}{m}$$

$$= 1 \bigg/ \binom{-1/2}{m}, \quad \text{整数} m \geqslant 0. \tag{5.104}$$

例如，当 $m=3$ 时，该和式就是

$$1 - 7 + \frac{84}{5} - 14 = -\frac{16}{5},$$

而 $\binom{-1/2}{3}$ 的确等于 $-\frac{5}{16}$.

在讲述二项式系数恒等式并将它们转变成超几何形式时，我们忽略了（5.19），因为它是两个和式之间的一个关系，而不是一个封闭形式. 但是现在，我们可以将（5.19）视为超几何级数之间的一个恒等式了. 如果我们将它关于 y 微分 n 次，然后用 $m-n-k$ 代替 k，就得到

$$\sum_{k \geqslant 0} \binom{m+r}{m-n-k}\binom{n+k}{n}x^{m-n-k}y^k$$

$$= \sum_{k \geqslant 0} \binom{-r}{m-n-k}\binom{n+k}{n}(-x)^{m-n-k}(x+y)^k.$$

这就得到如下的超几何变换：

218

$$F\left(\begin{array}{c}a,-n\\c\end{array}\middle|z\right) = \frac{(a-c)^n}{(-c)^n}F\left(\begin{array}{c}a,-n\\1-n+a-c\end{array}\middle|1-z\right), \text{ 整数} n \geqslant 0. \qquad (5.105)$$

注意，当 $z=1$ 时它转化为范德蒙德卷积（5.93）.

如果这个例子有指导意义的话，微分法看起来是有用的. 我们还发现微分法在第 2 章里对 $x+2x^2+\cdots+nx^n$ 求和时是有帮助的. 我们来看看当一个一般的超几何级数关于 z 求导时会发生什么：

$$\begin{aligned}
\frac{d}{dz}F\left(\begin{array}{c}a_1,\cdots,a_m\\b_1,\cdots,b_n\end{array}\middle|z\right) &= \sum_{k\geqslant 1}\frac{a_1^{\bar{k}}\cdots a_m^{\bar{k}}z^{k-1}}{b_1^{\bar{k}}\cdots b_n^{\bar{k}}(k-1)!}\\
&= \sum_{k+1\geqslant 1}\frac{a_1^{\overline{k+1}}\cdots a_m^{\overline{k+1}}z^k}{b_1^{\overline{k+1}}\cdots b_n^{\overline{k+1}}k!}\\
&= \sum_{k\geqslant 0}\frac{a_1(a_1+1)^{\bar{k}}\cdots a_m(a_m+1)^{\bar{k}}z^k}{b_1(b_1+1)^{\bar{k}}\cdots b_n(b_n+1)^{\bar{k}}k!}\\
&= \frac{a_1\cdots a_m}{b_1\cdots b_n}F\left(\begin{array}{ccc}a_1+1,\ldots, & a_m+1\\b_1+1,\ldots, & b_n+1\end{array}\middle|z\right).
\end{aligned} \qquad (5.106)$$

参数移了出来且原参数值增加.

也有可能利用微分法只调整其中的一个参数，而其余的参数保持不变. 为此我们利用算子

$$\vartheta = z\frac{d}{dz},$$

它先对函数求导再乘以 z. 这个算子给出

$$\vartheta F\left(\begin{array}{c}a_1,\cdots,a_m\\b_1,\cdots,b_n\end{array}\middle|z\right) = z\sum_{k\geqslant 1}\frac{a_1^{\bar{k}}\cdots a_m^{\bar{k}}z^{k-1}}{b_1^{\bar{k}}\cdots b_n^{\bar{k}}(k-1)!} = \sum_{k\geqslant 0}\frac{ka_1^{\bar{k}}\cdots a_m^{\bar{k}}z^k}{b_1^{\bar{k}}\cdots b_n^{\bar{k}}k!},$$

这个公式本身不太有用. 但是如果我们用它的一个上参数（比方说 a_1）乘以 F，并将它加到 ϑF 上，就得到

$$\begin{aligned}
(\vartheta+a_1)F\left(\begin{array}{c}a_1,\cdots,a_m\\b_1,\cdots,b_n\end{array}\middle|z\right) &= \sum_{k\geqslant 0}\frac{(k+a_1)a_1^{\bar{k}}\cdots a_m^{\bar{k}}z^k}{b_1^{\bar{k}}\cdots b_n^{\bar{k}}k!}\\
&= \sum_{k\geqslant 0}\frac{a_1(a_1+1)^{\bar{k}}a_2^{\bar{k}}\cdots a_m^{\bar{k}}z^k}{b_1^{\bar{k}}\cdots b_n^{\bar{k}}k!}\\
&= a_1F\left(\begin{array}{c}a_1+1,a_2,\cdots,a_m\\b_1,\cdots,b_n\end{array}\middle|z\right).
\end{aligned}$$

219 只有一个参数改变了.

一个类似的技巧也适用于下参数，但是在这种情形下是把参数往下减少而不是往上增加：

ϑ 怎么发音？（我不知道，但是 $\text{T}_{\text{E}}\text{X}$ 称它为 vartheta.）

$$(\vartheta + b_1 - 1)F\begin{pmatrix} a_1, \cdots, a_m \\ b_1, \cdots, b_n \end{pmatrix} z = \sum_{k \geqslant 0} \frac{(k + b_1 - 1)a_1^{\overline{k}} \cdots a_m^{\overline{k}} z^k}{b_1^{\overline{k}} \cdots b_n^{\overline{k}} k!}$$

$$= \sum_{k \geqslant 0} \frac{(b_1 - 1)a_1^{\overline{k}} \cdots a_m^{\overline{k}} z^k}{(b_1 - 1)^{\overline{k}} b_2^{\overline{k}} \cdots b_n^{\overline{k}} k!}$$

$$= (b_1 - 1)F\begin{pmatrix} a_1, \cdots, a_m \\ b_1 - 1, b_2, \cdots, b_n \end{pmatrix} z.$$

现在我们可以把所有这些运算都组合起来, 并用两种不同的方式表达同一个量, 由此得到数学的 "双关式". 也就是说, 我们有

$$(\vartheta + a_1) \cdots (\vartheta + a_m)F = a_1 \cdots a_m F\begin{pmatrix} a_1 + 1, \cdots, a_m + 1 \\ b_1, \cdots, b_n \end{pmatrix} z,$$

以及

$$(\vartheta + b_1 - 1) \cdots (\vartheta + b_n - 1)F = (b_1 - 1) \cdots (b_n - 1)F\begin{pmatrix} a_1, \cdots, a_m \\ b_1 - 1, \cdots, b_n - 1 \end{pmatrix} z,$$

其中 $F = F(a_1, \cdots, a_m; b_1, \cdots, b_n; z)$. 而 (5.106) 告诉我们, 上面一行是下面一行的导数. 于是, 一般的超几何函数满足微分方程

$$D(\vartheta + b_1 - 1) \cdots (\vartheta + b_n - 1)F = (\vartheta + a_1) \cdots (\vartheta + a_m)F, \tag{5.107}$$

其中 D 是算子 $\dfrac{\mathrm{d}}{\mathrm{d}z}$.

这里迫切需要一个例子. 我们来寻求一个微分方程, 它满足于一个标准的有两个上参数和一个下参数的超几何级数 $F(z) = F(a, b; c; z)$. 根据 (5.107), 我们有

$$D(\vartheta + c - 1)F = (\vartheta + a)(\vartheta + b)F.$$

按照通常的记号, 它的含义是什么? 好的, $(\vartheta + c - 1)F$ 就是 $zF'(z) + (c - 1)F(z)$, 而它的导数给出左边

$$F'(z) + zF''(z) + (c - 1)F'(z).$$

而在右边我们有

$$(\vartheta + a)(zF'(z) + bF(z)) = z\frac{\mathrm{d}}{\mathrm{d}z}(zF'(z) + bF(z)) + a(zF'(z) + bF(z))$$

$$= zF'(z) + z^2 F''(z) + bzF'(z) + azF'(z) + abF(z).$$

使两边相等就得到

$$z(1 - z)F''(z) + (c - z(a + b + 1))F'(z) - abF(z) = 0, \tag{5.108}$$

这个方程等价于分解的形式 (5.107).

反过来, 我们可以从微分方程回到幂级数. 假设 $F(z) = \sum_{k \geqslant 0} t_k z^k$ 是一个满足 (5.107)

有没有听说过关于几个兄弟的故事: 他们把自己的养牛场取名为 Focus, 因为儿子们正是在这里饲养牛的? [①]

220

---

① 正文中用了数学的 "双关式", 而这个旁注则用了 "双关语", 它们都来自同一个英文单词 pun. 旁注中的 Focus=where the sun's rays meet (光线汇集之处), 它的谐音正是 "where the sons raise meat".

的幂级数. 直接计算，我们必定有

$$\frac{t_{k+1}}{t_k} = \frac{(k+a_1)\cdots(k+a_m)}{(k+b_1)\cdots(k+b_n)(k+1)} \; ;$$

从而 $F(z)$ 必定就是 $t_0 F(a_1,\cdots,a_m;b_1,\cdots,b_n;z)$. 我们已经证明了超几何级数（5.76）是仅有满足微分方程（5.107）且常数项为1的形式幂级数.

如果超几何学解决了世界上所有的微分方程，那固然很好，但是它们做不到.（5.107）的右边总是展开成由形如 $\alpha_k z^k F^{(k)}(z)$ 的项组成的和式，其中 $F^{(k)}(z)$ 是 k 阶导数 $D^k F(z)$；左边总是展开成由形如 $\beta_k z^{k-1} F^{(k)}(z)$ 的项组成的和式（$k>0$）. 所以微分方程（5.107）总是取特殊的形式

$$z^{n-1}(\beta_n - z\alpha_n)F^{(n)}(z) + \cdots + (\beta_1 - z\alpha_1)F'(z) - \alpha_0 F(z) = 0.$$

方程（5.108）给出了 $n=2$ 时的例证. 反之，在习题6.13中将要证明，任何这种形式的微分方程都可以分解成 ϑ 算子这样的项，给出像（5.107）这样的方程. 所以这些微分方程的解就是以有理数作为项的比值的幂级数.

用 z 乘（5.107）的两边就去掉了算子 D，并给出一个有启发性的全 ϑ 形式

$$\vartheta(\vartheta + b_1 - 1)\cdots(\vartheta + b_n - 1)F = z(\vartheta + a_1)\cdots(\vartheta + a_m)F. \tag{5.109}$$

左边的第一个因子 $\vartheta = (\vartheta + 1 - 1)$ 对应于项的比值（5.81）中的 $(k+1)$，它与一般的超几何级数中第 k 项的分母中的 $k!$ 相对应. 其他的因子 $(\vartheta + b_j - 1)$ 与分母中的因子 $k + b_j$ 相对应，$(k+b_j)$ 对应于（5.76）中的 $b_j^{\overline{k}}$. 在右边，z 与 z^k 相对应，而 $(\vartheta + a_j)$ 则与 $a_j^{\overline{k}}$ 相对应.

> 函数 $F(z) = (1-z)^r$ 满足 $\vartheta F = z(\vartheta - r)F$. 这给出了二项式定理的另一个证明.

这个微分理论的一个用途是发现并证明新的变换. 例如，我们可以很容易地验证：两个超几何级数

$$F\left(\begin{array}{cc} 2a, 2b \\ a+b+\dfrac{1}{2} \end{array} \middle| z\right) \quad 和 \quad F\left(\begin{array}{cc} a, b \\ a+b+\dfrac{1}{2} \end{array} \middle| 4z(1-z)\right)$$

都满足微分方程

$$z(1-z)F''(z) + \left(a+b+\frac{1}{2}\right)(1-2z)F'(z) - 4abF(z) = 0 \; ;$$

从而**高斯恒等式**（Gauss's identity）[143, 等式102]

$$F\left(\begin{array}{cc} 2a, 2b \\ a+b+\dfrac{1}{2} \end{array} \middle| z\right) = F\left(\begin{array}{cc} a, b \\ a+b+\dfrac{1}{2} \end{array} \middle| 4z(1-z)\right) \tag{5.110}$$

必定为真. 特别地，

$$F\left(\begin{array}{cc} 2a, 2b \\ a+b+\dfrac{1}{2} \end{array} \middle| \dfrac{1}{2}\right) = F\left(\begin{array}{cc} a, b \\ a+b+\dfrac{1}{2} \end{array} \middle| 1\right), \tag{5.111}$$

> （小心：当 $|z| > 1/2$ 时我们不能安全无忧地使用（5.110），除非它的两边都是多项式，见习题53.）

只要两边的无限和式收敛. 而实际上两边的和式的确总是收敛的, 除了在 $a+b+\dfrac{1}{2}$ 是非正整数这种退化的情形.

超几何级数的每一个新的恒等式都有关于二项式系数的推论, 这个恒等式也不例外. 我们来考虑和式

$$\sum_{k \le m} \binom{m-k}{n}\binom{m+n+1}{k}\left(\frac{-1}{2}\right)^k, \quad 整数\ m \ge n \ge 0 .$$

满足 $0 \le k \le m-n$ 的项是非零的, 如前一样稍加小心取极限就能将这个和式表示成超几何形式

$$\lim_{\varepsilon \to 0}\binom{m}{n} F\left(\begin{matrix} n-m, -n-m-1+\alpha\varepsilon \\ -m+\varepsilon \end{matrix} \middle| \frac{1}{2}\right).$$

α 的值不影响极限, 这是由于非正的上参数 $n-m$ 将此和式中除前几项之外的其他项全部变为了零. 我们可以置 $\alpha = 2$, 这样就可以应用 (5.111) 了. 现在可以计算这个极限, 因为其右边是 (5.92) 的特殊情形. 其结果可以表示成简化的形式

$$\sum_{k \le m}\binom{m-k}{n}\binom{m+n+1}{k}\left(\frac{-1}{2}\right)^k$$
$$= \binom{(m+n)/2}{n} 2^{n-m}\,[m{+}n是偶数], \quad 整数\ m \ge n \ge 0 , \tag{5.112}$$

正如习题54中所指出的那样. 例如, 当 $m=5$ 以及 $n=2$ 时, 我们得到 $\binom{5}{2}\binom{8}{0}-\binom{4}{2}\binom{8}{1}/2+\binom{3}{2}\binom{8}{2}/4-\binom{2}{2}\binom{8}{3}/8 = 10-24+21-7 = 0$; 而当 $m=4$ 以及 $n=2$ 时, 两边都得出 $\dfrac{3}{4}$.

222

我们还能发现一些情形, 在其中, 当 $z=-1$ 时 (5.110) 给出二项和式, 这些是真正令人不可思议的. 如果我们令 $a = \dfrac{1}{6}-\dfrac{n}{3}$ 以及 $b = -n$, 就得到异化的公式

$$F\left(\begin{matrix} \frac{1}{3}-\frac{2}{3}n, -2n \\ \frac{2}{3}-\frac{4}{3}n \end{matrix} \middle| -1\right) = F\left(\begin{matrix} \frac{1}{6}-\frac{1}{3}n, -n \\ \frac{2}{3}-\frac{4}{3}n \end{matrix} \middle| -8\right).$$

这些超几何级数在 $n \not\equiv 2 \ (\mathrm{mod}\,3)$ 时是非退化的多项式, 且其中的参数选取得很是巧妙, 使其左边可以用 (5.94) 来计算. 这样一来, 我们就引导出一个真正令人难以置信的结果

$$\sum_k \binom{n}{k}\binom{\frac{1}{3}n-\frac{1}{6}}{k} 8^k \middle/ \binom{\frac{4}{3}n-\frac{2}{3}}{k}$$
$$= \binom{2n}{n} \middle/ \binom{\frac{4}{3}n-\frac{2}{3}}{n}, \quad 整数\ n \ge 0 , \ n \not\equiv 2 \ (\mathrm{mod}\,3) . \tag{5.113}$$

这是我们在二项式系数中看到过的最令人瞠目结舌的恒等式, 甚至连这个恒等式的小数值的情形也不容易通过手工计算来检验. (事实表明, 当 $n = 3$ 时两边都得出 $\frac{81}{7}$.) 这个恒等式当然完全没有用, 它肯定不会在实际问题中出现.

以上就是我们对超几何学的 "炒作". 我们已经看到, 超几何级数对于理解二项式系数和式提供了一个高水平的方法. 更多的信息可以在 Bailey 所写的经典著作[18]以及其后由 Gasper 和 Rahman 合著的书[141]中找到.

5.7   部分超几何和式   PARTIAL HYPERGEOMETRIC SUMS

在这一章里, 我们计算过的大多数和式都考虑到所有的指标 $k \geqslant 0$, 但有时我们也能在更一般的范围 $a \leqslant k < b$ 内找到有效的封闭形式. 例如, 由 (5.16) 我们知道

$$\sum_{k < m} \binom{n}{k} (-1)^k = (-1)^{m-1} \binom{n-1}{m-1} , \quad m \text{ 是整数}. \tag{5.114}$$

第 2 章里的理论给了我们一个好方法来理解这样的公式: 如果 $f(k) = \Delta g(k) = g(k+1) - g(k)$, 那么我们就记 $\sum f(k) \delta k = g(k) + C$, 且

$$\sum_a^b f(k) \delta k = g(k) \Big|_a^b = g(b) - g(a) .$$

此外, 当 a 和 b 是满足 $a \leqslant b$ 的整数时, 我们有

$$\sum_a^b f(k) \delta k = \sum_{a \leqslant k < b} f(k) = g(b) - g(a).$$

这样一来, 恒等式 (5.114) 就对应于不定求和公式

$$\sum \binom{n}{k} (-1)^k \delta k = (-1)^{k-1} \binom{n-1}{k-1} + C ,$$

而且也对应于差分公式

$$\Delta \left((-1)^k \binom{n}{k} \right) = (-1)^{k+1} \binom{n+1}{k+1} .$$

从一个函数 $g(k)$ 开始可以很容易计算 $\Delta g(k) = f(k)$, 这是一个和等于 $g(k) + C$ 的函数. 但是从 $f(k)$ 出发并计算出它的不定和式 $\sum f(k) \delta k = g(k) + C$ 就要困难得多, 这个函数 g 可能没有简单的形式. 例如, $\sum \binom{n}{k} \delta k$ 显然没有简单的形式, 否则我们就能计算 $\sum_{k \leqslant n/3} \binom{n}{k}$ 这样的和式了, 而我们对此一点线索也没有. 不过也可能 $\sum \binom{n}{k} \delta k$ 有一个简单的形式, 而我们正好还没有想到它. 我们凭什么对此确信无疑呢?

1977 年, R. W. Gosper[154]发现了一个优美的方法, 只要 f 和 g 属于称为超几何项的一般函数类, 就能用此法求出不定和式 $\sum f(k) \delta k = g(k) + C$. 我们记

（5.113）仅有的用途就是展示存在难以置信的无用恒等式.

223

$$F\left(\begin{matrix}a_1,\cdots,a_m\\b_1,\cdots,b_n\end{matrix}\middle|z\right)_k = \frac{a_1^{\overline{k}}\cdots a_m^{\overline{k}}}{b_1^{\overline{k}}\cdots b_n^{\overline{k}}}\frac{z^k}{k!} \tag{5.115}$$

为超几何级数 $F(a_1,\cdots,a_m;b_1,\cdots,b_n;z)$ 的第 k 项. 我们将把 $F(a_1,\cdots,a_m;b_1,\cdots,b_n;z)_k$ 看成是 k 而不是 z 的一个函数. 在许多情形下都表明, 对给定的 $a_1,\cdots,a_m,b_1,\cdots,b_n$ 以及 z, 存在参数 c, $A_1,\cdots,A_M,B_1,\cdots,B_N$ 以及 Z, 使得

$$\sum F\left(\begin{matrix}a_1,\cdots,a_m\\b_1,\cdots,b_n\end{matrix}\middle|z\right)_k \delta k = cF\left(\begin{matrix}A_1,\cdots,A_M\\B_1,\cdots,B_N\end{matrix}\middle|Z\right)_k + C. \tag{5.116}$$

如果这样的常数 $c,A_1,\cdots,A_M,B_1,\cdots,B_N,Z$ 存在, 我们将把函数 $F(a_1,\cdots,a_m;b_1,\cdots,b_n;z)_k$ 称为是**可用超几何项求和的**(summable in hypergeometric terms), Gosper算法要么求出未知的常数, 要么证明不存在这样的常数.

一般来说, 如果 $t(k+1)/t(k)$ 是 k 的一个不恒为零的有理函数, 我们就称 $t(k)$ 是一个**超几何项**(hypergeometric term). 这本质上就意味着, $t(k)$ 是像 (5.115) 的一个项的常数倍. (然而会出现与零有关的技术性问题, 因为我们希望当 k 取负值以及当 (5.115) 中诸个 b 中有一个或者多个取零或者负整数值时, $t(k)$ 都是有意义的. 严格地说, 通过用一个非零常数与一个零的幂的积来乘以 (5.115), 我们就得到最一般的超几何项, 然后将分子的零与分母的零相抵消. 习题12中的例子有助于阐明这个一般法则.)

224

假设在 $t(k)$ 是一个超几何项时我们想要求 $\sum t(k)\delta k$. Gosper算法分两步走, 每一步都相当直截了当. 第1步是将项的比值表示成一个特殊的形式

$$\frac{t(k+1)}{t(k)} = \frac{p(k+1)}{p(k)}\frac{q(k)}{r(k+1)}, \tag{5.117}$$

其中 p、q 和 r 是满足下述条件

$$(k+\alpha)\backslash q(k) \text{ 以及 } (k+\beta)\backslash r(k)$$
$$\Rightarrow \alpha-\beta \text{ 不是正整数} \tag{5.118}$$

（多项式的整除与整数的整除类似. 例如, $(k+\alpha)\backslash q(k)$ 就意味着商 $q(k)/(k+\alpha)$ 是一个多项式. 容易看出, $(k+\alpha)\backslash q(k)$ 当且仅当 $q(-\alpha)=0$. ）

的多项式. 这个条件容易达到: 我们暂时从 $p(k)=1$ 出发, 并令 $q(k)$ 和 $r(k+1)$ 是将它们分解成线性因子后, 项的比值的分子和分母. 例如, 如果 $t(k)$ 有 (5.115) 的形状, 我们就从因子分解 $q(k)=(k+a_1)\cdots(k+a_m)z$ 以及 $r(k)=(k+b_1-1)\cdots(k+b_n-1)k$ 开始. 然后, 我们来检查是否违反了 (5.118). 如果 q 和 r 有因子 $(k+\alpha)$ 以及 $(k+\beta)$, 其中 $\alpha-\beta=N>0$, 我们就将它们从 q 和 r 中除掉, 并用

$$p(k)(k+\alpha-1)^{\underline{N-1}} = p(k)(k+\alpha-1)(k+\alpha-2)\cdots(k+\beta+1) \tag{5.119}$$

代替 $p(k)$. 新的 p、q 和 r 仍然满足 (5.117). 我们可以重复这个过程, 直到 (5.118) 成立. 一会儿我们将会看到为什么 (5.118) 是重要的.

Gosper算法的第2步是完成这项任务——求一个超几何项 $T(k)$, 使得只要可能就有

$$t(k) = T(k+1) - T(k). \tag{5.120}$$

但是怎样做到这一点却并不明显, 我们需要先讨论某些理论, 然后才能知道怎样做下去. 在研究了许多特殊的情形之后, Gosper注意到, 明智的方法是将未知函数 $T(k)$ 写成形式

$$T(k) = \frac{r(k)s(k)t(k)}{p(k)} ,$$
（5.121）

其中 $s(k)$ 是必须用某种方法发现的一个神秘的函数. 将（5.121）代入（5.120）并应用（5.117）就给出

（习题55对为什么我们要做这样一个魔术般的代换给出了一点线索.）

$$t(k) = \frac{r(k+1)s(k+1)t(k+1)}{p(k+1)} - \frac{r(k)s(k)t(k)}{p(k)}$$
$$= \frac{q(k)s(k+1)t(k)}{p(k)} - \frac{r(k)s(k)t(k)}{p(k)} ,$$

所以我们需要有

$$p(k) = q(k)s(k+1) - r(k)s(k) .$$
（5.122）

如果能找到满足这个基本递归关系的 $s(k)$ ，我们就找到了 $\sum t(k)\delta k$ ；如果不能找到 $s(k)$ ，那就找不到 T .

我们假设 $T(k)$ 是一个超几何项，这意味着 $T(k+1)/T(k)$ 是 k 的一个有理函数. 这样一来，根据（5.121）以及（5.120），$r(k)s(k)/p(k) = T(k)/\big(T(k+1)-T(k)\big)$ 是 k 的一个有理函数，而 $s(k)$ 本身必定是多项式的商

$$s(k) = f(k)/g(k) .$$

但事实上我们可以证明，$s(k)$ 本身就是一个多项式. 因为如果 $g(k)$ 不是常数，且 $f(k)$ 与 $g(k)$ 没有公因子，设 N 是对于某个复数 β 使得 $(k+\beta)$ 和 $(k+\beta+N-1)$ 两者都作为 $g(k)$ 的因子出现的最大整数. 由于 $N=1$ 总满足这个条件，故而 N 的值是正的. 方程（5.122）可以改写成

$$p(k)g(k+1)g(k) = q(k)f(k+1)g(k) - r(k)g(k+1)f(k) ,$$

又如果置 $k=-\beta$ 以及 $k=-\beta-N$ ，就得到

$$r(-\beta)g(1-\beta)f(-\beta) = 0 = q(-\beta-N)f(1-\beta-N)g(-\beta-N) .$$

现在 $f(-\beta)\neq 0$ 且 $f(1-\beta-N)\neq 0$ ，因为 f 和 g 没有共同的根. 同样有 $g(1-\beta)\neq 0$ 以及 $g(-\beta-N)\neq 0$ ，如若不然，$g(k)$ 就会包含因子 $(k+\beta-1)$ 或者 $(k+\beta+N)$ ，而这与 N 的最大值性质相矛盾. 于是，

$$r(-\beta) = q(-\beta-N) = 0 .$$

但是这与条件（5.118）矛盾. 从而 $s(k)$ 必定是一个多项式.

我明白了：Gosper提出条件（5.118）是为了使这个证明能够通过.

当 $p(k)$ 、$q(k)$ 以及 $r(k)$ 是给定的多项式时，我们的任务就归结为求一个满足（5.122）的多项式 $s(k)$ ，或者证明不存在这样的多项式. 当 $s(k)$ 有特定的次数 d 时，这很容易，因为对未知的系数 $(\alpha_d,\cdots,\alpha_0)$ 我们可以写成

$$s(k) = \alpha_d k^d + \alpha_{d-1}k^{d-1} + \cdots + \alpha_0 , \quad \alpha_d \neq 0$$
（5.123）

并将这个表达式代入基本递归式（5.122）中. 多项式 $s(k)$ 满足这个递归式，当且仅当诸 α 都满足令（5.122）中 k 的每一个幂的系数相等时所得到的线性方程.

但是我们怎么才能确定 s 的次数呢？事实表明，存在至多两种可能性. 我们可以将（5.122）改写成形式

$$2p(k) = Q(k)\big(s(k+1) + s(k)\big) + R(k)\big(s(k+1) - s(k)\big),\qquad(5.124)$$

其中 $Q(k) = q(k) - r(k)$ 且 $R(k) = q(k) + r(k)$.

如果 $s(k)$ 的次数为 d，那么和式 $s(k+1) + s(k) = 2\alpha_d k^d + \cdots$ 的次数也为 d，而差 $s(k+1) - s(k) = \Delta s(k) = d\alpha_d k^{d-1} + \cdots$ 的次数为 $d-1$.（可以设零多项式的次数为 -1.）我们用 $\deg(P)$ 表示多项式 P 的次数. 如果 $\deg(Q) \geqslant \deg(R)$，那么（5.124）右边的次数就是 $\deg(Q) + d$，所以必定有 $d = \deg(p) - \deg(Q)$. 另一方面，如果 $\deg(Q) < \deg(R) = d'$，我们就能记 $Q(k) = \lambda' k^{d'-1} + \cdots$ 以及 $R(k) = \lambda k^{d'} + \cdots$，其中 $\lambda \neq 0$，（5.124）的右边就有形式

$$(2\lambda'\alpha_d + \lambda d\alpha_d)k^{d+d'-1} + \cdots.$$

因此有两种可能性：$2\lambda' + \lambda d \neq 0$，且 $d = \deg(p) - \deg(R) + 1$；$2\lambda' + \lambda d = 0$，且 $d > \deg(p) - \deg(R) + 1$. 仅当 $-2\lambda'/\lambda$ 是一个大于 $\deg(p) - \deg(R) + 1$ 的整数 d 时，才需要对第二种情形进行检查.

好的，现在我们有足够的事实来执行Gosper的两步算法的第2步：只要（5.122）有多项式解，那么通过尝试 d 的至多两个值，我们就能发现 $s(k)$. 如果 $s(k)$ 存在，我们就能将它代入（5.121），这样就得到了 T. 如若不然，我们就证明了 $t(k)$ 不可用超几何项求和.

现在我们讨论一个例子：尝试计算部分和式（5.114）. Gosper的方法应该能对任何固定的 n 推导出

$$\sum \binom{n}{k}(-1)^k \delta k$$

的值，所以我们寻求

$$t(k) = \binom{n}{k}(-1)^k = \frac{n!(-1)^k}{k!(n-k)!}$$

的和式. 第1步是将项的比值表示成所要求的形式（5.117），我们有

$$\frac{t(k+1)}{t(k)} = \frac{k-n}{k+1} = \frac{p(k+1)q(k)}{p(k)r(k+1)},$$

为什么不是 $r(k) = k+1$？哦，我看出来了.

所以我们直接取 $p(k) = 1$，$q(k) = k-n$ 和 $r(k) = k$. p、q 和 r 的这种选取满足（5.118），除非 n 是负整数，我们假设并非如此.

现在我们来做第2步. 根据（5.124），我们应该考虑多项式 $Q(k) = -n$ 和 $R(k) = 2k - n$. 由于 R 的次数比 Q 大，我们需要考虑两种情形：要么 $d = \deg(p) - \deg(R) + 1$，它等于零；要么 $d = -2\lambda'/\lambda$，其中 $\lambda' = -n$ 且 $\lambda = 2$，从而 $d = n$. 第一种情形更好一些，因为它不要求 n 是正整数，所以我们首先尝试它，仅当第一种情形不成立时我们才需要对 d 尝试另一种可能性. 假设 $d = 0$，$s(k)$ 的值就是 α_0，方程（5.122）就转化为

$$1 = (k-n)\alpha_0 - k\alpha_0.$$

于是我们选取 $\alpha_0 = -1/n$. 它满足这个方程并给出

$$T(k) = \frac{r(k)s(k)t(k)}{p(k)}$$

227

$$= k \times \left(\frac{-1}{n} \right) \times \binom{n}{k} (-1)^k$$

$$= \binom{n-1}{k-1} (-1)^{k-1}, \quad n \neq 0,$$

这恰好就是我们希望确认的答案.

如果用同样的方法来求没有 $(-1)^k$ 的不定和式 $\sum \binom{n}{k} \delta k$，那么除了 $q(k)$ 将是 $n-k$ 之外，其他的都几乎相同. 从而 $Q(k) = n-2k$ 比 $R(k) = n$ 有更大的次数，我们将得出结论：d 取不可能的值 $\deg(p) - \deg(Q) = -1$.（多项式 $s(k)$ 不可能有负的次数，因为它不可能是零.）这样一来，函数 $\binom{n}{k}$ 就是不可能用超几何项求和的.

然而，一旦我们消除了不可能性，不论剩下的是什么——尽管不大可能——都必定是真实的（按照福尔摩斯[83]）. 当在第1步中定义 p、q 和 r 时，我们就决定了忽略 n 取负整数值的可能性. 如果它取负整数值呢？我们就取 $n = -N$，其中 N 是正数. 这样 $\sum \binom{n}{k} \delta k$ 的项的比值是

$$\frac{t(k+1)}{t(k)} = \frac{-(k+N)}{k+1} = \frac{p(k+1)}{p(k)} \frac{q(k)}{r(k+1)},$$

而且按照（5.119），它应该能用 $p(k) = (k+1)^{\overline{N-1}}$，$q(k) = -1$，$r(k) = 1$ 来表示. Gosper算法的第2步现在就告诉我们，要寻找一个次数为 $d = N-1$ 的多项式 $s(k)$，最终或许会有希望. 例如，当 $N = 2$ 时，递归式（5.122）是说我们应该求解

$$k+1 = -\big((k+1)\alpha_1 + \alpha_0\big) - \big(k\alpha_1 + \alpha_0\big).$$

令 k 和1的系数相等就给出

228

$$1 = -\alpha_1 - \alpha_1; \quad 1 = -\alpha_1 - \alpha_0 - \alpha_0;$$

从而 $s(k) = -\frac{1}{2}k - \frac{1}{4}$ 就是一个解，且

$$T(k) = \frac{1 \times \left(-\frac{1}{2}k - \frac{1}{4} \right) \times \binom{-2}{k}}{k+1} = (-1)^{k-1} \frac{2k+1}{4}.$$

这能是所希望的和式吗？是的，它经检查为真：

$$(-1)^k \frac{2k+3}{4} - (-1)^{k-1} \frac{2k+1}{4} = (-1)^k (k+1) = \binom{-2}{k}.$$

附带指出，通过附加一个上限，我们可以把这个求和公式写成另外的形式：

$$\sum_{k<m} \binom{-2}{k} = (-1)^{k-1} \frac{2k+1}{4} \Bigg|_0^m$$

"你干得好极了，福尔摩斯！""一点儿也不难，我亲爱的华生."

$$= \frac{(-1)^{m-1}}{2}\left(m + \frac{1-(-1)^m}{2} \right)$$

$$= (-1)^{m-1}\left\lceil \frac{m}{2} \right\rceil, \quad 整数\ m \geqslant 0.$$

这个表示法掩盖了这样的事实：$\binom{-2}{k}$ 可以用超几何项求和，因为 $\lceil m/2 \rceil$ 不是超几何项（见习题12）.

如果对某个整数 k 有 $p(k)=0$，则（5.121）的分母中可能会出现问题. 习题97介绍了在这种情况下我们能做什么.

注意，我们无需费神像这一章早先提及的确定的超几何和式资料库那样，将不定求和的超几何项编纂成集，因为Gosper算法提供了一个在所有可求和的情形下都有效的快速且一致的方法.

Marko Petkovšek[291]发现了一个将Gosper算法推广到更为复杂的反演问题的好方法，其想法指出了，给定任何超几何项 $t(k)$ 以及多项式 $p_l(k),\cdots,p_1(k),p_0(k)$，怎样确定满足 l 阶递归式

$$t(k) = p_l(k)T(k+l) + \cdots + p_1(k)T(k+1) + p_0(k)T(k) \tag{5.125}$$

的所有的超几何项 $T(k)$.

5.8 机械求和法 MECHANICAL SUMMATION

如此漂亮的Gosper算法仅仅对实际中遇到的几个二项和式求出了封闭形式，但我们不必就此停步. Doron Zeilberger[384]指出了怎样将Gosper算法加以推广，使它变得更加优美，能在更多情形下获得成功. 利用Zeilberger的推广，我们可以处理对所有 k 求和的和式，而不仅仅是部分和式，这样我们就有了替代5.5节和5.6节中超几何方法的另一种方法. 此外，与Gosper原来的方法相同的是，计算可以几乎无需人工操作而由计算机完成，我们不需要依赖聪明和运气.

其基本思想是，将要求和的项视为两个变量 n 和 k 的一个函数 $t(n,k)$.（在Gosper算法中我们只是记为 $t(k)$.）当还没有事实表明 $t(n,k)$ 可以用超几何项关于 k 不求和时（让我们面对它，只有相对比较少的函数是这样的），Zeilberger注意到，利用20世纪40年代修女Celine Fasenmyer[382]所创立的思想，我们常常可以对 $t(n,k)$ 加以修改，从而得到另外一个不定可求和的项. 例如，事实往往表明，对于适当的多项式 $\beta_0(n)$ 和 $\beta_1(n)$，$\beta_0(n)t(n,k)+\beta_1(n)t(n+1,k)$ 常常是关于 k 不定可求和的. 而当我们关于 k 进行求和时，就得到一个关于 n 的可用来求解问题的递归式.

为了熟悉这个一般性的方法，我们先来研究一个简单的情形. 假设我们忘记了二项式定理，而又想要计算 $\sum_k \binom{n}{k}z^k$. 没有超人的洞察力和来自灵感的猜想，我们怎样发现答案呢？

例如，在 5.2 节的问题 3 中，我们学习了怎样用 $\binom{n-1}{k} + \binom{n-1}{k-1}$ 代替 $\binom{n}{k}$，并不费力气就得到了结果. 不过这里有一个更系统的方法.

是否不用查看表 5-4?

设 $t(n,k) = \binom{n}{k} z^k$ 是一个要求和的量. Gosper 算法告诉我们，除了 $z = -1$ 的情形之外，我们不能对任意的 n 用超几何项来计算部分和 $\sum_{k \leq m} t(n,k)$. 所以我们转而考虑一个更加一般的项

$$\hat{t}(n,k) = \beta_0(n) t(n,k) + \beta_1(n) t(n+1,k). \tag{5.126}$$

我们将寻求使得 Gosper 算法能够成功的 $\beta_0(n)$ 和 $\beta_1(n)$ 的值. 首先我们想利用 $t(n+1,k)$ 与 $t(n,k)$ 之间的关系来从这个表达式中消去 $t(n+1,k)$，从而化简（5.126）. 由于

$$\frac{t(n+1,k)}{t(n,k)} = \frac{(n+1)! z^k}{(n+1-k)! k!} \frac{(n-k)! k!}{n! z^k}$$

$$= \frac{n+1}{n+1-k},$$

我们有

$$\hat{t}(n,k) = p(n,k) \frac{t(n,k)}{n+1-k},$$

其中

230

$$p(n,k) = (n+1-k) \beta_0(n) + (n+1) \beta_1(n).$$

现在我们对 $\hat{t}(n,k)$ 应用 Gosper 算法（保持 n 不变）. 首先，如同在（5.117）中那样，记

$$\frac{\hat{t}(n,k+1)}{\hat{t}(n,k)} = \frac{\hat{p}(n,k+1)}{\hat{p}(n,k)} \frac{q(n,k)}{r(n,k+1)}. \tag{5.127}$$

Gosper 的方法从 $\hat{p}(n,k) = 1$ 出发会求得这样的表示，但是利用 Zeilberger 的推广，我们从 $\hat{p}(n,k) = p(n,k)$ 发会更好一些. 注意，如果我们令 $\bar{t}(n,k) = \hat{t}(n,k) / p(n,k)$ 以及 $\bar{p}(n,k) = \hat{p}(n,k) / p(n,k)$，方程（5.127）就等价于

$$\frac{\bar{t}(n,k+1)}{\bar{t}(n,k)} = \frac{\bar{p}(n,k+1)}{\bar{p}(n,k)} \frac{q(n,k)}{r(n,k+1)}. \tag{5.128}$$

所以，从 $\bar{p}(n,k) = 1$ 出发，通过寻求满足（5.128）的 $\bar{p}$、q 和 r，我们可以求得满足（5.127）的 $\hat{p}$、q 和 r. 这就使问题变得容易了，因为 $\bar{t}(n,k)$ 不包含在 $\hat{t}(n,k)$ 中出现的未知量 $\beta_0(n)$ 和 $\beta_1(n)$. 在我们的情形中，有 $\bar{t}(n,k) = t(n,k)/(n+1-k) = n! z^k / (n+1-k)! k!$，所以

$$\frac{\bar{t}(n,k+1)}{\bar{t}(n,k)} = \frac{(n+1-k)z}{k+1},$$

我们可以取 $q(n,k) = (n+1-k)z$ 以及 $r(n,k) = k$. 假设这些关于 k 的多项式满足条件（5.118）. 如果它们不满足，我们设想去掉来自 q 和 r 的因子并包含 $\bar{p}(n,k)$ 中对应的因子（5.119）；但是我们应该仅仅当（5.118）中的量 $\alpha - \beta$ 是一个与 n 无关的正整数常数时才这样做，因为我们

这一次我们记住了为什么 $r(n,k)$ 不等于 $k+1$.

希望我们的计算对任意的 n 都成立.（实际上, 利用广义阶乘 (5.83) 可知, 我们得到的公式即便当 n 和 k 不是整数时也成立.）

从这个意义上说, 我们对 q 和 r 的第一种选择确实满足 (5.118), 所以正好可以转移到 Gosper 算法的第 2 步：用 (5.127) 代替 (5.117) 来求解与 (5.122) 类似的方程. 所以我们想要求解

$$\hat{p}(n,k) = q(n,k)s(n,k+1) - r(n,k)s(n,k)\,, \tag{5.129}$$

其中

$$s(n,k) = \alpha_d(n)k^d + \alpha_{d-1}(n)k^{d-1} + \cdots + \alpha_0(n) \tag{5.130}$$

是一个尚不为人知的多项式.（s 的系数被视为 n 的函数, 而不只是常数.）在我们的情形中, 方程 (5.129) 是

$$(n+1-k)\beta_0(n) + (n+1)\beta_1(n)$$
$$= (n+1-k)zs(n,k+1) - ks(n,k)\,,$$

231

我们把它看成是一个关于 k 的以 n 的函数做为系数的多项式方程. 与前面相同, 我们通过考虑 $Q(n,k) = q(n,k) - r(n,k)$ 和 $R(n,k) = q(n,k) + r(n,k)$ 来确定 s 的次数 d. 由于 $\deg(Q) = \deg(R) = 1$（假设 $z \neq \pm 1$), 我们就有 $d = \deg(\hat{p}) - \deg(Q) = 0$, 且 $s(n,k) = \alpha_0(n)$ 与 k 无关. 我们的方程就变成

$$(n+1-k)\beta_0(n) + (n+1)\beta_1(n) = (n+1-k)z\alpha_0(n) - k\alpha_0(n)\,,$$

让 k 的幂相等, 就得到等价的不含 k 的方程

$$(n+1)\beta_0(n) + (n+1)\beta_1(n) - (n+1)z\alpha_0(n) = 0\,,$$
$$-\beta_0(n) \qquad\qquad + (z+1)\alpha_0(n) = 0\,.$$

因此我们有一个满足条件

$$\beta_0(n) = z+1\,, \quad \beta_1(n) = -1\,, \quad \alpha_0(n) = s(n,k) = 1$$

的 (5.129) 的解.（碰巧, n 去掉了.）

我们用一种纯粹机械的方法发现了, 项 $\hat{t}(n,k) = (z+1)t(n,k) - t(n+1,k)$ 是可以用超几何项求和的. 换句话说,

$$\hat{t}(n,k) = T(n,k+1) - T(n,k)\,, \tag{5.131}$$

其中 $T(n,k)$ 是关于 k 的一个超几何项. 这个 $T(n,k)$ 是什么呢? 根据 (5.121) 和 (5.128), 我们有

$$T(n,k) = \frac{r(n,k)s(n,k)\hat{t}(n,k)}{\hat{p}(n,k)} = r(n,k)s(n,k)\overline{t}(n,k)\,, \tag{5.132}$$

因为 $\overline{p}(n,k) = 1$.（的确, 事实表明 $\overline{p}(n,k)$ 实际上几乎总是等于 1.）从而

$$T(n,k) = \frac{k}{n+1-k}t(n,k) = \frac{k}{n+1-k}\binom{n}{k}z^k = \binom{n}{k-1}z^k\,.$$

十分肯定的是一切都经过了核查——方程 (5.131) 为真:

次数函数 $\deg(Q)$ 在这里表示关于 k 的次数, 而把 n 当作常数处理.

$$(z+1)\binom{n}{k}z^k - \binom{n+1}{k}z^k = \binom{n}{k}z^{k+1} - \binom{n}{k-1}z^k.$$

但是，我们实际上并不需要精确地知道 $T(n,k)$，因为我们是在针对所有的整数 k 对 $t(n,k)$ 求和. 我们需要知道的就是，当 n 是任意一个给定的非负整数时，$T(n,k)$ 仅对有限多个 k 的值不等于零. 这样 $T(n,k+1)-T(n,k)$ 对所有 k 的求和必定缩减为零.

设 $S_n = \sum_k t(n,k) = \sum_k \binom{n}{k}z^k$，这是我们开始时所讨论的和式，现在来对它进行计算，因为我们现在知道了许多关于 $t(n,k)$ 的知识. Gosper-Zeilberger方法推出

$$\sum_k \big((z+1)t(n,k)-t(n+1,k)\big)=0.$$

但是这个和式是 $(z+1)\sum_k t(n,k) - \sum_k t(n+1,k) = (z+1)S_n - S_{n+1}$. 这样一来，我们就有

$$S_{n+1}=(z+1)S_n. \tag{5.133}$$

啊哈! 这是一个我们知道怎样求解的递归式，只要知道 S_0 即可. 显然，$S_0 = 1$. 于是就推出，对所有整数 $n \ge 0$ 都有 $S_n = (z+1)^n$. 证明完毕.

让我们来回顾这一计算，并将我们所做的事加以总结，使之也能应用于其他的求和项 $t(n,k)$. 当 $t(n,k)$ 给定时，Gosper-Zeilberger算法可以总结如下:

0　置 $l := 0$. (我们将寻求关于 n 的 l 阶递归式.)

1　令 $\hat t(n,k) = \beta_0(n)t(n,k)+\cdots+\beta_l(n)t(n+l,k)$，其中 $\beta_0(n),\cdots,\beta_l(n)$ 是未知的函数. 利用 $t(n,k)$ 的性质寻求 $\beta_0(n),\cdots,\beta_l(n)$ 的一个线性组合 $p(n,k)$，其系数是关于 n 和 k 的多项式，使得 $\hat t(n,k)$ 可以写成形式 $p(n,k)\bar t(n,k)$，其中 $\bar t(n,k)$ 是关于 k 的超几何项. 求多项式 $\bar p(n,k)$、$q(n,k)$ 和 $r(n,k)$，使得 $\bar t(n,k)$ 的项的比值表示成（5.128）的形式，其中 $q(n,k)$ 和 $r(n,k)$ 满足 Gosper条件（5.118）. 置 $\hat p(n,k)=p(n,k)\bar p(n,k)$.

2a　置 $d_Q := \deg(q-r)$，$d_R := \deg(q+r)$，以及

$$d := \begin{cases} \deg(\hat p)-d_Q, & d_Q \ge d_R \\ \deg(\hat p)-d_R+1, & d_Q < d_R \end{cases}$$

2b　如果 $d \ge 0$，用（5.130）定义 $s(n,k)$，并考虑关于 $\alpha_0,\cdots,\alpha_d,\beta_0,\cdots,\beta_l$ 的诸个线性方程，这些方程是在基本方程（5.129）中令 k 的幂的系数相等而得到的. 如果这些方程有一个使得 $\beta_0,\cdots,\beta_l$ 不全为零的解，就转到第4步. 如若不然，当 $d_Q < d_R$ 且 $-2\lambda'/\lambda$ 是一个大于 d 的整数时（其中 λ 是 $q+r$ 中 k^{d_R} 的系数，而 λ' 则是 $q-r$ 中 k^{d_R-1} 的系数），就置 $d := -2\lambda'/\lambda$ 并重复第2b步.

3　（项 $\hat t(n,k)$ 不是超几何可求和的.）将 l 增加1并回到第1步.

4　（成功.）置 $T(n,k) := r(n,k)s(n,k)\bar t(n,k)/\bar p(n,k)$. 由该算法，就得到了 $\hat t(n,k) = T(n, k+1)-T(n,k)$.

以后我们将要证明，只要 $t(n,k)$ 属于称为**正常项**（proper term）的一个大类，这个算法就能成功地终止.

二项式定理可以用很多方法得到，所以我们关于Gosper-Zeilberger方法的第一个例子与

事实上，当 $|z|<1$ 且 n 是任意复数时，有 $\lim_{k\to\infty}T(n,k)=0$. 所以（5.133）对所有 n 为真，且特别地，当 n 是负整数时有 $S_n=(z+1)^n$.

其说是令人印象深刻，还不如说是富有指导意义. 接下来，我们处理范德蒙德卷积. Gosper 与Zeilberger能从算法上推知 $\sum_k \binom{a}{k}\binom{b}{n-k}$ 有简单的形式吗？这个算法从 $l=0$ 开始，本质上是重复Gosper原来的算法，尝试 $\binom{a}{k}\binom{b}{n-k}$ 是否可以用超几何项求和. 令人惊讶的是，如果 $a+b$ 是一个指定的非负整数，那么事实表明这个项的确是可求和的（见习题94）. 不过我们感兴趣的是 a 和 b 的一般值，而由这一算法很快就发现，这个不定的和式一般来说不是超几何项. 所以 l 从0增加到1，而这个算法则尝试用 $\hat{t}(n,k)=\beta_0(n)t(n,k)+\beta_1(n)t(n+1,k)$ 作为替代往下进行. 如同我们在二项式定理的推导中那样，下一步是记 $\hat{t}(n,k)=p(n,k)\overline{t}(n,k)$ ，其中 $p(n,k)$ 是通过在 $t(n+1,k)/t(n,k)$ 中去掉分母而得到的. 在这种情形中（请读者在一张便条纸上与我们一起来检验所有这些计算），它们并不像看起来那么困难，一切都按照类似的方式顺利进行，不过现在有

$$p(n,k)=(n+1-k)\beta_0(n)+(b-n+k)\beta_1(n)=\hat{p}(n,k) ,$$
$$\overline{t}(n,k)=t(n,k)/(n+1-k)=a!b!/(a-k)!k!(b-n+k)!(n+1-k)! ,$$
$$q(n,k)=(n+1-k)(a-k) ,$$
$$r(n,k)=(b-n+k)k .$$

关键之处在于, Gosper-Zeilberger方法总是引导出诸多关于未知量 α 和 β 的线性方程，因为（5.129）的左边关于诸个 β 是线性的，而右边关于诸个 α 是线性的.

第2a步发现 $\deg(q-r)<\deg(q+r)$ 且 $d=\deg(\hat{p})-\deg(q+r)+1=0$ ，所以 $s(n,k)$ 仍然与 k 无关. Gosper的基本方程（5.129）与关于三个未知量的两个方程是等价的：

$$(n+1)\beta_0(n)+(b-n)\beta_1(n)-(n+1)a\alpha_0(n)=0 ,$$
$$-\beta_0(n)\qquad\qquad +\beta_1(n)+(a+b+1)\alpha_0(n)=0 ,$$

这两个方程有解

$$\beta_0(n)=a+b-n , \quad \beta_1(n)=-n-1 , \quad \alpha_0(n)=1 .$$

我们得出结论： $(a+b-n)t(n,k)-(n+1)t(n+1,k)$ 关于 k 是可求和的. 因此，如果 $S_n=\sum_k\binom{a}{k}\binom{b}{n-k}$ ，则递归式

$$S_{n+1}=\frac{a+b-n}{n+1}S_n$$

成立，从而 $S_n=\binom{a+b}{n}$ ，这是由于 $S_0=1$. 这真是小菜一碟.

那么关于（5.28）中的Saalschütz的三重二项恒等式呢？习题43中关于（5.28）的证明是很有意思的，不过它需要灵感. 当我们将一门艺术转换成一门科学时，其目的是用艰苦的劳动代替灵感，所以我们要来看Gosper-Zeilberger的求和方法是否能用纯粹机械的方式发现并且证明（5.28）. 为方便起见，我们做代换 $m=b+d$ ， $n=a$ ， $r=a+b+c+d$ ， $s=a+b+c$ ，使得（5.28）有更加对称的形式

234

$$\sum_k \frac{(a+b+c+d+k)!}{(a-k)!(b-k)!(c+k)!(d+k)!k!}$$

$$= \frac{(a+b+c+d)!(a+b+c)!(a+b+d)!}{a!b!(a+c)!(a+d)!(b+c)!(b+d)!}. \qquad (5.134)$$

为了使得这个和式是有限的，我们假设 a 或者 b 是非负整数.

设 $t(n,k) = (n+b+c+d+k)!/(n-k)!(b-k)!(c+k)!(d+k)!k!$ 以及 $\hat{t}(n,k) = \beta_0(n)t(n,k) + \beta_1(n)t(n+1,k)$. 沿着一条开始变得陈旧的路走下去，我们取

决定哪一个参数称为 n 是仅有的非机械劳动的部分.

$$p(n,k) = (n+1-k)\beta_0(n) + (n+1+b+c+d+k)\beta_1(n) = \hat{p}(n,k),$$

$$\bar{t}(n,k) = \frac{t(n,k)}{(n+1-k)} = \frac{(n+b+c+d+k)!}{(n+1-k)!(b-k)!(c+k)!(d+k)!k!},$$

$$q(n,k) = (n+b+c+d+k+1)(n+1-k)(b-k),$$

$$r(n,k) = (c+k)(d+k)k,$$

我们尝试对 $s(n,k)$ 求解（5.129）. 再次有 $\deg(q-r) < \deg(q+r)$，但是这一次有 $\deg(\hat{p}) - \deg(q+r) + 1 = -1$，所以我们看起来像是被难住了. 然而，第 2b 步对于 s 的次数有一个重要的第二选择，即 $d = -2\lambda'/\lambda$，我们最好还是在放弃之前对它做一下尝试. 这里 $R(n,k) = q(n,k) + r(n,k) = 2k^3 + \cdots$，所以 $\lambda = 2$，而多项式 $Q(n,k) = q(n,k) - r(n,k)$ 关于 k 的次数几乎是不可思议地被证明是 1——k^2 的系数变为零！这样就有 $\lambda' = 0$，Gosper 允许我们取 $d = 0$ 以及 $s(n,k) = \alpha_0(n)$.

注意，λ' 不是 Q 的首项系数，尽管 λ 是 R 的首项系数. 数 λ' 是 Q 中 $k^{\deg(R)-1}$ 的系数.

要求解的方程就是

$$(n+1)\beta_0(n) + (n+1+b+c+d)\beta_1(n) - (n+1)(n+1+b+c+d)b\alpha_0(n) = 0,$$

$$-\beta_0(n) + \beta_1(n) - \big((n+1)b - (n+1+b)(n+1+b+c+d) - cd\big)\alpha_0(n) = 0.$$

在经过一些辛劳之后，我们就求得

$$\beta_0(n) = (n+1+b+c)(n+1+b+d)(n+1+b+c+d),$$

$$\beta_1(n) = -(n+1)(n+1+c)(n+1+d),$$

$$\alpha_0(n) = 2n+2+b+c+d.$$

恒等式（5.134）就立即得出.

汗水流淌走，恒等式随之来.

如果我们从 $n = d$ 而不是从 $n = a$ 着手，就能得到（5.134）的一个类似的证明.（见习题 99.）

235

Gosper-Zeilberger 方法既帮助我们计算对某个限定范围求和的确定和式，也帮助我们计算对所有 k 求和的和式. 例如，我们来考虑

$$S_n(z) = \sum_{k=0}^{n} \binom{n+k}{k} z^k. \qquad (5.135)$$

当 $z = \dfrac{1}{2}$ 时我们得到（5.20）中一个 "出乎意料的" 结果，Gosper 与 Zeilberger 预料到有这个结果吗？置 $t(n,k) = \dbinom{n+k}{k} z^k$ 就将导出

$$p(n,k) = (n+1)\beta_0(n) + (n+1+k)\beta_1(n) = \hat{p}(n,k) ,$$

$$\bar{t}(n,k) = t(n,k)/(n+1) = (n+k)!\,z^k / k!(n+1)! ,$$

$$q(n,k) = (n+1+k)z ,$$

$$r(n,k) = k ,$$

且 $\deg(s) = \deg(\hat{p}) - \deg(q-r) = 0$. 方程（5.129）可以由 $\beta_0(n) = 1$，$\beta_1(n) = z-1$，$s(n,k) = 1$ 求解. 这样一来，我们就求得

$$t(n,k) + (z-1)t(n+1,k) = T(n,k+1) - T(n,k) , \tag{5.136}$$

其中 $T(n,k) = r(n,k)s(n,k)\hat{t}(n,k)/\hat{p}(n,k) = \dbinom{n+k}{k-1}z^k$. 我们现在能对（5.136）关于 $0 \leqslant k \leqslant n+1$ 求和，得到

$$\begin{aligned} S_n(z) + t(n,n+1) + (z-1)S_{n+1}(z) &= T(n,n+2) - T(n,0) \\ &= \binom{2n+2}{n+1}z^{n+2} \\ &= 2\binom{2n+1}{n}z^{n+2} . \end{aligned}$$

但是 $t(n,n+1) = \dbinom{2n+1}{n+1}z^{n+1} = \dbinom{2n+1}{n}z^{n+1}$，所以

$$S_{n+1}(z) = \frac{1}{1-z}\left(S_n(z) + (1-2z)\binom{2n+1}{n}z^{n+1} \right) . \tag{5.137}$$

我们立即看出，$z = \dfrac{1}{2}$ 的情形是特殊的，且 $S_{n+1}\left(\dfrac{1}{2}\right) = 2S_n\left(\dfrac{1}{2}\right)$. 此外，递归式（5.137）可以通过将求和因子 $(1-z)^{n+1}$ 应用于两边而得以简化，这就得到一般的恒等式

$$(1-z)^n \sum_{k=0}^{n}\binom{n+k}{k}z^k = 1 + \frac{1-2z}{2-2z}\sum_{k=1}^{n}\binom{2k}{k}\big(z(1-z)\big)^k , \tag{5.138}$$

在 Gosper 和 Zeilberger 发现他们的重要方法之前，很少有人会想到有这样的结果，而现在出现这样的恒等式已经司空见惯了.

236

那么我们在（5.74）中遇到过的类似的和式

$$S_n(z) = \sum_{k=0}^{n}\binom{n-k}{k}z^k \tag{5.139}$$

如何呢？我们信心满怀，置 $t(n,k) = \dbinom{n-k}{k}z^k$ 并着手计算

$$p(n,k) = (n+1-2k)\beta_0(n) + (n+1-k)\beta_1(n) = \hat{p}(n,k) ,$$

$$\bar{t}(n,k) = t(n,k)/(n+1-2k) = (n-k)!\,z^k / k!(n+1-2k)! ,$$

$$q(n,k) = (n+1-2k)(n-2k)z ,$$

$$r(n,k) = (n+1-k)k .$$

喔,如果我们假设 $z \neq -\frac{1}{4}$ 就没有办法求解(5.129),因为s的次数将会是 $\deg(\hat{p}) - \deg(q-r) = -1$.

没有问题. 我们直接添加另外一个参数 $\beta_2(n)$,并尝试用 $\hat{t}(n,k) = \beta_0(n)t(n,k) + \beta_1(n)$ $t(n+1,k) + \beta_2(n)t(n+2,k)$ 取而代之:

$$p(n,k) = (n+1-2k)(n+2-2k)\beta_0(n)$$
$$+ (n+1-k)(n+2-2k)\beta_1(n)$$
$$+ (n+1-k)(n+2-k)\beta_2(n) = \hat{p}(n,k)$$
$$\overline{t}(n,k) = t(n,k)/(n+1-2k)(n+2-2k) = (n-k)!z^k/k!(n+2-2k)!,$$
$$q(n,k) = (n+2-2k)(n+1-2k)z,$$
$$r(n,k) = (n+1-k)k.$$

现在可以尝试 $s(n,k) = \alpha_0(n)$,而(5.129)确实有一组解:

$$\beta_0(n) = z, \quad \beta_1(n) = 1, \quad \beta_2(n) = -1, \quad \alpha_0(n) = 1.$$

我们已经发现了

$$zt(n,k) + t(n+1,k) - t(n+2,k) = T(n,k+1) - T(n,k),$$

其中 $T(n,k)$ 等于 $r(n,k)s(n,k)\hat{t}(n,k)/\hat{p}(n,k) = (n+1-k)k\overline{t}(n,k) = \binom{n+1-k}{k-1}z^k$. 从 $k=0$ 到 $k=n$ 求和就给出

$$zS_n(z) + \left(S_{n+1}(z) - \binom{0}{n+1}z^{n+1}\right) - \left(S_{n+2}(z) - \binom{0}{n+2}z^{n+2} - \binom{1}{n+1}z^{n+1}\right)$$
$$= T(n,n+1) - T(n,0).$$

又对所有 $n \geq 0$ 都有 $\binom{1}{n+1}z^{n+1} = \binom{0}{n}z^{n+1} = T(n,n+1)$,所以我们得到

$$S_{n+2}(z) = S_{n+1}(z) + zS_n(z), \quad n \geq 0. \tag{5.140}$$

在第6章和第7章中我们将要研究这种递归式的解,当 $S_0(z) = S_1(z) = 1$ 时,那两章里的方法直接从(5.140)导出封闭形式(5.74).

再讨论一个著名的例子将使这一图景完整无缺. 1978年,法国数学家Roger Apéry解决了一个长期悬而未决的问题,他证明了数 $\zeta(3) = 1 + 2^{-3} + 3^{-3} + 4^{-3} + \cdots$ 是一个无理数[14]. 其证明的一个主要部分包含二项和式

$$A_n = \sum_k \binom{n}{k}^2\binom{n+k}{k}^2, \tag{5.141}$$

对于这些和式,他宣布了一个递归式,而那时其他数学家还无法对此进行验证.(数 A_n 从那时起被称为Apéry数,我们有 $A_0 = 1$,$A_1 = 5$,$A_2 = 73$,$A_3 = 1445$,$A_4 = 33001$.)最后[356],Don Zagier和Henri Cohen对Apéry的论断找到了一个证明,而他们对这个特殊(但确是困难)的和式给出的证明,正是最终引导Zeilberger发现我们正在讨论的一般方法的关键线索.

实际上,到目前为止我们已经见过足够多的例子,这使得(5.141)中的和式平凡得几乎

$S_n\left(-\frac{1}{4}\right)$ 等于 $(n+1)/2^n$.

（首先尝试不用 β_2，但是很快就失败了.）

唾手可得. 取 $t(n,k) = \binom{n}{k}^2 \binom{n+k}{k}^2$ 以及 $\hat{t}(n,k) = \beta_0(n)t(n,k) + \beta_1(n)t(n+1,k) + \beta_2(n)t(n+2,k)$，我们尝试求解（5.129），其中

$$p(n,k) = (n+1-k)^2(n+2-k)^2\beta_0(n)$$
$$+ (n+1+k)^2(n+2-k)^2\beta_1(n)$$
$$+ (n+1+k)^2(n+2+k)^2\beta_2(n) = \hat{p}(n,k),$$
$$\overline{t}(n,k) = t(n,k)/(n+1-k)^2(n+2-k)^2 = (n+k)!^2/k!^4(n+2-k)!^2,$$
$$q(n,k) = (n+1+k)^2(n+2-k)^2,$$
$$r(n,k) = k^4.$$

（我们不担心 q 有因子 $(k+n+1)$ 而 r 有因子 k 的事实，这并不违反（5.118），因为我们是把 n 视为变动的参数，而不是固定不变的整数.）由于 $q(n,k) - r(n,k) = -2k^3 + \cdots$，我们可以令 $\deg(s) = -2\lambda'/\lambda = 2$，所以取

$$s(n,k) = \alpha_2(n)k^2 + \alpha_1(n)k + \alpha_0(n).$$

这样选择的 s，递归式（5.129）就归结为关于 $\beta_0(n), \beta_1(n), \beta_2(n), \alpha_0(n), \alpha_1(n), \alpha_2(n)$ 六个未知量的五个方程. 例如，由 k^0 的系数给出的方程就简化成

$$\beta_0 + \beta_1 + \beta_2 - \alpha_0 - \alpha_1 - \alpha_2 = 0;$$

而由 k^4 的系数给出的方程是

$$\beta_0 + \beta_1 + \beta_2 + \alpha_1 + (6 + 6n + 2n^2)\alpha_2 = 0.$$

238

另外三个方程更为复杂. 但是要点在于：这些线性方程（如同在到达Gosper-Zeilberger算法的这一阶段时出现的所有方程一样）都是**齐次的**（homogeneous），它们的右边都是零. 所以，当未知数的个数超过方程的个数时，它们总有非零的解. 在我们的情形中，已经明确有一个解是

$$\beta_0(n) = (n+1)^3,$$
$$\beta_1(n) = -(2n+3)(17n^2 + 51n + 39),$$
$$\beta_2(n) = (n+2)^3,$$
$$\alpha_0(n) = -16(n+1)(n+2)(2n+3),$$
$$\alpha_1(n) = -12(2n+3),$$
$$\alpha_2(n) = 8(2n+3).$$

由此得出，

$$(n+1)^3 t(n,k) - (2n+3)(17n^2 + 51n + 39)t(n+1,k)$$
$$+ (n+2)^3 t(n+2,k) = T(n,k+1) - T(n,k),$$

其中 $T(n,k) = k^4 s(n,k)\overline{t}(n,k) = (2n+3)\left(8k^2 - 12k - 16(n+1)(n+2)\right)(n+k)!^2/(k-1)!^4$ $(n+2-k)!^2$. 关于 k 求和，就得出Apéry的曾经令人难以置信的递归式

$$(n+1)^3 A_n + (n+2)^3 A_{n+2} = (2n+3)(17n^2 + 51n + 39)A_{n+1}. \tag{5.142}$$

Gosper-Zeilberger方法对于我们在这一章里遇到过的所有和式都有效吗? 不. 当 $t(n,k)$ 是（5.65）中的求和项 $\binom{n}{k}(k+1)^{k-1}(n-k+1)^{n-k-1}$ 时，它就不适用，因为项的比值 $t(n,k+1)/t(n,k)$ 不是 k 的有理函数. 对于处理 $t(n,k)=\binom{n}{k}n^k$ 这样的情形它也失效，因为另一个项的比值 $t(n+1,k)/t(n,k)$ 不是 k 的有理函数.（不过，我们可以通过对 $\binom{n}{k}z^k$ 求和，再令 $z=n$ 来处理它.）对于相对简单的形如 $t(n,k)=1/(nk+1)$ 的求和项它也失效，尽管 $t(n,k+1)/t(n,k)$ 和 $t(n+1,k)/t(n,k)$ 都是 n 和 k 的有理函数.

"当 Littlewood 教授使用代数恒等式时，他总是让自己避免陷入证明它的烦恼中. 他坚持认为: 一个恒等式如果为真，那么任何对验证足够迟钝的人都只需花费少许笔墨就能验证它. 在下面几页里，我的目的是驳斥这一论断.
——F. J. Dyson[89]

但是Gosper-Zeilberger算法确保了在众多情形，即只要求和项 $t(n,k)$ 是所谓的正常项就能够取得成功. 所谓正常项是指可以表示成

$$t(n,k)=f(n,k)\frac{(a_1n+a_1'k+a_1'')!\cdots(a_pn+a_p'k+a_p'')!}{(b_1n+b_1'k+b_1'')!\cdots(b_qn+b_q'k+b_q'')!}w^nz^k \qquad （5.143）$$

239　形式的项. 这里 $f(n,k)$ 是关于 n 和 k 的一个多项式，系数 $a_1,a_1',\cdots,a_p,a_p',b_1,b_1',\cdots,b_q,b_q'$ 是指定的整数常数，参数 w 和 z 不等于零，而其他的量 $a_1'',\cdots,a_p'',b_1'',\cdots,b_q''$ 则是任意的复数. 我们将要证明: 只要 $t(n,k)$ 是一个正常项，就存在不全为零的多项式 $\beta_0(n),\cdots,\beta_l(n)$ 以及一个正常项 $T(n,k)$，使得

$$\beta_0(n)t(n,k)+\cdots+\beta_l(n)t(n+l,k)=T(n,k+1)-T(n,k). \qquad （5.144）$$

下面的证明归功于Wilf和Zeilberger[374].

如果 $t(n,k)$ 与 n 无关，会怎样?

设 N 是使 n 增加1的算子，K 是使 k 增加1的算子，举例来说，这样就有 $N^2K^3t(n,k)=t(n+2,k+3)$. 我们要来研究关于 N、K 和 n 的线性差分算子，也就是形如

$$H(N,K,n)=\sum_{i=0}^{I}\sum_{j=0}^{J}\alpha_{i,j}(n)N^iK^j \qquad （5.145）$$

的算子多项式，其中 $\alpha_{i,j}(n)$ 是关于 n 的多项式. 我们发现的第一个事实是，如果 $t(n,k)$ 是任何一个正常项，且 $H(N,K,n)$ 是任何一个线性差分算子，那么 $H(N,K,n)t(n,k)$ 就是一个正常项. 假设 t 和 H 分别由（5.143）和（5.145）给出，那么我们就定义了一个**基础项**（base term）

$$\overline{t}(n,k)_{I,J}=\frac{\prod_{i=1}^{p}(a_in+a_i'k+a_iI[a_i<0]+a_i'J[a_i'<0]+a_i'')!}{\prod_{i=1}^{q}(b_in+b_i'k+b_iI[b_i>0]+b_i'J[b_i'>0]+b_i'')!}w^nz^k.$$

例如，如果 $t(n,k)$ 是 $\binom{n-2k}{k}=(n-2k)!/k!(n-3k)!$，那么与次数为 I 和 J 的线性差分算子对应的基础项就是 $\overline{t}(n,k)_{I,J}=(n-2k-2J)!/(k+J)!(n-3k+I)!$. 关键点在于: 只要 $0\leqslant i\leqslant I$ 且 $0\leqslant j\leqslant J$，$\alpha_{i,j}(n)N^iK^jt(n,k)$ 就等于 $\overline{t}(n,k)_{I,J}$ 乘以一个关于 n 和 k 的多项式. 多项式的一个有限和式是一个多项式，所以 $H(N,K,n)t(n,k)$ 有所要求的形式（5.143）.

下一步要证明，只要 $t(n,k)$ 是正常项，就总是存在一个非零的线性差分算子 $H(N,K,n)$，使得

$$H(N, K, n)t(n, k) = 0 .$$

如果 $0 \leqslant i \leqslant I$ 且 $0 \leqslant j \leqslant J$，则平移后的项 $N^i K^j t(n, k)$ 就等于 $\bar{t}(n, k)_{I,J}$ 乘以一个关于 n 和 k 的多项式，这个多项式关于变量 k 的次数至多是

$$D_{I,J} = \deg(f) + |a_1| I + |a_1'| J + \cdots + |a_p| I + |a_p'| J$$
$$+ |b_1| I + |b_1'| J + \cdots + |b_q| I + |b_q'| J .$$

因此，如果我们能求解出关于 $(I+1)(J+1)$ 个变量 $\alpha_{i,j}(n)$ 的 $D_{I,J}+1$ 个齐次线性方程，这些方程的系数是 n 的多项式，那么所要求的 H 就存在. 我们所需要做的就是选择足够大的 I 和 J，使得 $(I+1)(J+1) > D_{I,J}+1$. 例如，我们取 $I = 2A'+1$ 以及 $J = 2A + \deg(f)$，其中 [240]

$$A = |a_1| + \cdots + |a_p| + |b_1| + \cdots + |b_q| ;$$
$$A' = |a_1'| + \cdots + |a_p'| + |b_1'| + \cdots + |b_q'| .$$

证明的最后一步是从方程 $H(N, K, n)t(n, k) = 0$ 过渡到（5.144）的解. 设选取 H 使得 J 最小，也就是说，使得 H 关于 K 有可能的最小次数. 对某个线性差分算子 $G(N, K, n)$，我们可以记

这里的技巧在于将 H 视为关于 K 的一个多项式，然后用 $\Delta+1$ 代替 K.

$$H(N, K, n) = H(N, 1, n) - (K-1)G(N, K, n) .$$

设 $H(N, 1, n) = \beta_0(n) + \beta_1(n)N + \cdots + \beta_l(n)N^l$ 以及 $T(n, k) = G(N, K, n)t(n, k)$，那么 $T(n, k)$ 是一个正常项，且（5.144）成立.

证明几乎就要完成了，我们仍然需要检验 $H(N, 1, n)$ 并非简单的零算子. 如果它是，那么 $T(n, k)$ 就与 k 无关. 所以就存在多项式 $\beta_0(n)$ 和 $\beta_1(n)$，使得 $(\beta_0(n) + \beta_1(n)N)T(n, k) = 0$. 但要是那样，$(\beta_0(n) + \beta_1(n)N)G(N, K, n)$ 就是一个次数为 $J-1$ 的非零线性差分算子，它使得 $t(n, k)$ 变为零. 这与 J 的最小性矛盾，由此我们对（5.144）的证明就完成了.

一旦知道了（5.144）对某个正常项 T 成立，我们就能确信：Gosper 算法将会成功地求出 T（或者 T 加上一个常数）. 尽管我们只对单变量 k 的超几何项 $t(k)$ 的情形证明了 Gosper 算法，但是我们的证明可以推广到如下两个变量的情形：存在无穷多个复数 n，使得当 $q(n, k)$ 和 $r(n, k)$ 完全分解成关于 k 的多项式时，条件（5.118）成立，而且对于这样的复数，第 2 步中 d 的计算与 Gosper 的单变量算法的计算吻合. 对所有这样的 n，我们前面的证明表明存在一个关于 k 的合适的多项式 $s(n, k)$，因此也存在关于 n 和 k 的一个合适的多项式 $s(n, k)$. 证明完毕.

我们已经证明了，对某个 l，Gosper-Zeilberger 算法将求得（5.144）的一个解，其中 l 尽可能地小. 这个解给出一个关于 n 的递归式，它可以用来计算任何正常项 $t(n, k)$ 对 k 求和的和式，只要 $t(n, k)$ 仅对有限多个 k 不等于零. 当然，n 和 k 的角色可以颠倒过来，因为（5.143）中关于正常项的定义是关于 n 和 k 对称的.

习题 98～108 提供了 Gosper-Zeilberger 算法的其他例子，它们描述了这一算法的多种用途. Wilf 和 Zeilberger[374] 将这些结果加以极大扩展，使之成为处理广义二项式系数以及多重求和指标的方法. [241]

习题

热身题

1 11^4 是多少？对一个知道二项式系数的人来说，为什么这个数容易计算？

2 当 n 是一个正整数时，k 为何值，$\binom{n}{k}$ 取最大值？证明你的答案．

3 证明六边形性质
$$\binom{n-1}{k-1}\binom{n}{k+1}\binom{n+1}{k} = \binom{n-1}{k}\binom{n+1}{k+1}\binom{n}{k-1}.$$

4 通过反转上指标（实际上是将负的上指标改变为正的值）来计算 $\binom{-1}{k}$．

5 设 p 是一个素数．证明对于 $0 < k < p$ 有 $\binom{p}{k} \bmod p = 0$．对二项式系数 $\binom{p-1}{k}$ 这意味着什么？

6 通过正确应用对称性来对5.2节中问题6的推导进行修正．

这是一个搞错了的
恒等式的例子．

7 当 $k < 0$ 时，（5.34）仍然为真吗？

8 计算
$$\sum_k \binom{n}{k}(-1)^k (1 - k/n)^n.$$

当 n 非常大时这个和式的近似值是什么？提示：对某个函数 f，该和式等于 $\Delta^n f(0)$．

9 证明（5.58）中的广义指数级数服从规则
$$\mathcal{E}_t(z) = \mathcal{E}(tz)^{1/t}, \quad t \neq 0,$$

这里 $\mathcal{E}(z)$ 是 $\mathcal{E}_1(z)$ 的缩写．

10 证明 $-2\big(\ln(1-z) + z\big)/z^2$ 是超几何函数．

11 将两个函数
$$\sin z = z - \frac{z^3}{3!} + \frac{z^5}{5!} - \frac{z^7}{7!} + \cdots$$
$$\arcsin z = z + \frac{1 \times z^3}{2 \times 3} + \frac{1 \times 3 \times z^5}{2 \times 4 \times 5} + \frac{1 \times 3 \times 5 \times z^7}{2 \times 4 \times 6 \times 7} + \cdots$$

用超几何级数的项表示出来．

12 下面 k 的函数中，哪些是5.7节中所定义的超几何项？说明是或者非的理由．

a n^k．

b k^n．

c $\big(k! + (k+1)!\big)/2$．

d H_k，也就是 $\frac{1}{1} + \frac{1}{2} + \cdots + \frac{1}{k}$．

e $1\Big/\binom{n}{k}$．

f $t(k)T(k)$，其中 t 和 T 是超几何项.

g $t(k)+T(k)$，其中 t 和 T 是超几何项.

h $t(n-k)$，其中 t 是超几何项.

i $at(k)+bt(k+1)+ct(k+2)$，其中 t 是超几何项.

j $\lceil k/2 \rceil$.

k $k[k>0]$.

（这里 t 和 T 并不一定有（5.120）中那样的关系.）

基础题

13 找出习题4.55的超阶乘函数 $P_n = \prod_{k=1}^{n} k!$、超阶乘函数 $Q_n = \prod_{k=1}^{n} k^k$ 以及乘积 $R_n = \prod_{k=0}^{n} \binom{n}{k}$ 之间的关系.

14 在范德蒙德卷积（5.22）中用反转上指标的方法证明恒等式（5.25）. 然后指出，另一个反转得到（5.26）.

15 $\sum_k \binom{n}{k}^3 (-1)^k$ 等于多少？提示：见（5.29）.

16 计算和式

$$\sum_k \binom{2a}{a+k}\binom{2b}{b+k}\binom{2c}{c+k}(-1)^k,$$

其中 a,b,c 为非负整数.

17 找出 $\binom{2n-1/2}{n}$ 与 $\binom{2n-1/2}{2n}$ 之间的一个简单关系.

18 找出乘积

$$\binom{r}{k}\binom{r-1/3}{k}\binom{r-2/3}{k}$$

与（5.35）类似的另一种形式.

19 证明：（5.58）中的广义二项级数服从规则

$$\mathcal{B}_t(z) = \mathcal{B}_{1-t}(-z)^{-1}.$$

20 在（5.76）中用下降幂代替上升幂，用公式

$$G\left(\begin{matrix} a_1,\cdots,a_m \\ b_1,\cdots,b_n \end{matrix} \,\middle|\, z\right) = \sum_{k\geqslant 0} \frac{a_1^{\underline{k}}...a_m^{\underline{k}}}{b_1^{\underline{k}}...b_n^{\underline{k}}}\frac{z^k}{k!}$$

定义**广义降噪几何级数**（bloopergeometric series）. 解释 G 与 F 有何关系.

243

21 证明：当 $z=m$ 是正整数时，（5.83）的极限是 $1/m!$，以此来证明欧拉对阶乘的定义与通常的定义一致.

顺便指出有 $\left(-\dfrac{1}{2}\right)! = \sqrt{\pi}$.

22 利用（5.83）证明**阶乘加倍公式**（factorial duplication formula）：

$$x!\left(x-\frac{1}{2}\right)! = (2x)!\left(-\frac{1}{2}\right)!/ 2^{2x}.$$

23 $F(-n,1;;1)$ 的值是什么?

24 用超几何级数求 $\sum_k \binom{n}{m+k}\binom{m+k}{2k}4^k$.

25 证明

$$(a_1-b_1)F\left(\begin{matrix}a_1,a_2,\cdots,a_m\\b_1+1,b_2,\cdots,b_n\end{matrix}\bigg|z\right)=a_1F\left(\begin{matrix}a_1+1,a_2,\cdots,a_m\\b_1+1,b_2,\cdots,b_n\end{matrix}\bigg|z\right)-b_1F\left(\begin{matrix}a_1,a_2,\cdots,a_m\\b_1,b_2,\cdots,b_n\end{matrix}\bigg|z\right).$$

求超几何级数

$$F\left(\begin{matrix}a_1,a_2,a_3,\cdots,a_m\\b_1,\cdots,b_n\end{matrix}\bigg|z\right),\quad F\left(\begin{matrix}a_1+1,a_2,a_3,\cdots,a_m\\b_1,\cdots,b_n\end{matrix}\bigg|z\right),\quad 以及 F\left(\begin{matrix}a_1,a_2+1,a_3,\cdots,a_m\\b_1,\cdots,b_n\end{matrix}\bigg|z\right)$$

之间的类似关系.

26 将公式

$$F\left(\begin{matrix}a_1,\cdots,a_m\\b_1,\cdots,b_n\end{matrix}\bigg|z\right)=1+G(z)$$

中的函数 $G(z)$ 表示成一个超几何级数的倍数.

27 证明

$$F\left(\begin{matrix}a_1,a_1+\frac{1}{2},\cdots,a_m,a_m+\frac{1}{2}\\b_1,b_1+\frac{1}{2},\cdots,b_n,b_n+\frac{1}{2},\frac{1}{2}\end{matrix}\bigg|(2^{m-n-1}z)^2\right)=\frac{1}{2}\left(F\left(\begin{matrix}2a_1,\cdots,2a_m\\2b_1,\cdots,2b_n\end{matrix}\bigg|z\right)+F\left(\begin{matrix}2a_1,\cdots,2a_m\\2b_1,\cdots,2b_n\end{matrix}\bigg|-z\right)\right).$$

28 应用普法夫的反射定律（5.101）两次, 证明欧拉恒等式:

$$F\left(\begin{matrix}a,b\\c\end{matrix}\bigg|z\right)=(1-z)^{c-a-b}F\left(\begin{matrix}c-a,c-b\\c\end{matrix}\bigg|z\right).$$

29 证明: 合流超几何级数满足

$$e^zF\left(\begin{matrix}a\\b\end{matrix}\bigg|-z\right)=F\left(\begin{matrix}b-a\\b\end{matrix}\bigg|z\right).$$

30 什么样的超几何级数 F 满足 $zF'(z)+F(z)=1/(1-z)$?

31 证明: 如果 $f(k)$ 是任何一个可用超几何项求和的函数, 那么 f 本身就是一个超几何项. 例如, 如果 $\sum f(k)\delta k=cF(A_1,\cdots,A_M;B_1,\cdots,B_N;Z)_k+C$, 那么就存在常数 $a_1,\cdots,a_m,b_1,\cdots,b_n$ 和 z, 使得 $f(k)$ 是 （5.115）的倍数.

32 用Gosper方法求 $\sum k^2\delta k$.

33 利用Gosper方法求 $\sum\delta k/(k^2-1)$.

34 证明, 部分超几何和式总可以表示成通常的超几何级数的极限:

$$\sum_{k\leqslant c}F\left(\begin{matrix}a_1,\cdots,a_m\\b_1,\cdots,b_n\end{matrix}\bigg|z\right)_k=\lim_{\varepsilon\to 0}F\left(\begin{matrix}-c,a_1,\cdots,a_m\\\varepsilon-c,b_1,\cdots,b_n\end{matrix}\bigg|z\right),$$

这里 c 是一个非负整数（见（5.115））. 利用这个思想来计算 $\sum_{k\leqslant m}\binom{n}{k}(-1)^k$.

作业题

35 如果没有上下文，记号 $\sum_{k\leqslant n}\binom{n}{k}2^{k-n}$ 是含混不清的. 在下列情况下计算它：

a 将它视为关于 k 的和式；

b 将它视为关于 n 的和式.

36 设 p^k 是素数 p 的整除 $\binom{m+n}{m}$ 的最大幂，其中 m 和 n 是非负整数. 证明：k 是在 p 进制系统中将 m 加到 n 上时所产生的进位的个数. 提示：习题4.24对这个问题有帮助.

37 证明对阶乘幂有一个与二项式定理类似的结果成立. 也就是说，证明恒等式

$$(x+y)^n=\sum_k\binom{n}{k}x^{\underline{k}}y^{\underline{n-k}},$$

$$(x+y)^{\overline{n}}=\sum_k\binom{n}{k}x^{\overline{k}}y^{\overline{n-k}},$$

对所有的非负整数 n 成立.

38 证明：所有的非负整数 n 都可以用唯一的方式表示成 $n=\binom{a}{1}+\binom{b}{2}+\binom{c}{3}$，其中 a、b 和 c 是满足 $0\leqslant a<b<c$ 的整数. （这称为**组合数系**（combinatorial number system）. ）

245

39 证明：如果 $xy=ax+by$，那么对所有 $n>0$ 都有

$$x^ny^n=\sum_{k=1}^n\binom{2n-1-k}{n-1}(a^nb^{n-k}x^k+a^{n-k}b^ny^k).$$

对更加一般的乘积 x^my^n 求一个类似的公式. （例如，当 $x=1/(z-c)$ 以及 $y=1/(z-d)$ 时，这些公式给出有用的部分分式展开. ）

40 求出

$$\sum_{j=1}^m(-1)^{j+1}\binom{r}{j}\sum_{k=1}^n\binom{-j+rk+s}{m-j},\quad 整数\ m,n\geqslant 0$$

的封闭形式.

41 当 n 是一个非负整数时，计算 $\sum_k\binom{n}{k}k!/(n+1+k)!$.

42 求不定和式 $\sum\left((-1)^x\Big/\binom{n}{x}\right)\delta x$，并利用它在 $0\leqslant m\leqslant n$ 时将和式 $\sum_{k=0}^m(-1)^k\Big/\binom{n}{k}$ 表示成封闭形式.

43 证明三重二项恒等式（5.28）. 提示：首先用 $\sum_j\binom{r}{m+n-j}\binom{k}{j}$ 代替 $\binom{r+k}{m+n}$.

44 给定整数 $m\geqslant a\geqslant 0$ 以及 $n\geqslant b\geqslant 0$，利用恒等式（5.32）求出二重和式

$$\sum_{j,k}(-1)^{j+k}\binom{j+k}{j}\binom{a}{j}\binom{b}{k}\binom{m+n-j-k}{m-j}$$

以及

$$\sum_{j,k\geq 0}(-1)^{j+k}\binom{a}{j}\binom{m}{j}\binom{b}{k}\binom{n}{k}\bigg/\binom{m+n}{j+k}$$

的封闭形式.

45 求出 $\sum_{k\leq n}\binom{2k}{k}4^{-k}$ 的封闭形式.

46 当 n 是正整数时，将下列和式计算成封闭形式：

$$\sum_k\binom{2k-1}{k}\binom{4n-2k-1}{2n-k}\frac{(-1)^{k-1}}{(2k-1)(4n-2k-1)}.$$

提示：生成函数再次获得成功.

47 和式

$$\sum_k\binom{rk+s}{k}\binom{rn-rk-s}{n-k}$$

是关于 r 和 s 的一个多项式. 证明它与 s 无关.

48 恒等式 $\sum_{k=0}^{n}\binom{n+k}{n}2^{-k}=2^n$ 可以和公式 $\sum_{k\geq 0}\binom{n+k}{n}z^k=1/(1-z)^{n+1}$ 组合起来得到

$$\sum_{k>n}\binom{n+k}{n}2^{-k}=2^n.$$

后面这个恒等式的超几何形式是什么？

49 利用超几何方法计算

$$\sum_k(-1)^k\binom{x}{k}\binom{x+n-k}{n-k}\frac{y}{y+n-k}.$$

50 用比较方程两边 z^n 的系数的方法来证明普法夫反射定律（5.101）.

51 （5.104）的推导过程表明

$$\lim_{\varepsilon\to 0}F(-m,-2m-1+\varepsilon;-2m+\varepsilon;2)=1\bigg/\binom{-1/2}{m}.$$

在这个习题里我们将看到，对于退化的超几何级数 $F(-m,-2m-1;-2m;2)$，稍微不同的极限过程会导致完全不同的答案.

a 用普法夫反射定律证明对所有整数 $m\geq 0$ 有恒等式

$$F(a,-2m-1;2a;2)=0,$$

由此证明 $\lim_{\varepsilon\to 0}F(-m+\varepsilon,-2m-1;-2m+2\varepsilon;2)=0$.

b $\lim_{\varepsilon\to 0}F(-m+\varepsilon,-2m-1;-2m+\varepsilon;2)$ 等于什么？

52 证明：如果 N 是非负整数，则有

$$b_1^{\overline{N}}\cdots b_n^{\overline{N}}F\!\left(\begin{matrix}a_1,\cdots,a_m,-N\\b_1,\cdots,b_n\end{matrix}\bigg|z\right)=a_1^{\overline{N}}\cdots a_m^{\overline{N}}(-z)^N F\!\left(\begin{matrix}1-b_1-N,\cdots,1-b_n-N,-N\\1-a_1-N,\cdots,1-a_m-N\end{matrix}\bigg|\frac{(-1)^{m+n}}{z}\right).$$

53 如果我们在高斯恒等式（5.110）中置 $b=-\dfrac{1}{2}$ 以及 $z=1$ ，左边就化为 -1 ，而右边就变成 $+1$ ．为什么这并不能证明 $-1=+1$？

54 说明（5.112）的右边是如何得到的．

55 如果对所有 $k\geqslant 0$ 超几何项 $t(k)=F(a_1,\cdots,a_m;b_1,\cdots,b_n;z)_k$ 和 $T(k)=F(A_1,\cdots,A_M;B_1,\cdots,B_N;Z)_k$ 满足 $t(k)=c\big(T(k+1)-T(k)\big)$ ，证明 $z=Z$ 以及 $m-n=M-N$ ．

56 利用Gosper方法对 $\sum\dbinom{-3}{k}\delta k$ 求一般的公式．证明 $(-1)^{k-1}\left\lfloor\dfrac{k+1}{2}\right\rfloor\left\lfloor\dfrac{k+2}{2}\right\rfloor$ 也是一个解． 247

57 给定 n 和 z ，利用Gosper方法求一个常数 θ ，使得
$$\sum\binom{n}{k}z^k(k+\theta)\delta k$$
是可以用超几何项求和的．

58 如果 m 和 n 是满足 $0\leqslant m\leqslant n$ 的整数，设
$$T_{m,n}=\sum_{0\leqslant k<n}\binom{k}{m}\frac{1}{n-k}.$$
求 $T_{m,n}$ 和 $T_{m-1,n-1}$ 之间的一个关系，然后应用求和因子法来求解递归式．

考试题

59 当 m 和 n 是正整数时，求出
$$\sum_{k\geqslant 1}\binom{n}{\lfloor\log_m k\rfloor}$$
的封闭形式．

60 当 m 和 n 两者都很大时，利用斯特林近似（4.23）来估计 $\dbinom{m+n}{n}$ ．当 $m=n$ 时，你的公式转化成了什么？

61 证明：当 p 为素数时，对所有的非负整数 m 和 n 有
$$\binom{n}{m}\equiv\binom{\lfloor n/p\rfloor}{\lfloor m/p\rfloor}\binom{n\bmod p}{m\bmod p}\pmod p.$$

62 假设 p 是一个素数且 m 和 n 是正整数，确定 $\dbinom{np}{mp}\bmod p^2$ 的值．提示：你或许希望应用范德蒙德卷积的如下推广：
$$\sum_{k_1+k_2+\cdots+k_m=n}\binom{r_1}{k_1}\binom{r_2}{k_2}\cdots\binom{r_m}{k_m}=\binom{r_1+r_2+\cdots+r_m}{n}.$$

63 给定整数 $n\geqslant 0$ ，求出
$$\sum_{k=0}^{n}(-4)^k\binom{n+k}{2k}$$
248 的封闭形式．

64 给定整数 $n\geqslant 0$ ，计算 $\sum_{k=0}^{n}\binom{n}{k}\Big/\left\lceil\dfrac{k+1}{2}\right\rceil$ ．

65 证明

$$\sum_k \binom{n-1}{k} n^{-k} (k+1)! = n .$$

66 计算作为 m 的函数的"Harry二重和式"

$$\sum_{0 \leqslant j \leqslant k} \binom{-1}{j - \lfloor \sqrt{k-j} \rfloor} \binom{j}{m} \frac{1}{2^j} , \quad \text{整数 } m \geqslant 0 .$$

（对 j 与 k 两者求和. ）

67 求出

$$\sum_{k=0}^{n} \binom{\binom{k}{2}}{2} \binom{2n-k}{n} , \quad \text{整数 } n \geqslant 0$$

的封闭形式.

68 求出

$$\sum_k \binom{n}{k} \min(k, n-k) , \quad \text{整数 } n \geqslant 0$$

的封闭形式.

69 求出作为 m 和 n 的函数

$$\min_{\substack{k_1, \cdots, k_m \geqslant 0 \\ k_1 + \cdots + k_m = n}} \sum_{j=1}^{m} \binom{k_j}{2}$$

的封闭形式.

70 求出

$$\sum_k \binom{n}{k} \binom{2k}{k} \left(\frac{-1}{2} \right)^k , \quad \text{整数 } n \geqslant 0$$

的封闭形式.

71 设

$$S_n = \sum_{k \geqslant 0} \binom{n+k}{m+2k} a_k ,$$

其中 m 和 n 是非负整数, 又设 $A(z) = \sum_{k \geqslant 0} a_k z^k$ 是序列 $\langle a_0, a_1, a_2, \cdots \rangle$ 的生成函数.

a 将生成函数 $S(z) = \sum_{n \geqslant 0} S_n z^n$ 用 $A(z)$ 表示出.

b 利用这一技术求解5.2节中的问题7.

72 证明：如果 m、n 和 k 是整数且 $n > 0$, 则

$$\binom{m/n}{k} n^{2k - \nu(k)}$$

是一个整数, 其中 $\nu(k)$ 是 k 的二进制表示中1的个数.

73 利用成套方法求解递归式

$$X_0 = \alpha , \quad X_1 = \beta ,$$
$$X_n = (n-1)(X_{n-1} + X_{n-2}) , \quad n > 1 .$$

提示: $n!$ 和 n_i 这两者都满足此递归式.

74 这个问题涉及帕斯卡三角形的一种非正常形式，其边上的数由1,2,3,4,…组成，而不是全由1组成，尽管里面的数仍然满足加法公式：

$$
\begin{array}{ccccccccc}
& & & & 1 & & & & \\
& & & 2 & & 2 & & & \\
& & 3 & & 4 & & 3 & & \\
& 4 & & 7 & & 7 & & 4 & \\
5 & & 11 & & 14 & & 11 & & 5 \\
\end{array}
$$

如果 $\left(\!\!\binom{n}{k}\!\!\right)$ 表示第 n 行中的第 k 个数（对 $1 \leqslant k \leqslant n$），我们就有 $\left(\!\!\binom{n}{1}\!\!\right) = \left(\!\!\binom{n}{n}\!\!\right) = n$，且对 $1 < k < n$ 有 $\left(\!\!\binom{n}{k}\!\!\right) = \left(\!\!\binom{n-1}{k}\!\!\right) + \left(\!\!\binom{n-1}{k-1}\!\!\right)$. 将量 $\left(\!\!\binom{n}{k}\!\!\right)$ 表示成封闭形式.

75 求函数

$$
S_0(n) = \sum_k \binom{n}{3k}, \quad S_1(n) = \sum_k \binom{n}{3k+1}, \quad S_2(n) = \sum_k \binom{n}{3k+2}
$$

以及量 $\lfloor 2^n / 3 \rfloor$ 和 $\lceil 2^n / 3 \rceil$ 之间的关系.

76 对 $n, k \geqslant 0$ 求解如下的递归式：

$$
Q_{n,0} = 1; \quad Q_{0,k} = [k=0];
$$
$$
Q_{n,k} = Q_{n-1,k} + Q_{n-1,k-1} + \binom{n}{k}, \quad n, k > 0.
$$

77 如果 $m > 1$，那么

$$
\sum_{0 \leqslant k_1, \cdots, k_m \leqslant n} \prod_{1 \leqslant j < m} \binom{k_{j+1}}{k_j}
$$

的值是什么？

78 假设 m 是一个正整数，求出

$$
\sum_{k=0}^{2m^2} \binom{k \bmod m}{(2k+1) \bmod (2m+1)}
$$

的封闭形式.

79 **a** $\binom{2n}{1}, \binom{2n}{3}, \cdots, \binom{2n}{2n-1}$ 的最大公因子是什么？

提示：考虑这 n 个数的和式.

b 证明：$\binom{n}{0}, \binom{n}{1}, \cdots, \binom{n}{n}$ 的最小公倍数等于 $L(n+1)/(n+1)$，其中 $L(n) = \text{lcm}(1, 2, \cdots, n)$.

80 证明对所有整数 $k, n \geqslant 0$ 有 $\displaystyle\binom{n}{k} \leqslant (en/k)^k$.   容易知道.

81 如果 $0 < \theta < 1$ 且 $0 \leqslant x \leqslant 1$，又如果 l, m, n 是满足 $m < n$ 的非负整数，证明不等式

$$(-1)^{n-m-1} \sum_k \binom{l}{k}\binom{m+\theta}{n+k} x^k > 0.$$

提示：考虑关于 x 取导数.

附加题

82 证明帕斯卡三角形有一个比在正文中提及的更加惊人的六边形性质：如果 $0 < k < n$，则有

$$\gcd\left(\binom{n-1}{k-1}, \binom{n}{k+1}, \binom{n+1}{k}\right) = \gcd\left(\binom{n-1}{k}, \binom{n+1}{k+1}, \binom{n}{k-1}\right).$$

例如，$\gcd(56, 36, 210) = \gcd(28, 120, 126) = 2$.

83 证明惊人的五参数二重和式恒等式（5.32）.

84 证明：第二对卷积公式（5.61）可由第一对公式（5.60）得出. 提示：关于 z 微分.

85 证明

$$\sum_{m=1}^{n} (-1)^m \sum_{1 \leqslant k_1 < k_2 < \cdots < k_m \leqslant n} \binom{k_1^3 + k_2^3 + \cdots + k_m^3 + 2^n}{n} = (-1)^n n!^3 - \binom{2^n}{n}.$$

（左边是 $2^n - 1$ 项之和.）提示：更多的结论为真.

86 设 $a_1, \cdots, a_n$ 是非负整数，$C(a_1, \cdots, a_n)$ 是在把 $n(n-1)$ 个因子

$$\prod_{\substack{1 \leqslant i, j \leqslant n \\ i \neq j}} \left(1 - \frac{z_i}{z_j}\right)^{a_i}$$

完全展开成复变量 $z_1, \cdots, z_n$ 的正的或者负的幂时常数项 $z_1^0, \cdots, z_n^0$ 的系数.

a 证明 $C(a_1, \cdots, a_n)$ 等于（5.31）的左边.

b 证明：如果 $z_1, \cdots, z_n$ 是不同的复数，那么多项式

$$f(z) = \sum_{k=1}^{n} \prod_{\substack{1 \leqslant j \leqslant n \\ j \neq k}} \frac{z - z_j}{z_k - z_j}$$

恒等于 1.

c 用 $f(0)$ 乘以原来的 $n(n-1)$ 个因子的乘积，由此推出 $C(a_1, a_2, \cdots, a_n)$ 等于

$$C(a_1 - 1, a_2, \cdots, a_n) + C(a_1, a_2 - 1, \cdots, a_n) + \cdots + C(a_1, a_2, \cdots, a_n - 1).$$

（这个递归式定义了多项式系数，所以 $C(a_1, \cdots, a_n)$ 必定等于（5.31）的右边.）

87 设 m 是一个正整数，且令 $\zeta = e^{\pi i/m}$. 证明

$$\sum_{k \leqslant n/m} \binom{n-mk}{k} z^{mk}$$

$$= \frac{\mathcal{B}_{-m}(z^m)^{n+1}}{(1+m)\mathcal{B}_{-m}(z^m) - m} - \sum_{0 \leqslant j < m} \frac{(\zeta^{2j+1} z \mathcal{B}_{1+1/m}(\zeta^{2j+1} z)^{1/m})^{n+1}}{(m+1)\mathcal{B}_{1+1/m}(\zeta^{2j+1} z)^{-1} - 1}.$$

（在 $m = 1$ 的特殊情形下，这转化为（5.74）.）

88　证明：对所有 $k>1$，（5.47）中 s_k 的系数等于

$$(-1)^k \int_0^\infty e^{-t}(1-e^{-t})^{k-1} \frac{dt}{t},$$

从而 $|s_k| < 1/(k-1)$.

252

89　证明：如果 $|x|<|y|$ 且 $|x|<|x+y|$，则（5.19）有一个无限的对应形式

$$\sum_{k>m}\binom{m+r}{k}x^k y^{m-k} = \sum_{k>m}\binom{-r}{k}(-x)^k(x+y)^{m-k}, \quad m \text{ 是整数}.$$

将这个恒等式关于 y 微分 n 次，并将它用超几何的项表示出来，你得到什么关系？

90　5.2节中的问题1在 r 和 s 是满足 $s \geqslant r \geqslant 0$ 的整数时考虑了 $\sum_{k \geqslant 0}\binom{r}{k}\Big/\binom{s}{k}$. 如果 r 和 s 不是整数，

这个和式的值是什么？

91　通过证明它的两边满足同样的微分方程来证明Whipple恒等式

$$F\left(\begin{matrix}\frac{1}{2}a, \frac{1}{2}a+\frac{1}{2}, 1+a-b-c \\ 1+a-b, 1+a-c\end{matrix}\middle|\frac{-4z}{(1-z)^2}\right) = (1-z)^a F\left(\begin{matrix}a,b,c \\ 1+a-b, 1+a-c\end{matrix}\middle|z\right).$$

92　证明克劳森乘积恒等式

$$F\left(\begin{matrix}a,b \\ a+b+\frac{1}{2}\end{matrix}\middle|z\right)^2 = F\left(\begin{matrix}2a, a+b, 2b \\ 2a+2b, a+b+\frac{1}{2}\end{matrix}\middle|z\right),$$

$$F\left(\begin{matrix}\frac{1}{4}+a, \frac{1}{4}+b \\ 1+a+b\end{matrix}\middle|z\right) F\left(\begin{matrix}\frac{1}{4}-a, \frac{1}{4}-b \\ 1-a-b\end{matrix}\middle|z\right) = F\left(\begin{matrix}\frac{1}{2}, \frac{1}{2}+a-b, \frac{1}{2}-a+b \\ 1+a+b, 1-a-b\end{matrix}\middle|z\right).$$

当这些公式两边 z^n 的系数相等时会得到什么恒等式？

93　证明：不定的和式

$$\sum\left(\prod_{j=1}^{k-1}(f(j)+\alpha)\Big/\prod_{j=1}^{k}f(j)\right)\delta k$$

对给定的任何函数 f 和任何常数 $\alpha \neq 0$ 有一个比较简单的形式.

94　当 n 是一个正整数时，求 $\sum\binom{a}{k}\binom{-a}{n-k}\delta k$.

253

95　向（5.118）中添加什么样的条件会使得（5.117）中的多项式 p、q、r 唯一确定？

96　证明：给定一个超几何项 $t(k)$，如果Gosper算法没有发现（5.120）的解，那么更一般的方程

$$t(k) = \big(T_1(k+1)+\cdots+T_m(k+1)\big) - \big(T_1(k)+\cdots+T_m(k)\big)$$

也没有解，其中 $T_1(k),\cdots,T_m(k)$ 是超几何项.

97　求所有的复数 z，使得 $k!^2\big/\prod_{j=1}^{k}(j^2+jz+1)$ 是可以用超几何项求和的.

98　对于和式 $S_n = \sum_k\binom{n}{2k}$，Gosper-Zeilberger方法给出什么样的递归式？

99　假设 a 是一个非负整数，当 $t(n,k)=(n+a+b+c+k)!\big/(n+k)!(c+k)!(b-k)!(a-k)!k!$ 时，利用 Gosper-Zeilberger方法求出 $\sum_k t(n,k)$ 的封闭形式.

100 求出和式

$$S_n = \sum_{k=0}^{n} \frac{1}{\binom{n}{k}}$$

的递归关系, 并用这个递归关系求出 S_n 的另一个公式.

101 求由下列和式所满足的递归关系

a $S_{m,n}(z) = \sum_k \binom{m}{k} \binom{n}{k} z^k$;

b $S_n(z) = S_{n,n}(z) = \sum_k \binom{n}{k}^2 z^k$.

102 利用Gosper-Zeilberger程序来推广 "无用的" 恒等式 (5.113): 求 a、b 和 z 的附加的值, 使得

$$\sum_k \binom{n}{k} \binom{\frac{1}{3}n - a}{k} z^k \bigg/ \binom{\frac{4}{3}n - b}{k}$$

有简单的封闭形式.

最好用计算机代数解这个习题 (以及下面几题).

103 设 $t(n,k)$ 是正常项 (5.143). 当将Gosper和Zeilberger的方法应用于 $\hat{t}(n,k) = \beta_0(n)t(n,k) + \cdots + \beta_l(n)t(n+l,k)$ 时, $\hat{p}(n,k)$、$q(n,k)$ 以及 $r(n,k)$ 关于变量 k 的次数是什么? (忽略罕见的例外情形.)

[254]

104 利用Gosper-Zeilberger方法来验证值得关注的恒等式

$$\sum_k (-1)^k \binom{r-s-k}{k} \binom{r-2k}{n-k} \frac{1}{r-n-k+1} = \binom{s}{n} \frac{1}{r-2n+1} .$$

说明为什么对这个和式没有找到最简单的递归式.

105 证明: 如果 $\omega = e^{2\pi i/3}$, 我们就有

$$\sum_{k+l+m=3n} \binom{3n}{k,l,m}^2 \omega^{l-m} = \binom{4n}{n,n,2n} , \quad 整数\ n \geqslant 0 .$$

106 通过设 $t(r,j,k)$ 是被右边除得到的求和项, 然后指出存在函数 $T(r,j,k)$ 和 $U(r,j,k)$, 使得

$$t(r+1,j,k) - t(r,j,k) = T(r,j+1,k) - T(r,j,k) + U(r,j,k+1) - U(r,j,k) ,$$

由此来证明惊人的恒等式 (5.32).

107 证明 $1/(nk+1)$ 不是正常项.

108 证明: (5.141) 中的Apéry数 A_n 是由

$$A_{m,n} = \sum_{j,k} \binom{m}{j}^2 \binom{m}{k}^2 \binom{2m+n-j-k}{2m}$$

所定义的数形成的矩阵的对角元素 $A_{n,n}$. 实际上, 要证明这个矩阵是对称的, 且有

$$A_{m,n} = \sum_k \binom{m+n-k}{k}^2 \binom{m+n-2k}{m-k}^2 = \sum_k \binom{m}{k} \binom{n}{k} \binom{m+k}{k} \binom{n+k}{k} .$$

109 证明: 对所有素数 p 和所有整数 $n \geqslant 0$, Apéry数 (5.141) 满足

$$A_n \equiv A_{\lfloor n/p \rfloor} A_{n \bmod p} \pmod{p} .$$

研究题

110 n 为何值有 $\binom{2n}{n} \equiv (-1)^n \pmod{(2n+1)}$? 255

111 设 $q(n)$ 是中间的二项式系数 $\binom{2n}{n}$ 的最小奇素因子. 根据习题36, 不整除 $\binom{2n}{n}$ 的奇素数 p 是在 n 的 p 进制表示中所有数字都不超过 $(p-1)/2$ 的那些奇素数. 计算机实验已经表明, 除了 $q(3160)=13$ 之外, 对 $1 < n < 10^{10000}$ 有 $q(n) \leqslant 11$.

　　a 对所有 $n > 3160$ 是否有 $q(n) \leqslant 11$?

　　b 是否对无穷多个 n 有 $q(n) = 11$?

　　对于解出a或者b的人提供 $7 \times 11 \times 13$ 美元奖金.

112 对除了 $n = 64$ 以及 $n = 256$ 之外所有的 $n > 4$, $\binom{2n}{n}$ 都能被4或者被9整除吗?

113 如果 $t(n+1,k)/t(n,k)$ 和 $t(n,k+1)/t(n,k)$ 是 n 和 k 的有理函数, 且存在非零的线性差分算子 $H(N,K,n)$, 使得 $H(N,K,n)t(n,k)=0$, 由此是否能推出 $t(n,k)$ 是一个正常项?

114 设 m 是一个正整数, 并用递归式

$$\sum_k \binom{n}{k}^m \binom{n+k}{k}^m = \sum_k \binom{n}{k}\binom{n+k}{k}c_k^{(m)}.$$

　　定义序列 $c_n^{(m)}$. 这些数 $c_n^{(m)}$ 是整数吗? 256

6

特殊的数
SPECIAL NUMBERS

数学中经常出现某些**数列**,我们马上就会认识它们并赋予它们特殊的名称. 例如, 每个学过算术的人都知道平方数数列 $\langle 1,4,9,16,\cdots \rangle$. 我们在第1章里遇到了三角数 $\langle 1,3,6,10,\cdots \rangle$, 在第4章研究了素数 $\langle 2,3,5,7,\cdots \rangle$, 在第5章简略地讨论了卡塔兰数 $\langle 1,2,5,14,\cdots \rangle$.

本章我们要研究其他几个重要的数列. 首先要讨论的是斯特林数 $\begin{Bmatrix} n \\ k \end{Bmatrix}$ 和 $\begin{bmatrix} n \\ k \end{bmatrix}$, 以及欧拉数 $\left\langle \begin{matrix} n \\ k \end{matrix} \right\rangle$, 这些数构成了与帕斯卡三角形中二项式系数 $\begin{pmatrix} n \\ k \end{pmatrix}$ 类似的三角型系数. 此后我们要仔细研究调和数 H_n 以及伯努利数 B_n, 这些数与其他数列不同, 因为它们是分数, 而不是整数. 最后, 我们要审视令人着迷的斐波那契数 F_n 及其某些重要推广.

6.1 斯特林数 STIRLING NUMBERS

我们首先研究与二项式系数密切相关的斯特林数, 它们因詹姆斯·斯特林(1692—1770) 而得名. 这些数有两种风格, 习惯上使用朴实无华的名称: "第一类斯特林数" 和 "第二类斯特林数". 尽管它们有值得一提的历史和众多的应用, 但是仍然缺少标准的记号. 仿照Jovan Karamata的做法, 我们将用 $\begin{Bmatrix} n \\ k \end{Bmatrix}$ 记第二类斯特林数, 用 $\begin{bmatrix} n \\ k \end{bmatrix}$ 记第一类斯特林数, 这些符号明显要比人们尝试使用的许多其他记号更加方便适用.

表6-1和表6-2给出了, 当 n 和 k 很小时 $\begin{Bmatrix} n \\ k \end{Bmatrix}$ 和 $\begin{bmatrix} n \\ k \end{bmatrix}$ 的值. 一个涉及数 "1,7,6,1" 的问题有可能与 $\begin{Bmatrix} n \\ k \end{Bmatrix}$ 有关, 涉及 "6,11,6,1" 的问题有可能与 $\begin{bmatrix} n \\ k \end{bmatrix}$ 有关, 就如我们假设涉及 "1,4,6,4,1" 的问题可能与 $\begin{pmatrix} n \\ k \end{pmatrix}$ 有关一样, 这些是当 $n = 4$ 时出现的标志性序列.

"用这个记号, 公式变得更加对称. "
——J. Karamata[199]

257

214

表6-1 关于子集的斯特林三角形

n	$\left\{ {n \atop 0} \right\}$	$\left\{ {n \atop 1} \right\}$	$\left\{ {n \atop 2} \right\}$	$\left\{ {n \atop 3} \right\}$	$\left\{ {n \atop 4} \right\}$	$\left\{ {n \atop 5} \right\}$	$\left\{ {n \atop 6} \right\}$	$\left\{ {n \atop 7} \right\}$	$\left\{ {n \atop 8} \right\}$	$\left\{ {n \atop 9} \right\}$
0	1									
1	0	1								
2	0	1	1							
3	0	1	3	1						
4	0	1	7	6	1					
5	0	1	15	25	10	1				
6	0	1	31	90	65	15	1			
7	0	1	63	301	350	140	21	1		
8	0	1	127	966	1701	1050	266	28	1	
9	0	1	255	3025	7770	6951	2646	462	36	1

（斯特林在他自己的书[343]中也首先对此进行了考虑.）

第二类斯特林数要比其他各类数出现得更为频繁，所以我们首先考虑第二类斯特林数. 符号 $\left\{ {n \atop k} \right\}$ 表示将一个有 n 件物品的集合划分成 k 个非空子集的方法数. 例如，将一个有4个元素的集合分成两部分有7种方法：

$$\{1,2,3\}\cup\{4\}, \quad \{1,2,4\}\cup\{3\}, \quad \{1,3,4\}\cup\{2\}, \quad \{2,3,4\}\cup\{1\},$$
$$\{1,2\}\cup\{3,4\}, \quad \{1,3\}\cup\{2,4\}, \quad \{1,4\}\cup\{2,3\}; \tag{6.1}$$

从而 $\left\{ {4 \atop 2} \right\}=7$. 注意，花括号用来表示集合，也用来表示数 $\left\{ {n \atop k} \right\}$. 这种记号上的雷同有助于我们记住 $\left\{ {n \atop k} \right\}$ 的意义，$\left\{ {n \atop k} \right\}$ 可以读作"n 子集 k".

我们来观察小的 k. 恰有一种方法将 n 个元素分成一个单独的非空子集，于是对所有 $n>0$ 有 $\left\{ {n \atop 1} \right\}=1$. 另一方面 $\left\{ {0 \atop 1} \right\}=0$，因为有零个元素的集合是空集.

$k=0$ 的情形有一点微妙. 如果我们认可只有一种方法把一个空集分成零个非空的部分，那么事情就能圆满地解决，从而 $\left\{ {0 \atop 0} \right\}=1$. 但是，一个非空集合至少需要分成一个部分，故对所有 $n>0$ 有 $\left\{ {n \atop 0} \right\}=0$.

$k=2$ 时会怎样呢? 肯定有 $\left\{ {0 \atop 2} \right\}=0$. 如果一个有 $n>0$ 个元素的集合被分成两个非空的部分，其中一部分包含最后一个元素以及前 $n-1$ 个元素的某个子集. 有 2^{n-1} 种方式选择那个子集，因为前 $n-1$ 个元素中的每一个要么在它当中，要么在它之外. 但是我们不能把那些元素全部放入其中，因为我们想要划分出两个非空的部分. 于是我们减去1：

$$\left\{ {n \atop 2} \right\}=2^{n-1}-1，整数 n>0. \tag{6.2}$$

258 （这与我们在上面计算的 $\left\{{4 \atop 2}\right\} = 7 = 2^3 - 1$ 种方式相吻合．）

这个方法的修改引出一个递归式，通过它我们可以对所有的 k 计算 $\left\{{n \atop k}\right\}$：给定一个有 $n > 0$ 个元素的集合，要把它分成 k 个非空的部分，我们或者将最后的元素单独放入一类（用 $\left\{{n-1 \atop k-1}\right\}$ 种方式），或者把它与前 $n-1$ 个元素的某个非空子集放在一起．在后一种情形下，有 $k\left\{{n-1 \atop k}\right\}$ 种可能性，因为把前 $n-1$ 个元素分成 k 个非空部分的 $\left\{{n-1 \atop k}\right\}$ 种方式的每一种都给出 k 个子集，它们都能与第 n 个元素合并在一起．从而

$$\left\{{n \atop k}\right\} = k\left\{{n-1 \atop k}\right\} + \left\{{n-1 \atop k-1}\right\}, \text{ 整数 } n > 0 . \tag{6.3}$$

这是生成表6-1的法则．去掉因子 k 就会转化成加法公式（5.8），它生成了帕斯卡三角形．

表6-2　关于轮换的斯特林三角形

n	$\left[{n \atop 0}\right]$	$\left[{n \atop 1}\right]$	$\left[{n \atop 2}\right]$	$\left[{n \atop 3}\right]$	$\left[{n \atop 4}\right]$	$\left[{n \atop 5}\right]$	$\left[{n \atop 6}\right]$	$\left[{n \atop 7}\right]$	$\left[{n \atop 8}\right]$	$\left[{n \atop 9}\right]$
0	1									
1	0	1								
2	0	1	1							
3	0	2	3	1						
4	0	6	11	6	1					
5	0	24	50	35	10	1				
6	0	120	274	225	85	15	1			
7	0	720	1764	1624	735	175	21	1		
8	0	5040	13068	13132	6769	1960	322	28	1	
9	0	40320	109584	118124	67284	22449	4536	546	36	1

现在，来讨论第一类斯特林数．这些数与第二类斯特林数有点像，但是 $\left[{n \atop k}\right]$ 计算的是将 n 个元素排成 k 个**轮换**（cycle），而不是 k 个子集的方法数．我们将 $\left[{n \atop k}\right]$ 读作 "n 轮换 k"．

轮换是环形排列，如同在第4章里考虑过的项链．轮换

$$\begin{array}{c} \curvearrowright A \\ D \qquad B \\ \curvearrowleft C \end{array}$$

可以更紧凑地写成 "$[A, B, C, D]$"，我们把它理解为

$$[A, B, C, D] = [B, C, D, A] = [C, D, A, B] = [D, A, B, C].$$

一个轮换是"环绕"的，因为它的终点与起点相连接. 另一方面，轮换 $[A,B,C,D]$ 与轮换 $[A,B,D,C]$ 或者 $[D,C,B,A]$ 是不一样的.

259

有11种不同的方式对4个元素做出两个轮换：

$$[1,2,3][4]，[1,2,4][3]，[1,3,4][2]，[2,3,4][1]，$$
$$[1,3,2][4]，[1,4,2][3]，[1,4,3][2]，[2,4,3][1]，$$
$$[1,2][3,4]，[1,3][2,4]，[1,4][2,3]； \tag{6.4}$$

"有69种方式构造部落民歌，而其中每一种单独的方式都是正确的."
——Rudyard Kipling

从而 $\begin{bmatrix} 4 \\ 2 \end{bmatrix} = 11$.

单个元素轮换（也就是只有一个元素的轮换）本质上与单元素集（仅有一个元素的集合）是相同的. 类似地，2轮换与2集合相同，因为有 $[A,B]=[B,A]$，恰如 $\{A,B\}=\{B,A\}$. 但是有两个不同的3轮换 $[A,B,C]$ 和 $[A,C,B]$. 注意，通过对每一个3元素集合做出两个轮换的方法，可以从（6.1）中的7对集合得出（6.4）中的11对轮换.

一般来说，只要 $n>0$，$n!/n=(n-1)!$ 个不同的 n 轮换可以从任何一个有 n 个元素的集合得出.（有 $n!$ 个排列，每一个 n 轮换与它们中的 n 个相对应，因为其中的任何一个元素都可以排列在首位.）于是我们就有

$$\begin{bmatrix} n \\ 1 \end{bmatrix} = (n-1)!，整数 n>0. \tag{6.5}$$

这要比我们对斯特林子集数所得到的值 $\begin{Bmatrix} n \\ 1 \end{Bmatrix}=1$ 大得多. 事实上容易看出，轮换数必定至少与子集数一样大，

$$\begin{bmatrix} n \\ k \end{bmatrix} \geqslant \begin{Bmatrix} n \\ k \end{Bmatrix}，整数 n,k \geqslant 0， \tag{6.6}$$

因为分成非空子集的每个划分至少引出轮换的一种安排.

当所有的轮换都必定是单元素或者双元素时，（6.6）中的等号成立，因为在这种情形中轮换与子集等价. 当 $k=n$ 和 $k=n-1$ 时这就会发生，因此

$$\begin{bmatrix} n \\ n \end{bmatrix} = \begin{Bmatrix} n \\ n \end{Bmatrix}；\begin{bmatrix} n \\ n-1 \end{bmatrix} = \begin{Bmatrix} n \\ n-1 \end{Bmatrix}.$$

事实上，容易看出

$$\begin{bmatrix} n \\ n \end{bmatrix} = \begin{Bmatrix} n \\ n \end{Bmatrix} = 1；\begin{bmatrix} n \\ n-1 \end{bmatrix} = \begin{Bmatrix} n \\ n-1 \end{Bmatrix} = \binom{n}{2}. \tag{6.7}$$

（将 n 个元素放进 $n-1$ 个轮换或者子集的方法数，是在同一个轮换或者子集中选取两个元素的方法数.）三角形数 $\binom{n}{2}=1,3,6,10,\cdots$ 明显地出现在表6-1和表6-2之中.

260

可以通过修改用于 $\begin{Bmatrix} n \\ k \end{Bmatrix}$ 的方法来导出 $\begin{bmatrix} n \\ k \end{bmatrix}$ 的递归式. 把 n 个元素放进 k 个轮换的每一种

安排，要么将最后的元素放进它自身的轮换中（有 $\begin{bmatrix} n-1 \\ k-1 \end{bmatrix}$ 种方式），要么把最后的元素放进

前 $n-1$ 个元素分成的 $\begin{bmatrix} n-1 \\ k \end{bmatrix}$ 个轮换中的一个．在后一种情形，有 $n-1$ 种不同的方式这样

做．（这要动一点脑筋．不过，验证恰有 j 种方式把一个新元素放进 j 轮换中以便做成一个 $(j+1)$ 轮换是很容易的．例如，当 $j=3$，放入一个新的元素 D 时，轮换 $[A,B,C]$ 产生

$$[A,B,C,D]，\quad [A,B,D,C] \quad 或者 \quad [A,D,B,C]，$$

且没有其他的可能性．对所有的 j 求和就给出 $n-1$ 种方式把第 n 个元素放进 $n-1$ 个元素分解所得的轮换中．）这样一来，所要求的递归式就是

$$\begin{bmatrix} n \\ k \end{bmatrix} = (n-1)\begin{bmatrix} n-1 \\ k \end{bmatrix} + \begin{bmatrix} n-1 \\ k-1 \end{bmatrix}，\text{整数 } n > 0 . \tag{6.8}$$

类似地，这是生成表6-2的加法公式．

比较（6.8）和（6.3）可知，在斯特林轮换数的情形中，右边的第一项是乘以它上面的指标 $n-1$，而在斯特林子集数的情形中则乘以下面的指标 k．于是，用归纳法来证明时，我们可以用像 $n\begin{bmatrix} n \\ k \end{bmatrix}$ 以及 $k\begin{Bmatrix} n \\ k \end{Bmatrix}$ 这样的项来完成"吸收"．

每一个排列都与一个轮换的集合等价，例如将123456789变成384729156的排列．我们可以很方便地将它们表示成两行

$$1\,2\,3\,4\,5\,6\,7\,8\,9$$
$$3\,8\,4\,7\,2\,9\,1\,5\,6，$$

这表明1变成3，2变成8，等等．由于1变成3，3变成4，4变成7，7又变成元素1，这就是轮换 $[1,3,4,7]$．这个排列中的另一个轮换是 $[2,8,5]$，还有一个是 $[6,9]$．于是排列384729156等价于轮换安排

$$[1,3,4,7][2,8,5][6,9].$$

如果我们有 $\{1,2,\cdots,n\}$ 的任意排列 $\pi_1\pi_2\cdots\pi_n$，那么每一个元素在唯一的轮换中．因为如果从 $m_0 = m$ 开始，观察 $m_1 = \pi_{m_0}$，$m_2 = \pi_{m_1}$ 等，我们最后必定会回到 $m_k = m_0$．（这些数必定会或迟或早重复，且重复出现的第一个数必定是 m_0，因为我们知道其他诸数 $m_1, m_2, \cdots m_{k-1}$ 唯一的前导．）这样一来，每一个排列就定义了一个轮换安排．反之，如果将这一构造反转过来，那么每个轮换安排显然也定义一个排列，这个一一对应表明：排列和轮换安排本质上相同．

于是，$\begin{bmatrix} n \\ k \end{bmatrix}$ 是 n 个元素恰好包含 k 个轮换的排列的个数．如果对所有的 k 求和 $\begin{bmatrix} n \\ k \end{bmatrix}$，必定得到排列的总数：

$$\sum_{k=0}^{n} \begin{bmatrix} n \\ k \end{bmatrix} = n!，\text{整数 } n \geq 0 . \tag{6.9}$$

例如，$6+11+6+1 = 24 = 4!$.

斯特林数很有用，因为递归关系（6.3）和（6.8）出现在各种各样的问题中．例如，如果我们想要用下降幂 $x^{\underline{n}}$ 表示通常幂 x^n，那么会发现前几种情形是

$$x^0 = x^{\underline{0}} ,$$
$$x^1 = x^{\underline{1}} ,$$
$$x^2 = x^{\underline{2}} + x^{\underline{1}} ,$$
$$x^3 = x^{\underline{3}} + 3x^{\underline{2}} + x^{\underline{1}} ,$$
$$x^4 = x^{\underline{4}} + 6x^{\underline{3}} + 7x^{\underline{2}} + x^{\underline{1}} .$$

当 $k<0$ 且 $n \geqslant 0$ 时，最好还是定义
$$\begin{Bmatrix} n \\ k \end{Bmatrix} = \begin{bmatrix} n \\ k \end{bmatrix} = 0 .$$

这些系数看起来很像表6-1中的数，左右两边做了反射，于是我们确信一般的公式是

$$x^n = \sum_k \begin{Bmatrix} n \\ k \end{Bmatrix} x^{\underline{k}} , \quad 整数 n \geqslant 0 . \tag{6.10}$$

为了确信，用归纳法做简单的证明就能获得这个公式：我们有 $x \cdot x^{\underline{k}} = x^{\underline{k+1}} + kx^{\underline{k}}$，因为 $x^{\underline{k+1}} = x^{\underline{k}}(x-k)$，从而 $x \cdot x^{\underline{n-1}}$ 等于

$$x \sum_k \begin{Bmatrix} n-1 \\ k \end{Bmatrix} x^{\underline{k}} = \sum_k \begin{Bmatrix} n-1 \\ k \end{Bmatrix} x^{\underline{k+1}} + \sum_k \begin{Bmatrix} n-1 \\ k \end{Bmatrix} kx^{\underline{k}}$$
$$= \sum_k \begin{Bmatrix} n-1 \\ k-1 \end{Bmatrix} x^{\underline{k}} + \sum_k \begin{Bmatrix} n-1 \\ k \end{Bmatrix} kx^{\underline{k}}$$
$$= \sum_k \left(k \begin{Bmatrix} n-1 \\ k \end{Bmatrix} + \begin{Bmatrix} n-1 \\ k-1 \end{Bmatrix} \right) x^{\underline{k}} = \sum_k \begin{Bmatrix} n \\ k \end{Bmatrix} x^{\underline{k}} .$$

换句话说，斯特林子集数是产生通常幂的阶乘幂的系数．

我们也可以走另一条路，因为斯特林轮换数是产生阶乘幂的通常幂的系数：

$$x^{\bar{0}} = x^0 ,$$
$$x^{\bar{1}} = x^1 ,$$
$$x^{\bar{2}} = x^2 + x^1 ,$$
$$x^{\bar{3}} = x^3 + 3x^2 + 2x^1 ,$$
$$x^{\bar{4}} = x^4 + 6x^3 + 11x^2 + 6x^1 .$$

我们有 $(x+n-1) \cdot x^{\bar{k}} = x^{\overline{k+1}} + (n-1)x^{\bar{k}}$，所以类似于刚刚给出的证明就表明有

$$(x+n-1)x^{\overline{n-1}} = (x+n-1) \sum_k \begin{bmatrix} n-1 \\ k \end{bmatrix} x^k = \sum_k \begin{bmatrix} n \\ k \end{bmatrix} x^k .$$

这导出一般性公式

$$x^{\bar{n}} = \sum_k \begin{bmatrix} n \\ k \end{bmatrix} x^k , \quad 整数 n \geqslant 0 \tag{6.11}$$

的归纳法证明．（令 $x=1$ 会再次给出（6.9）．）

但是等一等．这个等式包含上升的阶乘幂 $x^{\bar{n}}$，而（6.10）则包含下降的阶乘幂 $x^{\underline{n}}$．如果我们想要用通常幂来表示 $x^{\underline{n}}$，或者想要用上升幂来表示 x^n 又会如何？容易，我们只需外加一些负号就得到

262

$$x^n = \sum_k \left\{ {n \atop k} \right\} (-1)^{n-k} x^{\bar{k}} , \quad \text{整数 } n \geqslant 0 , \tag{6.12}$$

$$x^{\underline{n}} = \sum_k \left[{n \atop k} \right] (-1)^{n-k} x^k , \quad \text{整数 } n \geqslant 0 . \tag{6.13}$$

它们成立是因为公式

$$x^{\underline{4}} = x(x-1)(x-2)(x-3) = x^4 - 6x^3 + 11x^2 - 6x$$

很像公式

$$x^{\bar{4}} = x(x+1)(x+2)(x+3) = x^4 + 6x^3 + 11x^2 + 6x ,$$

不过带有交错的符号. 如果我们取 x 的相反值, 习题2.17中的一般恒等式

$$x^{\underline{n}} = (-1)^n (-x)^{\bar{n}} \tag{6.14}$$

263   就把 (6.10) 转变成 (6.12), 而把 (6.11) 转变成 (6.13).

表6-3   基本的斯特林数恒等式 (整数 $n \geqslant 0$)

递归式:

$$\left\{ {n \atop k} \right\} = k \left\{ {n-1 \atop k} \right\} + \left\{ {n-1 \atop k-1} \right\} .$$

$$\left[{n \atop k} \right] = (n-1) \left[{n-1 \atop k} \right] + \left[{n-1 \atop k-1} \right] .$$

在幂之间转换:

$$x^n = \sum_k \left\{ {n \atop k} \right\} x^{\underline{k}} = \sum_k \left\{ {n \atop k} \right\} (-1)^{n-k} x^{\bar{k}} .$$

$$x^{\underline{n}} = \sum_k \left[{n \atop k} \right] (-1)^{n-k} x^k .$$

$$x^{\bar{n}} = \sum_k \left[{n \atop k} \right] x^k .$$

特殊值:

$$\left\{ {n \atop 0} \right\} = \left[{n \atop 0} \right] = [n = 0].$$

$$\left\{ {n \atop 1} \right\} = [n > 0], \qquad \left[{n \atop 1} \right] = (n-1)! [n > 0].$$

$$\left\{ {n \atop 2} \right\} = (2^{n-1} - 1)[n > 0], \qquad \left[{n \atop 2} \right] = (n-1)! H_{n-1} [n > 0].$$

$$\left\{ {n \atop n-1} \right\} = \left[{n \atop n-1} \right] = \binom{n}{2}.$$

$$\left\{ {n \atop n} \right\} = \left[{n \atop n} \right] = \binom{n}{n} = 1.$$

$$\left\{ {n \atop k} \right\} = \left[{n \atop k} \right] = \binom{n}{k} = 0, \ k > n.$$

反转公式:

$$\sum_k \left[{n \atop k} \right] \left\{ {k \atop m} \right\} (-1)^{n-k} = [m = n].$$

$$\sum_k \left\{ {n \atop k} \right\} \left[{k \atop m} \right] (-1)^{n-k} = [m = n].$$

264

表6-4 附加的斯特林数恒等式（整数 $l,m,n \geqslant 0$）

$$\left\{{n+1 \atop m+1}\right\} = \sum_k \binom{n}{k}\left\{{k \atop m}\right\}. \tag{6.15}$$

$$\left[{n+1 \atop m+1}\right] = \sum_k \left[{n \atop k}\right]\binom{k}{m}. \tag{6.16}$$

$$\left\{{n \atop m}\right\} = \sum_k \binom{n}{k}\left\{{k+1 \atop m+1}\right\}(-1)^{n-k}. \tag{6.17}$$

$$\left[{n \atop m}\right] = \sum_k \left[{n+1 \atop k+1}\right]\binom{k}{m}(-1)^{m-k}. \tag{6.18}$$

$$m!\left\{{n \atop m}\right\} = \sum_k \binom{m}{k}k^n(-1)^{m-k}. \tag{6.19}$$

$$\left\{{n+1 \atop m+1}\right\} = \sum_{k=0}^n \left\{{k \atop m}\right\}(m+1)^{n-k}. \tag{6.20}$$

$$\left[{n+1 \atop m+1}\right] = \sum_{k=0}^n \left[{k \atop m}\right]n^{\underline{n-k}} = n!\sum_{k=0}^n \left[{k \atop m}\right]\Big/k!. \tag{6.21}$$

$$\left\{{m+n+1 \atop m}\right\} = \sum_{k=0}^m k\left\{{n+k \atop k}\right\}. \tag{6.22}$$

$$\left[{m+n+1 \atop m}\right] = \sum_{k=0}^m (n+k)\left[{n+k \atop k}\right]. \tag{6.23}$$

$$\binom{n}{m} = \sum_k \left\{{n+1 \atop k+1}\right\}\left[{k \atop m}\right](-1)^{m-k}. \tag{6.24}$$

$$n^{\underline{n-m}}[n \geqslant m] = \sum_k \left[{n+1 \atop k+1}\right]\left\{{k \atop m}\right\}(-1)^{m-k}. \tag{6.25}$$

$$\left\{{n \atop n-m}\right\} = \sum_k \binom{m-n}{m+k}\binom{m+n}{n+k}\left[{m+k \atop k}\right]. \tag{6.26}$$

$$\left[{n \atop n-m}\right] = \sum_k \binom{m-n}{m+k}\binom{m+n}{n+k}\left\{{m+k \atop k}\right\}. \tag{6.27}$$

$$\left\{{n \atop l+m}\right\}\binom{l+m}{l} = \sum_k \left\{{k \atop l}\right\}\left\{{n-k \atop m}\right\}\binom{n}{k}. \tag{6.28}$$

$$\left[{n \atop l+m}\right]\binom{l+m}{l} = \sum_k \left[{k \atop l}\right]\left[{n-k \atop m}\right]\binom{n}{k}. \tag{6.29}$$

$$n^m(-1)^{n-m}\left[{n \atop m}\right] = \sum_k \left[{n \atop k}\right]\binom{-m}{k-m}n^k$$

也有
$$\binom{n}{m}(n-1)^{\underline{n-m}} = \sum_k \left[{n \atop k}\right]\left\{{k \atop m}\right\},$$
这是（6.9）的推广.

我们能记起什么时候将因子 $(-1)^{n-k}$ 添加到像（6.12）这样的公式中，因为当 x 很大时对于幂有一个自然的排序：

$$x^{\overline{n}} > x^n > x^{\underline{n}}, \text{ 所有 } x > n > 1. \tag{6.30}$$

斯特林数 $\left[{n \atop k}\right]$ 和 $\left\{{n \atop k}\right\}$ 是非负的，所以当用"大的"幂来展开"小的"幂时，需要使用负号.

我们可以将（6.11）代入（6.12），并得到一个二重和式

$$x^n = \sum_k \left\{ {n \atop k} \right\} (-1)^{n-k} x^{\bar{k}} = \sum_{k,m} \left\{ {n \atop k} \right\} \left[{k \atop m} \right] (-1)^{n-k} x^m .$$

这对所有 x 成立，所以右边 $x^0, x^1, \cdots, x^{n-1}, x^{n+1}, x^{n+2}, \cdots$ 的系数必须全都是零且必定有恒等式

$$\sum_k \left\{ {n \atop k} \right\} \left[{k \atop m} \right] (-1)^{n-k} = [m = n] , \text{ 整数 } m, n \geq 0 . \tag{6.31}$$

像二项式系数那样，斯特林数满足许多惊人的恒等式. 但是这些恒等式并不像第5章里的恒等式那样用途广泛，因此并不经常应用. 因而对我们来说，最好就是只列举其中最简单者，以备将来遇到一个难啃的斯特林问题需要打攻坚战时作为参考. 表6-3和表6-4包含了最常用到的公式，我们已经推导出来的主要恒等式都已经重复列举在那里了.

在第5章研究二项式系数时，我们发现以某种方式使得恒等式 $\binom{n}{k} = \binom{n-1}{k} + \binom{n-1}{k-1}$ 无需任何限制条件就成立，对负的 n 定义 $\binom{n}{k}$ 是有好处的. 用此恒等式将 $\binom{n}{k}$ 推广到组合意义之外，我们发现（在表5-2中），当将它向上推广时，帕斯卡三角形本质上以旋转的形式重新产生出它自己. 让我们来对斯特林三角形试做同样的事情：如果我们决定让基本的递归式

$$\left\{ {n \atop k} \right\} = k \left\{ {n-1 \atop k} \right\} + \left\{ {n-1 \atop k-1} \right\}$$

$$\left[{n \atop k} \right] = (n-1) \left[{n-1 \atop k} \right] + \left[{n-1 \atop k-1} \right]$$

对所有的整数 n 和 k 都成立，会发生什么？如果做出进一步的合理假设

$$\left\{ {0 \atop k} \right\} = \left[{0 \atop k} \right] = [k = 0] \text{ 以及 } \left\{ {n \atop 0} \right\} = \left[{n \atop 0} \right] = [n = 0] , \tag{6.32}$$

解将变得唯一.

266

表6-5　按纵向排列的斯特林三角形

n	$\left\{ {n \atop -5} \right\}$	$\left\{ {n \atop -4} \right\}$	$\left\{ {n \atop -3} \right\}$	$\left\{ {n \atop -2} \right\}$	$\left\{ {n \atop -1} \right\}$	$\left\{ {n \atop 0} \right\}$	$\left\{ {n \atop 1} \right\}$	$\left\{ {n \atop 2} \right\}$	$\left\{ {n \atop 3} \right\}$	$\left\{ {n \atop 4} \right\}$	$\left\{ {n \atop 5} \right\}$
-5	1										
-4	10	1									
-3	35	6	1								
-2	50	11	3	1							
-1	24	6	2	1	1						
0	0	0	0	0	0	1					
1	0	0	0	0	0	0	1				
2	0	0	0	0	0	0	1	1			
3	0	0	0	0	0	0	1	3	1		
4	0	0	0	0	0	0	1	7	6	1	
5	0	0	0	0	0	0	1	15	25	10	1

事实上，这里出现了一个有惊人美感的模式：关于轮换的斯特林三角形出现在关于子集的斯特林三角形的上方，反之亦然（见表6-5）！这两类斯特林数由极其简单的法则联系在一起[220, 221]：

$$\begin{bmatrix} n \\ k \end{bmatrix} = \begin{Bmatrix} -k \\ -n \end{Bmatrix}, \quad k, n \text{ 是整数}. \tag{6.33}$$

我们有"对偶性"，它有些像 min 和 max、$\lfloor x \rfloor$ 和 $\lceil x \rceil$、$x^{\underline{n}}$ 和 $x^{\overline{n}}$ 以及 gcd 和 lcm 之间的关系. 容易检验，递归式 $\begin{bmatrix} n \\ k \end{bmatrix} = (n-1)\begin{bmatrix} n-1 \\ k \end{bmatrix} + \begin{bmatrix} n-1 \\ k-1 \end{bmatrix}$ 和 $\begin{Bmatrix} n \\ k \end{Bmatrix} = k\begin{Bmatrix} n-1 \\ k \end{Bmatrix} + \begin{Bmatrix} n-1 \\ k-1 \end{Bmatrix}$ 在这个对应关系下是一样的.

6.2 欧拉数 EULERIAN NUMBERS

另一种值的三角形有时也会突然冒出来，这类数出自欧拉[104, §13; 110, 第485页]，我们用 $\left\langle \begin{matrix} n \\ k \end{matrix} \right\rangle$ 来记它的元素. 此情形下的尖括号使人联想到"小于"和"大于"符号；$\left\langle \begin{matrix} n \\ k \end{matrix} \right\rangle$ 是 $\{1, 2, \cdots, n\}$ 的有 k 个升高（ascent）的排列 $\pi_1 \pi_2 \cdots \pi_n$ 的个数，也就是说，在其中 k 个地方有 $\pi_j < \pi_{j+1}$. （小心：这个记号不如斯特林数的符号 $\begin{bmatrix} n \\ k \end{bmatrix}$ 和 $\begin{Bmatrix} n \\ k \end{Bmatrix}$ 标准. 但是我们会看到它有很好的意义.）

（高德纳[209, 第1版]用 $\left\langle \begin{matrix} n \\ k+1 \end{matrix} \right\rangle$ 代替 $\left\langle \begin{matrix} n \\ k \end{matrix} \right\rangle$）

例如，$\{1, 2, 3, 4\}$ 的11个排列有两个上升：

$$1324, \quad 1423, \quad 2314, \quad 2413, \quad 3412;$$
$$1243, \quad 1342, \quad 2341; \quad 2134, \quad 3124, \quad 4123.$$

（第一行列出了满足 $\pi_1 < \pi_2 > \pi_3 < \pi_4$ 的排列，第二行列出了满足 $\pi_1 < \pi_2 < \pi_3 > \pi_4$ 以及 $\pi_1 > \pi_2 < \pi_3 < \pi_4$ 的排列.）故而 $\left\langle \begin{matrix} 4 \\ 2 \end{matrix} \right\rangle = 11$.

267

表6-6　欧拉三角形

n	$\left\langle\begin{matrix}n\\0\end{matrix}\right\rangle$	$\left\langle\begin{matrix}n\\1\end{matrix}\right\rangle$	$\left\langle\begin{matrix}n\\2\end{matrix}\right\rangle$	$\left\langle\begin{matrix}n\\3\end{matrix}\right\rangle$	$\left\langle\begin{matrix}n\\4\end{matrix}\right\rangle$	$\left\langle\begin{matrix}n\\5\end{matrix}\right\rangle$	$\left\langle\begin{matrix}n\\6\end{matrix}\right\rangle$	$\left\langle\begin{matrix}n\\7\end{matrix}\right\rangle$	$\left\langle\begin{matrix}n\\8\end{matrix}\right\rangle$	$\left\langle\begin{matrix}n\\9\end{matrix}\right\rangle$
0	1									
1	1	0								
2	1	1	0							
3	1	4	1	0						
4	1	11	11	1	0					
5	1	26	66	26	1	0				
6	1	57	302	302	57	1	0			
7	1	120	1191	2416	1191	120	1	0		
8	1	247	4293	15619	15619	4293	247	1	0	
9	1	502	14608	88234	156190	88234	14608	502	1	0

表6-6列出了较小的欧拉数，注意，这一次它的标志性序列是 1,11,11,1．当 $n>0$ 时，其中至多有 $n-1$ 个升高，所以在这个三角形的对角线上有 $\left\langle{n\atop n}\right\rangle=[n=0]$．

欧拉三角形与帕斯卡三角形相似，都是左右对称的．但是在这种情形，对称性规律稍有不同：

$$\left\langle{n\atop k}\right\rangle=\left\langle{n\atop n-1-k}\right\rangle，\text{整数 }n>0．\tag{6.34}$$

排列 $\pi_1\pi_2\cdots\pi_n$ 有 $n-1-k$ 个升高，当且仅当它的"反射" $\pi_n\cdots\pi_2\pi_1$ 有 k 个升高．

我们尝试对 $\left\langle{n\atop k}\right\rangle$ 求出递归式．如果用所有可能的方法插入一个新元素 n，那么 $\{1,\cdots,n-1\}$ 的每一个排列 $\rho=\rho_1\cdots\rho_{n-1}$ 都导出 $\{1,2,\cdots,n\}$ 的 n 个排列．假设我们将 n 放在位置 j，就得到一个排列 $\pi=\rho_1\cdots\rho_{j-1}n\rho_j\cdots\rho_{n-1}$．如果 $j=1$ 或者 $\rho_{j-1}<\rho_j$，π 中升高的个数就与 ρ 中升高的个数一样；如果 $\rho_{j-1}>\rho_j$ 或者 $j=n$，那么它要比 ρ 中的个数大1．于是，π 有 k 个升高，这其中有 $(k+1)\left\langle{n-1\atop k}\right\rangle$ 种方式从有 k 个升高的排列 ρ 得到，加上有 $((n-2)-(k-1)+1)\left\langle{n-1\atop k-1}\right\rangle$ 种方式从有 $k-1$ 个升高的排列 ρ 得到．所求的递归式是

$$\left\langle{n\atop k}\right\rangle=(k+1)\left\langle{n-1\atop k}\right\rangle+(n-k)\left\langle{n-1\atop k-1}\right\rangle，\text{整数 }n>0．\tag{6.35}$$

我们再次用

$$\left\langle{0\atop k}\right\rangle=[k=0]，k\text{ 是整数}\tag{6.36}$$

作为递归式的初始值，并假设当 $k<0$ 时 $\left\langle{n\atop k}\right\rangle=0$．

欧拉数有用，主要是因为它在通常幂与连续的二项式系数之间提供了一个不同寻常的联系：

$$x^n=\sum_k\left\langle{n\atop k}\right\rangle\binom{x+k}{n}，\text{整数 }n\geqslant 0．\tag{6.37}$$

（这也称为Worpitzky恒等式[378]．）例如，我们有

$$x^2=\binom{x}{2}+\binom{x+1}{2}，$$
$$x^3=\binom{x}{3}+4\binom{x+1}{3}+\binom{x+2}{3}，$$
$$x^4=\binom{x}{4}+11\binom{x+1}{4}+11\binom{x+2}{4}+\binom{x+3}{4}，$$

（西方学者最近才知道一本由李善兰编写的意义重大的中文书[249; 265, 第320-325页]，它出版于1867年，这是公式（6.37）已知的首次亮相．）

如此等等. 容易用归纳法证明（6.37）（习题14）.

附带指出，（6.37）还给出求前 n 个平方数之和的另一种方法：我们有 $k^2 = \left\langle{2\atop0}\right\rangle\binom{k}{2} + \left\langle{2\atop1}\right\rangle\binom{k+1}{2} = \binom{k}{2} + \binom{k+1}{2}$，从而

$$1^2 + 2^2 + \cdots + n^2 = \left(\binom{1}{2} + \binom{2}{2} + \cdots + \binom{n}{2}\right) + \left(\binom{2}{2} + \binom{3}{2} + \cdots + \binom{n+1}{2}\right)$$
$$= \binom{n+1}{3} + \binom{n+2}{3} = \frac{1}{6}(n+1)n\big((n-1)+(n+2)\big).$$

欧拉递归式（6.35）要比斯特林递归式（6.3）和（6.8）更复杂，所以我们并不指望数 $\left\langle{n\atop k}\right\rangle$ 能满足许多简单的性质. 不过，还是有几个这样的性质：

$$\left\langle{n\atop m}\right\rangle = \sum_{k=0}^{m}\binom{n+1}{k}(m+1-k)^n(-1)^k , \tag{6.38}$$

$$m!\left\{{n\atop m}\right\} = \sum_{k}\left\langle{n\atop k}\right\rangle\binom{k}{n-m}, \tag{6.39}$$

$$\left\langle{n\atop m}\right\rangle = \sum_{k}\left\{{n\atop k}\right\}\binom{n-k}{m}(-1)^{n-k-m}k! . \tag{6.40}$$

如果用 z^{n-m} 来乘（6.39）并对 m 求和，就得到 $\sum_{m}\left\{{n\atop m}\right\}m!z^{n-m} = \sum_{k}\left\langle{n\atop k}\right\rangle(z+1)^k$. 用 $z-1$ 代替 z 并让 z^k 的系数相等，就给出了（6.40）. 于是，这些恒等式中的后两个本质上是等价的. 第一个恒等式（6.38）在 m 很小时给出特殊的值：

$$\left\langle{n\atop 0}\right\rangle = 1 , \quad \left\langle{n\atop 1}\right\rangle = 2^n - n - 1 , \quad \left\langle{n\atop 2}\right\rangle = 3^n - (n+1)2^n + \binom{n+1}{2}.$$

我们不需要过多关注这里的欧拉数，通常知道这些数存在，并且有一组基本恒等式在需要时可以参考就足够了. 然而，在结束这个话题之前，我们应该注意表6-7中另一种系数的三角类型. 我们称之为"二阶欧拉数" $\left\langle\!\left\langle{n\atop k}\right\rangle\!\right\rangle$，因为它们满足一个与（6.35）类似的递归式，不过在一个地方用 $2n-1$ 代替了 n：

$$\left\langle\!\left\langle{n\atop k}\right\rangle\!\right\rangle = (k+1)\left\langle\!\left\langle{n-1\atop k}\right\rangle\!\right\rangle + (2n-1-k)\left\langle\!\left\langle{n-1\atop k-1}\right\rangle\!\right\rangle. \tag{6.41}$$

269

表6-7　二阶欧拉三角形

n	$\left\langle\!\left\langle{n \atop 0}\right\rangle\!\right\rangle$	$\left\langle\!\left\langle{n \atop 1}\right\rangle\!\right\rangle$	$\left\langle\!\left\langle{n \atop 2}\right\rangle\!\right\rangle$	$\left\langle\!\left\langle{n \atop 3}\right\rangle\!\right\rangle$	$\left\langle\!\left\langle{n \atop 4}\right\rangle\!\right\rangle$	$\left\langle\!\left\langle{n \atop 5}\right\rangle\!\right\rangle$	$\left\langle\!\left\langle{n \atop 6}\right\rangle\!\right\rangle$	$\left\langle\!\left\langle{n \atop 7}\right\rangle\!\right\rangle$	$\left\langle\!\left\langle{n \atop 8}\right\rangle\!\right\rangle$
0	1								
1	1	0							
2	1	2	0						
3	1	8	6	0					
4	1	22	58	24	0				
5	1	52	328	444	120	0			
6	1	114	1452	4400	3708	720	0		
7	1	240	5610	32120	58140	33984	5040	0	
8	1	494	19950	195800	644020	785304	341136	40320	0

　　这些数有一个奇特的组合解释，它是由Gessel和Stanley[147]首先注意到的，如果构造的多重集 $\{1,1,2,2,\cdots,n,n\}$ 具有如下性质的排列：对 $1\le m\le n$ ， m 的两次出现之间的所有数都大于 m ，那么 $\left\langle\!\left\langle{n \atop k}\right\rangle\!\right\rangle$ 就是有 k 个升高的排列的个数．例如，$\{1,1,2,2,3,3\}$ 有8个符合要求的单升高排列：

$$113322，133221，221331，221133，223311，233211，331122，331221.$$

所以 $\left\langle\!\left\langle{3 \atop 1}\right\rangle\!\right\rangle=8$ ．多重集 $\{1,1,2,2,\cdots,n,n\}$ 总共有

$$\sum_k \left\langle\!\left\langle{n \atop k}\right\rangle\!\right\rangle=(2n-1)(2n-3)\cdots(1)=\frac{(2n)^n}{2^n} \qquad (6.42)$$

个符合要求的排列，因为 n 的两次出现必定是前后相连的，且在对于 $n-1$ 的一个排列[①]之间有 $2n-1$ 个位置可将它们插入．例如当 $n=3$ 时，排列1221有五个插入点，得到331221，133221，123321，122331以及122133．递归式（6.41）可以通过对通常的欧拉数所用的方法加以推广来予以证明．

[270]

　　二阶欧拉数很重要，主要因为它们与斯特林数[148]有关系：对 n 用归纳法就有

$$\left\{{x \atop x-n}\right\}=\sum_k \left\langle\!\left\langle{n \atop k}\right\rangle\!\right\rangle\binom{x+n-1-k}{2n}，\text{整数}\ n\ge 0； \qquad (6.43)$$

$$\left[{x \atop x-n}\right]=\sum_k \left\langle\!\left\langle{n \atop k}\right\rangle\!\right\rangle\binom{x+k}{2n}，\text{整数}\ n\ge 0. \qquad (6.44)$$

例如，

---

① 指的是集合 $\{1,1,2,2,\cdots,n-1,n-1\}$ 的某个排列．

$$\begin{Bmatrix} x \\ x-1 \end{Bmatrix} = \binom{x}{2}, \qquad\qquad \begin{bmatrix} x \\ x-1 \end{bmatrix} = \binom{x}{2};$$

$$\begin{Bmatrix} x \\ x-2 \end{Bmatrix} = \binom{x+1}{4} + 2\binom{x}{4}, \qquad \begin{bmatrix} x \\ x-2 \end{bmatrix} = \binom{x}{4} + 2\binom{x+1}{4};$$

$$\begin{Bmatrix} x \\ x-3 \end{Bmatrix} = \binom{x+2}{6} + 8\binom{x+1}{6} + 6\binom{x}{6}, \qquad \begin{bmatrix} x \\ x-3 \end{bmatrix} = \binom{x}{6} + 8\binom{x+1}{6} + 6\binom{x+2}{6}.$$

（在（6.7）中我们已经遇到了 $n=1$ 的情形.）只要 x 是整数且 n 是非负整数，这些恒等式就成立. 由于右边是 x 的多项式，我们可以利用（6.43）和（6.44）来对 x 的任意实数（或复数）值定义斯特林数 $\begin{Bmatrix} x \\ x-n \end{Bmatrix}$ 和 $\begin{bmatrix} x \\ x-n \end{bmatrix}$.

如果 $n>0$，那么当 $x=0, x=1, \cdots$ 以及 $x=n$ 时多项式 $\begin{Bmatrix} x \\ x-n \end{Bmatrix}$ 和 $\begin{bmatrix} x \\ x-n \end{bmatrix}$ 是零，于是它们可以被 $(x-0),(x-1),\cdots,(x-n)$ 整除. 看看这些已知的因子被除掉之后还剩下什么，这很有意思. 我们用规则

$$\sigma_n(x) = \begin{bmatrix} x \\ x-n \end{bmatrix} \Big/ (x(x-1)\cdots(x-n)) \qquad\qquad (6.45)$$

来定义**斯特林多项式**（Stirling polynomial）.（$\sigma_n(x)$ 的次数是 $n-1$.）前几个斯特林多项式是

那么 $1/x$ 是多项式吗？（很抱歉.）

$$\sigma_0(x) = 1/x,$$
$$\sigma_1(x) = 1/2,$$
$$\sigma_2(x) = (3x-1)/24,$$
$$\sigma_3(x) = (x^2-x)/48,$$
$$\sigma_4(x) = (15x^3 - 30x^2 + 5x + 2)/5760.$$

它们可以通过二阶欧拉数来计算. 例如，

$$\sigma_3(x) = \big((x-4)(x-5) + 8(x-4)(x+1) + 6(x+2)(x+1)\big)/6!.$$

271

我们已明确知道这些多项式满足两个非常漂亮的恒等式：

$$\left(\frac{z e^z}{e^z - 1}\right)^x = x \sum_n \sigma_n(x) z^n, \qquad\qquad (6.46)$$

$$\left(\frac{1}{z} \ln \frac{1}{1-z}\right)^x = x \sum_n \sigma_n(x+n) z^n. \qquad\qquad (6.47)$$

而一般来说，如果 $\mathcal{S}_t(z)$ 是满足

$$\ln\big(1 - z\mathcal{S}_t(z)^{t-1}\big) = -z\mathcal{S}_t(z)^t \qquad\qquad (6.48)$$

的幂级数，那么

$$\mathcal{S}_t(z)^x = x \sum_n \sigma_n(x+tn)z^n \,. \tag{6.49}$$

这样一来，我们就能得到关于斯特林数的一般卷积公式，如同我们在表5-6中对二项式系数所做的，其结果在表6-8中．当斯特林数的一个和式不适合表6-3或者表6-4中的恒等式时，表6-8可能正是机关所在．（本章在方程（6.100）的后面有一个例子．习题7.19讨论了以（6.46）和（6.49）这样的恒等式为基础的卷积的一般性原理．）

表6-8   斯特林卷积公式

$$rs\sum_{k=0}^{n} \sigma_k(r+tk)\sigma_{n-k}(s+t(n-k)) = (r+s)\sigma_n(r+s+tn) \tag{6.50}$$

$$s\sum_{k=0}^{n} k\sigma_k(r+tk)\sigma_{n-k}(s+t(n-k)) = n\sigma_n(r+s+tn) \tag{6.51}$$

$$\left\{{n \atop m}\right\} = (-1)^{n-m+1}\frac{n!}{(m-1)!}\sigma_{n-m}(-m) \tag{6.52}$$

$$\left[{n \atop m}\right] = \frac{n!}{(m-1)!}\sigma_{n-m}(n) \tag{6.53}$$

6.3   调和数   HARMONIC NUMBERS

现在是更仔细探讨调和数的时候了，我们最早是在第2章遇到它的：

272

$$H_n = 1 + \frac{1}{2} + \frac{1}{3} + \cdots + \frac{1}{n} = \sum_{k=1}^{n}\frac{1}{k} \,, \quad \text{整数 } n \geq 0 \,. \tag{6.54}$$

这些数在算法分析中出现得如此频繁，以至于计算机科学家们需要给他们一个特殊的符号．我们用 H_n 做记号，其中的"H"表示"调和的"（harmonic），因为波长为 $1/n$ 的乐音称为波长为1的乐音的第 n 个泛音（harmonic）．前面几个值如下所示：

n	0	1	2	3	4	5	6	7	8	9	10
H_n	0	1	$\frac{3}{2}$	$\frac{11}{6}$	$\frac{25}{12}$	$\frac{137}{60}$	$\frac{49}{20}$	$\frac{363}{140}$	$\frac{761}{280}$	$\frac{7129}{2520}$	$\frac{7381}{2520}$

习题21指出：当 $n>1$ 时，H_n 永远不是整数．

这里是一个纸牌游戏，它基于R. T. Sharp[325]的一个想法，描述了调和数在简单情况下是怎样自然出现的．给定 n 张牌和一张桌子，我们希望在桌子的边缘上将牌摞起以产生出最大可能的悬空部分，它服从重力原理．

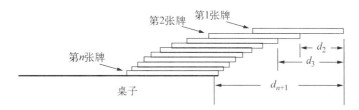

这一定是6-9号桌子（table）.

为了更明确一些，我们假设第 k 张牌放在第 $k+1$ 张牌之上（$1 \leq k < n$）；还要求每张牌的右边缘与桌子的边缘平行，不然我们就能通过旋转牌使得它们的角向前多伸出一点儿来增加悬空部分. 为使得答案更简单，我们假设每张牌的长度是2个单位.

用一张牌，当它的重心恰好在桌子的边缘上时，我们得到最大的伸出长度. 重心在牌的中心，故而我们得到牌的长度的一半，即1单位长的伸出长度.

用两张牌，不难得到，当上面一张牌的重心恰好在第二张牌的边缘上，且两张牌的联合重心正好在桌子边缘上时，我们得到最大的伸出长度. 两张牌的联合重心在它们的公共部分的中点处，故而能得到另外半个单位长的伸出长度.

这个模式提示了一般性的方法，我们应该这样来放置牌：使得上面 k 张牌的重心恰好在第 $k+1$ 张牌的边缘之上（它支撑那上面 k 张牌）. 桌子可以视为第 $n+1$ 张牌. 为了用代数的方法表达这个条件，我们可以让 d_k 表示从最上面那张牌的最边缘处到从上面数起的第 k 张牌对应的边缘处的距离. 这样有 $d_1 = 0$，且我们想要使 d_{k+1} 是前 k 张牌的重心：

$$d_{k+1} = \frac{(d_1+1)+(d_2+1)+\cdots+(d_k+1)}{k}, \quad 1 \leq k \leq n.\tag{6.55}$$

| 273

（重量分别为 $w_1, \cdots, w_k$ 且重心分别在位置 $p_1, \cdots, p_k$ 处的 k 个物体的重心在位置 $(w_1 p_1 + \cdots + w_k p_k)/(w_1 + \cdots + w_k)$ 处.）我们可以将这个递归式重新改写成两个等价的形式：

$$kd_{k+1} = k + d_1 + \cdots + d_{k-1} + d_k, \quad k \geq 0;$$

$$(k-1)d_k = k-1 + d_1 + \cdots + d_{k-1}, \quad k \geq 1.$$

这两个方程相减就给出

$$kd_{k+1} - (k-1)d_k = 1 + d_k, \quad k \geq 1,$$

故有 $d_{k+1} = d_k + 1/k$. 第二张牌将偏离第三张牌半个单位长度，而第三张牌将偏离第四张牌三分之一个单位长度，等等. 一般公式

$$d_{k+1} = H_k\tag{6.56}$$

由归纳法得出，又如果我们取 $k = n$，就得到 $d_{n+1} = H_n$ 是 n 张牌按所描述摆放时总的伸出长度.

控制住牌，不将每张牌都推到最大可能的位置，而是为后一次推进将"重力势能"储存起来，我们能否得到更大的伸出长度呢？不会，任何一种达到良好平衡状态的牌的放置都满足

$$d_{k+1} \leq \frac{(1+d_1)+(1+d_2)+\cdots+(1+d_k)}{k}, \quad 1 \leq k \leq n.$$

此外，$d_1 = 0$. 由归纳法就得出 $d_{k+1} \leqslant H_k$.

注意：为了使得最高处的那张牌完全伸出桌子的边缘，不要用太多的牌. 我们需要比一张牌（2单位长度）更长的伸出长度. 第一个超过2的调和数是 $H_4 = \dfrac{25}{12}$，所以我们仅需要四张牌.

用52张牌，我们得到 H_{52} 单位伸出长度，很清楚它是牌的长度的 $H_{52}/2 \approx 2.27$ 倍.（我们很快就将学习一个公式，它会告诉我们对于很大的 n 如何不需要把整串的分数相加就能计算 H_n 的近似值.）

任何试图想利用52张牌来达到这个最大伸出长度的人可能智力不健全，当然也可能他真是一位娱乐大众的笑星.

一个称为"橡皮筋上的蠕虫"的令人着迷的问题展现出了调和数的另外一副面孔. 一只行动缓慢但坚持不懈的蠕虫 W 从一根1m长的橡皮筋的一个端点出发，每分钟向另一个端点爬行1cm. 在每分钟的结尾，一位有着同样坚持不懈精神的橡皮筋保管人 K（他一生唯一的目的就是要挫败 W）把它拉伸1m. 于是在爬行一分钟之后，W 离起点1cm，而离终点99cm；然后 K 把它拉伸1m. 在拉伸的过程中，W 保持它相对的位置，离起点的距离占1%，而离终点的距离则占99%，所以现在 W 离起点2cm，离终点198cm. 在 W 又爬行一分钟后，成绩是爬行了3cm，待走的路是197cm；但是 K 又拉伸了它，距离变为4.5cm和295.5cm. 如此下去，这条蠕虫能够到达终点吗？它一直在移动，但是目标似乎更快地离它远去.（我们假设 K 和 W 有无限长的寿命，橡皮筋有无限的弹性，且蠕虫无限小.）

度量单位使得这个问题更科学.

我们把某些公式写下来. 当 K 伸展橡皮筋时，W 已经爬过的分数保持不变. 于是第一分钟它爬了1/100，第二分钟爬了1/200，第三分钟爬了1/300，等等. 在 n 分钟之后，它爬过的橡皮筋的部分是

$$\frac{1}{100}\left(\frac{1}{1}+\frac{1}{2}+\frac{1}{3}+\cdots+\frac{1}{n}\right) = \frac{H_n}{100}. \tag{6.57}$$

所以，如果 H_n 能超过100，它就能到达终点.

我们很快就能看到对于很大的 n 如何来估计 H_n，现在我们通过考虑"超级蠕虫"在同样的情况下如何运动来直接检查我们的分析. 超级蠕虫与 W 不同，它每分钟可以爬行50cm，故而根据刚刚给出的讨论，在 n 分钟之后，它爬过带子长度的 $H_n/2$. 如果我们的推理是正确的，由于 $H_4 > 2$，那么超级蠕虫就应该在 n 达到4之前就结束爬行. 是的，简单的计算表明，在爬行三分钟之后超级蠕虫仅剩下 $33\dfrac{1}{3}$cm要走. 它正好在三分四十秒后结束爬行.

一条扁平的蠕虫，嗯？

调和数也在斯特林三角形中出现. 我们尝试找出 $\begin{bmatrix} n \\ 2 \end{bmatrix}$ 的一个封闭形式，它表示将 n 个物体恰好分成两个轮换的排列的个数. 递归式（6.8）告诉我们，有

$$\begin{aligned} \begin{bmatrix} n+1 \\ 2 \end{bmatrix} &= n\begin{bmatrix} n \\ 2 \end{bmatrix} + \begin{bmatrix} n \\ 1 \end{bmatrix} \\ &= n\begin{bmatrix} n \\ 2 \end{bmatrix} + (n-1)!, \quad n > 0. \end{aligned}$$

且这个递归式是第2章求和因子方法的一个自然的候选对象：

$$\frac{1}{n!}\begin{bmatrix} n+1 \\ 2 \end{bmatrix} = \frac{1}{(n-1)!}\begin{bmatrix} n \\ 2 \end{bmatrix} + \frac{1}{n}.$$

展开此递归式可知 $\dfrac{1}{n!}\begin{bmatrix} n+1 \\ 2 \end{bmatrix} = H_n$，从而

$$\begin{bmatrix} n+1 \\ 2 \end{bmatrix} = n!H_n. \tag{6.58}$$

在第2章里，我们证明了调和级数 $\sum_k 1/k$ 发散，这意味着当 $n \to \infty$ 时 H_n 变得任意地大. 但是证明是间接的，我们发现，某种无限和（2.58）在将它重新排序时给出了不同的答案，因此 $\sum_k 1/k$ 可能不是有界的. $H_n \to \infty$ 这一事实似乎与我们的直觉相反，因为它还意指足够多的一摞牌将会超出桌子一英里甚至更多，而且蠕虫 W 最终将会到达橡皮筋的终点. 于是，我们来仔细研究一下 n 很大时 H_n 的大小.

看出 $H_n \to \infty$ 的最简单的方法大概是按照2的幂将它的项分组. 我们放一项在第一组里，放两项在第二组里，放四项在第三组里，放八项在第四组里，以此类推：

$$\underbrace{\frac{1}{1}}_{\text{第一组}} + \underbrace{\frac{1}{2} + \frac{1}{3}}_{\text{第二组}} + \underbrace{\frac{1}{4} + \frac{1}{5} + \frac{1}{6} + \frac{1}{7}}_{\text{第三组}} + \underbrace{\frac{1}{8} + \frac{1}{9} + \frac{1}{10} + \frac{1}{11} + \frac{1}{12} + \frac{1}{13} + \frac{1}{14} + \frac{1}{15}}_{\text{第四组}} + \cdots.$$

第二组中的两项在 $\dfrac{1}{4}$ 与 $\dfrac{1}{2}$ 之间，所以这一组的和在 $2 \times \dfrac{1}{4} = \dfrac{1}{2}$ 与 $2 \times \dfrac{1}{2} = 1$ 之间. 第三组中的四项都在 $\dfrac{1}{8}$ 与 $\dfrac{1}{4}$ 之间，故而它们的和在 $\dfrac{1}{2}$ 与1之间. 事实上，第 k 组中 2^{k-1} 项的每一项都在 2^{-k} 与 2^{1-k} 之间，从而单独每一组中各项之和都在 $\dfrac{1}{2}$ 与1之间.

这一分组方法告诉我们，如果 $\dfrac{1}{n}$ 在第 k 组中，我们必定有 $H_n > \dfrac{k}{2}$ 以及 $H_n \leqslant k$（根据对 k 的归纳法）. 于是 $H_n \to \infty$，且实际上有

$$\frac{\lfloor \lg n \rfloor + 1}{2} < H_n \leqslant \lfloor \lg n \rfloor + 1. \tag{6.59}$$

现在我们在相差一个因子2的范围内知道 H_n 的大小. 尽管调和数趋向于无穷，但是它们也仅仅是按照对数的大小趋向于无穷，也即它们趋向于无穷是相当缓慢的.

多做一点工作并应用一点点微积分即可得到更好的界. 在第2章里我们了解到，H_n 是连续函数 $\ln n$ 的离散模拟. 自然对数定义为一条曲线下方所围成的面积，这就提供出一种几何对照：

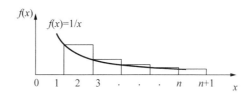

它们这么慢，我们应该把它们称为蠕虫数.

275

这条曲线下方夹在 1 与 n 之间的面积是 $\int_1^n \mathrm{d}x/x = \ln n$，它小于那 n 个矩形的面积

276 $\sum_{k=1}^n 1/k = H_n$．从而 $\ln n < H_n$，这是比我们在（6.59）中得到的更好的结果．将矩形取得稍微不同一点，我们就得到一个类似的上界：

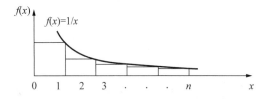

这一次那 n 个矩形的面积 H_n 小于第一个矩形的面积加上曲线下方的面积．我们就证明了

$$\ln n < H_n < \ln n + 1, \quad n > 1. \tag{6.60}$$

我们现在知道 H_n 的误差至多为 1 的值．

当我们求倒数的平方和，而不是直接求倒数之和时，就会出现"二阶"调和数 $H_n^{(2)}$：

$$H_n^{(2)} = 1 + \frac{1}{4} + \frac{1}{9} + \cdots + \frac{1}{n^2} = \sum_{k=1}^n \frac{1}{k^2}.$$

类似地，通过求 $(-r)$ 次幂之和，我们可以定义 r 次调和数：

$$H_n^{(r)} = \sum_{k=1}^n \frac{1}{k^r}. \tag{6.61}$$

如果 $r > 1$，这些数当 $n \to \infty$ 时趋向于一个极限，在习题 2.31 中我们注意到，这个极限习惯上称为黎曼 ζ 函数：

$$\zeta(r) = H_\infty^{(r)} = \sum_{k \geq 1} \frac{1}{k^r}. \tag{6.62}$$

欧拉[103]曾发现了一个简洁的方法，利用广义调和数来近似通常的调和数 $H_n^{(1)}$．我们来考虑无穷级数

$$\ln\left(\frac{k}{k-1}\right) = \frac{1}{k} + \frac{1}{2k^2} + \frac{1}{3k^3} + \frac{1}{4k^4} + \cdots, \tag{6.63}$$

当 $k > 1$ 时它收敛．它的左边是 $\ln k - \ln(k-1)$，于是如果在两边对 $2 \leq k \leq n$ 求和，那么左边的和就缩减了，且得到

$$\ln n - \ln 1 = \sum_{k=2}^n \left(\frac{1}{k} + \frac{1}{2k^2} + \frac{1}{3k^3} + \frac{1}{4k^4} + \cdots\right)$$

277
$$= (H_n - 1) + \frac{1}{2}(H_n^{(2)} - 1) + \frac{1}{3}(H_n^{(3)} - 1) + \frac{1}{4}(H_n^{(4)} - 1) + \cdots.$$

重新排序，我们就对 H_n 与 $\ln n$ 之间的差得到一个表达式

$$H_n - \ln n = 1 - \frac{1}{2}(H_n^{(2)} - 1) - \frac{1}{3}(H_n^{(3)} - 1) - \frac{1}{4}(H_n^{(4)} - 1) - \cdots.$$

当 $n \to \infty$ 时，右边趋向于极限值

"我现在还看到一种方法，它告诉我们怎样用对数（按照基本相同的方式）求出调和级数的各项之和，但是为求出那些规则所需要做的计算会更加困难．"
——牛顿[280]

$$1 - \frac{1}{2}(\zeta(2)-1) - \frac{1}{3}(\zeta(3)-1) - \frac{1}{4}(\zeta(4)-1) - \cdots,$$

"因此我们发现这个量有常数值 C，确实 $C = 0.577\,218$ ．"

——欧拉[103]

现在知道这个值是欧拉常数，习惯上用希腊字母 γ 来表示．事实上，$\zeta(r)-1$ 大约等于 $1/2^r$，所以这个无穷级数收敛得比较快，我们可以计算出其十进制值为

$$\gamma = 0.577\,215\,664\,9\cdots. \tag{6.64}$$

欧拉的讨论确立了极限关系

$$\lim_{n\to\infty}(H_n - \ln n) = \gamma, \tag{6.65}$$

于是 H_n 处在（6.60）的两个端点值之间大约58%的位置．我们逐渐回归到它的值．

如同我们会在第9章看到的那样，有可能做进一步的改进．例如我们将证明

$$H_n = \ln n + \gamma + \frac{1}{2n} - \frac{1}{12n^2} + \frac{\varepsilon_n}{120n^4}, \quad 0 < \varepsilon_n < 1. \tag{6.66}$$

这个公式能让我们不需要把100万个分数加起来就能推断出第100万个调和数是

$$H_{1\,000\,000} \approx 14.392\,726\,722\,865\,723\,631\,381\,127\,5.$$

而这就意味着一摞100万张牌就能延伸超出桌子边缘7张牌的长度．

关于橡皮筋上的蠕虫，（6.66）又会告诉我们什么呢？由于 H_n 是无界的，蠕虫肯定会到达终点，此时 H_n 第一次超过100．对 H_n 的近似表明，当 n 近似等于

$$\mathrm{e}^{100-\gamma} \approx \mathrm{e}^{99.423}$$

是的，它们实际上不可能走这么长.当婆罗贺摩塔被完全移动成功之时，世界早就已经毁灭.

时这就会发生．事实上，习题9.49证明了，n 的关键值是 $\lfloor \mathrm{e}^{100-\gamma} \rfloor$ 或者 $\lceil \mathrm{e}^{100-\gamma} \rceil$．我们可以想象 W 在经过大约 2.87×10^{35} 个世纪的漫长爬行后最终冲过终点线时获得完胜的情景，尽管这会使得 K 非常懊恼．（这根橡皮筋将会被伸长到超过 10^{27} 光年的长度，它的分子也将被大大分离开来．）

278

6.4 调和求和法 HARMONIC SUMMATION

现在，我们观察某些包含调和数的和式，首先回顾在第2章学过的几个思想．在（2.36）和（2.57）中，我们证明了

$$\sum_{0\le k<n} H_k = nH_n - n, \tag{6.67}$$

$$\sum_{0\le k<n} kH_k = \frac{n(n-1)}{2}H_n - \frac{n(n-1)}{4}. \tag{6.68}$$

让我们大胆着手处理一个更加一般的和式，它包含这两个作为其特例：当 m 是一个非负整数时，

$$\sum_{0\le k<n}\binom{k}{m}H_k$$

的值是什么？

第2章里对（6.67）和（6.68）颇为有效的方法称为 **分部求和法**（summation by parts）．我

们把求和项写成 $u(k)\Delta v(k)$ 的形式，并应用一般的恒等式

$$\sum_a^b u(x)\Delta v(x)\delta x = u(x)v(x)\Big|_a^b - \sum_a^b v(x+1)\Delta u(x)\delta x . \tag{6.69}$$

记得吗?现在我们所面对的和式 $\sum_{0\le k<n}\binom{k}{m}H_k$ 很适合这种方法，因为我们可以令

$$u(k)=H_k , \qquad \Delta u(k)=H_{k+1}-H_k=\frac{1}{k+1} ;$$

$$v(k)=\binom{k}{m+1} , \quad \Delta v(k)=\binom{k+1}{m+1}-\binom{k}{m+1}=\binom{k}{m} .$$

（换一句话说,调和数有一个简单的 Δ,而二项式系数有一个简单的 Δ^{-1},故而我们进展顺利. ）
将它们代入（6.69）即得

$$\sum_{0\le k<n}\binom{k}{m}H_k = \sum_0^n \binom{x}{m}H_x\delta x = \binom{x}{m+1}H_x\Big|_0^n - \sum_0^n \binom{x+1}{m+1}\frac{\delta x}{x+1}$$

$$= \binom{n}{m+1}H_n - \sum_{0\le k<n}\binom{k+1}{m+1}\frac{1}{k+1} .$$

剩下的和式很容易，因为我们利用原先储备的知识，即等式（5.5）

$$\sum_{0\le k<n}\binom{k+1}{m+1}\frac{1}{k+1} = \sum_{0\le k<n}\binom{k}{m}\frac{1}{m+1} = \binom{n}{m+1}\frac{1}{m+1}$$

来吸收 $(k+1)^{-1}$，这样就得到所要寻求的答案:

$$\sum_{0\le k<n}\binom{k}{m}H_k = \binom{n}{m+1}\left(H_n-\frac{1}{m+1}\right) . \tag{6.70}$$

（当 $m=0$ 以及 $m=1$ 时，这完全可以用（6.67）和（6.68）来检验. ）

下一个做为范例的和式用除法代替乘法：我们尝试计算

$$S_n = \sum_{k=1}^n \frac{H_k}{k} .$$

如果根据定义将 H_k 展开，就得到一个二重和式

$$S_n = \sum_{1\le j\le k\le n}\frac{1}{j\cdot k} .$$

现在可以借助于第2章的另外一个方法. 等式（2.33）告诉我们

$$S_n = \frac{1}{2}\left(\left(\sum_{k=1}^n\frac{1}{k}\right)^2 + \sum_{k=1}^n\frac{1}{k^2}\right) = \frac{1}{2}\left(H_n^2 + H_n^{(2)}\right) . \tag{6.71}$$

很明显，如果我们早先就尝试用分部求和法（见习题26），就能用另一种方法得到这个答案了.

现在，我们尝试处理另一个更加困难的问题[354]，它不能用分部求和法解决:

$$U_n = \sum_{k \geq 1} \binom{n}{k} \frac{(-1)^{k-1}}{k} (n-k)^n \ , \quad 整数 \ n \geq 1 \ .$$

（不要泄露答案和任何东西.）（这个和式也并没有明显提到调和数，但是谁又知道它会在什么时候冒出来呢？）

我们将用两种方法来解这个问题：一种是强行靠繁复计算得出解答，另一种是靠更多的聪明或者运气获得解答. 首先是强力计算法. 我们用二项式定理展开 $(n-k)^n$，使得分母中难以处理的 k 能和分子组合起来：

$$U_n = \sum_{k \geq 1} \binom{n}{k} \frac{(-1)^{k-1}}{k} \sum_j \binom{n}{j} (-k)^j n^{n-j}$$

$$= \sum_j \binom{n}{j} (-1)^{j-1} n^{n-j} \sum_{k \geq 1} \binom{n}{k} (-1)^k k^{j-1} \ .$$

这并不像看起来那么混乱无序，因为内和中的 k^{j-1} 是关于 k 的多项式，而恒等式（5.40）告诉我们：我们是在直接取这个多项式的 n 阶差分. 这已经差不多正确了，不过为了使之严格为真，即在能确认公式是一个多项式的 n 阶差分之前，我们还需做一些工作. 首先我们必须理清几件事情. 一件事是当 $j=0$ 时 k^{j-1} 不是多项式，故而我们需要将这一项剥离开来单独处理. 另一件事是在 n 阶差分公式中失去了 $k=0$ 这一项，当 $j=1$ 时，这一项不等于零，所以我们最好保留它（并再次把它减掉）. 其结果就是

$$U_n = \sum_{j \geq 1} \binom{n}{j} (-1)^{j-1} n^{n-j} \sum_{k \geq 0} \binom{n}{k} (-1)^k k^{j-1}$$

$$- \sum_{j \geq 1} \binom{n}{j} (-1)^{j-1} n^{n-j} \binom{n}{0} 0^{j-1}$$

$$- \binom{n}{0} n^n \sum_{k \geq 1} \binom{n}{k} (-1)^k k^{-1} \ .$$

好的，现在最上面一行（它是剩下来的唯一的二重和式）是零：它就是次数小于 n 的多项式的 n 阶差分的倍数之和，而这样的 n 阶差分都是零. 第二行除了 $j=1$ 之外都是零，而当 $j=1$ 时它等于 $-n^n$. 所以第三行是余下来仅有的困难，我们已经将原来的问题转化为一个简单得多的和式：

$$U_n = n^n (T_n - 1) \ , \quad 其中 \ T_n = \sum_{k \geq 1} \binom{n}{k} \frac{(-1)^{k-1}}{k} \ . \tag{6.72}$$

例如，$U_3 = \binom{3}{1} \frac{8}{1} - \binom{3}{2} \frac{1}{2} = \frac{45}{2}$，$T_3 = \binom{3}{1} \frac{1}{1} - \binom{3}{2} \frac{1}{2} + \binom{3}{3} \frac{1}{3} = \frac{11}{6}$，从而 $U_3 = 27(T_3 - 1)$，恰如所断言之结论.

我们怎样来计算 T_n 呢？一种方法是用 $\binom{n-1}{k} + \binom{n-1}{k-1}$ 代替 $\binom{n}{k}$，这样得到一个关于 T_n 的、用 T_{n-1} 表示的简单递归式. 还有一个更有启发性的方法：在（5.41）中有过一个类似的公式，即

280

$$\sum_k \binom{n}{k}\frac{(-1)^k}{x+k} = \frac{n!}{x(x+1)\cdots(x+n)}.$$

如果我们减去 $k=0$ 的项，并令 $x=0$，就得到 $-T_n$. 所以，我们做下去：

$$
\begin{aligned}
T_n &= \left.\left(\frac{1}{x} - \frac{n!}{x(x+1)\cdots(x+n)}\right)\right|_{x=0}\\
&= \left.\left(\frac{(x+1)\cdots(x+n)-n!}{x(x+1)\cdots(x+n)}\right)\right|_{x=0}\\
&= \left.\left(\frac{x^n\begin{bmatrix}n+1\\n+1\end{bmatrix}+\cdots+x\begin{bmatrix}n+1\\2\end{bmatrix}+\begin{bmatrix}n+1\\1\end{bmatrix}-n!}{x(x+1)\cdots(x+n)}\right)\right|_{x=0} = \frac{1}{n!}\begin{bmatrix}n+1\\2\end{bmatrix}.
\end{aligned}
$$

【281】

（我们用到了 $(x+1)\cdots(x+n)=x^{\overline{n+1}}/x$ 的展开式（6.11），可以把分子中的 x 除掉，因为 $\begin{bmatrix}n+1\\1\end{bmatrix}=n!$.）但是，我们从（6.58）知道 $\begin{bmatrix}n+1\\2\end{bmatrix}=n!H_n$，所以 $T_n=H_n$，于是就得到答案：

$$U_n = n^n(H_n-1). \tag{6.73}$$

这是一种途径. 另一种途径是尝试计算一个更为一般的和式

$$U_n(x,y) = \sum_{k\geqslant 1}\binom{n}{k}\frac{(-1)^{k-1}}{k}(x+ky)^n，\quad 整数\ n\geqslant 0， \tag{6.74}$$

原来的 U_n 的值将作为特殊情形 $U_n(n,-1)$ 而自然获得解决.（我们受到鼓励去考虑更为一般性的问题，是因为以前的推导把这个给定问题的大多数细节都"抛弃了"，那些细节由于某种原因必定是不重要的，因为 n 阶差分就已经把它们抹掉了.）

我们可以稍加改变来重演先前的推导，并发现 $U_n(x,y)$ 的值. 或者，我们也能用 $(x+ky)^{n-1}(x+ky)$ 代替 $(x+ky)^n$，然后用 $\binom{n-1}{k}+\binom{n-1}{k-1}$ 代替 $\binom{n}{k}$，这导出递归式

$$U_n(x,y) = xU_{n-1}(x,y)+x^n/n+yx^{n-1}， \tag{6.75}$$

这很容易用求和因子法求解（习题5）.

最容易的是用另外一种技巧，它在第2章里曾有好的效果：微分法. $U_n(x,y)$ 关于 y 求导带出一个 k，它和分母中的 k 抵消，这样得到的和式是简单的：

$$
\begin{aligned}
\frac{\partial}{\partial y}U_n(x,y) &= \sum_{k\geqslant 1}\binom{n}{k}(-1)^{k-1}n(x+ky)^{n-1}\\
&= \binom{n}{0}nx^{n-1} - \sum_{k\geqslant 0}\binom{n}{k}(-1)^k n(x+ky)^{n-1} = nx^{n-1}.
\end{aligned}
$$

（再次，这里次数小于 n 的多项式的 n 阶差分变为零.）

我们就证明了：$U_n(x,y)$ 关于 y 的导数是 nx^{n-1}，它与 y 无关. 一般来说，如果 $f'(y)=c$，

那么 $f(y) = f(0) + cy$．这样一来，我们就必定有 $U_n(x, y) = U_n(x, 0) + nx^{n-1}y$．

剩下的任务是要确定 $U_n(x, 0)$．但 $U_n(x, 0)$ 恰好是 x^n 乘以和式 $T_n = H_n$，我们在（6.72）中已经考虑过这个和式，于是（6.74）中一般的和式有封闭形式

$$U_n(x, y) = x^n H_n + nx^{n-1}y．\tag{6.76}$$

特别地，原来问题的解是 $U_n(n, -1) = n^n(H_n - 1)$．

282

6.5 伯努利数 BERNOULLI NUMBERS

我们议事日程上的下一个重要数列是以雅各布·伯努利（1654—1705）的名字命名的，他在研究 m 次幂和的公式时发现了奇妙的关系[26]．我们记

$$S_m(n) = 0^m + 1^m + \cdots + (n-1)^m = \sum_{k=0}^{n-1} k^m = \sum_0^n x^m \delta x．\tag{6.77}$$

（于是，当 $m > 0$ 时按照广义调和数的符号有 $S_m(n) = H_{n-1}^{(-m)}$．）伯努利观察了如下一列公式，勾画出了一种模式：

$$S_0(n) = n$$

$$S_1(n) = \frac{1}{2}n^2 \quad - \frac{1}{2}n$$

$$S_2(n) = \frac{1}{3}n^3 \quad - \frac{1}{2}n^2 \quad + \frac{1}{6}n$$

$$S_3(n) = \frac{1}{4}n^4 \quad - \frac{1}{2}n^3 \quad + \frac{1}{4}n^2$$

$$S_4(n) = \frac{1}{5}n^5 \quad - \frac{1}{2}n^4 \quad + \frac{1}{3}n^3 \quad - \frac{1}{30}n$$

$$S_5(n) = \frac{1}{6}n^6 \quad - \frac{1}{2}n^5 \quad + \frac{5}{12}n^4 - \frac{1}{12}n^2$$

$$S_6(n) = \frac{1}{7}n^7 \quad - \frac{1}{2}n^6 \quad + \frac{1}{2}n^5 \quad - \frac{1}{6}n^3 \quad + \frac{1}{42}n$$

$$S_7(n) = \frac{1}{8}n^8 \quad - \frac{1}{2}n^7 \quad + \frac{7}{12}n^6 - \frac{7}{24}n^4 + \frac{1}{12}n^2$$

$$S_8(n) = \frac{1}{9}n^9 \quad - \frac{1}{2}n^8 \quad + \frac{2}{3}n^7 - \frac{7}{15}n^5 + \frac{2}{9}n^3 \quad - \frac{1}{30}n$$

$$S_9(n) = \frac{1}{10}n^{10} - \frac{1}{2}n^9 \quad + \frac{3}{4}n^8 \quad - \frac{7}{10}n^6 + \frac{1}{2}n^4 \quad - \frac{3}{20}n^2$$

$$S_{10}(n) = \frac{1}{11}n^{11} - \frac{1}{2}n^{10} + \frac{5}{6}n^9 \quad - n^7 \quad + n^5 \quad - \frac{1}{2}n^3 + \frac{5}{66}n．$$

你也能看出来吗？在 $S_m(n)$ 中 n^{m+1} 的系数总是 $1/(m+1)$．n^m 的系数总是 $-1/2$．n^{m-1} 的系数总是……让我们想想，是 $m/12$．n^{m-2} 的系数总是零．n^{m-3} 的系数总是……再想想……，嗯……是的，它是 $-m(m-1)(m-2)/720$．n^{m-4} 的系数总是零．看起来好像这一模式连绵不

断，而 n^{m-k} 的系数总是某个常数乘以 $m^{\underline{k}}$.

那就是伯努利凭经验得到的发现.（他没有给出证明.）用现代的记号，我们把系数写成如下的形式

$$S_m(n) = \frac{1}{m+1}\left(B_0 n^{m+1} + \binom{m+1}{1}B_1 n^m + \cdots + \binom{m+1}{m}B_m n\right)$$

$$= \frac{1}{m+1}\sum_{k=0}^{m}\binom{m+1}{k}B_k n^{m+1-k}. \tag{6.78}$$

伯努利数由隐含的递归关系定义

$$\sum_{j=0}^{m}\binom{m+1}{j}B_j = [m=0], \text{ 所有 } m \geq 0. \tag{6.79}$$

例如，$\binom{2}{0}B_0 + \binom{2}{1}B_1 = 0$. 前几个值显然是

n	0	1	2	3	4	5	6	7	8	9	10	11	12
B_n	1	$\frac{-1}{2}$	$\frac{1}{6}$	0	$\frac{-1}{30}$	0	$\frac{1}{42}$	0	$\frac{-1}{30}$	0	$\frac{5}{66}$	0	$\frac{-691}{2730}$

（有关 B_n 的简单封闭形式的所有猜想都因奇怪分数 $-691/2730$ 的出现而清除出局.）

利用扰动法（我们在第2章求解 $S_2(n) = \square_n$ 的方法），可以用对 m 的归纳法证明伯努利公式（6.78）：

$$S_{m+1}(n) + n^{m+1} = \sum_{k=0}^{n-1}(k+1)^{m+1}$$

$$= \sum_{k=0}^{n-1}\sum_{j=0}^{m+1}\binom{m+1}{j}k^j = \sum_{j=0}^{m+1}\binom{m+1}{j}S_j(n). \tag{6.80}$$

用 $\hat{S}_m(n)$ 表示（6.78）的右边，我们希望证明 $S_m(n) = \hat{S}_m(n)$，假设对 $0 \leq j < m$ 有 $S_j(n) = \hat{S}_j(n)$. 我们开始时按照在第2章里对 $m=2$ 所做的那样，从（6.80）的两边减去 $S_{m+1}(n)$. 然后利用（6.78）展开每一个 $S_j(n)$，并重新分组，使得右边 n 的幂的系数放在一起并加以化简：

$$n^{m+1} = \sum_{j=0}^{m}\binom{m+1}{j}S_j(n) = \sum_{j=0}^{m}\binom{m+1}{j}\hat{S}_j(n) + \binom{m+1}{m}\Delta$$

$$= \sum_{j=0}^{m}\binom{m+1}{j}\frac{1}{j+1}\sum_{k=0}^{j}\binom{j+1}{k}B_k n^{j+1-k} + (m+1)\Delta$$

$$= \sum_{0 \leq k \leq j \leq m}\binom{m+1}{j}\binom{j+1}{k}\frac{B_k}{j+1}n^{j+1-k} + (m+1)\Delta$$

$$= \sum_{0 \leq k \leq j \leq m}\binom{m+1}{j}\binom{j+1}{j-k}\frac{B_{j-k}}{j+1}n^{k+1} + (m+1)\Delta$$

$$= \sum_{0 \le k \le j \le m} \binom{m+1}{j}\binom{j+1}{k+1}\frac{B_{j-k}}{j+1}n^{k+1} + (m+1)\Delta$$

$$= \sum_{0 \le k \le m}\frac{n^{k+1}}{k+1}\sum_{k \le j \le m}\binom{m+1}{j}\binom{j}{k}B_{j-k} + (m+1)\Delta$$

$$= \sum_{0 \le k \le m}\frac{n^{k+1}}{k+1}\binom{m+1}{k}\sum_{k \le j \le m}\binom{m+1-k}{j-k}B_{j-k} + (m+1)\Delta$$

$$= \sum_{0 \le k \le m}\frac{n^{k+1}}{k+1}\binom{m+1}{k}\sum_{0 \le j \le m-k}\binom{m+1-k}{j}B_{j} + (m+1)\Delta$$

$$= \sum_{0 \le k \le m}\frac{n^{k+1}}{k+1}\binom{m+1}{k}[m-k=0] + (m+1)\Delta$$

$$= \frac{n^{m+1}}{m+1}\binom{m+1}{m} + (m+1)\Delta$$

$$= n^{m+1} + (m+1)\Delta , \quad \text{其中 } \Delta = S_m(n) - \hat{S}_m(n).$$

（这一推导过程很好地复习了第5章所述的标准处理方法.）于是 $\Delta = 0$，且有 $S_m(n) = \hat{S}_m(n)$，证明完毕.

在第7章里我们将要用生成函数来得到（6.78）的一个简单得多的证明. 关键的想法在于证明伯努利数是幂级数

$$\frac{z}{e^z-1} = \sum_{n \ge 0} B_n\frac{z^n}{n!} \tag{6.81}$$

的系数. 现在我们直接假设方程（6.81）成立，故而可以从中推导出某些令人惊讶的推论.

如果我们在两边加上 $\frac{1}{2}z$，这样就从右边将项 $B_1 z/1! = -\frac{1}{2}z$ 消掉，得到

$$\frac{z}{e^z-1} + \frac{z}{2} = \frac{z}{2}\frac{e^z+1}{e^z-1} = \frac{z}{2}\frac{e^{z/2}+e^{-z/2}}{e^{z/2}-e^{-z/2}} = \frac{z}{2}\coth\frac{z}{2}. \tag{6.82}$$

这里 $\coth z$ 是"双曲余切"函数，在微积分书中则定义为 $\cosh z / \sinh z$，我们有

$$\sinh z = \frac{e^z-e^{-z}}{2}, \quad \cosh z = \frac{e^z+e^{-z}}{2}. \tag{6.83}$$

将 z 变换成 $-z$，给出 $\left(\frac{-z}{2}\right)\coth\left(\frac{-z}{2}\right) = \frac{z}{2}\coth\frac{z}{2}$，故而 $\frac{z}{2}\coth\frac{z}{2}$ 的每个标号为奇数的系数必定为零，即

$$B_3 = B_5 = B_7 = B_9 = B_{11} = B_{13} = \cdots = 0. \tag{6.84}$$

此外，（6.82）给出了 $\coth$ 的系数的一个封闭形式：

$$z\coth z = \frac{2z}{e^{2z}-1} + \frac{2z}{2} = \sum_{n \ge 0}B_{2n}\frac{(2z)^{2n}}{(2n)!} = \sum_{n \ge 0}4^n B_{2n}\frac{z^{2n}}{(2n)!}. \tag{6.85}$$

但是双曲函数并没有太多的用武之地，人们对"真实的"三角函数更感兴趣. 我们可以通过法则

284

285

这里有一些更加简明扼要的材料，可能你会希望在第一次阅读时暂时略过不看.

——友好的助教

↓ 从此处开始略读

$$\sin z = -i \sinh iz \ , \quad \cos z = \cosh iz \tag{6.86}$$

将通常的三角函数用它们的双曲函数来表示. 对应的幂级数是

$$\sin z = \frac{z^1}{1!} - \frac{z^3}{3!} + \frac{z^5}{5!} - \cdots , \quad \sinh z = \frac{z^1}{1!} + \frac{z^3}{3!} + \frac{z^5}{5!} + \cdots ;$$

$$\cos z = \frac{z^0}{0!} - \frac{z^2}{2!} + \frac{z^4}{4!} - \cdots , \quad \cosh z = \frac{z^0}{0!} + \frac{z^2}{2!} + \frac{z^4}{4!} + \cdots .$$

于是 $\cot z = \cos z / \sin z = i \cosh iz / \sinh iz = i \coth iz$ ，我们就有

$$z \cot z = \sum_{n \geqslant 0} B_{2n} \frac{(2iz)^{2n}}{(2n)!} = \sum_{n \geqslant 0} (-4)^n B_{2n} \frac{z^{2n}}{(2n)!} . \tag{6.87}$$

我看出来了，我们用虚数得到了"真实的"函数.

$z \cot z$ 的另一个引人注目的公式是由欧拉（习题73）发现的：

$$z \cot z = 1 - 2 \sum_{k \geqslant 1} \frac{z^2}{k^2 \pi^2 - z^2} . \tag{6.88}$$

我们可以将欧拉的公式按照 z^2 的幂展开，这就得到

$$z \cot z = 1 - 2 \sum_{k \geqslant 1} \left(\frac{z^2}{k^2 \pi^2} + \frac{z^4}{k^4 \pi^4} + \frac{z^6}{k^6 \pi^6} + \cdots \right)$$

$$= 1 - 2 \left(\frac{z^2}{\pi^2} H_\infty^{(2)} + \frac{z^4}{\pi^4} H_\infty^{(4)} + \frac{z^6}{\pi^6} H_\infty^{(6)} + \cdots \right) .$$

让 z^{2n} 的系数与其在另一个公式（6.87）中的系数相等，就对无穷多个无限和式给出一个几乎不可思议的封闭形式：

$$\zeta(2n) = H_\infty^{(2n)} = (-1)^{n-1} \frac{2^{2n-1} \pi^{2n} B_{2n}}{(2n)!} , \quad 整数 \ n > 0 . \tag{6.89}$$

例如，

$$\zeta(2) = H_\infty^{(2)} = 1 + \frac{1}{4} + \frac{1}{9} + \cdots = \pi^2 B_2 = \pi^2 / 6 ; \tag{6.90}$$

$$\zeta(4) = H_\infty^{(4)} = 1 + \frac{1}{16} + \frac{1}{81} + \cdots = -\pi^4 B_4 / 3 = \pi^4 / 90 . \tag{6.91}$$

公式（6.89）不仅仅是 $H_\infty^{(2n)}$ 的封闭形式，它还告诉我们 B_{2n} 的近似大小，因为 $H_\infty^{(2n)}$ 当 n 很大时非常接近于1. 它告诉我们，对所有 $n > 0$ 都有 $(-1)^{n-1} B_{2n} > 0$ ，于是非零的伯努利数交替地改变符号.

286

这还没完. 伯努利数还出现在正切函数的系数中

$$\tan z = \frac{\sin z}{\cos z} = \sum_{n \geqslant 0} (-1)^{n-1} 4^n (4^n - 1) B_{2n} \frac{z^{2n-1}}{(2n)!} , \tag{6.92}$$

从此处开始跳过.

它也出现在其他的三角函数中（习题72）. 公式（6.92）引导出有关伯努利数的另外一个重要事实，也即

$$T_{2n-1} = (-1)^{n-1} \frac{4^n(4^n-1)}{2n} B_{2n} \quad \text{是一个正整数.} \tag{6.93}$$

例如，我们有

n	1	3	5	7	9	11	13
T_n	1	2	16	272	7936	353792	22368256

[其中诸数 T 称为**正切数**（tangent number）.]

根据B. F. Logan的思想，证明（6.93）的一种方法是考虑幂级数

$$\frac{\sin z + x\cos z}{\cos z - x\sin z} = x + (1+x^2)z + (2x^3+2x)\frac{z^2}{2} + (6x^4+8x^2+2)\frac{z^3}{6} + \cdots$$

$$= \sum_{n\geq 0} T_n(x)\frac{z^n}{n!}, \tag{6.94}$$

当 $x = \tan w$ 时，这就是 $\tan(z+w)$. 因此，根据泰勒定理，$\tan w$ 的 n 阶导数是 $T_n(\tan w)$.

其中 $T_n(x)$ 是关于 x 的多项式，置 $x=0$ 给出 $T_n(0)=T_n$，它是第 n 个正切数. 如果我们对（6.94）关于 x 求导，得到

$$\frac{1}{(\cos z - x\sin z)^2} = \sum_{n\geq 0} T_n'(x)\frac{z^n}{n!},$$

但是如果关于 z 求导，就得到

$$\frac{1+x^2}{(\cos z - x\sin z)^2} = \sum_{n\geq 1} T_n(x)\frac{z^{n-1}}{(n-1)!} = \sum_{n\geq 0} T_{n+1}(x)\frac{z^n}{n!}.$$

（请尝试一做，这里抵消得很干净.）于是我们有

$$T_{n+1}(x) = (1+x^2)T_n'(x), \quad T_0(x) = x, \tag{6.95}$$

这是一个简单的递归式，由它推出：$T_n(x)$ 的系数都是非负整数. 此外，我们很容易证明 $T_n(x)$ 的次数是 $n+1$，且它的系数交替取零和正数. 这样一来，$T_{2n+1}(0)=T_{2n+1}$ 就是一个正整数，恰如在（6.93）中所断言的那样.

递归式（6.95）给我们一种通过正切数计算伯努利数的简单方法，只用到关于整数的简单运算. 相比之下，定义它的递归式（6.79）涉及与分数有关的困难的算术运算.

如果我们想要计算从 a 到 $b-1$ 而不是从0到 $n-1$ 的 n 次幂之和，第2章的理论告诉我们

$$\sum_{k=a}^{b-1} k^m = \sum_a^b x^m \delta x = S_m(b) - S_m(a). \tag{6.96}$$

当我们考虑 k 的负值时，这个恒等式有一个有趣的推论：我们有

$$\sum_{k=-n+1}^{-1} k^m = (-1)^m \sum_{k=0}^{n-1} k^m, \quad m > 0,$$

因此

$$S_m(0) - S_m(-n+1) = (-1)^m\left(S_m(n) - S_m(0)\right).$$

但是 $S_m(0) = 0$ ，故我们有恒等式

$$S_m(1-n) = (-1)^{m+1} S_m(n) ， \quad m > 0.\qquad(6.97)$$

（当 $m \le 17$ 时，Johann Faulhaber 于 1631 年[119]隐含地用了（6.97）求出关于 $n(n+1)/2$ 的多项式 $S_m(n)$ 的简单公式，见参考文献[222].）

于是 $S_m(1) = 0$. 如果把多项式 $S_m(n)$ 写成分解的形式，它总有因子 n 和 $n-1$ ，因为它有根 0 和 1. 一般来说， $S_m(n)$ 是一个 $m+1$ 次多项式，且首项为 $\frac{1}{m+1} n^{m+1}$. 此外，我们可以在（6.97）中取 $n = \frac{1}{2}$ ，由此推出 $S_m\left(\frac{1}{2}\right) = (-1)^{m+1} S_m\left(\frac{1}{2}\right)$. 如果 m 是偶数，这就给出了 $S_m\left(\frac{1}{2}\right) = 0$ ，故而 $\left(n - \frac{1}{2}\right)$ 是另一个因子. 这些观察到的事实就解释了为什么在第 2 章里我们会发现简单的分解式

$$S_2(n) = \frac{1}{3} n \left(n - \frac{1}{2}\right)(n-1).$$

我们本来就可以利用这种推理导出 $S_2(n)$ 的值，而无需对它计算！此外（6.97）意味着：含有剩下来的因子的多项式 $\hat{S}_m(n) = S_m(n) / \left(n - \frac{1}{2}\right)$ 总是满足

$$\hat{S}_m(1-n) = \hat{S}_m(n) ， \quad m \text{ 是偶数且 } m > 0.$$

由此推出， $S_m(n)$ 总可以写成分解的形式

$$S_m(n) = \begin{cases} \dfrac{1}{m+1} \displaystyle\prod_{k=1}^{\lceil m/2 \rceil} \left(n - \frac{1}{2} - \alpha_k\right)\left(n - \frac{1}{2} + \alpha_k\right) ， & m \text{ 是奇数；} \\[3ex] \dfrac{\left(n - \frac{1}{2}\right)}{m+1} \displaystyle\prod_{k=1}^{m/2} \left(n - \frac{1}{2} - \alpha_k\right)\left(n - \frac{1}{2} + \alpha_k\right) ， & m \text{ 是偶数。} \end{cases}\qquad(6.98)$$

这里 $\alpha_1 = \frac{1}{2}$ ，而 $\alpha_2, \cdots, \alpha_{\lceil m/2 \rceil}$ 是适当的复数，它们的值与 m 有关. 例如，

$$S_3(n) = n^2 (n-1)^2 / 4 ;$$
$$S_4(n) = n\left(n - \frac{1}{2}\right)(n-1)\left(n - \frac{1}{2} + \sqrt{7/12}\right)\left(n - \frac{1}{2} - \sqrt{7/12}\right) / 5 ;$$
$$S_5(n) = n^2 (n-1)^2 \left(n - \frac{1}{2} + \sqrt{3/4}\right)\left(n - \frac{1}{2} - \sqrt{3/4}\right) / 6 ;$$
$$S_6(n) = n\left(n - \frac{1}{2}\right)(n-1)\left(n - \frac{1}{2} + \alpha\right)\left(n - \frac{1}{2} - \alpha\right)\left(n - \frac{1}{2} + \bar{\alpha}\right)\left(n - \frac{1}{2} - \bar{\alpha}\right) / 7 ,$$

其中 $\alpha = 2^{-3/2} 3^{-1/4} \left(\sqrt{\sqrt{31} + \sqrt{27}} + \mathrm{i}\sqrt{\sqrt{31} - \sqrt{27}}\right)$.

如果 m 是奇数且大于 1，我们就有 $B_m = 0$ ，于是 $S_m(n)$ 可以被 n^2 （也被 $(n-1)^2$ ）整除. 反之， $S_m(n)$ 的根似乎并不服从这一简单的规则.

↓跳过部分到此结束.

我们通过观察伯努利数与斯特林数的关系来结束对伯努利数的研究. 计算 $S_m(n)$ 的一种

方法是将通常幂改变成下降幂，因为下降幂的和式较为容易. 解决了那些容易的和式之后，我们就能返回到通常幂：

$$S_m(n) = \sum_{k=0}^{n-1} k^m = \sum_{k=0}^{n-1}\sum_{j\geq 0} \begin{Bmatrix} m \\ j \end{Bmatrix} k^{\underline{j}} = \sum_{j\geq 0} \begin{Bmatrix} m \\ j \end{Bmatrix} \sum_{k=0}^{n-1} k^{\underline{j}}$$

$$= \sum_{j\geq 0} \begin{Bmatrix} m \\ j \end{Bmatrix} \frac{n^{\underline{j+1}}}{j+1}$$

$$= \sum_{j\geq 0} \begin{Bmatrix} m \\ j \end{Bmatrix} \frac{1}{j+1} \sum_{k\geq 0} (-1)^{j+1-k} \begin{bmatrix} j+1 \\ k \end{bmatrix} n^k.$$

于是，令它们与（6.78）中的那些系数相等，我们就必定有恒等式

$$\sum_{j\geq 0} \begin{Bmatrix} m \\ j \end{Bmatrix} \begin{bmatrix} j+1 \\ k \end{bmatrix} \frac{(-1)^{j+1-k}}{j+1} = \frac{1}{m+1}\binom{m+1}{k} B_{m+1-k}, \quad k>0. \tag{6.99}$$

直接证明这个关系式可能会更好一些，由此可以用一种新的方式发现伯努利数. 但是，对于如何用归纳法证明（6.99）左边的和式是一个常数乘以 $m^{\underline{k-1}}$，表6-3或者表6-4中的恒等式并未给出任何明显的提示. 如果 $k=m+1$，左边的和式正好是 $\begin{Bmatrix} m \\ m \end{Bmatrix}\begin{bmatrix} m+1 \\ m+1 \end{bmatrix}/(m+1) = 1/(m+1)$，所以这种情况容易解决. 而如果 $k=m$，则左边的和式就是 $\begin{Bmatrix} m \\ m-1 \end{Bmatrix}\begin{bmatrix} m \\ m \end{bmatrix} m^{-1} - \begin{Bmatrix} m \\ m \end{Bmatrix}\begin{bmatrix} m+1 \\ m \end{bmatrix}$

$(m+1)^{-1} = \frac{1}{2}(m-1) - \frac{1}{2}m = -\frac{1}{2}$，此情形也非常容易. 但是如果 $k<m$，左边的和式看起来困难多了. 如果伯努利当初走的是这条路，那他有可能不会发现这些数.

我们可以做的一件事是用 $\begin{Bmatrix} m+1 \\ j+1 \end{Bmatrix} - (j+1)\begin{Bmatrix} m \\ j+1 \end{Bmatrix}$ 代替 $\begin{Bmatrix} m \\ j \end{Bmatrix}$. $(j+1)$ 正好和难以处理的分母抵消，左边就变成

$$\sum_{j\geq 0} \begin{Bmatrix} m+1 \\ j+1 \end{Bmatrix} \begin{bmatrix} j+1 \\ k \end{bmatrix} \frac{(-1)^{j+1-k}}{j+1} - \sum_{j\geq 0} \begin{Bmatrix} m \\ j+1 \end{Bmatrix} \begin{bmatrix} j+1 \\ k \end{bmatrix} (-1)^{j+1-k}.$$

当 $k<m$ 时，根据（6.31）知第二个和式是零. 这就剩下第一个和式，它急需改变记号. 我们来重新命名变量，使得求和指标是 k，而其他的参数是 m 和 n. 这样恒等式（6.99）就等价于

$$\sum_k \begin{Bmatrix} n \\ k \end{Bmatrix} \begin{bmatrix} k \\ m \end{bmatrix} \frac{(-1)^{k-m}}{k} = \frac{1}{n}\binom{n}{m} B_{n-m} + [m=n-1], \quad m>0. \tag{6.100}$$

好的，我们得到了某种看起来更合适的东西，尽管表6-4对下一步如何进行依然不能给出任何明确的建议.

表6-8中的卷积公式现在向我们伸出了援手. 我们可以利用（6.53）和（6.52）以斯特林多项式改写求和项：

$$\begin{Bmatrix} n \\ k \end{Bmatrix}\begin{bmatrix} k \\ m \end{bmatrix} = (-1)^{n-k+1}\,\frac{n!}{(k-1)!}\,\sigma_{n-k}(-k)\cdot\frac{k!}{(m-1)!}\,\sigma_{k-m}(k)\;;$$

$$\begin{Bmatrix} n \\ k \end{Bmatrix}\begin{bmatrix} k \\ m \end{bmatrix}\frac{(-1)^{k-m}}{k} = (-1)^{n+1-m}\,\frac{n!}{(m-1)!}\,\sigma_{n-k}(-k)\sigma_{k-m}(k)\,.$$

情况好转，（6.50）中的卷积对 $t=1$ 给出

$$\sum_{k=0}^{n}\sigma_{n-k}(-k)\sigma_{k-m}(k) = \sum_{k=0}^{n-m}\sigma_{n-m-k}\big(-n+(n-m-k)\big)\sigma_{k}(m+k)$$

$$= \frac{m-n}{(m)(-n)}\sigma_{n-m}\big(m-n+(n-m)\big)\,.$$

公式（6.100）现在得到了验证，且我们发现伯努利数与斯特林多项式中的常数项有关：

$$\frac{B_m}{m!} = -m\sigma_m(0)\,. \tag{6.101}$$

↓ 略读部分到此结束.

6.6   斐波那契数   FIBONACCI NUMBERS

现在我们要研究一个最讨人喜欢的特殊数列：斐波那契数列 $\langle F_n \rangle$：

290

n	0	1	2	3	4	5	6	7	8	9	10	11	12	13	14
F_n	0	1	1	2	3	5	8	13	21	34	55	89	144	233	377

与调和数以及伯努利数不同，斐波那契数是很简单的整数. 它们由递归式

$$F_0 = 0\,,$$
$$F_1 = 1\,, \tag{6.102}$$
$$F_n = F_{n-1}+F_{n-2}\,, \quad n>1$$

定义. 这一规则的简单性（它是每个数都依赖于前面两个数的最简单的递归式）使得斐波那契数在相当广泛的情形中出现.

"蜜蜂树"提供了一个很好的例子，它说明斐波那契数可以怎样自然地出现. 我们考虑一只雄蜂的家谱. 每只雄蜂（也称为公蜂）是由一只雌蜂（也称为蜂后）无性繁殖出来的，然而每一只雌蜂有两个父辈，一雄一雌. 树的前面几层如下：

这个例子的回归自然的特征令人震惊. 这本书应该被禁止.

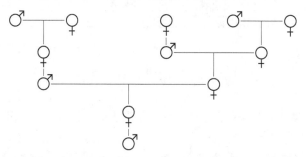

公蜂有一位祖父和一位祖母，有一位曾祖父和两位曾祖母，有两位高祖父和三位高祖母[1]. 一

---

[1] 为了与后面的一般情形的定义相适应，这里可以将祖父祖母改称为0代祖父和0代祖母，将曾祖父和曾祖母改称为1代祖父和1代祖母，将高祖父和高祖母改称为2代祖父和2代祖母，等等.

般来说，用归纳法容易看出，它恰好有 F_{n+1} 位 n 代祖父和 F_{n+2} 位 n 代祖母.

嗯，叶序学. 就是对出租车的热爱[①].

斐波那契数常在自然界中发现，似乎是由于与蜜蜂树法则相类似的原因. 例如，一个典型的向日葵有一个很大的伞盖，它包含了螺旋般紧密挤在一起的小花，通常朝一个方向有34个螺旋，而朝另一个方向有55个. 较小的伞盖则有21个和34个，或者13个和21个. 一个有89个和144个螺旋的巨形伞盖曾在英国展览过. 类似的模式还在某些种类的松果中出现过.

这里有一个不同特征的例子[277]：假设把两片窗玻璃背靠背地放在一起，有多少种方法 a_n 使得光线在改变了 n 次方向之后可以透过来或者被反射回去? 前几种情形如下： 291

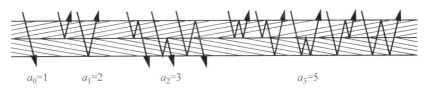

$$a_0=1 \qquad a_1=2 \qquad a_2=3 \qquad a_3=5$$

当 n 是偶数时，我们有偶数个反弹，且光线从玻璃穿透过去；而当 n 是奇数时，光线被反射并重新出现在原先进入的同一侧. 这些 a_n 似乎就是斐波那契数，对上图稍作凝视即可知道理由：对 $n \geqslant 2$，n 次反弹的光线或者是做第一次反弹离开对立面并继续以 a_{n-1} 种方式运行，或者首先反弹离开中间的面然后再次反弹回来，并以 a_{n-2} 种方式运行到结束. 这样我们就有斐波那契递归式 $a_n = a_{n-1} + a_{n-2}$. 其初始条件是不同的，但也不是非常不同，因为我们有 $a_0 = 1 = F_2$ 以及 $a_1 = 2 = F_3$，于是每一项都简单平移了两位，且有 $a_n = F_{n+2}$.

列奥纳多·斐波那契于1202年引入了这些数，数学家们则逐渐开始发现有关它们的越来越有意思的东西. 爱德华·卢卡斯，这位在第1章里讨论河内塔智力问题的创立者，在19世纪后半叶极其深入地研究了斐波那契数（事实上正是卢卡斯使得"斐波那契数"这一名称广为人知）. 他发现的一个惊人结果是，用斐波那契数的性质证明了39位的梅森数 $2^{127}-1$ 是素数.

"斐波那契数列具有众多有趣的性质."
——卢卡斯[259]

意大利天文学家G. D. 卡西尼[51]于1680年首先发表的关于斐波那契数的一个最古老的定理是恒等式

$$F_{n+1}F_{n-1} - F_n^2 = (-1)^n, \quad n > 0. \tag{6.103}$$

例如，当 $n = 6$ 时，卡西尼的恒等式正确地断言了 $13 \times 5 - 8^2$ 等于1.（约翰内斯·开普勒在1608年就已经知道了这个规律[202].）

一个包含了形如 $F_{n\pm k}$（对于 k 的较小值）的斐波那契数的多项式公式可以变换成一个只包含 F_n 和 F_{n+1} 的公式，因为我们可以通过法则

$$F_m = F_{m+2} - F_{m+1} \tag{6.104}$$

来用更高次的斐波那契数表示 F_m（当 $m < n$ 时），且可以通过

$$F_m = F_{m-2} + F_{m-1} \tag{6.105}$$

来用较低次的斐波那契数代替 F_m（当 $m > n+1$ 时）. 例如，我们可以在（6.103）中用 $F_{n+1} - F_n$ 292 代替 F_{n-1}，从而得到形如

$$F_{n+1}^2 - F_{n+1}F_n - F_n^2 = (-1)^n. \tag{6.106}$$

---

① phyllotaxis（叶序学）是philo（爱）+taxis（出租车）.

的卡西尼恒等式. 此外，当用 $n+1$ 来代替 n 时，卡西尼恒等式就变成

$$F_{n+2}F_n - F_{n+1}^2 = (-1)^{n+1},$$

这与 $(F_{n+1}+F_n)F_n - F_{n+1}^2 = (-1)^{n+1}$ 是相同的，而后者与（6.106）相同. 因此卡西尼 (n) 为真当且仅当卡西尼 $(n+1)$ 为真，于是根据归纳法，方程（6.103）对所有 n 都成立.

卡西尼恒等式是一个几何悖论的基础，这一悖论则是刘易斯·卡罗尔最喜爱的难题之一[63]、[319]、[364]. 其想法是取一个棋盘并将它切成四块，然后再将这些碎片重新组装成一个矩形：

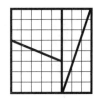 

瞬间惊变：原来的 $8 \times 8 = 64$ 个单位正方形的面积，经过重新安排得到 $5 \times 13 = 65$ 个单位正方形！类似的构造是将任意一个 $F_n \times F_n$ 正方形利用 F_{n+1}、F_n、F_{n-1} 和 F_{n-2} 作为长度分成四块，如图示所给长度分别为 13、8、5 和 3 那样. 结果得到一个 $F_{n-1} \times F_{n+1}$ 矩形，根据（6.103），于是就多出一个或者少掉一个单位正方形，这要根据 n 是偶数还是奇数来决定.

这一悖论的解释是
因为……好吧，魔术
是不该被揭密的.

严格地说，除非 $m \geqslant 2$，否则不可能应用化简公式（6.105），因为我们没有对取负值的 n 定义过 F_n. 如果我们取消掉这个边界条件并利用（6.104）和（6.105）对负指标定义了斐波那契数，那么许多问题的处理就变得更加容易. 例如，事实表明 F_{-1} 应该就是 $F_1 - F_0 = 1$，那么 F_{-2} 就是 $F_0 - F_{-1} = -1$. 按此方法我们得到如下的值

n	0	-1	-2	-3	-4	-5	-6	-7	-8	-9	-10	-11
F_n	0	1	-1	2	-3	5	-8	13	-21	34	-55	89

且（由归纳法）很快就清楚有

$$F_{-n} = (-1)^{n-1} F_n, \quad n \text{ 是整数}. \qquad (6.107)$$

当我们用这种方式推广斐波那契数列时，卡西尼恒等式（6.103）对所有整数 n 都成立，而不仅仅对 $n > 0$ 为真.

用（6.105）以及（6.104）可以将 $F_{n \pm k}$ 转化为 F_n 与 F_{n+1} 的组合，通过这一过程引导出一系列公式

$$
\begin{aligned}
F_{n+2} &= F_{n+1} + F_n & F_{n-1} &= F_{n+1} - F_n \\
F_{n+3} &= 2F_{n+1} + F_n & F_{n-2} &= -F_{n+1} + 2F_n \\
F_{n+4} &= 3F_{n+1} + 2F_n & F_{n-3} &= 2F_{n+1} - 3F_n \\
F_{n+5} &= 5F_{n+1} + 3F_n & F_{n-4} &= -3F_{n+1} + 5F_n,
\end{aligned}
$$

其中另一种模式变得明显可见：

$$F_{n+k} = F_k F_{n+1} + F_{k-1} F_n. \qquad (6.108)$$

这个恒等式容易用归纳法证明，它对所有整数 k 和 n（正的、负的以及零）都成立.

如果我们在（6.108）中取 $k = n$，就发现有

$$F_{2n} = F_n F_{n+1} + F_{n-1} F_n \,, \tag{6.109}$$

从而 F_{2n} 是 F_n 的倍数. 类似地有

$$F_{3n} = F_{2n} F_{n+1} + F_{2n-1} F_n \,,$$

而且我们可以断言, F_{3n} 也是 F_n 的倍数. 根据归纳法可知, 对所有整数 k 和 n,

$$F_{kn} \text{ 都是 } F_n \text{ 的倍数.} \tag{6.110}$$

例如, 这就解释了为什么 F_{15} (它等于610) 既是 F_3 的倍数又是 F_5 的倍数 (它们分别等于2和5). 事实上, 甚至还有更多的结论为真, 习题27证明了

$$\gcd(F_m, F_n) = F_{\gcd(m,n)} \,. \tag{6.111}$$

例如, $\gcd(F_{12}, F_{18}) = \gcd(144, 2584) = 8 = F_6$.

现在我们可以来证明 (6.110) 的逆命题了: 如果 $n > 2$ 且 F_m 是 F_n 的倍数, 那么 m 是 n 的倍数. 因为如果 $F_n \backslash F_m$, 那么 $F_n \backslash \gcd(F_m, F_n) = F_{\gcd(m,n)} \leqslant F_n$. 这仅当 $F_{\gcd(m,n)} = F_n$ 时才有可能, 我们的假设 $n > 2$ 使得必定有 $\gcd(m, n) = n$. 故有 $n \backslash m$.

这些整除性想法的推广曾被尤里·马蒂亚舍维奇用在他那著名的证明[266]中: 不存在可以确定一个给定的整系数多变量多项式方程是否有整数解的算法. 马蒂亚舍维奇引理说的是, 如果 $n > 2$, 则斐波那契数 F_m 是 F_n^2 的倍数, 当且仅当 m 是 nF_n 的倍数.

我们通过对 $k = 1, 2, 3, \cdots$ 观察序列 $\langle F_{kn} \bmod F_n^2 \rangle$, 并研究何时有 $F_{kn} \bmod F_n^2 = 0$, 从而证明此结论. (我们知道, 如果 $F_m \bmod F_n = 0$, m 必定形如 kn .) 首先我们有 $F_n \bmod F_n^2 = F_n$, 这并不是零. 其次, 根据 (6.108) 有

$$F_{2n} = F_n F_{n+1} + F_{n-1} F_n \equiv 2 F_n F_{n+1} \pmod{F_n^2} \,,$$

因为 $F_{n+1} \equiv F_{n-1} \pmod{F_n}$. 类似地,

$$F_{2n+1} = F_{n+1}^2 + F_n^2 \equiv F_{n+1}^2 \pmod{F_n^2} \,.$$

这个同余式使得我们可以计算

$$\begin{aligned} F_{3n} &= F_{2n+1} F_n + F_{2n} F_{n-1} \\ &\equiv F_{n+1}^2 F_n + (2 F_n F_{n+1}) F_{n+1} = 3 F_{n+1}^2 F_n \pmod{F_n^2} \,; \\ F_{3n+1} &= F_{2n+1} F_{n+1} + F_{2n} F_n \\ &\equiv F_{n+1}^3 + (2 F_n F_{n+1}) F_n \equiv F_{n+1}^3 \pmod{F_n^2} \,. \end{aligned}$$

一般来说, 对 k 用归纳法会发现

$$F_{kn} \equiv k F_n F_{n+1}^{k-1} \text{ 和 } F_{kn+1} \equiv F_{n+1}^k \pmod{F_n^2} \,.$$

现在 F_{n+1} 与 F_n 互素, 所以

$$\begin{aligned} F_{kn} \equiv 0 \pmod{F_n^2} \quad &\Leftrightarrow \quad k F_n \equiv 0 \pmod{F_n^2} \\ &\Leftrightarrow \quad k \equiv 0 \pmod{F_n} \,. \end{aligned}$$

我们这就证明了马蒂亚舍维奇引理.

斐波那契数的一个最重要的性质是它们可以给出一种表示整数的特别方法. 我们记

$$j \gg k \Longleftrightarrow j \geqslant k+2 . \tag{6.112}$$

那么每个正整数都有唯一的表示形式

$$n = F_{k_1} + F_{k_2} + \cdots + F_{k_r} , \quad k_1 \gg k_2 \gg \cdots \gg k_r \gg 0 . \tag{6.113}$$

（这是Zeckendorf定理[246], [381].）例如, 计算表明, 100万的表示是

$$\begin{aligned}1\,000\,000 &= 832\,040 + 121\,393 + 46\,368 + 144 + 55 \\ &= \quad F_{30} \quad + \quad F_{26} \quad + \quad F_{24} \ + F_{12} + F_{10} .\end{aligned}$$

应用 "贪婪" 算法, 选取 F_{k_1} 是 $\leqslant n$ 的最大的斐波那契数, 然后选取 F_{k_2} 是 $\leqslant n - F_{k_1}$ 的最大的斐波那契数, 这样一直下去, 我们总可以求得这样的表达式.（更确切地说, 假设 $F_k \leqslant n < F_{k+1}$, 那么就有 $0 \leqslant n - F_k < F_{k+1} - F_k = F_{k-1}$. 如果 n 是一个斐波那契数,（6.113）就对 $r=1$ 以及 $k_1 = k$ 成立. 反之根据对 n 的归纳法, $n - F_k$ 就有一个斐波那契表示 $F_{k_2} + \cdots + F_{k_r}$. 如果我们令 $k_1 = k$,（6.113）就成立, 因为不等式 $F_{k_2} \leqslant n - F_k < F_{k-1}$ 蕴涵 $k \gg k_2$.）反过来, 任何一个形如（6.113）的表示都意味着

$$F_{k_1} \leqslant n < F_{k_1 + 1} ,$$

因为当 $k \gg k_2 \gg \cdots \gg k_r \gg 0$ 时 $F_{k_2} + \cdots + F_{k_r}$ 的可能的最大值是

$$F_{k-2} + F_{k-4} + \cdots + F_{k\,\mathrm{mod}\,2+2} = F_{k-1} - 1 , \quad \text{如果 } k \geqslant 2 . \tag{6.114}$$

（这个公式容易用关于 k 的归纳法加以证明, 当 k 为2或者3时, 左边是零.）于是, k_1 就是早先描述过的用贪婪算法选取的值, 而且该表示法必定是唯一的.

任何有唯一性的表示系统都是一个数系, 这样一来, Zeckendorf定理就引导出**斐波那契数系**. 我们可以将任何非负整数 n 用0和1的一个序列来表示, 记

$$n = (b_m b_{m-1} \cdots b_2)_F \Longleftrightarrow n = \sum_{k=2}^{m} b_k F_k . \tag{6.115}$$

这个数系有点像二进制（以2为底）记号, 除了这里从来不会出现连续两个1之外. 例如, 从1到20的数用斐波那契数系表示就是

$1 = (000001)_F$	$6 = (001001)_F$	$11 = (010100)_F$	$16 = (100100)_F$
$2 = (000010)_F$	$7 = (001010)_F$	$12 = (010101)_F$	$17 = (100101)_F$
$3 = (000100)_F$	$8 = (010000)_F$	$13 = (100000)_F$	$18 = (101000)_F$
$4 = (000101)_F$	$9 = (010001)_F$	$14 = (100001)_F$	$19 = (101001)_F$
$5 = (001000)_F$	$10 = (010010)_F$	$15 = (100010)_F$	$20 = (101010)_F .$

前面给出的100万的斐波那契表示可以与它的二进制表示 $2^{19} + 2^{18} + 2^{17} + 2^{16} + 2^{14} + 2^9 + 2^6$ 作比较:

$$\begin{aligned}(1\,000\,000)_{10} &= (10\,001\,010\,000\,000\,000\,010\,100\,000\,000)_F \\ &= (11\,110\,100\,001\,001\,000\,000)_2 .\end{aligned}$$

斐波那契表示法需要更多的位数, 因为不允许有接连出现的1, 但是这两个表示是类似的.

许多世纪以前, 经典梵文著作 Prākṛta Paiṅgala（约1320年）的不知名作者实际上知道这个表示形式.

295

在斐波那契数系中加1有两种情形. 如果"个位数字"是0, 我们就把它变成1, 那样就增加了 $F_2 = 1$, 因为个位数字就是 F_2. 反之, 两个最小的有意义的数字就是01, 我们将它改为10(这样就增加了 $F_3 - F_2 = 1$). 最后, 我们必须根据需要尽可能多地"进位", 将数字模式"011"改为"100", 直到没有两个相邻的1出现为止.(这一进位法则等价于用 F_{m+2} 代替 $F_{m+1} + F_m$.)例如, 从 $5 = (1000)_F$ 到 $6 = (1001)_F$, 或者从 $6 = (1001)_F$ 到 $7 = (1010)_F$ 不需要进位, 但是从 $7 = (1010)_F$ 到 $8 = (10000)_F$ 必须进位两次.

到目前为止, 我们讨论了斐波那契数的许多性质, 但是还没有触及它们的封闭形式. 对于斯特林数、欧拉数或者伯努利数, 我们也都没有找到封闭形式, 但是对调和数可以发现封闭形式 $H_n = \begin{bmatrix} n+1 \\ 2 \end{bmatrix} / n!$. 在 F_n 和其他已知的量之间有关系存在吗? 我们能否"解出"定义 F_n 的递归式?

答案是肯定的. 事实上, 利用我们在第5章简略讨论的**生成函数**这一思想, 可以有一个简单的方法求解这个递归式. 我们来考虑无穷级数

$$F(z) = F_0 + F_1 z + F_2 z^2 + \cdots = \sum_{n \geq 0} F_n z^n. \qquad (6.116)$$

如果能对 $F(z)$ 求得一个简单的公式, 就极有可能对它的系数 F_n 求得一个简单的公式.

在第7章里我们要集中力量详细讨论生成函数, 不过在这里解决这样一个相关的例子也是有助益的. 如果用 z 以及 z^2 来乘此幂级数并看看会发生什么, 我们就会发现幂级数 $F(z)$ 有很好的性质:

$$F(z) = F_0 + F_1 z + F_2 z^2 + F_3 z^3 + F_4 z^4 + F_5 z^5 + \cdots,$$
$$zF(z) = \quad\;\; F_0 z + F_1 z^2 + F_2 z^3 + F_3 z^4 + F_4 z^5 + \cdots,$$
$$z^2 F(z) = \qquad\qquad F_0 z^2 + F_1 z^3 + F_2 z^4 + F_3 z^5 + \cdots.$$

如果现在从第一个方程中减去后面两个方程, 那么根据斐波那契递归式, 含有 z^2、z^3 以及 z 的更高次幂的项都会消失. 此外, 常数项 F_0 实际上永远不会在第一个位置上出现, 因为 $F_0 = 0$. 于是, 在相减之后所剩下来的就是 $(F_1 - F_0)z$, 它恰好是 z. 换言之,

$$F(z) - zF(z) - z^2 F(z) = z,$$

对 $F(z)$ 求解就给出紧凑的公式

$$F(z) = \frac{z}{1 - z - z^2}. \qquad (6.117)$$

现在我们把斐波那契数列的所有信息都浓缩成为一个简单的(尽管不能辨识的)表达式 $z / (1 - z - z^2)$. 无论信与不信, 这总是个进步, 因为我们可以对分母分解因子, 然后利用部分分式来得到一个公式, 而这个公式容易展开成幂级数. 这个幂级数中的系数就是斐波那契数的封闭形式.

如果我们倒回去进行, 刚才概述的解决方案似乎可以更好理解一些. 如果我们有一个更加简单的生成函数, 比方说是 $1/(1 - \alpha z)$, 其中 α 是常数, 我们就知道 z 的所有幂的系数, 因为

"设 $1 + x + 2xx + 3x^3 + 5x^4 + 8x^5 + 13x^6 + 21x^7 + 34x^8$ 是1被三项式 $1 - x - xx$ 除出来的级数."
——棣莫弗[76]

"指出各项之间关系的量 r, s, t 与分数的分母中的那些量相同. 这一性质不论明显到什么程度, 棣莫弗先生都是利用它来求解有关无穷级数问题的第一人, 否则这些问题会十分困难."
——斯特林[343]

$$\frac{1}{1-\alpha z}=1+\alpha z+\alpha^2 z^2+\alpha^3 z^3+\cdots.$$

类似地，如果我们有一个形如 $A/(1-\alpha z)+B/(1-\beta z)$ 的生成函数，其系数就容易确定，因为

$$\frac{A}{1-\alpha z}+\frac{B}{1-\beta z}=A\sum_{n\geq 0}(\alpha z)^n+B\sum_{n\geq 0}(\beta z)^n$$
$$=\sum_{n\geq 0}(A\alpha^n+B\beta^n)z^n. \tag{6.118}$$

于是，我们所有要做的就是求常数 A、B、α 和 β，使得

$$\frac{A}{1-\alpha z}+\frac{B}{1-\beta z}=\frac{z}{1-z-z^2},$$

而我们将会找到 $F(z)$ 中 z^n 的系数 F_n 的一个封闭形式 $A\alpha^n+B\beta^n$. 其左边可以重新写成

$$\frac{A}{1-\alpha z}+\frac{B}{1-\beta z}=\frac{A-A\beta z+B-B\alpha z}{(1-\alpha z)(1-\beta z)},$$

故而我们要求的四个常数是两个多项式方程

$$(1-\alpha z)(1-\beta z)=1-z-z^2, \tag{6.119}$$
$$(A+B)-(A\beta+B\alpha)z=z \tag{6.120}$$

的解. 我们希望将 $F(z)$ 的分母分解成 $(1-\alpha z)(1-\beta z)$ 的形式，然后就能将 $F(z)$ 表示成为两个分数之和，其中的因子 $(1-\alpha z)$ 和 $(1-\beta z)$ 可以很方便地相互分离开来.

注意到（6.119）中分母的因子写成了 $(1-\alpha z)(1-\beta z)$ 的形式，而不是更常用的 $c(z-\rho_1)(z-\rho_2)$ 的形式，其中 ρ_1 和 ρ_2 是根. 其原因在于，$(1-\alpha z)(1-\beta z)$ 更适于展开成幂级数.

我们可以用几种方法求出 α 和 β. 一种方法是要用到一种娴熟的技巧：引入一个新的变量 w，并试求因子分解

$$w^2-wz-z^2=(w-\alpha z)(w-\beta z).$$

然后直接取 $w=1$ 就得到 $1-z-z^2$ 的因子. $w^2-wz-z^2=0$ 的根可以由二次求根公式得到，它们是

$$\frac{z\pm\sqrt{z^2+4z^2}}{2}=\frac{1\pm\sqrt 5}{2}z.$$

这样一来就有

$$w^2-wz-z^2=\left(w-\frac{1+\sqrt 5}{2}z\right)\left(w-\frac{1-\sqrt 5}{2}z\right),$$

我们就得到了所求的常数 α 和 β.

数 $(1+\sqrt 5)/2\approx 1.618\,03$ 不但在数学的许多领域中很重要，在艺术界也有其重要性，自古以来就被视为是许多种类的设计中最令人愉悦的比例. 因而它有一个特别的名称：**黄金分割比例**（golden ratio）. 我们用希腊字母 ϕ 来记它，以纪念菲狄亚斯，据说他曾在自己的雕塑

作者通常都无法抵御技巧的诱惑.

根据欧洲学者的大范围实际观察[136]，人的身高与其肚脐的高度之比接近1.618.

中有意识地用到过这个比例. 另一个根 $(1-\sqrt{5})/2 = -1/\phi \approx -0.618\,03$ 也有 ϕ 的许多性质, 所以它也有一个特殊的名字 $\hat{\phi}$, 即 "ϕ 帽子"(phi hat). 这些数是方程 $w^2 - w - 1 = 0$ 的根, 故而我们有

$$\phi^2 = \phi + 1; \quad \hat{\phi}^2 = \hat{\phi} + 1. \qquad (6.121)$$

(更多有关 ϕ 和 $\hat{\phi}$ 的内容以后再述.)

我们已经找到了 (6.119) 中所需要的常数 $\alpha = \phi$ 和 $\beta = \hat{\phi}$, 现在只需要求 (6.120) 中的 A 和 B. 在该方程中取 $z = 0$ 就有 $B = -A$, 所以 (6.120) 就化简为

$$-\hat{\phi}A + \phi A = 1.$$

其解为 $A = 1/(\phi - \hat{\phi}) = 1/\sqrt{5}$, 于是 (6.117) 的部分分式展开就是

$$F(z) = \frac{1}{\sqrt{5}}\left(\frac{1}{1 - \phi z} - \frac{1}{1 - \hat{\phi} z}\right). \qquad (6.122)$$

好的, 我们恰好在需要的地方得到了 $F(z)$. 将此分数如在 (6.118) 中那样展开成幂级数就给出 z^n 的系数的封闭形式

$$F_n = \frac{1}{\sqrt{5}}(\phi^n - \hat{\phi}^n). \qquad (6.123)$$

(这个公式是由丹尼尔·伯努利在1728年首先发表的, 但是人们把它忘记了, 直到1843年它又被雅克·比奈[31]重新发现.)

在惊叹这一推导之前, 我们应该来检查一下它的准确性. 对 $n = 0$, 公式正确地给出 $F_0 = 0$; 对 $n = 1$, 它给出 $F_1 = (\phi - \hat{\phi})/\sqrt{5}$, 的确是1. 对于更高的幂, 等式 (6.121) 表明, 由 (6.123) 所定义的这些数满足斐波那契递归式, 故而根据归纳法它们必定是斐波那契数. (我们也可以将 ϕ^n 以及 $\hat{\phi}^n$ 用二项式定理展开, 并努力寻求 $\sqrt{5}$ 的各种幂, 但是那会带来极大的混乱. 封闭形式的关键点在于不必提供很快的计算方法, 而是要告诉我们 F_n 与数学中其他量是如何联系的.)

只需一点洞察力就能直接猜到公式 (6.123) 并用归纳法证明它. 生成函数法是发现它的强有力方法, 在第7章里我们将会看到同样的方法引导我们去求解更为困难的递归式. 附带说说, 我们从不担心在 (6.123) 的推导过程中出现的无限和式是否收敛, 容易看出对幂级数系数所做的大多数运算都可以严格证明其合法性, 而不论这些和式是否收敛[182]. 还有, 怀疑在无限和式的推理中有错误的读者可以从方程 (6.123) 中得到宽慰, 一旦利用无穷级数得到, 就能用坚实的归纳证明予以验证.

(6.123) 的一个有趣的推论是: 当 n 很大时, 整数 F_n 非常接近于无理数 $\phi^n/\sqrt{5}$. (由于 $\hat{\phi}$ 的绝对值小于1, $\hat{\phi}^n$ 就按照指数速度变小, 它的作用几乎可以忽略不计.) 例如, $F_{10} = 55$ 和 $F_{11} = 89$ 非常接近于

$$\frac{\phi^{10}}{\sqrt{5}} \approx 55.003\,64 \quad \text{和} \quad \frac{\phi^{11}}{\sqrt{5}} \approx 88.997\,75.$$

我们可以用观察到的这一事实来推导出另一个封闭形式

$$F_n = \left\lfloor \frac{\phi^n}{\sqrt{5}} + \frac{1}{2} \right\rfloor = \frac{\phi^n}{\sqrt{5}} \text{舍入到最接近的整数,} \tag{6.124}$$

因为对所有 $n \geq 0$ 有 $\left| \hat{\phi}^n / \sqrt{5} \right| < \dfrac{1}{2}$. 当 n 为偶数时, F_n 比 $\phi^n / \sqrt{5}$ 要小一点点, 反之则比它大一点点.

卡西尼恒等式(6.103)可以改写成

$$\frac{F_{n+1}}{F_n} - \frac{F_n}{F_{n-1}} = \frac{(-1)^n}{F_{n-1} F_n}.$$

当 n 很大时, $1 / F_{n-1} F_n$ 非常小, 所以 F_{n+1} / F_n 必定非常接近于与 F_n / F_{n-1} 接近的同一个数. 而 (6.124)则告诉我们, 这个比值接近于 ϕ. 事实上我们有

[300]

$$F_{n+1} = \phi F_n + \hat{\phi}^n. \tag{6.125}$$

(当 $n = 0$ 或者 $n = 1$ 时, 通过观察可知这个恒等式为真, 由归纳法可证它对 $n > 1$ 为真, 我们也可以代入(6.123)中来直接证明.)比值 F_{n+1} / F_n 很接近于 ϕ, F_{n+1} / F_n 交替地比它大和比它小.

巧合的是, ϕ 也非常接近于1英里换算成千米的数(这个数的精确值是1.609 344, 因为1英寸正好是2.54厘米). 这给了我们一个很方便的方法来换算千米与英里, 因为 F_{n+1} 千米的距离是(非常接近于) F_n 英里的距离.

假设我们想要把一个非斐波那契数从千米换算成英里, 比如30千米, 美国人的风格? 这很容易: 我们只需要利用斐波那契数系, 并在脑子里用早先解释过的贪婪算法将30转化成它的斐波那契表示21+8+1. 现在我们可以将每一个数下移一档, 得到13+5+1. (由于在(6.113)中 $k_r \gg 0$, 所以原先的"1"是 F_2, 而新的"1"则是 F_1.)下移大体上相当于被 ϕ 除. 因此我们的估计值就是19英里. (这已经很接近了, 准确的答案是大约18.64英里.)类似地, 从英里转换成千米可以向上移动一档, 30英里近似等于34+13+2=49千米. (这还不非常接近, 准确的数值是大约48.28.)

事实表明, 除了情形 $n = 4, 12, 54, 62, 75, 83, 91, 96$ 和99之外, 这种下移规则对所有 $n \leq 100$ 的每 n 千米都正确地给出了用整数表示的英里数, 而在例外的情形下, 其数值比准确值小不过2/3英里. 而上移规则也对所有 $n \leq 113$ 的 n 英里数都正确地给出用整数表示的千米数, 相差不过1千米. (仅有的真正令人为难的情形是 $n = 4$, 此时对 $n = 3 + 1$ 的两个单独的舍入误差都取相同的走向, 而不是相互抵消.)

如果美国也曾经采用米进制, 我们的速度限制标志就会从每小时55英里变成每小时89千米. 或许高速公路管理人员会慷慨地让我们跑到90千米.

"下移规则"将 n 改变为 $f(n/\phi)$, 而"上移规则"则将 n 改变为 $f(n/\phi)$, 其中 $f(x) = \lfloor x + \phi^{-1} \rfloor$.

6.7   连项式   CONTINUANTS

斐波那契数与第4章里研究的Stern-Brocot树有重要的联系, 而且它们对欧拉深入研究过的一种多项式序列有重要的推广. 这些多项式称为**连项式**(continuant), 因为它们是研究形如

$$a_0 + \cfrac{1}{a_1 + \cfrac{1}{a_2 + \cfrac{1}{a_3 + \cfrac{1}{a_4 + \cfrac{1}{a_5 + \cfrac{1}{a_6 + \cfrac{1}{a_7}}}}}}} \qquad (6.126)$$

301

的连分数的要件. 连项式多项式 $K_n(x_1, x_2, \cdots, x_n)$ 有 n 个参数, 且它由如下的递归式定义:

$$\begin{aligned} & K_0(\ ) = 1; \\ & K_1(x_1) = x_1; \\ & K_n(x_1, \cdots, x_n) = K_{n-1}(x_1, \cdots, x_{n-1})x_n + K_{n-2}(x_1, \cdots, x_{n-2}). \end{aligned} \qquad (6.127)$$

例如, $K_1(x_1)$ 后面的三种情形是

$$\begin{aligned} & K_2(x_1, x_2) = x_1x_2 + 1; \\ & K_3(x_1, x_2, x_3) = x_1x_2x_3 + x_1 + x_3; \\ & K_4(x_1, x_2, x_3, x_4) = x_1x_2x_3x_4 + x_1x_2 + x_1x_4 + x_3x_4 + 1. \end{aligned}$$

用归纳法容易看出, 其项数是一个斐波那契数:

$$K_n(1, 1, \cdots, 1) = F_{n+1}. \qquad (6.128)$$

当参数的个数隐含在上下文中时, 我们可以简单地用 "K" 代替 "K_n", 正如在用第5章的超几何函数 F 时可以省略参数的个数. 例如, $K(x_1, x_2) = K_2(x_1, x_2) = x_1x_2 + 1$. 在 (6.128) 这样的公式里, 下标 n 自然是必要的.

欧拉[112]注意到, 可以从乘积 $x_1x_2 \cdots x_n$ 出发然后用所有可能的方式去掉相连的数对 x_kx_{k+1}, 从而得到 $K(x_1, x_2, \cdots, x_n)$. 我们可以通过构造由点和划组成的长度为 n 的所有 "摩尔斯码" 序列来形象表示出欧拉的规则, 其中每个点对长度贡献1, 而每一划对长度贡献2; 这里是一个长度为4的 "摩尔斯码" 序列:

$$\cdots\cdots \quad \cdots\!— \quad \cdot—\cdot \quad —\cdot\cdot \quad —— $$

这些点-划模式与 $K(x_1, x_2, x_3, x_4)$ 的项相对应: 一点表示它所包含的一个变量, 而一划表示被排除在外的一对变量. 例如, $\cdot—$ 对应于 x_1x_4.

一个长度为 n 的摩尔斯码序列有 k 个划、$n - 2k$ 个点, 总共有 $n - k$ 个符号. 这些点和划可以用 $\binom{n-k}{k}$ 种方式予以排列. 于是, 如果用 z 代替每一个点, 而用1代替每一划, 就得到

$$K_n(z, z, \cdots, z) = \sum_{k=0}^{n} \binom{n-k}{k} z^{n-2k}. \qquad (6.129)$$

302

我们也知道在一个连项式中项的总数是一个斐波那契数，故而有恒等式

$$F_{n+1} = \sum_{k=0}^{n} \binom{n-k}{k}. \tag{6.130}$$

（（6.129）的封闭形式出现在（5.74）中，它推广了关于斐波那契数的欧拉–比奈公式（6.123）.）

连项式多项式与摩尔斯码序列之间的关系表明，连项式有镜面对称性：

$$K(x_n, \cdots, x_2, x_1) = K(x_1, x_2, \cdots, x_n). \tag{6.131}$$

于是它们除了服从定义（6.127）中改变右边参数的递归式之外，还服从改变左边参数的递归式：

$$K_n(x_1, \cdots, x_n) = x_1 K_{n-1}(x_2, \cdots, x_n) + K_{n-2}(x_3, \cdots, x_n). \tag{6.132}$$

这两个递归式都是更一般规律的特殊情形：

$$\begin{aligned}
K_{m+n}&(x_1, \cdots, x_m, x_{m+1}, \cdots, x_{m+n}) \\
&= K_m(x_1, \cdots, x_m) K_n(x_{m+1}, \cdots, x_{m+n}) \\
&\quad + K_{m-1}(x_1, \cdots, x_{m-1}) K_{n-1}(x_{m+2}, \cdots, x_{m+n}).
\end{aligned} \tag{6.133}$$

从摩尔斯码的类比看这个法则容易理解：第一个乘积 $K_m K_n$ 得到 K_{m+n} 项，其中在位置 $[m, m+1]$ 没有划，而第二个乘积得到的项中在该处有一划. 如果我们取所有的 x 等于 1，这个恒等式就告诉我们 $F_{m+n+1} = F_{m+1}F_{n+1} + F_m F_n$，从而，（6.108）是（6.133）的特例.

欧拉[112]发现了连项式甚至还服从一个更为惊人的规则，这个规则推广了卡西尼恒等式：

$$\begin{aligned}
K_{m+n}&(x_1, \cdots, x_{m+n}) K_k(x_{m+1}, \cdots, x_{m+k}) \\
&= K_{m+k}(x_1, \cdots, x_{m+k}) K_n(x_{m+1}, \cdots, x_{m+n}) \\
&\quad + (-1)^k K_{m-1}(x_1, \cdots, x_{m-1}) K_{n-k-1}(x_{m+k+2}, \cdots, x_{m+n}).
\end{aligned} \tag{6.134}$$

这个法则（其证明在习题29中）只要当 K 的下标全为非负时就成立. 例如，当 $k=2$，$m=1$ 以及 $n=3$ 时，我们有

$$K(x_1, x_2, x_3, x_4) K(x_2, x_3) = K(x_1, x_2, x_3) K(x_2, x_3, x_4) + 1.$$

连项式多项式与欧几里得算法有密切的联系. 例如，假设 $\gcd(m,n)$ 的计算经四步后

结束：

$$\begin{aligned}
\gcd(m, n) &= \gcd(n_0, \ n_1) & n_0 &= m, & n_1 &= n; \\
&= \gcd(n_1, \ n_2) & n_2 &= n_0 \bmod n_1 = n_0 - q_1 n_1; \\
&= \gcd(n_2, \ n_3) & n_3 &= n_1 \bmod n_2 = n_1 - q_2 n_2; \\
&= \gcd(n_3, \ n_4) & n_4 &= n_2 \bmod n_3 = n_2 - q_3 n_3; \\
&= \gcd(n_4, \ 0) = n_4 & 0 &= n_3 \bmod n_4 = n_3 - q_4 n_4.
\end{aligned}$$

那么就有

$$
\begin{aligned}
n_4 &= n_4 & &= K(\,)n_4; \\
n_3 &= q_4 n_4 & &= K(q_4)\, n_4; \\
n_2 &= q_3 n_3 + n_4 & &= K(q_3,\ q_4)\, n_4; \\
n_1 &= q_2 n_2 + n_3 & &= K(q_2,\ q_3,\ q_4)\, n_4; \\
n_0 &= q_1 n_1 + n_2 & &= K(q_1,\ q_2,\ q_3,\ q_4)\, n_4.
\end{aligned}
$$

一般来说，如果欧几里得算法在 k 步后就求得最大公约数 d，在计算商的序列 $q_1, \cdots, q_k$ 之后，初始数就是 $K(q_1, q_2, \cdots, q_k)d$ 和 $K(q_2, \cdots, q_k)d$．（汤玛斯·芬特·列格尼[232]早在18世纪就注意到了这个事实，他似乎是公开研究连项式的第一人．列格尼指出，当诸 q 均取它们的最小值时，作为连项式出现的相连的斐波那契数就是使得欧几里得算法达到给定步数的最小输入值．）

连项式（continuant）与连分数（continued fraction）也有紧密的联系，连项式的名字就来自连分数．例如，我们有

$$
a_0 + \cfrac{1}{a_1 + \cfrac{1}{a_2 + \cfrac{1}{a_3}}} = \frac{K(a_0, a_1, a_2, a_3)}{K(a_1, a_2, a_3)}. \tag{6.135}
$$

同样的模式对任何高度的连分数都成立．例如，用归纳法容易证明

$$
\frac{K(a_0, a_1, a_2, a_3 + 1/a_4)}{K(a_1, a_2, a_3 + 1/a_4)} = \frac{K(a_0, a_1, a_2, a_3, a_4)}{K(a_1, a_2, a_3, a_4)},
$$

因为

$$
K_n(x_1, \cdots, x_{n-1}, x_n + y) = K_n(x_1, \cdots, x_{n-1}, x_n) + K_{n-1}(x_1, \cdots, x_{n-1})y. \tag{6.136}
$$

（这个恒等式的证明和推广在习题30中．）

此外，连项式与在第4章里讨论过的Stern-Brocot树也密切相关．那棵树中的每一个节点都可以用一列 L 和 R 表示，比方说

$$
R^{a_0} L^{a_1} R^{a_2} L^{a_3} \cdots R^{a_{n-2}} L^{a_{n-1}}, \tag{6.137}
$$

其中 $a_0 \geqslant 0, a_1 \geqslant 1, a_2 \geqslant 1, a_3 \geqslant 1, \cdots, a_{n-2} \geqslant 1, a_{n-1} \geqslant 0$，而 n 是偶数．利用（4.33）的 2×2 矩阵 L 和 R，不难用归纳法证明，与（6.137）等价的矩阵是

$$
\begin{pmatrix}
K_{n-2}(a_1, \cdots, a_{n-2}) & K_{n-1}(a_1, \cdots, a_{n-2}, a_{n-1}) \\
K_{n-1}(a_0, a_1, \cdots, a_{n-2}) & K_n(a_0, a_1, \cdots, a_{n-2}, a_{n-1})
\end{pmatrix}. \tag{6.138}
$$

（其证明是习题87的一部分．）例如，

$$
R^a L^b R^c L^d = \begin{pmatrix}
bc+1 & bcd+b+d \\
abc+a+c & abcd+ab+ad+cd+1
\end{pmatrix}.
$$

这样一来，最后我们就能利用（4.34）对Stern-Brocot树中以（6.137）作为 L 和 R 表达式的分数写出封闭形式：

304

$$f(R^{a_0} \cdots L^{a_{n-1}}) = \frac{K_{n+1}(a_0, a_1, \cdots, a_{n-1}, 1)}{K_n(a_1, \cdots, a_{n-1}, 1)}. \tag{6.139}$$

（这就是"阿尔方定理"[174]．）例如，对 $LRRL$ 求出分数有 $a_0 = 0$，$a_1 = 1$，$a_2 = 2$，$a_3 = 1$以及 $n = 4$，等式（6.139）给出

$$\frac{K(0,1,2,1,1)}{K(1,2,1,1)} = \frac{K(2,1,1)}{K(1,2,1,1)} = \frac{K(2,2)}{K(3,2)} = \frac{5}{7}.$$

（我们已经用到了规则 $K_n(x_1, \cdots, x_{n-1}, x_n + 1) = K_{n+1}(x_1, \cdots, x_{n-1}, x_n, 1)$ 来吸收参数列表中首尾的1，这一法则是在（6.136）中取 $y = 1$ 得到的．）

（6.135）与（6.139）的比较表明，与Stern-Brocot树中一般的节点（6.137）相对应的分数都有一个连分数表示

$$f(R^{a_0} \cdots L^{a_{n-1}}) = a_0 + \cfrac{1}{a_1 + \cfrac{1}{a_2 + \cfrac{1}{\cdots + \cfrac{1}{a_{n-1} + \cfrac{1}{1}}}}}. \tag{6.140}$$

305

于是我们可以在连分数与Stern-Brocot树中对应的节点之间快速转换．例如，

$$f(LRRL) = 0 + \cfrac{1}{1 + \cfrac{1}{2 + \cfrac{1}{1 + \cfrac{1}{1}}}}.$$

我们在第4章中注意到，无理数在Stern-Brocot树中定义无限的路径，且它们可以表示成 L 和 R 的无穷字符串．如果 α 的无穷字符串是 $R^{a_0} L^{a_1} R^{a_2} L^{a_3} \cdots$，那么就有一个对应的无穷连分数

$$\alpha = a_0 + \cfrac{1}{a_1 + \cfrac{1}{a_2 + \cfrac{1}{a_3 + \cfrac{1}{a_4 + \cfrac{1}{a_5 + \cfrac{1}{\ddots}}}}}}. \tag{6.141}$$

这个无穷连分数也可以直接得到：设 $\alpha_0 = \alpha$，又对 $k \geq 0$ 令

$$a_k = \lfloor \alpha_k \rfloor; \quad \alpha_k = a_k + \frac{1}{\alpha_{k+1}}. \tag{6.142}$$

诸 a 称为 α 的**部分商**（partial quotient）．如果 α 是有理数，比方说是 m / n，这一过程遍及欧几里得算法所求出的商，然后终止（ $\alpha_{k+1} = \infty$ ）．

欧拉常数 γ 是有理数还是无理数？无人知晓．通过在Stern-Brocot树中寻找 γ，我们可以

如果他们知道了，就不讨论了．

得到关于这个著名的未解决问题的部分信息. 如果它是有理数, 我们将会求出它; 如果它是无理数, 我们就将求出离它最近的所有的有理近似值. γ的连分数由下面的部分商开始:

k	0	1	2	3	4	5	6	7	8
a_k	0	1	1	2	1	2	1	4	3

于是, 其Stern-Brocot表示的开始部分是 *LRLLRLLRLLLLRRRL*···, 没有明显的模式规律. 由 Richard Brent[38]所做的计算已经揭示: 如果 γ 是有理数, 它的分母的十进制位数必须大于 10 000. 于是, 没有人相信 γ 是有理数. 但是, 到目前为止还没有人能证明它不是有理数.

306

最后, 我们来证明一个将诸多思想汇集在一起的非凡的恒等式. 在第3章里我们引入了谱的概念, α 的谱是数 $\lfloor n\alpha \rfloor$ 做成的多重集, 其中 α 是一个给定常数. 这样一来, 无穷级数

$$\sum_{n\geq 1} z^{\lfloor n\phi \rfloor} = z + z^3 + z^4 + z^6 + z^8 + z^9 + \cdots$$

就可以说成是 φ 的谱的生成函数, 其中 $\phi = (1+\sqrt{5})/2$ 是黄金分割比例. 我们要证明的这个恒等式是由J. L. Davison[73]于1976年发现的, 它是将这个生成函数与斐波那契数列联系起来的一个无限连分数:

$$\cfrac{z^{F_1}}{1+\cfrac{z^{F_2}}{1+\cfrac{z^{F_3}}{1+\cfrac{z^{F_4}}{\ddots}}}} = (1-z)\sum_{n\geq 1} z^{\lfloor n\phi \rfloor}. \tag{6.143}$$

（6.143）的两边很有趣, 我们先观察数 $\lfloor n\phi \rfloor$. 如果 n 的斐波那契表示（6.133）是 $F_{k_1} + \cdots + F_{k_r}$, 我们就期待 $n\phi$ 近似等于 $F_{k_1+1} + \cdots + F_{k_r+1}$, 这是向左移动斐波那契表示所得到的数（如同我们从英里转换成千米时所做的那样）. 事实上, 由（6.125）我们知道

$$n\phi = F_{k_1+1} + \cdots + F_{k_r+1} - (\hat{\phi}^{k_1} + \cdots + \hat{\phi}^{k_r}).$$

现在有 $\hat{\phi} = -1/\phi$ 以及 $k_1 \gg \cdots \gg k_r \gg 0$, 故有

$$\left| \hat{\phi}^{k_1} + \cdots + \hat{\phi}^{k_r} \right| < \phi^{-k_r} + \phi^{-k_r-2} + \phi^{-k_r-4} + \cdots$$

$$= \frac{\phi^{-k_r}}{1-\phi^{-2}} = \phi^{1-k_r} \leq \phi^{-1} < 1.$$

又根据类似的讨论, $\hat{\phi}^{k_1} + \cdots + \hat{\phi}^{k_r}$ 与 $(-1)^{k_r}$ 有同样的符号, 于是

$$\lfloor n\phi \rfloor = F_{k_1+1} + \cdots + F_{k_r+1} - [k_r(n)\text{是偶数}]. \tag{6.144}$$

如果一个数n的最小有意义的斐波那契数字位是1, 这等同于说 $k_r(n) = 2$, 那么我们称这个数 n 是**斐波那契奇数**（或者简称为 F 奇数）; 否则, n 就称为**斐波那契偶数**（或者简称为 F 偶数）. 例如, 最小的一些 F 奇数是1、4、6、9、12、14、17和19. 如果 $k_r(n)$ 是偶数, 那么根据（6.114）, $n-1$ 是 F 偶数. 类似地, 如果 $k_r(n)$ 是奇数, 那么 $n-1$ 是 F 奇数. 于是

$$k_r(n) \text{是偶数} \iff n-1 \text{是 F 偶数}.$$

307

好的, 根据爱因斯坦鲜为人知的断言"上帝不会在宇宙中抛出巨大的分母", γ 必定是无理数.

此外，如果 $k_r(n)$ 是偶数，那么（6.144）暗指 $k_r(\lfloor n\phi \rfloor)=2$；如果 $k_r(n)$ 是奇数，（6.144）就给出 $k_r(\lfloor n\phi \rfloor)=k_r(n)+1$. 于是 $k_r(\lfloor n\phi \rfloor)$ 总是偶数，这样就证明了

$$\lfloor n\phi \rfloor -1\ \text{总是一个 } F \text{ 偶数}.$$

反过来，如果 m 是任意一个 F 偶数，我们就可以将这个计算反转过来，求出满足 $m+1=\lfloor n\phi \rfloor$ 的 n.（首先，如以前所解释的那样，在 F 记号中加上 1. 如果没有进位出现，n 就是 $(m+2)$ 次向右移位，反之 n 是 $(m+1)$ 次向右移位.）这样一来，（6.143）右边的和式就能写成

$$\sum_{n\geqslant 1} z^{\lfloor n\phi \rfloor} = z\sum_{m\geqslant 0} z^m[m\text{ 是 } F \text{ 偶数}]. \tag{6.145}$$

左边的分数呢？让我们改写（6.143）使得其连分数看起来与（6.141）相似，所有的分子都为 1：

$$\cfrac{1}{z^{-F_0}+\cfrac{1}{z^{-F_1}+\cfrac{1}{z^{-F_2}+\cfrac{1}{\ddots}}}} = \frac{1-z}{z}\sum_{n\geqslant 1} z^{\lfloor n\phi \rfloor}. \tag{6.146}$$

（这个变换有一点技巧！原来以 z^{F_n} 作为分子的分数的分子和分母应该用 $z^{F_{n-1}}$ 来除.）如果我们在 $1/z^{-F_n}$ 处终止这个新的连分数，它的值就将是连项式的比

$$\frac{K_{n+2}(0,z^{-F_0},z^{-F_1},\cdots,z^{-F_n})}{K_{n+1}(z^{-F_0},z^{-F_1},\cdots,z^{-F_n})} = \frac{K_n(z^{-F_1},\cdots,z^{-F_n})}{K_{n+1}(z^{-F_0},z^{-F_1},\cdots,z^{-F_n})},$$

就如同（6.135）中一样. 我们首先来观察分母，希望它易于处理. 置 $Q_n=K_{n+1}(z^{-F_0},\cdots,z^{-F_n})$，发现 $Q_0=1$，$Q_1=1+z^{-1}$，$Q_2=1+z^{-1}+z^{-2}$，$Q_3=1+z^{-1}+z^{-2}+z^{-3}+z^{-4}$，一般来说，一切都很完美且给出了几何级数

308

$$Q_n=1+z^{-1}+z^{-2}+\cdots+z^{-(F_{n+2}-1)}.$$

对应的分子是 $P_n=K_n(z^{-F_1},\cdots,z^{-F_n})$，事实证明它与 Q_n 相像，不过有较少的项. 例如，我们有

$$P_5=z^{-1}+z^{-2}+z^{-4}+z^{-5}+z^{-7}+z^{-9}+z^{-10}+z^{-12},$$

与之相比有 $Q_5=1+z^{-1}+\cdots+z^{-12}$. 更仔细的观察揭示了存在掌控它的项的模式：我们有

$$P_5=\frac{1+z^2+z^3+z^5+z^7+z^8+z^{10}+z^{11}}{z^{12}}=z^{-12}\sum_{m=0}^{12} z^m[m\text{ 是 } F \text{ 偶数}],$$

而且一般来说，我们可以用归纳法证明

$$P_n=z^{1-F_{n+2}}\sum_{m=0}^{F_{n+2}-1} z^m[m\text{ 是 } F \text{ 偶数}].$$

于是

$$\frac{P_n}{Q_n} = \frac{\sum_{m=0}^{F_{n+2}-1} z^m [m\text{是}F\text{偶数}]}{\sum_{m=0}^{F_{n+2}-1} z^m}.$$

现在，根据（6.145），令 $n \to \infty$ 取极限就得出（6.146）.

习题

热身题

1　$\{1,2,3,4\}$ 恰好有两个轮换的 $\begin{bmatrix} 4 \\ 2 \end{bmatrix} = 11$ 个排列是什么？（轮换的形式出现在（6.4）中，而我们所需要的是2314这样的非轮换形式. ）

2　从一个有 n 个元素的集合到一个有 m 个元素的集合有 m^n 个函数，其中有多少个恰好取 k 个不同的函数值？

3　现实中的洗牌老千知道，聪明的做法是稍加放松，从而使得在有一丝风吹过时牌不会倒下来. 假设要求最上面的 k 张牌的重心离第 $k+1$ 张牌的边缘至少 ε 个单位. （例如，这样第一张牌就能超出第二张牌至多 $1-\varepsilon$ 个单位. ）如果有足够多的牌，我们能否仍然得到任意大的伸出长度？

4　将 $1/1 + 1/3 + \cdots + 1/(2n+1)$ 用调和数表示出来.

5　说明怎样从（6.74）中 $U_n(x,y)$ 的定义得出递归式（6.75），并求解该递归式.

6　一位探险者在一座岛上留下一对小兔. 如果一个月后小兔长成成年的大兔，又如果每一对成年的大兔每个月产出一对小兔，经过 n 个月之后会有多少对兔子？（两个月后有两对，它们中的一对是新生的. ）求这个问题与正文中的"蜜蜂树"之间的一个关系.

7　证明卡西尼恒等式（6.103）是（6.108）的特殊情形，也是（6.134）的一个特例.

8　利用斐波那契数系将65英里/小时转换成千米/小时的近似值.

9　8平方英里大约等于多少平方千米？

10　ϕ 的连分数表示是什么？

基础题

11　当 n 是一个非负整数时，带有交错符号的斯特林轮换数三角形的行和 $\sum_k (-1)^k \begin{bmatrix} n \\ k \end{bmatrix}$ 等于什么？

12　证明斯特林数有与（5.48）类似的反演规律：

$$g(n) = \sum_k \begin{Bmatrix} n \\ k \end{Bmatrix} (-1)^k f(k) \iff f(n) = \sum_k \begin{bmatrix} n \\ k \end{bmatrix} (-1)^k g(k).$$

13　在第2章和第5章里提到过微分算子 $D = \dfrac{d}{dz}$ 以及 $\vartheta = zD$. 我们有

$$\vartheta^2 = z^2 D^2 + zD,$$

因为 $\vartheta^2 f(z) = \vartheta z f'(z) = z\dfrac{d}{dz} z f'(z) = z^2 f''(z) + z f'(z)$，而此式就是 $(z^2 D^2 + zD)f(z)$. 类似地，可以

309

证明 $\vartheta^3 = z^3 D^3 + 3z^2 D^2 + zD$. 证明一般的公式: 对所有 $n \geqslant 0$

$$\vartheta^n = \sum_k \begin{Bmatrix} n \\ k \end{Bmatrix} z^k D^k \,,$$

$$z^n D^n = \sum_k \begin{bmatrix} n \\ k \end{bmatrix} (-1)^{n-k} \vartheta^k \,.$$

(与在 (5.109) 中相同, 这些公式可以用来在形如 $\sum_k \alpha_k z^k f^{(k)}(z)$ 和 $\sum_k \beta_k \vartheta^k f(z)$ 这样的微分表达式之间转换.)

14 证明关于欧拉数的幂恒等式 (6.37).

15 对 (6.37) 取 m 次差分来证明欧拉恒等式 (6.39).

16 当 k 和 n 取遍所有整数的集合时, 双重递归式

$$A_{n,0} = a_n [n \geqslant 0] \,; \quad A_{0,k} = 0, \quad k > 0 \,;$$

$$A_{n,k} = k A_{n-1,k} + A_{n-1,k-1}, \quad k,n \text{ 是整数}$$

的通解是什么?

17 解下面的递归式, 假设当 $n < 0$ 或者 $k < 0$ 时 $\begin{vmatrix} n \\ k \end{vmatrix}$ 等于零:

a $\begin{vmatrix} n \\ k \end{vmatrix} = \begin{vmatrix} n-1 \\ k \end{vmatrix} + n\begin{vmatrix} n-1 \\ k-1 \end{vmatrix} + [n=k=0]$, $n,k \geqslant 0$.

b $\begin{vmatrix} n \\ k \end{vmatrix} = (n-k)\begin{vmatrix} n-1 \\ k \end{vmatrix} + \begin{vmatrix} n-1 \\ k-1 \end{vmatrix} + [n=k=0]$, $n,k \geqslant 0$.

c $\begin{vmatrix} n \\ k \end{vmatrix} = k\begin{vmatrix} n-1 \\ k \end{vmatrix} + k\begin{vmatrix} n-1 \\ k-1 \end{vmatrix} + [n=k=0]$, $n,k \geqslant 0$.

18 证明斯特林多项式满足

$$(x+1)\sigma_n(x+1) = (x-n)\sigma_n(x) + x\sigma_{n-1}(x).$$

19 证明广义斯特林数满足

$$\sum_{k=0}^n \begin{Bmatrix} x+k \\ x \end{Bmatrix} \begin{bmatrix} x \\ x-n+k \end{bmatrix} (-1)^k \Big/ \binom{x+k}{n+1} = 0 \,, \text{ 整数 } n > 0 \,.$$

$$\sum_{k=0}^n \begin{bmatrix} x+k \\ x \end{bmatrix} \begin{Bmatrix} x \\ x-n+k \end{Bmatrix} (-1)^k \Big/ \binom{x+k}{n+1} = 0 \,, \text{ 整数 } n > 0 \,.$$

20 求出 $\sum_{k=1}^n H_k^{(2)}$ 的封闭形式.

21 证明: 如果 $H_n = a_n / b_n$, 其中 a_n 和 b_n 是整数, 则分母 b_n 是 $2^{\lfloor \lg n \rfloor}$ 的一个倍数.

提示: 考虑数 $2^{\lfloor \lg n \rfloor - 1} H_n - \dfrac{1}{2}$.

22 证明: 除了当 z 是负整数之外, 无限和式

$$\sum_{k \geqslant 1} \left(\frac{1}{k} - \frac{1}{k+z} \right)$$

对所有复数 z 都收敛, 并证明, 当 z 是非负整数时, 它等于 H_z. (这样一来, 当 z 是复数时, 我们就可以利用这个公式来定义调和数 H_z.)

23 当按照 z 的幂来展开时, 方程 (6.81) 就给出 $z / (e^z - 1)$ 的系数. $z / (e^z + 1)$ 的系数是什么?

提示：考虑恒等式 $(e^z+1)(e^z-1)=e^{2z}-1$.

[311]

24　证明：正切数 T_{2n+1} 是 2^n 的倍数. 提示：证明 $T_{2n}(x)$ 和 $T_{2n+1}(x)$ 所有的系数都是 2^n 的倍数.

25　方程（6.57）证明了，蠕虫在某个时刻 N 时最终必将到达橡皮带的终点. 于是，必定会有第一个

时间 n ，它在 n 分钟之后比在 $n-1$ 分钟之后更加接近于终点. 证明 $n<\dfrac{1}{2}N$.

26　利用分部 ⋯⋯⋯⋯⋯⋯⋯⋯ 提示：也考虑有关的和式 $\sum_{k=1}^{n}H_{k-1}/k$.

27　证明关于 ⋯⋯

28　卢卡斯数 ⋯⋯⋯⋯⋯⋯⋯⋯⋯⋯ 我们就有 $F_{2n}=F_nL_n$. 这里是前几个卢卡斯数值
的表：

n							7	8	9	10	11	12	13
							29	47	76	123	199	322	521

a　利用 ⋯⋯

　　Q_0 ⋯⋯⋯⋯⋯⋯⋯⋯⋯⋯⋯⋯ 1

　　的 ⋯⋯

b　对 ⋯⋯

29　证 ⋯⋯⋯⋯⋯⋯⋯（34）.

30　推 ⋯⋯⋯⋯⋯⋯⋯ 连项式 $K(x_1,\cdots,x_{m-1},x_m+y,x_{m+1},\cdots,x_n)$ 求出表达式.

作业 ⋯⋯

31　⋯⋯

⋯⋯⋯⋯⋯⋯⋯ $\overline{x}^4=x^4+12x^3+36x^2+24x^1$ ，从而 $\left|\begin{smallmatrix}4\\2\end{smallmatrix}\right|=36$. ）

32　⋯⋯⋯⋯⋯⋯⋯⋯ 式 $\dbinom{n}{k}=\dbinom{n-1}{k}+\dbinom{n-1}{k-1}$ ，得到了公式

$$\cdots\binom{k}{n}=\binom{m+1}{n+1}.$$

⋯⋯ $+\begin{Bmatrix}n-1\\k-1\end{Bmatrix}$ 时，会出现什么样的恒等式？

[312]

⋯⋯ 一个情形 $\begin{bmatrix}n\\3\end{bmatrix}$ 和 $\begin{Bmatrix}n\\3\end{Bmatrix}$ ，其封闭形式（不包含斯特林数）是什么？

34　如果假设基本递推关系（6.33），对所有整数 k 和 n 都成立，又如果对所有 $k<0$ 都有 $\left\langle\begin{smallmatrix}n\\k\end{smallmatrix}\right\rangle=0$ ，那

么 $\left\langle\begin{smallmatrix}-1\\k\end{smallmatrix}\right\rangle$ 和 $\left\langle\begin{smallmatrix}-2\\k\end{smallmatrix}\right\rangle$ 等于什么？

35 证明,对每个 $\varepsilon > 0$ 都存在一个整数 $n > 1$(与 ε 有关),使得 $H_n \bmod 1 < \varepsilon$.

36 是否有可能用这样一种方式堆放 n 块砖头:最上面的砖不在最下面砖的任意一点的上方,而一个体重等于 100 块砖的人可以站在最上面砖的中间取得平衡,而不会使这堆砖翻倒?

37 用调和数表示 $\sum_{k=1}^{mn} (k \bmod m) / k(k+1)$,假设 m 和 n 是正整数. 当 $n \to \infty$ 时,其极限值是什么?

38 求不定的和式 $\sum \binom{r}{k} (-1)^k H_k \delta k$.

39 用 n 和 H_n 来表示 $\sum_{k=1}^{n} H_k^2$.

40 证明 1979 整除 $\sum_{k=1}^{1319} (-1)^{k-1} / k$ 的分子,并对 1987 给出一个类似的结果. 提示:利用高斯的技巧得到一个由分数组成的和式,其分子是 1979. 也见习题 4.

啊,那些都是素数年份.

41 当 n 是整数(有可能是负的)时,将和式 $\sum_k \binom{\lfloor (n+k)/2 \rfloor}{k}$ 计算成封闭形式.

42 如果 S 是一个整数的集合,设 $S+1$ 是"平移"集 $\{x+1 | x \in S\}$. $\{1, 2, \cdots, n\}$ 有多少个子集有如下性质:$S \cup (S+1) = \{1, 2, \cdots, n+1\}$?

43 证明:无限和式

0.1
$+0.01$
$+0.002$
$+0.000\ 3$
$+0.000\ 05$
$+0.000\ 008$
$+0.000\ 001\ 3$
$\vdots$

[313]

收敛于一个有理数.

44 证明卡西尼恒等式(6.106)的逆:如果 k 和 m 是整数,并使得 $|m^2 - km - k^2| = 1$,那么就存在一个整数 n,使得 $k = \pm F_n$ 以及 $m = \pm F_{n+1}$.

45 利用成套方法求解一般的递归式

$$X_0 = \alpha\ ;\quad X_1 = \beta\ ;\quad X_n = X_{n-1} + X_{n-2} + \gamma n + \delta\ .$$

46 $\cos 36°$ 和 $\cos 72°$ 等于什么?

47 证明

$$2^{n-1} F_n = \sum_k \binom{n}{2k+1} 5^k\ ,$$

并在 p 为素数时利用此恒等式求出 $F_p \bmod p$ 和 $F_{p+1} \bmod p$ 的值.

48 证明:通过将与之相邻的变量合并在一起,可以从连项式多项式中去掉取值为零的参数:

$$K_n(x_1, \cdots, x_{m-1}, 0, x_{m+1}, \cdots, x_n)$$
$$= K_{n-2}(x_1, \cdots, x_{m-2}, x_{m-1} + x_{m+1}, x_{m+2}, \cdots, x_n)\ ,\quad 1 < m < n\ .$$

49 求数 $\sum_{n \geq 1} 2^{-\lfloor n\phi \rfloor}$ 的连分数表示.

50 对所有正整数 n 用递归式

$$f(1) = 1 \, ;$$

$$f(2n) = f(n) \, ;$$

$$f(2n+1) = f(n) + f(n+1) \, .$$

定义 $f(n)$.

a 对什么样的 n，$f(n)$ 是偶数?

b 证明 $f(n)$ 可以用连项式表示.

考试题

51 设 p 是一个素数.

a 证明：对 $1 < k < p$ 有 $\begin{Bmatrix} p \\ k \end{Bmatrix} \equiv \begin{bmatrix} p \\ k \end{bmatrix} \equiv 0 \ (\mathrm{mod}\ p)$.

b 证明：对 $1 \leqslant k < p$ 有 $\begin{bmatrix} p-1 \\ k \end{bmatrix} \equiv 1 \ (\mathrm{mod}\ p)$.

c 证明：如果 $p > 2$，则有 $\begin{Bmatrix} 2p-2 \\ p \end{Bmatrix} \equiv \begin{bmatrix} 2p-2 \\ p \end{bmatrix} \equiv 0 \ (\mathrm{mod}\ p)$.

d 证明：如果 $p > 3$，就有 $\begin{bmatrix} p \\ 2 \end{bmatrix} \equiv 0 \ (\mathrm{mod}\ p^2)$.

提示：考虑 p^p.

52 设 H_n 写成像 a_n / b_n 这样的最简分数.

a 证明：如果 p 是素数，那么 $p \backslash b_n \Leftrightarrow p \nmid a_{\lfloor n/p \rfloor}$.

b 求出所有使得 a_n 能被5整除的 $n > 0$.

314

53 当 $0 \leqslant m \leqslant n$ 时，求 $\sum_{k=0}^{m} \binom{n}{k}^{-1} (-1)^k H_k$ 的封闭形式. 提示：习题5.42有一个和式，它没有因子 H_k.

54 设 $n > 0$. 这一题的目的是要证明 B_{2n} 的分母是满足 $(p-1) \backslash (2n)$ 的所有素数 p 的乘积.

a 当 p 是素数且 $m > 0$ 时，证明 $S_m(p) + [(p-1) \backslash m]$ 是 p 的倍数.

b 利用 a 的结果，证明

$$B_{2n} + \sum_{p \text{是素数}} \frac{[(p-1) \backslash (2n)]}{p} = I_{2n} \text{ 是一个整数.}$$

提示：只要证明如果 p 是任意一个素数，那么分数 $B_{2n} + [(p-1) \backslash (2n)]/ p$ 的分母不能被 p 整除就够了.

c 证明：B_{2n} 的分母总是6的奇数倍，且对无穷多个 n，它等于6.

55 通过对

$$\sum_{0 \leqslant k < n} \binom{k}{m} \binom{x+k}{k}$$

求和并关于 x 微分，证明（6.70）是一个更加一般的恒等式的推论.

56 将 $\sum_{k \neq m} \binom{n}{k} (-1)^k k^{n+1} / (k-m)$ 计算成关于 m 和 n 的封闭形式.（对除了值 $k = m$ 之外所有的整数 k 求和.）

57 "5阶围包二项式系数" 由

$$\left(\!\!\binom{n}{k}\!\!\right) = \left(\!\!\binom{n-1}{k}\!\!\right) + \left(\!\!\binom{n-1}{(k-1) \bmod 5}\!\!\right), \quad n > 0 ,$$

以及 $\left(\!\!\binom{0}{k}\!\!\right) = [k = 0]$ 定义. 设 Q_n 是在第 n 行中最大的数与最小的数之差:

$$Q_n = \max_{0 \le k < 5} \left(\!\!\binom{n}{k}\!\!\right) - \min_{0 \le k < 5} \left(\!\!\binom{n}{k}\!\!\right).$$

寻求并证明 Q_n 与斐波那契数之间的关系.

58 求出 $\sum_{n \ge 0} F_n^2 z^n$ 和 $\sum_{n \ge 0} F_n^3 z^n$ 的封闭形式. 关于量 $F_{n+1}^3 - 4F_n^3 - F_{n-1}^3$，你能得出什么结论?

59 证明: 如果 m 和 n 是正整数，那么存在一个整数 x，使得 $F_x \equiv m \pmod{3^n}$.

60 求所有正整数 n，使得 $F_n + 1$ 或者 $F_n - 1$ 是一个素数.

61 证明恒等式

$$\sum_{k=0}^{n} \frac{1}{F_{2^k}} = 3 - \frac{F_{2^n - 1}}{F_{2^n}}, \quad \text{整数 } n \ge 1 .$$

$\sum_{k=0}^{n} 1 / F_{3 \times 2^k}$ 等于什么?

62 设 $A_n = \phi^n + \phi^{-n}$ 以及 $B_n = \phi^n - \phi^{-n}$.

a 求常数 α 和 β，使得对所有 $n \ge 0$ 都有 $A_n = \alpha A_{n-1} + \beta A_{n-2}$ 以及 $B_n = \alpha B_{n-1} + \beta B_{n-2}$.

b 用 F_n 和 L_n 表示 A_n 和 B_n（见习题28）.

c 证明 $\sum_{k=1}^{n} 1 / (F_{2k+1} + 1) = B_n / A_{n+1}$.

d 求出 $\sum_{k=1}^{n} 1 / (F_{2k+1} - 1)$ 的封闭形式.

附加题

63 $\{1, 2, \cdots, n\}$ 有多少个排列 $\pi_1 \pi_2 \cdots \pi_n$ 恰有 k 个指标 j 使得

a 对所有 $i < j$ 有 $\pi_i < \pi_j$?（这样的 j 称为从左到右最大数.）

b $\pi_j > j$?（这样的 j 称为超过数.）

64 当将分数 $\left[\begin{matrix} 1/2 \\ 1/2-n \end{matrix} \right]$ 约成最简分数时，它的分母是什么?

65 证明恒等式

$$\int_0^1 \cdots \int_0^1 f\left(\lfloor x_1 + \cdots + x_n \rfloor \right) dx_1 \cdots dx_n = \sum_k \left\langle \begin{matrix} n \\ k \end{matrix} \right\rangle \frac{f(k)}{n!} .$$

66 欧拉三角形的第 n 行的交错和 $\sum_k (-1)^k \left\langle \begin{matrix} n \\ k \end{matrix} \right\rangle$ 是什么?

67 证明

315

$$\sum_k \begin{Bmatrix} n+1 \\ k+1 \end{Bmatrix} \binom{n-k}{m-k} (-1)^{m-k} k! = \left\langle\!\!\begin{array}{c} n \\ m \end{array}\!\!\right\rangle .$$

68 证明 $\left\langle\!\!\left\langle\!\!\begin{array}{c} n \\ 1 \end{array}\!\!\right\rangle\!\!\right\rangle = 2\left\langle\!\!\begin{array}{c} n \\ 1 \end{array}\!\!\right\rangle$ ，并求出 $\left\langle\!\!\left\langle\!\!\begin{array}{c} n \\ 2 \end{array}\!\!\right\rangle\!\!\right\rangle$ 的封闭形式.

69 求出 $\sum_{k=1}^{n} k^2 H_{n+k}$ 的封闭形式.

70 证明习题22的复调和数有幂级数展开式 $H_z = \sum_{n\geq 2} (-1)^n H_\infty^{(n)} z^{n-1}$.

71 证明：通过考虑无穷乘积

$$\prod_{k\geq 1} \left(1+\frac{z}{k}\right) \mathrm{e}^{-z/k} = \frac{\mathrm{e}^{-\gamma z}}{z!}$$

的前 n 个因子当 $n\to\infty$ 时的极限，证明方程（5.83）的广义阶乘可以写成上述形式. 指出 $\dfrac{\mathrm{d}}{\mathrm{d}z}(z!)$ 与

316

习题22中一般的调和数有关.

72 证明正切函数有幂级数（6.92），并对 $z/\sin z$ 和 $\ln((\tan z)/z)$ 求出相应的级数.

73 证明：对所有整数 $n\geq 1$，$z\cot z$ 等于

$$\frac{z}{2^n}\cot\frac{z}{2^n} - \frac{z}{2^n}\tan\frac{z}{2^n} + \sum_{k=1}^{2^{n-1}-1} \frac{z}{2^n}\left(\cot\frac{z+k\pi}{2^n} + \cot\frac{z-k\pi}{2^n}\right),$$

并指出，对固定的 k，当 $n\to\infty$ 时第 k 个求和项的极限是 $2z^2/(z^2-k^2\pi^2)$.

74 求出数 $T_n(1)$ 与 $1/\cos z$ 的系数之间的关系.

75 证明：正切数和 $1/\cos z$ 的系数出现在以下述图形为开始部分的无限三角形的边上：

$$
\begin{array}{ccccccc}
 & & & 1 & & & \\
 & & 0 & & 1 & & \\
 & 1 & & 1 & & 0 & \\
0 & & 1 & & 2 & & 2 \\
\end{array}
$$

$$
\begin{array}{ccccccc}
1 & & & & & & \\
 & 0 & & & & & \\
 & & 1 & & & & \\
\end{array}
$$

1
0   1
1   1   0
0   1   2   2
5   5   4   2   0
0   5   10   14   16   16
61   61   56   46   32   16   0

每一行包含上一行的部分和，方向交替地从左向右和从右向左.

提示：考虑幂级数 $(\sin z + \cos z)/\cos(w+z)$ 的系数.

76 求出和式

$$\sum_k (-1)^k \begin{Bmatrix} n \\ k \end{Bmatrix} 2^{n-k} k!$$

的封闭形式，并指出，当 n 为偶数时它等于零.

77 当 m 和 n 是整数，$n\geq 0$ 时，$\sigma_n(m)$ 的值当 $m<0$ 时由（6.52）给出，当 $m>n$ 时由（6.53）给出，而当 $m=0$ 时则由（6.101）给出. 证明：在其余情形，我们有

$$\sigma_n(m) = \frac{(-1)^{m+n-1}}{m!(n-m)!}\sum_{k=0}^{m-1} \begin{bmatrix} m \\ m-k \end{bmatrix} \frac{B_{n-k}}{n-k}, \quad \text{整数 } n\geq m>0.$$

78 证明将斯特林数、伯努利数以及卡塔兰数联系在一起的下述关系式：

$$\sum_{k=0}^{n} \left\{ {n+k \atop k} \right\} \binom{2n}{n+k} \frac{(-1)^k}{k+1} = B_n \binom{2n}{n} \frac{1}{n+1}.$$

317

79 证明：$64 = 65$ 的四块棋盘悖论也可以经重新组装来证明 $64 = 63$.

80 由递归式 $A_1 = x$，$A_2 = y$ 以及 $A_n = A_{n-1} + A_{n-2}$ 定义的序列对某个 m 有 $A_m = 1\,000\,000$. 什么样的正整数 x 和 y 能使得 m 尽可能地大？

81 正文中描述了一种方法，它可以将包含 $F_{n \pm k}$ 的公式变成只包含 F_n 和 F_{n+1} 的公式. 于是自然会问：当这样两个"化简的"公式形式上不相同时，它们能否是相等的. 设 $P(x, y)$ 是关于 x 和 y 的一个整系数多项式，求使得对所有 $n \geqslant 0$ 都有 $P(F_{n+1}, F_n) = 0$ 成立的必要充分条件.

82 说明怎样加正整数可以在斐波那契数系中行得通.

83 如果 A_0 与 A_1 互素，那么是否有可能一个满足斐波那契递归式 $A_n = A_{n-1} + A_{n-2}$ 的序列 $\langle A_n \rangle$ 中不包含素数？

84 设 m 与 n 是正的奇数. 求出

$$S_{m,n}^{+} = \sum_{k \geqslant 0} \frac{1}{F_{2mk+n} + F_m}, \quad S_{m,n}^{-} = \sum_{k \geqslant 0} \frac{1}{F_{2mk+n} - F_m}$$

的封闭形式.

提示：习题 62 中的和式是 $S_{1,3}^{+} - S_{1,2n+3}^{+}$ 和 $S_{1,3}^{-} - S_{1,2n+3}^{-}$.

85 刻画所有满足下述条件的 N：对 $n \geqslant 0$，斐波那契剩余 $F_n \bmod N$ 构成 $\{0, 1, \cdots, N-1\}$ 的完全集.（见习题 59.）

86 设 $C_1, C_2, \cdots$ 是一个非零整数序列，对所有正整数 m 和 n 有

$$\gcd(C_m, C_n) = C_{\gcd(m,n)}.$$

证明：广义二项式系数

$$\binom{n}{k}_C = \frac{C_n C_{n-1} \cdots C_{n-k+1}}{C_k C_{k-1} \cdots C_1}$$

全都是整数.〔特别地，根据（6.111），按照这种方式从斐波那契数作出的斐波那契项系数（Fibonomial coefficient）是整数.〕

87 证明：在矩阵乘积

318

$$\begin{pmatrix} 0 & 1 \\ 1 & x_1 \end{pmatrix} \begin{pmatrix} 0 & 1 \\ 1 & x_2 \end{pmatrix} \cdots \begin{pmatrix} 0 & 1 \\ 1 & x_n \end{pmatrix}$$

以及行列式

$$\det \begin{pmatrix} x_1 & 1 & 0 & 0 & \cdots & 0 \\ -1 & x_2 & 1 & 0 & & 0 \\ 0 & -1 & x_3 & 1 & & \vdots \\ \vdots & & -1 & & \ddots & 1 \\ 0 & 0 & \cdots & & -1 & x_n \end{pmatrix}$$

中有连项式多项式出现.

88 推广（6.146），当 α 是任意一个正无理数时，求与生成函数 $\sum_{n\geqslant 1} z^{\lfloor n\alpha \rfloor}$ 有关的连分数.

89 设 α 是 (0..1) 中的一个无理数，并设 $a_1, a_2, a_3, \ldots$ 是其连分数表示式中的部分商. 证明：当 $n = K(a_1, \cdots, a_m)$ 时有 $|D(\alpha, n)| < 2$，其中 D 是第3章里定义的偏差.

90 设 Q_n 是Stern-Brocot树的第 n 层的最大的分母.（于是，根据第4章里的图有 $\langle Q_0, Q_1, Q_2, Q_3, Q_4, \cdots \rangle = \langle 1, 2, 3, 5, 8, \cdots \rangle$.）证明 $Q_n = F_{n+2}$.

研究题

91 将 $\left\{ \begin{matrix} n \\ k \end{matrix} \right\}$ 的定义推广到 n 和 k 取任意实数值的最好方法是什么？

92 如同在习题52中那样，将 H_n 写成像 a_n / b_n 这样的最简分数.

   a 对某个固定的素数 p，是否有无穷多个 n 满足 $p \backslash a_n$？

   b 是否有无穷多个 n 满足 $b_n = \mathrm{lcm}(1, 2, \cdots, n)$？（$n = 250$ 和 $n = 1000$ 是两个这样的值.）

93 证明 γ 和 e^γ 是无理数.

94 假设当 $n < 0$ 或者 $k < 0$ 时有 $\left| \begin{matrix} n \\ k \end{matrix} \right| = 0$，对两个参数的递归式

$$\left| \begin{matrix} n \\ k \end{matrix} \right| = (\alpha n + \beta k + \gamma) \left| \begin{matrix} n-1 \\ k \end{matrix} \right| + (\alpha' n + \beta' k + \gamma') \left| \begin{matrix} n-1 \\ k-1 \end{matrix} \right| + [n = k = 0], \quad n, k \geqslant 0$$

的解发展一种一般性的理论.（二项式系数、斯特林数、欧拉数以及习题17和习题31中的数列都是其特殊情形.）什么样的特殊值 $(\alpha, \beta, \gamma, \alpha', \beta', \gamma')$ 可以得到能用来表示通解的"基本解"？

95 寻求一个有效的方法来延拓从超几何项到普通项的Gosper-Zeilberger算法，它或许会含有斯特林数.

319

7

生成函数
GENERATING FUNCTIONS

众所周知，处理数列最强有力的方法就是使用"生成"那些数列的无穷级数．我们已经学习了许多数列并且见过一些生成函数，现在就来深入探讨生成函数，来见识它们是如何不同寻常地有用．

7.1 多米诺理论与换零钱 DOMINO THEORY AND CHANGE

生成函数足够重要，且对我们许多人来说也足够新颖，所以当我们开始更加密切地审视它们时，有必要使用一种轻松的方式，因此我们在本章开始用一些娱乐活动和游戏来阐述生成函数．我们将要研究这些思想的两种应用，一种应用涉及多米诺牌，而另一种应用涉及硬币．

用 2×1 多米诺牌完全覆盖一个 $2\times n$ 矩形有多少种不同的方式 T_n？我们假设多米诺牌都是完全相同的（要么是因为它们全都正面向下，要么是因为有人让它们不可分辨，比方说将它们全都涂成了红色），因此只有它们的方向（垂直或是水平）是我们所在意的，而且我们可以想象是在对多米诺形状的瓷砖进行操作．例如，覆盖一个 2×3 矩形有三种铺设方式，即▯▯、▭▯以及▯▭，所以 $T_3 = 3$．

为了对一般性的 T_n 找到封闭形式，我们通常做的第一件事就是观察小的情形．当 $n=1$ 时显然只有一种铺设方法，即▯；而当 $n=2$ 时有两种，即▯▯和▭．

当 $n=0$ 时，如何呢？一个 2×0 的矩形有多少种铺设方式呢？这个问题的含义并不是马上就能弄清楚的，不过我们在以前曾见过类似的情况：有零个物体的排列（即空排列），所以 $0!=1$．从 n 件东西中选取零个东西有一种方式（即什么也不选取），所以 $\binom{n}{0}=1$．把空集划分成零个非空子集有一种方式，但是不存在将一个非空集合划分成零个非空子集的方法，所以 $\left\{{n\atop0}\right\}=[n=0]$．根据这样的推理可以得出结论：恰有一种方式用多米诺牌覆盖一个 2×0 矩形，即不用多米诺牌覆盖，于是 $T_0=1$．（这就破坏了当 $n=1,2$ 和3时已经成立的简单模式 $T_n=n$，但是，由于按照问题的合理逻辑 T_0 应该是1，因而它的模式无论以何种

"让我来数一数有多少种方法．"
——E.B.勃朗宁

320

268

方式表现都可能是注定的.）事实证明，只要我们想求解一个计数问题，恰当地理解零的情形都是有用的.

再看一个小的实例，$n = 4$. 铺设这个矩形的左边有两种方法：放置一个垂直的多米诺牌，或者放两个水平的多米诺牌. 如果我们选用一个垂直的牌，其部分解就是▯，而剩下的 $2×3$ 矩形可以用 T_3 种方式覆盖. 如果我们选用两个水平的多米诺牌，其部分解▭可以用 T_2 种方式完成. 从而 $T_4 = T_3 + T_2 = 5$.（这五种铺设方式是▯▯▯，▯▭，▭▯，▭▭ 以及 ▭▭.）

我们现在知道前五个 T_n 的值：

n	0	1	2	3	4
T_n	1	1	2	3	5

这些数看起来像斐波那契数，且不难看出其中的缘由：用来确立 $T_4 = T_3 + T_2$ 的推理很容易推广成 $T_n = T_{n-1} + T_{n-2}$（对 $n \geqslant 2$）. 于是，除了初始值 $T_0 = 1$ 和 $T_1 = 1$ 与斐波那契数的情形稍有不同外，我们这里得到一个与斐波那契数同样的递归式. 不过这些初始值是连续的斐波那契数 F_1 和 F_2，所以诸数 T 恰好是斐波那契数向上移动一位：

$$T_n = F_{n+1}, \quad n \geqslant 0.$$

（我们把这视为 T_n 的一个封闭形式，因为斐波那契数相当重要，所以我们认为它们是"已知的". 而 F_n 本身也有一个用代数运算表示的封闭形式（6.123）.）注意，这个方程确认了置 $T_0 = 1$ 是明智的.

大胆走向先前没有铺设过的地方.

但是这一切与生成函数又有何关系呢？好的，我们就要谈到它了——另外一种计算 T_n 的方法. 这种新方法以一种大胆的想法为基础. 我们来考虑所有可能的 $2×n$ 铺设方式的"和"（对所有 $n \geqslant 0$），并称之为 T：

$$T = | + ▯ + ▭ + ▭ + ▯▯▯ + ▭▯ + ▯▭ + \cdots. \tag{7.1}$$

（其中右边的第一项"|"表示一个 $2×0$ 矩形的零铺设.）这个和式 T 包含诸多信息. 由于它，我们可以作为一个整体来证明有关 T 的结果，而不是强制我们对单个项（用归纳法）来证明它们，所以它是有用的.

这个和式中的项表示铺设方式，它们是组合的对象. 当有无穷多种铺设方式相加在一起时，我们不愿意过于操心它们是否合法，一切都能做得严格，不过现在的目的是要拓展我们的观念，超越传统的代数公式. 〔321〕

我们已经把这些模式加了在一起，还可以将它们相乘——通过毗连. 例如，我们可以将铺设方式▯与▭相乘得到新的铺设方式▭. 注意，乘法是不可交换的，这就是说，乘法要考虑次序：▭与▭是不同的乘积.

利用乘法的这个记号不难看出，零铺设起着特殊的作用——它是乘法的恒等元. 例如，$| × ▭ = ▭ × | = ▭.$

现在可以利用多米诺牌算术来处理无限和式 T 了：

$$T = | + \square + \square + \square + \square + \square + \square + \cdots$$
$$= | + \square\,(\,| + \square + \square + \square + \cdots\,) + \square\,(\,| + \square + \square + \square + \cdots\,)$$
$$= | + \square\,T + \square\,T. \tag{7.2}$$

每一种适用的铺设方式都在每一等式的右边恰好出现一次，故而我们做的都是合理的，即便忽略了第2章里关于"绝对收敛"的警示．这个方程的最后一行告诉我们：T 中的每一种铺设方式要么是零铺设，要么是一个垂直多米诺牌后接 T 中另外某种铺设方式，要么是两个水平多米诺牌后接 T 中另外某种铺设方式．

> 我有直觉：这些和式必定收敛，只要多米诺牌足够小.

所以，现在我们尝试对 T 求解该方程，用 $|\,T$ 代替左边的 T 并从方程的两边减去右边的最后两项，我们得到

$$(\,| - \square - \square\,)\,T = | \tag{7.3}$$

为了做一致性检查，这里给出展开的形式：

$$
\begin{array}{cccccccccc}
 & | & + & \square & + & \square & + & \square & + & \square & + & \square & + & \square & + & \cdots \\
- & & & \square & - & \square & - & \square & - & \square & - & \square & - & \square & - & \cdots \\
- & & & \square & - & \square & - & \square & - & \square & - & \square & - & \square & - & \cdots \\
\hline
 & | & & & & & & & & & & & & & &
\end{array}
$$

最上面一行中的每一项，除了第一项之外都被第二行或者第三行中的某一项所抵消，故而我们的方程是正确的．

到目前为止，给出所研究方程的组合意义还是较为容易的．然而，现在为了对 T 得到一个紧凑的表达式，我们要跨越组合的分水岭．基于对代数的信赖，我们用 $| - \square - \square$ 除方程（7.3）的两边，得到

$$T = \frac{|}{\,| - \square - \square\,}. \tag{7.4}$$

（乘法不是可交换的，而我们并没有对从左边除还是从右边除加以区分，所以我们又面临欺骗之嫌疑．在我们的应用中这是不成问题的，因为 $|$ 与每一项相乘都是可交换的．我们不必过分吹毛求疵，除非放任不羁的想法导致悖论出现．）

下一步是将这个分数展开成幂级数，这里要利用法则

$$\frac{1}{1-z} = 1 + z + z^2 + z^3 + \cdots .$$

零铺设 $|$ 是我们组合算术的乘法恒等元，起着乘法恒等元数1的作用，而 $\square + \square$ 则扮演 z 的角色．于是我们得到展开式

$$\frac{|}{\,| - \square - \square\,} = | + (\square + \square) + (\square + \square)^2 + (\square + \square)^3 + \cdots$$
$$= | + (\square + \square) + (\square + \square + \square + \square)$$
$$+ (\square + \square + \square + \square + \square + \square + \square + \square) + \cdots .$$

这就是 T，不过其中的铺设方式与以前所给出的次序不同. 在这个和式中，每个铺设方式都恰好出现一次，例如，⊞⊟⊟ 在 $(\text{|} + \text{⊟})^7$ 的展开式中出现.

通过对其进行压缩，忽略我们不感兴趣的细节，就可以从这个无限和式中得到有用的信息. 例如，我们可以想象这些模式不粘在一起，且单个的多米诺牌可以相互交换，那么一个像 ⊟⊟⊟ 这样的项就变成了 $\text{|}^4 \square^6$，因为它包含4个垂直的和6个水平的多米诺牌. 将同类项搜集到一起就给出了级数

$$T = \text{|} + \text{|} + \text{|}^2 + \square^2 + \text{|}^3 + 2\,\text{|}\,\square^2 + \text{|}^4 + 3\,\text{|}^2\,\square^2 + \square^4 + \cdots.$$

这里的 $2\,\text{|}\,\square^2$ 表示原有的展开式中的两项，即 ⊟⊟ 和 ⊟⊟，有一个垂直的和两个水平的多米诺牌；类似地，$3\,\text{|}^2\,\square^2$ 表示三项 ⊟⊟、⊟⊟ 以及 ⊟⊟. 我们基本上将 | 和 □ 当作通常的（可交换的）变量来处理.

利用二项式定理，可以对 T 中可交换约定下的系数求出封闭形式：

$$\frac{\text{|}}{\text{|} - (\text{|} + \square^2)} = \text{|} + (\text{|} + \square^2) + (\text{|} + \square^2)^2 + (\text{|} + \square^2)^3 + \dots$$

$$= \sum_{k \geqslant 0} (\text{|} + \square^2)^k$$

$$= \sum_{j,k \geqslant 0} \binom{k}{j} \text{|}^j \square^{2k-2j}$$

$$= \sum_{j,m \geqslant 0} \binom{j+m}{j} \text{|}^j \square^{2m}. \qquad (7.5)$$

（最后一步用 m 代替 $k-j$，这是合法的，因为当 $0 \leqslant k < j$ 时有 $\binom{k}{j} = 0$.）我们得出结论：

$\binom{j+m}{j}$ 是用 j 个垂直的多米诺牌和 $2m$ 个水平的多米诺牌来铺设一个 $2 \times (j+2m)$ 矩形的方法数. 例如，我们最近考虑过 2×10 矩形的铺设方式 ⊟⊟⊟，其中含有4个垂直的和6个水平的多米诺牌，总共有 $\binom{4+3}{4} = 35$ 种铺设方法，故而在可交换的约定下，T 中有一项是 $35\,\text{|}^4\,\square^6$.

我们甚至可以忽略多米诺牌的方向以压缩更多的细节. 假设我们不关注水平/垂直分类，而只想知道 $2 \times n$ 的铺设总数.（实际上，这就是我们一开始就试图要寻求的数 T_n.）我们可以用一个简单的量 z 来代替 | 和 □，从而将必要的信息搜集起来. 我们或许还可以用1代替 |，这就得到

现在我迷失方向了[①].

$$T = \frac{1}{1 - z - z^2}. \qquad (7.6)$$

除了分子中失去一个因子 z，这就是关于斐波那契数的生成函数（6.117），所以我们断定 T 中 z^n 的系数是 F_{n+1}.

---

① 原来书中对垂直和水平的多米诺牌加以区分，而现在为了再次压缩不重要的信息，就简化为不再区分垂直和水平的多米诺牌，用英文表示为disoriented，恰好与'迷失方向'意义相同，故作者以此自嘲表示幽默.

紧凑的表达式 $1/(1-\square-\boxminus)$ 和 $1/(1-\square-\square^2)$，以及我们对 T 推导出来的 $1/(1-z-z^2)$ 都称为**生成函数**（generating function），因为它们生成了我们感兴趣的系数.

附带指出，我们的推导暗指：恰好用 m 对水平多米诺牌铺设 $2\times n$ 矩形的方法数是 $\binom{n-m}{m}$.（理由如下：因为有 $j=n-2m$ 个垂直的多米诺牌，故而按照公式有

$$\binom{j+m}{j}=\binom{j+m}{m}=\binom{n-m}{m}$$

种方式进行铺设.）在第6章里我们注意到，$\binom{n-m}{m}$ 是长度为 n 且包含 m 个划的摩尔斯码数列的个数，事实上容易看出，$2\times n$ 矩形用多米诺牌铺设的方法数直接与摩尔斯码数列相对应（铺设 $\boxminus\boxminus\boxminus\boxminus$ 与 "•–••–•" 相对应）.从而多米诺铺设与第6章里研究过的连项式多项式密切相关.世界真的很小.

我们已经用两种方法求解了 T_n 问题.第一种方法是猜出答案并用归纳法证明它，这要容易一些；第二种方法是利用多米诺模式的无限和式，提炼出感兴趣的系数，这需要更高的技巧.但是，我们利用第二种方法仅仅是因为把多米诺牌当作代数变量一样来使用是一件很有趣的事吗？不，引进第二种方法的真正原因在于，无限和式的方法威力更加强大.第二种方法对许许多多的问题都适用，因为它并不要求我们做出令人难以置信的猜想.

324

我们再向上提升一个档次，推广到一个超出我们猜测能力的问题：用多米诺牌铺设一个 $3\times n$ 矩形有多少种方法 U_n？

这个问题的前面几种情形告诉我们很少的信息.零铺设给出 $U_0=1$.$n=1$ 时，没有合适的铺设方式，因为一个 2×1 多米诺牌不能填满一个 3×1 矩形，而两个 2×1 多米诺牌又放不下.$n=2$ 的情形容易手动完成，它有三种铺设方法 $\boxminus$、$\boxminus$ 以及 $\boxminus$，所以 $U_2=3$.（想到它，我们就已经知道这个结果了，因为上一个问题告诉我们 $T_3=3$，而铺设一个 3×2 矩形的方法数与铺设一个 2×3 矩形的方法数是一样的.）当 $n=3$ 时，与 $n=1$ 时一样，没有铺设方法.我们可以通过快速穷举搜索或者从更高的水平来看问题，从而使我们确信无疑：一个 3×3 矩形的面积是奇数，故而我们不可能用面积是偶数的多米诺牌将它覆盖.（同样的讨论显然对任何奇数的 n 也适用.）最后，当 $n=4$ 时，看起来有大约十多种铺设方法，如果不花时间确保列出的铺设方式的完整性，很难确定其精确的个数.

所以让我们来尝试用上一次取得成功的无限和式方法：

$$U=1+\boxminus+\boxminus+\boxminus+\boxminus\boxminus+\boxminus\boxminus+\boxminus+\boxminus+\boxminus\boxminus+\cdots. \tag{7.7}$$

每一个非零的铺设都是由 $\boxminus$，或者 $\boxminus$，或者 $\boxminus$ 开头的，但不巧的是，这三种可能中的前两种并不能简单地析出因子并再次将 U 留给我们.不过，U 中以 $\boxminus$ 开头的所有项的和可以写成 $\boxminus V$，其中

$$V=\square+\boxminus+\boxminus+\boxminus+\boxminus+\cdots$$

是一个失去左下角的残缺 $3\times n$ 矩形的所有多米诺牌铺设方式之和.类似地，U 中以 $\boxminus$ 开头的项的和可以写成 $\boxminus\Lambda$，其中

$$\Lambda = \square + \boxplus + \boxminus + \boxminus + \boxminus + \cdots$$

由所有缺了左上角的矩形铺设方式组成. 级数 Λ 是 V 的镜像. 这些分解使得我们可以写成

$$U = \ | + \boxminus V + \boxminus \Lambda + \boxminus U.$$

我们也可以分解 V 和 Λ, 因为这样的铺设只可能以两种方式开始:

$$V = \square U + \boxminus V$$
$$\Lambda = \square U + \boxminus \Lambda$$

现在, 关于三个未知数 (U 、V 以及 Λ), 我们有三个方程. 为了求解它们, 可以首先用含 | 325 |
有 U 的项解出 V 和 Λ, 然后再将结果代入关于 U 的方程:

$$V = (\ | - \boxminus)^{-1} \square U, \quad \Lambda = (\ | - \boxminus)^{-1} \square U;$$
$$U = \ | + \boxminus (\ | - \boxminus)^{-1} \square U + \boxminus (\ | - \boxminus)^{-1} \square U + \boxminus U.$$

而最后的方程可以解出 U, 这给出紧凑的公式

$$U = \frac{|}{| - \boxminus (\ | - \boxminus)^{-1} \square - \boxminus (| - \boxminus)^{-1} \square - \boxminus }. \tag{7.8}$$

在另一个班级, 我学习了有关"正则表达式"的知识. 如果我没有弄错的话, 用正则表达式的语言, 我们可以记, $U = (\boxminus$ $\boxminus * \square + \boxminus \boxminus * \square + \boxminus)*$, 所以在正则表达式与生成函数之间必定有某种联系.

恰如 (7.4) 定义了 T 一样, 这个表达式定义了无限和式 U.

下一步是考虑交换性. 当我们将所有的多米诺牌拆解开来并且只用 | 和 □ 的幂时, 每一项都很好地得以简化:

$$
\begin{aligned}
U &= \frac{1}{1 - |^2 \square (1 - \square^3)^{-1} - |^2 \square (1 - \square^3)^{-1} - \square^3} \\
&= \frac{1 - \square^3}{(1 - \square^3)^2 - 2|^2 \square} \\
&= \frac{(1 - \square^3)^{-1}}{1 - 2|^2 \square (1 - \square^3)^{-2}} \\
&= \frac{1}{1 - \square^3} + \frac{2|^2 \square}{(1 - \square^3)^3} + \frac{4|^4 \square^2}{(1 - \square^3)^5} + \frac{8|^6 \square^3}{(1 - \square^3)^7} + \cdots \\
&= \sum_{k \geq 0} \frac{2^k |^{2k} \square^k}{(1 - \square^3)^{2k+1}} \\
&= \sum_{k,m \geq 0} \binom{m+2k}{m} 2^k |^{2k} \square^{k+3m}.
\end{aligned}
$$

(这一推导值得仔细审视. 最后一步用到公式 $(1-w)^{-2k-1} = \sum_m \binom{m+2k}{m} w^m$, 即恒等式 (5.56).)

我们仔细观察最后一行, 以便看出它能告诉我们什么. 首先, 它说的是每个 $3 \times n$ 矩形的铺设要用到偶数个垂直的多米诺牌. 此外, 如果有 $2k$ 个垂直的多米诺牌, 就必定至少有 k 个水

平的，水平多米诺牌的总数必定是 $k+3m$（对某个 $m \geqslant 0$）．最后，用 $2k$ 个垂直的和 $k+3m$ 个水平的多米诺牌的铺设方法数恰好是 $\binom{m+2k}{m} 2^k$．

现在我们能来分析在开始观察 $3 \times n$ 问题时存疑的 3×4 铺设问题了．当 $n=4$ 时，总面积是 12，故而总共需要 6 个多米诺牌．其中有 $2k$ 个垂直的和 $k+3m$ 个水平的（对某个 k 和 m），从而 $2k+k+3m=6$．换句话说，即 $k+m=2$．如果我们没有用垂直的，那么 $k=0$ 且 $m=2$，可能的方法数是 $\binom{2+0}{2} 2^0 = 1$（这计入的是铺设方法 ▤）．如果我们用两个垂直的，那么 $k=1$ 且 $m=1$，有 $\binom{1+2}{1} 2^1 = 6$ 种铺设方式．又如果我们用到四个垂直的，那么 $k=2$ 且 $m=0$，有 $\binom{0+4}{0} 2^2 = 4$ 种铺设方式，总数共有 $U_4 = 11$．一般来说，如果 n 是偶数，这一推理表明 $k+m=\frac{1}{2}n$，故而 $\binom{m+2k}{m} = \binom{n/2+k}{n/2-k}$ 且 $3 \times n$ 矩形的铺设总数是

$$U_n = \sum_k \binom{n/2+k}{n/2-k} 2^k = \sum_m \binom{n-m}{m} 2^{n/2-m} . \tag{7.9}$$

与以前相同，我们可以用 z 来代替▤和▢这两者，这样就得到一个生成函数，它不区分不同种类的多米诺牌．其结果就是

$$U = \frac{1}{1 - z^3(1-z^3)^{-1} - z^3(1-z^3)^{-1} - z^3} = \frac{1-z^3}{1 - 4z^3 + z^6} . \tag{7.10}$$

如果我们将这个商展开成幂级数，就得到

$$U = 1 + U_2 z^3 + U_4 z^6 + U_6 z^9 + U_8 z^{12} + \cdots ,$$

这是数 U_n 的生成函数．（在这个公式的下标和指数之间有一种令人奇怪的错配，不过容易加以解释．例如，z^9 的系数是 U_6，它计算的是 3×6 矩形的铺设方式．这就是我们所想要的，因为每个这样的铺设都包含 9 个多米诺牌．）

我们可以继续分析（7.10）并得到系数的一个封闭形式，不过还是将它保留到这一章的后面，待我们有更多经验之后再来讲述会更好一些．所以我们暂时离开多米诺这个话题，进入下一个已广告过的问题，即"换零钱"．

付 50 美分有多少种方法？我们假设必须用 1 美分硬币 ①、5 美分硬币 ⑤、1 角硬币 ⑩、25 美分硬币 ㉕以及 50 美分硬币 ㊿支付．乔治·波利亚[298]曾经以富有教益的方式指出这个问题可以用生成函数来解决，这使得该问题广为人知．

我们来建立表示给出换零钱所有可能方式的无限和式，正如我们对表示所有多米诺模式的无限和式进行研究以试图解决多米诺牌问题一样．最简单的方法是先研究较少的几种硬币，所以首先假设除了 1 美分的硬币之外别无其他辅币．所有用某个数目的 1 美分（仅有的美分）作为换零钱的方法总数可以写成

啊，是的，我记得什么时候我们有过半个美元．

$$P = \cancel{1} + ① + ①① + ①①① + ①①①① + \cdots$$
$$= \cancel{1} + ① + ①^2 + ①^3 + ①^4 + \cdots.$$

327

第一项表示没有用硬币，第二项表示用一个1美分硬币，然后是两个1美分硬币，三个1美分硬币，如此等等. 现在，如果允许我们既可以使用1美分硬币，又可以用5美分硬币，所有可能的表示方法之和就是

$$N = P + ⑤P + ⑤⑤P + ⑤⑤⑤P + ⑤⑤⑤⑤P + \cdots$$
$$= (\cancel{5} + ⑤ + ⑤^2 + ⑤^3 + ⑤^4 + \cdots)P,$$

因为每一种支付都要从第一个因子中选取某个数目的5美分硬币，从 P 中选取某个数目的1美分硬币.（注意，N 不是和式 $\cancel{1} + ① + ⑤ + (① + ⑤)^2 + (① + ⑤)^3 + \cdots$，因为这样一个和式包含多于一种的许多类型的支付方式. 例如，项 $(① + ⑤)^2 = ①① + ①⑤ + ⑤① + ⑤⑤$ 把 ①⑤ 和 ⑤① 处理成不同的项，但是我们想把每一组硬币仅仅列出一次，而不关心其中硬币的次序.）

类似地，如果还允许用10美分的硬币，我们就得到无限和式

$$D = (\cancel{10} + ⑩ + ⑩^2 + ⑩^3 + ⑩^4 + \cdots)N,$$

当它完全展开时，包含了像 $⑩^3⑤^3①^5 = ⑩⑩⑩⑤⑤⑤①①①①①$ 这样的项. 其中的每一项都是换零钱的一种不同的方法. 再将25美分、50美分分别加入到可选用的范围之中就给出

王国的硬币.

$$Q = (\cancel{25} + ㉕ + ㉕^2 + ㉕^3 + ㉕^4 + \cdots)D;$$
$$C = (\cancel{50} + ㊿ + ㊿^2 + ㊿^3 + ㊿^4 + \cdots)Q.$$

我们的问题就是求 C 中恰好值50美分的项数.

一个简单的技巧就能很好地解决这个问题：我们可以用 z 代替①，用 z^5 代替⑤，用 z^{10} 代替⑩，用 z^{25} 代替㉕，而用 z^{50} 代替㊿. 这样每一项都被 z^n 代替了，其中 n 是原来那一项的币值. 例如，项 ㊿ ⑩ ⑤ ⑤ ① 变成 $z^{50+10+5+5+1} = z^{71}$. 支付13美分的四种方法，就是 ⑩ ①^3、⑤ ①^8、⑤^2 ①^3 以及 ① ^{13}，它们每一个都简化为 z^{13}，因此，在用 z 替代之后，z^{13} 的系数是4.

设 P_n、N_n、D_n、Q_n 和 C_n 是在分别允许用价值至多为1、5、10、25和50美分硬币支付 n 美分的方法数. 由我们的分析得知，这些就是在相应的幂级数

$$P = 1 + z + z^2 + z^3 + z^4 + \cdots,$$
$$N = (1 + z^5 + z^{10} + z^{15} + z^{20} + \cdots)P,$$
$$D = (1 + z^{10} + z^{20} + z^{30} + z^{40} + \cdots)N,$$
$$Q = (1 + z^{25} + z^{50} + z^{75} + z^{100} + \cdots)D,$$
$$C = (1 + z^{50} + z^{100} + z^{150} + z^{200} + \cdots)Q.$$

328

实际上有多少1美分硬币？如果 n 大于 10^{10}，我打赌在"真实世界"中有 $P_n = 0$.[①]

中 z^n 的系数. 显然，对所有 $n \geqslant 0$ 都有 $P_n = 1$. 稍微思考一下就能证明有 $N_n = \lfloor n/5 \rfloor + 1$：要用1美分和5美分硬币支付 n 美分，必须选取0个，或者1个，或者……或者 $\lfloor n/5 \rfloor$ 个5美分，之后就只有一种方式提供1美分硬币所需的个数. 于是 P_n 和 N_n 简单，而 D_n、Q_n 和 C_n 的值变得越来越复杂.

[①] 真实世界里硬币是有限的，如果金额太大，将不可能用硬币兑换.

处理这些公式的一种方法是，要知道 $1+z^m+z^{2m}+\cdots$ 正好就是 $1/(1-z^m)$，从而我们可以记

$$
\begin{aligned}
P &= 1/(1-z),\\
N &= P/(1-z^5),\\
D &= N/(1-z^{10}),\\
Q &= D/(1-z^{25}),\\
C &= Q/(1-z^{50}).
\end{aligned}
$$

用分母来乘，就有

$$
\begin{aligned}
(1-z)P &= 1,\\
(1-z^5)N &= P,\\
(1-z^{10})D &= N,\\
(1-z^{25})Q &= D,\\
(1-z^{50})C &= Q.
\end{aligned}
$$

现在我们可以让这些方程中 z^n 的系数相等，这就得到递归关系，由它们可以很快计算出所要的系数：

$$
\begin{aligned}
P_n &= P_{n-1}+[n=0],\\
N_n &= N_{n-5}+P_n,\\
D_n &= D_{n-10}+N_n,\\
Q_n &= Q_{n-25}+D_n,\\
C_n &= C_{n-50}+Q_n.
\end{aligned}
$$

例如，$D=(1-z^{25})Q$ 中 z^n 的系数等于 Q_n-Q_{n-25}，故而必定有 $Q_n-Q_{n-25}=D_n$，如断言的一样.

例如，我们可以将这些递归式展开，发现 $Q_n=D_n+D_{n-25}+D_{n-50}+D_{n-75}+\cdots$，当下标变成负数时此式终止. 这种非迭代的形式很方便，因为每个系数都只用一次加法计算，如同在帕斯卡三角形中那样.

我们用这个递归式来求 C_{50}. 首先，$C_{50}=C_0+Q_{50}$，故而我们想知道 Q_{50}. 而 $Q_{50}=Q_{25}+D_{50}$ 且 $Q_{25}=Q_0+D_{25}$，所以我们又想知道 D_{50} 和 D_{25}. 这些 D_n 依次与 D_{40}、D_{30}、D_{20}、D_{15}、D_{10}、D_5 以及 N_{50}、N_{45}、$\cdots$、N_5 有关. 这样一来，简单的计算就能确定所有必要的系数.

n	0	5	10	15	20	25	30	35	40	45	50
P_n	1	1	1	1	1	1	1	1	1	1	1
N_n	1	2	3	4	5	6	7	8	9	10	11
D_n	1	2	4	6	9	12	16		25		36
Q_n	1					13					49
C_n	1										50

上表中最后的值给出了答案 C_{50}：恰好有50种方式留下50美分小费.

关于 C_n 的封闭形式呢? 将这些方程相乘在一起就给出紧凑的表达式

329

（没有考虑用信用卡付小费.）

$$C = \frac{1}{1-z} \frac{1}{1-z^5} \frac{1}{1-z^{10}} \frac{1}{1-z^{25}} \frac{1}{1-z^{50}}, \qquad (7.11)$$

但是，怎样从这里得到 z^n 的系数却并不显然．所幸的是有一种方法，在这一章的后面我们将要回到这个问题．

如果考虑这样一个问题：假设我们所生活的国度铸造了每一个正整数钱币单位的硬币（①，②，③，⋯），而不仅仅只有前面那五种允许的硬币，那么就会出现更为精巧的公式．对应的生成函数是分式的一个无穷乘积

$$\frac{1}{(1-z)(1-z^2)(1-z^3)\cdots},$$

而当这些因子完全乘开之后，z^n 的系数称为 $p(n)$，即 n 的划分（partition）的个数．n 的一个划分是将 n 表示成正整数之和的一个表示，不考虑次序．例如，5有7种不同的划分，即

$$5 = 4+1 = 3+2 = 3+1+1 = 2+2+1 = 2+1+1+1 = 1+1+1+1+1,$$

从而 $p(5) = 7$．（还有 $p(2) = 2$、$p(3) = 3$、$p(4) = 5$ 以及 $p(6) = 11$，从前面这些看起来，就好像 $p(n)$ 总是素数，但是 $p(7) = 15$，就破坏了这一模式．）对 $p(n)$ 没有封闭形式，但是划分的理论是数学中一个饶有趣味的分支，其中有许多非同寻常的发现．例如，拉马努金曾经通过对生成函数做巧妙的变换，证明了 $p(5n+4) \equiv 0 \pmod 5$、$p(7n+5) \equiv 0 \pmod 7$ 以及 $p(11n+6) \equiv 0 \pmod{11}$（见参考文献Andrews[11，第10章]）.

330

7.2　基本策略　BASIC MANEUVERS

现在，我们来更仔细地观察使得幂级数更加强有力的技术．

首先就术语和记号说几句．通用的生成函数有

$$G(z) = g_0 + g_1 z + g_2 z^2 + \cdots = \sum_{n \geqslant 0} g_n z^n \qquad (7.12)$$

的形式，我们说 $G(z)$（或者简称为 G）是数列 $\langle g_0, g_1, g_2, \cdots \rangle$（也称为 $\langle g_n \rangle$）的生成函数．$G(z)$ 中 z^n 的系数 g_n 常记为 $\left[z^n \right] G(z)$，像5.4节中那样．

（7.12）中的和式取遍所有的 $n \geqslant 0$，但是我们常常发现将和式延拓至取所有整数更加方便．直接令 $g_{-1} = g_{-2} = \cdots = 0$ 即可做到这一点．在这种情形下，我们仍然可以谈论数列 $\langle g_0, g_1, g_2, \cdots \rangle$，就好像对取负数的 n，g_n 不曾存在一样．

当我们处理生成函数时，会出现两种"封闭形式"．对 $G(z)$，我们可能会有一个用 z 表示的封闭形式，或者会对 g_n 有一个用 n 表示的封闭形式．例如，斐波那契数的生成函数就有封闭形式 $z/(1-z-z^2)$，斐波那契数本身还有封闭形式 $(\phi^n - \hat{\phi}^n)/\sqrt{5}$．上下文中会说明指的是哪一种封闭形式．

现在还要对看问题的视角谈几句话．生成函数 $G(z)$ 显现为两种不同的实体，这依赖于我们怎样去看待它．有时候它是一个复变量 z 的函数，该函数满足微积分书中所证明过的所有标准性质．而有时它只是一个形式幂级数，其中 z 的作用是一个占位符号．例如，在上一

节里的第二种方法，我们见过若干个例子，在这些例子中 z 是由某种对象所组成的一个"和式"中一个组合对象的某个特征的替代物。这样，z^n 的系数就是以那种特征出现 n 次的组合对象的个数。

当我们把 $G(z)$ 视为一个复变量的函数时，它的收敛性就成为一个问题。我们在第 2 章里说过，无穷级数 $\sum_{n \geqslant 0} g_n z^n$（绝对）收敛当且仅当存在一个有界常数 A，使得对任何 N，有限和式 $\sum_{0 \leqslant n \leqslant N} \left| g_n z^n \right|$ 永远不会超过 A。这样一来就容易看出，如果 $\sum_{n \geqslant 0} g_n z^n$ 对某个值 $z = z_0$ 收敛，那么它也对所有满足 $|z| < |z_0|$ 的 z 收敛。此外，我们必定有 $\lim_{n \to \infty} \left| g_n z_0^n \right| = 0$，因此，按照第 9 章的记法，如果在 z_0 处收敛，就有 $g_n = O\left(\left| 1 / z_0 \right|^n \right)$。而反过来，如果 $g_n = O(M^n)$，则级数 $\sum_{n \geqslant 0} g_n z^n$ 对所有 $|z| < 1 / M$ 都收敛。这些就是有关幂级数收敛性的基本事实。

[331]
但是对我们的目的来说，收敛性通常会转移我们的注意力，除非我们打算研究系数的渐近性状。我们可以严格地证明生成函数所做的几乎每一个运算都能作为形式幂级数上的运算是合法的，而且这样的运算即便在级数不收敛时也是合法的。（有关的理论可以在 Bell[23]，Niven[282] 以及 Henrici[182，第 1 章] 等文献中找到。）

此外，即使不考虑所有告诫，且未采用任何严格的合理步骤推导公式，我们一般也都可以采用推导的结果并用归纳法予以证明。例如，斐波那契数的生成函数仅当 $|z| < 1 / \phi \approx 0.618$ 时才收敛，但是我们并不需要知道什么时候证明了公式 $F_n = \left(\phi^n - \hat{\phi}^n \right) / \sqrt{5}$。一旦发现了后面这个公式，如果我们不相信形式幂级数的理论，就可以直接验证。于是，我们在这一章里忽略了收敛性问题，与其说它有帮助，还不如说它是一个障碍。

有关看问题的视角我们就谈这么多。接下来要来观察我们对生成函数进行改造的主要工具——相加、平移、改换变量、微分、积分以及相乘。在下面，除非有别的规定，我们都假设 $F(z)$ 和 $G(z)$ 是数列 $\langle f_n \rangle$ 和 $\langle g_n \rangle$ 的生成函数。我们还假设，对于取负值的 n，f_n 和 g_n 的值均为零，因为这会给我们省去有关求和界限的争论。

很明显，将 F 和 G 的常数倍加在一起时：

$$\alpha F(z) + \beta G(z) = \alpha \sum_n f_n z^n + \beta \sum_n g_n z^n$$
$$= \sum_n (\alpha f_n + \beta g_n) z^n. \tag{7.13}$$

这给出了数列 $\langle \alpha f_n + \beta g_n \rangle$ 的生成函数。

平移一个生成函数并不太困难。将 $G(z)$ 向右平移 m 位，也就是说，要构造前面有 m 个 0 的数列 $\langle 0, \cdots, 0, g_0, g_1, \cdots \rangle = \langle g_{n-m} \rangle$ 的生成函数，我们直接用 z^m 来乘：

$$z^m G(z) = \sum_n g_n z^{n+m} = \sum_n g_{n-m} z^n, \quad \text{整数 } m \geqslant 0. \tag{7.14}$$

如果物理学家可以时而把光线看成为波，时而把光线看成为粒子，那么数学家也能用两种不同的方式看待生成函数。

即使我们从弹簧床垫中去掉标签。[①]

---

① 在美国购买床垫，常会附着写有"请勿去掉此标签，否则将受法律惩处"的标签。至于标签作何用途以及为何不能撕去标签，一般无人知晓。普通人也不愿尝试这样做，以免陷入不可预料之纠纷。

这就是在第6章求斐波那契数的封闭形式时，与加法一起为推导出方程 $(1-z-z^2)F(z) = z$ 而用过的运算（两次）.

将 $G(z)$ 向左平移 m 位，也就是说，要构造前面 m 个元素被删除的数列 $\langle g_m, g_{m+1}, g_{m+2}, \cdots \rangle = \langle g_{n+m} \rangle$ 的生成函数——我们减去前 m 项，然后用 z^m 来除：

$$\frac{G(z) - g_0 - g_1 z - \cdots - g_{m-1} z^{m-1}}{z^m} = \sum_{n \geq m} g_n z^{n-m} = \sum_{n \geq 0} g_{n+m} z^n. \tag{7.15}$$

（除非 $g_0 = \cdots = g_{m-1} = 0$，否则我们不能将最后那个和式扩大到对所有 n 求和. ）

用常数倍代替 z 是另一个小技巧：

$$G(cz) = \sum_n g_n (cz)^n = \sum_n c^n g_n z^n, \tag{7.16}$$

这就得到了数列 $\langle c^n g_n \rangle$ 的生成函数. 特殊情形 $c = -1$ 特别有用.

我们常常会希望将一个因子 n 挪下来放到系数里. 借助微分，我们能做到：

$$G'(z) = g_1 + 2g_2 z + 3g_3 z^2 + \cdots = \sum_n (n+1) g_{n+1} z^n. \tag{7.17}$$

我害怕生成函数这种疾病. [1]

向右移一位就给出一个有时更为有用的形式

$$zG'(z) = \sum_n n g_n z^n. \tag{7.18}$$

这就是数列 $\langle n g_n \rangle$ 的生成函数. 重复微分，我们可以用 n 的任何想要的多项式乘 g_n.

微分的逆运算——积分使我们可以用 n 来除它的项：

$$\int_0^z G(t) \mathrm{d}t = g_0 z + \frac{1}{2} g_1 z^2 + \frac{1}{3} g_2 z^3 + \cdots = \sum_{n \geq 1} \frac{1}{n} g_{n-1} z^n. \tag{7.19}$$

（注意，常数项是零. ）如果我们想要的是 $\langle g_n / n \rangle$ 而不是 $\langle g_{n-1} / n \rangle$ 的生成函数，首先应该向左移一位，在积分中用 $(G(t) - g_0)/t$ 代替 $G(t)$.

最后，看看怎样将生成函数相乘在一起：

$$\begin{aligned} F(z)G(z) &= (f_0 + f_1 z + f_2 z^2 + \cdots)(g_0 + g_1 z + g_2 z^2 + \cdots) \\ &= (f_0 g_0) + (f_0 g_1 + f_1 g_0)z + (f_0 g_2 + f_1 g_1 + f_2 g_0)z^2 + \cdots \\ &= \sum_n \left(\sum_k f_k g_{n-k} \right) z^n. \end{aligned} \tag{7.20}$$

如同我们在第5章里注意到的，这给出了数列 $\langle h_n \rangle$ 的生成函数，即 $\langle f_n \rangle$ 和 $\langle g_n \rangle$ 的**卷积**（convolution）的生成函数. 和式 $h_n = \sum_k f_k g_{n-k}$ 可以写成 $h_n = \sum_{k=0}^n f_k g_{n-k}$，因为当 $k < 0$ 时 $f_k = 0$，而当 $k > n$ 时 $g_{n-k} = 0$. 乘法/卷积要比其他的运算稍微复杂一点，但它很有用——它是如此有用，以致于我们将要用整个7.5节来介绍关于它的例子.

---

[1] 旁注的英文是 "I fear d generating function dz's"，其双关谐音是 "I fear the generating function disease".

乘法有若干特殊的情形值得我们把它们本身作为运算加以考虑. 我们已经看到其中的一个: 当 $F(z)=z^m$ 时, 我们得到平移运算 (7.14). 在那种情形, 和式 h_n 变成单独一项 g_{n-m},

333　因为除了 $f_m=1$ 之外, 所有的 f_k 都是0.

当 $F(z)$ 是熟悉的函数 $1/(1-z)=1+z+z^2+\cdots$ 时, 就会出现另一种有用的情形, 此时所有的 f_k (对 $k\geqslant 0$) 都是1, 我们就有重要的公式

$$\frac{1}{1-z}G(z)=\sum_n\left(\sum_{k\geqslant 0}g_{n-k}\right)z^n=\sum_n\left(\sum_{k\leqslant n}g_k\right)z^n. \tag{7.21}$$

用 $1/(1-z)$ 来乘一个生成函数, 就得出了原来数列的累积和式数列的生成函数.

表7-1总结了目前为止我们讨论过的运算. 为了有效地运用这些运算, 建立生成函数的一整套强有力的方法以备以后使用是很有帮助的. 表7-2列出了最简单的结果, 我们可以以那些结果为出发点并解决相当多问题.

表7-1　生成函数运算

$$\alpha F(z)+\beta G(z)=\sum_n(\alpha f_n+\beta g_n)z^n$$

$$z^m G(z)=\sum_n g_{n-m}z^n,\quad\text{整数 } m\geqslant 0$$

$$\frac{G(z)-g_0-g_1z-\cdots-g_{m-1}z^{m-1}}{z^m}=\sum_{n\geqslant 0}g_{n+m}z^n,\quad\text{整数 } m\geqslant 0$$

$$G(cz)=\sum_n c^n g_n z^n$$

$$G'(z)=\sum_n(n+1)g_{n+1}z^n$$

$$zG'(z)=\sum_n ng_n z^n$$

$$\int_0^z G(t)\mathrm{d}t=\sum_{n\geqslant 1}\frac{1}{n}g_{n-1}z^n$$

$$F(z)G(z)=\sum_n\left(\sum_k f_k g_{n-k}\right)z^n$$

$$\frac{1}{1-z}G(z)=\sum_n\left(\sum_{k\leqslant n}g_k\right)z^n$$

334　表7-2中的每一个生成函数都足够重要, 应该记住. 它们中有许多是另外一些生成函数的特殊情形, 其中有许多可以利用表7-1中的基本运算从其他公式中很快推导出来, 因而记忆起来并不很困难.

335　例如数列 $\langle 1,2,3,4,\cdots\rangle$, 它的生成函数 $1/(1-z)^2$ 常常是有用的. 这个生成函数大概出现在表7-2的中间位置, 且它是出现在表中更下面的 $\left\langle 1,\binom{m+1}{m},\binom{m+2}{m},\binom{m+3}{m},\cdots\right\rangle$ 当 $m=1$ 时的特殊情形, 它也是密切相关的数列 $\left\langle 1,c,\binom{c+1}{2},\binom{c+2}{3},\cdots\right\rangle$ 当 $c=2$ 时的特殊情形. 我们可

提示: 如果该数列由二项式系数组成, 那么它的生成函数通常都包含一个二项式 $1\pm z$.

以如同在（7.21）中那样通过取累积和式，即用 $(1-z)$ 来除 $1/(1-z)$，从而从 $\langle 1,1,1,1,\cdots\rangle$ 的生成函数将它推导出来，或者利用（7.17），用微分法从 $\langle 1,1,1,1,\cdots\rangle$ 将它推导出来.

好的，好的，我已经
被说服了.

表7-2　简单的数列及其生成函数

数　　列	生成函数	封闭形式
$<1,0,0,0,0,0,\cdots>$	$\sum_{n\geq 0}[n=0]z^n$	1
$<0,\ldots,0,1,0,0,\cdots>$	$\sum_{n\geq 0}[n=m]z^n$	z^m
$<1,1,1,1,1,1,\cdots>$	$\sum_{n\geq 0}z^n$	$\dfrac{1}{1-z}$
$<1,-1,1,-1,1,-1,\cdots>$	$\sum_{n\geq 0}[-1]^n z^n$	$\dfrac{1}{1+z}$
$<1,0,1,0,1,0,\cdots>$	$\sum_{n\geq 0}[2\backslash n]z^n$	$\dfrac{1}{1-z^2}$
$<1,0,\cdots,0,1,0,\cdots,0,1,0,\cdots>$	$\sum_{n\geq 0}[m\backslash n]z^n$	$\dfrac{1}{1-z^m}$
$<1,2,3,4,5,6,\cdots>$	$\sum_{n\geq 0}(n+1)z^n$	$\dfrac{1}{(1-z)^2}$
$<1,2,4,8,16,32,\cdots>$	$\sum_{n\geq 0}2^n z^n$	$\dfrac{1}{1-2z}$
$<1,4,6,4,1,0,0,\cdots>$	$\sum_{n\geq 0}\binom{4}{n}z^n$	$(1+z)^4$
$\left\langle 1,c,\binom{c}{2},\binom{c}{3},\ldots\right\rangle$	$\sum_{n\geq 0}\binom{c}{n}z^n$	$(1+z)^c$
$\left\langle 1,c,\binom{c+1}{2},\binom{c+2}{3},\ldots\right\rangle$	$\sum_{n\geq 0}\binom{c+n-1}{n}z^n$	$\dfrac{1}{(1-z)^c}$
$<1,c,c^2,c^3,\ldots>$	$\sum_{n\geq 0}c^n z^n$	$\dfrac{1}{1-cz}$
$\left\langle 1,\binom{m+1}{m},\binom{m+2}{m},\binom{m+3}{m},\cdots\right\rangle$	$\sum_{n\geq 0}\binom{m+n}{m}z^n$	$\dfrac{1}{(1-z)^{m+1}}$
$\left\langle 0,1,\dfrac{1}{2},\dfrac{1}{3},\dfrac{1}{4},\ldots\right\rangle$	$\sum_{n\geq 1}\dfrac{1}{n}z^n$	$\ln\dfrac{1}{1-z}$
$\left\langle 0,1,-\dfrac{1}{2},\dfrac{1}{3},-\dfrac{1}{4},\ldots\right\rangle$	$\sum_{n\geq 1}\dfrac{(-1)^{n+1}}{n}z^n$	$\ln(1+z)$
$\left\langle 1,1,\dfrac{1}{2},\dfrac{1}{6},\dfrac{1}{24},\dfrac{1}{120},\ldots\right\rangle$	$\sum_{n\geq 0}\dfrac{1}{n!}z^n$	e^z

数列 $\langle 1,0,1,0,\cdots\rangle$ 是另外一个其生成函数可以用多种方法得出的例子. 在恒等式 $\sum_n z^n = 1/(1-z)$ 中用 z^2 代替 z，我们显然能得出公式 $\sum_n z^{2n}=1/(1-z^2)$. 我们还可以对数列 $\langle 1,-1,1,-1,\cdots\rangle$ 应用累积求和法，此数列的生成函数是 $1/(1+z)$，由此得到

$1/(1+z)(1-z)=1/(1-z^2)$. 还有第三种方法, 它基于提取任何一个给定数列的标号为偶数的项 $\langle g_0,0,g_2,0,g_4,0,\cdots\rangle$ 的一般性方法: 如果把 $G(-z)$ 加到 $G(+z)$ 上, 就得到

$$G(z)+G(-z)=\sum_n g_n\left(1+(-1)^n\right)z^n=2\sum_n g_n[n\text{是偶数}]z^n,$$

于是

$$\frac{G(z)+G(-z)}{2}=\sum_n g_{2n}z^{2n}. \tag{7.22}$$

可以类似地提取标号为奇数的项

$$\frac{G(z)-G(-z)}{2}=\sum_n g_{2n+1}z^{2n+1}. \tag{7.23}$$

在 $g_n=1$ 和 $G(z)=1/(1-z)$ 的特殊情形, $\langle 1,0,1,0,\cdots\rangle$ 的生成函数是

$$\frac{1}{2}\big(G(z)+G(-z)\big)=\frac{1}{2}\left(\frac{1}{1-z}+\frac{1}{1+z}\right)=\frac{1}{1-z^2}.$$

我们来尝试对斐波那契数的生成函数使用这一提取技巧. 我们知道 $\sum_n F_n z^n=z/(1-z-z^2)$, 因此

$$\sum_n F_{2n}z^{2n}=\frac{1}{2}\left(\frac{z}{1-z-z^2}+\frac{-z}{1+z-z^2}\right)$$

$$=\frac{1}{2}\left(\frac{z+z^2-z^3-z+z^2+z^3}{\left(1-z^2\right)^2-z^2}\right)=\frac{z^2}{1-3z^2+z^4}.$$

这就生成数列 $\langle F_0,0,F_2,0,F_4,\cdots\rangle$, 故而交错取 F 的数列 $\langle F_0,F_2,F_4,F_6,\cdots\rangle=\langle 0,1,3,8,\cdots\rangle$ 就有简单的生成函数

336

$$\sum_n F_{2n}z^n=\frac{z}{1-3z+z^2}. \tag{7.24}$$

7.3   解递归式   SOLVING RECURRENCES

现在, 我们集中关注生成函数的一个最重要的用途: 求解递归关系.

给定一个满足某个递归式的数列 $\langle g_n\rangle$, 我们要对 g_n 寻求一个用 n 表示的封闭形式. 通过生成函数来求解这个问题有4步, 这些步骤几乎都相当机械, 可以在计算机上编程实现.

(1) 用这个数列中的其他元素写出一个表示 g_n 的单个方程. 这个方程应该对所有整数 n 都成立, 假设 $g_{-1}=g_{-2}=\cdots=0$.

(2) 用 z^n 乘该方程的两边, 并对所有的 n 求和. 左边就给出和式 $\sum_n g_n z^n$, 就是生成函数 $G(z)$. 右边的处理应该使得它变成包含 $G(z)$ 的另外一个表达式.

(3) 解所得到的方程，得到 $G(z)$ 的封闭形式.

(4) 将 $G(z)$ 展开成幂级数并取出 z^n 的系数，这就是 g_n 的封闭形式.

这个方法能成功，是因为以单个函数 $G(z)$ 表示出整个数列 $\langle g_n \rangle$ 时，许多做法都有可能实现.

例1 再探斐波那契数

我们重做第6章给出的斐波那契数的推导. 在那一章里我们学习了一种新的方法，从而摸索出一条路，现在我们可以更系统地来做. 给出的递归式是

$$g_0 = 0 ; \quad g_1 = 1 ;$$
$$g_n = g_{n-1} + g_{n-2} , \quad n \geqslant 2 .$$

我们要根据上面的4个步骤求出 g_n 的封闭形式.

第(1)步告诉我们要把递归式写成关于 g_n 的"单个方程". 我们可以写成

$$g_n = \begin{cases} 0, & n \leqslant 0 ; \\ 1, & n = 1 ; \\ g_{n-1} + g_{n-2}, & n > 1 . \end{cases}$$

但这是蒙骗. 第(1)步实际上是要给出一个不包含按照不同情况分列的公式. 单个方程

$$g_n = g_{n-1} + g_{n-2}$$

对 $n \geqslant 2$ 有效，当 $n \leqslant 0$ 时它也成立（因为我们有 $g_0 = 0$ 以及 $g_{负值} = 0$）. 但是当 $n = 1$ 时，我 |337| 们在左边得到1，而在右边却得到0. 幸运的是这个问题容易解决，因为可以在右边加入 $[n = 1]$，这就当 $n = 1$ 时增加了1，而当 $n \neq 1$ 时不发生改变. 所以我们就有

$$g_n = g_{n-1} + g_{n-2} + [n = 1] ,$$

这就是第(1)步所要的方程.

现在第(2)步要求我们将关于 $\langle g_n \rangle$ 的方程变换成关于 $G(z) = \sum_n g_n z^n$ 的方程. 这项工作并不困难：

$$\begin{aligned} G(z) = \sum_n g_n z^n &= \sum_n g_{n-1} z^n + \sum_n g_{n-2} z^n + \sum_n [n = 1] z^n \\ &= \sum_n g_n z^{n+1} + \sum_n g_n z^{n+2} + z \\ &= zG(z) + z^2 G(z) + z . \end{aligned}$$

在这种情形，第(3)步也很简单，我们有

$$G(z) = \frac{z}{1 - z - z^2} ,$$

得到这个结果当然毫不奇怪.

第(4)步是关键的一步. 在第6章里，我们靠突然闪现的灵感完成了这一步，现在让我们放慢脚步，以便在遇到更困难的问题时能够安全通过第(4)步. 当我们将 $z / (1 - z - z^2)$ 展开成幂级数时，z^n 的系数 $[z^n] \dfrac{z}{1 - z - z^2}$ 是什么？更一般地，如果给定任何一个有理函数

$$R(z) = \frac{P(z)}{Q(z)},$$

其中 P 和 Q 是多项式，那么系数 $[z^n]R(z)$ 是什么呢？

有一类有理函数，其系数特别适宜，即

$$\frac{a}{(1-\rho z)^{m+1}} = \sum_{n \geq 0} \binom{m+n}{m} a\rho^n z^n. \tag{7.25}$$

（ $\rho = 1$ 的情形出现在表7-2中，用 ρz 代替 z 并乘以 a ，我们得到一般的公式.）一个与（7.25）相像的由函数组成的有限和式

$$S(z) = \frac{a_1}{(1-\rho_1 z)^{m_1+1}} + \frac{a_2}{(1-\rho_2 z)^{m_2+1}} + \cdots + \frac{a_l}{(1-\rho_l z)^{m_l+1}} \tag{7.26}$$

338 也有很好的系数

$$[z^n]S(z) = a_1\binom{m_1+n}{m_1}\rho_1^n + a_2\binom{m_2+n}{m_2}\rho_2^n + \cdots + a_l\binom{m_l+n}{m_l}\rho_l^n. \tag{7.27}$$

我们要证明每个满足 $R(0) \neq \infty$ 的有理函数 $R(z)$ 都可以表示成

$$R(z) = S(z) + T(z), \tag{7.28}$$

其中 $S(z)$ 形如（7.26），而 $T(z)$ 则是一个多项式. 于是，对系数 $[z^n]R(z)$ 就有一个封闭形式. 求 $S(z)$ 和 $T(z)$ 就等价于求 $R(z)$ 的"部分分式展开式".

注意，当 z 取值 $1/\rho_1, \cdots, 1/\rho_l$ 时有 $S(z) = \infty$. 这样一来，如果我们希望成功地将 $R(z)$ 表示成 $S(z) + T(z)$ 这种形式，需要求的数 ρ_k 就必定是数 α_k 的倒数，这里 $Q(\alpha_k) = 0$.（记住 $R(z) = P(z)/Q(z)$ ，其中 P 和 Q 是多项式，仅当 $Q(z) = 0$ 时有 $R(z) = \infty$.）

假设 $Q(z)$ 形如

$$Q(z) = q_0 + q_1 z + \cdots + q_m z^m, \quad 其中 q_0 \neq 0 且 q_m \neq 0.$$

其"反射"多项式

$$Q^R(z) = q_0 z^m + q_1 z^{m-1} + \cdots + q_m$$

与 $Q(z)$ 有重要的关系：

$$Q^R(z) = q_0(z-\rho_1)\cdots(z-\rho_m) \Leftrightarrow Q(z) = q_0(1-\rho_1 z)\cdots(1-\rho_m z).$$

于是， Q^R 的根是 Q 的根的倒数，且反之亦然. 这样一来，通过对反射多项式 $Q^R(z)$ 进行因子分解，我们就能找到要寻求的数 ρ_k .

例如，在斐波那契数的情形中，我们有

$$Q(z) = 1 - z - z^2, \quad Q^R(z) = z^2 - z - 1.$$

Q^R 的根可以通过在二次求根公式 $\left(-b \pm \sqrt{b^2 - 4ac}\right)/2a$ 中取 $(a, b, c) = (1, -1, -1)$ 得到，我们求得它们是

$$\phi = \frac{1+\sqrt 5}{2} \text{ 和 } \hat\phi = \frac{1-\sqrt 5}{2}.$$

从而有 $Q^R(z) = (z-\phi)(z-\hat\phi)$ 以及 $Q(z) = (1-\phi z)(1-\hat\phi z)$.

339

一旦我们找到了诸数 ρ，就能接下去求出其部分分式展开式. 如果所有的根都不相同，就最简单不过了，所以让我们首先考虑特殊情形. 我们也许会正式地陈述并证明一般性的结果.

不同根的有理展开定理

如果 $R(z) = P(z)/Q(z)$，其中 $Q(z) = q_0(1-\rho_1 z)\cdots(1-\rho_l z)$ 而诸数 $(\rho_1,\cdots,\rho_l)$ 均不相同，又如果 $P(z)$ 是一个次数小于 l 的多项式，那么

$$[z^n]R(z) = a_1\rho_1^n + \cdots + a_l\rho_l^n, \quad \text{其中 } a_k = \frac{-\rho_k P(1/\rho_k)}{Q'(1/\rho_k)}. \tag{7.29}$$

证明：设 $a_1,\cdots,a_l$ 是所说的常数. 如果 $R(z) = P(z)/Q(z)$ 等于

$$S(z) = \frac{a_1}{1-\rho_1 z} + \cdots + \frac{a_l}{1-\rho_l z},$$

那么公式（7.29）成立. 而通过证明当 $z \to 1/\rho_k$ 时函数 $T(z) = R(z) - S(z)$ 并非无限，就能证明 $R(z) = S(z)$. 因为这就表明有理函数 $T(z)$ 从不为无限，因此 $T(z)$ 必定是多项式. 我们还能证明，当 $z \to \infty$ 时有 $T(z) \to 0$，从而 $T(z)$ 必定为零.

设 $\alpha_k = 1/\rho_k$. 为了证明 $\lim_{z\to\alpha_k} T(z) \neq \infty$，只需要证明 $\lim_{z\to\alpha_k}(z-\alpha_k)T(z) = 0$ 就够了，因为 $T(z)$ 是 z 的有理函数. 从而我们希望能证明

$$\lim_{z\to\alpha_k}(z-\alpha_k)R(z) = \lim_{z\to\alpha_k}(z-\alpha_k)S(z).$$

它右边的极限等于 $\lim_{z\to\alpha_k} a_k(z-\alpha_k)/(1-\rho_k z) = -a_k/\rho_k$，因为 $(1-\rho_k z) = -\rho_k(z-\alpha_k)$，且对 $j\neq k$ 有 $(z-\alpha_k)/(1-\rho_j z) \to 0$. 而根据洛必达法则，左边的极限是

$$\lim_{z\to\alpha_k}(z-\alpha_k)\frac{P(z)}{Q(z)} = P(\alpha_k)\lim_{z\to\alpha_k}\frac{z-\alpha_k}{Q(z)} = \frac{P(\alpha_k)}{Q'(\alpha_k)}.$$

这就证明了定理.

回到斐波那契数的例子，我们有 $P(z) = z$ 以及 $Q(z) = 1-z-z^2 = (1-\phi z)(1-\hat\phi z)$，故而 $Q'(z) = -1-2z$，且

$$\frac{-\rho P(1/\rho)}{Q'(1/\rho)} = \frac{-1}{-1-2/\rho} = \frac{\rho}{\rho+2}.$$

根据（7.29），$[z^n]R(z)$ 中 ϕ^n 的系数就是 $\phi/(\phi+2) = 1/\sqrt 5$，而 $\hat\phi^n$ 的系数则是 $\hat\phi/(\hat\phi+2) = -1/\sqrt 5$. 于是此定理告诉我们，$F_n = (\phi^n - \hat\phi^n)/\sqrt 5$，正如（6.123）中给出的那样.

340

当 $Q(z)$ 有重根时，计算变得更加困难，不过我们可以加强这个定理的证明来证明下面更一般的结果.

打开书在这一页，会给你父母留下深刻印象.

有理生成函数的一般展开定理

如果 $R(z) = P(z)/Q(z)$，其中 $Q(z) = q_0(1-\rho_1 z)^{d_1}\cdots(1-\rho_l z)^{d_l}$，而诸数 $(\rho_1,\cdots,\rho_l)$ 各不相同，又如果 $P(z)$ 是一个次数小于 $d_1+\cdots+d_l$ 的多项式，那么

$$[z^n]R(z) = f_1(n)\rho_1^n + \cdots + f_l(n)\rho_l^n，\text{ 所有 } n \geqslant 0，\tag{7.30}$$

其中每一个 $f_k(n)$ 都是一个次数为 $d_k - 1$ 且首项系数为

$$\begin{aligned}
a_k &= \frac{(-\rho_k)^{d_k} P(1/\rho_k) d_k}{Q^{(d_k)}(1/\rho_k)} \\
&= \frac{P(1/\rho_k)}{(d_k-1)! q_0 \prod_{j\neq k}(1-\rho_j/\rho_k)^{d_j}}
\end{aligned}\tag{7.31}$$

的多项式. 这可以通过对 $\max(d_1,\cdots,d_l)$ 用归纳法，并利用以下事实加以证明:

$$R(z) - \frac{a_1(d_1-1)!}{(1-\rho_1 z)^{d_1}} - \cdots - \frac{a_l(d_l-1)!}{(1-\rho_l z)^{d_l}}$$

是一个有理函数，对任何 k，其分母上的多项式都不能被 $(1-\rho_k z)^{d_k}$ 整除.

例2   带几分随机性的递归式

我们已经见过一些一般性的方法，现在准备解决新的问题. 我们尝试求出递归式

$$\begin{aligned}
&g_0 = g_1 = 1; \\
&g_n = g_{n-1} + 2g_{n-2} + (-1)^n，\quad n \geqslant 2
\end{aligned}\tag{7.32}$$

的封闭形式. 首先列表给出小的情形，这总是一个好主意，此递归式使得我们容易做到:

n	0	1	2	3	4	5	6	7
$(-1)^n$	1	-1	1	-1	1	-1	1	-1
g_n	1	1	4	5	14	23	52	97

没有明显的封闭形式，而且这个数列甚至没有列入Sloane所著的 *Handbook*[330] 一书之中，故而，如果我们想要发现它的解，就需要经过那4个步骤.

341

第(1)步容易，因为我们只需要插入修正因子以修复当 $n < 2$ 时的结果. 方程

$$g_n = g_{n-1} + 2g_{n-2} + (-1)^n[n \geqslant 0] + [n=1]$$

对所有整数 n 都成立. 现在我们可以执行第(2)步:

注意: $\sum_{n=1} z^n$ 的上指标没有消失!

$$\begin{aligned}
G(z) &= \sum_n g_n z^n = \sum_n g_{n-1}z^n + 2\sum_n g_{n-2}z^n + \sum_{n\geqslant 0}(-1)^n z^n + \sum_{n=1} z^n \\
&= zG(z) + 2z^2 G(z) + \frac{1}{1+z} + z.
\end{aligned}$$

（附带指出，我们用 $\binom{-1}{n}$ 代替了 $(-1)^n[n\geqslant 0]$，从而由二项式定理得到 $\sum_n \binom{-1}{n} z^n = (1+z)^{-1}$. ）

第(3)步是初等代数，它给出

$$G(z) = \frac{1+z(1+z)}{(1+z)(1-z-2z^2)} = \frac{1+z+z^2}{(1-2z)(1+z)^2}.$$

而这要留到第(4)步.

分母中的平方因子有一点麻烦，因为我们知道重根要比不同的根更复杂，而这里有重根. 我们有两个根 $\rho_1 = 2$ 和 $\rho_2 = -1$，一般的展开定理（7.30）告诉我们，对某个常数 c 有

$$g_n = a_1 2^n + (a_2 n + c)(-1)^n,$$

其中

$$a_1 = \frac{1+1/2+1/4}{(1+1/2)^2} = \frac{7}{9}, \quad a_2 = \frac{1-1+1}{1-2/(-1)} = \frac{1}{3}.$$

（当分母有适宜的因子时，（7.31）中关于 a_k 的第二个公式比第一个更容易使用. 除了给出值为零的因子之外，我们在 $R(z)$ 中处处直接用 $z = 1/\rho_k$ 代入，并用 $(d_k - 1)!$ 来除，这就给出 $n^{d_k-1}\rho_k^n$ 的系数.）代入 $n = 0$，剩下的常数 c 最好取值为 $\frac{2}{9}$，于是答案是

$$g_n = \frac{7}{9}2^n + \left(\frac{1}{3}n + \frac{2}{9}\right)(-1)^n. \tag{7.33}$$

检查 $n=1$ 和 $n=2$ 的情形没坏处，只不过是确认我们没有弄出问题. 或许我们还应该试一试 $n=3$，因为这个公式看起来有点古怪. 它是正确的，没有问题.

我们可否通过猜测来发现（7.33）呢？在更多地列出一些数值之后，我们可能发现，当 n 很大时有 $g_{n+1} \approx 2g_n$. 再加上大胆和运气，我们甚至有可能猜出常数 $\frac{7}{9}$. 但可以肯定的是，用生成函数作为工具更加简单，也更可信赖.

例3 相互递归数列

有时我们有两个或者更多的递归式，它们相互依赖. 这样，我们就能对它们两者都求出生成函数，并利用四步解法的简单推广来求解它们.

例如，我们回到这一章早些时候探讨过的 $3 \times n$ 矩形的多米诺覆盖问题. 如果我们只想知道用多米诺牌覆盖一个 $3 \times n$ 矩形的总方法数 U_n，而不把这个数分成是垂直的多米诺牌还是水平的多米诺牌，不必像以前那样做得那么细致. 我们可以仅建立递归式

$$U_0 = 1, \quad U_1 = 0; \quad V_0 = 0, \quad V_1 = 1;$$
$$U_n = 2V_{n-1} + U_{n-2}, \quad V_n = U_{n-1} + V_{n-2}, \quad n \geqslant 2.$$

这里 V_n 是用 $(3n-1)/2$ 个多米诺牌覆盖去掉一个角的 $3 \times n$ 矩形的方法数. 与前面相同，如果我们考虑在矩形左边可能的多米诺牌的图形，容易发现这些递归式. 这里是 n 取小的值时 U_n 和 V_n 的值：

n	0	1	2	3	4	5	6	7	
U_n	1	0	3	0	11	0	41	0	(7.34)
V_n	0	1	0	4	0	15	0	56	

我们来按照四步解法求出封闭形式. 首先（第(1)步），对所有的 n 有

$$U_n = 2V_{n-1} + U_{n-2} + [n=0] , \quad V_n = U_{n-1} + V_{n-2} ,$$

从而（第(2)步）

$$U(z) = 2zV(z) + z^2U(z) + 1 , \quad V(z) = zU(z) + z^2V(z) .$$

现在（第(3)步）我们必须要求解有两个未知数的两个方程，这很容易，由于第二个方程给出 $V(z) = zU(z)/(1-z^2)$ ，我们就求得

$$U(z) = \frac{1-z^2}{1-4z^2+z^4} ; \quad V(z) = \frac{z}{1-4z^2+z^4} . \tag{7.35}$$

（在（7.10）中我们曾经对 $U(z)$ 得到过这个公式，不过是用 z^3 代替了 z^2 ．在那里的推导中，n 是多米诺牌的个数，而现在它则是矩形的宽度．）

[343] 　分母 $1-4z^2+z^4$ 是 z^2 的函数，这就使得 $U_{2n+1}=0$ ，$V_{2n}=0$ ，它们本应如此．当我们对分母进行因子分解时，通过保留 z^2 可以利用 z^2 的这个很好的性质：我们不需要将 $1-4z^2+z^4$ 全程代入四个因子 $(1-\rho_k z)$ 的乘积之中，因为形如 $(1-\rho_k z^2)$ 的两个因子足以将系数告诉我们．换句话说，如果考虑生成函数

$$W(z) = \frac{1}{1-4z+z^2} = W_0 + W_1 z + W_2 z^2 + \cdots , \tag{7.36}$$

我们将有 $V(z) = zW(z^2)$ 以及 $U(z) = (1-z^2)W(z^2)$ ，从而 $V_{2n+1} = W_n$ 且 $U_{2n} = W_n - W_{n-1}$ ．研究更简单的函数 $W(z)$ ，我们可以节省些时间和力气．

　$1-4z+z^2$ 的因子是 $(z-2-\sqrt{3})$ 和 $(z-2+\sqrt{3})$ ，它们可以写成 $\left(1-(2+\sqrt{3})z\right)$ 和 $\left(1-(2-\sqrt{3})z\right)$ ，因为这个多项式是它自己的反射．于是事实表明，我们有

$$V_{2n+1} = W_n = \frac{3+2\sqrt{3}}{6}(2+\sqrt{3})^n + \frac{3-2\sqrt{3}}{6}(2-\sqrt{3})^n ;$$

$$U_{2n} = W_n - W_{n-1} = \frac{3+\sqrt{3}}{6}(2+\sqrt{3})^n + \frac{3-\sqrt{3}}{6}(2-\sqrt{3})^n$$

$$= \frac{(2+\sqrt{3})^n}{3-\sqrt{3}} + \frac{(2-\sqrt{3})^n}{3+\sqrt{3}} . \tag{7.37}$$

这就是我们所要求的关于 $3\times n$ 多米诺铺设方法数的封闭形式．

　附带指出，注意第二项总是在0和1之间，我们就能化简有关 U_{2n} 的公式．数 U_{2n} 是一个整数，所以有

$$U_{2n} = \left\lceil \frac{(2+\sqrt{3})^n}{3-\sqrt{3}} \right\rceil , \quad n \geq 0 . \tag{7.38}$$

事实上，另外一项 $(2-\sqrt{3})^n/(3+\sqrt{3})$ 当 n 很大时极小，因为 $2-\sqrt{3} \approx 0.268$ ．如果我们试图在数值计算中使用（7.38），那么就需要对此加以考虑．例如，当要计算 $(2+\sqrt{3})^{10}/(3-\sqrt{3})$ 时，相对较为昂贵的名牌袖珍计算器会给出413 403.000 5．九位有效数字是正确的，但是真实的

我知道打滑的地板
也是有风险的.

数值要比413 403略小一点，并非稍大于这个数. 于是取413 403.000 5的顶会得到错误的结果，正确的答案$U_{20} = 413\ 403$是用**舍入法**取离它最近的整数得到的. 顶可能是有风险的.

例4 换零钱的封闭形式

结束换零钱这个问题时，我们只是计算了支付50美分的方式数. 现在我们尝试计算换取1美元，或者100万美元有多少种方法，同样仅允许用1美分、5美分、10美分、25美分以及50美分.

早先导出的生成函数是

$$C(z) = \frac{1}{1-z}\frac{1}{1-z^5}\frac{1}{1-z^{10}}\frac{1}{1-z^{25}}\frac{1}{1-z^{50}},$$

这是z的一个分母次数为91的有理函数. 这样一来，我们就能将分母分解成91个因子，并对n美分换零钱的方法数C_n提供一个有91项的"封闭形式". 但是这样考虑起来太令人恐怖了. 在这样一个特殊的情形下，我们难道就不能比一般方法所提供的做得更好一些吗?

当注意到分母几乎是z^5的函数时，我们马上就会觉得有一线希望. 我们刚刚所用的技巧是注意到$1-4z^2+z^4$是z^2的函数从而对计算加以简化，如果我们用$(1+z+z^2+z^3+z^4)/(1-z^5)$来代替$1/(1-z)$，那么这一技巧就能应用于$C(z)$：

$$C(z) = \frac{1+z+z^2+z^3+z^4}{1-z^5}\frac{1}{1-z^5}\frac{1}{1-z^{10}}\frac{1}{1-z^{25}}\frac{1}{1-z^{50}}$$

$$= (1+z+z^2+z^3+z^4)\check{C}(z^5),$$

$$\check{C}(z) = \frac{1}{1-z}\frac{1}{1-z}\frac{1}{1-z^2}\frac{1}{1-z^5}\frac{1}{1-z^{10}}.$$

压缩的函数$\check{C}(z)$的分母的次数只有19，这要比原来的分母更容易处理. $C(z)$这个新的表达式顺带指出有$C_{5n} = C_{5n+1} = C_{5n+2} = C_{5n+3} = C_{5n+4}$. 的确，回想起来这一组方程是显然的：53美分小费与50美分小费的换零钱方法数是相同的，因为1美分硬币的个数是事先就已经确定的（模5）.

现在我们也在进行
压缩的推理.

但是$\check{C}(z)$仍然没有以分母的根为基础的真正简单的封闭形式. 计算$\check{C}(z)$系数的最容易方法可能是认识到分母的每一个因子都是$1-z^{10}$的一个因子. 从而，我们可以记

$$\check{C}(z) = \frac{A(z)}{(1-z^{10})^5}, \text{ 其中 } A(z) = A_0 + A_1 z + \cdots + A_{31} z^{31}. \tag{7.39}$$

对欲知详情的读者而言，$A(z)$的实际值是

$$(1+z+\cdots+z^9)^2(1+z^2+\cdots+z^8)(1+z^5)$$
$$= 1+2z+4z^2+6z^3+9z^4+13z^5+18z^6+24z^7$$
$$+31z^8+39z^9+45z^{10}+52z^{11}+57z^{12}+63z^{13}+67z^{14}+69z^{15}$$
$$+69z^{16}+67z^{17}+63z^{18}+57z^{19}+52z^{20}+45z^{21}+39z^{22}+31z^{23}$$
$$+24z^{24}+18z^{25}+13z^{26}+9z^{27}+6z^{28}+4z^{29}+2z^{30}+z^{31}.$$

最后，由于 $1/(1-z^{10})^5 = \sum_{k \geqslant 0}\binom{k+4}{4}z^{10k}$，故而当 $n = 10q + r$ 以及 $0 \leqslant r < 10$ 时，我们可以如

下来确定系数 $\check{C}_n = [z^n]\check{C}(z)$：

$$
\begin{aligned}
\check{C}_{10q+r} &= \sum_{j,k} A_j\binom{k+4}{4}[10q+r=10k+j] \\
&= A_r\binom{q+4}{4} + A_{r+10}\binom{q+3}{4} + A_{r+20}\binom{q+2}{4} + A_{r+30}\binom{q+1}{4}.
\end{aligned} \tag{7.40}
$$

这给出10种情形，对 r 的每一个值有一种情形. 但是，与另外一种包含复数的幂的形式相比，它是一个非常好的封闭形式.

例如，我们可以利用这个表达式推出 $C_{50q} = \check{C}_{10q}$ 的值. 此时 $r = 0$ 且有

$$
C_{50q} = \binom{q+4}{4} + 45\binom{q+3}{4} + 52\binom{q+2}{4} + 2\binom{q+1}{4}.
$$

换50美分的方法数是 $\binom{5}{4} + 45\binom{4}{4} = 50$，换1美元的方法数是 $\binom{6}{4} + 45\binom{5}{4} + 52\binom{4}{4} = 292$，而换100万美元的方法数则是

$$
\binom{2\,000\,004}{4} + 45\binom{2\,000\,003}{4} + 52\binom{2\,000\,002}{4} + 2\binom{2\,000\,001}{4}
$$
$$
= 66\,666\,793\,333\,412\,666\,685\,000\,001.
$$

例5 发散级数

现在，我们尝试对由

$$
g_0 = 1;
$$
$$
g_n = ng_{n-1}, \quad n > 0
$$

定义的数找到一个封闭形式. 在用几纳秒（nanosecond）对此探究之后，我们意识到 g_n 正是 $n!$，实际上，第2章里描述的求和因子方法立即就使人想到这个答案. 但是，我们尝试用生成函数来求解这个递归式，就是要来看看会发生什么.（一个强有力的技术应该能解决这样一个容易的递归式，也能解决其他我们不能如此轻易就猜出其答案的递归式.）

方程

$$
g_n = ng_{n-1} + [n=0]
$$

对所有 n 都成立，这就导出

$$
G(z) = \sum_n g_n z^n = \sum_n ng_{n-1}z^n + \sum_{n=0} z^n.
$$

为完成第(2)步，我们想要用 $G(z)$ 来表示 $\sum_n ng_{n-1}z^n$，而表7-1中的基本策略使我们想到这可能与导数 $G'(z) = \sum_n ng_n z^{n-1}$ 有关. 所以，我们就转向那种和式：

人们已经在谈论飞秒（femtosecond）了.

346

$$G(z) = 1 + \sum_n (n+1)g_n z^{n+1}$$

$$= 1 + \sum_n n g_n z^{n+1} + \sum_n g_n z^{n+1}$$

$$= 1 + z^2 G'(z) + z G(z).$$

让我们利用小 n 的 g_n 值来检查这个方程. 由于

$$G = 1 + z + 2z^2 + 6z^3 + 24z^4 + \cdots,$$
$$G' = \quad 1 + 4z + 18z^2 + 96z^3 + \cdots,$$

我们有

$$z^2 G' = \quad\quad z^2 + 4z^3 + 18z^4 + 96z^5 + \cdots,$$
$$zG = z + z^2 + 2z^3 + 6z^4 + 24z^5 + \cdots,$$
$$1 = 1.$$

这三行加起来等于 G, 到目前为止我们很顺利. 附带指出, 我们常常发现用"G"代替"$G(z)$"会很方便, 当不改变 z 的时候, 这个多出来的"(z)"会使公式变得杂乱.

接下来是第(3)步, 它与以前做过的有所不同, 因为我们有一个微分方程需要求解. 这是一个我们可以用5.6节中的超几何级数技术处理的微分方程, 那些技术并不太糟糕. (不熟悉超几何的读者不必担忧——很快会懂的.)

首先必须避免常数1, 所以我们在两边求导数:

$$G' = (z^2 G' + zG + 1)' = (2zG' + z^2 G'') + (G + zG')$$
$$= z^2 G'' + 3zG' + G.$$

第5章的理论告诉我们用算子 ϑ 来改写它, 由习题6.13我们知道

$$\vartheta G = zG', \quad \vartheta^2 G = z^2 G'' + zG'.$$

这样一来, 我们想要的微分方程的形式就是

$$\vartheta G = z\vartheta^2 G + 2z\vartheta G + zG = z(\vartheta+1)^2 G.$$

根据(5.109), 满足 $g_0 = 1$ 的解就是超几何级数 $F(1,1;;z)$.

第(3)步要比我们所期待的更多, 但是既然我们知道函数 G 是什么, 第(4)步就容易了——超几何级数的定义(5.76)给出幂级数展开式:

$$G(z) = F\left(\begin{matrix} 1, & 1 \\ & \end{matrix}\ \middle|\ z\right) = \sum_{n \geq 0} \frac{1^{\bar{n}} 1^{\bar{n}} z^n}{n!} = \sum_{n \geq 0} n! z^n.$$

这就证实了我们已知的封闭形式, 即 $g_n = n!$.

注意, 这项技术即便当 $G(z)$ 对所有的非零 z 都发散时也给出正确的答案. 数列 $n!$ 增长得非常快, 项 $|n!z^n|$ 当 $n \to \infty$ 时趋向于 ∞, 除非有 $z = 0$. 这表明形式幂级数可以用代数的

347

"很快." 那正是医生在给我打针之前所说的话. 想一想, "超几何"听起来很像"皮下注射".[①]

---

① "超几何"(hypergeometric)与"皮下注射"(hypodermic)的英文单词发音相近.

方式来处理，而不必担心其收敛性.

例6 完全返回的递归式

最后，我们将生成函数应用到图论中的一个问题. 一个阶为 n 的**扇**（fan）是一个以 $\{0,1,\cdots,n\}$ 为顶点且有 $2n-1$ 条边所定义的图：顶点0与其他 n 个顶点中的每一个都连有一条边，而对 $1\leqslant k<n$，顶点 k 与顶点 $k+1$ 连有一条边. 例如一个阶为4的扇，它有5个顶点和7条边：

我们感兴趣的问题是：在这样一个图中有多少棵生成树？一棵**生成树**（spanning tree）是一个包含所有顶点的子图，它还包含足够多的边以使得这个子图是连通的，然而又不包含太多的边以至于出现回路（cycle）. 事实证明，一个有 $n+1$ 个顶点的图的每一棵生成树都恰好有 n 条边. 如果少于 n 条边，这个子图将是不连通的；而多于 n 条边，它又会有一条回路. 图论的书籍对此有证明.

在一个阶为 n 的扇中出现的 $2n-1$ 条边中选取 n 条边有 $\binom{2n-1}{n}$ 种方法，但是这些选取的方法并不总是能够得到一棵生成树. 例如，子图

有4条边，但它不是一棵生成树，它有一条回路从0到4到3再到0，且在 $\{1,2\}$ 与其他顶点之间

不连通. 我们想要计算实际上在 $\binom{2n-1}{n}$ 种选取中有多少能够得到生成树.

让我们看几个小的实例. 对 $n=1,2$ 以及3计算生成树的个数是极其容易的：

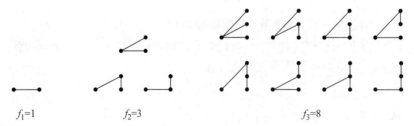

$f_1=1$ $f_2=3$ $f_3=8$

（如果我们总是将顶点0画在左边，那么就不需要标出顶点了.）$n=0$ 的情形又如何呢？首先，令 $f_0=1$ 似乎是合理的，但是我们要取 $f_0=0$，因为存在一个阶为0的扇（它应该有 $2n-1=-1$ 条边）是令人怀疑的.

四步解法告诉我们，要寻求 f_n 的对所有 n 都成立的递归式. 通过观察最上面的顶点（顶点 n）是如何与生成树的其他顶点相连接的，我们就能得到一个递归式. 如果它不与顶点0相连接，它必定要与顶点 $n-1$ 相连接，因为它必定与图的其他部分相连. 在这一情形，剩下来的扇（顶点0

直到 $n-1$ 这部分）的 f_{n-1} 棵生成树中的任意一棵都能补充成为整个图的一棵生成树. 反之则顶点 n 与0相连接，于是存在某个数 $k \leqslant n$ 使得顶点 $n, n-1, \cdots, k$ 直接相连结，但是 k 与 $k-1$ 之间没有边存在. 这样在0与 $\{n-1, \cdots, k\}$ 之间就不能有任何的边，否则就会出现一条回路. 于是，如果 $k=1$，则生成树就被完全确定了. 而如果 $k>1$，则产生 $\{0,1,\cdots,k-1\}$ 上的生成树的 f_{k-1} 选取方式中的任何一种，都将得到整个图的一棵生成树. 例如当 $n=4$ 时这一分析所产生的结果:

对 $n \geqslant 1$ 成立的一般方程是

$$f_n = f_{n-1} + f_{n-1} + f_{n-2} + f_{n-3} + \cdots + f_1 + 1 .$$

（最后面的那个"1"看起来就是 f_0，似乎应该就取 $f_0 = 1$，但是我们仍然坚持这里的选择.）稍做一些改变就足以使得该方程对所有整数 n 都成立:

$$f_n = f_{n-1} + \sum_{k<n} f_k + [n > 0] . \tag{7.41}$$

349

这是一个从 f_{n-1} 经过所有前面的值"完全返回"的递归式，故而它与我们在这一章里见到的其他递归式不同. 当我们求解快速排序递归式（2.12）时，我们用到一个特殊的方法以避免第2章里一个类似的右边的和式，也就是说，我们从另外一个递归式中减去一个递归式得到 $(f_{n+1} - f_n)$. 这个技巧现在也避开了 $\sum$，正如它在求解（2.12）时所达到的效果那样，但是我们将会看到生成函数允许我们直接处理这样的和式.（这是它们做的一件好事，因为我们不久将会看到远为复杂的递归式.）

第(1)步结束了，第(2)步我们需要做一件新事情:

$$F(z) = \sum_n f_n z^n = \sum_n f_{n-1} z^n + \sum_{k,n} f_k z^n [k < n] + \sum_n [n > 0] z^n$$

$$= zF(z) + \sum_k f_k z^k \sum_n [n > k] z^{n-k} + \frac{z}{1-z}$$

$$= zF(z) + F(z) \sum_{m>0} z^m + \frac{z}{1-z}$$

$$= zF(z) + F(z) \frac{z}{1-z} + \frac{z}{1-z} .$$

这里的关键技巧是将 z^n 改写成 $z^k z^{n-k}$，这使得有可能将这个二重和式的值用 $F(z)$ 表示，正如第(2)步中所要求的那样.

现在第(3)步是简单的代数计算，我们求得

$$F(z) = \frac{z}{1 - 3z + z^2} .$$

我们中记性好的人会辨认出，这就是偶数标号的斐波那契数的生成函数（7.24）. 所以，不

必经过第(4)步，对于扇的生成树问题，我们已经找到了一个有点令人惊讶的答案：

$$f_n = F_{2n}, \quad n \geq 0. \tag{7.42}$$

7.4 特殊的生成函数 SPECIAL GENERATING FUNCTIONS

如果我们知道许多不同幂级数的系数，那么四步程序中的第(4)步就变得容易多了. 表7-2 中的展开式是相当有用的，这个表可以一直扩充下去，还可能有许多其他类型的封闭形式. 因此，我们应该用另外一张表加以补充. 表7-3列出了在第6章里考虑过的"特殊的数"对应的幂级数.

350

表7-3   特殊的数的生成函数

$$\frac{1}{(1-z)^{m+1}} \ln \frac{1}{1-z} \;=\; \sum_{n \geq 0} (H_{m+n} - H_m) \binom{m+n}{n} z^n \tag{7.43}$$

$$\frac{z}{\mathrm{e}^z - 1} \;=\; \sum_{n \geq 0} B_n \frac{z^n}{n!} \tag{7.44}$$

$$\frac{F_m z}{1 - (F_{m-1} + F_{m+1})z + (-1)^m z^2} \;=\; \sum_{n \geq 0} F_{mn} z^n \tag{7.45}$$

$$\sum_k \left\{ {m \atop k} \right\} \frac{k! z^k}{(1-z)^{k+1}} \;=\; \sum_{n \geq 0} n^m z^n \tag{7.46}$$

$$(z^{-1})^{\overline{-m}} \;=\; \frac{z^m}{(1-z)(1-2z)\ldots(1-mz)} \;=\; \sum_{n \geq 0} \left\{ {n \atop m} \right\} z^n \tag{7.47}$$

$$z^{\overline{m}} \;=\; z(z+1)\ldots(z+m-1) \;=\; \sum_{n \geq 0} \left[{m \atop n} \right] z^n \tag{7.48}$$

$$(\mathrm{e}^z - 1)^m \;=\; m! \sum_{n \geq 0} \left\{ {n \atop m} \right\} \frac{z^n}{n!} \tag{7.49}$$

$$\left(\ln \frac{1}{1-z} \right)^m \;=\; m! \sum_{n \geq 0} \left[{n \atop m} \right] \frac{z^n}{n!} \tag{7.50}$$

$$\left(\frac{z}{\ln(1+z)} \right)^m \;=\; \sum_{n \geq 0} \frac{z^n}{n!} \left\{ {m \atop m-n} \right\} \bigg/ \binom{m-1}{n} \tag{7.51}$$

$$\left(\frac{z}{1 - \mathrm{e}^{-z}} \right)^m \;=\; \sum_{n \geq 0} \frac{z^n}{n!} \left[{m \atop m-n} \right] \bigg/ \binom{m-1}{n} \tag{7.52}$$

$$\mathrm{e}^{z+wz} \;=\; \sum_{m,n \geq 0} \binom{n}{m} w^m \frac{z^n}{n!} \tag{7.53}$$

$$\mathrm{e}^{w(\mathrm{e}^z - 1)} \;=\; \sum_{m,n \geq 0} \left\{ {n \atop m} \right\} w^m \frac{z^n}{n!} \tag{7.54}$$

$$\frac{1}{(1-z)^w} \;=\; \sum_{m,n \geq 0} \left[{n \atop m} \right] w^m \frac{z^n}{n!} \tag{7.55}$$

$$\frac{1-w}{\mathrm{e}^{(w-1)z} - w} \;=\; \sum_{m,n \geq 0} \left\langle {n \atop m} \right\rangle w^m \frac{z^n}{n!} \tag{7.56}$$

351

　　表7-3是我们所需要的资料库. 这个表里的恒等式不难证明, 所以无须加以详述, 这个表主要是在我们遇到新的问题时提供参考的. 第一个公式（7.43）有一个很好的证明, 值得在这里一提. 我们首先考虑恒等式

$$\frac{1}{(1-z)^{x+1}} = \sum_n \binom{x+n}{n} z^n,$$

并关于 x 对它微分. 左边 $(1-z)^{-x-1}$ 等于 $e^{(x+1)\ln(1/(1-z))}$, 所以 $\mathrm{d}/\mathrm{d}x$ 给出一个因子 $\ln\big(1/(1-z)\big)$. 而在右边, $\binom{x+n}{n}$ 的分子是 $(x+n)\cdots(x+1)$, 而 $\mathrm{d}/\mathrm{d}x$ 将它分解成 n 项, 它们的和等价于用

$$\frac{1}{x+n} + \cdots + \frac{1}{x+1} = H_{x+n} - H_x$$

乘以 $\binom{x+n}{n}$. 用 m 代替 x 就给出（7.43）. 注意, 即使 x 不是整数时 $H_{x+n} - H_x$ 也是有意义的.

　　顺便说一句, 这种对一个复杂的乘积求微分的方法（仍保留它是一个乘积）, 通常要比将导数表示成和式更好一些. 例如, 将

$$\frac{\mathrm{d}}{\mathrm{d}x}\Big((x+n)^n \cdots (x+1)^1\Big) = (x+n)^n \cdots (x+1)^1\left(\frac{n}{x+n} + \cdots + \frac{1}{x+1}\right)$$

的右边写成和式就非常杂乱.

　　表7-3中的一般恒等式包括许多重要的特殊情形. 例如, 当 $m=0$ 时,（7.43）就简化成为 H_n 的生成函数:

$$\frac{1}{1-z}\ln\frac{1}{1-z} = \sum_n H_n z^n . \tag{7.57}$$

这个方程还可以用其他方法推出. 例如, 我们可以取 $\ln\big(1/(1-z)\big)$ 的幂级数并用 $1-z$ 来除, 就得到累积和式.

　　恒等式（7.51）与（7.52）分别包含比值 $\left\{\begin{matrix} m \\ m-n \end{matrix}\right\} \Big/ \binom{m-1}{n}$ 和 $\left[\begin{matrix} m \\ m-n \end{matrix}\right] \Big/ \binom{m-1}{n}$, 当 $n \geqslant m$ 时它们有不确定的形式 $0/0$. 然而, 利用（6.45）中的斯特林多项式, 有一种办法能给它们以适当的意义, 因为我们有

$$\left\{\begin{matrix} m \\ m-n \end{matrix}\right\} \Big/ \binom{m-1}{n} = (-1)^{n+1} n! \, m \sigma_n(n-m) ; \tag{7.58}$$

$$\left[\begin{matrix} m \\ m-n \end{matrix}\right] \Big/ \binom{m-1}{n} = n! \, m \sigma_n(m) . \tag{7.59}$$

于是,（7.51）的 $m=1$ 的情形就应该不是被视为幂级数 $\sum_{n \geqslant 0}(z^n/n!)\left\{\begin{matrix} 1 \\ 1-n \end{matrix}\right\} \Big/ \binom{0}{n}$, 而应该看成是

$$\frac{z}{\ln(1+z)} = -\sum_{n \geqslant 0}(-z)^n \sigma_n(n-1) = 1 + \frac{1}{2}z - \frac{1}{12}z^2 + \cdots.$$

352

恒等式（7.53）、（7.54）、（7.55）以及（7.56）是**二重生成函数**或者**超级生成函数**，因为它们都有 $G(w,z) = \sum_{m,n} g_{m,n} w^m z^n$ 的形式．w^m 的系数是关于变量 z 的生成函数，z^n 的系数是关于变量 w 的生成函数．恒等式（7.56）可以表达成更为对称的形式

$$\frac{e^w - e^z}{we^z - ze^w} = \sum_{m,n \geq 0} \left\langle \begin{matrix} m+n+1 \\ m \end{matrix} \right\rangle \frac{w^m z^n}{(m+n+1)!} . \tag{7.60}$$

7.5 卷积 CONVOLUTIONS

两个给定数列 $\langle f_0, f_1, \cdots \rangle = \langle f_n \rangle$ 和 $\langle g_0, g_1, \cdots \rangle = \langle g_n \rangle$ 的**卷积**（convolution）是数列 $\langle f_0 g_0, f_0 g_1 + f_1 g_0, \cdots \rangle = \left\langle \sum_k f_k g_{n-k} \right\rangle$．我们在5.4节以及7.2节中已经注意到，数列的卷积与它们的生成函数的乘积相对应．这个事实使得许多和式变得易于计算，如果不是卷积，这些和式是很难处理的．

我曾经一直认为，盘旋思忖就是当我试图做证明时脑子里所发生的事情．[①]

例1 斐波那契卷积

我们尝试计算 $\sum_{k=0}^{n} F_k F_{n-k}$ 的封闭形式．这是 $\langle F_n \rangle$ 与其自身的卷积，所以这个和式必定是 $F(z)^2$ 中 z^n 的系数，其中 $F(z)$ 是 $\langle F_n \rangle$ 的生成函数．所有我们要做的就是计算出这个系数的值．

生成函数 $F(z)$ 是 $z/(1-z-z^2)$，这是多项式的商，而一般的有理函数的展开定理告诉我们，其答案可以由部分分式表示得出．我们可以用一般的展开定理（7.30）并苦干一番，或者利用以下事实

$$\begin{aligned} F(z)^2 &= \left(\frac{1}{\sqrt{5}} \left(\frac{1}{1-\phi z} - \frac{1}{1-\hat{\phi} z} \right) \right)^2 \\ &= \frac{1}{5} \left(\frac{1}{(1-\phi z)^2} - \frac{2}{(1-\phi z)(1-\hat{\phi} z)} + \frac{1}{(1-\hat{\phi} z)^2} \right) \\ &= \frac{1}{5} \sum_{n \geq 0} (n+1)\phi^n z^n - \frac{2}{5} \sum_{n \geq 0} F_{n+1} z^n + \frac{1}{5} \sum_{n \geq 0} (n+1)\hat{\phi}^n z^n . \end{aligned}$$

我们尝试用斐波那契数来表示封闭形式，以替代用 ϕ 和 $\hat{\phi}$ 表示答案．记得有 $\phi + \hat{\phi} = 1$，我们就有

$$\begin{aligned} \phi^n + \hat{\phi}^n &= [z^n]\left(\frac{1}{1-\phi z} + \frac{1}{1-\hat{\phi} z} \right) \\ &= [z^n]\frac{2-(\phi+\hat{\phi})z}{(1-\phi z)(1-\hat{\phi} z)} = [z^n]\frac{2-z}{1-z-z^2} = 2F_{n+1} - F_n . \end{aligned}$$

因此

"盘旋" 和 "卷积" 对应同一个英文单词convolution.

$$F(z)^2 = \frac{1}{5}\sum_{n\geq 0}(n+1)(2F_{n+1}-F_n)z^n - \frac{2}{5}\sum_{n\geq 0}F_{n+1}z^n \ ,$$

于是就得到所寻求的答案

$$\sum_{k=0}^{n}F_k F_{n-k} = \frac{2nF_{n+1}-(n+1)F_n}{5} \ . \tag{7.61}$$

例如，当 $n=3$ 时，这个公式的左边给出 $F_0F_3 + F_1F_2 + F_2F_1 + F_3F_0 = 0+1+1+0 = 2$，而右边是 $(6F_4 - 4F_3)/5 = (18-8)/5 = 2$。

例2 调和卷积

一种称为"抽样排序"（samplesort）的计算机方法的有效性依赖于和式

$$T_{m,n} = \sum_{0\leq k<n}\binom{k}{m}\frac{1}{n-k} \ , \quad \text{整数 } m,n\geq 0$$

的值. 习题5.58通过一种稍显艰深的双重归纳法，并利用求和因子得到了这个和式的值. 如果意识到 $T_{m,n}$ 正好就是 $\left\langle\binom{0}{m},\binom{1}{m},\binom{2}{m},\cdots\right\rangle$ 和 $\left\langle 0,\frac{1}{1},\frac{1}{2},\cdots\right\rangle$ 的卷积中的第 n 项，它的计算就要容易得多. 这两个数列在表7-2中都有简单的生成函数：

$$\sum_{n\geq 0}\binom{n}{m}z^n = \frac{z^m}{(1-z)^{m+1}} \ , \quad \sum_{n>0}\frac{z^n}{n} = \ln\frac{1}{1-z} \ .$$

于是，根据（7.43）就有

$$T_{m,n} = [z^n]\frac{z^m}{(1-z)^{m+1}}\ln\frac{1}{1-z} = [z^{n-m}]\frac{1}{(1-z)^{m+1}}\ln\frac{1}{1-z}$$

$$= (H_n - H_m)\binom{n}{n-m} \ .$$

实际上，有更多的和式可以归结为这一类的卷积，因为对所有 r 和 s 有

$$\frac{1}{(1-z)^{r+1}}\ln\frac{1}{1-z}\cdot\frac{1}{(1-z)^{s+1}} = \frac{1}{(1-z)^{r+s+2}}\ln\frac{1}{1-z} \ .$$

令 z^n 的系数相等就给出一般的恒等式

$$\sum_k\binom{r+k}{k}\binom{s+n-k}{n-k}(H_{r+k}-H_r) = \binom{r+s+n+1}{n}(H_{r+s+n+1}-H_{r+s+1}) \ . \tag{7.62}$$

354

因为它是如此美妙. 这个公式几乎好得让人怀疑其是否真实. 但是至少在 $n=2$ 时检验正确：

$$\binom{r+1}{1}\binom{s+1}{1}\frac{1}{r+1} + \binom{r+2}{2}\binom{s+0}{0}\left(\frac{1}{r+2}+\frac{1}{r+1}\right)$$

$$= \binom{r+s+3}{2}\left(\frac{1}{r+s+3}+\frac{1}{r+s+2}\right) \ .$$

像 $s=0$ 这样的特殊情形与一般情形同样值得注意.

还有更多的东西. 我们可以利用卷积恒等式

$$\sum_k \binom{r+k}{k}\binom{s+n-k}{n-k} = \binom{r+s+n+1}{n}$$

将 H_r 移到另一边, 这是由于 H_r 与 k 无关:

$$\sum_k \binom{r+k}{k}\binom{s+n-k}{n-k}H_{r+k} = \binom{r+s+n+1}{n}(H_{r+s+n+1}-H_{r+s+1}+H_r). \tag{7.63}$$

还有更多: 如果 r 和 s 是非负整数 l 和 m, 我们就能用 $\binom{l+k}{l}$ 代替 $\binom{r+k}{k}$, 用 $\binom{m+n-k}{m}$ 代替 $\binom{s+n-k}{n-k}$, 然后就能将 k 变成 $k-l$, 将 n 变成 $n-m-l$, 这就得到

$$\sum_{k=0}^{n}\binom{k}{l}\binom{n-k}{m}H_k = \binom{n+1}{l+m+1}(H_{n+1}-H_{l+m+1}+H_l), \quad 整数\ l,m,n\geqslant 0. \tag{7.64}$$

在第2章里, 即便是这个恒等式当 $l=m=0$ 的特殊情形也是我们难以处理的!（见（2.36）.）我们取得了很大的进展.

例3　卷积的卷积

如果我们求出 $\langle f_n\rangle$ 和 $\langle g_n\rangle$ 的卷积, 然后再将此结果与第三个数列 $\langle h_n\rangle$ 求卷积, 就得到一个数列, 它的第 n 项是

$$\sum_{j+k+l=n} f_j g_k h_l.$$

这个三重卷积的生成函数自然就是三重乘积 $F(z)G(z)H(z)$. 用类似的方式, 一个数列 $\langle g_n\rangle$ 与其自身的 m 重卷积的第 n 项是

$$\sum_{k_1+k_2+\cdots+k_m=n} g_{k_1}g_{k_2}\cdots g_{k_m},$$

355　而它的生成函数则是 $G(z)^m$.

我们可以将这些结果应用到先前考虑过的扇的生成树问题之中（7.3节例6）. 事实证明, 还有另外一种方法计算阶为 n 的扇的生成树的个数 f_n, 这种方法基于顶点 $\{1,2,\cdots,n\}$ 之间树边的构造: 顶点 k 和顶点 $k+1$ 之间的边有可能被选取作为树的组成部分, 也有可能不被选到, 选取这些边的每一种方法都使得由相邻顶点组成的某些块相连通. 例如 $n=10$ 时, 我们或许会使 $\{1,2\}$、$\{3\}$、$\{4,5,6,7\}$ 以及 $\{8,9,10\}$ 连通:

混凝土砖. [①]

---

① 正文中提到"相邻顶点组成的块", 是数学中一种"具体的块"（concrete block）, 这个英文词组的另一含义是"混凝土砖".

通过向顶点0添加边，可以做出多少棵生成树？我们需要将0与那四块中的每一块连接起来。有两种方法将0与$\{1,2\}$连接起来，有一种方法将它与$\{3\}$连接起来，有四种方法与$\{4,5,6,7\}$连接，有三种方法与$\{8,9,10\}$连接，即总共有$2\times1\times4\times3=24$种方法。对所有可能作成块的方法求和，就给出了生成树总个数的下述表达式：

$$f_n = \sum_{m>0} \sum_{\substack{k_1+k_2+\cdots+k_m=n \\ k_1,k_2,\cdots,k_m>0}} k_1 k_2 \cdots k_m . \tag{7.65}$$

例如，$f_4 = 4+3\times1+2\times2+1\times3+2\times1\times1+1\times2\times1+1\times1\times2+1\times1\times1\times1 = 21$。

这就是数列$\langle 0,1,2,3,\cdots \rangle$的$m$重卷积之和（对$m=1,2,3,\cdots$），因此$\langle f_n \rangle$的生成函数是

$$F(z) = G(z) + G(z)^2 + G(z)^3 + \cdots = \frac{G(z)}{1-G(z)},$$

其中$G(z)$是$\langle 0,1,2,3,\cdots \rangle$的生成函数，也即$z/(1-z)^2$。因而我们有

$$F(z) = \frac{z}{(1-z)^2 - z} = \frac{z}{1-3z+z^2} ,$$

这个结果与前面相同。这里对$\langle f_n \rangle$所用的方法更有对称性，且比我们早先所用的复杂递归式更有吸引力。

356

例4 用作卷积的递归式

这个例子特别重要。事实上，它是说明生成函数在求解递归式时很有用的"经典例子"。

假设我们有$n+1$个变量$x_0, x_1, \cdots, x_n$，它们的乘积要通过做n次乘法来加以计算。在乘积$x_0 \cdot x_1 \cdot \ldots \cdot x_n$中有多少种插入括号的方法$C_n$，使得乘法的次序完全被指定？例如，当$n=2$时有两种方法，$x_0 \cdot (x_1 \cdot x_2)$和$(x_0 \cdot x_1) \cdot x_2$。$n=3$时有五种方式

$$x_0 \cdot \left(x_1 \cdot (x_2 \cdot x_3) \right) , \quad x_0 \cdot \left((x_1 \cdot x_2) \cdot x_3 \right) , \quad (x_0 \cdot x_1) \cdot (x_2 \cdot x_3) ,$$
$$\left(x_0 \cdot (x_1 \cdot x_2) \right) \cdot x_3 , \quad \left((x_0 \cdot x_1) \cdot x_2 \right) \cdot x_3 .$$

从而$C_2 = 2$，$C_3 = 5$，我们还有$C_1 = 1$以及$C_0 = 1$。

我们用7.3节的四步解法。对于这些C，它们的递归式又是什么呢？关键的事项在于，当$n>0$时，在所有括号外面都恰好有一个运算"$\cdot$"，这就是将每一项维系在一起的最后的乘法。如果这个"$\cdot$"出现在x_k与x_{k+1}之间，就有C_k种方法把$x_0 \cdot \ldots \cdot x_k$完全加上括号，且有$C_{n-k-1}$种方法把$x_{k+1} \cdot \ldots \cdot x_n$完全加上括号，从而

$$C_n = C_0C_{n-1} + C_1C_{n-2} + \cdots + C_{n-1}C_0, \quad n > 0.$$

现在，我们看出这个表达式是一个卷积，而且知道怎样来修改这个公式，使得它对所有的整数 n 都成立：

$$C_n = \sum_k C_k C_{n-1-k} + [n = 0]. \tag{7.66}$$

现在完成了第(1)步．第(2)步告诉我们用 z^n 来乘并求和：

$$\begin{aligned}
C(z) &= \sum_n C_n z^n \\
&= \sum_{k,n} C_k C_{n-1-k} z^n + \sum_{n=0} z^n \\
&= \sum_k C_k z^k \sum_n C_{n-1-k} z^{n-k} + 1 \\
&= C(z) \cdot z C(z) + 1.
\end{aligned}$$

嗨，你看！在生成函数的世界里，卷积变成了乘积．生活中充满了令人惊叹的事．

第(3)步也容易．我们用二次求根公式对 $C(z)$ 求解：

$$C(z) = \frac{1 \pm \sqrt{1 - 4z}}{2z}.$$

但是我们应该选取 + 还是 − 呢？这两种选法都得到一个满足 $C(z) = zC(z)^2 + 1$ 的函数，但是其中仅有一种适合我们的问题．积极思考是最好的，我们或许会选取 +，但是很快就会发现这一选取给出 $C(0) = \infty$，这与事实矛盾．（正确的函数 $C(z)$ 应该有 $C(0) = C_0 = 1$．）于是我们断言有

$$C(z) = \frac{1 - \sqrt{1 - 4z}}{2z}.$$

最后是第(4)步．$[z^n]C(z)$ 等于什么？二项式定理告诉我们

$$\sqrt{1 - 4z} = \sum_{k \geq 0} \binom{1/2}{k} (-4z)^k = 1 + \sum_{k \geq 1} \frac{1}{2k} \binom{-1/2}{k-1} (-4z)^k,$$

利用（5.37），从而就有

$$\begin{aligned}
\frac{1 - \sqrt{1 - 4z}}{2z} &= \sum_{k \geq 1} \frac{1}{k} \binom{-1/2}{k-1} (-4z)^{k-1} \\
&= \sum_{n \geq 0} \binom{-1/2}{n} \frac{(-4z)^n}{n+1} = \sum_{n \geq 0} \binom{2n}{n} \frac{z^n}{n+1}.
\end{aligned}$$

加括号的方法数 C_n 就是 $\binom{2n}{n} \frac{1}{n+1}$．

在第 5 章里我们就预料到这个结果，那时候我们引入了卡塔兰数组成的数列 $\langle 1,1,2,5,14,\cdots \rangle = \langle C_n \rangle$．这个数列出现在许多个起初看起来毫不相干的问题中[46]，因为许多情形都会出现与卷积递归式（7.66）相对应的递推的结构．

作者的玩笑话．

357

故而用作卷积的递归式将我们引导到经常循环的卷积．

例如，让我们考虑下面的问题：有多少个由 $+1$ 和 -1 组成的数列 $\langle a_1, a_2, \cdots, a_{2n} \rangle$ 有性质

$$a_1 + a_2 + \cdots + a_{2n} = 0,$$

且它们所有的部分和

$$a_1, a_1 + a_2, \cdots, a_1 + a_2 + \cdots + a_{2n}$$

都是非负的？$+1$ 必须出现 n 次，-1 也必须出现 n 次. 通过将它的部分和数列 $s_n = \sum_{k=1}^{n} a_k$ 描 [358] 绘成 n 的函数，我们可以将这个问题用图形予以表示：$n = 3$ 的五个解是

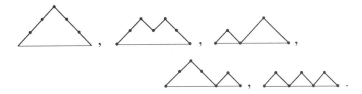

这些解是宽度为 $2n$ 的"山脉"，它们可以用形如 ╱ 以及 ╲ 的直线段画出. 事实表明恰好有 C_n 种方式做这件事，且这些数列可以通过以下方式与括号问题联系起来：对整个公式增加一对额外的括号，使得恰好有 n 对括号与 n 次乘法相对应. 现在用 $+1$ 代替每一个"·"，而用 -1 代替每一个"）"，并将其他的一切都消除掉. 例如，根据这一规则，公式 $x_0 \cdot ((x_1 \cdot x_2) \cdot (x_3 \cdot x_4))$ 就与数列 $\langle +1, +1, -1, +1, +1, -1, -1, -1 \rangle$ 对应了起来. 对 $x_0 \cdot x_1 \cdot x_2 \cdot x_3$ 加括号的五种方式就与上面指出的 $n = 3$ 的五座山脉相对应.

此外，只要对数列计数问题稍做改述，就能给出简单得令人惊奇的组合解，它避免了用生成函数：有多少个由 $+1$ 和 -1 组成的数列 $\langle a_0, a_1, a_2, \cdots, a_{2n} \rangle$ 具有性质

$$a_0 + a_1 + a_2 + \cdots + a_{2n} = 1,$$

此时要求所有的部分和

$$a_0, a_0 + a_1, a_0 + a_1 + a_2, \cdots, a_0 + a_1 + \cdots + a_{2n}$$

都是正数？显然这些正是上一个问题中的数列，只是在前面多加了一个元素 $a_0 = +1$. 新问题中的数列可以用简单的计数方法计数，它要用到 1959 年由 George Raney[302] 发现的一个了不起的事实：如果 $\langle x_1, x_2, \cdots, x_m \rangle$ 是任何一个其和为 $+1$ 的整数数列，那么它的循环移位

$$\langle x_1, x_2, \cdots, x_m \rangle, \ \langle x_2, \cdots, x_m, x_1 \rangle, \ \cdots, \ \langle x_m, x_1, \cdots, x_{m-1} \rangle$$

中恰好有一个满足所有的部分和都是正数. 例如数列 $\langle 3, -5, 2, -2, 3, 0 \rangle$，它的循环移位是

$$\langle 3, -5, 2, -2, 3, 0 \rangle \qquad \langle -2, 3, 0, 3, -5, 2 \rangle$$
$$\langle -5, 2, -2, 3, 0, 3 \rangle \qquad \langle 3, 0, 3, -5, 2, -2 \rangle \ \checkmark$$
$$\langle 2, -2, 3, 0, 3, -5 \rangle \qquad \langle 0, 3, -5, 2, -2, 3 \rangle$$

其中仅有一个经检查全部是正的部分和. [359]

Raney 引理可以用简单的几何方法来证明. 我们将此数列周期性地延拓下去得到一个无穷数列

$$\langle x_1, x_2, \cdots, x_m, x_1, x_2, \cdots, x_m, x_1, x_2, \cdots \rangle,$$

于是对所有 $k > 0$ 我们设 $x_{m+k} = x_k$. 如果我们现在将部分和 $s_n = x_1 + \cdots + x_n$ 描绘成为 n 的函数，那么 s_n 的图就有"平均斜率" $1/m$，因为 $s_{m+n} = s_n + 1$. 例如，与数列 $\langle 3, -5, 2, -2, 3, 0, 3, -5, 2, \cdots \rangle$ 对应的图形的开始部分是：

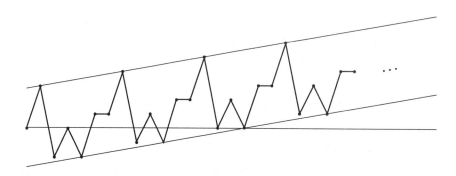

整个图形包含在两条斜率为 $1/m$ 的直线之间，在此图中 $m = 6$. 一般来说，这些边界线在 m 个点组成的每一个周期里恰好与图相切一次，因为斜率为 $1/m$ 的直线在每 m 个单位长里与坐标为整数的点仅仅接触一次. 唯一的较低交点是该周期中仅有的具有如下性质的位置：从这个位置开始，所有的部分和将是正数，因为该曲线上每一个其他点在 m 个单位之内都有一个交点在其右边.

啊，如果股票价格只能像这样不断上升该多好.

运用Raney引理，我们容易对由 $+1$ 和 -1 组成的其部分和全为正数且总和为 $+1$ 的数列 $\langle a_0, \cdots, a_{2n} \rangle$ 进行计数. 有 $\binom{2n+1}{n}$ 个数列，在其中 -1 出现 n 次，而 $+1$ 出现 $n+1$ 次，而Raney引理告诉我们，这些数列中恰恰有 $1/(2n+1)$ 个有全为正的部分和.（将所有 $N = \binom{2n+1}{n}$ 个这样的数列以及它们所有的 $2n+1$ 个循环移位写成一个 $N \times (2n+1)$ 阵列. 每一行恰好包含一个解. 在每一列中，每个解恰好出现一次. 于是在该阵列中恰好有 $N/(2n+1)$ 个不同的解，每个解都出现 $2n+1$ 次.）具有正的部分和的数列的总个数是

（计算机科学家们请注意：当要计算一个有 $n+1$ 个因子的乘积时，这个问题中的部分和将栈的大小表示成时间的函数，因为每一次"进栈"运算都将栈的大小 $+1$，而每一次乘法都将它 -1.）

$$\binom{2n+1}{n} \frac{1}{2n+1} = \binom{2n}{n} \frac{1}{n+1} = C_n.$$

例5　带 m 重卷积的递归式

通过观察由 $+1$ 和 $(1-m)$ 组成的其部分和全为正数且其总和为1的数列 $\langle a_0, \cdots, a_{mn} \rangle$，我们可以将刚刚考虑过的问题加以推广. 这样的数列可以称为 m-Raney数列. 如果 $(1-m)$ 出现 k 次，而 $+1$ 出现 $mn+1-k$ 次，我们就有

$$k(1-m) + (mn+1-k) = 1,$$

从而 $k = n$. 有 $\binom{mn+1}{n}$ 个数列使得 $(1-m)$ 出现 n 次，而 $+1$ 出现 $mn+1-n$ 次，Raney引理告

（计算机科学家们请注意：栈解释现在是对一个 m-进位的运算适用，而不是对早先考虑过的二进制乘法运算适用.）

诉我们，所有部分和皆为正数的数列的个数恰为

$$\binom{mn+1}{n}\frac{1}{mn+1}=\binom{mn}{n}\frac{1}{(m-1)n+1}.\qquad(7.67)$$

所以这就是 m-Raney 数列的个数. 我们称这是一个富斯-卡塔兰（Fuss-Catalan）数 $C_n^{(m)}$，因为数列 $\langle C_n^{(m)}\rangle$ 是首先由 N. I. 富斯[135]于 1791 年研究的（在卡塔兰参与此项研究之前许多年）. 一般的卡塔兰数是 $C_n=C_n^{(2)}$.

既然我们已经知道了答案（7.67），那就来参与 Jeopardy①并解决一个导出它的问题吧. 在 $m=2$ 的情形，问题是这样的："什么数 C_n 满足递归式 $C_n=\sum_k C_k C_{n-1-k}+[n=0]$？"我们将尝试在一般情形下找寻一个类似的问题（类似的递归式）.

长度为 1 的平凡数列 $\langle+1\rangle$ 显然是一个 m-Raney 数列. 如果将数 $(1-m)$ 放在任何 m 个皆为 m-Raney 数列的数列之右边，我们就得到一个新的 m-Raney 数列，在它的部分和增加到 $+2$，然后是 $+3,\cdots,+m$ 以及 $+1$ 时，其部分和一直保持是正数. 反过来，我们可以证明，如果 $n>0$，那么所有的 m-Raney 数列 $\langle a_0,\cdots,a_{mn}\rangle$ 都以此种方式唯一地出现：最后一项 a_{mn} 必定是 $(1-m)$. 对 $1\leqslant j\leqslant mn$，部分和 $s_j=a_0+\cdots+a_{j-1}$ 是正数，且 $s_{mn}=m$，因为 $s_{mn}+a_{mn}=1$. 设 k_1 是 $\leqslant mn$ 且使得 $s_{k_1}=1$ 成立的最大指标，设 k_2 是使得 $s_{k_2}=2$ 成立的最大指标，如此等等. 从而对 $k_j<k\leqslant mn$ 以及 $1\leqslant j\leqslant m$ 有 $s_{k_j}=j$ 以及 $s_k>j$. 由此推出 $k_m=mn$，而且可以毫无困难地验证，子数列 $\langle a_0,\cdots,a_{k_1-1}\rangle$，$\langle a_{k_1},\cdots,a_{k_2-1}\rangle$，$\cdots$，$\langle a_{k_{m-1}},\cdots,a_{k_m-1}\rangle$ 中的每一个都是 m-Raney 数列. 对某些非负的整数 $n_1,n_2,\cdots,n_m$，必定有 $k_1=mn_1+1$，$k_2-k_1=mn_2+1$，$\cdots$，$k_m-k_{m-1}=mn_m+1$.

这样一来，$\binom{mn+1}{n}\frac{1}{mn+1}$ 就是下面两个有趣问题的答案："对所有的整数 n，由递归式

$$C_n^{(m)}=\left(\sum_{n_1+n_2+\cdots+n_m=n-1}C_{n_1}^{(m)}C_{n_2}^{(m)}\cdots C_{n_m}^{(m)}\right)+[n=0]\qquad(7.68)$$

定义的数 $C_n^{(m)}$ 等于什么？""如果 $G(z)$ 是一个满足

$$G(z)=zG(z)^m+1\qquad(7.69)$$

的幂级数，那么 $[z^n]G(z)$ 等于什么？"

注意，这些问题并不容易. 通常在卡塔兰数的情形（$m=2$），我们用二次求根公式和二项式定理对 $G(z)$ 以及它的系数解出了（7.69）；但当 $m=3$ 时，标准的技术手段对于如何求

---

① Jeopardy 是美国全国广播公司主办的一个家喻户晓且极受欢迎的智力问答节目，收视率非常高，自 2006 年开始在专门的网站 www.jeopardy.com 上开发了同名的网上智力问答节目. IBM 公司在开发超级计算机深蓝（DeepQA）并于 1997 年成功挑战国际象棋大师卡斯帕洛夫之后，又于 2009 年开发了有自然语言能力的超级计算机华生（Watson），计划让它参加 Jeopardy 这档电视节目，再次向人类的智力发起新的挑战. 2011 年 2 月 14 日，超级计算机华生与两位人类超级选手 Ken Jennings 以及 Brad Rutter 第一次在 Jeopardy 大赛中打成平手；而在 2 月 16-17 日的比赛中，华生则以远远高于这两位人类选手的得分赢得比赛.

解三次方程 $G = zG^3 + 1$ 没有给出任何线索. 所以, 在问这个问题之前就把这个问题转成更容易回答的形式了.

然而, 我们现在已经能够提出更加困难的问题并推导它们的答案了. 关于下面这个问题又如何呢: "如果 l 是一个正整数, 且 $G(z)$ 是由 (7.69) 定义的幂级数, 那么 $[z^n]G(z)^l$ 等于什么?"我们刚刚给出的论证方法可以用来证明 $[z^n]G(z)^l$ 是长度为 $mn + l$ 且具有如下三个性质的数列的个数:

- 其中每个元素或者是 $+1$, 或者是 $(1-m)$;
- 其部分和全都是正数;
- 全部的和等于 l.

因为将这 l 个有 m - Raney 性质的数列放在一起, 我们就能以唯一的方式得到所有这样的数列. 从而这样做的方法数就是

$$\sum_{n_1+n_2+\cdots+n_l=n} C_{n_1}^{(m)} C_{n_2}^{(m)} \cdots C_{n_l}^{(m)} = [z^n]G(z)^l.$$

Raney 证明了他的引理的一个推广, 此结果告诉我们怎样来对这样的数列计数: 如果 $\langle x_1, x_2, \cdots, x_m \rangle$ 是满足对所有 j 皆有 $x_j \leqslant 1$ 的任意一个整数数列, 且 $x_1 + x_2 + \cdots + x_m = l > 0$, 那么循环移位

$$\langle x_1, x_2, \cdots, x_m \rangle, \quad \langle x_2, \cdots, x_m, x_1 \rangle, \quad \cdots, \langle x_m, x_1, \cdots, x_{m-1} \rangle$$

中恰好有 l 个有全部为正的部分和.

我们可以用数列 $\langle -2, 1, -1, 0, 1, 1, -1, 1, 1, 1 \rangle$ 来检验这个命题. 它的循环移位是

$\langle -2, 1, -1, 0, 1, 1, -1, 1, 1, 1 \rangle$ $\langle 1, -1, 1, 1, 1, -2, 1, -1, 0, 1 \rangle$

$\langle 1, -1, 0, 1, 1, -1, 1, 1, 1, -2 \rangle$ $\langle -1, 1, 1, 1, -2, 1, -1, 0, 1, 1 \rangle$

$\langle -1, 0, 1, 1, -1, 1, 1, 1, -2, 1 \rangle$ $\langle 1, 1, 1, -2, 1, -1, 0, 1, 1, -1 \rangle$ √

$\langle 0, 1, 1, -1, 1, 1, 1, -2, 1, -1 \rangle$ $\langle 1, 1, -2, 1, -1, 0, 1, 1, -1, 1 \rangle$

$\langle 1, 1, -1, 1, 1, 1, -2, 1, -1, 0 \rangle$ √ $\langle 1, -2, 1, -1, 0, 1, 1, -1, 1, 1 \rangle$

仅有两个标有 "√" 的例子有全部为正的部分和. 这个推广的引理在习题 13 里给出证明.

一个由 $+1$ 和 $(1-m)$ 组成的长度为 $mn + l$ 且总和为 l 的数列中, $(1-m)$ 必定恰好出现 n

362 次. 推广的引理告诉我们, 在这 $\binom{mn+l}{n}$ 个数列中的 $l/(mn+l)$ 有全部为正的部分和. 因此, 这个难题有一个出人意外简单的答案: 对所有整数 $l > 0$ 都有

$$[z^n]G(z)^l = \binom{mn+l}{n} \frac{l}{mn+l}. \tag{7.70}$$

记得第 5 章内容的读者可能会产生记忆错觉: "那个公式看起来很眼熟, 我们以前见过它吗?"是的, 的确见过, 兰伯特方程 (5.60) 说的是

$$[z^n]\mathcal{B}_t(z)^r = \binom{tn+r}{n} \frac{r}{tn+r}.$$

于是，（7.69）中的生成函数 $G(z)$ 实际上必定就是广义二项级数 $\mathcal{B}_m(z)$. 十分肯定的是，方程（5.59）是说

$$\mathcal{B}_m(z)^{1-m} - \mathcal{B}_m(z)^{-m} = z \ ,$$

这与

$$\mathcal{B}_m(z) - 1 = z\mathcal{B}_m(z)^m$$

是一样的.

既然我们已经知道了处理的是广义二项式，那么就转用第5章的记号吧. 第5章提到过一批恒等式但未加证明. 我们现在就可以填补部分漏洞，证明由

$$\mathcal{B}_t(z) = \sum_n \binom{tn+1}{n}\frac{z^n}{tn+1}$$

所定义的幂级数 $\mathcal{B}_t(z)$ 有惊人的性质：只要 t 和 r 是正整数，就有

$$\mathcal{B}_t(z)^r = \sum_n \binom{tn+r}{n}\frac{rz^n}{tn+r} \ .$$

我们能把这些结果推广到取任意值的 t 和 r 吗？当然可以，因为系数 $\binom{tn+r}{n}\frac{r}{tn+r}$ 是关于 t 和 r 的多项式. 由

$$\mathcal{B}_t(z)^r = \mathrm{e}^{r\ln\mathcal{B}_t(z)} = \sum_{n\geq 0}\frac{\left(r\ln\mathcal{B}_t(z)\right)^n}{n!} = \sum_{n\geq 0}\frac{r^n}{n!}\left(-\sum_{m\geq 1}\frac{\left(1-\mathcal{B}_t(z)\right)^m}{m}\right)^n$$

所定义的 r 次幂的系数是关于 t 和 r 的多项式，而且那些多项式对无穷多个 t 和 r 的值都等于 $\binom{tn+r}{n}\frac{r}{tn+r}$，所以这两个多项式数列必定完全相等.

第5章还提到了广义指数级数

$$\mathcal{E}_t(z) = \sum_{n\geq 0}\frac{(tn+1)^{n-1}}{n!}z^n \ ,$$

在（5.60）中它被认为同样令人瞩目的性质：

$$\left[z^n\right]\mathcal{E}_t(z)^r = \frac{r(tn+r)^{n-1}}{n!} \ . \tag{7.71}$$

我们能将它作为关于 $\mathcal{B}_t(z)$ 的公式的极限情形加以证明，因为不难证明有

$$\mathcal{E}_t(z)^r = \lim_{x\to\infty}\mathcal{B}_{xt}(z/x)^{xr} \ .$$

7.6 指数生成函数 EXPONENTIAL GENERATING FUNCTIONS

有时候，数列 $\langle g_n\rangle$ 会有一个性质相当复杂的生成函数，而与之相关的数列 $\langle g_n/n!\rangle$ 却有

一个相当简单的生成函数. 在这样的情形下, 我们自然更愿意研究 $\langle g_n / n! \rangle$, 然后在最后用 $n!$ 相乘即可. 这种技巧常常极为有效, 所以我们给它一个特殊的名字: 我们把幂级数

$$\hat{G}(z) = \sum_{n \geq 0} g_n \frac{z^n}{n!} \qquad (7.72)$$

称为数列 $\langle g_0, g_1, g_2, \cdots \rangle$ 的**指数生成函数** (exponential generating function) 或者简称为egf. 之所以这样命名, 是因为指数函数 e^z 是数列 $\langle 1, 1, 1, \cdots \rangle$ 的egf.

表7-3中有许多生成函数实际上就是egf. 例如, 方程 (7.50) 是指, $\left(\ln \frac{1}{1-z} \right)^m / m!$ 是数列 $\left\langle \begin{bmatrix} 0 \\ m \end{bmatrix}, \begin{bmatrix} 1 \\ m \end{bmatrix}, \begin{bmatrix} 2 \\ m \end{bmatrix}, \cdots \right\rangle$ 的指数生成函数. 这个数列的通常的生成函数要远为复杂 (而且还是发散的).

指数生成函数有它们自己的一套基本运算, 这与我们在7.2节中所学习的运算相类似. 例如, 如果用 z 来乘 $\langle g_n \rangle$ 的egf, 我们就得到

$$\sum_{n \geq 0} g_n \frac{z^{n+1}}{n!} = \sum_{n \geq 1} g_{n-1} \frac{z^n}{(n-1)!} = \sum_{n \geq 0} n g_{n-1} \frac{z^n}{n!},$$

这就是 $\langle 0, g_0, 2g_1, \cdots \rangle = \langle n g_{n-1} \rangle$ 的egf.

对 $\langle g_0, g_1, g_2 \cdots \rangle$ 的egf关于 z 求导就给出

我们得到乐趣了吗?

364

$$\sum_{n \geq 0} n g_n \frac{z^{n-1}}{n!} = \sum_{n \geq 1} g_n \frac{z^{n-1}}{(n-1)!} = \sum_{n \geq 0} g_{n+1} \frac{z^n}{n!}, \qquad (7.73)$$

这就是 $\langle g_1, g_2, \cdots \rangle$ 的egf. 于是, 在指数生成函数上的微分与在通常的生成函数上的左移位运算 $(G(z) - g_0) / z$ 相对应. (当我们研究超几何级数 (5.106) 时, 曾经用过指数生成函数的这一左移位性质.) 指数生成函数的积分给出

$$\int_0^z \sum_{n \geq 0} g_n \frac{t^n}{n!} \mathrm{d}t = \sum_{n \geq 0} g_n \frac{z^{n+1}}{(n+1)!} = \sum_{n \geq 1} g_{n-1} \frac{z^n}{n!}, \qquad (7.74)$$

这是一个向右移位, 它是 $\langle 0, g_0, g_1, \cdots \rangle$ 的指数生成函数.

与通常的生成函数进行运算一样, 对指数生成函数进行的最有趣的运算是乘法. 如果 $\hat{F}(z)$ 和 $\hat{G}(z)$ 是 $\langle f_n \rangle$ 和 $\langle g_n \rangle$ 的指数生成函数, 那么 $\hat{F}(z)\hat{G}(z) = \hat{H}(z)$ 就是数列 $\langle h_n \rangle$ 的指数生成函数, 这个数列称为 $\langle f_n \rangle$ 和 $\langle g_n \rangle$ 的**二项卷积** (binomial convolution):

$$h_n = \sum_k \binom{n}{k} f_k g_{n-k}. \qquad (7.75)$$

二项式系数出现在这里, 因为 $\binom{n}{k} = n! / k!(n-k)!$, 从而

$$\frac{h_n}{n!} = \sum_{k=0}^n \frac{f_k}{k!} \frac{g_{n-k}}{(n-k)!}.$$

换言之，$\langle h_n / n! \rangle$ 是 $\langle f_n / n! \rangle$ 和 $\langle g_n / n! \rangle$ 的通常卷积.

二项卷积在应用中频繁出现. 例如，我们在（6.79）中用隐含的递归式

$$\sum_{j=0}^{m} \binom{m+1}{j} B_j = [m = 0], \text{ 所有 } m \geq 0$$

定义了伯努利数. 如果用 n 代替 $m+1$ 并将项 B_n 加到它的两边：

$$\sum_{k} \binom{n}{k} B_k = B_n + [n = 1], \text{ 所有 } n \geq 0, \tag{7.76}$$

我们就可以将其改写成一个二项卷积. 通过引入伯努利数的指数生成函数，即 $\hat{B}(z) = \sum_{n \geq 0} B_n z^n / n!$，我们可以把递归式（7.76）与幂级数联系起来（如同第6章里所承诺的）.（7.76）的左边是 $\langle B_n \rangle$ 与常数数列 $\langle 1,1,1,\cdots \rangle$ 的二项卷积，从而左边的指数生成函数是 $\hat{B}(z)e^z$. 右边的指数生成函数是 $\sum_{n \geq 0} (B_n + [n=1]) z^n / n! = \hat{B}(z) + z$. 这样一来我们必定有 $\hat{B}(z) = z / (e^z - 1)$，这就证明了方程（6.81），它就是表7-3中的方程（7.44）.

现在我们再次来审视本书里频繁出现的一个和式

$$S_m(n) = 0^m + 1^m + 2^m + \cdots + (n-1)^m = \sum_{0 \leq k < n} k^m.$$

这一次我们要用生成函数来分析问题，希望它会突然变得更加简单. 我们将把 n 看成是固定的，而把 m 看成是变量，这样我们的目的就是了解幂级数

$$S(z) = S_0(n) + S_1(n)z + S_2(n)z^2 + \cdots = \sum_{m \geq 0} S_m(n)z^m$$

的系数. 我们知道 $\langle 1, k, k^2, \cdots \rangle$ 的生成函数是

$$\frac{1}{1-kz} = \sum_{m \geq 0} k^m z^m,$$

从而通过交换求和次序得到

$$S(z) = \sum_{m \geq 0} \sum_{0 \leq k < n} k^m z^m = \sum_{0 \leq k < n} \frac{1}{1-kz}.$$

我们可以将这个和式表示成封闭形式

$$\begin{aligned} S(z) &= \frac{1}{z}\left(\frac{1}{z^{-1}-0} + \frac{1}{z^{-1}-1} + \cdots + \frac{1}{z^{-1}-n+1} \right) \\ &= \frac{1}{z}(H_{z^{-1}} - H_{z^{-1}-n}), \end{aligned} \tag{7.77}$$

但是我们不知道这样一个封闭形式怎样展开成 z 的幂.

指数生成函数来救场了. 我们的数列 $\langle S_0(n), S_1(n), S_2(n), \cdots \rangle$ 的指数生成函数是

$$\hat{S}(z,n) = S_0(n) + S_1(n)\frac{z}{1!} + S_2(n)\frac{z^2}{2!} + \cdots = \sum_{m \geq 0} S_m(n)\frac{z^m}{m!}.$$

为了得到这些系数 $S_m(n)$，我们可以利用 $\langle 1, k, k^2, \cdots \rangle$ 的指数生成函数，即

$$e^{kz} = \sum_{m \geqslant 0} k^m \frac{z^m}{m!} ,$$

而我们有

366

$$\hat{S}(z, n) = \sum_{m \geqslant 0} \sum_{0 \leqslant k < n} k^m \frac{z^m}{m!} = \sum_{0 \leqslant k < n} e^{kz} .$$

后面这个和式是一个几何级数，故而有封闭形式

$$\hat{S}(z, n) = \frac{e^{nz} - 1}{e^z - 1} . \qquad (7.78)$$

找到了！我们需要做的一切就是计算出这个较为简单的函数的系数，由此我们将知道 $S_m(n)$，因为 $S_m(n) = m![z^m] \hat{S}(z, n)$.

这里就是伯努利数一显身手之处. 我们刚刚注意到，伯努利数的指数生成函数是

$$\hat{B}(z) = \sum_{k \geqslant 0} B_k \frac{z^k}{k!} = \frac{z}{e^z - 1} ,$$

故而可以记

$$\hat{S}(z, n) = \hat{B}(z) \frac{e^{nz} - 1}{z}$$

$$= \left(B_0 \frac{z^0}{0!} + B_1 \frac{z^1}{1!} + B_2 \frac{z^2}{2!} + \cdots \right) \left(n \frac{z^0}{1!} + n^2 \frac{z^1}{2!} + n^3 \frac{z^2}{3!} + \cdots \right) .$$

和式 $S_m(n)$ 等于 $m!$ 乘以这个乘积中 z^m 的系数. 例如，

$$S_0(n) = 0! \left(B_0 \frac{n}{1!0!} \right) \qquad\qquad\qquad = n ;$$

$$S_1(n) = 1! \left(B_0 \frac{n^2}{2!0!} + B_1 \frac{n}{1!1!} \right) \qquad\qquad = \frac{1}{2} n^2 - \frac{1}{2} n ;$$

$$S_2(n) = 2! \left(B_0 \frac{n^3}{3!0!} + B_1 \frac{n^2}{2!1!} + B_2 \frac{n}{1!2!} \right) \quad = \frac{1}{3} n^3 - \frac{1}{2} n^2 + \frac{1}{6} n .$$

这样一来，我们就又一次推导出公式 $\square_n = S_2(n) = \frac{1}{3} n \left(n - \frac{1}{2} \right) (n - 1)$，而且这是所有推导中最简单的方法：仅用几行文字就对所有的 m 求得 $S_m(n)$ 的一般性状.

一般的公式可以写成

$$S_{m-1}(n) = \frac{1}{m} \left(B_m(n) - B_m(0) \right) , \qquad (7.79)$$

其中 $B_m(x)$ 是由

$$B_m(x) = \sum_k \binom{m}{k} B_k x^{m-k} \qquad (7.80)$$

所定义的**伯努利多项式**. 这里给出理由：伯努利多项式是数列$\langle B_0,B_1,B_2,\cdots\rangle$与$\langle 1,x,x^2,\cdots\rangle$的二项卷积，从而$\langle B_0(x),B_1(x),B_2(x),\cdots\rangle$的指数生成函数是它们的指数生成函数的乘积：

$$\hat{B}(z,x)=\sum_{m\geqslant 0}B_m(x)\frac{z^m}{m!}=\frac{z}{e^z-1}\sum_{m\geqslant 0}x^m\frac{z^m}{m!}=\frac{ze^{xz}}{e^z-1}. \qquad (7.81)$$

这就得到方程（7.79），因为根据（7.78），$\langle 0,S_0(n),2S_1(n),\cdots\rangle$的指数生成函数是

$$z\frac{e^{nz}-1}{e^z-1}=\hat{B}(z,n)-\hat{B}(z,0).$$

现在我们转到另一个问题，指数生成函数正是此问题所需要的工具：在一个有n个顶点$\{1,2,\cdots,n\}$的**完全图**（complete graph）中有多少棵生成树？我们把这个数记为t_n. 完全图有$\frac{1}{2}n(n-1)$条边，每一条边连接一对不同的顶点，所以从本质上说，我们是要寻求用$n-1$条线连接n件给定物体的方法数.

我们有$t_1=t_2=1$. 还有$t_3=3$，因为有三个顶点的完全图是一个阶为2的扇，我们知道$f_2=3$. 而当$n=4$时有16棵生成树：

$$(7.82)$$

从而$t_4=16$.

从扇的类似问题得到的经验启发了我们，解决这个问题的最好方法是挑选一个顶点，在略去与这个特殊的顶点连接的所有边之后，观察生成树所连接在一起的块，也就是连通分支. 如果那些非特殊的顶点构成m个大小为$k_1,k_2,\cdots,k_m$的连通分支，那么我们就能用$k_1k_2\cdots k_m$种方式将它们与这个特殊的顶点连接起来. 例如，在$n=4$的情形，我们可以把左下方的顶点视为特殊顶点.（7.82）的最上面一行指出$3t_3$种情形，在这些情形中另外三个顶点以t_3种方式在它们之间连接，然后再以3种方式与左下方的顶点连接.（7.82）的最后一行指出$2\times1\times t_2t_1\times\binom{3}{2}$个解，在这些解中另外三个顶点以$\binom{3}{2}$种方式被分成大小为2以及1的连通分支，还有一种情形，在此情形下，另外三个顶点相互之间完全不连通.

这一推理方法给出递归式

$$t_n=\sum_{m>0}\frac{1}{m!}\sum_{k_1+\cdots+k_m=n-1}\binom{n-1}{k_1,k_2,\cdots,k_m}k_1k_2\cdots k_m t_{k_1}t_{k_2}\cdots t_{k_m}，\text{对所有}n>1.$$

理由如下：有$\binom{n-1}{k_1,k_2,\cdots,k_m}$种方式给一列大小分别为$k_1,k_2,\cdots,k_m$的$m$个连通分支指定$n-1$个元素，有$t_{k_1}t_{k_2}\cdots t_{k_m}$种方式把那些具有生成树的单个连通分支连接起来，有$k_1,k_2,\cdots,k_m$种方式将顶点$n$与那些连通分支连接起来；我们再用$m!$来除，因为希望不考虑这些连通分支的次序. 例如，当$n=4$时该递归式是

$$t_4 = 3t_3 + \frac{1}{2}\left(\binom{3}{1,2}2t_1t_2 + \binom{3}{2,1}2t_2t_1\right) + \frac{1}{6}\left(\binom{3}{1,1,1}t_1^3\right) = 3t_3 + 6t_2t_1 + t_1^3.$$

关于 t_n 的递归式初看起来令人生畏，甚至可能使人感到可怕，但是它实际上并不太差，只不过是有些复杂. 我们可以定义

$$u_n = nt_n,$$

然后一切都可以大大得到简化：

$$\frac{u_n}{n!} = \sum_{m>0}\frac{1}{m!}\sum_{k_1+k_2+\cdots+k_m=n-1}\frac{u_{k_1}}{k_1!}\frac{u_{k_2}}{k_2!}\cdots\frac{u_{k_m}}{k_m!}, \quad n>1. \tag{7.83}$$

内和是指数生成函数 $\hat{U}(z)$ 中 z^{n-1} 的系数取 m 次幂，当 $n=1$ 时我们也得到正确的公式，如果添加与 $m=0$ 的情形对应的项 $\hat{U}(z)^0$. 因此对所有 $n>0$ 就有

$$\frac{u_n}{n!} = [z^{n-1}]\sum_{m\geq0}\frac{1}{m!}\hat{U}(z)^m = [z^{n-1}]\mathrm{e}^{\hat{U}(z)} = [z^n]z\mathrm{e}^{\hat{U}(z)},$$

于是我们就有方程

$$\hat{U}(z) = z\mathrm{e}^{\hat{U}(z)}. \tag{7.84}$$

有进展！方程（7.84）几乎与

$$\mathcal{E}(z) = \mathrm{e}^{z\mathcal{E}(z)}$$

很像了，这个方程定义了（5.59）和（7.71）中的广义指数级数 $\mathcal{E}(z)=\mathcal{E}_1(z)$. 的确，我们有

$$\hat{U}(z) = z\mathcal{E}(z).$$

故而我们可以很快写出问题的答案：

$$t_n = \frac{u_n}{n} = \frac{n!}{n}[z^n]\hat{U}(z) = (n-1)![z^{n-1}]\mathcal{E}(z) = n^{n-2}. \tag{7.85}$$

对每个 $n>0$，$\{1,2,\cdots,n\}$ 上的完全图恰好有 n^{n-2} 棵生成树.

7.7 狄利克雷生成函数　DIRICHLET GENERATING FUNCTIONS

有许多其他方法可以从一个级数生成一个数列，至少原则上说，任何一组满足

$$\sum_n g_n K_n(z) = 0 \quad \Rightarrow \quad g_n = 0 \text{（所有 } n\text{）}$$

的"核"函数 $K_n(z)$ 都能使用. 通常的生成函数用 $K_n(z)=z^n$，而指数生成函数用 $K_n(z)=z^n/n!$，我们也可以尝试用下降的阶乘幂 $z^{\underline{n}}$，或者用二项式系数 $z^{\underline{n}}/n!=\binom{z}{n}$.

对于生成函数和指数生成函数来说，最重要的另一种选择是用核函数 $1/n^z$，它适用于从 $n=1$ 开始而不是从 $n=0$ 开始的数列 $\langle g_1, g_2, \cdots\rangle$：

$$\tilde{G}(z) = \sum_{n \geqslant 1} \frac{g_n}{n^z}. \tag{7.86}$$

它称为**狄利克雷生成函数**，简称dgf，因为德国数学家G. L. 狄利克雷（1805—1859）关于它做了许多工作.

例如，常数数列 $\langle 1,1,1,\cdots \rangle$ 的狄利克雷生成函数是

$$\sum_{n \geqslant 1} \frac{1}{n^z} = \zeta(z). \tag{7.87}$$

这就是**黎曼 ζ 函数**，当 $z > 1$ 时，我们也称它是广义调和数 $H_\infty^{(z)}$.

狄利克雷生成函数的乘积与一类特殊的卷积相对应：

$$\tilde{F}(z)\tilde{G}(z) = \sum_{l,m \geqslant 1} \frac{f_l}{l^z} \frac{g_m}{m^z} = \sum_{n \geqslant 1} \frac{1}{n^z} \sum_{l,m \geqslant 1} f_l g_m [l \cdot m = n].$$

从而 $\tilde{F}(z)\tilde{G}(z) = \tilde{H}(z)$ 是数列

$$h_n = \sum_{d \backslash n} f_d g_{n/d} \tag{7.88}$$

的狄利克雷生成函数.

例如，由（4.55）我们知道 $\sum_{d \backslash n} \mu(d) = [n = 1]$，这就是默比乌斯数列 $\langle \mu(1), \mu(2), \mu(3), \cdots \rangle$ 与 $\langle 1,1,1,\cdots \rangle$ 的狄利克雷卷积，故有

$$\tilde{M}(z)\zeta(z) = \sum_{n \geqslant 1} \frac{[n = 1]}{n^z} = 1. \tag{7.89}$$

换句话说，$\langle \mu(1), \mu(2), \mu(3), \cdots \rangle$ 的狄利克雷生成函数就是 $\zeta(z)^{-1}$.

当数列 $\langle g_1, g_2, \cdots \rangle$ 是**积性函数**（multiplicative function），也即

$$g_{mn} = g_m g_n \qquad m \perp n$$

时，狄利克雷生成函数特别有价值. 在这种情形下，对所有 n，g_n 的值都由 n 为素数幂时 g_n 的值来决定，我们能将其狄利克雷生成函数分解成取遍素数的乘积：

$$\tilde{G}(z) = \prod_{p\text{是素数}} \left(1 + \frac{g_p}{p^z} + \frac{g_{p^2}}{p^{2z}} + \frac{g_{p^3}}{p^{3z}} + \cdots \right). \tag{7.90}$$

例如，如果对所有 n 令 $g_n = 1$，我们就得到黎曼 ζ 函数的一个乘积表示：

$$\zeta(z) = \prod_{p\text{是素数}} \left(\frac{1}{1 - p^{-z}} \right). \tag{7.91}$$

默比乌斯函数取值为 $\mu(p) = -1$，而对 $k > 1$ 有 $\mu(p^k) = 0$，从而它的狄利克雷生成函数是

$$\tilde{M}(z) = \prod_{p\text{是素数}} (1 - p^{-z}), \tag{7.92}$$

这当然与（7.89）和（7.91）一致. 欧拉 φ 函数取值为 $\varphi(p^k) = p^k - p^{k-1}$，故而它的狄利克雷生成函数有分解的形式

370

$$\tilde{\Phi}(z) = \prod_{p \text{是素数}} \left(1 + \frac{p-1}{p^z - p}\right) = \prod_{p \text{是素数}} \left(\frac{1 - p^{-z}}{1 - p^{1-z}}\right). \tag{7.93}$$

我们得到结论 $\tilde{\Phi}(z) = \zeta(z-1) / \zeta(z)$.

习题

热身题

1　一位古怪的多米诺骨牌搜集者, 搜集了 $2 \times n$ 个骨牌. 他为每个垂直的多米诺牌付 4 美元, 而为每个水平的多米诺牌付 1 美元. 根据这一标准, 有多少种铺设恰好值 m 美元? 例如当时 $m = 6$ 时有三个解: 田、田和田.

2　给出数列 $\langle 2,5,13,35,\cdots \rangle = \langle 2^n + 3^n \rangle$ 的生成函数和指数生成函数的封闭形式.

3　$\sum_{n \geqslant 0} H_n / 10^n$ 等于什么?

4　有理函数 $P(z) / Q(z)$ 的一般展开定理并不完全是一般性的, 因为它要求 P 的次数小于 Q 的次数. 如果 P 有更大的次数, 将会发生什么?

5　求一个生成函数 $S(z)$, 使得

$$[z^n] S(z) = \sum_k \binom{r}{k} \binom{r}{n-2k}.$$

基础题

6　证明, 递归式 (7.32) 可以用成套方法而不用生成函数求解.

7　求解递归式

$$g_0 = 1 \;;$$
$$g_n = g_{n-1} + 2g_{n-2} + \cdots + n g_0 \;, \quad n > 0 \;.$$

8　$[z^n] (\ln(1-z))^2 / (1-z)^{m+1}$ 等于什么?

9　利用上一题的结果计算 $\sum_{k=0}^n H_k H_{n-k}$.

10　在恒等式 (7.62) 中令 $r = s = -1/2$, 然后利用与 (5.36) 相似的技巧去掉所有出现的 $1/2$. 你推导出什么样惊人的恒等式?

> 我推断 Clark Kent 真是一个超人. [①]

11　这个问题的三个部分是相互独立的, 它可以作为处理生成函数的练习. 我们假设 $A(z) = \sum_n a_n z^n$, $B(z) = \sum_n b_n z^n$, $C(z) = \sum_n c_n z^n$, 且对取负值的 n 其系数为零.

a　如果 $c_n = \sum_{j+2k \leqslant n} a_j b_k$, 试用 A 和 B 表示 C.

b　如果 $n b_n = \sum_{k=0}^n 2^k a_k / (n-k)!$, 试用 B 表示 A.

c　如果 r 是实数, 且 $a_n = \sum_{k=0}^n \binom{r+k}{k} b_{n-k}$, 试用 B 表示 A; 然后用你的公式求系数 $f_k(r)$, 使得

---

① 第 10 题中 "你推导出什么样惊人的恒等式?" 的英文原文是 What amazing identity do you deduce? 在动漫以及喜剧作品中, amazing identity 的含义是指剧中人物 "神秘而令人惊讶的身份". Clark Kent 是美国著名电视剧 *Smallville*（《超人前传》）中的人物.

$$b_n = \sum_{k=0}^{n} f_k(r) a_{n-k} .$$

12 将数 $\{1,2,\cdots,2n\}$ 排列成一个 $2\times n$ 阵列，使得行和列按照从左向右以及从上向下都递增的次序排列，这样有多少种方式？例如，当 $n=5$ 时的一个解是

$$\begin{pmatrix} 1 & 2 & 4 & 5 & 8 \\ 3 & 6 & 7 & 9 & 10 \end{pmatrix} .$$

13 证明在（7.70）前面陈述的Raney的推广引理.

14 用指数生成函数求解递归式

$$g_0 = 0 , \quad g_1 = 1 ,$$
$$g_n = -2ng_{n-1} + \sum_k \binom{n}{k} g_k g_{n-k} , \quad n > 1 .$$

15 贝尔数 ϖ_n 是将 n 件物品划分成子集的方法数. 例如 $\varpi_3 = 5$，因为我们可以用以下方法对 $\{1,2,3\}$ 进行划分：

$$\{1,2,3\} ; \quad \{1,2\}\cup\{3\} ; \quad \{1,3\}\cup\{2\} ; \quad \{1\}\cup\{2,3\} ; \quad \{1\}\cup\{2\}\cup\{3\} .$$

证明 $\varpi_{n+1} = \sum_k \binom{n}{k} \varpi_{n-k}$，并用这个递归式求出指数生成函数 $P(z) = \sum_n \varpi_n z^n / n!$ 的封闭形式.

16 两个数列 $\langle a_n \rangle$ 和 $\langle b_n \rangle$ 由卷积公式

$$b_n = \sum_{k_1 + 2k_2 + \cdots + nk_n = n} \binom{a_1 + k_1 - 1}{k_1}\binom{a_2 + k_2 - 1}{k_2}\cdots\binom{a_n + k_n - 1}{k_n}$$

联系在一起，又有 $a_0 = 0$ 以及 $b_0 = 1$. 证明：对应的生成函数满足 $\ln B(z) = A(z) + \frac{1}{2} A(z^2) + \frac{1}{3} A(z^3) + \cdots$.

17 证明：一个数列的指数生成函数 $\hat{G}(z)$ 与通常的生成函数 $G(z)$ 由公式

$$\int_0^\infty \hat{G}(zt) e^{-t} dt = G(z)$$

联系在一起，如果这个积分存在的话.

18 求以下数列的狄利克雷生成函数：

a $g_n = \sqrt{n}$;

b $g_n = \ln n$;

c $g_n = [n\text{无平方因子}]$.

将你的答案用 ζ 函数表示出来.（无平方因子性质在习题4.13中定义.）

19 每个满足 $f_0 = 1$ 的幂级数 $F(z) = \sum_{n\geq 0} f_n z^n$ 按照规则

$$F(z)^x = \sum_{n\geq 0} f_n(x) z^n$$

定义一个多项式数列 $f_n(x)$，其中 $f_n(1) = f_n$，而 $f_n(0) = [n=0]$. 一般来说，$f_n(x)$ 的次数为 n. 证明：这样的多项式总满足卷积公式

$$\sum_{k=0}^{n} f_k(x) f_{n-k}(y) = f_n(x+y) ;$$

你说的"一般来说"是什么意思？如果 $f_1 = f_2 = \cdots = f_{m-1} = 0$，那么 $f_n(x)$ 的次数至多为 $\lfloor n/m \rfloor$.

$$(x+y)\sum_{k=0}^{n}kf_k(x)f_{n-k}(y)=xnf_n(x+y).$$

373

（表5-5和表6-8中的恒等式是这一技巧的特殊情形.）

20　如果一个幂级数 $G(z)$ 存在有限多个不全为零的多项式 $P_0(z),\cdots,P_m(z)$，使得

$$P_0(z)G(z)+P_1(z)G'(z)+\cdots+P_m(z)G^{(m)}(z)=0.$$

那么称它为**可微有限的**（differentiably finite），如果一个数列 $\langle g_0,g_1,g_2,\cdots\rangle$ 存在有限多个不全为零的多项式 $p_0(z),\cdots,p_m(z)$，使得对所有整数 $n\geq 0$ 都有

$$p_0(n)g_n+p_1(n)g_{n+1}+\cdots+p_m(n)g_{n+m}=0,$$

那么称它为**多项式形式递归的**（polynomially recursive）. 证明：一个生成函数是可微有限的，当且仅当它的系数数列是多项式形式递归的.

作业题

21　一个强盗抢劫了一家银行，索要由10美元和20美元组成的500美元. 他还想知道出纳可以将这笔钱付给他的方法数. 求生成函数 $G(z)$，对于它这个数是 $[z^{500}]G(z)$，再求一个更紧凑的生成函数 $\check{G}(z)$，对于它这个数是 $[z^{50}]\check{G}(z)$. (a)利用部分分式确定所要求的方法数；(b)利用与（7.39）类似的方法确定所要求的方法数.

22　设 P 是将多边形"三角剖分"的所有方法之和：

（第一项表示一个只有两个顶点的退化的多边形，其他的每一项都表示一个被分割成三角形的多边形. 例如，一个五边形可以用五种方式进行三角剖分.）在三角剖分的多边形 A 和 B 上定义"乘法"运算 $A\Delta B$，使得方程

$$P=\_+P\Delta P$$

成立. 然后用"z"代替每一个三角形；关于将一个 n 边形分解成三角形的方法数，你能知道什么？

23　一根 $2\times 2\times n$ 的柱子可以通过多少种方法用 $2\times 1\times 1$ 砖块建造？

24　当 $n\geq 3$ 时，在一个 n 轮中有多少棵生成树？（n 轮的图形是：它在一个圆上有 n 个"外面的"顶点，每一个这样的顶点都与第 $(n+1)$ 个位于"中心"的顶点相连接.）

374

25　设 $m\geq 2$ 是一个整数. 作为 z 和 m 的函数，数列 $\langle n\bmod m\rangle$ 的生成函数的封闭形式是什么？利用这个生成函数，用复数 $\omega=e^{2\pi i/m}$ 来表示"$n\bmod m$". （例如，当 $m=2$ 时有 $\omega=-1$ 以及 $n\bmod 2=\dfrac{1}{2}-\dfrac{1}{2}(-1)^n$.）

26　二阶斐波那契数 $\langle\mathfrak{f}_n\rangle$ 由递归式

$$\mathfrak{f}_0=0\ ;\quad \mathfrak{f}_1=1\ ;$$

他会接受 $2\times n$ 多米诺铺设问题的解决方案吗？

建造柱子的方法数要比你能付出钱款的方法数更多一些，因为有工会撑腰，建筑工人要价很高.

$$\mathfrak{F}_n = \mathfrak{F}_{n-1} + \mathfrak{F}_{n-2} + F_n \ , \quad n > 1$$

定义. 将 $\mathfrak{F}_n$ 用通常的斐波那契数 F_n 与 F_{n+1} 表示出来.

27　$2 \times n$ 矩形的一种多米诺铺设, 也可以被视为在一个由点组成的 $2 \times n$ 阵列中画出 n 条不相交的线的方式:

$$\text{|}\begin{array}{c}\cdot\cdot\\\cdot\cdot\end{array}\text{|}\begin{array}{c}\cdot\cdot\\\cdot\cdot\end{array}\text{|}\text{|}\text{|}.$$

如果我们将两个这样的图案叠加起来, 就得到一组回路, 这是由于每点都与两条线相连. 例如, 如果上面的线与如下的线

$$\text{|}\text{|}\begin{array}{c}\cdot\cdot\\\cdot\cdot\end{array}\begin{array}{c}\cdot\cdot\\\cdot\cdot\end{array}\begin{array}{c}\cdot\cdot\\\cdot\cdot\end{array},$$

组合起来, 结果就是

$$\text{|}\begin{array}{c}\cdot\cdot\cdot\\\cdot\cdot\cdot\end{array}\begin{array}{c}\cdot\cdot\\\cdot\cdot\end{array}\begin{array}{c}\cdot\cdot\\\cdot\cdot\end{array}.$$

将

$$\text{|}\text{|}\begin{array}{c}\cdot\cdot\\\cdot\cdot\end{array}\begin{array}{c}\cdot\cdot\\\cdot\cdot\end{array}\text{|}\text{|}\qquad \text{和}\qquad \text{|}\begin{array}{c}\cdot\cdot\\\cdot\cdot\end{array}\begin{array}{c}\cdot\cdot\\\cdot\cdot\end{array}\text{|}\begin{array}{c}\cdot\cdot\\\cdot\cdot\end{array}$$

组合起来也得到同一组回路. 但是, 如果在第一个图案中交替用向上/向下/向上/向下/⋯⋯的箭头为垂直的线指定方向, 而在第二个图案中交替用向下/向上/向下/向上/⋯⋯的箭头为垂直的线指定方向, 我们就得到从叠加的图案中重新构造出原来图案的唯一一种方式. 例如,

这样一来, 这种定向回路图案的个数必定是 $T_n^2 = F_{n+1}^2$, 我们应该可以用代数方法证明此结论. 设 Q_n 是定向的 $2 \times n$ 回路图案的个数. 求 Q_n 的递归式, 用生成函数对它求解, 并用代数方法推导出 $Q_n = F_{n+1}^2$.

28　(7.39) 中 $A(z)$ 的系数满足 $A_r + A_{r+10} + A_{r+20} + A_{r+30} = 100$ ($0 \leqslant r < 10$). 对此给出一个 "简单的" 解释.

29　斐波那契乘积的和式

$$\sum_{m>0} \sum_{\substack{k_1+k_2+\cdots+k_m=n \\ k_1,k_2,\cdots,k_m>0}} F_{k_1} F_{k_2} \cdots F_{k_m}$$

等于什么?

30　如果生成函数 $G(z) = 1/(1-\alpha z)(1-\beta z)$ 有部分分式分解 $a/(1-\alpha z) + b/(1-\beta z)$, 那么 $G(z)^n$ 的部分分式分解是什么?

31　正整数 n 的什么样的函数 $g(n)$ 满足递归式

$$\sum_{d \backslash n} g(d) \varphi(n/d) = 1 \ ,$$

其中 φ 是欧拉 φ 函数?

32　**等差级数** (arithmetic progression) 是一个无限的整数集合

$$\{an+b\} = \{b, a+b, 2a+b, 3a+b, \cdots\} \ .$$

如果每个非负整数在一组数列中的唯一一个数列中出现, 那么这组等差数列 $\{a_1 n + b_1\}, \cdots, \{a_m n + b_m\}$ 称为**精确覆盖** (exact cover). 例如, 三个数列 $\{2n\}, \{4n+1\}, \{4n+3\}$ 就构成一个精确覆盖. 证明,

如果 $\{a_1 n + b_1\}, \cdots, \{a_m n + b_m\}$ 是一个满足 $2 \leqslant a_1 \leqslant \cdots \leqslant a_m$ 的精确覆盖，那么 $a_{m-1} = a_m$.

提示：利用生成函数.

考试题

33 $[w^m z^n]\big(\ln(1+z)\big)/(1-wz)$ 等于什么？

34 如果

$$G_n(z) = \sum_{k \leqslant n/m} \binom{n-mk}{k} z^{mk} \ ,$$

求出生成函数 $\sum_{n \geqslant 0} G_n(z) w^n$ 的封闭形式（这里 m 是一个固定的正整数. ）

35 用两种方法计算和式 $\sum_{0 < k < n} 1/k(n-k)$:

a 将求和项展开成部分分式；

b 将和式当作卷积处理，并利用生成函数.

376

36 设 $A(z)$ 是 $\langle a_0, a_1, a_2, a_3, \cdots \rangle$ 的生成函数. 用 A、z 和 m 表示 $\sum_n a_{\lfloor n/m \rfloor} z^n$.

37 设 a_n 是将正整数 n 表示成2的幂之和的方法数，不考虑次序. 例如 $a_4 = 4$，因为 $4 = 2+2 = 2+1+1 = 1+1+1+1$. 习惯上，我们取 $a_0 = 1$. 设 $b_n = \sum_{k=0}^{n} a_k$ 是前面若干个 a 的累积和式.

a 做出一张直到 $n = 10$ 的 a 与 b 的表. 你会在这张表里观察到何种惊人的关系？（不需要证明. ）

b 将生成函数 $A(z)$ 表示成无穷乘积.

c 利用b中的表达式证明a中的结论.

38 求出二重生成函数

$$M(w, z) = \sum_{m, n \geqslant 0} \min(m, n) w^m z^n$$

的封闭形式. 针对固定的 $m \geqslant 2$ 推广你的答案，从而得出

$$M(z_1, \cdots, z_m) = \sum_{n_1, \cdots, n_m \geqslant 0} \min(n_1, \cdots, n_m) z_1^{n_1} \cdots z_m^{n_m}$$

的封闭形式.

39 给定正整数 m 和 n，求出

$$\sum_{1 \leqslant k_1 < k_2 < \cdots < k_m \leqslant n} k_1 k_2 \cdots k_m \ \text{和} \sum_{1 \leqslant k_1 \leqslant k_2 \leqslant \cdots \leqslant k_m \leqslant n} k_1 k_2 \cdots k_m$$

的封闭形式.

（例如 $m = 2$ 和 $n = 3$ 时，相应的和是 $1 \times 2 + 1 \times 3 + 2 \times 3$ 以及 $1 \times 1 + 1 \times 2 + 1 \times 3 + 2 \times 2 + 2 \times 3 + 3 \times 3$. ）

提示：生成函数 $(1 + a_1 z) \cdots (1 + a_n z)$ 和 $1/(1 - a_1 z) \cdots (1 - a_n z)$ 中 z^m 的系数是什么？

40 用封闭形式表示 $\sum_k \binom{n}{k}(k F_{k-1} - F_k)\,(n-k)¡$.

41 一个阶为 n 的上–下排列（up-down permutation）是整数 $\{1, 2, \cdots, n\}$ 的一个交错增加和减少的排列 $a_1 a_2 \cdots a_n$:

$$a_1 < a_2 > a_3 < a_4 > \cdots.$$

例如，35142是一个阶为5的上–下排列. 如果 A_n 表示阶为 n 的上–下排列的个数，证明：$\langle A_n \rangle$ 的

指数生成函数是 $(1+\sin z)/\cos z$.

42 空间探索发现，火星上有机物的DNA由5种符号组成，而不是地球上DNA的那4种元素，它们被记为 (a,b,c,d,e) . cd、ce、ed和ee这四对，在火星的DNA序列中从来没有连续出现过，而其他任何未被禁止的元素对的序列都是可能出现的. （于是，bbcda是不允许的，但bbdca就没有问题. ）那么可能有多少个长度为 n 的火星DNA序列？（当 $n=2$ 时答案是21，因为DNA左端和右端是可以辨认的. ） 377

43 一个数列 $\langle g_n \rangle$ 的牛顿生成函数定义为

$$\dot{G}(z) = \sum_n g_n \binom{z}{n} .$$

求定义了数列 $\langle f_n \rangle$ 、 $\langle g_n \rangle$ 和 $\langle h_n \rangle$ 之间关系的卷积公式，这些数列的牛顿生成函数由方程 $\dot{F}(z)\dot{G}(z) = \dot{H}(z)$ 联系在一起. 尽量使公式简单和对称.

44 设 q_n 是当 n 个数 $\{x_1,\cdots,x_n\}$ 相互比较时可能的结果个数. 例如 $q_3 = 13$ ，因为可能的结果是

$$x_1 < x_2 < x_3 ; \quad x_1 < x_2 = x_3 ; \quad x_1 < x_3 < x_2 ; \quad x_1 = x_2 < x_3 ;$$
$$x_1 = x_2 = x_3 ; \quad x_1 = x_3 < x_2 ; \quad x_2 < x_1 < x_3 ;$$
$$x_2 < x_1 = x_3 ; \quad x_2 < x_3 < x_1 ; \quad x_2 = x_3 < x_1 ;$$
$$x_3 < x_1 < x_2 ; \quad x_3 < x_1 = x_2 ; \quad x_3 < x_2 < x_1 .$$

求指数生成函数 $\hat{Q}(z) = \sum_n q_n z^n / n!$ 的封闭形式. 再求数列 $\langle a_n \rangle$, $\langle b_n \rangle$, $\langle c_n \rangle$ ，使得

$$q_n = \sum_{k \geq 0} k^n a_k = \sum_k \left\{ {n \atop k} \right\} b_k = \sum_k \left\langle {n \atop k} \right\rangle c_k , \quad \text{所有} \; n > 0 .$$

45 计算 $\sum_{m,n>0} [m \perp n] / m^2 n^2$.

46 用封闭形式计算

$$\sum_{0 \leq k \leq n/2} \binom{n-2k}{k} \left(\frac{-4}{27} \right)^k .$$

提示： $z^3 - z^2 + \frac{4}{27} = \left(z + \frac{1}{3} \right) \left(z - \frac{2}{3} \right)^2$.

47 证明：(7.34)中给出的 $3 \times n$ 多米诺铺设的方法数 U_n 和 V_n ，与收敛于 $\sqrt{3}$ 的Stern-Brocot树中的分数密切相关.

48 对某些满足 $\gcd(a,b,c,d)=1$ 的整数 (a,b,c,d) ，有某个数列 $\langle g_n \rangle$ 满足递归式

$$ag_n + bg_{n+1} + cg_{n+2} + d = 0 , \quad \text{整数} \; n \geq 0 .$$

对介于0和1之间的某个实数 α ，它还有封闭形式

$$g_n = \lfloor \alpha(1+\sqrt{2})^n \rfloor , \quad \text{整数} \; n \geq 0 .$$

求出 a,b,c,d 以及 α .

基辛格，请记笔记.   **49** 这是一个关于幂以及奇偶性的问题. 378

a 考虑由公式

$$a_n = (1+\sqrt{2})^n + (1-\sqrt{2})^n$$

定义的数列 $\langle a_0, a_1, a_2, \cdots \rangle = \langle 2, 2, 6, \cdots \rangle$. 求由这个数列所满足的简单的递归关系.

b 证明：对所有整数 $n > 0$ 有 $\lceil (1+\sqrt{2})^n \rceil \equiv n \pmod 2$.

c 求一个形如 $(p+\sqrt{q})/2$ 的数 α，使得对所有整数 $n > 0$ 都有 $\lfloor \alpha^n \rfloor \equiv n \pmod 2$，其中 p 和 q 是正整数.

附加题

50 习题22续，考虑将一个多边形分解成多边形的所有方法之和：

$$Q = \underline{\quad} + \triangle + \square + \square + \square$$

$$+ \pentagon + \pentagon + \pentagon + \pentagon + \pentagon + \pentagon + \pentagon + \cdots .$$

对 Q 求一个符号方程，并用它来求在一个凸 n 边形内部画不相交的对角线的方法数的生成函数.（求出作为 z 的函数的这个生成函数的封闭形式，不必对系数求封闭形式.）

51 证明：乘积

$$2^{mn/2} \prod_{\substack{1 \le j \le m \\ 1 \le k \le n}} \left((\cos^2 \frac{j\pi}{m+1})\square^2 + (\cos^2 \frac{k\pi}{n+1})\square^2 \right)^{1/4}$$

是用多米诺牌铺设一个 $m \times n$ 矩形的方法数的生成函数.（有 mn 个因子，我们可以想象它们写在这个矩形的 mn 个方格中. 如果 mn 是奇数，中间的那个因子就是零. $\square^j\square^k$ 的系数是用 j 个垂直的以及 k 个水平的多米诺牌做覆盖的方法数.）提示：这个问题比较难，实在是超出了这本书的范围. 你可能会希望在 $m=3$，$n=4$ 的情形验证此公式.

这是提示还是警告？

52 证明：由递归式

$$p_n(y) = \left(y - \frac{1}{4} \right)^n - \sum_{k=0}^{n-1} \binom{2n}{2k} \left(\frac{-1}{4} \right)^{n-k} p_k(y), \quad \text{整数} \ n \geqslant 0$$

定义的多项式有 $p_n(y) = \sum_{m=0}^{n} \left| \begin{matrix} n \\ m \end{matrix} \right| y^m$ 的形式，其中 $\left| \begin{matrix} n \\ m \end{matrix} \right|$ 是正整数（$1 \leqslant m \leqslant n$）. 提示：这个习题很

379

有指导意义，但不那么容易.

53 五边形数数列 $\langle 1, 5, 12, 22, \cdots \rangle$ 以一种明显的方式推广了三角形数和平方数：

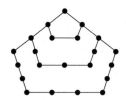

设第 n 个三角形数是 $T_n = n(n+1)/2$，第 n 个五边形数是 $P_n = n(3n-1)/2$，又设 U_n 是在（7.38）中定义的 $3 \times n$ 多米诺铺设方法数. 证明：三角形数 $T_{(U_{4n+2}-1)/2}$ 也是一个五边形数.

提示：$3U_{2n}^2 = (V_{2n-1} + V_{2n+1})^2 + 2$.

54 考虑如下这个令人好奇的构造：

1	2	3	4	5	6	7	8	9	10	11	12	13	14	15	16	...
1	2	3	4		6	7	8	9		11	12	13	14		16	...
1	3	6	10		16	23	31	40		51	63	76	90		106	...
1	3	6			16	23	31			51	63	76			106	...
1	4	10			26	49	80			131	194	270			376	...
1	4				26	49				131	194				376	...
1	5				31	80				211	405				781	...
1					31					211					781	...
1					32					243					1024	...

（从包含所有正整数的那一行开始. 然后每隔 $m-1$ 列删去一列，这里 $m=5$. 接下来用部分和代替剩下来的数. 再每隔 $(m-2)$ 列删去一列，然后再用部分和代替剩下来的数，如此一直下去. ）利用生成函数证明，最后得到的结果是 m 次幂的数列. 例如，当 $m=5$ 时得到 $\langle 1^5, 2^5, 3^5, 4^5, \cdots \rangle$，正如最后一行给出的那样.

55 证明：如果幂级数 $F(z)$ 和 $G(z)$ 是有限可微的（如在习题20中定义的那样），那么 $F(z)+G(z)$ 与 $F(z)G(z)$ 亦然.

研究题

56 证明：在某一大类"简单的封闭形式"中，对于 $(1+z+z^2)^n$ 中 z^n 的系数（作为 n 的函数）不存在"简单的封闭形式".

57 证明或推翻：如果 $G(z)$ 的所有系数不是0就是1，又如果 $G(z)^2$ 的所有系数都小于某个常数 M，那么 $G(z)^2$ 的系数中有无穷多个等于零.

380

8

离散概率
DISCRETE PROBABILITY

我们在理解所生活世界的诸多方面时都会涉及随机性. 如果我们假设一些复杂事件是由适当的公理所支配的, 那么借助数学的**概率论**（theory of probability）, 我们可以计算这些事件发生的可能性. 这个理论在科学的所有分支中都有重要的应用, 而且它与前几章介绍的技术紧密关联.

如果我们用求和而不用积分就能计算所有事件的概率, 那么概率就被称为"离散的". 对于和式, 我们已经驾轻就熟, 所以有了充分准备将所学知识应用于某些有意义的概率以及平均值的计算中, 这不值得大惊小怪了.

8.1 定义 DEFINITIONS

概率论从**概率空间**（probability space）的思想出发, 概率空间则是指由在一个给定问题中可能发生的所有事件, 以及赋予每个**基本事件**（elementary event）$\omega \in \Omega$ 一个概率 $\Pr(\omega)$ 的规则所组成的集合 Ω. 概率 $\Pr(\omega)$ 必须是非负实数, 且条件

（不熟悉概率论的读者很有可能会从费勒对这一学科的经典导引[120]中获益.)

$$\sum_{\omega \in \Omega} \Pr(\omega) = 1 \tag{8.1}$$

在每一个离散的概率空间中都必须满足. 这样, 每一个值 $\Pr(\omega)$ 都必定在区间 [0..1] 中. 我们把 Pr 称为**概率分布**（probability distribution）, 因为它将总的概率值1分布在各个事件 ω 之间.

来看一个例子: 如果我们掷一对骰子, 其基本事件的集合 Ω 就是 $D^2 = \{\square\square, \square\square, \cdots \square\square\}$, 其中

$$D = \{\square, \square, \square, \square, \square, \square\}$$

是骰子落下来时所有6种可能方式的集合. $\square\square$ 和 $\square\square$ 这样的两次结果被视为是不同的, 因此这个概率空间总共有 $6^2 = 36$ 个元素.

[381]

永不放弃.[①]

---

① "Never say die" 是一个习语, 其含义是 "永不放弃". 在英语里, 单词die兼有 "骰子" 和 "死亡" 这两个不同的含义.

320

我们通常假设骰子是"均匀的",这是指骰子的6个可能的面中每个面出现的概率都是 $\frac{1}{6}$, Ω 的36种可能结果中的每一种出现的概率都是 $\frac{1}{36}$. 我们也可以考虑"灌铅的"(loaded)骰子,在此情形下有不同的概率分布. 例如,设

小心: 它们可能会走火.[①]

$$\mathrm{Pr}_1(\boxdot) = \mathrm{Pr}_1(\boxplus) = \frac{1}{4},$$

$$\mathrm{Pr}_1(\boxminus) = \mathrm{Pr}_1(\boxdot) = \mathrm{Pr}_1(\boxdot) = \mathrm{Pr}_1(\boxdot) = \frac{1}{8},$$

那么 $\sum_{d \in D} \mathrm{Pr}_1(d) = 1$,所以 Pr_1 是集合 D 上的一个概率分布,且我们可以根据法则

$$\mathrm{Pr}_{11}(dd') = \mathrm{Pr}_1(d)\,\mathrm{Pr}_1(d') \tag{8.2}$$

给 $\Omega = D^2$ 的元素指定概率. 例如, $\mathrm{Pr}_{11}(\boxplus \boxdot) = \frac{1}{4} \times \frac{1}{8} = \frac{1}{32}$. 这是一个合法的分布,因为

$$\sum_{\omega \in \Omega} \mathrm{Pr}_{11}(\omega) = \sum_{dd' \in D^2} \mathrm{Pr}_{11}(dd') = \sum_{d,d' \in D} \mathrm{Pr}_1(d)\,\mathrm{Pr}_1(d')$$

$$= \sum_{d \in D} \mathrm{Pr}_1(d) \sum_{d' \in D} \mathrm{Pr}_1(d') = 1 \times 1 = 1.$$

我们也可以考虑一个均匀骰子和一个灌铅骰子的情形,此时

$$\mathrm{Pr}_{01}(dd') = \mathrm{Pr}_0(d)\,\mathrm{Pr}_1(d'),\ \text{其中}\ \mathrm{Pr}_0(d) = \frac{1}{6}, \tag{8.3}$$

如果一个立方体的所有面都是完全相同的,我们还怎么能说出哪一个面会朝上呢?

在此情形下,有 $\mathrm{Pr}_{01}(\boxplus \boxdot) = \frac{1}{6} \times \frac{1}{8} = \frac{1}{48}$. 不可能指望"真实世界"中的骰子的每个面均等地出现,因为它们并不是完全对称的,不过 $\frac{1}{6}$ 通常是对真理的绝好近似.

一个**事件**(event)是 Ω 的一个子集. 例如在骰子游戏中,集合

$$\{\boxdot \boxdot,\ \boxminus \boxminus,\ \boxdot \boxdot,\ \boxdot \boxdot,\ \boxdot \boxdot,\ \boxplus \boxplus\}$$

是"掷出对子"(doubles are thrown)的事件. Ω 中的诸个单元素 ω 都称为**基本事件**,因为它们不可能再分解成更小的子集,我们可以把 ω 视为一个单元素事件 $\{\omega\}$.

一个事件 A 的概率由公式

$$\mathrm{Pr}(\omega \in A) = \sum_{\omega \in A} \mathrm{Pr}(\omega) \tag{8.4}$$

定义. 一般来说,如果 $R(\omega)$ 是关于 ω 的任意一个命题,那么我们用"$\mathrm{Pr}(R(\omega))$"来表示使得 $R(\omega)$ 为真的所有 $\mathrm{Pr}(\omega)$ 的和. 例如,抛掷一对均匀的骰子时出现对子的概率是 $\frac{1}{36} + \frac{1}{36} + \frac{1}{36} + \frac{1}{36} + \frac{1}{36} + \frac{1}{36} = \frac{1}{6}$,但是当两个骰子都是具有概率分布 Pr_1 的灌铅的骰子时,这

[①] 正文中的"loaded"一词除了有"灌铅的"含义之外,还有"子弹上膛"之意,而子弹上了膛的枪是有可能走火伤人的.

382 个概率等于 $\frac{1}{16}+\frac{1}{64}+\frac{1}{64}+\frac{1}{64}+\frac{1}{64}+\frac{1}{16}=\frac{3}{16}>\frac{1}{6}$. 对骰子灌铅使得"掷出对子"这一事件更有可能发生.

（我们一直在更一般的意义下使用第2章里定义的 $\sum$ 记号：（8.1）和（8.4）中的和式是对一个任意集合的所有元素 ω 求和，而不仅仅是对整数求和的. 然而，这个新情况并不真的令人担心，我们可以约定，一旦要对非整数求和，就使用 $\sum$ 下方的特殊记号，所以这与我们通常的习惯做法并不混淆. 第2章里其他的定义依然适用，特别地，当集合 Ω 无限时，那一章里的无限和式的定义为这里的和式给出了合适的解释. 每一个概率都是非负的，且所有的概率之和是有界的，所以（8.4）中事件 A 的概率对所有的子集 $A \subseteq \Omega$ 都有良好的定义. ）

随机变量（random variable）是在概率空间的基本事件 ω 上定义的函数. 例如，如果 $\Omega = D^2$，我们就可以将 $S(\omega)$ 定义为掷出 ω 的骰子的点数之和，所以 $S(\boxdot\,\boxdot)=6+3=9$. 点的总数为7的概率就是事件 $S(\omega)=7$ 的概率，也就是

$$\mathrm{Pr}(\boxdot\,\boxdot) + \mathrm{Pr}(\boxdot\,\boxdot) + \mathrm{Pr}(\boxdot\,\boxdot) + \mathrm{Pr}(\boxdot\,\boxdot) + \mathrm{Pr}(\boxdot\,\boxdot) + \mathrm{Pr}(\boxdot\,\boxdot).$$

用均匀的骰子（ $\mathrm{Pr}=\mathrm{Pr}_{00}$ ），此事件就以概率 $\frac{1}{6}$ 发生；用灌铅的骰子（ $\mathrm{Pr}=\mathrm{Pr}_{11}$ ），它就以概率 $\frac{1}{16}+\frac{1}{64}+\frac{1}{64}+\frac{1}{64}+\frac{1}{64}+\frac{1}{16}=\frac{3}{16}$ 发生，这与我们对对子所看到的结果相同.

习惯上，当谈到随机变量时要去掉"(ω)"，因为我们面对任何特殊的问题时，通常只涉及一个概率空间. 因而，对于掷出7这个事件，我们就直接说"$S=7$"，而对于事件$\{\boxdot\,\boxdot,\boxdot\,\boxdot,\boxdot\,\boxdot\}$就说 $S=4$.

随机变量可以通过其值的概率分布加以刻画. 例如，当 S 取11个可能的值 $\{2,3,\cdots,12\}$ 时，我们可以对这个集合中的每一个 s，用表列出 $S=s$ 的概率如下.

s	2	3	4	5	6	7	8	9	10	11	12
$\mathrm{Pr}_{00}(S=s)$	$\frac{1}{36}$	$\frac{2}{36}$	$\frac{3}{36}$	$\frac{4}{36}$	$\frac{5}{36}$	$\frac{6}{36}$	$\frac{5}{36}$	$\frac{4}{36}$	$\frac{3}{36}$	$\frac{2}{36}$	$\frac{1}{36}$
$\mathrm{Pr}_{11}(S=s)$	$\frac{4}{64}$	$\frac{4}{64}$	$\frac{5}{64}$	$\frac{6}{64}$	$\frac{7}{64}$	$\frac{12}{64}$	$\frac{7}{64}$	$\frac{6}{64}$	$\frac{5}{64}$	$\frac{4}{64}$	$\frac{4}{64}$

如果我们研究一个只涉及随机变量 S 而不涉及骰子其他性质的问题，仅从这些概率中就能计算出答案，而无需考虑集合 $\Omega = D^2$ 的细节. 实际上，我们可以将概率空间定义为更小的集合 $\Omega = \{2,3,\cdots,12\}$，并赋予它所希望的任意的概率分布 $\mathrm{Pr}(s)$. 此时"$S=4$"就是一个基本事件. 这样，我们常常就可以忽视原先的概率空间 Ω，而直接处理随机变量及其概率分布.

383 如果两个随机变量 X 和 Y 定义在同一个概率空间 Ω 上，而且我们对 X 取值范围中的每一个 x 以及 Y 取值范围中的每一个 y 都知道它们的**联合分布**（joint distribution）

对吸食毒品说不. ①

$$\mathrm{Pr}(X=x\,且\,Y=y),$$

---

① joint distribution在这里是一个数学术语，但它还有"传播毒品的不良地点"之意. 美国前总统里根曾号召美国青少年抵制毒品，故有此一说.

那么无需全盘了解 Ω 的细节，我们就能刻画出这些随机变量的性状. 如果对所有 x 和 y 都有

$$\Pr(X = x 且 Y = y) = \Pr(X = x) \cdot \Pr(Y = y) , \tag{8.5}$$

那么我们称 X 和 Y 是**独立的**（independent）随机变量. 直观地说，这就意味着 X 的值对 Y 的值不产生影响.

例如，如果 Ω 是掷骰子的集合 D^2，我们可以设 S_1 是第一个骰子的点数，S_2 则是第二个骰子的点数. 那么随机变量 S_1 和 S_2 相对先前讨论的概率分布 $\Pr_{00}$、$\Pr_{11}$ 以及 $\Pr_{01}$ 中的每一个都是独立的，因为对每一个基本事件 dd'，我们将骰子的概率定义为 $S_1 = d$ 的概率与 $S_2 = d'$ 的概率的乘积. 我们本来可以用不同的方式定义概率，例如使得

$$\Pr(\boxdot \boxdot) / \Pr(\boxdot \boxdot) \neq \Pr(\boxdot \boxdot)/\Pr(\boxdot \boxdot) ,$$

一个关于骰子的不等式.

但是我们并没有那样做，因为我们并不认为不同的骰子之间会相互影响. 利用现在的定义，这里的两个比值都等于 $\Pr(S_2 = 5) / \Pr(S_2 = 6)$.

我们已经把 S 定义成两个点数之和 $S_1 + S_2$，让我们来考虑另外一个随机变量 P，它是乘积 $S_1 S_2$. S 和 P 是独立的吗？随便一看，它们就不是独立的，如果有人说 $S = 2$，我们就知道 P 必定为1. 正儿八经地说，它们仍然不是独立的，因为很显然独立性条件（8.5）不成立（至少在均匀骰子的情形是如此）：对于 s 和 p 的所有合法值，都有 $0 < \Pr_{00}(S = s) \times \Pr_{00}(P = p)$ $\leqslant \frac{1}{6} \times \frac{1}{9}$，这不可能等于 $\Pr_{00}(S = s 且 P = p)$，后者是 $\frac{1}{36}$ 的倍数.

如果我们想要理解一个给定随机变量的典型性状，常常会问及它的"平均"值. 但是"平均"这个概念有些含混不清，当给出一列数的时候，人们通常会说到以下三种不同类型的平均值.

- **均值**（mean）：它是所有值的和再除以值的个数；
- **中位数**（median）：它是在数值上处于中间位置的值；
- **众数**（mode）：最常出现的值.

例如，(3, 1, 4, 1, 5) 的均值是 $\frac{3+1+4+1+5}{5} = 2.8$，中位数是3，而众数则是1.

但是，概率论学者通常研究的是随机变量而不是数列，所以我们也想对随机变量定义一种"平均"的概念. 假设我们一遍又一遍地重复一个试验，以这样一种方式来做独立试验：使得 X 的每一个值以与它的概率近似成正比的频率出现.（例如，我们可以多次掷一对骰子，以观察 S 或者 P 的值.）我们希望这样来定义一个随机变量的平均值，使得这样的试验通常产生出一个数列，它的均值、中位数以及众数都近似地与根据定义所得到的 X 的均值、中位数以及众数相同.

我们是这样定义的. 概率空间 Ω 上的实值随机变量 X 的**均值**定义为

$$\sum_{x \in X(\Omega)} x \cdot \Pr(X = x) , \tag{8.6}$$

如果这个可能为项数无限的和存在.（这里 $X(\Omega)$ 表示使得 $\Pr(X < x)$ 取非零值的所有实数值 $x \in X(\Omega)$ 组成的集合.）X 的**中位数**定义为满足

$$\Pr(X \leqslant x) \geqslant \frac{1}{2} \ 且 \ \Pr(X \geqslant x) \geqslant \frac{1}{2} \tag{8.7}$$

的所有 $x \in X(\Omega)$ 组成的集合, 而 X 的**众数**则定义为所有适合

$$\Pr(X=x) \geqslant \Pr(X=x'), \quad \forall x' \in X(\Omega) \tag{8.8}$$

的 $x \in X(\Omega)$ 所组成的集合. 在掷骰子的例子中表明, 概率分布为 $\Pr_{00}$ 时, S 的均值是 $2 \times \dfrac{1}{36} + 3 \times \dfrac{2}{36} + \cdots + 12 \times \dfrac{1}{36} = 7$, 而概率分布为 $\Pr_{11}$ 时, 其均值也是7. 且还表明, 在这两种分布下, 它的中位数和众数也都是 $\{7\}$. 所以 S 在所有三种定义下都有同样的平均值. 另一方面, 事实证明在分布 $\Pr_{00}$ 下, P 有均值 $\dfrac{49}{4} = 12.25$, 它的中位数是 $\{10\}$, 而众数则是 $\{6,12\}$. 如果我们给骰子灌铅使之有分布 $\Pr_{11}$, 则 P 的均值并没有改变, 但是其中位数降为 $\{8\}$, 而众数则只剩下 $\{6\}$.

概率论学者对随机变量的均值有一个特殊的名称和记号, 他们称之为**期望值**(expected value), 并记之为

$$EX = \sum_{\omega \in \Omega} X(\omega) \Pr(\omega). \tag{8.9}$$

在掷骰子的例子中, 这个和式有36项(Ω 中每一个元素对应一项), 而(8.6)是一个仅有11项的和式. 但是这两个和式有同样的值, 因为它们都等于

$$\sum_{\substack{\omega \in \Omega \\ x \in X(\Omega)}} x \Pr(\omega)[x = X(\omega)].$$

385

事实证明, 随机变量的均值在应用中比其他种类的平均值更有意义, 所以我们从现在起忘掉中位数和众数. 这一章的其余部分将几乎交替使用"期望值""均值"和"平均值".

如果 X 和 Y 是在同一个概率空间上定义的两个随机变量, 那么 $X+Y$ 也是在同一概率空间上定义的随机变量. 根据公式(8.9), 其和的平均值就是其平均值之和:

$$E(X+Y) = \sum_{\omega \in \Omega} \big(X(\omega) + Y(\omega)\big) \Pr(\omega) = EX + EY. \tag{8.10}$$

类似地, 如果 α 是一个常数, 我们就有简单的法则

$$E(\alpha X) = \alpha EX. \tag{8.11}$$

但是一般来说与随机变量的乘法对应的法则更加复杂一些, 期望值定义为对基本事件求和的和式, 而乘积的和通常没有简单的形式. 尽管有这样的困难, 在随机变量是独立的这一特殊情形下, 乘积的均值还是有很好的公式的:

$$E(XY) = (EX)(EY), \quad \text{如果 } X \text{ 和 } Y \text{ 是独立的.} \tag{8.12}$$

我们可以用乘积的分配律来证明此结论,

$$\begin{aligned}
E(XY) &= \sum_{\omega \in \Omega} X(\omega) Y(\omega) \cdot \Pr(\omega) \\
&= \sum_{\substack{x \in X(\Omega) \\ y \in Y(\Omega)}} xy \cdot \Pr(X=x \text{ 且 } Y=y) \\
&= \sum_{\substack{x \in X(\Omega) \\ y \in Y(\Omega)}} xy \cdot \Pr(X=x)\Pr(Y=y)
\end{aligned}$$

我懂了: 平均说来, "平均值"就是"均值".

$$= \sum_{x \in X(\Omega)} x \Pr(X = x) \cdot \sum_{y \in Y(\Omega)} y \Pr(Y = y) = (EX)(EY).$$

例如，当 S_1 和 S_2 是一对均匀骰子的点数时，我们知道 $S = S_1 + S_2$ 以及 $P = S_1 S_2$. 于是有 $ES_1 = ES_2 = \dfrac{7}{2}$，从而 $ES = 7$. 此外，S_1 和 S_2 是独立的，所以 $EP = \dfrac{7}{2} \times \dfrac{7}{2} = \dfrac{49}{4}$，如前所述. 我们还有 $E(S + P) = ES + EP = 7 + \dfrac{49}{4}$. 但是 S 和 P 不是独立的，所以我们不能断定有 $E(SP) = 7 \times \dfrac{49}{4} = \dfrac{343}{4}$. 实际上，可以证明在概率分布 $\Pr_{00}$ 中 SP 的期望值是 $\dfrac{637}{6}$，而在分布 $\Pr_{11}$ 中其期望值（正好）等于112.

386

8.2 均值和方差 MEAN AND VARIANCE

知道了期望值之后，随机变量的下一个最重要的性质就是它的**方差**（variance），定义为它与其均值偏差的平方的均值：

$$VX = E\big((X - EX)^2\big). \tag{8.13}$$

如果用 μ 记 EX，则方差 VX 就是 $(X - \mu)^2$ 的期望值. 它度量 X 的分布的"分散程度".

来看一个方差计算的简单例子. 假设我们刚刚接受了一个无法拒绝的提议：我们获得两张礼券参与某种抽奖活动. 抽奖活动的组织者每个星期卖出100张彩票用于抽奖. 这些彩票的每一张都是通过一致随机的程序挑选出来的（即每张彩票都有同等可能被选中）. 这张幸运彩票的持有者将赢得1亿美元，而其余99张彩票的持有者什么也得不到.

（稍有巧妙之处：根据我们所用的策略，有两个概率空间，但在这两个空间中 EX_1 和 EX_2 相同.）

我们可以通过两种不同的方式使用礼券：在同一次抽奖中买两张彩票，或者在两次抽奖中各买一张彩票. 哪一种策略更好呢？我们来对此进行分析，设 X_1 和 X_2 是随机变量，分别表示第一张和第二张彩票赢得的奖金数额. X_1 的期望值（以百万美元为单位）是

$$EX_1 = \frac{99}{100} \times 0 + \frac{1}{100} \times 100 = 1,$$

同样的结论对 X_2 也成立. 而期望值是可加的，所以不论采用哪一种策略，我们赢得奖金总额的平均值是

$$E(X_1 + X_2) = EX_1 + EX_2 = 2 \text{（百万美元）}.$$

但是这两种策略看起来仍然是不同的. 抛开期望值，我们来研究 $X_1 + X_2$ 的精确的概率分布：

	赢得的奖金（百万美元）		
	0	100	200
相同的抽奖	0.9800	0.0200	
不同的抽奖	0.9801	0.0198	0.0001

如果我们在同一次抽奖中买两张彩票，就有98%的可能什么也得不到，而有2%的机会得到1亿美元. 如果我们在两次不同的抽奖中买两张彩票，就有98.01%的可能空手而归，这就比前

一种不得奖的可能稍大一点,而此时我们有0.01%的可能赢得2亿美元,这比前一种稍高一些,而现在赢得1亿美元的可能性是1.98%. 所以在第二种情形下,$X_1 + X_2$ 的分布要更分散一些,其中间值1亿美元的可能性略微小一点,而取得极端数值的可能性要略微大一些.

方差所要抓住的核心正是随机变量的分散程度这个概念. 我们用随机变量与其均值偏差的平方来度量其分散程度. 于是在情形1中,其方差就是

$$0.98(0M - 2M)^2 + 0.02(100M - 2M)^2 = 196M^2 ;$$

而在情形2中,这个方差等于

$$0.9801(0M - 2M)^2 + 0.0198(100M - 2M)^2 + 0.0001(200M - 2M)^2 = 198M^2.$$

正如我们所期望的,后面一个方差要略微大一些,因为情形2的分布更加分散一些.

当我们研究方差时,每一项都取平方,所以数有可能变得非常大.(因子 M^2 是10 000亿(10^{12}),这个数即使对于大赌注的赌棍来说也是够可观的.)为了将数字返回到原来更有意义的单位,我们经常取方差的平方根,所产生的数称为**标准差**(standard deviation),通常用希腊字母 σ 来表示:

$$\sigma = \sqrt{\mathrm{V}X} . \tag{8.14}$$

在两种抽奖策略的问题中,随机变量 $X_1 + X_2$ 的标准差是 $\sqrt{196M^2} = 14.00M$ 以及 $\sqrt{198M^2} \approx 14.071\,247M$. 在某种意义下,第二种选择大约有71 247美元的风险.

方差如何来帮助我们选取策略?这并不明显. 方差更大的那种策略要冒一点风险,然而,是采用多一些风险的策略还是采用更安全的策略,才能得到最多的回报呢?假设我们有机会买100张票,而不是仅仅两张,那么我们就能确保在单独一次抽奖中获胜(此时方差为零). 或者我们可以赌100次不同的抽奖,这就会有 $0.99^{100} \approx 0.366$ 的机会什么也得不到,不过也会有一个非零的概率可以赢利高达100亿美元. 在这些不同的方案中做出选择超出了本书的范畴,我们在这里能做的就是说明如何来做计算.

实际上,无需用定义(8.13),还有一个更简单的方法计算方差.(我们猜测其中一定隐藏着某种数学的东西,因为在彩票抽奖例子中的方差魔术般地显现为 M^2 的整数倍.)由于 $(\mathrm{E}X)$ 是常数,故而我们有

$$\mathrm{E}\big((X - \mathrm{E}X)^2\big) = \mathrm{E}\big(X^2 - 2X(\mathrm{E}X) + (\mathrm{E}X)^2\big)$$
$$= \mathrm{E}(X^2) - 2(\mathrm{E}X)(\mathrm{E}X) + (\mathrm{E}X)^2 ,$$

从而

$$\mathrm{V}X = \mathrm{E}(X^2) - (\mathrm{E}X)^2 . \tag{8.15}$$

"方差等于随机变量的平方的均值减去其均值的平方."

例如在这个彩票抽奖问题中,$(X_1 + X_2)^2$ 的均值是 $0.98(0M)^2 + 0.02(100M)^2 = 200M^2$,或者是 $0.9801(0M)^2 + 0.0198(100M)^2 + 0.0001(200M)^2 = 202M^2$. 减去 $4M^2$(均值的平方),就给出我们历经艰难才得到的结果.

有意思的是:一美元的量的方差用平方美元为单位来表示.

另外一种化解风险的方法或许是贿赂彩票抽奖官员.我猜想那就是概率变得力不能及之处.

(注意:这些旁注所表达的观点并不一定代表本书作者们的观点.)

当 X 和 Y 为独立的随机变量时，如果我们想要来计算 $V(X+Y)$，甚至还有一个更加容易的公式. 我们有

$$\begin{aligned} \mathrm{E}\left((X+Y)^2\right) &= \mathrm{E}(X^2+2XY+Y^2) \\ &= \mathrm{E}(X^2)+2(\mathrm{E}X)(\mathrm{E}Y)+\mathrm{E}(Y^2), \end{aligned}$$

因为在独立的情形下我们知道有 $\mathrm{E}(XY)=(\mathrm{E}X)(\mathrm{E}Y)$. 这样一来，就有

$$\begin{aligned} \mathrm{V}(X+Y) &= \mathrm{E}\left((X+Y)^2\right)-(\mathrm{E}X+\mathrm{E}Y)^2 \\ &= \mathrm{E}(X^2)+2(\mathrm{E}X)(\mathrm{E}Y)+\mathrm{E}(Y^2)-(\mathrm{E}X)^2-2(\mathrm{E}X)(\mathrm{E}Y)-(\mathrm{E}Y)^2 \\ &= \mathrm{E}(X^2)-(\mathrm{E}X)^2+\mathrm{E}(Y^2)-(\mathrm{E}Y)^2 \\ &= \mathrm{V}X+\mathrm{V}Y. \end{aligned} \qquad (8.16)$$

"独立随机变量之和的方差等于它们的方差之和." 例如，我们用单独一张抽彩票策略能赢得的奖金金额的方差是

$$\mathrm{E}(X_1^2)-(\mathrm{E}X_1)^2 = 0.99(0M)^2+0.01(100M)^2-(1M)^2 = 99M^2.$$

于是，在两次分开（独立的）抽奖中购买两张彩票所能赢得的奖金总额的方差是 $2\times99M^2=198M^2$. 对于 n 张独立彩票而言，相应的获奖总金额的方差是 $n\times99M^2$.

掷骰子所得点数之和 S 的方差是这个公式的一个推论，这是由于 $S=S_1+S_2$ 是两个独立的随机变量之和. 当骰子都均匀时，我们有

$$\mathrm{V}S_1 = \frac{1}{6}\left(1^2+2^2+3^2+4^2+5^2+6^2\right)-\left(\frac{7}{2}\right)^2 = \frac{35}{12},$$

从而有 $\mathrm{V}S=\dfrac{35}{12}+\dfrac{35}{12}=\dfrac{35}{6}$. 而灌铅的骰子则有

$$\mathrm{V}S_1 = \frac{1}{8}(2\times1^2+2^2+3^2+4^2+5^2+2\times6^2)-\left(\frac{7}{2}\right)^2 = \frac{45}{12},$$

从而当两个骰子都灌铅时有 $\mathrm{V}S=\dfrac{45}{6}=7.5$. 注意，灌铅骰子的 S 方差更大，尽管 S 实际上比使用均匀骰子时更经常取到均值7. 如果我们的目的是掷出许多幸运数7，那么方差就不是我们获得成功的最好指标.

好的，我们已经学习了如何计算方差，但是尚未真正看出为什么方差是需要计算的当然指标. 人人都计算它，但是为什么要这样做呢? 其主要原因是**切比雪夫不等式**（[29]和[57]），它表明方差有一个重要的性质：

$$\Pr\left((X-\mathrm{E}X)^2\geqslant\alpha\right)\leqslant\mathrm{V}X/\alpha, \text{ 所有 }\alpha>0. \qquad (8.17)$$

如果切比雪夫在1867年证明了它，它就是一条经典的67款切比雪夫定理.[①]

[389]

---

① "67款切比雪夫定理" 是 "67款雪佛兰汽车"（'67 Chevrolet）的谐音.

（这不同于我们在第2章里遇到的切比雪夫单调不等式.）非常粗略地说，（8.17）告诉我们：如果一个随机变量 X 的方差 $\mathrm{V}X$ 很小，那么它与其均值 $\mathrm{E}X$ 偏离很远的可能性就会很小. 其证明出人意料地简单. 我们有

$$
\begin{aligned}
\mathrm{V}X &= \sum_{\omega\in\Omega}\bigl(X(\omega)-\mathrm{E}X\bigr)^2\Pr(\omega) \\
&\geqslant \sum_{\substack{\omega\in\Omega \\ (X(\omega)-\mathrm{E}X)^2\geqslant\alpha}}\bigl(X(\omega)-\mathrm{E}X\bigr)^2\Pr(\omega) \\
&\geqslant \sum_{\substack{\omega\in\Omega \\ (X(\omega)-\mathrm{E}X)^2\geqslant\alpha}}\alpha\Pr(\omega) = \alpha\Pr\bigl((X-\mathrm{E}X)^2\geqslant\alpha\bigr),
\end{aligned}
$$

用 α 来除就完成了证明.

如果我们用 μ 表示均值，用 σ 表示标准差，又在（8.17）中用 $c^2\mathrm{V}X$ 代替 α ，则条件 $(X-\mathrm{E}X)^2\geqslant c^2\mathrm{V}X$ 与 $(X-\mu)^2\geqslant(c\sigma)^2$ 相同，因此（8.17）就给出

$$
\Pr\bigl(|X-\mu|\geqslant c\sigma\bigr)\leqslant 1/c^2. \tag{8.18}
$$

这样一来，除了至多 $1/c^2$ 概率之外，X 都将落在以均值为中心、标准差的 c 倍为半径的区间范围内. 一个随机变量至少在75%的时间里落在以均值 μ 为中心、2σ 为半径的区间范围内，它至少在99%的时间里落在 $\mu-10\sigma$ 与 $\mu+10\sigma$ 之间. 这些结果是切比雪夫不等式当 $\alpha=4\mathrm{V}X$ 以及 $\alpha=100\mathrm{V}X$ 时的情形.

如果我们掷一对均匀的骰子 n 次，则对于很大的 n ， n 次抛掷所得的总点数几乎总是接近于 $7n$. 其原因是：n 次独立抛掷的方差是 $\frac{35}{6}n$. $\frac{35}{6}n$ 的方差意味着标准差是

$$
\sqrt{\frac{35}{6}n}\,.
$$

所以切比雪夫不等式告诉我们：当抛掷 n 个均匀的骰子时，至少有99%的试验所涉及的最后的和式都将介于

$$
7n-10\sqrt{\frac{35}{6}n}\ \text{和}\ 7n+10\sqrt{\frac{35}{6}n}
$$

之间. 例如，抛掷一对均匀的骰子100万次，所得到的所有两个数的总和有大于99%的机会介于6 975 000与7 025 000之间.

一般来说，设 X 是概率空间 Ω 上任意一个随机变量，它有有限的均值 μ 和有限的标准差 σ . 那么我们可以考虑概率空间 Ω^n ，它的基本事件是 n 元事件组 $(\omega_1,\omega_2,\cdots,\omega_n)$ ，其中每个 $\omega_k\in\Omega$ ，且它的概率是

$$
\Pr(\omega_1,\omega_2,\cdots,\omega_n) = \Pr(\omega_1)\Pr(\omega_2)\cdots\Pr(\omega_n).
$$

如果现在用公式

$$
X_k(\omega_1,\omega_2,\cdots,\omega_n) = X(\omega_k)
$$

来定义随机变量 X_k ，则量

$$X_1 + X_2 + \cdots + X_n$$

是 n 个独立随机变量之和，它对应于在 Ω 上取 X 的 n 个独立的**样本**（sample），并将它们相加在一起. $X_1 + X_2 + \cdots + X_n$ 的均值是 $n\mu$，而标准差是 $\sqrt{n}\sigma$，从而这 n 个样本的平均值

$$\frac{1}{n}(X_1 + X_2 + \cdots + X_n)$$

（那就是说，对于 n 的任意固定的值，当我们观察一组 n 个独立样本时，其平均值在所有情形的99%之中将落在所说的界限之间. 不要错误地将它理解成当 n 变动时无穷序列 $X_1, X_2, X_3, \cdots$ 的平均值.）

至少在99%的时间里位于 $\mu - 10\sigma/\sqrt{n}$ 和 $\mu + 10\sigma/\sqrt{n}$ 之间. 换句话说，如果我们选取足够大的 n 值，则 n 个独立样本的平均值将几乎总是非常接近期望值 EX.（在概率论的教科书中，证明了一个被称为强大数定律的更强的定理，不过为了我们的目的，刚刚推导出来的切比雪夫不等式的简单推论就足够了.）

有时我们并不知道一个概率空间的特征，想要通过反复对随机变量 X 的值取样来估计这个随机变量的均值.（例如，我们或许想要知道旧金山在一月里中午的平均温度，或者保险代理人的平均预期寿命.）如果我们得到了独立的经验观察数据 $X_1, X_2, \cdots, X_n$，就能猜出真实的均值近似等于

$$\widehat{E}X = \frac{X_1 + X_2 + \cdots + X_n}{n}. \tag{8.19}$$

而且我们还能利用公式

$$\widehat{V}X = \frac{X_1^2 + X_2^2 + \cdots + X_n^2}{n-1} - \frac{(X_1 + X_2 + \cdots + X_n)^2}{n(n-1)} \tag{8.20}$$

来估计方差. 公式中的几个 $(n-1)$ 看似印刷错误，似乎它们应该像在（8.19）中那样是 n，因为真正的方差 VX 是由式（8.15）中的期望值定义的. 在这里用 $n-1$ 代替 n 可以得到更好的估计，因为定义（8.20）意味着

$$E(\widehat{V}X) = VX. \tag{8.21}$$

其成立的理由是：

$$E(\widehat{V}X) = \frac{1}{n-1}E\left(\sum_{k=1}^{n} X_k^2 - \frac{1}{n}\sum_{j=1}^{n}\sum_{k=1}^{n} X_j X_k\right)$$

$$= \frac{1}{n-1}\left(\sum_{k=1}^{n} E(X_k^2) - \frac{1}{n}\sum_{j=1}^{n}\sum_{k=1}^{n} E(X_j X_k)\right)$$

$$= \frac{1}{n-1}\left(\sum_{k=1}^{n} E(X^2) - \frac{1}{n}\sum_{j=1}^{n}\sum_{k=1}^{n}(E(X)^2[j \neq k] + E(X^2)[j = k])\right)$$

$$= \frac{1}{n-1}\left(nE(X^2) - \frac{1}{n}(nE(X^2) + n(n-1)E(X)^2)\right)$$

$$= E(X^2) - E(X)^2 = VX.$$

（在用 $(EX)^2[j \neq k] + E(X^2)[j = k]$ 代替 $E(X_j X_k)$ 时，这个推导用到了所观察样本之值的独立性.）

实际上，关于一个随机变量 X 的试验性结果通常可由计算样本均值 $\hat{\mu} = \hat{E}X$ 以及样本标准差 $\hat{\sigma} = \sqrt{\hat{V}X}$，并将答案表示成 $\hat{\mu} \pm \hat{\sigma}/\sqrt{n}$ 的形式而得到. 例如，这里是对两个均匀骰子掷十次的结果：

其点数之和 S 的样本均值是

$$\hat{\mu} = (7+11+8+5+4+6+10+8+8+7)/10 = 7.4 ;$$

样本方差是

[392]
$$(7^2+11^2+8^2+5^2+4^2+6^2+10^2+8^2+8^2+7^2-10\hat{\mu}^2)\big/9 \approx 2.1^2 .$$

在这些试验的基础上，我们估计这些骰子的平均点数之和是 $7.4 \pm 2.1/\sqrt{10} \approx 7.4 \pm 0.7$.

我们再来考虑一个有关均值和方差的例子，目的是指出它们从理论上而不是凭经验应该怎样计算. 我们在第5章考虑过"足球胜利问题"，在该问题中有 n 顶帽子被抛向空中，而其结果是帽子的一个随机排列. 我们在方程（5.51）中指出了：没有人得到正确帽子的概率是 $n¡/n! \approx 1/e$. 对于恰好有 k 个人得到自己帽子的概率，我们还推导出了公式

$$P(n,k) = \frac{1}{n!}\binom{n}{k}(n-k)¡ = \frac{1}{k!}\frac{(n-k)¡}{(n-k)!} . \tag{8.22}$$

重新叙述刚刚学过的这些用数学形式表述的结果，我们就可以来考虑 $\{1,2,\cdots,n\}$ 的所有 $n!$ 个排列 π 组成的概率空间 Π_n，其中对所有 $\pi \in \Pi_n$ 都有 $\Pr(\pi) = 1/n!$. 随机变量

$$F_n(\pi) = \pi \text{ 的 "不动点" 的个数}，\quad \pi \in \Pi_n$$

所计算的是在足球胜利问题中正确下落的帽子的个数. 方程（8.22）给出 $\Pr(F_n = k)$，不过我们假装并不知道任何这样的公式，仅仅想研究 F_n 的平均值及其标准差.

不要与斐波那契数搞混了.

事实上，避开第5章里的所有复杂性，这个平均值非常容易计算. 我们直接注意到

$$F_n(\pi) = F_{n,1}(\pi) + F_{n,2}(\pi) + \cdots + F_{n,n}(\pi) ,$$
$$F_{n,k}(\pi) = [\pi \text{ 的位置 } k \text{ 是一个不动点}]，\quad \pi \in \Pi_n .$$

因此

$$EF_n = EF_{n,1} + EF_{n,2} + \cdots + EF_{n,n} .$$

而 $F_{n,k}$ 的期望值就是 $F_{n,k} = 1$ 的概率，它等于 $1/n$，因为 $n!$ 个排列 $\pi = \pi_1\pi_2...\pi_n \in \Pi_n$ 中恰好有 $(n-1)!$ 个满足 $\pi_k = k$. 于是

$$EF_n = n/n = 1，\quad n > 0 . \tag{8.23}$$

平均来说，会有一顶帽子落在它正确的位置上. "平均来说，一个随机排列有一个不动点."

标准差是什么呢？这个问题更为困难，因为诸个 $F_{n,k}$ 相互并不独立. 但是我们可以通过

[393] 分析它们之间的相关性来计算方差：

平均值为1.

$$E(F_n^2) = E\left(\left(\sum_{k=1}^{n} F_{n,k}\right)^2\right) = E\left(\sum_{j=1}^{n}\sum_{k=1}^{n} F_{n,j} F_{n,k}\right)$$

$$= \sum_{j=1}^{n}\sum_{k=1}^{n} E(F_{n,j} F_{n,k}) = \sum_{1 \leqslant k \leqslant n} E(F_{n,k}^2) + 2\sum_{1 \leqslant j < k \leqslant n} E(F_{n,j} F_{n,k}).$$

（我们在第2章里推导（2.33）时用到过类似的技巧.）现在有 $F_{n,k}^2 = F_{n,k}$，由于 $F_{n,k}$ 或者为0或者为1，从而与之前一样有 $E(F_{n,k}^2) = E F_{n,k} = 1/n$. 又如果 $j < k$，我们就有 $E(F_{n,j} F_{n,k}) = \Pr(\pi$ 以 j 和 k 为不动点$) = (n-2)!/n! = 1/n(n-1)$. 于是

$$E(F_n^2) = \frac{n}{n} + \binom{n}{2}\frac{2}{n(n-1)} = 2, \quad n \geqslant 2. \tag{8.24}$$

（检查一下，当 $n = 3$ 时我们有 $\frac{2}{6}\times 0^2 + \frac{3}{6}\times 1^2 + \frac{0}{6}\times 2^2 + \frac{1}{6}\times 3^2 = 2$.）方差是 $E(F_n^2) - (EF_n)^2 = 1$，所以标准差（与均值相像）是1. "$n \geqslant 2$ 个元素的随机排列有 1 ± 1 个不动点."

8.3 概率生成函数 PROBABILITY GENERATING FUNCTIONS

如果 X 是一个仅取非负整数值的随机变量，我们可以利用第7章的技术很好地掌握它的概率分布. X 的**概率生成函数**（probability generating function，pgf）是

$$G_X(z) = \sum_{k \geqslant 0} \Pr(X = k) z^k. \tag{8.25}$$

这个关于 z 的幂级数包含了有关随机变量 X 的所有信息. 我们也能用另外两种方式来表示它：

$$G_X(z) = \sum_{\omega \in \Omega} \Pr(\omega) z^{X(\omega)} = E(z^X). \tag{8.26}$$

$G_X(z)$ 的系数是非负的，且它们的和为1，后面这个条件可以写成

$$G_X(1) = 1. \tag{8.27}$$

反过来，任何具有非负系数且满足 $G(1) = 1$ 的幂级数 $G(z)$ 都是某个随机变量的概率生成函数.

有关概率生成函数的最大长处是，它们通常可以简化均值和方差的计算. 例如，均值容易表示成

$$\begin{aligned} EX &= \sum_{k \geqslant 0} k \cdot \Pr(X = k) \\ &= \sum_{k \geqslant 0} \Pr(X = k) \cdot kz^{k-1}\Big|_{z=1} \\ &= G_X'(1). \end{aligned} \tag{8.28}$$

我们直接对概率生成函数关于 z 求导并令 $z = 1$.

方差也只略微复杂一点：

$$\mathrm{E}(X^2) = \sum_{k \geqslant 0} k^2 \cdot \mathrm{Pr}(X = k)$$

$$= \sum_{k \geqslant 0} \mathrm{Pr}(X = k) \cdot \left(k(k-1)z^{k-2} + kz^{k-1} \right)\Big|_{z=1} = G_X''(1) + G_X'(1) \ .$$

这样一来就有

$$\mathrm{V}X = G_X''(1) + G_X'(1) - G_X'(1)^2 \ . \tag{8.29}$$

等式（8.28）和（8.29）告诉我们：如果能计算两个导数值 $G_X'(1)$ 和 $G_X''(1)$，就能计算均值和方差. 我们并不需要知道概率的封闭形式，甚至都不需要知道 $G_X(z)$ 本身的封闭形式.

当 G 是任意一个函数时，记

$$\mathrm{Mean}(G) = G'(1) \ , \tag{8.30}$$

$$\mathrm{Var}(G) = G''(1) + G'(1) - G'(1)^2 \ , \tag{8.31}$$

这是很方便的，因为我们经常性地要计算导数的这些组合.

关于概率生成函数的第二大长处是：在许多重要的情形，它们都是 z 的比较简单的函数. 例如，我们来观察阶为 n 的**均匀分布**（uniform distribution），在其中随机变量以概率 $1/n$ 取 $\{0, 1, \cdots, n-1\}$ 中的每一个值. 在这种情形下，它的概率生成函数是

$$U_n(z) = \frac{1}{n}(1 + z + \cdots + z^{n-1}) = \frac{1}{n} \frac{1-z^n}{1-z} \ , \quad n \geqslant 1 \ . \tag{8.32}$$

对 $U_n(z)$，我们有封闭形式，因为这是一个几何级数.

但是这个封闭形式有点令人尴尬：当我们代入 $z = 1$ 时（这是 z 对概率生成函数来说最为关键的值），就得到未加定义的 $0/0$ 的值，尽管 $U_n(z)$ 是一个多项式，且在 z 的任何值都有很好的定义. 根据非封闭形式 $(1 + z + \cdots + z^{n-1})/n$，显然可见值 $U_n(1) = 1$，而如果我们想要从封闭形式来确定 $U_n(1)$，看起来必须借助洛必达法则来求 $\lim_{z \to 1} U_n(z)$. 用洛必达法则来求 $U_n'(1)$ 要更加困难一些，因为其分母中有一个因子 $(z-1)^2$，$U_n''(1)$ 的计算还要更加困难.

幸运的是有一个跳出这种两难处境的好方法. 如果 $G(z) = \sum_{n \geqslant 0} g_n z^n$ 是任何一个幂级数，它至少对满足 $|z| > 1$ 的一个 z 值收敛，那么幂级数 $G'(z) = \sum_{n \geqslant 0} n g_n z^{n-1}$ 也有这个性质，故而 $G''(z)$、$G'''(z)$ 等均如此. 这样一来，根据泰勒定理，我们可以写成

$$G(1+t) = G(1) + \frac{G'(1)}{1!}t + \frac{G''(1)}{2!}t^2 + \frac{G'''(1)}{3!}t^3 + \cdots \ , \tag{8.33}$$

当 $G(1+t)$ 展开成 t 的幂级数时，$G(z)$ 在 $z = 1$ 处所有的导数都将作为系数出现.

例如，均匀概率生成函数 $U_n(z)$ 的导数容易这样来求得：

$$U_n(1+t) = \frac{1}{n} \frac{(1+t)^n - 1}{t}$$

$$= \frac{1}{n}\binom{n}{1} + \frac{1}{n}\binom{n}{2}t + \frac{1}{n}\binom{n}{3}t^2 + \cdots + \frac{1}{n}\binom{n}{n}t^{n-1} \ .$$

将它与（8.33）比较就给出

$$U_n(1) = 1, \quad U_n'(1) = \frac{n-1}{2}, \quad U_n''(1) = \frac{(n-1)(n-2)}{3}; \tag{8.34}$$

且一般来说有 $U_n^{(m)}(1) = (n-1)^m / (m+1)$，尽管为了计算均值和方差我们只需要 $m=1$ 和 $m=2$ 的情形. 均匀分布的均值是

$$U_n'(1) = \frac{n-1}{2}, \tag{8.35}$$

而方差是

$$U_n''(1) + U_n'(1) - U_n'(1)^2 = 4\frac{(n-1)(n-2)}{12} + 6\frac{(n-1)}{12} - 3\frac{(n-1)^2}{12}$$
$$= \frac{n^2-1}{12}. \tag{8.36}$$

概率生成函数的第三大长处是：概率生成函数的乘积对应于独立随机变量之和. 在第5章和第7章里我们得知，生成函数的乘积对应于数列的卷积，但是在应用中更加重要的是知道概率的卷积对应于独立随机变量之和. 的确，如果 X 和 Y 是只取整数值的随机变量，那么 $X+Y=n$ 的概率是

$$\Pr(X+Y=n) = \sum_k \Pr(X=k \text{ 且 } Y=n-k).$$

如果 X 和 Y 是独立的，我们就有

$$\Pr(X+Y=n) = \sum_k \Pr(X=k)\Pr(Y=n-k),$$

这是一个卷积. 于是（这是关键所在）

$$G_{X+Y}(z) = G_X(z)G_Y(z), \quad \text{如果 } X \text{ 和 } Y \text{ 是独立的}. \tag{8.37}$$

在这一章早些时候我们曾经注意到：当 X 和 Y 独立时，$V(X+Y) = VX + VY$. 设 $F(z)$ 和 $G(z)$ 是 X 和 Y 的概率生成函数，又设 $H(z)$ 是 $X+Y$ 的概率生成函数. 那么

$$H(z) = F(z)G(z),$$

而从（8.28）到（8.31）有关均值和方差的公式告诉我们，必定有

$$\text{Mean}(H) = \text{Mean}(F) + \text{Mean}(G); \tag{8.38}$$
$$\text{Var}(H) = \text{Var}(F) + \text{Var}(G). \tag{8.39}$$

这些公式给出导数 $\text{Mean}(H) = H'(1)$ 以及 $\text{Var}(H) = H''(1) + H'(1) - H'(1)^2$ 的性质，它们对任意的函数乘积 $H(z) = F(z)G(z)$ 并不成立，我们有

$$H'(z) = F'(z)G(z) + F(z)G'(z),$$
$$H''(z) = F''(z)G(z) + 2F'(z)G'(z) + F(z)G''(z).$$

但是，如果令 $z=1$，我们就能看出，只需

$$F(1) = G(1) = 1, \tag{8.40}$$

且导数存在，那么（8.38）和（8.39）在一般情形下就都能成立．为使这些公式成立，"概率"不必一定在[0..1]中．只要 $F(1)$ 和 $G(1)$ 不等于零，为了使得这个条件成立，我们可以通过始终用 $F(1)$ 和 $G(1)$ 来除使得 $F(z)$ 和 $G(z)$ 标准化．

均值和方差并不是全部的内容．它们仅仅是丹麦天文学家Thorvald Nicolai Thiele[351]于1903年引入的所谓的**累积量**（cumulant）统计学的无穷级数中的两个．一个随机变量的前两个累积量 κ_1 和 κ_2 就是我们称为均值和方差的量，还有更高次的累积量，它们表达了概率分布的更加精致的性质．当 $G(z)$ 是一个随机变量的概率生成函数时，一般的公式

$$\ln G(\mathrm{e}^t) = \frac{\kappa_1}{1!}t + \frac{\kappa_2}{2!}t^2 + \frac{\kappa_3}{3!}t^3 + \frac{\kappa_4}{4!}t^4 + \cdots \qquad (8.41)$$

就定义了所有阶的累积量．

我们来更加密切地观察累积量．如果 $G(z)$ 是 X 的概率生成函数，我们有

$$G(\mathrm{e}^t) = \sum_{k \geqslant 0} \Pr(X = k)\mathrm{e}^{kt} = \sum_{k,m \geqslant 0} \Pr(X = k)\frac{k^m t^m}{m!}$$

$$= 1 + \frac{\mu_1}{1!}t + \frac{\mu_2}{2!}t^2 + \frac{\mu_3}{3!}t^3 + \cdots, \qquad (8.42)$$

其中

$$\mu_m = \sum_{k \geqslant 0} k^m \Pr(X = k) = \mathrm{E}(X^m). \qquad (8.43)$$

这个量 μ_m 称为 X 的 **m 阶矩**（mth moment）．我们可以在（8.41）的两边取指数，这就给出了 $G(\mathrm{e}^t)$ 的另一个公式

$$G(\mathrm{e}^t) = 1 + \frac{\left(\kappa_1 t + \frac{1}{2}\kappa_2 t^2 + \cdots\right)}{1!} + \frac{\left(\kappa_1 t + \frac{1}{2}\kappa_2 t^2 + \cdots\right)^2}{2!} + \cdots$$

$$= 1 + \kappa_1 t + \frac{1}{2}(\kappa_2 + \kappa_1^2)t^2 + \cdots.$$

让 t 的幂的系数相等就导出一系列的公式

$$\kappa_1 = \mu_1, \qquad (8.44)$$

$$\kappa_2 = \mu_2 - \mu_1^2, \qquad (8.45)$$

$$\kappa_3 = \mu_3 - 3\mu_1\mu_2 + 2\mu_1^3, \qquad (8.46)$$

$$\kappa_4 = \mu_4 - 4\mu_1\mu_3 + 12\mu_1^2\mu_2 - 3\mu_2^2 - 6\mu_1^4, \qquad (8.47)$$

$$\kappa_5 = \mu_5 - 5\mu_1\mu_4 + 20\mu_1^2\mu_3 - 10\mu_2\mu_3 + 30\mu_2\mu_1^2 - 60\mu_1^3\mu_2 + 24\mu_1^5 \qquad (8.48)$$
$$\vdots$$

这些公式用矩定义了累积量．注意，κ_2 的确就是方差 $\mathrm{E}(X^2) - (\mathrm{E}X)^2$，恰如断言的那样．

方程（8.41）使得下述结论变得明显：由两个概率生成函数的乘积 $F(z)G(z)$ 所定义的累积量是 $F(z)$ 和 $G(z)$ 对应的累积量的和，因为乘积的对数是和．于是独立随机变量之和的所有的累积量都是可加的，恰与均值以及方差相同．这个性质使得累积量比矩更加重要．

我将以优异成绩毕业.

"对这些更高阶的半不变量，我们不打算给出特殊的名称."
——T.N.Thiele[351]

如果我们采用稍微不同的途径，记

$$G(1+t) = 1 + \frac{\alpha_1}{1!}t + \frac{\alpha_2}{2!}t^2 + \frac{\alpha_3}{3!}t^3 + \cdots,$$

方程（8.33）告诉我们：诸 α 是"阶乘矩"

$$\begin{aligned}\alpha_m &= G^{(m)}(1)\\ &= \sum_{k\geq 0}\Pr(X=k)k^m z^{k-m}\Big|_{z=1}\\ &= \sum_{k\geq 0}k^m \Pr(X=k)\\ &= \mathrm{E}(x^m).\end{aligned} \tag{8.49}$$

由此得出

$$\begin{aligned}G(\mathrm{e}^t) &= 1 + \frac{\alpha_1}{1!}(\mathrm{e}^t-1) + \frac{\alpha_2}{2!}(\mathrm{e}^t-1)^2 + \cdots\\ &= 1 + \frac{\alpha_1}{1!}\left(t+\frac{1}{2}t^2+\cdots\right) + \frac{\alpha_2}{2!}(t^2+t^3+\cdots) + \cdots\\ &= 1 + \alpha_1 t + \frac{1}{2}(\alpha_2+\alpha_1)t^2 + \cdots,\end{aligned}$$

我们可以用导数 $G^{(m)}(1)$ 来表示累积量：

$$\kappa_1 = \alpha_1, \tag{8.50}$$
$$\kappa_2 = \alpha_2 + \alpha_1 - \alpha_1^2, \tag{8.51}$$
$$\kappa_3 = \alpha_3 + 3\alpha_2 + \alpha_1 - 3\alpha_2\alpha_1 - 3\alpha_1^2 + 2\alpha_1^3, \tag{8.52}$$
$$\vdots$$

这一列公式得出的"加性"恒等式，将（8.38）和（8.39）推广到了所有的累积量.

让我们回到现实中来，并将这些想法应用到简单的例子上去. 一个随机变量的最简单情形是"随机常数"，其中 X 以概率1取固定的值 x. 在此情形下 $G_X(z) = z^x$，且有 $\ln G_X(\mathrm{e}^t) = xt$，因此均值是 x，其他所有的累积量都是零. 由此推出，用 z^x 乘以任何概率生成函数的运算都使均值增加 x，但是保持方差以及所有其他的累积量不变.

概率生成函数怎样应用于骰子呢? 一个均匀骰子的点数分布有概率生成函数

$$G(z) = \frac{z+z^2+z^3+z^4+z^5+z^6}{6} = zU_6(z),$$

其中 U_6 是阶为6的均匀分布的概率生成函数. 因子" z "给均值增加1，所以其均值是3.5，而不是（8.35）中那样的 $\frac{n-1}{2} = 2.5$，但是一个额外的" z "并不影响方差（8.36），其是 $\frac{35}{12}$.

两个独立骰子上的总点数的概率生成函数是一个骰子上点数的概率生成函数的平方

$$\begin{aligned}G_S(z) &= \frac{z^2+2z^3+3z^4+4z^5+5z^6+6z^7+5z^8+4z^9+3z^{10}+2z^{11}+z^{12}}{36}\\ &= z^2 U_6(z)^2.\end{aligned}$$

399

如果我们掷一对均匀骰子 n 次，类似地，我们总共得到 k 点的概率是

$$\left[z^k\right] G_S(z)^n = \left[z^k\right] z^{2n} U_6(z)^{2n}$$
$$= [z^{k-2n}] U_6(z)^{2n}.$$

早先考虑过的帽子下落欢呼足球胜利问题，也可称为计算随机排列的不动点问题，我们由（5.49）知道其概率生成函数是

$$F_n(z) = \sum_{0 \leqslant k \leqslant n} \frac{(n-k)_{\mathrm{i}}\, z^k}{(n-k)!\, k!}, \quad n \geqslant 0. \tag{8.53}$$

于是

$$F_n'(z) = \sum_{1 \leqslant k \leqslant n} \frac{(n-k)_{\mathrm{i}}\, z^{k-1}}{(n-k)!\, (k-1)!}$$
$$= \sum_{0 \leqslant k \leqslant n-1} \frac{(n-1-k)_{\mathrm{i}}\, z^k}{(n-1-k)!\, k!}$$
$$= F_{n-1}(z).$$

不用知道这些系数的详细情况，我们就能由递归式 $F_n'(z) = F_{n-1}(z)$ 推导出 $F_n^{(m)}(z) = F_{n-m}(z)$，从而

$$F_n^{(m)}(1) = F_{n-m}(1) = [n \geqslant m]. \tag{8.54}$$

这个公式使得计算均值和方差更容易，与之前一样（不过更加快捷）地求出：当 $n \geqslant 2$ 时它们两者都等于1.

实际上，我们可以证明：只要 $n \geqslant m$，这个随机变量的第 m 个累积量 κ_m 就等于1. 因为第 m 个累积量仅与 $F_n'(1), F_n''(1), \cdots, F_n^{(m)}(1)$ 有关，且这些累积量全都等于1，从而对第 m 个累积量得到的答案，与用极限概率生成函数

$$F_\infty(z) = \mathrm{e}^{z-1} \tag{8.55}$$

代替 $F_n(z)$ 时得到的答案相同，对这个极限概率生成函数的所有阶导数都有 $F_\infty^{(m)}(1) = 1$. F_∞ 的累积量恒等于1，因为

$$\ln F_\infty(\mathrm{e}^t) = \ln \mathrm{e}^{\mathrm{e}^t-1} = \mathrm{e}^t - 1 = \frac{t}{1!} + \frac{t^2}{2!} + \frac{t^3}{3!} + \cdots.$$

8.4 抛掷硬币 FLIPPING COINS

现在我们转向得到两个结果的过程. 如果我们抛掷一枚硬币，它出现正面的概率是 p，而出现反面的概率是 q，其中

$$p + q = 1.$$

（我们假设硬币不停止在竖直状态，也不掉进洞中等等.）在整个这一节中，数 p 和 q 的和总是1. 如果硬币是**均匀的**（fair），我们就有 $p = q = \frac{1}{2}$，反之硬币就是**不均匀的**（biased）.

帽子的分布是一个不同种类的均匀分布.

骗子们都知道，当你在一张光滑的桌面上旋转一枚新铸的美国分币时，$p \approx 0.1$.（重量分布使得林肯的头像向下.）

在抛掷硬币一次之后，正面出现次数的概率生成函数是

$$H(z) = q + pz . \tag{8.56}$$

如果抛掷硬币 n 次，并总是假设不同的硬币抛掷是独立的，则根据二项式定理可知，正面出现的次数由

$$H(z)^n = (q+pz)^n = \sum_{k \geqslant 0} \binom{n}{k} p^k q^{n-k} z^k \tag{8.57}$$

生成. 于是，在 n 次抛掷中恰好得到 k 个正面的几率是 $\binom{n}{k} p^k q^{n-k}$. 这个概率序列称为**二项分布**（binomial distribution）.

假设我们反复抛掷一枚硬币直到第一次出现正面，恰好需要抛掷 k 次的概率是多少？以概率 p，则有 $k=1$（这是第一次抛掷就出现正面的概率）；以概率 qp，则有 $k=2$（这是首先出现反面，接下来出现正面的概率）；而对一般的 k 此概率为 $q^{k-1}p$. 所以其生成函数是

$$pz + qpz^2 + q^2pz^3 + \cdots = \frac{pz}{1-qz} . \tag{8.58}$$

重复这一过程直到得到 n 个正面，这就给出概率生成函数

$$\begin{aligned}\left(\frac{pz}{1-qz}\right)^n &= p^n z^n \sum_k \binom{n+k-1}{k}(qz)^k \\ &= \sum_k \binom{k-1}{k-n} p^n q^{k-n} z^k . \end{aligned} \tag{8.59}$$

附带指出，这就是 z^n 乘以

$$\left(\frac{p}{1-qz}\right)^n = \sum_k \binom{n+k-1}{k} p^n q^k z^k , \tag{8.60}$$

它是**负二项分布**（negative binomial distribution）的生成函数.

（8.59）中的概率空间（其中我们抛掷一枚硬币直到出现 n 个正面）与这一章早先提到的概率空间不同，因为它包含无穷多个元素. 每个元素都是由正面和（或）反面组成的一个有限序列，它总共恰好包含 n 个正面，且以正面作为结束，这样一个序列的概率是 $p^n q^{k-n}$，其中 $k-n$ 是反面的个数. 例如，如果 $n=3$ 且我们用 H 代表正面，而用 T 代表反面，则序列 THTTTHH 就是这个概率空间的一个元素，且它的概率等于 $qpqqqpp = p^3 q^4$.

设 X 是一个服从二项分布（8.57）的随机变量，Y 是一个服从负二项分布（8.60）的随机变量. 这些分布都与 n 和 p 有关. X 的均值是 $nH'(1) = np$，因为它的概率生成函数是 $H(z)^n$，其方差是

$$n\big(H''(1) + H'(1) - H'(1)^2\big) = n(0 + p - p^2) = npq . \tag{8.61}$$

从而其标准差是 $\sqrt{npq}$：如果抛掷一枚硬币 n 次，我们期待得到正面大约 $np \pm \sqrt{npq}$ 次. Y 的均值和方差可以用类似的方法求得：如果设

正面我赢,反面你输.
不? 那好, 反面你
输, 正面我赢.
不? 好的, 那么, 正
面你就输,反面我
就赢.

$$G(z) = \frac{p}{1-qz} \,,$$

我们就有

$$G'(z) = \frac{pq}{(1-qz)^2} \,,$$

$$G''(z) = \frac{2pq^2}{(1-qz)^3} \,,$$

从而 $G'(1) = pq/p^2 = q/p$ 且 $G''(1) = 2pq^2/p^3 = 2q^2/p^2$. 由此推出 Y 的均值是 nq/p, 而方差是 nq/p^2.

推导 Y 的均值和方差的一个更简单的方法要用到**倒数生成函数**（reciprocal generating function）

$$F(z) = \frac{1-qz}{p} = \frac{1}{p} - \frac{q}{p}z \,, \qquad (8.62)$$

记

$$G(z)^n = F(z)^{-n}. \qquad (8.63)$$

这个多项式 $F(z)$ 不是概率生成函数, 因为它有负的系数. 但它的确满足关键条件 $F(1)=1$. 从而 $F(z)$ 在形式上是一个二项式, 它与以等于 $-q/p$ 的 "概率" 得到正面的硬币相对应, 而 $G(z)$ 在形式上等价于抛掷这样一枚硬币 -1 次（！）. 这样一来, 具有参数 (n, p) 的负二项分布就可以看成是以 $(n', p') = (-n, -q/p)$ 为参数的通常的二项分布. 形式地进行下去, 其均值必定为 $n'p' = (-n)(-q/p) = nq/p$, 而方差必定为 $n'p'q' = (-n)(-q/p)\ (1+q/p) = nq/p^2$. 涉及负概率的这一形式推导是合法的, 因为我们对于通常的二项式的推导是以形式幂级数之间的恒等式为基础的, 在其中从来就没有用到 $0 \leqslant p \leqslant 1$ 这个假设条件.

我们转向另外一个例子: 要连续得到两次正面, 我们需要将一枚硬币抛掷多少次? 现在的这个概率空间包含由 H 和 T 组成的所有如下形状的序列: 除了结尾处是 HH 之外, 中间没有相连的 H:

$$\Omega = \{\text{HH, THH, TTHH, HTHH, TTTHH, THTHH, HTTHH, ...}\}.$$

通过用 p 代替 H, 用 q 代替 T 就可以得到任何给定序列的概率, 例如, 序列 THTHH 以概率

$$\text{Pr(THTHH)} = qpqpp = p^3q^2.$$

出现.

现在, 我们可以如同在第 7 章开始所做的那样来尝试使用生成函数. 设 S 是 Ω 的所有元素组成的无限和式

$$S = \text{HH} + \text{THH} + \text{TTHH} + \text{HTHH} + \text{TTTHH} + \text{THTHH} + \text{HTTHH} + ...$$

如果用 pz 代替每个 H, 而用 qz 代替每一个 T, 我们就得到直到出现两个连续正面所需的抛掷次数的概率生成函数.

我变年轻的概率是负数.

哦？那么你变老或者保持不变的概率就大于 1.

在 S 与等式（7.1）中的多米诺铺设的和式

$$T = | + □ + □□ + ⊟ + □□□ + ⊟□ + □⊟ + \cdots$$

之间有一个奇特的关系. 的确, 如果我们用 T 代替每一个 □, 而用 HT 代替每一个 ⊟, 然后在结尾处放上一个 HH, 就从 T 得到 S. 这个对应关系容易证明, 因为对某个 $n \geq 0$, Ω 的每一个元素都有 $(T+HT)^n HH$ 的形式, 且 T 的每一项都有 $(□+⊟)^n$ 的形式. 于是, 根据（7.4）我们就有

$$S = (1 - T - HT)^{-1} HH,$$

而这个问题的概率生成函数就是

$$G(z) = \left(1 - qz - (pz)(qz)\right)^{-1} (pz)^2$$
$$= \frac{p^2 z^2}{1 - qz - pqz^2}. \qquad (8.64)$$

对负二项分布所得的经验为我们提供了一条线索, 使得我们可以记

$$G(z) = \frac{z^2}{F(z)} \quad (\text{其中 } F(z) = \frac{1 - qz - pqz^2}{p^2}),$$

并通过计算这个伪概率生成函数 $F(z)$ 的 "均值" 和 "方差" 就能最容易地来计算（8.64）的均值和方差.（再次引入了一个满足 $F(1) = 1$ 的函数.）我们有

$$F'(1) = (-q - 2pq)/p^2 = 2 - p^{-1} - p^{-2},$$
$$F''(1) = -2pq/p^2 = 2 - 2p^{-1}.$$

由于 $z^2 = F(z)G(z)$, $\mathrm{Mean}(z^2) = 2$ 以及 $\mathrm{Var}(z^2) = 0$, 因而分布 $G(z)$ 的均值和方差就是

$$\mathrm{Mean}(G) = 2 - \mathrm{Mean}(F) = p^{-2} + p^{-1}, \qquad (8.65)$$
$$\mathrm{Var}(G) = -\mathrm{Var}(F) = p^{-4} + 2p^{-3} - 2p^{-2} - p^{-1}. \qquad (8.66)$$

当 $p = \frac{1}{2}$ 时, 其均值和方差分别是6和22.（习题4讨论用减法计算均值和方差.）

现在, 我们尝试一个更加艰深的实验: 我们抛掷硬币直到首次得到模式 THTTH. 获胜位置之和现在是

$$S = THTTH + HTHTTH + TTHTTH + HHTHTTH + HTTHTTH + THTHTTH + TTTHTTH + \cdots;$$

这个和式比前面一个更加难于描述. 如果回到第7章求解多米诺问题时所用的方法, 通过将它考虑成为由下面的 "自动机" 所定义的一个 "有限状态语言":

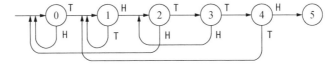

"'你真是一个机器人——一台计算机,'我叫起来,'有时在你的身上有某种肯定是非人性的东西.'"①

——J. H. 华生[83]

① 这是英国侦探小说作家柯南·道尔（1859—1930）于1890年出版的小说《四签名》（*The sign of the four*）中华生评价福尔摩斯的话.

404

我们就能得到关于 S 的一个公式. 在此概率空间中的基本事件是由 H 和 T 组成的从状态0通向状态5的序列. 例如, 假设我们刚刚看到 THT, 则我们处于状态3. 现在, 掷出反面会将我们带到状态4, 在状态3掷出正面会将我们带到状态2 (并非所有的方法都能回到状态0, 因为我们刚刚看到的 TH 后面可能跟着的是 TTH).

在这个公式化的表述中, 我们可以设 S_k 是引导到状态 k 的由 H 和 T 组成的所有序列之和, 由此推出

$$S_0 = 1 + S_0 H + S_2 H,$$
$$S_1 = S_0 T + S_1 T + S_4 T,$$
$$S_2 = S_1 H + S_3 H,$$
$$S_3 = S_2 T,$$
$$S_4 = S_3 T,$$
$$S_5 = S_4 H.$$

现在问题中的和式 S 是 S_5, 我们可以通过求解有6个未知数 $S_0, S_1, \cdots, S_5$ 的这6个方程来得到它. 用 pz 代替 H, 用 qz 代替 T, 就给出生成函数, 其中 z^n 在 S_k 中的系数是经过 n 次抛掷后我们处在状态 k 的概率.

用同样的方法, 状态间转移 (其中从状态 j 到状态 k 的转移以给定的概率 $p_{j,k}$ 出现) 的任何图形都引导出一组联立线性方程, 它们的解就是在出现 n 次转移之后状态概率的生成函数. 这种系统称为**马尔可夫过程**, 而有关它们的性状的理论与线性方程的理论密切相关.

但是抛掷硬币问题可以用简单得多的方法求解, 没有一般的有限状态方法的复杂性. 替代6个未知数 $S_0, S_1, \cdots, S_5$ 的6个方程, 可以仅用2个未知数的2个方程就给出对 S 的刻画. 这里的技巧在于考虑所有不包含出现给定模式 THTTH 的抛掷硬币序列的辅助和式 $N = S_0 + S_1 + S_2 + S_3 + S_4$:

$$N = 1 + H + T + HH + \cdots + THTHT + THTTT + \cdots.$$

我们有

$$1 + N(H + T) = N + S, \qquad (8.67)$$

因为左边的每一项要么以 THTTH 结束 (它属于 S), 要么不以它结束 (它属于 N). 反之, 右边的每一项要么是空的, 要么属于 NH 或者 NT. 而且我们还有重要的附加方程

$$N\,\text{THTTH} = S + S\,\text{TTH}, \qquad (8.68)$$

因为左边的每一项或者是在第一个 H 之后, 或者是在第二个 H 之后就构成了 S 的一项, 而且右边的每一项都属于左边.

这两组联立方程的解容易得到: 由 (8.67) 有 $N = (1-S)(1-H-T)^{-1}$, 从而

$$(1-S)(1-T-H)^{-1}\text{THTTH} = S(1+\text{TTH}).$$

与前相同, 如果用 pz 代替 H, 用 qz 代替 T, 我们就得到抛掷次数的概率生成函数 $G(z)$. 由于 $p + q = 1$, 做一点简化就得到

$$\frac{(1-G(z))\,p^2 q^3 z^5}{1-z} = G(z)(1+pq^2 z^3)\,,$$

从而解为

$$G(z) = \frac{p^2 q^3 z^5}{p^2 q^3 z^5 + (1+pq^2 z^3)(1-z)}. \tag{8.69}$$

注意，如果 $pq \neq 0$ 则有 $G(1)=1$. 我们的确最终以概率1遇到了模式 THTTH，除非硬币的构造使得它总是出现正面，或者总是出现反面.

为了得到分布（8.69）的均值和方差，我们如同在上一个问题中所做的那样，将 $G(z)$ 倒过来，记 $G(z)=z^5/F(z)$，其中 F 是一个多项式：

$$F(z) = \frac{p^2 q^3 z^5 + (1+pq^2 z^3)(1-z)}{p^2 q^3}. \tag{8.70}$$

相关的导数是

$$F'(1) = 5 - (1+pq^2)/p^2 q^3\,,$$
$$F''(1) = 20 - 6pq^2 / p^2 q^3\,;$$

又如果 X 是抛掷的次数，我们就得到

$$\mathrm{E}X = \mathrm{Mean}(G) = 5 - \mathrm{Mean}(F) = p^{-2}q^{-3} + p^{-1}q^{-1}\,; \tag{8.71}$$

$$\begin{aligned}
\mathrm{V}X = \mathrm{Var}(G) &= -\mathrm{Var}(F) \\
&= -25 + p^{-2}q^{-3} + 7p^{-1}q^{-1} + \mathrm{Mean}(F)^2 \\
&= (\mathrm{E}X)^2 - 9p^{-2}q^{-3} - 3p^{-1}q^{-1}. \tag{8.72}
\end{aligned}$$

当 $p=\dfrac{1}{2}$ 时，均值和方差分别是36和996.

现在我们来讨论一般情形. 我们刚刚解决的问题是足够"随机的"，它表明了怎样来分析正反面的一种任意模式 A 第一次出现的情形. 我们再次设 S 是由 H 和 T 组成的所有获胜序列之和，又设 N 是所有未遇到模式 A 的序列之和. 方程（8.67）将保持原样，方程（8.68）将会变成

$$NA = S(1 + A^{(1)}[A^{(m-1)}=A_{(m-1)}] + A^{(2)}[A^{(m-2)}=A_{(m-2)}] + \cdots + A^{(m-1)}[A^{(1)}=A_{(1)}]), \tag{8.73}$$

其中 m 是 A 的长度，而 $A^{(k)}$ 和 $A_{(k)}$ 分别表示 A 的最后面 k 个字符以及最前面 k 个字符. 例如，如果 A 是刚刚研究过的模式 THTTH，我们就有

$$A^{(1)} = \mathrm{H},\ A^{(2)} = \mathrm{TH},\ A^{(3)} = \mathrm{TTH},\ A^{(4)} = \mathrm{HTTH};$$
$$A_{(1)} = \mathrm{T},\ A_{(2)} = \mathrm{TH},\ A_{(3)} = \mathrm{THT},\ A_{(4)} = \mathrm{THTT}.$$

由于仅有的完全匹配是 $A^{(2)}=A_{(2)}$，方程（8.73）就转化为（8.68）.

设 $\widetilde{A}$ 是在模式 A 中用 p^{-1} 代替 H 以及用 q^{-1} 代替 T 所得到的结果. 那么不难将我们对（8.71）以及（8.72）的推导进行推广以得出结论（习题20）：一般的均值和方差是

$$EX = \sum_{k=1}^{m} \widetilde{A}_{(k)}[A^{(k)} = A_{(k)}], \tag{8.74}$$

$$VX = (EX)^2 - \sum_{k=1}^{m} (2k-1)\widetilde{A}_{(k)}[A^{(k)} = A_{(k)}]. \tag{8.75}$$

在 $p = \dfrac{1}{2}$ 这一特殊情形，我们可以用一种特别简单的方式来解释这些公式．给定一个由 m 个正面和反面组成的模式 A，设

$$A : A = \sum_{k=1}^{m} 2^{k-1}[A^{(k)} = A_{(k)}]. \tag{8.76}$$

我们可以用下面的方法很容易地得到这个数的二进制表示，即在每一个这样的位置下面放一个"1"，使得当一个字符串被叠放到它自身的一个副本之上时（这个副本被移动到在这个位置上开始），该字符串与自己完全匹配：

$A = \text{HTHTHHTHTH}$

$A : A = (1000010101)_2 = 512 + 16 + 4 + 1 = 533$

$$\begin{array}{ll} \text{HTHTHHTHTH} & \checkmark \\ \quad\text{HTHTHHTHTH} & \\ \quad\quad\text{HTHTHHTHTH} & \\ \quad\quad\quad\text{HTHTHHTHTH} & \\ \quad\quad\quad\quad\text{HTHTHHTHTH} & \\ \quad\quad\quad\quad\quad\text{HTHTHHTHTH} & \checkmark \\ \quad\quad\quad\quad\quad\quad\text{HTHTHHTHTH} & \\ \quad\quad\quad\quad\quad\quad\quad\text{HTHTHHTHTH} & \checkmark \\ \quad\quad\quad\quad\quad\quad\quad\quad\text{HTHTHHTHTH} & \\ \quad\quad\quad\quad\quad\quad\quad\quad\quad\text{HTHTHHTHTH} & \checkmark \end{array}$$

现在等式（8.74）告诉我们：如果我们用一枚均匀硬币，那么直到模式 A 出现，所期望的抛掷次数恰好是 $2(A{:}A)$，因为当 $p = q = \dfrac{1}{2}$ 时有 $\widetilde{A}_{(k)} = 2^k$．这个结果是由前苏联数学家A. D. Solov'ev在1966年首先发现的[331]，初看起来这个结果似乎有悖常理：自我不重叠的模式要比自我有重叠的模式出现得更早！遇到 HHHHH 所花的时间几乎是遇到 HHHHT 或者 THHHH 所花时间的两倍。

"单词中重叠的部分越多，它就出现得越晚."

——A. D. Solov'ev

现在我们来考虑一个有趣的游戏，发明它的人是Walter Penney，他是在1969年发明这个游戏的[289]．Alice和Bill抛掷一枚硬币直到 HHT 或者 HTT 出现．如果模式 HHT 首先出现，则Alice获胜；如果模式 HTT 首先出现，则Bill获胜．这个游戏现在称之为Penney赌注游戏．如果是用一枚均匀硬币玩这个游戏，看起来肯定是公平的，因为如果我们孤立地看待它们，那么两个模式 HHT 和 HTT 有同样的特征：直到 HHT 首先出现所需等待时间的概率生成函数是

$$G(z) = \frac{z^3}{z^3 - 8(z-1)},$$

408

当然不! 谁会有超越
他人的优势呢?

而对模式 HTT 有同样的结论. 这样一来，如果他们玩单人纸牌游戏的话，无论是Alice还是Bill都不占优势.

但是，当同时考虑两个模式时，在这些模式之间有一种有趣的相互作用. 设 S_A 是Alice获胜的构型之和，S_B 是Bill获胜的构型之和:

$$S_A = \text{HHT} + \text{HHHT} + \text{THHT} + \text{HHHHT} + \text{HTHHT} + \text{THHHT} + \cdots;$$
$$S_B = \text{HTT} + \text{THTT} + \text{HTHTT} + \text{TTHTT} + \text{THTHTT} + \text{TTTHTT} + \cdots.$$

又（从仅仅涉及一种模式的有效技巧中取得线索）用 N 记无论哪一位玩家迄今都没有获胜的所有序列之和:

$$N = 1 + \text{H} + \text{T} + \text{HH} + \text{HT} + \text{TH} + \text{TT} + \text{HHH} + \text{HTH} + \text{THH} + \cdots. \tag{8.77}$$

这样我们就可以很容易地验证下面一组方程:

$$1 + N(\text{H} + \text{T}) = N + S_A + S_B;$$
$$N\,\text{HHT} = S_A; \tag{8.78}$$
$$N\,\text{HTT} = S_A\text{T} + S_B.$$

如果我们现在令 $\text{H} = \text{T} = \dfrac{1}{2}$，所产生的 S_A 的值就变成Alice获胜的概率，而 S_B 则变成Bill获胜的概率. 这三个方程转变成

$$1 + N = N + S_A + S_B, \quad \frac{1}{8}N = S_A, \quad \frac{1}{8}N = \frac{1}{2}S_A + S_B,$$

我们求得 $S_A = \dfrac{2}{3}$，$S_B = \dfrac{1}{3}$. Alice获胜的可能性大约是Bill的两倍!

在这个游戏的一个推广中，Alice和Bill选取由正面和反面组成的模式 A 和 B，他们抛掷硬币直到 A 或 B 出现. 这两个模式不必有同样的长度，但是我们假设 A 不在 B 的内部出现，B 也不在 A 的内部出现.（否则的话，这个游戏就是退化的. 例如，如果 $A = \text{HTH}$ 而 $B = \text{TH}$，那么可怜的Bill永远不会获胜; 又如果 $A = \text{HT}$ 而 $B = \text{THTH}$，那么两位玩家可能会同时声称他们获胜.）这样我们就能写出三个与（8.73）和（8.78）类似的方程:

$$1 + N(\text{H} + \text{T}) = N + S_A + S_B;$$
$$NA = S_A \sum_{k=1}^{l} A^{(l-k)}[A^{(k)} = A_{(k)}] + S_B \sum_{k=1}^{\min(l,m)} A^{(l-k)}[B^{(k)} = A_{(k)}];$$
$$NB = S_A \sum_{k=1}^{\min(l,m)} B^{(m-k)}[A^{(k)} = B_{(k)}] + S_B \sum_{k=1}^{m} B^{(m-k)}[B^{(k)} = B_{(k)}]. \tag{8.79}$$

409

这里 l 是 A 的长度，而 m 则是 B 的长度. 例如，如果我们有 $A = \text{HTTHTHTH}$ 以及 $B = \text{THTHTTH}$，则这两个依赖模式的方程是

$$N\,\text{HTTHTHTH} = S_A\text{TTHTHTH} + S_A + S_B\text{TTHTHTH} + S_B\text{THTH},$$
$$N\,\text{THTHTTH} = S_A\text{THTTH} + S_A\text{TTH} + S_B\text{THTTH} + S_B.$$

如果我们假设用的是均匀硬币，那么取 $\text{H} = \text{T} = \dfrac{1}{2}$ 就得到获胜的概率，这就将两个关键性的方程转化为

$$N = S_A \sum_{k=1}^{l} 2^k [A^{(k)} = A_{(k)}] + S_B \sum_{k=1}^{\min(l,m)} 2^k [B^{(k)} = A_{(k)}];$$

$$N = S_A \sum_{k=1}^{\min(l,m)} 2^k [A^{(k)} = B_{(k)}] + S_B \sum_{k=1}^{m} 2^k [B^{(k)} = B_{(k)}].$$

（8.80）

如果我们将（8.76）的 $A : A$ 运算推广到两个独立字符串 A 和 B 的函数，就能看出发生的事情：

$$A : B = \sum_{k=1}^{\min(l,m)} 2^{k-1} [A^{(k)} = B_{(k)}].$$

（8.81）

方程（8.80）现在直接变成

$$S_A(A:A) + S_B(B:A) = S_A(A:B) + S_B(B:B),$$

有利于Alice的可能性是

$$\frac{S_A}{S_B} = \frac{B:B - B:A}{A:A - A:B}.$$

（8.82）

（这个漂亮的公式是由约翰·康威[137]发现的.）

例如，如果与上面相同，有 $A = \text{HTTHTHTH}$ 以及 $B = \text{THTHTTH}$，那么我们就有 $A : A = (10000001)_2 = 129$，$A : B = (0001010)_2 = 10$，$B : A = (0001001)_2 = 9$ 以及 $B : B = (1000010)_2 = 66$；所以比值 S_A / S_B 是 $(66-9)/(129-10) = 57/119$. 平均来说，Alice在每176次中仅有57次获胜.

在Penney游戏中有可能发生奇怪的事情. 例如，模式 HHTH 获胜的可能性与模式 HTHH 相比为 3/2，而模式 HTHH 获胜的可能性与模式 THHH 相比为 7/5. 所以模式 HHTH 应该比模式 THHH 好得多. 然而 THHH 实际上获胜的可能性与 HHTH 相比却是 7/5！模式之间的关系并不传递. 事实上，习题57证明了：如果Alice选择了长度 $l \geqslant 3$ 的任何一种模式 $\tau_1 \tau_2 \ldots \tau_l$，而如果Bill选择模式 $\bar{\tau}_2 \tau_1 \tau_2 \ldots \tau_{l-1}$，那么Bill总能确保他有比 $\frac{1}{2}$ 更大的获胜可能性，其中 $\bar{\tau}_2$ 与 τ_2 的正反面相反.

奇怪呀，奇怪.

410

8.5 散列法 HASHING

在这一章最后，我们将概率论应用于计算机编程. 在一台计算机的内部，一些重要的存贮以及检索信息算法是以称为散列法（hashing）的技术为基础的. 一般的问题是保持一组记录，每个记录包含一个"键"值 K 以及关于那个键值的数据 $D(K)$，我们希望在给定 K 时能很快求出 $D(K)$. 例如，每一个键值可能是一个学生的名字，而与之相关的数据可能是这位学生的家庭作业分数.

在实践中，计算机没有足够的容量对每一个可能的键值都拨出一个记忆单元供它使用，有可能有十亿个键值，不过在任何一个应用中实际上出现的都是比较少的键值. 对此问题的一种解法是保留两个表 KEY[j] 以及 DATA[j]（$1 \leqslant j \leqslant N$），其中 N 是可以提供的记录总数，另一个变量 n 告诉我们实际上有多少个记录出现. 然后我们就能用一种明显的方式连续地查遍这张表以寻找一个给定的键值 K：

S1 置 $j := 1$.（我们已经搜索了所有 $< j$ 的位置.）

"在20世纪60年代中期，动词to hash不知以何种方式魔术般地变成了键值变换的标准术语，然而在1967年之前没有什么人极其轻率地公开使用这个不雅的单词."

——高德纳[209]

S2 如果 $j > n$，停止.（搜索不成功.）

S3 如果 $\text{KEY}[j] = K$，停止.（搜索成功.）

S4 给 j 增加1，转到步骤S2.（我们再次尝试.）

在一次成功的搜索之后，所想要的数据条目 $D(K)$ 出现在 $\text{DATA}[j]$ 中. 在一次不成功的搜索之后，我们可以令

$$n := j, \quad \text{KEY}[n] := K, \quad \text{DATA}[n] := D(K),$$

来将 K 和 $D(K)$ 插入到表中，假设表中的容量还没有用尽.

这个方法有效，但是可能非常地慢，只要出现一个不成功的搜索，我们就需要重复步骤S2总计 $n+1$ 次，而且 n 可能相当大.

发明散列法就是为了加快速度. 按照它的一种通用形式，其基本思想是利用 m 个分开的列表，而不是用一张巨大的列表. 一个"散列函数"将每一个可能的键值 K 变换成为1与 m 之间的一个编号为 $h(K)$ 的列表. 对于 $1 \leqslant i \leqslant m$，一个辅助性的表 $\text{FIRST}[i]$ 指向列表 i 中的第一个记录；对于 $1 \leqslant j \leqslant N$，另一个辅助性的表 $\text{NEXT}[j]$ 则指向在其列表中跟在记录 j 后面的那个记录. 我们假设

$\text{FIRST}[i] = -1$，如果列表 i 是空的；

$\text{NEXT}[j] = 0$，如果记录 j 是其列表中的最后一个记录.

与前相同，存在一个变量 n，它告诉我们有多少条记录被存储在一起.

411

例如，假设键值是姓名，并假设有 $m = 4$ 个列表是以姓名的第一个字母为基础的：

$$h(\text{姓名}) = \begin{cases} 1, & \text{A} - \text{F}, \\ 2, & \text{G} - \text{L}, \\ 3, & \text{M} - \text{R}, \\ 4, & \text{S} - \text{Z}. \end{cases}$$

我们从四个空的列表开始并取 $n = 0$. 比方说，如果第一个记录以Nora作为它的键值，我们就有 $h(\text{Nora}) = 3$，所以Nora变成了列表3中的第一条键值. 如果下面两个姓名是Glenn和Jim，他们两人就进入列表2. 现在存贮器中的表看起来就像这样：

$\text{FIRST}[1] = -1$，$\text{FIRST}[2] = 2$，$\text{FIRST}[3] = 1$，$\text{FIRST}[4] = -1$.

$\text{KEY}[1] = \text{Nora}$，　$\text{NEXT}[1] = 0$;

$\text{KEY}[2] = \text{Glenn}$，$\text{NEXT}[2] = 3$;

$\text{KEY}[3] = \text{Jim}$，　$\text{NEXT}[3] = 0$;　　$n = 3$.

（$\text{DATA}[1]$、$\text{DATA}[2]$ 以及 $\text{DATA}[3]$ 的值是保密的，不会显示出来.）在插入了18个记录之后，列表或许包含如下姓名：

为上课坐在前排并将自己的姓名借给这个实验使用的学生们干杯.

列表1	列表2	列表3	列表4
Dianne	Glenn	Nora	Scott
Ari	Jim	Mike	Tina
Brian	Jennifer	Michael	
Fran	Joan	Ray	
Doug	Jerry	Paula	
	Jean		

这些姓名将会在 KEY 阵列以及 NEXT 条目中混杂出现，以保持列表有效地分隔开来．如果我们现在想要搜索 John，必须搜遍列表2中的六个姓名（它碰巧是最长的列表），但是与搜索全部18个姓名相比这还不是那么糟糕．

这里精确说明了算法，它按照这个方案搜索键值 K：

H1 置 $i:=h(K)$ 以及 $j:=\text{FIRST}[i]$．

H2 如果 $j\leqslant 0$，停止．（搜索不成功．）

H3 如果 $\text{KEY}[j]=K$，停止．（搜索成功．）

H4 置 $i:=j$，然后置 $j:=\text{NEXT}[i]$，转到步骤H2．（我们再次尝试搜索．）

例如，为了搜索 Jennifer，步骤H1就会置 $i:=2$ 和 $j:=2$；步骤H3会发现 Glenn $\neq$ Jennifer；步骤H4置 $j:=3$；而步骤H3发现 Jim $\neq$ Jennifer．再重复一次步骤H4和H3就会确定 Jennifer 在表中的位置．

我打赌他们的父母会对此感到高兴．[1]

与上一个算法一样，在一次成功的搜索之后，所要求的数据 $D(K)$ 出现在 $\text{DATA}[j]$ 之中．而在一次不成功的搜索之后，我们就可以通过做如下的运算：

$$n:=n+1;$$
$$\textbf{if } j<0 \textbf{ then } \text{FIRST}[i]:=n \textbf{ else } \text{NEXT}[i]:=n;$$
$$\text{KEY}[n]:=K; \quad \text{DATA}[n]:=D(K); \quad \text{NEXT}[n]:=0 \qquad (8.83)$$

而进入表中的 K 和 $D(K)$．现在这张表再次得以更新．

我们希望得到长度大致相等的列表，因为这会使得搜索工作快上 m 倍．m 的值通常要比4大得多，所以因子 $1/m$ 会是有意义的改进．

我们预先并不知道会出现哪些键值，但是一般来说可以选取散列函数 h，使得我们可以将 $h(K)$ 视为一个在1与 m 之间均匀分布的随机变量，与所出现的其他键值的散列值无关．在这样的情形，计算散列函数就像抛掷一个有 m 个面的骰子．有可能所有的记录都落在同一个列表中，正如有可能一个骰子会总是出现⊡一样，但是概率论告诉我们这些列表几乎总是非常均匀的．

散列法分析：引言

"算法分析"是计算机科学的一个分支，它得到计算机方法有效性的定量信息．"算法的概率分析"是研究算法运行时间，它被视为是一个随机变量，这个随机变量依赖于输入数据所假设具有的特性．散列法是应用于概率分析的一个特别好的待选方法，因为平均来说它是一种极其有效的方法，尽管其最坏情形是无法想象地可怕．（当所有的键值都有同样的散列值时就会出现最坏情形．）的确，使用散列法的计算机程序员最好是相信概率论的人．

设 P 是用上述算法执行搜索时步骤H3执行的次数．（步骤H3的每一次执行都称为在表中进行的一次**探索**．）如果知道 P，我们就知道每一步骤要执行多少次，这取决于此次搜索是否成功：

---

[1] 他们的父母当然会对"Glenn不是Jennifer"以及"Jim不是Jennifer"感到高兴．

步　　骤	不成功的搜索	成功的搜索
H1	1次	1次
H2	$P+1$次	P次
H3	P次	P次
H4	P次	$P-1$次

413

从而掌控搜索程序运行时间的主要量就是探索的次数 P.

想象我们是在保存一本地址簿,这本地址簿按照特殊的方式安排,每一页只有一个条目,这样我们在脑海里就有了算法的一个很好的图像. 对于 m 个列表的每个列表的第一个条目,我们在这本地址簿的封面上记下它的页码,每一个名字 K 就确定了它所属的列表 $h(K)$. 这本地址簿内部的每一页都指向在其列表中紧跟其后的那一页. 在这样一本地址簿中,找寻一个地址所需要探索的次数就是我们必须要查阅的页数.

如果插入了 n 项,那么它们在表中的位置仅依赖于其各自的散列值 $\langle h_1, h_2, \cdots, h_n \rangle$. 这 m^n 个可能的序列 $\langle h_1, h_2, \cdots, h_n \rangle$ 中的每一个都被视为是等可能的,而 P 就是与这样一个序列有关的随机变量.

情形1：键值不出现

我们首先考虑在一次不成功搜索中 P 的性状,假设前面已经将 n 个记录插入到这个散列表中. 在这种情形下,相关的概率空间由 m^{n+1} 个基本事件

$$\omega = (h_1, h_2, \cdots, h_n, h_{n+1})$$

组成,其中 h_j 是插入的第 j 个键值的散列值,而 h_{n+1} 则是搜索不成功所对应的键值的散列值. 我们假设散列函数 h 已经适当地加以选取,使得对每一个这样的 ω 都有 $\Pr(\omega) = 1/m^{n+1}$.

例如, 如果 $m = n = 2$, 就有八种相等的可能性：

h_1	h_2	h_3:	P
1	1	1:	2
1	1	2:	0
1	2	1:	1
1	2	2:	1
2	1	1:	1
2	1	2:	1
2	2	1:	0
2	2	2:	2

如果 $h_1 = h_2 = h_3$, 那么在断定新的键值 K 不出现之前我们要做两次不成功的探索；如果 $h_1 = h_2 \neq h_3$, 则我们没有做不成功的探索；如此等等. 这个表列出的所有可能性表明：当 $m = n = 2$ 时, P 具有由概率生成函数 $\left(\dfrac{2}{8} + \dfrac{4}{8}z + \dfrac{2}{8}z^2 \right) = \left(\dfrac{1}{2} + \dfrac{1}{2}z \right)^2$ 所给出的概率分布.

一次不成功的搜索要针对编号为 h_{n+1} 的列表中的每一项都做一次探索, 所以我们有一般的公式

钥匙（key）不见了? 那就在门前的垫子下面找找看.

414

$$P = [h_1 = h_{n+1}] + [h_2 = h_{n+1}] + \cdots + [h_n = h_{n+1}].\qquad(8.84)$$

对于 $1 \leqslant j \leqslant n$，$h_j = h_{n+1}$ 的概率是 $1/m$，由此推出

$$\mathrm{E}P = \mathrm{E}[h_1 = h_{n+1}] + \mathrm{E}[h_2 = h_{n+1}] + \cdots + \mathrm{E}[h_n = h_{n+1}] = \frac{n}{m}.$$

或许我们应该慢慢来：设 X_j 是随机变量

$$X_j = X_j(\omega) = [h_j = h_{n+1}].$$

这样就有 $P = X_1 + \cdots + X_n$，且对所有 $j \leqslant n$ 都有 $\mathrm{E}X_j = 1/m$，从而

$$\mathrm{E}P = \mathrm{E}X_1 + \cdots + \mathrm{E}X_n = n/m.$$

好的. 正如我们希望的那样，平均探索次数是 $1/m$ 乘以不用散列法所需的平均探索次数. 此外，诸随机变量 X_j 还是独立的，且它们每一个都有同样的概率生成函数

$$X_j(z) = \frac{m-1+z}{m}.$$

于是，一次不成功搜索中总的探索次数的概率生成函数是

$$P(z) = X_1(z) \cdots X_n(z) = \left(\frac{m-1+z}{m}\right)^n.\qquad(8.85)$$

这是一个以 $p = 1/m$ 以及 $q = (m-1)/m$ 为参数的二项分布. 换句话说，在一次不成功的搜索中，探索次数的性状，恰与抛掷一枚每次正面出现概率为 $1/m$ 的不均匀硬币时正面出现次数的性状相同. 方程（8.61）告诉我们，这样一来 P 的方差就是

$$npq = \frac{n(m-1)}{m^2}.$$

当 m 很大时，P 的方差近似等于 n/m，所以其标准差近似等于 $\sqrt{n/m}$.

情形 2：键值出现

现在来观察成功的搜索. 在这种情形下，针对不同的应用，相应的概率空间要稍微复杂一些. 我们设 Ω 是所有基本事件

$$\omega = (h_1, \cdots, h_n; k)\qquad(8.86)$$

组成的集合，其中 h_j 如前一样是第 j 个键值的散列值，而 k 则是要搜索的键值的指标（散列值是 h_k 的键值）. 这样我们就有 $1 \leqslant h_j \leqslant m$（$1 \leqslant j \leqslant n$）以及 $1 \leqslant k \leqslant n$，总共有 $m^n \cdot n$ 个基本事件 ω.

415

设 s_j 是我们正在搜索插入表中的第 j 个键值的概率. 如果 ω 是事件（8.86），那么

$$\Pr(\omega) = s_k / m^n.\qquad(8.87)$$

（某些应用最经常搜索的是首先插入的项，或者是最后插入的项，所以我们不假设每一个 $s_j = 1/n$.）注意 $\sum_{\omega \in \Omega} \Pr(\omega) = \sum_{k=1}^{n} s_k = 1$，从而（8.87）定义一个合法的概率分布.

在一次成功的搜索中，如果键值 K 是打算插入它的列表中的第 p 个键值，那么探索的次数 P 是 p．这样一来

$$P(h_1, \cdots, h_n; k) = [h_1 = h_k] + [h_2 = h_k] + \cdots + [h_k = h_k],\qquad (8.88)$$

或者，如果设 X_j 是随机变量 $[h_j = h_k]$，就有

$$P = X_1 + X_2 + \cdots + X_k.\qquad (8.89)$$

以前我在什么地方见过那种模式? 例如，假设我们有 $m = 10$ 以及 $n = 16$，且其散列值有如下"随机的"模式：

$$(h_1, \cdots, h_{16}) = 3 \quad 1 \quad 4 \quad 1 \quad 5 \quad 9 \quad 2 \quad 6 \quad 5 \quad 3 \quad 5 \quad 8 \quad 9 \quad 7 \quad 9 \quad 3;$$
$$(P_1, \cdots, P_{16}) = 1 \quad 1 \quad 1 \quad 2 \quad 1 \quad 1 \quad 1 \quad 1 \quad 2 \quad 2 \quad 3 \quad 1 \quad 2 \quad 1 \quad 3 \quad 3.$$

找到第 j 个键值所需要探索的次数 P_j 显示在 h_j 的下方.

方程（8.89）将 P 表示成为随机变量的和式，但是我们不能直接用 $\mathrm{E}X_1 + \cdots + \mathrm{E}X_k$ 来计算 $\mathrm{E}P$，因为量 k 本身是一个随机变量．那么 P 的概率生成函数是什么？为了回答这个问题，我们需要离开正题一会儿，讨论一下**条件概率**（conditional probability）.

方程（8.43）也暂时偏离了主题. 如果 A 和 B 是一个概率空间中的事件，我们说给定 B 时 A 的条件概率是

$$\Pr(\omega \in A \mid \omega \in B) = \frac{\Pr(\omega \in A \bigcap B)}{\Pr(\omega \in B)}.\qquad (8.90)$$

例如，如果 X 和 Y 是随机变量，则给定 $Y = y$ 时事件 $X = x$ 的条件概率是

$$\Pr(X = x \mid Y = y) = \frac{\Pr(X = x 且 Y = y)}{\Pr(Y = y)}.\qquad (8.91)$$

对 Y 的取值范围内的任意一个 y，这些条件概率对 X 取值范围内的所有 x 求和等于 $\Pr(Y = y) / \Pr(Y = y) = 1$，于是（8.91）定义了一个概率分布，我们就能定义一个新的随机变量 "$X \mid y$"，使得 $\Pr\big((X \mid y) = x\big) = \Pr(X = x \mid Y = y)$.

如果 X 和 Y 是独立的，则随机变量 $X \mid y$ 本质上与 X 相同，与 y 的值无关，这是因为根据（8.5），$\Pr(X = x \mid Y = y)$ 等于 $\Pr(X = x)$，这正是独立性的含义之所在．但是，如果 X 和 Y 是相关的，则随机变量 $X \mid y$ 和 $X \mid y'$ 当 $y \neq y'$ 时不一定是按照任意方式相互相似的.

如果 X 仅取非负整数值，我们就能将它的概率生成函数分解成关于任何另一个随机变量 Y 的条件概率生成函数之和：

$$G_X(z) = \sum_{y \in Y(\Omega)} \Pr(Y = y) G_{X \mid y}(z).\qquad (8.92)$$

此式成立是因为对所有 $x \in X(\Omega)$，左边 z^x 的系数都是 $\Pr(X = x)$，而右边的系数等于

$$\sum_{y \in Y(\Omega)} \Pr(Y = y) \Pr(X = x \mid Y = y) = \sum_{y \in Y(\Omega)} \Pr(X = x 且 Y = y)$$
$$= \Pr(X = x).$$

例如，如果 X 是两个均匀骰子上点数的乘积，而 Y 则是点数之和，那么 $X \mid 6$ 的概率生成函

数就是

$$G_{X|6}(z) = \frac{2}{5}z^5 + \frac{2}{5}z^8 + \frac{1}{5}z^9,$$

因为当 $Y = 6$ 时的条件概率由五个等可能的事件 $\{\boxdot\boxdot, \boxdot\boxdot, \boxdot\boxdot, \boxdot\boxdot, \boxdot\boxdot\}$ 组成. 在这种情形, 方程（8.92）就变成

$$\begin{aligned}
G_X(z) = {} & \frac{1}{36}G_{X|2}(z) + \frac{2}{36}G_{X|3}(z) + \frac{3}{36}G_{X|4}(z) + \frac{4}{36}G_{X|5}(z) \\
& + \frac{5}{36}G_{X|6}(z) + \frac{6}{36}G_{X|7}(z) + \frac{5}{36}G_{X|8}(z) + \frac{4}{36}G_{X|9}(z) \\
& + \frac{3}{36}G_{X|10}(z) + \frac{2}{36}G_{X|11}(z) + \frac{1}{36}G_{X|12}(z),
\end{aligned}$$

一旦你懂了, 就会觉得这个公式很明显.（偏离主题到此结束.）

在散列法的情形,（8.92）告诉我们如果设 $X = P$, $Y = K$, 怎样在一次成功搜索中写出关于探索次数的概率生成函数. 对介于 1 与 n 之间任何固定的 k, 随机变量 $P|k$ 定义为独立随机变量之和 $X_1 + \cdots + X_k$, 这就是（8.89）. 所以它有概率生成函数

417

$$G_{P|k}(z) = \left(\frac{m-1+z}{m}\right)^{k-1} z.$$

这样一来, P 本身的概率生成函数显然就是

$$\begin{aligned}
G_P(z) &= \sum_{k=1}^{n} s_k G_{P|k}(z) \\
&= \sum_{k=1}^{n} s_k \left(\frac{m-1+z}{m}\right)^{k-1} z \\
&= z S\left(\frac{m-1+z}{m}\right),
\end{aligned} \tag{8.93}$$

其中

$$S(z) = s_1 + s_2 z + s_3 z^2 + \cdots + s_n z^{n-1} \tag{8.94}$$

是搜索概率 s_k 的概率生成函数（为方便起见用 z 来除）.

好的. 我们有了 P 的概率生成函数, 现在就能用微分法来求出其均值和方差. 稍微容易一点的是首先去掉因子 z, 正如我们以前做过的那样, 这样就求出了 $P-1$ 的均值和方差:

$$\begin{aligned}
F(z) &= G_P(z)/z = S\left(\frac{m-1+z}{m}\right), \\
F'(z) &= \frac{1}{m}S'\left(\frac{m-1+z}{m}\right), \\
F''(z) &= \frac{1}{m^2}S''\left(\frac{m-1+z}{m}\right).
\end{aligned}$$

哦, 现在我明白了数学家说某个东西是"显然的"、"易懂的"或者"平凡的", 指的是什么.

"明确无误的是, 我的意思是一位优秀的大学新生就应该能解决它, 尽管这个问题并不完全是显而易见的."

——保罗·厄尔多斯[94]

因而就有

$$EP = 1 + \text{Mean}(F) = 1 + F'(1) = 1 + m^{-1}\text{Mean}(S)，\tag{8.95}$$

$$\begin{aligned}
VP = \text{Var}(F) &= F''(1) + F'(1) - F'(1)^2 \\
&= m^{-2}S''(1) + m^{-1}S'(1) - m^{-2}S'(1)^2 \\
&= m^{-2}\text{Var}(S) + (m^{-1} - m^{-2})\text{Mean}(S)．
\end{aligned}\tag{8.96}$$

这些是用所假设的搜索分布 S 的均值和方差来表示探索次数 P 的均值和方差的一般性公式.

例如，假设对 $1 \leqslant k \leqslant n$ 我们有 $s_k = 1/n$. 这就意味着我们是在做一个纯粹"随机的"成功搜索，表中所有的键值是等可能的. 这样 $S(z)$ 就是（8.32）中的均匀概率分布 $U_n(z)$， | 418 |
且我们有 $\text{Mean}(S) = (n-1)/2$，$\text{Var}(S) = (n^2 - 1)/12$. 因此

$$EP = \frac{n-1}{2m} + 1，\tag{8.97}$$

$$VP = \frac{n^2 - 1}{12m^2} + \frac{(m-1)(n-1)}{2m^2} = \frac{(n-1)(6m + n - 5)}{12m^2}．\tag{8.98}$$

我们再次得到了所希望的加速因子 $1/m$. 如果 $m \approx n/\ln n$ 且 $n \to \infty$，在这种情形下，每次成功搜索的平均探索次数大约是 $\frac{1}{2}\ln n$，而其标准差渐近地等于 $(\ln n)/\sqrt{12}$.

另一方面，我们可以假设对 $1 \leqslant k \leqslant n$ 有 $s_k = (kH_n)^{-1}$，这个分布称为**Zipf法则**. 这样就有 $\text{Mean}(S) = n/H_n - 1$，$\text{Var}(S) = \frac{1}{2}n(n+1)/H_n - n^2/H_n^2$. 当 $n \to \infty$ 时，对于 $m \approx n/\ln n$ 的平均探索次数近似等于2，其标准差近似等于 $\sqrt{\ln n}/\sqrt{2}$.

在这两种情形下，分析让担心最坏情形出现的人心安了：切比雪夫不等式告诉我们，除了极端罕见的情形之外，这些分开的列表都是合宜且简短的.

情形2，续：方差的变体

好了，伙计，又到了你可以略读的地方了.
——友好的助教

通过将 P 看成是具有 $m^n \cdot n$ 个元素 $(h_1, \cdots, h_n; k)$ 的概率空间上的随机变量，我们计算了在一次成功搜索中探索次数的方差. 但是，我们本来可以采用另一种观点：散列值的每一种模式 $(h_1, \cdots, h_n)$ 定义一个随机变量 $P \mid (h_1, \cdots, h_n)$，它表示对有 n 个给定键值的特殊散列表进行一次成功搜索所做的探索. $P \mid (h_1, \cdots, h_n)$ 的平均值

$$A(h_1, \cdots, h_n) = \sum_{p=1}^{n} p \cdot \text{Pr}\big((P \mid (h_1, \cdots, h_n)) = p\big)\tag{8.99}$$

可以解释成表示一次成功搜索的运行时间. 这个量 $A(h_1, \cdots, h_n)$ 是仅与 $(h_1, \cdots, h_n)$ 有关而与最后那个分量 k 无关的随机变量. 我们可以将它写成形式

$$A(h_1, \cdots, h_n) = \sum_{k=1}^{n} s_k P(h_1, \cdots, h_n; k)，$$

其中 $P(h_1, \cdots, h_n; k)$ 在（8.88）中定义，因为 $P \mid (h_1, \cdots, h_n) = p$ 具有概率

$$\frac{\sum_{k=1}^{n}\mathrm{Pr}(P(h_{1},\cdots,h_{n};k)=p)}{\sum_{k=1}^{n}\mathrm{Pr}(h_{1},\cdots,h_{n};k)}=\frac{\sum_{k=1}^{n}m^{-n}s_{k}[P(h_{1},\cdots,h_{n};k)=p]}{\sum_{k=1}^{n}m^{-n}s_{k}}$$

$$=\sum_{k=1}^{n}s_{k}[P(h_{1},\cdots,h_{n};k)=p].$$

419　　　对所有 m^{n} 种可能性 $(h_{1},\cdots,h_{n})$ 求和并用 m^{n} 来除，所得到的 $A(h_{1},\cdots,h_{n})$ 的均值将与（8.95）中所得到的均值是一样的. 但是，$A(h_{1},\cdots,h_{n})$ 的**方差**则有所不同：这是 m^{n} 个平均数的方差，而不是所计入的 $m^{n}\cdot n$ 次探索的方差. 例如，如果 $m=1$（所以仅有一张列表），则"平均"值 $A(h_{1},\cdots,h_{n})=A(1,\cdots,1)$ 实际上是一个常数，所以它的方差 VA 为零，但是一次成功搜索中的探索次数不是常数，所以方差 VP 不为零.

副总统（VP）仅仅在选举年才会被人们关注.

　　我们可以通过对 $1\le k\le n$ 有 $s_{k}=1/n$ 这一最简单情形，对一般的 m 和 n 进行计算，从而描述方差之间的这种区别. 换言之，我们要暂时假设有一组均匀分布的搜索键值. 任意给定的一列散列值 $(h_{1},\cdots,h_{n})$ 定义了 m 个列表，对某些数 n_{j} 这些列表分别包含了 $(n_{1},n_{2},\cdots,n_{m})$ 个条目，其中

$$n_{1}+n_{2}+\cdots+n_{m}=n.$$

一次成功搜索（表里 n 个键值中的每一个都有同等的可能性）的平均探索运行时间将是

$$A(h_{1},\cdots,\ h_{n})=\frac{(1+\cdots+n_{1})+(1+\cdots+n_{2})+\cdots+(1+\cdots+n_{m})}{n}$$

$$=\frac{n_{1}(n_{1}+1)+n_{2}(n_{2}+1)+\cdots+n_{m}(n_{m}+1)}{2n}$$

$$=\frac{n_{1}^{2}+n_{2}^{2}+\cdots+n_{m}^{2}+n}{2n}.$$

我们的目标是：在由所有 m^{n} 个序列 $(h_{1},\cdots,h_{n})$ 组成的概率空间上，计算这个量 $A(h_{1},\cdots,h_{n})$ 的方差.

　　事实表明，如果我们计算一个略微不同的量

$$B(h_{1},\cdots,h_{n})=\binom{n_{1}}{2}+\binom{n_{2}}{2}+\cdots+\binom{n_{m}}{2}$$

的方差，则计算就会更加简单. 我们有

$$A(h_{1},\cdots,h_{n})=1+B(h_{1},\cdots,h_{n})/n$$

从而 A 的均值和方差满足

420
$$\mathrm{E}A=1+\frac{\mathrm{E}B}{n},\quad \mathrm{V}A=\frac{\mathrm{V}B}{n^{2}}. \tag{8.100}$$

列表长度为 $n_{1},n_{2},\cdots,n_{m}$ 的概率是多项式系数

$$\binom{n}{n_{1},n_{2},\cdots,n_{m}}=\frac{n!}{n_{1}!n_{2}!\cdots n_{m}!}.$$

被 m^n 除，从而 $B(h_1, \cdots, h_n)$ 的概率生成函数是

$$B_n(z) = \sum_{\substack{n_1,n_2,\ldots,n_m \geqslant 0 \\ n_1+n_2+\cdots+n_m=n}} \binom{n}{n_1,n_2,\cdots,n_m} z^{\binom{n_1}{2}+\binom{n_2}{2}+\cdots+\binom{n_m}{2}} m^{-n}.$$

这个和式在没有经验的人看来着实有点可怕，但是从第7章中获得的经验已经教会我们分辨出它是一个 m 重卷积. 的确，如果考虑**指数超级生成函数**（exponential super-generating function）

$$G(w,z) = \sum_{n \geqslant 0} B_n(z) \frac{m^n w^n}{n!},$$

我们就能容易验证 $G(w,z)$ 不过就是一个 m 次幂：

$$G(w,z) = \left(\sum_{k \geqslant 0} z^{\binom{k}{2}} \frac{w^k}{k!} \right)^m.$$

检查一下，我们尝试令 $z=1$，这样就得到 $G(w,1) = (e^w)^m$，所以 $m^n w^n / n!$ 的系数是 $B_n(1) = 1$.

如果我们知道 $B_n'(1)$ 和 $B_n''(1)$ 的值，就能计算 $\mathrm{Var}(B_n)$. 所以我们取 $G(w,z)$ 关于 z 的偏导数：

$$\begin{aligned}
\frac{\partial}{\partial z} G(w,z) &= \sum_{n \geqslant 0} B_n'(z) \frac{m^n w^n}{n!} \\
&= m \left(\sum_{k \geqslant 0} z^{\binom{k}{2}} \frac{w^k}{k!} \right)^{m-1} \sum_{k \geqslant 0} \binom{k}{2} z^{\binom{k}{2}-1} \frac{w^k}{k!}, \\
\frac{\partial^2}{\partial z^2} G(w,z) &= \sum_{n \geqslant 0} B_n''(z) \frac{m^n w^n}{n!} \\
&= m(m-1) \left(\sum_{k \geqslant 0} z^{\binom{k}{2}} \frac{w^k}{k!} \right)^{m-2} \left(\sum_{k \geqslant 0} \binom{k}{2} z^{\binom{k}{2}-1} \frac{w^k}{k!} \right)^2 \\
&\quad + m \left(\sum_{k \geqslant 0} z^{\binom{k}{2}} \frac{w^k}{k!} \right)^{m-1} \sum_{k \geqslant 0} \binom{k}{2}\left(\binom{k}{2}-1 \right) z^{\binom{k}{2}-2} \frac{w^k}{k!}.
\end{aligned}$$

是的，这很复杂，但是当我们置 $z=1$ 时一切都大大简化了. 例如，我们有

$$\begin{aligned}
\sum_{n \geqslant 0} B_n'(1) \frac{m^n w^n}{n!} &= m e^{(m-1)w} \sum_{k \geqslant 2} \frac{w^k}{2(k-2)!} \\
&= m e^{(m-1)w} \sum_{k \geqslant 0} \frac{w^{k+2}}{2k!} \\
&= \frac{mw^2 e^{(m-1)w}}{2} e^w = \sum_{n \geqslant 0} \frac{(mw)^{n+2}}{2mn!} = \sum_{n \geqslant 0} \frac{n(n-1)m^n w^n}{2mn!},
\end{aligned}$$

由此推出

$$B_n'(1) = \binom{n}{2}\frac{1}{m}. \tag{8.101}$$

（8.100）中 EA 的表达式现在给出 E$A = 1 + (n-1)/2m$ ，这与（8.97）吻合.

$B_n''(1)$ 的公式包含类似的和式

$$\sum_{k\geq 0}\binom{k}{2}\left(\binom{k}{2}-1\right)\frac{w^k}{k!} = \frac{1}{4}\sum_{k\geq 0}\frac{(k+1)k(k-1)(k-2)w^k}{k!}$$

$$= \frac{1}{4}\sum_{k\geq 3}\frac{(k+1)w^k}{(k-3)!} = \frac{1}{4}\sum_{k\geq 0}\frac{(k+4)w^{k+3}}{k!} = \left(\frac{1}{4}w^4 + w^3\right)e^w,$$

从而我们求得

$$\sum_{n\geq 0}B_n''(1)\frac{m^n w^n}{n!} = m(m-1)e^{w(m-2)}\left(\frac{1}{2}w^2 e^w\right)^2 + me^{w(m-1)}\left(\frac{1}{4}w^4 + w^3\right)e^w$$

$$= me^{wm}\left(\frac{1}{4}mw^4 + w^3\right),$$

$$B_n''(1) = \binom{n}{2}\left(\binom{n}{2}-1\right)\frac{1}{m^2}. \tag{8.102}$$

现在我们把所有的片段整合到一起，来计算所要求的方差 VA. 其中出现大量的抵消，结果简单得令人惊讶：

$$\mathrm{V}A = \frac{\mathrm{V}B}{n^2} = \frac{B_n''(1) + B_n'(1) - B_n'(1)^2}{n^2}$$

$$= \frac{n(n-1)}{m^2 n^2}\left(\frac{(n+1)(n-2)}{4} + \frac{m}{2} - \frac{n(n-1)}{4}\right)$$

$$= \frac{(m-1)(n-1)}{2m^2 n}. \tag{8.103}$$

当发生这种"巧合"时，我们怀疑其中有某种数学缘由，或许有另外的方法来解决这个问题，从而解释为什么其答案有这样一种简单的形式. 的确有另一种方法（在习题61中），它表明：当 s_k 是搜索到第 k 个插入元素的概率时，平均成功搜索的方差有一般的形式

$$\mathrm{V}A = \frac{m-1}{m^2}\sum_{k=1}^{n}s_k^2(k-1). \tag{8.104}$$

方程（8.103）是 $s_k = 1/n$ （$1 \leq k \leq n$）的特殊情形.

除了平均值的方差之外，我们还可以考虑方差的平均值. 换句话说，定义散列表的每一个序列 $(h_1,\cdots,h_n)$ 也对成功搜索定义了一个概率分布，且这个概率分布的方差告诉我们：在不同的成功搜索中，探索的次数是怎样散布开来的. 例如，我们回到将 $n=16$ 件东西插入到 $m=10$ 个列表中的情形：

$$(h_1,\cdots,h_{16}) = 3\,1\,4\,1\,5\,9\,2\,6\,5\,3\,5\,8\,9\,7\,9\,3,$$
$$(P_1,\cdots,P_{16}) = 1\,1\,1\,2\,1\,1\,1\,1\,2\,2\,3\,1\,2\,1\,3\,3.$$

我以前在哪里看到
过这个模式?
我以前在哪里看到
过这个涂鸦?
I $\eta\nu P_\pi$. ①

所产生散列表中的一次成功搜索有概率生成函数

$$G(3,1,4,1,\cdots,3) = \sum_{k=1}^{16} s_k z^{P(3,1,4,1,\cdots,3;k)}$$

$$= s_1 z + s_2 z + s_3 z + s_4 z^2 + \cdots + s_{16} z^3 .$$

我们刚刚考虑了在这个表的一次成功搜索中平均探索次数, 也就是 $A(3,1,4,1,\cdots,3) =$ $\text{Mean}(G(3,1,4,1,\cdots,3))$. 我们也可以考虑方差

$$s_1 \cdot 1^2 + s_2 \cdot 1^2 + s_3 \cdot 1^2 + s_4 \cdot 2^2 + \cdots + s_{16} \cdot 3^2$$
$$- (s_1 \cdot 1 + s_2 \cdot 1 + s_3 \cdot 1 + s_4 \cdot 2 + \cdots + s_{16} \cdot 3)^2 .$$

这个方差是一个随机变量, 它与 $(h_1,\cdots,h_n)$ 有关, 所以考虑它的平均值是很自然的事.

换句话说, 为了理解成功搜索的性状, 有三种自然的方差我们或许希望了解: 对所有 $(h_1,\cdots,h_n)$ 和 k 所取的探索次数的**总方差**(overall variance); 探索次数**平均值的方差**(variance of the average), 其中的平均值是对所有 k 所取的, 而方差则是对所有 $(h_1,\cdots,h_n)$ 所取的; 还有探索次数的**方差的平均值**(average of the variance), 其中的方差是对所有 k 所取的, 而平均值则是对所有的 $(h_1,\cdots,h_n)$ 所取的. 用符号来表示, 总方差就是

$$\mathrm{V}P = \sum_{1 \leqslant h_1,\cdots,h_n \leqslant m} \sum_{k=1}^{n} \frac{s_k}{m^n} P(h_1,\cdots,h_n;k)^2 - \left(\sum_{1 \leqslant h_1,\cdots,h_n \leqslant m} \sum_{k=1}^{n} \frac{s_k}{m^n} P(h_1,\cdots,h_n;k) \right)^2 ,$$

平均值的方差是

$$\mathrm{V}A = \sum_{1 \leqslant h_1,\cdots,h_n \leqslant m} \frac{1}{m^n} \left(\sum_{k=1}^{n} s_k P(h_1,\cdots,h_n;k) \right)^2 - \left(\sum_{1 \leqslant h_1,\cdots,h_n \leqslant m} \frac{1}{m^n} \sum_{k=1}^{n} s_k P(h_1,\cdots,h_n;k) \right)^2 ,$$

而方差的平均值则是

$$A\mathrm{V} = \sum_{1 \leqslant h_1,\cdots,h_n \leqslant m} \frac{1}{m^n} \left(\sum_{k=1}^{n} s_k P(h_1,\cdots,h_n;k)^2 - \left(\sum_{k=1}^{n} s_k P(h_1,\cdots,h_n;k) \right)^2 \right).$$

事实表明, 这三个量以一种简单的方式相互联系在一起:

$$\mathrm{V}P = \mathrm{V}A + A\mathrm{V}. \tag{8.105}$$

事实上, 如果 X 和 Y 是任何概率空间中的随机变量且 X 取实数值, 条件概率分布总是满足恒等式

$$\mathrm{V}X = \mathrm{V}(\mathrm{E}(X \mid Y)) + \mathrm{E}(\mathrm{V}(X \mid Y)) \tag{8.106}$$

(这个恒等式在习题22中证明.) 方程 (8.105) 是一种特殊的情形, 在此特殊情形中, X 是一次成功搜索中的探索次数, 而 Y 则是散列值序列 $(h_1,\cdots,h_n)$.

一般方程 (8.106) 需要仔细弄明白, 因为记号容易把不同的随机变量和在其中计算期望值以及方差的概率空间掩盖起来. 对于 Y 的取值范围中的每一个 y, 我们在 (8.91) 中就

已经定义了随机变量 $X|y$，而这个随机变量有一个与 y 有关的期望值 $\mathrm{E}(X|y)$．现在 $\mathrm{E}(X|Y)$ 表示一个随机变量，它当 y 取遍 Y 的取值范围中所有可能的值时，取值为 $\mathrm{E}(X|y)$，而 $\mathrm{V}\big(\mathrm{E}(X|Y)\big)$ 则是这个随机变量关于 Y 的概率分布的方差．类似地，$\mathrm{E}\big(\mathrm{V}(X|Y)\big)$ 是当 y 变化时随机变量 $\mathrm{V}(X|y)$ 的平均值．（8.106）的左边是 $\mathrm{V}X$，它是 X 的无条件方差．由于方差是非负的，所以我们永远有

（现在是做热身题第6题的好时机．）

$$\mathrm{V}X \geqslant \mathrm{V}\big(\mathrm{E}(X|Y)\big) \ \text{和} \ \mathrm{V}X \geqslant \mathrm{E}\big(\mathrm{V}(X|Y)\big).\tag{8.107}$$

情形1，再续：回顾不成功的搜索

我们再做一个关于算法分析的典型计算，以结束我们对于散列法的深入探讨．这一次，我们要更仔细地关注与不成功搜索相关联的**总运行时间**（total running time），假设计算机要将以前未知的一个键值插入到它的存储器中．

（8.83）的插入过程有两种情形，这依赖于 j 是负数还是零．我们有 $j<0$ 当且仅当 $P=0$，这是由于负的值来自一个空列表的 FIRST 条目．所以，如果这个列表以前是空的，我们就有 $P=0$ 且必须置 $\mathrm{FIRST}[h_{n+1}]:=n+1$．（这个新的纪录将插入到第 $n+1$ 个位置．）如若不然，我们就有 $P>0$ 且必须将 NEXT 条目放进位置 $n+1$．这两种情形可能会耗费不同的时间，于是对一次不成功的搜索来说，总运行时间有如下形式

P 仍然是探索的次数．

$$T = \alpha + \beta P + \delta[P=0],\tag{8.108}$$

其中 α、β 以及 δ 是常数，它们依赖于所使用的计算机，以及用这台机器的内部语言对散列法进行编码的方法．知道 T 的均值和方差是有用的，因为这样的信息实际上比 P 的均值和方差更为重要．

到目前为止，我们仅仅对取非负整数值的随机变量用到了概率生成函数．但是事实表明，当 X 是任意一个实值的随机变量时，我们也可以用本质上相同的方法来处理

$$G_X(z) = \sum_{\omega \in \Omega} \mathrm{Pr}(\omega) z^{X(\omega)},$$

这是因为 X 的本质特征仅与 G_X 在 $z=1$ 附近的性状有关，在那里 z 的幂有良好的定义．例如，一次不成功搜索的运行时间（8.108）是一个随机变量，它定义在由等可能散列值 $(h_1,\cdots,h_n,h_{n+1})$（$1\leqslant h_j \leqslant m$）组成的概率空间上，即使当 α、β 以及 δ 不是整数时，我们也可以把级数

$$G_T(z) = \frac{1}{m^{n+1}} \sum_{h_1=1}^{m} \cdots \sum_{h_n=1}^{m} \sum_{h_{n+1}=1}^{m} z^{\alpha + \beta P(h_1,\cdots,h_{n+1}) + \delta[P(h_1,\cdots,h_{n+1})=0]}$$

看成是一个概率生成函数．（事实上，参数 α、β、δ 是有时间维度的物理量，它们甚至不是纯粹的数！然而我们还是可以在 z 的幂中使用它们．）通过计算 $G_T'(1)$ 和 $G_T''(1)$ 并按照通常的方式将这些值组合起来，我们仍然能计算 T 的均值和方差．

用 P 代替 T 得到其生成函数为

$$P(z) = \left(\frac{m-1+z}{m}\right)^n = \sum_{p \geqslant 0} \mathrm{Pr}(P=p) z^p.$$

这样一来，我们就有

$$G_T(z) = \sum_{p \geqslant 0} \Pr(P = p) z^{\alpha + \beta p + \delta[p=0]}$$

$$= z^\alpha \left((z^\delta - 1) \Pr(P = 0) + \sum_{p \geqslant 0} \Pr(P = p) z^{\beta p} \right)$$

$$= z^\alpha \left((z^\delta - 1) \left(\frac{m-1}{m} \right)^n + \left(\frac{m-1+z^\beta}{m} \right)^n \right).$$

现在来确定 $\mathrm{Mean}(G_T)$ 和 $\mathrm{Var}(G_T)$ 就是常规做法了：

$$\mathrm{Mean}(G_T) = G_T'(1) = \alpha + \beta \frac{n}{m} + \delta \left(\frac{m-1}{m} \right)^n, \qquad (8.109)$$

$$G_T''(1) = \alpha(\alpha - 1) + 2\alpha\beta \frac{n}{m} + \beta(\beta - 1) \frac{n}{m} + \beta^2 \frac{n(n-1)}{m^2}$$

$$+ 2\alpha\delta \left(\frac{m-1}{m} \right)^n + \delta(\delta - 1) \left(\frac{m-1}{m} \right)^n,$$

$$\mathrm{Var}(G_T) = G_T''(1) + G_T'(1) - G_T'(1)^2$$

$$= \beta^2 \frac{n(m-1)}{m^2} - 2\beta\delta \left(\frac{m-1}{m} \right)^n \frac{n}{m}$$

$$+ \delta^2 \left(\left(\frac{m-1}{m} \right)^n - \left(\frac{m-1}{m} \right)^{2n} \right). \qquad (8.110)$$

在第9章里，我们将要学习当 m 和 n 很大时怎样来估计这样的量. 例如，如果 $m = n$ 且 $n \to \infty$，第9章的技术将会指出 T 的均值和方差分别是 $\alpha + \beta + \delta \mathrm{e}^{-1} + O(n^{-1})$ 和 $\beta^2 - 2\beta\delta \mathrm{e}^{-1} + \delta^2(\mathrm{e}^{-1} - \mathrm{e}^{-2}) + O(n^{-1})$. 如果 $m = n / \ln n + O(1)$ 且 $n \to \infty$，则对应的结果是

$$\mathrm{Mean}(G_T) = \beta \ln n + \alpha + O\left(\frac{(\log n)^2}{n} \right),$$

$$\mathrm{Var}(G_T) = \beta^2 \ln n + O\left(\frac{(\log n)^2}{n} \right).$$

426

习题

热身题

1　当一个骰子是均匀的而另一个骰子是灌铅的时，在（8.3）的概率分布 Pr_{01} 中出现对子的概率是多少？掷出 $S = 7$ 的概率是多少？

2　一副随机洗好的牌上下两张都是A的概率是多少？（所有 52! 个排列均有概率 $1 / 52!$.）

3　1979年在斯坦福大学学习具体数学课的学生，被要求抛掷硬币直到连续两次得到正面，并报告所需要抛掷的次数. 结果是

为什么只有 10 个数？其他学生要么没有参与，要么是硬币抛到桌子底下去了。

3, 2, 3, 5, 10, 2, 6, 6, 9, 2.

1987年在普林斯顿大学学习具体数学的学生也被要求做类似的事情，得到下面的结果：

10, 2, 10, 7, 5, 2, 10, 6, 10, 2.

计算均值和方差，(a)以斯坦福大学的样本为基础；(b)以普林斯顿大学的样本为基础.

4　设 $H(z) = F(z)/G(z)$，其中 $F(1)=G(1)=1$. 证明：如果所指出的导数在 $z=1$ 存在，那么与（8.38）和（8.39）类似地有

$$\text{Mean}(H) = \text{Mean}(F) - \text{Mean}(G),$$
$$\text{Var}(H) = \text{Var}(F) - \text{Var}(G).$$

5　假设Alice和Bill利用正面出现概率为 p 的一枚不均匀的硬币玩游戏（8.78）. 是否存在一个 p 值，使得游戏变得公平？

6　当 X 和 Y 是独立的随机变量时，条件方差律（8.106）会转化成什么？

基础题

7　证明：如果两枚灌铅的骰子具有同样的概率分布，那么出现对子的概率总是至少等于 $\frac{1}{6}$.

8　设 A 和 B 是满足 $A \cup B = \Omega$ 的事件. 证明

$$\Pr(\omega \in A \cap B) = \Pr(\omega \in A)\Pr(\omega \in B) - \Pr(\omega \notin A)\Pr(\omega \notin B).$$

9　证明或推翻：如果 X 和 Y 是独立的随机变量，那么当 F 和 G 是任何函数时，$F(X)$ 和 $G(Y)$ 也是独立的.

10　根据定义（8.7），能够成为一个随机变量 X 的中位数的元素的最大个数是多少？

11　构造一个具有有限均值和无限方差的随机变量.

12　a 如果 $P(z)$ 是随机变量 X 的概率生成函数，证明

$$\Pr(X \le r) \le x^{-r}P(x) \quad 0 < x \le 1,$$
$$\Pr(X \ge r) \le x^{-r}P(x) \quad x \ge 1.$$

（这些重要的关系式称为尾不等式（tail inequality）.）

b 在特殊情形 $P(z) = (1+z)^n/2^n$ 下，利用第一个尾不等式证明：当 $0 < \alpha < \frac{1}{2}$ 时有

$$\sum_{k \le \alpha n} \binom{n}{k} \le 1/\alpha^{\alpha n}(1-\alpha)^{(1-\alpha)n}.$$

13　如果 $X_1,\cdots,X_{2n}$ 是具有相同概率分布的独立随机变量，又如果 α 是任意一个实数，证明

$$\Pr\left(\left|\frac{X_1+\cdots+X_{2n}}{2n} - \alpha\right| \le \left|\frac{X_1+\cdots+X_n}{n} - \alpha\right|\right) \ge \frac{1}{2}.$$

14　设 $F(z)$ 和 $G(z)$ 是概率生成函数，又令

$$H(z) = pF(z) + qG(z)$$

其中 $p+q=1$. （这称为 F 和 G 的混合（mixture），它对应于抛掷一枚硬币，并根据硬币出现的是正面还是反面而选择概率分布 F 或者 G.）用 p、q 以及 F 和 G 的均值和方差来表示 H 的均值和方差.

15 如果 $F(z)$ 和 $G(z)$ 是概率生成函数, 我们可以用"复合"来定义另外一个概率生成函数 $H(z)$:
$$H(z) = F(G(z))$$
用 $\mathrm{Mean}(F)$、$\mathrm{Var}(F)$、$\mathrm{Mean}(G)$ 以及 $\mathrm{Var}(G)$ 来表示 $\mathrm{Mean}(H)$ 以及 $\mathrm{Var}(H)$. (方程 (8.93) 是其特殊情形.)

16 当 $F_n(z)$ 是 (8.53) 中所定义的足球不动点生成函数时, 对超级生成函数 $\sum_{n \geqslant 0} F_n(z) w^n$ 求封闭形式.

17 设 $X_{n,p}$ 和 $Y_{n,p}$ 分别服从参数为 (n,p) 的二项分布和负二项分布. (这些分布定义在 (8.57) 和 (8.60) 中.) 证明 $\Pr(Y_{n,p} \leqslant m) = \Pr(X_{m+n,p} \geqslant n)$. 这个结果表明二项式系数中什么样的恒等式?

每单位体积水中鱼的数量的分布.[①]

18 如果对所有 $k \geqslant 0$ 有 $\Pr(X=k) = e^{-\mu} \mu^k / k!$, 就说随机变量 X 服从均值为 μ 的**泊松分布**.
a 这样一个随机变量的概率生成函数是什么?
b 它的均值、方差以及其他累积量等于什么?

428

19 继续上一习题, 设 X_1 是均值为 μ_1 的泊松随机变量, 而 X_2 是均值为 μ_2 的泊松随机变量, 它与 X_1 独立.
a $X_1 + X_2 = n$ 的概率是多少?
b $2X_1 + 3X_2$ 的均值、方差以及其他累积量等于多少?

20 证明 (8.74) 和 (8.75), 它们是等待正面和反面组成的一个给定的模式出现所需时间的均值和方差.

21 如果在 (8.77) 中令 H 和 T 两者的值都为 $\frac{1}{2}$, 那么 N 的值表示什么?

22 证明 (8.106), 即证明条件期望和条件方差的定律.

作业题

23 设 $\Pr_{00}$ 是两枚均匀骰子的概率分布, $\Pr_{11}$ 是在 (8.2) 中给出的两枚灌铅骰子的概率分布. 求使得 $\Pr_{00}(A) = \Pr_{11}(A)$ 成立的所有事件 A. 这些事件中的哪些仅与随机变量 S 有关? (由 $\Omega = D^2$ 组成的概率空间有 2^{36} 个事件, 这些事件中仅有 2^{11} 个只与 S 有关.)

24 玩家 J 抛掷 $2n+1$ 枚均匀骰子, 并去掉出现 ⚅ 的那些骰子. 玩家 K 接下来叫了一个介于 1 与 6 之间的数, 并抛掷剩下来的骰子, 再去掉出现所叫数的那些骰子. 这个过程一直重复下去, 直到没有骰子留下来. 去掉骰子总数最多的玩家 (去掉 $n+1$ 个或者更多) 为胜者.
a J 去掉的骰子总数的均值和方差是什么? 提示: 骰子是独立的.
b 当 $n=2$ 时, J 获胜的概率是什么?

25 考虑一个博彩游戏, 你在其中设定一个给定量的赌注 A 并抛掷一枚均匀骰子. 如果出现的点数为 k, 就用 $2(k-1)/5$ 乘你的赌注. (特别地, 每当你掷出 ⚅, 就使赌注加倍, 但是如果你掷出 ⚀, 就失去所有的赌注.) 你可以在任何时候停止游戏并重新设置新的赌注. 在经过 n 次抛掷后, 你的赌注的均值和方差是多少? (不计货币舍入取整的任何影响.)

26 求在 n 个元素的一个随机排列中 l 循环的个数的均值和方差. (在 (8.23)、(8.24) 和 (8.53) 中讨论过的足球胜利问题是 $l=1$ 的特殊情形.)

[①] 泊松分布中的 Poisson 一词除了是法国数学家西莫恩·德尼·泊松的姓氏之外, 在法语中还有"鱼"的含义. 故而在旁注中特别提到鱼在水中的分布, 而它恰好近似服从泊松分布.

27　设 $X_1, X_2, \cdots, X_n$ 是随机变量 X 的独立样本. 方程（8.19）和（8.20）解释了怎样在这些观察样本的基础上估计 X 的均值和方差, 对第三个累积量 κ_3 的估计给出类似的公式.（你的公式应该是一个"无偏的"（unbiased）估计, 它的含义是估计量的期望值应该等于 κ_3.）

429

28　在下述条件下, 抛掷硬币游戏（8.78）的平均长度是什么:

　a 给定Alice获胜?

　b 给定Bill获胜?

29　Alice、Bill以及计算机抛掷一枚均匀硬币, 直到模式 $A = $ HHTH, $B = $ HTHH 或者 $C = $ THHH 中的一个第一次出现.（如果仅有这些模式中的两种, 由（8.82）我们知道: A 有可能打败 B, B 有可能打败 C, 而 C 也有可能打败 A, 但是所有三种模式同时在此游戏中.）每一位玩家获胜的机会是多少?

30　正文中考虑了在一个散列表中与成功搜索有关的三种方差. 实际上还有另外两种: 我们可以考虑 $P(h_1, \cdots, h_n; k)$ 的方差（在 $h_1, \cdots, h_n$ 上）的平均值（关于 k）, 而且我们还可以考虑平均值（在 $h_1, \cdots, h_n$ 上）的方差（关于 k）. 计算这些量.

31　一个苹果位于五边形 $ABCDE$ 的顶点 A, 而一只蠕虫位于隔着一个顶点的 C 点. 每一天, 蠕虫都以相等的概率爬行到两个相邻顶点中的一个. 这样经过一天之后, 蠕虫来到顶点 B 或者顶点 D, 到每一个顶点的概率都是 $\frac{1}{2}$. 两天之后, 蠕虫可能会再次回到 C, 因为它对以前的位置没有记忆. 当它到达顶点 A 时, 就停下来就餐.

　　薛定谔的蠕虫.

　a 在进餐前, 其经过的天数的均值和方差等于什么?

　b 设 p 是天数至少为100的概率. 切比雪夫不等式关于 p 有何结论?

　c 尾不等式（习题12）关于 p 告诉我们何种结论?

32　Alice和Bill都在军队服役, 驻扎于堪萨斯、内布拉斯加、密苏里、俄克拉荷马和科罗拉多这五个州之一. 一开始Alice在内布拉斯加, 而Bill在俄克拉荷马. 每个月, 他们每个人重新被派遣到一个相邻的州, 每一个相邻的州都是等可能的.（其相邻关系如下图:

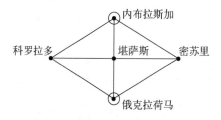

起始的州画上了圆圈.）例如, 一个月之后, Alice重新派驻到科罗拉多、堪萨斯或者密苏里, 派往其中每个州的概率都是1/3. 求Alice与Bill找到彼此所需月数的均值和方差.（你或许希望求助于计算机.）①

　　肯定是有限状态的情形. ①

430

33　（8.89）中的随机变量 X_1 和 X_2 是独立的吗?

34　吉娜是一位高尔夫球运动员, 她每击一球, 击出超标准杆一杆的"超级击球"的概率是 $p = 0.05$, 击出常一杆的概率是 $q = 0.91$, 而击出低标准杆一杆的"低级击球"的概率则是 $r = 0.04$.（对于非高尔夫球运动员, 每一轮她以概率 p、q 以及 r 向自己的目标分别推进2步、1步以及0步. 按照

————————————————

①　"状态"和"州"在英语里是同一个单词state.

（用计算器来处理本问题中的数值计算工作.）

m 杆洞，她的得分最少为 n，这使得她在 n 轮击球之后至少推进了 m 步. 低分比高分更好.）

a 证明：当吉娜与一位平均水平的运动员对垒时，她赢得 4 杆洞的机会要远多于失利. （换句话说，她的得分小于 4 的概率大于她的得分大于 4 的概率.）

b 证明：在 4 杆洞时，她的得分大于 4. （这样一来，按照总分来计算，她在与一位"稳健"对手比赛时容易输掉，尽管在按照洞数来计算的比赛中她更可能获胜.）

考试题

35 一枚灌铅骰子具有概率分布

$$\Pr(\boxdot)=p_1, \qquad \Pr(\boxdot)=p_2, \qquad \cdots; \qquad \Pr(\boxdot)=p_6.$$

设 S_n 是这枚骰子被抛掷 n 次之后所得点数之总和. 求出关于"灌铅分布"的一个必要且充分的条件，使得对所有 n，两个随机变量 $S_n \bmod 2$ 和 $S_n \bmod 3$ 都是相互独立的.

36 一枚骰子的六个面包含的点数是

$$\boxdot \quad \boxdot \quad \boxdot \quad \boxdot \quad \boxdot \quad \boxdot$$

而不是常见的 $\boxdot$ 到 $\boxdot$.

a 证明：有一种方法给另一枚骰子的六个面指定点数，使得在抛掷这两枚骰子时，点数之和与抛掷两枚通常骰子所得点数之和有同样的概率. （假设所有 36 对骰子的面是等可能的.）

b 推广之：求出给 n 枚骰子的 $6n$ 个面指定点数的所有方法，使得点数之和的分布与抛掷 n 枚通常骰子所得的点数之和的概率分布相同. （每一个面都应该有正整数的点数.）

37 设 p_n 是抛掷一枚均匀硬币直到连续出现两次正面恰好需要抛掷 n 次的概率，并设 $q_n = \sum_{k \geqslant n} p_k$. 对 p_n 和 q_n 这两者求出用斐波那契数表示的封闭形式.

431

38 对于抛掷一枚均匀骰子直到所有六个面都出现所需要的抛掷次数，其概率生成函数是什么？推广到有 m 个面的均匀骰子情形：对于抛掷这样的骰子直到 m 个面中有 l 个面出现所需要的抛掷次数的均值和方差，给出其封闭形式. 这个数恰好等于 n 的概率是什么？

39 一个狄利克雷概率生成函数具有形式

$$p(z) = \sum_{n \geqslant 1} \frac{p_n}{n^z}.$$

从而 $P(0) = 1$. 如果 X 是一个随机变量，且 $\Pr(X=n) = p_n$，用 $P(z)$ 及其导数来表示 $\mathrm{E}(X)$、$\mathrm{V}(X)$ 以及 $\mathrm{E}(\ln X)$.

40 二项分布（8.57）的第 m 个累积量 κ_m 有 $nf_m(p)$ 的形式，其中 f_m 是一个 m 次多项式. （例如，$f_1(p) = p$ 以及 $f_2(p) = p - p^2$，因为其均值和方差是 np 和 npq.）

a 求出 $f_m(p)$ 中 p^k 的系数的封闭形式.

b 证明 $f_m\left(\dfrac{1}{2}\right) = (2^m - 1)B_m/m + [m=1]$，其中 B_m 是第 m 个伯努利数.

41 设随机变量 X_n 是抛掷一枚均匀硬币直到正面总计出现 n 次所需要的抛掷次数. 证明 $\mathrm{E}(X_{n+1}^{-1}) = (-1)^n\left(\ln 2 + H_{\lfloor n/2 \rfloor} - H_n\right)$. 利用第 9 章的方法估计这个值，使之带有绝对误差 $O(n^{-3})$.

42 某人寻找工作的问题. 如果他在任何一个早晨未找到工作，就存在一个常数概率 p_h（与过去的历史无关），使得他在那天晚上之前被人雇佣. 但是如果在他那一天开始时得到了一份工作，就存在一个常数概率 p_f，使得他到傍晚就会被解雇. 求他第二天早晨就有一份受雇工作的这样晚上的平均个数，假设他起先被雇佣了且这个过程一直持续了 n 天. （例如 $n=1$，则答案是 $1-p_f$.）

43 求出概率生成函数 $G_n(z) = \sum_{k \geq 0} p_{k,n} z^k$ 的封闭形式，其中 $p_{k,n}$ 是 n 个物体恰好有 k 个轮换的随机排列的概率. 轮换个数的均值和标准差是什么？

44 体育系为 2^n 位网球运动员举办了一场校内的"淘汰锦标赛". 在第一轮，运动员们随机配对，每一种配对都是等可能的，这样就有 2^{n-1} 对比赛. 胜者进入第二轮，第二轮在同样的过程中产生 2^{n-2} 位优胜者. 如此下去，在第 k 轮中 2^{n-k+1} 位未被击败的选手之间产生 2^{n-k} 对随机的配对. 而第 n 轮则产生出冠军. 实际上，在运动员之间有一个不为比赛组织者所知道的排序，在这个排序中 x_1 是最好的，x_2 是第二好的，$\cdots$，x_{2^n} 是最差的. 当 x_j 与 x_k 比赛且 $j < k$ 时，x_j 获胜的概率是 p，而 x_k 获胜的概率则是 $1-p$，这与其他的比赛无关. 我们假设同样的概率 p 对所有的 j 和 k 都适用.

432

一组特别的网球运动员.

a x_1 赢得锦标赛的概率是多少？

b 第 n 轮（最后一轮）比赛是在水平最高的两位运动员 x_1 与 x_2 之间进行的概率是多少？

c 最好的 2^k 位运动员是倒数第 k 轮比赛的参赛者的概率是多少？（前面两个问题是 $k=0$ 和 $k=1$ 的情形.）

d 设 $N(n)$ 是本质上不相同的比赛结果的个数，两次锦标赛是本质上相同的，如果比赛发生在相同的运动员之间且有相同的获胜者. 证明 $N(n) = 2^n!$.

e x_2 赢得锦标赛的概率是多少？

f 证明：如果 $\frac{1}{2} < p < 1$，则 x_j 获胜的概率严格大于 x_{j+1} 获胜的概率（$1 \leq j < 2^n$）.

45 以一种多步骤产自西班牙的真正的雪利酒称为 Solera. 为简单起见，我们假设酒的生产者仅有三个桶，称之为 A、B 和 C. 每一年，C 桶中酒的三分之一被装成瓶，代之以装入 B 桶中的酒；接下来 B 桶装入 A 桶中酒的三分之一；最后 A 桶用新酒装满. 设 $A(z)$、$B(z)$、$C(z)$ 是概率生成函数，其中 z^n 的系数是在刚刚换装之后相应的桶中 n 年酒所占的比例.

"一种快速的算术运算证明了，由于这套巧妙设计的装置，所产出的雪利酒至少是三年陈酿.不过，要想计算出酒的确切年份会使你晕头转向."
——《法国葡萄酒评论》，1984年11月

a 假设这种操作自远古以来就一直进行，因而处于一种稳定的状态. 在这种状态下，$A(z)$、$B(z)$ 和 $C(z)$ 在每一年的开始都是相同的. 对这些生成函数求出它们的封闭形式.

b 在同样的假设下，求每只桶里的酒的年份的均值和标准差. 当雪利酒被装瓶时，它的平均年份是什么？其中有多少是恰好 25 年的年份酒？

c 现在考虑有限的时间：假设在年份为 0 那一年的开始时，所有三个桶都装新酒. 那么在年份为 n 那一年的开始时，装瓶的雪利酒的平均年份是什么？

46 斯特凡·巴拿赫习惯带上两盒火柴，每一盒开始都包含 n 根火柴. 每当他需要一丝亮光时，就随机选取一盒，取到每一盒的概率都是 $\frac{1}{2}$，且取法与他上一次的取法无关. 取出一根火柴之后，他会把盒子放回口袋中（即使盒子变空了也依然如此——所有著名的数学家都习惯于这样做）. 当他所选择的盒子是空的时，他就将空盒子抛弃掉并取用另一个盒子.

433

a 他曾经发现另外一个盒子也是空的. 这件事发生的概率是多少？（$n=1$，这种情况有一半时间会发生；$n=2$，这样的情况有 3/8 的时间会发生.）为解答这一部分，要求出生成函数 $P(w,z) = \sum_{m,n} P_{m,n} w^m z^n$ 的封闭形式，其中 $P_{m,n}$ 是下述事件的概率：一开始一个盒子里有 m 根火柴而另一个盒子里有 n 根火柴，当第一次选到一个空盒子时两个盒子都是空的. 然后求出 $P_{n,n}$ 的封闭形式.

b 推广你的解答a, 对下述事件的概率求封闭形式: 当一个空盒子第一次被抛弃时, 另一个
盒子里恰好有 k 根火柴.

c 对另一个盒子中火柴的平均数求封闭形式.

对空盒子中火柴的
平均数求封闭形式.

47 某些医生与某些物理学家合作, 在最近发现了一对用一种特别方式进行繁殖的微生物. 其中的雄
性微生物称为**双噬菌体**(diphage), 在它的表面上有两个接收器; 而雌性微生物称为**三噬菌体**
(triphage), 它有三个接收器:

双噬菌体   三噬菌体   接收器

当双噬菌体以及三噬菌体的培养组织受到 ψ 粒子照射时, 菌体上恰好有一个接收器吸收该粒子,
每个接收器都是等可能的. 如果这是一株双噬菌体的接收器, 双噬菌体就转变成三噬菌体; 如果
这是三噬菌体的一个接收器, 则该三噬菌体就分裂成为两株双噬菌体. 这样一来, 如果一个实验
是从一株双噬菌体开始, 第一个 ψ 粒子就将它变成一株三噬菌体, 第二个粒子就将这株三噬菌体
变成两株双噬菌体, 而第三个 ψ 粒子就将这两株双噬菌体中的一个变成一株三噬菌体. 第四个 ψ
粒子或者击中一株双噬菌体, 或者击中一株三噬菌体, 这样就得到两株三噬菌体 (概率为 $\frac{2}{5}$),
或者得到三株双噬菌体 (概率为 $\frac{3}{5}$). 如果我们从单独一株双噬菌体开始并用单个的 ψ 粒子照射
其培养组织 n 次, 求出现双噬菌体的平均个数的封闭形式.

而如果这个五角大楼
是在阿灵顿, 相互发
射的就是导弹.

48 五个人分别站在一个五边形的顶点处, 相互投掷Frisbee飞盘.

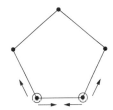

他们有两只飞盘, 一开始如图置于相邻的顶点上. 在每一个时间段, 每一只飞盘以同样的概率或
者向左或者向右投掷 (沿着五边形的边). 这个过程继续下去, 直到有一个人同时成了两只飞盘
的靶子, 游戏就结束了. (所有的投掷都与过去的历史无关.)

Frisbee是惠姆·奥制
造公司的注册商标.[①]

a 求成对抛掷次数的均值和方差.

b 对游戏延续超过100步的概率求封闭形式 (用斐波那契数表示).

49 Luke Snowwalker在他的山间小屋里度寒假. 前面的门廊有 m 双靴子, 后面的门廊则有 n 双. 每次
去散步, 他就抛掷一枚均匀硬币以决定是从前面的门廊离开还是从后面的门廊离开, 然后他走到
那个门廊穿上一双靴子去散步. 他回到每个门廊的可能性是 50 / 50, 与他的出发点无关, 而且靴
子就留在了他回来的那门廊. 这样在一次散步之后, 前面的门廊就有 $m + [-1, 0$ 或者 $+1]$ 双靴子,

---

① 惠姆·奥制造公司是在1948年由两位毕业于南加利福尼亚大学的学生创办的生产飞盘、呼啦圈等大众玩具
的企业.

而后面的门廊就有 $n-[-1, 0$ 或者 $+1]$ 双靴子. 如果所有的靴子都堆在了一个门廊, 而他却决定从另一个门廊离开, 那么他就会因不穿靴子走路而遭致冻伤, 从而结束度假. 假设他一直进行这样散步直到不得不痛苦地结束假期, 设 $P_N(m, n)$ 是他恰好完成 N 次不冻伤散步的概率, 在开始时, 前面的门廊有 m 双靴子, 后面的门廊有 n 双靴子. 于是, 如果 m 和 n 两者都是正数, 则

$$P_N(m, n) = \frac{1}{4} P_{N-1}(m-1, n+1) + \frac{1}{2} P_{N-1}(m, n) + \frac{1}{4} P_{N-1}(m+1, n-1).$$

得到这个公式是因为第一次散步要么是前/后门廊, 前/前门廊, 后/后门廊, 或者后/前门廊, 每一种方式的概率都是 $\frac{1}{4}$, 剩下还有 $N-1$ 次散步.

a 通过找到当 $m=0$ 或者 $n=0$ 时成立的公式来完成关于 $P_N(m, n)$ 的递归式. 利用这个递归式得到对下面概率生成函数成立的方程:

$$g_{m,n}(z) = \sum_{N \geqslant 0} P_N(m, n) z^N.$$

b 对你的方程微分并令 $z=1$, 这样就得到诸个量 $g'_{m,n}(1)$ 之间的关系. 求解这些方程, 这样就确定了在冻伤前散步的平均次数.

c 证明: 如果我们作代换 $z = 1/\cos^2\theta$, 那么 $g_{m,n}$ 有封闭形式:

$$g_{m,n}\left(\frac{1}{\cos^2\theta}\right) = \frac{\sin(2m+1)\theta + \sin(2n+1)\theta}{\sin(2m+2n+2)\theta} \cos\theta.$$

435

50 考虑函数

$$H(z) = 1 + \frac{1-z}{2z}\left(z - 3 + \sqrt{(1-z)(9-z)}\right).$$

这个问题的目的是要证明 $H(z) = \sum_{k \geqslant 0} h_k z^k$ 是一个概率生成函数, 并得到有关它的某些基本事实.

a 设 $(1-z)^{3/2}(9-z)^{1/2} = \sum_{k \geqslant 0} c_k z^k$. 证明: $c_0 = 3$, $c_1 = -14/3$, $c_2 = 37/27$, 且对所有 $l \geqslant 0$ 有

$$c_{3+l} = 3 \sum_k \binom{l}{k}\binom{1/2}{3+k}\left(\frac{8}{9}\right)^{k+3}.$$ 提示: 用恒等式

$$(9-z)^{1/2} = 3(1-z)^{1/2}\left(1 + \frac{8}{9} z/(1-z)\right)^{1/2},$$

并将最后那个因子展开成 $z/(1-z)$ 的幂.

b 利用 a 以及习题 5.81 来证明: $H(z)$ 的系数全是正的.

c 证明令人惊叹的恒等式

$$\sqrt{\frac{9-H(z)}{1-H(z)}} = \sqrt{\frac{9-z}{1-z}} + 2.$$

d H 的均值和方差是什么?

51 El Dorado[①]的国家彩票利用上一个问题中定义的支付分布 H . 每张彩票价值1达布隆，而以概率 h_k 支付 k 达布隆. 你用每张彩票赢奖的机会与你拥有的其他彩票的获奖机会完全无关，换句话说，一张彩票的输赢不影响你在同一彩票系统可能购买的其他任何一张彩票的获奖概率.

    a 假设你从1达布隆开始玩这个游戏. 如果你赢得 k 达布隆，那么就在第二次游戏中购买 k 张彩票；这样你就在第二次游戏中有一个总的获奖金额，并将它们全部用于第三次游戏；如此一直下去. 如果你的彩票没有一张中奖，你就破产且不得不退出博彩游戏. 证明：在经过这样的游戏 n 轮后，你目前拥有的财产总额的概率生成函数是

$$1 - \frac{4}{\sqrt{(9-z)/(1-z)} + 2n - 1} + \frac{1}{\sqrt{(9-z)/(1-z)} + 2n + 1}.$$

    b 设 g_n 是你在第 n 次游戏的基础上首次输掉所有钱的概率，且 $G(z) = g_1 z + g_2 z^2 + \cdots$. 证明 $G(1) = 1$. （这就意味着或迟或早你一定会以概率1输掉，尽管你在游戏期间或许会得到乐趣.） G 的均值和方差是什么？

    c 如果你继续玩游戏直到破产为止，你所购买的彩票的平均总数是多少？

双达布隆.

    d 如果你从2达布隆开始游戏，而不是从1达布隆开始，那么直到你失去所有的钱为止，平均游戏次数等于什么？

附加题

52 证明：在概率空间是有限的情形下，正文中随机变量的中位数以及众数的定义在某种意义上对应于序列的中位数以及众数的定义.

53 证明或推翻：如果 X、Y 和 Z 是随机变量，它们使得所有三对随机变量 (X,Y)、(X,Z) 和 (Y,Z) 都是独立的，那么 $X + Y$ 与 Z 也是独立的.

54 方程（8.20）证明了 $\hat{V}X$ 的平均值是 VX. $\hat{V}X$ 的方差等于什么？

55 一副正规的纸牌有52张牌，集合 $\{A,2,3,4,5,6,7,8,9,10,J,Q,K\}$ 中每一面值有四张牌. 设 X 与 Y 分别表示最上面以及最下面的牌的面值，考虑如下的洗牌算法：

S1 随机地排列纸牌，使得每一种排列方式都以概率 $1/52!$ 发生.

S2 如果 $X \neq Y$，就抛掷一枚出现正面的概率为 p 的不均匀硬币，当正面出现时就回到步骤S1；否则就停止.

每一次的硬币抛掷以及每一种纸牌的排列都假设与所有其他的随机操作无关. 在这个过程停止之后，什么样的 p 值能使得 X 与 Y 成为独立的随机变量？

56 将习题48中的飞盘问题从五边形推广到 m 边形. 在一般情形下，当飞盘一开始处于相邻顶点时，无冲突抛掷（目标不指向同一个人的抛掷）的次数的均值和方差等于什么？证明：如果 m 是奇数，则抛掷次数的概率生成函数可以表示成为硬币抛掷分布的乘积：

$$G_m(z) = \prod_{k=1}^{(m-1)/2} \frac{p_k z}{1 - q_k z},$$

其中 $p_k = \sin^2 \frac{(2k-1)\pi}{2m}$, $\quad q_k = \cos^2 \frac{(2k-1)\pi}{2m}$.

---

① 早期西班牙探险家想象中的南美洲黄金国.

提示：尝试替换 $z = 1/\cos^2\theta$.

57　证明：如果 $l \geqslant 3$，在抛掷一枚均匀硬币时，Penney 赌注游戏中的模式 $\tau_1\tau_2...\tau_{l-1}\tau_l$ 总是差于模式 $\overline{\tau}_2\tau_1\tau_2...\tau_{l-1}$.

58　是否存在一个由 $l \geqslant 3$ 个正面以及反面组成的序列 $A = \tau_1\tau_2...\tau_{l-1}\tau_l$，使得序列 H$\tau_1\tau_2...\tau_{l-1}$ 与 T$\tau_1\tau_2...\tau_{l-1}$ 在 Penney 赌注游戏中与模式 A 相比表现同样地好？

59　是否存在由正面和反面组成的模式 A 和 B，使得 A 比 B 更长，且当抛掷一枚均匀硬币时，在多于一半的时间里 A 出现在 B 之前？

60　设 k 和 n 是固定的正整数，$k < n$.

　　a 求出在 m 个列表组成的散列表中搜索已经插入的第 k 项以及第 n 项所需要的探索次数的联合分布的概率生成函数

$$G(w,z) = \frac{1}{m^n} \sum_{h_1=1}^{m} \cdots \sum_{h_n=1}^{m} w^{P(h_1,\cdots,h_n;k)} z^{P(h_1,\cdots,h_n;n)}$$

　　的封闭形式.

　　b 尽管随机变量 $P(h_1,\cdots,h_n;k)$ 与 $P(h_1,\cdots,h_n;n)$ 是相关的，证明它们也有那么一点是独立的：

$$\mathrm{E}\big(P(h_1,\cdots,h_n;k)P(h_1,\cdots,h_n;n)\big)$$
$$= \big(\mathrm{E}P(h_1,\cdots,h_n;k)\big)\big(\mathrm{E}P(h_1,\cdots,h_n;n)\big).$$

61　利用上一题的结果证明（8.104）.

62　习题 47 续：求经过 n 次 ψ 射线照射之后双噬菌体个数的方差.

研究题

63　正态分布（normal distribution）是一种非离散的概率分布，其特征是除了均值和方差之外所有其他的累积量均为零. 是否有一种简单的方法能告诉我们，一列给定的累积量 $\langle \kappa_1, \kappa_2, \kappa_3, \cdots \rangle$ 是否来自一个离散的（discrete）分布？（在一个离散的分布中，所有的概率必定都"有很小的间隔".）

9

渐近式
ASYMPTOTICS

.

能求得精确答案是非常好的, 我们会满意于所具有的完备知识, 但是有时也需要近似的结果. 如果碰到一个和式或者一个递归式, 它的解没有封闭形式 (就我们所知道的), 而我们仍然希望对答案有所了解, 因为我们并不坚持要么了解一切要么一无所知. 即使有了封闭形式, 我们的知识或许仍是不完备的, 因为我们可能并不知道怎样将它与其他的封闭形式做比较.

例如, 对于和式

$$S_n = \sum_{k=0}^{n} \binom{3n}{k}$$

(表面上) 没有封闭形式. 但是, 知道

$$S_n \sim 2\binom{3n}{n}, \quad \text{当} \ n \to \infty \ \text{时}$$

哇……来了个A开头的单词.

也不错, 我们称这个和式 "渐近于" (asymptotic to) $2\binom{3n}{n}$. 如果有

$$S_n = \binom{3n}{n}\left(2 - \frac{4}{n} + O\left(\frac{1}{n^2}\right)\right) \tag{9.1}$$

这样更详细的信息, 就更好了, 它给出了 "阶为 $1/n^2$ 的相对误差". 但就是这个结果也不足以告诉我们, S_n 与其他量相比有多大. S_n 和斐波那契数 F_{4n}, 谁更大一些? 答案是: 当 $n = 2$ 时, 我们有 $S_2 = 22 > F_8 = 21$, 但最终还是 F_{4n} 更大些, 因为 $F_{4n} \sim \phi^{4n}/\sqrt{5}$ 且 $\phi^4 \approx 6.8541$, 而

$$S_n = \sqrt{\frac{3}{\pi n}}(6.75)^n\left(1 - \frac{151}{72n} + O\left(\frac{1}{n^2}\right)\right). \tag{9.2}$$

"症状" (symptom)、"尸毒" (ptomaine) 这样的单词也都来自这个词根.

这一章的目的就是学习如何不费大力气就能理解并且推导出这样的结果.

单词**渐近的** (asymptotic) 源自一个希腊语词根, 其意义是 "不落在一起". 古希腊数学家们在研究圆锥截面时, 就考虑过类似 $y = \sqrt{1+x^2}$ 的双曲线.

439

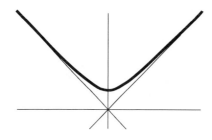

这条曲线以直线 $y=x$ 和 $y=-x$ 作为"渐近线". 当 $x\to\infty$ 时,曲线接近这些渐近线,但永远不会碰到这些渐近线. 现在我们在更加广泛的意义上使用"渐近的"这个词,表示当某个参数趋向一个极限值时与真实值越来越接近的近似值. 对我们来说,渐近值就意味着"几乎落在一起".

某些渐近公式很难推导出来,它们大大超出了本书的范畴. 我们仅就此论题进行引导性的讨论,希望能打好适当的基础,以便在此基础上进一步构建技能. 我们对理解"~"和"O"等类似符号的定义特别感兴趣,并将研究处理渐近量的基本方法.

9.1 量的等级 A HIERARCHY

实际中出现的 n 的函数通常有不同的"渐近增长率",它们中的一个比另一个更快地趋向于无穷. 我们就将这表述成

$$f(n)\prec g(n)\Leftrightarrow\lim_{n\to\infty}\frac{f(n)}{g(n)}=0\,.\qquad(9.3)$$

这种关系是传递的:如果 $f(n)\prec g(n)$ 且 $g(n)\prec h(n)$,那么 $f(n)\prec h(n)$. $f(n)\prec g(n)$ 也可以记为 $g(n)\succ f(n)$. 这个记号是由保罗·杜布瓦-雷蒙[85]于1871年引入的.

> 所有大大小小的函数.

例如 $n\prec n^2$,非正式地称 n 比 n^2 增长得更慢. 实际上,当 α 与 β 是任意实数时,

$$n^\alpha\prec n^\beta\Leftrightarrow\alpha<\beta\,.\qquad(9.4)$$

当然,除了 n 的幂之外还有许多 n 的函数. 我们可以用关系 $\prec$ 将许多函数排列成包含如下这些函数项在内的渐近的大小等级次序:

$$1\prec\log\log n\prec\log n\prec n^\varepsilon\prec n^c\prec n^{\log n}\prec c^n\prec n^n\prec c^{c^n}\,.$$

(这里 ε 和 c 是满足 $0<\varepsilon<1<c$ 的任意常数.)

除了1之外,这里列出的所有函数当 n 趋向无穷时都趋向于无穷. 因而,当我们想把一个新的函数放进这个等级序列中时,不是要确定它是否趋向无穷,而是要确定它以多快的速度趋于无穷.

在进行渐近分析时,这样做有助于培养一种广阔的视野:在想象一个趋于无穷的变量时,我们应该考虑大的数(THINK BIG). 例如,上面的等级序列告诉我们 $\log n\prec n^{0.0001}$,如果将我们的视野局限于一个古戈尔(googl,即 $n=10^{100}$)这样小而又小的数,那么这个结论似乎是错误的. 因为在此情形下,$\log n=100$,而 $n^{0.0001}$ 仅仅是 $10^{0.01}\approx1.0233$. 但是,如果我们往大取到古戈尔普勒克斯(googolplex,10的古戈尔次方),即 $n=10^{10^{100}}$,那么 $\log n=10^{100}$ 与 $n^{0.0001}=10^{10^{96}}$ 相比则相形见绌.

即使 ε 极小（比方说小于 $1/10^{10^{100}}$），只要 n 足够大，$\log n$ 的值就将大大小于 n^{ε} 的值．因为如果取 $n=10^{10^{2k}}$，其中 k 是如此地大而使得 $\varepsilon \geqslant 10^{-k}$，那么就有 $\log n = 10^{2k}$，然而 $n^{\varepsilon} \geqslant 10^{10^{k}}$．于是，比值 $(\log n)/n^{\varepsilon}$ 当 $n \to \infty$ 时趋于零．

一张越来越小的等级表?

上面给出的这张等级表处理的是趋于无穷的函数．然而，我们也常对趋于零的函数感兴趣，所以对这样的函数有一个类似的等级表是有用的．通过取倒数，我们就得到一个等级表，因为当 $f(n)$ 和 $g(n)$ 永不为零时我们有

$$f(n) \prec g(n) \iff \frac{1}{g(n)} \prec \frac{1}{f(n)}. \tag{9.5}$$

于是，下面的函数（除1外）都趋于零：

$$\frac{1}{c^{c^n}} \prec \frac{1}{n^n} \prec \frac{1}{c^n} \prec \frac{1}{n^{\log n}} \prec \frac{1}{n^c} \prec \frac{1}{n^{\varepsilon}} \prec \frac{1}{\log n} \prec \frac{1}{\log \log n} \prec 1.$$

我们来观察几个其他的函数，看看它们适宜安插在什么位置．已知小于或等于 n 的素数个数 $\pi(n)$ 近似等于 $n/\ln n$．由于 $1/n^{\varepsilon} \prec 1/\ln n \prec 1$，用 n 来乘就得到

$$n^{1-\varepsilon} \prec \pi(n) \prec n.$$

注意到，

$$n^{\alpha_1}(\log n)^{\alpha_2}(\log \log n)^{\alpha_3} \prec n^{\beta_1}(\log n)^{\beta_2}(\log \log n)^{\beta_3}$$
$$\iff (\alpha_1, \alpha_2, \alpha_3) < (\beta_1, \beta_2, \beta_3), \tag{9.6}$$

实际上我们就能推广（9.4）．这里"$(\alpha_1, \alpha_2, \alpha_3) < (\beta_1, \beta_2, \beta_3)$"指的是字母顺序（字典顺序）．换言之，或者有 $\alpha_1 < \beta_1$，或者有 $\alpha_1 = \beta_1$ 且 $\alpha_2 < \beta_2$，或者有 $\alpha_1 = \beta_1$ 和 $\alpha_2 = \beta_2$ 以及 $\alpha_3 < \beta_3$． 441

函数 $\mathrm{e}^{\sqrt{\log n}}$ 又如何，它的位置又应该在等级表的什么地方呢？我们可以利用规则

$$\mathrm{e}^{f(n)} \prec \mathrm{e}^{g(n)} \iff \lim_{n \to \infty}\big(f(n)-g(n)\big) = -\infty \tag{9.7}$$

来回答这样的问题．通过取对数，从定义（9.3）经过两步就得到这个结果．因此有

$$1 \prec f(n) \prec g(n) \implies \mathrm{e}^{|f(n)|} \prec \mathrm{e}^{|g(n)|}.$$

又因为 $1 \prec \log \log n \prec \sqrt{\log n} \prec \varepsilon \log n$，我们就有 $\log n \prec \mathrm{e}^{\sqrt{\log n}} \prec n^{\varepsilon}$．

当两个函数 $f(n)$ 和 $g(n)$ 有同样的增长率时，我们就写成"$f(n) \asymp g(n)$"．正式的定义是

$$f(n) \asymp g(n) \iff |f(n)| \leqslant C|g(n)| \ \text{且有} \ |g(n)| \leqslant C|f(n)|,$$
$$\text{对某个 } C \text{ 和所有充分大的 } n. \tag{9.8}$$

例如，如果 $f(n) = \cos n + \arctan n$ 且 $g(n)$ 是一个非零的常数，此式就成立．我们很快要来证明：只要 $f(n)$ 和 $g(n)$ 是相同次数的多项式，那么此结论就成立．还有一个由规则

$$f(n) \sim g(n) \quad \iff \lim_{n \to \infty} \frac{f(n)}{g(n)} = 1 \tag{9.9}$$

定义的更强的关系. 在此情形下, 我们就说" $f(n)$ 渐近等于 $g(n)$".

G. H. 哈代[179]引入了一个有趣而重要的概念, 称为"**对数-指数函数**"（logarithmico-exponential function）类, 它用递归方式定义为满足下列性质的最小函数类 $\mathfrak{L}$.

- 对所有实数 α, 常数函数 $f(n) = \alpha$ 在 $\mathfrak{L}$ 中.
- 恒等函数 $f(n) = n$ 在 $\mathfrak{L}$ 中.
- 如果 $f(n)$ 和 $g(n)$ 在 $\mathfrak{L}$ 中, 那么 $f(n) - g(n)$ 亦然.
- 如果 $f(n)$ 在 $\mathfrak{L}$ 中, 那么 $e^{f(n)}$ 亦然.
- 如果 $f(n)$ 在 $\mathfrak{L}$ 中且"最终取正的值", 那么 $\ln f(n)$ 在 $\mathfrak{L}$ 中.

如果存在一个整数 n_0, 使得只要 $n \geq n_0$ 就有 $f(n) > 0$, 那么函数 $f(n)$ 称为"最终取正的值".

例如, 我们可以用这些规则来证明: 只要 $f(n)$ 和 $g(n)$ 在 $\mathfrak{L}$ 中, 那么 $f(n) + g(n)$ 也在 $\mathfrak{L}$ 中, 因为 $f(n) + g(n) = f(n) - (0 - g(n))$. 如果 $f(n)$ 和 $g(n)$ 最终都是 $\mathfrak{L}$ 中取正值的函数, 那么它们的乘积 $f(n)g(n) = e^{\ln f(n) + \ln g(n)}$ 以及商 $f(n) / g(n) = e^{\ln f(n) - \ln g(n)}$ 都在 $\mathfrak{L}$ 中, 所以像 $\sqrt{f(n)} = e^{\frac{1}{2}\ln f(n)}$ 这样的函数亦在 $\mathfrak{L}$ 中. 哈代曾经证明了, 每个对数-指数函数要么最终是正的, 要么最终是负的, 要么恒等于零. 这样一来, 任何两个 $\mathfrak{L}$ 函数的积与商都在 $\mathfrak{L}$ 中, 除了不能用恒为零的函数作除数之外.

哈代关于对数-指数函数的主要定理是, 它们构成一个渐近等级: 如果 $f(n)$ 和 $g(n)$ 是 $\mathfrak{L}$ 中的任何函数, 那么或者有 $f(n) \prec g(n)$, 或者有 $f(n) \succ g(n)$, 或者有 $f(n) \asymp g(n)$. 在最后一种情形中, 事实上存在一个常数 α, 使得

$$f(n) \sim \alpha g(n).$$

哈代定理的证明超出了本书的范畴, 不过有必要知道这个定理, 因为几乎每一个我们需要处理的函数都在 $\mathfrak{L}$ 中. 在实践中, 一般来说我们不难将一个给定的函数放进一个给定的渐近等级之中.

9.2 大 O 记号   O NOTATION

1894年, 保罗·巴赫曼针对渐近分析引入了一个绝妙的记号, 在后来的岁月里, 爱德蒙·兰道等人使之普及开来. 我们在

$$H_n = \ln n + \gamma + O(1/n) \tag{9.10}$$

这样的公式里见到过它, 它告诉我们: 第 n 个调和数等于 n 的自然对数加上欧拉常数再加上一个量, 这个量是" $1/n$ 的大 O". 最后这个量不是精确给定的, 但不论它是什么, 这个记号断言, 它的绝对值不大于 $1/n$ 的一个常数倍.

O 记号的精妙之处就在于它压缩掉了无关紧要的细节, 让我们能集中研究其重要的特征: 如果 $1/n$ 的常数倍不重要, 那么量 $O(1/n)$ 小得可以忽略不计.

此外, 我们可以将 O 用在公式的中间. 如果想要用9.1节的记号表示（9.10）, 我们就必

> "我们用记号 $O(n)$ 表示一个量时（这个量关于 n 的阶不超过 n 的阶）, 它本身是否真的包含阶为 n 的项, 都是不确定的."
> ——巴赫曼[17]

须将" $\ln n + \gamma$ "移到左边并给出

$$H_n - \ln n - \gamma \prec \frac{\log \log n}{n}$$

这样的较弱的结果，或者给出

$$H_n - \ln n - \gamma \asymp \frac{1}{n}$$

这样的更强的结果. 借助大 O 记号，我们可以在合适的位置上明确说明适当的细节，而无需移项.

如果我们再考虑一些例子，就能更加清楚地了解不精确给出量的思想. 我们偶尔用记号" ± 1 "来表示某个或者是 $+1$ 或者是 -1 的量，我们并不知道（或者似乎并不在意）它是哪一个值，然而仍可以在公式中处理它.

N. G. 德·布鲁因在他的 *Asymptotic Methods in Analysis*[74] 一书的开始考虑了一个大 L 记号，它有助于我们理解大 O. 如果用 $L(5)$ 表示一个绝对值小于5的数（我们不说出这个数是什么），接下来我们就能在无需知道全部事实的情况下执行某些计算. 例如，我们可以推导出像 $1 + L(5) = L(6)$ ， $L(2) + L(3) = L(5)$ ， $L(2)L(3) = L(6)$ ， $e^{L(5)} = L(e^5)$ 这样的公式. 但是我们不能得出结论 $L(5) - L(3) = L(2)$ ，因为左边有可能是 $4 - 0$. 实际上，我们最多只能说有 $L(5) - L(3) = L(8)$.

巴赫曼的 O 记号与 L 记号类似，甚至更不精确： $O(\alpha)$ 表示一个数，这个数的绝对值至多是 $|\alpha|$ 的常数倍. 我们不说这个数是什么，甚至也不说这个常数是什么. 当然，如果在这种场合没有任何变量，那么"常数"的概念也就毫无意义，所以我们仅在至少一个量（比方说 n ）的值是变动的情形下才使用 O 记号. 在这一方面，公式

$$f(n) = O(g(n)) \text{，对所有 } n \tag{9.11}$$

表示存在一个常数 C ，使得

$$|f(n)| \leqslant C|g(n)| \text{，对所有 } n ; \tag{9.12}$$

而当 $O(g(n))$ 位于一个公式的中间时，它代表一个满足（9.12）的函数 $f(n)$. $f(n)$ 的值是未知的，但是我们的确知道它们不太大. 类似地，上面的量 $L(n)$ 表示一个未指定的函数 $f(n)$ ，它的值满足 $|f(n)| < |n|$. L 与 O 之间的主要区别是： O 记号包含一个未指定的常数 C ， O 的每一次出现都可能包含一个不同的 C ，但是每一个 C 都与 n 无关.

例如，我们知道前 n 个平方数之和是

$$\square_n = \frac{1}{3}n\left(n + \frac{1}{2}\right)(n+1) = \frac{1}{3}n^3 + \frac{1}{2}n^2 + \frac{1}{6}n .$$

我们可以写成

この并非胡说八道，不过它没什么意义.

我得到一张小小的清单——我得到一张小小的清单，这张清单里有很可能未被公开的令人烦恼的项目和细节，它们从未被遗漏过——从未被遗漏过.[1]

---

[1] 这条涂鸦的灵感来自Athur Sullivan和W. S. Gilbert合作创作的14部歌剧作品中的第9部作品：两幕喜剧 *Mikado* （又名 *The Town of Titipu* ，1885年3月14日在伦敦首演）中一首著名的歌曲.

$$\Box_n = O(n^3)$$

因为 $\left|\dfrac{1}{3}n^3 + \dfrac{1}{2}n^2 + \dfrac{1}{6}n\right| \leqslant \dfrac{1}{3}|n|^3 + \dfrac{1}{2}|n|^2 + \dfrac{1}{6}|n| \leqslant \dfrac{1}{3}|n|^3 + \dfrac{1}{2}|n|^3 + \dfrac{1}{6}|n|^3 = |n|^3$（所有整数 n）. 类似地，我们有更具体的公式

$$\Box_n = \dfrac{1}{3}n^3 + O(n^2)\,;$$

我们也可以粗放地将这些信息抛弃，而将它写成

$$\Box_n = O(n^{10})\,.$$

|444| 在 O 的定义中并没有要求给出最好可能的界限.

稍等一会儿. 如果变量 n 不是整数又如何呢? 如果有一个 $S(x) = \dfrac{1}{3}x^3 + \dfrac{1}{2}x^2 + \dfrac{1}{6}x$ 这样的公式（其中 x 是实数）又如何呢? 此时我们不能说 $S(x) = O(x^3)$，因为比值 $S(x)/x^3 = \dfrac{1}{3} + \dfrac{1}{2}x^{-1} + \dfrac{1}{6}x^{-2}$ 当 $x \to 0$ 时变得无界. 我们也不能说 $S(x) = O(x)$，因为比值 $S(x)/x = \dfrac{1}{3}x^2 + \dfrac{1}{2}x + \dfrac{1}{6}$ 当 $x \to \infty$ 时变得无界. 所以表面上看，我们不能对 $S(x)$ 用 O 记号.

对于这一两难困境的解决方案是，与 O 一起使用的变量一般来说都服从边界条件. 例如，如果我们约定 $|x| \geqslant 1$，或者 $x \geqslant \varepsilon$，其中 ε 是任意一个正常数，或者 x 是一个整数，那么我们就能写成 $S(x) = O(x^3)$. 如果我们约定 $|x| \leqslant 1$，或者 $|x| \leqslant c$，其中 c 是任意一个正常数，那么我们就能写成 $S(x) = O(x)$. O 记号是由它的环境以及加在它所包含的变量上的限制条件控制的.

这些限制条件常常由一个极限关系给出. 例如，我们可以说

$$f(n) = O\big(g(n)\big), \qquad n \to \infty. \tag{9.13}$$

这就意味着当 n "接近" ∞ 时假设 O 条件成立，我们只关心当 n 相当大的时候会发生什么. 此外，我们甚至并不明确说明 "接近" 的含义是什么，在这样的情形下，O 的每次出现都隐含地断言存在两个常数 C 和 n_0，使得

$$\big|f(n)\big| \leqslant C\big|g(n)\big|, \qquad \text{只要 } n \geqslant n_0. \tag{9.14}$$

C 和 n_0 的值对每个 O 都可能是不相同的，但是它们都与 n 无关. 类似地，记号

$$f(x) = O\big(g(x)\big), \qquad x \to 0$$

表示存在两个常数 C 和 ε，使得

$$\big|f(x)\big| \leqslant C\big|g(x)\big|, \qquad \text{只要 } |x| \leqslant \varepsilon. \tag{9.15}$$

极限值不一定是 ∞ 或者 0，我们可以写成

你是你同性别中
最美丽的人，
让我作为你的英雄；
我爱你，就像
当 x 取正数趋于零时
的 $1/x$①

——————

① 这是数学家 Michael Stueben 献给他所钟爱的人的一首诗.

$$\ln z = z - 1 + O\big((z-1)^2\big), \quad z \to 1,$$

因为可以证明, 当 $|z-1| \leqslant \dfrac{1}{2}$ 时有 $|\ln z - z + 1| \leqslant |z-1|^2$.

　　我们关于 O 的定义已经逐渐发展起来, 经过几页讨论之后, 从某种看起来十分明显的东西演变为某种看起来有点复杂的东西. 我们现在是用 O 表示一个未定义的函数以及一两个未指定的常数, 这些数与问题的环境有关. 对任何一个合理的记号来说, 这看起来似乎足够复杂了, 但这还不是全部! 还有另外一个巧妙的想法隐藏在幕后. 也就是说, 我们需要意识到, 写成

$$\frac{1}{3}n^3 + \frac{1}{2}n^2 + \frac{1}{6}n = O(n^3)$$

是很合适的, 但是我们永远不要将这个等式的两边反过来写, 否则就可能从恒等式 $n = O(n^2)$ 以及 $n^2 = O(n^2)$ 得出 $n = n^2$ 这样可笑的结果. 当我们对 O 记号以及包含未精确指定的量的任何其他公式进行研究时, 我们都是在处理**单向等式**（one-way equality）. 方程右边给出的信息并不比左边给出的多, 而且有可能更少, 右边是左边的"粗胚".

　　从严谨正式的观点来看, 记号 $O(g(n))$ 并不代表单个函数 $f(n)$, 而是表示满足 $|f(n)| \leqslant C|g(n)|$（对某个常数 C）的所有函数 $f(n)$ 的集合. 一个不含 O 记号的普通公式 $g(n)$ 表示包含单个函数 $f(n) = g(n)$ 的集合. 如果 S 和 T 是 n 的函数组成的集合, 则记号 $S + T$ 表示形如 $f(n) + g(n)$ 的所有函数的集合, 其中 $f(n) \in S$, 而 $g(n) \in T$, 其他像 $S - T$、ST、S/T、$\sqrt{S}$、e^S、$\ln S$ 这样的记号有类似的定义. 严格地说, 这样的函数集合之间的"等式"是**集合包含**（set inclusion）, 符号"$=$"实际上指的是"$\subseteq$". 这些正式的定义将我们对 O 的所有操作建立在坚实的逻辑基础之上.

　　例如, "等式"

$$\frac{1}{3}n^3 + O(n^2) = O(n^3)$$

表示 $S_1 \subseteq S_2$, 其中 S_1 是所有形如 $\dfrac{1}{3}n^3 + f_1(n)$ 的函数组成的集合, 对它们存在一个常数 C_1, 使得 $|f_1(n)| \leqslant C_1|n^2|$; 而 S_2 是所有函数 $f_2(n)$ 组成的集合, 对它们存在常数 C_2, 使得 $|f_2(n)| \leqslant C_2|n^3|$. 在左边任意取一个元素并说明它属于右边, 即可正式证明这个"等式": 给定 $\dfrac{1}{3}n^3 + f_1(n)$, 使得 $|f_1(n)| \leqslant C_1|n^2|$, 我们必须证明, 存在一个常数 C_2, 使得 $\left|\dfrac{1}{3}n^3 + f_1(n)\right| \leqslant C_2|n^3|$. 常数 $C_2 = \dfrac{1}{3} + C_1$ 即达到我们的目的, 因为对所有整数 n 有 $n^2 \leqslant |n^3|$.

　　如果"$=$"真的表示"$\subseteq$", 为什么我们不用"$\subseteq$"代替滥用的等号呢? 这里有四个原因.

445

"为了避免'等于'这些词汇的繁琐重复, 我将像我求解数学问题时那样, 用一对平行线, 也就是像'＝'这样有相同斜率和相同长度的线段来表示.我用这个记号是因为没有什么比这样两条线段更加相等了".[①]

——R. 雷科德[305]

---

　　① R. 雷科德（1510—1558）是威尔士的一名医生和数学家, 他用英语而不是拉丁语或者希腊语写过一些有影响的数学教材, 供普通人学习使用. 他在其中一本书中引入了等号. 而与他同时代的笛卡儿和费马等还在使用"<以及>"这样的符号作为等号.

首先是习惯. 数论学家开始就将等号与 O 记号一起使用, 这种习惯就流传开来了. 到现在, 它已经非常好地确立起来, 因而不可能希望数学界做出改变.

第二是习惯. 计算机使用者相当习惯了等号的过度使用. 多年来, FORTRAN和BASIC程序员一直都在书写 "$N = N + 1$" 这样的赋值语句. 再多一次滥用也无妨.

第三是习惯. 我们常常把 "=" 理解为单词 "是". 例如, 将公式 $H_n = O(\log n)$ 读成 "H下标 n 是 $\log n$ 的大 O". 而在英语中, 这个 "是" 是单向的. 我们说鸟是动物, 但是不说动物是鸟, "动物" 是 "鸟" 的粗胚.

第四, 对我们的目的来说这很自然. 如果我们限制只在 O 记号占据公式的整个右边时才使用它, 就如在调和数的近似值 $H_n = O(\log n)$, 或者在排序算法的花费时间 $T(n) = O(n \log n)$ 中那样, 那么我们用 "=" 或是别的符号都没有什么关系. 但是当我们在一个表达式的中间使用 O 记号时, 就像通常在渐近计算中所做的那样, 把等号看成是相等, 并把 $O(1/n)$ 这样的表达式看成非常小的量, 那么我们的直观感觉就得到了充分的满足.

所以我们将继续使用 "=", 而且继续将 $O(g(n))$ 视为未完全指定的函数. 但是我们知道, 只要需要, 我们总能回到集合论的定义.

在我们对定义挑刺儿时, 应该提及一桩更加技术性的事: 如果在问题中有若干个变量, O 记号形式上表示两个或者更多个 (而不仅仅是一个) 变量的函数的集合. 每一个函数的定义域就是当前 "自由" 变化的每个变量.

这个概念可能有一点儿不好理解, 因为一个变量在被一个 Σ 或某个类似的东西控制时, 它可能只在一个表达式的某些部分有定义. 例如, 我们来更仔细地观察方程

$$\sum_{k=0}^{n} \left(k^2 + O(k)\right) = \frac{1}{3}n^3 + O(n^2), \quad \text{整数 } n \geq 0. \tag{9.16}$$

左边的表达式 $k^2 + O(k)$ 代表所有形如 $k^2 + f(k, n)$ 的两个变量的函数的集合, 对它们存在一个常数 C, 使得对 $0 \leq k \leq n$ 皆有 $|f(k, n)| \leq Ck$. 对于 $0 \leq k \leq n$, 这一组函数的和是所有形如

$$\sum_{k=0}^{n} \left(k^2 + f(k, n)\right) = \frac{1}{3}n^3 + \frac{1}{2}n^2 + \frac{1}{6}n + f(0, n) + f(1, n) + \cdots + f(n, n)$$

的函数 $g(n)$ 的集合, 其中 f 有所陈述的性质. 由于我们有

$$\left| \frac{1}{2}n^2 + \frac{1}{6}n + f(0, n) + f(1, n) + \cdots + f(n, n) \right|$$
$$\leq \frac{1}{2}n^2 + \frac{1}{6}n^2 + C \cdot 0 + C \cdot 1 + \cdots + C \cdot n$$
$$< n^2 + C(n^2 + n)/2 < (C + 1)n^2,$$

故而所有这样的函数 $g(n)$ 都属于 (9.16) 的右边, 于是 (9.16) 为真.

人们有时会假设 O 记号给出了精确的增长的阶, 从而过度使用它, 他们用它就好像它既给出了下界又给出了上界. 例如, 对 n 个数进行排序的算法可以称为是无效的, "因为它的运行时间是 $O(n^2)$." 但是运行时间 $O(n^2)$ 并不意味着运行时间不可以是 $O(n)$. 下界有另外一个记号, 即大 Ω:

(现在是做热身题第3题和第4题的好时机.)

"显然, 对这样的关系来说, 符号=真的是个错误的符号, 因为它隐含了对称性, 而这里没有这样的对称性……然而, 一旦给出了这样的警告, 使用符号=时就没什么其他损害了, 我们就保持它, 因为除了习惯再也没有其他更充分的理由了."

——德·布鲁因[74]

$$f(n) = \Omega\big(g(n)\big) \Leftrightarrow |f(n)| \geqslant C|g(n)| \quad \text{对某个 } C > 0 . \tag{9.17}$$

我们有 $f(n) = \Omega\big(g(n)\big)$ 当且仅当 $g(n) = O\big(f(n)\big)$．如果 n 足够大，则运行时间为 $\Omega(n^2)$ 的排序算法与运行时间为 $O(n\log n)$ 的算法相比较而言是无效的．

最后还有大 Θ，它指出精确的增长的阶：

$$f(n) = \Theta\big(g(n)\big) \Leftrightarrow f(n) = O\big(g(n)\big) \text{ 且 } f(n) = \Omega\big(g(n)\big) . \tag{9.18}$$

我们有 $f(n) = \Theta\big(g(n)\big)$ 当且仅当根据（9.8）中的记号有 $f(n) \asymp g(n)$．

爱德蒙·兰道[238]曾创立过一个"小 o"记号，

$$f(n) = o\big(g(n)\big) \Leftrightarrow |f(n)| \leqslant \varepsilon|g(n)| \text{ 所有 } n \geqslant n_0(\varepsilon) \text{ 以及所有常数 } \varepsilon > 0 . \tag{9.19}$$

这本质上就是（9.3）的关系 $f(n) \prec g(n)$．我们还有

$$f(n) \sim g(n) \Leftrightarrow f(n) = g(n) + o\big(g(n)\big) . \tag{9.20}$$

许多作者在渐近公式中用到"o"，不过更为明晰的"O"表达式几乎更受欢迎．例如，一种称为"冒泡排序"的计算机方法的平均运行时间与和式 $P(n) = \sum_{k=0}^{n} k^{n-k} k! / n!$ 的渐近值有关．初等渐近方法就足以证明公式 $P(n) \sim \sqrt{\pi n / 2}$，它表示当 $n \to \infty$ 时比值 $P(n) / \sqrt{\pi n / 2}$ 趋向于1．然而，考虑差值 $P(n) - \sqrt{\pi n / 2}$ 而不是考虑比值，才能对 $P(n)$ 的性状有最透彻的了解：

n	$P(n) / \sqrt{\pi n / 2}$	$P(n) - \sqrt{\pi n / 2}$
1	0.798	−0.253
10	0.878	−0.484
20	0.904	−0.538
30	0.918	−0.561
40	0.927	−0.575
50	0.934	−0.585

中间一列的数据并不令人信服，这列数据即便趋向于某个极限，它离 $P(n) / \sqrt{\pi n / 2}$ 快速趋向于1这一引人注目的证明也肯定相差甚远．但是右边一列数据表明 $P(n)$ 的确非常接近于 $\sqrt{\pi n / 2}$．因此，如果能推导出形如

$$P(n) = \sqrt{\pi n / 2} + O(1)$$

的公式，甚至得到

$$P(n) = \sqrt{\pi n / 2} - \frac{2}{3} + O(1/\sqrt{n})$$

这样更精确的公式，那么我们就能更好地刻画 $P(n)$ 的性状特征．要证明 O 型的结果，需要渐近分析中更强而有力的方法，学习这些方法所需要的额外努力，会由随 O 界限而带来的进一步的理解而得到很大补偿．

由于 Ω 和 Θ 都是大写希腊字母，所以 O 记号中的 O 必定是大写的希腊字母 O．不管怎么说，是希腊人创立了渐近理论．

448

此外，许多排序算法都有形如

$$T(n) = An \lg n + Bn + O(\log n)$$

的运行时间（对某个常数 A 和 B）. 停止在 $T(n) \sim An \lg n$ 这一时刻得到的分析并没有说出整个情节，事实表明仅仅以其 A 的值作为基础选择排序算法不是好的策略. 挑选一个好的" A "常常会以得到一个坏的" B "为代价. 由于 $n \lg n$ 增长得只比 n 稍快一点儿，因而渐近地说来，更快的算法（带有略微小的 A 的值的算法）可能仅仅对实际上从来都不会出现的 n 的值更快一些. 于是，如果我们打算正确地选择方法，就必须要有这样的渐近方法，使得我们可以通过第一项计算出 B 的值.

　　在继续研究 O 之前，我们来谈一谈有关数学风格这个小的方面. 在这一章里，我们所用的对数有三种不同的符号：lg、ln 和 log. 我们常常在与计算机方法有关的地方使用"lg"，因为在这样的情形下以2为底的对数常常是合适的，而在纯数学计算中我们常常用"ln"，因为自然对数的公式既好用又简单. "log"呢？这不就是学生们在中学里学习的以10为底的"常用"对数，即已被事实证明在数学和计算机科学中很不常用的"常用"对数吗？是的，许多数学家都会在用 log 表示自然对数或者以2为底的对数上产生混淆. 这里没有完全统一的约定. 但是，当对数出现在 O 记号内部时，我们通常总能如释重负般松一口气，因为 O 忽略不计乘积中的常数倍数. 当 $n \to \infty$ 时，$O(\lg n)$、$O(\ln n)$ 以及 $O(\log n)$ 之间没有什么区别；类似地，$O(\lg \lg n)$、$O(\ln \ln n)$ 以及 $O(\log \log n)$ 之间也没有什么区别. 我们可以选取喜欢用的任何一种对数，log 似乎更好，因为它更接近发音. 于是，在可以增强可读性且不致引起混淆的正文中，我们都使用 log.

449

还有 lD，即Duraflame
对数.[①]

注意，当 $n \leqslant 10$ 时，
$\log \log \log n$ 没有定
义.

9.3　O 运算规则　O MANIPULATION

　　与任何的数学的形式化相同，O 记号有其运算规则，这些规则使得我们不用再纠缠于其定义中的纷繁细节. 一旦能利用定义证明这些规则是正确的，我们就能站在更高的平台上，而将验证一组函数包含在另一组中这样的事情抛诸脑后. 我们甚至不需要计算每一个 O 所包含的常数 C，只要遵守法则以确保这些常数的存在即可.

遭人厌烦的秘密，在
于把每一件事都说
出来.
　　　　——伏尔泰

　　例如，我们可以一劳永逸地证明

$$n^m = O(n^{m'}), \quad m \leqslant m'; \tag{9.21}$$

$$O(f(n)) + O(g(n)) = O(|f(n)| + |g(n)|). \tag{9.22}$$

这样，我们立即就可以说 $\frac{1}{3}n^3 + \frac{1}{2}n^2 + \frac{1}{6}n = O(n^3) + O(n^3) + O(n^3) = O(n^3)$，而无需进行上一节里那样费力的计算了.

　　由定义，能够容易地推出更多的规则：

---

① 这是著名的黑客数学家Bill Gosper所提供的一条涂鸦. 实际上并没有Duraflame对数这样的数学对象，这里的 lD 是英文Duraflame Logs的缩写，Duraflame是为壁炉等提供清洁人造木材燃料的美国头号燃木供应商.

$$f(n) = O\big(f(n)\big) ; \tag{9.23}$$

$$c \cdot O\big(f(n)\big) = O\big(f(n)\big) , \quad \text{如果 } c \text{ 是常数}; \tag{9.24}$$

$$O\big(O\big(f(n)\big)\big) = O\big(f(n)\big) ; \tag{9.25}$$

$$O\big(f(n)\big) O\big(g(n)\big) = O\big(f(n) g(n)\big) ; \tag{9.26}$$

$$O\big(f(n) g(n)\big) = f(n) O\big(g(n)\big) . \tag{9.27}$$

习题 9 证明了（9.22），其他结论的证明类似. 我们总可以用右边的表达式代替左边的式子，而不管变量 n 有什么样的边界条件.

方程（9.27）和（9.23）使我们能推导出恒等式 $O\big(f(n)^2\big) = O\big(f(n)\big)^2$. 有时，这有助于避免括号，因为我们可以用

$$O(\log n)^2 \quad \text{代替} \quad O\big((\log n)^2\big) .$$

这两者都比"$O(\log^2 n)$"更受欢迎，因为有些作者用 $O(\log^2 n)$ 表示 $O(\log\log n)$，故而表达式 $O(\log^2 n)$ 有歧义.

我们可否用

$$O(\log n)^{-1} \quad \text{代替} \quad O\big((\log n)^{-1}\big) ?$$

不！这是滥用记号，因为函数 $1/O(\log n)$ 组成的集合既不是 $O(1/\log n)$ 的子集，也不是它的超集. 我们可以合法地用 $\Omega(\log n)^{-1}$ 代替 $O\big((\log n)^{-1}\big)$，但这会令人尴尬. 所以我们将规定，"O 外面的指数"只限于常数（须为正整数）次幂.

幂级数给我们一些最为有用的运算. 如果和式

$$S(z) = \sum_{n \geqslant 0} a_n z^n$$

对某个复数 $z = z_0$ 绝对收敛，那么

$$S(z) = O(1) , \quad \text{所有} \ |z| \leqslant |z_0| .$$

这是很显然的，因为

$$|S(z)| \leqslant \sum_{n \geqslant 0} |a_n| |z|^n \leqslant \sum_{n \geqslant 0} |a_n| |z_0|^n = C < \infty .$$

特别地，当 $z \to 0$ 时有 $S(z) = O(1)$，而当 $n \to \infty$ 时有 $S(1/n) = O(1)$，只要 $S(z)$ 对 z 的至少一个非零的值收敛. 利用这一原理，我们可以很方便地在任何地方截断幂级数，并用 O 估计其余项. 例如，不仅仅有 $S(z) = O(1)$，我们还有

$$S(z) = a_0 + O(z) ,$$
$$S(z) = a_0 + a_1 z + O(z^2) ,$$

如此等等，因为

（注意：公式 $O\big(f(n)\big)^2$ 并不表示 $g(n)$ 在 $O\big(f(n)\big)$ 中的所有函数 $g(n)^2$ 的集合；$g(n)^2$ 这样的函数不可能是负的，但是集合 $O\big(f(n)\big)^2$ 包含负的函数. 一般来说，当 S 是一个集合时，记号 S^2 表示所有乘积 $s_1 s_2$ 的集合（其中 s_1 和 s_2 都在 S 中），而不是所有平方数 s^2 组成的集合（$s \in S$）.）

450

$$S(z) = \sum_{0 \le k < m} a_k z^k + z^m \sum_{n \ge m} a_n z^{n-m},$$

而后面这个和式与 $S(z)$ 本身一样, 对 $z = z_0$ 绝对收敛且等于 $O(1)$. 表9-1列出了一些最有用的渐近公式, 其中的一半就是根据这个法则直接截断幂级数得到的.

狄利克雷级数是形如 $\sum_{k \ge 1} a_k / k^z$ 的和式, 它可以用类似的方法截断: 如果一个狄利克雷级数在 $z = z_0$ 处绝对收敛, 我们就能在任何一项处将它截断并得到对 $\Re z \ge \Re z_0$ 成立的近似公式

记住: $\Re$ 表示 "实部".

$$\sum_{1 \le k < m} a_k / k^z + O(m^{-z}).$$

表9-1中关于伯努利数 B_n 的渐近公式就描述了这一原理.

表9-1 当 $n \to \infty$ 以及 $z \to 0$ 时的渐近逼近

$H_n = \ln n + \gamma + \dfrac{1}{2n} - \dfrac{1}{12n^2} + \dfrac{1}{120n^4} + O\left(\dfrac{1}{n^6}\right)$	(9.28)
$n! = \sqrt{2\pi n}\left(\dfrac{n}{e}\right)^n\left(1 + \dfrac{1}{12n} + \dfrac{1}{288n^2} - \dfrac{139}{51840n^3} + O\left(\dfrac{1}{n^4}\right)\right)$	(9.29)
$B_n = 2\,[n\ \text{偶数}]\,(-1)^{n/2-1}\dfrac{n!}{(2\pi)^n}(1 + 2^{-n} + 3^{-n} + O(4^{-n}))$	(9.30)
$\pi(n) = \dfrac{n}{\ln n} + \dfrac{n}{(\ln n)^2} + \dfrac{2!\,n}{(\ln n)^3} + \dfrac{3!\,n}{(\ln n)^4} + O\left(\dfrac{n}{(\log n)^5}\right)$	(9.31)
$e^z = 1 + z + \dfrac{z^2}{2!} + \dfrac{z^3}{3!} + \dfrac{z^4}{4!} + O(z^5)$	(9.32)
$\ln(1+z) = z - \dfrac{z^2}{2} + \dfrac{z^3}{3} - \dfrac{z^4}{4} + O(z^5)$	(9.33)
$\dfrac{1}{1-z} = 1 + z + z^2 + z^3 + z^4 + O(z^5)$	(9.34)
$(1+z)^\alpha = 1 + \alpha z + \dbinom{\alpha}{2}z^2 + \dbinom{\alpha}{3}z^3 + \dbinom{\alpha}{4}z^4 + O(z^5)$	(9.35)

另一方面, 表9-1中关于 H_n、$n!$ 以及 $\pi(n)$ 的渐近公式并不是收敛级数的截断, 如果将它们无限地延续下去, 它们将会对 n 的所有值发散. 这点在 $\pi(n)$ 的情形中特别容易看出来, 因为在7.3节的例5中我们已经看到幂级数 $\sum_{k \ge 0} k! / (\ln n)^k$ 处处发散. 不过事实证明, 截断这些发散级数所得到的近似公式是有用的.

451

如果一个渐近逼近形如 $f(n) + O(g(n))$, 其中 $f(n)$ 不包含 O, 那么就说它有 **绝对误差** (absolute error) $O(g(n))$. 如果它形如 $f(n)\big(1 + O(g(n))\big)$, 其中 $f(n)$ 不包含 O, 那么就说它有 **相对误差** (relative error) $O(g(n))$. 例如, 表9-1中 H_n 的逼近有绝对误差 $O(n^{-6})$, $n!$ 的逼近有相对误差 $O(n^{-4})$. ((9.29)的右边实际上没有所要求的形式 $f(n)\big(1 + O(n^{-4})\big)$, 但是如果

我们希望如此，可以将它重新写成

$$\sqrt{2\pi n}\left(\frac{n}{e}\right)^n\left(1+\frac{1}{12n}+\frac{1}{288n^2}-\frac{139}{51840n^3}\right)\left(1+O(n^{-4})\right)\ ;$$

（相对误差对取倒数是适宜的，因为 $1/(1+O(\varepsilon))=1+O(\varepsilon)$.）

类似的计算是习题12的内容.）这个逼近的绝对误差是 $O(n^{n-3.5}e^{-n})$. 如果忽略 O 项，那么绝对误差与小数点右边正确的十进制数字的个数有关，而相对误差则对应于正确的"有效数字"的个数.

我们可以利用幂级数的截断来证明一般的法则

$$\ln\left(1+O(f(n))\right)=O(f(n))\ ,\quad \text{如果 } f(n)\prec 1\ ; \tag{9.36}$$

$$e^{O(f(n))}=1+O(f(n))\ ,\quad \text{如果 } f(n)=O(1)\ . \tag{9.37}$$

452

（这里我们假设 $n\to\infty$；当 $x\to 0$ 时，对 $\ln\left(1+O(f(x))\right)$ 和 $e^{O(f(x))}$ 有类似的公式成立.）例如，设 $\ln\left(1+g(n)\right)$ 是属于（9.36）左边的任意一个函数，那么存在常数 C、n_0 以及 c，使得

$$|g(n)|\leqslant C|f(n)|\leqslant c<1\ ,\quad \text{所有 } n\geqslant n_0\ .$$

由此推出，无限和式

$$\ln\left(1+g(n)\right)=g(n)\cdot\left(1-\frac{1}{2}g(n)+\frac{1}{3}g(n)^2-\cdots\right)$$

对所有 $n\geqslant n_0$ 收敛，且括号中的级数以常数 $1+\frac{1}{2}c+\frac{1}{3}c^2+\cdots$ 为界. 这就证明了（9.36），（9.37）的证明类似. 等式（9.36）和（9.37）合在一起就给出了有用的公式

$$\left(1+O(f(n))\right)^{O(g(n))}=1+O(f(n)g(n))\ ,\quad f(n)\prec 1\text{ 且 } f(n)g(n)=O(1)\ . \tag{9.38}$$

问题1：回到幸运之轮

我们通过几个渐近问题试试运气. 在第3章里，我们对某个游戏中取胜位置的个数推导出了等式（3.13）：

$$W=\lfloor N/K\rfloor+\frac{1}{2}K^2+\frac{5}{2}K-3\ ,\quad K=\lfloor\sqrt[3]{N}\rfloor\ .$$

我们曾经承诺在第9章里导出 W 的一个渐近结果. 好的，这就是第9章了，我们来尝试在 $N\to\infty$ 时对 W 进行估计.

这里主要的思想是用 $N^{1/3}+O(1)$ 代替 K 以去掉底括号. 这样就能做下去并写成

$$K=N^{1/3}\left(1+O(N^{-1/3})\right)\ ,$$

这称为"抽出最大的部分".（我们将大量使用这一技巧.）根据（9.38）和（9.26），现在有

$$K^2=N^{2/3}\left(1+O(N^{-1/3})\right)^2$$
$$=N^{2/3}\left(1+O(N^{-1/3})\right)=N^{2/3}+O(N^{1/3})\ .$$

类似地，

$$\lfloor N/K \rfloor = N^{1-1/3}\left(1+O(N^{-1/3})\right)^{-1}+O(1)$$
$$= N^{2/3}\left(1+O(N^{-1/3})\right)+O(1)=N^{2/3}+O(N^{1/3}).$$

由此推出取胜位置的个数是

$$W = N^{2/3}+O(N^{1/3})+\frac{1}{2}\left(N^{2/3}+O(N^{1/3})\right)+O(N^{1/3})+O(1)$$

453

$$= \frac{3}{2}N^{2/3}+O(N^{1/3}). \tag{9.39}$$

注意 O 项是如何相互合并只保留一项的，这很典型，这个例子说明了为什么 O 记号在公式的中间是有用的．

问题 2：斯特林公式的扰动法

毫无疑问，对 $n!$ 的斯特林近似是最负盛名的渐近公式．在这一章的后面我们要来证明它，现在只想更好地了解它的性质．我们可以将近似公式写成如下形式：对某个常数 a 和 b，

$$n! = \sqrt{2\pi n}\left(\frac{n}{e}\right)^n\left(1+\frac{a}{n}+\frac{b}{n^2}+O(n^{-3})\right),\ \text{当}\ n\to\infty\ \text{时.} \tag{9.40}$$

由于此式对所有大的 n 都成立，因而当用 $n-1$ 代替 n 时，下述公式也必定渐近地成立：

$$(n-1)! = \sqrt{2\pi(n-1)}\left(\frac{n-1}{e}\right)^{n-1}\times\left(1+\frac{a}{n-1}+\frac{b}{(n-1)^2}+O\big((n-1)^{-3}\big)\right). \tag{9.41}$$

当然，我们知道 $(n-1)! = n!/n$，因此，用 n 来除，则这个公式的右边就必定简化成（9.40）的右边．

我们来尝试简化（9.41）．如果抽出最大的部分，那么第一个因子就是可以处理的了：

$$\sqrt{2\pi(n-1)} = \sqrt{2\pi n}(1-n^{-1})^{1/2}=\sqrt{2\pi n}\left(1-\frac{1}{2n}-\frac{1}{8n^2}+O(n^{-3})\right).$$

这里用到了等式（9.35）．

类似地，我们有

$$\frac{a}{n-1} = \frac{a}{n}(1-n^{-1})^{-1}=\frac{a}{n}+\frac{a}{n^2}+O(n^{-3})\ ;$$
$$\frac{b}{(n-1)^2} = \frac{b}{n^2}(1-n^{-1})^{-2}=\frac{b}{n^2}+O(n^{-3})\ ;$$
$$O\big((n-1)^{-3}\big) = O\big(n^{-3}(1-n^{-1})^{-3}\big)=O(n^{-3}).$$

（9.41）中仅需要一点技巧去处理的是因子 $(n-1)^{n-1}$，它等于

454

$$n^{n-1}(1-n^{-1})^{n-1} = n^{n-1}(1-n^{-1})^n\left(1+n^{-1}+n^{-2}+O(n^{-3})\right).$$

（我们把每一部分都展开，直到得到相对误差 $O(n^{-3})$ 为止，因为乘积的相对误差是每个因子

的相对误差之和. 所有 $O(n^{-3})$ 的项都将结合在一起.）

为了展开 $(1-n^{-1})^n$，我们首先计算 $\ln(1-n^{-1})$，然后构造指数 $e^{n\ln(1-n^{-1})}$：

$$
\begin{aligned}
(1-n^{-1})^n &= \exp\left(n\ln(1-n^{-1})\right) \\
&= \exp\left(n\left(-n^{-1}-\frac{1}{2}n^{-2}-\frac{1}{3}n^{-3}+O(n^{-4})\right)\right) \\
&= \exp\left(-1-\frac{1}{2}n^{-1}-\frac{1}{3}n^{-2}+O(n^{-3})\right) \\
&= \exp(-1)\cdot\exp\left(-\frac{1}{2}n^{-1}\right)\cdot\exp\left(-\frac{1}{3}n^{-2}\right)\cdot\exp\left(O(n^{-3})\right) \\
&= \exp(-1)\cdot\left(1-\frac{1}{2}n^{-1}+\frac{1}{8}n^{-2}+O(n^{-3})\right)\cdot\left(1-\frac{1}{3}n^{-2}+O(n^{-4})\right)\cdot\left(1+O(n^{-3})\right) \\
&= e^{-1}\left(1-\frac{1}{2}n^{-1}-\frac{5}{24}n^{-2}+O(n^{-3})\right).
\end{aligned}
$$

这里用了记号 $\exp z$ 而不是 e^z，因为它允许我们在公式所在行而不是上标位置对复杂的指数进行处理. 为了在展开式的最后得到相对误差 $O(n^{-3})$，我们必须将 $\ln(1-n^{-1})$ 展开到绝对误差项 $O(n^{-4})$，因为对数要乘以 n.

（9.41）的右边现在化简成 $\sqrt{2\pi n}$ 乘以 n^{n-1}/e^n 再乘以一个有若干个因子的乘积：

$$
\begin{aligned}
&\left(1-\frac{1}{2}n^{-1}-\frac{1}{8}n^{-2}+O(n^{-3})\right) \\
&\quad\cdot\left(1+n^{-1}+n^{-2}+O(n^{-3})\right) \\
&\quad\cdot\left(1-\frac{1}{2}n^{-1}-\frac{5}{24}n^{-2}+O(n^{-3})\right) \\
&\quad\cdot\left(1+an^{-1}+(a+b)n^{-2}+O(n^{-3})\right).
\end{aligned}
$$

将它们乘开，并将所有渐近项合并到 $O(n^{-3})$ 中，就得到

$$
1+an^{-1}+\left(a+b-\frac{1}{12}\right)n^{-2}+O(n^{-3}).
$$

嗨！我们原来是希望得到 $1+an^{-1}+bn^{-2}+O(n^{-3})$ 的，因为那是与（9.40）的右边匹配所需要的. 是不是出了什么问题？没有，只要 $a+b-\frac{1}{12}=b$，一切就都很好.

这个扰动方法并没有证明斯特林近似的正确性，但是它的确证明了某些东西. 它证明了公式（9.40）不可能成立，除非 $a=\frac{1}{12}$. 如果我们在（9.40）中用 $cn^{-3}+O(n^{-4})$ 代替了 $O(n^{-3})$，并执行计算直到得到相对误差 $O(n^{-4})$，那么原本就能推出 b 必定等于 $\frac{1}{288}$，正如表9-1中那样. （这不是确定 a 和 b 的值最容易的方法，不过它成功了.）

问题3：第n个素数

等式（9.31）是关于 $\pi(n)$ 即不超过 n 的素数个数的一个渐近公式. 如果用 $p = P_n$（第 n 个素数）代替 n ，就有 $\pi(p) = n$ ，从而当 $n \to \infty$ 时就有

$$n = \frac{p}{\ln p} + O\left(\frac{p}{(\log p)^2}\right). \tag{9.42}$$

我们来尝试对 p "求解"这个等式，这样就能知道第 n 个素数的近似大小.

第一步是简化 O 项. 如果用 $p/\ln p$ 来除两边，我们就会发现 $n\ln p / p \to 1$ ，于是 $p/\ln p = O(n)$ 且

$$O\left(\frac{p}{(\log p)^2}\right) = O\left(\frac{n}{\log p}\right) = O\left(\frac{n}{\log n}\right).$$

（我们有 $(\log p)^{-1} \leqslant (\log n)^{-1}$ ，因为 $p \geqslant n$.）

第二步是交换除去 O 项的（9.42）的两边. 这是合法的，因为有一般性的法则

$$a_n = b_n + O(f(n)) \iff b_n = a_n + O(f(n)). \tag{9.43}$$

（如果用 -1 乘以两边，然后在两边加上 $a_n + b_n$ ，那么这些等式中的每一个都可以由另一个推出.）从而

$$\frac{p}{\ln p} = n + O\left(\frac{n}{\log n}\right) = n(1 + O(1/\log n)),$$

且有

$$p = n\ln p(1 + O(1/\log n)). \tag{9.44}$$

这就是关于 $p = P_n$ 的一个用它自己表示的"近似递归式". 我们的目的是要将它改变成"近似的封闭形式"，通过渐近地展开递归式，能够做到这一点. 我们来展开（9.44）.

两边取对数得到

$$\ln p = \ln n + \ln\ln p + O(1/\log n). \tag{9.45}$$

这个值可以用来代替（9.44）中的 $\ln p$ ，但是在代换之前，我们希望去掉右边所有的 p . 一直渐近地展开，那个 p 最后必定会消失，我们不可能用正常的方法对递归式去掉它，因为对于小的 p ，（9.44）没有指定初始条件.

做这件事的一种方法是证明较弱的结果 $p = O(n^2)$. 如果将（9.44）平方并除以 pn^2 ，即得

$$\frac{p}{n^2} = \frac{(\ln p)^2}{p}(1 + O(1/\log n)),$$

因为当 $n \to \infty$ 时右边趋向于零. 好的，我们知道了 $p = O(n^2)$ ，这样一来，就有了 $\log p = O(\log n)$ 以及 $\log\log p = O(\log\log n)$. 现在，由（9.45）就能得出结论

$$\ln p = \ln n + O(\log\log n).$$

事实上, 有了这个新的估计式, 我们就能断定 $\ln\ln p = \ln\ln n + O(\log\log n / \log n)$, 现在 (9.45) 就给出

$$\ln p = \ln n + \ln\ln n + O(\log\log n / \log n).$$

我们现在可以将这个公式代入 (9.44) 的右边, 得到

$$p = n\ln n + n\ln\ln n + O(n).$$

这就是第 n 个素数的近似大小.

利用 $\pi(p)$ 的一个更好的近似代替 (9.42), 我们就能改进这个估计式. (9.31) 的下一项告诉我们

$$n = \frac{p}{\ln p} + \frac{p}{(\ln p)^2} + O\left(\frac{p}{(\log p)^3}\right); \tag{9.46}$$

再次拿出便条纸, 伙计们.
嘘, 嘘.

如前做下去, 就得到递归式

$$p = n\ln p\left(1 + (\ln p)^{-1}\right)^{-1}\left(1 + O(1/\log n)^2\right), \tag{9.47}$$

它用相对误差 $O(1/\log n)^2$ 代替了 $O(1/\log n)$. 取对数并保持合适的精确度 (但不要过分), 现在就得到

$$\ln p = \ln n + \ln\ln p + O(1/\log n) = \ln n\left(1 + \frac{\ln\ln p}{\ln n} + O(1/\log n)^2\right),$$

$$\ln\ln p = \ln\ln n + \frac{\ln\ln n}{\ln n} + O\left(\frac{\log\log n}{\log n}\right)^2.$$

最后, 我们将这些结果代入 (9.47) 就得到了答案:

$$P_n = n\ln n + n\ln\ln n - n + n\frac{\ln\ln n}{\ln n} + O\left(\frac{n}{\log n}\right). \tag{9.48}$$

例如, 当 $n = 10^6$ 时, 这个估计式给出 $15\,631\,363.6 + O(n/\log n)$, 而第 100 万个素数实际上是 $15\,485\,863$. 习题 21 表明, 如果我们用 $\pi(p)$ 的更精确的近似代替 (9.46), 就能对 P_n 得到更加精确的近似.

[457]

问题4: 以前期末考试中的和式

具体数学这门课于 1970~1971 学期首次在斯坦福大学教授时, 曾要求学生找出和式

$$S_n = \frac{1}{n^2+1} + \frac{1}{n^2+2} + \cdots + \frac{1}{n^2+n} \tag{9.49}$$

的带有绝对误差 $O(n^{-7})$ 的渐近值. 想象一下, 我们刚刚看到这个期末考试题, 第一个本能反应会是什么呢?

不, 我们不会恐慌. 我们的第一个反应是考虑大的数. 如果我们令 $n = 10^{100}$, 并来观察这个和式, 可以看到它是由 n 项组成的, 其中每一项都比 $1/n^2$ 略小一点, 因此这个和式比 $1/n$

略小一点. 一般来说, 通过仔细观察问题, 并就答案得到一个大致正确的估计, 我们通常能就一个渐近问题得到合适的起点.

提取出每一项的最大部分, 我们来尝试改进这个粗糙的估计. 我们有

$$\frac{1}{n^2+k}=\frac{1}{n^2(1+k/n^2)}=\frac{1}{n^2}\left(1-\frac{k}{n^2}+\frac{k^2}{n^4}-\frac{k^3}{n^6}+O\left(\frac{k^4}{n^8}\right)\right),$$

所以很自然要尝试对所有这样的近似公式求和:

$$\frac{1}{n^2+1}=\frac{1}{n^2}-\frac{1}{n^4}+\frac{1^2}{n^6}-\frac{1^3}{n^8}+O(\frac{1^4}{n^{10}})$$

$$\frac{1}{n^2+2}=\frac{1}{n^2}-\frac{2}{n^4}+\frac{2^2}{n^6}-\frac{2^3}{n^8}+O(\frac{2^4}{n^{10}})$$

$$\vdots$$

$$\frac{1}{n^2+n}=\frac{1}{n^2}-\frac{n}{n^4}+\frac{n^2}{n^6}-\frac{n^3}{n^8}+O(\frac{n^4}{n^{10}})$$

$$S_n=\frac{n}{n^2}-\frac{n(n+1)}{2n^4}+\cdots.$$

以前两列的和式为基础, 我们看起来似乎得到的是 $S_n=n^{-1}-\frac{1}{2}n^{-2}+O(n^{-3})$, 不过其中的计算充满了困难.

如果坚持这么做, 我们最终会达到目的, 但是由于两个原因, 我们不愿意费心对其他的列求和. 第一, 当 $n/2\le k\le n$ 时, 最后一列给出的项是 $O(n^{-6})$, 所以会有误差 $O(n^{-5})$. 这个误差太大了, 我们还要在展式中再包含另外一项. 出考题的人会是这样的虐待狂吗? 我们猜想必定有更好的方法. 第二, 的确有一个好得多的方法, 它就在我们眼前. 睡衣有纽扣吗? [①]

这就是说, 我们知道 S_n 的一个封闭形式, 它正好就是 $H_{n^2+n}-H_{n^2}$. 而对于调和数, 我们知道一个很好的近似, 所以只要运用它两次:

$$H_{n^2+n}=\ln(n^2+n)+\gamma+\frac{1}{2(n^2+n)}-\frac{1}{12(n^2+n)^2}+O\left(\frac{1}{n^8}\right),$$

$$H_{n^2}=\ln n^2+\gamma+\frac{1}{2n^2}-\frac{1}{12n^4}+O\left(\frac{1}{n^8}\right).$$

现在我们可以像在研究斯特林近似时那样, 提取出大的项并加以简化. 于是有

$$\ln(n^2+n)=\ln n^2+\ln\left(1+\frac{1}{n}\right)=\ln n^2+\frac{1}{n}-\frac{1}{2n^2}+\frac{1}{3n^3}-\cdots;$$

$$\frac{1}{n^2+n}=\frac{1}{n^2}-\frac{1}{n^3}+\frac{1}{n^4}-\cdots;$$

$$\frac{1}{(n^2+n)^2}=\frac{1}{n^4}-\frac{2}{n^5}+\frac{3}{n^6}-\cdots.$$

①与正文中询问"出考题的人是虐待狂吗?"一样, 其答案都是显而易见的.

其中有大量的相互项抵消，我们就得到

$$S_n = n^{-1} - \frac{1}{2}n^{-2} + \frac{1}{3}n^{-3} - \frac{1}{4}n^{-4} + \frac{1}{5}n^{-5} - \frac{1}{6}n^{-6}$$
$$- \frac{1}{2}n^{-3} + \frac{1}{2}n^{-4} - \frac{1}{2}n^{-5} + \frac{1}{2}n^{-6}$$
$$+ \frac{1}{6}n^{-5} - \frac{1}{4}n^{-6}$$

再加上等于 $O(n^{-7})$ 的项. 运用点算术，我们就成功地得到

$$S_n = n^{-1} - \frac{1}{2}n^{-2} - \frac{1}{6}n^{-3} + \frac{1}{4}n^{-4} - \frac{2}{15}n^{-5} + \frac{1}{12}n^{-6} + O(n^{-7}). \qquad (9.50)$$

如果我们能从数值上来检验这个答案，就更好了，如同我们在前几章里得到精确结果时所做的那样. 渐近公式更难验证，任意大的常数都可以隐藏在 O 项中，所以任何数值检验都不能使人信服. 实际上，我们没有理由认为对手是在给我们设置陷阱，所以可以假设未知的 O 常数相当地小. 用袖珍计算器可以算出 $S_4 = \frac{1}{17} + \frac{1}{18} + \frac{1}{19} + \frac{1}{20} = 0.217\,010\,7$，而我们的渐近估计式在 $n=4$ 时得到

$$\frac{1}{4}\left(1 + \frac{1}{4}\left(-\frac{1}{2} + \frac{1}{4}\left(-\frac{1}{6} + \frac{1}{4}\left(\frac{1}{4} + \frac{1}{4}\left(-\frac{2}{15} + \frac{1}{4} \times \frac{1}{12}\right)\right)\right)\right)\right) = 0.217\,012\,5.$$

假如在 n^{-6} 项上产生过 $\frac{1}{12}$ 的误差，那么在十进制的第五位上就会出现一个 $\frac{1}{12} \times \frac{1}{4096}$ 的差，所以我们的渐近解答可能是正确的.

459

问题5：无限和式

现在，我们来看由所罗门·哥隆[152]提出的一个渐近问题：

$$S_n = \sum_{k \geqslant 1} \frac{1}{kN_n(k)^2} \qquad (9.51)$$

的渐近值是什么？其中 $N_n(k)$ 是将 k 表示为 n 进制数时所需要的位数.

首先我们再次给出一个大致正确的估计. 位数 $N_n(k)$ 近似等于 $\log_n k = \log k / \log n$，所以这个和式的项大约等于 $(\log n)^2 / k(\log k)^2$. 对 k 求和就给出 $\approx (\log n)^2 \sum_{k \geqslant 2} 1/k(\log k)^2$，而这个和收敛于一个常数值，因为它可以与积分

$$\int_2^\infty \frac{dx}{x(\ln x)^2} = -\frac{1}{\ln x}\Big|_2^\infty = \frac{1}{\ln 2}$$

做比较. 于是我们预计 S_n 大约等于 $C(\log n)^2$（对某个常数 C）.

这种不太严格的分析对于加深问题的了解是有用的，但是我们需要更好的估计来解决此问题. 一种思想是精确地表示 $N_n(k)$：

$$N_n(k) = \lfloor \log_n k \rfloor + 1. \qquad (9.52)$$

于是，当 $n^2 \leqslant k < n^3$ 时，k 表示成 n 进制数时有三位数字，而这恰好在 $\lfloor \log_n k \rfloor = 2$ 时发生．由此推出 $N_n(k) > \log_n k$，故而 $S_n = \sum_{k \geqslant 1} 1/kN_n(k)^2 < 1 + (\log n)^2 \sum_{k \geqslant 2} 1/k(\log k)^2$．

如同在问题1中那样，我们可以尝试写成 $N_n(k) = \log_n k + O(1)$，并将它代入 S_n 的公式之中．这里用 $O(1)$ 表示的项总是在0与1之间，平均来说大约是 $\frac{1}{2}$，所以看起来表现正常．但是对于了解 S_n 来说，它还不是足够好的近似，当 k 很小时，它给出零位有效数字（这是很高的相对误差），而这些就是对此和式贡献最多的项．我们需要一种不同的思想．

关键在于（如同在问题4中那样），在求助渐近估计式之前，我们要利用处理技巧将和式表示成更易于处理的形式．我们可以引入一个新的求和变量，即 $m = N_n(k)$：

$$S_n = \sum_{k,m \geqslant 1} \frac{[m = N_n(k)]}{km^2}$$
$$= \sum_{k,m \geqslant 1} \frac{[n^{m-1} \leqslant k < n^m]}{km^2}$$
$$= \sum_{m \geqslant 1} \frac{1}{m^2}(H_{n^m-1} - H_{n^{m-1}-1}).$$

这看起来或许比我们一开始面对的那个和式更不好，但它实际上是向前进了一步，因为我们对于调和数有了很好的近似．

我们还需要进一步做些简化，而不要莽撞地开始渐近估计．借助分部求和法，可以对需要近似估计的 H_{n^m-1} 的每一个值的项进行分组：

$$S_n = \sum_{k \geqslant 1} H_{n^k-1}\left(\frac{1}{k^2} - \frac{1}{(k+1)^2}\right).$$

例如，H_{n^2-1} 乘以 $1/2^2$，然后再乘以 $-1/3^2$．（我们已经用到了 $H_{n^0-1} = H_0 = 0$ 这一事实．）

现在我们已经准备好来展开这些调和数．估计 $(n-1)!$ 的经验告诉我们，估计 H_{n^k} 要比估计 H_{n^k-1} 更容易一些，因为诸 (n^k-1) 杂乱无章．这样我们就写成

$$H_{n^k-1} = H_{n^k} - \frac{1}{n^k} = \ln n^k + \gamma + \frac{1}{2n^k} + O\left(\frac{1}{n^{2k}}\right) - \frac{1}{n^k} = k\ln n + \gamma - \frac{1}{2n^k} + O\left(\frac{1}{n^{2k}}\right).$$

和式现在就转化为

$$S_n = \sum_{k \geqslant 1}\left(k\ln n + \gamma - \frac{1}{2n^k} + O\left(\frac{1}{n^{2k}}\right)\right)\left(\frac{1}{k^2} - \frac{1}{(k+1)^2}\right)$$
$$= (\ln n)\Sigma_1 + \gamma\Sigma_2 - \frac{1}{2}\Sigma_3(n) + O\left(\Sigma_3(n^2)\right). \tag{9.53}$$

这里留下四个容易的部分：Σ_1、Σ_2、$\Sigma_3(n)$ 以及 $\Sigma_3(n^2)$．

我们先来做 Σ_3．由于 $\Sigma_3(n^2)$ 是 O 项，这样我们就会看到得到什么样的误差．（如果将它

（合并）进一个大*O*.[①]　们合并进一个 *O* 项之中，那么执行其他完全精确的计算就没有意义.）这个和式就是一个幂级数

$$\Sigma_3(x) = \sum_{k \geq 1} \left(\frac{1}{k^2} - \frac{1}{(k+1)^2} \right) x^{-k} \, ,$$

且当 $x \geq 1$ 时收敛，所以我们可以在任何地方截断它. 如果在 $k=1$ 项终止 $\Sigma_3(n^2)$，就得到 $\Sigma_3(n^2) = O(n^{-2})$，从而（9.53）有绝对误差 $O(n^{-2})$.（为了减少这个绝对误差，可以对 H_{n^k} 用一个更好的近似，但现在 $O(n^{-2})$ 已经足够好了.）如果在 $k=2$ 项截断 $\Sigma_3(n)$，就得到

$$\Sigma_3(n) = \frac{3}{4} n^{-1} + O(n^{-2}) \, ,$$

这就是我们所需要的精确度.

　　现在来处理 Σ_2. 它是如此地简单：

$$\Sigma_2 = \sum_{k \geq 1} \left(\frac{1}{k^2} - \frac{1}{(k+1)^2} \right).$$

这就是叠缩级数 $\left(1 - \frac{1}{4} \right) + \left(\frac{1}{4} - \frac{1}{9} \right) + \left(\frac{1}{9} - \frac{1}{16} \right) + \cdots = 1$.

　　最后，Σ_1 给出 S_n 的首项，也即（9.53）中 $\ln n$ 的系数：

$$\Sigma_1 = \sum_{k \geq 1} k \left(\frac{1}{k^2} - \frac{1}{(k+1)^2} \right).$$

这就是 $\left(1 - \frac{1}{4} \right) + \left(\frac{2}{4} - \frac{2}{9} \right) + \left(\frac{3}{9} - \frac{3}{16} \right) + \cdots = \frac{1}{1} + \frac{1}{4} + \frac{1}{9} + \cdots = H_\infty^{(2)} = \pi^2/6$.（如果我们早先没有应用分部求和法，就会直接看到有 $S_n \sim \sum_{k \geq 1} (\ln n)/k^2$，因为 $H_{n^k-1} - H_{n^{k-1}-1} \sim \ln n$，所以分部求和法无助于计算首项，尽管它的确使得我们的某些其他工作变得更容易.）

　　现在我们已经计算了（9.53）中的诸个 Σ，所以可以将所有结果放到一起，从而得到哥隆问题的解答：

$$S_n = \frac{\pi^2}{6} \ln n + \gamma - \frac{3}{8n} + O\left(\frac{1}{n^2} \right). \tag{9.54}$$

注意，此结果要比原来的粗略估计 $C(\log n)^2$ 增长得更慢. 有时一个离散的和式并不符合连续的直观感受.

问题6：大 Φ

在第4章末，我们注意到法里级数 $\mathcal{F}_n$ 中分数的个数是 $1 + \Phi(n)$，其中

$$\Phi(n) = \varphi(1) + \varphi(2) + \cdots + \varphi(n) \, ,$$

而在（4.62）中我们曾经指出

[①] 正文中"合并进一个 *O* 项之中"对应的英文是"into a *O*"，而不是通常英语中按读音规则拼写的"into an *O*"，因为这里的字母 *O* 应读作"big *O*"（大 *O*）.

$$\Phi(n) = \frac{1}{2} \sum_{k \geq 1} \mu(k) \lfloor n/k \rfloor \lfloor 1 + n/k \rfloor. \tag{9.55}$$

现在来尝试在 n 很大时估计 $\Phi(n)$.（正是这样的和式引导巴赫曼首先创造出 O 记号.）

将公式中的 n 想象成很大的数，可知 $\Phi(n)$ 大概与 n^2 成比例. 理由是，如果最后的因子是 $\lfloor n/k \rfloor$ 而不是 $\lfloor 1 + n/k \rfloor$，就有上界 $|\Phi(n)| \leq \frac{1}{2} \sum_{k \geq 1} \lfloor n/k \rfloor^2 \leq \frac{1}{2} \sum_{k \geq 1} (n/k)^2 = \frac{\pi^2}{12} n^2$，因为默比乌斯函数 $\mu(k)$ 取值为 -1、0或者 $+1$. 最后那个因子中附加的 "1+" 将给出 $\sum_{k \geq 1} \mu(k) \lfloor n/k \rfloor$，而它对 $k > n$ 等于零，所以以绝对值来说它不可能大于 $nH_n = O(n \log n)$.

经过这一初步分析，我们将会发现写成

$$\begin{aligned}
\Phi(n) &= \frac{1}{2} \sum_{k=1}^{n} \mu(k) \left(\left(\frac{n}{k}\right) + O(1) \right)^2 = \frac{1}{2} \sum_{k=1}^{n} \mu(k) \left(\left(\frac{n}{k}\right)^2 + O\left(\frac{n}{k}\right) \right) \\
&= \frac{1}{2} \sum_{k=1}^{n} \mu(k) \left(\frac{n}{k}\right)^2 + \sum_{k=1}^{n} O\left(\frac{n}{k}\right) \\
&= \frac{1}{2} \sum_{k=1}^{n} \mu(k) \left(\frac{n}{k}\right)^2 + O(n \log n)
\end{aligned}$$

大有裨益. 这就去掉了底，剩下的问题是以精确度 $O(n \log n)$ 计算没有底的和式 $\frac{1}{2} \sum_{k=1}^{n} \mu(k) n^2 / k^2$. 换句话说，我们想要以精确度 $O(n^{-1} \log n)$ 计算 $\sum_{k=1}^{n} \mu(k) 1 / k^2$. 那是很容易的，可以直接让和式取到 $k = \infty$，因为新加进去的项是

$$\begin{aligned}
\sum_{k > n} \frac{\mu(k)}{k^2} &= O\left(\sum_{k > n} \frac{1}{k^2} \right) = O\left(\sum_{k > n} \frac{1}{k(k-1)} \right) \\
&= O\left(\sum_{k > n} \left(\frac{1}{k-1} - \frac{1}{k} \right) \right) = O\left(\frac{1}{n} \right).
\end{aligned}$$

（7.89）中证明了 $\sum_{k \geq 1} \mu(k) / k^z = 1 / \zeta(z)$. 于是 $\sum_{k \geq 1} \mu(k) / k^2 = 1 / \left(\sum_{k \geq 1} 1 / k^2 \right) = 6 / \pi^2$，我们就得到答案：

$$\Phi(n) = \frac{3}{\pi^2} n^2 + O(n \log n). \tag{9.56}$$

9.4   两个渐近技巧   TWO ASYMPTOTIC TRICKS

既然有了一些对 O 进行操作的工具，我们就可以从稍微高一些的视角来观察我们做过什么. 这样，当需要解决更棘手的问题时，我们在 "渐近武库" 中就会有一些重要的武器.

技巧1：自助法
在9.3节的问题3中估计第 n 个素数 P_n 时，我们求解了一个形如

$$P_n = n \ln P_n \left(1 + O(1 / \log n) \right)$$

（根据1960年出版的参考文献[316]，这个误差项已被证明至多为 $O\left(n(\log n)^{2/3} \times (\log \log n)^{1+\epsilon}\right)$. 另一方面，按照参考文献[275]可知，它不会小到像 $O\left(n(\log \log n)^{1/2}\right)$ 那么大.）

的渐近递归式. 我们首先利用此递归式证明了一个较弱的结果 $O(n^2)$, 从而证明了 $P_n = n \ln n + n \ln \ln n + O(n)$. 这是称为**自助法**（bootstrap）的一般方法的特例. 根据自助法，首先得到一个粗略的估计式并将它代入该递归式，就渐近地解出了递归式. 用这样的方法，我们常常能得到越来越好的估计，"通过自助提升自己".

有另一个问题，很好地描述了自助法：当 $n \to \infty$ 时，生成函数

$$G(z) = \exp\left(\sum_{k \geqslant 1} \frac{z^k}{k^2}\right) \tag{9.57}$$

中的系数 $g_n = [z^n]G(z)$ 的渐近值是什么？如果对这个等式关于 z 求导，就得到

$$G'(z) = \sum_{n=0}^{\infty} n g_n z^{n-1} = \left(\sum_{k \geqslant 1} \frac{z^{k-1}}{k}\right) G(z) ,$$

令两边 z^{n-1} 的系数相等就给出递归式

$$n g_n = \sum_{0 \leqslant k < n} \frac{g_k}{n-k} . \tag{9.58}$$

我们的问题等价于在初始条件 $g_0 = 1$ 下对（9.58）的解求一个渐近公式. 前面几个值

n	0	1	2	3	4	5	6
g_n	1	1	$\dfrac{3}{4}$	$\dfrac{19}{36}$	$\dfrac{107}{288}$	$\dfrac{641}{2400}$	$\dfrac{51103}{259200}$

没有透露出太多的规律信息，而整数数列 $\langle n!^2 g_n \rangle$ 没有出现在 Sloane 的 *Handbook*[330] 一书中，因而 g_n 的封闭形式似乎超越了问题的范围，而渐近信息可能就是我们所能希望得到的最好结果了.

对此问题，我们首先注意到对所有 $n \geqslant 0$ 有 $0 < g_n \leqslant 1$，这容易用归纳法证明. 故而我们就有了一个出发点：

$$g_n = O(1) .$$

事实上，这个等式可以作为自助法运算的"催化剂"：将它代入（9.58）的右边就得到

$$n g_n = \sum_{0 \leqslant k < n} \frac{O(1)}{n-k} = H_n O(1) = O(\log n) ,$$

从而有

$$g_n = O\left(\frac{\log n}{n}\right) , \quad n > 1 .$$

再次自助：

$$n g_n = \frac{1}{n} + \sum_{0 < k < n} \frac{O((1+\log k)/k)}{n-k}$$
$$= \frac{1}{n} + \sum_{0 < k < n} \frac{O(\log n)}{k(n-k)}$$

$$= \frac{1}{n} + \sum_{0<k<n} \left(\frac{1}{k} + \frac{1}{n-k} \right) \frac{O(\log n)}{n}$$

$$= \frac{1}{n} + \frac{2}{n} H_{n-1} O(\log n) = \frac{1}{n} O(\log n)^2 \, ,$$

得到

$$g_n = O\left(\frac{\log n}{n} \right)^2 . \tag{9.59}$$

可以一直做下去吗？看起来对所有 m，我们有 $g_n = O(n^{-1} \log n)^m$.

实际并非如此，我们刚才到达了一个减小的转折点. 自助法的下一次尝试涉及和式

$$\sum_{0<k<n} \frac{1}{k^2(n-k)} = \sum_{0<k<n} \left(\frac{1}{nk^2} + \frac{1}{n^2 k} + \frac{1}{n^2(n-k)} \right) = \frac{1}{n} H_{n-1}^{(2)} + \frac{2}{n^2} H_{n-1} \, ,$$

它等于 $\Omega(n^{-1})$，所以，我们对 g_n 不可能得到比 $\Omega(n^{-2})$ 还低的估计式.

实际上，现在我们对 g_n 已经知道得足够多了，因而可以应用提取最大的部分这一技巧：

$$ng_n = \sum_{0 \le k<n} \frac{g_k}{n} + \sum_{0 \le k<n} g_k \left(\frac{1}{n-k} - \frac{1}{n} \right) = \frac{1}{n} \sum_{k \ge 0} g_k - \frac{1}{n} \sum_{k \ge n} g_k + \frac{1}{n} \sum_{0 \le k<n} \frac{k g_k}{n-k} . \tag{9.60}$$

这里的第一个和式是 $G(1) = \exp\left(\frac{1}{1} + \frac{1}{4} + \frac{1}{9} + \cdots \right) = e^{\pi^2/6}$，因为 $G(z)$ 对所有 $|z| \le 1$ 都收敛. 第二个和式是第一个和式的尾部，利用（9.59）可以得到一个上界：

$$\sum_{k \ge n} g_k = O\left(\sum_{k \ge n} \frac{(\log k)^2}{k^2} \right) = O\left(\frac{(\log n)^2}{n} \right) .$$

最后这个估计式来自

$$\sum_{k>n} \frac{(\log k)^2}{k^2} < \sum_{m \ge 1} \sum_{n^m < k \le n^{m+1}} \frac{(\log n^{m+1})^2}{k(k-1)} < \sum_{m \ge 1} \frac{(m+1)^2 (\log n)^2}{n^m} .$$

（习题54讨论了估计这个尾部的更一般的方法.）

根据已经熟知的论证方法，（9.60）中的第三个和式是

$$O\left(\sum_{0<k<n} \frac{(\log n)^2}{k(n-k)} \right) = O\left(\frac{(\log n)^3}{n} \right) .$$

所以（9.60）就证明了

$$g_n = \frac{e^{\pi^2/6}}{n^2} + O(\log n / n)^3 . \tag{9.61}$$

最后，我们可以将这个公式代回递归式中，再用一次自助法，结果就是

$$g_n = \frac{e^{\pi^2/6}}{n^2} + O(\log n / n^3) . \tag{9.62}$$

（习题23查看了剩下的 O 项.）

技巧2：交换尾部法

我们用与推导 $\Phi(n)$ 的渐近值（9.56）差不多的方法得到了（9.62）：在这两种情形下，我们都是从一个有限和式开始，通过考虑一个无限和式得到一个渐近值. 我们不可能通过将 O 引入到求和项中直接得到这个无限和式，我们必须小心谨慎地在 k 很小时使用一种方法，而在 k 很大时使用另一种方法.

我们现在要以更加一般的方式讨论重要的三步渐近求和方法，上面那些推导是这一方法的特殊情形. 只要我们想要估计 $\sum_k a_k(n)$ 的值，就可以尝试下面的方法.

（这个重要的方法是由拉普拉斯[240]首创的.）

(1) 首先将和式分裂成两个不相交的范围 D_n 和 T_n. 对 D_n 求和应该是"主要的"部分，其含义是说，当 n 很大时，它包含足够多的项以决定这个和式的有效数字. 而对 T_n 求和只是"尾部的"末梢，它对总量贡献极小.

(2) 求渐近估计

$$a_k(n) = b_k(n) + O\big(c_k(n)\big),$$

它对 $k \in D_n$ 成立. 当 $k \in T_n$ 时，O 界限不一定成立.

(3) 现在证明，下面三个和式中的每一个都很小：

$$\sum_a(n) = \sum_{k \in T_n} a_k(n), \quad \sum_b(n) = \sum_{k \in T_n} b_k(n), \quad \sum_c(n) = \sum_{k \in D_n} \big|c_k(n)\big|. \qquad (9.63)$$

如果这三步都能成功完成，我们就会有一个好的估计：

$$\sum_{k \in D_n \cup T_n} a_k(n) = \sum_{k \in D_n \cup T_n} b_k(n) + O\Big(\sum_a(n)\Big) + O\Big(\sum_b(n)\Big) + O\Big(\sum_c(n)\Big).$$

看看理由. 我们可以"砍掉"给定和式的尾部，在范围 D_n 中得到一个好的估计（有一个好的估计是必要的）：

$$\sum_{k \in D_n} a_k(n) = \sum_{k \in D_n} \big(b_k(n) + O(c_k(n))\big) = \sum_{k \in D_n} b_k(n) + O\Big(\sum_c(n)\Big).$$

渐近分析就是了解在何处应当粗略，在何处应当精确的一门艺术.

我们可以代之以另一个尾部，尽管这个新的尾部可能非常逼近原来的尾部，因为尾部实际上不起作用：

$$\sum_{k \in T_n} a_k(n) = \sum_{k \in T_n} \big(b_k(n) - b_k(n) + a_k(n)\big) = \sum_{k \in T_n} b_k(n) + O\Big(\sum_b(n)\Big) + O\Big(\sum_a(n)\Big).$$

例如，计算（9.60）中的和式时，我们就有

$$a_k(n) = [0 \leqslant k < n] g_k / (n-k),$$
$$b_k(n) = g_k / n,$$
$$c_k(n) = k g_k / n(n-k);$$

其求和范围是

$$D_n = \{0, 1, \cdots, n-1\}, \quad T_n = \{n, n+1, \cdots\};$$

我们发现

$$\Sigma_a(n) = 0, \quad \Sigma_b(n) = O\big((\log n)^2 / n^2\big), \quad \Sigma_c(n) = O\big((\log n)^3 / n^2\big).$$

466

这就导出了（9.61）.

类似地，估计（9.55）中的 $\Phi(n)$ 时，我们有

$$a_k(n) = \mu(k) \lfloor n/k \rfloor \lfloor 1 + n/k \rfloor, \quad b_k(n) = \mu(k) n^2/k^2, \quad c_k(n) = n/k;$$
$$D_n = \{1, 2, \cdots, n\}, \quad T_n = \{n+1, n+2, \cdots\}.$$

467 注意到 $\Sigma_a(n) = 0$，$\Sigma_b(n) = O(n)$ 以及 $\Sigma_c(n) = O(n \log n)$，我们就得到（9.56）.

这里是另外一个例子，在这个例子中改变尾部是有效的.（与上面的例子不同，这个例子一般性地描述了这一技巧，其中 $\Sigma_a(n) \neq 0$.）我们寻求

$$L_n = \sum_{k \geqslant 0} \frac{\ln(n + 2^k)}{k!}$$

的渐近值. 当 k 很小时它对这个和式的贡献最大，因为 $k!$ 是在分母中. 在这个范围里我们有

$$\ln(n + 2^k) = \ln n + \frac{2^k}{n} - \frac{2^{2k}}{2n^2} + O\left(\frac{2^{3k}}{n^3}\right). \qquad (9.64)$$

可以证明，这个估计式对 $0 \leqslant k < \lfloor \lg n \rfloor$ 成立，因为原来用 O 截断的项以如下的收敛级数为界：

$$\sum_{m \geqslant 3} \frac{2^{km}}{mn^m} \leqslant \frac{2^{3k}}{n^3} \sum_{m \geqslant 3} \frac{2^{k(m-3)}}{n^{m-3}} \leqslant \frac{2^{3k}}{n^3}\left(1 + \frac{1}{2} + \frac{1}{4} + \cdots\right) = \frac{2^{3k}}{n^3} \times 2.$$

（在这个范围里有 $2^k/n \leqslant 2^{\lfloor \lg n \rfloor - 1}/n \leqslant \frac{1}{2}$.）

这样一来，我们就能运用刚刚所描述的三步方法，其中

$$a_k(n) = \ln(n + 2^k)/k!,$$
$$b_k(n) = (\ln n + 2^k/n - 4^k/2n^2)/k!,$$
$$c_k(n) = 8^k/n^3 k!;$$
$$D_n = \{0, 1, \cdots, \lfloor \lg n \rfloor - 1\},$$
$$T_n = \{\lfloor \lg n \rfloor, \lfloor \lg n \rfloor + 1, \cdots\}.$$

我们所要做的就是对（9.63）中的三个 Σ 找到好的界，我们将会知道 $\sum_{k \geqslant 0} a_k(n) \approx \sum_{k \geqslant 0} b_k(n)$.

在和式的主要部分造成的误差 $\sum_c(n) = \sum_{k \in D_n} 8^k/n^3 k!$ 显然以 $\sum_{k \geqslant 0} 8^k/n^3 k! = e^8/n^3$ 为界，所以能用 $O(n^{-3})$ 来代替它. 新的尾部误差是

$$\left|\sum_b(n)\right| = \left|\sum_{k \geqslant \lfloor \lg n \rfloor} b_k(n)\right|$$
$$< \sum_{k \geqslant \lfloor \lg n \rfloor} \frac{\ln n + 2^k + 4^k}{k!}$$
$$< \frac{\ln n + 2^{\lfloor \lg n \rfloor} + 4^{\lfloor \lg n \rfloor}}{\lfloor \lg n \rfloor!} \sum_{k \geqslant 0} \frac{4^k}{k!} = O\left(\frac{n^2}{\lfloor \lg n \rfloor!}\right).$$

468

接近喂食时间时，马儿也会摆动它们的尾巴.

"我们或许不大，但我们很小."

由于 $\lfloor \lg n \rfloor!$ 要比 n 的任何幂都增长得快，这个很小的误差不超过 $\sum_c(n) = O(n^{-3})$. 原来尾部的误差

$$\sum\nolimits_a(n) = \sum_{k \geqslant \lfloor \lg n \rfloor} a_k(n) < \sum_{k \geqslant \lfloor \lg n \rfloor} \frac{k + \ln n}{k!}$$

还要更小.

最后，容易将和式 $\sum_{k \geqslant 0} b_k(n)$ 计算成封闭形式，这样就得到了所要的渐近公式：

$$\sum_{k \geqslant 0} \frac{\ln(n+2^k)}{k!} = e \ln n + \frac{e^2}{n} - \frac{e^4}{2n^2} + O\!\left(\frac{1}{n^3}\right). \tag{9.65}$$

事实上，我们所用的方法使得对任何固定的 $m > 0$ 显然都有

$$\sum_{k \geqslant 0} \frac{\ln(n+2^k)}{k!} = e \ln n + \sum_{k=1}^{m-1} (-1)^{k+1} \frac{e^{2^k}}{kn^k} + O\!\left(\frac{1}{n^m}\right). \tag{9.66}$$

（如果令 $m \to \infty$，这就是一个对所有固定的 n 都发散的级数的截断.）

我们的解中只有一点瑕疵：我们过于小心了. 我们是在假设 $k < \lfloor \lg n \rfloor$ 的基础上推导出（9.64）的，然而习题53证明了：所陈述的估计式实际上对所有 k 的值都成立. 如果我们已经知道这个更强的一般性结果，那么不利用这个两尾部技巧，兴许就能直接得到最后的公式！但以后我们还会遇到一些问题，在这些问题里交换尾部是仅有的可以利用的恰当方法.

9.5 欧拉求和公式 EULER'S SUMMATION FORMULA

为了学习下一个技巧（事实上，它是我们在这本书里要讨论的最后一项重要技术），我们要回到近似和式的一般性方法，它由欧拉[101]于1732年首先发表.（这一思想有时也与科林·麦克劳林的名字联系在一起，后者当时是爱丁堡的一位数学教授，他后来独立发现了它[263. 第305页].）

这个公式是

$$\sum_{a \leqslant k < b} f(k) = \int_a^b f(x)\mathrm{d}x + \sum_{k=1}^m \frac{B_k}{k!} f^{(k-1)}(x)\Big|_a^b + R_m, \tag{9.67}$$

$$其中 R_m = (-1)^{m+1} \int_a^b \frac{B_m(\{x\})}{m!} f^{(m)}(x)\mathrm{d}x, \quad 整数 a \leqslant b; \ 整数 m \geqslant 1. \tag{9.68}$$

469

其左边或许是我们想要估计的典型的和式；右边则是对此和式的另一种表示，包含积分和导数. 如果 $f(x)$ 是一个足够"平滑的"函数，那么它就有 m 阶导数 $f'(x), \cdots, f^{(m)}(x)$，事实表明这个公式是一个恒等式. 在余项 R_m 通常很小的意义下，其右边常常是左边的和式的一个极好近似. 例如我们将看到，关于 $n!$ 的斯特林近似是欧拉求和公式的一个推论，而关于调和数 H_n 的渐近逼近亦然.

（9.67）中的数 B_k 是我们在第6章里遇到的伯努利数，（9.68）中的函数 $B_m(\{x\})$ 是我们在第7章里遇到的伯努利多项式. 如同在第3章里那样，记号 $\{x\}$ 表示分数部分 $x - \lfloor x \rfloor$. 欧拉求

和公式好像要把所有的都归结到一起.

我们想想小的伯努利数的值，因为将它们列在一般的欧拉求和公式旁边总是很方便的:

$$B_0 = 1 , \quad B_1 = -\frac{1}{2} , \quad B_2 = \frac{1}{6} , \quad B_4 = -\frac{1}{30} , \quad B_6 = \frac{1}{42} , \quad B_8 = -\frac{1}{30} ;$$

$$B_3 = B_5 = B_7 = B_9 = B_{11} = \cdots = 0 .$$

雅各布·伯努利在研究整数幂的和式时发现了这些数，而欧拉公式则解释了原因: 如果令 $f(x) = x^{m-1}$，就有 $f^{(m)}(x) = 0$，从而 $R_m = 0$，（9.67）就化为

$$\sum_{a \leq k < b} k^{m-1} = \frac{x^m}{m} \bigg|_a^b + \sum_{k=1}^m \frac{B_k}{k!} (m-1)^{\underline{k-1}} x^{m-k} \bigg|_a^b = \frac{1}{m} \sum_{k=0}^m \binom{m}{k} B_k \cdot (b^{m-k} - a^{m-k}) .$$

例如，当 $m = 3$ 时就有我们喜欢的求和例子:

$$\sum_{0 \leq k < n} k^2 = \frac{1}{3}\left(\binom{3}{0} B_0 n^3 + \binom{3}{1} B_1 n^2 + \binom{3}{2} B_2 n \right) = \frac{n^3}{3} - \frac{n^2}{2} + \frac{n}{6} .$$

（这是我们在本书中最后一次推导这个著名的公式.）

在证明欧拉公式之前，我们来关注一个高层次的理由（归功于拉格朗日[234]）: 为什么会存在这样一个公式. 第2章定义了差分算子 Δ 并说明了: $\sum$ 是 Δ 的逆运算，正像 $\int$ 是求导算子 D 的逆运算一样. 我们可以用 D 表示 Δ，这要利用泰勒公式:

$$f(x+\varepsilon) = f(x) + \frac{f'(x)}{1!}\varepsilon + \frac{f''(x)}{2!}\varepsilon^2 + \cdots .$$

置 $\varepsilon = 1$ 就有

$$
\begin{aligned}
\Delta f(x) &= f(x+1) - f(x) \\
&= f'(x)/1! + f''(x)/2! + f'''(x)/3! + \cdots \\
&= (D/1! + D^2/2! + D^3/3! + \cdots) f(x) = (e^D - 1) f(x) .
\end{aligned}
\tag{9.69}
$$

这里 e^D 表示微分算子 $1 + D/1! + D^2/2! + D^3/3! + \cdots$. 由于 $\Delta = e^D - 1$，其逆算子 $\sum = 1/\Delta$ 应该就是 $1/(e^D - 1)$，而由表7-4知，$z/(e^z - 1) = \sum_{k \geq 0} B_k z^k / k!$ 是一个包含伯努利数的幂级数. 从而

$$\sum = \frac{B_0}{D} + \frac{B_1}{1!} + \frac{B_2}{2!} D + \frac{B_3}{3!} D^2 + \cdots = \int + \sum_{k \geq 1} \frac{B_k}{k!} D^{k-1} . \tag{9.70}$$

将这个算子方程应用于 $f(x)$ 并赋以上下限，即得

$$\sum_a^b f(x) \delta x = \int_a^b f(x) \mathrm{d}x + \sum_{k \geq 1} \frac{B_k}{k!} f^{(k-1)}(x) \bigg|_a^b , \tag{9.71}$$

而这恰好就是没有余项的欧拉求和公式（9.67）.（事实上，欧拉并没有考虑过这个余项，其他人也没有这样做过，直到 S. D. 泊松[295]于1823年发表了一篇有关近似求和法的重要研究报告. 余项是重要的，因为无限和式 $\sum_{k \geq 1} (B_k/k!) f^{(k-1)}(x) \big|_a^b$ 常常是发散的. 我们对（9.71）的

（页边注）天下没有不散的宴席.

（页边标记）470

推导完全是形式的，没有考虑收敛性．）

现在来证明（9.67），包括余项在内．我们只要证明 $a=0$ 且 $b=1$ 的情形就够了，也即只要证明

$$f(0) = \int_0^1 f(x)\mathrm{d}x + \sum_{k=1}^m \frac{B_k}{k!} f^{(k-1)}(x)\bigg|_0^1 - (-1)^m \int_0^1 \frac{B_m(x)}{m!} f^{(m)}(x)\mathrm{d}x\,,$$

这是因为对任何整数 l，此后都可以用 $f(x+l)$ 来代替 $f(x)$，这就得到

$$f(l) = \int_l^{l+1} f(x)\mathrm{d}x + \sum_{k=1}^m \frac{B_k}{k!} f^{(k-1)}(x)\bigg|_l^{l+1} - (-1)^m \int_l^{l+1} \frac{B_m(\{x\})}{m!} f^{(m)}(x)\mathrm{d}x\,.$$

一般公式（9.67）恰好是这个恒等式遍取 $a \leqslant l < b$ 的和式，因为中间项正好缩减掉了．

$a=0$ 且 $b=1$ 情形的证明可对 m 用归纳法进行，先考虑 $m=1$ 的情形：

$$f(0) = \int_0^1 f(x)\mathrm{d}x - \frac{1}{2}\big(f(1)-f(0)\big) + \int_0^1 \bigg(x-\frac{1}{2}\bigg) f'(x)\mathrm{d}x\,.$$

（一般来说，伯努利多项式 $B_m(x)$ 由等式

$$B_m(x) = \binom{m}{0} B_0 x^m + \binom{m}{1} B_1 x^{m-1} + \cdots + \binom{m}{m} B_m x^0 \qquad (9.72)$$

定义，故而特别地有 $B_1(x) = x - \frac{1}{2}$．）换言之，我们想要证明

$$\frac{f(0)+f(1)}{2} = \int_0^1 f(x)\mathrm{d}x + \int_0^1 \bigg(x-\frac{1}{2}\bigg) f'(x)\mathrm{d}x\,,$$

这恰好就是分部积分公式

$$u(x)v(x)\big|_0^1 = \int_0^1 u(x)\mathrm{d}v(x) + \int_0^1 v(x)\mathrm{d}u(x) \qquad (9.73)$$

在 $u(x)=f(x)$ 以及 $v(x)=x-\frac{1}{2}$ 时的特例．从而 $m=1$ 的情形容易解决．

从 $m-1$ 过渡到 m 并完成对 $m>1$ 的归纳证明，需要证明 $R_{m-1} = (B_m/m!) f^{(m-1)}(x)\big|_0^1 + R_m$，也即证明

$$(-1)^m \int_0^1 \frac{B_{m-1}(x)}{(m-1)!} f^{(m-1)}(x)\mathrm{d}x = \frac{B_m}{m!} f^{(m-1)}(x)\bigg|_0^1 - (-1)^m \int_0^1 \frac{B_m(x)}{m!} f^{(m)}(x)\mathrm{d}x\,.$$

这就转化成等式

$$(-1)^m B_m f^{(m-1)}(x)\big|_0^1 = m\int_0^1 B_{m-1}(x) f^{(m-1)}(x)\mathrm{d}x + \int_0^1 B_m(x) f^{(m)}(x)\mathrm{d}x\,.$$

再次对（9.73）应用这两个积分，取 $u(x)=f^{(m-1)}(x)$ 以及 $v(x)=B_m(x)$，因为伯努利多项式（9.72）的导数是

$$\frac{\mathrm{d}}{\mathrm{d}x} \sum_k \binom{m}{k} B_k x^{m-k} = \sum_k \binom{m}{k}(m-k) B_k x^{m-k-1}$$

作者从来就没有认真过吗？

471

$$= m \sum_k \binom{m-1}{k} B_k x^{m-1-k} = m B_{m-1}(x) \, . \qquad (9.74)$$

（吸收恒等式（5.7）在这里有用.）这样一来，当且仅当

472

$$(-1)^m B_m f^{(m-1)}(x) \Big|_0^1 = B_m(x) f^{(m-1)}(x) \Big|_0^1$$

时所求的公式成立. 换句话说，我们需要有

$$(-1)^m B_m = B_m(1) = B_m(0) \, , \quad m > 1 \, . \qquad (9.75)$$

这有点困难，因为 $B_m(0)$ 显然等于 B_m，而不等于 $(-1)^m B_m$. 但实际上这里没有问题，因为 $m > 1$，我们知道当 m 为奇数时 B_m 等于零.（又是侥幸脱险.）

要完成欧拉求和公式的证明，需要指出 $B_m(1) = B_m(0)$，它等同于说

$$\sum_k \binom{m}{k} B_k = B_m \, , \quad m > 1 \, .$$

但是这正好是伯努利数的定义（6.79），所以我们完成了.

恒等式 $B_m'(x) = m B_{m-1}(x)$ 意味着

$$\int_0^1 B_m(x) \mathrm{d}x = \frac{B_{m+1}(1) - B_{m+1}(0)}{m+1} \, ,$$

我们现在知道这个积分当 $m \geq 1$ 时为零. 于是欧拉公式中的余项，即

$$R_m = \frac{(-1)^{m+1}}{m!} \int_a^b B_m(\{x\}) f^{(m)}(x) \mathrm{d}x \, ,$$

是用一个函数 $B_m(\{x\})$（其平均值为零）乘以 $f^{(m)}(x)$. 这就意味着 R_m 有适当的机会取得很小的值.

我们来更仔细观察 $B_m(x)$（$0 \leq x \leq 1$），因为 $B_m(x)$ 主导着 R_m 的性状. 下图是针对前12个 m 值所描绘的 $B_m(x)$ 图形.

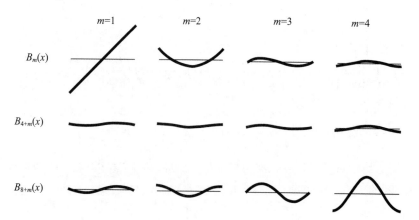

尽管 $B_3(x)$ 到 $B_9(x)$ 都相当小，但伯努利多项式和伯努利数最终都变得相当大. 幸运的是 R_m 有补偿因子 $1/m!$，它帮助我们将问题摆平.

473

当 $m \geqslant 3$ 时，$B_m(x)$ 的图形开始看起来非常像一条正弦波，习题58证明了，实际上 $B_m(x)$ 可以用 $\cos\left(2\pi x - \frac{1}{2}\pi m\right)$ 的负倍数来很好地近似，其误差为 $O\left(2^{-m} \max_x B_m(\{x\})\right)$.

一般说来，$B_{4k+1}(x)$ 对 $0 < x < \frac{1}{2}$ 是负的，而对 $\frac{1}{2} < x < 1$ 是正的. 于是它的积分 $B_{4k+2}(x)/(4k+2)$ 对 $0 < x < \frac{1}{2}$ 递减，而对 $\frac{1}{2} < x < 1$ 递增. 此外，我们有

$$B_{4k+1}(1-x) = -B_{4k+1}(x), \quad 0 \leqslant x \leqslant 1,$$

由此得出

$$B_{4k+2}(1-x) = B_{4k+2}(x), \quad 0 \leqslant x \leqslant 1.$$

常数项 B_{4k+2} 使得积分 $\int_0^1 B_{4k+2}(x)\mathrm{d}x$ 为零，因此 $B_{4k+2} > 0$. $B_{4k+2}(x)$ 的积分是 $B_{4k+3}(x)/(4k+3)$，从而它对 $0 < x < \frac{1}{2}$ 必为正数，而对 $\frac{1}{2} < x < 1$ 必为负数. 此外，$B_{4k+3}(1-x) = -B_{4k+3}(x)$，所以 $B_{4k+3}(x)$ 具有 $B_{4k+1}(x)$ 的性质，不过符号相反. 于是，$B_{4k+4}(x)$ 具有 $B_{4k+2}(x)$ 的性质，不过符号相反；$B_{4k+5}(x)$ 具有 $B_{4k+1}(x)$ 的性质. 我们就完成了一个循环，通过归纳方法对所有的 k 确立了所陈述的性质.

根据这一分析，$B_{2m}(x)$ 的最大值必定在 $x = 0$ 或者 $x = \frac{1}{2}$ 处出现. 习题17证明了

$$B_{2m}\left(\frac{1}{2}\right) = (2^{1-2m} - 1)B_{2m}, \tag{9.76}$$

因此我们有

$$\left|B_{2m}(\{x\})\right| \leqslant \left|B_{2m}\right|. \tag{9.77}$$

这可以用来对欧拉求和公式中的余项建立有用的上界，因为由（6.89）知道，当 $m > 0$ 时有

$$\frac{\left|B_{2m}\right|}{(2m)!} = \frac{2}{(2\pi)^{2m}} \sum_{k \geqslant 1} \frac{1}{k^{2m}} = O\left((2\pi)^{-2m}\right).$$

这样一来，我们就可以将欧拉公式（9.67）改写成

$$\sum_{a \leqslant k < b} f(k) = \int_a^b f(x)\mathrm{d}x - \frac{1}{2}f(x)\Big|_a^b + \sum_{k=1}^m \frac{B_{2k}}{(2k)!} f^{(2k-1)}(x)\Big|_a^b$$
$$+ O\left((2\pi)^{-2m}\right) \int_a^b \left|f^{(2m)}(x)\right|\mathrm{d}x. \tag{9.78}$$

例如，如果 $f(x) = \mathrm{e}^x$，所有的导数都是相同的，而这个公式告诉我们

$$\sum_{a \leqslant k < b} \mathrm{e}^k = (\mathrm{e}^b - \mathrm{e}^a)\left(1 - \frac{1}{2} + B_2/2! + B_4/4! + \cdots + B_{2m}/(2m)!\right) + O\left((2\pi)^{-2m}\right).$$

当然，我们知道这个和式实际上是一个几何级数，它等于

474

$$(e^b - e^a)/(e-1) = (e^b - e^a)\sum_{k\geqslant 0} B_k/k!.$$

如果对 $a \leqslant x \leqslant b$ 有 $f^{(2m)}(x) \geqslant 0$，则积分 $\int_a^b |f^{(2m)}(x)|\mathrm{d}x$ 恰好是 $f^{(2m-1)}(x)\big|_a^b$，所以我们有

$$|R_{2m}| \leqslant \left|\frac{B_{2m}}{(2m)!} f^{(2m-1)}(x)\Big|_a^b\right|.$$

换句话说，在这种情形，余项以最后一项（恰好在余项前的那一项）的大小为界. 如果知道

$$f^{(2m+2)}(x) \geqslant 0 \text{ 以及 } f^{(2m+4)}(x) \geqslant 0, \quad a \leqslant x \leqslant b, \tag{9.79}$$

我们就能给出一个更好的估计. 因为这表明了关系式

$$R_{2m} = \theta_m \frac{B_{2m+2}}{(2m+2)!} f^{(2m+1)}(x)\Big|_a^b, \text{ 某个 } 0 \leqslant \theta_m \leqslant 1. \tag{9.80}$$

换句话说，余项将位于0与（9.78）中第一个被抛弃的项（如果让 m 增加，这一项就会紧接最后一项出现）之间.

　　这里是证明：欧拉求和公式对所有的 m 成立，且当 $m > 0$ 时有 $B_{2m+1} = 0$，从而 $R_{2m} = R_{2m+1}$，第一个被抛弃的项必定是

$$R_{2m} - R_{2m+2}.$$

于是我们想要证明 R_{2m} 位于0和 $R_{2m} - R_{2m+2}$ 之间，此结论为真当且仅当 R_{2m} 与 R_{2m+2} 有相反的符号. 我们断言

$$\text{当 } a \leqslant x \leqslant b \text{ 时}, \quad f^{(2m+2)}(x) \geqslant 0 \quad 蕴涵 \quad (-1)^m R_{2m} \geqslant 0. \tag{9.81}$$

与（9.79）合起来，这就将证明 R_{2m} 和 R_{2m+2} 有相反的符号，故而完成了（9.80）的证明.

　　如果回想 R_{2m+1} 的定义以及关于 $B_{2m+1}(x)$ 的图所证明的事实，那么（9.81）的证明并不困难. 也就是说，我们有

$$R_{2m} = R_{2m+1} = \int_a^b \frac{B_{2m+1}(\{x\})}{(2m+1)!} f^{(2m+1)}(x)\mathrm{d}x,$$

而 $f^{(2m+1)}(x)$ 是增加的，因为它的导数 $f^{(2m+2)}(x)$ 是正的.（更确切地说，$f^{(2m+1)}(x)$ 是非减的，因为它的导数是非负的.）$B_{2m+1}(\{x\})$ 的图形看起来像一条正弦波的 $(-1)^{m+1}$ 倍，所以从几何角度来看很明显，当每个正弦波乘以一个增加函数时，它的后一半要比前一半有更大的影响. 如所希望的那样，这使得 $(-1)^m R_{2m+1} \geqslant 0$. 习题16对此结果给出了正式的证明.

9.6　最后的求和法　FINAL SUMMATIONS

　　我们准备结束本书了，现在来做个总结. 我们要将欧拉求和公式应用到某些有趣且重要的例子上去.

求和法1：此例过于简单

我们首先来考虑一个有趣但并不重要的例子，一个我们已经知道怎样做的和式。我们要来看看，如果将欧拉求和公式应用于叠缩的和式

$$S_n = \sum_{1 \le k < n} \frac{1}{k(k+1)} = \sum_{1 \le k < n} \left(\frac{1}{k} - \frac{1}{k+1} \right) = 1 - \frac{1}{n} \,,$$

它会告诉我们什么。这并不妨碍用渐近等价这一辅助工具开始欧拉求和公式的第一个重要应用。

我们可以首先将函数 $f(x) = 1/x(x+1)$ 写成部分分式的形式

$$f(x) = \frac{1}{x} - \frac{1}{x+1} \,,$$

因为这会使得积分以及求导变得更加容易。的确，我们有 $f'(x) = -1/x^2 + 1/(x+1)^2$ 以及 $f''(x) = 2/x^3 - 2/(x+1)^3$，一般地

$$f^{(k)}(x) = (-1)^k k! \left(\frac{1}{x^{k+1}} - \frac{1}{(x+1)^{k+1}} \right), \quad k \ge 0 \,.$$

此外，

$$\int_1^n f(x)dx = \ln x - \ln(x+1) \Big|_1^n = \ln \frac{2n}{n+1} \,.$$

将它代入求和公式（9.67）就给出

$$S_n = \ln \frac{2n}{n+1} - \sum_{k=1}^m (-1)^k \frac{B_k}{k} \left(\frac{1}{n^k} - \frac{1}{(n+1)^k} - 1 + \frac{1}{2^k} \right) + R_m(n) \,,$$

其中 $R_m(n) = -\int_1^n B_m(\{x\}) \left(\frac{1}{x^{m+1}} - \frac{1}{(x+1)^{m+1}} \right) dx$。

例如，当 $m = 4$ 时它的右边是

$$\ln \frac{2n}{n+1} - \frac{1}{2} \left(\frac{1}{n} - \frac{1}{n+1} - \frac{1}{2} \right) - \frac{1}{12} \left(\frac{1}{n^2} - \frac{1}{(n+1)^2} - \frac{3}{4} \right)$$
$$+ \frac{1}{120} \left(\frac{1}{n^4} - \frac{1}{(n+1)^4} - \frac{15}{16} \right) + R_4(n) \,.$$

这就陷入了混乱，它看起来肯定不像真实的答案 $1 - n^{-1}$。不过我们还是继续走下去，看看会 |476| 得到什么。我们知道怎样将右边的项展开成 n 的负幂次，比如 $O(n^{-5})$：

$$\ln \frac{n}{n+1} = -n^{-1} + \frac{1}{2} n^{-2} - \frac{1}{3} n^{-3} + \frac{1}{4} n^{-4} + O(n^{-5}) \,;$$
$$\frac{1}{n+1} = \quad n^{-1} - n^{-2} + n^{-3} - n^{-4} + O(n^{-5}) \,;$$
$$\frac{1}{(n+1)^2} = \qquad n^{-2} - 2n^{-3} + 3n^{-4} + O(n^{-5}) \,;$$
$$\frac{1}{(n+1)^4} = \qquad\qquad n^{-4} + O(n^{-5}) \,.$$

这样一来，近似式右边的项相加就得到

$$\ln 2 + \frac{1}{4} + \frac{1}{16} - \frac{1}{128} + \left(-1 - \frac{1}{2} + \frac{1}{2}\right)n^{-1} + \left(\frac{1}{2} - \frac{1}{2} - \frac{1}{12} + \frac{1}{12}\right)n^{-2}$$

$$+ \left(-\frac{1}{3} + \frac{1}{2} - \frac{2}{12}\right)n^{-3} + \left(\frac{1}{4} - \frac{1}{2} + \frac{3}{12} + \frac{1}{120} - \frac{1}{120}\right)n^{-4} + R_4(n)$$

$$= \ln 2 + \frac{39}{128} - n^{-1} + R_4(n) + O(n^{-5}).$$

n^{-2}、n^{-3} 和 n^{-4} 的系数正好抵消掉了，它们正应如此.

如果一切顺利，我们应该能证明 $R_4(n)$ 是渐近地很小，可能就是 $O(n^{-5})$，这样就会得到这个和式的一个近似. 我们可能证明不了这个结论，因为我们碰巧得知正确的常数项应该是 1，而不是 $\ln 2 + \frac{39}{128}$（它近似等于0.9978）. 故而 $R_4(n)$ 实际上等于 $\frac{89}{128} - \ln 2 + O(n^{-5})$，然而欧拉求和公式并没有告诉我们这个.

换句话说，我们失败了.

尝试另一种方法. 我们注意到，如果让 m 变得越来越大，则近似公式中的常数项就构成一种模式：

$$\ln 2 - \frac{1}{2}B_1 + \frac{1}{2} \times \frac{3}{4}B_2 - \frac{1}{3} \times \frac{7}{8}B_3 + \frac{1}{4} \times \frac{15}{16}B_4 - \frac{1}{5} \times \frac{31}{32}B_5 + \cdots.$$

似乎可以证明，当这个级数的项数变得无限时，这个级数趋向于1？ 但是并非如此，伯努利数变得非常大. 例如，$B_{22} = \frac{854\,513}{138} > 6192$，于是 $|R_{22}(n)|$ 要比 $|R_4(n)|$ 大得多得多. 我们彻底失败了.

然而还有一种出路，而且事实证明，这种逃逸方法在欧拉公式的其他应用中将是重要的. 其关键在于，注意当 $n \to \infty$ 时 $R_4(n)$ 趋向于一个确定的极限：

477

$$\lim_{n \to \infty} R_4(n) = -\int_1^\infty B_4\left(\{x\}\right)\left(\frac{1}{x^5} - \frac{1}{(x+1)^5}\right)\mathrm{d}x = R_4(\infty).$$

当 $x \to \infty$ 时，只要 $f^{(m)}(x) = O(x^{-2})$，积分 $\int_1^\infty B_m\left(\{x\}\right) f^{(m)}(x)\mathrm{d}x$ 就存在，而在此种情形下，$f^{(4)}(x)$ 肯定符合要求. 此外，我们有

$$R_4(n) = R_4(\infty) + \int_n^\infty B_4\left(\{x\}\right)\left(\frac{1}{x^5} - \frac{1}{(x+1)^5}\right)\mathrm{d}x$$

$$= R_4(\infty) + O\left(\int_n^\infty x^{-6}\mathrm{d}x\right) = R_4(\infty) + O(n^{-5}).$$

这样我们就用欧拉求和公式证明了，对某个常数 C 有

$$\sum_{1\leqslant k<n}\frac{1}{k(k+1)}=\ln 2+\frac{39}{128}-n^{-1}+R_4(\infty)+O(n^{-5})$$
$$=C-n^{-1}+O(n^{-5}).$$

我们并不知道这个常数是什么（必须用另外某个方法才能确定它），但是欧拉求和公式使我们能推导出这个常数存在.

假设我们选取的是 m 的一个非常大的值，那么同样的推理告诉我们

$$R_m(n)=R_m(\infty)+O(n^{-m-1})\ ,$$

这样就会得到公式

$$\sum_{1\leqslant k<n}\frac{1}{k(k+1)}=C-n^{-1}+c_2 n^{-2}+c_3 n^{-3}+\cdots+c_m n^{-m}+O(n^{-m-1})$$

（对某些常数 $c_2,c_3,\cdots$）. 我们知道诸 c 在此情形下碰巧都是零，不过为了保留某种信心（对欧拉公式，即便不是对我们自己的），我们还是要来证明它. 项 $\ln\dfrac{n}{n+1}$ 对 c_m 贡献 $(-1)^m/m$，项 $(-1)^{m+1}(B_m/m)n^{-m}$ 贡献 $(-1)^{m+1}B_m/m$，而项 $(-1)^k(B_k/k)(n+1)^{-k}$ 贡献 $(-1)^m\dbinom{m-1}{k-1}B_k/k$.

于是

$$(-1)^m c_m=\frac{1}{m}-\frac{B_m}{m}+\sum_{k=1}^{m}\binom{m-1}{k-1}\frac{B_k}{k}$$
$$=\frac{1}{m}-\frac{B_m}{m}+\frac{1}{m}\sum_{k=1}^{m}\binom{m}{k}B_k=\frac{1}{m}\big(1-B_m+B_m(1)-1\big).$$

当 $m>1$ 时它肯定为零. 我们就证明了

$$\sum_{1\leqslant k<n}\frac{1}{k(k+1)}=C-n^{-1}+O(n^{-m-1})\ ,\ 所有\ m\geqslant 1.\tag{9.82}$$

这还不足以证明这个和式恰好等于 $C-n^{-1}$，实际的值可能是 $C-n^{-1}+2^{-n}$ 或者另外的某个值. 但是欧拉求和公式的确对任意大的 m 给出了误差的界限 $O(n^{-m-1})$，即便如此，我们还是未能对任何余项显式计算出其数值.

478

求和法1（续）：概述与推广

在放下辅助工具之前，我们从更高一点的视角来回顾一下刚刚做过的事. 先从和式

$$S_n=\sum_{1\leqslant k<n}f(k)$$

开始，我们利用欧拉求和公式写成

$$S_n=F(n)-F(1)+\sum_{k=1}^{m}\big(T_k(n)-T_k(1)\big)+R_m(n)\ ,\tag{9.83}$$

其中 $F(x)$ 是 $\int f(x)\mathrm{d}x$，而 $T_k(x)$ 则是包含 B_k 和 $f^{(k-1)}(x)$ 的某一项. 我们还注意到，存在一个

常数 c，使得当 $x \to \infty$ 时

$$f^{(m)}(x) = O(x^{c-m}), \quad \text{对所有大的 } m.$$

就是说，$f(k)$ 是 $1/k(k+1)$，$F(x)$ 是 $\ln(x/(x+1))$，c 是 -2，而 $T_k(x)$ 是 $(-1)^{k+1}(B_k/k)$ $\left(x^{-k} - (x+1)^{-k}\right)$. 对所有充分大的 m 的值，这就表示这些余项有很小的尾部

$$R'_m(n) = R_m(\infty) - R_m(n)$$
$$= (-1)^{m+1} \int_n^\infty \frac{B_m(\{x\})}{m!} f^{(m)}(x) \mathrm{d}x = O(n^{c+1-m}). \tag{9.84}$$

于是我们就能断言存在一个常数 C，使得

$$S_n = F(n) + C + \sum_{k=1}^m T_k(n) - R'_m(n). \tag{9.85}$$

（注意，C 恰好合并了 $T_k(1)$ 项，这些项令人厌烦.）

在将来的问题中，只要 $R_m(\infty)$ 存在就直接断言 C 的存在，这样我们就能节省不必要的工作了. 现在假设对 $1 \leqslant x \leqslant n$ 有 $f^{(2m+2)}(x) \geqslant 0$ 以及 $f^{(2m+4)}(x) \geqslant 0$. 我们就证明了：这意味着余项（9.80）有一个简单的界

$$R_{2m}(n) = \theta_{m,n}\left(T_{2m+2}(n) - T_{2m+2}(1)\right),$$

其中 $\theta_{m,n}$ 位于0和1之间. 但是，我们实际上并不想要含有 $R_{2m}(n)$ 和 $T_{2m+2}(1)$ 的界，毕竟我们在引入常数 C 时去除了 $T_k(1)$. 我们真正想的是

$$-R'_{2m}(n) = \phi_{m,n} T_{2m+2}(n)$$

479

这样的界，其中 $0 < \phi_{m,n} < 1$，这将使得我们可以从（9.85）得出结论

$$S_n = F(n) + C + T_1(n) + \sum_{k=1}^m T_{2k}(n) + \phi_{m,n} T_{2m+2}(n), \tag{9.86}$$

从而余项的确介于零和第一个被抛弃的项之间.

对上面的方法稍加修改就可以完美地弥合一切. 我们假设

$$f^{(2m+2)}(x) \geqslant 0 \text{ 以及 } f^{(2m+4)}(x) \geqslant 0, \text{ 当 } x \to \infty \text{ 时}. \tag{9.87}$$

（9.85）的右边正好像是欧拉求和公式（9.67）取 $a = n$ 和 $b = \infty$ 时的右边的相反数，就余项而言，相邻的余项是对 m 归纳生成的. 因此上面的论证方法是适用的.

求和法2：调和数调和化

既然我们已经从一个平凡（且无风险）的例子中学习到了如此多的东西，那么就能容易解决非平凡的问题了. 我们来利用欧拉求和公式导出 H_n 的近似值，我们对此已经宣称一段时间了.

在此情形下，$f(x) = 1/x$. 根据求和法1，我们已经知道 f 的积分和导数，又当 $x \to \infty$ 时有 $f^{(m)}(x) = O(x^{-m-1})$. 于是可以立即代入公式（9.85）：对某个常数 C 有

$$\sum_{1 \leq k < n} \frac{1}{k} = \ln n + C + B_1 n^{-1} - \sum_{k=1}^{m} \frac{B_{2k}}{2k n^{2k}} - R'_{2m}(n) .$$

左边的和式是 H_{n-1}，而不是 H_n. 先处理 H_{n-1}，以后再加上 $1/n$，要比面对右边围绕 $(n+1)$ 产生的混乱局面更加方便. $B_1 n^{-1}$ 将会变成 $(B_1+1)n^{-1} = 1/(2n)$. 我们把其中的常数称为 γ 以代替 C，这是由于欧拉常数 γ 实际上就定义为 $\lim_{n \to \infty}(H_n - \ln n)$.

余项可以用我们刚刚讨论的这套理论适当地加以估计，因为对所有 $x > 0$ 有 $f^{(2m)}(x) = (2m)!/ x^{2m+1} \geq 0$. 从而（9.86）告诉我们

$$H_n = \ln n + \gamma + \frac{1}{2n} - \sum_{k=1}^{m} \frac{B_{2k}}{2k n^{2k}} - \theta_{m,n} \frac{B_{2m+2}}{(2m+2)n^{2m+2}} , \tag{9.88}$$

其中 $\theta_{m,n}$ 是介于0和1之间的某个分数. 这是个一般性的公式，它的前几项列在表9-1中. 例如，当 $m = 2$ 时，我们得到

$$H_n = \ln n + \gamma + \frac{1}{2n} - \frac{1}{12n^2} + \frac{1}{120n^4} - \frac{\theta_{2,n}}{252n^6} . \tag{9.89}$$

附带指出，这个等式即便当 $n = 2$ 时也给出了 γ 的一个好的近似值：

$$\gamma = H_2 - \ln 2 - \frac{1}{4} + \frac{1}{48} - \frac{1}{1920} + \varepsilon = 0.577\ 165 \cdots + \varepsilon ,$$

其中 ε 介于0与 $\dfrac{1}{16\ 128}$ 之间. 如果我们取 $n = 10^4$ 以及 $m = 250$，就得到 γ 的准确到1271位十进制数字的值，前面的一些值是：

$$\gamma = 0.577\ 215\ 664\ 901\ 532\ 860\ 606\ 512\ 090\ 082\ 402\ 43 \cdots . \tag{9.90}$$

欧拉常数也出现在其他公式中，这些公式允许我们对它进行更加有效的估计[345].

求和法3：斯特林近似

如果 $f(x) = \ln x$，就有 $f'(x) = 1/x$，所以我们就能利用计算倒数之和的几乎同样的方法来计算对数的和式. 欧拉求和公式给出

$$\sum_{1 \leq k < n} \ln k = n \ln n - n + \sigma - \frac{\ln n}{2} + \sum_{k=1}^{m} \frac{B_{2k}}{2k(2k-1)n^{2k-1}} + \varphi_{m,n} \frac{B_{2m+2}}{(2m+2)(2m+1)n^{2m+1}} ,$$

其中 σ 是某个常数，即 "斯特林常数"，而 $0 < \varphi_{m,n} < 1$. （在这一情形下，$f^{(2m)}(x)$ 是负的而不是正的，但是我们仍然可以说余项是由第一个被抛弃的项控制的，因为可以从 $f(x) = -\ln x$ 而不是 $f(x) = \ln x$ 开始.）将 $\ln n$ 加到两边就给出：当 $m = 2$ 时有

$$\ln n! = n \ln n - n + \frac{\ln n}{2} + \sigma + \frac{1}{12n} - \frac{1}{360n^3} + \frac{\varphi_{2,n}}{1260n^5} . \tag{9.91}$$

通过在两边取指数 $\exp$，我们就能得到表9-1中的这个逼近.（事实表明 e^σ 的值是 $\sqrt{2\pi}$，但是我们还没有准备好要来导出这个公式. 事实上，斯特林并没有发现 σ 的封闭形式，直到若干年后 de Moivre[76] 证明了这个常数的存在.）

如果 m 是固定的数，而 $n \to \infty$，则在绝对误差的意义上，这个一般性的公式可以对 $\ln n!$

得到越来越好的近似. 因此, 在相对误差的意义上, 它对 $n!$ 给出了越来越好的近似. 但是如果 n 是固定的, 而 m 增加, 则误差的界 $|B_{2m+2}|/[(2m+2)(2m+1)n^{2m+1}]$ 减小到某个地方之后开始增加. 于是近似达到某个点, 超出这点之外某种不确定原理就会限制 $n!$ 的近似程度.

海森堡可能来过这儿.①

在等式 (5.83) 中, 我们利用欧拉建议使用的定义

$$\frac{1}{\alpha!} = \lim_{n \to \infty} \binom{n+\alpha}{n} n^{-\alpha},$$

将阶乘推广到了任意实数 α. 假设 α 是一个很大的数, 那么

$$\ln \alpha! = \lim_{n \to \infty}\left(\alpha \ln n + \ln n! - \sum_{k=1}^{n} \ln(\alpha + k) \right),$$

欧拉求和公式可以用于 $f(x) = \ln(x + \alpha)$ 以估计和式:

$$\sum_{k=1}^{n} \ln(k + \alpha) = F_m(\alpha, n) - F_m(\alpha, 0) + R_{2m}(\alpha, n),$$

$$F_m(\alpha, x) = (x+\alpha)\ln(x+\alpha) - x + \frac{\ln(x+\alpha)}{2} + \sum_{k=1}^{m} \frac{B_{2k}}{2k(2k-1)(x+\alpha)^{2k-1}},$$

$$R_{2m}(\alpha, n) = \int_0^n \frac{B_{2m}(\{x\})}{2m} \frac{\mathrm{d}x}{(x+\alpha)^{2m}}.$$

(这里我们对 $a = 0$ 以及 $b = n$ 用了 (9.67), 然后在两边加上 $\ln(n+\alpha) - \ln\alpha$.) 如果我们从 $\ln n!$ 的斯特林近似式中减去 $\sum_{k=1}^{n} \ln(k+\alpha)$ 的近似式, 然后加上 $\alpha \ln n$ 并令 $n \to \infty$ 取极限, 就得到

$$\ln \alpha! = \alpha \ln \alpha - \alpha + \frac{\ln \alpha}{2} + \sigma + \sum_{k=1}^{m} \frac{B_{2k}}{(2k)(2k-1)\alpha^{2k-1}} - \int_0^\infty \frac{B_{2m}(\{x\})}{2m} \frac{\mathrm{d}x}{(x+\alpha)^{2m}},$$

因为 $\alpha \ln n + n \ln n - n + \frac{1}{2}\ln n - (n+\alpha)\ln(n+\alpha) + n - \frac{1}{2}\ln(n+\alpha) \to -\alpha$, 而其他没有出现在这里的项都趋向于零. 从而斯特林近似的性状对广义阶乘 (以及对 Γ 函数 $\Gamma(\alpha+1) = \alpha!$) 与对通常阶乘完全相同.

求和法4: 钟形求和项

我们现在转向一个别有风味的和式:

$$\Theta_n = \sum_k e^{-k^2/n} = \cdots + e^{-9/n} + e^{-4/n} + e^{-1/n} + 1 + e^{-1/n} + e^{-4/n} + e^{-9/n} + \cdots. \qquad (9.92)$$

这是一个双向无限和式, 它的项在 $k = 0$ 时达到其最大值 $e^0 = 1$. 我们称它为 Θ_n, 因为它是一个包含量 $e^{-1/n}$ 的 $p(k)$ 次幂的幂级数, 其中 $p(k)$ 是一个二次多项式, 这样的幂级数习惯上称为 "θ 函数". 如果 $n = 10^{100}$, 我们有

---

① 海森堡 (1901—1976) 是德国著名的理论物理学家, 1927年提出量子力学中著名的测不准原理. 由于在创立量子力学等方面做出了重大的贡献, 他于1932年获得了诺贝尔物理学奖.

$$e^{-k^2/n} = \begin{cases} e^{-0.01} \approx 0.990\ 05, & \text{当} k = 10^{49}\text{时}; \\ e^{-1} \approx 0.367\ 88, & \text{当} k = 10^{50}\text{时}; \\ e^{-100} < 10^{-43}, & \text{当} k = 10^{51}\text{时}. \end{cases}$$

所以一直到 k 增长到大约 $\sqrt{n}$ 之前,求和项都非常接近于1,在 k 增长到 $\sqrt{n}$ 时它的值降下来并保持接近于零. 我们可以猜想 Θ_n 是与 $\sqrt{n}$ 成比例的. 这里画的是当 $n = 10$ 时 $e^{-k^2/n}$ 的图形:

更大的 n 值只是将这个图形水平拉伸一个因子 $\sqrt{n}$.

在欧拉求和公式中令 $f(x) = e^{-x^2/n}$ 并取 $a = -\infty$ 和 $b = +\infty$,我们就可以估计 Θ_n.(如果无穷看起来过于让人害怕,就取 $a = -A$ 以及 $b = +B$,然后再取极限 $A, B \to \infty$.)如果用 $u\sqrt{n}$ 代替 x,$f(x)$ 的积分是

$$\int_{-\infty}^{+\infty} e^{-x^2/n} \mathrm{d}x = \sqrt{n} \int_{-\infty}^{+\infty} e^{-u^2} \mathrm{d}u = \sqrt{n}C,$$

$\int_{-\infty}^{+\infty} e^{-u^2} \mathrm{d}u$ 的值是熟知的,不过我们现在将它记为 C,在代入欧拉求和公式之后再回到这儿来.

我们需要知道的下一件事是导数组成的序列 $f'(x), f''(x), \cdots$,为此取

$$f(x) = g(x/\sqrt{n}), \quad g(x) = e^{-x^2}$$

很方便. 接下来,微积分的链式法则告诉我们

$$\frac{\mathrm{d}f(x)}{\mathrm{d}x} = \frac{\mathrm{d}g(y)}{\mathrm{d}y}\frac{\mathrm{d}y}{\mathrm{d}x}, \quad y = \frac{x}{\sqrt{n}},$$

而这与

$$f'(x) = \frac{1}{\sqrt{n}}g'(x/\sqrt{n})$$

是相同的. 由归纳法有

$$f^{(k)}(x) = n^{-k/2}g^{(k)}(x/\sqrt{n}).$$

例如,我们有 $g'(x) = -2xe^{-x^2}$ 以及 $g''(x) = (4x^2 - 2)e^{-x^2}$,故而

$$f'(x) = \frac{1}{\sqrt{n}}\left(-2\frac{x}{\sqrt{n}}\right)e^{-x^2/n}, \quad f''(x) = \frac{1}{n}\left(4\left(\frac{x}{\sqrt{n}}\right)^2 - 2\right)e^{-x^2/n}.$$

如果我们从更简单的函数 $g(x)$ 着手就能更容易看清所发生的事情了.

我们不需要精确计算 $g(x)$ 的导数,因为我们只打算关注 $x = \pm\infty$ 时的极限值. 为此只需要注意,$g(x)$ 的每个导数都等于 e^{-x^2} 乘以一个关于 x 的多项式:

$$g^{(k)}(x) = P_k(x)e^{-x^2}, \quad \text{其中} P_k \text{是一个} k \text{次多项式}.$$

这可由归纳法推出.

当 $x \to \pm\infty$ 时, 负指数的 e^{-x^2} 趋向于零要比 $P_k(x)$ 趋向于无穷快得多, 所以对所有 $k \geqslant 0$ 我们有

$$f^{(k)}(+\infty) = f^{(k)}(-\infty) = 0 .$$

这样一来, 所有的项

$$\sum_{k=1}^{m} \frac{B_k}{k!} f^{(k-1)}(x) \Big|_{-\infty}^{+\infty}$$

都变为零, 只剩下 $\int f(x)\mathrm{d}x$ 中的项以及余项:

$$
\begin{aligned}
\Theta_n &= C\sqrt{n} + (-1)^{m+1} \int_{-\infty}^{+\infty} \frac{B_m(\{x\})}{m!} f^{(m)}(x) \,\mathrm{d}x \\
&= C\sqrt{n} + \frac{(-1)^{m+1}}{n^{m/2}} \int_{-\infty}^{+\infty} \frac{B_m(\{x\})}{m!} g^{(m)}\left(\frac{x}{\sqrt{n}}\right) \mathrm{d}x \qquad (x = u\sqrt{n}) \\
&= C\sqrt{n} + \frac{(-1)^{m+1}}{n^{(m-1)/2}} \int_{-\infty}^{+\infty} \frac{B_m(\{u\sqrt{n}\})}{m!} P_m(u)\mathrm{e}^{-u^2} \,\mathrm{d}u \\
&= C\sqrt{n} + O(n^{(1-m)/2}) .
\end{aligned}
$$

由于 $\left| B_m\left(\{u\sqrt{n}\}\right) \right|$ 有界且只要 P 是多项式, $\int_{-\infty}^{+\infty} |P(u)| \mathrm{e}^{-u^2} \,\mathrm{d}u$ 就存在, 所以这里就得到 O 估计. (O 项中蕴涵的常数与 m 有关.)

我们已经证明了, 对任意大的 M 有 $\Theta_n = C\sqrt{n} + O(n^{-M})$, Θ_n 与 $C\sqrt{n}$ 之间的差是 "指数型的小量". 于是, 我们来确定在 Θ_n 的值中起着如此重要作用的常数 C .

确定 C 的一种方法是通过查表得到这个积分, 但是我们更希望知道怎样推导出它的值, 这样即使积分不在所列的表中也能够计算出来. 初等微积分就足以计算出 C , 只要我们有足够的智慧来观察二重积分

$$C^2 = \int_{-\infty}^{+\infty} \mathrm{e}^{-x^2} \,\mathrm{d}x \int_{-\infty}^{+\infty} \mathrm{e}^{-y^2} \,\mathrm{d}y = \int_{-\infty}^{+\infty} \int_{-\infty}^{+\infty} \mathrm{e}^{-(x^2+y^2)} \mathrm{d}x\mathrm{d}y .$$

变换成极坐标, 得到

$$
\begin{aligned}
C^2 &= \int_0^{2\pi} \int_0^{\infty} \mathrm{e}^{-r^2} r\mathrm{d}r\mathrm{d}\theta \\
&= \frac{1}{2} \int_0^{2\pi} \mathrm{d}\theta \int_0^{\infty} \mathrm{e}^{-u} \mathrm{d}u \qquad (u = r^2) \\
&= \frac{1}{2} \int_0^{2\pi} \mathrm{d}\theta = \pi .
\end{aligned}
$$

所以 $C = \sqrt{\pi}$. $x^2 + y^2 = r^2$ 是一个周长为 $2\pi r$ 的圆的方程, 这一事实以某种方式解释了为什么 π 会进入到运算之中.

计算 C 的另外一种方法是用 $\sqrt{t}$ 代替 x , 用 $\frac{1}{2} t^{-1/2}\mathrm{d}t$ 代替 $\mathrm{d}x$:

$$C = \int_{-\infty}^{+\infty} \mathrm{e}^{-x^2} \,\mathrm{d}x = 2\int_0^{\infty} \mathrm{e}^{-x^2} \,\mathrm{d}x = \int_0^{\infty} t^{-1/2} \mathrm{e}^{-t} \,\mathrm{d}t .$$

此积分等于 $\Gamma\left(\dfrac{1}{2}\right)$，因为根据（5.84）有 $\Gamma(\alpha)=\displaystyle\int_0^\infty t^{\alpha-1}\mathrm{e}^{-t}\mathrm{d}t$．于是证明了 $\Gamma\left(\dfrac{1}{2}\right)=\sqrt{\pi}$．

这样一来，最后的公式就是

$$\Theta_n=\sum_k \mathrm{e}^{-k^2/n}=\sqrt{\pi n}+O(n^{-M})，\text{对所有固定的 }M．\tag{9.93}$$

O 中的常数与 M 有关，这就是我们为什么要说 M 是"固定的".

例如当 $n=2$ 时，无限和式 Θ_2 近似等于 2.506 628 288，非常接近于 $\sqrt{2\pi}\approx 2.506\ 628\ 275$ 了，即便 n 相当小．Θ_{100} 的值与 $10\sqrt{\pi}$ 有427位十进制数字是吻合的！习题59用高深的方法对 Θ_n 推导出一个快速收敛的级数，事实证明有

$$\Theta_n/\sqrt{\pi n}=1+2\mathrm{e}^{-n\pi^2}+O(\mathrm{e}^{-4n\pi^2})．\tag{9.94}$$

求和法5：关键论点

现在，我们要来计算最后一个和式，这个和式将告诉我们斯特林常数 σ 的值．最后这个和式还描述了最后这一章及整本书里的许多其他技术，所以对我们来说，这是结束探索具体数学的合适方式.

这个最后任务看起来几乎是出奇地容易：我们要用欧拉求和公式来寻求

$$A_n=\sum_k\binom{2n}{k}$$

的渐近值.

这是已知答案（真的？）的另一种情形．对老问题尝试新方法求解总是有意义的，这使我们可以对事实加以比较，或许还能发现一些新的东西.

所以我们雄心勃勃，并意识到对 A_n 的主要贡献来自中间靠近 $k=n$ 的那些项．选取记号使得对于和式的最大贡献出现在 $k=0$ 附近，这几乎永远是一个好想法，因为这样就可以利用尾部交换技术来避开有很大 $|k|$ 的那些项．于是我们就用 $n+k$ 代替 k：

$$A_n=\sum_k\binom{2n}{n+k}=\sum_k\frac{(2n)!}{(n+k)!(n-k)!}．$$

看起来相当好，因为我们知道当 n 很大而 k 很小时如何逼近 $(n\pm k)!$.

现在我们想要执行与尾部交换技巧相关的三步程序，即想要写成

$$\frac{(2n)!}{(n+k)!(n-k)!}=a_k(n)=b_k(n)+O\big(c_k(n)\big)，\quad k\in D_n，$$

这样我们就能得到估计式

$$A_n=\sum_k b_k(n)+O\left(\sum_{k\notin D_n}a_k(n)\right)+O\left(\sum_{k\notin D_n}b_k(n)\right)+\sum_{k\in D_n}O\big(c_k(n)\big)．$$

于是我们来尝试在 $|k|$ 很小的范围里估计 $\dbinom{2n}{n+k}$．我们可以利用表9-1中的斯特林近似，

但是采用（9.91）中的对数等价形式进行处理会更加容易：

$$\ln a_k(n) = \ln(2n)! - \ln(n+k)! - \ln(n-k)!$$

$$= 2n\ln 2n - 2n + \frac{1}{2}\ln 2n + \sigma + O(n^{-1})$$

$$- (n+k)\ln(n+k) + n + k - \frac{1}{2}\ln(n+k) - \sigma + O((n+k)^{-1}) \tag{9.95}$$

$$- (n-k)\ln(n-k) + n - k - \frac{1}{2}\ln(n-k) - \sigma + O((n-k)^{-1})$$

我们想将它变换成一个合适且简单的 O 估计式.

借助尾部交换法，我们能够处理仅当 k 在"主要的"集合 D_n 中才成立的估计式. 但是应该如何定义 D_n 呢？我们必须使得 D_n 足够小，以便得到一个好的估计. 例如，我们最好不要让 k 接近 n，否则（9.95）中的项 $O\big((n-k)^{-1}\big)$ 就会变得无限大. 而 D_n 也必须要足够大，这样可以使得尾项（即满足 $k \notin D_n$ 的项）与总的和式相比小到忽略不计. 要寻找到适当的集合 D_n，就要不断尝试、纠错. 在这个问题中，我们要做的计算将会指出，如下定义是明智的：

$$k \in D_n \Leftrightarrow |k| \leqslant n^{1/2+\varepsilon}. \tag{9.96}$$

这里的 ε 是一个很小的正常数，在设法了解了问题的对象之后，可以对它加以选取.（我们的 O 估计与 ε 的值有关.）等式（9.95）现在就简化为

$$\ln a_k(n) = \left(2n + \frac{1}{2}\right)\ln 2 - \sigma - \frac{1}{2}\ln n + O(n^{-1})$$

$$- \left(n + k + \frac{1}{2}\right)\ln(1 + k/n) - \left(n - k + \frac{1}{2}\right)\ln(1 - k/n). \tag{9.97}$$

（我们已经提取出了对数的大的部分，记

$$\ln(n \pm k) = \ln n + \ln(1 \pm k/n)，$$

这就使得 $\ln n$ 项中许多被抵消掉.）

现在需要将 $\ln(1 \pm k/n)$ 渐近地展开，直到得到一个当 $n \to \infty$ 时趋向零的误差项. 我们用 $\left(n \pm k + \frac{1}{2}\right)$ 乘以 $\ln(1 \pm k/n)$，这样就能利用 $|k| \leqslant n^{1/2+\varepsilon}$ 这一假设将此对数展开，直到得到 $o(n^{-1})$：

$$\ln\left(1 \pm \frac{k}{n}\right) = \pm\frac{k}{n} - \frac{k^2}{2n^2} + O(n^{-3/2+3\varepsilon}).$$

用 $n \pm k + \frac{1}{2}$ 相乘即得

$$\pm k - \frac{k^2}{2n} + \frac{k^2}{n} + O(n^{-1/2+3\varepsilon})，$$

再加上其他吸收到 $O(n^{-1/2+3\varepsilon})$ 中的项. 所以（9.97）就变成

实际上我不处于控制地位.

$$\ln a_k(n) = \left(2n + \frac{1}{2}\right)\ln 2 - \sigma - \frac{1}{2}\ln n - k^2/n + O(n^{-1/2+3\varepsilon}).$$

取指数，我们就有

$$a_k(n) = \frac{2^{2n+1/2}}{e^\sigma \sqrt{n}} e^{-k^2/n}\left(1 + O(n^{-1/2+3\varepsilon})\right). \tag{9.98}$$

487

这就是近似，得到

$$b_k(n) = \frac{2^{2n+1/2}}{e^\sigma \sqrt{n}} e^{-k^2/n}, \quad c_k(n) = 2^{2n} n^{-1+3\varepsilon} e^{-k^2/n}.$$

注意到 k 以一种非常简单的方式进入到 $b_k(n)$ 和 $c_k(n)$ 之中. 我们很幸运，因为是要对 k 求和.

尾部交换技巧告诉我们，如果完成了一项很好的估计任务，则 $\sum_k a_k(n)$ 就近似等于 $\sum_k b_k(n)$. 于是我们要来估计

$$\sum_k b_k(n) = \frac{2^{2n+1/2}}{e^\sigma \sqrt{n}} \sum_k e^{-k^2/n} = \frac{2^{2n+1/2}}{e^\sigma \sqrt{n}} \Theta_n = \frac{2^{2n}\sqrt{2\pi}}{e^\sigma}\left(1 + O(n^{-M})\right).$$

多么迷人的巧合.

（幸运又一次降临：我们得以利用前面例子中的和式 Θ_n. ）这是鼓舞人心的，因为我们知道原来的和式实际上是

$$A_n = \sum_k \binom{2n}{k} = (1+1)^{2n} = 2^{2n}.$$

这样看起来好像会有 $e^\sigma = \sqrt{2\pi}$ ，如所宣称的一样.

但是有一个隐含的困难: 仍然需要证明我们的估计式足够好. 所以首先来观察由 $c_k(n)$ 贡献的误差:

$$\sum_c(n) = \sum_{|k| \leqslant n^{1/2+\varepsilon}} 2^{2n} n^{-1+3\varepsilon} e^{-k^2/n} \leqslant 2^{2n} n^{-1+3\varepsilon} \Theta_n = O\left(2^{2n} n^{-\frac{1}{2}+3\varepsilon}\right).$$

好的，如果 $3\varepsilon < \frac{1}{2}$ ，那么它就渐近地小于前一个和式.

接下来必须要检查尾部. 我们有

$$\sum_{k>n^{1/2+\varepsilon}} e^{-k^2/n} < \exp(-\lfloor n^{1/2+\varepsilon}\rfloor^2/n)(1 + e^{-1/n} + e^{-2/n} + \cdots) = O\left(e^{-n^{2\varepsilon}}\right) \cdot O(n),$$

它对所有 M 都等于 $O(n^{-M})$ ，所以 $\sum_{k \notin D_n} b_k(n)$ 是渐近地忽略不计的. （我们恰好在 $n^{1/2+\varepsilon}$ 处选择截断，从而使得 $e^{-k^2/n}$ 在 D_n 之外像指数般那样小. 像 $n^{1/2}\log n$ 这样的其他选择也会足够好，所得到的估计会更精确一些，不过公式会变得更加复杂. 我们不需要做出最好可能的估计，因为我们的主要目的是确定常数 σ 的值. ）类似地，另一个尾部

$$\sum_{k>n^{1/2+\varepsilon}} \binom{2n}{n+k}$$

488

以 $2n$ 乘以它的最大项为界，它的最大项出现在截断点 $k \approx n^{1/2+\varepsilon}$. 这一项已知近似等于 $b_k(n)$ ，

我不喜欢到达冗长又艰深的书的结尾时，作者连一句良好祝福的话都没有. 最好能看到一句"感谢你阅读本书，希望它对你有用"之类的话，而不是在结尾一段漫长枯燥的证明后，面对一个僵硬冰冷的硬壳封面. 你明白吗？

它与 A_n 相比是指数型小的量，而指数型小的乘数就消除掉了 $2n$ 这个因子.

这样我们就成功地应用尾部交换技巧证明了估计式

$$2^{2n} = \sum_k \binom{2n}{k} = \frac{\sqrt{2\pi}}{\mathrm{e}^\sigma} 2^{2n} + O(2^{2n} n^{-\frac{1}{2}+3\varepsilon}), \quad 0 < \varepsilon < \frac{1}{6}. \tag{9.99}$$

我们可以选取 $\varepsilon = \dfrac{1}{8}$，这就得到结论

$$\sigma = \frac{1}{2}\ln 2\pi.$$

证明完毕.

感谢你阅读本书，希望它对你有用.

——作者

习题

热身题

1　证明或推翻：如果 $f_1(n) \prec g_1(n)$，且 $f_2(n) \prec g_2(n)$，那么就有

$$f_1(n) + f_2(n) \prec g_1(n) + g_2(n).$$

2　哪一个函数增长得更快：

a　$n^{(\ln n)}$ 还是 $(\ln n)^n$？

b　$n^{(\ln\ln\ln n)}$ 还是 $(\ln n)!$？

c　$(n!)!$ 还是 $((n-1)!)!(n-1)!^{n!}$？

d　$F^2_{\lceil H_n \rceil}$ 还是 H_{F_n}？

3　下面的推理何处出了毛病？"由于 $n = O(n)$ 以及 $2n = O(n)$，如此等等，我们就有 $\sum_{k=1}^n kn = \sum_{k=1}^n O(n) = O(n^2).$ "

4　给出一个 O 记号在等式左边成立而在右边就不成立的例子.（不要使用用零相乘的技巧，那样就太容易了.）提示：考虑取极限.

5　证明或推翻：如果对所有 n，$f(n)$ 和 $g(n)$ 都是正的，那么 $O(f(n)+g(n)) = f(n)+O(g(n))$.（与 (9.27) 比较.）

6　用 $(n+O(\sqrt{n}))$ 乘以 $(\ln n + \gamma + O(1/n))$，并将你的答案用 O 记号表示.

7　估计 $\sum_{k\geq0} \mathrm{e}^{-k/n}$，精确到绝对误差 $O(n^{-1})$.

基础题

8　给出函数 $f(n)$ 和 $g(n)$ 的一个例子，使得尽管 $f(n)$ 和 $g(n)$ 两者都单调增加到 ∞，三个关系式 $f(n) \prec g(n)$，$f(n) \succ g(n)$，$f(n) \asymp g(n)$ 却无一成立.

9　根据 O 的函数集合的定义，通过证明 (9.22) 的左边是右边的一个子集来严格证明 (9.22).

10　证明或推翻：对所有实数 x 都有 $\cos O(x) = 1 + O(x^2)$.

11 证明或推翻: $O(x+y)^2 = O(x^2) + O(y^2)$.

12 证明: 当 $n \to \infty$ 时

$$1 + \frac{2}{n} + O(n^{-2}) = \left(1 + \frac{2}{n}\right)\left(1 + O(n^{-2})\right).$$

13 计算 $\left(n + 2 + O(n^{-1})\right)^n$, 精确到相对误差 $O(n^{-1})$.

14 证明 $(n+\alpha)^{n+\beta} = n^{n+\beta}\mathrm{e}^\alpha\left(1 + \alpha\left(\beta - \frac{1}{2}\alpha\right)n^{-1} + O(n^{-2})\right)$.

15 对 "中间的" 三项系数 $\binom{3n}{n,n,n}$ 给出一个渐近公式, 精确到相对误差 $O(n^{-3})$.

16 证明, 如果对 $0 < x < \frac{1}{2}$ 有 $B(1-x) = -B(x) \geqslant 0$, 我们就有

$$\int_a^b B(\{x\}) f(x)\mathrm{d}x \geqslant 0,$$

如果又假设对 $a \leqslant x \leqslant b$ 有 $f'(x) \geqslant 0$.

17 利用生成函数证明, 对所有 $m \geqslant 0$ 都有 $B_m\left(\frac{1}{2}\right) = (2^{1-m} - 1)B_m$.

18 当 $\alpha > 0$ 时, 求出 $\sum_k \binom{2n}{k}^\alpha$ 精确到相对误差 $O(n^{-1/4})$ 的渐近式.

作业题

19 当 $n = 10$、$z = \alpha = 0.1$ 以及 $O(f(n)) = O(f(z)) = 0$ 时, 利用计算机比较表9-1中渐近公式的左边和右边.

20 当 $n \to \infty$ 时, 证明或推翻下面的估计式:

a $O\left(\left(\frac{n^2}{\log\log n}\right)^{1/2}\right) = O\left(\lfloor\sqrt{n}\rfloor^2\right)$.

b $\mathrm{e}^{(1+O(1/n))^2} = \mathrm{e} + O(1/n)$.

c $n! = O\left(\left((1 - 1/n)^n n\right)^n\right)$.

21 等式 (9.48) 给出第 n 个素数, 其相对误差为 $O(\log n)^{-2}$. 从 (9.31) 在 (9.46) 中的另外一项开始, 将相对误差精确到 $O(\log n)^{-3}$.

22 将 (9.54) 精确到 $O(n^{-3})$.

23 进一步推进近似式 (9.62), 精确到绝对误差 $O(n^{-3})$. 提示: 设 $g_n = c/(n+1)(n+2) + h_n$, h_n 满足什么样的递归式?

24 设 $a_n = O(f(n))$, $b_n = O(f(n))$. 证明或推翻: 在下述诸情形下, 卷积 $\sum_{k=0}^n a_k b_{n-k}$ 也等于 $O(f(n))$:

a $f(n) = n^{-\alpha}$, $\alpha > 1$.

b $f(n) = \alpha^{-n}$, $\alpha > 1$.

25 证明 (9.1) 和 (9.2), 这是本章开始时的结果.

26 等式（9.91）指出了怎样计算 $\ln 10!$ 达到绝对误差 $< \dfrac{1}{126\,000\,000}$. 因此，如果取指数，就得到 $10!$ 带有相对误差小于 $e^{1/126\,000\,000} - 1 < 10^{-8}$ 的估计式. （事实上，近似公式给出 $3\,628\,799.971\,4$. ）如果现在就舍入到最接近的整数（因为知道 $10!$ 是整数），我们就得到准确的结果.

如果斯特林近似公式中足够多的项被计算进去，是否总是可以用类似的方法计算 $n!$ ？当 n 是一个固定的（大）整数时，估计 m 的值，使得能对 $\ln n!$ 给出最好的近似. 将它与 $n!$ 本身的近似式中的绝对误差做比较.

27 用欧拉求和公式求 $H_n^{(-\alpha)} = \sum_{k=1}^{n} k^\alpha$ 的渐近值，其中 α 是任何固定的实数. （你的答案有可能包含一个常数，而你并不知道这个常数的封闭形式. ）

28 习题5.13定义了超阶乘函数 $Q_n = 1^1 2^2 \cdots n^n$. 求 Q_n 的带有相对误差 $O(n^{-1})$ 的渐近值.
（你的答案有可能包含一个常数，而你并不知道这个常数的封闭形式. ）

29 如同上一题，估计函数 $1^{1/1} 2^{1/2} \cdots n^{1/n}$.

30 当 l 是一个固定的非负整数时，求 $\sum_{k \geqslant 0} k^l e^{-k^2/n}$ 的带有绝对误差 $O(n^{-3})$ 的渐近值.

31 当 $c > 1$ 而 m 是一个正整数时，计算 $\sum_{k \geqslant 0} 1/(c^k + c^m)$ 的带有绝对误差 $O(c^{-3m})$ 的渐近值.

考试题

32 计算 $e^{H_n + H_n^{(2)}}$ 精确到绝对误差 $O(n^{-1})$.

33 计算 $\sum_{k \geqslant 0} \dbinom{n}{k} / n^{\bar{k}}$ 精确到绝对误差 $O(n^{-3})$.

34 确定从 A 到 F 的值，使得 $(1 + 1/n)^{nH_n}$ 等于

$$An + B(\ln n)^2 + C \ln n + D + \frac{E(\ln n)^2}{n} + \frac{F \ln n}{n} + O(n^{-1}) .$$

35 计算 $\sum_{k=1}^{n} 1/kH_k$ 精确到绝对误差 $O(1)$.

36 计算 $S_n = \sum_{k=1}^{n} 1/(n^2 + k^2)$ 精确到绝对误差 $O(n^{-5})$.

37 计算 $\sum_{k=1}^{n} (n \bmod k)$ 精确到绝对误差 $O(n \log n)$.

491 **38** 计算 $\sum_{k \geqslant 0} k^k \dbinom{n}{k}$ 精确到相对误差 $O(n^{-1})$.

39 计算 $\sum_{0 \leqslant k < n} \ln(n-k)(\ln n)^k / k!$ 精确到绝对误差 $O(n^{-1})$. 提示：证明 $k \geqslant 10 \ln n$ 的项可以忽略不计.

40 设 m 是一个（固定的）正整数. 计算 $\sum_{k=1}^{n} (-1)^k H_k^m$ 精确到绝对误差 $O(1)$.

41 计算"斐波那契阶乘" $\prod_{k=1}^{n} F_k$ 精确到相对误差 $O(n^{-1})$ 或者更好. 你的答案有可能包含一个常数，而你并不知道其值的封闭形式.

42 设 α 是 $0 < \alpha < \dfrac{1}{2}$ 的一个常数. 在前几章里我们已经看到，对于和式 $\sum_{k \leqslant \alpha n} \dbinom{n}{k}$ 没有一般的封闭形式. 证明，但存在一个渐近公式

$$\sum_{k \leqslant \alpha n} \binom{n}{k} = 2^{nH(\alpha) - \frac{1}{2} \lg n + O(1)} ,$$

其中 $H(\alpha)=\alpha\lg\dfrac{1}{\alpha}+(1-\alpha)\lg\left(\dfrac{1}{1-\alpha}\right)$. 提示：证明对 $0<k\leqslant\alpha n$ 有 $\dbinom{n}{k-1}<\dfrac{\alpha}{1-\alpha}\dbinom{n}{k}$.

43 （如同在第7章里考虑过的那样）证明：对某个常数 c，换 n 美分零钱的方法数 C_n 渐近地等于 $cn^4+O(n^3)$. 这个常数等于什么？

44 证明，当 $x\to\infty$ 时有

$$x^{1/2}=x^{1/2}\begin{bmatrix}1/2\\1/2\end{bmatrix}-x^{-1/2}\begin{bmatrix}1/2\\-1/2\end{bmatrix}+x^{-3/2}\begin{bmatrix}1/2\\-3/2\end{bmatrix}+O(x^{-5/2}).$$

（记住（5.88）中的定义 $x^{1/2}=x!\Big/\left(x-\dfrac{1}{2}\right)!$，而关于一般的斯特林数的定义在表6-8中.）

45 设 α 是0和1之间的一个无理数. 第3章讨论了量 $D(\alpha,n)$，它度量了分数部分 $\{k\alpha\}$（$0\leqslant k<n$）偏离一致分布的最大偏差. 递归式

$$D(\alpha,n)\leqslant D\left(\{\alpha^{-1}\},\lfloor\alpha n\rfloor\right)+\alpha^{-1}+2$$

在（3.31）中被证明，另外我们还有显然的界

$$0\leqslant D(\alpha,n)\leqslant n.$$

证明 $\lim_{n\to\infty}D(\alpha,n)/n=0$. 提示：第6章讨论了连分数.

46 证明：习题7.15中的贝尔数 $\varpi_n=\mathrm{e}^{-1}\sum_{k\geqslant0}k^n/k!$ 渐近地等于

$$m(n)^n\mathrm{e}^{m(n)-n-1/2}/\sqrt{\ln n},$$

其中 $m(n)\ln m(n)=n-\dfrac{1}{2}$，并估计这个近似式中的相对误差.

47 设 m 是一个 $\geqslant2$ 的整数. 分析两个和式

$$\sum_{k=1}^{n}\lfloor\log_m k\rfloor \quad\text{和}\quad \sum_{k=1}^{n}\lceil\log_m k\rceil,$$

哪一个和式渐近地接近于 $\log_m n!$？

48 考虑一个用十进制记号表示的调和数 H_k（$1\leqslant k\leqslant n$）的表. 第 k 个数 $\widehat{H}_k$ 正确地舍入到 d_k 位有效数字，其中 d_k 的值恰好大到能将这个值与 H_{k-1} 以及 H_{k+1} 的值区别开来. 例如，下面是从这个表中取出来的部分数据，它给出五组数据，其中 H_k 超过10：

k	H_k	$\widehat{H}_k$	d_k
12364	9.99980041−	9.9998	5
12365	9.99988128+	9.9999	5
12366	9.99996215−	9.99996	6
12367	10.00004301−	10.0000	6
12368	10.00012386+	10.0001	6

估计表中数字位数的总和 $\sum_{k=1}^{n}d_k$，精确到绝对误差 $O(n)$.

49 在第6章里我们提到经过 n 秒后到达伸展的橡皮筋终点处的一条蠕虫的故事，其中 $H_{n-1}<100\leqslant H_n$. 证明，如果 n 是一个正整数，它使得 $H_{n-1}\leqslant\alpha\leqslant H_n$，那么

$$\lfloor e^{\alpha-\gamma} \rfloor \leqslant n \leqslant \lceil e^{\alpha-\gamma} \rceil.$$

50 硅谷的风险投资家得到一个产生指数级回报的投资交易机会：当 $n \geqslant 2$ 时，对 n 百万美元的投资，GKP财团承诺一年之后会给予最高 N 百万美元的回报，其中 $N = 10^n$. 当然其中有某些风险，实际的交易是对每个整数 k（$1 \leqslant k \leqslant N$），GKP均以概率 $1/\left(k^2 H_N^{(2)}\right)$ 给付 k 百万美元.（所有付款都是按照百万美元级别进行的，即恰好为一百万美元的倍数，回报是由一个真正随机的过程决定的.）注意，投资者总是会至少得到一百万美元的回报.

a 如果投资 n 百万美元，那么一年之后的渐近期望回报值是多少？（换句话说，给付的平均值是什么？）你的答案应当精确到绝对误差 $O(10^{-n})$ 美元.

b 如果你投资了 n 百万美元，那么你获得利润的渐近概率是什么？（换句话说，你获得的回报多于你付出的机会有多大？）你这里的答案应当精确到绝对误差 $O(10^{-3})$.

> 我曾经挣了 $O(10^{-n})$ 美元.

附加题

51 证明或推翻：当 $n \to \infty$ 时有 $\int_n^{\infty} O(x^{-2}) \mathrm{d}x = O(n^{-1})$.

52 证明存在一个幂级数 $A(z) = \sum_{k \geqslant 0} a_n z^n$，它对所有的复数 z 收敛，且满足

$$\left. A(n) \succ n^{n^{n^{\cdot^{\cdot^{\cdot^n}}}}} \right\} n.$$

53 证明如果 $f(x)$ 是一个函数，对所有 $x \geqslant 0$，它的导数满足

$$f'(x) \leqslant 0 , \quad -f''(x) \leqslant 0 , \quad f'''(x) \leqslant 0 , \quad \cdots , \quad (-1)^m f^{(m+1)}(x) \leqslant 0 ,$$

那么对 $x \geqslant 0$ 就有

$$f(x) = f(0) + \frac{f'(0)}{1!} x + \cdots + \frac{f^{(m-1)}(0)}{(m-1)!} x^{m-1} + O(x^m), \ x \geqslant 0 .$$

特别地，$f(x) = -\ln(1+x)$ 的情形就对所有 $k, n > 0$ 证明了（9.64）.

54 设 $f(x)$ 是一个正的可微函数，当 $x \to \infty$ 时有 $xf'(x) \prec f(x)$. 证明

$$\sum_{k \geqslant n} \frac{f(k)}{k^{1+\alpha}} = O\left(\frac{f(n)}{n^{\alpha}}\right), \quad \alpha > 0 .$$

提示：考虑量 $f\left(k - \frac{1}{2}\right) \bigg/ \left(k - \frac{1}{2}\right)^{\alpha} - f\left(k + \frac{1}{2}\right) \bigg/ \left(k + \frac{1}{2}\right)^{\alpha}$.

55 改进（9.99），精确到相对误差 $O(n^{-3/2+5\varepsilon})$.

56 量 $Q(n) = 1 + \dfrac{n-1}{n} + \dfrac{n-1}{n}\dfrac{n-2}{n} + \cdots = \sum_{k \geqslant 1} n^{\underline{k}} / n^k$ 出现在许多算法的分析中. 求它精确到绝对误差 $o(1)$ 的渐近值.

57 在（9.54）中我们得到了哥隆和式 $\sum_{k \geqslant 1} 1/k \lfloor 1 + \log_n k \rfloor^2$ 的一个渐近公式. 对没有底括号的类似的和式 $\sum_{k \geqslant 1} 1/k (1 + \log_n k)^2$ 求出其渐近公式. 提示：考虑积分 $\int_0^{\infty} u e^{-tu} k^{-tu} \mathrm{d}u = 1/(1 + t \ln k)^2$.

58 利用留数计算，在正方形围道 $z = x + \mathrm{i}y$（$\max(|x|, |y|) = M + \dfrac{1}{2}$）上计算积分

$$\frac{1}{2\pi i}\oint \frac{2\pi i e^{2\pi i z\theta}}{e^{2\pi i z}-1}\frac{dz}{z^m},$$

然后令整数 $M\to\infty$，由此证明对 $m\geqslant 2$ 有

$$B_m\left(\{x\}\right)=-2\frac{m!}{(2\pi)^m}\sum_{k\geqslant 1}\frac{\cos(2\pi kx-\frac{1}{2}\pi m)}{k^m}.$$

59 设 $\Theta_n(t)=\sum_k e^{-(k+t)^2/n}$ 是 t 的周期函数．证明：$\Theta_n(t)$ 的傅里叶级数展开式是

$$\Theta_n(t)=\sqrt{\pi n}\left(1+2e^{-\pi^2 n}(\cos 2\pi t)+2e^{-4\pi^2 n}(\cos 4\pi t)+2e^{-9\pi^2 n}(\cos 6\pi t)+\cdots\right).$$

（这个公式对于等式（9.93）中的和式 $\Theta_n=\Theta_n(0)$ 给出一个快速收敛的级数．）

60 解释：为什么渐近展开式

$$\binom{2n}{n}=\frac{4^n}{\sqrt{\pi n}}\left(1-\frac{1}{8n}+\frac{1}{128n^2}+\frac{5}{1024n^3}-\frac{21}{32\,768n^4}+O(n^{-5})\right)$$

中系数的分母全都含有2的幂．

61 习题45证明了：对所有无理数 α，偏差 $D(\alpha,n)$ 都是 $o(n)$．找出一个无理数 α，使得 $D(\alpha,n)$ 对任何 $\varepsilon>0$ 都不等于 $O(n^{1-\varepsilon})$．

62 给定 n，令 $\left\{\begin{matrix}n\\m(n)\end{matrix}\right\}=\max_k\left\{\begin{matrix}n\\k\end{matrix}\right\}$ 是斯特林子集三角形的第 n 行中最大的元素．证明：对所有充分大的 n，有 $m(n)=\left\lfloor\overline{m}(n)\right\rfloor$ 或者 $m(n)=\left\lceil\overline{m}(n)\right\rceil$，其中

$$\overline{m}(n)\left(\overline{m}(n)+2\right)\ln\left(\overline{m}(n)+2\right)=n\left(\overline{m}(n)+1\right).$$ 提示：这是很难的问题．

63 证明：习题2.36的哥隆的自描述序列满足 $f(n)=\phi^{2-\phi}n^{\phi-1}+O(n^{\phi-1}/\log n)$．

64 寻求恒等式

$$\sum_{n\geqslant 1}\frac{\cos 2n\pi x}{n^2}=\pi^2\left(x^2-x+\frac{1}{6}\right),\quad 0\leqslant x\leqslant 1$$

495

的一个只用到"欧拉的"（18世纪）数学的证明．

65 渐近级数

$$1+\frac{1}{n-1}+\frac{1}{(n-1)(n-2)}+\cdots+\frac{1}{(n-1)!}=a_0+\frac{a_1}{n}+\frac{a_2}{n^2}+\cdots$$

的系数是什么？

研究题

66 寻求斯特林近似的一个"组合"证明．（注意，n^n 是 $\{1,2,\cdots,n\}$ 到自身内的映射的个数，而 $n!$ 则是 $\{1,2,\cdots,n\}$ 到自身映上的映射[①]的个数．）

---

① 所谓"映上的映射"就是通常所称的"满映射"．

67 考虑一个 $n \times n$ 点阵列，其中 $n \geq 3$ ，在此阵列中每个点有四个相邻的点.（在边缘上我们依照模 n "围包".）设 χ_n 是按照这样的方式对这些点指定红色、白色和蓝色的方法数：相邻的点具有不同的颜色.（从而 $\chi_3 = 12$.）证明

$$\chi_n \sim \left(\frac{4}{3}\right)^{3n^2/2} e^{-\pi/6} .$$

68 设 Q_n 是使得 $H_m > n$ 成立的最小整数 m ．求使得 $Q_n \neq \left\lfloor e^{n-\gamma} + \frac{1}{2} \right\rfloor$ 成立的最小整数 n ，或者证明不存在这样的 n .

496

伙计们，这……就……是本书的全部内容了！

习题答案

ANSWERS TO EXERCISES

这里给出了所有习题的答案（至少是简要的解答），有一些答案甚至超出了问题所要求的. 读者如果能在浏览这一附录之前真正努力寻求答案，那么将会获得最好的学习效果.

对于研究题的解答（或者部分解答），或者是对于非研究题的任何更简单（更正确）的解答方法，作者都有兴趣了解.

（这本书中每一个错误的第一位发现者都将获得2.56美元的奖励.）

这是不是意味着我必须找出每一个错误？

（我们的意思是指"任何错误".）

那是否意味着只有一个人得到奖赏？

（嗯，试试看吧.）

1.1 除了 $n = 2$ 的情形，证明是妥当的. 如果由两匹马组成的所有集合中马都具有相同的颜色，那么这个命题就对任意个数马匹的情形为真.

1.2 如果 X_n 是移动的次数，那么有 $X_0 = 0$，而对 $n > 0$ 则有 $X_n = X_{n-1} + 1 + X_{n-1} + 1 + X_{n-1}$. 由此推出（例如在两边加1）$X_n = 3^n - 1$. （移动 $\frac{1}{2} X_n$ 次后，整个塔将位于中间的桩柱上，离最终结果还有一半的路程！）

1.3 有 3^n 种可能的安置方式，因为每一个圆盘可以放在任何一根桩柱上. 我们必定会遇到所有的安置方式，因为最简捷的解答要 $3^n - 1$ 次移动. （这个结构等价于"三进制格雷码"，它取遍从 $(0 \cdots 0)_3$ 到 $(2 \cdots 2)_3$ 的所有数，每次只改变一位数字. ）

1.4 不. 如果最大的圆盘不需要移动，（根据归纳法）$2^{n-1} - 1$ 次移动就够了；反之 $(2^{n-1} - 1) + 1 + (2^{n-1} - 1)$ 次移动就够了（再次根据归纳法）.

1.5 不能. 不同的圆至多相交于两点，所以第四个圆至多将区域个数增加到14. 然而，用卵形有可能做得到.

事实表明，交点的个数给出了全部的细节，凸性是转移注意力的话题.

维恩[359]断言，没有办法用椭圆描述五个集合的情形，但是Grünbaum[167]却发现了一个用椭圆描述五个集合的构造.

417

这个答案假设了 $n > 0$.

1.6 如果第 n 条直线与前面的直线交于 $k > 0$ 个不同的点, 我们就得到 $k-1$ 个新的有界区域 (假设前面的直线互不平行) 和两个新的无限区域. 于是有界区域的最大个数是 $(n-2)+(n-3)+\cdots = S_{n-2} = (n-1)(n-2)/2 = L_n - 2n$.

1.7 归纳法的基础未经证实, 而且实际上有 $H(1) \neq 2$.

1.8 $Q_2 = (1+\beta)/\alpha$; $Q_3 = (1+\alpha+\beta)/\alpha\beta$; $Q_4 = (1+\alpha)/\beta$; $Q_5 = \alpha$; $Q_6 = \beta$. 所以此序列是周期的!

1.9 (a) 我们从不等式

$$x_1 \cdots x_{n-1} \left(\frac{x_1 + \cdots + x_{n-1}}{n-1} \right) \leqslant \left(\frac{x_1 + \cdots + x_{n-1}}{n-1} \right)^n$$

得到 $P(n-1)$.

(b) 由 $P(n)$ 有 $x_1 \cdots x_n x_{n+1} \cdots x_{2n} \leqslant \left(((x_1 + \cdots + x_n)/n)((x_{n+1} + \cdots + x_{2n})/n) \right)^n$; 根据 $P(2)$, 这个内部的乘积 $\leqslant ((x_1 + \cdots + x_{2n})/2n)^2$.

(c) 例如, 由 $P(2) \to P(4) \to P(3) \to P(6) \to P(5)$ 得出.

1.10 首先证明, 当 $n > 0$ 时有 $R_n = R_{n-1} + 1 + Q_{n-1} + 1 + R_{n-1}$. 附带指出, 第7章的方法会告诉我们

$$Q_n = \left((1+\sqrt{3})^{n+1} - (1-\sqrt{3})^{n+1} \right) / (2\sqrt{3}) - 1.$$

1.11 (a) 最佳策略是移动一个双重 $(n-1)$ 塔, 接着移动 (将次序反过来) 两个最大的圆盘, 然后再次移动双重 $(n-1)$ 塔, 从而 $A_n = 2A_{n-1} + 2$, $A_n = 2T_n = 2^{n+1} - 2$. 这个解交换了两个最大的圆盘, 而将其余的 $2n-2$ 个圆盘按其原来的次序放回.

(b) 设 B_n 是最少移动次数. 这样就有 $B_1 = 3$, 可以证明, 当 $n > 1$ 时任何策略都做不到优于 $B_n = A_{n-1} + 2 + A_{n-1} + 2 + B_{n-1}$. 于是对所有 $n > 0$ 有 $B_n = 2^{n+2} - 5$. 令人惊奇的是, 这恰好是 $2A_n - 1$, 而且我们还有 $B_n = A_{n-1} + 1 + A_{n-1} + 1 + A_{n-1} + 1 + A_{n-1}$.

1.12 如果所有 $m_k > 0$, 那么 $A(m_1, \cdots, m_n) = 2A(m_1, \cdots, m_{n-1}) + m_n$. 这是一个 "推广的约瑟夫" 型的方程, 它的解是 $(m_1 \cdots m_n)_2 = 2^{n-1} m_1 + \cdots + 2m_{n-1} + m_n$.

附带说一下, 习题1.11b的相应推广似乎满足递归式

$$B(m_1, \cdots, m_n) = \begin{cases} A(m_1, \cdots, m_n), & m_n = 1; \\ 2m_n - 1, & n = 1; \\ 2A(m_1, \cdots, m_{n-1}) + 2m_n + B(m_1, \cdots, m_{n-1}), & n > 1 \text{ 且 } m_n > 1. \end{cases}$$

1.13 对于定义了 L_n 个区域的 n 条直线, 我们可以用具有充分长线段的极狭窄的Z形线代替它们, 使得每一对Z形线之间有9个交点. 这就表明对所有 $n > 0$ 有 $ZZ_n = ZZ_{n-1} + 9n - 8$, 于是 $ZZ_n = 9S_n - 8n + 1 = \frac{9}{2}n^2 - \frac{7}{2}n + 1$.

1.14 每一道新切痕所定义的新的三维区域的个数, 就是在新的平面上与先前那些平面相交的二维区域的个数. 因此 $P_n = P_{n-1} + L_{n-1}$, 而事实表明 $P_5 = 26$. (在一个立方体形状的奶酪上, 六道切痕可以做出27个小立方体, 或者最多做出 $P_6 = 42$ 个形状更为奇特的切块.)

附带指出如果我们用二项式系数 (见第5章) 将它表示出来, 这个递归式的解符合一个很好的模式:

$$X_n = \binom{n}{0} + \binom{n}{1};$$

$$L_n = \binom{n}{0} + \binom{n}{1} + \binom{n}{2};$$

$$P_n = \binom{n}{0} + \binom{n}{1} + \binom{n}{2} + \binom{n}{3}.$$

这里 X_n 是由一条直线上的 n 个点所定义的一维区域的最大个数.

1.15 当 $n>1$ 时, 函数 I 与 J 满足同样的递归式, 但是 $I(1)$ 没有定义. 由于 $I(2)=2$, $I(3)=1$, 所以不存在 $I(1)=\alpha$ 的数值使得我们可以沿用一般性的方法, 展开的"死亡游戏"依赖于 n 的二进制表示的头两位数字.

如果 $n=2^m+2^{m-1}+k$, 其中 $0 \leqslant k < 2^{m+1}+2^m-(2^m+2^{m-1})=2^m+2^{m-1}$, 那么对所有的 $n>2$, 解就是 $I(n)=2k+1$. 用表达式 $n=2^m+l$ 表示是

$$I(n)=\begin{cases} J(n)+2^{m-1}, & 0 \leqslant l < 2^{m-1}; \\ J(n)-2^m, & 2^{m-1} \leqslant l < 2^m. \end{cases}$$

1.16 设 $g(n)=a(n)\alpha+b(n)\beta_0+c(n)\beta_1+d(n)\gamma$. 由 (1.18) 知, 当 $n=(1b_{m-1}\cdots b_1b_0)_2$ 时有 $a(n)\alpha+b(n)\beta_0+c(n)\beta_1=(\alpha\beta_{b_{m-1}}\beta_{b_{m-2}}\cdots\beta_{b_1}\beta_{b_0})_3$, 这就定义了 $a(n)$、$b(n)$ 以及 $c(n)$. 在此递归式中取 $g(n)=n$ 就意味着 $a(n)+c(n)-d(n)=n$, 从而我们就知道了一切. (取 $g(n)=1$ 给出了一个额外的恒等式 $a(n)-2b(n)-2c(n)=1$, 用它可以通过更简单的函数 $a(n)$ 以及 $a(n)+c(n)$ 来定义 $b(n)$.)

1.17 一般来说, 对于 $0 \leqslant k \leqslant m$ 有 $W_m \leqslant 2W_{m-k}+T_k$. (这个关系式对应于移动最上面的 $m-k$ 个圆盘, 然后仅用三根桩柱移动最下面的 k 个圆盘, 最后移动最上面的 $m-k$ 个圆盘.) 事实证明, 当 $m=n(n+1)/2$ 时, 这个关系是基于使得这个一般不等式的右边取最小值的唯一的 k 值.(然而我们得不出该等式成立的结论, 可以想象移动这个塔的其他一些方法.) 如果置 $Y_n=(W_{n(n+1)/2}-1)/2^n$, 那么我们发现 $Y_n \leqslant Y_{n-1}+1$, 从而 $W_{n(n+1)/2} \leqslant 2^n(n-1)+1$.

1.18 只需证明来自锯齿点 $(n^{2j},0)$ 的两条直线与来自 $(n^{2k},0)$ 的两条直线相交, 且所有这些交点都不相同就够了.

从 $(x_j,0)$ 并经过 $(x_j-a_j,1)$ 的直线与从 $(x_k,0)$ 并经过 $(x_k-a_k,1)$ 的直线相交于点 (x_j-ta_j,t), 其中 $t=(x_k-x_j)/(a_k-a_j)$. 设 $x_j=n^{2j}$, $a_j=n^j+(0$或者$n^{-n})$, 那么比值 $t=(n^{2k}-n^{2j})/\left(n^k-n^j+(-n^{-n}$或者$0$或者$n^{-n})\right)$ 严格介于 n^j+n^k-1 和 n^j+n^k+1 之间, 故而交点的 y 坐标唯一地确定 j 和 k. 有相同的 j 和 k 的那四个交点是不同的.

1.19 当 $n>5$ 时不行. 从角的顶点开始, 由一条角度为 θ 的半直线与角度为 $\theta+30°$ 的半直线组成的折线, 与另外一条由角度为 ϕ 的半直线与角度为 $\phi+30°$ 的半直线组成的折线, 仅当 $30°<|\theta-\phi|<150°$ 时才能相交四次. 我们不可能选取多于5个相互间相距这样远的角度.(但有可能选取到5个.)

1.20 设 $h(n)=a(n)\alpha+b(n)\beta_0+c(n)\beta_1+d(n)\gamma_0+e(n)\gamma_1$. 由 (1.18) 我们知道, 当 $n=(1b_{m-1}\cdots b_1b_0)_2$ 时有 $a(n)\alpha+b(n)\beta_0+c(n)\beta_1=(\alpha\beta_{b_{m-1}}\beta_{b_{m-2}}\cdots\beta_{b_1}\beta_{b_0})_4$, 这就定义了 $a(n)$、$b(n)$ 以及 $c(n)$. 在此递归式中, 取 $h(n)=n$ 就意味着 $a(n)+c(n)-2d(n)-2e(n)=n$, 取 $h(n)=n^2$ 就意味着 $a(n)+c(n)+4e(n)=n^2$, 从而 $d(n)=\left(3a(n)+3c(n)-n^2-2n\right)/4$, $e(n)=\left(n^2-a(n)-c(n)\right)/4$.

我打赌, 我知道四维空间里发生了什么!

499

1.21 我们可以设 q 是 $2n$，$2n-1$，$\cdots$，$n+1$ 的最小（或者任意一个）公倍数. （一种不严格的论证方法告诉我们，q 的"随机"值将以概率

$$\frac{n}{2n}\frac{n-1}{2n-1}\cdots\frac{1}{n+1}=1\Big/\binom{2n}{n}\sim\frac{\sqrt{\pi n}}{4^n}$$

实现，所以我们可以期待找到这样一个小于 4^n 的 q. ）

1.22 取一个有 2^n 条边的正多边形，并用长度为 2^n 的"德·布鲁因圆"的元素来标记它的边. （这是一个由0和1组成的循环序列，其中所有由相邻元素组成的 n 元组都是不同的，见参考文献[207]，习题2.3.4.2-23]以及[208，习题3.2.2-17]. ）对标号为1的每一条边附加一个非常细的凸扩张[①]. 这 n 个集合是所得多边形绕长度为 k（$k=0,1,\cdots,n-1$）的边旋转得到的副本.

[500]

1.23 能. （我们需要用第4章里的初等数论的原理. ）设 $L(n)=\operatorname{lcm}(1,2,\cdots,n)$. 我们假设 $n>2$，于是根据贝特朗假设，在 $n/2$ 和 n 之间存在一个素数 p. 我们还能假设 $j>n/2$，因为 $q'=L(n)+1-q$ 留下 $j'=n+1-j$，当且仅当 q 留下 j. 选取 q 使得 $q\equiv1\,(\operatorname{mod}L(n)/p)$ 且 $q\equiv j+1-n\,(\operatorname{mod}p)$. 现在，就按照次序 $1,2,\cdots,n-p,j+1,j+2,\cdots,n,n-p+1,\cdots,j-1$ 处决人.

1.24 仅知道的例子是：$X_n=2\mathrm{i}\sin\pi r+1/X_{n-1}$，其中 r 是有理数且 $0\leqslant r<\dfrac{1}{2}$（当 r 变化时，所有长度 $\geqslant 2$ 的周期都会出现）；习题1.8中高斯递归式的周期为5；H.Todd的更加不同寻常的递归式 $X_n=(1+X_{n-1}+X_{n-2})/X_{n-3}$ 的周期是8（见参考文献[261]）；以及用一个常数乘以 X_{mn} 来代替 X_n 时从这些递归式得到的递归式. 我们可以假设分母中第一个非零的系数是1，而在分子中第一个非零的系数（如果有的话）有非负的实数部分. 计算机代数方法容易证明：当 $k=2$ 时没有其他周期 $\leqslant 5$ 的解. Lyness[261, 262]以及Kurshan和Gopinath[231]建立了部分理论.

另一种类型的一个有趣的例子（当初始值为实数时它的周期是9）是递归式 $X_n=|X_{n-1}|-X_{n-2}$，它是由Morton Brown[43]发现的. 任何希望取到周期 $\geqslant 5$ 的非线性递归式可以用连项式[65]作为基础.

1.25 如果 $T^{(k)}(n)$ 表示移动带有 k 根辅助桩柱的 n 个圆盘所需要的最少移动次数（从而 $T^{(1)}(n)=T_n$，$T^{(2)}(n)=W_n$），那么我们就有 $T^{(k)}\left(\binom{n+1}{k}\right)\leqslant 2T^{(k)}\left(\binom{n}{k}\right)+T^{(k-1)}\left(\binom{n}{k-1}\right)$. 还不知道 (n,k) 使不等式中的等号不成立的例子. 当 k 与 n 相比很小时，公式 $2^{n+1-k}\binom{n-1}{k-1}$ 给出 $T^{(k)}\left(\binom{n}{k}\right)$ 的一个合适的上界.

1.26 对所有的 q 和 n，行刑次序可以经过 $O(n\log n)$ 步计算出来[209, 习题5.1.1-2以及习题5.1.1-5]. Bjorn Poonen证明了：只要 $n\equiv0\,(\operatorname{mod}3)$ 且 $n\geqslant9$，就存在恰有四个"坏家伙"的非约瑟夫集合，事实上，这样的集合的个数至少是 $\varepsilon\binom{n}{4}$（对某个 $\varepsilon>0$）. 他还通过大量的计算发现，具有非约瑟夫集合的仅有的另外一个 $n<24$ 是 $n=20$，对 $k=14$ 有236个这样的集合，而对 $k=13$ 则有两个这样的集合. （后面这两个集合中，一个是 $\{1,2,3,4,5,6,7,8,11,14,15,16,17\}$，另一个则是它关于21的反射. ）

[①] 即在所指出的边上粘上一个狭窄的三角形，使得多边形的那个部分看起来稍微大一些.
[②] 在英文版中此处的"圆"与"自行车"用的是同一个单词cycle.

我曾经骑过德·布鲁因的自行车[②]（在拜访他位于荷兰纽南的家时）.

对 $n=15$ 和 $k=9$，有唯一的非约瑟夫集合，即 $\{3,4,5,6,8,10,11,12,13\}$.

2.1 对此没有一致的答案，有三种答案站得住脚. (1)我们可以说 $\sum_{k=m}^{n}q_k$ 总是等价于 $\sum_{m\leq k\leq n}q_k$，这样给定的和式就为零. (2)有人或许会说，给定的和式是 $q_4+q_3+q_2+q_1+q_0$，即对 k 的递减值求和. 但是这与一般所接受的当 $n=0$ 时 $\sum_{k=1}^{n}q_k=0$ 的约定矛盾. (3)可以说 $\sum_{k=m}^{n}q_k=\sum_{k\leq n}q_k-\sum_{k<m}q_k$，这样给定的和式就等于 $-q_1-q_2-q_3$. 这种约定看起来可能奇怪，但是它对所有 a、b 和 c 都服从有用的法则 $\sum_{k=a}^{b}+\sum_{k=b+1}^{c}=\sum_{k=a}^{c}$.

最好是仅当 $n-m\geq -1$ 时使用记号 $\sum_{k=m}^{n}$，这样就符合了(1)和(3)这两个约定. $\boxed{501}$

2.2 得到 $|x|$. 附带指出，量 $([x>0]-[x<0])$ 常被称为 $\mathrm{sign}(x)$ 或者 $\mathrm{signum}(x)$，当 $x>0$ 时它等于 $+1$，当 $x=0$ 时它为0，而当 $x<0$ 时它等于 -1.

2.3 当然，第一个和式是 $a_0+a_1+a_2+a_3+a_4+a_5$；第二个和式是 $a_4+a_1+a_0+a_1+a_4$，因为这个和式取遍数值 $k\in\{-2,-1,0,+1,+2\}$. 交换律在这里并不适用，因为函数 $p(k)=k^2$ 不是排列. n 的某些值（例如 $n=3$）没有使得 $p(k)=n$ 的 k 值，其他的（例如 $n=4$）则有两个这样的 k.

2.4 (a) $\sum_{i=1}^{4}\sum_{j=i+1}^{4}\sum_{k=j+1}^{4}a_{ijk}=\sum_{i=1}^{2}\sum_{j=i+1}^{3}\sum_{k=j+1}^{4}a_{ijk}=((a_{123}+a_{124})+a_{134})+a_{234}$.

(b) $\sum_{k=1}^{4}\sum_{j=1}^{k-1}\sum_{i=1}^{j-1}a_{ijk}=\sum_{k=3}^{4}\sum_{j=2}^{k-1}\sum_{i=1}^{j-1}a_{ijk}=a_{123}+(a_{124}+(a_{134}+a_{234}))$.

2.5 两个不同的指标变量用到了同一个指标"k"，尽管内层和式中的 k 是有界的. 这是数学（和计算机程序）中一个著名的错误. 事实上，如果对所有 j 和 k（$1\leq j,k\leq n$）都有 $a_j=a_k$，则结论正确.

2.6 值为 $[1\leq j\leq n](n-j+1)$. 第一个因子是必须的，因为当 $j<1$ 或者 $j>n$ 时应该得到零.

2.7 $mx^{\overline{m-1}}$. 这样一来，一种基于 ∇ 而并非 Δ 的有限微积分的形式将特别突出上升阶乘幂.

2.8 0（如果 $m\geq 1$），$1/|m|!$（如果 $m\leq 0$）.

2.9 $x^{\overline{m+n}}=x^{\overline{m}}(x+m)^{\overline{n}}$（对整数 m 和 n）. 令 $m=-n$ 就得到 $x^{\overline{-n}}=1/(x-n)^{\overline{n}}=1/(x-1)^{\underline{n}}$.

2.10 右边的另一种可能是 $Eu\Delta v+v\Delta u$.

2.11 将左边分成两个和式，并在第二个和式中将 k 改为 $k+1$.

2.12 如果 $p(k)=n$，那么 $n+c=k+((-1)^k+1)c$，且 $((-1)^k+1)$ 是偶数，故而 $(-1)^{n+c}=(-1)^k$ 且 $k=n-(-1)^{n+c}c$. 反过来，从 k 的这个值得到 $p(k)=n$.

2.13 设 $R_0=\alpha$，$R_n=R_{n-1}+(-1)^n(\beta+n\gamma+n^2\delta)$（$n>0$），那么 $R(n)=A(n)\alpha+B(n)\beta+C(n)\gamma+D(n)\delta$. 取 $R_n=1$ 得到 $A(n)=1$. 取 $R_n=(-1)^n$ 得到 $A(n)+2B(n)=(-1)^n$. 取 $R_n=(-1)^n n$ 得到 $-B(n)+2C(n)=(-1)^n n$. 取 $R_n=(-1)^n n^2$ 得到 $B(n)-2C(n)+2D(n)=(-1)^n n^2$. 于是 $2D(n)=(-1)^n(n^2+n)$，所说的和式是 $D(n)$. $\boxed{502}$

2.14 所建议的改写是合法的，因为当 $1\leq k\leq n$ 时有 $k=\sum_{1\leq j\leq k}1$. 首先对 k 求和，这个多重和式就转化为

$$\sum_{1\leq j\leq n}(2^{n+1}-2^j)=n2^{n+1}-(2^{n+1}-2).$$

2.15 第一步用 $2\sum_{1\leq j\leq k}j$ 代替 $k(k+1)$. 第二步给出 $\boxplus_n+\square_n=\left(\sum_{k=1}^{n}k\right)^2+\square_n$.

2.16 根据（2.52），$x^m(x-m)^n = x^{m+n} = x^n(x-n)^m$.

2.17 对前两个 = 用归纳法，而对第三个应用（2.52）. 第二行由第一行推出.

2.18 利用如下事实:

$$(\Re z)^+ \le |z|, \quad (\Re z)^- \le |z|, \quad (\Im z)^+ \le |z|, \quad (\Im z)^- \le |z|, \quad |z| \le (\Re z)^+ + (\Re z)^- + (\Im z)^+ + (\Im z)^-.$$

2.19 用 $2^{n-1}/n!$ 乘两边，并令 $S_n = 2^n T_n/n! = S_{n-1} + 3\times 2^{n-1} = 3(2^n-1) + S_0$. 其解为 $T_n = 3\times n! + n!/2^{n-1}$.（我们将在第4章里看到，仅当 n 是0或者是2的幂时，T_n 才是一个整数.）

2.20 扰动法给出

$$S_n + (n+1)H_{n+1} = S_n + \left(\sum_{0\le k\le n} H_k\right) + n+1.$$

2.21 提取 S_{n+1} 的最后一项得到 $S_{n+1} = 1 - S_n$；提取第一项得到

$$S_{n+1} = (-1)^{n+1} + \sum_{1\le k\le n+1}(-1)^{n+1-k} = (-1)^{n+1} + \sum_{0\le k\le n}(-1)^{n-k} = (-1)^{n+1} + S_n.$$

从而 $2S_n = 1 + (-1)^n$ 且有 $S_n = [n是偶数]$. 类似地，我们求得

$$T_{n+1} = n+1 - T_n = \sum_{k=0}^{n}(-1)^{n-k}(k+1) = T_n + S_n,$$

故而 $2T_n = n+1 - S_n$ 且有 $T_n = \frac{1}{2}(n + [n是奇数])$. 最后，用同样的方法得到

$$\begin{aligned} U_{n+1} = (n+1)^2 - U_n &= U_n + 2T_n + S_n \\ &= U_n + n + [n是奇数] + [n是偶数]. \\ &= U_n + n + 1 \end{aligned}$$

[503] 从而 U_n 就是三角形数 $\frac{1}{2}(n+1)n$.

2.22 将通常的和式作双倍，得出一个对 $1\le j,k\le n$ 求和的"简易型"和式，它分开就得到

$$\left(\sum_k a_k A_k\right)\left(\sum_k b_k B_k\right) - \left(\sum_k a_k B_k\right)\left(\sum_k b_k A_k\right)$$

的两倍.

2.23 (a)这种方法给出四个和式，其值为 $2n + H_n - 2n + \left(H_n + \frac{1}{n+1} - 1\right)$.（用 $1/k + 1/(k+1)$ 代替这个求和项会更容易一些.）(b)设 $u(x) = 2x+1$，$\Delta v(x) = 1/x(x+1) = (x-1)^{-2}$，那么 $\Delta u(x) = 2$，$v(x) = -(x-1)^{-1} = -1/x$. 答案是 $2H_n - \frac{n}{n+1}$.

2.24 分部求和，$\sum x^m H_x \delta x = x^{m+1} H_x/(m+1) - x^{m+1}/(m+1)^2 + C$，从而 $\sum_{0\le k<n} k^m H_k = n^{m+1}(H_n - 1/(m+1))/(m+1) + 0^{m+1}/(m+1)^2$. 在我们的情形 $m = -2$，故而和式为 $1 - (H_n+1)/(n+1)$.

2.25 这里有一些基本的相似结果:

"我们应该养成对所做事情进行思考的习惯，这是个极其错误的老套说法，习字簿上以及所有的名人在讲话时都会重复这个错误. 然而事实恰恰相反. 人类文明的进步，是因为不断增加的不去想就能做的社会活动. 思想的运作就像骑兵在战斗中冲锋——他们在数量上严格受限，他们需要精力充沛的马匹，并且必须在决定性时刻采取行动."

——怀特海[370]

$$\sum_{k \in K} c a_k = c \sum_{k \in K} a_k \qquad \longleftrightarrow \qquad \prod_{k \in K} a_k^c = \left(\prod_{k \in K} a_k\right)^c$$

$$\sum_{k \in K} (a_k + b_k) = \sum_{k \in K} a_k + \sum_{k \in K} b_k \qquad \longleftrightarrow \qquad \prod_{k \in K} a_k b_k = \left(\prod_{k \in K} a_k\right)\left(\prod_{k \in K} b_k\right)$$

$$\sum_{k \in K} a_k = \sum_{p(k) \in K} a_{p(k)} \qquad \longleftrightarrow \qquad \prod_{k \in K} a_k = \prod_{p(k) \in K} a_{p(k)}$$

$$\sum_{\substack{j \in J \\ k \in K}} a_{j,k} = \sum_{j \in J} \sum_{k \in K} a_{j,k} \qquad \longleftrightarrow \qquad \prod_{\substack{j \in J \\ k \in K}} a_{j,k} = \prod_{j \in J} \prod_{k \in K} a_{j,k}$$

$$\sum_{k \in K} a_k = \sum_k a_k [k \in K] \qquad \longleftrightarrow \qquad \prod_{k \in K} a_k = \prod_k a_k^{[k \in K]}$$

$$\sum_{k \in K} 1 = \#K \qquad \longleftrightarrow \qquad \prod_{k \in K} c = c^{\#K}$$

2.26 $P^2 = \left(\prod_{1 \leqslant j, k \leqslant n} a_j a_k\right)\left(\prod_{1 \leqslant j = k \leqslant n} a_j a_k\right)$. 第一个因子等于 $\left(\prod_{k=1}^n a_k^n\right)^2$，第二个因子等于 $\prod_{k=1}^n a_k^2$，因此 $P = \left(\prod_{k=1}^n a_k\right)^{n+1}$.

2.27 $\Delta(c^x) = c^x(c - x - 1) = c^{x+2}/(c-x)$. 置 $c = -2$ 且 x 以 2 递减，这就得到 $\Delta\left(-(-2)^{x-2}\right) = (-2)^x/x$，因此所述和式等于 $(-2)^{-1} - (-2)^{n-1} = (-1)^n n! - 1$.

2.28 在第二行与第三行之间交换求和，并未证明其合法性，这个和式的项并不绝对收敛. 除了 $\sum_{k \geqslant 1}[k = j - 1]k/j$ 这一结果似乎应该写成 $[j - 1 \geqslant 1](j-1)/j$，且可以明显加以简化外，其他的都完全正确.

与不完全正确相对照.

2.29 利用部分分式得到

$$\frac{k}{4k^2 - 1} = \frac{1}{4}\left(\frac{1}{2k+1} + \frac{1}{2k-1}\right).$$

504

现在，因子 $(-1)^k$ 就使得每一项的两个部分与其相邻项抵消，从而答案是 $-1/4 + (-1)^n/(8n+4)$.

2.30 $\sum_a^b x \delta x = \frac{1}{2}(b^{\underline{2}} - a^{\underline{2}}) = \frac{1}{2}(b-a)(b+a-1)$. 所以有

$$(b-a)(b+a-1) = 2100 = 2^2 \times 3 \times 5^2 \times 7.$$

对于写成 $2100 = x \cdot y$ 的每一种表达方式都有一个解，其中 x 是偶数而 y 是奇数，我们令 $a = \frac{1}{2}|x - y| + \frac{1}{2}$，$b = \frac{1}{2}(x+y) + \frac{1}{2}$，所以解数就是 $3 \times 5^2 \times 7$ 的因子个数，即等于 12. 一般来说，有 $\prod_{p>2}(n_p + 1)$ 种方式表示 $\prod_p p^{n_p}$，其中的乘积取遍素数.

2.31 $\sum_{j,k \geqslant 2} j^{-k} = \sum_{j \geqslant 2} 1/j^2(1 - 1/j) = \sum_{j \geqslant 2} 1/j(j-1)$. 类似地，第二个和式等于 $3/4$.

2.32 如果 $2n \leqslant x < 2n + 1$，则和式是 $0 + \cdots + n + (x - n - 1) + \cdots + (x - 2n) = n(x - n) = (x-1) + (x-3) + \cdots + (x - 2n + 1)$. 类似地，如果 $2n - 1 \leqslant x < 2n$，那么它们两者都等于 $n(x-n)$.（看第 3 章，公式 $\left\lfloor \frac{1}{2}(x+1) \right\rfloor\left(x - \left\lfloor \frac{1}{2}(x+1) \right\rfloor\right)$ 包含这两种情形.）

2.33 如果 K 是空集，$\Lambda_{k \in K} a_k = \infty$. 则基本的类似结果是：

$$\sum_{k\in K} ca_k = c\sum_{k\in K} a_k \qquad\longleftrightarrow\qquad \bigwedge_{k\in K}(c+a_k)=c+\bigwedge_{k\in K}a_k$$

$$\sum_{k\in K}(a_k+b_k)=\sum_{k\in K}a_k+\sum_{k\in K}b_k \qquad\longleftrightarrow\qquad \bigwedge_{k\in K}\min(a_k,b_k)$$

$$=\min\left(\bigwedge_{k\in K}a_k,\ \bigwedge_{k\in K}b_k\right)$$

$$\sum_{k\in K}a_k=\sum_{p(k)\in K}a_{p(k)} \qquad\longleftrightarrow\qquad \bigwedge_{k\in K}a_k=\bigwedge_{p(k)\in K}a_{p(k)}$$

$$\sum_{\substack{j\in J\\k\in K}}a_{j,k}=\sum_{j\in J}\sum_{k\in K}a_{j,k} \qquad\longleftrightarrow\qquad \bigwedge_{\substack{j\in J\\k\in K}}a_{j,k}=\bigwedge_{j\in J}\bigwedge_{k\in K}a_{j,k}$$

$$\sum_{k\in K}a_k=\sum_{k}a_k[k\in K] \qquad\longleftrightarrow\qquad \bigwedge_{k\in K}a_k=\bigwedge_{k}a_k\cdot\infty^{[k\notin K]}$$

2.34 设 $K^+=\{k\,|\,a_k\geqslant 0\}$，$K^-=\{k\,|\,a_k<0\}$. 如果 n 是奇数，那么我们选取 F_n 是 $F_{n-1}\bigcup E_n$，其中 $E_n\subseteq K^-$ 充分大，使得 $\sum_{k\in\left(F_{n-1}\cap K^+\right)}a_k-\sum_{k\in E_n}(-a_k)<A^-$.

使用一种符号的项比使用另一种符号的项更快的排列方式，能将和式引导到它希望取的任何值.

2.35 可以证明哥德巴赫和式等于

$$\sum_{m,n\geqslant 2}m^{-n}=\sum_{m\geqslant 2}\frac{1}{m(m-1)}=1,$$

方法是：将一个几何级数分散开来，它等于 $\sum_{k\in P,l\geqslant 1}k^{-l}$，这样一来，如果我们能找到有序对 (m,n)（$m,n\geqslant 2$）与有序对 (k,l)（$k\in P$ 且 $l\geqslant 1$）之间的一一对应关系，那么就能完成证明，其中 $m^n=k^l$（当这些有序对相对应时）. 如果 $m\notin P$，我们就令 $(m,n)\leftrightarrow(m^n,1)$；但是如果 $m=a^b\in P$，我们就令 $(m,n)\leftrightarrow(a^n,b)$.

2.36 (a)根据定义，$g(n)-g(n-1)=f(n)$. (b)根据(a)，有 $g\big(g(n)\big)-g\big(g(n-1)\big)=\sum_k f(k)\ [g(n-1)<k\leqslant g(n)]=n\big(g(n)-g(n-1)\big)=nf(n)$. (c) 再次根据(a)，$g\big(g(g(n))\big)-g\big(g(g(n-1))\big)$ 等于

$$\sum_k f(k)\Big[g\big(g(n-1)\big)<k\leqslant g\big(g(n)\big)\Big]$$
$$=\sum_{j,k}j\big[j=f(k)\big]\Big[g\big(g(n-1)\big)<k\leqslant g\big(g(n)\big)\Big]$$
$$=\sum_{j,k}j\big[j=f(k)\big]\big[g(n-1)<j\leqslant g(n)\big]$$
$$=\sum_{j}j\big(g(j)-g(j-1)\big)\big[g(n-1)<j\leqslant g(n)\big]$$
$$=\sum_{j}jf(j)\big[g(n-1)<j\leqslant g(n)\big]=n\sum_{j}j\big[g(n-1)<j\leqslant g(n)\big].$$

Colin Mallows 注意到，此序列也可以用递归式

$$f(1)=1\,;\quad f(n+1)=1+f\big(n+1-f\big(f(n)\big)\big),\quad n\geqslant 0$$

来定义.

由于这种自描述，哥隆序列在"约会游戏"（the Dating Game[1]）节目中不会有出色的表现.

2.37 （葛立恒认为，它们可能填不满该正方形；高德纳认为，它们有可能填满；帕塔许尼克尚未发表意见. ）

---

[1] the Dating Game 是美国广播公司（ABC）于1965年12月20日开播的一个节目，有点类似于我们今天某些地方电视台举办的相亲类节目.通常由一位单身女子向隐藏于幕后的三位单身男子提问（有时也会是一位单身男子向三位单身女子提问），节目的最后由那位女嘉宾选中一人在某个确定的日期一道出游，费用由节目主办方承担.

3.1　$m = \lfloor \lg n \rfloor$；$l = n - 2^m = n - 2^{\lfloor \lg n \rfloor}$.

3.2　(a) $\lfloor x + 0.5 \rfloor$.　(b) $\lceil x - 0.5 \rceil$.

3.3　得 $\lfloor mn - \{m\alpha\} n / \alpha \rfloor = mn - 1$，因为 $0 < \{m\alpha\} < 1$.

3.4　不要求证明，仅凭运气猜测的问题（我猜想）.

3.5　根据（3.8）和（3.6），我们有 $\lfloor nx \rfloor = \lfloor n\lfloor x \rfloor + n\{x\} \rfloor = n\lfloor x \rfloor + \lfloor n\{x\} \rfloor$. 假设 n 是一个正整数，因而，$\lfloor nx \rfloor = n\lfloor x \rfloor \Leftrightarrow \lfloor n\{x\} \rfloor = 0 \Leftrightarrow 0 \le n\{x\} < 1 \Leftrightarrow \{x\} < 1/n$.（注意，在这种情况下，对所有 x 都有 $n\lfloor x \rfloor \le \lfloor nx \rfloor$.）

3.6　$\lfloor f(x) \rfloor = \lfloor f(\lceil x \rceil) \rfloor$.

3.7　$\lfloor n/m \rfloor + n \bmod m$.

3.8　如果所有的盒子都包含 $< \lceil n/m \rceil$ 个物体，那么 $n \le (\lceil n/m \rceil - 1)m$，所以 $n/m + 1 \le \lceil n/m \rceil$，这与（3.5）矛盾. 其他证明类似.

506

3.9　我们有 $m/n - 1/q = (n \text{ mumble } m)/qn$. 这个过程必定会终止，因为 $0 \le n \text{ mumble } m < m$. 该表达式的分母是严格递增的，因此各不相同，因为 $qn/(n \text{ mumble } m) > q$.

3.10　原表达式是 $\lceil x + \frac{1}{2} \rceil - [(2x+1)/4 \text{ 不是整数}]$. 如果 $\{x\} \ne \frac{1}{2}$，则它是离 x 最近的整数；否则它是最近的偶数.（见习题3.2.）于是，公式给出了一种"无偏"的舍入取整方式.

3.11　如果 n 是整数，那么 $\alpha < n < \beta \Leftrightarrow \lfloor \alpha \rfloor < n < \lceil \beta \rceil$. 当 a 和 b 是整数时，满足 $a < n < b$ 的整数个数是 $(b - a - 1)[b > a]$. 于是，如果 $\alpha = \beta = $ 整数，我们就会得到错误的答案.

3.12　根据（3.6），从两边减去 $\lfloor n/m \rfloor$ 就得到 $\lceil (n \bmod m)/m \rceil = \lfloor (n \bmod m + m - 1)/m \rfloor$. 现在两边都等于 $[n \bmod m > 0]$，这是由于 $0 \le n \bmod m < m$.

只要注意到（3.24）中的第一项必定等于（3.25）中的最后一项，就能得到一个更简短但不太直接的证明.

3.13　如果它们构成一个划分，则正文中关于 $N(\alpha, n)$ 的公式就意味着 $1/\alpha + 1/\beta = 1$，因为该方程如果对于很大的 n 成立，那么方程 $N(\alpha, n) + N(\beta, n) = n$ 中 n 的系数必定一致，从而 α 和 β 都是有理数或者两者都是无理数. 如果都是无理数，我们就的确得到了一个正文所指出的划分. 如果两者都可以用分子 m 写出来，那么值 $m - 1$ 就不会出现在任何一个谱中，而 m 则在这两个谱中都出现.（然而，哥隆[151]注意到，当 $1/\alpha + 1/\beta = 1$ 时，集合 $\{\lfloor n\alpha \rfloor \mid n \ge 1\}$ 和 $\{\lceil n\beta \rceil - 1 \mid n \ge 1\}$ 总会构成一个划分.）

3.14　如果 $ny = 0$，根据（3.22）这是显然的，反之由（3.21）和（3.6）知其为真.

3.15　在（3.24）中用 $\lceil mx \rceil$ 代替 n：$\lceil mx \rceil = \lceil x \rceil + \lceil x - \frac{1}{m} \rceil + \cdots + \lceil x - \frac{m-1}{m} \rceil$.

3.16　当 $0 \le n < 3$ 时，公式 $n \bmod 3 = 1 + \frac{1}{3}\big((\omega - 1)\omega^n - (\omega + 2)\omega^{2n}\big)$ 可以通过检查加以验证.

当 m 是任意正整数时，关于 $n \bmod m$ 的一般性公式出现在习题7.25中.

3.17　$\sum_{j,k}[0 \le k < m][1 \le j \le x + k/m] = \sum_{j,k}[0 \le k < m][1 \le j \le \lceil x \rceil][k \ge m(j - x)]$

$= \sum_{1 \le j \le \lceil x \rceil}\sum_k[0 \le k < m] - \sum_{j = \lceil x \rceil}\sum_k[0 \le k < m(j - x)]$

$= m\lceil x \rceil - \lceil m(\lceil x \rceil - x) \rceil = -\lceil -mx \rceil = \lfloor mx \rfloor$.

3.18 我们有

$$S = \sum_{0 \leqslant j < \lceil n\alpha \rceil} \sum_{k \geqslant n} \left[j\alpha^{-1} \leqslant k < (j+v)\alpha^{-1} \right].$$

如果 $j \leqslant n\alpha - 1 \leqslant n\alpha - v$，则没有贡献，因为 $(j+v)\alpha^{-1} \leqslant n$．从而 $j = \lfloor n\alpha \rfloor$ 是仅需要考虑的情形，在此种情形下其值等于 $\lceil (\lfloor n\alpha \rfloor + v)\alpha^{-1} \rceil - n \leqslant \lceil v\alpha^{-1} \rceil$．

3.19 当且仅当 b 是整数．（如果 b 是整数，$\log_b x$ 就是一个连续的递增函数，它仅在整数点取整数值．如果 b 不是整数，那么条件在 $x = b$ 时失效．）

3.20 我们有 $\sum_k kx[\alpha \leqslant kx \leqslant \beta] = x\sum_k k\left[\lceil \alpha/x \rceil \leqslant k \leqslant \lfloor \beta/x \rfloor \right]$，其和等于 $\frac{1}{2}x\left(\lfloor \beta/x \rfloor \lfloor \beta/x + 1 \rfloor - \lceil \alpha/x \rceil \lceil \alpha/x - 1 \rceil \right)$．

3.21 如果 $10^n \leqslant 2^M < 10^{n+1}$，那么恰好有 $n+1$ 个这样的 2 的幂，因为对每个 k 恰好有一个这样的 2 的 k 位数字的幂．因此答案是 $1 + \lfloor M\log 2 \rfloor$．

注意：当 $l > 1$ 时，首位为 l 的 2 的幂的个数更加困难，它等于 $\sum_{0 \leqslant n \leqslant M} \left(\lfloor n\log 2 - \log l \rfloor - \lfloor n\log 2 - \log(l+1) \rfloor \right)$．

3.22 除了第 k 项之外，对于 n 和 $n-1$ 所有的项都是相同的，其中 $n = 2^{k-1}q$，而 q 是奇数，我们有 $S_n = S_{n-1} + 1$，$T_n = T_{n-1} + 2^k q$．从而 $S_n = n$ 且 $T_n = n(n+1)$．

3.23 $X_n = m \Leftrightarrow \frac{1}{2}m(m-1) < n \leqslant \frac{1}{2}m(m+1) \Leftrightarrow m^2 - m + \frac{1}{4} < 2n < m^2 + m + \frac{1}{4} \Leftrightarrow m - \frac{1}{2} < \sqrt{2n} < m + \frac{1}{2}$．

3.24 设 $\beta = \alpha/(\alpha+1)$．那么，非负整数 m 在 $\mathrm{Spec}(\beta)$ 中出现的次数，恰好比它在 $\mathrm{Spec}(\alpha)$ 中出现的次数多 1．为什么？因为 $N(\beta, n) = N(\alpha, n) + n + 1$．

3.25 继续正文的推导．如果我们能找到一个使得 $K_m \leqslant m$ 的 m 值，那么当 $n = 2m+1$ 时就能破坏 $n+1$ 情形下的恒等式．（当 $n = 3m+1$ 以及 $n = 3m+2$ 时亦然．）但是，存在这样的 $m = n'+1$，要求 $2K_{\lfloor n'/2 \rfloor} \leqslant n'$ 或者 $3K_{\lfloor n'/3 \rfloor} \leqslant n'$，即要求

$$K_{\lfloor n'/2 \rfloor} \leqslant \lfloor n'/2 \rfloor \quad \text{或者} \quad K_{\lfloor n'/3 \rfloor} \leqslant \lfloor n'/3 \rfloor.$$

啊哈！这就可以一直往下降，它表明 $K_0 \leqslant 0$，但是 $K_0 = 1$．

我们真正想要证明的是：对所有 $n \geqslant 0$，K_n 严格大于 n．事实上，容易用归纳法证明此结论，尽管它比我们无法证明的那个结果还要强一些．

（这个习题给我们上了重要的一课．与其说它是关于底函数性质的练习题，还不如说它是关于归纳法特性的练习题．）

3.26 归纳法，利用更强的假设

$$D_n^{(q)} \leqslant (q-1)\left(\left(\frac{q}{q-1} \right)^{n+1} - 1 \right), \quad n \geqslant 0.$$

3.27 如果 $D_n^{(3)} = 2^m b - a$，其中 a 是 0 或者 1，那么 $D_{n+m}^{(3)} = 3^m b - a$．

3.28 关键的事实是 $a_n = m^2$ 蕴涵 $a_{n+2k+1} = (m+k)^2 + m - k$ 以及 $a_{n+2k+2} = (m+k)^2 + 2m$（$0 \leqslant k \leqslant m$），因此 $a_{n+2m+1} = (2m)^2$．答案可以写成由 Carl Witty 发现的漂亮形式：

$$a_{n-1} = 2^l + \left\lfloor \left(\frac{n-l}{2} \right)^2 \right\rfloor, \quad \text{当 } 2^l + l \leqslant n < 2^{l+1} + l + 1 \text{ 时}.$$

"在尝试用数学归纳法进行证明时，你有可能会由于两个相反的原因而失败.失败可能是因为你想证明太多的东西了：$P(n)$ 是个太沉重的负担.然而也可能因为你尝试证明的东西太少：$P(n)$ 是个太微弱的支撑.一般来说，你需要对定理的表述加以平衡，使得你的负担恰好有足够的支撑."

——波利亚[297]

3.29 $D(\alpha',\lfloor \alpha n \rfloor)$ 至多是 $s(\alpha',\lfloor n\alpha \rfloor,v')=-s(\alpha,n,v)-S+\varepsilon+\{0\text{或者}1\}+v'-\{0\text{或者}1\}$ 的最大绝对值.

3.30 根据归纳法有 $X_n=\alpha^{2^n}+\alpha^{-2^n}$, 而 X_n 是一个整数.

这个推理有严重的
缺陷.

3.31 这是一个"优雅的"且"令人印象深刻的"证明,没有任何线索说明它是如何被发现的:

$$\lfloor x \rfloor+\lfloor y \rfloor+\lfloor x+y \rfloor=\lfloor x+\lfloor y \rfloor \rfloor+\lfloor x+y \rfloor$$
$$\leqslant \left\lfloor x+\frac{1}{2}\lfloor 2y \rfloor \right\rfloor+\left\lfloor x+\frac{1}{2}\lfloor 2y \rfloor+\frac{1}{2} \right\rfloor$$
$$=\lfloor 2x+\lfloor 2y \rfloor \rfloor=\lfloor 2x \rfloor+\lfloor 2y \rfloor.$$

还有一个用图形表示的简单证明,它基于的事实是:我们只需要考虑 $0\leqslant x,y<1$ 的情形. 这样一来,这些函数在平面上看起来就像这样:

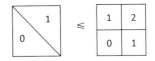

有可能得到更强一点的结果,即

$$\lceil x \rceil+\lfloor y \rfloor+\lfloor x+y \rfloor\leqslant\lceil 2x \rceil+\lfloor 2y \rfloor,$$

但是这个结果也仅当 $\{x\}=\dfrac{1}{2}$ 时才更强一些. 如果在这个恒等式中用 $(-x,x+y)$ 代替 (x,y) 并应用反射法则(3.4),我们就得到

$$\lfloor y \rfloor+\lfloor x+y \rfloor+\lfloor 2x \rfloor\leqslant\lfloor x \rfloor+\lfloor 2x+2y \rfloor.$$

3.32 设 $f(x)$ 是问题中的和式. 由于 $f(x)=f(-x)$, 因而可以假设 $x\geqslant 0$. 当 $k\to -\infty$ 时,这些项以 2^k 为界;而当 $k\to +\infty$ 时,它们以 $x^2/2^k$ 为界,所以这个和式对所有的实数 x 都存在.

我们有 $f(2x)=2\sum_k 2^{k-1}\|x/2^{k-1}\|^2=2f(x)$. 设 $f(x)=l(x)+r(x)$, 其中 $l(x)$ 是对于 $k\leqslant 0$ 的和式,而 $r(x)$ 则是对于 $k>0$ 的和式. 这样 $l(x+1)=l(x)$, 且对所有 x 都有 $l(x)\leqslant 1/2$. 当 $0\leqslant x<1$ 时,我们有 $r(x)=x^2/2+x^2/4+\cdots=x^2$, 而 $r(x+1)=(x-1)^2/2+(x+1)^2/4+(x+1)^2/8+\cdots=x^2+1$. 因此当 $0\leqslant x<1$ 时有 $f(x+1)=f(x)+1$.

现在可以用归纳法证明:当 $0\leqslant x<1$ 时,对所有整数 $n\geqslant 0$ 都有 $f(x+n)=f(x)+n$. 特别地, $f(n)=n$. 于是一般来说, $f(x)=2^{-m}f(2^m x)=2^{-m}\lfloor 2^m x \rfloor+2^{-m}f(\{2^m x\})$. 但是 $f(\{2^m x\})=l(\{2^m x\})+r(\{2^m x\})\leqslant\dfrac{1}{2}+1$, 所以对所有整数 m 都有 $|f(x)-x|\leqslant|2^{-m}\lfloor 2^m x \rfloor-x|+2^{-m}\times\dfrac{3}{2}\leqslant 2^{-m}\times\dfrac{5}{2}$.

这样我们只能得到如下结论:对所有实数 x 有 $f(x)=|x|$.

3.33 设 $r=n-\dfrac{1}{2}$ 是圆的半径. (a)在棋盘的格子之间有 $2n-1$ 条水平的直线和 $2n-1$ 条垂直的直线,这个圆穿越每条直线两次. 由于 r^2 不是整数,勾股定理告诉我们,这个圆并不经过任何一个格子的角点. 因此这个圆经过的格子个数与交点的个数一样多,即 $8n-4=8r$.(同样的公式给出了棋盘边缘的格子个数.)(b) $f(n,k)=4\left\lfloor\sqrt{r^2-k^2}\right\rfloor$.

509

由(a)和(b)推出

$$\frac{1}{4}\pi r^2 - 2r \leqslant \sum_{0 < k < r} \left\lfloor \sqrt{r^2 - k^2} \right\rfloor \leqslant \frac{1}{4}\pi r^2, \quad r = n - \frac{1}{2}.$$

得到这个和式的更精确估计, 是数论中的一个著名问题, 高斯等许多人都研究过这个问题, 见参考文献Dickson[78, 第2卷第6章].

3.34 (a) 设 $m = \lceil \lg n \rceil$. 我们可以增加 $2^m - n$ 项, 以简化在边界上的计算:

$$\begin{aligned} f(n) + (2^m - n)m &= \sum_{k=1}^{2^m} \lceil \lg k \rceil = \sum_{j,k} j[j = \lceil \lg k \rceil][1 \leqslant k \leqslant 2^m] \\ &= \sum_{j,k} j[2^{j-1} < k \leqslant 2^j][1 \leqslant j \leqslant m] \\ &= \sum_{j=1}^{m} j2^{j-1} = 2^m(m-1) + 1. \end{aligned}$$

由此即得 $f(n) = nm - 2^m + 1$.

(b) 我们有 $\lceil n/2 \rceil = \lfloor (n+1)/2 \rfloor$, 由此推得, 一般递归式 $g(n) = a(n) + g(\lceil n/2 \rceil) + g(\lfloor n/2 \rfloor)$ 的解必定满足 $\Delta g(n) = \Delta a(n) + \Delta g(\lfloor n/2 \rfloor)$. 特别地, 当 $a(n) = n-1$ 时, n 的二进制表示的位数, 即 $\lceil \lg(n+1) \rceil$, 满足 $\Delta f(n) = 1 + \Delta f(\lfloor n/2 \rfloor)$. 现在从 Δ 转变到 Σ.

一个更加直接的解可以基于恒等式 $\lceil \lg 2j \rceil = \lceil \lg j \rceil + 1$ 和 $\lceil \lg(2j-1) \rceil = \lceil \lg j \rceil + [j > 1]$ ($j \geqslant 1$) 建立起来.

510

3.35 $(n+1)^2 n! e = A_n + (n+1)^2 + (n+1) + B_n$, 其中

$$A_n = \frac{(n+1)^2 n!}{0!} + \frac{(n+1)^2 n!}{1!} + \cdots + \frac{(n+1)^2 n!}{(n-1)!}$$

是 n 的倍数, 而

$$\begin{aligned} B_n &= \frac{(n+1)^2 n!}{(n+2)!} + \frac{(n+1)^2 n!}{(n+3)!} + \cdots \\ &= \frac{n+1}{n+2}\left(1 + \frac{1}{n+3} + \frac{1}{(n+3)(n+4)} + \cdots\right) \\ &< \frac{n+1}{n+2}\left(1 + \frac{1}{n+3} + \frac{1}{(n+3)(n+3)} + \cdots\right) \\ &= \frac{(n+1)(n+3)}{(n+2)^2} \end{aligned}$$

小于1. 从而答案是 $2 \bmod n$.

3.36 这个和式是

$$\begin{aligned} \sum_{k,l,m} 2^{-l} 4^{-m} [m = \lfloor \lg l \rfloor][l = \lfloor \lg k \rfloor][1 < k < 2^{2n}] \\ = \sum_{k,l,m} 2^{-l} 4^{-m} [2^m \leqslant l < 2^{m+1}][2^l \leqslant k < 2^{l+1}][0 \leqslant m < n] \\ = \sum_{l,m} 4^{-m} [2^m \leqslant l < 2^{m+1}][0 \leqslant m < n] \\ = \sum_{m} 2^{-m} [0 \leqslant m < n] = 2(1 - 2^{-n}) \end{aligned}$$

3.37 首先考虑 $m < n$ 的情形，它可以按照是否有 $m < \frac{1}{2}n$ 再加以细分，然后证明，当 m 增加 n 时两边以同样的方式变化.

不管它的叙述方式如何，这真的是仅有的一个水平4的问题.

3.38 至多有一个 x_k 不是整数. 抛弃所有的整数 x_k，并假设有 n 个保留下来. 当 $\{x\} \neq 0$ 时，$\{mx\}$ 当 $m \to \infty$ 时的平均值介于 $\frac{1}{4}$ 和 $\frac{1}{2}$ 之间，从而当 $n > 1$ 时 $\{mx_1\} + \cdots + \{mx_n\} - \{mx_1 + \cdots + mx_n\}$ 的平均值不可能为零.

但是刚刚给出的论证方法依赖于一个关于一致分布的困难的定理. 有可能需要给出它的初等证明，这里用 $n = 2$ 的情况来概述这个初等证明：设 P_m 是点 $(\{mx\}, \{my\})$. 按照 $x + y < 1$ 或 $x + y \geqslant 1$，将单位正方形 $0 \leqslant x, y < 1$ 分成三角形区域 A 和 B. 我们想要指出：如果 $\{x\}$ 和 $\{y\}$ 不为零，那么对某个 m 有 $P_m \in B$. 如果 $P_1 \in B$，我们就完成了证明. 如若不然，就存在一个中心在 P_1，半径为 $\varepsilon > 0$ 的圆盘 D，使得 $D \subseteq A$. 根据狄利克雷抽屉原理，如果 N 足够大，那么序列 $P_1, \cdots, P_N$ 必定包含满足 $|P_k - P_j| < \varepsilon$ 和 $k > j$ 的两个点.

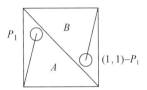

由此推出 P_{k-j-1} 在点 $(1,1) - P_1$ 的 ε 邻域之内，从而 $P_{k-j-1} \in B$.

3.39 用 $b - j$ 代替 j，并将 $j = 0$ 这一项添加到和式中，使得习题3.15可以用于关于 j 的和式. 对 k 求和，结果就精简成

$$\lceil x/b^k \rceil - \lceil x/b^{k+1} \rceil + b - 1.$$

3.40 设 $\lfloor 2\sqrt{n} \rfloor = 4k + r$，其中 $-2 \leqslant r < 2$，又令 $m = \lfloor \sqrt{n} \rfloor$. 则下面的关系可以用归纳法证明.

线 段	r	m	x	y	当且仅当
W_k	-2	$2k-1$	$m(m+1) - n - k$	k	$(2k-1)(2k-1) \leqslant n \leqslant (2k-1)(2k)$
S_k	-1	$2k-1$	$-k$	$m(m+1) - n + k$	$(2k-1)(2k) < n < (2k)(2k)$
E_k	0	$2k$	$n - m(m+1) + k$	$-k$	$(2k)(2k) \leqslant n \leqslant (2k)(2k+1)$
N_k	1	$2k$	k	$n - m(m+1) - k$	$(2k)(2k+1) < n < (2k+1)(2k+1)$

这样一来，当 $k \geqslant 1$ 时，W_k 是一条长度为 $2k-1$ 的线段，路径向西且 $y(n) = k$；S_k 是一条长为 $2k$ 的线段内部，路径向南且 $x(n) = -k$；等等.

(a) 于是所求的公式是

$$y(n) = (-1)^m \left((n - m(m+1)) \cdot \left[\lfloor 2\sqrt{n} \rfloor \text{是奇数} \right] - \left\lceil \frac{1}{2}m \right\rceil \right).$$

(b) 在所有线段上，$k = \max(|x(n)|, |y(n)|)$. 在线段 W_k 和 S_k 上，我们有 $x < y$，$n + x + y = m(m+1) = (2k)^2 - 2k$；在线段 E_k 和 N_k 上，我们有 $x \geqslant y$，$n - x - y = m(m+1) = (2k)^2 + 2k$. 从而符号是 $(-1)^{[x(n) < y(n)]}$.

3.41 由于 $1/\phi + 1/\phi^2 = 1$，所述序列的确给出了正整数的划分. 由于条件 $g(n) = f(f(n)) + 1$ 唯一地确定了 f 和 g，我们只需要证明，对所有 $n > 0$ 有 $\lfloor \lfloor n\phi \rfloor \phi \rfloor + 1 = \lfloor n\phi^2 \rfloor$. 这由习题 3.3 推出（取 $\alpha = \phi$ 和 $n = 1$）.

512

3.42 不存在. 如同在正文及习题 3.13 中那样，对两谱情形分析的论证方法表明，存在三集划分的充分必要条件是 $1/\alpha + 1/\beta + 1/\gamma = 1$ 以及对所有 $n > 0$ 有

$$\left\{ \frac{n+1}{\alpha} \right\} + \left\{ \frac{n+1}{\beta} \right\} + \left\{ \frac{n+1}{\gamma} \right\} = 1 .$$

但是，根据有关一致分布的定理可知，如果 α 是无理数，那么 $\{(n+1)/\alpha\}$ 的平均值为 $1/2$. 参数不可能全都是有理数，又如果 $\gamma = m/n$，则平均值是 $3/2 - 1/(2n)$. 从而 γ 必定是整数，但是这也不起什么作用. （还有一个有关不可能性的证明，它仅仅用到一些简单的原理，而没有用有关一致分布的定理，见参考文献 [155]. ）

3.43 展开 K_n 的递归式的一步给出了四个数 $1 + a + a \cdot b \cdot K_{\lfloor (n-1-a)/(a\cdot b) \rfloor}$（$a$ 和 b 中每个数取值 2 或 3）的最小值. （这一简化涉及（3.11）对于在底函数之间去掉底括号的应用，同时还用到恒等式 $x + \min(y, z) = \min(x+y, x+z)$. 我们必须略去带有负下标的项，即 $n - 1 - a < 0$ 的项. ）继续下去就得到下面的解释：K_n 是所有形如

$$1 + a_1 + a_1 a_2 + a_1 a_2 a_3 + \cdots + a_1 a_2 a_3 \cdots a_m$$

的数组成的多重集 S 中 $> n$ 的最小的数，其中 $m \geq 0$ 且每个 a_k 取值 2 或者 3. 从而

$$S = \{1, 3, 4, 7, 9, 10, 13, 15, 19, 21, 22, 27, 28, 31, 31, \cdots\} .$$

数 31 在 S 中出现 "两次"，因为它有两种表示法 $1 + 2 + 4 + 8 + 16 = 1 + 3 + 9 + 18$. （附带指出，Michael Fredman[134] 证明了 $\lim_{n \to \infty} K_n / n = 1$，即 S 没有大的间隙. ）

3.44 设 $d_n^{(q)} = D_{n-1}^{(q)}$ mumble $(q-1)$，这样就有 $D_n^{(q)} = (q D_{n-1}^{(q)} + d_n^{(q)})/(q-1)$，$a_n^{(q)} = \lceil D_{n-1}^{(q)}/(q-1) \rceil$. 现在 $D_{k-1}^{(q)} \leq (q-1)n \Leftrightarrow a_k^{(q)} \leq n$，结果就此得出. （这就是由欧拉[116] 发现的解，他随后还确定了诸个 a 和 d，但没有意识到单独一个序列 $D_n^{(q)}$ 就够用了. ）

3.45 设 $\alpha > 1$ 满足 $\alpha + 1/\alpha = 2m$. 这样，我们就求得 $2Y_n = \alpha^{2^n} + \alpha^{-2^n}$，由此推出 $Y_n = \lceil \alpha^{2^n}/2 \rceil$.

太简单了.

3.46 提示来自（3.9），因为 $2n(n+1) = \left\lfloor 2\left(n + \frac{1}{2}\right)^2 \right\rfloor$. 设 $n + \theta = \left(\sqrt{2}^l + \sqrt{2}^{l-1}\right)m$，$n' + \theta' = \left(\sqrt{2}^{l+1} + \sqrt{2}^l\right)m$，其中 $0 \leq \theta, \theta' < 1$. 这样就有 $\theta' = 2\theta \bmod 1 = 2\theta - d$，其中 d 是 0 或者 1. 我们想要证明 $n' = \left\lfloor \sqrt{2}\left(n + \frac{1}{2}\right) \right\rfloor$. 这个等式当且仅当

513

$$0 \leq \theta'(2 - \sqrt{2}) + \sqrt{2}(1 - d) < 2$$

时成立. 为了求解递归式，注意到 $\mathrm{Spec}\left(1 + 1/\sqrt{2}\right)$ 和 $\mathrm{Spec}\left(1 + \sqrt{2}\right)$ 是正整数的划分，于是任何正整数 a 可以唯一地写成形式 $a = \left\lfloor \left(\sqrt{2}^l + \sqrt{2}^{l-1}\right)m \right\rfloor$，其中 l 和 m 是整数，且 m 是奇数而 $l \geq 0$. 由此推出 $L_n = \left\lfloor \left(\sqrt{2}^{l+n} + \sqrt{2}^{l+n-1}\right)m \right\rfloor$.

3.47 (a) $c = -\dfrac{1}{2}$. (b) c 是整数. (c) $c = 0$. (d) c 是任意的数. 更一般的结果参见参考文献[207]中习题 1.2.4-40的解答.

3.48 设 $x^{:0} = 1$, $x^{:(k+1)} = x\lfloor x^{:k}\rfloor$; 又令 $a_k = \{x^{:k}\}$, $b_k = \lfloor x^{:k}\rfloor$, 这样所述恒等式就变成 $x^3 = 3x^{:3} + 3a_1a_2 + a_1^3 - 3b_1b_2 + b_1^3$. 由于对 $k \geqslant 0$ 有 $a_k + b_k = x^{:k} = xb_{k-1}$, 所以 $(1-xz)(1 + b_1z + b_2z^2 + \cdots) = 1 - a_1z - a_2z^2 - \cdots$, 从而

$$\frac{1}{1-xz} = \frac{1 + b_1z + b_2z^2 + \cdots}{1 - a_1z - a_2z^2 - \cdots}.$$

两边取对数, 将诸 a 与诸 b 分开. 然后关于 z 求导, 就得到

$$\frac{x}{1-xz} = \frac{a_1 + 2a_2z + 3a_3z^2 + \cdots}{1 - a_1z - a_2z^2 - \cdots} + \frac{b_1 + 2b_2z + 3b_3z^2 + \cdots}{1 + b_1z + b_2z^2 + \cdots}.$$

z^{n-1} 的系数在左边是 x^n, 而在右边是一个公式, 当 $n = 3$ 时与给出的恒等式相吻合.

对于更一般的乘积 $x_0x_1\cdots x_{n-1}$, 可以得到类似的恒等式[170].

一个更加有趣的(仍未解决的)问题: 限制 α 和 β 两者都 <1, 问给定的多重集什么时候确定无序的数偶 $\{\alpha, \beta\}$?

3.49 (解由 Heinrich Rolletschek 给出) 我们可以用 $(\{\beta\}, \alpha + \lfloor\beta\rfloor)$ 代替 (α, β), 而不改变 $\lfloor n\alpha\rfloor + \lfloor n\beta\rfloor$. 因此条件 $\alpha = \{\beta\}$ 是必要的. 它也是充分的: 设 $m = \lfloor\beta\rfloor$ 是给定的多重集中最小的元素, 又设 S 是在给定的集合中, 对每个 n 从此集合中的第 n 个最小的元素中减去 mn 得到的所有元素组成的多重集. 如果 $\alpha = \{\beta\}$, 则 S 的相邻元素相差或者为0, 或者为2, 故而多重集 $\dfrac{1}{2}S = \mathrm{Spec}(\alpha)$ 就确定了 α.

3.50 根据William A.Veech的一份未发表的笔记, 只需要使得 $\alpha\beta$、β 和1在有理数上线性独立就足够了.

3.51 H. S. Wilf注意到, 如果我们在任何区间 $(\phi..\phi+\varepsilon)$ 上都知道 $f(x)$, 那么对所有 $x \geqslant \phi$, 函数方程 $f(x^2-1) = f(x)^2$ 就能确定 $f(x)$.

3.52 有无穷多种方法将正整数划分成关于**无理数** α_k 的三个或者更多个推广的谱. 例如,

$$\mathrm{Spec}(2\alpha;0)\bigcup\mathrm{Spec}(4\alpha;-\alpha)\bigcup\mathrm{Spec}(4\alpha;-3\alpha)\bigcup\mathrm{Spec}(\beta;0)$$

就是它的一个划分. 有一个精确的含义, 所有这样的划分在这个含义下都是通过对一个基本的划分 $\mathrm{Spec}(\alpha)\bigcup\mathrm{Spec}(\beta)$ "扩展" 而出现的, 见参考文献[158]. 例如, 已知仅有的有理数例子

$$\mathrm{Spec}(7;-3)\bigcup\mathrm{Spec}\left(\frac{7}{2};-1\right)\bigcup\mathrm{Spec}\left(\frac{7}{4};0\right)$$

是以与所叙述的猜想中的那些参数相似的参数为基础的, 那个猜想归功于A.S.Fraenkel[128].

3.53 在参考文献[95, 第30-31页]中讨论了部分结果. 贪婪算法有可能不会终止.

4.1 1, 2, 4, 6, 16, 12.

4.2 注意 $m_p + n_p = \min(m_p, n_p) + \max(m_p, n_p)$. 递归式 $\mathrm{lcm}(m,n) = (n/(n \bmod m))\mathrm{lcm}(n \bmod m, m)$ 成立, 但是实际上它对计算最小公倍数不可取. 已知计算 $\mathrm{lcm}(m,n)$ 的最好方法是首先计算 $\gcd(m,n)$, 然后用它去除 mn.

4.3 如果 x 是整数, 此结论成立, 但是 $\pi(x)$ 是对所有实数 x 定义的. 容易验证正确的公式

$$\pi(x) - \pi(x-1) = \lceil\lfloor x\rfloor\text{是素数}\rceil.$$

514

4.4 在 $\dfrac{1}{0}$ 与 $\dfrac{0}{-1}$ 之间应该有一个左右反射的Stern-Brocot树，其所有分母都取相反的值，等等. 所以其结果是所有满足 $m \perp n$ 的分数 m/n. 在整个构造中，条件 $m'n - mn' = 1$ 仍然成立.（这称为 Stern-Brocot环（Stern-Brocot wreath），因为我们可以恰如其分地认为最后的 $\dfrac{0}{1}$ 与第一个 $\dfrac{0}{1}$ 是同一个，这样就将这棵树在顶端连接成一个圆. Stern-Brocot环在计算机图形学中有有趣的应用，因为它表示平面上所有的有理方向.　)

4.5 $L^k = \begin{pmatrix} 1 & k \\ 0 & 1 \end{pmatrix}$ 且 $R^k = \begin{pmatrix} 1 & 0 \\ k & 1 \end{pmatrix}$，即使 $k < 0$ 也成立.（我们将在第6章对 L 和 R 的乘积寻求一般的公式.　)

4.6 $a = b$.（第3章定义了 $x \bmod 0 = x$，原来就是为了使得此结论为真.　)

毕竟，$\mathrm{mod}\, y$ 是"将 y 假扮成零"的一种方法. 所以，如果它已经是零了，那就没什么要假扮的了.

4.7 我们需要 $m \bmod 10 = 0$，$m \bmod 9 = k$ 以及 $m \bmod 8 = 1$. 但是 m 不可能既是偶数又是奇数.

4.8 我们希望有 $10x + 6y \equiv 10x + y \pmod{15}$，从而 $5y \equiv 0 \pmod{15}$，从而 $y \equiv 0 \pmod 3$. 我们必定有 $y = 0$ 或者 3，以及 $x = 0$ 或者 1.

4.9 $3^{2k+1} \bmod 4 = 3$，所以 $(3^{2k+1} - 1)/2$ 是奇数. 所说的数可以被 $(3^7 - 1)/2$ 和 $(3^{11} - 1)/2$（以及其他的数）整除.

4.10 $999\left(1 - \dfrac{1}{3}\right)\left(1 - \dfrac{1}{37}\right) = 648$.

4.11 $\sigma(0) = 1$，$\sigma(1) = -1$；对 $n > 1$ 有 $\sigma(n) = 0$.（在任意偏序结构上定义的广义默比乌斯函数有有趣而重要的性质，这些性质首先由 Weisner[366] 研究，并由其他许多人加以发展，特别值得一提的是 Gian-Carlo Rota[313].　)

4.12 根据（4.7）和（4.9），我们有
$$\sum_{d \backslash m} \sum_{k \backslash d} \mu(d/k)g(k) = \sum_{k \backslash m} \sum_{d \backslash (m/k)} \mu(d)g(k) = \sum_{k \backslash m} g(k) \times [m/k = 1] = g(m).$$

4.13 (a)对所有 p 有 $n_p \leqslant 1$；(b) $\mu(n) \neq 0$.

4.14 当 $k > 0$ 时为真. 利用（4.12）、（4.14）以及（4.15）.

4.15 不能. 例如，$e_n \bmod 5 = \lceil 2 \text{或者} 3 \rceil$，$e_n \bmod 11 = \lceil 2, 3, 7 \text{或者} 10 \rceil$.

4.16 $1/e_1 + 1/e_2 + \cdots + 1/e_n = 1 - 1/(e_n(e_n - 1)) = 1 - 1/(e_{n+1} - 1)$.

4.17 我们有 $f_n \bmod f_m = 2$，从而 $\gcd(f_n, f_m) = \gcd(2, f_m) = 1$.（附带指出，关系式 $f_n = f_0 f_1 \ldots f_{n-1} + 2$ 与定义欧几里得数 e_n 的递归式类似.　)

4.18 如果 $n = qm$ 且 q 是奇数，则 $2^n + 1 = (2^m + 1)(2^{n-m} - 2^{n-2m} + \cdots - 2^m + 1)$.

4.19 第一个和式是 $\pi(n)$，由于求和项是 $[k+1 \text{是素数}]$. 第二个和式内部的和式是 $\sum_{1 \leqslant k < m} [k \backslash m]$，所以它大于1当且仅当 m 是合数；我们再次得到 $\pi(n)$. 最后 $\left\lceil \{m/n\} \right\rceil = [m \chi m]$，所以第三个和式是威尔逊定理的一个应用. 当然，用这些公式中的任何一个来计算 $\pi(n)$ 都是完全愚蠢的行为.

4.20 设 $p_1 = 2$，且 p_n 是大于 $2^{p_{n-1}}$ 的最小素数. 那么 $2^{p_{n-1}} < p_n < 2^{p_{n-1}+1}$，由此得出我们可以取 $b = \lim_{n \to \infty} \lg^{(n)} p_n$，其中 $\lg^{(n)}$ 是函数 $\lg$ 迭代 n 次. 所说的数值来自 $p_2 = 5$，$p_3 = 37$. 事实表明有 $p_4 = 2^{37} + 9$，而这给出了更精确的值

$$b \approx 1.251\,647\,597\,790\,5$$

（但对 p_5 没有任何线索）.

515

4.21 根据贝特朗假设有 $P_n < 10^n$. 设

$$K = \sum_{k \geq 1} 10^{-k^2} P_k = 0.200\,300\,005\cdots,$$

那么 $10^{n^2} K \equiv P_n + 分数 \pmod{10^{2n-1}}$.

4.22 $(b^{mn} - 1)/(b-1) = \big((b^m-1)/(b-1)\big)(b^{mn-m}+\cdots+1)$. （对 $p < 49\,081$，仅有的形如 $(10^p-1)/9$ 的素数在 $p = 2,19,23,317,1031$ 时出现. ）这样数称为**循环整数**（repunit）.

516

4.23 $\rho(2k+1) = 0$；对 $k \geq 1$ 有 $\rho(2k) = \rho(k)+1$. 用归纳法可以证明：如果 $n > 2^m$ 且 $m > \rho(n)$，则有 $\rho(n) = \rho(n - 2^m)$. 如果将圆盘标记为 $0,1,\cdots,n-1$，那么第 k 次河内塔移动的是圆盘 $\rho(k)$. 如果 k 是2的幂，这是显然的. 而如果 $2^m < k < 2^{m+1}$，则有 $\rho(k) < m$. 在用 $T_m + 1 + T_m$ 步移动 $m+1$ 个圆盘的序列中，第 k 次移动和第 $k - 2^m$ 次移动是一致的.

4.24 向 n 贡献 dp^m 的数字向 $\varepsilon_p(n!)$ 贡献 $dp^{m-1} + \cdots + d = d(p^m - 1)/(p-1)$，从而 $\varepsilon_p(n!) = \big(n - \nu_p(n)\big)/(p-1)$.

4.25 $m \backslash\backslash n \Leftrightarrow m_p = 0$ 或者 $m_p = n_p$（对所有 p）. 由此得出，(a)为真. 但是在我们感兴趣的例子 $m = 12$，$n = 18$ 中，(b)不成立. （这是一个常见的谬误. ）

4.26 是的，由于 g_N 定义了Stern-Brocot树的一棵子树.

4.27 用 M 来扩展较短的字符串（由于在字母表中 M 介于 L 和 R 之间），直到两个字符串长度相同为止，然后利用字典顺序. 例如，树的最上层是 $LL < LM < LR < MM < RL < RM < RR$. （另一个解法是对两个输入附加无限的字符串 RL^∞，然后一直比较，直到找到 $L < R$ 为止. ）

4.28 我们只需要用这个表示法的第一部分：

$$
\begin{array}{ccccccccccccccccc}
R & R & R & L & L & L & L & L & L & L & R & R & R & R & R & R \\
\frac{1}{1}, & \frac{2}{1}, & \frac{3}{1}, & \frac{4}{1}, & \frac{7}{2}, & \frac{10}{3}, & \frac{13}{4}, & \frac{16}{5}, & \frac{19}{6}, & \frac{22}{7}, & \frac{25}{8}, & \frac{47}{15}, & \frac{69}{22}, & \frac{91}{29}, & \frac{113}{36}, & \frac{135}{43}, & \cdots
\end{array}
$$

出现分数 $\frac{4}{1}$，是因为它是比 $\frac{1}{0}$ 更好的上界，而不是因为它更接近于 $\frac{3}{1}$. 类似地，$\frac{25}{8}$ 是比 $\frac{3}{1}$ 更好的下界. 最简单的上界和最简单的下界全都出现了，而下一个真正好的近似值要直到那一串 R 变回到 L 之后才会出现.

4.29 $1/\alpha$. 为了在二进制记法下从 x 得到 $1-x$，我们交换0和1；为了在Stern-Brocot记法下从 α 得到 $1/\alpha$，我们交换 L 和 R. （有限的情形也必须考虑，不过它们必定有效，因为这种对应是保序的. ）

4.30 m 个整数 $x \in [A..A+m)$ 对于 $\bmod m$ 是不同的，所以它们的余数 $(x \bmod m_1, \cdots, x \bmod m_r)$ 取遍所有 $m_1 \cdots m_r = m$ 个可能的值，根据鸽舍原理，其中一个必定等于 $(a_1 \bmod m_1, \cdots, a_r \bmod m_r)$.

4.31 只要 $b \equiv 1 \pmod{d}$，在 b 进制记法下，一个数可以被 d 整除当且仅当它的各位数字之和能被 d 整除. 这可以由 $(a_m \cdots a_0)_b = a_m b^m + \cdots + a_0 b^0 \equiv a_m + \cdots + a_0$ 推出.

4.32 $\varphi(m)$ 个数 $\{kn \bmod m \mid k \perp m \text{ 且 } 0 \leq k < m\}$ 就是数 $\{k \mid k \perp m \text{ 且 } 0 \leq k < m\}$ 按照某种次序的排列. 将它们相乘并用 $\prod_{0 \leq k < m, k \perp m} k$ 来除.

517

4.33 显然 $h(1) = 1$. 如果 $m \perp n$，那么 $h(mn) = \sum_{d \backslash mn} f(d) g(mn/d) = \sum_{c \backslash m, d \backslash n} f(cd) g\big((m/c)(n/d)\big) = \sum_{c \backslash m} \sum_{d \backslash n} f(c) g(m/c) f(d) g(n/d)$，这就是 $h(m)h(n)$，因为对这个和式中的每一项都有 $c \perp d$.

4.34 如果 x 不是整数时 $f(x)$ 等于零，那么 $g(m) = \sum_{d \backslash m} f(d) = \sum_{d \backslash m} f(m/d) = \sum_{d \geqslant 1} f(m/d)$.

4.35 基本的情形是

$$I(0,n) = 0 \ ; \quad I(m,0) = 1 \ .$$

当 $m,n > 0$ 时，有两条规则. 第一条当 $m > n$ 时是平凡的，而第二条当 $m < n$ 时是平凡的：

$$I(m,n) = I(m, n \bmod m) - \lfloor n/m \rfloor I(n \bmod m, m) \ ;$$

$$I(m,n) = I(m \bmod n, n) \ .$$

4.36 将任何给定量分解成非单位数的乘积的分解式必定有 $m^2 - 10n^2 = \pm 2$ 或者 ± 3 ，但是这对 $\bmod 10$ 来说是不可能的.

4.37 $a_n = 2^{-n} \ln\left(e_n - \dfrac{1}{2}\right)$ ，$b_n = 2^{-n} \ln\left(e_n + \dfrac{1}{2}\right)$. 那么

$$e_n = \left\lfloor E^{2^n} + \frac{1}{2} \right\rfloor \quad \Leftrightarrow \quad a_n \leqslant \ln E < b_n \ .$$

而 $a_{n-1} < a_n < b_n < b_{n-1}$ ，所以我们能取 $E = \lim_{n \to \infty} \mathrm{e}^{a_n}$. 事实上，已经证实

$$E^2 = \frac{3}{2} \prod_{n \geqslant 1} \left(1 + \frac{1}{(2e_n - 1)^2}\right)^{1/2^n} ,$$

这是一个快速收敛到 $(1.264\ 084\ 735\ 305\ 301\ 11\cdots)^2$ 的乘积. 但是这些事实并没有告诉我们 e_n 等于什么，除非我们找到 E 的其他表达式，而这个表达式不依赖于欧几里得数.

4.38 设 $r = n \bmod m$ ，那么

$$a^n - b^n = (a^m - b^m)(a^{n-m}b^0 + a^{n-2m}b^m + \cdots + a^r b^{n-m-r}) + b^{m\lfloor n/m \rfloor}(a^r - b^r) \ .$$

4.39 如果 $a_1, \cdots, a_t$ 和 $b_1, \cdots, b_u$ 都是完全平方，则

$$a_1 \cdots a_t b_1 \cdots b_u / c_1^2 \cdots c_v^2$$

亦然，其中 $\{a_1, \cdots, a_t\} \bigcap \{b_1, \cdots, b_u\} = \{c_1, \cdots, c_v\}$. （事实上可以证明，序列 $\langle S(1), S(2), S(3), \cdots \rangle$ 包含每个非素数的正整数恰好一次. ）

4.40 设 $f(n) = \prod_{1 \leqslant k \leqslant n, p \backslash k} k = n! / p^{\lfloor n/p \rfloor} \lfloor n/p \rfloor!$ ，$g(n) = n! / p^{\varepsilon_p(n!)}$ ，那么

$$g(n) = f(n) f\left(\lfloor n/p \rfloor\right) f\left(\lfloor n/p^2 \rfloor\right) \cdots = f(n) g\left(\lfloor n/p \rfloor\right) \ .$$

又有 $f(n) \equiv a_0! (p-1)!^{\lfloor n/p \rfloor} \equiv a_0! (-1)^{\lfloor n/p \rfloor} \pmod{p}$ 以及 $\varepsilon_p(n!) = \lfloor n/p \rfloor + \varepsilon_p\left(\lfloor n/p \rfloor!\right)$. 这些递归式使得用归纳法证明结论更容易. （还可能有若干其他的解法. ）

4.41 (a) 如果 $n^2 \equiv -1 \pmod{p}$ ，那么 $(n^2)^{(p-1)/2} \equiv -1$ ，但是费马说它是 $+1$. (b) 设 $n = ((p-1)/2)!$ ，我们就有 $n \equiv (-1)^{(p-1)/2} \prod_{1 \leqslant k < p/2} (p-k) = (p-1)! / n$ ，从而 $n^2 \equiv (p-1)!$.

4.42 我们首先注意到，对任何整数 a 有 $k \perp l \Leftrightarrow k \perp l + ak$ ，因为根据欧几里得算法有 $\gcd(k,l) = \gcd(k, l+ak)$. 现在

$$m \perp n \text{ 以及 } n' \perp n \quad \Leftrightarrow \quad mn' \perp n$$
$$\Leftrightarrow \quad mn' + nm' \perp n \ .$$

类似地，

$$m' \perp n' \text{ 以及 } n \perp n' \quad \Leftrightarrow \quad mn' + nm' \perp n'.$$

因此

$$m \perp n \text{ 以及 } m' \perp n' \text{ 以及 } n \perp n' \quad \Leftrightarrow \quad mn' + nm' \perp nn'.$$

4.43 我们想用 $L^{-1}R$ 来乘，然后用 $R^{-1}L^{-1}RL$ 来乘，再用 $L^{-1}R$ 来乘，再用 $R^{-2}L^{-1}RL^2$ 来乘，如此等等，第 n 个乘数是 $R^{-\rho(n)}L^{-1}RL^{\rho(n)}$，因为我们必须消去 $\rho(n)$ 个 R. 而且 $R^{-m}L^{-1}RL^m = \begin{pmatrix} 0 & -1 \\ 1 & 2m+1 \end{pmatrix}$.

4.44 通过观察 $\dfrac{631}{2000}$ 和 $\dfrac{633}{2000}$ 的 Stern-Brocot 表示法，并且正好在前者有 L 后者有 R 的地方停下，我们就能找到位于

$$[0.3155..0.3165) = \left[\frac{631}{2000}..\frac{633}{2000}\right)$$

中的最简单的有理数：

$$(m_1, n_1, m_2, n_2) := (631, 2000, 633, 2000);$$

while $m_1 > n_1$ **or** $m_2 \leqslant n_2$ **do**

　　if $m_2 \leqslant n_2$ **then** (output (L) ; 　$(n_1, n_2) := (n_1, n_2) - (m_1, m_2)$)

　　　　　　　else (output (R) ; 　$(m_1, m_2) := (m_1, m_2) - (n_1, n_2)$) .

John 0.316
——1993 年世界杯
系列赛期间，当 John
Kruk 出场击球时，旗
子上显示的内容.

输出是 $LLLRRRRR = \dfrac{6}{19} \approx 0.3158$. 附带指出，平均值 0.334 意味着至少上场击球 287 次.

4.45 $x^2 \equiv x \pmod{10^n} \Leftrightarrow x(x-1) \equiv 0 \pmod{2^n}$，$x(x-1) \equiv 0 \pmod{5^n} \Leftrightarrow x \bmod 2^n = [0\text{或者}1]$，$x \bmod 5^n = [0\text{或者}1]$. （最后一步是合法的，因为 $x(x-1) \bmod 5 \equiv 0$ 意味着 x 或者 $x-1$ 是 5 的倍数，在此情形中其他的因子与 5^n 互素，因而可以从同余式中除掉. ）

所以最多只有四个解，其中有两个（$x=0$ 和 $x=1$）不够资格成为"n 位数"，除非 $n=1$. 另外两个解有形式 x 和 $10^n + 1 - x$，且这些数中至少有一个是 $\geqslant 10^{n-1}$ 的. 当 $n=4$ 时，另一个解 $10\,001 - 9\,376 = 625$ 不是四位数. 我们期待，所有的 n 中有大约 80% 能得到两个 n 位数的解，但这个猜想到目前为止尚未得到证明.

[这样自生的数称为**自守的**（automorphic）.]

4.46 (a) 如果 $j'j - k'k = \gcd(j,k)$，我们就有 $n^{k'k}n^{\gcd(j,k)} = n^{j'j} \equiv 1$ 以及 $n^{k'k} \equiv 1$. (b) 设 $n = pq$，其中 p 是 n 的最小素因子. 如果 $2^n \equiv 1 \pmod n$，那么 $2^n \equiv 1 \pmod p$. 又有 $2^{p-1} \equiv 1 \pmod p$，所以 $2^{\gcd(p-1,n)} \equiv 1 \pmod p$. 但是根据 p 的定义有 $\gcd(p-1,n) = 1$.

4.47 如果 $n^{m-1} \equiv 1 \pmod m$，我们必定有 $n \perp m$. 如果对某个 $1 \leqslant j < k < m$ 有 $n^k \equiv n^j$，那么 $n^{k-j} \equiv 1$，因为我们可以用 n^j 来除. 这样一来，如果诸数 $n^1 \bmod m, \cdots, n^{m-1} \bmod m$ 不是各不相同的，那么就存在一个满足 $n^k \equiv 1$ 的 $k < m-1$. 根据习题 4.46(a)，最小的这样的 k 整除 $m-1$. 那样就对某个素数 p 和某个正整数 q 有 $kq = (m-1)/p$，而这是不可能的，因为 $n^{kq} \not\equiv 1$. 于是诸数 $n^1 \bmod m, \cdots, n^{m-1} \bmod m$ 是各不相同的，且与 m 互素. 从而诸数 $1, \cdots, m-1$ 与 m 互素，故 m 必为素数.

4.48 将这些数与它们的逆元配对，就能将此乘积（$\bmod m$）化简为 $\prod_{1 \leqslant n < m, n^2 \bmod m = 1} n$. 现在利用 $n^2 \bmod m = 1$ 的解的知识. 根据剩余算术我们求得：如果 $m = 4$，p^k 或者 $2p^k$（$p > 2$），则结

果为 $m-1$；否则为 $+1$．

4.49 (a)或者 $m < n$（ $\Phi(N)-1$ 种情形），或者 $m = n$（一种情形），或者 $m > n$（又是 $\Phi(N)-1$ 种情形），从而 $R(N) = 2\Phi(N)-1$． (b)由（4.62）得到

$$2\Phi(N)-1 = -1 + \sum_{d \geqslant 1} \mu(d) \lfloor N/d \rfloor \lfloor 1+N/d \rfloor,$$

从而所述结果成立当且仅当

$$\sum_{d \geqslant 1} \mu(d) \lfloor N/d \rfloor = 1, \quad N \geqslant 1.$$

如果取 $f(x) = [x \geqslant 1]$，这就是（4.61）的一个特殊情况．

4.50 (a) 如果 f 是任意一个函数，那么

$$\begin{aligned}
\sum_{0 \leqslant k < m} f(k) &= \sum_{d \backslash m} \sum_{0 \leqslant k < m} f(k) [d = \gcd(k,m)] \\
&= \sum_{d \backslash m} \sum_{0 \leqslant k < m} f(k) [k/d \perp m/d] \\
&= \sum_{d \backslash m} \sum_{0 \leqslant k < m/d} f(kd) [k \perp m/d] \\
&= \sum_{d \backslash m} \sum_{0 \leqslant k < d} f(km/d) [k \perp d];
\end{aligned}$$

我们在（4.63）的推导过程中见过它的一种特殊情形. 用 Π 代替 Σ，类似的推导过程成立. 这样我们就有

$$z^m - 1 = \prod_{0 \leqslant k < m} (z - \omega^k) = \prod_{d \backslash m} \prod_{\substack{0 \leqslant k < d \\ k \perp d}} (z - \omega^{km/d}) = \prod_{d \backslash m} \Psi_d(z),$$

因为 $\omega^{m/d} = e^{2\pi i/d}$．

利用乘积代替和式得到的（4.56）的类似公式，可以从(a)推出(b). 附带指出，这个公式表明 $\Psi_m(z)$ 有整数系数，因为 $\Psi_m(z)$ 是用首项系数为1的多项式相乘以及相除得到的.

4.51 $(x_1 + \cdots + x_n)^p = \sum_{k_1 + \cdots + k_n = p} p!/(k_1! \cdots k_n!) x_1^{k_1} \cdots x_n^{k_n}$，仅当某个 $k_j = p$，其系数可以被 p 整除，从而 $(x_1 + \cdots + x_n)^p \equiv x_1^p + \cdots + x_n^p \pmod p$．现在可以令所有 x 为1，这就得到 $n^p \equiv n$．

4.52 如果 $p > n$，就没什么可证的了. 反之 $x \perp p$，所以 $x^{k(p-1)} \equiv 1 \pmod p$，这就意味着在给定的数中至少有 $\lfloor (n-1)/(p-1) \rfloor$ 个是 p 的倍数. 而由于 $n \geqslant p$，所以 $(n-1)/(p-1) \geqslant n/p$．

4.53 首先指出，如果 $m \geqslant 6$ 且 m 不是素数，那么 $(m-2)! \equiv 0 \pmod m$．（如果 $m = p^2$，则关于 $(m-2)!$ 的乘积包含 p 与 $2p$；反之，它则包含 d 和 m/d，其中 $d < m/d$．）接下来考虑几种情形：

情形0，$n < 5$．条件仅对 $n = 1$ 成立．

情形1，$n \geqslant 5$ 且 n 是素数. 此时 $(n-1)!/(n+1)$ 是整数，且它不可能是 n 的倍数.

情形2，$n \geqslant 5$，n 是合数，且 $n+1$ 是合数. 此时 n 和 $n+1$ 整除 $(n-1)!$，且 $n \perp n+1$，因此 $n(n+1) \backslash (n-1)!$．

情形3，$n \geqslant 5$，n 是合数，且 $n+1$ 是素数. 此时由威尔逊定理有 $(n-1)! \equiv 1 \pmod{n+1}$，又有

$$\lceil (n-1)!/(n+1) \rceil = ((n-1)!+n)/(n+1);$$

它可以被 n 整除.

"上帝创造了整数，
其他一切皆属人为．"
——L.克内罗克[365]

这样一来，答案就是：或者 $n=1$，或者 $n\neq 4$ 是合数.

4.54 $\varepsilon_2(1000!)>500$ 和 $\varepsilon_5(1000!)=249$，因此对某个偶数 a 有 $1000!=a\cdot 10^{249}$. 由于 $1000=(13\,000)_5$，习题4.40告诉我们，$a\cdot 10^{249}=1000!/5^{249}\equiv -1\pmod 5$. 又有 $2^{249}\equiv 2$，因此 $a\equiv 2$，从而 $a\bmod 10=2$ 或7，因此答案是 2×10^{249}.

4.55 一种方法是用归纳法证明 $P_{2n}/P_n^4(n+1)$ 是整数，这个更强的结果帮助归纳法走到底. 另一个方法基于证明：每个素数 p 整除分子至少与它整除分母的次数一样多. 这就转化为证明不等式

$$\sum_{k=1}^{2n}\lfloor k/m\rfloor\geqslant 4\sum_{k=1}^{n}\lfloor k/m\rfloor,\quad 整数\ m\geqslant 2,$$

它可以由下式推出

$$\left\lfloor\frac{2n-1}{m}\right\rfloor+\left\lfloor\frac{2n}{m}\right\rfloor\geqslant 4\left\lfloor\frac{n}{m}\right\rfloor+[n\bmod m=m-1]-[n\bmod m=0].$$

当 $0\leqslant n<m$ 时后者为真，而当 n 增加 m 时两边增加4.

4.56 设 $f(m)=\sum_{k=1}^{2n-1}\min(k,2n-k)[m\backslash k]$，$g(m)=\sum_{k=1}^{n-1}(2n-2k-1)[m\backslash(2k+1)]$. p 整除所述分数的分子的次数是 $f(p)+f(p^2)+f(p^3)+\cdots$，而 p 整除分母的次数是 $g(p)+g(p^2)+g(p^3)+\cdots$. 但是只要 m 是奇数，由习题2.32就有 $f(m)=g(m)$. 于是，根据习题3.22，所述分数就转化为 $2^{n(n-1)}$.

4.57 由于

$$\sum_{1\leqslant m\leqslant n}[d\backslash m]=\sum_{0<k\leqslant n/d}[m=dk]=\lfloor n/d\rfloor,$$

提示建议我们使用标准的交换求和. 记所提示的和式为 $\sum(n)$，我们有

$$\sum(m+n)-\sum(m)-\sum(n)=\sum_{d\in S(m,n)}\varphi(d).$$

另一方面，由（4.54）知道 $\sum(n)=\dfrac{1}{2}n(n+1)$，因此 $\sum(m+n)-\sum(m)-\sum(n)=mn$.

4.58 函数 $f(m)$ 是积性的，且当 $m=p^k$ 时它等于 $1+p+\cdots+p^k$. 这个数是2的幂当且仅当 p 是一个梅森素数且 $k=1$. 由于 k 必须是奇数，在此情形下这个和式等于

$$(1+p)(1+p^2+p^4+\cdots+p^{k-1}),$$

且 $(k-1)/2$ 必须是奇数，等等. 充分必要条件就是：m 是不同的梅森素数的乘积.

4.59 提示的证明：如果 $n=1$，则有 $x_1=\alpha=2$，所以这里没有问题. 如果 $n>1$，可以假设 $x_1\leqslant\cdots\leqslant x_n$. 情形 1：$x_1^{-1}+\cdots+x_{n-1}^{-1}+(x_n-1)^{-1}\geqslant 1$ 且 $x_n>x_{n-1}$. 此时就能求得 $\beta\geqslant x_n-1\geqslant x_{n-1}$，使得 $x_1^{-1}+\cdots+x_{n-1}^{-1}+\beta^{-1}=1$，从而 $x_n\leqslant\beta+1\leqslant e_n$ 且 $x_1\cdots x_n\leqslant x_1\cdots x_{n-1}(\beta+1)\leqslant e_1\cdots e_n$（根据归纳法）. 存在一个正整数 m，使得 $\alpha=x_1\cdots x_n/m$，从而 $\alpha\leqslant e_1\cdots e_n=e_{n+1}-1$，且有 $x_1\cdots x_n(\alpha+1)\leqslant e_1\cdots e_n e_{n+1}$. 情形 2：$x_1^{-1}+\cdots+x_{n-1}^{-1}+(x_n-1)^{-1}\geqslant 1$ 且 $x_n=x_{n-1}$. 设 $a=x_n$，$a^{-1}+(a-1)^{-1}=(a-2)^{-1}+\zeta^{-1}$. 此时可以指出，有 $a\geqslant 4$ 以及 $(a-2)(\zeta+1)\geqslant a^2$. 所以存在一个 $\beta\geqslant\zeta$，使得 $x_1^{-1}+\cdots+x_{n-2}^{-1}+(a-2)^{-1}+\beta^{-1}=1$，由此并根据归纳法就得出 $x_1\cdots x_n\leqslant x_1\cdots x_{n-2}(a-2)(\zeta+1)\leqslant x_1\cdots x_{n-2}(a-2)(\beta+1)\leqslant e_1\cdots e_n$，这样就能同前一样完成证明. 情形 3：$x_1^{-1}+\cdots+x_{n-1}^{-1}+(x_n-1)^{-1}<1$. 设 $a=x_n$，并令 $a^{-1}+\alpha^{-1}=(a-1)^{-1}+\beta^{-1}$. 可以证明 $(a-1)(\beta+1)>a(\alpha+1)$，因为这个恒等式等价于

522

$$a\alpha^2 - a^2\alpha + a\alpha - a^2 + \alpha + a > 0 \, ,$$

它是 $a\alpha(\alpha - a) + (1+a)\alpha \geqslant (1+a)\alpha > a^2 - a$ 的一个推论. 故而我们可以用 $a-1$ 和 β 来代替 x_n 和 α, 重复这一变换直到情形1或者情形2适用.

这个提示的另一个推论是: $1/x_1 + \cdots + 1/x_n < 1$ 蕴涵 $1/x_1 + \cdots + 1/x_n \leqslant 1/e_1 + \cdots + 1/e_n$, 见习题 4.16.

4.60 要点是 $\theta < \dfrac{2}{3}$. 这样我们就可以取 p_1 充分大 (以满足下面的条件) 并取 p_n 是大于 p_{n-1}^3 的最小素数. 在这样的定义下, 令 $a_n = 3^{-n}\ln p_n$ 以及 $b_n = 3^{-n}\ln(p_n+1)$. 如果我们能证明 $a_{n-1} \leqslant a_n < b_n \leqslant b_{n-1}$, 就能如习题4.37中那样取 $P = \lim_{n\to\infty} e^{a_n}$. 但是这个猜想等价于 $p_{n-1}^3 \leqslant p_n < (p_{n-1}+1)^3$. 如果在这个范围内不存在素数 p_n, 就必定有一个素数 $p < p_{n-1}^3$, 使得 $p + p^\theta > (p_{n-1}+1)^3$. 但这意味着有 $p^\theta > 3p^{2/3}$, 而当 p 充分大时, 这是不可能的.

我们几乎可以肯定取 $p_1 = 2$, 因为所有可用的证据都表明: 素数间隙的已知界限比真实情况弱得多 (见习题4.69). 这样就有 $p_2 = 11$, $p_3 = 1361$, $p_4 = 2\,521\,008\,887$, $1.306\,377\,883\,863 < P < 1.306\,377\,883\,869$.

4.61 $\hat{m}$ 和 $\hat{n}$ 是右边, 注意 $\hat{m}n' - m'\hat{n} = 1$, 从而 $\hat{m} \perp \hat{n}$. 又有 $\hat{m}/\hat{n} > m'/n'$, $N = ((n+N)/n')n' - n \geqslant \hat{n} > ((n+N)/n' - 1)n' - n = N - n' \geqslant 0$, 所以我们有 $\hat{m}/\hat{n} > m''/n''$. 如果等式不成立, 我们就有 $n'' = (\hat{m}n' - m'\hat{n})n'' = n'(\hat{m}n'' - m''\hat{n}) + \hat{n}(m''n' - m'n'') \geqslant n' + \hat{n} > N$, 这是个矛盾.

附带指出, 这一题意味着 $(m + m'')/(n + n'') = m'/n'$, 尽管前一个分数并不总是最简分数.

4.62 $2^{-1} + 2^{-2} + 2^{-3} - 2^{-6} - 2^{-7} + 2^{-12} + 2^{-13} - 2^{-20} - 2^{-21} + 2^{-30} + 2^{-31} - 2^{-42} - 2^{-43} + \cdots$ 可以写成

$$\frac{1}{2} + 3\sum_{k\geqslant 0}(2^{-4k^2-6k-3} - 2^{-4k^2-10k-7}) \, .$$

附带指出, 这个和式可以利用 "θ 函数" $\theta(z, \lambda) = \sum_k e^{-\pi\lambda k^2 + 2izk}$ 表示成封闭形式, 我们有

$$e \ \leftrightarrow \ \frac{1}{2} + \frac{3}{8}\theta\left(\frac{4}{\pi}\ln 2, \ 3i\ln 2\right) - \frac{3}{128}\theta\left(\frac{4}{\pi}\ln 2, \ 5i\ln 2\right) \, .$$

4.63 任何 $n > 2$ 或者有一个素因子 $d > 2$, 或者可以被 $d = 4$ 整除. 无论是哪一种情形, 一个带有指数 n 的解就意味着一个带指数 d 的解 $(a^{n/d})^d + (b^{n/d})^d = (c^{n/d})^d$. 由于 $d = 4$ 没有解, 所以 d 必定是素数. 解题线索可以从二项式定理推出, 因为当 p 为奇数时有 $(a^p + (x-a)^p)/x \equiv pa^{p-1} \pmod{x}$. 如果 (4.46) 不成立, 则最小的反例满足 $a \perp x$. 如果 x 不被 p 整除, 那么 x 与 c^p/x 互素, 这就意味着, 只要 q 是素数, 且 $q^e \backslash\backslash x$ 以及 $q^f \backslash\backslash c$, 我们就有 $e = fp$. 因此对某个 m 有 $x = m^p$. 另一方面, 如果 x 能被 p 整除, 那么 c^p/x 能被 p 整除, 但不能被 p^2 整除, 且 c^p 与 x 没有其他的公因子.

4.64 $\mathcal{P}_N$ 中相等的分数按照 "管风琴次序" 出现:

$$\frac{2m}{2n}, \frac{4m}{4n}, \cdots, \frac{rm}{rn}, \cdots, \frac{3m}{3n}, \frac{m}{n} \, .$$

假设 $\mathcal{P}_N$ 是正确的, 我们想要证明 $\mathcal{P}_{N+1}$ 是正确的. 这就意味着, 如果 kN 是奇数, 我们想要证明

$$\frac{k-1}{N+1} = \mathcal{P}_{N, kN} \, ;$$

如果 kN 是偶数, 我们想要证明

"人创造了整数: 所有其他的都是迪厄多内完成的."

——R.K.Guy

我发现了费马大定理的一个奇妙的证明, 但是这里写不下它.

$$\mathcal{P}_{N,kN-1}\quad \mathcal{P}_{N,kN}\quad \frac{k-1}{N+1}\quad \mathcal{P}_{N,kN}\mathcal{P}_{N,kN+1}.$$

在这两种情形下，知道 $\mathcal{P}_N$ 中严格小于 $(k-1)/(N+1)$ 的分数个数是有用的，根据（3.32），这就是

$$\sum_{n=1}^{N}\sum_{m}\left[0\leqslant \frac{m}{n}<\frac{k-1}{N+1}\right]=\sum_{n=1}^{N}\left\lceil\frac{(k-1)n}{N+1}\right\rceil=\sum_{n=0}^{N}\left\lfloor\frac{(k-1)n+N}{N+1}\right\rfloor$$

$$=\frac{(k-2)N}{2}+\frac{d-1}{2}+d\left\lfloor\frac{N}{d}\right\rfloor,$$

[524]

其中 $d=\gcd(k-1,N+1)$. 由于 $N \bmod d = d-1$ ，这就化简为 $\frac{1}{2}(kN-d+1)$.

此外，根据管风琴次序的特点，$\mathcal{P}_N$ 中与 $(k-1)/(N+1)$ 相等且在 $\mathcal{P}_{N+1}$ 中位于它前面的分数个数是 $\frac{1}{2}\big(d-1-\big[d\text{是偶数}\big]\big)$.

如果 kN 是奇数，则 d 是偶数，且 $(k-1)/(N+1)$ 在 $\mathcal{P}_N$ 中位于 $\frac{1}{2}(kN-1)$ 个元素的后面，这正好就是使问题得以解决的正确个数. 如果 kN 是偶数，则 d 是奇数，且 $(k-1)/(N+1)$ 位于 $\mathcal{P}_N$ 中 $\frac{1}{2}(kN)$ 个元素的后面. 如果 $d=1$ ，则没有哪一个等于 $(k-1)/(N+1)$ ，且 $\mathcal{P}_{N,kN}$ 就是" $<$ "；反之 $(k-1)/(N+1)$ 落在两个相等的元素之间，且 $\mathcal{P}_{N,kN}$ 就是" $=$ ". （C. S. Peirce[288]差不多在他发现 $\mathcal{P}_N$ 的同时，独立地发现了Stern-Brocot树.）

4.65 （类似）费马数 f_n 的类似问题，是一个著名的未解问题. 我们这个问题可能更容易一些，也可能更困难一些.

"不存在小于 25×10^{14} 的平方数整除某个欧几里得数."
——Ilan Vardi

4.66 已知不存在小于 36×10^{18} 的平方数整除某个梅森数或者费马数. 至今还无法证明Schinzel猜想：存在无穷多个无平方因子的梅森数，甚至还不知道是否存在无穷多个 p ，使得 $p\backslash\backslash(a\pm b)$ ，其中 a 和 b 的所有素因子都 $\leqslant 31$.

4.67 M. Szegedy已经针对所有大的 n 证明了这个猜想，见参考文献[348]、[95，pp. 78-79]和[55].

4.68 这是比下一题中的结果要弱得多的猜想.

4.69 Cramér[66]证明了：根据概率论，这个猜想似乎是合理的，而且通过计算验证了这个猜想：Brent[37]证明了，对 $P_{n+1}<2.686\times10^{12}$ 有 $P_{n+1}-P_n\leqslant 602$. 而习题4.60中弱得多的界在1994年时还是已知最好的结果[255]. 如果对所有充分大的 n 有 $P_{n+1}-P_n<2P_n^{1/2}$ ，则习题4.68有一个"肯定的"答案. 根据Guy[169, 习题A8]，Paul Erdős提供了10 000美元的奖金悬赏下述结论的证明：对所有 $c>0$ ，存在无穷多个 n ，使得

$$P_{n+1}-P_n>\frac{c\ln n\ln\ln n\ln\ln\ln\ln n}{(\ln\ln\ln n)^2}.$$

4.70 根据习题4.24，这个结论当且仅当 $\nu_2(n)=\nu_3(n)$ 时成立. 参考文献[96]中的方法或许有助于破解这个猜想.

4.71 当 $k=3$ 时最小的解是 $n=4\,700\,063\,497=19\times47\times5\,263\,229$ ，在这种情形下，还不知道有其他的解.

[525]

4.72 对无穷多个 a 的值，此结论为真，包括 -1 （当然）以及0（不那么明显）. Lehmer[244]有一个著名的猜想：$\varphi(n)\backslash(n-1)$ 当且仅当 n 是素数.

4.73 这个结论与黎曼猜想等价（当 z 的实部大于 $1/2$ 时，复 ς 函数 $\varsigma(z)$ 不为零）.

4.74 实验证据提示我们：就像阶乘关于模 p 是随机分布的一样，该集合中存在大约 $p(1-1/\mathrm{e})$ 个不同的元素.

5.1 根据二项式定理，在任何基数 $r \geqslant 7$ 的进制下都有 $(11)_r^4 = (14641)_r$.

在 11 进位制下，11^4 等于什么？

5.2 当 $k \geqslant \lfloor n/2 \rfloor$ 时，比值 $\binom{n}{k+1}\Big/\binom{n}{k} = (n-k)/(k+1) \leqslant 1$；而当 $k < \lceil n/2 \rceil$ 时，这个比值 $\geqslant 1$，所以最大值在 $k = \lfloor n/2 \rfloor$ 以及 $k = \lceil n/2 \rceil$ 时出现.

5.3 展开成阶乘. 两个乘积都等于 $f(n)/f(n-k)f(k)$，其中 $f(n) = (n+1)!n!(n-1)!$.

5.4 $\binom{-1}{k} = (-1)^k \binom{k+1-1}{k} = (-1)^k \binom{k}{k} = (-1)^k [k \geqslant 0]$.

5.5 如果 $0 < k < p$，则在 $\binom{p}{k}$ 的分子中存在一个 p，它不可能与分母中的数相消. 由于

$$\binom{p}{k} = \binom{p-1}{k} + \binom{p-1}{k-1},\ \text{对}\ 0 \leqslant k < p\ \text{我们必定有}\ \binom{p-1}{k} \equiv (-1)^k \pmod{p}.$$

5.6 （在排除了第二个障碍之后）关键的步骤应该是

$$\frac{1}{n+1} \sum_k \binom{n+k}{k}\binom{n+1}{k+1}(-1)^k$$
$$= \frac{1}{n+1} \sum_{k \geqslant 0} \binom{n+k}{n}\binom{n+1}{k+1}(-1)^k$$
$$= \frac{1}{n+1} \sum_k \binom{n+k}{n}\binom{n+1}{k+1}(-1)^k$$
$$- \frac{1}{n+1}\binom{n-1}{n}\binom{n+1}{0}(-1)^{-1}.$$

原来的推导忘了包括这个附加的项，这一项等于 $[n = 0]$.

5.7 是的，因为 $r^{-k} = (-1)^k / (-r-1)^{\underline{k}}$. 我们还有

$$r^{\overline{k}}\left(r + \frac{1}{2}\right)^{\overline{k}} = (2r)^{\overline{2k}} / 2^{2k}.$$

5.8 $f(k) = (k/n-1)^n$ 是一个 n 次多项式，其首项系数为 n^{-n}. 根据（5.40），这个和式等于 $n!/n^n$. 当 n 很大时，斯特林近似表明，此式近似等于 $\sqrt{2\pi n}/\mathrm{e}^n$. （这与 $(1-1/\mathrm{e})$ 完全不同，后者是利用当 $n \to \infty$ 时对固定的 k 成立的近似公式 $(1-k/n)^n \sim \mathrm{e}^{-k}$ 得到的结果. ）

5.9 根据（5.60）有 $\mathcal{E}_t(z)^t = \sum_{k \geqslant 0} t(tk+t)^{k-1} z^k / k! = \sum_{k \geqslant 0} (k+1)^{k-1} (tz)^k / k! = \mathcal{E}_1(tz)$.

5.10 $\sum_{k \geqslant 0} 2z^k / (k+2) = F(2,1;3;z)$，因为 $t_{k+1}/t_k = (k+2)z/(k+3)$.

5.11 第一个是贝塞尔函数，第二个则是高斯函数：

但不是非贝塞尔函数.

$$z^{-1}\sin z = \sum_{k \geqslant 0} (-1)^k z^{2k}/(2k+1)! = F\left(1;1,\frac{3}{2};-z^2/4\right);$$

$$z^{-1}\arcsin z = \sum_{k \geqslant 0} z^{2k}\left(\frac{1}{2}\right)^{\overline{k}}/(2k+1)k! = F\left(\frac{1}{2},\frac{1}{2};\frac{3}{2};z^2\right).$$

超几何项 $t(k)$ 的每一个值都可以写成 $0^{e(k)}\nu(k)$，其中 $e(k)$ 是一个整数，且 $\nu(k) \neq 0$. 假设项的比值 $t(k+1)/t(k)$ 是 $p(k)/q(k)$，且 p 和 q 已经在复数范围内被完全分解了. 那么，对每一个 k，$e(k+1)$ 就是 $e(k)$ 加上 $p(k)$ 的零因子的个数减去 $q(k)$ 的零因子的个数，而 $\nu(k+1)$ 就是 $\nu(k)$ 乘以 $p(k)$ 的非零因子的乘积，再除以 $q(k)$ 的非零因子的乘积.

5.12 (a) 如果 $n \neq 0$，n^k 是超几何项，因为项的比值是 n. (b) 当 n 是整数时，k^n 是超几何项，项的比值是 $(k+1)^n/k^n$. 注意，我们是从（5.115）中取 $m = n+1$，$a_1 = \cdots = a_m = 1$，$b_1 = \cdots = b_n = 0$，$z = 1$，并用 0^n 来乘得到这一项的. (c) 是的，项的比值是 $(k+1)(k+3)/(k+2)$. (d) 不是，项的比值是 $1 + 1/(k+1)H_k$，且 $H_k \sim \ln k$ 不是有理函数. (e) 是的，任何超几何项的倒数还是超几何项. 当 $k < 0$ 或者 $k > n$ 时有 $t(k) = \infty$，这一事实并没有将 $t(k)$ 从超几何项范围中排除出去. (f) 当然是. (g) 例如，当 $t(k) = 2^k$ 且 $T(k) = 1$ 时不是. (h) 是的. 对于任意的 n，项的比值 $t(n-1-k)/t(n-1-(k+1))$ 是一个有理函数（关于 t 的项的比值的倒数，用 $n-1-k$ 代替 k）. (i) 是的，项的比值可以写成

$$\frac{at(k+1)/t(k) + bt(k+2)/t(k) + ct(k+3)/t(k)}{a + bt(k+1)/t(k) + ct(k+2)/t(k)},$$

而 $t(k+m)/t(k) = (t(k+m)/t(k+m-1))\ldots(t(k+1)/t(k))$ 是 k 的一个有理函数. (j) 不是. 只要两个有理函数 $p_1(k)/q_1(k)$ 和 $p_2(k)/q_2(k)$ 对无穷多个 k 是相等的，它们就对所有的 k 都相等，因为 $p_1(k)q_2(k) = q_1(k)p_2(k)$ 是一个多项式恒等式. 这样一来，如果它是一个有理函数，那么项的比值 $\lceil (k+1)/2 \rceil / \lceil k/2 \rceil$ 就会等于1. (k) 不是. 项的比值会是 $(k+1)/k$，因为对所有 $k > 0$，它都是 $(k+1)/k$. 但是这样 $t(-1)$ 仅当 $t(0)$ 是 0^2 的倍数时才能为零，而 $t(1)$ 则仅当 $t(0) = 0^1$ 时才能为1.

5.13 $R_n = n!^{n+1}/P_n^2 = Q_n/P_n = Q_n^2/n!^{n+1}$.

5.14 （5.25）中的第一个因子当 $k \leq l$ 时为 $\binom{l-k}{l-k-m}$，所以它是 $(-1)^{l-k-m}\binom{-m-1}{l-k-m}$. $k \leq l$ 的和式就是对所有 k 求和的和式，这是由于 $m \geq 0$.（条件 $n \geq 0$ 并不真正需要，尽管在 $n < 0$ 时 k 必须取负的值.）

为了从（5.25）得到（5.26），首先用 $-1-n-q$ 代替 s.

5.15 如果 n 是奇数，这个和式为零，因为我们可以用 $n-k$ 代替 k. 如果 $n = 2m$，根据（5.29）（取 $a = b = c = m$）这个和式等于 $(-1)^m (3m)!/m!^3$.

5.16 如果我们用阶乘写出求和项，这正好是 $(2a)!(2b)!(2c)!/(a+b)!(b+c)!(c+a)!$ 乘以（5.29）.

5.17 由公式 $\binom{2n-1/2}{n} = \binom{4n}{2n}/2^{2n}$ 和 $\binom{2n-1/2}{2n} = \binom{4n}{2n}/2^{4n}$ 得到 $\binom{2n-1/2}{n} = 2^{2n}\binom{2n-1/2}{2n}$.

5.18 $\binom{3r}{3k}\binom{3k}{k,k,k}/3^{3k}$.

5.19 根据（5.60）有 $\mathcal{B}_{1-t}(-z)^{-1} = \sum_{k \geq 0} \binom{k-tk-1}{k}(-1/(k-tk-1))(-z)^k$，而这就是

$$\sum_{k \geq 0} \binom{tk}{k}(1/(tk-k+1))z^k = \mathcal{B}_t(z).$$

5.20 它等于 $F(-a_1, \ldots, -a_m; -b_1, \ldots, -b_n; (-1)^{m+n}z)$，见习题2.17.

5.21 $\lim_{n \to \infty} (n+m)^m/n^m = 1$.

5.22 根据（5.34）和（5.36），将（5.83）相乘和相除就给出

$$\frac{(-1/2)!}{x!(x-1/2)!} = \lim_{n\to\infty}\binom{n+x}{n}\binom{n+x-1/2}{n}n^{-2x}\Big/\binom{n-1/2}{n}$$

$$= \lim_{n\to\infty}\binom{2n+2x}{2n}n^{-2x}.$$

又有

$$1/(2x)! = \lim_{n\to\infty}\binom{2n+2x}{2n}(2n)^{-2x}.$$

等等. 附带指出, Γ 函数的等价结论是

$$\Gamma(x)\Gamma\left(x+\frac{1}{2}\right) = \Gamma(2x)\Gamma\left(\frac{1}{2}\right)\Big/2^{2x-1}.$$

5.23 $(-1)^n n$i, 见（5.50）.

5.24 根据（5.35）和（5.93）, 这个和式是 $\binom{n}{m}F\left(\begin{array}{c}m-n,-m\\1/2\end{array}\Big|1\right) = \binom{2n}{2m}$.

5.25 这等价于容易证明的恒等式

$$(a-b)\frac{a^{\bar{k}}}{(b+1)^{\bar{k}}} = a\frac{(a+1)^{\bar{k}}}{(b+1)^{\bar{k}}} - b\frac{a^{\bar{k}}}{b^{\bar{k}}},$$

也等价于算子公式 $a-b = (\vartheta+a) - (\vartheta+b)$.

类似地, 我们有

$$(a_1-a_2)F\left(\begin{array}{c}a_1,a_2,a_3,\cdots,a_m\\b_1,\cdots,b_n\end{array}\Big|z\right)$$

$$= a_1 F\left(\begin{array}{c}a_1+1,a_2,a_3,\cdots,a_m\\b_1,\cdots,b_n\end{array}\Big|z\right) - a_2 F\left(\begin{array}{c}a_1,a_2+1,a_3,\cdots,a_m\\b_1,\cdots,b_n\end{array}\Big|z\right),$$

528

因为 $a_1-a_2 = (a_1+k) - (a_2+k)$. 如果 a_1-b_1 是非负整数 d, 借助第二个恒等式, 我们可以将 $F(a_1,\cdots,a_m;b_1,\cdots,b_n;z)$ 表示为 $F(a_2+j,a_3,\cdots,a_m;b_2,\cdots,b_n;z)$（$0\leqslant j\leqslant d$）的线性组合, 这样就消去了一个上参数和一个下参数. 这样, 我们就得到 $F(a,b;a-1;z)$、$F(a,b;a-2;z)$ 等的封闭形式. 高斯[143, §7]推导出了 $F(a,b;c;z)$ 和任何两个 "连接的"（contiguous）超几何函数（其中的一个参数改变了 ±1）之间的相似关系. Rainville[301]将它推广到了更多参数的情形.

5.26 如果原来的超几何级数中项的比值是 $t_{k+1}/t_k = r(k)$, 则在新的级数中项的比值是 $t_{k+2}/t_{k+1} = r(k+1)$. 从而

$$F\left(\begin{array}{c}a_1,\cdots,a_m\\b_1,\cdots,b_n\end{array}\Big|z\right) = 1 + \frac{a_1\cdots a_m z}{b_1\cdots b_n}F\left(\begin{array}{c}a_1+1,\cdots,a_m+1,1\\b_1+1,\cdots,b_n+1,2\end{array}\Big|z\right).$$

5.27 这是 $F(2a_1,\cdots,2a_m;2b_1,\cdots,2b_m;z)$ 的偶数项的和式. 我们有 $(2a)^{\overline{2k+2}}/(2a)^{\overline{2k}} = 4(k+a)\left(k+a+\frac{1}{2}\right)$, 等等.

5.28 $F\left(\begin{array}{c}a,b\\c\end{array}\Big|z\right) = (1-z)^{-a}F\left(\begin{array}{c}a,c-b\\c\end{array}\Big|\frac{-z}{1-z}\right) = (1-z)^{-a}F\left(\begin{array}{c}c-b,a\\c\end{array}\Big|\frac{-z}{1-z}\right) = (1-z)^{c-a-b}F\left(\begin{array}{c}c-a,c-b\\c\end{array}\Big|z\right).$

令 z^n 的系数相等可以得出 Pfaff-Saalschütz公式（5.97）.

（欧拉通过证明两边满足同样的微分方程，证明了这个恒等式. 反射律常常归功于欧拉，但似乎并没有出现在他已经发表的论文中. ）

5.29 根据范德蒙德卷积，z^n 的系数是相等的.（库默尔原来的证明是不同的：他在反射律（5.101）中考虑了 $\lim_{m \to \infty} F(m, b-a; b; z/m)$. ）

5.30 再次求导得到 $z(1-z)F''(z) + (2-3z)F'(z) - F(z) = 0$. 于是，由（5.108）有 $F(z) = F(1, 1; 2; z)$.

5.31 条件 $f(k) = T(k+1) - T(k)$ 意味着 $f(k+1)/f(k) = \big(T(k+2)/T(k+1) - 1\big)/\big(1 - T(k)/T(k+1)\big)$ 是 k 的一个有理函数.

5.32 当对 k 的多项式求和时，Gosper方法转化为"未定系数法". 我们有 $q(k) = r(k) = 1$，并尝试求解 $p(k) = s(k+1) - s(k)$. 此法提示我们设 $s(k)$ 是一个次数为 $d = \deg(p) + 1$ 的多项式.

5.33 $k = (k-1)s(k+1) - (k+1)s(k)$ 的解是 $s(k) = -k + \dfrac{1}{2}$，故而答案是 $(1-2k)/2k(k-1) + C$.

5.34 因为对 $k > c$ 的所有项都为零，且在其他项的极限中 $\varepsilon - c$ 与 $-c$ 相抵消，所以极限关系成立. 这样一来，第二个部分和式就是 $\lim_{\varepsilon \to 0} F(-m, -n; \varepsilon - m; 1) = \lim_{\varepsilon \to 0} (\varepsilon + n - m)^{\overline{m}}/(\varepsilon - m)^{\overline{m}} = (-1)^m \dbinom{n-1}{m}$.

5.35 (a) $2^{-n}3^n [n \geq 0]$.　(b) $\left(1 - \dfrac{1}{2}\right)^{-k-1}[k \geq 0] = 2^{k+1}[k \geq 0]$.

529

5.36 $m + n$ 的数字之和就是 m 的数字之和加上 n 的数字位之和，再减去 $p-1$ 乘以进位的次数，因为每一次进位都使得数字之和减少 $p-1$.（将这个结果推广到广义二项式系数的研究可见参考文献[226]. ）

5.37 用 $n!$ 除第一个恒等式得到 $\dbinom{x+y}{n} = \sum_k \dbinom{x}{k}\dbinom{y}{n-k}$，这是范德蒙德卷积. 例如，如果我们取 x 和 y 的相反数，就能从公式 $x^{\overline{k}} = (-1)^k(-x)^{\underline{k}}$ 推出第二个恒等式.

5.38 选取尽可能大的 c，使得 $\dbinom{c}{3} \leq n$. 这样就有 $0 \leq n - \dbinom{c}{3} < \dbinom{c+1}{3} - \dbinom{c}{3} = \dbinom{c}{2}$，用 $n - \dbinom{c}{3}$ 代替 n 并按照同样的方式继续下去. 反之，任何这样的表示法都可以用这样的方法得到.（对任何固定的 m，我们可以对

$$n = \binom{a_1}{1} + \binom{a_2}{2} + \cdots + \binom{a_m}{m}, \quad 0 \leq a_1 < a_2 < \cdots < a_m$$

得到同样的结果. ）

5.39 对 $m + n$ 用归纳法证明：对所有 $m > 0$ 和 $n > 0$ 有

$$x^m y^n = \sum_{k=1}^{m} \binom{m+n-1-k}{n-1} a^n b^{m-k} x^k + \sum_{k=1}^{n} \binom{m+n-1-k}{m-1} a^{n-k} b^m y^k .$$

5.40 $(-1)^{m+1} \sum_{k=1}^{n} \sum_{j=1}^{m} \binom{r}{j}\binom{m-rk-s-1}{m-j}$

$$= (-1)^m \sum_{k=1}^{n} \left(\binom{m-rk-s-1}{m} - \binom{m-r(k-1)-s-1}{m} \right)$$

$$= (-1)^m \left(\binom{m-rn-s-1}{m} - \binom{m-s-1}{m} \right) = \binom{rn+s}{m} - \binom{s}{m}.$$

5.41 $\sum_{k \geqslant 0} n! / (n-k)! (n+k+1)! = (n! / (2n+1)!) \sum_{k>n} \binom{2n+1}{k}$，这就是 $2^{2n} n! / (2n+1)!$.

5.42 我们将 n 作为一个不定的实变量来处理. 对 $q(k) = k+1$ 和 $r(k) = k-1-n$ Gosper 方法有解 $s(k) = 1 / (n+2)$，从而所要求的不定和式就是 $(-1)^{x-1} \dfrac{n+1}{n+2} \Big/ \binom{n+1}{x}$. 又如果 $0 \leqslant m \leqslant n$，则

$$\sum_{k=0}^{m} \frac{(-1)^k}{\binom{n}{k}} = (-1)^{x-1} \frac{n+1}{n+2} \Big/ \binom{n+1}{x} \Bigg|_0^{m+1} = \frac{n+1}{n+2} + \left(\frac{m+1}{n+2} \right) \frac{(-1)^m}{\binom{n}{m}}.$$

附带指出，这一习题意味着公式

$$\frac{1}{n \binom{n-1}{k}} = \frac{1}{(n+1) \binom{n}{k+1}} + \frac{1}{(n+1) \binom{n}{k}}$$

是基本递归式（5.8）的"对偶".

5.43 在提示的第一步之后，我们可以应用（5.21）并对 k 求和. 这样，再次应用（5.21）以及范德蒙德卷积，就完成了这项任务.（Andrews[10]给出了这个恒等式的一个组合证明. 参考文献[207，习题1.2.6-62]中讲述了一个快速方法，可以从这个恒等式得到（5.29）的证明.）

5.44 阶乘抵消表明

$$\binom{m}{j} \binom{n}{k} \binom{m+n}{m} = \binom{m+n-j-k}{m-j} \binom{j+k}{j} \binom{m+n}{j+k},$$

所以第二个和式等于 $1 / \binom{m+n}{m}$ 乘以第一个. 而当 $l=0$，$n=b$，$r=a$，$s=m+n-b$ 时，第一个和式正好是（5.32）的特殊情形，所以它等于 $\binom{a+b}{a} \binom{m+n-a-b}{n-a}$.

5.45 根据（5.9）有 $\sum_{k \leqslant n} \binom{k-1/2}{k} = \binom{n+1/2}{n}$. 如果说答案的这个形式还不足够"封闭"，我们可以应用（5.35）得到 $(2n+1) \binom{2n}{n} 4^{-n}$.

5.46 根据（5.69），这个卷积是 $\mathcal{B}_{-1}(z) \mathcal{B}_{-1}(-z)$ 中 z^{2n} 的系数的相反数. 现在有 $(2\mathcal{B}_{-1}(z)-1)$ $(2\mathcal{B}_{-1}(-z)-1) = \sqrt{1-16z^2}$，从而 $\mathcal{B}_{-1}(z) \mathcal{B}_{-1}(-z) = \dfrac{1}{4} \sqrt{1-16z^2} + \dfrac{1}{2} \mathcal{B}_{-1}(z) + \dfrac{1}{2} \mathcal{B}_{-1}(-z) - \dfrac{1}{4}$. 根据二项式定理

$$(1-16z^2)^{1/2} = \sum_n \binom{1/2}{n} (-16)^n z^{2n} = -\sum_n \binom{2n}{n} \frac{4^n z^{2n}}{2n-1},$$

所以答案是 $\binom{2n}{n} 4^{n-1} / (2n-1) + \binom{4n-1}{2n} / (4n-1)$.

5.47 根据（5.61），它是 $\left(\mathcal{B}_r(z)^s / \mathcal{Q}_r(z) \right) \left(\mathcal{B}_r(z)^{-s} / \mathcal{Q}_r(z) \right) = \mathcal{Q}_r(z)^{-2}$ 中 z^n 的系数，其中 $\mathcal{Q}_r(z) = 1 - r + r \mathcal{B}_r(z)^{-1}$.

对面加框的句子为真.

5.48 $F\left(2n+2,1;n+2;\dfrac{1}{2}\right)=2^{2n+1}\Big/\dbinom{2n+1}{n+1}$，这是（5.111）的一个特例.

5.49 Saalschütz恒等式（5.97）给出

$$\binom{x+n}{n}\frac{y}{y+n}F\left(\begin{matrix}-x,-n,\ -n-y\\-x-n,1-n-y\end{matrix}\bigg|1\right)=\frac{(y-x)^{\bar{n}}}{(y+1)^{\bar{n}}}.$$

5.50 左边是

$$\sum_{k\geq0}\frac{a^{\bar{k}}b^{\bar{k}}}{c^{\bar{k}}}\frac{(-z)^k}{k!}\sum_{m\geq0}\binom{k+a+m-1}{m}z^m=\sum_{n\geq0}z^n\sum_{k\geq0}\frac{a^{\bar{k}}b^{\bar{k}}}{c^{\bar{k}}k!}(-1)^k\binom{n+a-1}{n-k},$$

根据范德蒙德卷积（5.92），z^n 的系数是

$$\binom{n+a-1}{n}F\left(\begin{matrix}a,b,-n\\c,a\end{matrix}\bigg|1\right)=\frac{a^{\bar{n}}(c-b)^{\bar{n}}}{n!\,c^{\bar{n}}}.$$

5.51 (a) 反射律给出 $F(a,-n;2a;2)=(-1)^nF(a,-n;2a;2)$. （附带指出，当 $f(n)=2^n x^{\underline{n}}/(2x)^{\underline{n}}$ 时，这个公式意味着非同寻常的恒等式 $\Delta^{2m+1}f(0)=0$. ）

531

任期期限？[①]

(b) 逐项取极限得到 $\displaystyle\sum_{0\leq k\leq m}\binom{m}{k}\frac{2m+1}{2m+1-k}(-2)^k$ 加上一个附加项（$k=2m-1$）. 这个附加项是

$$\frac{(-m)\cdots(-1)(1)\cdots(m)(-2m+1)\cdots(-1)2^{2m+1}}{(-2m)\cdots(-1)(2m-1)!}$$
$$=(-1)^{m+1}\frac{m!\,m!\,2^{2m+1}}{(2m)!}=\frac{-2}{\dbinom{-1/2}{m}};$$

对面加框的句子为假.

从而根据（5.104），这个极限就是 $-1\Big/\dbinom{-1/2}{m}$，这是我们所得结果的相反数.

5.52 对 $k>N$，两个级数的项都是零. 这个恒等式对应于用 $N-k$ 代替 k. 注意

$$a^{\bar{N}}-a^{\overline{N-k}}(a+N-k)^{\bar{k}}$$
$$=a^{\overline{N-k}}(a+N-1)^{\underline{k}}=a^{\overline{N-k}}(1-a-N)^{\bar{k}}(-1)^k.$$

5.53 当 $b=-\dfrac{1}{2}$ 时，（5.110）的左边是 $1-2z$，而右边是 $(1-4z+4z^2)^{1/2}$，与 a 无关. 右边是形式幂级数

$$1+\binom{1/2}{1}4z(z-1)+\binom{1/2}{2}16z^2(z-1)^2+\cdots,$$

它可以展开并重新排序得到 $1-2z+0z^2+0z^3+\cdots$，但是当 $z=1$ 时，重新排序在中间环节涉及发散级数，所以它是不合法的.

5.54 如果 $m+n$ 是奇数，比如 $2N-1$，我们想要证明

---

① 正文中“逐项取极限”的英文是 “term-by-term limit”，而 “term limit” 有另一个政治学的含义，即“任期期限”.

$$\lim_{\varepsilon \to 0} F\left(\begin{array}{c} N-m-\dfrac{1}{2}, -N+\varepsilon \\ -m+\varepsilon \end{array} \middle| 1\right) = 0.$$

因为 $-m+\varepsilon > -m-\dfrac{1}{2}+\varepsilon$，方程（5.92）适用，且由于 $N \leqslant m$，分母的因子 $\Gamma(c-b) = \Gamma(N-m)$ 是无限的，其他的因子则是有限的. 如若不然，$m+n$ 就是偶数，置 $n = m-2N$，根据（5.93）我们就有

$$\lim_{\varepsilon \to 0} F\left(\begin{array}{c} -N, N-m-\dfrac{1}{2}+\varepsilon \\ -m+\varepsilon \end{array} \middle| 1\right) = \frac{(N-1/2)^{\underline{N}}}{m^{\underline{N}}}.$$

剩下的事情就是要证明

$$\binom{m}{m-2N} \frac{(N-1/2)!}{(-1/2)!} \frac{(m-N)!}{m!} = \binom{m-N}{m-2N} 2^{-2N},$$

[532] 而这正是习题5.22当 $x = N$ 时的情形.

5.55 设 $Q(k) = (k+A_1)\cdots(k+A_M)Z$，$R(k) = (k+B_1)\cdots(k+B_N)$. 那么 $t(k+1)/t(k) = P(k)Q(k-1)/P(k-1)R(k)$，其中 $P(k) = Q(k) - R(k)$ 是一个非零多项式.

5.56 $-(k+1)(k+2) = s(k+1) + s(k)$ 的解是 $s(k) = -\dfrac{1}{2}k^2 - k - \dfrac{1}{4}$，从而 $\sum \binom{-3}{k} \delta k = \dfrac{1}{8}(-1)^{k-1}(2k^2 + 4k + 1) + C$. 另外

$$(-1)^{k-1} \left\lfloor \frac{k+1}{2} \right\rfloor \left\lfloor \frac{k+2}{2} \right\rfloor$$
$$= \frac{(-1)^{k-1}}{4} \left(k+1-\frac{1+(-1)^k}{2}\right)\left(k+2-\frac{1-(-1)^k}{2}\right)$$
$$= \frac{(-1)^{k-1}}{8}(2k^2+4k+1) + \frac{1}{8}.$$

5.57 我们有 $t(k+1)/t(k) = (k-n)(k+1+\theta)(-z)/(k+1)(k+\theta)$. 这样我们就设 $p(k) = k+\theta$，$q(k) = (k-n)(-z)$，$r(k) = k$. 这个神秘的函数 $s(k)$ 必定是一个常数 α_0，并且我们有

$$k+\theta = (-z(k-n)-k)\alpha_0,$$

从而 $\alpha_0 = -1/(1+z)$ 且 $\theta = -nz/(1+z)$. 该和式就是

$$\sum \binom{n}{k} z^k \left(k - \frac{nz}{1+z}\right) \delta k = -\frac{n}{1+z} \binom{n-1}{k-1} z^k + C.$$

（在（5.18）中提到了 $z=1$ 这一特殊情况. ）

5.58 如果 $m > 0$，我们可以用 $\dfrac{k}{m}\dbinom{k-1}{m-1}$ 代替 $\dbinom{k}{m}$，并推导出公式 $T_{m,n} = \dfrac{n}{m} T_{m-1,n-1} - \dfrac{1}{m}\dbinom{n-1}{m}$. 于是求和因子 $\dbinom{n}{m}^{-1}$ 是合适的：

$$\frac{T_{m,n}}{\binom{n}{m}} = \frac{T_{m-1,n-1}}{\binom{n-1}{m-1}} - \frac{1}{m} + \frac{1}{n}.$$

我们可以将它展开来得到

$$\frac{T_{m,n}}{\binom{n}{m}} = T_{0,n-m} - H_m + H_n - H_{n-m}.$$

最后 $T_{0,n-m} = H_{n-m}$，所以 $T_{m,n} = \binom{n}{m}(H_n - H_m)$．（利用生成函数也能导出这个结果，见7.5节例2．）

5.59 $\sum_{j \geqslant 0, k \geqslant 1} \binom{n}{j}[j = \lfloor \log_m k \rfloor] = \sum_{j \geqslant 0, k \geqslant 1} \binom{n}{j}[m^j \leqslant k < m^{j+1}]$，这就是 $\sum_{j \geqslant 0} \binom{n}{j}(m^{j+1} - m^j) = (m-1)$

$$\sum_{j \geqslant 0} \binom{n}{j} m^j = (m-1)(m+1)^n.$$

533

5.60 $\binom{2n}{n} \approx 4^n / \sqrt{\pi n}$ 是

$$\binom{m+n}{n} \approx \sqrt{\frac{1}{2\pi}\left(\frac{1}{m} + \frac{1}{n}\right)} \left(1 + \frac{m}{n}\right)^n \left(1 + \frac{n}{m}\right)^m$$

当 $m = n$ 时的情形.

5.61 设 $\lfloor n/p \rfloor = q$ 以及 $n \bmod p = r$．多项式恒等式 $(x+1)^p \equiv x^p + 1 \pmod{p}$ 蕴涵

$$(x+1)^{pq+r} \equiv (x+1)^r (x^p+1)^q \pmod{p}.$$

左边 x^m 的系数是 $\binom{n}{m}$．在右边，它的系数是 $\sum_k \binom{r}{m-pk}\binom{q}{k}$，也就是 $\binom{r}{m \bmod p}\binom{q}{\lfloor m/p \rfloor}$，因为 $0 \leqslant r < p$．

5.62 $\binom{np}{mp} = \sum_{k_1 + \cdots + k_n = mp} \binom{p}{k_1} \cdots \binom{p}{k_n} \equiv \binom{n}{m} \pmod{p^2}$，因为除了 $\binom{n}{m}$ 项，这个和式的所有其他项都是 p^2 的倍数，而排除在外的 $\binom{n}{m}$ 项就是诸个 k 中恰好有 m 个都等于 p 的那些项．（Stanley[335. 习题1.6(d)] 指出，当 $p > 3$ 时这个同余式实际上对模 p^3 成立．）

5.63 这就是 $S_n = \sum_{k=0}^n (-4)^k \binom{n+k}{n-k} = \sum_{k=0}^n (-4)^{n-k} \binom{2n-k}{k}$．当 $z = -1/4$ 时，（5.74）的分母为零，所以不能直接代入那个公式．递归式 $S_n = -2S_{n-1} - S_{n-2}$ 引出解 $S_n = (-1)^n (2n+1)$．

5.64 $\sum_{k \geqslant 0} \left(\binom{n}{2k} + \binom{n}{2k+1}\right) / (k+1) = \sum_{k \geqslant 0} \binom{n+1}{2k+1} / (k+1)$，它就是

$$\frac{2}{n+2} \sum_{k \geqslant 0} \binom{n+2}{2k+2} = \frac{2^{n+2} - 2}{n+2}.$$

5.65 用 n^{n-1} 来乘两边，并用 $n-1-k$ 代替 k 得到

$$\sum_k \binom{n-1}{k} n^k (n-k)! = (n-1)! \sum_{k=0}^{n-1} \left(n^{k+1}/k! - n^k/(k-1)! \right)$$
$$= (n-1)! n^n / (n-1)! .$$

（事实上，这个部分和式可以用Gosper算法求出．）换一种方式，$\binom{n}{k} k n^{n-1-k} k!$ 也可以解释成 $\{1,\cdots,n\}$ 到自身的映射个数，同时 $f(1),\cdots,f(k)$ 均不相同，但是 $f(k+1) \in \{f(1),\cdots,f(k)\}$，对 k 求和必定给出 n^n．

5.66 这是一个"花园散步路径"问题，其中每一步仅有一种"显然的"方法进行．首先用 l 代替 $k-j$，然后用 k 代替 $\lfloor \sqrt{l} \rfloor$，这就得到

534

$$\sum_{j,k \geqslant 0} \binom{-1}{j-k} \binom{j}{m} \frac{2k+1}{2^j} .$$

这个无穷级数收敛，因为固定 j 的项由 j 的一个多项式除以 2^j 确定．现在对 k 求和就得到

$$\sum_{j \geqslant 0} \binom{j}{m} \frac{j+1}{2^j} .$$

并入 $j+1$ 并应用（5.57），就得到答案 $4(m+1)$．

5.67 由（5.26）得到 $3\binom{2n+2}{n+5}$，因为

$$\left(\!\binom{k}{2}\! \atop 2 \right) = 3\binom{k+1}{4} .$$

5.68 利用

$$\sum_{k \leqslant n/2} \binom{n}{k} = 2^{n-1} + \frac{1}{2}\binom{n}{n/2} [n是偶数] ,$$

我们得到 $n\left(2^{n-1} - \binom{n-1}{\lfloor n/2 \rfloor} \right)$．

5.69 由于 $\binom{k+1}{2} + \binom{l-1}{2} \leqslant \binom{k}{2} + \binom{l}{2} \Leftrightarrow k < l$，所以当诸个 k 尽可能相等时出现最小值．因此，根据第3章的等额分划公式，最小值是

$$(n \bmod m)\binom{\lceil n/m \rceil}{2} + (m - (n \bmod m))\binom{\lfloor n/m \rfloor}{2}$$
$$= m\binom{\lfloor n/m \rfloor}{2} + (n \bmod m)\left\lfloor \frac{n}{m} \right\rfloor .$$

用任何下指标代替2，仍有类似的结论成立．

5.70 这就是 $F\left(-n, \frac{1}{2}; 1; 2\right)$，如果我们用 $n-k$ 代替 k，它也就是 $(-2)^{-n}\binom{2n}{n} F\left(-n, -n; \frac{1}{2} - n; \frac{1}{2}\right)$．现在，根据高斯恒等式（5.111）有 $F\left(-n, -n; \frac{1}{2} - n; \frac{1}{2}\right) = F\left(-\frac{n}{2}, -\frac{n}{2}; \frac{1}{2} - n; 1\right)$．（换一种方式，根据反射

对面加框的句子不是一个句子．

律（5.101）有 $F\left(-n,-n;\frac{1}{2}-n;\frac{1}{2}\right)=2^{-n}F\left(-n,\frac{1}{2};\frac{1}{2}-n;-1\right)$，而库默尔公式（5.94）则将它与（5.55）

联系起来．）当 n 是奇数时，答案是0；而当 n 是偶数时，答案是 $2^{-n}\binom{n}{n/2}$．（另外的推导见参

考文献[164，§1.2]．这个和式出现在简单搜索算法的研究中[195]．）

5.71 (a) 注意

$$S(z)=\sum_{k\geq 0}a_k\frac{z^{m+k}}{(1-z)^{m+2k+1}}=\frac{z^m}{(1-z)^{m+1}}A\left(z/(1-z)^2\right).$$

(b) 这里 $A(z)=\sum_{k\geq 0}\binom{2k}{k}(-z)^k/(k+1)=\left(\sqrt{1+4z}-1\right)/2z$，所以我们有 $A\left(z/(1-z)^2\right)=1-z$．这

样就有 $S_n=\left[z^n\right]\left(z/(1-z)\right)^m=\binom{n-1}{n-m}$．

[535]

5.72 所说的量是 $m(m-n)\cdots(m-(k-1)n)n^{k-\nu(k)}/k!$．$n$ 的任何素因子 p 整除分子至少 $k-\nu(k)$ 次，而
整除分母至多 $k-\nu(k)$ 次，因为这是2整除 $k!$ 的次数．如果 p^r 整除 $k!$，那么不整除 n 的素数 p 必
定整除乘积 $m(m-n)\cdots(m-(k-1)n)$ 至少 r 次，因为当 $nn'\equiv 1$ 时我们有 $m(m-n)...(m-(k-1)n)\equiv$
$n^k(mn')^{\underline{k}}=k!$，$n^k\binom{mn'}{k}\equiv 0(\bmod\ p^r)$．

5.73 代入 $X_n=n!$ 得到 $\alpha=\beta=1$，代入 $X_n=n$¡ 得到 $\alpha=1$，$\beta=0$．这样一来，其通解就是 $X_n=\alpha n$¡
$+\beta(n!-n$¡$)$．

5.74 $\binom{n+1}{k}-\binom{n-1}{k-1}$（$1\leqslant k\leqslant n$）．

5.75 借助递归式 $S_k(n+1)=S_k(n)+S_{(k-1)\bmod 3}(n)$，有可能归纳地验证：诸个 S 中有两个相等，且
$S_{(-n)\bmod 3}(n)$ 与它们相差 $(-1)^n$．这三个值将它们的和 $S_0(n)+S_1(n)+S_2(n)=2^n$ 分得尽可能相等，所
以 $\lceil 2^n/3\rceil$ 必定出现 $2^n\bmod 3$ 次，而 $\lfloor 2^n/3\rfloor$ 必定出现 $3-(2^n\bmod 3)$ 次．

5.76 $Q_{n,k}=(n+1)\binom{n}{k}-\binom{n}{k+1}$．

对面加框的句子
没有加框．

5.77 当此乘积是多项系数

$$\binom{k_m}{k_1,k_2-k_1,\cdots,k_m-k_{m-1}}$$

时，这些项都是零，除非 $k_1\leqslant\cdots\leqslant k_m$．于是对 $k_1,\cdots,k_{m-1}$ 求和得到 m^{k_m}，最后再对 k_m 求和得到
$(m^{n+1}-1)/(m-1)$．

5.78 将该和式扩展到 $k=2m^2+m-1$，新的项是 $\binom{1}{4}+\binom{2}{6}+\cdots+\binom{m-1}{2m}=0$．由于 $m\perp(2m+1)$，数对
$(k\bmod m,k\bmod(2m+1))$ 是不同的．此外，当 j 从0变到 $2m$ 时，诸数 $(2j+1)\bmod(2m+1)$ 就是按
照某种次序排列的数 $0,1,\cdots,2m$．从而这个和式就是

$$\sum_{\substack{0\leqslant k<m\\0\leqslant j<2m+1}}\binom{k}{j}=\sum_{0\leqslant k<m}2^k=2^m-1.$$

5.79 (a)这个和式是 2^{2n-1}，所以最大公因子必定是2的幂. 如果 $n = 2^k q$，其中 q 是奇数，那么 $\binom{2n}{1}$ 可以被 2^{k+1} 整除，而不被 2^{k+2} 整除. 每一个 $\binom{2n}{2j+1}$ 都被 2^{k+1} 整除（见习题5.36），所以这必定就是最大公因子. (b)如果 $p^r \leqslant n+1 < p^{r+1}$，当 $k = p^r - 1$ 时将 k 与 $n-k$ 相加，我们得到最多的 p 进制进位. 在这种情形下，进位的个数是 $r - \varepsilon_p(n+1)$，且 $r = \varepsilon_p(L(n+1))$.

536 **5.80** 首先用归纳法证明 $k! \geqslant (k/e)^k$.

5.81 设 $f_{l,m,n}(x)$ 是左边. 只要证明 $f_{l,m,n}(1) > 0$ 且对 $0 \leqslant x \leqslant 1$ 有 $f'_{l,m,n}(x) < 0$ 就足够了. 根据（5.23），

$$f_{l,m,n}(1) \text{ 的值是 } (-1)^{n-m-1}\binom{l+m+\theta}{l+n},$$

而且它是正的，因为这个二项式系数恰好有 $n-m-1$ 个负因子. 根据相同的理由，当 $l = 0$ 时这个不等式为真. 如果 $l > 0$，我们就有 $f'_{l,m,n}(x) = -lf_{l-1,m,n+1}(x)$，根据归纳法可知它是负的.

5.82 设 $\varepsilon_p(a)$ 是素数 p 整除 a 的指数，又设 $m = n-k$. 要证明的恒等式就转化为

$$\min\left(\varepsilon_p(m)-\varepsilon_p(m+k), \varepsilon_p(m+k+1)-\varepsilon_p(k+1), \varepsilon_p(k)-\varepsilon_p(m+1)\right)$$
$$= \min\left(\varepsilon_p(k)-\varepsilon_p(m+k), \varepsilon_p(m)-\varepsilon_p(k+1), \varepsilon_p(m+k+1)-\varepsilon_p(m+1)\right).$$

为简略起见，我们将此式记为 $\min(x_1, y_1, z_1) = \min(x_2, y_2, z_2)$. 注意 $x_1 + y_1 + z_1 = x_2 + y_2 + z_2$. 根据一般关系式

$$\varepsilon_p(a) < \varepsilon_p(b) \Rightarrow \varepsilon_p(a) = \varepsilon_p(|a \pm b|),$$

我们可以断言 $x_1 \neq x_2 \Rightarrow \min(x_1, x_2) = 0$，同样的结论对 (y_1, y_2) 和 (z_1, z_2) 也成立. 现在完成证明就是小事一桩了.

5.83（解由P. Paule给出）设 r 是一个非负整数. 给定的和式是

$$\sum_{j,k}(-1)^{j+k}\frac{(1+x)^{j+k}}{x^k}\binom{r}{j}\binom{n}{k}(1+y)^{s+n-j-k}y^j$$
$$=\left(1-\frac{(1+x)y}{1+y}\right)^r\left(1-\frac{1+x}{(1+y)x}\right)^n(1+y)^{s+n}$$
$$=(-1)^n(1-xy)^{n+r}(1+y)^{s-r}/x^n$$

中 $x^l y^m$ 的系数，所以它显然等于 $(-1)^l\binom{n+r}{n+l}\binom{s-r}{m-n-l}$.（也见习题5.106.）

5.84 按照提示，我们得到

$$z\mathcal{B}_t(z)^{r-1}\mathcal{B}'_t(z) = \sum_{k \geqslant 0}\binom{tk+r}{k}\frac{kz^k}{tk+r}$$

以及关于 $\mathcal{E}_t(z)$ 的一个类似的公式. 从而公式 $\left(zt\mathcal{B}_t^{-1}(z)\mathcal{B}'_t(z)+1\right)\mathcal{B}_t(z)^r$ 和 $\left(zt\mathcal{E}_t^{-1}(z)\mathcal{E}'_t(z)+1\right)\mathcal{E}_t(z)^r$ 分别给出了（5.61）的右边. 这样一来，我们必须要证明

$$zt\mathcal{B}_t(z)^{-1}\mathcal{B}'_t(z)+1 = \frac{1}{1-t+t\mathcal{B}_t(z)^{-1}},$$
$$zt\mathcal{E}_t(z)^{-1}\mathcal{E}'_t(z)+1 = \frac{1}{1-zt\mathcal{E}_t(z)^t},$$

而这些都可以从（5.59）推出.

5.85 如果 $f(x) = a_n x^n + \cdots + a_1 x + a_0$ 是任何一个次数 $\leqslant n$ 的多项式，我们就能归纳地证明

$$\sum_{0 \leqslant \varepsilon_1, \cdots, \varepsilon_n \leqslant 1} (-1)^{\varepsilon_1 + \cdots + \varepsilon_n} f(\varepsilon_1 x_1 + \cdots + \varepsilon_n x_n) = (-1)^n n! a_n x_1 \cdots x_n.$$

所述恒等式是当 $a_n = 1/n!$ 以及 $x_k = k^3$ 时的特殊情形.

5.86 (a) 对所有 $i \neq j$，首先对 $n(n-1)$ 个指标变量 l_{ij} 展开. 置 $k_{ij} = l_{ij} - l_{ji}$（$1 \leqslant i < j \leqslant n$），并利用限制条件 $\sum_{i \neq j}(l_{ij} - l_{ji}) = 0$（所有 $i < n$），对 l_{jn}（$1 \leqslant j < n$）求和，然后再用范德蒙德卷积对 l_{ji}（$1 \leqslant i < j < n$）求和. (b) $f(z) - 1$ 是一个次数 $< n$ 的多项式，它有 n 个根，所以它必定为零. (c) 考虑

$$\prod_{\substack{1 \leqslant i,j \leqslant n \\ i \neq j}}\left(1 - \frac{z_i}{z_j}\right)^{a_i} = \sum_{k=1}^{n} \prod_{\substack{1 \leqslant i,j \leqslant n \\ i \neq j}}\left(1 - \frac{z_i}{z_j}\right)^{a_i - [i=k]}$$

中的常数项.

5.87 根据（5.61），第一项是 $\sum_k \binom{n-k}{k} z^{mk}$. 第二项中的求和项是

$$\frac{1}{m}\sum_{k \geqslant 0}\binom{(n+1)/m + (1+1/m)k}{k}(\zeta z)^{k+n+1}$$

$$= \frac{1}{m}\sum_{k > n}\binom{(1+1/m)k - n - 1}{k - n - 1}(\zeta z)^k.$$

由于 $\sum_{0 \leqslant j < m}(\zeta^{2j+1})^k = m(-1)^l[k = ml]$，这些项的和是

$$\sum_{k > n/m}\binom{(1+1/m)mk - n - 1}{mk - n - 1}(-z^m)^k$$

$$= \sum_{k > n/m}\binom{(m+1)k - n - 1}{k}(-z^m)^k = \sum_{k > n/m}\binom{n - mk}{k}z^{mk}.$$

附带指出，函数 $\mathcal{B}_m(z^m)$ 和 $\zeta^{2j+1} z \mathcal{B}_{1+1/m}(\zeta^{2j+1}z)^{1/m}$ 是方程 $w^{m+1} - w^m = z^m$ 的 $m+1$ 个复根.

5.88 利用 $\int_0^\infty (e^{-t} - e^{-nt})dt/t = \ln n$ 和 $(1 - e^{-t})/t \leqslant 1$.（根据（5.83），当 $k \to \infty$ 时有 $\binom{x}{k} = O(k^{-x-1})$，所以这个界表明斯特林级数 $\sum_k s_k \binom{x}{k}$ 当 $x > -1$ 时收敛. Hermite[186] 指出，这个和式就是 $\ln \Gamma(1+x)$.）

5.89 根据二项式定理，将它加到（5.19）上，两边就得到 $y^{-r}(x+y)^{m+r}$. 求导得出

$$\sum_{k > m}\binom{m+r}{k}\binom{m-k}{n}x^k y^{m-k-n} = \sum_{k > m}\binom{-r}{k}\binom{m-k}{n}(-x)^k(x+y)^{m-k-n},$$

我们可以用 $k+m+1$ 代替 k 并应用（5.15）得到

$$\sum_{k\geq 0}\binom{m+r}{m+1+k}\binom{-n-1}{k}(-x)^{m+1+k}y^{-1-k-n}=\sum_{k\geq 0}\binom{-r}{m+1+k}\binom{-n-1}{k}x^{m+1+k}(x+y)^{-1-k-n}.$$

在超几何形式下，它转化为

$$F\left(\begin{array}{c}1-r,n+1\\m+2\end{array}\middle|\frac{-x}{y}\right)=\left(1+\frac{x}{y}\right)^{-n-1}F\left(\begin{array}{c}m+1+r,n+1\\m+2\end{array}\middle|\frac{x}{x+y}\right),$$

它是反射律（5.101）的特殊情形 $(a,b,c,z)=(n+1,m+1+r,m+2,-x/y)$. （从而（5.105）与反射律以及习题5.52中的公式有关. ）

对面加框的句子是自我指涉的.

5.90 如果 r 是一个非负整数，这个和式是有限的，只要这个和式对于 $0\leq k\leq r$ 没有分母为零的项，则正文中的推导都是正确的. 反之，这个和式是无限的，而且第 k 项 $\binom{k-r-1}{k}\middle/\binom{k-s-1}{k}$ 近似

等于 $k^{s-r}(-s-1)!/(-r-1)!$（根据（5.83））. 所以，如果这个无穷级数要收敛，就需要 $r>s+1$. （如果 r 和 s 是复数，收敛条件就是 $\Re r>\Re s+1$，因为 $|k^z|=k^{\Re z}$. ）根据（5.92），这个和式就是

$$F\left(\begin{array}{c}-r,1\\-s\end{array}\middle|1\right)=\frac{\Gamma(r-s-1)\Gamma(-s)}{\Gamma(r-s)\Gamma(-s-1)}=\frac{s+1}{s+1-r},$$

这与我们在 r 和 s 是整数时所发现的公式是相同的.

5.91 （最好有计算机予以辅助. ）附带指出，当 $c=(a+1)/2$ 时，根据普法夫反射律，它转化为一个与高斯恒等式(5.110)等价的恒等式. 因为如果 $w=-z/(1-z)$，我们就有 $4w(1-w)=-4z/(1-z)^2$，而且

$$F\left(\begin{array}{c}\frac{1}{2}a,\frac{1}{2}a+\frac{1}{2}-b\\1+a-b\end{array}\middle|4w(1-w)\right)=F\left(\begin{array}{c}a,a+1-2b\\1+a-b\end{array}\middle|\frac{-z}{1-z}\right)$$
$$=(1-z)^a F\left(\begin{array}{c}a,b\\1+a-b\end{array}\middle|z\right).$$

5.92 如同克劳森在150多年前所证明的，可以通过证明两边满足同样的微分方程来证明这些恒等式. 写出 z^n 的系数之间所得到的方程，一种方法是用二项式系数：

$$\sum_k \frac{\binom{r}{k}\binom{s}{k}\binom{r}{n-k}\binom{s}{n-k}}{\binom{r+s-1/2}{k}\binom{r+s-1/2}{n-k}}=\frac{\binom{2r}{n}\binom{r+s}{n}\binom{2s}{n}}{\binom{2r+2s}{n}\binom{r+s-1/2}{n}};$$

$$\sum_k \frac{\binom{-1/4+r}{k}\binom{-1/4+s}{k}\binom{-1/4-r}{n-k}\binom{-1/4-s}{n-k}}{\binom{-1+r+s}{k}\binom{-1-r-s}{n-k}}$$
$$=\frac{\binom{-1/2}{n}\binom{-1/2+r-s}{n}\binom{-1/2-r+s}{n}}{\binom{-1+r+s}{n}\binom{-1-r-s}{n}}.$$

539

另外一个是超几何方法：

$$F\left(\begin{matrix} a,b,\dfrac{1}{2}-a-b-n,-n \\ \dfrac{1}{2}+a+b,1-a-n,1-b-n \end{matrix}\middle|\,1\right)=\frac{(2a)^{\bar n}(a+b)^{\bar n}(2b)^{\bar n}}{(2a+2b)^{\bar n}a^{\bar n}b^{\bar n}};$$

$$F\left(\begin{matrix} \dfrac{1}{4}+a,\dfrac{1}{4}+b,a+b-n,-n \\ 1+a+b,\dfrac{3}{4}+a-n,\dfrac{3}{4}+b-n \end{matrix}\middle|\,1\right)=\frac{(1/2)^{\bar n}(1/2+a-b)^{\bar n}(1/2-a+b)^{\bar n}}{(1+a+b)^{\bar n}(1/4-a)^{\bar n}(1/4-b)^{\bar n}}.$$

对面加框的句子
不是自我指涉的.

5.93 $\alpha^{-1}\prod_{j=1}^{k-1}\big(f(j)+\alpha\big)/f(j)$.

5.94 Gosper算法求得答案是 $-\binom{a-1}{k-1}\binom{-a-1}{n-k}a/n+C$. 由此可知，当 $m\geq 0$ 是一个小于 n 的整数时，我们有

$$\sum\binom{a}{k}\binom{m-a}{n-k}\delta k=\sum_j\binom{m}{j}\frac{-a}{n-j}\binom{a-1}{k-1}\binom{-a-1}{n-j-k}+C.$$

5.95 p 和 r 的首项系数应该为1，而且 p 应该与 q 或者 r 没有公因子. 将因子打乱并重新组合，就很容易满足这些附加条件.

现在假设 $p(k+1)q(k)/p(k)r(k+1)=P(k+1)Q(k)/P(k)R(k+1)$，其中多项式 (p,q,r) 和 (P,Q,R) 都满足新的判别条件. 设 $p_0(k)=p(k)/g(k)$，$P_0(k)=P(k)/g(k)$，其中 $g(k)=\gcd\big(p(k),P(k)\big)$ 是 p 和 P 的所有公因子的乘积. 这样就有

$$p_0(k+1)q(k)P_0(k)R(k+1)=p_0(k)r(k+1)P_0(k+1)Q(k).$$

假设 $p_0(k)\neq 1$. 那么就存在一个复数 α 使得 $p_0(\alpha)=0$，这就表明 $q(\alpha)\neq 0$，$r(\alpha)\neq 0$，$P_0(\alpha)\neq 0$. 故而，我们必定有 $p_0(\alpha+1)R(\alpha+1)=0$，$p_0(\alpha-1)Q(\alpha-1)=0$. 设 N 是正整数，它使得 $p_0(\alpha+N)\neq 0$，$p_0(\alpha-N)\neq 0$. 这一论证重复 N 次，我们就得到 $R(\alpha+1)\cdots R(\alpha+N)=0=Q(\alpha-1)\cdots Q(\alpha-N)$，这与（5.118）矛盾，于是就有 $p_0(k)=1$. 类似地有 $P_0(k)-1$，所以 $p(k)=P(k)$. 现在 $q(\alpha)=0$，表明 $r(\alpha+1)\neq 0$（根据（5.118）），从而 $q(k)\backslash Q(k)$. 类似地有 $Q(k)\backslash q(k)$，所以 $q(k)=Q(k)$，这是由于它们有同样的首项系数. 这样就剩下讨论 $r(k)=R(k)$ 了.

5.96 如果 $r(k)$ 是一个非零有理函数，而 $T(k)$ 是一个超几何项，那么 $r(k)T(k)$ 是一个超几何项，称它为 $T(k)$ 的相似项. （对 k 的有限多个值，我们允许 $r(k)$ 取 ∞ 以及 $T(k)$ 取0，或者反过来.）特别地，$T(k+1)$ 总是 $T(k)$ 的相似项. 如果 $T_1(k)$ 和 $T_2(k)$ 是相似的超几何项，那么 $T_1(k)+T_2(k)$ 是超几何项. 如果 $T_1(k),\cdots,T_m(k)$ 是互不相似的，且 $m>1$，那么 $T_1(k)+\cdots+T_m(k)$ 不可能对除了有限多个值以外的所有 k 值都为零. 如果可能，我们来考虑一个 m 取最小值的反例，并设 $r_j(k)=T_j(k+1)/T_j(k)$. 由于 $T_1(k)+\cdots+T_m(k)=0$，我们就有 $r_m(k)T_1(k)+\cdots+r_m(k)T_m(k)=0$，$r_1(k)T_1(k)+\cdots+r_m(k)T_m(k)=T_1(k+1)+\cdots+T_m(k+1)=0$，从而 $\big(r_m(k)-r_1(k)\big)T_1(k)+\cdots+\big(r_m(k)-r_{m-1}(k)\big)T_{m-1}(k)=0$. 我们不可能对任何 $j<m$ 都有 $r_m(k)-r_j(k)=0$，因为 T_j 和 T_m 是不相似的. 但是 m 是最小值，所以这不可能是一个反例，由此得到 $m=2$. 但是这样的话，$T_1(k)$ 和 $T_2(k)$ 就必

Burma-Shave[①]

定是相似的, 因为它们两者对除了有限多个值以外的所有其他 k 都等于零.

现在设 $t(k)$ 是任何一个满足 $t(k+1)/t(k) = r(k)$ 的超几何项, 又假设 $t(k) = \big(T_1(k+1)+\cdots+T_m(k+1)\big) - \big(T_1(k)+\cdots+T_m(k)\big)$, 其中 m 是极小元. 那么 $T_1,\cdots,T_m$ 必定互不相似. 设 $r_j(k)$ 是一个有理函数, 它使得

$$r(k)\big(T_j(k+1) - T_j(k)\big) - \big(T_j(k+2) - T_j(k+1)\big) = r_j(k)T_j(k).$$

假设 $m > 1$. 由于 $0 = r(k)t(k) - t(k+1) = r_1(k)T_1(k) + \cdots + r_m(k)T_m(k)$, 对除了至多一个值之外的所有 j 都有 $r_j(k) = 0$. 如果 $r_j(k) = 0$, 则函数 $\bar{t}(k) = T_j(k+1) - T_j(k)$ 满足 $\bar{t}(k+1)/\bar{t}(k) = t(k+1)/t(k)$. 所以Goasper算法会求得一个解.

5.97 首先假设对任何整数 $d > 0$, z 不等于 $-d-1/d$. 这样根据Gosper算法, 我们有 $p(k) = 1$, $q(k) = (k+1)^2$, $r(k) = k^2 + kz + 1$. 由于 $\deg(Q) < \deg(R)$ 且 $\deg(p) - \deg(R) + 1 = -1$, 仅有的可能性是 $z = d+2$, 其中 d 是非负整数. 难处理的 $s(k) = \alpha_d k^d + \cdots + \alpha_0$ 当 $d = 0$ 时不成立, 而当 $d > 0$ 时成立. (在 (5.122) 中, 让 $k^d, k^{d-1}, \cdots, k^1$ 的系数相等得到的线性方程将 $\alpha_{d-1}, \cdots, \alpha_0$ 表示成 α_d 的正倍数, 而剩下的方程 $1 = \alpha_d + \cdots + \alpha_1$ 就定义了 α_d.) 例如当 $z = 3$ 时, 这个不定和式是 $(k+2)k!^2 / \prod_{j=1}^{k-1}(j^2 + 3j + 1) + C$.

另一方面, 如果 $z = -d - 1/d$, 所述项 $t(k)$ 对 $k \geq d$ 是无限的. 有两种合理的方式来进行: 我们可以通过重新定义

$$t(k) = \frac{k!^2}{\prod_{j=d+1}^{k}\big(j^2 - j(d+1/d)+1\big)} = \frac{(d-1/d)!\, k!^2}{(k-1/d)!(k-d)!}$$

来抵消分母中的零, 这样一来对 $0 \leq k < d$ 就有 $t(k) = 0$, 而对 $k \geq d$ 它是正数. 这样, Gosper 算法就给出 $p(k) = k^d$, $q(k) = k+1$, $r(k) = k - 1/d$, 我们就能对 $s(k)$ 来求解 (5.122), 因为右边 k^j 的系数是 $(j+1+1/d)\alpha^j$ 加上 $\{\alpha_{j+1}, \cdots, \alpha_d\}$ 的倍数. 例如当 $d = 2$ 时, 这个不定和式是 $(3/2)!\, k!\left(\dfrac{2}{7}k^2 - \dfrac{26}{35}k + \dfrac{32}{105}\right)/(k-3/2)! + C$.

我们可以换一种方式来对原来的项求和, 不过仅在 $0 \leq k < d$ 的范围内. 这样我们就能用

$$p'(k) = \sum_{j=1}^{d}(-1)^{d-j} j \begin{bmatrix} d \\ j \end{bmatrix} k^{j-1}$$

代替 $p(k) = k^d$. 这是合法的, 因为 (5.117) 对 $0 \leq k < d-1$ 仍然成立, 我们有 $p'(k) = \lim_{\varepsilon \to 0} \big((k+\varepsilon)^d - k^d\big)/\varepsilon = \lim_{\varepsilon \to 0}(k+\varepsilon)^d/\varepsilon$, 所以如同在洛必达法则中那样, 这一技巧实质上从 (5.117) 的分子和分母中抵消掉一个0. 现在Gosper方法就给出了一个不定和式.

5.98 $nS_{n+1} = 2nS_n$. (注意: 这没有给出有关 S_1/S_0 的信息.)

看, 任何有限序列都显然可求和, 因为我们可以找到一个多项式, 它与 $t(k)$ ($0 \leq k < d$) 吻合.

---

① Burma-Shave在20世纪上半叶曾经是美国剃须泡沫产品中一个有名的品牌, 它的户外广告极具诙谐特色, 曾风靡一时. 作者在此引用这一广告极具特色的品牌名称, 是为了彰显在本书前面几页中连续出现的镶嵌在方框中的含有悖论特点的六条涂鸦就像Burma-Shave一样颇具广告特色.

5.99 设 $p(n,k)=(n+1+k)\beta_0(n)+(n+1+a+b+c+k)\beta_1(n)=\hat{p}(n,k)$，$\bar{t}(n,k)=t(n,k)/(n+1+k)$，$q(n,k)=(n+1+a+b+c+k)(a-k)(b-k)$，$r(n,k)=(n+1+k)(c+k)k$. 这样（5.129）就能通过 $\beta_0(n)=(n+1+a+b+c)(n+1+a+b)$，$\beta_1(n)=-(n+1+a)(n+1+b)$，$\alpha_0(n)=s(n,k)=-1$ 而获解. 可知（5.134）当 $n=-a$ 时为真，并对 n 用归纳法，我们就发现了（5.134）.

5.100 用Gosper-Zeilberger算法容易发现

$$\frac{n+2}{\binom{n}{k}}-\frac{2n+2}{\binom{n+1}{k}}=\frac{n-k}{\binom{n}{k+1}}-\frac{n+1-k}{\binom{n}{k}},\quad 0\le k<n.$$

从 $k=0$ 到 $k=n-1$ 求和就得到 $(n+2)(S_n-1)-(2n+2)\left(S_{n+1}-1-\dfrac{1}{n+1}\right)=-n$. 从而 $(2n+2)S_{n+1}=(n+2)S_n+2n+2$. 现在应用求和因子就导出表达式 $S_n=(n+1)2^{-n}\sum_{k=0}^{n}2^k/(k+1)$.

5.101 (a)如果保持 m 固定不变，则由Gosper-Zeilberger算法发现 $(n+2)S_{m,n+2}(z)=(z-1)(n+1)S_{m,n}(z)+(2n+3-z(n-m+1))S_{m,n+1}(z)$. 我们还能对项

$$\beta_0(m,n)t(m,n,k)+\beta_1(m,n)t(m+1,n,k)+\beta_2(m,n)t(m,n+1,k)$$

应用这一方法. 在这一情形下，我们得到一个更简单的递归式

$$(m+1)S_{m+1,n}(z)-(n+1)S_{m,n+1}(z)=(1-z)(m-n)S_{m,n}(z).$$

(b) 现在我们必须再加把劲，处理含有6个未知数的5个方程. 由算法求得

$$(n+1)(z-1)^2\binom{n}{k}^2 z^k-(2n+3)(z+1)\binom{n+1}{k}^2 z^k$$
$$+(n+2)\binom{n+2}{k}^2 z^k=T(n,k+1)-T(n,k),$$
$$T(n,k)=\binom{n+1}{k-1}^2\frac{s(n,k)}{n+1}z^k,$$
$$s(n,k)=(z-1)k^2-2\big((n+2)z-2n-3\big)k+(n+2)\big((n+2)z-4n-5\big).$$

于是 $(n+1)(z-1)^2 S_n(z)-(2n+3)(z+1)S_{n+1}(z)+(n+2)S_{n+2}(z)=0$. 附带指出，这个递归式对于负的 n 也成立，且我们有 $S_{-n-1}(z)=S_n(z)/(1-z)^{2n+1}$.

和式 $S_n(z)$ 可以看成是勒让德多项式 $P_n(z)=\sum_k\binom{n}{k}^2(z-1)^{n-k}(z+1)^k/2^n$ 的一种变形，因为可以记 $S_n(z)=(1-z)^n P_n\left(\dfrac{1+z}{1-z}\right)$. 类似地，$S_{m,n}(z)=(1-z)^n P_n^{(0,m-n)}\left(\dfrac{1+z}{1-z}\right)$ 是一个变形的雅可比多项式.

$z=0$ 时又如何呢？ **5.102** 这个和式是 $F\left(a-\dfrac{1}{3}n,-n;b-\dfrac{4}{3}n;-z\right)$，所以我们不需要考虑 $z=-1$ 的情形. 设 $n=3m$. 当

$$p(m,k)=(3m+3-k)^3(m+1-k)\beta_0+(4m+4-b-k)^4\beta_1,$$
$$q(m,k)=(3m+3-k)(m+1-a-k)z,$$
$$r(m,k)=k(4m+1-b-k),$$
$$s(m,k)=\alpha_2 k^2+\alpha_1 k+\alpha_0$$

时我们来寻求（5.129）的解. 所产生的5个齐次方程有非零的解 $(\alpha_0, \alpha_1, \alpha_2, \beta_0, \beta_1)$，当且仅当其系数行列式为零，而这个行列式是关于 m 的一个多项式，它仅在8种情形下取值为零. 当然，其中的一种情形是（5.113），但是现在我们能对所有非负整数 n （而不仅仅对 $n \not\equiv 2 \pmod 3$ ）求和：

$$\sum_k \binom{n}{k} \binom{\frac{1}{3}n - \frac{1}{6}}{k} 8^k \bigg/ \binom{\frac{4}{3}n - \frac{2}{3}}{k} = \left[1, 1, -\frac{1}{2}\right] \binom{2n}{n} \bigg/ \binom{\frac{4}{3}n - \frac{2}{3}}{n}.$$

记号 $[c_0, c_1, c_2]$ 表示单个值 $c_{n \bmod 3}$. 另一种情形是 $(a, b, z) = \left(\frac{1}{2}, 0, 8\right)$，有恒等式

$$\sum_k \binom{n}{k} \binom{\frac{1}{3}n - \frac{1}{2}}{k} 8^k \bigg/ \binom{\frac{4}{3}n}{k} = [1, 0, 0] 16^{n/3} \binom{\frac{2}{3}n}{\frac{1}{3}n} \bigg/ \binom{\frac{4}{3}n}{n}.$$

（令人惊奇的是，这个恒等式仅当 n 是3的倍数时才不为零，而此时恒等式可以写成

$$\sum_k \binom{3m}{k} \binom{2m}{2k} \binom{2k}{k} 2^k \bigg/ \binom{4m}{k} \binom{m}{k} = 16^m \frac{(3m)!(2m)!}{(4m)!m!},$$

它有可能是有用的. ）剩下的6种情形还产生出更加奇特的和式

$$\sum_k \binom{n}{k} \binom{\frac{1}{3}n - a}{k} z^k \bigg/ \binom{\frac{4}{3}n - b}{k} = [c_0, c_1, c_2] \frac{\binom{\frac{1}{3}n - a}{\lfloor n/3 \rfloor} \binom{\frac{1}{3}n - a'}{\lfloor n/3 \rfloor} x^{\lfloor n/3 \rfloor}}{\binom{\frac{4}{3}n - b}{n} \binom{\frac{1}{3}n - b}{\lfloor n/3 \rfloor} \binom{\frac{1}{3}n - b'}{\lfloor n/3 \rfloor}},$$

其中 $(a, b, z, c_0, c_1, c_2, a', b', x)$ 的取值分别是

$$\left(\frac{7}{12}, \frac{1}{3}, \ 8, 1, -1, \ 0, \ \frac{1}{4}, \ 0, \ 64\right), \qquad \left(\frac{1}{4}, 0, \ 8, 1, 2, \ 0, \frac{7}{12}, \frac{1}{3}, \ 64\right),$$

$$\left(\frac{5}{12}, \frac{2}{3}, \ 8, 1, \ 0, -3, \frac{3}{4}, \ 0, \ 64\right), \qquad \left(\frac{1}{12}, \frac{1}{3}, \ 8, 1, 3, \ 0, \ \frac{3}{4}, \ 0, \ 64\right),$$

$$\left(\frac{1}{2}, \ 0, \ -4, 1, \ 2, \ 0, \ \frac{1}{6}, \frac{1}{3}, -16\right), \qquad \left(\frac{1}{6}, \ \frac{2}{3}, -4, 1, 0, \ -3, \ \frac{5}{6}, \ 0, -16\right).$$

5.103 我们假设 a'_i 与 b'_i 不等于零，如若不然，对应的因子对 k 的次数就会没有影响. 设 $\hat{t}(n, k) = \hat{p}(n, k)\bar{t}(n, k)$，其中

$$\bar{t}(n, k) = \frac{\prod_{i=1}^{p} (a_i n + a'_i k + a_i[a_i < 0] + a''_i)!}{\prod_{i=1}^{q} (b_i n + b'_i k + b_i[b_i > 0] + b''_i)!} z^k.$$

此时，除了在首项系数出现相互抵消的不寻常情形外，就有 $\deg(\hat{p}) = \deg(f) + \max$

$$\left(\sum_{i=1}^{q}b_i[b_i>0]-\sum_{i=1}^{p}a_i[a_i<0],\sum_{i=1}^{p}a_i[a_i>0]-\sum_{i=1}^{q}b_i[b_i<0]\right)\geqslant \deg(f)+\frac{1}{2}l\left(|a_1|+\cdots+|a_p|+|b_1|+\right.$$

$$\left.\cdots+|b_q|\right).$$ 又有 $\deg(q)=\sum_{i=1}^{p}a_i'[a_i'>0]-\sum_{i=1}^{q}b_i'[b_i'<0]$ ， $\deg(r)=\sum_{i=1}^{q}b_i'[b_i'>0]-\sum_{i=1}^{p}a_i'[a_i'<0]$ ，
再次需要排除不寻常的例外情形.

（这些估计式可以用来直接证明：当 l 增加时， $\hat{p}$ 的次数最终变得足够大而使多项式 $s(n,k)$ 成为可能，且未知数 α_j 和 β_j 的个数最终变得大于要求解的齐次线性方程的个数. 所以，如果像正文中必定存在使得 $\beta_0(n),\cdots,\beta_l(n)$ 不全为零的解那样论证，我们就又证明了Gosper-Zeilberger算法取得了成功.）

5.104 设 $t(n,k)=(-1)^k(r-s-k)!(r-2k)!/\big((r-s-2k)!(r-n-k+1)!(n-k)!k!\big)$ ． 那么 $\beta_0(n)t(n,k)+\beta_1(n)t(n+1,k)$ 不可用超几何项求和，因为 $\deg(\hat{p})=1$ ， $\deg(q-r)=3$ ， $\deg(q+r)=4$ ， $\lambda=-8$ ， $\lambda'=-4$ ，但是 $\beta_0(n)t(n,k)+\beta_1(n)t(n+1,k)+\beta_2(n)t(n+2,k)$ 可以，这基本上是因为当 $q(n,k)=-(r-s-2k)(r-s-2k-1)(n+2-k)(r-n-k+1)$ 以及 $r(k)=(r-s-k+1)(r-2k+2)(r-2k+1)k$ 时有 $\lambda'=0$ ． 其解是

$$\beta_0(n)=(s-n)(r-n+1)(r-2n+1)，$$
$$\beta_1(n)=(rs-s^2-2rn+2n^2-2r+2n)(r-2n-1)，$$
$$\beta_2(n)=(s-r+n+1)(n+2)(r-2n-3)，$$
$$\alpha_0(n)=r-2n-1，$$

我们可以断言，当 S_n 表示所述和式时，就有 $\beta_0(n)S_n+\beta_1(n)S_{n+1}+\beta_2(n)S_{n+2}=0$ ． 在验证 $n=0$ 和 $n=1$ 的情形之后，就足以用归纳法证明这个恒等式.

但是 S_n 也满足更简单的递归式 $\overline{\beta}_0(n)S_n+\overline{\beta}_1(n)S_{n+1}=0$ ，其中 $\overline{\beta}_0(n)=(s-n)(r-2n+1)$ ，而 $\overline{\beta}_1(n)=-(n+1)(r-2n-1)$ ． 为什么这个方法没有发现这点呢？是的，没人说过，这样的递归式必定会使得项 $\overline{\beta}_0(n)t(n,k)+\overline{\beta}_1(n)t(n+1,k)$ 是不定可求和的. 惊人的事情是，事实上Gosper-Zeilberger方法在如此多的其他情形中的确发现了最简单的递归式.

注意：我们找到的二阶递归式可以分解为

$$\beta_0(n)+\beta_1(n)N+\beta_2(n)N^2=\big((r-n+1)N+(r-s-n-1)\big)\big(\overline{\beta}_0(n)+\overline{\beta}_1(n)N\big)，$$

其中 N 是（5.145）中的移位算子.

5.105 置 $a=1$ 并将Henrici的"友好怪物"恒等式

$$f(a,z)f(a,\omega z)f(a,\omega^2 z)=F\left(\begin{matrix}\frac{1}{2}a-\frac{1}{4},\frac{1}{2}a+\frac{1}{4}\\\frac{1}{3}a,\frac{1}{3}a+\frac{1}{3},\frac{1}{3}a+\frac{2}{3},\frac{2}{3}a-\frac{1}{3},\frac{2}{3}a,\frac{2}{3}a+\frac{1}{3},a\end{matrix}\middle|\left(\frac{4z}{9}\right)^3\right)，$$

两边 z^{3n} 的系数加以比较即得，其中 $f(a,z)=F(1;a,1;z)$ ． 通过指出其两边满足同样的微分方程，可以证明这个恒等式.

Peter Paule发现了另一个有趣的方法来计算和式：

$$\sum_{k,l}\binom{N}{k,l,N-k-l}^2\omega^{k+2l}=\sum_{k,l}\binom{N}{k-l,l,N-k}^2\omega^{k+l}$$

$$=\sum_{k,l}\binom{N}{k}^2\binom{k}{l}^2\omega^{k+l}$$

$$=\sum_{k}\binom{N}{k}^2 w^k\left[z^k\right]\left((1+z)(\omega+z)\right)^k$$

$$=\left[z^0\right]\sum_{k}\binom{N}{k}^2\left(\frac{\omega(1+z)(\omega+z)}{z}\right)^k$$

$$=\left[z^0\right]\sum_{k,j}\binom{N}{k}^2\binom{k}{j}\left(\frac{\omega(1+z)(\omega+z)}{z}-1\right)^j$$

$$=\left[z^0\right]\sum_{k,j}\binom{N}{k}\binom{N-j}{N-k}\binom{N}{j}\left(\frac{(\omega z-1)^2}{\omega z}\right)^j$$

$$=\sum_{j}\binom{2N-j}{N}\binom{N}{j}\left[z^j\right](z-1)^{2j}$$

$$=\sum_{j}\binom{2N-j}{N}\binom{N}{j}\binom{2j}{j}(-1)^j$$

这用到二项式定理、范德蒙德卷积以及 $[z^0]g(az)=[z^0]g(z)$. 我们现在可以取 $N=3n$ 并将 Gosper-Zeilberger算法应用于这个和式 S_n, 神奇地得到一阶递归式 $(n+1)^2 S_{n+1}=4(4n+1)(4n+3)S_n$, 这个结果由归纳法可得.

如果用 $3n+1$ 或者 $3n+2$ 代替 $3n$, 则所述和式等于零. 的确, 当 $N\bmod 3\neq 0$ 且 $t(k,l,m)=t(l,m,k)$ 时, $\sum_{k+l+m=N}t(k,l,m)\omega^{l-m}$ 总是为零.

5.106（解由Shalosh B. Ekhad给出）设

$$T(r,j,k)=\frac{\big((1+n+s)(1+r)-(1+n+r)j+(s-r)k\big)(j-l)j}{(l-m+n-r+s)(n+r+1)(j-r-1)(j+k)}t(r,j,k);$$

$$U(r,j,k)=\frac{(s+n+1)(k+1)k}{(1-m+n-r+s)(n+r+1)(j+k)}t(r,j,k).$$

所述等式可以用常规方法验证, 而（5.32）可以通过对 j 和 k 求和得出.（求和 $T(r,j+1,k)-T(r,j,k)$, 先对 j 求和, 再对 k 求和; 求和其他项 $U(r,j,k+1)-U(r,j,k)$, 先对 k 求和, 再对 j 求和.）

不过, 我们还需要对 $r=0$ 的情形验证（5.32）. 在此情形下, 它通过三项公式转化为

$$\sum_{k}(-1)^k\binom{n}{n+l}\binom{n+l}{k+l}\binom{s+n-k}{m}=(-1)^l\binom{n}{n+l}\binom{s}{m-n-l}.$$ 我们假设 l、m 和 n 是整数, 且 $n\geqslant 0$. 两边除 $n+l\geqslant 0$ 的情形之外显然都为零. 反之, 我们可以用 $n-k$ 代替 k 并使用（5.24）.

5.107 如果它是正常的, 就会存在一个线性差分算子使它为零. 换句话说, 我们就会有一个有限求和恒等式

$$\sum_{i=0}^{I}\sum_{j=0}^{J}\alpha_{i,j}(n)\big/\big((n+i)(k+j)+1\big)=0,$$

注意: $1/nk$ 是正常的, 因为它等于 $(n-1)!\,(k-1)!\big/n!k!$. $1/(n^2-k^2)$ 也是正常的, 但 $1/(n^2+k^2)$ 不是.

其中诸个 α 都是关于 n 的多项式，它们不全为零．选取整数 i、j 以及 n，使得 $n>1$ 且 $\alpha_{i,j}(n) \neq 0$．那么当 $k = -1/(n+i) - j$ 时，和式中的 (i,j) 项是无限的，其他项则是有限的．

5.108 在双重和式中用 $m-k$ 代替 k，然后利用（5.28）来对 k 求和，就得到

$$A_{m,n} = \sum_j \binom{m}{j}^2 \binom{m+n-j}{m}^2 ,$$

这样一来，由（5.21）的三项形式就得到所要求的公式．

直接证明 $A_{m,n}$ 的两个对称和式是相等的，看起来是有困难的．然而，我们可以用Gosper-Zeilberger算法，通过指出这两个和式都满足递归式

$$(n+1)^3 A_{m,n} - f(m,n) A_{m,n+1} + (n+2)^3 A_{m,n+2} = 0$$

来间接证明其相等，这里 $f(m,n) = (2n+3)(n^2 + 3n + 2m^2 + 2m + 3)$．置 $t_1(n,k) = \binom{m}{k}\binom{n}{k}\binom{m+k}{k}$

$\binom{n+k}{k}$，$t_2(n,k) = \binom{m+n-k}{k}^2 \binom{m+n-2k}{m-k}^2$，我们发现

$$(n+1)^2 t_j(n,k) - f(m,n) t_j(n+1,k) + (n+2)^2 t_j(n+2,k) = T_j(n,k+1) - T_j(n,k) ,$$

其中 $T_1(n,k) = -2(2n+3)k^4 t_1(n,k)/(n+1-k)(n+2-k)$，而 $T_2(n,k) = -\big((n+2)(4mn+n+3m^2 +8m+2) - 2(3mn+n+m^2+6m+2)k + (2m+1)k^2\big)k^2(m+n+1-k)^2 t_2(n,k)/(n+2-k)^2$．这就证明了递归式，所以我们只需要验证当 $n=0$ 和 $n=1$ 时等式成立．（我们原本也可以用更简单的递归式

$$m^3 A_{m,n-1} - n^3 A_{m-1,n} = (m-n)(m^2+n^2-mn) A_{m-1,n-1} ,$$

这个递归式可以用习题5.101的方法得到．）

$A_{m,n}$ 的第一个公式与第三个公式相等，这一事实意味着生成函数 $\sum_{m,n} A_{m,n} w^m z^n$ 之间的一个非同一般的恒等式

$$\sum_k \frac{w^k S_k(z)^2}{(1-z)^{2k+1}} = \sum_k \binom{2k}{k}^2 \frac{w^k}{(1-w)^{2k+1}} \frac{z^k}{(1-z)^{2k+1}} ,$$

其中 $S_k(z) = \sum_j \binom{k}{j}^2 z^j$．事实上有

$$\sum_k \frac{w^k S_k(x) S_k(y)}{(1-x)^k (1-y)^k} = \sum_k \binom{2k}{k} \frac{w^k}{(1-w)^{2k+1}} \frac{\sum_j \binom{k}{j}^2 x^j y^{k-j}}{(1-x)^k (1-y)^k} ,$$

这是Bailey[19]发现的恒等式的一个特殊情形．

5.109 对任何正整数 $a_0, a_1, \cdots, a_l$ 以及任何整数 x，设 $X_n = \sum_k \binom{n}{k}^{a_0} \binom{n+k}{k}^{a_1} \cdots \binom{n+lk}{k}^{a_l} x^k$．那么，如果 $0 \leqslant m < p$，我们就有

547

$$X_{m+pn} = \sum_{j=0}^{p-1}\sum_{k}\binom{m+pn}{j+pk}^{a_0}\cdots\binom{m+pn+l(j+pk)}{j+pk}^{a_l}x^{j+pk},$$

$$X_m X_n = \sum_{j=0}^{p-1}\sum_{k}\binom{m}{j}^{a_0}\binom{n}{k}^{a_0}\cdots\binom{m+lj}{j}^{a_l}\binom{n+lk}{k}^{a_l}x^{j+k}.$$

而且对应的项是同余的 $(\bmod\, p)$，因为习题5.36表明：当 $lj+m \geqslant p$ 时它们是 p 的倍数，习题5.61表明：当 $lj+m < p$ 时这些二项式是同余的，而（4.48）则表明 $x^p \equiv x$．

5.110 如果 $2n+1$ 是素数，则此同余式肯定成立．Steven Skiena 还找到了 $n = 2953$，此时 $2n+1 = 3\times11\times179$．

Ilan Vardi注意到，此条件对 $2n+1 = p^2$ 成立（其中 p 是素数）当且仅当 $2^{p-1}\bmod p^2 = 1$．由此又得到 $n = (1093^2-1)/2$，$n = (3511^2-1)/2$．

5.111 部分结果见参考文献[96]．V. A. Vyssotsky完成了计算机实验．

5.112 如果 n 不是2的幂，由习题5.36可知 $\binom{2n}{n}$ 是4的倍数．反之，A. Granville和O. Ramaré对所有 $n \leqslant 2^{22\,000}$ 验证了所述的现象，他们指出：对所有 $n > 2^{22\,000}$，$\binom{2n}{n}$ 都可以被一个素数的平方整除，由此加强了 Sárközy[317]的一个定理．这就证实了一个长期未解决的猜想：当 $n > 4$ 时 $\binom{2n}{n}$ 永远都不是无平方因子数．

对三次方类似的猜想是：对所有 $n > 1056$，$\binom{2n}{n}$ 都可以被一个素数的立方整除，而对所有的 $n > 2^{29}+2^{23}$，它可以被 2^3 或者 3^3 整除．这已经对所有 $n < 2^{10\,000}$ 进行了验证．实际上，Paul Erdős 曾经猜想：当 $n \to \infty$ 时，$\max_p \varepsilon_p\left(\binom{2n}{n}\right)$ 趋向于无穷，即便限制 p 取值为2或者3，这个结论也有可能为真．

548

5.113 习题7.20中关于生成函数的定理或许可以帮助解决这个猜想．

5.114 Strehl[344]证明了，$c_n^{(2)} = \sum_k \binom{n}{k}^3 = \sum_k \binom{n}{k}^2\binom{2k}{n}$ 是一个所谓的Franel数[132]，且有 $c_n^{(3)} = \sum_k \binom{n}{k}^2\binom{2k}{k}^2\binom{2k}{n-k}$．在其他方向上，H. S. Wilf证明了：当 $n \leqslant 9$ 时，对所有 m，$c_n^{(m)}$ 都是整数．

6.1 2314, 2431, 3241, 1342, 3124, 4132, 4213, 1423, 2143, 3412, 4321.

6.2 $\left\{{n\atop k}\right\}m^{\underline{k}}$，因为每个这样的函数把其定义域划分成 k 个非空的子集，且有 $m^{\underline{k}}$ 种方式对每一个划分指定函数值．（对 k 求和得到（6.10）的组合证明．）

6.3 现在有 $d_{k+1} \leqslant$（重心）$-\varepsilon = 1-\varepsilon+(d_1+\cdots+d_k)/k$．这个递归式像（6.55），但是用 $1-\varepsilon$ 代替了 1，于是最优解是 $d_{k+1} = (1-\varepsilon)H_k$．只要 $\varepsilon < 1$，它都是无界的．

6.4 $H_{2n+1} - \dfrac{1}{2}H_n$．（类似地，$\sum_{k=1}^{2n}(-1)^{k-1}/k = H_{2n} - H_n$．）

6.5 $U_n(x,y)$ 等于

$$x\sum_{k\geqslant 1}\binom{n}{k}(-1)^{k-1}k^{-1}(x+ky)^{n-1} + y\sum_{k\geqslant 1}\binom{n}{k}(-1)^{k-1}(x+ky)^{n-1},$$

第一个和式是

$$U_{n-1}(x,y) + \sum_{k \geqslant 1}\binom{n-1}{k-1}(-1)^{k-1}k^{-1}(x+ky)^{n-1}.$$

剩下的 k^{-1} 可以并入，就有

$$\sum_{k \geqslant 1}\binom{n}{k}(-1)^{k-1}(x+ky)^{n-1} = x^{n-1} + \sum_{k \geqslant 0}\binom{n}{k}(-1)^{k-1}(x+ky)^{n-1} = x^{n-1}.$$

这就证明了（6.75）. 设 $R_n(x,y) = x^{-n}U_n(x,y)$，那么 $R_0(x,y) = 0$ 且 $R_n(x,y) = R_{n-1}(x,y) + 1/n + y/x$，从而 $R_n(x,y) = H_n + ny/x$.（附带指出，原来的和式 $U_n = U_n(n,-1)$ 不能导出这样的递归式，于是，更加一般的和式——x 脱离了对于 n 的依赖——比它的特殊情形更容易用归纳法求解. 这是另一个富有启发性的例子，其中的一个强归纳假设造就了成功与失败之间的差异.）

549

6.6 每对幼兔bb在月末出生，而在下一个月末变成一对大兔aa；每对aa变成一对aa和一对bb. 蜂群也类似，每一bb犹如一只雄蜂，每一aa则如同一只蜂王，只不过蜂群的斐波那契数是向祖辈回溯的，而兔子的则是向子孙代发展的. n 个月之后有 F_{n+1} 对兔子，它们中有 F_n 对大兔和 F_{n-1} 对幼兔.（这就是斐波那契原先引入他的数时的背景.）

> 斐波那契递归式是加性的，但是兔子是成倍增加的.

6.7 (a)令 $k = 1-n$，并应用（6.107）. (b)令 $m = 1$，$k = n-1$，并应用（6.128）.

6.8 55+8+2变成89+13+3=105，真实值为104.607 36.

> "真实值"是国际单位制的65英里，但是这个英里实际上仅是美国单位制英里的0.999 998倍. 美国单位制的3937英里恰好等于6336千米，斐波那契方法将3937转换成6370.

6.9 21.（当将单位做了平方时，我们从 F_n 到达 F_{n+2}. 准确答案大约是20.72.）

6.10 部分商 $a_0, a_1, a_2, \cdots$ 全都等于 1，因为 $\phi = 1+1/\phi$.（于是，它的 Stern-Brocot 表示就是 $RLRLRLRLRL \cdots$.）

6.11 $(-1)^{\overline{n}} = [n=0] - [n=1]$，见（6.11）.

6.12 这是（6.31）的推论，而它的对偶结论在表6-3中.

6.13 根据习题6.12，这两个公式是等价的，我们可以用归纳法. 或者可以注意到，$z^n D^n$ 应用于 $f(z) = z^x$ 给出 $x^{\underline{n}}z^x$，而 ϑ^n 应用于同样的函数则给出 $x^n z^x$，这样一来，序列 $\langle \vartheta^0, \vartheta^1, \vartheta^2, \cdots \rangle$ 与 $\langle z^0 D^0, z^1 D^1, z^2 D^2, \cdots \rangle$ 的关系，就必须和序列 $\langle x^0, x^1, x^2, \cdots \rangle$ 与 $\langle x^{\underline{0}}, x^{\underline{1}}, x^{\underline{2}}, \cdots \rangle$ 的关系一样.

6.14 我们有

$$x\binom{x+k}{n} = (k+1)\binom{x+k}{n+1} + (n-k)\binom{x+k+1}{n+1},$$

因为 $(n+1)x = (k+1)(x+k-n) + (n-k)(x+k+1)$.（只要在 $k=0$、$k=-1$ 和 $k=n$ 时验证后面这个恒等式就够了.）

6.15 由于 $\Delta\left(\binom{x+k}{n}\right) = \binom{x+k}{n-1}$，我们就有一般的公式

$$\sum_k \left\langle{n\atop k}\right\rangle\binom{x+k}{n-m} = \Delta^m(x^n) = \sum_j \binom{m}{j}(-1)^{m-j}(x+j)^n.$$

令 $x=0$ 并应用（6.19）.

6.16 $A_{n,k} = \sum_{j \geqslant 0} a_j \left\{{n-j \atop k}\right\}$，这个和式总是有限的.

6.17 (a) $\left|{n \atop k}\right| = \left[{n+1 \atop n+1-k}\right]$. (b) $\left|{n \atop k}\right| = n^{\underline{n-k}} = n![n \geqslant k]/k!$. (c) $\left|{n \atop k}\right| = k!\left\{{n \atop k}\right\}$.

6.18 这与（6.3）或者（6.8）等价.

6.19 利用表6-8.

6.20 $\sum_{1\leqslant j\leqslant k\leqslant n} 1/j^2 = \sum_{1\leqslant j\leqslant n}(n+1-j)/j^2 = (n+1)H_n^{(2)} - H_n$.

6.21 提示中给出的数是分母为奇数的分数的和式，所以它形如 a/b，b 是奇数.（附带指出，贝特朗假设表明：只要 $n>2$，b_n 就至少能被一个素数整除.）

6.22 当 $k>2|z|$ 时有 $|z/k(k+z)|\leqslant 2|z|/k^2$，所以当分母不为零时，该和式有恰当的定义. 如果 $z=n$，我们就有 $\sum_{k=1}^{m}(1/k-1/(k+n)) = H_m - H_{m+n} + H_n$，当 $m\to\infty$ 时它趋向于 H_n.（量 $H_{z-1}-\gamma$ 常称为 ψ 函数 $\psi(z)$.）

6.23 $z/(e^z+1) = z/(e^z-1) - 2z/(e^{2z}-1) = \sum_{n\geqslant 0}(1-2^n)B_n z^n/n!$.

6.24 n 是奇数时，$T_n(x)$ 是一个关于 x^2 的多项式，因此，当求导数并用（6.95）来计算 $T_{n+1}(x)$ 时，它的系数就被偶数相乘了.（事实上我们还能证明：根据习题6.54，伯努利数 B_{2n} 总是以2作为其分母的第一个幂，从而 $2^{2n-k} \backslash\backslash T_{2n+1} \Leftrightarrow 2^k \backslash\backslash (n+1)$. 根据Genocchi[145]，正的奇数 $(n+1)T_{2n+1}/2^{2n}$ 称为Genocchi数 $\langle 1,1,3,17,155,2073,\cdots\rangle$.）（当然，欧拉早在Genocchi出生前很久就知道Genocchi数了，见参考文献[110]，第2卷，第7章，§181.）

6.25 $100n-nH_n < 100(n-1)-(n-1)H_{n-1} \Leftrightarrow H_{n-1}>99$.（最小的这样的 n 近似等于 $e^{99-\gamma}$，而它在 $N\approx e^{100-\gamma}$ 时结束，大约 e 倍那么长. 所以它在旅行的最后63%中变得更加接近.）

6.26 设 $u(k)=H_{k-1}$，$\Delta v(k)=1/k$，这样就有 $u(k)=v(k)$. 于是，我们有 $S_n-H_n^{(2)}=\sum_{k=1}^{n}H_{k-1}/k = H_{k-1}^2\big|_1^{n+1} - S_n = H_n^2 - S_n$.

6.27 注意，根据（6.108），当 $m>n$ 时有 $\gcd(F_m,F_n)=\gcd(F_{m-n},F_n)$. 这就得到一个用归纳法的证明.

6.28 (a) $Q_n = \alpha(L_n-F_n)/2 + \beta F_n$.（解也可以写成 $Q_n=\alpha F_{n-1}+\beta F_n$.） (b) $L_n=\phi^n+\hat\phi^n$.

6.29 当 $k=0$ 时，恒等式是（6.133）. 当 $k=1$ 时，它本质上就是

$$K(x_1,\cdots,x_n)x_m = K(x_1,\cdots,x_m)K(x_m,\cdots,x_n) - K(x_1,\cdots,x_{m-2})K(x_{m+2},\cdots,x_n),$$

根据摩尔斯码，右边的第二个乘积去掉了第一个乘积有相交划的情形. 当 $k>1$ 时，对 k 用归纳法就足够了，这里要用到（6.127）和（6.132）.（如果我们约定 $K_{-1}=0$，当 K 的一个或者多个下标变成 -1 时，这个恒等式依然为真. 当乘法不可交换时，如果我们把它写成形式

$$\begin{aligned} K_{m+n}(x_1,\cdots,x_{m+n})K_{n-1}(x_{m+n-1},\cdots,x_{m+1}) \\ = K_{m+n-1}(x_1,\cdots,x_{m+n-1})K_n(x_{m+n},\cdots,x_{m+1}) - (-1)^n K_{m-1}(x_1,\cdots,x_{m-1}), \end{aligned}$$

那么欧拉恒等式对 $k=n-1$ 仍然成立. 例如，对于 $m=0$，$n=3$ 的情形，我们得到有点令人吃惊的非交换分解式

$$(abc+a+c)(1+ba) = (ab+1)(cba+a+c).$$

6.30 $K(x_1,\cdots,x_n)$ 关于 x_m 的导数是

$$K(x_1,\cdots,x_{m-1})K(x_{m+1},\cdots,x_n),$$

而二阶导数是零，故而答案是

$$K(x_1,\cdots,x_n) + K(x_1,\cdots,x_{m-1})K(x_{m+1},\cdots,x_n)y.$$

$\left|{n\atop k}\right|=\left|{-k\atop -n}\right|$

6.31 由于 $x^{\overline{n}}=(x+n-1)^{\underline{n}}=\sum_k\binom{n}{k}x^{\underline{k}}(n-1)^{\underline{n-k}}$，我们有 $\left|{n\atop k}\right|=\binom{n}{k}(n-1)^{\underline{n-k}}$．附带指出，这些系数满足递归式

$$\left|{n\atop k}\right|=(n-1+k)\left|{n-1\atop k}\right|+\left|{n-1\atop k-1}\right|，\quad 整数\ n,k>0．$$

6.32 $\sum_{k\le m}k\left\{{n+k\atop k}\right\}=\left\{{m+n+1\atop m}\right\}$ 以及 $\sum_{0\le k\le n}\left\{{k\atop m}\right\}(m+1)^{n-k}=\left\{{n+1\atop m+1}\right\}$，它们都出现在了表6-4中.

6.33 如果 $n>0$，根据（6.71）就有 $\left[{n\atop 3}\right]=\frac12(n-1)!\left(H_{n-1}^2-H_{n-1}^{(2)}\right)$，而根据（6.19）则有 $\left\{{n\atop 3}\right\}=\frac16(3^n-3\times 2^n+3)$.

6.34 我们有 $\left\langle{-1\atop k}\right\rangle=1/(k+1)$，$\left\langle{-2\atop k}\right\rangle=H_{k+1}^{(2)}$，一般来说，对所有整数 n，$\left\langle{n\atop k}\right\rangle$ 由（6.38）给出.

6.35 设 n 是 $>1/\varepsilon$ 且使得 $\lfloor H_n\rfloor>\lfloor H_{n-1}\rfloor$ 成立的最小整数.

6.36 现在 $d_{k+1}=\big(100+(1+d_1)+\cdots+(1+d_k)\big)/(100+k)$，对 $k\ge 1$ 它的解是 $d_{k+1}=H_{k+100}-H_{101}+1$. 当 $k\ge 176$ 时，这超出2.

6.37 和式（分部求和）是 $H_{mn}-\left(\frac mm+\frac{m}{2m}+\cdots+\frac{m}{mn}\right)=H_{mn}-H_n$. 于是这个无限和式就是 $\ln m$.（由此推出

$$\sum_{k\ge 1}\frac{v_m(k)}{k(k+1)}=\frac{m}{m-1}\ln m，$$

因为 $v_m(k)=(m-1)\sum_{j\ge 1}(k\bmod m^j)/m^j$.）

6.38 $(-1)^k\left(\binom{r-1}{k}r^{-1}-\binom{r-1}{k-1}H_k\right)+C$.（分部求和，利用（5.16）.）

6.39 将它写成 $\sum_{1\le j\le n}j^{-1}\sum_{j\le k\le n}H_k$，并由（6.67）首先对 k 求和，得到

$$(n+1)H_n^2-(2n+1)H_n+2n.$$

6.40 如果 $6n-1$ 是素数，则

$$\sum_{k=1}^{4n-1}\frac{(-1)^{k-1}}{k}=H_{4n-1}-H_{2n-1}$$

的分子能被 $6n-1$ 整除，因为此和式是

$$\sum_{k=2n}^{4n-1}\frac1k=\sum_{k=2n}^{3n-1}\left(\frac1k+\frac{1}{6n-1-k}\right)=\sum_{k=2n}^{3n-1}\frac{6n-1}{k(6n-1-k)}.$$

类似地，如果 $6n+1$ 是素数，则 $\sum_{k=1}^{4n}(-1)^{k-1}/k=H_{4n}-H_{2n}$ 的分子是 $6n+1$ 的倍数. 对1987，我们要求和直到 $k=1324$.

6.41 $S_{n+1}=\sum_k\binom{\lfloor(n+1+k)/2\rfloor}{k}=\sum_k\binom{\lfloor(n+k)/2\rfloor}{k-1}$，于是有 $S_{n+1}+S_n=\sum_k\binom{\lfloor(n+k)/2+1\rfloor}{k}=S_{n+2}$. 答案是 F_{n+2}.

552

6.42 F_n.

6.43 在 $\sum_{n\geqslant 0} F_n z^n = z/(1-z-z^2)$ 中令 $z=\dfrac{1}{10}$ 得到 $\dfrac{10}{89}$. 这个和是一个周期长为44的循环小数

0.112 359 550 561 797 752 808 988 764 044 943 820 224 719 101 123 595 5+.

6.44 如果需要，就用 $(-m,-k)$ 或者 $(k,-m)$ 或者 $(-k,m)$ 代替 (m,k)，使得 $m \geqslant k \geqslant 0$. 如果 $m=k$，这个结果是显然的. 如果 $m>k$，我们可以用 $(m-k,m)$ 代替 (m,k) 并用归纳法.

6.45 $X_n = A(n)\alpha + B(n)\beta + C(n)\gamma + D(n)\delta$，其中 $B(n)=F_n$，$A(n)=F_{n-1}$，$A(n)+B(n)-D(n)=1$，且 $B(n)-C(n)+3D(n)=n$.

6.46 $\phi/2$ 和 $\phi^{-1}/2$. 设 $u=\cos 72°$ 以及 $v=\cos 36°$，那么 $u=2v^2-1$，而 $v=1-2\sin^2 18°=1-2u^2$. 从而 $u+v=2(u+v)(v-u)$，$4v^2-2v-1=0$. 我们可以追寻此项研究，以求出5个复的五次单位根：

$$1,\quad \frac{\phi^{-1} \pm i\sqrt{2+\phi}}{2},\quad \frac{-\phi \pm i\sqrt{3-\phi}}{2}.$$

6.47 $2^n\sqrt{5}F_n = \left(1+\sqrt{5}\right)^n - \left(1-\sqrt{5}\right)^n$，$\sqrt{5}$ 的偶次幂抵消掉了. 现在设 p 是一个奇素数. 那么，除了 $k=(p-1)/2$ 之外均有 $\dbinom{p}{2k+1} \equiv 0$，且除了 $k=0$ 或者 $k=(p-1)/2$ 之外均有 $\dbinom{p+1}{2k+1} \equiv 0$，因此 $F_p \equiv 5^{(p-1)/2}$ 且 $2F_{p+1} \equiv 1+5^{(p-1)/2} \pmod p$. 可以证明，当 p 形如 $10k\pm 1$ 时有 $5^{(p-1)/2} \equiv 1$，而当 p 形如 $10k\pm 3$ 时则有 $5^{(p-1)/2} \equiv -1$.

> "设 p 是任意一个老素数." （见参考文献[171]，第419页.）[①]

6.48 设 $K_{i,j} = K_{j-i+1}(x_i,\cdots,x_j)$. 反复利用（6.133），两边展成 $\left(K_{1,m-2}(x_{m-1}+x_{m+1})+K_{1,m-3}\right)K_{m+2,n} + K_{1,m-2}K_{m+3,n}$.

6.49 在（6.146）中取 $z=\dfrac{1}{2}$，部分商是 $0,2^{F_0},2^{F_1},2^{F_2},\cdots$. （高德纳[206]指出，这个数是超越数.）

6.50 (a) $f(n)$ 是偶数 $\Leftrightarrow 3 \backslash n$. (b) 如果 n 的二进制表示是 $(1^{a_1}0^{a_2}\cdots 1^{a_{m-1}}0^{a_m})_2$，其中 m 是偶数，我们就有 $f(n)=K(a_1,a_2,\cdots,a_{m-1})$.

6.51 (a)组合证明：如果将1加到每一个元素上（按照模 p），那么将 $\{1,2,\cdots,p\}$ 分成 k 个子集或者轮换的排列方式可以分成若干条"轨道"，每条轨道由一种或者 p 种排列方式构成. 例如

$$\{1,2,4\}\cup\{3,5\} \to \{2,3,5\}\cup\{4,1\} \to \{3,4,1\}\cup\{5,2\}$$
$$\to \{4,5,2\}\cup\{1,3\} \to \{5,1,3\}\cup\{2,4\} \to \{1,2,4\}\cup\{3,5\}.$$

仅当这个变换把一个排列方式变成自己时，我们才会得到长度为1的轨道，不过那样就会有 $k=1$ 或者 $k=p$. 另外还有一个可选的代数证明：我们有 $x^p \equiv x^{\underline{p}} + x^{\underline{1}}$ 以及 $x^{\underline{p}} \equiv x^p - x \pmod p$，因为费马定理告诉我们：$x^p - x$ 能被 $(x-0)(x-1)\cdots(x-(p-1))$ 整除.

(b) 这个结果由(a)以及威尔逊定理推出，或者可以利用 $x^{\overline{p-1}} \equiv x^{\overline{p}}/(x-1) \equiv (x^p-x)/(x-1) = x^{p-1} + x^{p-2} + \cdots + x$.

(c) 对 $3 \leqslant k \leqslant p$ 有 $\left\{\begin{matrix} p+1 \\ k \end{matrix}\right\} \equiv \left[\begin{matrix} p+1 \\ k \end{matrix}\right] \equiv 0$，这样对 $4 \leqslant k \leqslant p$ 就有 $\left\{\begin{matrix} p+2 \\ k \end{matrix}\right\} \equiv \left[\begin{matrix} p+2 \\ k \end{matrix}\right] \equiv 0$，等等. （类

[①] 在参考文献的那一页，作者原来写的是 "any odd prime"，但出版时误写为了 "any old prime"，故作者在此开了个玩笑.

似地，有 $\begin{bmatrix} 2p-1 \\ p \end{bmatrix} \equiv -\begin{Bmatrix} 2p-1 \\ p \end{Bmatrix} \equiv 1$. ）

(d) $p! = p^{\underline{p}} = \sum_k (-1)^{p-k} p^k \begin{bmatrix} p \\ k \end{bmatrix} = p^p \begin{bmatrix} p \\ p \end{bmatrix} - p^{p-1} \begin{bmatrix} p \\ p-1 \end{bmatrix} + \cdots + p^3 \begin{bmatrix} p \\ 3 \end{bmatrix} - p^2 \begin{bmatrix} p \\ 2 \end{bmatrix} + p \begin{bmatrix} p \\ 1 \end{bmatrix}$. 但是

$p \begin{bmatrix} p \\ 1 \end{bmatrix} = p!$, 所以

$$\begin{bmatrix} p \\ 2 \end{bmatrix} = p \begin{bmatrix} p \\ 3 \end{bmatrix} - p^2 \begin{bmatrix} p \\ 4 \end{bmatrix} + \cdots + p^{p-2} \begin{bmatrix} p \\ p \end{bmatrix}$$

是 p^2 的倍数. （这称为Wolstenholme定理. ）

6.52 (a) 可以看出 $H_n = H_n^* + H_{\lfloor n/p \rfloor} / p$, 其中 $H_n^* = \sum_{k=1}^n [k \perp p] / k$.

(b) 考虑 mod 5 , 对 $0 \le r \le 4$ 我们有 $H_r = \langle 0,1,4,1,0 \rangle$. 从而第一个解是 $n = 4$. 根据(a), 我们知道 $5 \backslash a_n \Rightarrow 5 \backslash a_{\lfloor n/5 \rfloor}$, 所以下一个可能的范围是 $n = 20 + r$ （ $0 \le r \le 4$ ）, 此时我们有

$H_n = H_n^* + \frac{1}{5} H_4 = H_{20}^* + \frac{1}{5} H_4 + H_r - \sum_{k=1}^r 20 / k(20+k)$. H_{20}^* 的分子如同 H_4 的分子一样, 可以被25整除, 于是在这个范围里仅有的解是 $n = 20$ 和 $n = 24$. 下一个可能的范围是 $n = 100 + r$, 现在 $H_n = H_n^* + \frac{1}{5} H_{20}$, 它就是 $\frac{1}{5} H_{20} + H_r$ 加上一个分数, 这个分数的分子是5的倍数. 如果 $\frac{1}{5} H_{20} \equiv m \pmod 5$, 这里 m 是一个整数, 那么调和数 H_{100+r} 的分子能被5整除当且仅当 $m + H_r \equiv 0 \pmod 5$, 于是 m 必须 $\equiv 0,1$ 或者4. 考虑 mod 5 , 我们求得 $\frac{1}{5} H_{20} = \frac{1}{5} H_{20}^* + \frac{1}{25} H_4 \equiv \frac{1}{25} H_4 = \frac{1}{12} \equiv 3$, 从而对 $100 \le n \le 104$ 没有解. 类似地对 $120 \le n \le 124$ 也没有解, 我们已经找到了所有的三个解.

（根据习题6.51(d), 如果 p 是任何一个 ≥ 5 的素数, 我们总有 $p^2 \backslash a_{p-1}$, $p \backslash a_{p^2-p}$ 以及 $p \backslash a_{p^2-1}$. 刚刚给出的论证方法表明, 这些是关于 $p \backslash a_n$ 的仅有的解, 当且仅当 $p^{-2} H_{p-1} + H_r \equiv 0 \pmod p$ （ $0 \le r < p$ ）没有解. 后面这个条件不仅对 $p = 5$ 成立, 而且对 $p = 13, 17, 23, 41$ 和67也成立——有可能对无穷多个素数成立. H_n 的分子仅当 $n = 2, 7$ 和22时才能被3整除, 它仅当 $n = 6, 42, 48, 295, 299, 337, 341, 2096, 2390, 14\,675, 16\,731, 16\,735$ 和102 728时才能被7整除. 见习题6.92的答案. ）

554

（计算机程序员们请注意: 这是一个值得用尽量多的素数来进行检验的有趣的条件. ）

6.53 分部求和得到

$$\frac{n+1}{(n+2)^2} \left(\frac{(-1)^m}{\binom{n+1}{m+1}} \big((n+2)H_{m+1} - 1\big) - 1 \right) .$$

6.54 (a) 如果 $m \ge p$, 我们就有 $S_m(p) \equiv S_{m-(p-1)}(p) \pmod p$, 这是由于当 $1 \le k < p$ 时有 $k^{p-1} \equiv 1$. 又有 $S_{p-1}(p) \equiv p-1 \equiv -1$. 如果 $0 < m < p-1$, 我们可以写成

$$S_m(p) = \sum_{k=0}^{p-1} \sum_{j=0}^m \begin{Bmatrix} m \\ j \end{Bmatrix} k^{\underline{j}} = \sum_{j=0}^m \begin{Bmatrix} m \\ j \end{Bmatrix} \frac{p^{\underline{j+1}}}{j+1} \equiv 0 .$$

（伯努利数的分子在费马大定理的早期研究中起着重要的作用, 见Ribenboim[308]. ）

(b) 提示中的条件表明, I_{2n} 的分母不能被任何素数 p 整除, 故而 I_{2n} 必定是一个整数. 为证明提

示，我们可以假设 $n>1$. 这样，根据（6.78）、（6.84）以及(a)可知，

$$B_{2n}+\frac{[(p-1)\backslash(2n)]}{p}+\sum_{k=0}^{2n-2}\binom{2n+1}{k}B_k\frac{p^{2n-k}}{2n+1}$$

是一个整数. 所以我们想要验证：分数 $\binom{2n+1}{k}B_kp^{2n-k}/(2n+1)=\binom{2n}{k}B_kp^{2n-k}/(2n-k+1)$ 中

没有哪一个的分母能被 p 整除. $\binom{2n}{k}B_kp$ 的分母不能被 p 整除，是由于 B_k 的分母中不含有

因子 p^2（根据归纳法）；而 $p^{2n-k-1}/(2n-k+1)$ 的分母不能被 p 整除，是因为当 $k\leqslant 2n-2$ 时

$2n-k+1<p^{2n-k}$ ，证明完毕. （诸数 I_{2n} 列表在参考文献[224]中. Hermite[184]于1875年一直

计算到了 I_{18} . 实际上，已知有 $I_2=I_4=I_6=I_8=I_{10}=I_{12}=1$ ，从而正文中给出的伯努利数，

包括 $\dfrac{-691}{2730}$ （！）有一个"简单的"模式. 但是，当 $2n>12$ 时，诸数 I_{2n} 看起来并没有任何

值得注意的特点. 例如， $B_{24}=-86\,579-\dfrac{1}{2}-\dfrac{1}{3}-\dfrac{1}{5}-\dfrac{1}{7}-\dfrac{1}{13}$ ，而86 579是素数. ）

(c) 数 $2-1$ 和 $3-1$ 总能整除 $2n$. 如果 n 是素数，$2n$ 仅有的因子就是1，2，n 和 $2n$ ，所以对素

数 $n>2$ ， B_{2n} 的分母都是6，除非 $2n+1$ 也是素数. 在后面这种情形，我们可以尝试

$4n+3,8n+7,\cdots$ ，直到找到一个非素数（由于 n 整除 $2^{n-1}n+2^{n-1}-1$ ）. （这个证明不需要一

个更难但合理的定理，即存在无穷多个形如 $6k+1$ 的素数. ） B_{2n} 的分母在 n 取49这样的非

素数值时也可能是6.

555 **6.55** 根据范德蒙德卷积，所述和式是 $\dfrac{m+1}{x+m+1}\binom{x+n}{n}\binom{n}{m+1}$. 要得到（6.70），求导并取 $x=0$.

6.56 首先用 $((k-m)+m)^{n+1}$ 代替 k^{n+1} 并展开成 $k-m$ 的幂，如同在推导（6.72）时出现的化简. 如果 $m>n$

或者 $m<0$ ，则答案是 $(-1)^n n!-m^n/\binom{n-m}{n}$. 反之需要将（5.41）减去 $k=m$ 这一项之后令 $x\to -m$

取极限，此时答案是 $(-1)^n n!+(-1)^{m+1}\binom{n}{m}m^n(n+1+mH_{n-m}-mH_m)$.

6.57 首先用归纳法证明：第 n 行至多包含三个不同的值 $A_n\geqslant B_n\geqslant C_n$.如果 n 是偶数，它们按照循环

次序 $[C_n,B_n,A_n,B_n,C_n]$ 出现；如果 n 是奇数，它们就依照循环次序 $[C_n,B_n,A_n,A_n,B_n]$ 出现. 又有

$$A_{2n+1}=A_{2n}+B_{2n};\quad A_{2n}=2A_{2n-1};$$
$$B_{2n+1}=B_{2n}+C_{2n};\quad B_{2n}=A_{2n-1}+B_{2n-1};$$
$$C_{2n+1}=2C_{2n};\quad\quad\;\; C_{2n}=B_{2n-1}+C_{2n-1}.$$

由此推出 $Q_n=A_n-C_n=F_{n+1}$. （有关3阶围包二项式系数见习题5.75. ）

6.58 (a) $\sum_{n\geqslant 0}F_n^2z^n=z(1-z)/(1+z)(1-3z+z^2)=\dfrac{1}{5}\left((2-3z)/(1-3z+z^2)-2/(1+z)\right)$. （将比奈公式

（6.123）平方并关于 n 求和，然后合并项使得 ϕ 和 $\hat{\phi}$ 消失. ）(b)类似地，

$$\sum_{n\geqslant 0}F_n^3z^n=\frac{z(1-2z-z^2)}{(1-4z-z^2)(1+z-z^2)}=\frac{1}{5}\left(\frac{2z}{1-4z-z^2}+\frac{3z}{1+z-z^2}\right).$$

由此推出 $F_{n+1}^3-4F_n^3-F_{n-1}^3=3(-1)^nF_n$. （与 m 次幂对应的递归式涉及习题6.86中的斐波那契系数，

这个递归式是由Jarden和Motzkin[194]发现的. ）

6.59 设 m 是固定的数. 我们可以对 n 用归纳法证明，实际上有可能求得一个满足附加条件 $x \not\equiv 2 \pmod 4$ 的 x . 如果 x 是这样一个解，我们就可以向上延伸成为模 3^{n+1} 的解，因为

$$F_{8\times 3^{n-1}} \equiv 3^n , \quad F_{8\times 3^{n-1}-1} \equiv 3^n+1 \pmod{3^{n+1}} ,$$

所以 x ，或者 $x+8\times 3^{n-1}$ ，或者 $x+16\times 3^{n-1}$ 将完成这一任务.

6.60 F_1+1 ， F_2+1 ， F_3+1 ， F_4-1 以及 F_6-1 是仅有的情形. 如若不然，则习题6.28中的卢卡斯数将在如下分解式中出现：

$$F_{2m} + (-1)^m = L_{m+1}F_{m-1} ; \quad F_{2m+1}+(-1)^m = L_mF_{m+1} ;$$
$$F_{2m} - (-1)^m = L_{m-1}F_{m+1} ; \quad F_{2m+1}-(-1)^m = L_{m+1}F_m .$$

（一般来说，我们有 $F_{m+n}-(-1)^nF_{m-n}=L_mF_n$. ）

556

6.61 当 m 是偶数且为正数时， $1/F_{2m}=F_{m-1}/F_m-F_{2m-1}/F_{2m}$. 第二个和式是 $5/4-F_{3\times 2^n-1}/F_{3\times 2^n}$ （ $n\geq 1$. ）.

6.62 (a) $A_n=\sqrt 5 A_{n-1}-A_{n-2}$ ， $B_n=\sqrt 5 B_{n-1}-B_{n-2}$. 附带指出，还有 $\sqrt 5 A_n+B_n=2A_{n+1}$ ， $\sqrt 5 B_n-A_n=2B_{n-1}$.
(b) 小值的表揭示了

$$A_n=\begin{cases}L_n, & n\text{是偶数};\\ \sqrt 5 F_n, & n\text{是奇数};\end{cases} \quad B_n=\begin{cases}\sqrt 5 F_n, & n\text{是偶数};\\ L_n, & n\text{是奇数}。\end{cases}$$

(c) $B_n/A_{n+1}-B_{n-1}/A_n=1/(F_{2n+1}+1)$ ，因为 $B_nA_n-B_{n-1}A_{n+1}=\sqrt 5$ 且 $A_nA_{n+1}=\sqrt 5(F_{2n+1}+1)$. 注意， $B_n/A_{n+1}=(F_n/F_{n+1})[n\text{是偶数}]+(L_n/L_{n+1})[n\text{是奇数}]$.

(d) 类似地，

$$\sum_{k=1}^n 1/(F_{2k+1}-1)=(A_0/B_1-A_1/B_2)+\cdots+(A_{n-1}/B_n-A_n/B_{n+1})=2-A_n/B_{n+1} .$$

这个量还可以表示成 $(5F_n/L_{n+1})[n\text{是偶数}]+(L_n/F_{n+1})[n\text{是奇数}]$.

6.63 (a) $\begin{bmatrix}n\\k\end{bmatrix}$. 有 $\begin{bmatrix}n-1\\k-1\end{bmatrix}$ 个满足 $\pi_n=n$ ，而有 $(n-1)\begin{bmatrix}n-1\\k\end{bmatrix}$ 个满足 $\pi_n<n$.

(b) $\left\langle{n\atop k}\right\rangle$. $\{1,\cdots,n-1\}$ 的每一个排列 $\rho_1\cdots\rho_{n-1}$ 引出 n 个排列 $\pi_1\pi_2\cdots\pi_n=\rho_1\cdots\rho_{j-1}n\rho_{j+1}\cdots\rho_{n-1}\rho_j$. 如果 $\rho_1\cdots\rho_{n-1}$ 有 k 个超过值，那么就有 $k+1$ 个 j 的值，它们在 $\pi_1\pi_2\cdots\pi_n$ 中得到 k 个超过值；剩下的 $n-1-k$ 个值得到 $k+1$ 个超过值. 于是，在 $\pi_1\pi_2\cdots\pi_n$ 中得到 k 个超过值的方法数是

$$(k+1)\left\langle{n-1\atop k}\right\rangle+((n-1)-(k-1))\left\langle{n-1\atop k-1}\right\rangle=\left\langle{n\atop k}\right\rangle .$$

6.64 根据习题5.72的证明， $\binom{1/2}{2n}$ 的分母是 $2^{4n-\nu_2(n)}$. 根据（6.44）， $\begin{bmatrix}1/2\\1/2-n\end{bmatrix}$ 有同样的分母，因为 $\left\langle\!\left\langle{n\atop 0}\right\rangle\!\right\rangle=1$ ，且对 $k>0$ ， $\left\langle\!\left\langle{n\atop k}\right\rangle\!\right\rangle$ 是偶数.

6.65 这等价于： $\left\langle{n\atop k}\right\rangle/n!$ 是 $x_1,\cdots,x_n$ 取在0与1之间一致分布且独立的随机数时，使得 $\lfloor x_1+\cdots+x_n\rfloor=k$ 成立的概率. 设 $y_j=(x_1+\cdots+x_j)\bmod 1$ ，那么 $y_1,\cdots,y_n$ 就是独立且一致分布的，而且 $\lfloor x_1+\cdots+x_n\rfloor$ 就是在诸 y 中下降的个数. 诸 y 的排列是随机的， k 个下降的概率与 k 个上升的概率相同.

6.66 如果 $n > 0$, 其和为 $2^{n+1}(2^{n+1}-1)B_{n+1}/(n+1)$. (见 (7.56) 和 (6.92) , 所要求的数本质上就是 $1 - \tanh z$ 的系数.)

6.67 根据 (6.3) 和 (6.40) , 它就是

$$\sum_k \left(\left\{ {n \atop k+1} \right\}(k+1)! + \left\{ {n \atop k} \right\}k! \right) \binom{n-k}{n-m}(-1)^{m-k}$$

$$= \sum_k \left\{ {n \atop k} \right\} k!(-1)^{m-k}\left(\binom{n-k}{n-m} - \binom{n+1-k}{n-m} \right)$$

$$= \sum_k \left\{ {n \atop k} \right\} k!(-1)^{m+1-k} \binom{n-k}{n-m-1} = \left\langle {n \atop n-m-1} \right\rangle .$$

现在利用 (6.34) . (这个恒等式有一个组合解释[59] .)

6.68 与 (6.38) 类似, 我们有一般的公式

$$\left\langle\!\!\left\langle {n \atop m} \right\rangle\!\!\right\rangle = \sum_{k=0}^{m} \binom{2n+1}{k} \left\{ {n+m+1-k \atop m+1-k} \right\} (-1)^k , \quad n > m \geqslant 0 .$$

当 $m = 2$ 时, 这等于

$$\left\langle\!\!\left\langle {n \atop 2} \right\rangle\!\!\right\rangle = \left\{ {n+3 \atop 3} \right\} - (2n+1)\left\{ {n+2 \atop 2} \right\} + \binom{2n+1}{2}\left\{ {n+1 \atop 1} \right\}$$

$$= \frac{1}{2}3^{n+2} - (2n+3)2^{n+1} + \frac{1}{2}(4n^2+6n+3) .$$

6.69 $\frac{1}{3}n\left(n+\frac{1}{2}\right)(n+1)(2H_{2n} - H_n) - \frac{1}{36}n(10n^2 + 9n - 1)$. (用计算机程序自动推导出这样的公式, 是很好的解决方式.)

6.70 $1/k - 1/(k+z) = z/k^2 - z^2/k^3 + \cdots$, 它当 $|z| < 1$ 时收敛.

6.71 注意, $\prod_{k=1}^{n}(1+z/k)\mathrm{e}^{-z/k} = \binom{n+z}{n}n^{-z}\mathrm{e}^{(\ln n - H_n)z}$. 如果 $f(z) = \frac{\mathrm{d}}{\mathrm{d}z}(z!)$, 我们求得 $f(z)/z! + \gamma = H_z$.

6.72 对 $\tan z$, 我们可以利用 $\tan z = \cot z - 2\cot 2z$ (它等价于习题 6.23 中的恒等式). 又 $z/\sin z = z\cot z + z\tan\frac{1}{2}z$ 有幂级数展开式 $\sum_{n \geqslant 0}(-1)^{n-1}(4^n - 2)B_{2n}z^{2n}/(2n)!$, 且

$$\ln\frac{\tan z}{z} = \ln\frac{\sin z}{z} - \ln\cos z$$

$$= \sum_{n \geqslant 1}(-1)^n \frac{4^n B_{2n}z^{2n}}{(2n)(2n)!} - \sum_{n \geqslant 1}(-1)^n \frac{4^n(4^n - 1)B_{2n}z^{2n}}{(2n)(2n)!}$$

$$= \sum_{n \geqslant 1}(-1)^{n-1}\frac{4^n(4^n - 2)B_{2n}z^{2n}}{(2n)(2n)!} ,$$

因为 $\frac{\mathrm{d}}{\mathrm{d}z}\ln\sin z = \cot z$ 以及 $\frac{\mathrm{d}}{\mathrm{d}z}\ln\cos z = -\tan z$.

6.73 $\cot(z+\pi) = \cot z$ 且 $\cot\left(z + \frac{1}{2}\pi\right) = -\tan z$, 从而该恒等式等价于

$$\cot z = \frac{1}{2^n}\sum_{k=0}^{2^n - 1}\cot\frac{z+k\pi}{2^n} ,$$

这可以用归纳法从 $n=1$ 的情形推出. 由于当 $z \to 0$ 时有 $z \cot z \to 1$，故而推出所述的极限. 可以证明，逐项取极限是合法的，因此（6.88）成立.（附带指出，一般的公式

$$\cot z = \frac{1}{n}\sum_{k=0}^{n-1} \cot \frac{z+k\pi}{n}$$

也为真. 它可以由（6.88）或者

$$\frac{1}{\mathrm{e}^{nz}-1} = \frac{1}{n}\sum_{k=0}^{n-1}\frac{1}{\mathrm{e}^{z+2k\pi\mathrm{i}/n}-1}$$

得到证明，此式等价于 $1/(z^n-1)$ 的部分分式展开. ）

558

6.74 由于 $\tan 2z + \sec 2z = (\sin z + \cos z)/(\cos z - \sin z)$，在（6.94）中令 $x=1$ 就给出了 $T_n(1) = 2^n E_n$，其中 $1/\cos z = \sum_{n\geqslant 0} E_{2n}z^n/(2n)!$.〔系数 E_n 在组合数学中称为欧拉数（Euler number），不要与欧拉数（Eulerian number）$\left\langle {n \atop k} \right\rangle$ 混淆. 我们有

$$\langle E_0, E_1, E_2, \cdots \rangle = \langle 1,1,1,2,5,16,61,272,1385,7936,50\,521, \cdots \rangle.$$

数值分析用不同的方式定义了本题中的这种欧拉数：按照上面的记号，数值分析方式所定义的 E_n 是 $(-1)^{n/2}E_n$ [n 是偶数]. 〕

6.75 设 $G(w,z) = \sin z/\cos(w+z)$，$H(w,z) = \cos z/\cos(w+z)$，又令 $G(w,z) + H(w,z) = \sum_{m,n} E_{m,n} w^m z^n /m!n!$. 那么等式 $G(w,0) = 0$ 和 $\left(\dfrac{\partial}{\partial z} - \dfrac{\partial}{\partial w}\right)G(w,z) = H(w,z)$ 就意味着当 m 是奇数时有 $E_{m,0} = 0$，而当 $m+n$ 是偶数时有 $E_{m,n+1} = E_{m+1,n} + E_{m,n}$；等式 $H(0,z) = 1$ 和 $\left(\dfrac{\partial}{\partial w} - \dfrac{\partial}{\partial z}\right)H(w,z) = G(w,z)$ 则意味着当 n 是偶数时有 $E_{0,n} = [n=0]$，而当 $m+n$ 是奇数时有 $E_{m+1,n} = E_{m,n+1} + E_{m,n}$. 所以三角形顶点下方第 n 行包含数 $E_{n,0}, E_{n-1,1}, \cdots, E_{0,n}$. 在左边，$E_{n,0}$ 是正割数 E_n [n 是偶数]；而在右边，$E_{0,n} = T_n + [n=0]$.

6.76 将这个和式记为 A_n. 查看后面第 7 章的等式（7.49），可以看到

$$\sum_n A_n z^n/n! = \sum_{n,k}(-1)^k \left\{{n \atop k}\right\} 2^{n-k}k! z^n/n!$$
$$= \sum_k (-1)^k 2^{-k}(\mathrm{e}^{2z}-1)^k = 2/(\mathrm{e}^{2z}+1) = 1 - \tanh z.$$

这样一来，根据习题 6.23 或者习题 6.72 就有

$$A_n = (2^{n+1} - 4^{n+1})B_{n+1}/(n+1) = (-1)^{(n+1)/2}T_n + [n=0].$$

6.77 对 m 用归纳法，并利用习题 6.18 中的递归式即可推出. 还可以从（6.50）并利用如下事实予以证明：

$$\frac{(-1)^{m-1}(m-1)!}{(\mathrm{e}^z-1)^m} = (D+1)^{\overline{m-1}}\frac{1}{\mathrm{e}^z-1}$$
$$= \sum_{k=0}^{m-1}\left[{m \atop m-k}\right]\frac{\mathrm{d}^{m-k-1}}{\mathrm{d}z^{m-k-1}}\frac{1}{\mathrm{e}^z-1}, \quad \text{整数 } m > 0.$$

附带指出，后面这个等式等价于

$$\frac{\mathrm{d}^m}{\mathrm{d}z^m}\frac{1}{\mathrm{e}^z-1}=(-1)^m\sum_k\begin{Bmatrix}m+1\\k\end{Bmatrix}\frac{(k-1)!}{(\mathrm{e}^z-1)^k}，\text{整数 }m\geqslant0.$$

6.78 如果 $p(x)$ 是任意一个次数 $\leqslant n$ 的多项式，我们就有

$$p(x)=\sum_k p(-k)\binom{-x}{k}\binom{x+n}{n-k}，$$

因为这个方程对 $x=0,-1,\cdots,-n$ 成立. 所述恒等式是这个方程在 $p(x)=x\sigma_n(x)$ 以及 $x=1$ 时的特殊情形. 附带指出，在（6.99）中取 $k=1$，就得到一个用斯特林数来表示伯努利数的更简单的表达式:

$$\sum_{k\geqslant0}\begin{Bmatrix}m\\k\end{Bmatrix}(-1)^k\frac{k!}{k+1}=B_m.$$

6.79 1858年，Sam Loyd[256. 第288页和第378页]给出了构造

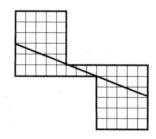

并宣称他发明了一个（未曾发表）64=65的排列方式.（类似的悖论至少可以追溯到18世纪，不过Loyd找到了将它们表达出来的更好方式. ）

6.80 我们预计会有 $A_m/A_{m-1}\approx\phi$，所以尝试 $A_{m-1}=618\,034+r$ 以及 $A_{m-2}=381\,966-r$. 这样就有 $A_{m-3}=236\,068+2r$ 等，且我们发现 $A_{m-18}=144-2584r$，$A_{m-19}=154+4181r$. 从而 $r=0$，$x=154$，$y=144$，$m=20$.

6.81 如果对 n 的无穷多个偶数值都有 $P(F_{n+1},F_n)=0$，那么 $P(x,y)$ 能被 $U(x,y)-1$ 整除，其中 $U(x,y)=x^2-xy-y^2$. 因为，如果 t 是 P 的总次数，我们就能写成

$$P(x,y)=\sum_{k=0}^t q_k x^k y^{t-k}+\sum_{j+k<t}r_{j,k}x^j y^k=Q(x,y)+R(x,y).$$

这样

$$\frac{P(F_{n+1},F_n)}{F_n^t}=\sum_{k=0}^t q_k\left(\frac{F_{n+1}}{F_n}\right)^k+O(1/F_n)，$$

又当 $n\to\infty$ 时取极限，我们就有 $\sum_{k=0}^t q_k\phi^k=0$. 从而 $Q(x,y)$ 是 $U(x,y)$ 的倍数，比方说是 $A(x,y)U(x,y)$. 但是 $U(F_{n+1},F_n)=(-1)^n$ 且 n 是偶数，所以 $P_0(x,y)=P(x,y)-\big(U(x,y)-1\big)A(x,y)$ 是使得 $P_0(F_{n+1},F_n)=0$ 成立的另一个多项式. P_0 的总次数小于 t，所以对 t 用归纳法可知 P_0 是 $U-1$ 的倍数.

类似地，如果对 n 的无穷多个奇数值有 $P(F_{n+1},F_n)=0$，那么 $P(x,y)$ 能被 $U(x,y)+1$ 整除. 将这两个事实合起来，就给出了所希望的必要和充分条件: $P(x,y)$ 能被 $U(x,y)^2-1$ 整除.

6.82　首先将数字相加而不进位，得到数字0，1和2. 然后利用两个进位法则：

$$0(d+1)(e+1) \rightarrow 1de \,,$$

$$0(d+2)0e \rightarrow 1d0(e+1) \,,$$

总是应用最左边能用的进位. 这个过程会终止，因为每执行一次进位，将 $(b_m, \cdots, b_2)_F$ 改写为 $(b_m, \cdots, b_2)_2$ 所得到的二进制值都会增加. 但是一个进位有可能传递到"斐波那契点"的右边，例如，$(1)_F + (1)_F$ 变成 $(10.01)_F$. 这样的向右传递至多扩展两位，而如果有必要，那两个数字位可以用正文中的"加1"算法再次化为零.

附带指出，对于非负整数有一个对应的"乘法"运算. 如果在斐波那契数系中有 $m = F_{j_1} + \cdots + F_{j_q}$ 以及 $n = F_{k_1} + \cdots + F_{k_r}$，按照与二进制数的乘法类似的方式，设 $m \circ n = \sum_{b=1}^{q} \sum_{c=1}^{r} F_{j_b + k_c}$. （这个定义表明当 m 和 n 很大时有 $m \circ n \approx \sqrt{5}mn$，尽管 $1 \circ n \approx \phi^2 n$. ）斐波那契加法引出结合律 $l \circ (m \circ n) = (l \circ m) \circ n$ 的一个证明.

> 习题：$m \circ n = mn + \lfloor (m+1)/\phi \rfloor n + m \lfloor (n+1)/\phi \rfloor$.

6.83　是的，例如可以取

$$A_0 = 331\,635\,635\,998\,274\,737\,472\,200\,656\,430\,763 \,;$$

$$A_1 = 151\,002\,891\,108\,840\,197\,118\,959\,030\,549\,878\,5 \,.$$

所得到的序列有如下性质：当 $n \bmod m_k = r_k$ 时，A_n 能被（但并不等于）p_k 整除，其中诸数 (p_k, m_k, r_k) 分别有如下18组值：

$(3,4,1)$	$(2,3,2)$	$(5,5,1)$
$(7,8,3)$	$(17,9,4)$	$(11,10,2)$
$(47,16,7)$	$(19,18,10)$	$(61,15,3)$
$(2207,32,15)$	$(53,27,16)$	$(31,30,24)$
$(1087,64,31)$	$(109,27,7)$	$(41,20,10)$
$(4481,64,63)$	$(5779,54,52)$	$(2521,60,60)$

把这些三元组中的一个应用于每个整数 n. 例如，第一列中的6个三元组包含了 n 的每一个奇数值，而中间一列则包含了 n 的所有不能被6整除的偶数值. 证明的剩余部分基于 $A_{m+n} = A_m F_{n-1} + A_{m+1} F_n$，以及对每一个三元组 (p_k, m_k, r_k) 成立的同余式

$$A_0 \equiv F_{m_k - r_k} \bmod p_k \,,$$

$$A_1 \equiv F_{m_k - r_k + 1} \bmod p_k \,.$$

（有可能给出一个改进的解，在其中 A_0 和 A_1 都是"仅有"17位数字的数[218]. ）

6.84　习题6.62中的序列满足 $A_{-m} = A_m$，$B_{-m} = -B_m$，且

$$A_m A_n = A_{m+n} + A_{m-n} \,,$$

$$A_m B_n = B_{m+n} - B_{m-n} \,,$$

$$B_m B_n = A_{m+n} - A_{m-n} \,.$$

设 $f_k = B_{mk}/A_{mk+l}$ 以及 $g_k = A_{mk}/B_{mk+l}$，其中 $l = \frac{1}{2}(n-m)$. 那么 $f_{k+1} - f_k = A_l B_m/(A_{2mk+n} + A_m)$ 且 $g_k - g_{k+1} = A_l B_m/(A_{2mk+n} - A_m)$，故而我们有

$$S_{m,n}^+ = \frac{\sqrt{5}}{A_t B_m} \lim_{k \to \infty}(f_k - f_0) = \frac{\sqrt{5}}{\phi^t A_t L_m},$$

$$S_{m,n}^- = \frac{\sqrt{5}}{A_t B_m} \lim_{k \to \infty}(g_0 - g_k) = \frac{\sqrt{5}}{A_t L_m}\left(\frac{2}{B_t} - \frac{1}{\phi^t}\right) = \frac{2}{F_t L_t L_m} - S_{m,n}^-.$$

6.85 此性质成立当且仅当 N 有 $5^k, 2 \times 5^k, 4 \times 5^k, 3^j \times 5^k, 6 \times 5^k, 7 \times 5^k, 14 \times 5^k$ 这7种形式之一.

6.86 对任何正整数 m, 设 $r(m)$ 是使得 C_j 可以被 m 整除的最小指标 j, 如果这样的 j 不存在, 就令 $r(m) = \infty$. 那么 C_n 可以被 m 整除当且仅当 $\gcd(C_n, C_{r(m)})$ 可以被 m 整除, 当且仅当 $C_{\gcd(n, r(m))}$ 可以被 m 整除, 当且仅当 $\gcd(n, r(m)) = r(m)$, 当且仅当 n 能被 $r(m)$ 整除.

（反过来, 容易看出 gcd 条件暗含于如下条件中: 序列 $C_1, C_2, \cdots$ 有一个函数 $r(m)$, 它可能是无限的, 它使得 C_n 能被 m 整除, 当且仅当 n 能被 $r(m)$ 整除. ）

现在设 $\Pi(n) = C_1 C_2 \cdots C_n$, 由此有

$$\binom{m+n}{m}_{\mathcal{C}} = \frac{\Pi(m+n)}{\Pi(m)\Pi(n)}.$$

如果 p 是素数, 则 p 整除 $\Pi(n)$ 的次数是 $f_p(n) = \sum_{k \geq 1}\lfloor n/r(p^k)\rfloor$, 因为 $\lfloor n/p^k \rfloor$ 是 $\{C_1, \cdots, C_n\}$ 中能被 p^k 整除的元素个数. 于是, 对所有 p 都有 $f_p(m+n) \geq f_p(m) + f_p(n)$, 且 $\binom{m+n}{m}_{\mathcal{C}}$ 是整数.

6.87 这个矩阵乘积是

$$\begin{pmatrix} K_{n-2}(x_2, \cdots, x_{n-1}) & K_{n-1}(x_2, \cdots, x_{n-1}, x_n) \\ K_{n-1}(x_1, x_2, \cdots, x_{n-1}) & K_n(x_1 x_2, \cdots, x_{n-1}, x_n) \end{pmatrix}.$$

562

这与（6.137）中 L 和 R 的乘积有关, 因为我们有

$$R^a \begin{pmatrix} 0 & 1 \\ 1 & 0 \end{pmatrix} = \begin{pmatrix} 0 & 1 \\ 1 & a \end{pmatrix} = \begin{pmatrix} 0 & 1 \\ 1 & 0 \end{pmatrix} L^a.$$

其行列式是 $K_n(x_1, \cdots, x_n)$, 更一般的三对角线行列式

$$\det \begin{pmatrix} x_1 & 1 & 0 & \cdots & 0 \\ y_2 & x_2 & 1 & & 0 \\ 0 & y_3 & x_3 & 1 & \vdots \\ \vdots & & & \ddots & 1 \\ 0 & 0 & \cdots & y_n & x_n \end{pmatrix}$$

满足递归式 $D_n = x_n D_{n-1} - y_n D_{n-2}$.

6.88 设 $\alpha^{-1} = a_0 + 1/(a_1 + 1/(a_2 + \cdots))$ 是 α^{-1} 的连分数表示. 那么我们有

$$\frac{a_0}{z} + \cfrac{1}{A_0(z) + \cfrac{1}{A_1(z) + \cfrac{1}{A_2(z) + \cfrac{1}{\ddots}}}} = \frac{1-z}{z}\sum_{n \geq 1}z^{\lfloor n\alpha\rfloor},$$

其中

$$A_m(z) = \frac{z^{-q_{m+1}} - z^{-q_{m-1}}}{z^{-q_m} - 1}, \quad q_m = K_m(a_1, \cdots, a_m).$$

（6.146）的与正文中类似的证明用到了Zeckendorf定理的推广（参见Fraenkel[129，§4]）. 如果 $z = 1/b$，其中 b 是一个 ≥ 2 的整数，这给出超越数 $(b-1)\sum_{n \geq 1} b^{-\lfloor n\alpha \rfloor}$ 的连分数展开，如习题6.49所述.

6.89 设 $p = K(0, a_1, a_2, \cdots, a_m)$，所以 p/n 是该连分数的第 m 个渐近分数. 这样 $\alpha = p/n + (-1)^m / nq$，其中 $q = K(a_1, \cdots, a_m, \beta)$ 且 $\beta > 1$. 从而点 $\{k\alpha\}$（$0 \leq k < n$）可以写成

$$\frac{0}{n}, \frac{1}{n} + \frac{(-1)^m \pi_1}{nq}, \cdots, \frac{n-1}{n} + \frac{(-1)^m \pi_{n-1}}{nq},$$

其中 $\pi_1, \cdots, \pi_{n-1}$ 是 $\{1, \cdots, n-1\}$ 的一个排列. 设 $f(\nu)$ 是满足 $< \nu$ 的点的个数，那么除了 $k = 0$ 和 $k = n-1$ 之外，当 ν 从 k/n 增加到 $(k+1)/n$ 时，$f(\nu)$ 和 νn 两者都增加1，所以它们从来都不会相差2或更多.

563

6.90 根据（6.139）和（6.136），我们想要让 $K(a_1, \cdots, a_m)$ 在和 $\leq n+1$ 的所有正整数数列上取到最大值. 最大值在所有的 a 都取1时出现，因为如果 $j \geq 1$ 且 $a \geq 1$，我们就有

$$\begin{aligned}
& K_{j+k+1}(1, \cdots, 1, a+1, b_1, \cdots, b_k) \\
&= K_{j+k+1}(1, \cdots, 1, a, b_1, \cdots, b_k) + K_j(1, \cdots, 1) K_k(b_1, \cdots, b_k) \\
&\leq K_{j+k+1}(1, \cdots, 1, a, b_1, \cdots, b_k) + K_{j+k}(1, \cdots, 1, a, b_1, \cdots, b_k) \\
&= K_{j+k+2}(1, \cdots, 1, a, b_1, \cdots, b_k).
\end{aligned}$$

（Motzkin和Straus[278]指出了如何求解有关连项式的更一般的最大化问题. ）

6.91 对于 $n \bmod 1 = \frac{1}{2}$ 的情形，有一种候选方式出现在参考文献[213，§6]中，尽管用某个含有 $\sqrt{\pi}$ 的常数乘以那里讨论的整数可能是最好的. Philippe Flajolet和Helmut Prodinger在*SIAM Journal on Discrete Mathematics* **12**（1999），155-159中提出了一个精巧且更有说服力的建议.

记住1066的另一个理由？

6.92 (a)David Boyd指出，似乎除了 $p = 83, 127, 397$ 之外，对所有 $p < 500$ 仅有有限多个解. (b) b_n 的性状相当怪异：对 $968 \leq n \leq 1066$ 我们有 $b_n = \mathrm{lcm}(1, \cdots, n)$，而另一方面则有 $b_{600} = \mathrm{lcm}(1, \cdots, 600) / (3^3 \times 5^2 \times 43)$. Andrew Odlyzko注意到，$p$ 整除 $\mathrm{lcm}(1, \cdots, n)/b_n$ 当且仅当对某个 $m \geq 1$ 和某个 $k < p$ 有 $kp^m \leq n < (k+1)p^m$ 使得 p 整除 H_k 的分子. 这样一来，如果可以证明，比方说几乎所有的素数都仅有一个这样的 k 值（即 $k = p-1$），那么就有无穷多个这样的 n 存在.

6.93 （Brent[38]在 e^γ 中发现了大得令人惊奇的部分商1 568 705，但这似乎只是一个巧合. 例如，Gosper在 π 中发现了更大的部分商：它的第453 294个部分商是12 996 958，而第11 504 931个部分商则是878 783 625. ）

6.94 考虑生成函数 $\sum_{m,n \geq 0} \begin{vmatrix} m+n \\ m \end{vmatrix} w^m z^n$，它等于 $\sum_k \left(wF(\alpha' + \beta' + \gamma', \alpha' + \beta', \alpha') + zF(\alpha + \gamma, \alpha + \beta, \alpha) \right)^k (1)$，其中 $F(a,b,c)$ 是微分算子 $a + b\vartheta_w + c\vartheta_z$.

尽管斯特林数在参考文献[383]的意义下并不是"完整的"（holonomic），但是Kauers还是取得了成功.

6.95 Manual Kauers，*Journal of Symbolic Computation* **42**（2007），948-970发现了这个研究题的一个精巧解答.

---

① holonomic一词得具体定义参见Zeilberger的论文，这一涂鸦的含义是Kauers成功地超越了Zeilberger原来的方法的极限.

7.1 在生成函数中用 z^4 代替□，用 z 代替□，就得到 $1/(1-z^4-z^2)$．这个像 T 的生成函数，不过用 z^2 代替了z．于是，如果 m 是奇数则答案是零，反之则答案是 $F_{m/2+1}$．

7.2 $G(z)=1/(1-2z)+1/(1-3z)$；$\hat{G}(z)=\mathrm{e}^{2z}+\mathrm{e}^{3z}$．

564

7.3 在生成函数中取 $z=1/10$，即得 $\dfrac{10}{9}\ln\dfrac{10}{9}$．

7.4 用 $Q(z)$ 除 $P(z)$ 得到一个商 $T(z)$ 和一个余项 $P_0(z)$，余项的次数小于 Q 的次数．对于小的 n，$T(z)$ 的系数必须加到系数 $\left[z^n\right]P_0(z)/Q(z)$ 中．（这就是（7.28）中的多项式 $T(z)$．）

7.5 这就是 $(1+z^2)^r$ 和 $(1+z)^r$ 的卷积，所以

$$S(z)=(1+z+z^2+z^3)^r．$$

附带指出，对于这个生成函数的系数尚不知道有简单的形式，因此所述和式可能没有简单的封闭形式．（我们可以用生成函数得到否定的结果，也可以得到肯定的结果．）

7.6 设 $g_0=\alpha$，$g_1=\beta$，$g_n=g_{n-1}+2g_{n-2}+(-1)^n\gamma$ 的解是 $g_n=A(n)\alpha+B(n)\beta+C(n)\gamma$．当 $\alpha=1$，$\beta=2$，$\gamma=0$ 时，函数 2^n 有效；当 $\alpha=1$，$\beta=-1$，$\gamma=0$ 时，函数 $(-1)^n$ 有效；当 $\alpha=0$，$\beta=-1$，$\gamma=3$ 时，函数 $(-1)^n n$ 有效．从而 $A(n)+2B(n)=2^n$，$A(n)-B(n)=(-1)^n$ 以及 $-B(n)+3C(n)=(-1)^n n$．

7.7 $G(z)=\left(z/(1-z)^2\right)G(z)+1$，从而

$$G(z)=\frac{1-2z+z^2}{1-3z+z^2}=1+\frac{z}{1-3z+z^2}，$$

我们有 $g_n=F_{2n}+[n=0]$．

我敢打赌：有争议的"阶为零的扇"的确有一棵生成树．

7.8 将 $(1-z)^{-x-1}$ 对 x 求导两次，即得

$$\binom{x+n}{n}\left(\left(H_{x+n}-H_x\right)^2-\left(H_{x+n}^{(2)}-H_x^{(2)}\right)\right)．$$

现在令 $x=m$．

7.9 $(n+1)\left(H_n^2-H_n^{(2)}\right)-2n(H_n-1)$．

7.10 恒等式 $H_{k-1/2}-H_{-1/2}=\dfrac{2}{2k-1}+\cdots+\dfrac{2}{1}=2H_{2k}-H_k$ 意味着 $\displaystyle\sum_k\binom{2k}{k}\binom{2n-2k}{n-k}(2H_{2k}-H_k)=4^n H_n$．

7.11 (a) $C(z)=A(z)B(z^2)/(1-z)$．(b) $zB'(z)=A(2z)\mathrm{e}^z$，从而 $A(z)=\dfrac{z}{2}\mathrm{e}^{-z/2}B'\left(\dfrac{z}{2}\right)$．(c) $A(z)=B(z)/(1-z)^{r+1}$，从而 $B(z)=(1-z)^{r+1}A(z)$，而且我们有 $f_k(r)=\binom{r+1}{k}(-1)^k$．

7.12 C_n．上一行中的数对应于定义"山脉"的由 $+1$ 和 -1 组成的数列中 $+1$ 的位置，下一行中的数则对应于 -1 的位置．例如，给定的数组对应于

565

7.13 周期性地拓展这个数列（设 $x_{m+k}=x_k$）并定义 $s_n=x_1+\cdots+x_n$．我们有 $s_m=l$，$s_{2m}=2l$ 等．必定存在一个最大的指标 k_j，使得 $s_{k_j}=j$，$s_{k_j+m}=l+j$，等等．这些指标 $k_1,\cdots,k_l(\bmod m)$ 指定了问题中的循环移位．

例如，在数列 $\langle -2,1,-1,0,1,1,-1,1,1,1 \rangle$ 中（ $m=10$ 以及 $l=2$ ），我们有 $k_1=17$ ， $k_2=24$.

7.14 $\hat{G}(z)=-2z\hat{G}(z)+\hat{G}(z)^2+z$ （注意最后一项！）通过二次求根公式导出

$$\hat{G}(z)=\frac{1+2z-\sqrt{1+4z^2}}{2} .$$

于是对所有 $n>0$ ，有 $g_{2n+1}=0$ 以及 $g_{2n}=(-1)^n(2n)!C_{n-1}$.

7.15 存在 $\binom{n}{k}\varpi_{n-k}$ 个划分，使得在包含 $n+1$ 的子集中有 k 个其他物品，因此有 $\hat{P}'(z)=\mathrm{e}^z\hat{P}(z)$. 这个微分方程的解是 $\hat{P}(z)=\mathrm{e}^{\mathrm{e}^z+c}$ ，且有 $c=-1$ ，因为 $\hat{P}(0)=1$. （我们也能通过（7.49）对 m 求和来得到这个结果，因为 $\varpi_n=\sum_m\begin{Bmatrix}n\\m\end{Bmatrix}$. ）

7.16 一种方法是对

$$B(z)=1/\left((1-z)^{a_1}(1-z^2)^{a_2}(1-z^3)^{a_3}(1-z^4)^{a_4}\cdots\right)$$

取对数，然后利用 $\ln\dfrac{1}{1-z}$ 的公式，并交换求和次序.

7.17 由于 $\int_0^\infty t^n\mathrm{e}^{-t}\mathrm{d}t=n!$ 就推出我们的结论. 换个方向，还有一个公式：

$$\hat{G}(z)=\frac{1}{2\pi}\int_{-\pi}^{+\pi}G(z\mathrm{e}^{-\mathrm{i}\theta})\mathrm{e}^{\mathrm{e}^{\mathrm{i}\theta}}\mathrm{d}\theta .$$

7.18 (a) $\zeta\left(z-\dfrac{1}{2}\right)$; (b) $-\zeta'(z)$; (c) $\zeta(z)/\zeta(2z)$. 每一个正整数都可以唯一地表示成 m^2q ，其中 q 是一个无平方因子数.

7.19 如果 $n>0$ ，则系数 $\left[z^n\right]\exp\left(x\ln F(z)\right)$ 是关于 x 的一个 n 次多项式，这个多项式是 x 的倍数. 由 $F(z)^xF(z)^y=F(z)^{x+y}$ 中 z^n 的系数相等，得到第一个卷积公式. 而由 $F'(z)F(z)^{x-1}F(z)^y$ $=F'(z)F(z)^{x+y-1}$ 中 z^{n-1} 的系数相等，得到第二个卷积公式，因为我们有

$$F'(z)F(z)^{x-1}=x^{-1}\frac{\partial}{\partial z}(F(z)^x)=x^{-1}\sum_{n\geq 0}nf_n(x)z^{n-1} .$$

（进一步的卷积可以如同（7.43）中那样，取 $\partial/\partial x$ 得到. ）

如同在参考文献[221]中指出的那样，还有另外的结论成立：对任意的 x 、 y 和 t ，我们有

$$\sum_{k=0}^n\frac{xf_k(x+tk)}{x+tk}\frac{yf_{n-k}\left(y+t(n-k)\right)}{y+t(n-k)}=\frac{(x+y)f_n(x+y+tn)}{x+y+tn} .$$

实际上， $xf_n(x+tn)/(x+tn)$ 是关于 $\mathcal{F}_t(z)^x$ 的系数的多项式序列，其中

$$\mathcal{F}_t(z)=F(z\mathcal{F}_t(z)^t).$$

（在（5.59）和（6.52）中，我们见到过它的特殊情形. ）

7.20 设 $G(z)=\sum_{n\geq 0}g_nz^n$. 如果对 $n<0$ 我们令 $g_n=0$ ，那么对所有 $k,l\geq 0$ 有

$$z^lG^{(k)}(z)=\sum_{n\geq 0}n^kg_nz^{n-k+l}=\sum_{n\geq 0}(n+k-l)^kg_{n+k-l}z^n .$$

因此，如果 $P_0(z),\cdots,P_m(z)$ 是不全为零的多项式，且最高次数为 d ，则存在多项式 $p_0(n),\cdots,p_{m+d}(n)$ ，

使得

$$P_0(z)G(z)+\cdots+P_m(z)G^{(m)}(z)=\sum_{n\geqslant 0}\sum_{j=0}^{m+d}p_j(n)g_{n+j-d}z^n\,.$$

这样一来，一个可微有限的 $G(z)$ 就表明

$$\sum_{j=0}^{m+d}p_j(n+d)g_{n+j}=0\,,\quad \text{所有}\ n\geqslant 0\,.$$

其逆可类似地证明．（一个推论是：$G(z)$ 是可微有限的，当且仅当对应的指数生成函数 $\hat{G}(z)$ 是可微有限的．）

7.21 这是用面额 10 美元和 20 美元找零的问题，所以 $G(z)=1/(1-z^{10})(1-z^{20})=\check{G}(z^{10})$，其中 $\check{G}(z)=1/(1-z)(1-z^2)$．(a) $\check{G}(z)$ 的部分分式分解是 $\frac{1}{2}(1-z)^{-2}+\frac{1}{4}(1-z)^{-1}+\frac{1}{4}(1+z)^{-1}$，所以 $[z^n]\check{G}(z)=\frac{1}{4}\big(2n+3+(-1)^n\big)$．置 $n=50$，得到 26 种给付方法．(b) $\check{G}(z)=(1+z)/(1-z^2)^2=(1+z)(1+2z^2+3z^4+\cdots)$，所以 $[z^n]\check{G}(z)=\lfloor n/2\rfloor+1$．（将此结果与正文中的硬币找零问题中的值 $N_n=\lfloor n/5\rfloor+1$ 做比较．银行强盗问题等价于用一分和两分硬币找零的问题．）

这种缓慢寻求答案的方法，正是出纳拖延时间以待警察到来的方法．

7.22 每一个多边形都有一个"底边"（位于底部的线段）．如果 A 和 B 是三角剖分的多边形，设 $A\Delta B$ 是将 A 的底边粘贴到 Δ 的左上方对角线上，并将 B 的底边粘贴到 Δ 的右上方对角线上得到的结果．例如，这样就有

（多边形可能需要稍加变形或者挤压成形．）每个三角剖分都以这种方式出现，因为底边是唯一的三角形部分，且有三角剖分的多边形 A 和 B 在它的左边和右边．

用 z 代替每个三角形就给出一个幂级数，其中 z^n 的系数是有 n 个三角形的三角剖分的个数，也就是将一个 $(n+2)$ 边形分解成三角形的分解方法的个数．由于 $P=1+zP^2$，这就是卡塔兰数 $C_0+C_1z+C_2z^2+\cdots$ 的生成函数，对一个 n 边形作三角剖分的方法数是 $C_{n-2}=\binom{2n-4}{n-2}/(n-1)$．

美国有两分的硬币，但是自 1873 年以来就再没铸造过．

7.23 设 a_n 是所说的数，而 b_n 则是在其顶端去掉一个 $2\times1\times1$ 凹槽的方法数．考虑最上面可见的可能的模式，我们有

$$a_n=2a_{n-1}+4b_{n-1}+a_{n-2}+[n=0]\,,$$
$$b_n=a_{n-1}+b_{n-1}\,.$$

从而其生成函数满足 $A=2zA+4zB+z^2A+1$，$B=zA+zB$，且我们就有

$$A(z)=\frac{1-z}{(1+z)(1-4z+z^2)}\,.$$

这个公式与 $3\times n$ 多米诺骨牌铺设问题有关．我们有 $a_n=\frac{1}{3}\big(U_{2n}+V_{2n+1}+(-1)^n\big)=\frac{1}{6}(2+\sqrt{3})^{n+1}+\frac{1}{6}(2-\sqrt{3})^{n+1}+\frac{1}{3}(-1)^n$，它是 $(2+\sqrt{3})^{n+1}/6$ 舍入到离它最近的整数值．

"令人好奇的是 a_{2n} 等于 U_{2n}^2，后者是用多米诺骨牌铺设一个 $3\times 2n$ 矩形的方法数，且 $a_{2n+1}=2V_{2n+1}^2$．"
——I. Kaplansky

567

7.24 $n\sum_{k_1+\cdots+k_m=n}k_1\times\cdots\times k_m / m = F_{2n+1}+F_{2n-1}-2$. （考 虑 系 数 $[z^{n-1}]\dfrac{\mathrm{d}}{\mathrm{d}z}\ln\big(1/\big(1-G(z)\big)\big)$ ，其 中 $G(z)=z/(1-z)^2$. ）

7.25 生成函数是 $P(z)/(1-z^m)$ ，其中 $P(z)=z+2z^2+\cdots+(m-1)z^{m-1}=\big((m-1)z^{m+1}-mz^m+z\big)/(1-z)^2$. 其分母是 $Q(z)=1-z^m=(1-\omega^0 z)(1-\omega^1 z)\cdots(1-\omega^{m-1}z)$. 根据不同根的有理展开定理，我们得到
$$n\bmod m = \frac{m-1}{2}+\sum_{k=1}^{m-1}\frac{\omega^{-kn}}{\omega^k-1} .$$

7.26 与在方程（7.61）中一样，$(1-z-z^2)\mathfrak{F}(z)=F(z)$ 引出 $\mathfrak{F}_n=\big(2(n+1)F_n+nF_{n+1}\big)/5$.

7.27 每个定向的回路模式都是从 ⬍ 或者 ⬌ 或者以两种方式之一定向的 $2\times k$ 回路（$k\geqslant 2$）开始的. 从而对 $n\geqslant 2$ 有
$$Q_n=Q_{n-1}+Q_{n-2}+2Q_{n-2}+2Q_{n-3}+\cdots+2Q_0 ;$$
$Q_0=Q_1=1$. 于是生成函数是
$$\begin{aligned}Q(z)&=zQ(z)+z^2Q(z)+2z^2Q(z)/(1-z)+1\\&=1/\big(1-z-z^2-2z^2/(1-z)\big)\\&=\frac{(1-z)}{(1-2z-2z^2+z^3)}\\&=\frac{\phi^2/5}{1-\phi^2 z}+\frac{\phi^{-2}/5}{1-\phi^{-2}z}+\frac{2/5}{1+z} ,\end{aligned}$$
且 $Q_n=\big(\phi^{2n+2}+\phi^{-2n-2}+2(-1)^n\big)/5=\big(\big(\phi^{n+1}-\hat\phi^{n+1}\big)/\sqrt5\big)^2=F_{n+1}^2$.

7.28 一般来说，如果 $A(z)=(1+z+\cdots+z^{m-1})B(z)$ ，则对 $0\leqslant r<m$ 我们有 $A_r+A_{r+m}+A_{r+2m}+\cdots=B(1)$. 在此情形，$m=10$ 且 $B(z)=(1+z+\cdots+z^9)(1+z^2+z^4+z^6+z^8)(1+z^5)$.

7.29 $F(z)+F(z)^2+F(z)^3+\cdots=z/(1-z-z^2-z)=\big(1/\big(1-(1+\sqrt2)z\big)-1/\big(1-(1-\sqrt2)z\big)\big)/\sqrt8$ ，所以答案是 $\big((1+\sqrt2)^n-(1-\sqrt2)^n\big)/\sqrt8$.

7.30 根据习题5.39，$\sum_{k=1}^n\binom{2n-1-k}{n-1}\big(a^n b^{n-k}/(1-\alpha z)^k+a^{n-k}b^n/(1-\beta z)^k\big)$.

7.31 其狄利克雷生成函数是 $\zeta(z)^2/\zeta(z-1)$ ，从而我们发现 $g(n)$ 是 $(k+1-kp)$ 对恰好整除 n 的所有素数幂 p^k 的乘积.

7.32 我们可以假设每一个 $b_k\geqslant 0$. 一组等差级数构成一个精确覆盖，当且仅当
$$\frac{1}{1-z}=\frac{z^{b_1}}{1-z^{a_1}}+\cdots+\frac{z^{b_m}}{1-z^{a_m}} .$$
从两边减去 $z^{b_m}/(1-z^{a_m})$ 并取 $z=\mathrm{e}^{2\pi\mathrm{i}/a_m}$. 左边是无限的，右边则是有限的，除非 $a_{m-1}=a_m$.

7.33 $(-1)^{n-m+1}[n>m]/(n-m)$.

7.34 我们还可以记 $G_n(z)=\sum_{k_1+(m+1)k_{m+1}=n}\binom{k_1+k_{m+1}}{k_{m+1}}(z^m)^{k_{m+1}}$. 一般来说，如果
$$G_n=\sum_{k_1+2k_2+\cdots+rk_r=n}\binom{k_1+k_2+\cdots+k_r}{k_1,k_2,\cdots,k_r}z_1^{k_1}z_2^{k_2}\cdots z_r^{k_r} ,$$

568

我们有 $G_n = z_1 G_{n-1} + z_2 G_{n-2} + \cdots + z_r G_{n-r} + [n=0]$ ，且其生成函数是 $1/(1 - z_1 w - z_2 w^2 - \cdots - z_r w^r)$. 在所述的特殊情形，答案是 $1/(1 - w - z^m w^{m+1})$. （ $m=1$ 的情形见（5.74）. ）

7.35 (a) $\dfrac{1}{n} \sum_{0<k<n} (1/k + 1/(n-k)) = \dfrac{2}{n} H_{n-1}$. (b) 根据（7.50）和（6.58）有 $[z^n]\left(\ln\dfrac{1}{1-z}\right)^2 = \dfrac{2!}{n!}\begin{bmatrix}n\\2\end{bmatrix} = \dfrac{2}{n}H_{n-1}$. 另

一种处理(b)的方法是，对 $F(z) = \left(\ln\dfrac{1}{1-z}\right)^2$ 利用规则 $[z^n]F(z) = \dfrac{1}{n}[z^{n-1}]F'(z)$.

569 **7.36** $\dfrac{1-z^m}{1-z} A(z^m)$.

7.37 (a)在表

n	0	1	2	3	4	5	6	7	8	9	10
a_n	1	1	2	2	4	4	6	6	10	10	14
b_n	1	2	4	6	10	14	20	26	36	46	60

中有惊人的恒等式 $a_{2n} = a_{2n+1} = b_n$ 成立.

(b) $A(z) = 1/\big((1-z)(1-z^2)(1-z^4)(1-z^8)\cdots\big)$. (c) $B(z) = A(z)/(1-z)$ ，而我们想要证明 $A(z) = (1+z)B(z^2)$. 这可以由 $A(z) = A(z^2)/(1-z)$ 推出.

7.38 $(1-wz)M(w,z) = \sum_{m,n\geqslant 1}\big(\min(m,n) - \min(m-1,n-1)\big)w^m z^n = \sum_{m,n\geqslant 1} w^m z^n = wz/(1-w)(1-z)$. 一般来说， $M(z_1,\cdots,z_m) = \dfrac{z_1\cdots z_m}{(1-z_1)\cdots(1-z_m)(1-z_1\cdots z_m)}$.

7.39 提示的答案分别是

$$\sum_{1\leqslant k_1 < k_2 < \cdots < k_m \leqslant n} a_{k_1} a_{k_2} \ldots a_{k_m} \quad \text{和} \quad \sum_{1\leqslant k_1 \leqslant k_2 \leqslant \cdots \leqslant k_m \leqslant n} a_{k_1} a_{k_2} \ldots a_{k_m} .$$

于是： (a)我们要求乘积 $(1+z)(1+2z)\cdots(1+nz)$ 中 z^m 的系数. 这是 $(z+1)^n$ 的反射，所以它等于 $\begin{bmatrix}n+1\\n+1\end{bmatrix} + \begin{bmatrix}n+1\\n\end{bmatrix}z + \cdots + \begin{bmatrix}n+1\\1\end{bmatrix}z^n$ ，而答案就是 $\begin{bmatrix}n+1\\n+1-m\end{bmatrix}$. (b)根据（7.47）, $1/\big((1-z)(1-2z)\cdots(1-nz)\big)$ 中 z^m 的系数是 $\begin{Bmatrix}m+n\\n\end{Bmatrix}$.

7.40 $\langle nF_{n-1} - F_n\rangle$ 的指数生成函数是 $(z-1)\hat{F}(z)$ ，其中 $\hat{F}(z) = \sum_{n\geqslant 0} F_n z^n/n! = (e^{\phi z} - e^{\hat\phi z})/\sqrt 5$. $\langle n_{\underline{1}}\rangle$ 的指数生成函数是 $e^{-z}/(1-z)$. 这个乘积是

$$5^{-1/2}(e^{(\hat\phi - 1)z} - e^{(\phi-1)z}) = 5^{-1/2}(e^{-\phi z} - e^{-\hat\phi z}) .$$

我们有 $\hat{F}(z)e^{-z} = -\hat{F}(-z)$. 所以答案是 $(-1)^n F_n$.

7.41 最大元素 n 在位置 $2k$ 的上-下排列的个数是 $\binom{n-1}{2k-1}A_{2k-1}A_{n-2k}$. 类似地，最小元素 1 在位置 $2k+1$ 的上-下排列的个数是 $\binom{n-1}{2k}A_{2k}A_{n-2k-1}$ ，因为下-上排列和上-下排列在数值上是相等的. 对所有的可能性求和，就得到

$$2A_n = \sum_k \binom{n-1}{k} A_k A_{n-1-k} + 2[n=0] + [n=1].$$

这样一来, 指数生成函数 $\hat{A}$ 就满足 $2\hat{A}'(z) = \hat{A}(z)^2 + 1$ 以及 $\hat{A}(0) = 1$, 解这个微分方程就得到指数生成函数. (于是, A_n 就是习题 6.74 中的欧拉数 E_n, 也即当 n 为偶数时是正割数, 而当 n 为奇数时是正切数.)

570

7.42 设 a_n 是不以 c 或者 e 结尾的火星 DNA 序列的个数, b_n 是以 c 或者 e 结尾的火星 DNA 序列的个数, 那么

$$a_n = 3a_{n-1} + 2b_{n-1} + [n=0], \quad b_n = 2a_{n-1} + b_{n-1};$$
$$A(z) = 3zA(z) + 2zB(z) + 1, \quad B(z) = 2zA(z) + zB(z);$$
$$A(z) = \frac{1-z}{1-4z-z^2}, \quad B(z) = \frac{2z}{1-4z-z^2};$$

而总的个数是 $[z^n](1+z)/(1-4z-z^2) = F_{3n+2}$.

7.43 由 (5.45) 有 $g_n = \Delta^n \hat{G}(0)$. 一个乘积的 n 次差分可以写成

$$\Delta^n A(z)B(z) = \sum_k \binom{n}{k} \left(\Delta^k E^{n-k} A(z)\right)\left(\Delta^{n-k} B(z)\right),$$

而 $E^{n-k} = (1+\Delta)^{n-k} = \sum_j \binom{n-k}{j} \Delta^j$. 于是我们求得

$$h_n = \sum_{j,k} \binom{n}{k}\binom{n-k}{j} f_{j+k} g_{n-k}.$$

这是对所有的三项系数求和的和式, 它可以表示成更加对称的形式

$$h_n = \sum_{j+k+l=n} \binom{n}{j,k,l} f_{j+k} g_{k+l}.$$

空集不含点.

7.44 分成 k 个非空子集的每一种划分都可以按照 $k!$ 种方式排序, 所以 $b_k = k!$. 这样就有 $\hat{Q}(z) = \sum_{n,k \geq 0} \begin{Bmatrix} n \\ k \end{Bmatrix} k! z^n / n! = \sum_{k \geq 0} (e^z - 1)^k = 1/(2 - e^z)$. 这就是几何级数 $\sum_{k \geq 0} e^{kz}/2^{k+1}$, 从而 $a_k = 1/2^{k+1}$. 最后 $c_k = 2^k$, 当诸 x 各不相同时考虑所有的排列, 将下标之间的每一个 ">" 改变为 "<", 并允许下标之间的每一个 "<" 或者变成 "<", 或者变成 "=". (例如, 排列 $x_1 x_3 x_2$ 产生出 $x_1 < x_3 < x_2$ 以及 $x_1 = x_3 < x_2$, 因为 $1 < 3 > 2$.)

7.45 这个和式是 $\sum_{n \geq 1} r(n)/n^2$, 其中 $r(n)$ 是将 n 表示成两个互素因子的乘积的方法数. 如果 n 可以被 t 个不同的素数整除, 则有 $r(n) = 2^t$. 从而 $r(n)/n^2$ 是积性的, 且这个和式就是

$$\prod_p \left(1 + \frac{2}{p^2} + \frac{2}{p^4} + \cdots\right) = \prod_p \left(1 + \frac{2}{p^2-1}\right)$$
$$= \prod_p \left(\frac{p^2+1}{p^2-1}\right) = \zeta(2)^2 / \zeta(4) = \frac{5}{2}.$$

571

7.46 设 $S_n = \sum_{0 \leq k \leq n/2} \binom{n-2k}{k} \alpha^k$. 这样就有 $S_n = S_{n-1} + \alpha S_{n-3} + [n=0]$, 且其生成函数为 $1/(1-z-\alpha z^3)$.

当 $\alpha = -\frac{4}{27}$ 时, 提示告诉我们, 它有一个很好的因子分解式 $1/\left(1 + \frac{1}{3}z\right)\left(1 - \frac{2}{3}z\right)^2$. 现在, 由一般

的展开定理可知，$S_n = \left(\dfrac{2}{3}n + c\right)\left(\dfrac{2}{3}\right)^n + \dfrac{1}{9}\left(-\dfrac{1}{3}\right)^n$，而剩下的常数 c 已被证实是 $\dfrac{8}{9}$.

7.47 $\sqrt{3}$ 的Stern-Brocot表示是 $R(LR^2)^\infty$，因为

$$\sqrt{3} + 1 = 2 + \cfrac{1}{1 + \cfrac{1}{\sqrt{3} + 1}} \;.$$

这些分数是 $\dfrac{1}{1}, \dfrac{2}{1}, \dfrac{3}{2}, \dfrac{5}{3}, \dfrac{7}{4}, \dfrac{12}{7}, \dfrac{19}{11}, \dfrac{26}{15}, \cdots$，它们最终有循环的模式

$$\frac{V_{2n-1} + V_{2n+1}}{U_{2n}}, \; \frac{U_{2n} + V_{2n+1}}{V_{2n+1}}, \; \frac{U_{2n+2} + V_{2n-1}}{U_{2n} + V_{2n+1}}, \; \frac{V_{2n+1} + V_{2n+3}}{U_{2n+2}}, \cdots.$$

7.48 我们有 $g_0 = 0$，又如果 $g_1 = m$，则生成函数满足

$$aG(z) + bz^{-1}G(z) + cz^{-2}\big(G(z) - mz\big) + \frac{d}{1-z} = 0 \;.$$

从而对某个多项式 $P(z)$ 有 $G(z) = P(z)/(az^2 + bz + c)(1-z)$. 设 ρ_1 和 ρ_2 是 $cz^2 + bz + a$ 的根，其中 $|\rho_1| \geqslant |\rho_2|$. 如果 $b^2 - 4ac \leqslant 0$，那么 $|\rho_1|^2 = \rho_1\rho_2 = a/c$ 是有理数，这与 $\sqrt[n]{g_n}$ 趋于 $1 + \sqrt{2}$ 相矛盾. 从而 $\rho_1 = (-b + \sqrt{b^2 - 4ca})/2c = 1 + \sqrt{2}$，而这就意味着 $a = -c$，$b = -2c$，$\rho_2 = 1 - \sqrt{2}$. 现在生成函数就取形式

$$\begin{aligned} G(z) &= \frac{z\big(m - (r+m)z\big)}{(1 - 2z - z^2)(1 - z)} \\ &= \frac{-r + (2m+r)z}{2(1 - 2z - z^2)} + \frac{r}{2(1-z)} = mz + (2m - r)z^2 + \cdots, \end{aligned}$$

其中 $r = d/c$. 由于 g_2 是整数，所以 r 是整数. 我们还有

$$g_n = \alpha(1+\sqrt{2})^n + \widehat{\alpha}(1 - \sqrt{2})^n + \frac{1}{2}r = \left\lfloor \alpha(1+\sqrt{2})^n \right\rfloor,$$

且此式只对 $r = -1$ 成立，因为当 $(1 - \sqrt{2})^n$ 趋于零时符号是交替的. 因此 $(a,b,c,d) = \pm(1, 2, -1, 1)$. 现在我们求得 $\alpha = \dfrac{1}{4}(1 + \sqrt{2}m)$，它仅当 $0 \leqslant m \leqslant 2$ 时介于0和1之间. 实际上，这些值中的每一个都给出一个解，数列 $\langle g_n \rangle$ 是 $\langle 0, 0, 1, 3, 8, \cdots \rangle$、$\langle 0, 1, 3, 8, 20, \cdots \rangle$ 以及 $\langle 0, 2, 5, 13, 32, \cdots \rangle$.

572

7.49 (a) $\Big(1/\big(1 - (1+\sqrt{2})z\big) + 1/\big(1 - (1-\sqrt{2})z\big)\Big)$ 的分母是 $1 - 2z - z^2$，从而对 $n \geqslant 2$ 有 $a_n = 2a_{n-1} + a_{n-2}$. (b) 为真，因为 a_n 是偶数且 $-1 < 1 - \sqrt{2} < 0$. (c)设

$$b_n = \left(\frac{p + \sqrt{q}}{2}\right)^n + \left(\frac{p - \sqrt{q}}{2}\right)^n.$$

我们希望对所有 $n > 0$，b_n 都是奇数，且希望有 $-1 < (p - \sqrt{q})/2 < 0$. 与在(a)中一样处理，我们求得 $b_0 = 2$，$b_1 = p$，且对 $n \geqslant 2$ 有 $b_n = pb_{n-1} + \dfrac{1}{4}(q - p^2)b_{n-2}$. 一个满意的解有 $p = 3$ 以及 $q = 17$.

7.50 将习题7.22中乘法的思想加以推广，我们有

$$Q = \underline{\quad} + Q\triangle Q + Q\square Q + Q\pentagon Q + \cdots.$$

用 z^{n-2} 代替每一个 n 边形. 这个代换符合乘法的规则，因为这种粘贴运算将一个 m 边形和一个 n 边形作成一个 $(m+n-2)$ 边形，从而其生成函数是

$$Q = 1 + zQ^2 + z^2Q^3 + z^3Q^4 + \cdots = 1 + \frac{zQ^2}{1-zQ},$$

给我勒让德多项式，我就能给你一个封闭形式.

而二次公式给出 $Q = (1 + z - \sqrt{1 - 6z + z^2})/4z$. 这个幂级数中 z^{n-2} 的系数就是将非重叠的对角线作成一个凸 n 边形的方法数. 这些系数显然不能用本书里讨论过的其他量表示成封闭形式，但是它们的渐近性状是已知的[207, 第2.2.1-12题].

附带指出，如果 Q 中的每一个 n 边形都用 wz^{n-2} 来代替，我们就得到公式

$$Q = \frac{1 + z - \sqrt{1 - (4w+2)z + z^2}}{2(1+w)z},$$

这个公式中 $w^m z^{n-2}$ 的系数是，用不相交的对角线将一个 n 边形分成 m 个多边形的方法数.

7.51 关键的第一步是，注意方法数的平方等于某种回路图案的个数，它推广了习题7.27. 这些可以通过计算一个矩阵的行列式来实现，这个矩阵的特征根不难确定. 当 $m=3$ 以及 $n=4$ 时，知道 $\cos 36° = \phi/2$ 会有帮助（习题6.46）.

7.52 前几种情形是 $p_0(y) = 1$，$p_1(y) = y$，$p_2(y) = y^2 + y$，$p_3(y) = y^3 + 3y^2 + 3y$. 设 $p_n(y) = q_{2n}(x)$，其中 $y = x(1-x)$，我们寻求一个生成函数，它以一种方便的方式定义了 $q_{2n+1}(x)$. 一个这样的函数是 $\sum_n q_n(x) z^n / n! = 2e^{ixz}/(e^{iz}+1)$，由它得出 $q_n(x) = i^n E_n(x)$，其中 $E_n(x)$ 称为欧拉多项式. 我们有 $\sum (-1)^x x^n \delta x = \frac{1}{2}(-1)^{x+1} E_n(x)$，所以欧拉多项式与伯努利多项式类似，且它们有与（6.98）中

573

类似的因子. 根据习题6.23，我们有 $nE_{n-1}(x) = \sum_{k=0}^{n} \binom{n}{k} B_k x^{n-k}(2 - 2^{k+1})$；根据习题6.54，这个多项式有整系数. 从而 $q_{2n}(x)$（它的系数以2的幂作为分母）必定有整系数. 从而 $p_n(y)$ 有整系数. 最后，关系式 $(4y-1)p_n''(y) + 2p_n'(y) = 2n(2n-1)p_{n-1}(y)$ 指出

$$2m(2m-1)\begin{vmatrix}n\\m\end{vmatrix} = m(m+1)\begin{vmatrix}n\\m+1\end{vmatrix} + 2n(2n-1)\begin{vmatrix}n-1\\m-1\end{vmatrix},$$

且由此得出诸个 $\begin{vmatrix}n\\m\end{vmatrix}$ 均为正数.（类似的证明表明：当表示成关于 y 的一个 n 次多项式时，涉及的量 $(-1)^n(2n+2)E_{2n+1}(x)/(2x-1)$ 的系数是正整数.）可以证明：$\begin{vmatrix}n\\1\end{vmatrix}$ 是 Genocchi 数 $(-1)^{n-1}(2^{2n+1}-2)B_{2n}$（见习题6.24），且有 $\begin{vmatrix}n\\n-1\end{vmatrix} = \binom{n}{2}$，$\begin{vmatrix}n\\n-2\end{vmatrix} = 2\binom{n+1}{4} + 3\binom{n}{4}$，等等.

7.53 它就是 $P_{(1+V_{4n+1}+V_{4n+3})/6}$. 例如，这样就有 $T_{20} = P_{12} = 210$，$T_{285} = P_{165} = 40\,755$.

7.54 设 E_k 是在幂级数上所做的一种运算，它把除满足 $n \bmod m = k$ 的 n 对应的 z^n 项之外的所有系数都变为零. 所述构造等价于将运算

$$E_0 S E_0 S(E_0 + E_1) S \cdots S(E_0 + E_1 + \cdots + E_{m-1})$$

作用于 $1/(1-z)$，其中 S 表示"用 $1/(1-z)$ 相乘". 有 $m!$ 个项

$$E_0 S E_{k_1} S E_{k_2} S \cdots S E_{k_m},$$

其中 $0 \leq k_j < j$，又如果 r 是满足 $k_j < k_{j+1}$ 的位数，则每个这样的项的值都等于 $z^{rm}/(1-z^m)^{m+1}$. 恰好 $\left\langle {m \atop r} \right\rangle$ 项有给定的 r 的值，所以根据 (6.37) 可知，z^{mn} 的系数是 $\sum_{r=0}^{m-1} \left\langle {m \atop r} \right\rangle \binom{n+m-r}{m} = (n+1)^m$. （运算 E_k 可以用复的单位根来表示，不过这在这个问题中似乎没什么帮助. ）

7.55 假设 $P_0(z)F(z) + \cdots + P_m(z)F^{(m)}(z) = Q_0(z)G(z) + \cdots + Q_n(z)G^{(n)}(z) = 0$，其中 $P_m(z)$ 和 $Q_n(z)$ 是非零的. (a) 设 $H(z) = F(z) + G(z)$，那么对 $0 \leq l < m+n$ 存在有理函数 $R_{k,l}(z)$，使得 $H^{(k)}(z) = R_{k,0}(z)F^{(0)}(z) + \cdots + R_{k,m-1}(z)F^{(m-1)}(z) + R_{k,m}(z)G^{(0)}(z) + \cdots + R_{k,m+n-1}(z)G^{(n-1)}(z)$. $m+n$

574 $+1$ 个向量 $(R_{k,0}(z), \cdots, R_{k,m+n-1}(z))$ 在分量为有理函数的 $(m+n)$ 维向量空间中是线性相关的，因此存在不全为零的有理函数 $S_l(z)$，使得 $S_0(z)H^{(0)}(z) + \cdots + S_{m+n}(z)H^{(m+n)}(z) = 0$. (b) 类似地，设 $H(z) = F(z)G(z)$，对 $0 \leq l < mn$ 存在有理函数 $R_{k,l}(z)$，满足 $H^{(k)}(z) = \sum_{i=0}^{m-1} \sum_{j=0}^{n-1} R_{k,ni+j}(z) F^{(i)}(z)G^{(j)}(z)$，从而对于某些不全为零的有理函数 $S_l(z)$ 有 $S_0(z)H^{(0)}(z) + \cdots + S_{mn}(z)H^{(mn)}(z) = 0$. （类似的证明指出：如果 $\langle f_n \rangle$ 和 $\langle g_n \rangle$ 是多项式形式递推的，那么 $\langle f_n + g_n \rangle$ 和 $\langle f_n g_n \rangle$ 亦然. 附带指出，对于商没有类似的结果，例如 $\cos z$ 是可微有限的，但 $1/\cos z$ 不是. ）

7.56 欧拉[113]指出，这个数也就是 $[z^n] 1/\sqrt{1 - 2z - 3z^2}$，他还给出了公式 $t_n = \sum_{k \geq 0} n^{\underline{2k}}/k!^2 = \sum_k \binom{n}{k}\binom{n-k}{k}$. 在检查这些数的时候，他还发现了一个"值得记住的归纳法失效"：尽管 $3t_n - t_{n+1}$ 对 $0 \leq n \leq 8$ 等于 $F_{n-1}(F_{n-1} + 1)$，但是当 n 为 9 或者更大时，这个经验性的规律却神秘地消失了！George Andrews[12]指出和式 $\sum_k [z^{n+10k}] (1 + z + z^2)^n$ 可以用斐波那契数表示成封闭形式，由此解释了其中的奥秘所在.

H.S.Wilf 注意到 $[z^n](a + bz + cz^2)^n = [z^n] 1/f(z)$，其中 $f(z) = \sqrt{1 - 2bz + (b^2 - 4ac)z^2}$（见参考文献 [373]，第 159 页），由此推出其系数满足

$$(n+1)A_{n+1} - (2n+1)bA_n + n(b^2 - 4ac)A_{n-1} = 0.$$

Petkovšek[291]的算法可以证明：这个递归式有一个用超几何项的有限和式表示的封闭形式的解，当且仅当 $abc(b^2 - 4ac) = 0$. 于是特别地，中间的三项系数没有这样的封闭形式. 下一步可能就要将这个结果拓广到更大的一类封闭形式（例如，包括调和数和斯特林数）.

给我勒让德多项式，
我就能给你一个封
闭形式.

7.57 （Paul Erdős 一再地为解出这个问题的人提供 500 美元奖金. ）

8.1 $\frac{1}{24} + \frac{1}{48} + \frac{1}{48} + \frac{1}{48} + \frac{1}{48} + \frac{1}{24} = \frac{1}{6}$. （事实上，当其中至少有一个骰子为均匀时，我们总是以概率 $\frac{1}{6}$ 得到对子. ）和为 7 的任何两个面在分布律 Pr_1 中都有同样的概率，所以作为对子，$S = 7$ 有同样的概率.

8.2 有 12 种方法来指定最上面和最下面的牌，且有 50! 种方式放置其他的牌，所以概率是
$$12\times50!/\,52!=12\,/\,(51\times52)=\frac{1}{17\times13}=\frac{1}{221}.$$

8.3 $\frac{1}{10}(3+2+\cdots+9+2)=4.8$；$\frac{1}{9}\big(3^2+2^2+\cdots+9^2+2^2-10(4.8)^2\big)=\frac{388}{45}$，它近似等于8.6。一枚均匀硬币的均值和方差是6和22，所以斯坦福大学有一个极其足智多谋的班级。对应的普林斯顿大学的数值是6.4和 $\frac{562}{45}\approx12.5$。（这个分布律有 $\kappa_4=2974$，它相当大。因此，当 $n=10$ 时，这个方差估计值的标准差也比较大，根据习题8.54，它等于 $\sqrt{2974/10+2(22)^2/9}\approx20.1$。我们不能抱怨学生有欺骗行为。）

575

8.4 可以由（8.38）和（8.39）推出，因为 $F(z)=G(z)H(z)$。（对所有的累积量，有类似的公式成立，即使 $F(z)$ 和 $G(z)$ 可能会有负的系数。）

8.5 用 p 代替 H，用 $q=1-p$ 代替 T。如果 $S_A=S_B=\frac{1}{2}$，我们就有 $p^2qN=\frac{1}{2}$，$pq^2N=\frac{1}{2}q+\frac{1}{2}$，解是 $p=1/\phi^2$，$q=1/\phi$。

8.6 在此情形，对所有的 y，$X|y$ 都与 X 有同样的分布，从而 $E(X|Y)=EX$ 是常数且 $V\big(E(X|Y)\big)=0$。$V(X|Y)$ 也是常数且等于它的期望值。

8.7 根据第2章的切比雪夫单调不等式，我们有 $1=(p_1+p_2+\cdots+p_6)^2\leqslant6(p_1^2+p_2^2+\cdots+p_6^2)$。

8.8 设 $p=\Pr(\omega\in A\cap B)$，$q=\Pr(\omega\notin A)$，$r=\Pr(\omega\notin B)$。那么 $p+q+r=1$，且要证明的恒等式就是 $p=(p+r)(p+q)-qr$。

8.9 此结论为真（服从显然的限制条件：F 和 G 分别在范围 X 和 Y 上有定义），因为
$$\begin{aligned}\Pr\big(F(X)=f\text{且}G(Y)=g\big)&=\sum_{\substack{x\in F^{-1}(f)\\y\in G^{-1}(g)}}\Pr(X=x\text{且}Y=y)\\&=\sum_{\substack{x\in F^{-1}(f)\\y\in G^{-1}(g)}}\Pr(X=x)\cdot\Pr(Y=y)\\&=\Pr\big(F(X)=f\big)\cdot\Pr\big(G(Y)=g\big).\end{aligned}$$

8.10 最多可以有两个。设 $x_1<x_2$ 是中位数，那么 $1\leqslant\Pr(X\leqslant x_1)+\Pr(X\geqslant x_2)\leqslant1$，从而等式成立。（某些离散的分布没有中位数。例如，设 Ω 是所有概率为 $\Pr(+1/n)=\Pr(-1/n)=\frac{\pi^2}{12}n^{-2}$ 的形如 $\pm1/n$ 的分数组成的集合。）

8.11 例如，设对所有整数 $k\geqslant0$，$K=k$ 有概率 $4/(k+1)(k+2)(k+3)$。那么 $EK=1$，但是 $E(K^2)=\infty$。（类似地，我们可以构造出这样的随机变量，直到 κ_m 的累积量都是有限的，但 $\kappa_{m+1}=\infty$。）

8.12 (a)设 $p_k=\Pr(X=k)$。如果 $0<x\leqslant1$，我们就有 $\Pr(X\leqslant r)=\sum_{k\leqslant r}p_k\leqslant\sum_{k\leqslant r}x^{k-r}p_k\leqslant\sum_k x^{k-r}p_k=x^{-r}P(x)$。另一个不等式有类似的证明。(b)设 $x=\alpha/(1-\alpha)$ 使右边极小化。（习题9.42对给定的和式给出了更为精确的估计。）

8.13 （解由Boris Pittel给出）我们令 $Y=(X_1+\cdots+X_n)/n$，$Z=(X_{n+1}+\cdots+X_{2n})/n$。那么

576

$$\Pr\left(\left|\frac{Y+Z}{2}-\alpha\right|\leqslant|Y-\alpha|\right)$$

$$\geqslant\Pr\left(\left|\frac{Y-\alpha}{2}\right|+\left|\frac{Z-\alpha}{2}\right|\leqslant|Y-\alpha|\right)$$

$$=\Pr(|Z-\alpha|\leqslant|Y-\alpha|)\geqslant\frac{1}{2}.$$

事实上，最后的不等式在任何离散概率分布的情形下都是" > "，因为 $\Pr(Y=Z)>0$.

8.14 $\text{Mean}(H)=p\text{Mean}(F)+q\text{Mean}(G);\text{Var}(H)=p\text{Var}(F)+q\text{Var}(G)+pq\big(\text{Mean}(F)-\text{Mean}(G)\big)^2$.（混合实际上是条件概率的一种特殊情形：设 Y 是硬币，$X|H$ 是由 $F(z)$ 生成的，而 $X|T$ 则是由 $G(z)$ 生成的. 那么 $\text{V}X=\text{EV}(X|Y)+\text{VE}(X|Y)$，其中 $\text{EV}(X|Y)=p\text{V}(X|H)+q\text{V}(X|T)$，且 $\text{VE}(X|Y)$ 是 $pz^{\text{Mean}(F)}+qz^{\text{Mean}(G)}$ 的方差. ）

8.15 根据链式法则，有 $H'(z)=G'(z)F'\big(G(z)\big)$，$H''(z)=G''(z)F'\big(G(z)\big)+G'(z)^2F''\big(G(z)\big)$，从而

$$\text{Mean}(H)=\text{Mean}(F)\text{Mean}(G),$$

$$\text{Var}(H)\quad=\text{Var}(F)\text{Mean}(G)^2+\text{Mean}(F)\text{Var}(G).$$

（与概率分布 H 对应的随机变量可以理解为：由分布 F 确定一个非负整数 n，然后将 n 个具有分布 G 的独立随机变量的值相加. 这个习题中关于方差的恒等式是（8.106）在 X 有分布 H 而 Y 有分布 F 时的一个特例. ）

8.16 $\mathrm{e}^{w(z-1)}/(1-w)$.

8.17 $\Pr(Y_{n,p}\leqslant m)=\Pr(Y_{n,p}+n\leqslant m+n)=$ 我们需要将硬币抛掷 $\leqslant m+n$ 次得到 n 个正面的概率 = 将硬币抛 $m+n$ 次得到 $\geqslant n$ 个正面的概率 $=\Pr(X_{m+n,p}\geqslant n)$，从而

$$\sum_{k\leqslant m}\binom{n+k-1}{k}p^nq^k=\sum_{k\geqslant n}\binom{m+n}{k}p^kq^{m+n-k}$$

$$=\sum_{k\leqslant m}\binom{m+n}{k}p^{m+n-k}q^k;$$

这就是（5.19）当 $n=r$，$x=q$，$y=p$ 时的情形.

8.18 (a) $G_X(z)=\mathrm{e}^{\mu(z-1)}$. (b) 对所有 $m\geqslant 1$，第 m 个累积量是 μ.（$\mu=1$ 的情形在（8.55）中称为 F_∞. ）

8.19 (a) $G_{X_1+X_2}(z)=G_{X_1}(z)G_{X_2}(z)=\mathrm{e}^{(\mu_1+\mu_2)(z-1)}$. 因此，这个概率是 $\mathrm{e}^{-\mu_1-\mu_2}(\mu_1+\mu_2)^n/n!$，独立泊松变量之和是泊松变量. (b) 一般来说，如果 K_mX 表示一个随机变量 X 的第 m 个累积量，那么当 $a,b\geqslant 0$

577

时就有 $K_m(aX_1+bX_2)=a^m(K_mX_1)+b^m(K_mX_2)$，从而答案是 $2^m\mu_1+3^m\mu_2$.

8.20 一般的概率生成函数将是 $G(z)=z^m/F(z)$，其中

$$F(z)=z^m+(1-z)\sum_{k=1}^m\tilde{A}_{(k)}\big[A^{(k)}=A_{(k)}\big]z^{m-k},$$

$$F'(1)=m-\sum_{k=1}^m\tilde{A}_{(k)}\big[A^{(k)}=A_{(k)}\big],$$

$$F''(1)=m(m-1)-2\sum_{k=1}^m(m-k)\tilde{A}_{(k)}\big[A^{(k)}=A_{(k)}\big].$$

8.21 这就是 $\sum_{n\geqslant 0}q_n$，其中 q_n 是在经过 n 次投掷之后，Alice 和 Bill 之间的游戏仍未完结的概率. 设 p_n 是这个游戏在第 n 次投掷时终止的概率，这样就有 $p_n+q_n=q_{n-1}$. 因此玩此游戏的平均时间是

$\sum_{n\geqslant 1}np_n=(q_0-q_1)+2(q_1-q_2)+3(q_2-q_3)+\cdots=q_0+q_1+q_2+\cdots=N$ ，因为 $\lim_{n\to\infty}nq_n=0$.

确定这个答案的另一种方法是，用 $\frac{1}{2}z$ 代替H和T. 这样，由（8.78）中第一个方程的导数可知，

$N(1)+N'(1)=N'(1)+S'_A(1)+S'_B(1)$.

顺便指出，$N=\frac{16}{3}$.

8.22 根据定义，有 $\mathrm{V}(X|Y)=\mathrm{E}(X^2|Y)-\big(\mathrm{E}(X|Y)\big)^2$ ，$\mathrm{V}\big(\mathrm{E}(X|Y)\big)=\mathrm{E}\big((\mathrm{E}(X|Y))^2\big)-\big(\mathrm{E}\big(\mathrm{E}(X|Y)\big)\big)^2$ ，从而

$\mathrm{E}\big(\mathrm{V}(X|Y)\big)+\mathrm{V}\big(\mathrm{E}(X|Y)\big)=\mathrm{E}\big(\mathrm{E}(X^2|Y)\big)-\big(\mathrm{E}\big(\mathrm{E}(X|Y)\big)\big)^2$. 但 是 $\mathrm{E}\big(\mathrm{E}(X|Y)\big)=\sum_y\mathrm{Pr}(Y=y)$

$\mathrm{E}(X\mid y)=\sum_{x,y}\mathrm{Pr}(Y=y)\mathrm{Pr}((X\mid y)=x)x=EX$ 且 $\mathrm{E}\big(\mathrm{E}(X^2|Y)\big)=\mathrm{E}(X^2)$ ，所以结果正好是 VX .

8.23 设 $\Omega_0=\{\boxdot,\boxminus\}^2$ ，$\Omega_1=\{\boxdot,\boxdot,\boxdot,\boxdot\}^2$ ，Ω_2 是 Ω 中的其他16个元素. 那么根据 $\omega\in\Omega_0,\Omega_1,\Omega_2$ ，

就有 $\mathrm{Pr}_{11}(\omega)-\mathrm{Pr}_{00}(\omega)=\dfrac{+20}{576},\dfrac{-7}{576},\dfrac{+2}{576}$. 于是事件 A 必定是从 Ω_j 中选取 k_j 个元素，其中 (k_0,k_1,k_2)

是如下诸情形中的一个：$(0,0,0)$ ，$(0,2,7)$ ，$(0,4,14)$ ，$(1,4,4)$ ，$(1,6,11)$ ，$(2,6,1)$ ，$(2,8,8)$ ，

$(2,10,15)$ ，$(3,10,5)$ ，$(3,12,12)$ ，$(4,12,2)$ ，$(4,14,9)$ ，$(4,16,16)$. 例如，有 $\binom{4}{2}\binom{16}{6}\binom{16}{1}$ 个 $(2,6,1)$

类型的事件. 这类事件的总个数为 $[z^0](1+z^{20})^4(1+z^{-7})^{16}(1+z^2)^{16}$ ，结果等于1304872090. 如果我

们仅局限于与 S 有关的事件，就得到40个解 $S\in A$ ，其中 $A=\varnothing$ ，$\left\{\begin{smallmatrix}2&4&6\\12&10&8\end{smallmatrix}\right\}$ ，$\left\{\begin{smallmatrix}2\\12\end{smallmatrix}, 5, 9\right\}$ ，

$\left\{2, 12, \begin{smallmatrix}4&6\\10&8\end{smallmatrix}, 5, 9\right\}$ ，$\{2, 4, 6, 8, 10, 12\}$ ，$\left\{\begin{smallmatrix}3\\11\end{smallmatrix}, 7, \begin{smallmatrix}5\\9\end{smallmatrix}, 4, 10\right\}$ 以及这些集合的补

集. （这里的记号 " $\begin{smallmatrix}2\\12\end{smallmatrix}$ " 表示2或者12，但不同时取这两者. ）

8.24 (a) 任何一个以 J 所占有的骰子作为结束的概率是 $p=\dfrac{1}{6}+\left(\dfrac{5}{6}\right)^2 p$ ，从而 $p=\dfrac{6}{11}$. 设 $q=\dfrac{5}{11}$ ，那么

J 总共所占有骰子数的概率生成函数是 $(q+pz)^{2n+1}$ ，其均值为 $(2n+1)p$ ，而根据（8.61），其方

差为 $(2n+1)pq$. (b) $\binom{5}{3}p^3q^2+\binom{5}{4}p^4q+\binom{5}{5}p^5=\dfrac{94176}{161051}\sim 0.585$.

578

8.25 在抛掷骰子 n 次之后，当前赌本的概率生成函数是 $G_n(z)$ ，其中

$G_0(z)=z^A$ ；

$G_n(z)=\sum_{k=1}^6 G_{n-1}\big(z^{2(k-1)/5}\big)/6$ ，$n>0$.

（非整数的指数不会产生麻烦. ）由此推出 $\mathrm{Mean}(G_n)=\mathrm{Mean}(G_{n-1})$ ，且 $\mathrm{Var}(G_n)+\mathrm{Mean}(G_n)^2=$

$\dfrac{22}{15}\big(\mathrm{Var}(G_{n-1})+\mathrm{Mean}(G_{n-1})^2\big)$. 所以其均值总是 A ，而方差增加到 $\left(\left(\dfrac{22}{15}\right)^n-1\right)A^2$.

这个问题不用生成
函数比用生成函数
可能更容易解决.

8.26 其概率生成函数 $F_{l,n}(z)$ 满足 $F'_{l,n}(z)=F_{l,n-1}(z)/l$ ，因此 $\mathrm{Mean}(F_{l,n})=F'_{l,n}(1)=[n\geqslant l]/l$ ，

$F''_{l,n}(1)=[n\geqslant 2l]/l^2$ ，而方差容易计算. （事实上，我们有

$F_{l,n}(z)=\sum_{0\leqslant k\leqslant n/l}\dfrac{1}{k!}\left(\dfrac{z-1}{l}\right)^k$ ，

当 $n \to \infty$ 时，它趋于均值为 $1/l$ 的泊松分布.)

8.27　$(n^2 \Sigma_3 - 3n\Sigma_2\Sigma_1 + 2\Sigma_1^3)/n(n-1)(n-2)$ 有所要的均值，其中 $\Sigma_k = X_1^k + \cdots + X_n^k$. 这可以从下述诸恒等式推出：

$$\mathrm{E}\Sigma_3 = n\mu_3 ;$$
$$\mathrm{E}(\Sigma_2\Sigma_1) = n\mu_3 + n(n-1)\mu_2\mu_1 ;$$
$$\mathrm{E}(\Sigma_1^3) = n\mu_3 + 3n(n-1)\mu_2\mu_1 + n(n-1)(n-2)\mu_1^3 .$$

附带指出，第三个累积量是 $\kappa_3 = \mathrm{E}\big((X-\mathrm{E}X)^3\big)$，但是第四个累积量没有这么简单的表达式，有 $\kappa_4 = \mathrm{E}\big((X-\mathrm{E}X)^4\big) - 3(\mathrm{V}X)^2$.

8.28　（这一题隐含了要求 $p = q = \dfrac{1}{2}$，但是为了完整起见，这里给出了一般性的解答. ）用 pz 代替 H，用 qz 代替 T，得到 $S_A(z) = p^2 q z^3 / (1-pz)(1-qz)(1-pqz^2)$，$S_B(z) = pq^2 z^3 / (1-qz)\ (1-pqz^2)$. Alice在第 n 次投掷硬币时（在她赢得游戏的条件下），获胜的条件概率的概率生成函数是

$$\frac{S_A(z)}{S_A(1)} = z^3 \cdot \frac{q}{1-pz} \cdot \frac{p}{1-qz} \cdot \frac{1-pq}{1-pqz^2} .$$

这是伪概率生成函数[①]的乘积，其均值为 $3 + p/q + q/p + 2pq/(1-pq)$. Bill获胜的条件概率的概率生成函数的公式与此相同，不过要去掉因子 $q/(1-pz)$，所以其均值是 $3 + q/p + 2pq/(1-pq)$. 当 $p = q = \dfrac{1}{2}$ 时，情形(a)的答案是 $\dfrac{17}{3}$，情形(b)的答案是 $\dfrac{14}{3}$. Bill获胜的概率只有通常Alice获胜的概率的一半，但是当他的确获胜时，有可能获胜得更快一些. 投掷次数的总均值是 $\dfrac{2}{3} \times \dfrac{17}{3} + \dfrac{1}{3} \times \dfrac{14}{3} = \dfrac{16}{3}$，这与习题8.21吻合. 对每一种模式的单人抛掷硬币游戏都有等待时间8.

8.29　在

$$1 + N(\mathsf{H}+\mathsf{T}) = N + S_A + S_B + S_C$$
$$N\,\mathsf{HHTH} = S_A(\mathsf{HTH}+1) + S_B(\mathsf{HTH}+\mathsf{TH}) + S_C(\mathsf{HTH}+\mathsf{TH})$$
$$N\,\mathsf{HTHH} = S_A(\mathsf{THH}+\mathsf{H}) + S_B(\mathsf{THH}+1) + S_C(\mathsf{THH})$$
$$N\,\mathsf{THHH} = S_A(\mathsf{HH}) + S_B(\mathsf{H}) + S_C$$

中置 $\mathsf{H} = \mathsf{T} = \dfrac{1}{2}$，得到获胜的概率. 一般来说，我们将有 $S_A + S_B + S_C = 1$，以及

$$S_A(A:A) + S_B(B:A) + S_C(C:A) = S_A(A:B) + S_B(B:B) + S_C(C:B)$$
$$= S_A(A:C) + S_B(B:C) + S_C(C:C) .$$

特别是，方程 $9S_A + 3S_B + 3S_C = 5S_A + 9S_B + S_C = 2S_A + 4S_B + 8S_C$ 意味着 $S_A = \dfrac{16}{52}$，$S_B = \dfrac{17}{52}$，$S_C = \dfrac{19}{52}$.

8.30　$P(h_1, \cdots, h_n; k)\big|k$ 的方差是移位二项式分布 $((m-1+z)/m)^{k-1} z$ 的方差，根据（8.61）它等于 $(k-1)\left(\dfrac{1}{m}\right)\left(1-\dfrac{1}{m}\right)$. 因此，方差的平均值是 $\mathrm{Mean}(S)(m-1)/m^2$. 平均值的方差是 $(k-1)/m$ 的方

[①] 所谓"伪概率生成函数"是系数之和等于1的概率生成函数，见8.4节.

差，即 $\mathrm{Var}(S)/m^2$．根据（8.106），这两个量的和应该是 VP，而且正是这样．的确，我们刚刚还以略微变形的方式再次演示了（8.96）的推导过程．（见习题8.15．）

8.31 (a) 一种强力求解的方法会建立有五个未知数的五个方程：

$$A=\frac{1}{2}zB+\frac{1}{2}zE，\quad B=\frac{1}{2}zC，\quad C=1+\frac{1}{2}zB+\frac{1}{2}zD，$$

$$D=\frac{1}{2}zC+\frac{1}{2}zE，\quad E=\frac{1}{2}zD．$$

位置 C 和 D 离目的点是等距离的，B 和 E 亦然，所以我们可以将它们归并在一起．如果 $X=B+E$ 且 $Y=C+D$，现在有三个方程：

$$A=\frac{1}{2}zX，\quad X=\frac{1}{2}zY，\quad Y=1+\frac{1}{2}zX+\frac{1}{2}zY．$$

从而 $A=z^2/(4-2z-z^2)$，有 $\mathrm{Mean}(A)=6$，$\mathrm{Var}(A)=22$．（想起了吗？事实上，这个问题等价于抛掷一枚均匀硬币，直到接连出现两次正面：正面表示"向苹果前进"，反面表示"向回走"．）

(b) 切比雪夫不等式给出 $\Pr(S\geq 100)=\Pr\big((S-6)^2\geq 94^2\big)\leq 22/94^2\approx 0.0025$．

(c) 由第二个截尾概率不等式可知，当 $x\geq 1$ 时有 $\Pr(S\geq 100)\leq 1/x^{98}(4-2x-x^2)$，当 $x=(\sqrt{49001}-99)/100$ 时就得到上界 0.00000005．（根据习题8.37，实际概率近似为 0.0000000009．）

8.32 根据对称性，我们可以将每个月的情形转化为四种可能性之一：

D，对角线相对的州；

A，相邻且不是堪萨斯州的州；

K，堪萨斯州和另外某个州；

S，相同的州．

考虑马尔可夫转移，我们得到四个方程

$$D=1+z\left(\frac{2}{9}D+\frac{2}{12}K\right)$$

$$A=z\left(\frac{4}{9}A+\frac{4}{12}K\right)$$

$$K=z\left(\frac{4}{9}D+\frac{4}{9}A+\frac{4}{12}K\right)$$

$$S=z\left(\frac{3}{9}D+\frac{1}{9}A+\frac{2}{12}K\right)，$$

它们的和是 $D+K+A+S=1+z(D+A+K)$．其解是

$$S=\frac{81z-45z^2-4z^3}{243-243z+24z^2+8z^3}，$$

但是求均值和方差的最简单方法或许是，记 $z=1+w$ 并展开为 w 的幂级数，略去 w^2 的倍数：

$$D=\frac{27}{16}+\frac{1593}{512}w+\cdots；$$

$$A=\frac{9}{8}+\frac{2115}{256}w+\cdots；$$

$$K=\frac{15}{8}+\frac{2661}{256}w+\cdots．$$

"Toto，我感到我们再也不在堪萨斯州了．"
——Dorothy

580

现在有 $S'(1) = \dfrac{27}{16} + \dfrac{9}{8} + \dfrac{15}{8} = \dfrac{75}{16}$，且 $\dfrac{1}{2}S''(1) = \dfrac{1593}{512} + \dfrac{2115}{256} + \dfrac{2661}{256} = \dfrac{11145}{512}$. 其均值为 $\dfrac{75}{16}$，而方差为 $\dfrac{105}{4}$.（还有更简单的方法吗？）

8.33 第一个答案：显然是肯定的，因为散列值 $h_1, \cdots, h_n$ 是独立的. 第二个答案：一定是否定的，即使散列值 $h_1, \cdots, h_n$ 是独立的. 我们有 $\Pr(X_j = 0) = \sum_{k=1}^{n} s_k \big([j \neq k](m-1)/m\big) = (1 - s_j)(m-1)/m$，但是 $\Pr(X_1 = X_2 = 0) = \sum_{k=1}^{n} s_k \big([k > 2](m-1)^2/m^2\big) = (1 - s_1 - s_2)(m-1)^2/m^2 \neq \Pr(X_1 = 0)\Pr(X_2 = 0)$.

8.34 设 $[z^n]S_m(z)$ 是吉娜经过 n 轮之后推进了 $< m$ 步的概率. 那么 $S_m(1)$ 就是她在平均杆洞数为 m 时的平均得分；$[z^m]S_m(z)$ 是她与一位稳健的高尔夫运动员对抗时失掉这样一个洞的概率；而 $1 - [z^{m-1}]S_m(z)$ 则是她赢得比赛的概率. 我们有递归式

581

$$S_0(z) = 0,$$
$$S_m(z) = \big(1 + pzS_{m-2}(z) + qzS_{m-1}(z)\big)/(1 - rz), \quad m > 0.$$

为了求解(a)，只需要对 $m, n \leqslant 4$ 计算系数就够了. 用 $100w$ 代替 z 是很方便的，这使得计算只涉及整数而不涉及其他对象. 我们得到如下的系数表：

S_0	0	0	0	0	0
S_1	1	4	16	64	256
S_2	1	95	744	4432	23552
S_3	1	100	9065	104044	819808
S_4	1	100	9975	868535	12964304

这样一来，吉娜就以概率 $1 - 0.868535 = 0.131465$ 获胜，以概率 0.12964304 输掉比赛. (b)为了求得平均杆数，我们计算

$$S_1(1) = \frac{25}{24}, \quad S_2(1) = \frac{4675}{2304}, \quad S_3(1) = \frac{667825}{221184}, \quad S_4(1) = \frac{85134475}{21233664}.$$

（附带指出，$S_5(1) \approx 4.9995$. 当平均杆洞数为5时，她关于洞和杆数都获胜；但当平均杆洞数为3时，关于这两者她都输掉比赛.）

8.35 根据中国余数定理[①]，对所有 n 条件为真，当且仅当它对 $n = 1$ 为真. 一个必要且充分条件是多项式恒等式

$$\big(p_2 + p_4 + p_6 + (p_1 + p_3 + p_5)w\big)\big(p_3 + p_6 + (p_1 + p_4)z + (p_2 + p_5)z^2\big)$$
$$= (p_1 wz + p_2 z^2 + p_3 w + p_4 z + p_5 wz^2 + p_6),$$

但这都不过是问题的重复叙述. 更加简单的特征刻画是

$$(p_2 + p_4 + p_6)(p_3 + p_6) = p_6, \quad (p_1 + p_3 + p_5)(p_2 + p_5) = p_5,$$

它仅仅检查了前面乘积中的两个系数. 一般的解有三个自由度：设 $a_0 + a_1 = b_0 + b_1 + b_2 = 1$，又令 $p_1 = a_1 b_1$，$p_2 = a_0 b_2$，$p_3 = a_1 b_0$，$p_4 = a_0 b_1$，$p_5 = a_1 b_2$，$p_6 = a_0 b_0$.

[①] 即孙子定理.

8.36 (a) ⊡ ⊡ ⊡ ⊡ ⊡. (b) 如果第 k 个骰子的面有点数 $s_1,\cdots,s_6$，设 $p_k(z)=z^{s_1}+\cdots+z^{s_6}$. 我们想要求满足 $p_1(z)...p_n(z)=(z+z^2+z^3+z^4+z^5+z^6)^n$ 的多项式. 这个多项式的具有有理系数的不可约因子是 $z^n(z+1)^n(z^2+z+1)^n(z^2-z+1)^n$，从而 $p_k(z)$ 必有形式 $z^{a_k}(z+1)^{b_k}(z^2+z+1)^{c_k}$ $(z^2-z+1)^{d_k}$. 我们必定有 $a_k\geqslant 1$，因为 $p_k(0)=0$；而事实上有 $a_k=1$，因为 $a_1+\cdots+a_n=n$. 此外，条件 $p_k(1)=6$ 表明 $b_k=c_k=1$. 现在容易看出 $0\leqslant d_k\leqslant 2$，因为 $d_k>2$ 给出负的系数. 当 $d=0$ 和 $d=2$ 时，在(a)中我们得到两个骰子，于是仅有的解答有 k 对骰子（如同在(a)中那样）再加上 $n-2k$ 个通常的骰子（对某个 $k\leqslant\frac{1}{2}n$）.

582

8.37 因为在多米诺骨牌铺设与硬币投掷之间所具有的关联性，故而对所有 $n>0$，长度为 n 的抛掷硬币序列的个数是 F_{n-1}. 于是，当硬币是均匀的时，恰好需要抛掷 n 次的概率是 $F_{n-1}/2^n$. 又有 $q_n=F_{n+1}/2^{n-1}$，因为 $\sum_{k\geqslant n}F_kz^k=(F_nz^n+F_{n-1}z^{n+1})/(1-z-z^2)$.（当然，通过生成函数方法也可能得到系统的解答.）

8.38 当看过 k 个面之后，抛掷一颗新骰子的任务就等价于以成功的概率 $p_k=(m-k)/m$ 抛掷硬币. 因此它的概率生成函数是 $\prod_{k=0}^{l-1}p_kz/(1-q_kz)=\prod_{k=0}^{l-1}(m-k)z/(m-kz)$. 其均值为 $\sum_{k=0}^{l-1}p_k^{-1}=m(H_m-H_{m-1})$，方差为 $m^2(H_m^{(2)}-H_{m-1}^{(2)})-m(H_m-H_{m-1})$，而方程（7.47）则对所要求的概率提供了封闭形式，也就是 $m^{-n}m!{n-1\brace l-1}/(m-l)!$.（这个习题讨论的这个问题习惯上称为"奖券收集".）

8.39 $E(X)=P(-1)$；$V(X)=P(-2)-P(-1)^2$；$E(\ln X)=-P'(0)$.

8.40 (a)根据（7.49），我们有 $\kappa_m=n\left(0!{m\brace 1}p-1!{m\brace 2}p^2+2!{m\brace 3}p^3-\cdots\right)$. 附带指出，第三个累积量是 $npq(q-p)$，第四个则是 $npq(1-6pq)$. 恒等式 $q+pe^t=(p+qe^{-t})e^t$ 表明 $f_m(p)=(-1)^mf_m(q)+[m=1]$，从而可以记 $f_m(p)=g_m(pq)(q-p)^{[m是奇数]}$，其中 g_m 是一个 $\lfloor m/2\rfloor$ 次多项式（对任意的 $m>1$）. (b)设 $p=\frac{1}{2}$，$F(t)=\ln\left(\frac{1}{2}+\frac{1}{2}e^t\right)$，那么 $\sum_{m\geqslant 1}\kappa_mt^{m-1}/(m-1)!=F'(t)=1-1/(e^t+1)$，可以利用习题6.23.

8.41 如果 $G(z)$ 是一个仅取正整数值的随机变量 X 的概率生成函数，那么就有 $\int_0^1 G(z)\mathrm{d}z/z=\sum_{k\geqslant 1}\Pr(X=k)/k=E(X^{-1})$. 如果 X 是得到 $n+1$ 次正面的抛掷次数的概率分布，根据（8.59），我们就有 $G(z)=\left(pz/(1-qz)\right)^{n+1}$，如果作代换 $w=pz/(1-qz)$，这个积分就是

$$\int_0^1\left(\frac{pz}{1-qz}\right)^{n+1}\frac{\mathrm{d}z}{z}=\int_0^1\frac{w^n\mathrm{d}w}{1+(q/p)w}.$$

当 $p=q$ 时，被积函数可以写成 $(-1)^n\left((1+w)^{-1}-1+w-w^2+\cdots+(-1)^nw^{n-1}\right)$，所以这个积分等于 $(-1)^n\left(\ln 2-1+\frac{1}{2}-\frac{1}{3}+\cdots+(-1)^n/n\right)$. 根据（9.28），我们有 $H_{2n}-H_n=\ln 2-\frac{1}{4}n^{-1}+\frac{1}{16}n^{-2}+O(n^{-4})$，由此得出 $E(X_{n+1}^{-1})=\frac{1}{2}n^{-1}-\frac{1}{4}n^{-2}+O(n^{-4})$.

8.42 设 $F_n(z)$ 和 $G_n(z)$ 是这个人得到晚间雇用的次数的概率生成函数，他起初分别处于失业或者就业状态. 设 $q_h = 1 - p_h$，$q_f = 1 - p_f$，那么 $F_0(z) = G_0(z) = 1$，且有

$$F_n(z) = p_h z G_{n-1}(z) + q_h F_{n-1}(z)，$$
$$G_n(z) = p_f F_{n-1}(z) + q_f z G_{n-1}(z).$$

其解由下面的超级生成函数

$$G(w,z) = \sum_{n \geq 0} G_n(z) w^n = A(w) / (1 - z B(w))$$

给出，其中 $B(w) = w(q_f - (q_f - p_h) w) / (1 - q_h w)$，$A(w) = (1 - B(w)) / (1 - w)$. 现在 $\sum_{n \geq 0} G_n'(1) w^n = \alpha w / (1 - w)^2 + \beta / (1 - w) - \beta / (1 - (q_f - p_h) w)$，其中

$$\alpha = \frac{p_h}{p_h + p_f}，\quad \beta = \frac{p_f (q_f - p_h)}{(p_h + p_f)^2}，$$

从而 $G_n'(1) = \alpha n + \beta (1 - (q_f - p_h)^n)$.（类似地，$G_n''(1) = \alpha^2 n^2 + O(n)$，所以方差是 $O(n)$.）

8.43 根据（6.11），有 $G_n(z) = \sum_{k \geq 0} \begin{bmatrix} n \\ k \end{bmatrix} z^k / n! = z^{\bar{n}} / n!$. 这是二项概率生成函数的乘积

$$\prod_{k=1}^{n} ((k - 1 + z) / k)，$$

其中第 k 项的均值为 $1 / k$，方差为 $(k-1) / k^2$，从而有 $\mathrm{Mean}(G_n) = H_n$，$\mathrm{Var}(G_n) = H_n - H_n^{(2)}$.

8.44 (a) 冠军必定是在 n 场比赛后不败的人，所以答案是 p^n. (b, c) 选手 $x_1, \cdots, x_{2^k}$ 在各个不同的分场比赛中必须"成为种子选手"（凭运气），而且必须在其全部 $2^k (n - k)$ 场比赛中获胜. 锦标赛树形的 2^n 片树叶可用 $2^n!$ 种方式填写. 为使之成为种子，我们有 $2^k! (2^{n-k})^{2^k}$ 种方式来放置最上面的 2^k 个选手，且有 $(2^n - 2^k)!$ 种方式放置其他的选手，因此其概率是 $(2p)^{2^k(n-k)} \binom{2^n}{2^k}$. 当 $k = 1$ 时，这可以简化成 $(2p^2)^{n-1} / (2^n - 1)$. (d) 锦标赛的每一种结果对应于选手的一个排列：设 y_1 是冠军，y_2 是另一位决赛选手，y_3 和 y_4 是在半决赛中输给 y_1 和 y_2 的选手，$(y_5, \cdots, y_8)$ 是在四分之一决赛中分别输给 $(y_1, \cdots, y_4)$ 的选手，如此等等.（另一个证明指出：第一轮比赛有 $2^n! / 2^{n-1}!$ 个本质上不同的结果，第二轮比赛有 $2^{n-1}! / 2^{n-2}!$ 个本质上不同的结果，如此等等.）(e) 设 S_k 是在第 k 轮比赛中 x_2 的 2^{k-1} 个潜在对手组成的集合. 在给定 x_1 属于 S_k 的条件下，x_2 获胜的条件概率是

$$\Pr(x_1 与 x_2 比赛) \cdot p^{n-1}(1-p) + \Pr(x_1 不与 x_2 比赛) \cdot p^n$$
$$= p^{k-1} p^{n-1}(1-p) + (1 - p^{k-1}) p^n.$$

$x_1 \in S_k$ 的几率是 $2^{k-1} / (2^n - 1)$. 关于 k 求和就给出答案：

$$\sum_{k=1}^{n} \frac{2^{k-1}}{2^n - 1} \left(p^{k-1} p^{n-1}(1-p) + (1 - p^{k-1}) p^n \right) = p^n - \frac{(2p)^n - 1}{2^n - 1} p^{n-1}.$$

(f) $2^n!$ 场比赛的每一种结果的发生都有一个确定的概率，而 x_j 获胜的概率是 x_j 在其中为优胜者的所有 $(2^n - 1)!$ 场比赛结果的概率之和. 在所有那些结果中将 x_j 与 x_{j+1} 交换，如果 x_j 与 x_{j+1} 从未在比赛中相遇，那么这一改变并不影响其概率，但是如果他们的确在比赛中相遇，这一改变就等于用 $(1 - p) / p < 1$ 乘以这个概率.

8.45 (a) $A(z) = 1/(3-2z)$，$B(z) = zA(z)^2$，$C(z) = z^2 A(z)^3$. 装瓶时，雪利酒的概率生成函数是 $z^3 A(z)^3$，它等于 z^3 乘以以 $n=3$，$p = \frac{1}{3}$ 为参数的负二项式分布. (b) $\mathrm{Mean}(A) = 2$，$\mathrm{Var}(A) = 6$；$\mathrm{Mean}(B) = 5$，$\mathrm{Var}(B) = 2\mathrm{Var}(A) = 12$；$\mathrm{Mean}(C) = 8$，$\mathrm{Var}(C) = 18$. 该雪利酒平均来说是9年陈酿. 属于25年陈酿的雪利酒占比为 $\binom{-3}{22}(-2)^{22} 3^{-25} = \binom{24}{22} 2^{22} 3^{-25} = 23 \times \left(\frac{2}{3}\right)^{24} \approx 0.00137$. (c)设 w^n 的系数是年份 n 开始所对应的概率生成函数，那么

$$A = \left(1 + \frac{1}{3}w/(1-w)\right) \bigg/ \left(1 - \frac{2}{3}zw\right),$$

$$B = \left(1 + \frac{1}{3}zwA\right) \bigg/ \left(1 - \frac{2}{3}zw\right),$$

$$C = \left(1 + \frac{1}{3}zwB\right) \bigg/ \left(1 - \frac{2}{3}zw\right).$$

关于 z 求导并令 $z=1$，这就给出

$$C' = \frac{8}{1-w} - \frac{1/2}{\left(1-\frac{2}{3}w\right)^3} - \frac{3/2}{\left(1-\frac{2}{3}w\right)^2} - \frac{6}{1-\frac{2}{3}w}.$$

在这个过程开始 n 年之后，瓶装雪利酒的平均贮存年限比 w^{n-1} 的系数大1，也就是 $9 - \left(\frac{2}{3}\right)^n (3n^2 + 21n + 72)/8$. （当 $n=11$ 时，这已经超过8了. ）

8.46 (a) $P(w,z) = 1 + \frac{1}{2}(wP(w,z) + zP(w,z)) = \left(1 - \frac{1}{2}(w+z)\right)^{-1}$，从而 $p_{m,n} = 2^{-m-n}\binom{m+n}{n}$.

(b) $P_k(w,z) = \frac{1}{2}(w^k + z^k)P(w,z)$，从而

$$p_{k,m,n} = 2^{k-1-m-n}\left(\binom{m+n-k}{m} + \binom{m+n-k}{n}\right).$$

(c) $\sum_k k p_{k,n,n} = \sum_{k=0}^{n} k 2^{k-2n}\binom{2n-k}{n} = \sum_{k=0}^{n}(n-k)2^{-n-k}\binom{n+k}{n}$，可以利用（5.20）求和：

$$\sum_{k=0}^{n} 2^{-n-k}\left((2n+1)\binom{n+k}{n} - (n+1)\binom{n+1+k}{n+1}\right)$$

$$= (2n+1) - (n+1)2^{-n}\left(2^{n+1} - 2^{-n-1}\binom{2n+2}{n+1}\right)$$

$$= \frac{2n+1}{2^{2n}}\binom{2n}{n} - 1.$$

（第9章的方法表明，这等于 $2\sqrt{n/\pi} - 1 + O(n^{-1/2})$. ）

8.47 经过 n 次照射之后，有 $n+2$ 个同等模样的接收器. 设随机变量 X_n 表示所存在的双噬菌体的株数，如果第 $(n+1)$ 个粒子击中一株双噬菌体的接收器（其条件概率是 $2X_n/(n+2)$），那么 $X_{n+1} = X_n + Y_n$，其中 $Y_n = -1$，而在相反的情形则有 $Y_n = +2$. 故而

$$EX_{n+1} = EX_n + EY_n = EX_n - 2EX_n/(n+2) + 2\left(1 - 2EX_n/(n+2)\right).$$

585

如果我们用求和因子 $(n+1)^5$ 乘以它的两边，递归式 $(n+2)EX_{n+1} = (n-4)EX_n + 2n+4$ 可解；或者我们也能猜出它的答案并用归纳法对它加以证明：对所有 $n>4$，有 $EX_n = (2n+4)/7$．（附带指出，不论四步之后的构造如何，在五步之后总有两株双噬菌体以及一株三噬菌体．）

8.48 (a) 飞碟之间的距离（如此度量使得它是一个偶数）可能是0、2或4个单位，一开始距离为4．对应的生成函数 A，B，C（比方说，其中 $[z^n]C$ 是在 n 次抛掷之后距离为4的概率）满足

$$A = \frac{1}{4}zB, \quad B = \frac{1}{2}zB + \frac{1}{4}zC, \quad C = 1 + \frac{1}{4}zB + \frac{3}{4}zC.$$

由此推出 $A = z^2/(16-20z+5z^2) = z^2/F(z)$，且我们有 $\mathrm{Mean}(A) = 2 - \mathrm{Mean}(F) = 12$，$\mathrm{Var}(A) = -\mathrm{Var}(F) = 100$．（一个更困难但更有趣的求解因子 A 如下所示：

$$A = \frac{p_1 z}{1-q_1 z} \cdot \frac{p_2 z}{1-q_2 z} = \frac{p_2}{p_2 - p_1}\frac{p_1 z}{1-q_1 z} + \frac{p_1}{p_1 - p_2}\frac{p_2 z}{1-q_2 z},$$

其中 $p_1 = \phi^2/4 = (3+\sqrt{5})/8$，$p_2 = \hat{\phi}^2/4 = (3-\sqrt{5})/8$，且 $p_1 + q_1 = p_2 + q_2 = 1$．这样一来，这个游戏就等价于抛掷两枚正面出现的概率为 p_1 和 p_2 的不均匀硬币；每次抛掷一枚硬币，直到两者都出现正面为止，总的抛掷次数与飞碟抛掷次数有相同的分布．这两枚硬币的等待时间的均值和方差分别是 $6 \mp 2\sqrt{5}$ 和 $50 \mp 22\sqrt{5}$，从而总的均值和方差与前一样，是12和100．）

(b) 将生成函数展开成部分分式，这样有可能对这些概率求和．（注意，$\sqrt{5}/(4\phi) + \phi^2/4 = 1$，所以答案可以用 ϕ 的幂表示．）这个游戏可以以概率 $5^{(n-1)/2}4^{-n}(\phi^{n+2} - \phi^{-n-2})$ 持续 n 步；当 n 是偶数时，这个概率是 $5^{n/2}4^{-n}F_{n+2}$．所以答案是 $5^{50}4^{-100}F_{102} \approx 0.00006$．

8.49 (a) 如果 $n>0$，则 $P_N(0,n) = \frac{1}{2}[N=0] + \frac{1}{4}P_{N-1}(0,n) + \frac{1}{4}P_{N-1}(1,n-1)$，$P_N(m,0)$ 是类似的，$P_N(0,0) = [N=0]$．因此

$$g_{m,n} = \frac{1}{4}zg_{m-1,n+1} + \frac{1}{2}zg_{m,n} + \frac{1}{4}zg_{m+1,n-1},$$

$$g_{0,n} = \frac{1}{2} + \frac{1}{4}zg_{0,n} + \frac{1}{4}g_{1,n-1}, \quad \text{等等.}$$

(b) $g'_{m,n} = 1 + \frac{1}{4}g'_{m-1,n+1} + \frac{1}{2}g'_{m,n} + \frac{1}{4}g'_{m+1,n-1}$，$g'_{0,n} = \frac{1}{2} + \frac{1}{4}g'_{0,n} + \frac{1}{4}g'_{1,n-1}$，等等．对 m 用归纳法，我们对所有 $m,n \geq 0$ 有 $g'_{m,n} = (2m+1)g'_{0,m+n} - 2m^2$．又由于 $g'_{m,0} = g'_{0,m}$，因而必定有 $g'_{m,n} = m+n+2mn$．

(c) 当 $mn > 0$ 时，这个递归式是满足的，因为

$$\sin(2m+1)\theta = \frac{1}{\cos^2\theta}\left(\frac{\sin(2m-1)\theta}{4} + \frac{\sin(2m+1)\theta}{2} + \frac{\sin(2m+3)\theta}{4}\right),$$

这是恒等式 $\sin(x-y) + \sin(x+y) = 2\sin x\cos y$ 的推论．故而剩下所要做的就是检查边界条件．

8.50 (a) 利用提示我们得到

$$3(1-z)^2 \sum_k \binom{1/2}{k}\left(\frac{8}{9}z\right)^k(1-z)^{2-k}$$

$$= 3(1-z)^2 \sum_k \binom{1/2}{k}\left(\frac{8}{9}\right)^k \sum_j \binom{k+j-3}{j}z^{j+k},$$

现在来看 z^{3+l} 的系数. (b) $H(z)=\dfrac{2}{3}+\dfrac{5}{27}z+\dfrac{1}{2}\sum_{l\geqslant0}c_{3+l}z^{2+l}$. (c) 设 $r=\sqrt{(1-z)(9-z)}$. 我们可以指出 $(z-3+r)(z-3-r)=4z$，从而就有 $\left(r/(1-z)+2\right)^2=(13-5z+4r)/(1-z)=\left(9-H(z)\right)/(1-H(z))$. (d) 计算在 $z=1$ 处的一阶导数，表明 $\mathrm{Mean}(H)=1$. 在 $z=1$ 处的二阶导数发散，所以方差是无限的.

8.51 (a) 设 $H_n(z)$ 是在经过 n 轮游戏之后你拥有的财富的概率生成函数，$H_0(z)=z$. 对于 n 轮游戏的分布是

$$H_{n+1}(z)=H_n\big(H(z)\big)，$$

所以根据归纳法，此结果为真（利用上一问题中那个惊人的恒等式）. (b) $g_n=H_n(0)-H_{n-1}(0)=4/n(n+1)(n+2)=4(n-1)^{-3}$. 均值是2，而方差是无限的. (c) 根据习题8.15，在第 n 轮你所购买的奖券张数的期望值是 $\mathrm{Mean}(H_n)=1$，所以购买奖券总张数的期望值是无限的.（这样一来，你最终几乎肯定会输.你可以期待在第二轮游戏之后输，还可能购买无穷多张奖券.）(d) 在经过 n 轮游戏之后，现在的概率生成函数是 $H_n(z)^2$，(b)中的方法得到均值 $16-\dfrac{4}{3}\pi^2\approx2.8$.（在这里出现和式 $\sum_{k\geqslant1}1/k^2=\pi^2/6$.）

8.52 如果 ω 和 ω' 是满足 $\mathrm{Pr}(\omega)>\mathrm{Pr}(\omega')$ 的事件，那么一列 n 个独立试验遇到的 ω 会比 ω' 更多（以很高的概率），因为 ω 出现的次数非常接近于 $n\mathrm{Pr}(\omega)$. 这样一来，当 $n\to\infty$ 时，一列独立实验中 X 的值的中位数或者众数将是随机变量 X 的中位数或者众数的概率接近于1.

8.53 我们可以推翻这个命题，甚至在每一个变量取值为0或者1的特殊情形也依然如此. 设 $p_0=\mathrm{Pr}(X=Y=Z=0)$，$p_1=\mathrm{Pr}(X=Y=\overline{Z}=0)$，$\cdots$，$p_7=\mathrm{Pr}(\overline{X}=\overline{Y}=\overline{Z}=0)$，其中 $\overline{X}=1-X$. 这样 $p_0+p_1+\cdots+p_7=1$，且变量是两两独立的，当且仅当我们有

$$(p_4+p_5+p_6+p_7)(p_2+p_3+p_6+p_7)=p_6+p_7，$$
$$(p_4+p_5+p_6+p_7)(p_1+p_3+p_5+p_7)=p_5+p_7，$$
$$(p_2+p_3+p_6+p_7)(p_1+p_3+p_5+p_7)=p_3+p_7.$$

但是

$$\mathrm{Pr}(X+Y=Z=0)\neq\mathrm{Pr}(X+Y=0)\mathrm{Pr}(Z=0)\Leftrightarrow p_0\neq(p_0+p_1)(p_0+p_2+p_4+p_6).$$

一个解是

$$p_0=p_3=p_5=p_6=1/4；\quad p_1=p_2=p_4=p_7=0.$$

这等价于抛掷两枚均匀硬币，并设 $X=$（第一枚硬币是正面），$Y=$（第二枚硬币是正面），$Z=$（硬币不同）. 所有概率都不等于零的另一个例子是

$$p_0=4/64，\quad p_1=p_2=p_4=5/64，$$
$$p_3=p_5=p_6=10/64，\quad p_7=15/64.$$

由于这个原因，如果

$$\Pr(X_1 = x_1 \text{且} \cdots \text{且} X_n = x_n) = \Pr(X_1 = x_1) \cdots \Pr(X_n = x_n);$$

我们称 n 个变量 $X_1, \cdots, X_n$ 是独立的，两两独立并不足以保证有独立性.

8.54（有关记号见习题8.27）我们有

$$E(\Sigma_2^2) = n\mu_4 + n(n-1)\mu_2^2,$$
$$E(\Sigma_2\Sigma_1^2) = n\mu_4 + 2n(n-1)\mu_3\mu_1 + n(n-1)\mu_2^2 + n(n-1)(n-2)\mu_2\mu_1^2,$$
$$E(\Sigma_1^4) = n\mu_4 + 4n(n-1)\mu_3\mu_1 + 3n(n-1)\mu_2^2$$
$$+ 6n(n-1)(n-2)\mu_2\mu_1^2 + n(n-1)(n-2)(n-3)\mu_1^4,$$

由此推出 $V(\hat{V}X) = \kappa_4/n + 2\kappa_2^2/(n-1)$.

8.55 有 $A = \frac{1}{17} \times 52!$ 个排列满足 $X = Y$，$B = \frac{16}{17} \times 52!$ 个排列满足 $X \neq Y$. 在所述程序完成之后，每一个满足 $X = Y$ 的排列以概率 $\frac{1}{17} / \left(\left(1 - \frac{16}{17}p\right)A\right)$ 出现，这是因为我们以概率 $\frac{16}{17}p$ 回到步骤 $S1$. 类似地，每一个满足 $X \neq Y$ 的排列以概率 $\frac{16}{17}(1-p) / \left(\left(1 - \frac{16}{17}p\right)B\right)$ 出现. 选取 $p = \frac{1}{4}$ 使得对所有 x 和 y 都有 $\Pr(X = x \text{且} Y = y) = \frac{1}{169}$.（这样我们就能将一枚均匀硬币抛掷两次，如果两次都出现正面，就回到 $S1$.）

8.56 如果 m 是偶数，则飞碟总是相互保持奇数距离，且游戏会无限持续下去. 如果 $m = 2l+1$，相关的生成函数是

$$G_m = \frac{1}{4}zA_1,$$
$$A_1 = \frac{1}{2}zA_1 + \frac{1}{4}zA_2,$$
$$A_k = \frac{1}{4}zA_{k-1} + \frac{1}{2}zA_k + \frac{1}{4}zA_{k+1}, \quad 1 < k < l,$$
$$A_l = \frac{1}{4}zA_{l-1} + \frac{3}{4}zA_l + 1.$$

（系数 $[z^n]A_k$ 是在经过 n 次抛掷后飞碟之间距离为 $2k$ 的概率.）从习题8.49的类似方程中汲取线索，我们置 $z = 1/\cos^2\theta$，$A_1 = X\sin 2\theta$，其中 X 是一个待定的量. 由此用归纳法推出（不用关于 A_l 的方程）$A_k = X\sin 2k\theta$. 于是，我们就希望选取 X 使得

$$\left(1 - \frac{3}{4\cos^2\theta}\right)X\sin 2l\theta = 1 + \frac{1}{4\cos^2\theta}X\sin(2l-2)\theta.$$

得到 $X = 2\cos^2\theta / \sin\theta\cos(2l+1)\theta$，故而

$$G_m = \frac{\cos\theta}{\cos m\theta}.$$

当 θ 是 $\pi/(2m)$ 的奇倍数时分母变为零，从而 $1 - q_k z$（$1 \leq k \leq l$）是分母的一个根，而所说的乘积表示必定成立. 为了求出均值和方差，我们可以记

三角学再次胜出. 与沿着 m 边形的角抛掷的分币有关联吗?

$$G_m = \left(1 - \frac{1}{2}\theta^2 + \frac{1}{24}\theta^4 - \cdots\right)\Big/\left(1 - \frac{1}{2}m^2\theta^2 + \frac{1}{24}m^4\theta^4 - \cdots\right)$$

$$= 1 + \frac{1}{2}(m^2-1)\theta^2 + \frac{1}{24}(5m^4 - 6m^2 + 1)\theta^4 + \cdots$$

$$= 1 + \frac{1}{2}(m^2-1)(\tan\theta)^2 + \frac{1}{24}(5m^4 - 14m^2 + 9)(\tan\theta)^4 + \cdots$$

$$= 1 + G_m'(1)(\tan\theta)^2 + \frac{1}{2}G_m''(1)(\tan\theta)^4 + \cdots,$$

这 是 因 为 $\tan^2\theta = z - 1$ 以 及 $\tan\theta = \theta + \frac{1}{3}\theta^3 + \cdots$. 所 以 我 们 有 $\text{Mean}(G_m) = \frac{1}{2}(m^2-1)$,

$\text{Var}(G_m) = \frac{1}{6}m^2(m^2-1)$. （注意，这表明恒等式

$$\frac{m^2-1}{2} = \sum_{k=1}^{(m-1)/2}\frac{1}{p_k} = \sum_{k=1}^{(m-1)/2}\left(1\Big/\sin\frac{(2k-1)\pi}{2m}\right)^2,$$

$$\frac{m^2(m^2-1)}{6} = \sum_{k=1}^{(m-1)/2}\left(\cot\frac{(2k-1)\pi}{2m}\Big/\sin\frac{(2k-1)\pi}{2m}\right)^2.$$

这个分布的第三个累积量是 $\frac{1}{30}m^2(m^2-1)(4m^2-1)$，但是良好的累积量分解模式就此止步. 还有 |589|
一个简单得多的方法推导出均值：我们有 $G_m + A_1 + \cdots + A_l = z(A_1 + \cdots + A_l) + 1$，从而当 $z = 1$ 时有 $G_m' = A_1 + \cdots + A_l$. 由于 $z = 1$ 时有 $G_m = 1$，简单的归纳法就证明了 $A_k = 4k$. ）

8.57 我们有 $A{:}A \geqslant 2^{l-1}$，$B{:}B < 2^{l-1} + 2^{l-3}$ 和 $B{:}A \geqslant 2^{l-2}$，于是仅当 $A{:}B > 2^{l-3}$ 时才可能有 $B{:}B - B{:}A \geqslant A{:}A - A{:}B$. 这就意味着 $\overline{\tau}_2 = \tau_3, \tau_1 = \tau_4, \tau_2 = \tau_5, \cdots, \tau_{l-3} = \tau_l$. 这样就有 $A{:}A \approx 2^{l-1} + 2^{l-4} + \cdots$，$A{:}B \approx 2^{l-3} + 2^{l-6} + \cdots$，$B{:}A \approx 2^{l-2} + 2^{l-5} + \cdots$，$B{:}B \approx 2^{l-1} + 2^{l-4} + \cdots$，从而 $B{:}B - B{:}A$ 最终小于 $A{:}A - A{:}B$. （Guibas 和 Odlyzko[168] 得到了更强的结果，他们证明了：Bill 的机会总是随着两种模式 $\text{H}\tau_1\cdots\tau_{l-1}$ 或者 $\text{T}\tau_1\cdots\tau_{l-1}$ 之一而取到最大值. 事实上，Bill 取胜的策略是唯一的，见下题. ）

8.58 （解由 J. Csirik 给出）如果 A 是 H^l 或者 T^l，两个序列中有一个与 A 匹配且不能利用. 否则设 $\hat{A} = \tau_1\cdots\tau_{l-1}$，$H = \text{H}\hat{A}$ 以 及 $T = \text{T}\hat{A}$. 不难验证：$H{:}A = T{:}A = \hat{A}{:}\hat{A}$，$H{:}H + T{:}T = 2^{l-1} + 2(\hat{A}{:}\hat{A}) + 1$，$A{:}H + A{:}T = 1 + 2(A{:}A) - 2^l$. 这样一来，方程

$$\frac{H{:}H - H{:}A}{A{:}A - A{:}H} = \frac{T{:}T - T{:}A}{A{:}A - A{:}T}$$

就意味着这两个分数都等于

$$\frac{H{:}H - H{:}A + T{:}T - T{:}A}{A{:}A - A{:}H + A{:}A - A{:}T} = \frac{2^{l-1} + 1}{2^l - 1}.$$

这样，我们就能重新安排原来的分数，以证明

$$\frac{H{:}H - H{:}A}{T{:}T - T{:}A} = \frac{A{:}A - A{:}H}{A{:}A - A{:}T} = \frac{p}{q},$$

其中 $pq > 0$ 且 $p + q = \gcd(2^{l-1} + 1, 2^l - 1) = \gcd(3, 2^l - 1)$，所以我们可以假设 l 是偶数且 $p = 1$，$q = 2$. 由此推出 $A{:}A - A{:}H = (2^l - 1)/3$，$A{:}A - A{:}T = (2^{l+1} - 2)/3$，从而 $A{:}H - A{:}T = (2^l - 1)/3 \geqslant 2^{l-2}$. 我们有 $A{:}H \geqslant 2^{l-2}$ 当且仅当 $A = (\text{TH})^{l/2}$. 那样就会有 $H{:}H - H{:}A = A{:}A - A{:}H$，所以 $2^{l-1} + 1 = 2^l - 1$，即 $l = 2$.

（Csirik[69]继续证明了：当 $l \geqslant 4$ 时，Alice选取任何其他模式的获胜概率都不可能比选取 $HT^{l-3}H^2$ 的

获胜概率更高．但是即使采用这种策略，Bill获胜的概率也将接近于 $\frac{2}{3}$．）

8.59 按照（8.82），我们希望有 $B:B-B:A>A:A-A:B$．一个解是 $A = TTHH$，$B = HHH$．

8.60 (a) 根据 $h_k \neq h_n$ 或者 $h_k = h_n$，出现两种情形：

[590]

$$G(w,z) = \frac{m-1}{m}\left(\frac{m-2+w+z}{m}\right)^{k-1} w \left(\frac{m-1+z}{m}\right)^{n-k-1} z$$

$$+ \frac{1}{m}\left(\frac{m-1+wz}{m}\right)^{k-1} wz \left(\frac{m-1+z}{m}\right)^{n-k-1} z .$$

(b) 我们可以采用代数方法加以讨论，对 $G(w,z)$ 关于 w 和 z 求偏导数，并令 $w=z=1$；或者采用组合方法讨论：无论 $h_1,\cdots,h_{n-1}$ 取什么值，$P(h_1,\cdots,h_n;n)$ 的期望值（关于 h_n 平均）都是相同的，因为其散列序列 $(h_1,\cdots,h_{n-1})$ 决定了一个大小是 $(n_1,n_2,\cdots,n_m)$ 的表列序列，使得所述期望值就是 $((n_1+1)+(n_2+1)+\cdots+(n_m+1))/m = (n-1+m)/m$．这样一来，随机变量 $EP(h_1,\cdots,h_n;n)$ 就与 $(h_1,\cdots,h_{n-1})$ 无关，从而也与 $P(h_1,\cdots,h_n;k)$ 无关．

8.61 如果 $1 \leqslant k < l \leqslant n$，上一题表明：平均值的方差中 $s_k s_l$ 的系数为零．于是我们只需要考虑 s_k^2 的系数，也就是

$$\sum_{1 \leqslant h_1,\cdots,h_n \leqslant m} \frac{P(h_1,\cdots,h_n;k)^2}{m^n} - \left(\sum_{1 \leqslant h_1,\cdots,h_n \leqslant m} \frac{P(h_1,\cdots,h_n;k)}{m^n}\right)^2 ,$$

这是 $((m-1+z)/m)^{k-1} z$ 的方差，与习题8.30相同，它就是 $(k-1)(m-1)/m^2$．

8.62 其概率生成函数 $D_n(z)$ 满足递归式

$$D_0(z) = z ,$$

$$D_n(z) = z^2 D_{n-1}(z) + 2(1-z^3)D'_{n-1}(z)/(n+1) , \quad n > 0 .$$

现在我们可以得到递归式

$$D''_n(1) = (n-11)D''_{n-1}(1)/(n+1) + (8n-2)/7 ,$$

它对所有 $n \geqslant 11$ 有解 $\frac{2}{637}(n+2)(26n+15)$（无论初始条件如何），从而其方差为 $\frac{108}{637}(n+2)$（对所有 $n \geqslant 11$）．

8.63 （另一个问题是：是否一个给定的声称为累积量的序列来自任何一个分布．例如，κ_2 必定是非负的，$\kappa_4 + 3\kappa_2^2 = E((X-\mu)^4)$ 必须至少是 $\left(E((X-\mu)^2)\right)^2 = \kappa_2^2$，等等．这一问题的一个必要且充分条件是由Hamburger[6], [175]发现的．）

9.1 如果函数全取正值，则结论为真．如若不然，我们或许会有 $f_1(n) = n^3 + n^2$，$f_2(n) = -n^3$，$g_1(n) = n^4 + n$，$g_2(n) = -n^4$．

9.2 (a) 我们有 $n^{\ln n} \prec c^n \prec (\ln n)^n$，因为 $(\ln n)^2 \prec n \ln c \prec n \ln \ln n$．

(b) $n^{\ln\ln\ln n} \prec (\ln n)! \prec n^{\ln\ln n}$．(c) 取对数证明 $(n!)!$ 胜出．

[591]

(d) $F_{\lceil H_n \rceil}^2 \times \phi^{2\ln n} = n^{2\ln\phi}$；$H_{F_n} \sim n\ln\phi$ 胜出，因为 $\phi^2 = \phi + 1 < e$．

9.3 用 $O(n)$ 代替 kn 要求对每一个 k 有一个不同的 C，但是每个 O 只表示一个 C．事实上，这个 O 的

上下文中要求它代表一组两个变量 k 和 n 的函数. 写成 $\sum_{k=1}^{n} kn = \sum_{k=1}^{n} O(n^2) = O(n^3)$ 就正确了.

9.4 例如，$\lim_{n \to \infty} O(1/n) = 0$. 在左边，$O(1/n)$ 是所有这样的函数 $f(n)$ 组成的集合：存在常数 C 和 n_0，对所有 $n \geq n_0$ 有 $|f(n)| \leq C/n$. 该集合中所有函数的极限都是0，所以以左边是单元素集合 $\{0\}$. 右边没有变量，0就代表 $\{0\}$，此即所有"取值为零且没有变量"的函数组成的（单元素）集合.（你能否看出其中内在的逻辑关系？如果看不出来，明年再回来看. 即使你不能把直观感觉形成严格的数学表述，仍然能对 O 记号进行运算处理. ）

9.5 设 $f(n) = n^2$，$g(n) = 1$，那么 n 在左边的集合中，而不在右边的集合中，所以该命题为假.

9.6 $n \ln n + \gamma n + O(\sqrt{n} \ln n)$.

9.7 $(1 - e^{-1/n})^{-1} = nB_0 - B_1 + B_2 n^{-1}/2! + \cdots = n + \frac{1}{2} + O(n^{-1})$.

9.8 例如，设 $f(n) = \lfloor n/2 \rfloor!^2 + n$，$g(n) = (\lceil n/2 \rceil - 1)! \lceil n/2 \rceil! + n$. 附带指出，这些函数满足 $f(n) = O(ng(n))$ 和 $g(n) = O(nf(n))$. 更为极端的例子显然也是有可能的.

9.9 （为完整起见，我们假设存在一个边界条件 $n \to \infty$，这样每一个 O 就蕴涵两个常数. ）左边的每一个函数都形如 $a(n) + b(n)$，其中存在常数 m_0、B、n_0、C，使得对 $n \geq m_0$ 有 $|a(n)| \leq B|f(n)|$，对 $n \geq n_0$ 有 $|b(n)| \leq C|g(n)|$. 这样一来，对 $n \geq \max(m_0, n_0)$，左边的函数至多是 $\max(B, C)(|f(n)| + |g(n)|)$，所以它是右边的一个成员.

9.10 如果 $g(x)$ 属于左边，使得对某个 y 有 $g(x) = \cos y$，其中对某个 C 有 $|y| \leq C|x|$，那么就有
$$0 \leq 1 - g(x) = 2\sin^2(y/2) \leq \frac{1}{2} y^2 \leq \frac{1}{2} C^2 x^2,$$
从而左边的集合包含在右边的集合中，故公式为真.

9.11 命题为真. 因为如果 $|x| \leq |y|$，我们就有 $(x+y)^2 \leq 4y^2$，从而 $(x+y)^2 = O(x^2) + O(y^2)$. 于是
$$O(x+y)^2 = O((x+y)^2) = O(O(x^2) + O(y^2))$$
$$= O(O(x^2)) + O(O(y^2)) = O(x^2) + O(y^2).$$

9.12 根据（9.26），有 $1 + 2/n + O(n^{-2}) = (1 + 2/n)(1 + O(n^{-2})/(1 + 2/n))$，又有 $1/(1 + 2/n) = O(1)$，现在利用（9.26）.

9.13 $n^n (1 + 2n^{-1} + O(n^{-2}))^n = n^n \exp(n(2n^{-1} + O(n^{-2}))) = e^2 n^n + O(n^{n-1})$.

9.14 它等于 $n^{n+\beta} \exp\left((n+\beta)\left(\alpha/n - \frac{1}{2}\alpha^2/n^2 + O(n^{-3})\right)\right)$.

592

（将这个公式与习题9.60中关于中间的二项式系数做比较是有意义的. ）

9.15 $\ln \binom{3n}{n, n, n} = 3n \ln 3 - \ln n + \frac{1}{2} \ln 3 - \ln 2\pi + \left(\frac{1}{36} - \frac{1}{4}\right) n^{-1} + O(n^{-3})$，所以答案是
$$\frac{3^{3n+1/2}}{2\pi n}\left(1 - \frac{2}{9} n^{-1} + \frac{2}{81} n^{-2} + O(n^{-3})\right).$$

9.16 如果 l 是区间 $a \leq l < b$ 中任一整数，我们有
$$\int_0^1 B(x) f(l+x) dx = \int_{1/2}^1 B(x) f(l+x) dx - \int_0^{1/2} B(1-x) f(l+x) dx$$
$$= \int_{1/2}^1 B(x)\big(f(l+x) - f(l+1-x)\big) dx.$$

由于当 $x \geq \frac{1}{2}$ 时有 $l + x \geq l + 1 - x$，所以这个积分当 $f(x)$ 非减时为正.

9.17 $\sum_{m\geq0} B_m\left(\dfrac{1}{2}\right) z^m/m! = z\mathrm{e}^{z/2}/(\mathrm{e}^z-1) = z/(\mathrm{e}^{z/2}-1) - z/(\mathrm{e}^z-1)$.

9.18 对正文中情形 $\alpha=1$ 的推导加以推广，就给出

$$b_k(n) = \frac{2^{(2n+1/2)\alpha}}{(2\pi n)^{\alpha/2}}\mathrm{e}^{-k^2\alpha/n}, \qquad c_k(n) = 2^{2n\alpha} n^{-(1+\alpha)/2+3\varepsilon}\mathrm{e}^{-k^2\alpha/n},$$

答案是 $2^{2n\alpha}(\pi n)^{(1-\alpha)/2}\alpha^{-1/2}\left(1+O(n^{-1/2+3\varepsilon})\right)$.

9.19 $H_{10} = 2.928968254 \approx 2.928968256$, $10! = 3628800 \approx 3628712.4$；$B_{10} = 0.075757576 \approx 0.075757494$；
$\pi(10) = 4 \approx 10.0017845$； $\mathrm{e}^{0.1} = 1.10517092 \approx 1.10517083$； $\ln 1.1 = 0.0953102 \approx 0.0953083$；
$1.1111111\cdots \approx 1.1111$；$1.1^{0.1} = 1.00957658 \approx 1.00957643$. （当 n 很大时，对 $\pi(n)$ 的近似给出更多
有效数字，例如 $\pi(10^9) = 50847534 \approx 50840742$. ）

9.20 (a) 是的，左边是 $o(n)$ 而右边等价于 $O(n)$.   (b) 是的，左边是 $\mathrm{e}\cdot\mathrm{e}^{O(1/n)}$.   (c) 不是，左边大约是右
边的界的 $\sqrt{n}$ 倍.

9.21 我们有 $P_n = p = n\left(\ln p - 1 - 1/\ln p + O(1/\log n)^2\right)$，其中

$$\ln p = \ln n + \ln\ln p - 1/\ln n + \ln\ln n/(\ln n)^2 + O(1/\log n)^2,$$
$$\ln\ln p = \ln\ln n + \frac{\ln\ln n}{\ln n} - \frac{(\ln\ln n)^2}{2(\ln n)^2} + \frac{\ln\ln n}{(\ln n)^2} + O(1/\log n)^2.$$

由此推出

593

$$P_n = n\left(\ln n + \ln\ln n - 1 + \frac{\ln\ln n - 2}{\ln n} - \frac{(\ln\ln n)^2/2 - 3\ln\ln n}{(\ln n)^2} + O(1/\log n)^2\right).$$

（略微好一点的近似可以用量 $-5.5/(\ln n)^2 + O(\log\log n/\log n)^3$ 代替 $O(1/\log n)^2$，这样我们有估
计式 $P_{1000000} \approx 15480992.8$. ）

9.22 在 H_{n^k} 的展开式中用 $-\dfrac{1}{12}n^{-2k} + O(n^{-4k})$ 代替 $O(n^{-2k})$，在（9.53）中就用 $-\dfrac{1}{12}\sum_3(n^2) + O\left(\sum_3(n^4)\right)$
代替了 $O\left(\sum_3(n^2)\right)$. 我们有

$$\sum\nolimits_3(n) = \frac{3}{4}n^{-1} + \frac{5}{36}n^{-2} + O(n^{-3}),$$

从而（9.54）中的项 $O(n^{-2})$ 可以用 $-\dfrac{19}{144}n^{-2} + O(n^{-3})$ 代替.

9.23 $nh_n = \sum_{0\leq k<n} h_k/(n-k) + 2cH_n/(n+1)(n+2)$. 选取 $c = \mathrm{e}^{\pi^2/6} = \sum_{k\geq0} g_k$，使得 $\sum_{k\geq0} h_k = 0$，
$h_n = O(\log n)/n^3$. 如同在（9.60）中那样，$\sum_{0\leq k<n} h_k/(n-k)$ 的展开式现在得到
$nh_n = 2cH_n/(n+1)(n+2) + O(n^{-2})$，从而

$$g_n = \mathrm{e}^{\pi^2/6}\left(\frac{n+2\ln n + O(1)}{n^3}\right).$$

一位被水淹的解析
数论学家说什么？
木头 木头 木头 木
头……①

---

① 对数和木头在英文中都是 log.

9.24 (a) 如果 $\sum_{k\geqslant 0}|f(k)|<\infty$，又当 $0\leqslant k\leqslant n/2$ 时有 $f(n-k)=O(f(n))$，那么我们就有

$$\sum_{k=0}^{n}a_k b_{n-k}=\sum_{k=0}^{n/2}O(f(k))O(f(n))+\sum_{k=n/2}^{n}O(f(n))O(f(n-k)),$$

它等于 $2O\left(f(n)\sum_{k\geqslant 0}|f(k)|\right)$，故而这种情形得以证明.

(b) 但是在这种情形下，如果 $a_n=b_n=\alpha^{-n}$，则卷积 $(n+1)\alpha^{-n}$ 不等于 $O(\alpha^{-n})$.

9.25 $S_n/\binom{3n}{n}=\sum_{k=0}^{n}n^{\underline{k}}/(2n+1)^{\overline{k}}$. 比如，我们可以将求和范围限制在 $0\leqslant k\leqslant(\log n)^2$. 在此范围内

有 $n^{\underline{k}}=n^k\left(1-\binom{k}{2}/n+O(k^4/n^2)\right)$ 以及 $(2n+1)^{\overline{k}}=(2n)^k\left(1+\binom{k+1}{2}/2n+O(k^4/n^2)\right)$，所以求和项

等于

$$\frac{1}{2^k}\left(1-\frac{3k^2-k}{4n}+O\left(\frac{k^4}{n^2}\right)\right).$$

因此对 k 求和的和式等于 $2-4/n+O(1/n^2)$. 现在可以将斯特林近似应用到 $\binom{3n}{n}=(3n)!/(2n)!n!$，

这就证明了（9.2）.

9.26 最小值在 $B_{2m}/(2m)(2m-1)n^{2m-1}$ 这一项出现，其中 $2m\approx 2\pi n+\frac{3}{2}$，而这一项近似等于 $1/(\pi e^{2\pi n}\sqrt{n})$. 这样一来，当 n 约大于 $e^{2\pi+1}$ 时，为了舍入到一个整数来精确确定 $n!$ 的值，在 $\ln n!$ 中产生的绝对误差就会太大.

9.27 我们可以假设 $\alpha\neq -1$. 设 $f(x)=x^\alpha$，则答案是

$$\sum_{k=1}^{n}k^\alpha=C_\alpha+\frac{n^{\alpha+1}}{\alpha+1}+\frac{n^\alpha}{2}+\sum_{k=1}^{m}\frac{B_{2k}}{2k}\binom{\alpha}{2k-1}n^{\alpha-2k+1}+O(n^{\alpha-2m-1}).$$

（事实表明，常数 C_α 是 $\zeta(-\alpha)$，实际上当 $\alpha>-1$ 时 $\zeta(-\alpha)$ 就是由这个公式定义的. ）

594

特别地，$\zeta(0)=-1/2$，而对整数 $n>0$ 则有 $\zeta(-n)=-B_{n+1}/(n+1)$.

9.28 一般来说，假设当 $\alpha\neq -1$ 时在欧拉求和公式中取 $f(x)=x^\alpha\ln x$，如同在上一题中那样进行，我们就求得

$$\sum_{k=1}^{n}k^\alpha\ln k=C'_\alpha+\frac{n^{\alpha+1}\ln n}{\alpha+1}-\frac{n^{\alpha+1}}{(\alpha+1)^2}+\frac{n^\alpha\ln n}{2}$$
$$+\sum_{k=1}^{m}\frac{B_{2k}}{2k}\binom{\alpha}{2k-1}n^{\alpha-2k+1}(\ln n+H_\alpha-H_{\alpha-2k+1})$$
$$+O(n^{\alpha-2m-1}\log n),$$

可以证明[74, §3.7]，常数 C'_α 是 $-\zeta'(-\alpha)$. （当 α 是一个 $\leqslant 2m$ 的正整数时，O 项中的因子 $\log n$ 可以去掉. 在那种情形，当 $\alpha<2k-1$ 时我们可以用

$$B_{2k}\alpha!(2k-2-\alpha)!(-1)^\alpha n^{\alpha-2k+1}/(2k)!$$

代替右边的第 k 项. ）为了求解所说的问题，我们设 $\alpha=1$ 以及 $m=1$，在两边取指数就得到

$$Q_n=A\cdot n^{n^2/2+n/2+1/12}e^{-n^2/4}\left(1+O(n^{-2})\right),$$

其中 $A=e^{1/12-\zeta'(-1)}\approx 1.2824271291$ 是"Glaisher常数".

9.29 设 $f(x) = x^{-1}\ln x$．上一题中的计算稍作修改就给出

$$\sum_{k=1}^{n}\frac{\ln k}{k} = \frac{(\ln n)^2}{2} + \gamma_1 + \frac{\ln n}{2n} - \sum_{k=1}^{m}\frac{B_{2k}}{2k}n^{-2k}(\ln n - H_{2k-1}) + O(n^{-2m-1}\log n)，$$

其中 $\gamma_1 \approx -0.0728158454836767248$ 是"Stieltjes 常数"（见习题 9.57 答案）．取指数就给出

$$\mathrm{e}^{\gamma_1}\sqrt{n^{\ln n}}\left(1 + \frac{\ln n}{2n} + O\left(\frac{\log n}{n}\right)^2\right)．$$

9.30 设 $g(x) = x^l \mathrm{e}^{-x^2}$，$f(x) = g(x/\sqrt{n})$，那么 $n^{-1/2}\sum_{k\geqslant 0}k^l \mathrm{e}^{-k^2/n}$ 就是

$$\int_0^\infty f(x)\mathrm{d}x - \sum_{k=1}^{m}\frac{B_k}{k!}f^{(k-1)}(0) - (-1)^m\int_0^\infty \frac{B_m(\{x\})}{m!}f^{(m)}(x)\mathrm{d}x$$

$$= n^{1/2}\int_0^\infty g(x)\mathrm{d}x - \sum_{k=1}^{m}\frac{B_k}{k!}n^{(k-1)/2}g^{(k-1)}(0) + O(n^{-m/2})．$$

595

由于 $g(x) = x^l - x^{2+l}/1! + x^{4+l}/2! - x^{6+l}/3! + \cdots$，故而导数 $g^{(m)}(x)$ 服从一种简单的模式，其答案是

$$\frac{1}{2}n^{(l+1)/2}\Gamma\left(\frac{l+1}{2}\right) - \frac{B_{l+1}}{(l+1)!0!} + \frac{B_{l+3}n^{-1}}{(l+3)!1!} - \frac{B_{l+5}n^{-2}}{(l+5)!2!} + O(n^{-3})．$$

9.31 稍微有点出人意料的恒等式 $1/(c^{m-k} + c^m) + 1/(c^{m+k} + c^m) = 1/c^m$，使得满足 $0 \leqslant k \leqslant 2m$ 的项之和等于 $\left(m + \dfrac{1}{2}\right)/c^m$．剩下的项是

$$\sum_{k\geqslant 1}\frac{1}{c^{2m+k} + c^m} = \sum_{k\geqslant 1}\left(\frac{1}{c^{2m+k}} - \frac{1}{c^{3m+2k}} + \frac{1}{c^{4m+3k}} - \cdots\right)$$

$$= \frac{1}{c^{2m+1} - c^{2m}} - \frac{1}{c^{3m+2} - c^{3m}} + \cdots，$$

而这个级数可以在任何你想要的点处截断，其误差不超过略去的第一项．

9.32 根据欧拉求和公式，有 $H_n^{(2)} = \pi^2/6 - 1/n + O(n^{-2})$，因为我们知道这个常数；而 H_n 由（9.89）给出．所以答案是

$$n\mathrm{e}^{\gamma + \pi^2/6}\left(1 - \frac{1}{2}n^{-1} + O(n^{-2})\right)．$$

世界上位列前三位的常数 $(\mathrm{e}, \pi, \gamma)$ 全都出现在这个答案中了．

9.33 我们有 $n^k/n^{\bar{k}} = 1 - k(k-1)n^{-1} + \dfrac{1}{2}k^2(k-1)^2 n^{-2} + O(k^6 n^{-3})$，用 $k!$ 除并对 $k \geqslant 0$ 求和就得到

$$\mathrm{e} - \mathrm{e}n^{-1} + \frac{7}{2}\mathrm{e}n^{-2} + O(n^{-3})．$$

9.34 $A = \mathrm{e}^\gamma$，$B = 0$，$C = -\dfrac{1}{2}\mathrm{e}^\gamma$，$D = \dfrac{1}{2}\mathrm{e}^\gamma(1-\gamma)$，$E = \dfrac{1}{8}\mathrm{e}^\gamma$，$F = \dfrac{1}{12}\mathrm{e}^\gamma(3\gamma + 1)$．

9.35 由于 $1/k(\ln k + O(1)) = 1/k\ln k + O(1/k(\log k)^2)$，给定的和式等于 $\sum_{k=2}^{n}1/k\ln k + O(1)$．根据欧拉求和公式，剩下的和式等于 $\ln\ln n + O(1)$．

9.36 用欧拉求和公式可以完美地得到

$$S_n = \sum_{0 \leqslant k < n}\frac{1}{n^2 + k^2} + \frac{1}{n^2 + x^2}\bigg|_0^n$$

$$= \int_0^n \frac{\mathrm{d}x}{n^2 + x^2} + \frac{1}{2}\frac{1}{n^2 + x^2}\bigg|_0^n + \frac{B_2}{2!}\frac{-2x}{(n^2 + x^2)^2}\bigg|_0^n + O(n^{-5})．$$

从而 $S_n = \dfrac{1}{4}\pi n^{-1} - \dfrac{1}{4}n^{-2} - \dfrac{1}{24}n^{-3} + O(n^{-5})$.

9.37 这就是

596

$$\sum_{k,q \geqslant 1}(n - qk)\big[n/(q+1) < k \leqslant n/q\big]$$

$$= n^2 - \sum_{q \geqslant 1} q\left(\binom{\lfloor n/q \rfloor + 1}{2} - \binom{\lfloor n/(q+1) \rfloor + 1}{2}\right)$$

$$= n^2 - \sum_{q \geqslant 1}\binom{\lfloor n/q \rfloor + 1}{2} .$$

剩下的这个和式像（9.55）但没有因子 $\mu(q)$. 与在那里一样，同样的方法在此有效，不过我们得到的是 $\zeta(2)$ ，而不是 $1/\zeta(2)$ ，所以得到答案 $\left(1 - \dfrac{\pi^2}{12}\right)n^2 + O(n\log n)$.

9.38 用 $n - k$ 代替 k 并令 $a_k(n) = (n-k)^{n-k}\dbinom{n}{k}$. 这样就有 $\ln a_k(n) = n\ln n - \ln k! - k + O(kn^{-1})$ ，我们可以对 $b_k(n) = n^n e^{-k}/k!$ ， $c_k(n) = kb_k(n)/n$ ， $D_n = \{k \mid k \leqslant \ln n\}$ 使用尾部交换技术来得到

$$\sum_{k=0}^{n} a_k(n) = n^n e^{1/e}\big(1 + O(n^{-1})\big) .$$

9.39 对 $b_k(n) = \left(\ln n - k/n - \dfrac{1}{2}k^2/n^2\right)(\ln n)^k/k!$ ， $c_k(n) = n^{-3}(\ln n)^{k+3}/k!$ ， $D_n = \{k \mid 0 \leqslant k \leqslant 10\ln n\}$ 使用尾部交换技术. 当 $k \approx 10\ln n$ 时，我们有 $k! \asymp \sqrt{k}(10/e)^k(\ln n)^k$ ，所以第 k 项是 $O(n^{-10\ln(10/e)}\log n)$. 答案就是 $n\ln n - \ln n - \dfrac{1}{2}(\ln n)(1 + \ln n)/n + O\big(n^{-2}(\ln n)^3\big)$.

9.40 两两并项，我们就得到 $H_{2k}^m - \left(H_{2k} - \dfrac{1}{2k}\right)^m = \dfrac{m}{2k}H_{2k}^{m-1}$ 再加上一些项，这些项对所有 $k \geqslant 1$ 求和的和式等于 $O(1)$. 假设 n 是偶数. 欧拉求和公式就意味着

$$\sum_{k=1}^{n/2}\frac{H_{2k}^{m-1}}{k} = \sum_{k=1}^{n/2}\frac{(\ln 2e^{\gamma}k)^{m-1} + O\big(k^{-1}(\log k)^{m-2}\big)}{k}$$

$$= \frac{(\ln e^{\gamma}n)^m}{m} + O(1) ,$$

从而该和式是 $\dfrac{1}{2}H_n^m + O(1)$. 一般来说答案是 $\dfrac{1}{2}(-1)^n H_n^m + O(1)$.

9.41 设 $\alpha = \hat{\phi}/\phi = -\phi^{-2}$. 我们有

$$\sum_{k=1}^{n}\ln F_k = \sum_{k=1}^{n}\big(\ln \phi^k - \ln\sqrt{5} + \ln(1 - \alpha^k)\big)$$

$$= \frac{n(n+1)}{2}\ln\phi - \frac{n}{2}\ln 5 + \sum_{k \geqslant 1}\ln(1 - \alpha^k) - \sum_{k > n}\ln(1 - \alpha^k) .$$

后面这个和式是 $\sum_{k > n} O(\alpha^k) = O(\alpha^n)$. 于是答案是

$$\phi^{n(n+1)/2}5^{-n/2}C+O\left(\phi^{n(n-3)/2}5^{-n/2}\right),$$

597

其中 $C=(1-\alpha)(1-\alpha^2)(1-\alpha^3)\cdots\approx1.226742$.

9.42 提示源于 $\binom{n}{k-1}\bigg/\binom{n}{k}=\dfrac{k}{n-k+1}\leqslant\dfrac{\alpha n}{n-\alpha n+1}<\dfrac{\alpha}{1-\alpha}$. 设 $m=\lfloor\alpha n\rfloor=\alpha n-\varepsilon$. 那么

$$\binom{n}{m}<\sum_{k\leqslant m}\binom{n}{k}$$

$$<\binom{n}{m}\left(1+\frac{\alpha}{1-\alpha}+\left(\frac{\alpha}{1-\alpha}\right)^2+\cdots\right)=\binom{n}{m}\frac{1-\alpha}{1-2\alpha}.$$

所以 $\sum_{k\leqslant\alpha n}\binom{n}{k}=\binom{n}{m}O(1)$, 剩下来要估计 $\binom{n}{m}$. 根据斯特林近似有

$$\ln\binom{n}{m}=-\frac{1}{2}\ln n-(\alpha n-\varepsilon)\ln(\alpha-\varepsilon/n)-\big((1-\alpha)n+\varepsilon\big)$$

$$\times\ln(1-\alpha+\varepsilon/n)+O(1)=-\frac{1}{2}\ln n-\alpha n\ln\alpha-(1-\alpha)n\ln(1-\alpha)+O(1).$$

9.43 分母有形如 $z-\omega$ 的因子, 其中 ω 是一个复的单位根. 只有因子 $z-1$ 以重数5在其中出现. 这样一来, 根据 (7.31), 只有一个根的系数是 $\Omega(n^4)$, 且这个系数是 $c=5/(5!\times1\times5\times10\times25\times50)$ $=1/1500000$.

9.44 斯特林近似是指 $\ln\left(x^{-\alpha}x!/(x-\alpha)!\right)$ 有渐近级数

$$-\alpha-\left(x+\frac{1}{2}-\alpha\right)\ln(1-\alpha/x)-\frac{B_2}{2\times1}\left(x^{-1}-(x-\alpha)^{-1}\right)-\frac{B_4}{4\times3}\left(x^{-3}-(x-\alpha)^{-3}\right)-\cdots,$$

其中 x^{-k} 的每个系数都是 α 的多项式. 从而当 $x\to\infty$ 时有 $x^{-\alpha}x!/(x-\alpha)!=c_0(\alpha)+c_1(\alpha)x^{-1}+\cdots+c_n(\alpha)x^{-n}+O(x^{-n-1})$, 其中 $c_n(\alpha)$ 是 α 的多项式. 我们知道, 只要 α 是整数, 就有 $c_n(\alpha)=\begin{bmatrix}\alpha\\\alpha-n\end{bmatrix}(-1)^n$, 且 $\begin{bmatrix}\alpha\\\alpha-n\end{bmatrix}$ 是关于 α 的 $2n$ 次多项式, 从而对所有实的 α 有

(进一步的讨论见参考文献[220].)

$$c_n(\alpha)=\begin{bmatrix}\alpha\\\alpha-n\end{bmatrix}(-1)^n. \text{ 换言之, 渐近公式}$$

$$x^\alpha=\sum_{k=0}^{n}\begin{bmatrix}\alpha\\\alpha-k\end{bmatrix}(-1)^kx^{\alpha-k}+O(x^{\alpha-n-1}),$$

$$x^{\overline{\alpha}}=\sum_{k=0}^{n}\begin{bmatrix}\alpha\\\alpha-k\end{bmatrix}x^{\alpha-k}+O(x^{\alpha-n-1})$$

推广了在全为整数的情形下成立的等式 (6.13) 和 (6.11).

9.45 设 α 的部分商是 $\langle a_1,a_2,\cdots\rangle$, 又设 α_m 是连分数 $1/(a_m+\alpha_{m+1})$ ($m\geqslant1$). 那么, 对所有 m 有 $D(\alpha,n)$ $=D(\alpha_1,n)<D\left(\alpha_2,\lfloor\alpha_1 n\rfloor\right)+a_1+3<D\left(\alpha_3,\lfloor\alpha_2\lfloor\alpha_1 n\rfloor\rfloor\right)+a_1+a_2+6<\cdots<D\left(\alpha_{m+1},\lfloor\alpha_m\lfloor\cdots\lfloor\alpha_1 n\rfloor\cdots\rfloor\rfloor\right)$

598

$+a_1+\cdots+a_m+3m<\alpha_1\cdots\alpha_m n+a_1+\cdots+a_m+3m$.

用 n 除并令 $n\to\infty$, 则对所有 m, 极限点以 $\alpha_1\cdots\alpha_m$ 为上界. 最后我们有

$$\alpha_1\cdots\alpha_m=\frac{1}{K(a_1,\cdots,a_{m-1},a_m+\alpha_m)}<\frac{1}{F_{m+1}}.$$

9.46 为方便起见，我们用 m 代替 $m(n)$. 根据斯特林近似，$k^n / k!$ 的最大值在 $k \approx m \approx n / \ln n$ 时出现，所以我们用 $m + k$ 代替 k ，并求得

$$
\ln \frac{(m+k)^n}{(m+k)!} = n \ln m - m \ln m + m - \frac{\ln 2\pi m}{2}
$$
$$
- \frac{(m+n)k^2}{2m^2} + O(k^3 m^{-2} \log n) + O(m^{-1}) .
$$

实际上我们想要用 $\lfloor m \rfloor + k$ 代替 k ，这又增加了 $O(km^{-1}\log n)$. 现在对 $|k| \leqslant m^{1/2+\varepsilon}$ 用尾部交换方法就使得我们能关于 k 求和，用（9.93）中的量 Θ 就给出更强一点的渐近估计：

一个真正钟形的求和项.

$$
\varpi_n = \frac{\mathrm{e}^{m-1} m^{n-m}}{\sqrt{2\pi m}} \left(\Theta_{2m^2/(m+n)} + O(1) \right)
$$
$$
= \mathrm{e}^{m-n-1/2} m^n \sqrt{\frac{m}{m+n}} \left(1 + O\left(\frac{\log n}{n^{1/2}} \right) \right) .
$$

所要求的公式就得到了，其相对误差是 $O(\log \log n / \log n)$.

9.47 设 $\log_m n = l + \theta$ ，其中 $0 \leqslant \theta < 1$. 关于底的和式是 $l(n+1) + 1 - (m^{l+1}-1)/(m-1)$ ，关于顶的和式是 $(l+1)n - (m^{l+1}-1)/(m-1)$ ，未加底或顶的精确和式是 $(l+\theta)n - n/\ln m + O(\log n)$. 忽略 $o(n)$ 的项，关于顶的和式与精确和式之差是 $(1-f(\theta))n$ ，而精确和式与关于底的和式之差是 $f(\theta)n$ ，其中

$$
f(\theta) = \frac{m^{1-\theta}}{m-1} + \theta - \frac{1}{\ln m} .
$$

这个函数有最大值 $f(0) = f(1) = m/(m-1) - 1/\ln m$ ，而最小值是 $\ln\ln m / \ln m + 1 - (\ln(m-1))/\ln m$. 当 n 接近于 m 的幂时，顶的和式的值与所给的值更接近，而当 θ 位于0与1之间某处时，底的和式的值与之更加接近.

9.48 设 $d_k = a_k + b_k$ ，其中 a_k 计入小数点左边的位数. 这样就有 $a_k = 1 + \lfloor \log H_k \rfloor = \log\log k + O(1)$ ，其中 $\log$ 表示 $\log_{10}$. 为估计 b_k ，我们来观察为了将 y 与邻近的数 $y - \varepsilon$ 以及 $y + \varepsilon'$ 区分开来所必需的小数位数：设 $\delta = 10^{-b}$ 是舍入到 $\hat{y}$ 的数的区间长度. 我们有 $|y - \hat{y}| \leqslant \frac{1}{2}\delta$ ，又有 $y - \varepsilon < \hat{y} - \frac{1}{2}\delta$ 以及 $y + \varepsilon' > \hat{y} + \frac{1}{2}\delta$. 于是 $\varepsilon + \varepsilon' > \delta$. 又如果 $\delta < \min(\varepsilon, \varepsilon')$ ，这样的舍入的确将 $\hat{y}$ 与 $y - \varepsilon$ 以及 $y + \varepsilon'$ 这两者都区分开来. 因此 $10^{-b_k} < 1/(k-1) + 1/k$ 且 $10^{1-b_k} \geqslant 1/k$ ，我们有 $b_k = \log k + O(1)$. 这样一来，最后就有 $\sum_{k=1}^{n} d_k = \sum_{k=1}^{n} \left(\log k + \log\log k + O(1) \right)$ ，根据欧拉求和公式，这就是 $n\log n + n\log\log n + O(n)$.

9.49 我们有 $H_n > \ln n + \gamma + \frac{1}{2}n^{-1} - \frac{1}{12}n^{-2} = f(n)$ ，其中 $f(x)$ 对所有 $x > 0$ 是增加的. 于是，如果 $n \geqslant \mathrm{e}^{\alpha-\gamma}$ ，我们就有 $H_n \geqslant f(\mathrm{e}^{\alpha-\gamma}) > \alpha$. 又有 $H_{n-1} < \ln n + \gamma - \frac{1}{2}n^{-1} = g(n)$ ，其中 $g(x)$ 对所有 $x > 0$ 是增加的. 因此，如果 $n \leqslant \mathrm{e}^{\alpha-\gamma}$ ，我们就有 $H_{n-1} \leqslant g(\mathrm{e}^{\alpha-\gamma}) < \alpha$. 于是 $H_{n-1} \leqslant \alpha \leqslant H_n$ 就表明 $\mathrm{e}^{\alpha-\gamma} + 1 > n > \mathrm{e}^{\alpha+\gamma} - 1$. （Boas和Wrench[33]已经给出了更强的结果. ）

9.50 (a) 期望的回报是 $\sum_{1\leqslant k\leqslant N} k/\left(k^2 H_N^{(2)}\right) = H_N/H_N^{(2)}$，我们希望渐近值达到 $O(N^{-1})$：

$$\frac{\ln N + \gamma + O(N^{-1})}{\pi^2/6 - N^{-1} + O(N^{-2})} = \frac{6\ln 10}{\pi^2} n + \frac{6\gamma}{\pi^2} + \frac{36\ln 10}{\pi^4} \frac{n}{10^n} + O(10^{-n}).$$

系数 $(6\ln 10)/\pi^2 \approx 1.3998$ 告诉我们，期望的回报大约为 40% 的利润.

(b) 利润的概率是 $\sum_{n < k \leqslant N} 1/\left(k^2 H_N^{(2)}\right) = 1 - H_n^{(2)}/H_N^{(2)}$，由于 $H_N^{(2)} = \frac{\pi^2}{6} - n^{-1} + \frac{1}{2} n^{-2} + O(n^{-3})$，此概率即为

$$\frac{n^{-1} - \frac{1}{2} n^{-2} + O(n^{-3})}{\pi^2/6 + O(N^{-1})} = \frac{6}{\pi^2} n^{-1} - \frac{3}{\pi^2} n^{-2} + O(n^{-3}),$$

它实际上是随着 n 的增加而递减的.（(a)中的期望值很高，因为它包含了如此巨大的结算资金，以至于如果他们真的做出了这样的投资行为，整个世界经济都会受到影响.）

9.51 严格地说，这是错误的，因为由 $O(x^{-2})$ 所表示的函数有可能不是可积的.（它或许是 $[x\in S]/x^2$，其中 S 不是一个可测集.）但是如果我们假设 $f(x)$ 是一个可积函数，且当 $x\to\infty$ 时有 $f(x) = O(x^{-2})$，那么 $\left|\int_n^\infty f(x)\mathrm{d}x\right| \leqslant \int_n^\infty |f(x)|\mathrm{d}x \leqslant \int_n^\infty Cx^{-2}\mathrm{d}x = Cn^{-1}$.

（与令人讨厌的函数相反.）

9.52 事实上，n 的这种指数堆叠可以用任何一个不论多么快地趋向于无穷的函数 $f(x)$ 来代替. 定义序列 $\langle m_0, m_1, m_2, \cdots \rangle$，令 $m_0 = 0$，且设 m_k 是 $> m_{k-1}$ 的最小整数，它使得

$$\left(\frac{k+1}{k}\right)^{m_k} \geqslant f(k+1)^2.$$

现在设 $A(z) = \sum_{k\geqslant 1} (z/k)^{m_k}$. 这个幂级数对所有的 z 都收敛，因为对于 $k > |z|$ 的项以一个几何级数为界. 又有 $A(n+1) \geqslant ((n+1)/n)^{m_n} \geqslant f(n+1)^2$，从而 $\lim_{n\to\infty} f(n)/A(n) = 0$.

9.53 根据归纳法，其中的 O 项是 $(m-1)!^{-1}\int_0^x t^{m-1} f^{(m)}(x-t)\mathrm{d}t$. 由于 $f^{(m+1)}$ 有与 $f^{(m)}$ 相反的符号，故而这个积分的绝对值以 $\left|f^{(m)}(0)\right|\int_0^x t^{m-1}\mathrm{d}t$ 为界，所以其误差以被抛弃的第一项的绝对值为界.

9.54 设 $g(x) = f(x)/x^\alpha$，那么当 $x\to\infty$ 时 $g'(x) \sim -\alpha g(x)/x$. 根据均值定理，对于介于 $x-\frac{1}{2}$ 和 $x+\frac{1}{2}$ 之间的某个 y，有 $g\left(x-\frac{1}{2}\right) - g\left(x+\frac{1}{2}\right) = -g'(y) \sim \alpha g(y)/y$. 现在有 $g(y) = g(x)(1 + O(1/x))$，所以 $g\left(x-\frac{1}{2}\right) - g\left(x+\frac{1}{2}\right) \sim \alpha g(x)/x = \alpha f(x)/x^{1+\alpha}$. 于是，就有

$$\sum_{k\geqslant n} \frac{f(k)}{k^{1+\alpha}} = O\left(\sum_{k\geqslant n}\left(g\left(k-\frac{1}{2}\right) - g\left(k+\frac{1}{2}\right)\right)\right) = O\left(g\left(n-\frac{1}{2}\right)\right).$$

听起来像是一个不入流的定理.

9.55 $\left(n+k+\frac{1}{2}\right)\ln(1+k/n) + \left(n-k+\frac{1}{2}\right)\ln(1-k/n)$ 的估计被扩展成 $k^2/n + k^4/6n^3 + O(n^{-3/2+5\varepsilon})$，所以我们显然是希望在 $b_k(n)$ 中有一个额外的因子 $\mathrm{e}^{-k^4/6n^3}$，且 $c_k(n) = 2^{2n} n^{-2+5\varepsilon} \mathrm{e}^{-k^2/n}$. 但结果是，让 $b_k(n)$ 保持不动并设

$$c_k(n) = 2^{2n} n^{-2+5\varepsilon} e^{-k^2/n} + 2^{2n} n^{-5+5\varepsilon} k^4 e^{-k^2/n}$$

会更好一些，这样就用 $1 + O(k^4/n^3)$ 代替了 $e^{-k^4/6n^3}$. 和式 $\sum_k k^4 e^{-k^2/n}$ 就等于 $O(n^{5/2})$，正如习题9.30所指出的那样.

9.56 如果 $k \leqslant n^{1/2+\varepsilon}$，根据斯特林近似，我们就有 $\ln(n^{\underline{k}}/n^k) = -\frac{1}{2} k^2/n + \frac{1}{2} k/n - \frac{1}{6} k^3/n^2 + O(n^{-1+4\varepsilon})$，从而

$$n^{\underline{k}}/n^k = e^{-k^2/2n}\left(1 + k/2n - \frac{2}{3} k^3/(2n)^2 + O(n^{-1+4\varepsilon})\right).$$

借助习题9.30的恒等式求和，并记住略去 $k=0$ 的项，就给出 $-1 + \Theta_{2n} + \Theta_{2n}^{(1)} - \frac{2}{3}\Theta_{2n}^{(3)} + O(n^{-1/2+4\varepsilon})$

$$= \sqrt{\pi n/2} - \frac{1}{3} + O(n^{-1/2+4\varepsilon}).$$

9.57 利用提示，所给的和式就变成 $\int_0^\infty u e^{-u} \varsigma(1 + u/\ln n)\mathrm{d}u$. Zeta函数可以用级数

$$\varsigma(1+z) = z^{-1} + \sum_{m \geqslant 0} (-1)^m \gamma_m z^m/m!$$

来定义，其中 $\gamma_0 = \gamma$，而 γ_m 则是Stieltjes常数[341. 201]

$$\lim_{n \to \infty}\left(\sum_{k=1}^n \frac{(\ln k)^m}{k} - \frac{(\ln n)^{m+1}}{m+1}\right).$$

因此给定的和式等于

$$\ln n + \gamma - 2\gamma_1(\ln n)^{-1} + 3\gamma_2(\ln n)^{-2} - \cdots.$$

9.58 设 $0 \leqslant \theta \leqslant 1$，$f(z) = e^{2\pi i z\theta}/(e^{2\pi i z} - 1)$，我们有

$$|f(z)| = \frac{e^{-2\pi y\theta}}{1 + e^{-2\pi y}} \leqslant 1, \quad \text{当 } x \bmod 1 = \frac{1}{2} \text{ 时};$$

$$|f(z)| \leqslant \frac{e^{-2\pi y\theta}}{|e^{-2\pi y} - 1|} \leqslant \frac{1}{1 - e^{-2\pi\varepsilon}}, \quad \text{当 } y \geqslant \varepsilon \text{ 时}.$$

这样一来，$|f(z)|$ 在围道上有界，且该积分等于 $O(M^{1-m})$. $2\pi i f(z)/z^m$ 在点 $z = k \neq 0$ 处的留数是 $e^{2\pi i k\theta}/k^m$；在 $z = 0$ 处的留数是 z^{-1} 在

$$\frac{e^{2\pi i z\theta}}{z^{m+1}}\left(B_0 + B_1 \frac{2\pi i z}{1!} + \cdots\right) = \frac{1}{z^{m+1}}\left(B_0(\theta) + B_1(\theta)\frac{2\pi i z}{1!} + \cdots\right)$$

中的系数，也即 $(2\pi i)^m B_m(\theta)/m!$. 这样一来，围道内的留数之和为

$$\frac{(2\pi i)^m}{m!} B_m(\theta) + 2\sum_{k=1}^M e^{\pi i m/2} \frac{\cos(2\pi k\theta - \pi m/2)}{k^m}.$$

这等于围道积分 $O(M^{1-m})$，故而当 $M \to \infty$ 时它趋向于零.

9.59 如果 $F(x)$ 的性质足够好，我们就有一般的恒等式

$$\sum_k F(k+t) = \sum_n G(2\pi n)e^{2\pi i n t},$$

601

其中 $G(y) = \int_{-\infty}^{+\infty} \mathrm{e}^{-\mathrm{i}yx} F(x)\mathrm{d}x$. （这就是"泊松求和公式"，它可以在参考文献 Henrici[182, 定理 10.6e] 这样的标准教科书中找到. ）

9.60 根据习题 5.22，所述公式等价于

$$n^{\overline{1/2}} = n^{1/2}\left(1 - \frac{1}{8n} + \frac{1}{128n^2} + \frac{5}{1024n^3} - \frac{21}{32768n^4} + O(n^{-5})\right).$$

从而此结果可以由习题 6.64 以及习题 9.44 得出.

9.61 这里的想法就是使得 α "几乎"是有理的. 设 $a_k = 2^{2^{2^k}}$ 是 α 的第 k 个部分商，又设 $n = \frac{1}{2}a_{m+1}q_m$，其中 $q_m = K(a_1, \cdots, a_m)$ 且 m 是偶数. 那么 $0 < \{q_m\alpha\} < 1/K(a_1, \cdots, a_{m+1}) < 1/(2n)$，而且如果我们取 $\nu = a_{m+1}/(4n)$，就得到一个 $\geqslant \frac{1}{4}a_{m+1}$ 的偏差. 如果它小于 $n^{1-\varepsilon}$，我们就会有 $a_{m+1}^\varepsilon = O(q_m^{1-\varepsilon})$，但实际上有 $a_{m+1} > q_m^{2^m}$.

9.62 有关两种斯特林数的渐近估计，可见参考文献 Canfield[48]，也可见参考文献 David 与 Barton[71, 第 16 章].

602

9.63 设 $c = \phi^{2-\phi}$. 估计式 $cn^{\phi-1} + o(n^{\phi-1})$ 是由 Fine[150] 证明的. Ilan Vardi 指出，所陈述的更加精密的估计可以由以下事实推出：误差项 $e(n) = f(n) - cn^{\phi-1}$ 满足渐近递归式 $c^\phi n^{2-\phi} e(n) \approx -\sum_k e(k)$ $[1 \leqslant k < cn^{\phi-1}]$. 如果 $u(x+1) = -u(x)$，函数

$$\frac{n^{\phi-1}u(\ln\ln n / \ln\phi)}{\ln n}$$

渐近地满足这个递归式. （Vardi 猜想，对某个这样的函数 u 有

$$f(n) = n^{\phi-1}\left(c + u\left(\frac{\ln\ln n}{\ln\phi}\right)(\ln n)^{-1} + O((\log n)^{-2})\right).$$

对小的 n 计算表明，对于 $1 \leqslant n \leqslant 400$，除了 $f(273) = 39 > c \cdot 273^{\phi-1} \approx 38.4997$ 情形之外，在其他情形 $f(n)$ 都等于离 $cn^{\phi-1}$ 最近的整数. 但是，由于习题 2.36 中的结果，小的误差最后还是会被放大. 例如，$e(201636503) \approx 35.73$，$e(919986484788) \approx -1959.07$.

有关这个问题的进一步进展已经由 Jean Luc Rémy 得到，见 *Journal of Number Theory*, vol.66（1997），1-28.

9.64 （由关于 $B_2(x)$ 的这个恒等式，我们也能很容易地用对 m 的归纳法推导出习题 9.58 中的恒等式. ）如果 $0 < x < 1$，则积分 $\int_x^{1/2} \sin N\pi t\,\mathrm{d}t / \sin\pi t$ 可以表示成 N 个积分之和，每个积分都是 $O(N^{-2})$，所以它等于 $O(N^{-1})$，这个 O 所蕴涵的常数有可能依赖于 x. 对恒等式 $\sum_{n=1}^N \cos 2n\pi t = \Re\left(\mathrm{e}^{2\pi\mathrm{i}t}(\mathrm{e}^{2N\pi\mathrm{i}t} - 1)/(\mathrm{e}^{2\pi\mathrm{i}t} - 1)\right) = -\frac{1}{2} + \frac{1}{2}\sin(2N+1)\pi t / \sin\pi t$ 积分并令 $N \to \infty$，现在就给出 $\sum_{n \geqslant 1}(\sin 2n\pi x)/n = \frac{\pi}{2} - \pi x$，这是欧拉已经知道的一个关系式 [107] 和 [110, 第 2 部分, §92]. 再次积分就得到所要的公式. （这个解法是由 E.M.E.Wermuth[367] 提供的，欧拉原来的推导方法不符合现在的严格性标准. ）

9.65 由于 $a_0 + a_1 n^{-1} + a_2 n^{-2} + \cdots = 1 + (n-1)^{-1}\left(a_0 + a_1(n-1)^{-1} + a_2(n-1)^{-2} + \cdots\right)$，我们得到递归式 $a_{m+1} = \sum_k \binom{m}{k}a_k$，它与贝尔数的递归式相符. 从而 $a_m = \varpi_m$.

基于 $1/(n-1)\cdots(n-m)=\sum_k\begin{Bmatrix}k\\m\end{Bmatrix}/n^k$ 这一事实（由（7.47）得出），可以给出一个稍长但内涵更加丰富的证明.

9.66 当 f 是 $\{1,2,\cdots,n\}$ 到自身的一个随机映射时，序列 $1,f(1),f(f(1)),\cdots$ 中不同元素的期望的个数是习题9.56中的函数 $Q(n)$，它的值是 $\dfrac{1}{2}\sqrt{2\pi n}+O(1)$，这或许可以算是对出现因子 $\sqrt{2\pi n}$ 的解释.

9.67 已知 $\ln\chi_n\sim\dfrac{3}{2}n^2\ln\dfrac{4}{3}$，常数 $\mathrm{e}^{-\pi/6}$ 已经实际验证到8位有效数字.

9.68 这样的 n 或许不会存在，例如，如果对某个整数 m 以及某个 $0<\varepsilon<\dfrac{1}{8}$ 有 $\mathrm{e}^{n-\gamma}=m+\dfrac{1}{2}+\varepsilon/m$；但是没有已知的反例.

603

"这一悖论就完全建立起来：极端抽象正是用以控制我们思考具体事实的真正武器."
——A.N.怀特海[372]

附录 B

参考文献
BIBLIOGRAPHY

这里列出了本书参考的著作, 右边的数字是参考文献所在的边栏页码.
已发表问题的版权归提供解决方法者所有, 而非原始问题的陈述者.
这里的名字和标题尽可能与最初发表的保持一致.

> "这篇论文弥补了文献中的不足."
> ——Math. Reviews

1 N. H. Abel, letter to B. Holmboe (1823), in his *Œuvres Complètes*, first edition, 1839, volume 2, 264–265. Reprinted in the second edition, 1881, volume 2, 254–255. *634.*

2 Milton Abramowitz and Irene A. Stegun, editors, *Handbook of Mathematical Functions.* United States Government Printing Office, 1964. Reprinted by Dover, 1965. *42.*

3 William W. Adams and J. L. Davison, "A remarkable class of continued fractions," *Proceedings of the American Mathematical Society* **65** (1977), 194–198. [See also P. E. Böhmer, "Über die Transzendenz gewisser dyadischer Brüche," *Mathematische Annalen* **96** (1927), 367–377.] *635.*

4 A. V. Aho and N. J. A. Sloane, "Some doubly exponential sequences," *Fibonacci Quarterly* **11** (1973), 429–437. *633.*

5 W. Ahrens, *Mathematische Unterhaltungen und Spiele.* Teubner, Leipzig, 1901. Second edition, in two volumes, 1910 and 1918. *8.*

6 Naum Il'ich Akhiezer, *Klassicheskaĩa problema momentov i nekotorye voprosy analiza, svĩazannye s neĩu.* Moscow, 1961. English translation, *The Classical Moment Problem and Some Related Questions in Analysis*, Hafner, 1965. *591.*

7 R. E. Allardice and A. Y. Fraser, "La Tour d'Hanoï," *Proceedings of the Edinburgh Mathematical Society* **2** (1884), 50–53. *2.*

8 Désiré André, "Sur les permutations alternées," *Journal de Mathématiques pures et appliquées*, series 3, **7** (1881), 167–184. *635.*

604

215, 634.   **9**   George E. Andrews, "Applications of basic hypergeometric functions," *SIAM Review* **16** (1974), 441–484.

530.   **10**   George E. Andrews, "On sorting two ordered sets," *Discrete Mathematics* **11** (1975), 97–106.

330.   **11**   George E. Andrews, *The Theory of Partitions.* Addison–Wesley, 1976.

575.   **12**   George E. Andrews, "Euler's 'exemplum memorabile inductionis fallacis' and q-trinomial coefficients," *Journal of the American Mathematical Society* **3** (1990), 653–669.

635.   **13**   George E. Andrews and K. Uchimura, "Identities in combinatorics IV: Differentiation and harmonic numbers," *Utilitas Mathematica* **28** (1985), 265–269.

238, 634.   **14**   Roger Apéry, "Interpolation de fractions continues et irrationalité de certaines constantes," in *Mathématiques*, Ministère des universités (France), Comité des travaux historiques et scientifiques, Section des sciences, *Bulletin de la Section des Sciences* **3** (1981), 37–53.

633.   **15**   M. D. Atkinson, "The cyclic towers of Hanoi," *Information Processing Letters* **13** (1981), 118–119.

635.   **16**   M. D. Atkinson, "How to compute the series expansions of sec x and tan x," *American Mathematical Monthly* **93** (1986), 387–389. [This triangle was first found by L. Seidel, "Ueber eine einfache Entstehungsweise der Bernoulli'schen Zahlen und einiger verwandten Reihen," *Sitzungsberichte der mathematisch-physikalischen Classe der königlich bayerischen Akademie der Wissenschaften zu München* **7** (1877), 157–187.]

443.   **17**   Paul Bachmann, *Die analytische Zahlentheorie.* Teubner, Leipzig, 1894.

223, 634.   **18**   W. N. Bailey, *Generalized Hypergeometric Series.* Cambridge University Press, 1935; second edition, 1964.

548.   **19**   W. N. Bailey, "The generating function for Jacobi polynomials," *Journal of the London Mathematical Society* **13** (1938), 243–246.

633.   **20**   W. W. Rouse Ball and H. S. M. Coxeter, *Mathematical Recreations and Essays*, twelfth edition. University of Toronto Press, 1974. (A revision of Ball's *Mathematical Recreations and Problems*, first published by Macmillan, 1892.)

634.   **21**   P. Barlow, "Demonstration of a curious numerical proposition," *Journal of Natural Philosophy, Chemistry, and the Arts* **27** (1810), 193–205.

633.   **22**   Samuel Beatty, "Problem 3177," *American Mathematical Monthly* **34** (1927), 159–160.

332.   **23**   E. T. Bell, "Euler algebra," *Transactions of the American Mathematical Society* **25** (1923), 135–154.

24 E. T. Bell, "Exponential numbers," *American Mathematical Monthly* **41** (1934), 411–419.   *635.*

25 Edward A. Bender, "Asymptotic methods in enumeration," *SIAM Review* **16** (1974), 485–515.   *636.*

26 Jacobi Bernoulli, *Ars Conjectandi*, opus posthumum. Basel, 1713. Reprinted in *Die Werke von Jakob Bernoulli*, volume 3, 107–286.   *283.*

27 J. Bertrand, "Mémoire sur le nombre de valeurs que peut prendre une fonction quand on y permute les lettres qu'elle renferme," *Journal de l'École Royale Polytechnique* **18**, cahier 30 (1845), 123–140.   *633.*

28 William H. Beyer, editor, *CRC Standard Mathematical Tables and Formulae*, 29th edition. CRC Press, Boca Raton, Florida, 1991.   *42.*

29 J. Bienaymé, "Considérations à l'appui de la découverte de Laplace sur la loi de probabilité dans la méthode des moindres carrés," *Comptes Rendus hebdomadaires des séances de l'Académie des Sciences* (Paris) **37** (1853), 309–324.   *390.*

30 J. Binet, "Mémoire sur un système de Formules analytiques, et leur application à des considérations géométriques," *Journal de l'École Polytechnique* **9**, cahier 16 (1812), 280–354.   *633.*

31 J. Binet, "Mémoire sur l'intégration des équations linéaires aux différences finies, d'un ordre quelconque, à coefficients variables," *Comptes Rendus hebdomadaires des séances de l'Académie des Sciences* (Paris) **17** (1843), 559–567.   *299.*

32 Gunnar Blom, "Problem E 3043: Random walk until no shoes," *American Mathematical Monthly* **94** (1987), 78–79.   *636.*

33 R. P. Boas, Jr. and J. W. Wrench, Jr., "Partial sums of the harmonic series," *American Mathematical Monthly* **78** (1971), 864–870.   *600, 636.*

34 P. Bohl, "Über ein in der Theorie der säkularen Störungen vorkommendes Problem," *Journal für die reine und angewandte Mathematik* **135** (1909), 189–283.   *87.*

35 Émile Borel, *Leçons sur les séries à termes positifs*. Paris, 1902.   *636.*

36 Jonathan M. Borwein and Peter B. Borwein, *Pi and the AGM*. Wiley, 1987.   *635.*

37 Richard P. Brent, "The first occurrence of large gaps between successive primes," *Mathematics of Computation* **27** (1973), 959–963.   *525.*

38 Richard P. Brent, "Computation of the regular continued fraction for Euler's constant," *Mathematics of Computation* **31** (1977), 771–777.   *306, 564.*

39 John Brillhart, "Some miscellaneous factorizations," *Mathematics of Computation* **17** (1963), 447–450.   *633.*

116.   **40**   Achille Brocot, "Calcul des rouages par approximation, nouvelle méthode," *Revue Chronométrique* **3** (1861), 186–194. (He also published a 97-page monograph with the same title in 1862.)

635.   **41**   Maxey Brooke and C. R. Wall, "Problem B-14: A little surprise," *Fibonacci Quarterly* **1**, 3 (1963), 80.

633.   **42**   Brother U. Alfred [Brousseau], "A mathematician's progress," *Mathematics Teacher* **59** (1966), 722–727.

501.   **43**   Morton Brown, "Problem 6439: A periodic sequence," *American Mathematical Monthly* **92** (1985), 218.

（本书中没有引用这样的论文. ）   **44**   T. Brown, "Infinite multi-variable subpolynormal Woffles which do not satisfy the lower regular Q-property (Piffles)," in *A Collection of 250 Papers on Woffle Theory Dedicated to R. S. Green on His 23rd Birthday.* Cited in A. K. Austin, "Modern research in mathematics," *The Mathematical Gazette* **51** (1967), 149–150.

633.   **45**   Thomas C. Brown, "Problem E 2619: Squares in a recursive sequence," *American Mathematical Monthly* **85** (1978), 52–53.

358.   **46**   William G. Brown, "Historical note on a recurrent combinatorial problem," *American Mathematical Monthly* **72** (1965), 973–977.

635.   **47**   S. A. Burr, "On moduli for which the Fibonacci sequence contains a complete system of residues," *Fibonacci Quarterly* **9** (1971), 497–504.

602, 636.   **48**   E. Rodney Canfield, "On the location of the maximum Stirling number(s) of the second kind," *Studies in Applied Mathematics* **59** (1978), 83–93.

635.   **49**   L. Carlitz, "The generating function for $\max(n_1, n_2, \cdots, n_k)$," *Portugaliae Mathematica* **21** (1962), 201–207.

31.   **50**   Lewis Carroll [pseudonym of C. L. Dodgson], *Through the Looking Glass and What Alice Found There.* Macmillan, 1871.

292.   **51**   Jean-Dominique Cassini, "Une nouvelle progression de nombres," *Histoire de l'Académie Royale des Sciences*, Paris, volume 1, 201. (Cassini's work is summarized here as one of the mathematical results presented to the academy in 1680. This volume was published in 1733.)

203.   **52**   E. Catalan, "Note sur une Équation aux différences finies," *Journal de Mathématiques pures et appliquées* **3** (1838), 508–516.

633.   **53**   Augustin-Louis Cauchy, *Cours d'analyse de l'École Royale Polytechnique.* Imprimerie Royale, Paris, 1821. Reprinted in his *Œuvres complètes*, series 2, volume 3.

54 Arnold Buffum Chace, *The Rhind Mathematical Papyrus*, volume 1.   *633.*
Mathematical Association of America, 1927. (Includes an excellent bibliography of Egyptian mathematics by R. C. Archibald.)

55 M. Chaimovich, G. Freiman, and J. Schönheim, "On exceptions to   *525.*
Szegedy's theorem," *Acta Arithmetica* **49** (1987), 107–112.

56 P. L. Tchebichef [Chebyshev], "Mémoire sur les nombres premiers," *Jour*   *633.*
nal de Mathématiques pures et appliquées **17** (1852), 366–390. Reprinted
in his *Œuvres*, volume 1, 51–70. Russian translation, "O prostykh chislakh," in his *Polnoe sobranie sochineniĭ*, volume 1, 191–207.

57 P. L. Chebyshev″, "O srednikh″ velichinakh″," *Matematicheskiĭ Sbornik″*   *390.*
2,1 (1867), 1–9. Reprinted in his *Polnoe sobranie sochineniĭ*, volume 2,
431–437. French translation, "Des valeurs moyennes," *Journal de Mathé*
matiques pures et appliquées, series 2, **12** (1867), 177–184; reprinted in
his *Œuvres*, volume 1, 685–694.

58 P. L. Chebyshev″, "O priblizhennykh″ vyrazheniĭakh″ odnikh″ integralov″   *38.*
cherez″ drugie, vziatye v″ tiekh″ zhe prediélakh″," *Soobshcheniĭa i pro*
tokoly zasiedaniĭ matematicheskago obshchestva pri Imperatorskom″
Khar'kovskom″ Universitetie **4,**2 (1882), 93–98. Reprinted in his *Pol*
noe sobranie sochineniĭ, volume 3, 128–131. French translation, "Sur les
expressions approximatives des intégrales définies par les autres prises
entre les mêmes limites," in his *Œuvres*, volume 2, 716–719.

59 F. R. K. Chung and R. L. Graham, "On the cover polynomial of a di   *557, 635.*
graph," *Journal of Combinatorial Theory*, series B, **65** (1995), 273–290.

60 Th. Clausen, "Ueber die Fälle, wenn die Reihe von der Form   *634.*

$$y = 1 + \frac{\alpha}{1}\cdot\frac{\beta}{\gamma}x + \frac{\alpha.\alpha+1}{1.2}\cdot\frac{\beta.\beta+1}{\gamma.\gamma+1}x^2 + \text{etc.}$$

ein Quadrat von der Form

$$z = 1 + \frac{\alpha'}{1}\cdot\frac{\beta'}{\gamma'}\cdot\frac{\delta'}{\epsilon'}x + \frac{\alpha'.\alpha'+1}{1.2}\cdot\frac{\beta'.\beta'+1}{\gamma'.\gamma'+1}\cdot\frac{\delta'.\delta'+1}{\epsilon'.\epsilon'+1}x^2 + \text{etc. hat,}$$

Journal für die reine und angewandte Mathematik **3** (1828), 89–91.

61 Th. Clausen, "Beitrag zur Theorie der Reihen," *Journal für die reine*   *634.*
und angewandte Mathematik **3** (1828), 92–95.

62 Th. Clausen, "Theorem," *Astronomische Nachrichten* **17** (1840), col   *635.*
umns 351–352.

63 Stuart Dodgson Collingwood, *The Lewis Carroll Picture Book*. T. Fisher   *293.*
Unwin, 1899. Reprinted by Dover, 1961, with the new title *Diversions*
and Digressions of Lewis Carroll.

636.　　**64**　Louis Comtet, *Advanced Combinatorics*. Dordrecht, Reidel, 1974.

501.　　**65**　J. H. Conway and R. L. Graham, "Problem E 2567: A periodic recurrence," *American Mathematical Monthly* **84** (1977), 570–571.

525, 634.　　**66**　Harald Cramér, "On the order of magnitude of the difference between consecutive prime numbers," *Acta Arithmetica* **2** (1937), 23–46.

633.　　**67**　A. L. Crelle, "Démonstration élémentaire du théorème de Wilson généralisé," *Journal für die reine und angewandte Mathematik* **20** (1840), 29–56.

633.　　**68**　D. W. Crowe, "The n-dimensional cube and the Tower of Hanoi," *American Mathematical Monthly* **63** (1956), 29–30.

590.　　**69**　János A. Csirik, "Optimal strategy for the first player in the Penney ante game," *Combinatorics, Probability and Computing* **1** (1992), 311–321.

634.　　**70**　D. R. Curtiss, "On Kellogg's Diophantine problem," *American Mathematical Monthly* **29** (1922), 380–387.

602.　　**71**　F. N. David and D. E. Barton, *Combinatorial Chance*. Hafner, 1962.

210.　　**72**　Philip J. Davis, "Leonhard Euler's integral: A historical profile of the Gamma function," *American Mathematical Monthly* **66** (1959), 849–869.

307, 635.　　**73**　J. L. Davison, "A series and its associated continued fraction," *Proceedings of the American Mathematical Society* **63** (1977), 29–32.

444, 447, 595, 636.　　**74**　N. G. de Bruijn, *Asymptotic Methods in Analysis*. North-Holland, 1958; third edition, 1970. Reprinted by Dover, 1981.

635.　　**75**　N. G. de Bruijn, "Problem 9," *Nieuw Archief voor Wiskunde*, series 3, **12** (1964), 68.

297, 481.　　**76**　Abraham de Moivre, *Miscellanea analytica de seriebus et quadraturis*. London, 1730.

136.　　**77**　R. Dedekind, "Abriß einer Theorie der höheren Congruenzen in Bezug auf einen reellen Primzahl-Modulus," *Journal für die reine und angewandte Mathematik* **54** (1857), 1–26. Reprinted in his *Gesammelte mathematische Werke*, volume 1, 40–67.

510.　　**78**　Leonard Eugene Dickson, *History of the Theory of Numbers*. Carnegie Institution of Washington, volume 1, 1919; volume 2, 1920; volume 3, 1923. Reprinted by Stechert, 1934, and by Chelsea, 1952, 1971.

635.　　**79**　Edsger W. Dijkstra, *Selected Writings on Computing: A Personal Perspective*. Springer-Verlag, 1982.

80 G. Lejeune Dirichlet, "Verallgemeinerung eines Satzes aus der Lehre   *633.*
    von den Kettenbrüchen nebst einigen Anwendungen auf die Theorie
    der Zahlen," *Bericht über die Verhandlungen der Königlich-Preußischen
    Akademie der Wissenschaften zu Berlin* (1842), 93–95. Reprinted in his
    Werke, volume 1, 635–638.

81 A. C. Dixon, "On the sum of the cubes of the coefficients in a certain   *634.*
    expansion by the binomial theorem," *The Messenger of Mathematics*,
    new series, **20** (1891), 79–80.

82 John Dougall, "On Vandermonde's theorem, and some more general   *171.*
    expansions," *Proceedings of the Edinburgh Mathematical Society* **25**
    (1907), 114–132.

83 A. Conan Doyle, "The sign of the four; or, The problem of the Sholtos,"   *228, 405.*
    Lippincott's Monthly Magazine (Philadelphia) **45** (1890), 147–223.

84 A. Conan Doyle, "The adventure of the final problem," *The Strand Mag-*   *162.*
    azine **6** (1893), 558–570.

85 P. du Bois-Reymond, "Sur la grandeur relative des infinis des fonctions,"   *440.*
    Annali di Matematica pura ed applicata, series 2, **4** (1871), 338–353.

86 Harvey Dubner, "Generalized repunit primes," *Mathematics of Compu-*   *633.*
    tation **61** (1993), 927–930.

87 Henry Ernest Dudeney, *The Canterbury Puzzles and Other Curious*   *633.*
    Problems. E. P. Dutton, New York, 1908; 4th edition, Dover, 1958. (Du-
    deney had first considered the generalized Tower of Hanoi in *The Weekly
    Dispatch*, on 15 November 1896, 25 May 1902, and 15 March 1903.)

88 G. Waldo Dunnington, *Carl Friedrich Gauss: Titan of Science.* Exposi-   *6.*
    tion Press, New York, 1955.

89 F. J. Dyson, "Some guesses in the theory of partitions," *Eureka* **8** (1944),   *239.*
    10–15.

90 A. W. F. Edwards, *Pascal's Arithmetical Triangle.* Oxford University   *155.*
    Press, 1987.

91 G. Eisenstein, "Entwicklung von $\alpha^{\alpha^{\alpha^{\cdot^{\cdot}}}}$," *Journal für die reine und ange-*   *202.*
    wandte Mathematik **28** (1844), 49–52. Reprinted in his *Mathematische
    Werke* **1**, 122–125.

92 Noam D. Elkies, "On $A^4 + B^4 + C^4 = D^4$," *Mathematics of Computation*   *131.*
    51 (1988), 825–835.

93 Erdős Pál, "Az $\dfrac{1}{x_1} + \dfrac{1}{x_2} + \cdots + \dfrac{1}{x_n} = \dfrac{a}{b}$ egyenlet egész számú meg-   *634.*
    oldásairól," *Matematikai Lapok* **1** (1950), 192–209. English abstract on
    page 210.

418.

94 Paul Erdős, "My Scottish Book 'problems'," in *The Scottish Book: Mathematics from the Scottish Café*, edited by R. Daniel Mauldin, 1981, 35–45.

515, 525, 634, 635, 636.

95 P. Erdős and R. L. Graham, *Old and New Problems and Results in Combinatorial Number Theory*. Université de Genève, L'Enseignement Mathématique, 1980.

525, 548.

96 P. Erdős, R. L. Graham, I. Z. Ruzsa, and E. G. Straus, "On the prime factors of $\binom{2n}{n}$," *Mathematics of Computation* **29** (1975), 83–92.

635.

97 Arulappah Eswarathasan and Eugene Levine, "p-integral harmonic sums," *Discrete Mathematics* **91** (1991), 249–257.

108.

98 Euclid, *ΣΤΟΙΧΕΙΑ*. Ancient manuscript first printed in Basel, 1533. Scholarly edition (Greek and Latin) by J. L. Heiberg in five volumes, Teubner, Leipzig, 1883–1888.

210, 634.

99 Leonhard Euler, letter to Christian Goldbach (13 October 1729), in *Correspondance mathématique et physique de quelques célèbres géomètres du XVIIIème siècle*, edited by P. H. Fuss, St. Petersburg, 1843, volume 1, 3–7.

210.

100 L. Eulero, "De progressionibus transcendentibus seu quarum termini generales algebraice dari nequeunt," *Commentarii academiæ scientiarum imperialis Petropolitanæ* **5** (1730), 36–57. Reprinted in his *Opera Omnia*, series 1, volume 14, 1–24.

469.

101 Leonh. Eulero, "Methodus generalis summandi progressiones," *Commentarii academiæ scientiarum imperialis Petropolitanæ* **6** (1732), 68–97. Reprinted in his *Opera Omnia*, series 1, volume 14, 42–72.

132.

102 Leonh. Eulero, "Observationes de theoremate quodam Fermatiano, aliisque ad numeros primos spectantibus," *Commentarii academiæ scientiarum imperialis Petropolitanæ* **6** (1732), 103–107. Reprinted in his *Opera Omnia*, series 1, volume 2, 1–5. Reprinted in his *Commentationes arithmeticæ collectæ*, volume 1, 1–3.

277, 278.

103 Leonh. Eulero, "De progressionibus harmonicis observationes," *Commentarii academiæ scientiarum imperialis Petropolitanæ* **7** (1734), 150–161. Reprinted in his *Opera Omnia*, series 1, volume 14, 87–100.

267.

104 Leonh. Eulero, "Methodus universalis series summandi ulterius promota," *Commentarii academiæ scientiarum imperialis Petropolitanæ* **8** (1736), 147–158. Reprinted in his *Opera Omnia*, series 1, volume 14, 124–137.

122.

105 Leonh. Euler, "De fractionibus continuis, Dissertatio," *Commentarii academiæ scientiarum imperialis Petropolitanæ* **9** (1737), 98–137. Reprinted in his *Opera Omnia*, series 1, volume 14, 187–215.

611

106 Leonh. Euler, "Variæ observationes circa series infinitas," *Commentarii academiæ scientiarum imperialis Petropolitanæ* **9** (1737), 160–188. Reprinted in his *Opera Omnia*, series 1, volume 14, 216–244.   *633.*

107 Leonhard Euler, letter to Christian Goldbach (4 July 1744), in *Correspondance mathématique et physique de quelques célèbres géomètres du XVIIIème siècle*, edited by P. H. Fuss, St. Petersburg, 1843, volume 1, 278–293.   *603.*

108 Leonhardo Eulero, *Introductio in Analysin Infinitorum*. Tomus primus, Lausanne, 1748. Reprinted in his *Opera Omnia*, series 1, volume 8. Translated into French, 1786; German, 1788; Russian, 1936; English, 1988.   *635.*

109 L. Eulero, "De partitione numerorum," *Novi commentarii academiæ scientiarum imperialis Petropolitanæ* **3** (1750), 125–169. Reprinted in his *Commentationes arithmeticæ collectæ*, volume 1, 73–101. Reprinted in his *Opera Omnia*, series 1, volume 2, 254–294.   *635.*

110 Leonhardo Eulero, *Institutiones Calculi Differentialis cum eius usu in Analysi Finitorum ac Doctrina Serierum*. St. Petersburg, Academiæ Imperialis Scientiarum Petropolitanæ, 1755. Reprinted in his *Opera Omnia*, series 1, volume 10. Translated into German, 1790.   *48, 267, 551, 603, 635.*

111 L. Eulero, "Theoremata arithmetica nova methodo demonstrata," *Novi commentarii academiæ scientiarum imperialis Petropolitanæ* **8** (1760), 74–104. (Also presented in 1758 to the Berlin Academy.) Reprinted in his *Commentationes arithmeticæ collectæ*, volume 1, 274–286. Reprinted in his *Opera Omnia*, series 1, volume 2, 531–555.   *133, 134.*

112 L. Eulero, "Specimen algorithmi singularis," *Novi commentarii academiæ scientiarum imperialis Petropolitanæ* **9** (1762), 53–69. (Also presented in 1757 to the Berlin Academy.) Reprinted in his *Opera Omnia*, series 1, volume 15, 31–49.   *302, 303.*

113 L. Eulero, "Observationes analyticæ," *Novi commentarii academiæ scientiarum imperialis Petropolitanæ* **11** (1765), 124–143. Reprinted in his *Opera Omnia*, series 1, volume 15, 50–69.   *575, 636.*

114 Leonhard Euler, *Vollständige Anleitung zur Algebra. Erster Theil. Von den verschiedenen Rechnungs-Arten, Verhältnissen und Proportionen*. St. Petersburg, 1770. Reprinted in his *Opera Omnia*, series 1, volume 1. Translated into Russian, 1768; Dutch, 1773; French, 1774; Latin, 1790; English, 1797.   *636.*

115 L. Eulero, "Observationes circa bina biquadrata quorum summam in duo alia biquadrata resolvere liceat," *Novi commentarii academiæ scientiarum imperialis Petropolitanæ* **17** (1772), 64–69. Reprinted in his   *131.*

Commentationes arithmeticæ collectæ, volume 1, 473–476. Reprinted in his *Opera Omnia*, series 1, volume 3, 211–217.

513.

116 L. Eulerc, "Observationes circa novum et singulare progressionum genus," *Novi commentarii academiæ scientiarum imperialis Petropolitanæ* **20** (1775), 123–139. Reprinted in his *Opera Omnia*, series 1, volume 7, 246–261.

202.

117 L. Eulero, "De serie Lambertina, plurimisque eius insignibus proprietatibus," *Acta academiæ scientiarum imperialis Petropolitanæ* **3**,2 (1779), 29–51. Reprinted in his *Opera Omnia*, series 1, volume 6, 350–369.

207, 634.

118 L. Eulero, "Specimen transformationis singularis serierum," *Nova acta academiæ scientiarum imperialis Petropolitanæ* **12** (1794), 58–70. Submitted for publication in 1778. Reprinted in his *Opera Omnia*, series 1, volume 16(2), 41–55.

288.

119 Johann Faulhaber, *Academia Algebræ*, Darinnen die miraculosische Inventiones zu den höchsten Cossen weiters *continuirt* und *profitiert* werden, ... biß auff die regulierte *Zensicubiccubic* Coß durch offnen Truck *publiciert* worden. Augsburg, 1631.

381, 636.

120 William Feller, *An Introduction to Probability Theory and Its Applications*, volume 1. Wiley, 1950; second edition, 1957; third edition, 1968.

131.

121 Pierre de Fermat, letter to Marin Mersenne (25 December 1640), in *Œuvres de Fermat*, volume 2, 212–217.

633, 634.

122 Leonardo filio Bonacci Pisano [Fibonacci], *Liber Abaci*. First edition, 1202 (now lost); second edition, 1228. Reprinted in *Scritti di Leonardo Pisano*, edited by Baldassarre Boncompagni, 1857, volume 1.

24.

123 Bruno de Finetti, *Teoria delle Probabilità*. Turin, 1970. English translation, *Theory of Probability*, Wiley, 1974–1975.

636.

124 Michael E. Fisher, "Statistical mechanics of dimers on a plane lattice," *Physical Review* **124** (1961), 1664–1672.

636.

125 R. A. Fisher, "Moments and product moments of sampling distributions," *Proceedings of the London Mathematical Society*, series 2, **30** (1929), 199–238.

634.

126 Pierre Forcadel, *L'arithmeticque*. Paris, 1557.

22.

127 J. Fourier, "Refroidissement séculaire du globe terrestre," *Bulletin des Sciences par la Société philomathique de Paris*, series 3, **7** (1820), 58–70. Reprinted in *Œuvres de Fourier*, volume 2, 271–288.

515, 633.

128 Aviezri S. Fraenkel, "Complementing and exactly covering sequences," *Journal of Combinatorial Theory*, series A, **14** (1973), 8–20.

129 Aviezri S. Fraenkel, "How to beat your Wythoff games' opponent on three fronts," *American Mathematical Monthly* **89** (1982), 353–361.   *563.*

130 J. S. Frame, B. M. Stewart, and Otto Dunkel, "Partial solution to problem 3918," *American Mathematical Monthly* **48** (1941), 216–219.   *633.*

131 Piero della Francesca, *Libellus de quinque corporibus regularibus*. Vatican Library, manuscript Urbinas 632. Translated into Italian by Luca Pacioli, as part 3 of Pacioli's *Diuine Proportione*, Venice, 1509.   *635.*

132 J. Franel, Solutions to questions 42 and 170, in L'*Intermédiaire des Mathématiciens* **1** (1894), 45–47; **2** (1895), 33–35.   *549.*

133 W. D. Frazer and A. C. McKellar, "Samplesort: A sampling approach to minimal storage tree sorting," *Journal of the Association for Computing Machinery* **27** (1970), 496–507.   *634.*

134 Michael Lawrence Fredman, *Growth Properties of a Class of Recursively Defined Functions*. Ph.D. thesis, Stanford University, Computer Science Department, 1972.   *513.*

135 Nikolao Fuss, "Solutio quæstionis, quot modis polygonum n laterum in polygona m laterum, per diagonales resolvi quæat," *Nova acta academiæ scientiarum imperialis Petropolitanæ* **9** (1791), 243–251.   *361.*

136 Martin Gardner, "About phi, an irrational number that has some remarkable geometrical expressions," *Scientific American* **201**, 2 (August 1959), 128–134. Reprinted with additions in his book *The 2nd Scientific American Book of Mathematical Puzzles & Diversions*, 1961, 89–103.   *299.*

137 Martin Gardner, "On the paradoxical situations that arise from nontransitive relations," *Scientific American* **231**, 4 (October 1974), 120–124. Reprinted with additions in his book *Time Travel and Other Mathematical Bewilderments*, 1988, 55–69.   *410.*

138 Martin Gardner, "From rubber ropes to rolling cubes, a miscellany of refreshing problems," *Scientific American* **232**, 3 (March 1975), 112–114; **232**, 4 (April 1975), 130, 133. Reprinted with additions in his book *Time Travel and Other Mathematical Bewilderments*, 1988, 111–124.   *634.*

139 Martin Gardner, "On checker jumping, the amazon game, weird dice, card tricks and other playful pastimes," *Scientific American* **238**, 2 (February 1978), 19, 22, 24, 25, 30, 32. Reprinted with additions in his book *Penrose Tiles to Trapdoor Ciphers*, 1989, 265–280.   *636.*

140 J. Garfunkel, "Problem E 1816: An inequality related to Stirling's formula," *American Mathematical Monthly* **74** (1967), 202.   *636.*

141 George Gasper and Mizan Rahman, *Basic Hypergeometric Series*. Cambridge University Press, 1990.   *223.*

123, 633.

142 C. F. Gauss, *Disquisitiones Arithmeticæ.* Leipzig, 1801. Reprinted in his *Werke*, volume 1.

207, 212, 222, 529, 634.

143 Carolo Friderico Gauss, "Disquisitiones generales circa seriem infinitam

$$1 + \frac{\alpha\beta}{1 \cdot \gamma}x + \frac{\alpha(\alpha+1)\beta(\beta+1)}{1 \cdot 2 \cdot \gamma(\gamma+1)}xx$$
$$+ \frac{\alpha(\alpha+1)(\alpha+2)\beta(\beta+1)(\beta+2)}{1 \cdot 2 \cdot 3 \cdot \gamma(\gamma+1)(\gamma+2)}x^3 + \text{etc.}$$

Pars prior," *Commentationes societatis regiæ scientiarum Gottingensis recentiores* **2** (1813). (Thesis delivered to the Royal Society in Göttingen, 20 January 1812.) Reprinted in his *Werke*, volume 3, 123–163, together with an unpublished sequel on pages 207–229.

633.

144 C. F. Gauss, "Pentagramma mirificum," written prior to 1836. Published posthumously in his *Werke*, volume 3, 480–490.

551.

145 Angelo Genocchi, "Intorno all'espressione generale de'numeri Bernulliani," *Annali di Scienze Matematiche e Fisiche* **3** (1852), 395–405.

634.

146 Ira Gessel, "Some congruences for Apéry numbers," *Journal of Number Theory* **14** (1982), 362–368.

270.

147 Ira Gessel and Richard P. Stanley, "Stirling polynomials," *Journal of Combinatorial Theory*, series A, **24** (1978), 24–33.

271.

148 Jekuthiel Ginsburg, "Note on Stirling's numbers," *American Mathematical Monthly* **35** (1928), 77–80.

636.

149 J. W. L. Glaisher, "On the product $1^1.2^2.3^3 \ldots n^n$," *The Messenger of Mathematics*, new series, **7** (1877), 43–47.

603, 633.

150 Solomon W. Golomb, "Problem 5407: A nondecreasing indicator function," *American Mathematical Monthly* **74** (1967), 740–743.

507.

151 Solomon W. Golomb, "The 'Sales Tax' theorem," *Mathematics Magazine* **49** (1976), 187–189.

460.

152 Solomon W. Golomb, "Problem E 2529: An application of $\psi(x)$," *American Mathematical Monthly* **83** (1976), 487–488.

634.

153 I. J. Good, "Short proof of a conjecture by Dyson," *Journal of Mathematical Physics* **11** (1970), 1884.

224, 634.

154 R. William Gosper, Jr., "Decision procedure for indefinite hypergeometric summation," *Proceedings of the National Academy of Sciences of the United States of America* **75** (1978), 40–42.

513.

155 R. L. Graham, "On a theorem of Uspensky," *American Mathematical Monthly* **70** (1963), 407–409.

156 R. L. Graham, "A Fibonacci-like sequence of composite numbers," *Mathematics Magazine* **37** (1964), 322–324.   *635.*

157 R. L. Graham, "Problem 5749," *American Mathematical Monthly* **77** (1970), 775.   *634.*

158 Ronald L. Graham, "Covering the positive integers by disjoint sets of the form $\{ \lfloor n\alpha + \beta \rfloor : n = 1, 2, \dots \}$," *Journal of Combinatorial Theory*, series A, **15** (1973), 354–358.   *514.*

159 R. L. Graham, "Problem 1242: Bijection between integers and composites," *Mathematics Magazine* **60** (1987), 180.   *633.*

160 R. L. Graham and D. E. Knuth, "Problem E 2982: A double infinite sum for $|x|$," *American Mathematical Monthly* **96** (1989), 525–526.   *633.*

161 Ronald L. Graham, Donald E. Knuth, and Oren Patashnik, *Concrete Mathematics: A Foundation for Computer Science.* Addison–Wesley, 1989; second edition, 1994.   *102.*

162 R. L. Graham and H. O. Pollak, "Note on a nonlinear recurrence related to $\sqrt{2}$," *Mathematics Magazine* **43** (1970), 143–145.   *633.*

163 Guido Grandi, letter to Leibniz (July 1713), in *Leibnizens mathematische Schriften*, volume 4, 215–217.   *58.*

164 Daniel H. Greene and Donald E. Knuth, *Mathematics for the Analysis of Algorithms.* Birkhäuser, Boston, 1981; third edition, 1990.   *535, 636.*

165 Samuel L. Greitzer, *International Mathematical Olympiads, 1959–1977.* Mathematical Association of America, 1978.   *633.*

166 Oliver A. Gross, "Preferential arrangements," *American Mathematical Monthly* **69** (1962), 4–8.   *635.*

167 Branko Grünbaum, "Venn diagrams and independent families of sets," *Mathematics Magazine* **48** (1975), 12–23.   *498.*

168 L. J. Guibas and A. M. Odlyzko, "String overlaps, pattern matching, and nontransitive games," *Journal of Combinatorial Theory*, series A, **30** (1981), 183–208.   *590, 636.*

169 Richard K. Guy, *Unsolved Problems in Number Theory.* Springer-Verlag, 1981.   *525.*

170 Inger Johanne Håland and Donald E. Knuth, "Polynomials involving the floor function," *Mathematica Scandinavica* **76** (1995), 194–200. Reprinted in Knuth's *Selected Papers on Discrete Mathematics*, 257–264.   *514, 633.*

171 Marshall Hall, Jr., *The Theory of Groups.* Macmillan, 1959.   *553.*

172 P. R. Halmos, "How to write mathematics," *L'Enseignement Mathématique*, series 2, **16** (1970), 123–152. Reprinted in *How to Write Mathematics*, American Mathematical Society, 1973, 19–48.   *v.*

v.   **173** Paul R. Halmos, *I Want to Be a Mathematician: An Automathography*. Springer-Verlag, 1985. Reprinted by Mathematical Association of America, 1988.

305.   **174** G. H. Halphen, "Sur des suites de fractions analogues à la suite de Farey," *Bulletin de la Société mathématique de France* **5** (1876), 170–175. Reprinted in his *Œuvres*, volume 2, 102–107.

591.   **175** Hans Hamburger, "Über eine Erweiterung des Stieltjesschen Momentenproblems," *Mathematische Annalen* **81** (1920), 235–319; **82** (1921), 120–164, 168–187.

v.   **176** J. M. Hammersley, "On the enfeeblement of mathematical skills by 'Modern Mathematics' and by similar soft intellectual trash in schools and universities," *Bulletin of the Institute of Mathematics and Its Applications* **4**, 4 (October 1968), 66–85.

636.   **177** J. M. Hammersley, "An undergraduate exercise in manipulation," *The Mathematical Scientist* **14** (1989), 1–23.

42.   **178** Eldon R. Hansen, *A Table of Series and Products*. Prentice–Hall, 1975.

442, 636.   **179** G. H. Hardy, *Orders of Infinity: The 'Infinitärcalcül' of Paul du Bois-Reymond*. Cambridge University Press, 1910; second edition, 1924.

636.   **180** G. H. Hardy, "A mathematical theorem about golf," *The Mathematical Gazette* **29** (1945), 226–227. Reprinted in his *Collected Papers*, volume 7, 488.

111, 633.   **181** G. H. Hardy and E. M. Wright, *An Introduction to the Theory of Numbers*. Clarendon Press, Oxford, 1938; fifth edition, 1979.

300, 332, 602, 636.   **182** Peter Henrici, *Applied and Computational Complex Analysis*. Wiley, volume 1, 1974; volume 2, 1977; volume 3, 1986.

634.   **183** Peter Henrici, "De Branges' proof of the Bieberbach conjecture: A view from computational analysis," *Sitzungsberichte der Berliner Mathematischen Gesellschaft* (1987), 105–121.

555.   **184** Charles Hermite, letter to C. W. Borchardt (8 September 1875), in *Journal für die reine und angewandte Mathematik* **81** (1876), 93–95. Reprinted in his *Œuvres*, volume 3, 211–214.

634.   **185** Charles Hermite, *Cours de M. Hermite*. Faculté des Sciences de Paris, 1882. Third edition, 1887; fourth edition, 1891.

538, 634.   **186** Charles Hermite, letter to S. Pincherle (10 May 1900), in *Annali di Matematica pura ed applicata*, series 3, **5** (1901), 57–60. Reprinted in his *Œuvres*, volume 4, 529–531.

617

187 I. N. Herstein and I. Kaplansky, *Matters Mathematical*. Harper & Row, 1974.   *8.*

188 A. P. Hillman and V. E. Hoggatt, Jr., "A proof of Gould's Pascal hexagon conjecture," *Fibonacci Quarterly* **10** (1972), 565–568, 598.   *634.*

189 C. A. R. Hoare, "Quicksort," *The Computer Journal* **5** (1962), 10–15.   *28.*

190 L. C. Hsu, "Note on a combinatorial algebraic identity and its application," *Fibonacci Quarterly* **11** (1973), 480–484.   *634.*

191 Kenneth E. Iverson, *A Programming Language*. Wiley, 1962.   *24, 67, 633.*

192 C. G. J. Jacobi, *Fundamenta nova theoriæ functionum ellipticarum*. Königsberg, Bornträger, 1829. Reprinted in his *Gesammelte Werke*, volume 1, 49–239.   *64.*

193 Svante Janson, Donald E. Knuth, Tomasz Łuczak, and Boris Pittel, "The birth of the giant component," *Random Structures & Algorithms* **4** (1993), 233–358. Reprinted with corrections in Knuth's *Selected Papers on Discrete Mathematics*, 643–792.   *202.*

194 Dov Jarden and Theodor Motzkin, "The product of sequences with a common linear recursion formula of order 2," *Riveon Lematematika* **3** (1949), 25–27, 38 (Hebrew with English summary). English version reprinted in Dov Jarden, *Recurring Sequences*, Jerusalem, 1958, 42–45; second edition, 1966, 30–33.   *556.*

195 Arne Jonassen and Donald E. Knuth, "A trivial algorithm whose analysis isn't," *Journal of Computer and System Sciences* **16** (1978), 301–322. Reprinted with an addendum in Knuth's *Selected Papers on Analysis of Algorithms*, 257–282.   *535.*

196 Bush Jones, "Note on internal merging," *Software — Practice and Experience* **2** (1972), 241–243.   *175.*

197 Flavius Josephus, *ΙΣΤΟΡΙΑ ΙΟΥΔΑΪΚΟΥ ΠΟΛΕΜΟΥ ΠΡΟΣ ΡΩ-ΜΑΙΟΥΣ*. English translation, *History of the Jewish War against the Romans*, by H. St. J. Thackeray, in the Loeb Classical Library edition of Josephus's works, volumes 2 and 3, Heinemann, London, 1927–1928. (The "Josephus problem" may be based on an early manuscript now preserved only in the Slavonic version; see volume 2, page xi, and volume 3, page 654.)   *8.*

198 R. Jungen, "Sur les séries de Taylor n'ayant que des singularités algébrico-logarithmiques sur leur cercle de convergence," *Commentarii Mathematici Helvetici* **3** (1931), 266–306.   *635.*

199 J. Karamata, "Théorèmes sur la sommabilité exponentielle et d'autres sommabilités rattachant," *Mathematica* (Cluj) **9** (1935), 164–178.   *257.*

635.

200 I. Kaucký, "Problem E 2257: A harmonic identity," *American Mathematical Monthly* **78** (1971), 908.

601.

201 J. B. Keiper, "Power series expansions of Riemann's ξ function," *Mathematics of Computation* **58** (1992), 765–773.

292.

202 Johannes Kepler, letter to Joachim Tancke (12 May 1608), in his *Gesammelte Werke*, volume 16, 154–165.

633, 635.

203 Murray S. Klamkin, *International Mathematical Olympiads, 1978–1985, and Forty Supplementary Problems*. Mathematical Association of America, 1986.

202.

204 R. Arthur Knoebel, "Exponentials reiterated," *American Mathematical Monthly* **88** (1981), 235–252.

636.

205 Konrad Knopp, *Theorie und Anwendung der unendlichen Reihen*. Julius Springer, Berlin, 1922; second edition, 1924. Reprinted by Dover, 1945. Fourth edition, 1947; fifth edition, 1964. English translation, *Theory and Application of Infinite Series*, 1928; second edition, 1951.

553.

206 Donald Knuth, "Transcendental numbers based on the Fibonacci sequence," *Fibonacci Quarterly* **2** (1964), 43–44, 52.

vi, 500, 514, 530, 573, 633, 634, 635, 636.

207 Donald E. Knuth, *The Art of Computer Programming*, volume 1: *Fundamental Algorithms*. Addison–Wesley, 1968; third edition, 1997.

110, 128, 500, 633, 635, 636.

208 Donald E. Knuth, *The Art of Computer Programming*, volume 2: *Seminumerical Algorithms*. Addison–Wesley, 1969; third edition, 1997.

267, 411, 501, 634, 635, 636.

209 Donald E. Knuth, *The Art of Computer Programming*, volume 3: *Sorting and Searching*. Addison–Wesley, 1973; second edition, 1998.

634.

210 Donald E. Knuth, "Problem E 2492: Some sum," *American Mathematical Monthly* **82** (1975), 855.

636.

211 Donald E. Knuth, *Mariages stables et leurs relations avec d'autres problèmes combinatoires*. Les Presses de l'Université de Montréal, 1976. Revised and corrected edition, 1980. English translation, *Stable Marriage and its Relation to Other Combinatorial Problems*, 1997.

633.

212 Donald E. Knuth, *The TₑXbook*. Addison–Wesley, 1984. Reprinted as volume A of *Computers & Typesetting*, 1986.

564.

213 Donald E. Knuth, "An analysis of optimum caching," *Journal of Algorithms* **6** (1985), 181–199. Reprinted with an addendum in his *Selected Papers on Analysis of Algorithms*, 235–255.

633.

214 Donald E. Knuth, *Computers & Typesetting*, volume D: *METAFONT: The Program*. Addison–Wesley, 1986.

215 Donald E. Knuth, "Problem 1280: Floor function identity," *Mathematics Magazine* **61** (1988), 319–320.   *633.*

216 Donald E. Knuth, "Problem E 3106: A new sum for n^2," *American Mathematical Monthly* **94** (1987), 795–797.   *634.*

217 Donald E. Knuth, "Fibonacci multiplication," *Applied Mathematics Letters* **1** (1988), 57–60.   *635.*

218 Donald E. Knuth, "A Fibonacci-like sequence of composite numbers," *Mathematics Magazine* **63** (1990), 21–25.   *562.*

219 Donald E. Knuth, "Problem E 3309: A binomial coefficient inequality," *American Mathematical Monthly* **97** (1990), 614.   *634.*

220 Donald E. Knuth, "Two notes on notation," *American Mathematical Monthly* **99** (1992), 403–422. Reprinted with an addendum in his *Selected Papers on Discrete Mathematics*, 15–44.   *24, 162, 267, 598.*

221 Donald E. Knuth, "Convolution polynomials," *The Mathematica Journal* **2,4** (Fall 1992), 67–78. Reprinted with an addendum in his *Selected Papers on Discrete Mathematics*, 225–256.   *267, 566, 635.*

222 Donald E. Knuth, "Johann Faulhaber and sums of powers," *Mathematics of Computation* **61** (1993), 277–294. Reprinted with an addendum in his *Selected Papers on Discrete Mathematics*, 61–84.   *288.*

223 Donald E. Knuth, "Bracket notation for the coefficient-of operator," in *A Classical Mind*, essays in honour of C. A. R. Hoare, edited by A. W. Roscoe, Prentice–Hall, 1994, 247–258. Reprinted with an addendum in his *Selected Papers on Discrete Mathematics*, 45–59.   *197.*

224 Donald E. Knuth and Thomas J. Buckholtz, "Computation of Tangent, Euler, and Bernoulli numbers," *Mathematics of Computation* **21** (1967), 663–688.   *555.*

225 Donald E. Knuth and Ilan Vardi, "Problem 6581: The asymptotic expansion of the middle binomial coefficient," *American Mathematical Monthly* **97** (1990), 626–630.   *636.*

226 Donald E. Knuth and Herbert S. Wilf, "The power of a prime that divides a generalized binomial coefficient," *Journal für die reine und angewandte Mathematik* **396** (1989), 212–219. Reprinted in Knuth's *Selected Papers on Discrete Mathematics*, 511–524.   *530, 635.*

227 Donald E. Knuth and Hermann Zapf, "AMS Euler — A new typeface for mathematics," *Scholarly Publishing* **20** (1989), 131–157. Reprinted in Knuth's *Digital Typography*, 339–365.   *viii.*

620   **228** C. Kramp, *Élémens d'arithmétique universelle*. Cologne, 1808.   *111.*

213, 634.

229 E. E. Kummer, "Über die hypergeometrische Reihe

$$1 + \frac{\alpha\beta}{1 \cdot \gamma} x + \frac{\alpha(\alpha+1)\beta(\beta+1)}{1 \cdot 2 \cdot \gamma(\gamma+1)} xx$$
$$+ \frac{\alpha(\alpha+1)(\alpha+2)\beta(\beta+1)(\beta+2)}{1 \cdot 2 \cdot 3 \cdot \gamma(\gamma+1)(\gamma+2)} x^3 + \dots,"$$

Journal für die reine und angewandte Mathematik **15** (1836), 39–83, 127–172. Reprinted in his *Collected Papers*, volume 2, 75–166.

634.

230 E. E. Kummer, "Über die Ergänzungssätze zu den allgemeinen Reciprocitätsgesetzen," *Journal für die reine und angewandte Mathematik* **44** (1852), 93–146. Reprinted in his *Collected Papers*, volume 1, 485–538.

501.

231 R. P. Kurshan and B. Gopinath, "Recursively generated periodic sequences," *Canadian Journal of Mathematics* **26** (1974), 1356–1371.

304.

232 Thomas Fantet de Lagny, *Analyse générale ou Méthodes nouvelles pour résoudre les problèmes de tous les genres et de tous les degrés à l'infini*. Published as volume 11 of *Mémoires de l'Académie Royale des Sciences*, Paris, 1733.

635.

233 de la Grange [Lagrange], "Démonstration d'un théorème nouveau concernant les nombres premiers," *Nouveaux Mémoires de l'Académie royale des Sciences et Belles-Lettres*, Berlin (1771), 125–137. Reprinted in his *Œuvres*, volume 3, 425–438.

470.

234 de la Grange [Lagrange], "Sur une nouvelle espèce de calcul rélatif à la différentiation & à l'intégration des quantités variables," *Nouveaux Mémoires de l'Académie royale des Sciences et Belles-Lettres*, Berlin (1772), 185–221. Reprinted in his *Œuvres*, volume 3, 441–476.

634.

235 I. Lah, "Eine neue Art von Zahlen, ihre Eigenschaften und Anwendung in der mathematischen Statistik," *Mitteilungsblatt für Mathematische Statistik* **7** (1955), 203–212. [More general formulas had been published by L. Toscano, *Commentationes* **3** (Vatican City: Accademia della Scienze, 1939), 721–757, Equations 17 and 117.]

201.

236 I. H. Lambert, "Observationes variæ in Mathesin puram," *Acta Helvetica* **3** (1758), 128–168. Reprinted in his *Opera Mathematica*, volume 1, 16–51.

201.

237 Lambert, "Observations analytiques," *Nouveaux Mémoires de l'Académie royale des Sciences et Belles-Lettres*, Berlin (1770), 225–244. Reprinted in his *Opera Mathematica*, volume 2, 270–290.

448, 636.

238 Edmund Landau, *Handbuch der Lehre von der Verteilung der Primzahlen*, two volumes. Teubner, Leipzig, 1909.

239 Edmund Landau, *Vorlesungen über Zahlentheorie*, three volumes. Hirzel, *634.*
Leipzig, 1927.

240 P. S. de la Place [Laplace], "Mémoire sur les approximations des Formules *466.*
qui sont fonctions de très-grands nombres," *Mémoires de l'Academie
royale des Sciences de Paris* (1782), 1–88. Reprinted in his *Œuvres
Complètes* **10**, 207–291.

241 Adrien-Marie Legendre, *Essai sur la Théorie des Nombres*. Paris, 1798; *633.*
second edition, 1808. Third edition (retitled *Théorie des Nombres*, in two
volumes), 1830; fourth edition, Blanchard, 1955.

242 D. H. Lehmer, "Tests for primality by the converse of Fermat's theorem," *633.*
Bulletin of the American Mathematical Society, series 2, **33** (1927), 327–
340. Reprinted in his *Selected Papers*, volume 1, 69–82.

243 D. H. Lehmer, "On Stern's diatomic series," *American Mathematical* *635.*
Monthly **36** (1929), 59–67.

244 D. H. Lehmer, "On Euler's totient function," *Bulletin of the American* *526.*
Mathematical Society, series 2, **38** (1932), 745–751. Reprinted in his
Selected Papers, volume 1, 319–325.

245 G. W. Leibniz, letter to Johann Bernoulli (May 1695), in *Leibnizens* *168.*
mathematische Schriften, volume 3, 174–179.

246 C. G. Lekkerkerker, "Voorstelling van natuurlijke getallen door een som *295.*
van getallen van Fibonacci," *Simon Stevin* **29** (1952), 190–195.

247 Tamás Lengyel, "A combinatorial identity and the world series," *SIAM* *167.*
Review **35** (1993), 294–297.

248 Tamás Lengyel, "On some properties of the series $\sum_{k=0}^{\infty} k^n x^k$ and the *635.*
Stirling numbers of the second kind," *Discrete Mathematics* **150** (1996),
281–292.

249 Li Shan-Lan, *Duò Jī Bǐ Lèi* [Sums of Piles Obtained Inductively]. In his *269.*
Zégǔxī Zhāi Suànxué [Classically Inspired Meditations on Mathematics],
Nanjing, 1867.

250 Elliott H. Lieb, "Residual entropy of square ice," *Physical Review* **162** *636.*
(1967), 162–172.

251 J. Liouville, "Sur l'expression φ(n), qui marque combien la suite 1, 2, *136.*
3, ..., n contient de nombres premiers à n," *Journal de Mathématiques
pures et appliquées*, series 2, **2** (1857), 110–112.

252 B. F. Logan, "The recovery of orthogonal polynomials from a sum of *634.*
squares," *SIAM Journal on Mathematical Analysis* **21** (1990), 1031–1050.

635.   **253** B. F. Logan, "Polynomials related to the Stirling numbers," AT&T Bell Laboratories internal technical memorandum, August 10, 1987.

634.   **254** Calvin T. Long and Verner E. Hoggatt, Jr., "Sets of binomial coefficients with equal products," *Fibonacci Quarterly* **12** (1974), 71–79.

525.   **255** Shituo Lou and Qi Yao, "A Chebychev's type of prime number theorem in a short interval-II," *Hardy-Ramanujan Journal* **15** (1992), 1–33.

560.   **256** Sam Loyd, *Cyclopedia of Puzzles*. Franklin Bigelow Corporation, Morningside Press, New York, 1914.

633, 634, 635.   **257** E. Lucas, "Sur les rapports qui existent entre la théorie des nombres et le Calcul intégral," *Comptes Rendus hebdomadaires des séances de l'Académie des Sciences* (Paris) **82** (1876), 1303–1305.

634.   **258** Édouard Lucas, "Sur les congruences des nombres eulériens et des coefficients différentiels des fonctions trigonométriques, suivant un module premier," *Bulletin de la Société mathématique de France* **6** (1877), 49–54.

292, 634.   **259** Edouard Lucas, *Théorie des Nombres*, volume 1. Paris, 1891.

1.   **260** Édouard Lucas, *Récréations mathématiques*, four volumes. Gauthier-Villars, Paris, 1891–1894. Reprinted by Albert Blanchard, Paris, 1960. (The Tower of Hanoi is discussed in volume 3, pages 55–59.)

501.   **261** R. C. Lyness, "Cycles," *The Mathematical Gazette* **29** (1945), 231–233.

501.   **262** R. C. Lyness, "Cycles," *The Mathematical Gazette* **45** (1961), 207–209.

469.   **263** Colin MacLaurin, *Collected Letters*, edited by Stella Mills. Shiva Publishing, Nantwich, Cheshire, 1982.

140.   **264** P. A. MacMahon, "Application of a theory of permutations in circular procession to the theory of numbers," *Proceedings of the London Mathematical Society* **23** (1892), 305–313.

269.   **265** J.-C. Martzloff, *Histoire des Mathématiques Chinoises*. Paris, 1988. English translation, *A History of Chinese Mathematics*, Springer-Verlag, 1997.

294, 635.   **266** Ĩu. V. Matiiasevich, "Diofantovost' perechislimykh mnozhestv," *Doklady Akademii Nauk SSSR* **191** (1970), 279–282. English translation, with amendments by the author, "Enumerable sets are diophantine," *Soviet Mathematics — Doklady* **11** (1970), 354–357.

vi.   **267** Z. A. Melzak, *Companion to Concrete Mathematics*. Volume 1, *Mathematical Techniques and Various Applications*, Wiley, 1973; volume 2, *Mathematical Ideas, Modeling & Applications*, Wiley, 1976.

634.   **268** N. S. Mendelsohn, "Problem E 2227: Divisors of binomial coefficients," *American Mathematical Monthly* **78** (1971), 201.

623

269 Marini Mersenni, *Cogitata Physico-Mathematica*. Paris, 1644.   *109.*

270 F. Mertens, "Ueber einige asymptotische Gesetze der Zahlentheorie," *Journal für die reine und angewandte Mathematik* **77** (1874), 289–338.   *139.*

271 Mertens, "Ein Beitrag zur analytischen Zahlentheorie," *Journal für die reine und angewandte Mathematik* **78** (1874), 46–62.   *23.*

272 W. H. Mills, "A prime representing function," *Bulletin of the American Mathematical Society*, series 2, **53** (1947), 604.   *634.*

273 A. F. Möbius, "Über eine besondere Art von Umkehrung der Reihen," *Journal für die reine und angewandte Mathematik* **9** (1832), 105–123. Reprinted in his *Gesammelte Werke*, volume 4, 589–612.   *138.*

274 A. Moessner, "Eine Bemerkung über die Potenzen der natürlichen Zahlen," *Sitzungsberichte der Mathematisch-Naturwissenschaftlichen Klasse der Bayerischen Akademie der Wissenschaften*, 1951, Heft 3, 29.   *636.*

275 Hugh L Montgomery, "Fluctuations in the mean of Euler's phi function," *Proceedings of the Indian Academy of Sciences*, Mathematical Sciences, **97** (1987), 239–245.   *463.*

276 Peter L. Montgomery, "Problem E 2686: LCM of binomial coefficients," *American Mathematical Monthly* **86** (1979), 131.   *634.*

277 Leo Moser, "Problem B-6: Some reflections," *Fibonacci Quarterly* **1**, 4 (1963), 75–76.   *291.*

278 T. S. Motzkin and E. G. Straus, "Some combinatorial extremum problems," *Proceedings of the American Mathematical Society* **7** (1956), 1014–1021.   *564.*

279 B. R. Myers, "Problem 5795: The spanning trees of an n-wheel," *American Mathematical Monthly* **79** (1972), 914–915.   *635.*

280 Isaac Newton, letter to John Collins (18 February 1670), in *The Correspondence of Isaac Newton*, volume 1, 27. Excerpted in *The Mathematical Papers of Isaac Newton*, volume 3, 563.   *277.*

281 Ivan Niven, *Diophantine Approximations*. Interscience, 1963.   *633.*

282 Ivan Niven, "Formal power series," *American Mathematical Monthly* **76** (1969), 871–889.   *332.*

283 Andrew M. Odlyzko and Herbert S. Wilf, "Functional iteration and the Josephus problem," *Glasgow Mathematical Journal* **33** (1991), 235–240.   *81.*

284 Blaise Pascal, "De numeris multiplicibus," presented to Académie Parisienne in 1654 and published with his *Traité du triangle arithmétique* [285]. Reprinted in *Œuvres de Blaise Pascal*, volume 3, 314–339.   *624, 633.*

155, 156.   **285**   Blaise Pascal, "Traité du triangle arithmetique," in his *Traité du Triangle Arithmetique, avec quelques autres petits traitez sur la mesme matiere*, Paris, 1665. Reprinted in *Œuvres de Blaise Pascal* (Hachette, 1904–1914), volume 3, 445–503; Latin editions from 1654 in volume 11, 366–390.

636.   **286**   G. P. Patil, "On the evaluation of the negative binomial distribution with examples," *Technometrics* **2** (1960), 501–505.

634.   **287**   C. S. Peirce, letter to E. S. Holden (January 1901). In *The New Elements of Mathematics*, edited by Carolyn Eisele, Mouton, The Hague, 1976, volume 1, 247–253. (See also page 211.)

525.   **288**   C. S. Peirce, letter to Henry B. Fine (17 July 1903). In *The New Elements of Mathematics*, edited by Carolyn Eisele, Mouton, The Hague, 1976, volume 3, 781–784. (See also "Ordinals," an unpublished manuscript from circa 1905, in *Collected Papers of Charles Sanders Peirce*, volume 4, 268–280.)

408.   **289**   Walter Penney, "Problem 95: Penney-Ante," *Journal of Recreational Mathematics* **7** (1974), 321.

636.   **290**   J. K. Percus, *Combinatorial Methods*. Springer-Verlag, 1971.

229, 575, 634.   **291**   Marko Petkovšek, "Hypergeometric solutions of linear recurrences with polynomial coefficients," *Journal of Symbolic Computation* **14** (1992), 243–264.

207, 214, 217, 634.   **292**   J. F. Pfaff, "Observationes analyticæ ad *L. Euleri* institutiones calculi integralis, Vol. IV, Supplem. II & IV," *Nova acta academiæ scientiarum imperialis Petropolitanæ* **11**, Histoire section, 37–57. (This volume, printed in 1798, contains mostly proceedings from 1793, although Pfaff's memoir was actually received in 1797.)

48.   **293**   L. Pochhammer, "Ueber hypergeometrische Functionen n^{ter} Ordnung," *Journal für die reine und angewandte Mathematik* **71** (1870), 316–352.

636.   **294**   H. Poincaré, "Sur les fonctions à espaces lacunaires," *American Journal of Mathematics* **14** (1892), 201–221.

471.   **295**   S. D. Poisson, "Mémoire sur le calcul numérique des intégrales définies," *Mémoires de l'Académie Royale des Sciences de l'Institut de France*, series 2, **6** (1823), 571–602.

635.   **296**   G. Pólya, "Kombinatorische Anzahlbestimmungen für Gruppen, Graphen und chemische Verbindungen," *Acta Mathematica* **68** (1937), 145–254. English translation, with commentary by Ronald C. Read, *Combinatorial Enumeration of Groups, Graphs, and Chemical Compounds*, Springer-Verlag, 1987.

625

297 George Pólya, *Induction and Analogy in Mathematics*. Princeton University Press, 1954.　　*vi, 16, 508, 633.*

298 G. Pólya, "On picture-writing," *American Mathematical Monthly* **63** (1956), 689–697.　　*327, 635.*

299 G. Pólya and G. Szegö, *Aufgaben und Lehrsätze aus der Analysis*, two volumes. Julius Springer, Berlin, 1925; fourth edition, 1970 and 1971. English translation, *Problems and Theorems in Analysis*, 1972 and 1976.　　*636.*

300 R. Rado, "A note on the Bernoullian numbers," *Journal of the London Mathematical Society* **9** (1934), 88–90.　　*635.*

301 Earl D. Rainville, "The contiguous function relations for $_pF_q$ with applications to Bateman's $J_n^{u,v}$ and Rice's $H_n(\zeta, p, v)$," *Bulletin of the American Mathematical Society*, series 2, **51** (1945), 714–723.　　*529.*

302 George N. Raney, "Functional composition patterns and power series reversion," *Transactions of the American Mathematical Society* **94** (1960), 441–451.　　*359, 635.*

303 D. Rameswar Rao, "Problem E 2208: A divisibility problem," *American Mathematical Monthly* **78** (1971), 78–79.　　*633.*

304 John William Strutt, Third Baron Rayleigh, *The Theory of Sound*. First edition, 1877; second edition, 1894. (The cited material about irrational spectra is from section 92a of the second edition.)　　*77.*

305 Robert Recorde, *The Whetstone of Witte*. London, 1557.　　*446.*

306 Simeon Reich, "Problem 6056: Truncated exponential-type series," *American Mathematical Monthly* **84** (1977), 494–495.　　*636.*

307 Georges de Rham, "Un peu de mathématiques à propos d'une courbe plane," *Elemente der Mathematik* **2** (1947), 73–76, 89–97. Reprinted in his *Œuvres Mathématiques*, 678–689.　　*635.*

308 Paulo Ribenboim, *13 Lectures on Fermat's Last Theorem*. Springer-Verlag, 1979.　　*555, 634.*

309 Bernhard Riemann, "Ueber die Darstellbarkeit einer Function durch eine trigonometrische Reihe," Habilitationsschrift, Göttingen, 1854. Published in *Abhandlungen der mathematischen Classe der Königlichen Gesellschaft der Wissenschaften zu Göttingen* **13** (1868), 87–132. Reprinted in his *Gesammelte Mathematische Werke*, 227–264.　　*633.*

310 Samuel Roberts, "On the figures formed by the intercepts of a system of straight lines in a plane, and on analogous relations in space of three dimensions," *Proceedings of the London Mathematical Society* **19** (1889), 405–422.　　*633.*

634.　**311** Øystein Rødseth, "Problem E 2273: Telescoping Vandermonde convolutions," *American Mathematical Monthly* **79** (1972), 88–89.

111.　**312** J. Barkley Rosser and Lowell Schoenfeld, "Approximate formulas for some functions of prime numbers," *Illinois Journal of Mathematics* **6** (1962), 64–94.

516.　**313** Gian-Carlo Rota, "On the foundations of combinatorial theory. I. Theory of Möbius functions," *Zeitschrift für Wahrscheinlichkeitstheorie und verwandte Gebiete* **2** (1964), 340–368.

634.　**314** Ranjan Roy, "Binomial identities and hypergeometric series," *American Mathematical Monthly* **94** (1987), 36–46.

214.　**315** Louis Saalschütz, "Eine Summationsformel," *Zeitschrift für Mathematik und Physik* **35** (1890), 186–188.

463.　**316** A. I. Saltykov, "O funktsii Eïlera," *Vestnik Moskovskogo Universiteta*, series 1, Matematika, Mekhanika (1960), number 6, 34–50.

548.　**317** A. Sárközy, "On divisors of binomial coefficients, I," *Journal of Number Theory* **20** (1985), 70–80.

207.　**318** W. W. Sawyer, *Prelude to Mathematics*. Baltimore, Penguin, 1955.

293.　**319** O. Schlömilch, "Ein geometrisches Paradoxon," *Zeitschrift für Mathematik und Physik* **13** (1868), 162.

635.　**320** Ernst Schröder, "Vier combinatorische Probleme," *Zeitschrift für Mathematik und Physik* **15** (1870), 361–376.

635.　**321** Heinrich Schröter, "Ableitung der Partialbruch- und Produkt-Entwickelungen für die trigonometrischen Funktionen," *Zeitschrift für Mathematik und Physik* **13** (1868), 254–259.

633.　**322** R. S. Scorer, P. M. Grundy, and C. A. B. Smith, "Some binary games," *The Mathematical Gazette* **28** (1944), 96–103.

635.　**323** J. Sedláček, "On the skeletons of a graph or digraph," in *Combinatorial Structures and their Applications*, Gordon and Breach, 1970, 387–391. (This volume contains proceedings of the Calgary International Conference on Combinatorial Structures and their Applications, 1969.)

635.　**324** J. O. Shallit, "Problem 6450: Two series," *American Mathematical Monthly* **92** (1985), 513–514.

273.　**325** R. T. Sharp, "Problem 52: Overhanging dominoes," *Pi Mu Epsilon Journal* **1**, 10 (1954), 411–412.

87.　**326** W. Sierpiński, "Sur la valeur asymptotique d'une certaine somme," *Bulletin International de l'Académie Polonaise des Sciences et des Lettres* (Cracovie), series A (1910), 9–11.

627

327 W. Sierpiński, "Sur les nombres dont la somme de diviseurs est une puissance du nombre 2," *Calcutta Mathematical Society Golden Jubilee Commemorative Volume* (1958–1959), part 1, 7–9.   *634.*

328 Wacław Sierpiński, *A Selection of Problems in the Theory of Numbers.* Macmillan, 1964.   *634.*

329 David L. Silverman, "Problematical Recreations 447: Numerical links," *Aviation Week & Space Technology* **89**, 10 (1 September 1968), 71. Reprinted as Problem 147 in *Second Book of Mathematical Bafflers*, edited by Angela Fox Dunn, Dover, 1983.   *635.*

330 N. J. A. Sloane, *A Handbook of Integer Sequences.* Academic Press, 1973. Sequel, with Simon Plouffe, *The Encyclopedia of Integer Sequences*, Academic Press, 1995. http://www.research.att.com/~njas/sequences.   *42, 341, 464.*

331 A. D. Solov'ev, "Odno kombinatornoe tozhdestvo i ego primenenie k zadache o pervom nastuplenii redkogo sobytiĩa," *Teoriiã veroĩatnosteĭ i ee primeneniĩã* **11** (1966), 313–320. English translation, "A combinatorial identity and its application to the problem concerning the first occurrence of a rare event," *Theory of Probability and Its Applications* **11** (1966), 276–282.   *408.*

332 William G. Spohn, Jr., "Can mathematics be saved?" *Notices of the American Mathematical Society* **16** (1969), 890–894.   *v.*

333 Richard P. Stanley, "Differentiably finite power series," *European Journal of Combinatorics* **1** (1980), 175–188.   *636.*

334 Richard P. Stanley, "On dimer coverings of rectangles of fixed width," *Discrete Applied Mathematics* **12** (1985), 81–87.   *636.*

335 Richard P. Stanley, *Enumerative Combinatorics*, volume 1. Wadsworth & Brooks/Cole, 1986.   *534, 635, 636.*

336 K. G. C. von Staudt, "Beweis eines Lehrsatzes, die Bernoullischen Zahlen betreffend," *Journal für die reine und angewandte Mathematik* **21** (1840), 372–374.   *635.*

336′ Tor B. Staver, "Om summasjon av potenser av binomiaalkoeffisientene," Norst Matematisk Tidsskrift **29** (1947), 97–103.   *634.*

337 Guy L. Steele Jr., Donald R. Woods, Raphael A. Finkel, Mark R. Crispin, Richard M. Stallman, and Geoffrey S. Goodfellow, *The Hacker's Dictionary: A Guide to the World of Computer Wizards.* Harper & Row, 1983.   *124.*

338 J. Steiner, "Einige Gesetze über die Theilung der Ebene und des Raumes," *Journal für die reine und angewandte Mathematik* **1** (1826), 349–364. Reprinted in his *Gesammelte Werke*, volume 1, 77–94.   *5, 633.*

339 M. A. Stern, "Ueber eine zahlentheoretische Funktion," *Journal für die reine und angewandte Mathematik* **55** (1858), 193–220.   *116.*

633.

340 L. Stickelberger, "Ueber eine Verallgemeinerung der Kreistheilung," *Mathematische Annalen* **37** (1890), 321–367.

601.

341 T. J. Stieltjes, letters to Hermite (June 1885), in *Correspondance d'Hermite et de Stieltjes*, volume 1, 146–159.

633.

342 T. J. Stieltjes, "Table des valeurs des sommes $S_k = \sum_1^\infty n^{-k}$," *Acta Mathematica* **10** (1887), 299–302. Reprinted in his *Œuvres Complètes*, volume 2, 100–103.

192, 258, 297.

343 James Stirling, *Methodus Differentialis*. London, 1730. English translation, *The Differential Method*, 1749.

549, 634.

344 Volker Strehl, "Binomial identities — combinatorial and algorithmic aspects," *Discrete Mathematics* **136** (1994), 309–346.

481.

345 Dura W. Sweeney, "On the computation of Euler's constant," *Mathematics of Computation* **17** (1963), 170–178.

633.

346 J. J. Sylvester, "Problem 6919," *Mathematical Questions with their Solutions from the 'Educational Times'* **37** (1882), 42–43, 80.

133.

347 J. J. Sylvester, "On the number of fractions contained in any 'Farey series' of which the limiting number is given," *The London, Edinburgh and Dublin Philosophical Magazine and Journal of Science*, series 5, **15** (1883), 251–257. Reprinted in his *Collected Mathematical Papers*, volume 4, 101–109.

525.

348 M. Szegedy, "The solution of Graham's greatest common divisor problem," *Combinatorica* **6** (1986), 67–71.

635.

349 S. Tanny, "A probabilistic interpretation of Eulerian numbers," *Duke Mathematical Journal* **40** (1973), 717–722.

634.

350 L. Theisinger, "Bemerkung über die harmonische Reihe," *Monatshefte für Mathematik und Physik* **26** (1915), 132–134.

397, 398.

351 T. N. Thiele, *The Theory of Observations*. Charles & Edwin Layton, London, 1903. Reprinted in *The Annals of Mathematical Statistics* **2** (1931), 165–308.

636.

352 E. C. Titchmarsh, *The Theory of the Riemann Zeta-Function*. Clarendon Press, Oxford, 1951; second edition, revised by D. R. Heath-Brown, 1986.

636.

353 F. G. Tricomi and A. Erdélyi, "The asymptotic expansion of a ratio of gamma functions," *Pacific Journal of Mathematics* **1** (1951), 133–142.

280.

354 Peter Ungar, "Problem E 3052: A sum involving Stirling numbers," *American Mathematical Monthly* **94** (1987), 185–186.

633.

355 J. V. Uspensky, "On a problem arising out of the theory of a certain game," *American Mathematical Monthly* **34** (1927), 516–521.

356 Alfred van der Poorten, "A proof that Euler missed ... Apéry's proof of   *238.*
the irrationality of $\zeta(3)$, an informal report," *The Mathematical Intelli-*
gencer **1** (1979), 195–203.

357 A. Vandermonde, "Mémoire sur des irrationnelles de différens ordres avec   *169, 634.*
une application au cercle," *Mémoires de Mathématique et de Physique,*
tirés des registres de l'Académie Royale des Sciences (1772), part 1, 489–
498.

358 Ilan Vardi, "The error term in Golomb's sequence," *Journal of Number*   *633, 636.*
Theory **40** (1992), 1–11.

359 J. Venn, "On the diagrammatic and mechanical representation of propo-   *498, 633.*
sitions and reasonings," *The London, Edinburgh and Dublin Philosoph-*
ical Magazine and Journal of Science, series 5, **10**(1880), 1–18.

360 John Wallis, *A Treatise of Angular Sections.* Oxford, 1684.   *635.*

361 Edward Waring, *Meditationes Algebraicæ.* Cambridge, 1770; third edi-   *635.*
tion, 1782.

361′ J. Wasteels, "Quelques propriétés des nombres de Fibonacci," *Mathesis*, series   *635.*
3, **11** (1902), 60-62

362 William C. Waterhouse, "Problem E 3117: Even odder than we thought,"   *635.*
American Mathematical Monthly **94** (1987), 691–692.

363 Frederick V. Waugh and Margaret W. Maxfield, "Side-and-diagonal num-   *635.*
bers," *Mathematics Magazine* **40** (1967), 74–83.

364 Warren Weaver, "Lewis Carroll and a geometrical paradox," *American*   *293.*
Mathematical Monthly **45** (1938), 234–236.

365 H. Weber, "Leopold Kronecker," *Jahresbericht der Deutschen Mathe-*   *521.*
matiker-Vereinigung **2** (1892), 5–31. Reprinted in *Mathematische An-*
nalen **43** (1893), 1–25.

366 Louis Weisner, "Abstract theory of inversion of finite series," *Trans-*   *516.*
actions of the American Mathematical Society **38** (1935), 474–484.

367 Edgar M. E. Wermuth, "Die erste Fourierreihe," *Mathematische Semes-*   *603.*
terberichte **40** (1993), 133–145.

368 Hermann Weyl, "Über die Gibbs'sche Erscheinung und verwandte Kon-   *87.*
vergenzphänomene," *Rendiconti del Circolo Matematico di Palermo* **30**
(1910), 377–407.

369 F. J. W. Whipple, "Some transformations of generalized hypergeometric   *634.*
series," *Proceedings of the London Mathematical Society*, series 2, **26**
(1927), 257–272.

370 Alfred North Whitehead, *An Introduction to Mathematics.* London and   *503.*
New York, 1911.

91.   **371** Alfred North Whitehead, "Technical education and its relation to science and literature," chapter 2 in *The Organization of Thought, Educational and Scientific*, London and New York, 1917. Reprinted as chapter 4 of *The Aims of Education and Other Essays*, New York, 1929.

603.   **372** Alfred North Whitehead, *Science and the Modern World*. New York, 1925. Chapter 2 reprinted in *The World of Mathematics*, edited by James R. Newman, 1956, volume 1, 402–416.

575, 634.   **373** Herbert S. Wilf, *generatingfunctionology*. Academic Press, 1990; second edition, 1994.

240, 241, 634.   **374** Herbert S. Wilf and Doron Zeilberger, "An algorithmic proof theory for hypergeometric (ordinary and 'q') multisum/integral identities," *Inventiones Mathematicae* **108** (1992), 575–633.

633.   **375** H. C. Williams and Harvey Dubner, "The primality of R1031," *Mathematics of Computation* **47** (1986), 703–711.

635.   **376** J. Wolstenholme, "On certain properties of prime numbers," *Quarterly Journal of Pure and Applied Mathematics* **5** (1862), 35–39.

633.   **377** Derick Wood, "The Towers of Brahma and Hanoi revisited," *Journal of Recreational Mathematics* **14** (1981), 17–24.

269.   **378** J. Worpitzky, "Studien über die *Bernoulli*schen und *Euler*schen Zahlen," *Journal für die reine und angewandte Mathematik* **94** (1883), 203–232.

633.   **379** E. M. Wright, "A prime-representing function," *American Mathematical Monthly* **58** (1951), 616–618; errata in **59** (1952), 99.

635.   **380** Derek A. Zave, "A series expansion involving the harmonic numbers," *Information Processing Letters* **5** (1976), 75–77.

295.   **381** E. Zeckendorf, "Représentation des nombres naturels par une somme de nombres de Fibonacci ou de nombres de Lucas," *Bulletin de la Société Royale des Sciences de Liège* **41** (1972), 179–182.

230.   **382** Doron Zeilberger, "Sister Celine's technique and its generalizations," *Journal of Mathematical Analysis and Applications* **85** (1982), 114–145. See also Sister Mary Celine Fasenmyer, "A note on pure recurrence relations," *American Mathematical Monthly* **56** (1949), 14–17.

564.   **383** Doron Zeilberger, "A holonomic systems approach to special functions identities," *Journal of Computational and Applied Mathematics* **32** (1990), 321–368.

229.   **384** Doron Zeilberger, "The method of creative telescoping," *Journal of Symbolic Computation* **11** (1991), 195–204.

631

附录 C

习题贡献者
CREDITS FOR EXERCISES

本书中的习题来源广泛，除了连出题者也会认为不值一提的那些很简单的习题之外，作者一直试图追寻已发表的所有问题的来龙去脉.

许多习题取自斯坦福大学具体数学班级的考试题. 助教和主讲教师常要为那些考试设计新的问题，所以在此列出他们的名字.

年份	指导教师	助教
1971	Don Knuth	Leo Guibas
1973	Don Knuth	Henson Graves, Louis Jouaillec
1974	Don Knuth	Scot Drysdale, Tom Porter
1975	Don Knuth	Mark Brown, Luis Trabb Pardo
1976	Andy Yao	Mark Brown, Lyle Ramshaw
1977	Andy Yao	Yossi Shiloach
1978	Frances Yao	Yossi Shiloach
1979	Ron Graham	Frank Liang, Chris Tong, Mark Haiman
1980	Andy Yao	Andrei Broder, Jim McGrath
1981	Ron Graham	Oren Patashnik
1982	Ernst Mayr	Joan Feigenbaum, Dave Helmbold
1983	Ernst Mayr	Anna Karlin
1984	Don Knuth	Oren Patashnik, Alex Schäffer
1985	Andrei Broder	Pang Chen, Stefan Sharkansky
1986	Don Knuth	Arif Merchant, Stefan Sharkansky

> 助教会议价值无限，我是说真的了不起.

> 下一年保持同样的指导教师和助教队伍.

> 班会记录非常好，而且非常有用.

> 我从没有"弄懂"斯特林数.

此外，David Klarner（1971）、Bob Sedgewick（1974）、Leo Guibas（1975）和Lyle Ramshaw（1979）都给这个班进行过六次以上的讲座. 助教们每年都收集这些详尽的讲稿，并由主讲教师编辑，这些材料是本书的基础.

632

536

1.1   Pólya [297, p. 120].

1.2   Scorer, Grundy, and Smith [322].

1.5   Venn [359].

1.6   Steiner [338]; Roberts [310].

1.8   Gauss [144].

1.9   Cauchy [53, note 2, theorem 17].

1.10   Atkinson [15].

1.11   Inspired by Wood [377].

1.14   Steiner [338]; Pólya [297, chapter 3]; Brother Alfred [42].

1.17   Dudeney [87, puzzle 1].

1.21   Ball [20] credits B. A. Swinden.

1.22   Based on an idea of Peter Shor.*

1.23   Bjorn Poonen.*

1.25   Frame, Stewart, and Dunkel [130].

2.2   Iverson [191, p. 11].

2.3   [207, exercise 1.2.3–2].

2.5   [207, exercise 1.2.3–25].

2.22   Binet [30, §4].

2.23   1982 final.

2.26   [207, exercise 1.2.3–26].

2.29   1979 midterm.

2.30   1973 midterm.

2.31   Stieltjes [342].

2.34   Riemann [309, §3].

2.35   Euler [106] gave a fallacious "proof" using divergent series.

2.36   Golomb [150]; Vardi [358].

2.37   Leo Moser.*

3.6   Ernst Mayr, 1982 homework.

3.8   Dirichlet [80].

3.9   Chace [54]; Fibonacci [122, pp. 77–83].

3.12   [207, exercise 1.2.4–48(a)].

3.13   Beatty [22]; Niven [281, theorem 3.7].

3.19   [207, exercise 1.2.4–34].

3.21   1975 midterm.

3.23   [207, exercise 1.2.4–41].

3.28   Brown [45].

3.30   Aho and Sloane [4].

3.31   Greitzer [165, problem 1972/3, solution 2].

3.32   [160].

3.33   1984 midterm.

3.34   1970 midterm.

3.35   1975 midterm.

3.36   1976 midterm.

3.37   1986 midterm; [215].

3.38   1974 midterm.

3.39   1971 midterm.

3.40   1980 midterm.

3.41   Klamkin [203, problem 1978/3].

3.42   Uspensky [355].

3.45   Aho and Sloane [4].

3.46   Graham and Pollak [162].

3.48   Håland and Knuth [170].

3.49   R. L. Graham and D. R. Hofstadter.*

3.52   Fraenkel [128].

3.53   S. K. Stein.*

4.4   [214, §526].

4.16   Sylvester [346].

4.19   [212, pp. 148–149].

4.20   Bertrand [27, p. 129]; Chebyshev [56]; Wright [379].

4.22   Brillhart [39]; Williams and Dubner [375]; Dubner [86].

4.23   Crowe [68].

4.24   Legendre [241, second edition, introduction].

4.26   [208, exercise 4.5.3–43].

4.31   Pascal [284].

4.36   Hardy and Wright [181, §14.5].

4.37   Aho and Sloane [4].

4.38   Lucas [257].

4.39   [159].

4.40   Stickelberger [340].

4.41   Legendre [241, §135]; Hardy and Wright [181, theorem 82].

4.42   [208, exercise 4.5.1–6].

4.44   [208, exercise 4.5.3–39].

4.45   [208, exercise 4.3.2–13].

4.47   Lehmer [242].

4.48   Gauss [142, §78]; Crelle [67].

4.52   1974 midterm.

4.53   1973 midterm, inspired by Rao [303].

4.54   1974 midterm.

4.56 Logan [252, eq. (6.15)].

4.57 A special case appears in [216].

4.58 Sierpiński [327].

4.59 Curtiss [70]; Erdős [93].

4.60 Mills [272].

4.61 [207, exercise 1.3.2–19].

4.63 Barlow [21]; Abel [1].

4.64 Peirce [287].

4.66 Ribenboim [308]; Sierpiński [328, problem P_{10}^2].

4.67 [157].

4.69 Cramér [66].

4.70 Paul Erdős.*

4.71 [95, p. 96].

4.72 [95, p. 103].

4.73 Landau [239, volume 2, eq. 648].

5.1 Forcadel [126].

5.3 Long and Hoggatt [254].

5.5 1983 in-class final.

5.13 1975 midterm.

5.14 [207, exercise 1.2.6–20].

5.15 Dixon [81].

5.21 Euler [99].

5.25 Gauss [143, §7].

5.28 Euler [118].

5.29 Kummer [229, eq. 26.4].

5.31 Gosper [154].

5.34 Bailey [18, §10.4].

5.36 Kummer [230, p. 116].

5.37 Vandermonde [357].

5.38 [207, exercise 1.2.6–56].

5.40 Rødseth [311].

5.43 Pfaff [292]; [207, exercise 1.2.6–31].

5.48 Ranjan Roy.*

5.49 Roy [314, eq. 3.13].

5.53 Gauss [143]; Richard Askey.*

5.58 Frazer and McKellar [133].

5.59 Stanford Computer Science Comprehensive Exam, Winter 1987.

5.60 [207, exercise 1.2.6–41].

5.61 Lucas [258].

5.62 1971 midterm.

5.63 1974 midterm.

5.64 1980 midterm.

5.65 1983 midterm.

5.66 1984 midterm.

5.67 1976 midterm.

5.68 1985 midterm.

5.69 Lyle Ramshaw, guest lecture in 1986.

5.70 Andrews [9, theorem 5.4].

5.71 Wilf [373, exercise 4.16].

5.72 Hermite [185].

5.74 1979 midterm.

5.75 1971 midterm.

5.76 [207, exercise 1.2.6–59 (corrected)].

5.77 1986 midterm.

5.78 [210].

5.79 Mendelsohn [268]; Montgomery [276].

5.81 1986 final exam; [219].

5.82 Hillman and Hoggatt [188].

5.85 Hsu [190].

5.86 Good [153].

5.88 Hermite [186].

5.91 Whipple [369].

5.92 Clausen [60], [61].

5.93 Gosper [154].

5.95 Petkovšek [291, Corollary 3.1].

5.96 Petkovšek [291, Corollary 5.1].

5.98 Ira Gessel.*

5.102 H. S. Wilf.*

5.104 Volker Strehl.*

5.105 Henrici [183, p. 118].

5.108 Apéry [14].

5.109 Gessel [146].

5.100 Staver [336'].

5.110 R. William Gosper, Jr.*

5.111 [95, p. 71].

5.112 [95, p. 71].

5.113 Wilf and Zeilberger [374].

5.114 Strehl [344] credits A. Schmidt.

6.6 Fibonacci [122, p. 283].

6.15 [209, exercise 5.1.3–2].

6.21 Theisinger [350].

6.25 Gardner [138] credits Denys Wilquin.

6.27 Lucas [257].

6.28 Lucas [259, chapter 18].

6.31 Lah [235]; R. W. Floyd.*

6.35 1977 midterm.

6.37 Shallit [324].

6.39 [207, exercise 1.2.7–15].

6.40 Klamkin [203, problem 1979/1].

6.41 1973 midterm.

6.43 Brooke and Wall [41].

6.44 Wasteels [361′].

6.46 Francesca [131]; Wallis [360, chapter 4].

6.47 Lucas [257].

6.48 [208, exercise 4.5.3–9(c)].

6.49 Davison [73].

6.50 1985 midterm; Rham [307]; Dijkstra [79, pp. 230–232].

6.51 Waring [361]; Lagrange [233]; Wolstenholme [376].

6.52 Eswarathasan and Levine [97].

6.53 Kaucký [200] treats a special case.

6.54 Staudt [336]; Clausen [62]; Rado [300].

6.55 Andrews and Uchimura [13].

6.56 1986 midterm.

6.57 1984 midterm, suggested by R. W. Floyd.*

6.58 [207, exercise 1.2.8–30]; 1982 midterm.

6.59 Burr [47].

6.61 1976 final exam.

6.62 Borwein and Borwein [36, §3.7].

6.63 [207, section 1.2.10]; Stanley [335, proposition 1.3.12].

6.65 Tanny [349].

6.66 [209, exercise 5.1.3–3].

6.67 Chung and Graham [59].

6.68 Logan [253].

6.69 [209, exercise 6.1–13].

6.72 Euler [110, part 2, chapter 8].

6.73 Euler [108, chapters 9 and 10]; Schröter [321].

6.75 Atkinson [16].

6.76 [209, answer 5.1.3–3]; Lengyel [248].

6.78 Logan [253].

6.79 Comic section, *Boston Herald*, August 21, 1904.

6.80 Silverman and Dunn [329].

6.82 [217].

6.83 [156], modulo a numerical error.

6.85 Burr [47].

6.86 [226].

6.87 [208, exercises 4.5.3–2 and 3].

6.88 Adams and Davison [3].

6.90 Lehmer [243].

6.92 Part (a) is from Eswarathasan and Levine [97].

7.2 [207, exercise 1.2.9–1].

7.8 Zave [380].

7.9 [207, exercise 1.2.7–22].

7.11 1971 final exam.

7.12 [209, pp. 63–64].

7.13 Raney [302].

7.15 Bell [24].

7.16 Pólya [296, p. 149]; [207, exercise 2.3.4.4–1].

7.19 [221].

7.20 Jungen [198, p. 299] credits A. Hurwitz.

7.22 Pólya [298].

7.23 1983 homework.

7.24 Myers [279]; Sedláček [323].

7.25 [208, Carlitz's proof of lemma 3.3.3B].

7.26 [207, exercise 1.2.8–12].

7.32 [95, pp. 25–26] credits L. Mirsky and M. Newman.

7.33 1971 final exam.

7.34 Tomás Feder.*

7.36 1974 final exam.

7.37 Euler [109, §50]; 1971 final exam.

7.38 Carlitz [49].

7.39 [207, exercise 1.2.9–18].

7.41 André [8]; [209, exercise 5.1.4–22].

7.42 1974 final exam.

7.44 Gross [166]; [209, exercise 5.3.1–3].

7.45 de Bruijn [75].

7.47 Waugh and Maxfield [363].

7.48 1984 final exam.

7.49 Waterhouse [362].

7.50 Schröder [320]; [207, exercise 2.3.4.4–31].

7.51 Fisher [124]; Percus [290, pp. 89–123]; Stanley [334].

7.52 Hammersley [177].

7.53 Euler [114, part 2, section 2, chapter 6, §91].

7.54 Moessner [274].

7.55 Stanley [333].

7.56 Euler [113].

7.57 [95, p. 48] credits P. Erdős and P. Turán.

8.13 Thomas M. Cover.*

8.15 [207, exercise 1.2.10–17].

8.17 Patil [286].

8.24 John Knuth (age 4) and DEK; 1975 final.

8.26 [207, exercise 1.3.3–18].

8.27 Fisher [125].

8.29 Guibas and Odlyzko [168].

8.32 1977 final exam.

8.34 Hardy [180] has an incorrect analysis leading to the opposite conclusion.

8.35 1981 final exam.

8.36 Gardner [139] credits George Sicherman.

8.38 [208, exercise 3.3.2–10].

8.39 [211, exercise 4.3(a)].

8.41 Feller [120, exercise IX.33].

8.43 [207, sections 1.2.10 and 1.3.3].

8.44 1984 final exam.

8.45 1985 final exam.

8.46 Feller [120] credits Hugo Steinhaus.

8.47 1974 final, suggested by "fringe analysis" of 2-3 trees.

8.48 1979 final exam.

8.49 Blom [32]; 1984 final exam.

8.50 1986 final exam.

8.51 1986 final exam.

8.53 Feller [120] credits S. N. Bernstein.

8.57 Lyle Ramshaw.*

8.58 Guibas and Odlyzko [168].

9.1 Hardy [179, 1.3(g)].

9.2 Part (c) is from Garfunkel [140].

9.3 [207, exercise 1.2.11.1–6].

9.6 [207, exercise 1.2.11.1–3].

9.8 Hardy [179, 1.2(iv)].

9.9 Landau [238, vol. 1, p. 60].

9.14 [207, exercise 1.2.11.3–6].

9.16 Knopp [205, edition $\geqslant$ 2, §64C].

9.18 Bender [25, §3.1].

9.20 1971 final exam.

9.24 [164, §4.1.6].

9.27 Titchmarsh [352].

9.28 Glaisher [149].

9.29 de Bruijn [74, §3.7].

9.32 1976 final exam.

9.34 1973 final exam.

9.35 1975 final exam.

9.36 1980 class notes.

9.37 [208, eq. 4.5.3–21].

9.38 1977 final exam.

9.39 1975 final exam, inspired by Reich [306].

9.40 1977 final exam.

9.41 1980 final exam.

9.42 1979 final exam.

9.44 Tricomi and Erdélyi [353].

9.46 de Bruijn [74, §6.3].

9.47 1980 homework; [209, eq. 5.3.1–34].

9.48 1980 final exam.

9.49 1974 final exam.

9.50 1984 final exam.

9.51 [164, §4.2.1].

9.52 Poincaré [294]; Borel [35, p. 27].

9.53 Pólya/Szegő [299, part 1, prob. 140].

9.57 Andrew M. Odlyzko.*

9.58 Henrici [182, exercise 4.9.8].

9.60 [225].

9.62 Canfield [48].

9.63 Vardi [358].

9.65 Comtet [64, chapter 5, exercise 24].

9.66 M. P. Schützenberger.*

9.67 Lieb [250]; Stanley [335, exercise 4.37(c)].

9.68 Boas and Wrench [33].

*未发表的私人通信.

译 后 记

经过半年多的艰苦努力，这部《具体数学》中文译稿终于完成了！

这部书的几位作者都是各自领域久负盛名的专家. R. L. Graham（葛立恒）是加利福尼亚大学圣地亚哥分校计算机科学以及工程系Irwin和Joan Jacobs教授，他在数学以及计算机的多个领域都有丰硕的成果. D. E. Knuth（高德纳）是斯坦福大学荣誉教授，享誉世界的著名计算机专家，当今计算机上广泛使用的数学文献编辑排版系统TeX的创造者，他的长篇巨著 *The Art of Computer Programming*（《计算机程序设计艺术》，现已出版前三卷和第四卷的第一部分）为他赢得"算法分析之父"的美誉. 第三位作者O. Patashnik（帕塔许尼克）也是一位计算机专家，1976年毕业于耶鲁大学，1980年进入贝尔实验室工作，1988年协助Graham和Knuth完成了《具体数学》一书，1985年与L. Lamport一道创立了文献目录系统BibTeX，1990年在Knuth指导下获得计算机科学博士学位，现在在位于加利福尼亚州圣地亚哥市拉荷亚的通信研究中心工作.

这部《具体数学》是当代计算机科学基础方面的一部重要著作，也是一部极好的教材，其内容由作者们以及若干学生和同行多年来在斯坦福大学以及其他多所大学开设的同名课程累积而成，内容涉及递归式、和式、几个取整数值的函数、初等数论基础、二项式系数、若干特殊的数、生成函数方法、初等概率论以及渐近分析初步等，共计九章. 书中的解说深入浅出，妙趣横生；习题丰富，层次分明，且均附有或详或简的解答；书末还附有非常详尽的参考文献，可供有兴趣的读者进一步研读参考. 这部书既可作为计算机科学基础教学，又是数学、计算机等专业各层次研究工作者颇有参考价值的参考书，值得向读者广为推荐.

这部书中在许多页含有页边涂鸦，这些涂鸦有的是来自过去时代某位著名学者的手笔，有的来自作者的学生们或其他人的评论. 这些涂鸦或平淡，或深刻；或严肃，或幽默. 相当多的涂鸦中含有双关语，并涉及拉丁语、俄语、德语、法语以及较早时代的英语等多种语言（其中虽有少量希腊语涂鸦，但给出了英文翻译）. 译者虽然早就懂得语言对于一位致力于科学研究的工作者开阔视野极其重要，也曾在多年学习和工作的过程中勉力学习多种外语，但从未学习过拉丁文以及希腊文，对稍早时代的英语也素无研究，所以这部书在语言方面也成了译者有生以来翻译过的最感困难的一部著作. 幸好有原书前两位作者的大力帮助，尤其是Knuth教授，耐心地回答了我们在翻译这本书的过程中提出的无数问题，才终于使我们完成了这部著作的翻译工作. 在此，我们首先要向作者在翻译过程中提供的慷慨帮助表示衷心的感谢！此外，我们还要向家人表示深深的谢意，他们为我们的翻译工作提供了不受干扰的环境和安逸的生活，使我们的工作速度有了可靠的保证. 最后，我们还要向这本中文书的编辑们在编辑和出版这部中文版的过程中所给予的大力支持和鼓励表示感谢. 图灵公司多年来一直致力于出版引进高水平的学术著作, 我们已与他们愉快地合作过多次, 他们的敬业和奉献精神同样值得赞赏和钦佩!

　　顺便指出, 译者在本书的翻译过程中发现的个别错误或不当之处得到了原作者的确认并在中文版中做了相应的修正.（作为原作者的事先承诺, Knuth教授还慷慨地通过他的秘书给译者寄来了支票, 奖励所发现的问题.）此外, 为了帮助读者理解书中的某些习语或内容, 我们在认为必要的地方添加了译者注, 希望能对读者有所帮助. 尽管尽了最大的努力, 由于译者水平限制, 书中不免仍会有不足甚至谬误之处, 欢迎读者不吝赐教. 来信可发送至 myzhang@ecust.edu.cn.

张明尧

索 引
INDEX

索引中的页码为英文原书页码，与书边栏的页码一致.

当一条索引标注的是一道相关习题的页码时，附录 A 中那道习题的答案或许会提供更多的信息. 索引中不含答案的页码，除非它涉及一个论题，而这个论题又未在相关习题中表述. 有一些记号未包含在索引中，例如 x^n、$\lfloor x \rfloor$ 和 $\left\langle {n \atop m} \right\rangle$，因为它们已经在目录之前的记号注释中说明了.

（涂鸦也做了索引.）

J

Jacobi, Carl Gustav Jacob（雅可比），64, 618
　polynomials（多项式），543, 605
Janson, Carl Svante，618
Jarden, Dov，556, 618
Jeopardy，361
joint distribution（联合分布），384
Jonassen, Arne Tormod，618
Jones, Bush，618
Josephus, Flavius（夫拉维·约瑟夫），8, 12, 19-20, 618
　numbers（数），81, 97, 100
　problem（问题），8-17, 79-81, 95, 100, 144
　recurrence, generalized（递归式，推广），13-16, 79-81, 498
　subset（子集），20
Jouaillec, Louis Maurice，632
Jungen, Reinwald，618, 635

K

K，参见 continuants
Kaplansky, Irving，8, 568, 618
Karamata, Jovan，257, 618
Karlin, Anna Rochelle，632
Kaucký, Josef，619, 635
Kauers, Manuel，564
Keiper, Jerry Bruce，619
Kellogg, Oliver Dimon，609
Kent, Clark (= Kal-E1)，372
Kepler, Johannes（约翰内斯·开普勒），292, 619
kernel functions（核函数），370
kilometers（千米），301, 310, 550
Kipling, Joseph Rudyard，260
Kissinger, Henry Alfred（基辛格），379
Klamkin, Murray Seymour，619, 633, 635
Klarner, David Anthony，632
knockout tournament（淘汰锦标赛），432-433
Knoebel, Robert Arthur，619
Knopp, Konrad，619, 636
Knuth, Donald Ervin（高德纳），102, 267, 411, 506, 553, 616, 618-620, 632, 633, 636, 657
　numbers（数），78, 97, 100
Knuth, John Martin，636
Kramp, Christian（基斯顿·卡曼），111, 620
Kronecker, Leopold（克内罗克），521
　delta notation（δ记号），24
Kruk, John Martin，519
Kummer, Ernst Eduard（恩斯特·库默尔），206, 529, 621, 634
　formula for hypergeometrics（超几何的公式），213, 217, 535
Kurshan, Robert Paul，501, 621

L

L_n，参见 Lucas numbers
Lagny, Thomas Fantet de（列格尼），304, 621
Lagrange (= de la Grange), Joseph Louis, comte（拉格朗日），470, 621, 635
　identity（恒等式），64
Lah, Ivo，621, 634
Lambert, Johann Heinrich（约翰·海因里希·兰伯特），201, 363, 613, 621
Landau, Edmund Georg Hermann（爱德蒙·兰道），443, 448, 622, 634, 636
Laplace, Pierre Simon, marquis de（拉普拉斯），466, 606, 622
last but not least（最后但不是最小），132, 469
Law of Large Numbers（大数定律），391
lcm，103，参见 least common multiple
leading coefficient（首项系数），235
least common multiple（最小公倍数），103, 107, 145
　of $\{1,\cdots,n\}$，251, 319, 500
least integer function（最小整数函数），参见 ceiling function
least upper bound（最小上界），57, 61
LeChiffre, Mark Well，148
left-to-right maxima（从左向右最大数），316
Legendre, Adrien Marie，622, 633
　polynomials（多项式），543, 573, 575
Lehmer, Derrick Henry，526, 622, 633, 635
Leibniz, Gottfried Wilhelm, Freiherr von（莱布尼茨），168, 616, 622
Lekkerkerker, Cornelis Gerrit，622
Lengyel, Tamás Lóránt，622, 635
levels of problems（问题的水平），72-73, 95, 511
Levine, Eugene，611, 635
lexicographic order（字典顺序），441
lg: binary logarithm（以 2 为底的对数），70
L'Hospital, Guillaume François Antoine de, marquis de Sainte Mesme, rule（洛必达法则），340, 396, 542
Lǐ Shànlán Rénshū (= Qiūrèn)（李善兰），269, 622
Liang, Franklin Mark，632
Lieb, Elliott Hershel，622, 636
lies, and statistics（介于，统计），195
Lincoln, Abraham（林肯），401
linear difference operators（线性差分算子），240
lines in the plane（平面上的直线），4-8, 17, 19
Liouville, Joseph（刘维尔），136-137, 622
little oh notation（小 o 记号），448
　considered harmful（有害），448-449
Littlewood, John Edensor，239
ln: natural logarithm（自然对数），276
　discrete analog of（离散模拟），53-54
　sum of（和），481-482
log: common logarithm（常用对数），449
Logan, Benjamin Franklin (= Tex), Jr.，287, 623, 634-635
logarithmico-exponential functions（对数-指数函数），442-443

Y

Z

表　索　引
LIST OF TABLES

版 权 声 明

Authorized translation from the English language edition, entitled *Concrete Mathematics*: *A Foundation for Computer Science*, *Second Edition*, 978-020155802-9 by Ronald L. Graham, Donald E. Knuth, and Oren Patashnik, published by Pearson Education, Inc., publishing as Addison-Wesley, Copyright © 1994, 1998 by Addison-Wesley Publishing Company, Inc.

All rights reserved. No part of this book may be reproduced or transmitted in any form or by any means, electronic or mechanical, including photocopying, recording or by any information storage retrieval system, without permission from Pearson Education, Inc.

CHINESE SIMPLIFIED language edition published by POSTS & TELECOM PRESS Copyright © 2013.

本书中文简体字版由Pearson Education（培生教育出版集团）授权人民邮电出版社在中华人民共和国境内（不包括香港、澳门特别行政区及台湾地区）独家出版发行. 未经出版者书面许可，不得以任何方式抄袭、复制或节录本书中的任何部分.

本书封底贴有Pearson Education（培生教育出版集团）激光防伪标签，无标签者不得销售.

版权所有，侵权必究.

欢迎加入

图灵社区 ituring.com.cn

——最前沿的IT类电子书发售平台

电子出版的时代已经来临。在许多出版界同行还在犹豫彷徨的时候，图灵社区已经采取实际行动拥抱这个出版业巨变。作为国内第一家发售电子图书的IT类出版商，图灵社区目前为读者提供两种DRM-free的阅读体验：在线阅读和PDF。

相比纸质书，电子书具有许多明显的优势。它不仅发布快，更新容易，而且尽可能采用了彩色图片（即使有的书纸质版是黑白印刷的）。读者还可以方便地进行搜索、剪贴、复制和打印。

图灵社区进一步把传统出版流程与电子书出版业务紧密结合，目前已实现作译者网上交稿、编辑网上审稿、按章发布的电子出版模式。这种新的出版模式，我们称之为"敏捷出版"，它可以让读者以较快的速度了解到国外最新技术图书的内容，弥补以往翻译版技术书"出版即过时"的缺憾。同时，敏捷出版使得作、译、编、读的交流更为方便，可以提前消灭书稿中的错误，最大程度地保证图书出版的质量。

优惠提示：现在购买电子书，读者将获赠书款20%的社区银子，可用于兑换纸质样书。

——最方便的开放出版平台

图灵社区向读者开放在线写作功能，协助你实现自出版和开源出版的梦想。利用"合集"功能，你就能联合二三好友共同创作一部技术参考书，以免费或收费的形式提供给读者。（收费形式须经过图灵社区立项评审。）这极大地降低了出版的门槛。只要你有写作的意愿，图灵社区就能帮助你实现这个梦想。成熟的书稿，有机会入选出版计划，同时出版纸质书。

图灵社区引进出版的外文图书，都将在立项后马上在社区公布。如果你有意翻译哪本图书，欢迎你来社区申请。只要你通过试译的考验，即可签约成为图灵的译者。当然，要想成功地完成一本书的翻译工作，是需要有坚强的毅力的。

——最直接的读者交流平台

在图灵社区，你可以十分方便地写作文章、提交勘误、发表评论，以各种方式与作译者、编辑人员和其他读者进行交流互动。提交勘误还能够获赠社区银子。

你可以积极参与社区经常开展的访谈、乐译、评选等多种活动，赢取积分和银子，积累个人声望。